全国计算机技术与软件专业技术资格（水平）考试参考用书

数据库系统工程师
考试全程指导

全国计算机技术与软件专业技术资格（水平）考试办公室推荐

丁宝康 陈坚 主编 施伯乐 主审

U0366892

清华大学出版社
北京

内 容 简 介

本书是全国计算机技术与软件专业技术资格（水平）考试办公室组织编写的考试辅导用书。本书遵循考试大纲的要求，对数据库系统工程师级别考试应该必备的知识、技能和习题进行了详细的解析。

全书共分 16 章，内容包括：计算机系统知识、数据结构与算法、操作系统、程序设计语言、网络、多媒体、数据库基本概念、关系数据库理论、SQL 语言、系统开发与运行、数据库设计、数据库运行与管理、网络与数据库、数据库新技术、信息化与知识产权、标准化知识。

本书旨在帮助考生快速把握考试的重点和难点，熟悉试题的形式，掌握解答问题的方法和技术。本书不仅是数据库系统工程师级别考试的学习用书，也可作为各类信息技术、数据库系统培训和辅导的教材，还可作为从事数据库领域工作的科技人员的参考书。

图书在版编目(CIP)数据

数据库系统工程师考试全程指导 / 丁宝康，陈坚主编. —北京：清华大学出版社，2006.4（2022.12重印）
（全国计算机技术与软件专业技术资格（水平）考试参考用书）

ISBN 978-7-302-12657-7

Ⅰ. 数… Ⅱ. ①丁… ②陈… Ⅲ. 数据库系统-工程技术人员-资格考核-自学参考资料 Ⅳ. TP311.13

中国版本图书馆 CIP 数据核字（2006）第 018886 号

责任编辑：柴文强 薛 阳
责任印制：丛怀宇

出版发行：清华大学出版社
  网 址：http://www.tup.com.cn, http://www.wqbook.com
  地 址：北京清华大学学研大厦 A 座   邮 编：100084
  社 总 机：010-83470000   邮 购：010-62786544
  投稿与读者服务：010-62776969，c-service@tup.tsinghua.edu.cn
  质 量 反 馈：010-62772015，zhiliang@tup.tsinghua.edu.cn
印 装 者：三河市铭诚印务有限公司
经 销：全国新华书店
开 本：185mm×230mm 印 张：49.75 防伪页：1 字 数：1146 千字
版 次：2006 年 4 月第 1 版   印 次：2022 年 12 月第 17 次印刷
定 价：110.00元

产品编号：018230-02/TP

前　言

自 2004 年起，全国计算机技术与软件专业技术资格（水平）考试执行人事部、信息产业部新的考试大纲。"数据库系统工程师"是为该考试的信息系统专业中级资格层次设置的一个资格名称。通过数据库系统工程师级别考试的学生，即可被用人单位择优聘任为工程师职务。

据查，这两年参加数据库系统工程师考试的考生为数不少。这是由于"数据库"是计算机得到广泛应用的两大基础之一（另一个是"网络"），所有的计算机应用系统都与数据有关，要建立数据库。

在考试大纲中，要求考生以掌握数据库系统的知识为主，同时适当地掌握硬件、数据结构、操作系统、程序设计语言、网络、多媒体、信息化与知识产权、标准化等基础知识。通过本考试的合格人员将具有较强的能力参与信息系统的开发，能主持数据库结构的设计和数据库应用系统的开发，并具有工程师的实际工作能力和业务水平。

为了满足广大考生的需要，我们组织了参与过多年资格考试命题或辅导的教师，以新的考试大纲为依据，编写了《数据库系统工程师考试全程指导》这本书。由于要求考生了解、熟悉和掌握的内容很多，而考生都已有一定的基础，因此，本书从总结和提高的角度出发，对涉及的知识点加以阐述。本书的每一章由基本要求、基本内容、重点习题解析和模拟试题 4 部分组成。本书的宗旨是尽可能帮助考生快速把握考试的重点、难点和关键点，熟悉试题的形式，掌握解答问题的方法和技巧，以在考试中取得良好的成绩。

本书共分 16 章，第 1、4、6 章由乔健编写，第 2 章由邓桂英编写，第 3 章由于玉编写，第 5、10、13 章由周敏子编写，第 7、8、9、11 章由丁宝康编写，第 12、14 章由陈坚编写，第 15、16 章由许建军编写。还有夏根女、陈长洪、薛剑虹、王晓雯、徐美娟、曾宇昆、杨卫稼等老师参加了编写工作。全书由丁宝康、陈坚担任主编，负责组稿、修改和统稿。

复旦大学施伯乐教授对本书的编写进行了指导，并审阅了全稿，提出了许多宝贵的意见，我们在此表示衷心的感谢。

在本书的编写过程中，我们还参考了计算机同仁的许多相关书籍和资料，在此对这些参考文献的作者也表示由衷的感谢。

限于水平，书中存在不足之处，敬请广大专家和读者批评指正。对本书的意见请按电子邮件地址 dn@citiz.net 反馈给我们，非常感谢！

丁宝康　陈　坚

2005 年 7 月

目　　录

第 1 章 计算机系统知识

1.1 基本要求

1．学习目的与要求

本章的学习目的和要求是：通过对本章的学习，掌握计算机的一些基础知识，包括计算机的组成、基本工作原理、体系结构、存储系统、计算机安全、可靠性与系统性能评测基础知识等。

2．本章重点内容

（1）计算机系统的组成：计算机的发展以及硬件、软件组成。

（2）计算机的基本工作原理：数制、汉字编码和 CPU 的结构工作流程。

（3）计算机体系结构的知识：体系结构的发展和分类、存储系统、指令系统、输入输出技术、流水线、总线、并行处理。

（4）计算机安全：安全的概述、加密和认证技术、计算机病毒。

（5）计算机系统的可靠性、性能等的评估。

1.2 基本内容

1.2.1 计算机系统的组成

计算机系统分为硬件和软件两大部分。硬件是计算机系统的机器部分，它是计算机工作的物质基础；软件则是为了运行、管理和维护计算机而编制的各种程序的总和，广义的软件还应该包括与程序有关的文档。本小节中首先介绍了计算机的发展历程，然后分别介绍计算机组成的两部分：硬件和软件。

1．计算机发展概述

计算机的发明是 20 世纪人类最伟大的成就之一，它标志着信息时代的开始。半个世纪以来，计算机技术一直处于发展和变革之中。至今，计算机的发展经历了以下 5 个重要阶段。

（1）大型机阶段：1946 年美国宾州大学研制的第一台计算机 ENIAC 被认为是大型机的鼻祖。它采用电子管作为基本逻辑部件，有体积大、耗电多、成本高等缺点。大型机的发展经历了以下几代。

① 第 1 代：采用电子管制作的计算机。

② 第 2 代：采用晶体管制作的计算机。

③ 第3代：采用中、小规模集成电路制作的计算机。

④ 第4代：采用大规模、超大规模集成电路制作的计算机，如IBM 360等。

（2）小型机阶段：小型机又称小型计算机，通常用以满足部门的需要，被中小型企业使用，如DEC公司的VAX系列。

（3）微型机阶段：微型机又称个人计算机（PC），它面向个人和家庭，价格便宜，应用相当普及，如Apple II、IBM-PC系列机。

（4）客户机/服务器阶段：早期的服务器主要是为客户机提供资源共享的磁盘服务器和文件服务器，现在的服务器主要是数据库服务器和应用服务器等。

客户机/服务器（Client/Server）模式是对大型机的一次挑战。由于客户机/服务器模式的结构灵活，适用面广，成本较低，因此得到了广泛的应用。如果服务器的处理能力强，客户机的处理能力弱，则称为瘦客户机/胖服务器；否则称为胖客户机/瘦服务器。

（5）互联网阶段：自1969年美国国防部ARPANET运行以来，计算机广域网开始发展起来。1983年TCP/IP正式成为ARPANET的标准协议，以它为主干发展起来的Internet得到飞速发展。

计算机系统由硬件系统和软件系统两部分组成。计算机硬件是计算机系统中看得见、摸得着的物理装置；计算机软件是程序、数据和相关文档的集合。计算机系统的组成如下。

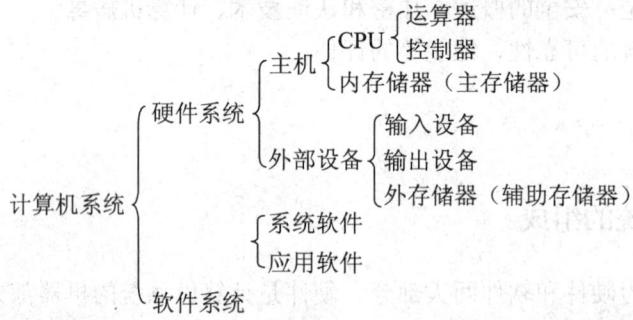

2. 计算机硬件系统结构

计算机的硬件分成5大组成部件：运算器、控制器、存储器、输入设备和输出设备。其中，运算器和控制器是计算机的核心，合称中央处理单元（Central Processing Unit，CPU）或处理器。CPU的内部还有一些高速存储单元，被称为寄存器。其中运算器执行所有的算术和逻辑运算；控制器负责把指令逐条从存储器中取出，经译码后向计算机发出各种控制命令；而寄存器为处理单元提供操作所需要的数据。

存储器是计算机的记忆部分，用来存放程序以及程序中涉及的数据。它分为内部存储器和外部存储器。内部存储器用于存放正在执行的程序和使用的数据，其成本高、容量小，但速度快。外部存储器可用于长期保存大量程序和数据，其成本低、容量大，但速度较慢。

输入设备和输出设备统称为外部设备，简称外设或I/O设备，用来实现人机交互和机间通信。微型机中常用的输入设备有键盘、鼠标等，输出设备有显示器、打印机等。

计算机硬件的典型结构主要包括单总线结构、双总线结构和采用通道的大型系统结构。

（1）单总线结构：图 1-1 就是单总线的计算机系统结构，即用一组系统总线将计算机的各部件连接起来，各部件之间可以通过总线交换信息。这种结构的优点是易于扩充新的 I/O 设备，并且各种 I/O 设备的寄存器和主存储器可以统一编址，使 CPU 访问 I/O 设备更方便灵活；其缺点是同一时刻只能允许挂在总线上的一对设备之间相互传送信息，即只能分时使用总线，这限制了信息传送的吞吐量。这种结构一般用在小型和微型计算机中。

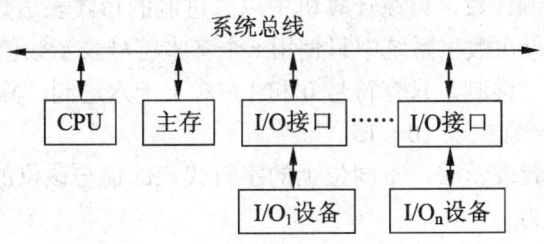

图 1-1　单总线结构

（2）双总线结构：为了消除信息传送的瓶颈，常设置多组总线，最常见的是在内存和 CPU 之间设置一组专用的高速存储总线。以 CPU 为中心的双总线结构如图 1-2 所示，将连接 CPU 和外围设备的系统总线称为输入输出（I/O）总线。这种结构的优点是控制线路简单，对 I/O 总线的传送速率要求很低，缺点是 CPU 的工作效率很低，因为 I/O 设备与主存之间的信息交换要经过 CPU 进行。以存储器为中心的双总线结构如图 1-3 所示，主存储器可通过存储总线与 CPU 交换信息，同时还可以通过系统总线与 I/O 设备交换信息。这种结构的优点是信息传送速率高，缺点是需要增加新的硬件投资。

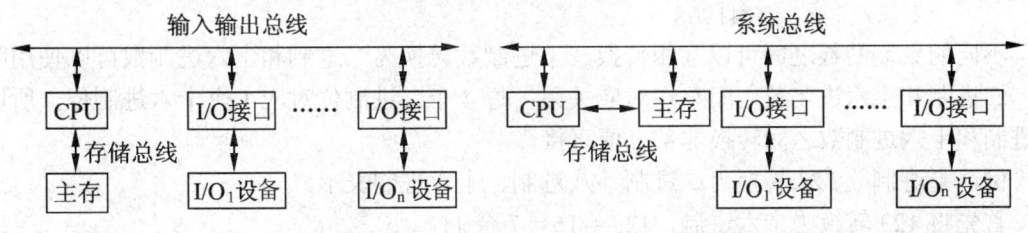

图 1-2　以 CPU 为中心的双总线结构　　　　图 1-3　以存储器为中心的双总线结构

（3）采用通道的大型系统结构：为了扩大系统的功能和提高系统的效率，在大、中型计算机系统中采用通道结构。在这种结构中，一台主机可以连接多个通道，一个通道可以连接一台或多台 I/O 设备，所以它具有较大的扩展余地。另外，由通道来管理和控制 I/O 设备，减轻了 CPU 的负担，提高了整个系统的效率。

3. 计算机软件

软件是计算机系统的重要组成部分，它可以使计算机更好地发挥作用。计算机软件是程序、数据和相关文档的集合。软件可以分为系统软件和应用软件。

系统软件是指为了方便使用、维护和管理计算机系统而编制的软件及其文档，包括操作系统、语言翻译程序等。

应用软件是解决某一问题的程序及其文档。它覆盖了计算机应用的所有方面，每个应用都有相应的应用软件。

1.2.2 计算机的基本工作原理

1. 数制

生活中习惯用十进制计数，但在计算机中以二进制的形式表达数值，为了便于表示，还使用十六进制数。如果在数字系统中只使用 r 个基本符号表示数值，则称为 r 进制，r 称为该数制的基。如对于二进制，只有符号 0 和 1。对于十六进制，除了 0~9 十个数字外，还有 A~F 六个字母，分别代表 10~15。

不同数制都采用位置表示法，不同位上的字符代表的值与该位的权值有关。一个 n 位的 r 进制数 N 可以表示为

$$N = d_{n-1}d_{n-2} \cdots d_0$$

$$W_{n-1}W_{n-2} \cdots W_0$$

其中 d_i 是从低位数起的第 i 位数字，W_i 是该位的权值，$W_i = r^i$，如

$$123 = 1 \times 100 + 2 \times 10 + 3 \times 1 = 1 \times 10^2 + 2 \times 10^1 + 3 \times 10^0$$

数字 N 等值的十进制数可以用如下公式求得：

$$N = d_{n-1} \times W_{n-1} + d_{n-2} \times W_{n-2} + \cdots + d_0 \times W_0 = \sum_{i=0}^{n-1} d_i \times W_i = \sum_{i=0}^{n-1} d_i \times r^i$$

如十六进制数 $A3B4 = 10 \times 16^3 + 3 \times 16^2 + 11 \times 16^1 + 4 \times 16^0$

$$= 41908$$

不同的数制的数之间可以互相转换。十进制数转换为二进制和十六进制数可以使用除法，二进制和十六进制数之间存在对应关系，每 4 个二进制位对应 1 个十六进制位，所以二进制和十六进制数之间转换非常方便直接。

例：十进制数 123 转换为二进制、八进制、十六进制表示。

首先将 123 转换为十六进制，$123 \div 16 = 7$ 余 11。

所以 123 的十六进制表示为 7B。

再将 7B 转换为二进制，每个字符转换成 4 个二进制字符 0111 1011。

再将 0111 1011 转换成八进制，每 3 个二进制字符转换成 1 个八进制字符，为 173。

2. 算术逻辑运算

由于计算机中使用二进制表示数值，所以计算机中最基本的是二进制的算术逻辑运算。

（1）二进制加法：逢二进一

$$0 + 0 = 0 \qquad 1 + 0 = 1 \qquad 0 + 1 = 1 \qquad 1 + 1 = 0 （有进位）$$

（2）二进制减法：借一当二

$$0-0=0 \qquad 1-0=1 \qquad 1-1=0 \qquad 0-1=1 （有借位）$$

（3）二进制乘法

$$0 \times 0=0 \qquad 1 \times 0=0 \qquad 0 \times 1=0 \qquad 1 \times 1=1$$

（4）二进制除法：与乘法相反，除 0 为非法

$$1 \div 1=1 \qquad 0 \div 1=0$$

（5）二进制与运算，又称为逻辑乘

$$0 \wedge 0=0 \qquad 0 \wedge 1=0 \qquad 1 \wedge 0=0 \qquad 1 \wedge 1=1$$

（6）二进制或运算，又称为逻辑加

$$0 \vee 0=0 \qquad 0 \vee 1=1 \qquad 1 \vee 0=1 \qquad 1 \vee 1=1$$

（7）二进制异或运算

$$0 \oplus 0=0 \qquad 0 \oplus 1=1 \qquad 1 \oplus 0=1 \qquad 1 \oplus 1=1$$

3. 机器数和码制

在计算机中，各种字符只能以二进制编码方式表示。字母和字符需要按照特定的规律编码在计算机中表示，最常用的一种编码是 ASCII 码（美国标准信息交换码：American Standard Code for Information Interchange）。ASCII 码用 7 位二进制编码，故有 128 个。

对十进制数字编码可以使用所谓的"二进制编码的十进制数（Binary Coded Decimal，BCD）"，在这种编码中 1 位十进制数用 4 位二进制编码表示，最常用的 BCD 码是 8421BCD 码，它用 4 位二进制的低 10 个表示 0~9 这 10 个数字，如表 1-1 所示。

表 1-1　不同进制间与 BCD 码的对应关系

十进制	二进制	十六进制	BCD 码	十进制	二进制	十六进制	BCD 码
0	0000	0	0	8	1000	8	8
1	0001	1	1	9	1001	9	9
2	0010	2	2	10	1010	A	
3	0011	3	3	11	1011	B	
4	0100	4	4	12	1100	C	
5	0101	5	5	13	1101	D	
6	0110	6	6	14	1110	E	
7	0111	7	7	15	1111	F	

例：对于 BCD 码：0100 1001 0111 1000. 0001 0100 1001

可以知道它表示的数字为 4978.149

数值在计算机中表示的二进制编码通常称为机器数，它对应的实际数值称为机器数的真值。机器数分为无符号数和有符号数。无符号数只能表示正数，所有位按照二进制编码表示数字。有符号数的最高位为符号位，0 表示正数，1 表示负数。有符号数的表示有原码、反码和补码等不同编码方式，这些编码方式称为码制。

（1）原码：最高有效位表示符号（正数用 0，负数用 1），其他位表示数值大小。

例：X = 106 = 01101010B 　　　【X】原 = 01101010B

　　　X = -106 　　　　　　　　　【X】原 = 11101010B

（2）反码：正数的反码与原码相同，最高符号位用 0 表示，其余位为数值位。而负数的反码则为它的正数的各位（包括符号位）按位取反而形成的，即 0 变成 1，1 变成 0。

例：X = 106 = 01101010B 　　　【X】反 = 01101010B

　　　X = -106 　　　　　　　　　【X】反 = 10010101B

负数的反码与原码有很大区别：最高符号位仍用 1 表示，但是数值位不同。

对于数值 0，在原码和反码中有 +0 和 -0 两种表示法。8 位二进制原码和反码所能表示的数值范围为 -127～+127。

（3）补码：正数的补码表示与原码相同，即最高符号位用 0 表示，其余位为数值位。而负数的补码则为它的反码在最低位上加 1 得到。

例：X = 106 = 01101010B 　　　【X】补 = 01101010B

　　　X = -106 　　　　　　　　　【X】补 = 10010110B

补码不分所谓的 +0 或 -0，只有一个表示形式。在计算机中，有符号数默认采用补码形式，所以补码应用最广泛。8 位二进制补码所能表示的数值为 -128～+127。-128 的补码为 10000000，-1 的补码为 11111111。

补码的一个好处是不同符号数相加不需要通过减法来实现，而可以直接按照二进制加法法则计算。

例：37 + （-69）= -32

　　00100101 + 10111011 = 11100000

同符号数的补码相加可能产生溢出，即结果超过了规定的数值范围。溢出会产生计算错误，使两个正数相加变成负数，两个负数相加变成正数。

例：89 + 67 = 156

　　01011001 + 01000011 = 10011100 = -100

4. 汉字编码

在计算机上处理汉字，必须先对汉字进行编码。汉字的处理主要包括编码输入、存储和输出 3 部分，分别对应着输入码、内部码和输出字形码。

汉字编码
- 输入码
  - 数字编码（如国际区位码）
  - 拼音码（如微软拼音）
  - 字形编码（如五笔字型）
- 内部码
  - 国标码
  - UCS
  - ……
- 字形码
  - 点阵
  - 矢量函数

（1）输入码：输入码解决的主要问题是如何利用西文标准的键盘将汉字输入到计算机中。汉字的输入码主要分为 3 类：数字编码、拼音码和字形编码。

① 数字编码是用数字串代表汉字，比较常用的是国标区位码。它将国家标准局公布的 6 763 个汉字分成 94 个区，每区 94 位，区码和位码各为两位的十进制数字，它们一起确定一个汉字。如"中"字在第 54 区 48 位，区位码为 5 448。数字编码输入的优点是无重码，缺点是编码难以记忆，而且输入一个汉字要按键 4 次，不便于输入。

② 拼音码以汉字拼音为基础，敲入拼音后在同音的字中进行选择，如微软拼音、智能 ABC 等。拼音码的优点是便于记忆，缺点是由于拼音输入重码率太高，选择比较耗时，影响了输入速度。

③ 字形编码以汉字的形状为基础，将汉字拆成偏旁部首和笔划，对这些部件用字母或数字进行编码，通过键入这些笔划组合成汉字，如五笔字型等。字形编码的重码率小，输入速度快，记忆有规律，比较流行。

（2）内部码：汉字内码是汉字在计算机或其他信息处理设备中存储、传输和处理的形式。国家标准局 GB2312-80 中规定了汉字的国标码，使用两个字节存放一个汉字的内码，每个字节的最高位为 1，这样两个字节各用 7 位，共可以表示 16 384 个汉字。以汉字"大"为例，国标码为 3473H，将两个字节的最高位置 1，得到机内码为 B4F3H。另外国标码等于区位码加上 2020H。

1993 年国际标准化组织公布了"通用多八位编码字符集"的国际标准 ISO/IEC10646，简称 USC，其中包括中、日、韩的文字，每个字符使用 4 个字节来表示。

（3）输出字形码

输出的汉字字形码表示汉字字形的字模数据，是汉字的输出方式。它通常用点阵、矢量函数等方式来表示。在用点阵表示汉字时，根据汉字输出的要求不同，点阵的大小也不同，简易型汉字为 16×16 点阵，高精度的汉字为 24×24 点阵、32×32 点阵、48×48 点阵等。汉字的矢量表示法将汉字看作笔划组成的图形，保存每个笔划矢量的坐标值，输出时将所有笔划组合起来得到字形信息。不同的汉字矢量表示占用的空间不同，而点阵法中每个汉字占用空间都相同。

5. 中央处理器 CPU

（1）CPU 的组成

CPU 主要由运算器和控制器组成，下面分别介绍这两部分。

① 运算器

运算器是对数据进行加工处理的部件，它主要完成算术运算和逻辑运算，完成对数据的加工和处理。运算器基本都是由算术/逻辑运算单元（ALU）、累加器 ACC、寄存器组、多路转换器和数据总线等逻辑部件组成。

② 控制器

计算机能执行的基本操作称为指令，一台计算机的所有指令组成指令系统。指令由操作码和地址码两部分组成，操作码指明操作的类型，地址码则指明操作数及运算结果存放的地址。

控制器的主要功能是从内存中取出指令，并指出下一条指令在内存中的位置。将取出的指令经指令寄存器送往指令译码器，经过对指令的分析发出相应的控制和定时信息，控制和协调计算机的各个部件的工作，以完成指令所规定的操作。

控制器主要由程序计数器（PC）、指令寄存器（IR）、状态条件寄存器、时序产生器、微操作信号发生器组成。

- 程序计数器（PC）：当程序顺序执行时，每取出一条指令，PC 内容自动增加一个值，指向下一条要取的指令。当程序出现转移时，则将转移地址送入 PC，然后由 PC 指向新的程序地址。
- 指令寄存器（IR）：用于存放当前要执行的指令。
- 指令译码器（ID）：对现行指令进行分析，确定指令类型、指令所要完成的操作以及寻址方式。
- 状态/条件寄存器：用于保存指令执行完成后产生的条件码，例如运算是否有溢出，结果为正还是为负，是否有进位等。此外，状态/条件寄存器还保存中断和系统工作状态等信息。
- 微操作信号发生器：把指令提供的操作信号、时序产生器提供的时序信号及由控制功能部件反馈的状态信号等综合成特定的操作序列，从而完成取指令的执行控制。

执行指令一般分为取指令、指令译码、按指令操作码执行和形成下一条指令地址 4 个步骤。

（2）CPU 的功能

CPU 的基本功能如下。

① 程序控制：CPU 通过执行指令来控制程序的执行顺序。

② 操作控制：一条指令功能的实现需要若干操作信号来完成，CPU 产生每条指令的操作信号并将操作信号送往不同的部件，控制相应的部件按指令的功能要求进行操作。

③ 时间控制：CPU 对各种操作进行时间上的控制。

④ 数据处理：CPU 对数据进行算术运算及逻辑运算等方式进行加工处理。

1.2.3 计算机体系结构

1. 计算机体系结构概述

计算机体系结构（Computer Architecture）是程序员所看到的计算机的属性，即概念性结构与功能特性。按照计算机系统的多级层次结构，不同级程序员所看到的计算机具有不同的属性。一般来说，低级机器的属性对于高层机器程序员基本是透明的，我们通常所说的计算机体系结构主要指机器语言级机器的系统结构。

一般来说，计算机体系结构的属性包含以下方面。

- 机内数据表示：硬件能直接辨识和操作的数据类型和格式；
- 寻址方式：最小可寻址单位、寻址方式的种类、地址运算；
- 寄存器组织：操作寄存器、变址寄存器、控制寄存器及专用寄存器的定义、数量

和使用规则;

- 指令系统:机器指令的操作类型、格式、指令间排序和控制机构;
- 存储系统:最小编址单位、编址方式、主存容量、最大可编址空间;
- 中断机构:中断类型、中断级别,以及中断响应方式等;
- 输入输出结构:输入输出的连接方式、处理机/存储器与输入输出设备间的数据交换方式、数据交换过程的控制;
- 信息保护:信息保护方式、硬件信息保护机制。

计算机组成(Computer Organization)指的是计算机系统结构的逻辑实现,包括机器内部数据流和控制流的组成以及逻辑设计等。其目标是合理地把各种部件、设备组成计算机,以实现特定的系统结构,同时满足所希望达到的性能价格比。一般而言,计算机组成研究的范围包括:确定数据通路的宽度、确定各种操作对功能部件的共享程度、确定专用的功能部件、确定功能部件的并行度、设计缓冲和排队策略、设计控制机构和确定采用何种可靠技术等。

计算机实现(Computer Implementation)是指计算机组成的物理实现。包括处理机、主存等部件的物理结构,器件的集成度和速度,器件、模块、插件、底板的划分与连接,专用器件的设计,信号传输技术,电源、冷却及装配等技术以及相关的制造工艺和技术。

计算机体系结构解决的是计算机系统在总体上、功能上需要解决的问题,它和计算机组成、计算机实现是不同的概念。一种体系结构可能有多种组成,一种组成也可能有多种物理实现。

2. 计算机体系结构的分类

(1)Flynn 分类法

1966 年,Michael.J.Flynn 提出根据指令流、数据流的多倍性(multiplicity)特征对计算机系统进行分类,定义如下。

- 指令流:机器执行的指令序列;
- 数据流:由指令流调用的数据序列,包括输入数据和中间结果;
- 多倍性:在系统性能瓶颈部件上同时处于同一执行阶段的指令或数据的最大可能个数。
- Flynn 根据不同的指令流-数据流组织方式把计算机系统分为 4 类。
- 单指令流单数据流(Single Instruction Stream Single Data Stream,SISD)

SISD 其实就是传统的顺序执行的单处理器计算机,其指令部件每次只对一条指令进行译码,并只对一个操作部件分配数据,它的结构如图 1-4 所示。

- 单指令流多数据流(Single Instruction Stream Multiple Data Stream,SIMD)

SIMD 以并行处理机为代表,其结构如图 1-5 所示。并行处理机包括多个重复的处理单元 $PU_1 \sim PU_n$,由单一指令部件控制,按照同一指令流的要求为它们分配各自所需的不同的数据。

- 多指令流单数据流(Multiple Instruction Stream Single Data Stream,MISD)

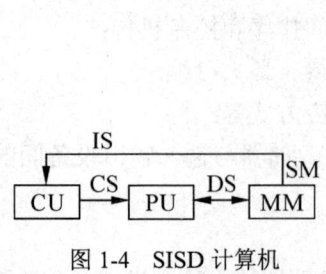

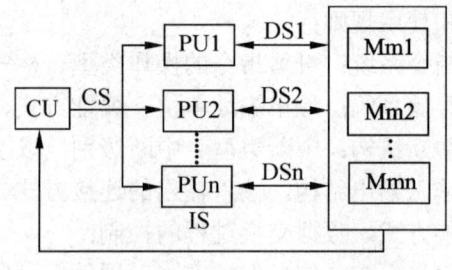

图 1-4　SISD 计算机　　　　　　　　　图 1-5　SIMD 计算机

MISD 的结构如图 1-6 所示，它具有 n 个处理单元，按 n 条不同指令的要求对同一数据流及其中间结果进行不同的处理。一个处理单元的输出又作为另一个处理单元的输入。

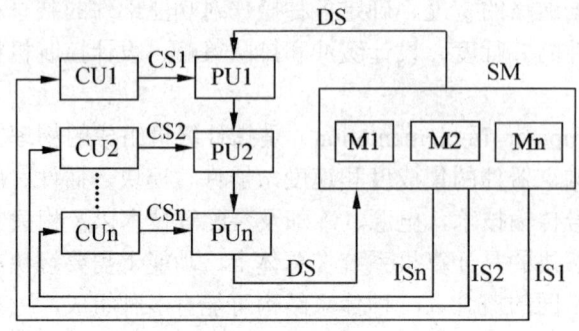

图 1-6　MISD 计算机

* 多指令流多数据流（Multiple Instruction Stream Multiple Data Stream，MIMD）

MIMD 的结构如图 1-7 所示，它是指能实现作业、任务、指令等各级全面并行的多机系统，多处理机就属于 MIMD。

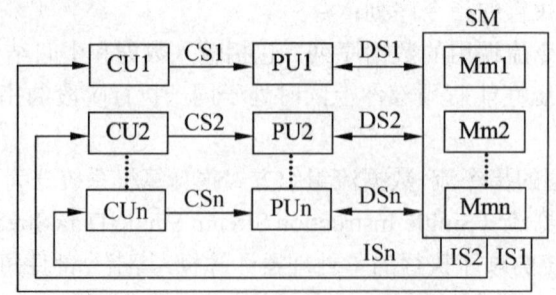

图 1-7　MIMD 计算机

（2）冯式分类法

1972 年，美籍华人冯泽云教授提出用最大并行度 P_m 来对计算机体系结构进行分类。最大并行度 P_m 定义为计算机系统在单位时间内所能处理的最大二进制位数。设每一个时钟周期 Δt_i 内能处理的二进制位数为 P_i，则 T 个时钟周期内平均并行度

$$P_a = (\sum P_i)/T$$

其中 i 为 1、2、…、T。平均并行度取决于系统的运行程度，与应用程序无关。所以系统在周期 T 内的平均利用率为 $u = P_a/P_m = (\sum P_i)/(T \times P_m)$

冯式分类法把计算机系统分为 4 类。

- 字串位串（Word-Serial and Bit-Serial，WSBS）：字宽 = 1，位宽 = 1；
- 字并位串（Word-Parallel and Bit-Serial，WPBS）：字宽>1，位宽 = 1；
- 字串位并（Word-Serial and Bit-Parallel，WSBP）：字宽 = 1，位宽>1；
- 字并位并（Word-Parallel and Bit-Parallel，WPBP）：字宽>1，位宽>1。

其中，字宽表示在一个字中同时处理的二进制位数，位宽表示一个位片中能同时处理的字数。

3. 系统结构中并行性的发展

并行性是指在同一时刻或同一时间间隔内完成两种或两种以上性质相同或不同的工作。只要时间上互相重叠，就存在并行性。并行性分为同时性和并发性。

同时性指两个或两个以上事件在同一时刻发生。

并发性指两个或两个以上事件在同一时间间隔内发生。

提高计算机系统并行性可以提高性能，一般有 3 种途径，分别为时间重叠、资源重复和资源共享。

从计算机信息处理的步骤和阶段的角度看，并行处理可分为：

- 存储器操作并行；
- 处理器操作步骤并行（流水线处理机）；
- 处理器操作并行（阵列处理机）；
- 指令、任务、作业并行（多处理机、分布处理系统、计算机网络）。

从 20 世纪 80 年代开始，在计算机系统结构上有了很大发展，相继出现了精简指令集计算机（RISC）、指令级上并行的超标量处理机、超级流水线处理机、超长指令计算机、多微处理机系统、数据流计算机等。

20 世纪 90 年代以来，最主要的发展是大规模并行处理（MPP），其中多处理机系统和多计算机系统是研究开发的热点。

1.2.4　存储系统

存储系统主要用于保存数据和程序，没有任何一种单一的技术能够完全优化地满足计算机存储系统的要求：高速存取、大容量和低成本。因为在存储器技术中，存在以下的制约关系。

- 存储器读写速率越高，每位的成本也越高；
- 存储器容量越大，每位的成本也越低；
- 存储器容量越大，读写速率越低。

解决这一难点的方法就是采用多级存储体系结构（Memory Hierarchy）。

1. 存储器系统的特征

（1）位置

存储器系统由分布在计算机各个不同部件的多种存储设备组成：位于 CPU 内部的寄存器，以及用于 CPU 的控制存储器。内部存储器是可以被处理器直接存取的存储器，又称为主存储器（Main Memory，MM），有时也简称为主存或内存；外部存储器需要通过 I/O 模块与处理器交换数据，又称为辅助存储器，也简称为辅存或外存。除了正在执行的程序和处理的数据存放在主存储器外，其他所有信息都保存在辅助存储器中，当需要时再从辅存调入主存。

为了提高性能，弥补 CPU 处理速度和内存存取速度之间的差异，设置了高速缓冲存储器 cache，其容量小但速度快，位于 CPU 和主存储器之间，用于存放 CPU 正在执行的程序段和所需数据。

（2）存储器单元

衡量主存储器容量大小的单位通常是字节或字，而外存储器的容量一般用字节表示，下面介绍几个与存储器单元有关的概念。

- 字（word）：字是存储器组织的基本单元，一个字可以是一个字节，也可以是多个字节，其实际大小依赖于具体的机器实现。
- 可寻址单元（addressable unit）：通常，存储器的可寻址单元就是字，但有的存储器允许在更小的尺寸上进行寻址。如果某个系统的存储器地址宽度为 A 位，则该系统的可寻址单元数 $N = 2^A$，某段存储器的可寻址单元数等于两个边界地址相减。如某存储器地址宽度为 20 位，且地址从 40000H 到 BFFFFH，则这段存储器的可寻址单元数为 80000H = 512K，如果存储器寻址到字节，则容量为 512KB。
- 传输单元（unit of transfer）：对主存而言，传输单元就是一次写入存储器或者从存储器读出的位数；对辅存而言，数据通常以更大的尺寸进行输入输出。

（3）存取方式

常用的存取方式有顺序存取、直接存取、随机存取和相联存取 4 种。

- 顺序存取（sequential access）：存储器的数据以记录的形式进行组织。对数据的访问必须按特定的线性顺序进行，使用一个共享的读写装置对所有数据进行访问。访问时间取决于读写装置访问存储单元的顺序。比如磁带存储器的访问方式就是顺序存取。
- 直接存取（direct address）：与顺序存取相似，直接存取也使用一个共享的读写装置对所有的数据进行访问。但每个数据块（记录）都拥有唯一的地址标识，读写装置可以直接移动到目的数据块的所在位置进行访问。存取时间是可变的。磁盘存储器就是采用直接存取的方式。
- 随机存取（random access）：存储器的每一个可寻址单元都具有自己唯一的地址和读写装置，系统可以在相同的时间内对任意一个存储单元的数据进行访问，而与先前的访问序列无关。主存储器就是采用随机存取的方式。

- 相联存取（associative access）：这也是一种随机存取的形式，但是选择某一单元进行读写是取决于其内容而不是地址。与普通的随机存取方式一样，每个单元都有自己的读写装置，读写时间也是一个常数。使用相联存取方式，可以对所有的存储单元的特定位进行比较，选择符合条件的单元进行访问。一般 cache 可能采用这种存取方式。

（4）性能

存储系统的性能主要由存取时间、存储器带宽、存储周期和数据传输率等来衡量。

- 存取时间：对于随机存取，存取时间就等于完成一次读或写所花的时间；对于非随机存取，存取时间就等于把读写装置移动到目的位置所需的时间。
- 存储器带宽：每秒钟能访问的位数。如果存储器周期是 500ns，而每个周期可访问 4 字节，则带宽为 64Mbps。
- 存储周期：主要是针对随机存取而言，一个存储周期就等于两次相邻的存取之间所需的时间。
- 数据传输率：每秒钟输入/输出的数据位数。对于随机存取而言，数据传输率是存储器周期的倒数。

（5）物理介质

常用的存储介质有半导体存储器、磁介质存储器和光存储器 3 种。

（6）物理特性

- 易失性存储器：当断电时，保存在易失性存储器里的内容就会丢失，如内存。
- 非易失性存储器：保存在非易失性存储器里的内容不会因断电而丢失。除非对其进行写入操作，否则数据不会被破坏。
- 不可改写存储器：数据一旦写入，就无法更改。

2. 存储器的层次结构

计算机采用多级存储器体系的目的在于能够获得尽可能高的存取速率，同时保持较低的成本。一般将高性能计算机的存储体系结构描述成三层存储器层次结构，分别指高速缓存 cache、主存储器和辅助存储器。也有人将存储器层次分为 4 层，考虑了 CPU 内部的寄存器。计算机的存储器层次如图 1-8 所示。

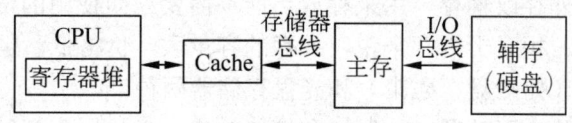

图 1-8　多级存储层次结构

3. 存储器的分类

存储器的分类方法有很多。

（1）按照存储器的位置，可以分为内存和外存。

（2）按存储器的材料，可以分为磁存储器、半导体存储器和光存储器。

（3）按存储器的工作方式，可以分为读写存储器和只读存储器。

（4）按存储器的访问方式，可以分为按地址访问的存储器和按内容访问的存储器。

（5）按存储器的寻址方式，可以分为随机存储器、顺序存储器和直接存储器。

4. 主存储器

主存储器也称为主存或内存，它设在主机内或主机板上，用来存放机器当前运行所需要的程序和数据，以便向 CPU 提供信息。相对于外存，其特点是容量小、速度快。

主存储器的种类有很多，大概包括以下几种。

（1）RAM（Random Access Memory）：RAM 既可以写入也可以读出，但断电后信息无法保存，因此只能用于暂存数据。RAM 又可分为 DRAM 和 SRAM 两种。

- DRAM（Dynamic RAM）：信息会随时间逐渐消失，因此需要定时对其进行刷新维持信息不丢失。
- SRAM（Static RAM）：在不断电的情况下信息能够一直保持而不会丢失。

（2）ROM（Read Only Memory）：只读存储器，信息已固化在存储器中。ROM 出厂时其内容由厂家用掩膜技术（mask）写好，只可读出，但无法改写。一般用于存放系统程序 BIOS 和用于微程序控制。

（3）PROM（Programmable ROM）：可变成 ROM，只能进行一次写入操作，但可以在出厂后，由用户使用特殊电子设备进行写入。

（4）EPROM（Erasable PROM）：可擦除的 PROM，其中的内容既可以读出，也可以写入。但是在一次写操作之前必须用紫外线照射 15～20 分钟以擦去所有信息。

（5）EEPROM（Electrically EPROM）：电可擦除 EPROM，与 EPROM 相似，可以读出也可以写入，但在写操作以前，不需要把以前的内容先擦去。能够直接对寻址的字节或块进行修改，只不过写操作所需的时间远远大于读操作所需的时间，其集成度较低。

（6）闪速存储器（Flash Memory）：其性能介于 EPROM 与 EEPROM 之间，与 EEPROM 相似，可以使用电信号进行删除操作。整块闪存可以在数秒内删除，速度远高于 EPROM，可以选择删除某一块而非整块芯片的内容，但还不能进行字节级别的删除操作。集成度与 EPROM 相当，高于 EEPROM。

5. 外存储器

外存储器也称为外存或辅存，用来存放当前不需要立即使用的信息，在需要时，可把需要的信息调入内存。相对于内存来说，外存的容量大，价格低，但速度慢。外存储器主要分为磁表面存储器（如磁盘、磁带）和光盘存储器两种。

磁盘存储器由盘片、驱动器、控制器和接口组成。盘片用来存储信息；驱动器用于驱动磁头沿盘面径向运动以寻找目标磁道位置，驱动盘片以额定速率稳定旋转，并且控制数据的写入和读出。控制器接受主机发来的命令，将它转换成磁盘驱动器的控制命令，并实现主机和驱动器之间数据格式的转换和数据传送，以控制驱动器的读写操作。一个控制器可以控制一台或多台驱动器。接口是主机和磁盘存储器之间的连接逻辑。

为正确存储信息，将盘片划成许多同心圆，称为磁道，从外到里编号，最外一圈为 0 道，往内道号依次增加。沿径向的单位距离的磁道数称为道密度，单位为 tpi（每英寸磁道数）。将一个磁道沿圆周等分为若干段，每段称为一个扇段或扇区，每个扇区可存放一个固定长度的数据块，如 512B。磁道上单位距离可记录的比特数称为位密度，单位为 bpi（每英寸比特数）。因为每条磁道上的扇区数相同，而每个扇区的容量大小又一样，所以每条磁道的容量都相同。又因为里圈磁道圆周比外圈磁道的圆周小，所以里圈磁道的位密度要比外圈磁道的位密度高，最内圈的位密度称为最大位密度。

一般新的磁盘需要进行格式化，格式化分为物理格式化（低级格式化）和逻辑格式化（高级格式化）。物理格式化把磁道划分成若干扇区，每个扇区又划分为标识区和数据区，并将有关信息写入磁盘，但 DATA 段空着。逻辑格式化包括建立文件目录表、磁盘扇区分配表、磁盘参数表等。

磁盘容量有两种，一种是非格式化容量，它指一个磁盘能存储的总位数；另一种是格式化容量，它指各扇区中 DATA 区容量总和，计算公式如下：

非格式化容量 = 盘片面数 ×（磁道数/面）× 内圆周长 × 最大位密度

格式化容量 = 盘片面数 ×（磁道数/面）×（扇区数/道）×（字节数/扇区）

磁盘的平均访问时间公式为：

平均访问时间 = 控制延迟 + 寻道时间 + 旋转延迟 + 传输延迟

寻道时间指磁头移动到要读写的磁道上的平均时间；旋转延迟指磁头移到要读写的磁道上，等待磁盘旋转使磁头转到要读写的记录扇区位置的时间；传输延迟指磁头就位后读写磁盘的时间。一般来说由于寻道时间是驱动硬盘的磁头的机械臂物理运动，所需时间最长，所以顺序地读硬盘中的内容比随机地读所花时间要少。

磁盘的平均等待时间一般指旋转延迟，它等于磁盘转半圈的时间，公式为：

平均等待时间 = 1/（转速 × 2）

在磁头就位后，磁盘的数据传输速率公式为：

数据传输速率 = 磁道总字节数扇区 × 磁盘转速

= 扇区记录字节数 × 每道扇区数 × 磁盘转速

6. 相联存储器

相联存储器是一种按内容访问的存储器。其工作原理就是把数据或数据的某一部分作为关键字，将该关键字与存储器中的每一单元进行比较，找出存储器中所有与关键字相同的数据字。相联存储器的部件包括输入检索寄存器、屏蔽寄存器、比较器、存储体、匹配寄存器、数据寄存器、地址寄存器和地址译码器。

相联存储器可用在高速缓冲存储器（cache）中；在虚拟存储器中用来作段表、页表或快表存储器；用在数据库和知识库中。

7. 高速缓存（cache）

设置高速缓存的目的在于提高 CPU 数据输入输出的速率。高速存储器能以极高的速率进行数据的访问，但因其价格高昂，如果计算机的主存储器完全由这种高速存储器组成则会大大增加计算机的成本。所以通常在 CPU 和主存储器之间设置小容量的高速存储器 cache，cache 容量小但速度快，主存储器速度相对较低但容量大，通过优化调度算法，系统的性能会大大改善，容量等于主存而速度接近于 cache。

高速缓存用来存放当前使用的程序和数据，是主存局部域的副本，它的特点是：容量一般在几 KB 到几 MB 之间；速度一般比主存快 5～10 倍，由快速半导体存储器构成；其内容是主存局部域的副本，对程序员来说是透明的。

高速缓存由控制部分和 cache 两部分组成。cache 部分用来存放主存的部分副本信息。控制部分的功能是判断 CPU 要访问的信息是否在 cache 中，若在即为命中，若不在则没有命中。命中时直接对 cache 存储器寻址；未命中时，要按照替换规则，决定主存的一块信息放在 cache 的哪一块里面。

高速缓存中需要将主存地址转换成 cache 地址，这种地址的转换称为地址映像，cache 的地址映像有 3 种方法，分别为直接映像、全相联映像和组相联映像。

（1）直接映像

指主存中的每一个块只能被放置到 cache 中唯一的一个位置，如图 1-9 所示。一般来说，对于主存中的第 i 块，设它映像到的 cache 的第 j 块，则

$$j = i \bmod (N)$$

其中 N 为 cache 的块数。设 $N = 2^m$，则当表示为二进制数时，j 实际上就是 i 的低 m 位，所以可以直接用主存地址的低 m 位去选择直接映像 cache 中的相应块。

例如，如果主存地址是 12345H，cache 的块数为 256，即 m = 8，每块包含 16 字节，则该主存地址在主存中对应的块数为 1234H，在 cache 中的映射的块号为 34H，对应的块内地址为 5H，所以对应的 cache 地址是 345H。

直接映像的优点是地址变换简单，计算是否命中时只需要检查 cache 中的一个块；缺点是灵活性差，两块映射到同一 cache 块的内存不能同时调入 cache，即使 cache 中有空块也无法利用。如上例中主存地址 12340H 和 22340H 都映射到 cache 的 34H 块，它们不能同时调入 cache。

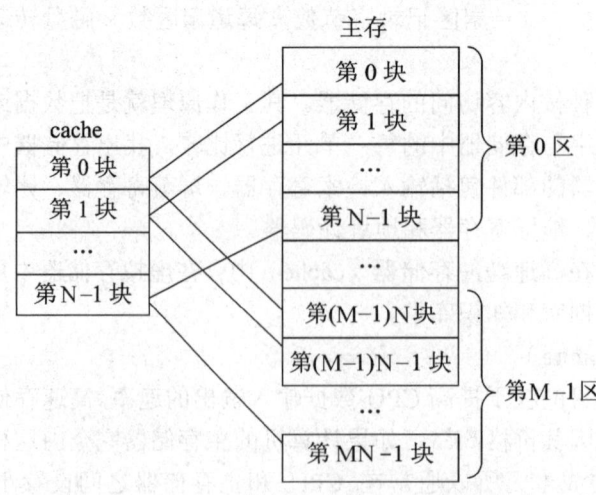

图 1-9 cache 的直接映象

（2）全相联映像

指主存中的任一块可以被放置到 cache 中的任一位置的方法，如图 1-10 所示。全相联方法的优点是对 cache 空间的利用率最高，只要存在空的 cache 块就可以直接调入需要的内存；缺点是无法从主存块号中直接得到 cache 的块号，检查命中时比较复杂，速度较慢。

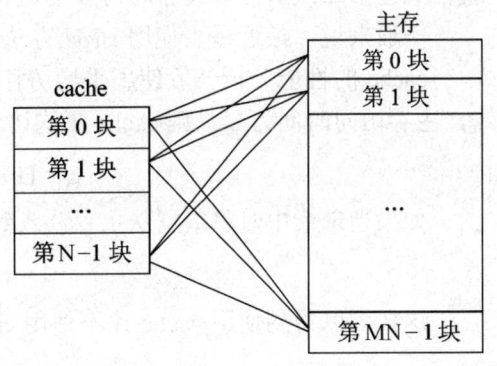

图 1-10　全相联映像

（3）组相联映像

指主存中的每一块可以被放置到 cache 中唯一的一个组中的任何一个位置（cache 被等分为若干组，每组由若干个块构成）。这是直接映像和全相联映像方法的一种折中。一个主存块首先是映像到唯一一个组上（直接映像的特征），然后这个块可以被放入这个组中的任何一个位置（全相联的特征）。如图 1-11 所示，内存中某一区的第 i 组只能映像到 cache 的第 i 组中，但可以映射到第 i 组中的任何一块。如果一个组内有 n 个块，则称为 n 路组相联，当 n = 1 时，它等于直接映像；当 n = N 时，它等于全相联映像。

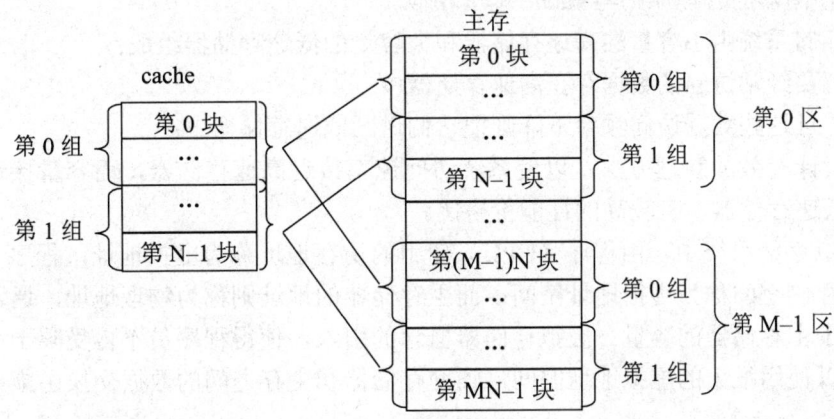

图 1-11　组相联映像

在这种方式下，通过直接映像方式决定组号，在一组内再用全相联映像方式来决定 cache 中的块号，然后对比主存地址决定是否命中。

cache 中使用替换算法来决定新读入的数据放入到哪个块中，替换算法的目标是使 cache 获得更高的命中率。常用的替换算法如下。

① 随机替换算法：用随机数发生器产生一个要替换的块号。

② 先进先出（FIFO）算法：cache 控制器为每块设置时间标志，选择最先进入 cache 的信息块作为替换。

③ 最近最少使用（LRU）算法：cache 控制器为每块设置访问标志，选择近期最少使

用的一个数据块替换，效果比 FIFO 要好。

④ 优化替换算法：这种方法需要先执行一次程序，统计 cache 替换情况，然后使用先验信息在第二次执行该程序时可以用最有效的方式来替换。

一般来说，最近最少使用 LRU 方法在实际中效果最好。

cache 的性能分析一般使用平均访存时间，设 cache 的命中率为 H，cache 存取时间为 t_c，主存访问时间为 t_m，则 cache 平均访存时间 t_a 为：

$$t_a = H \times t_c + (1 - H) \times t_m$$

如果当未命中时将数据从主存读入到 cache 中，则平均访问时间为：

$$t_a = t_c + (1 - H) \times t_m$$

这样可以得到使用 cache 比不使用 cache 的访问存储器速度提高的倍数 r：

$$r = t_m / t_a$$

8. 虚拟存储器

计算机里的程序和数据通常都存放在外存储器中，直到 CPU 需要时才调入到主存储器。虚拟存储系统的作用是给程序员一个更大的"虚拟"的存储空间，其容量可远远超过主存储器的容量，而与辅助存储器容量相当。

虚拟存储器的管理原则与 cache 基本相似。

- 存储系统由小容量的高速存储器和大容量的低速存储器组成；
- 把要经常访问的数据存在高速存储器中；
- 一旦这些数据访问频率下降则把它们送回低速存储器中；
- 设计有效的管理方法，以使系统访问速率接近高速存储器，而容量接近大容量的低速存储器，有较高的性能价格比。

在虚拟存储系统中，由程序（CPU）使用的访存地址称为虚拟地址，程序（CPU）直接访问的存储空间称为虚拟地址空间；而主存储器的地址则称为物理地址，通常虚拟地址空间远大于主存储器的容量。虚拟存储器概念的引入，使得程序员不再受限于主存储器的容量，可以使用很大的虚拟地址空间，辅助存储器和主存之间的数据交换由虚拟存储系统自动实现。

虚拟存储器一般分为页式虚拟存储器、段式虚拟存储器和段页式虚拟存储器。

（1）页式虚拟存储器是以页作为虚拟存储器系统使用的最小单位，它把主存和虚存空间分割成固定大小的页面，分别称为物理页面和虚拟页面。实现页式管理，须建立虚页与实页间的关系表，称为页表，使用页表可以将程序的虚拟地址变换为主存的实地址。当要访问某一个存储单元（字，word）就需要把包含该单元的整个页面调入主存中。由于页面的划分由虚拟管理系统负责，与程序逻辑结构无关，因此调入该页往往会引入很多无用的内容。页式管理的优点是页表硬件少，查表速度快，主存零头少；缺点是分页无逻辑意义，不利于存储保护。

（2）段式虚拟存储器是以程序的逻辑结构形成的段（如某一独立程序模块、子程序等）

作为主存分配依据的一种段式虚拟存储器的管理方法。为实现段式管理，需建立段表，可以将程序的虚拟地址转换成主存的实地址。段与页不同，段长是不固定的，由程序员设计。而且页式地址空间中所有地址都是连续的，而段式存储器是由段号＋段内偏移量组成完整地址的，段内地址连续而段间不连续。段式管理的优点是段的界限分明，支持程序的模块化设计，易于对程序段的编译、修改和保护；便于多道程序的共享。主要缺点是因为段的长度不同，所以主存利用率不高，且因为段间地址不连续会产生大量的内存碎片，造成浪费；段表庞大，查表速度慢。

（3）段页式虚拟存储器是页式虚拟存储器和段式虚拟存储器两者相结合的一种管理方法。程序先按逻辑结构分段，然后对每一段分成若干相同大小的页。程序的调入调出按页进行，而程序又可以按段实现保护。这种方法兼有段式和页式的优点，只是地址变换速度比较慢。

当主存已满而又需要从外存调入新页面时，就要从主存中替换一个页面。替换哪个页面由页面替换算法决定，思路与 cache 中的替换算法类似。

9. 磁盘阵列技术

磁盘阵列是由多台磁盘存储器组成的并行外存系统。RAID 表示廉价冗余磁盘阵列，它通过采用冗余的低成本器件来改善性能，从而得到更高的可靠性。

RAID 机制有 6 个级别，分别为 RAID0～RAID5。

① RAID0（无冗余和校验的数据分块）：具有最高的 I/O 性能和最高的磁盘空间利用率，由 N 个磁盘存储器组成的 0 级阵列的数据传输率是单个磁盘存储器的 N 倍，磁盘空间利用率为 100%，易管理，无冗余和校验数据，但没有容错能力。主要应用于那些关注性能、容量和价格而不是可靠性的应用程序。

② RAID1（磁盘镜像阵列）：由磁盘对组成，每个工作盘都有一个对应的镜像盘，上面保存着与工作盘完全相同的数据拷贝，具有最高的安全性，但磁盘空间利用率只有 50%。RAID1 提供数据的实时备份，主要用于存放重要数据，一旦发生故障，所有的关键数据即刻就可使用。

③ RAID2（采用纠错海明码的磁盘阵列）：采用了海明码纠错技术，用户需增加校验盘来提供纠错功能。对数据的访问设计阵列中的每一个盘。大量数据传输时 I/O 性能较高，但不利于小批量数据传输，在实际应用中很少使用。

④ RAID3（采用奇偶校验码的磁盘阵列）：相对于 RAID2 减少了用于检验的磁盘存储器的数量，从而提高了磁盘阵列的空间利用率，一般只用一个校验盘，采用奇偶校验法位交叉。

⑤ RAID4（采用奇偶校验码的磁盘阵列）：是一种可独立对组内各磁盘进行读写的磁盘阵列，采用奇偶校验法块交叉，只使用一个独立的校验盘。

⑥ RAID5（无独立校验盘的奇偶校验码磁盘阵列）：与 RAID4 类似，但是没有独立的校验盘，校验信息分布在组内所有盘上，所以对于大、小批量数据读写性能都很好。

除此之外还有 RAID6、RAID7 等，这里不做说明。

1.2.5 指令系统

处理器指令集的设计是计算机体系结构设计的一个极其重要的环节。在早期的计算机里，由于硬件设计技术的限制，处理器的指令系统很小，指令也很简单，以减少硬件电路、降低成本。随着电子技术的发展，硬件成本不断下降，计算机的指令系统也逐渐变大。为了缩短指令系统和高级语言之间的差别，便于高级语言的编译，人们最初选择了向指令系统中加入更多更复杂的指令，这些指令将原来由软件实现的功能改由硬件实现，另外为保持向前的兼容性，指令集只加不减，所以导致指令系统越来越庞大复杂。这种类型的计算机称为复杂指令集计算机（Complex Instruction Set Computer，CISC）。由于 CISC 要求硬件过于复杂，另外指令种类太多不便于流水线操作，难以改善系统性能，人们提出了精简指令系统的想法。这种类型的计算机指令少，结构简单，便于优化，被称为精简指令集计算机（Reduced Instruction Set Computer，RISC）。

1. CISC 计算机的特点

- 指令数量众多：通常有 100～250 条指令，可以简化编译过程。
- 指令使用频率相差悬殊：最常用的一些简单指令仅占指令总数的 20%，但出现频率却占 80%。大部分复杂指令很少使用。
- 支持很多种寻址方式：通常有 5～20 种。
- 变长的指令格式：其指令长度不固定，增加了指令译码电路的复杂性。
- 指令可以对存储器单元中的数据直接进行处理：可以直接处理内存，影响速度。

2. RISC 计算机的基本原理

由于 CISC 计算机中指令使用频率相差悬殊，人们考虑只保留 20%最简单的指令，使指令集尽可能简单。通过简化指令的途径使计算机的结构更加简单合理，以减少指令的执行周期数，从而提高运算速度。

计算机执行程序所需的时间 P 由 3 方面因素决定，高级语言程序编译后产生的机器指令数 I、执行每条指令所需的平均周期数 CPI 以及每个机器周期的时间 T。

$$P = I \times CPI \times T$$

由于 RISC 指令系统比较简单，所以编译后产生的 RISC 指令要大于相应的 CISC 指令数。但是由于 RISC 结构简单，其每个机器周期的时间小于 CISC 的机器周期时间。并且随着 RISC 硬件结构的改进，大部分指令可以在一个机器周期内完成，其 CPI 远小于 CISC 的 CPI，因此 RISC 上程序所需的执行时间小于该程序在 CISC 上的运行时间。

3. RISC 计算机的特点

指令数量少：RISC 机优先选取使用频率最高的一些简单指令以及常用指令，避免使用复杂指令。典型的 RISC 指令系统中的指令大多数都是执行寄存器－寄存器操作，对存储器的操作仅提供了读和写两种方式，所有的计算都在 CPU 寄存器里进行。

- 指令的寻址方式少：通常只支持寄存器寻址、立即数寻址以及相对寻址方式。
- 指令长度固定、指令格式种类少：可以使译码相对容易。

- 访问存储器方式简单：只提供从存储器读数的 Load 和将数据写入存储器的 Store 两条指令与存储器交互。其他所有操作都在 CPU 的寄存器间进行。
- 以硬布线逻辑控制为主：而 CISC 一般使用微程序控制。
- 易于流水线操作：由于指令系统简单，因此易于利用流水线技术使大部分指令在一个机器周期内完成。
- CPU 中有大量寄存器：可以用来存放中间数据，优化对数据的访问，提高性能。

1.2.6 输入输出技术

外部设备经过输入输出（I/O）系统与计算机相连。I/O 系统向外设发布控制命令决定外设要执行的操作，例如向 I/O 系统发送数据或接收从 I/O 系统来的数据以及其他一些设备特定的操作。输入输出系统是计算机和外界进行数据交换的通道，但它不仅仅只是把外部设备和系统总线简单连接起来，而且还具有某些"智能"，即负责处理外设和总线通信控制。

1. I/O 设备的编址方式

I/O 设备的编址方式主要有两种：统一编址和独立编址。
- 统一编址：内存和 I/O 设备接口统一编址，即内存地址和接口地址在一个公共的地址空间中，从中取出一部分作为接口地址，其他的作为内存地址，使用相同的指令来访问内存和接口。这种方式的优点是指令相同增加了对接口的操作能力，缺点在于内存地址不连续。
- 独立编址：内存和 I/O 设备的地址相互独立完全隔离。这种方式的优点是在程序中很容易辨别是内存还是接口；缺点是用于内存和接口的指令不能互相使用，这样对接口的访问指令比较少，能力较弱。

一般来说，输入输出系统主要有 3 种方式与主机交换数据，分别为程序控制方式、中断方式和 DMA 方式。

2. 程序直接控制方式

由程序主动控制外设，完成主机与外设之间的数据传送，方法简单，硬件开销小。它又可以分为无条件传送方式和程序查询方式。

无条件传送方式的情况下，外设总是准备好的，它可以无条件地随时接收 CPU 发来的输出数据，也可以随时向 CPU 提供需要的数据。

在程序查询方式下，需要外设有状态位，利用 CPU 执行程序查询外设的状态，判断外设是否准备好接收或输入数据。程序查询方式的过程如图 1-12 所示。

程序直接控制方式的主要缺点有如下两方面。

（1）降低了 CPU 的效率，因为程序需要不断循环访问

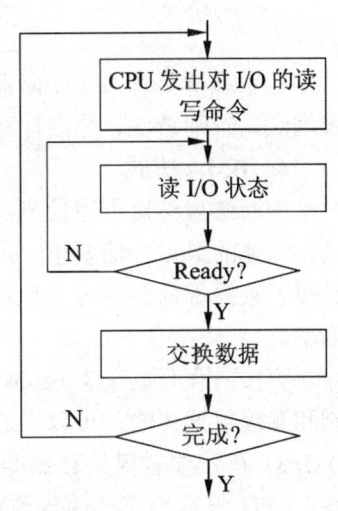

图 1-12　程序查询方式

状态。

（2）对突发事件不能实时响应，在程序处理别的事情时无法响应事件。

3. 中断方式

由程序控制 I/O 的方法的主要缺点在于 CPU 必须等待 I/O 系统完成数据传输任务，在此期间 CPU 需定期地查询 I/O 系统的状态，以确认传输是否完成。因此整个系统的性能严重下降。

为了克服该缺陷，把中断机制引入到 I/O 传输过程中。CPU 利用中断方式完成数据的输入/输出：当 I/O 系统与外设交换数据时，CPU 无须等待也不必去查询 I/O 的状态，而可以抽身出来处理其他任务。当 I/O 系统完成了数据传输后则以中断信号通知 CPU。CPU 保存正在执行程序的现场，转入 I/O 中断服务程序完成与 I/O 系统的数据交换。然后再返回原程序继续执行。与程序控制方式相比，中断方式因为 CPU 无须等待而提高了效率。中断方式的处理过程如图 1-13 所示。

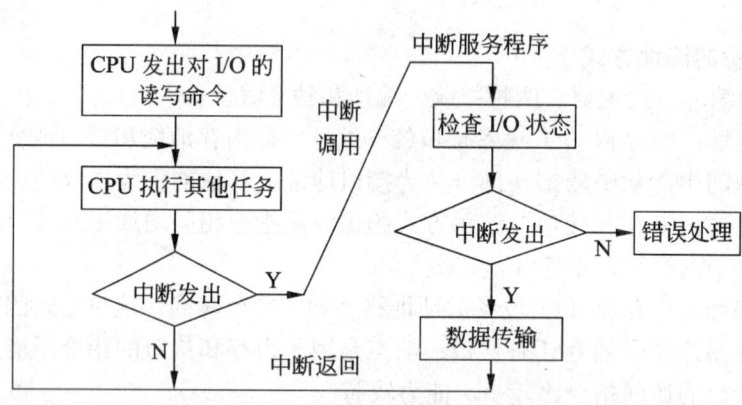

图 1-13　中断方式的传输过程

在系统中具有多个中断源的情况下，常用的处理方法有：多中断信号线法、中断软件查询法、雏菊链法、总线仲裁法和中断向量表法。

4. DMA 方式

中断法虽然比程序控制法更有效，但这两种方法都是由软件来完成数据的传输，难以满足高速的数据传输要求。并且在主存和 I/O 模块之间进行数据交换仍需要 CPU 控制，并且每一数据都需要经过 CPU 中转。这样不仅影响了 CPU 工作效率也降低了 I/O 数据传输率。

直接内存存取（Direct Memory Access，DMA）方法使用 DMA 控制器（DMAC）来控制和管理数据传输，可以不通过 CPU 来实现数据在内存和 I/O 设备间的直接整块传输。DMAC 在传输时提供存储器地址和必需的读写控制信号，实现外设和存储器间的数据交换，CPU 只需要在开始传输和结束传输时进行一下处理，传输过程不需要 CPU 的参与，这样就大大提高了传输速度。DMA 方式的传输过程如图 1-14 所示。

DMA 方式的缺点是如果有多个外设都要执行输入输出操作，CPU 管理复杂，内存和外设之间数据交换极为频繁，增加了访问内存操作的冲突，也会影响整个系统效率的提高。

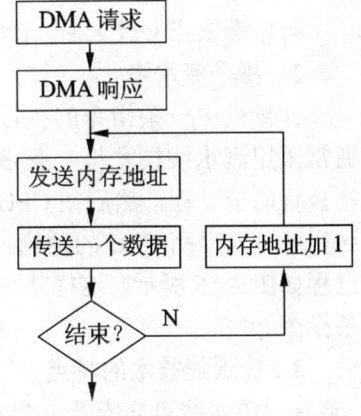

图 1-14　DMA 方式传输过程

5．输入输出处理机（IOP）

前面几种输入输出方式适用于外设不多，速度不高的小型或微型机中，实现起来不是很复杂。在大型计算机中，外设很多，要求计算机的速度很高。采用程序传送查询、中断或 DMA 均会因输入输出而造成过大的开销，影响计算机的整体性能。为此，提出了输入输出处理机。

输入输出处理机是一个专用处理机，它连接在主计算机上，主机的输入输出操作由它来完成。它根据主机的 I/O 命令，完成对外设数据的输入输出。输入输出由 IOP 来完成，提高了主机的工作效率。

输入输出处理机的数据传送方式有 3 种：字节多路方式、选择传送方式和数组多路方式。

1.2.7　流水线操作

1．流水线技术的基本原理

流水线技术是通过并行硬件来提高系统性能的常用方法，它是一种任务的分解技术。它将一件任务分解为若干顺序执行的子任务，不同的子任务由不同的执行机构负责执行，而这些机构可以同时并行工作。在任一时刻，任一任务只占用其中一个执行机构，这样就可以实现多个任务的重叠执行，以提高工作效率。

图 1-15 所示的就是一个流水线的例子，图中一个任务分为 5 个子任务，分别由 S_1、S_2…、S_5 完成，并且有 8 个任务正在同时处理。从图中可以看出，由于多个任务可以重叠执行，虽然完成一个任务的时间与单独的执行该任务相近，但是从整体看完成多个任务所需的时间大大减少。

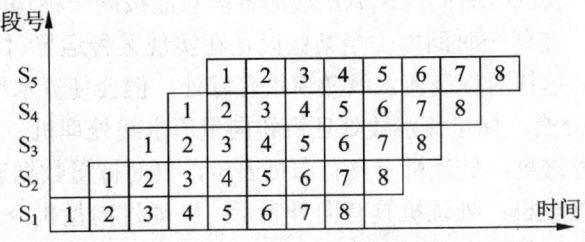

图 1-15　流水线的时空图例子

假设有某种类型的任务，共可分成 N 个子任务，每个子任务需要时间 t，则完成该任务需要时间 Nt。若以单独执行的方式完成 k 个任务，则共需要时间 kNt。若以流水线方式执行，则经过 Nt 时间第 1 个任务完成，再经过 t 时间完成第 2 个任务，所以完成 k 个任务所需时间为：Nt + (k - 1)t = (N + k - 1)t。在图 1-15 中 N = 5，k = 8，需要时间为 (5 + 8 - 1)t = 12t。

可以看出当 k 较大时，(N + k - 1)t << kNt。

2. 指令流水线

计算机中一条指令的执行需要若干步，通常采用流水线技术将一条指令分解为一连串执行的子过程，然后在 CPU 中重叠执行，这样就可以提高 CPU 的性能。指令流水线的过程如图 1-16 所示，这样就可以同时执行多条指令。

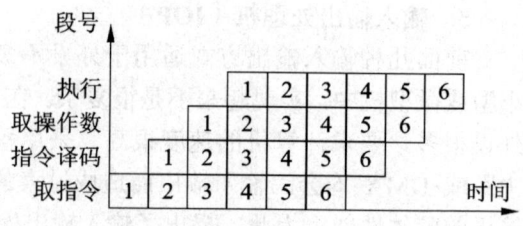

图 1-16　指令流水线的处理时空图

3. 流水线技术的特点

- 流水线可分成若干个相互联系的子过程。
- 每个子过程由专用的功能段实现。
- 各个功能段所需时间应尽量相等，否则，时间长的功能段将成为流水线的瓶颈。
- 流水线需要有"通过时间"（第一个任务流出结果所需的时间），在此之后流水过程才进入稳定工作状态，每一个时钟周期流出一个结果。
- 流水技术适合于大量重复的时序过程，只有输入段能连续地提供任务，流水线的效率才能充分发挥。

4. 流水线的分类

流水线可按不同的观点进行分类，一般来说流水线可以分为如下几种类型。

（1）按功能分类：单功能流水线和多功能流水线。

- 单功能流水线：只能完成一种固定功能的流水线，如浮点加法流水线。
- 多功能流水线：流水线各段可以进行不同的连接，从而使流水线在不同的时间，或者在同一时间完成不同的功能。

（2）按同一时间内各段之间的连接方式来分类：静态流水线和动态流水线。

- 静态流水线：在同一时间内，流水线的各段只能按同一种功能的连接方式工作。
- 动态流水线：在同一时间内，当某些段正在实现某种运算时，另一些段却在进行另一种运算。这样对提高流水线效率很有好处，但会使流水线控制变得很复杂。

（3）按数据表示分类：标量流水线处理机和向量流水线处理机。

- 标量流水线处理机：处理机不具有向量表示，仅对标量数据进行流水处理。
- 向量流水线处理机：处理机具有向量表示，并通过向量指令对向量的各元素进行处理，它是向量数据表示和流水技术的结合。

（4）按流水的级别分类：部件级、处理机级及处理机间流水线。

- 部件级流水线：又叫运算操作流水线，它将处理机的算术逻辑部件分段，以便为各种数据类型进行流水操作。
- 处理机级流水线：又叫指令流水线，它把解释指令的过程按照流水方式处理。

- 处理机间流水线：又叫宏流水线，它是由两个以上的处理机串行地对同一数据流进行处理，每个处理机完成一项任务。

（5）按流水线中是否有反馈回路来进行分类：线性流水线和非线性流水线。

- 线性流水线：指流水线的各段串行连接，没有反馈回路。
- 非线性流水线：指流水线中除有串行连接的通路外，还有反馈回路。

5. 流水线性能分析

（1）吞吐率

吞吐率是衡量流水线速度的重要指标。它是指单位时间内流水线所完成的任务数或输出结果的数量。对指令来说就是单位时间执行的指令数。如果流水线的子过程所用时间不一样长，则最大吞吐率 p 应为最长子过程的倒数，即：

$$p = 1 / \max\{\Delta t_i\}$$

（2）建立时间

流水线开始工作，需经过一段时间才能达到最大吞吐率，这就是建立时间，如果 m 个子过程所用时间一样，均为 Δt_0，则建立时间 $T_0 = m\Delta t_0$。

6. 影响流水线性能的主要因素

流水线的关键之处在于"重叠执行"，为得到高的性能表现，流水线应该满负荷工作，即各个阶段都要同时并行的工作。但是在实际情况中，流水线各个阶段可能会互相影响，阻塞流水线，使其性能下降。阻塞主要由以下两种情形引起：执行条件转移指令和共享资源冲突。

（1）执行条件转移指令

在顺序执行指令或无条件转移指令时，流水线可以得到下一条指令的地址，从而并行地工作。但当执行条件转移指令时，流水线在执行完这条指令前无法确定下一条指令的地址，导致了流水线的闲置，性能下降。

（2）共享资源访问冲突

当多条指令以流水线方式重叠执行时，可能会引起对共享的寄存器/存储器资源访问次序的变化，因此将导致冲突——这种情况又称为数据相关。

如果指令在重叠执行过程中，硬件资源满足不了指令重叠执行的要求，发生资源冲突时将产生结构相关。

另外中断请求也会影响流水线的性能。

1.2.8 总线结构

在计算机系统中，必须将多个子系统连接起来，例如存储器、CPU、I/O 设备等，这就需要一个统一的接口，总线就是这样一种接口，它作为各子系统之间共享的通信链路，主要优点是低成本和多样性；主要缺点是必须独占使用，限制了系统中的 I/O 吞吐量。从广义上来讲，任何连接两个以上电子元器件的导线都可以称为总线，它通常分为以下 4 类。

- 芯片内总线：用在集成电路芯片内部连接各部分。

- 元件级总线：用于一块电路板内各元器件的连接。
- 内总线：又称系统总线，用于连接构成计算机的各部分。
- 外总线：又称通信总线，用于连接计算机与外设或计算机与计算机。

1. 内总线

内总线分为专用内总线和标准内总线。内总线的性能直接影响计算机的性能，常见的内总线标准如下。

（1）ISA 总线：ISA 是工业标准总线，适合于 16 位字长的数据处理。它向上兼容 PC 总线，在 PC 总线 62 个插座信号的基础上再扩充了另一个 36 个信号的插座构成 ISA 总线。它包括 24 条地址线、16 条数据线，控制总线，电源、地线等。

（2）EISA 总线：它是在 ISA 总线基础上发展起来的 32 位总线。该总线定义 32 位地址线、32 位数据线，以及其他控制信号线、电源线、地线等共 196 个接点。总线传输速率达 33 MBps。EISA 总线利用总线插座与 ISA 总线相兼容，插板插在上层为 ISA 总线信号，插在下层就是 EISA 总线。

（3）PCI（Peripheral Component Interconnect，即外围组件互连）总线：PCI 总线是目前微型机上广泛采用的内总线，它是一种为 CPU 和设备之间提供高性能数据通道的总线，由以 Intel 公司为首的一个 PCI 特别兴趣小组制定并维护。PCI 总线有适用于 32 位机的 124 个信号的标准和适用于 64 位机的 188 个信号的标准。PCI 总线的传输速率至少为 133 MBps，64 位 PCI 总线的传输速率是 266 MBps，具有很高的传输速率。PCI 总线的工作与处理器的工作是相互独立的，也就是说 PCI 总线时钟与处理器时钟是独立的、非同步的。PCI 总线有一个特别的地址空间——配置空间，用于协助实现总线设备上的即插即用功能。

2. 外总线

下面介绍一些外总线的标准。

（1）RS-232C：RS-232C 是串行外总线，主要特点是所需传输线比较少，最少只需 3 条线即可实现全双工通信；传输距离远，具有良好抗干扰性等。

（2）SCSI：小型计算机系统接口（SCSI）是并行外总线，广泛用于连接软硬磁盘、光盘、扫描仪等。该接口总线早期是 8 位的，后来发展到 16 位。该总线传输速率高达 320 MBps，最多可接 320 种外设。

（3）USB：USB（通用串行总线）由 4 条信号线组成，两条用于传送数据，两条作为电源。它可以支持 127 个设备。USB 1.0 支持两种传送速率：低速 1.5 Mbps，高速 12 Mbps。USB 2.0 的传送速率为 480 Mbps。USB 总线的最大优点在于支持即插即用并支持热插拔。USB 适用于键盘和调制解调器之类的低速外设。

（4）IEEE 1394：它是一种串行外总线，由 6 条信号线组成，两条用于传输数据，两条作为控制信号，两条作为电源。IEEE 1394 的一大优点是支持即插即用并支持热插拔。相对 USB 来说，IEEE 1394 具有更高的数据传输速率（高达 100 Mbps～200 Mbps，USB 为 12Mbps）。这样高的速率使它具备了足够的带宽支持 30 帧/s 的视频和音频双信号通道的传输，因此适用于磁盘和视频图像系统等高速设备。

1.2.9 多处理机与并行处理

1. 并行性的概念

所谓并行性就是指在同一时刻或同一时间间隔内完成两种或两种以上性质相同或不同的工作，只要时间上互相重叠，就都蕴涵了并行性。它包含了同时性和并发性两种含义。

可以采用多种途径提高计算机的并行性，常用的措施可以分为 3 类：时间重叠、资源重复和资源共享。

2. 并行处理机

并行处理机有时也称为阵列处理机（Array Processor），其得名于在单一控制部件控制下的由多个处理单元构成的阵列。并行处理机使用按地址访问的随机存储器（RAM），以单指令流多数据流（SIMD）方式工作。主要用于要求大量高速进行向量或矩阵运算的应用领域。

并行处理机的并行性来源于资源重复，把大量相同的处理单元通过互联网络连接起来，在统一的控制器控制下，对各自分配来的数据并行的完成同一条指令所规定的操作。

并行处理机的两种经典结构是分布式存储器的并行处理机和集中共享存储器的并行处理机。

并行处理机的特点有：强大的向量运算能力、并行方式来源于资源重复、利用并行性中的同时性、使用于专门领域等。

3. 多处理机

多处理机具有两个或两个以上的处理机，共享输入/输出子系统，在统一的操作系统控制下，通过共享主存或高速通信网络进行通信，协同求解一个大而复杂的问题。每台处理机都有自己的控制部件，可以执行独立的程序。多处理机是多指令流多数据流（MIMD）计算机。

多处理机按其构成可以分为异构型（非对称型）多处理机系统、同构型（对称型）多处理机系统和分布式处理系统。

多处理机有 4 种不同的互连方式，分别为：总线互连、交叉开关互连、多端口存储器和开关枢纽结构。

（1）总线结构：总线结构是一种最简单的结构形式，它把处理机与 I/O 之间的通信方式引入到处理机之间。总线结构中有单总线结构、多总线结构、分级式总线、环式总线等多种。

（2）交叉开关结构：交叉开关结构是设置一组纵横开关阵列，把横向的处理机 P 及 I/O 通道与纵向的存储器 M 连接起来的结构。

（3）多端口存储器结构：在多端口存储器结构中，将多个多端口存储器的对应端口连在一起，每一个端口负责一个处理机 P 及 I/O 通道的访问存储器的要求。

（4）开关枢纽式结构：在开关枢纽式结构中，有多个输入端和多个输出端，在它们之间切换，使输入端有选择地和输出端相连。因为有多个输入端，所以存在互连要求上的冲突。为此加入一个具有分解冲突的部件，称为仲裁单元。仲裁单元与一个输入端和多个输出端间进行转换的开关单元一起构成一个基本的开关枢纽。任何互联网络都是由一个或多个开关枢纽组成的。

多处理机的特点有结构灵活性、程序并行性、并行任务的派生、进程同步、资源分配和任务调度。

1.2.10　计算机安全性技术

1.　计算机安全概述

计算机安全是指计算机资产的安全，是要保证这些计算机资产不受自然和人为的有害因素的威胁和危害。计算机资产由系统资源和信息资源组成。系统资源包括硬件、软件、设备、相关资料等，还包括相关的服务系统和工作人员。信息资源包括计算机系统中存储、处理和传输的大量信息。

（1）信息安全的基本要素

信息安全的 5 个基本要素为机密性、完整性、可用性、可控性和可审计性。

① 机密性：确保信息不暴露给未授权的实体或进程。

② 完整性：只有得到允许的人才能修改数据，并能判别出数据是否已被篡改。

③ 可用性：得到授权的实体在需要时可访问数据。

④ 可控性：可以控制授权范围内的信息流向及行为方式。

⑤ 可审查性：对出现的安全问题提供调查的依据和手段。

（2）计算机的安全等级

计算机系统中的 3 类安全性指技术安全性、管理安全性及政策法律安全性。一些组织机构制定了安全评估准则，如下所述。

① 美国国防部（DOD）和国家标准局（NIST）的可信计算机系统评估准则 TCSEC/TDI，它将系统分为 4 组 7 个等级，安全级别由高到低分别为 A1、B3、B2、B1、C2、C1 和 D。

② 欧洲共同体的信息技术安全评估准则（ITSEC）。

③ ISO/IEC 国际标准。

④ 美国联邦标准。

（3）安全威胁

安全威胁是指某个人、物、时间对某一资源的机密性、完整性、可用性或合法性所造成的危害。某种攻击就是威胁的具体实现。安全威胁分为两类：估计（如黑客渗透）和偶然（如信息发往错误地址）。

典型的安全威胁有授权侵犯、拒绝服务、窃听、信息泄漏、截获/修改、假冒、否认、非法使用、人员疏忽、完整性破坏、媒体清理、物理入侵和资源耗尽。

（4）影响数据安全的因素

影响数据安全的因素有内部和外部两类。

2. 加密技术

数据加密是计算机安全中最重要的技术措施之一。密码学分为密码编码学和密码分析学两个分支。密码编码学是对信息进行编码实现隐蔽信息的一门学问；而密码分析学则是研究分析破译密码的学问，两者互相对立，而又互相促进向前发展。这里我们主要介绍密码编码学，它包括数据的加密和解密。

（1）数据加密和解密

对信息进行编码可以隐蔽和保护需要加密的信息，使未授权者不能提取信息。被隐蔽的信息称为明文，编码后明文变换成另一种隐蔽形式，称为密文。数据加密即是对明文按照某种加密算法进行处理，从而形成难以理解的密文。即使密文被截获，截获方也无法或难以解码，从而防止泄露信息。加密的逆过程，即由密文恢复成明文的过程称为解密。对明文进行加密时所采用的一组规则称为加密算法；而对密文进行解密时所采用的一组规则称为解密算法。加密和解密算法的操作通常都是在一组密钥控制下进行的，分别称为加密密钥和解密密钥。

数据加密和数据解密是一对可逆的过程，数据加密是用加密算法 E 和加密密钥 K_1 将明文 P 变换成密文 C，表示成：

$$C = E_{k1}(P)$$

数据解密是数据加密的逆过程，用解密算法 D 和解密密钥 K_2，将密文 C 转换成明文 P，表示为：

$$P = D_{k2}(C)$$

为了保护信息的保密性，抗击密码分析，信息加密系统应满足如下要求。

① 系统至少为实际上不可破，即从截获的密文或某些已知明文密文对，要决定密钥或任意明文在计算上是不可行的。

② 系统的保密性只依赖于密钥的保密。

③ 加密和解密算法是适用于所有密钥空间中的元素。

④ 系统便于实现和使用方便。

数据加密技术的关键在于以下方面。

① 密钥的管理：包括密钥的产生、选择、分发、更换和销毁等。

② 加密/解密算法：在数据加密过程中，必须选用适当的加密/解密算法。它的设计需要满足 3 个条件：可逆性、密钥安全和数据安全。

在一个密码体制中，如果加密密钥和解密相同，就称为对称密钥体制；如果加密密钥和解密密钥不同，且从一个难于推出另一个，则称为非对称密钥体制，这是 1976 年由 Diffe 和 Hellman 等人所开创的新体制。它们相应的对数据加密的技术分为对称加密技术和非对称加密技术。

（2）对称加密技术

对称加密技术又称为私人密钥加密技术，它的特点是加密和解密采用相同的密码。这种加密体制加密速度很快，通常用来加密大批量的数据。

目前常用的对称加密算法有:

- 数据加密标准算法（Digital Encryption Standard，DES）
- 三重 DES（3DES，或称 TDEA）
- RC-5（Rivest Cipher 5）
- 国际数据加密算法（International Data Encryption Algorithm，IDEA）

（3）非对称加密技术

传统的对称密钥体制在加密和解密时使用同一个密钥，这样在双方通信之前都必须提前获得密钥，这在网络通信大力普及的今天，已无法适应；电子商务需要对身份验证，因此不仅要解决保密问题，还必须解决认证问题，即需要保证接收者所收到和保存的信息确实是由真正的发送者发出的，既不是伪造的，也没有经第三者（也包括接收方在内）所篡改。这既包含了对发送方的证实，也包含了对接收方的证实，而这些要求，对称密钥体制是很难实现的，为此人们提出了一种新的密钥体制，使用非对称加密技术。

非对称加密技术又称为公开密钥加密体制，它的特点是加密和解密使用不同的密钥，其中一个是公开的，称为公开密钥（Public Key），一个是保密的，称为私有密钥（Private Key）。公开密钥和私有密钥是一对，如果用公开密钥对数据进行加密，就需要用对应的私有密钥才能解密；如果用私有密钥对数据进行加密，则只能用对应的公开密钥才能解密。

非对称加密算法实现机密信息交换的基本过程是：甲方生成一对密钥并将其中的一把作为公用密钥向其他方公开，得到该公用密钥的乙方使用该密钥对机密信息进行加密后再发送给甲方；甲方再用自己保存的私有密钥对加密后的信息进行解密，而其他没有该私有密钥的人无法读取该信息。

非对称加密有两个不同的模型，分别为加密模型和认证模型，如图 1-17、图 1-18 所示。

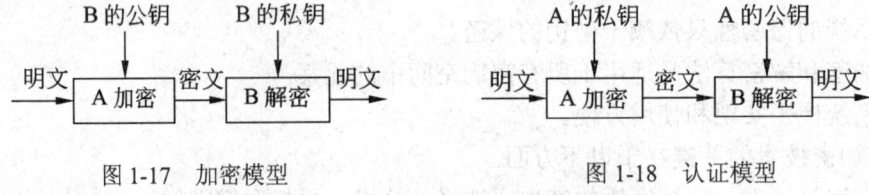

图 1-17　加密模型　　　　　　　　　图 1-18　认证模型

非对称加密算法的保密性比较好，它消除了最终用户交换密钥的需要，缺点是加密和解密速度慢，所以往往用在少量数据的通信中。典型的非对称密钥加密方法有 RSA 和 NTT 的 ESIGN。其中 RSA 的保密性基于数学上将一个大数分解为两个素数的问题的难度。

（4）密钥管理

数据加密的安全性在很大程度上取决于密钥的安全性。密钥的管理主要指密钥对的安全管理，包括密钥产生、密钥备份、密钥恢复和密钥更新等。

① 密钥对产生

密钥对的产生是证书申请过程中重要的一步，其中产生的私钥由用户保留，公钥和其他信息则交于 CA 中心进行签名，从而产生证书。根据证书类型和应用的不同，密钥对的产生也有不同的形式和方法。对普通证书和测试证书，一般由浏览器或固定的终端应用来产生，这样产生的密钥强度较小，不适合应用于比较重要的安全网络交易。而对于比较重要的证书，如商家证书和服务器证书等，密钥对一般由专用应用程序或 CA 中心直接产生，这样产生的密钥强度大，适合于重要的应用场合。另外根据密钥的应用不同，也可能会有不同的产生方式。比如签名密钥可能在客户端或 RA 中心产生，而加密密钥则需要在 CA 中心直接产生。

② 密钥备份和恢复

在一个公开密钥体系（Public Key Infrastructure，PKI）系统中，维护密钥对的备份至关重要。如果没有这种措施，当密钥丢失后，将意味着加密数据的完全丢失。对于一些重要数据，这将是灾难性的。所以，密钥的备份和恢复也是 PKI 密钥管理中的重要一环。企业级的 PKI 产品至少应该支持用于加密的安全密钥的存储、备份和恢复。密钥一般用口令进行保护，而口令丢失则是管理员最常见的安全疏漏之一。所以，PKI 产品应该能够备份密钥，即使口令丢失，它也能够让用户在一定条件下恢复该密钥，并设置新口令。

③ 密钥更新

每一个由 CA 颁发的证书都会有有效期。密钥对生命周期的长短由签发证书的 CA 中心来确定。各 CA 系统的证书有效期限有所不同，一般大约 2～3 年。当用户的私钥被泄漏或证书的有效期快到时，用户应该更新私钥。

3. 认证技术

为了防止信息被篡改、删除、重放和伪造，就需要系统具有对发送的信息验证的能力，使接收者或第三者能够识别和确认信息的真伪。实现这类功能的系统称为认证系统。信息认证要求能保证任何不知密钥的人不能构造出一个密文，使确定的接收者脱密成一个可理解的信息。

认证技术主要解决网络通信过程中通信双方的身份认可。认证的过程涉及到加密和密钥交换。通常，加密可使用对称加密、非对称加密及两种方法的混合等。认证方一般有账户名/口令认证、使用摘要算法认证和基于公开密钥体系 PKI 的认证。

（1）公开密钥体系 PKI（Public Key Infrastructure）

一个有效的 PKI 系统必须是安全的和透明的，用户在获得加密和数字签名服务时，不需要详细了解 PKI 的内部运作机制。在一个典型的完整有效的 PKI 系统中，除证书的创建和发布，特别是证书的撤销以外，一个可用的 PKI 产品还必须提供相应的密钥管理服务，包括密钥的备份、恢复和更新等。没有一个好的密钥管理系统，将极大影响一个 PKI 系统的规模、可伸缩性和在协同网络中的运行成本。在一个企业中，PKI 系统必须有能力为一个用户管理多对密钥和证书；能够提供安全策略编辑和管理工具，如密钥周期和密钥用途等。

PKI 是一种遵循既定标准的密钥管理平台，它能够为所有网络应用提供加密和数字签名等密码服务及所必需的密钥和证书管理体系。简单地说，PKI 就是利用公钥理论和技术建立的提供安全服务的基本设施。PKI 技术是信息安全技术的核心，也是电子商务的关键技术。PKI 的基础技术包括加密、数字签名、数据完整性机制、数字信封、双重数字签名等。完整的 PKI 系统必须具有权威认证机构（CA）、数字证书库、密钥备份及恢复系统、证书作废系统、应用接口（API）等基本构成部分。

① 认证机构（CA），即数字证书的申请及签发机关，CA 必须具备权威性的特征。

② 数字证书库，用于存储已签发的数字证书及公钥，用户可由此获得所需的其他用户的证书及公钥。

③ 密钥备份及恢复系统。如果用户丢失了用于解密数据的密钥，则数据将无法被解密，这将导致合法数据丢失。为避免这种情况，PKI 提供了备份与恢复密钥的机制。但须注意，密钥的备份和恢复必须由可信的机构来完成。并且，密钥备份与恢复只能针对解密密钥，签名私钥为确保其唯一性不能备份。

④ 证书作废系统，证书作废处理系统是 PKI 的一个必备的组件。由于证书在有效期内也可能需要作废，原因可能是密钥丢失或用户身份变更等。为实现这一点，PKI 必须提供作废证书的一系列机制。

⑤ 应用接口（API）：API 的价值在于使用户能够方便地使用加密、数字签名等安全服务，因此一个完成的 PKI 必须提供良好的应用接口系统，使得各种各样的应用能够以安全、一致、可信的方式与 PKI 交互，确保安全网络环境的完整性和易用性。

PKI 采用证书进行公钥管理，通过第三方的可信任机构（认证中心，CA）把用户的公钥和用户的其他标识信息捆绑在一起，其中包括用户名和电子邮件地址等信息，以在 Internet 上验证用户的身份。PKI 把公钥密码和对称密码结合起来，在 Internet 上实现密钥的自动管理，保证网上数据的安全传输。

（2）Hash 函数与信息摘要（Message Digest）

在数字签名时，大多数的方案只能对短的消息进行签名，而在一般的场合里，我们希望能签名更长的信息。解决这个问题的一个很自然的想法是将要签名的信息分块处理，产生一系列的小签名，最后合成一个大的签名。这样一来，不仅运行时间大大加长，更严重的是破坏了原消息的完整性。因此在实际应用中，我们通常不采用这种方法，而是利用一个非常快的公开的 Hash（散列）函数，对消息进行散列，生成一个规定长度的消息摘要，然后对这个摘要进行签名。

Hash 函数对于一个输入长度不固定的字符串，返回一串定长的字符串（又称 Hash 值）。单向 Hash 函数用于产生信息摘要。Hash 函数主要解决以下两个问题：在某一特定时间内，无法查找经 Hash 操作后生成特定 Hash 值的原报文；也无法查找两个经 Hash 操作后生成相同 Hash 值的不同报文。这样在数字签名中就可以解决验证签名和用户身份验证、不可抵赖性的问题。

信息摘要（MD）简要地描述了一份较长的信息或文件，它可以被看作是一份长文件的"数字指纹"。信息摘要用于创建数字签名。对于特定的文件而言，信息摘要是唯一的。信息摘要可以被公开，它不会透露相应文件的任何内容。MD2、MD4 和 MD5 是由 Ron Rivest 设计的专门用于加密处理的并被广泛使用的 Hash 函数，它们产生一种 128 位的信息摘要。

（3）数字签名和数字加密

在某些商业或金融领域内，由于其行业特征的要求，需要防止通信的一方否认或伪造通信内容，这时通常采用"数字签名"的方法。

签名是一种证明用户身份的信息。数字签名利用密码技术进行，其安全性取决于密钥体制的安全程度。由于密码体制的不断改进，使其可以获得比书面签名更高的安全性。公开密钥密码体制出现后，数字签名技术日趋完善，现在已经出现很多使用 RSA 和 ESIGN 算法实现的数字签名系统。

一般来讲，数字签名的目的是保证真实的发送方和真实的接收方之间传送真实的信息。因而完善的签名机制应体现发送方签名发送，接收方签名送回执。数字签名不同于传统的书面签名。数字签名是在一定的密码算法下，由密钥和数据参与运算的结果，因此它有两个特点：一是动态变化，随着密钥和数据的不同而不同，而传统的人工签名是不变的；二是签名与数据不可分离。数字签名利用非对称的密钥体制，其特点是有一个公钥 K_p 和一个密钥 K_s；发送方本人掌握密钥 K_s，而将密钥 K_p 公开；在数字签名时，方法先用密钥 K_s 对文件检验和签名：

$$M = D_{Ks}(P)$$

然后接收方用公钥 K_p 对其签名验证：

$$P = E_{Kp}(M)$$

由于 K_s 只有签名者自己掌握，因此其他人无法伪造签字，篡改数据。一旦签名验证符合，发送方无法否认曾经签发的数据。采用类似的方法，使接收方也无法否认曾经签发的回执。

数字签名主要经过以下几个过程。

① 信息发送者使用一单向 Hash 函数对信息生成信息摘要。

② 信息发送者使用自己的私钥签名信息摘要。

③ 信息发送者把信息本身和已签名的信息摘要一起发送出去。

④ 信息接收者通过使用与信息发送者使用的同一个单向 Hash 函数对接收的信息本身生成新的信息摘要，再使用信息发送者的公钥对信息摘要进行验证，以确认信息发送者的身份和信息是否被修改过。

数字加密主要经过以下几个过程。

① 当信息发送者需要发送信息时，首先生成一个对称密钥，用该对称密钥加密发送的报文。

② 信息发送者用信息接收者的公钥加密上述对称密钥。

③ 信息发送者将第一步和第二步的结果结合在一起传给信息接收者（称为数字信封）。

④ 信息接收者使用自己的私钥解密被加密的对称密钥，再用此对称密钥解密被发送方加密的密文，得到真正的原文。

数字签名和数字加密的过程虽然都是用公开密钥体系，但实现的过程正好相反，使用的密钥对也不同。数字签名使用的是发送方的密钥对，发送方用自己的私有密钥进行加密，接收方用发送方的公开密钥进行解密，这是一个一对多的关系，任何拥有发送方公开密钥的人都可以验证数字签名的正确性。数字加密则使用的是接收方的密钥对，这是多对一的关系，任何知道接收方公开密钥的人都可以向接收方发送加密信息，只有唯一拥有接收方私有密钥的人才能对信息进行解密。另外，数字签名只采用了非对称密钥加密算法，它能保证发送信息的完整性、身份认证和不可否认性，而数字加密采用了对称密钥加密算法和非对称密钥加密算法相结合的方法，它能保证发送信息的保密性。

（4）安全套接字层 SSL

安全套接字层 SSL（Secure Sockets Layer）协议是美国 Netscape 公司于 1996 年提出的一种主要用于 Web 的安全传输协议，可以为服务器和客户间的通信连接提供数据加密、服务器身份认证和消息完整性服务，根据服务器的选项，还可以对客户端进行认证。SSL 协议要求建立在可靠的传输层协议上，如 TCP 等，同时，高层的应用层协议，如 HTTP、FTP、Telnet 等可以透明地建立于 SSL 协议之上。SSL 安全协议的整个概念可以被总结为：一个保证任何安装了安全套接字的客户和服务器间事务安全的协议，它涉及所有 TCP/IP 应用程序。

SSL 协议可以使通信双方建立有安全保证的连接，主要提供 3 方面的服务。

① 用户和服务器的合法性认证。认证用户和服务器的合法性，使得它们能够确信数据将被发送到正确的客户机和服务器上。客户机和服务器都有各自的识别号，这些识别号由公开密钥进行编号。为了验证用户是否合法，安全套接层协议要求在握手交换数据时进行数字认证，以此来确保用户的合法性。

② 通信保密。SSL 协议采用加密算法保证通信保密。在整个通信过程中，无论是在客户机与服务器进行数据交换之前的加密算法、通信密码的协商、服务器认证工作，还是之后的数据传输，SSL 都采用了各种加密技术，防止非法破译。SSL 协议所采用的加密技术既有对称密钥技术，也有公开密钥技术。在客户机和服务器进行数据交换之前，交换 SSL 初始握手消息，并在 SSL 握手信息中采用了各种加密技术对其加密，并且用数字证书进行鉴别，防止非法用户进行破译。

③ 数据完整性保证。SSL 协议采用 Hash 函数和机密共享的方法来提供信息的完整性服务，建立客户机与服务器之间的安全通道，使所有经过 SSL 协议处理的业务在传输过程中能全部、完整、准确无误地到达目的地。

由于 SSL 协议保证了在 Internet 上交换信息双方的信息的安全性和可靠性，在 Web 上获得了广泛的应用，已推出了 2.0 和 3.0 版本。1996 年 4 月，IETF 成立了传输层安全（TLS）工作组，并于 1999 年 1 月发布了 RFC 2246，对 SSL 3.0 进行标准化，并将其称为 TLS（Transport Layer Security）。从技术上讲，TLS 1.0 与 SSL 3.0 的差别非常微小，TLS 的第一个版本可以看作是 SSL 3.1。

SSL 协议主要包括 SSL 记录协议和 SSL 握手协议。

SSL 记录协议（SSL Record Protocol）建立在可靠的传输协议（如 TCP）之上，为高层提供数据封装、压缩、数据认证和加密等功能。在 SSL 协议中，所有的 SSL 通信包括握手消息、安全空白记录和应用数据都被封装在记录中。记录是由记录头和长度不为 0 的记录数据组成。SSL 记录协议包括了记录头和记录数据格式的规定。

SSL 握手协议（SSL Handshake Protocol），包括 SSL Change Cipher Spec Protocol 和 SSL Alert Protocol，是 SSL 的高层协议，建立在 SSL 记录协议之上，用于通信双方进行身份认证、协商加密算法、交换加密密钥等，管理 SSL 交换。

SSL 协议同时使用对称密钥算法和公开密钥算法。前者在速度上比后者要快很多，但是后者可以实现更加方便的安全验证。为了综合利用这两种方法的优点，SSL 用公钥加密算法在客户端对服务器端进行验证，并传递对称密钥，然后再用对称密钥进行快速的数据加密和解密。

SSL 协议的握手过程包括如下几个阶段。

① 接通阶段：客户机通过网络向服务器打招呼，服务器回应；

② 密码交换阶段：客户机与服务器之间交换双方认可的密码，一般选用 RSA 密码算法，也有的选用 Diffie-Hellmanf 和 Fortezza-KEA 密码算法；

③ 会谈密码阶段：客户机与服务器间产生彼此交谈的交谈密码；

④ 检验阶段：客户机检验服务器取得的密码；

⑤ 客户认证阶段：服务器验证客户机的可信度；

⑥ 结束阶段：客户机与服务器之间相互交换结束的信息。

当上述动作完成之后，两者间的资料传送就会加密；另外一方收到资料后，再将编码资料还原。即使窃听者在网络上取得了编码后的资料，如果不知道密码算法，也无法得到可读的有用的资料。

发送时信息用对称密钥加密，对称密钥用非对称算法加密，再把两个包绑在一起传送过去。接收的过程与发送正好相反，先打开有对称密钥的加密包，再用对称密钥解密。

SSL 安全协议是国际上最早应用于电子商务的一种网络安全协议，至今仍然有很多网上商店使用。在电子商务交易过程中，由于有银行参与，按照 SSL 协议，客户的购买信息首先发往商家，商家再将信息转发银行，银行验证客户信息的合法性后，通知商家付款成功，商家再通知客户购买成功，并将商品寄送客户。

SSL 协议运行的基点是商家对客户信息保密的承诺，它有利于商家而不利于客户。客户的信息首先传到商家，商家阅读后再传到银行，这样，客户资料的安全性便受到威胁。商家认证客户是必要的，但整个过程中缺少了客户对商家的认证。目前这个问题越来越引起人们的注意。

（5）数字时间戳技术

数字时间戳技术就是数字签名技术的一个变种。在电子商务交易文件中，时间是十分重要的信息。在书面合同中，文件签署的日期和签名一样均是十分重要的防止文件被伪造和篡改的关键性内容。在电子商务中，利用数字时间戳服务（Digital Time Stamp Service，DTSS）提供对交易文件发表时间的安全保护。

数字时间戳是网上安全服务项目，由专门的机构提供。时间戳（Time-Stamp）是一个经加密后形成的凭证文档，它包括 3 个部分。

① 需加时间戳的文件的摘要（Digest）

② DTS 收到文件的日期和时间

③ DTS 的数字签名

时间戳产生的过程为：用户首先将需要加时间戳的文件用 Hash 编码加密形成摘要，然后将该摘要发送到 DTS。DTS 在加入了收到文件摘要的日期和时间信息后再对该文件加密（数字签名），然后送回用户。

书面签署文件的时间是由签署人自己写上的，而数字时间戳则不然，它是由认证单位 DTS 来加的，以 DTS 收到文件的时间为依据。因此，时间戳也可作为科学家的科学发明文献的时间认证。

4. 计算机病毒的防治

（1）计算机病毒的定义和特点

计算机病毒（Computer Virus）是一种程序，它的特点是可以修改别的程序使得被修改的程序也具有这种特性。根据我们国家的定义，计算机病毒是指编制或者在计算机程序中插入的破坏计算机功能或毁坏数据、影响计算机使用、并能自我复制的一组计算机指令或程序代码。它具有如下特点：寄生性、隐蔽性、非法性、传染性、破坏性等。

（2）计算机病毒的分类

计算机病毒按照病毒程序的寄生方式和对于系统的侵入方式可以分为如下几类。

① 系统引导型病毒：病毒寄生于磁盘介质上用来引导系统的引导区，借助引导过程进入系统，又称为 BOOT 型病毒。它分为迁移型和替代型两种。引导型病毒进入系统需要通过启动过程。

② 文件外壳型病毒：它寄生于程序文件中，当执行该程序文件时，病毒会进入系统并被执行。它的特点是会使文件长度增加。

③ 混合型病毒：它在寄生方式、进入系统方式和传染方式上兼有系统引导型病毒和文件外壳型病毒的特点，这种病毒传染性更强。

④ 目录性病毒：它将病毒文件装入系统，并不改变其他文件。

⑤ 宏病毒：Windows Word 宏病毒利用 Word 提供的宏功能，将病毒程序插入到带有宏的 doc 文件或 dot 文件中。这类病毒种类很多，传播速度快，往往对系统或文件造成破坏。在提供宏的其他软件中也有宏病毒，如 Excel 宏病毒。

（3）计算机病毒的繁衍

计算机病毒的种类在快速增加，对自身的隐蔽也越来越强，一般有如下几种手段：变种、病毒程序加密、多形性、伪装等。

（4）网络病毒

计算机网络在为计算机间数据共享和传输提供方便的同时，也为计算机病毒提供了快速传染的渠道。狭义来讲，网络病毒是指以计算机网络协议和体系结构作为传播途径并对网络系统进行破坏的病毒；广义上来讲，凡是通过网络进行传播的病毒都是网络病毒。

（5）计算机病毒防治

计算机病毒的防治主要有人工预防、软件预防和管理预防 3 种方法。

（6）网络安全技术

解决网络安全问题的技术主要有：划分网段、局域网交换技术和 VLAN 实现；加密技术、数字签名和认证、VPN 技术；防火墙技术；入侵检测技术；网络安全扫描技术等。

1.2.11　计算机可靠性模型

1. 计算机可靠性

计算机系统的可靠性指从它开始运行（t=0）到某时刻 t 这段时间内能正常运行的概率，用 R(t)表示。失效率是指单位时间内失效的元件数与元件总数的比例，以 λ 表示，当 λ 为常数时，可靠性 R 与失效率 λ 的关系为：

$$R(t) = e^{-\lambda t}$$

两次故障之间系统能正常工作的时间的平均值称为平均无故障时间（MTBF）：

$$MTBF = 1/\lambda$$

通常用平均修复时间（MTBF）来表示计算机的可维修性 S，即计算机的维修效率，指从故障发生到机器修复平均所需要的时间。计算机的可用性是指计算机的使用效率，它用系统在执行任务的任意时刻能正常工作的概率 A 来表示：

$$A = MTBF/(MTBF + MTRF)$$

计算机的 RAS 技术，就是指用可靠性 R、可用性 A 和可维护性 S 三个指标来衡量一个计算机系统。

2. 计算机的可靠性模型

常见的计算机系统可靠性模型有 3 种。

- 串联系统：一个系统由 N 个子系统组成，当且仅当所有子系统正常工作时，系统才能正常工作，这种系统称为串联系统。它的可靠性为各子系统可靠性之积。

$$R = R_1 R_2 \cdots R_N$$

其失效率为：
$$\lambda = \lambda_1 + \lambda_2 + \cdots + \lambda_N$$

- 并联系统：一个系统由 N 个子系统组成，只要有一个子系统正常工作时，系统就能正常工作，这种系统称为并联系统。它的可靠性为：

$$R = 1 - (1 - R_1)(1 - R_2) \cdots (1 - R_N)$$

- N 模冗余系统：N 模冗余系统由 N 个（N = 2n + 1）相同的子系统和一个表决器组成，表决器把 N 个子系统中占多数相同结果的输出作为系统的输出。只要有 n + 1 个子系统能正常工作，整个系统就能正常工作。

$$R = \sum_{i=n+1}^{N} \binom{j}{N} \times R_0^i (1 - R_0)^{N-i}$$

其中 $\binom{j}{N}$ 表示从 N 个元素中取 j 个元素的组合数。

3. 提高计算机的可靠性

提高计算机的可靠性一般有提高硬件质量和发展容错技术两种方法。

- 提高元器件质量，改进加工工艺与工艺结构，完善电路设计；
- 发展容错技术，使得在计算机硬件有故障的情况下，计算机仍能继续运行，得出正确的结果。

1.2.12 计算机系统的性能评价与故障诊断

1. 计算机系统的性能评价

（1）CPU 性能公式

为了衡量 CPU 的性能，可以将程序执行的时间进行分解。

$$CPU\ 时间 = 程序运行总时钟周期数/CPU\ 时钟频率$$

但是这两个参数不能反映程序本身的特性，考虑程序执行过程中处理的指令数 IC，则指令时钟数 CPI 为

$$CPI = 程序运行总时钟周期数/IC$$

则 CPU 时间为

$$总\ CPU\ 时间 = CPI \times IC/CPU\ 时钟频率$$

这个公式通常称为 CPU 性能公式，它的 3 个参数反映了体系结构相关的 3 个技术。

- 时钟频率：反映了计算机实现技术、生产工艺和计算机组织。
- CPI：反映了计算机实现技术、计算机指令集的结构和计算机组织。
- IC：反映了计算机指令集的结构和编译技术。

（2）性能评测的常用方法

- 时钟频率：一般来说主频越高，机器速度越快，但相同频率、不同体系结构的机器速度可能会相差很多，所以还需要用其他方法来测定机器性能。
- 指令执行速度：以 MIPS（每秒百万条指令）为计量单位。

$$MIPS = 指令条数/(执行时间 \times 10^6)$$
$$= 时钟频率/(CPI \times 10^6)$$

- 等效指令速度法：随着计算机指令系统的发展，指令种类大大增加，用单种指令的 MIPS 值来表征机器的运算速度的局限性日益暴露，因此出现了改进方法，称为吉普森（Gibson）混合法或等效指令速度法。它统计各类指令在程序中所占的比例，并进行折算来估计等效指令执行时间。
- 数据处理速率
- 核心程序法：上述的性能评价方法主要针对 CPU，它没有考虑诸如 I/O 结构、操作系统、编译程序的效率等对系统性能的影响，因此难以准确评价计算机的实际工作能力。核心程序法将应用程序中用的最频繁的那部分核心程序作为评价计算机性能的标准程序。

（3）基准测试程序

基准测试法是目前一致承认的测试性能的较好方法，常用的基准测试程序有：

- 整数测试程序
- 浮点测试程序
- SPEC 基准程序
- TPC 基准程序

基准程序测试法能比较全面地反应实际运行情况，但各个基准程序测试的重点有所不同。

2. 计算机故障诊断与容错

（1）计算机故障一般可以分为永久性故障、间歇性故障和瞬时性故障 3 类。

（2）故障诊断包括故障检测和故障定位两个方面。

故障检测是指检测并确定计算机系统有无故障的过程。

故障定位是指判定故障发生在哪个子系统、功能块或器件的过程。

通常故障诊断有 3 种方法：对电路直接进行测试的故障定位测试法、"检查诊断程序"法和微诊断法。

（3）计算机容错技术是指采用冗余方法消除故障影响，一般有时间冗余和元器件冗余两种方法。

时间冗余是指对同一计算进行重复运算，比较结果进行验算，可以解决偶然性故障。

元器件冗余是利用附件的硬件来保障局部有故障的情况下系统能正常工作。

1.2.13 小结

- 计算机系统由硬件系统和软件系统两部分组成。硬件是看得见、摸得着得物理装置；软件是程序、数据和相关文档的集合。硬件包括运算器、控制器、存储器、输入设备和输出设备 5 部分。硬件的典型结构包括单总线结构、双总线结构和采用通道的大型系统结构。

- 数制的互相转换方法。有符号数的码制有原码、反码和补码。字符的 ASCII 码表示，十进制数的 BCD 码表示。汉字编码包括输入码、内部码和字形码。中央处理器 CPU 主要由运算器和控制器组成。

- 计算机体系结构与计算机组成、计算机实现的区别。Flynn 分类法将计算机分为 SISD、SIMD、MISD 和 MIMD 四种。冯式分类法。并行性分为同时性和并发性。提高并行性的方法有时间重叠、资源重复和资源共享。

- 存储系统一般为层次结构。存储器的特征和分类。主存储器的类别，外存储器的结构以及容量计算。相联存储器是一种按内容访问的存储器。cache 的地址映像有直接映像、全相联映像和组相联映像。虚拟存储器分为页式、段式和段页式。廉价冗余磁盘阵列 RAID 有 6 个级别。

- 指令系统 CISC 和 RISC 的特点和比较。

- 输入输出中 I/O 接口的编址方法有统一编址和独立编址。输入输出系统与主机交换数据的方式有直接程序控制方式、中断方式和 DMA 方式。大型计算机中可采用输入输出处理机。
- 流水线的基本原理,时间估算,分类和性能分析。
- 总线分为内总线和外总线。常用总线的特点。
- 并行性的概念,多处理机是 MIMD 结构,并行处理机是 SIMD 结构。
- 计算机安全是要保证计算机资产不受威胁和危害。它包括加密、认证和对计算机病毒的防治。加密机制分为对称加密机制和非对称加密机制。
- 计算机可靠性模型包括串联系统、并联系统和 N 模冗余系统。
- 计算机性能的评测有指令执行速度、等效指令速度法等多种方法,其中基准测试程序是目前公认的最好方法。

1.3 重点习题解析

1.3.1 填空题

1. 计算机的硬件分成 5 大组成部件,分别为_____、_____、_____、_____和_____,其中_____负责把指令逐条从存储器中取出,经译码后向机器发出各种命令。

2. 计算机硬件的典型结构主要包括单总线结构、双总线结构和采用_____的大型系统结构。

3. 对于十进制数字 143,它的二进制表示是_____,八进制表示是_____,十六进制表示是_____,BCD 码是_____;十六进制数 3CF 对应的十进制数字是_____。

4. 假设某计算机中用一个字节表示一个数,那么数-117 的原码是_____,反码是_____,补码是_____,-117 与小于等于_____的数相加会产生溢出。

5. 16 位二进制原码所能表示的范围为_____,16 位反码所能表示的范围为_____,16 位补码所能表示的范围为_____。

6. X 和 Y 分别指两个二进制数运算符号,有规则如下。

    0X0 = 0   0X1 = 1   1X0 = 1   1X1 = 0
    0Y0 = 0   0Y1 = 0   1Y0 = 0   1Y1 = 1

则 X 是_____, Y 是_____。

7. 假设用 8 位表示一个数字,则-1 的补码是_____, -127 的补码是_____。

8. 国标码用_____字节表示一个汉字,如一个国标码为 3274,那么它对应的机内码为_____。

9. 汉字编码中字形码是汉字的输出方式,它的两种表示方式是_____和_____。

10. 中央处理器 CPU 主要由_____和_____组成。

11. 提高计算机系统并行性可以提高性能,一般有 3 种途径,分别为_____、_____

和_____。

12．相联存储器是按_____访问的存储器，它一般应用在_____中。

13．如果存储器周期是 400ns，而每个周期可访问 4 字节，则存储器带宽为_____。

14．计算机一般采用三层存储器层次结构，分别指_____、_____和_____。

15．高速缓存中需要将主存地址转换成 cache 地址，这种地址的转换称为地址映像，cache 的地址映像方法有_____、_____和_____。

16．如果一条流水线由 3 个子任务组成，它们分别需要的时间为 50ms、60ms 和 20ms，现在有 200 个任务需要流水执行，则需要的时间为_____。

17．3 个可靠性为 0.5 的子系统组成串联系统后可靠性是_____，组成并联系统后可靠性是_____。

18．计算机容错技术是指采用冗余方法消除故障影响，一般有_____和_____两种方法。

填空题参考答案

1．运算器　控制器　存储器　输入设备　输出设备　控制器

2．通道

3．10001111　217　8F　000101000011　975

解答：$143 \div 16 = 8$ 余 15，所以十六进制表示为 8F，转化为二进制 10001111，

每 3 个二进制字符转换为 1 个八进制字符，为 217

十六进制数 $3CF = 3 \times 16^2 + 12 \times 16 + 15 = 975$

4．11110101　10001010　10001011　− 12

解答：$117 = 75H = 01110101B$

所以 − 117 的原码为 11110101B、反码为 10001010B，补码为在反码上加 1，为 10001011B；

因为 8 位补码表示范围为 − 128～127，所以 − 117 加上小于等于 − 12 的数会产生溢出。

5．− 32767～ + 32767　− 32767～ + 32767　− 32768～ + 32767

解答：16 位原码和反码表示范围为 $−(2^{15} − 1)～2^{15} − 1$；补码中因为去掉了重复的 0，

所以下界要小 1，为 $−2^{15}～2^{15} − 1$。

6．与　异或

7．11111111　10000001

8．2　B2F4

解答：机内码等于将国标码两个字节的首位置 1。

9．点阵　矢量函数

10．运算器　控制器

11．时间重叠　资源重复　资源共享

12．内容　cache

13．80Mbps

解答：存储器的带宽 = 频率 × 每周期访问位数 = $1 \div 400\text{ns} \times 4\text{B} = 32 \div (400 \times 10^{-9})\text{bps}$
$$= 80\text{Mbps}$$

14. 高速缓存 cache　主存　辅存

15. 直接映像　全相联映像　组相联映像

16. 6070ms

17. 0.125　0.875

解答：串联系统可靠性等于各个子系统可靠性的乘积。

并联系统的可靠性 $R = 1 - (1 - R_1)(1 - R_2)\cdots(1 - R_N)$。

18. 时间冗余　元器件冗余

1.3.2　简答题

1. 简述 RISC 指令系统和 CISC 指令系统的区别。

解答：与 CISC 相比，RISC 指令系统的指令数量少，只有一些使用频率高的简单指令；支持的寻址方法少；指令长度固定；易于进行流水线操作；容易使用编译器进行优化。

而 CISC 指令系统中有很多不常使用的复杂指令，支持的寻址方式多，增加了硬件的复杂性，不利于流水化。

2. 写出 3 种主机与 I/O 系统交换数据的方式并加以比较。

解答：主机与 I/O 系统交换数据的方式主要有直接程序控制方式、中断方式和 DMA 方式。

程序直接控制方式的主要缺点是（1）降低了 CPU 的效率，因为程序需要不断循环访问状态；（2）对突发事件不能实时响应，在程序处理别的事情时无法响应事件。

与程序控制方式相比，中断方式因为 CPU 无须等待而提高了效率。

中断法虽然比程序控制法更有效，但这两种方法都是由软件来完成数据的传输，难以满足高速的数据传输要求。DMA 方法使用 DMA 控制器来控制和管理数据传输，可以不通过 CPU 来实现数据在内存和 I/O 设备间的直接整块传输，这样就大大提高了传输速度。

3. 简述使用直接内存存取 DMA 传输数据的过程。

解答：直接内存存取 DMA 传输数据的过程如下。

（1）向 CPU 申请 DMA 传送。

（2）获 CPU 允许后，DMA 管理器接管系统总线的控制权。

（3）在 DMA 控制器的控制下，在存储器和外部设备之间直接进行数据传送，在传送过程中不需要中央处理器 CPU 的参与。开始时需要提供要传送的数据的起始地址和数据长度。

（4）传送结束后，向 CPU 返回 DMA 操作完成信号。

4. 比较页式虚拟存储器和段式虚拟存储器的优缺点。

解答：页式虚拟存储器管理方法的主要优点是页表硬件少，查表速度快，主存零头少；主要缺点是分页无逻辑意义，不利于存储保护。

而段式虚拟存储器管理方法的优点是段的界限分明，支持程序的模块化设计，易于对程序段的编译、修改和保护；便于多道程序的共享。主要缺点是因为段的长度不同，所以主存利用率不高，且因为段间地址不连续会产生大量的内存碎片，造成浪费；段表庞大查表速度慢。

5．简述数字签名的主要过程。

解答：数字签名主要经过以下几个过程。

（1）信息发送者使用一单向 Hash 函数对信息生成信息摘要。

（2）信息发送者使用自己的私钥签名信息摘要。

（3）信息发送者把信息本身和已签名的信息摘要一起发送出去。

（4）信息接收者通过使用与信息发送者使用的同一个单向 Hash 函数对接收的信息本身生成新的信息摘要，再使用信息发送者的公钥对信息摘要进行验证，以确认信息发送者的身份和信息是否被修改过。

6．简述多级存储体系结构的原理。

解答：存储器系统主要用于保存数据和程序，没有任何一种单一的技术能够完全优化地满足计算机存储系统的要求：高速存取、大容量和低成本。因为在存储器技术中，存在以下的制约关系。

- 存储器读写速率越高，每位的成本也越高；
- 存储器容量越大，每位的成本也越低；
- 存储器容量越大，读写速率越低。

多级存储体系结构用如下的方法解决这个问题。

（1）存储系统由小容量的高速存储器和大容量的低速存储器组成；

（2）要经常访问的数据驻留在高速存储器中；

（3）一旦这些数据访问频率下降，则把它们送回低速存储器中；

（4）设计有效的管理方法，以使系统访问速率接近高速存储器，而容量接近大容量的低速存储器，有较高的性能价格比。

1.3.3　选择题

1．00110111B 是十进制数 37 的_____。

　　A．原码　　　　B．反码　　　　C．补码　　　　D．原码、反码、补码

2．在计算机上处理汉字，必须先对汉字进行编码。汉字的输入码主要分为数字编码、拼音码和字形编码，其中重码率最低的是_____。

　　A．数字编码　　B．拼音码　　　C．字形编码　　D．差不多

3．用作存储器的芯片有不同的类型。

可随机读写，且只要不断电则其中存储的信息就可一直保存的，称为___(1)___；

可随机读写，但即使在不断电的情况下其存储信息也要定时刷新才不致丢失的是___(2)___；

所存信息由生产厂家用掩膜技术写好后就无法再改变的称为___(3)___；

通过紫外线照射后可擦除所有信息，然后重新写入新的信息并可多次进行的是 (4)；通过电信号可在数秒内快速删除全部信息，但不能进行字节级别删除操作的是 (5)。

(1)、(2)

    A. RAM   B. VRAM   C. DRAM   D. SRAM

(3)、(4)

    A. EPROM   B. PROM   C. ROM   D. CD ROM

(5)

    A. EEPROM   B. Flash Memory

    C. EPROM   D. Virtual Memory

4. 设某流水线计算机主存的读/写时间为 100ns，有一个指令和数据合一的 cache，已知该 cache 的读/写时间为 10ns，取指令的命中率为 98%，取数的命中率为 95%。在执行某类程序时，约有 1/5 指令需要存/取一个操作数。假设指令流水线在任何时候都不阻塞，则设置 cache 后，每条指令的平均访存时间约为_____。

    A. 12ns   B. 15ns   C. 18ns   D. 120ns

5. 并行处理机以 (1) 方式工作；多处理机属于 (2) 结构。

(1)、(2)

    A. SISD   B. SIMD   C. MISD   D. MIMD

6. 中央处理器 CPU 主要由运算器和控制器组成，控制器中_____保存了程序的地址。

    A. 程序计数器   B. 指令寄存器

    C. 指令译码器   D. 状态/条件寄存器

7. 中央处理器 CPU 的主要功能不包括_____。

    A. 程序控制   B. 操作控制

    C. 时间控制   D. 传输数据

8. 计算机体系结构与计算机组成、计算机组成与计算机实现的关系分别是_____。

    A. 一对一、一对一   B. 一对多、一对一

    C. 一对一、多对一   D. 一对多、一对多

9. 磁带存储器使用的存取方式是 (1) ， (2) 采用随机存取方式。

    (1) A. 顺序存取   B. 直接存取

         C. 随机存取   D. 相联存取

    (2) A. 磁带存储器   B. 磁盘存储器

         C. 主存储器   D. cache

10. 格式化后的硬盘中，一个盘面上两圈不同的磁道 (1) 和 (2) 相同。

(1)、(2)

    A. 数据容量   B. 位密度   C. 扇区数   D. 圆周

11. 高速缓存 cache 有 3 种地址映像方式，分别为直接映像、全相联映像和组相联映像，其中_____的命中率最高。

A．直接映像　　　B．全相联映像　　C．组相联映像　　D．都一样

12. 当要将数据读入 cache 而 cache 已满时，需要将 cache 中已有的页面替换出去，_____替换算法的实际命中率最高。

A．先入后出（FILO）算法　　　　　　B．随机替换（RAND）算法

C．先入先出（FIFO）算法　　　　　　D．近期最少使用（LRU）算法

13. ___(1)___ 外总线是并行总线，___(2)___ 和 ___(3)___ 支持即插即用和热插拔。

(1)～(3)

A．RS-232C　　　B．SCSI　　　　C．USB　　　　D．IEEE 1394

14. _____属于非对称加密算法。

A．DES　　　　　B．RC-5　　　　C．RSA　　　　D．IDEA

15. 数字签名技术可以用于对用户身份或信息的真实性进行验证与鉴定，但是下列的_____行为不能用数字签名技术解决。

A．抵赖　　　　　B．伪造　　　　C．篡改　　　　D．窃听

16. 数据加密的方法很多，DES 是一种非常典型的数据加密标准，在 DES 中_____。

A．密钥和加密算法都是保密的

B．密钥和加密算法都是公开的，保密的只是密文

C．密钥是公开的，但加密算法是保密的

D．加密算法是公开的，保密的是密钥

17. 公钥加密有两个不同的模型：加密模型和认证模型。在加密模型中，发送者加密用的密钥和接收者解密用的密钥分别是 ___(1)___ ；在认证模型中，发送者加密用的密钥和接收者解密用的密钥分别是 ___(2)___ 。

(1) A．接收者的公钥，接收者的私钥　　B．接收者的私钥，接收者的公钥

C．发送者的公钥，接收者的私钥　　D．发送者的私钥，接收者的公钥

(2) A．接收者的公钥，接收者的私钥　　B．接收者的私钥，接收者的公钥

C．发送者的公钥，发送者的私钥　　D．发送者的私钥，发送者的公钥

18. 某硬盘有 2 个盘面，每个盘面有 50 条磁道，最内圈磁道圆周为 20cm，位密度为 400b/mm，格式化后每磁道扇区数为 16，每扇区有 512 个字节，磁盘转速为 7200 转/分，则该磁盘格式化前容量约为 ___(1)___ ，格式化后容量约为 ___(2)___ ，数据传输速率约为 ___(3)___ 。

(1) A．0.5MB　　　B．1MB　　　　C．2MB　　　　D．4MB

(2) A．0.2MB　　　B．0.5MB　　　C．0.8MB　　　D．1MB

(3) A．960KBps　　B．1920KBps　　C．480KBps　　D．240KBps

选择题参考答案

1. D

解答：正数的原码、反码和补码都一样。

2. A

3. (1) D　　(2) C　　(3) C　　(4) A　　(5) B

4. B

解答：

由于取指令命中率为 98%，所以取指时间为 $2\% \times 100\text{ns} + 98\% \times 10\text{ns} = 11.8\text{ns}$

由于取数命中率为 95%，所以取数时间为 $5\% \times 100\text{ns} + 95\% \times 10\text{ns} = 14.5\text{ns}$

由于 1/5 的指令需要取数，所以每条指令的访存时间为

$$14.5\text{ns} \div 5 + 11.8\text{ns} = 14.7\text{ns} \approx 15\text{ns}$$

5. （1）B　　　（2）D

6. A

7. D

8. D

9. （1）A　　　（2）C

10. （1）A　　　（2）C

11. B

12. D

13. （1）B　　　（2）C　　　（3）D

14. C

15. D

16. D

17. （1）A　　　（2）D

18. （1）B　　　（2）C　　　（3）A

解答：非格式化容量 = 盘片面数 × (磁道数/面) × 内圆周长 × 最大位密度

$$= 2 \times 50 \times 200\text{mm} \times 400\text{b/mm} = 8 \times 10^6\text{b} = 10^6\text{B} \approx 1\text{MB}$$

格式化容量 = 盘片面数 × (磁道数/面) × (扇区数/道) × (字节数/扇区)

$$= 2 \times 50 \times 16 \times 512\text{B} = 800\text{KB} \approx 0.8\text{MB}$$

数据传输速率 = 扇区记录字节数 × 每道扇区数 × 磁盘转速

$$= 512\text{B} \times 16 \times 7200 \text{ 转/分} = 8\text{KB} \times 120 \text{ 转/s} = 960\text{KBps}$$

1.4　模拟试题

1. 单指令流多数据流计算机由_____。

    A．单一控制器、单一运算器和单一存储器组成

    B．单一控制器、多个执行部件和多个存储器模块组成

    C．多个控制部件同时执行不同的指令，对同一数据进行处理

    D．多个控制部件、多个执行部件和多个存储器模块组成

2. _____不是 RISC 的特点。

    A．指令的操作种类比较少　　　　B．指令长度固定且指令格式较少

C．寻址方式比较少　　　　　　D．访问内存需要的机器周期比较少

3．按照 Flynn 的分类，奔腾 PII 的 MMX 指令采用的是　__(1)__　模型，而当前的高性能服务器与超级计算机则大多属于　__(2)__　类。

（1）A．SISD　　　B．SIMD　　　C．MISD　　　D．MIMD
（2）A．SISD　　　B．SIMD　　　C．MISD　　　D．MIMD

4．如果 I/O 设备与存储器设备进行数据交换不经过 CPU 来完成，这种数据交换方式是_____。

A．程序查询　　B．中断方式　　C．DMA 方式　D．无条件存取方式

5．中央处理器 CPU 中的控制器是由一些基本的硬件部件构成的。_____不是构成控制器的部件。

A．时序部件和微操作形成部件　　　　B．程序计数器
C．外设接口部件　　　　　　　　　　D．指令寄存器和指令译码器

6．在关于主存与 cache 地址映射方式中，叙述_____是正确的。

A．全相联映射方式适用于大容量 cache
B．直接映射是一对一的映射关系，组相联映射是多对一的映射关系
C．在 cache 容量相等条件下，直接映射方式的命中率比组相联方式有更高的命中率
D．在 cache 容量相等条件下，组相联方式的命中率比直接映射方式有更高的命中率

7．目前，除了传统的串口和并口外，计算机与外部设备连接的标准接口越来越多。例如，__(1)__是一种连接大容量存储设备的并行接口，数据宽度一般已为 32 位，且允许设备以雏菊链形式接入；__(2)__是一种可热插拔的高速串行设备接口，也可允许设备以雏菊链形式接入；__(3)__则用来连接各种卡式设备，已广泛使用于笔记本电脑中。

（1）A．VESA　　　B．USB　　　C．SCSI　　　D．PCI
（2）A．PCMCIA　　B．USB　　　C．SCSI　　　D．EISA
（3）A．PCMCIA　　B．VESA　　　C．EISA　　　D．PCI

8．下列在关于计算机性能的评价的说法中，正确的叙述是_____。

① 主频高的机器一定比主频低的机器速度高
② 基准程序测试法能比较全面地反应实际运行情况，但各个基准程序测试的重点不一样
③ 平均指令执行速度（MIPS）能正确反映计算机执行实际程序的速度
④ MFLOPS 是衡量向量机和当代高性能机器性能的主要指标之一

A．①②③④　　B．②③　　　　C．②④　　　　D．①

9．在高速并行结构中，速度最慢但通用性最好的是_____。

A．相联处理机　　　　　　　　B．数据流处理机
C．多处理机系统　　　　　　　D．专用多功能单元

10．与十进制数 873 相等的二进制数是　__(1)__　，八进制数是　__(2)__　，十六进制数是　__(3)__　，BCD 码是　__(4)__　。

（1）A. 1101101001　　　　　　　　B. 1011011001

C. 1111111001　　　　　　　　D. 1101011001

（2）A. 1331　　B. 1551　　C. 1771　　D. 1531

（3）A. 359　　B. 2D9　　C. 3F9　　D. 369

（4）A. 100101110011　　　　　　B. 100001110011

C. 100000110111　　　　　　D. 100001110101

11. 假设某计算机具有 1 MB 的内存，并按字节编址，为了能存取该内存各地址的内容，其地址寄存器至少需要二进制 (1) 位。为使 4 字节组成的字能从存储器中一次读出，要求存放在存储器中的字边界对齐，一个字的地址码应 (2) 。若存储周期为 200ns，且每个周期可访问 4 个字节，则该存储器带宽为 (3) bps。假如程序员可用的存储空间为 4MB，则程序员所用的地址为 (4) ，而真正访问内存的地址为 (5) 。

（1）A. 10　　　　B. 16　　　　C. 20　　　　D. 32

（2）A. 最低两位为 00　　　　　　B. 最低两位为 10

C. 最高两位为 00　　　　　　D. 最高两位为 10

（3）A. 20 M　　　B. 40M　　　C. 80M　　　D. 160M

（4）A. 有效地址　B. 程序地址　C. 逻辑地址　D. 物理地址

（5）A. 指令地址　B. 物理地址　C. 内存地址　D. 数据地址

12. 若某个计算机系统中 I/O 地址统一编址，则访问内存单元和 I/O 设备靠_____来区分。

A. 数据总线上输出的数据　　　　B. 不同的地址代码

C. 内存与 I/O 设备使用不同的地址总线　　D. 不同的指令

13. 相联存储器的访问方式是_____。

A. 先入先出访问　B. 按地址访问　C. 按内容访问　D. 先入后出访问

14. 假设一个有 3 个盘片的硬盘，共有 4 个记录面，转速为 7200 转/分，盘面有效记录区域的外直径为 30cm，内直径为 10cm，记录位密度为 250 位/mm，磁道密度为 8 道/mm，每磁道分 16 个扇区，每扇区 512 个字节，则该硬盘的非格式化容量和格式化容量约为 (1) ，数据传输率约为 (2) 。若一个文件超出磁道容量，剩下的部分 (3) 。

（1）A. 120MB 和 100MB　　　　　B. 30MB 和 25MB

C. 60MB 和 50MB　　　　　　D. 22.5MB 和 25MB

（2）A. 2356KBps　　　　　　　　B. 3534KBps

C. 7069KBps　　　　　　　　D. 960KBps

（3）A. 存于同一盘面的其他编号的磁道上

B. 存于其他盘面的同一编号的磁道上

C. 存于其他盘面的其他编号的磁道上

D. 存放位置随机

15. 现采用 4 级流水线结构分别完成一条指令的取指、指令译码和取数、运算以及送回运算结果 4 个基本操作，每步操作时间依次为 60ns、100ns、50ns 和 70ns。该流水线的操作周期应为　(1)　ns。若有一小段程序需要用 20 条基本指令完成（这些指令完全适合于流水线上执行），则得到的第一条指令结果需　(2)　ns，完成该段程序需　(3)　ns。

在流水线结构的计算机中，频繁执行　(4)　指令时会严重影响机器的效率。当有中断请求发生时，采用不精确断点法，则将　(5)　。

    (1) A．50　　　　　B．70　　　　　C．100　　　　　D．280

    (2) A．100　　　　B．200　　　　C．280　　　　D．400

    (3) A．1400　　　B．2000　　　C．2300　　　D．2600

    (4) A．条件转移　B．无条件转移　C．算术运算　　D．访问存储器

    (5) A．仅影响中断响应时间，不影响程序的正确执行

        B．不仅影响中断响应时间，还影响程序的正确执行

        C．不影响中断响应时间，但影响程序的正确执行

        D．不影响中断响应时间，也不影响程序的正确执行

16. 直接存储器访问（DMA）是一种快速传递大量数据常用的技术。工作过程大致如下。

① 向 CPU 申请 DMA 传送。

② 获 CPU 允许后，DMA 控制器接管　(1)　的控制权。

③ 在 DMA 控制器的控制下，在存储器和　(2)　之间直接进行数据传送，在传送过程中不需要　(3)　的参与。开始时需提供要传送的数据的　(4)　和　(5)　。

④ 传送结束后，向 CPU 返回 DMA 操作完成信号。

    (1) A．系统控制台　　　　　　　　B．系统总线

        C．I/O 控制器　　　　　　　　　D．中央处理器

    (2) A．外部设备　B．运算器　　C．缓存　　　　D．中央处理器

    (3) A．外部设备　B．系统时钟　C．系统总线　　D．中央处理器

    (4) A．结束地址　B．起始地址　C．设备类型　　D．数据速率

    (5) A．结束地址　B．设备类型　C．数据长度　　D．数据速率

17. 计算机执行程序所需的时间 P 可用 $P = I \times CPI \times T$ 来估计，其中 I 是程序经编译后的机器指令数，CPI 是执行每条指令所需的平均机器周期数，T 为每个机器周期的时间。RISC 计算机采用　(1)　来提高机器的速度。它的指令系统具有　(2)　的特点。指令控制部件的构建，　(3)　。RISC 机器又通过采用　(4)　来加快处理器的数据处理速度。RISC 的指令集使编译优化工作　(5)　。

    (1) A．虽增加 CPI，但更减少 I　　B．虽增加 CPI，但更减少 T

        C．虽增加 T，但更减少 CPI　　D．虽增加 I，但更减少 CPI

    (2) A．指令种类少　　　　　　　　B．指令种类多

        C．指令寻址方式多　　　　　　D．指令功能复杂

    (3) A．CISC 更适于采用硬布线控制逻辑，而 RISC 更适于采用微程序控制

        B．CISC 更适于采用微程序控制，但 RISC 更适于采用硬布线控制逻辑

C. CISC 和 RISC 都只采用微程序控制

D. CISC 和 RISC 都只采用硬布线控制逻辑

（4）A. 多寻址方式   B. 大容量内存

       C. 大量的寄存器   D. 更宽的数据总线

（5）A. 更简单   B. 更复杂   C. 不需要   D. 不可能

18. 为了大幅度提高处理器的速度，当前处理器中采用了指令并行处理技术，如超级标量（Superscalar），它是指___(1)___。流水线组织是实现指令并行的基本技术，影响流水线连续流动的因素除数据相关性、转移相关性外，还有___(2)___和___(3)___；另外，要发挥流水线的效率，还必须重点改进___(4)___。在 RISC 设计中，对转移相关性一般采用___(5)___方法解决。

（1）A. 并行执行的多种处理安排在一条指令内

       B. 一个任务分配给多个处理机并行执行

       C. 采用多个处理部件多条流水线并行执行

       D. 增加流水线技术提高并行度

（2）A. 功能部件冲突   B. 内存与 CPU 速度不匹配

       C. 中断系统   D. 访问指令

（3）A. 功能部件冲突   B. 内存与 CPU 速度不匹配

       C. 中断系统   D. 访问指令

（4）A. 操作系统   B. 指令系统   C. 编译系统   D. 高级语言

（5）A. 猜测法   B. 延迟转移   C. 指令预取   D. 刷新流水线重填

19. 利用并行处理技术可以缩短计算机的处理时间，所谓并行性是指___(1)___。可以采用多种措施来提高计算机系统的并行性，它们可以分为 3 类，即___(2)___。提供专门用途的一类并行处理机（亦称阵列处理机）以___(3)___方式工作，它适用于___(4)___。多处理机是目前较高性能计算机的基本结构，它的并行任务的派生是___(5)___。

（1）A. 多道程序工作

       B. 多用户工作

       C. 非单指令流单数据流方式工作

       D. 在同一时间完成两种或两种以上工作

（2）A. 多处理机、多级存储器和互联网络

       B. 流水结构、高级缓存和精简指令集

       C. 微指令、虚拟存储和 I/O 通道

       D. 资源重复、资源共享和时间重叠

（3）A. SISD   B. SIMD   C. MISD   D. MIMD

（4）A. 事务处理   B. 工业控制   C. 矩阵运算   D. 大量浮点计算

（5）A. 需要专门的指令来表示程序中的并发关系和控制并发执行

       B. 靠指令本身就可以启动多个处理单元并行工作

C. 只执行没有并发约束关系的程序

D. 先并行执行，事后再用专门程序去解决并发约束

20. 一个双面 5 英寸软盘，每面 40 道，每道 8 个扇区，每个扇区 512 个字节，则盘片总容量为 (1) 。若该盘驱动器转速为 600 转/分，则平均等待时间为 (2) ，最大数据传输率为 (3) 。

(1) A. 160KB   B. 320KB   C. 640KB   D. 1.2MB

(2) A. 25ms   B. 50ms   C. 100ms   D. 200ms

(3) A. 10KBps   B. 20KBps   C. 40KBps   D. 80KBps

21. 若固定磁头硬盘有 16 个磁头，每磁道存储量为 62 500 位，盘驱动器转速为 24 000 转/分，则最大数据传输率为_____。

A. 10KBps   B. 40KBps   C. 5MBps   D. 40MBps

22. 计算机总线在机内各部件之间传输信息。在同一时刻 (1) 。系统总线由 3 部分组成 (2) 。

(1) A. 可以有多个设备发数据，多个设备收数据

     B. 只可以有一个设备发数据，一个或多个设备收数据

     C. 只可以有一个设备发数据，只可以有一个设备收数据

     D. 可以有一个或多个设备发数据，只可以有一个设备收数据

(2) A. 运控总线、存储总线、显示总线

     B. 电源总线、定时总线、接口总线

     C. 地址总线、控制总线、数据总线

     D. 串行总线、并行总线、运算总线

23. 早期的微型机，普遍采用 ISA 总线，它适合 (1) 位字长的数据处理。为了适应增加字长和扩大寻址空间的需要，出现了 (2) 总线，它与 ISA 总线兼容。目前在奔腾计算机上普遍使用、数据吞吐量可达 2Gbps 的局部总线是 (3) 总线。

(1) A. 8   B. 16   C. 24   D. 32

(2) A. STD   B. MCA   C. EISA   D. VESA

(3) A. PCI   B. S-100   C. ATM   D. RS-232

24. 发展容错技术可提高计算机系统的可靠性。利用元件冗余可保证在局部有故障情况下系统的正常工作。带有热备份的系统称为 (1) 系统。它是 (2) ，因此只要有一个子系统能正常工作，整个系统仍能正常工作。

(1) A. 并发   B. 双工   C. 双重   D. 并行

(2) A. 两子系统同时同步运行，当联机子系统出错时，它退出服务，由备份系统接替

     B. 备份系统处于电源开机状态，一旦联机子系统出错，立即切换到备份系统

     C. 两子系统交替处于工作和自检状态，当发现一子系统出错时，它不再交替到工作状态

D. 两子系统并行工作，提高机器速度，一旦一个子系统出错，则放弃并行工作

25．当子系统只能处于正常工作和不工作两种状态时，可以采用并联模型。如果单个子系统的可靠性为 0.8 时，3 个子系统并联后的系统可靠性为 __(1)__ 。若子系统能处于正常和不正常状态时，可以采用表决模型，如果 3 个子系统有 2 个或以上输出相同时，则选择该输出为系统输出，如果单个子系统的可靠性为 0.8 时，整个系统的可靠性为 __(2)__ ；若单个子系统的可靠性为 0.5 时，整个系统的可靠性为 __(3)__ 。

(1) A. 0.9　　　　B. 0.94　　　　C. 0.992　　　　D. 0.996
(2) A. 0.882　　　B. 0.896　　　C. 0.925　　　　D. 0.94
(3) A. 0.5　　　　B. 0.54　　　　C. 0.62　　　　D. 0.65

26．OSI 安全体系方案 X.800 将安全性攻击分为两类，即被动攻击和主动攻击，主动攻击包括篡改数据流或伪造数据流，这种攻击试图改变系统资源或影响系统运行。下列攻击方式中不属于主动攻击的为 _____ 。

A. 伪装　　　　B. 消息泄漏　　　　C. 重放　　　　D. 拒绝服务

27．甲通过计算机网络给乙发消息，表示甲已同意与乙签订合同，不久后甲不承认发过该消息。为了防止这种情况的出现，应该在计算机网络中采取 _____ 技术。

A. 数据压缩　　　B. 数据加密　　　C. 数据备份　　　D. 数字签名

28．就目前计算设备的计算能力而言，数据加密标准 DES 不能抵抗对密钥的穷举搜索攻击，其原因是 _____ 。

A. DES 的算法是公开的

B. DES 使用的密钥较短

C. DES 中除了 S 盒是非线性变换外，其余变换均为线性变换

D. DES 的算法简单

29．为了保证网络的安全，常常使用防火墙技术。防火墙是 _____ 。

A. 为控制网络访问而配置的硬件设备

B. 为防止病毒攻击而编制的软件

C. 指建立在内外网络边界上的过滤封锁机制

D. 为了避免发生火灾专门为网络机房建造的隔离墙

30．大容量的辅助存储器常采用 RAID 磁盘阵列。RAID 的工业标准共有 6 级。其中 __(1)__ 是镜像磁盘阵列，具有最高的安全性；__(2)__ 是无独立校验盘的奇偶校验码磁盘阵列；__(3)__ 是采用纠错海明码的磁盘阵列；__(4)__ 则是无冗余也无校验的磁盘阵列，它采用了数据分块技术，具有最高的 I/O 性能和磁盘空间利用率，比较容易管理，但没有容错能力。

(1) A. RAID0　　B. RAID1　　　C. RADI5　　　D. RAID3
(2) A. RAID3　　B. RAID4　　　C. RADI5　　　D. RAID2
(3) A. RAID4　　B. RAID1　　　C. RADI2　　　D. RAID3

（4）A．RAID0　　B．RAID1　　　　C．RADI5　　　　D．RAID3

31．一般来说，cache 的功能　（1）　。某 32 位计算机的 cache 容量为 16KB，cache 块的大小为 16B，若主存与 cache 的地址映射采用直接映像方式，则主存地址为 1234E8F8（十六进制数）的单元装入的 cache 地址为　（2）　。在下列 cache 的替换算法中，平均命中率最高的是　（3）　。

（1）A．全部由软件实现

　　　B．全部由硬件实现

　　　C．由硬件和软件相结合实现

　　　D．有的计算机由硬件实现，有的计算机由软件实现

（2）A．00 0100 0100 1101　　　　　　　B．01 0010 0011 0100

　　　C．10 1000 1111 1000　　　　　　　D．11 0100 1110 1000

（3）A．先入后出（FILO）算法　　　　　B．随机替换（RAND）算法

　　　C．先入先出（FIFO）算法　　　　　D．近期最少使用（LRU）算法

32．内存按字节编址，地址从 A4000H 到 CBFFFH，共有　（1）　。若用存储容量为 32K × 8b 的存储器芯片构成该内存，至少需要　（2）　片。

（1）A．80KB　　　B．96KB　　　　C．160KB　　　　D．192KB

（2）A．2　　　　B．5　　　　　　C．8　　　　　　D．10

33．中断响应时间是指＿＿＿＿＿＿。

　　A．从中断处理开始到中断处理结束所用的时间

　　B．从发出中断请求到中断处理结束所用的时间

　　C．从发出中断请求到进入中断处理所用的时间

　　D．从中断处理结束到再次中断请求的时间

34．若指令流水线把一条指令分为取指、分析和执行 3 部分，且 3 部分的时间分别是 $t_{取指}$=2ns，$t_{分析}$=2ns，$t_{执行}$=1ns。则 100 条指令全部执行完毕需＿＿＿＿＿＿ns。

　　A．163　　　　B．183　　　　C．193　　　　D．203

35．在单指令流多数据流计算机（SIMD）中，各处理单元必须＿＿＿＿＿＿。

　　A．以同步方式，在同一时间内执行不同的指令

　　B．以同步方式，在同一时间内执行同一条指令

　　C．以异步方式，在同一时间内执行不同的指令

　　D．以异步方式，在同一时间内执行同一条指令

36．单个磁头在向盘片的磁性涂层上写入数据时，是以＿＿＿＿＿＿方式写入的。

　　A．并行　　　　B．并-串行　　　　C．串行　　　　D．串-并行

37．容量为 64 块的 cache 采用组相联方式映像，字块大小为 128 个字，每 4 块为一组。若主存容量为 4096 块，且以字编址，那么主存地址应为　（1）　位，主存区号应为　（2）　位。

（1）A．16　　　　B．17　　　　C．18　　　　D．19

（2）A．5　　　　B．6　　　　C．7　　　　D．8

38. 电子商务交易必须具备抗抵赖性，目的在于防_____。

    A．一个实体假装成另一个实体

    B．参与此交易的一方否认曾经发生过此次交易

    C．他人对数据进行非授权的修改、破坏

    D．信息从被监视的通信过程中泄漏出去

39. 在计算机中，最适合进行数字加减运算的数字编码是___(1)___，最适合表示浮点数阶码的数字编码是___(2)___。

    (1) A．原码   B．反码   C．补码   D．移码

    (2) A．原码   B．反码   C．补码   D．移码

40. 如果主存容量为 16MB，且按字节编址，表示该主存地址至少应需要_____位。

    A．16   B．20   C．24   D．32

41. 操作数所处的位置，可以决定指令的寻址方式。操作数包含在指令中，寻址方式为___(1)___；操作数在寄存器中，寻址方式为___(2)___；操作数的地址在寄存器中，寻址方式为___(3)___。

    (1) A．立即寻址   B．直接寻址   C．寄存器寻址   D．寄存器间接寻址

    (2) A．立即寻址   B．相对寻址   C．寄存器寻址   D．寄存器间接寻址

    (3) A．相对寻址   B．直接寻址   C．寄存器寻址   D．寄存器间接寻址

42. 3 个可靠度 R 均为 0.8 的部件串联构成一个系统，如图 1-19 所示。

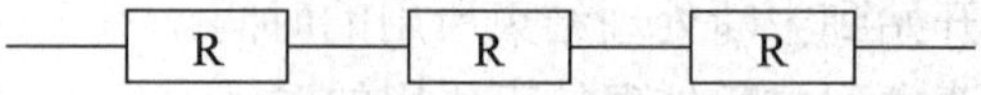

图 1-19 3 个 R 的串联系统

则该系统的可靠度为_____。

    A．0.240   B．0.512   C．0.800   D．0.992

模拟试题参考答案

1. B   2. D   3. (1) A (2) D   4. C   5. C   6. D

7. (1) C (2) B (3) C   8. C   9. C   10. (1) A (2) B (3) D (4) B

11. (1) C (2) A (3) D (4) C (5) B   12. B   13. C   14. (1) B (2) D (3) B

15. (1) C (2) D (3) C (4) A (5) B   16. (1) B (2) A (3) D (4) B (5) C

17. (1) P (2) A (3) D (4) P (5) A   18. (1) D (2) A (3) A (4) C (5) B

19. (1) D (2) D (3) B (4) P (5) A   20. (1) B (2) B (3) C   21. C

22. (1) B (2) C   23. (1) B (2) C (3) A   24. (1) C (2) A

25. (1) C (2) B (3) A   26. B   27. D   28. B   29. C

30. (1) C (2) C (3) C (4) A   31. (1) B (2) C (3) D

32. (1) C (2) A   33. C   34. B   35. B   36. C   37. (1) D (2) B

38. B   39. (1) C (2) D   40. C   41. (1) A (2) C (3) D   42. B

第 2 章　数据结构与算法

2.1　基本要求

1.　学习目的与要求

数据结构与算法是计算机及其相关专业的专业基础课，属于主干课程，它是计算机程序设计的理论和技术基础，它所涉及的内容很丰富，无论是对后续课程的学习，还是对从事计算机软件的开发都起着重要的作用。

数据结构主要研究把具有一定逻辑关系的一批数据按某种存储方式存放在计算机的存储器中，并在这批数据上定义一系列操作。如何进行操作，这就是算法问题，算法与数据结构是相互关联的，算法总是建立在一定的数据结构基础上的，合理的数据结构可使算法简单且高效。

学习数据结构与算法的目的是理解和掌握各种数据结构的定义及基本操作的实现，理解和掌握典型算法的基本思想、算法设计方法和计算算法的时间复杂度。通过本章的学习，可以掌握经典算法的编程方法和技巧，提高编程能力。

2.　本章重点内容

（1）线性表、顺序表和链表：掌握线性表的概念，两种存储结构的实现、优缺点及两种存储结构上的基本操作。

（2）栈与队列：栈和队列的概念，顺序栈、链栈的操作，栈的应用，循环队列、循环链队列的操作。

（3）串的基本运算和模式匹配：串的基本运算的含义，了解模式匹配算法和时间复杂度。

（4）多维数组和广义表：多维数组及特殊矩阵的地址公式，广义表的运算和存储。

（5）树和二叉树：树、二叉树的定义、术语，二叉树的性质、存储、遍历、应用，线索二叉树的概念，树与二叉树的关系。

（6）图的存储及其操作：图的定义、术语，图的存储，图的遍历、图的操作（最小生成树、拓扑排序、关键路径、最短路径）概念。

（7）表和树的查找：表和树查找的概念、平均比较次数，二叉排序树和平衡二叉树的插入、删除，了解 B- 树的定义。

（8）Hash 技术：哈希表构造、解决冲突的方法及哈希表的查找。

（9）排序算法：直接插入排序、冒泡排序、简单选择排序、快速排序、堆排序、归并排序和希尔排序算法和时间复杂度，了解基数排序、外排序的概念和算法。

（10）算法设计方法：分治法、递推法、贪心法、回溯法、动态规划法和分支限界法的基本思想，了解相应算法的应用例子。

2.2 基本内容

2.2.1 数据结构与算法概念

- 数据结构：数据结构 DS=(A,R)，其中 A 是数据元素的非空有限集合，R 是定义在 A 上关系的非空有限集合。结构就是元素之间的关系。
- 算法：算法就是解决问题的方法和步骤。
- 算法的时间复杂度：算法中语句重复执行次数（或称语句频度）或算法中基本操作次数，一般用数量级符号 O 来描述。
- 抽象数据类型：抽象数据类型 ADT=(A,R,P)，其中 A 是数据元素的非空有限集合，R 是定义在 A 上关系的非空有限集合，P 是(A，R)上非空的基本操作集合。

【例 2-1】 求表 2-1 中程序段的各语句的语句频度和时间复杂度。

表 2-1 语句频度和时间复杂度计算

语　句	语句频度	说　明
for(i=0;i<n;i++)	$n+1$	当 i=n 时，跳出 for 循环，故加 1
for(j=0;j<i;j++)	$\dfrac{n(n-1)}{2}+1$	即：$\sum\limits_{i=0}^{n-1}i=\dfrac{n(n-1)}{2}$
a[i][j]=x++;	$\dfrac{n(n-1)}{2}$	

时间复杂度 T(n)为所有语句频度之和，即 $T(n)=n+1+2\dfrac{n(n-1)}{2}+1=n^2+2$

当 n→∞时，$\dfrac{T(n)}{n^2}\to 1$　所以时间复杂度 $T(n)=O(n^2)$

2.2.2 线性表

- 线性表的定义：线性表是 n(n≥0)个元素的有限序列，当 n=0 时，称为空表；当 n>0 时，线性表通常表示为（a_1, a_2, …, a_n），其中 a_1 无前驱，a_n 无后继，其余结点有且只有一个前驱和一个后继。
- 线性表的存储：线性表有顺序存储和链式存储两种存储结构。

顺序存储结构
- 定义：在连续的存储空间中依次存放线性表的各元素，具体用一维数组来得到连续的存储空间
- 结构特点：存储位置上直接反映了元素的逻辑关系，不需要指针指出前驱、后继
- 操作特点：便于查找，不便于插入、删除操作

概念：在任意（连续或不连续）的存储空间中存放线性表的各元素，所以每个结点要带指针指出前驱、后继。用动态分配空间实现，即有一个结点就申请一个空间，编程将所有结点连接起来。

链式存储结构

单链结构
结构特点：结点的指针域中只有一根指针指向后继，最后一个结点的指针值为 NULL。每个结点只能找后继，不能找前驱，因此需要一个指针指向首结点。
操作特点：便于插入、删除操作，不便于查找。

单循环结构
结构特点：最后一个结点的指针指向首结点，在没有增加存储空间的情况下连接程度比单链表更牢固。
操作特点：便于插入、删除操作，尤其在首端和尾端插入、删除更方便。

双链结构：每个结点带有指向前驱和指向后继的两个指针。优点是找结点的前驱、后继很方便，缺点是存储空间开销大。

- 线性表的操作：主要操作有初始化表、判表空、求表长、查找、插入和删除元素等。线性表的存储结构不同，具体的操作实现就不同，如表 2-2 所示。

表 2-2　线性表的两种存储结构的基本操作特点

	顺序存储结构		链式存储结构
	静 态 数 组	动 态 数 组	
类型定义	#define　ArSize　10 typedef struct { ElemType elem[ArSize]; int　length;} SqList;	typedef struct { 　Elemtype *elem; 　int length, ArSize; 　}sqList;	typedef struct node {ElemType　data; 　struct node*next; }LNode;
初始化表	void initList(SqList *L) {L->length=0;}	void initList(sqList *L, int n) {L->elem=(ElemType*)malloc(　　n*sizeof(ElemType)); L->ArSize=n;L->length=0;}	LNode *initLK( ) {LNode *head; 　head=NULL; 　return head;}
查找	由于第 i 个元素 a_i 的存储位置 $LOC(a_i)=LOC(a_1)+(i-1)\times d$，所以能随机查找任一个元素，时间复杂度为 O(1)		只能进行顺序查找，查找一个元素平均比较次数为(n+1)/2
插入删除	插入、删除时大量结点要移动，在等概率下插入、删除一个元素平均移动结点的次数分别是 n/2 和(n-1)/2		插入、删除时只要修改相关的指针即可，时间复杂度都为O(1)

【例 2-2】　在非空的双链表中删除指针 p 所指向的结点。

双链表的结点形式如图 2-1（a）所示，删除 p 的操作步骤如图 2-1（b）所示。

图 2-1 中（1）为 p->front->next=p->next；（2）为 p->next->front=p->front。

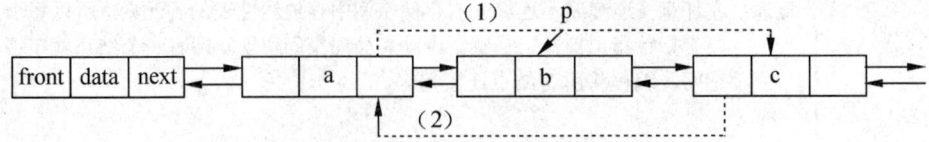

图 2-1 双向链表中删除结点的示意图

【例 2-3】 在非空的双链表中指针 p 所指向的结点前插入一个新结点 q。插入 q 的操作步骤如图 2-2 所示。

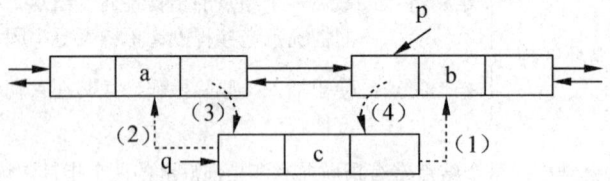

图 2-2 双向链表中插入结点的示意图

图 2-2 中（1）q–>next=p;　　　　（2）q–>front=p–>front;
　　　　　（3）p–>front–>next=q;（4）p–>front=q

注意：步骤（3）与（4）的顺序不能颠倒。

2.2.3 栈和队列

1. 栈

- 栈的定义：栈是一种只能在表的某一端（首端）进行操作的线性数据结构。栈的操作主要有进栈和出栈，因为只能在某一端进栈出栈，所以必定是先进后出的（FILO 或 LIFO）。
- 栈的存储结构：有顺序栈（静态数组或动态数组）和链栈。
- 栈的操作：初始化栈、进栈、出栈，通过栈顶指针（top）来操作如表 2-3 所示。

表 2-3 顺序栈和链栈的操作

	静态数组栈	动态数组栈	链　栈

类型定义	#define SSize 10
	typedef struct {
	ElemType elem[SSize];
	int top;}SqSNode;
		Typedef struct{
		  ElemType *elem,*top;
		  int SSize;
		}DSNode;
			typedef struct node
			{ElemType data;
			  struct node*next;
			}LSNode;

进栈	SqSNode s;
	s.elem[s.top++]=e;
		DSNode s;
		*s.top++=e;
			LSNode *top,*p;
			p=new LSNode;p->data=e;
			p->next=top;top=p;

出栈	e=s.elem[−−s.top];	e=*−−s.top;	p=top;e=p->data; top=top->next;delete(p);
栈空	s.top==0	s.top==s.elem	top==NULL
栈满	s.top==SSize	s.top==s.elem+s.SSize	空间分配失败 p==NULL

- 栈的应用举例：表达式求值和递归的实现。

【例 2-4】 算术表达式 a+b*c/(d−e)−f 的逆波兰式为 abc*de−/+f−。

【例 2-5】 已知下列算法

```
void p(int n)
{ if (n>1 &&n%2==1) p(n-1);
  printf("%2d",n);
  if (n>1 &&n%2==0) p(n-1);
}
```

用 p(5)调用的结果是：4 2 1 3 5

分析：当遇到调用语句时将参数、返回地址进栈；当遇到函数结束时退栈返回。

2. 队列

- 队列的定义：队列是一种只能在表的尾端进行插入操作、在首端进行删除操作的线性数据结构。它是先进先出（FIFO）的线性表。
- 队列的存储结构：有顺序队列和循环队列，设有首指针和尾指针；链队列一般在单循环链表上实现，只设尾指针，不设首指针，称循环链队列。
- 队列的操作：初始化队列、进队、出队，通过队列的首指针 front 和尾指针 rear 实现操作如表 2-4 所示。

表 2-4 循环队列和循环链队列的操作

	循 环 队 列	循环链队列
类型定义	#define QSize 10 typedef struct { 　　ElemType elem[QSize]; 　　int front,rear;}SqQNode;	typedef struct node 　{ElemType　data; 　　struct node *next; 　　}LQNode;

进队	SqQNode Q;
	Q.rear=(Q.rear+1)% QSize;
	Q.elem[Q.rear]=e;
		LQNode *rear,*p;
		p=new LQNode; p->data=e; p->next=rear->next;
		rear->next=p; rear=p;

出队	Q.front=(Q.front+1)% QSize; e=Q.elem[Q.front];	p=rear->next; e=p->data;(无头链表) rear->next=p->next;delete(p);
队空	Q.front==Q.rear	rear==NULL
队满	Q.front==(Q.rear+1)%QSize	空间分配失败 p==NULL

【例 2-6】 设循环队列 Q，则当前循环队列中的元素个数是：(Q.rear-Q.front+ QSize)% QSize。

2.2.4 串

- 串、子串的定义：串是有限个字符组成的序列。子串是串中任意长度的连续字符构成的序列。

- 串的存储 $\left\{\begin{array}{l}\text{静态数组存储：用定长连续的存储空间来存储串。}\\ \text{动态数组存储：在程序执行过程中动态申请地址连续的空间来存储串。}\\ \text{块链分配存储：即用链表存储，链表中的数据域存放一个或多个字符。}\end{array}\right.$

- 串的运算：两个串的联接、比较，串的赋值，求串长，插入子串，删除子串和模式匹配。串的模式匹配算法有朴素的模式匹配算法和 KMP 算法等，设主串 s、长度为 m，子串 t、长度为 n，匹配算法如表 2-5 所示。

表 2-5   模式匹配算法

朴素的模式匹配	KMP 算法
若 s[i]==t[j]，则 i++；j++；	若 s[i]==t[j]，则 i++；j++；
若 s[i]!=t[j]，则 i=i-j+2；j=1；	若 s[i]!=t[j]，则 j=next[j];i 不动
时间复杂度 T（m,n）=O(mn)	时间复杂度 T(m,n)=O(m+n)

其中 $next[j] = \begin{cases} 0 & \text{当 } j=1 \text{ 时} \\ f(j-1)+1 & \text{当 } j>1 \text{ 时} \end{cases}$

$f(j) = \begin{cases} \max\{k\,|\,1 \leqslant k < j \text{ 且 } t_1 t_2 \cdots t_k = t_{j-k+1} t_{j-k+2} \cdots t_j\} \\ 0 & \text{当不存在满足上式的 } k \text{ 时} \end{cases}$

【例 2-7】 已知主串 s="ABBABA"，子串 t="ABA"，求用朴素的模式匹配算法查找子串 t 的比较次数。

解：用朴素的模式匹配算法需要进行 8 次比较，子串位置是 4。

【例 2-8】 求子串 t="ABCABCACAB" 的 next 值。

解：　j: 1 2 3 4 5 6 7 8 9 10

　　　t[j]: A B C A B C A C A B

　　　f[j]: 0 0 0 1 2 3 4 0 1 2

　next[j]: 0 1 1 1 2 3 4 5 1 2

2.2.5 数组和广义表

- 数组的定义：n 维数组 $A_{b_1 b_2 \cdots b_n}$，A 中的每个元素 $A[j_1, j_2, \cdots, j_n]$ 其中 $1 \leqslant j_i \leqslant b_i$，1 为每一维的下界，$b_i$ 为第 i 维的上界。

- 数组的存储 $\left\{\begin{array}{l}\text{顺序存储}\left\{\begin{array}{l}\text{以行序为主序}\\ \text{以列序为主序}\end{array}\right.\\ \text{压缩存储}\left\{\begin{array}{l}\text{特殊矩阵（三角阵、对角阵）：行序顺序存储}\\ \text{稀疏矩阵：三元组顺序存储，十字链表存储}\end{array}\right.\end{array}\right.$

- 广义表 $\left\{\begin{array}{l}\text{定义：广义表 }(a_1, a_2, \cdots, a_n)\text{，其中 }a_i\text{ 是原子或表元素。}\\ \text{运算：求头（Head）、求尾（Tail），求深度。}\\ \text{存储：只能是链式存储。}\end{array}\right.$

【例2-9】 已知三维数组 A_{mnp}，将 A 以行序为主序存储在首地址为 LOC(A[1,1,1]) 的内存空间中，每个元素占 L 个单元，则数组 A 中任意一个元素的地址为

$$LOC(A[i, j, k]) = LOC(A[1, 1, 1])+((i-1)*n*p+(j-1)*p+k-1)*L$$

若以列序为主序，则 $LOC(A[i, j, k]) = LOC(A[1, 1, 1])+((k-1)*m*n+(j-1)*m+i-1)*L$

【例2-10】 已知对称阵 A_{nn}，以行序为主序存储 A 的下三角阵部分，内存首地址为 LOC(A[1,1])，每个元素占 L 个单元，则下三角阵中任意一个元素的地址为

$$LOC(A[i,j]) = \begin{cases} LOC(A[1,1]) + (i*(i-1)/2 + (j-1))*L & \text{当} i \geqslant j \text{ 时} \\ LOC(A[1,1]) + (j*(j-1)/2 + (i-1))*L & \text{当} i < j \text{ 时} \end{cases}$$

【例2-11】 已知上三角矩阵 A_{nn} 以行序为主序存储在内存首地址为 LOC(A[1,1])，每个元素占 L 个单元，则上三角阵中任意一个元素的地址为

$$LOC(A[i,j]) = LOC(A[1,1])+((2n-i+2)*(i-1)/2+(j-i))*L \quad \text{当} 1 \leqslant i \leqslant j \text{ 时}$$

【例2-12】 已知广义表 LS=((a,(b)),(c)),LS 深度为 3（括号的重数），求头 Head(LS)=(a,(b)),求尾 Tail(LS)=((c))。

【例2-13】 已知 4 行 7 列的稀疏矩阵 M= $\begin{bmatrix} 0 & 0 & 6 & 0 & 0 & 0 & 0 \\ 0 & 3 & 0 & 0 & 0 & 8 & 0 \\ 0 & 0 & 0 & 0 & 0 & 0 & 0 \\ 5 & 0 & 0 & 0 & 0 & 7 & 0 \end{bmatrix}$ ，其三元组表为（(1,3,6), (2,2,3), (2,6,8), (4,1,5),(4,6,7)）。

【例2-14】 已知广义表 LS=((a),(b,c)),广义表的结点结构如图 2-3 所示，LS 的链式存储结构如图 2-4 所示。

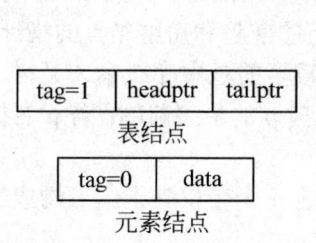

图 2-3 广义表的结点结构

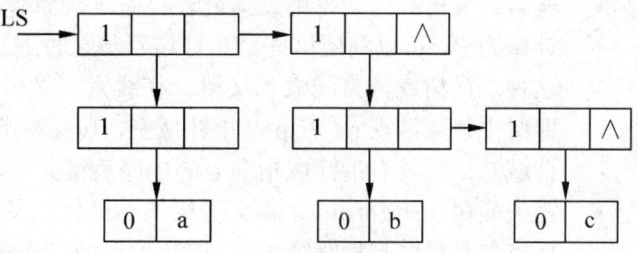

图 2-4 广义表 LS 的存储结构示意图

2.2.6 树和二叉树

1. 二叉树

- 二叉树的定义：二叉树是由一个特定的结点（无前驱）称为根和两个互不相交的左子树、右子树组成，其中左子树，右子树本身是二叉树。

- 术语
  - 结点的度：结点的后继数。
  - 叶子：度为零的结点，也称终端结点。叶子外的其他结点称为内结点。
  - 结点的层次：树根为第 1 层，根的后继为第 2 层，以次类推编层号。
  - 树的深度：树的最大层次数，也称树的高度。
  - 满二叉树：树中每层上的元素达到最多的二叉树，即等 i 层有 2^{i-1} 个元素。
  - 完全二叉树：树中除底层 h 的结点数可以小于等于 2^{h-1} 外，其余层上必须有 2^{i-1}（$1 \leqslant i < h$）个结点，并且底层的结点都集中在底层的左端。
  - 丰满二叉树：树中除底层 h 的结点数可以小于等于 2^{h-1} 外，其余层上必须有 2^{i-1}（$1 \leqslant i < h$）个结点。

- 二叉树性质
  - 二叉树中第 i 层上最多有 2^{i-1} 个结点（$i \geqslant 1$）。
  - 深度为 h 的二叉树最多有 $2^h - 1$ 个结点（$h \geqslant 1$）。
  - 设 n_0、n_2 分别是二叉树中度为 0 和度为 2 的结点数目，则有 $n_0 = n_2 + 1$。
  - n 个结点的二叉树其深度 h 的范围是 $\lfloor \log_2 n \rfloor + 1 \leqslant h \leqslant n$。

- 二叉树存储
  - 顺序存储（适用于完全二叉树）：结点下标 i>1 的父结点下标为 $\lfloor \dfrac{i}{2} \rfloor$、左孩子的下标为 2i、右孩子的下标是 2i+1，i=1 为根结点。
  - 二叉链表：每个结点带有指向左、右孩子的两个指针。
  - 三叉链表：每个结点带有指向左、右孩子和指向父结点的 3 个指针。

- 二叉树遍历
  - 前序遍历：先访问根结点，然后前序遍历左子树，再前序遍历右子树。
  - 中序遍历：先中序遍历左子树，然后访问根结点，再中序遍历右子树。
  - 后序遍历：先后序遍历左子树，再后序遍历右子树，最后访问根结点。

- 线索二叉树：二叉树用二叉链表存储时，当二叉树有 n 个结点时，则有 n+1 个指针域为空，可以利用这些空指针域存放某种遍历次序下的前趋和后继结点的指针，这种二叉树就称为线索二叉树。在线索二叉树中用得较多的是中序线索二叉树，即树中任意结点 p，若 p 左指针域空，则其左指针域指向 p 的中序前趋；若 p 右指针域空，则其右指针域指向 p 的中序后继。

- 霍夫曼树（Huffman）：霍夫曼树又称最优二叉树。它是 n 个带权叶子结点构成的所有二叉树中带权路径长度 WPL 最小的二叉树。其中：

$$\text{wpl} = \sum_{i=1}^{n} w_i l_i$$

其中，n 表示叶子结点的数目，W_i 和 l_i 分别表示叶子结点 k_i 的权值和根到 k_i 之间的路径长度。

2. 树和森林

- 树的定义：树是由一个特定的结点（无前驱）称为根和 m（m>0）个互不相交的树（称

为子树）组成，其中当 m=0 时称为空树。

- 树的存储
  - 双亲表示法：树中每个结点带有指向双亲的指针。
  - 孩子表示法：同一双亲的孩子链成单链，每个结点带有指向孩子链的指针。
  - 孩子兄弟表示法：树中每个结点带有两个指针，一是指向第一个孩子，另一个是指向下一兄弟的指针。

- 树的遍历
  - 前序（先根）遍历：先访问树根，然后依次先根遍历根的每棵子树。
  - 后序（后根）遍历：先依次后根遍历根的每棵子树，然后访问根结点。

- 树转换为二叉树：树用孩子兄弟表示法表示后即为二叉树了。

- 森林
  - 定义：森林就是树的集合。
  - 森林转换成一棵二叉树：只要将森林中的每棵树的根看成兄弟关系，用树的孩子兄弟表示。
  - 森林遍历：先根遍历和后根遍历，依次先根（或后根）遍历森林中的每棵树。

【例 2-15】 图 2-5 所示的是树与二叉树的区别，二叉树的子树有左右之分。

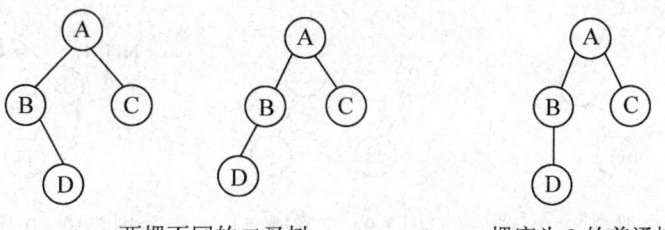

两棵不同的二叉树　　　　一棵度为 2 的普通树

图 2-5　二叉树与树

【例 2-16】 图 2-6 所示的是满二叉树和完全二叉树。

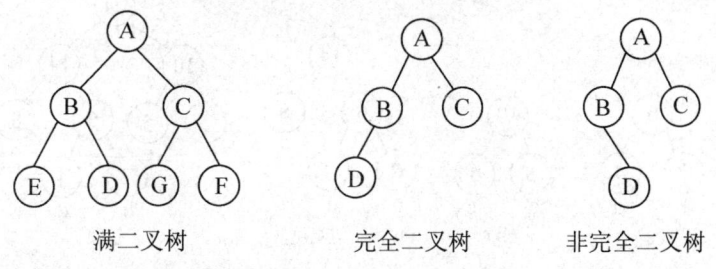

满二叉树　　　　完全二叉树　　　　非完全二叉树

图 2-6　满二叉树与完全二叉树

【例 2-17】 完全二叉树的顺序存储如图 2-7 所示。

【例 2-18】 n 个结点的二叉树用二叉链表存储，那么有 n+1 个空指针，因为 n 个结点共有 2n 个指针空间，其中 n−1 个指向孩子结点。

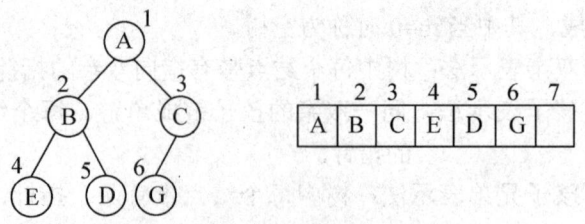

图 2-7　完全二叉树的顺序存储

【例 2-19】　对于图 2-8 所示的二叉树，它的

前序遍历序列为：ABEDHCFG；

中序遍历序列为：EDBHACFG；

后序遍历序列为：DEHBGFCA；

层次遍历序列为：ABCEHFDG。

【例 2-20】　对于图 2-9 所示的二叉树，其中序线索二叉树如图 2-10 所示。

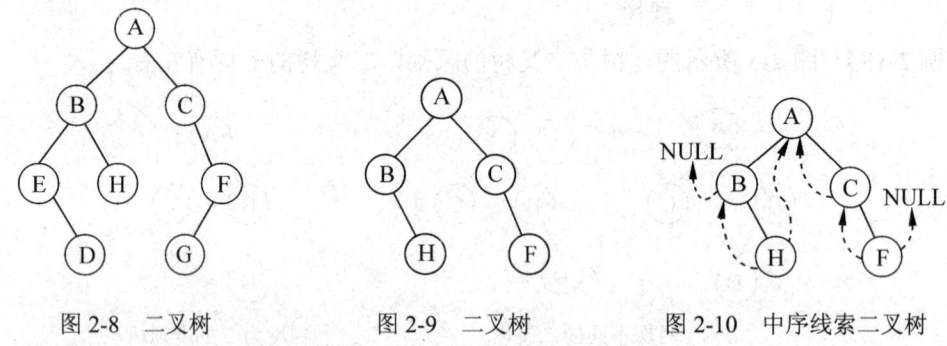

图 2-8　二叉树　　　　　　图 2-9　二叉树　　　　　图 2-10　中序线索二叉树

【例 2-21】　假设通信的电文仅由 a、b、c、d、e 五个字母组成，字母在电文中出现的次数分别是 8、2、5、4、5。用霍夫曼算法构造的霍夫曼树过程如图 2-11 所示。

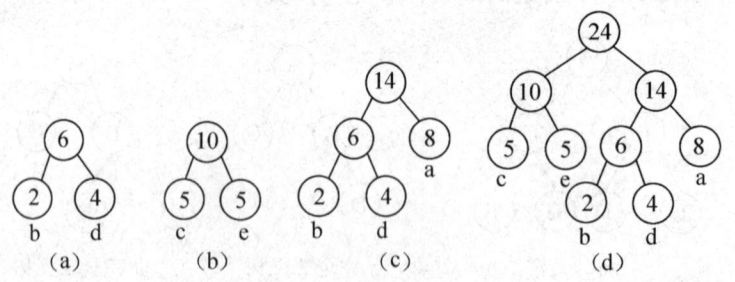

图 2-11　霍夫曼树的构造过程

霍夫曼树中从根到每个叶子结点都有一条唯一的路径，对路径上的各分支约定左分支表示 0 码，右分支表示 1 码，则从根结点到叶子结点的路径上分支的码组成的字符串作为该叶子结点的编码，这就是霍夫曼编码。为上述 5 个字母设计的霍夫曼编码如图 2-12 所示。

【例 2-22】 对于图 2-13 的树 T，它的孩子兄弟表示法如图 2-14 所示，即将树 T 转换为二叉树了。

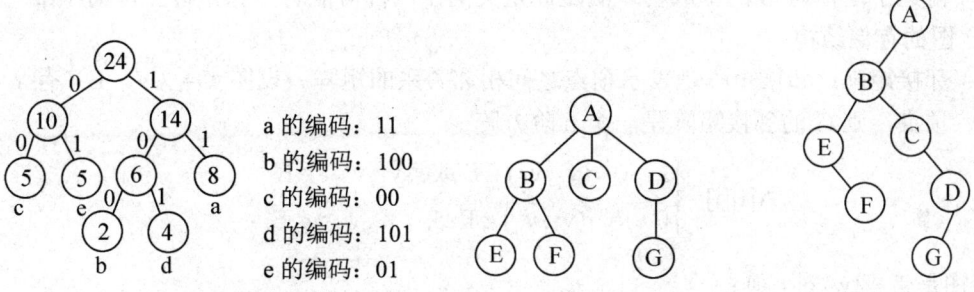

a 的编码：11
b 的编码：100
c 的编码：00
d 的编码：101
e 的编码：01

图 2-12 霍夫曼编码示例   图 2-13 树 T   图 2-14 树 T 的孩子兄弟表示

【例 2-23】 图 2-13 中树 T 的前序遍历序列为：ABEFCDG，后序遍历序列为：EFBCGDA。而图 2-14 中的二叉树的前序遍历序列为：ABEFCDG，中序遍历序列为：EFBCGDA。这个例子验证了树和树转换为二叉树的前序遍历序列相同；树的后序与二叉树的中序相同。

2.2.7 图

1. 图的定义

图 G = (V，E)，其中 V 是顶点（结点）的有穷非空集合，E 是 V 中顶点的序偶组成的有穷集，这些序偶称为边。

2. 基本术语

- 邻接点：若存在一条边 $<v_i,v_j>$，则在无向图中称 v_i 和 v_j 互为邻接点，在有向图中称 v_j 是 v_i 的邻接点。
- 完全图：图 G 中任意两点都邻接，称该图为完全图。无向完全图有 n(n-1)/2 条边，有向完全图有 n（n-1）条边。
- 度、入度和出度：无向图中顶点 v 依附（关联）的边数称为 v 的度。对于有向图，顶点 v 度分为入度和出度，v 的入度是边的箭头指向 v 的入边数目；v 的出度是箭头离开 v 的出边数目。有关度的结论有图中所有结点度数之和等于图的边数的两倍。
- 连通和连通图：在无向图 G 中，若从顶点 v_i 到 v_j 有路径，则称 v_i 和 v_j 是连通的。若图 G 中任意两个顶点都是连通的，则称 G 是连通图。
- 连通分量：无向图 G 中的极大连通子图称为图 G 的连通分量。
- 强连通图和强连通分量：在有向图 G 中，若任意两个顶点 v_i 和 v_j 都连通，即从 v_i 到 v_j 存在路径，从 v_j 到 v_i 也存在路径，则称该图是强连通图。有向图 G 中的极大强连通子图称为 G 的强连通分量。
- 网：在一个图中，每条边可以标上具有某种含义的数值，该数值称为该边的权。

边带权的图称为带权图，也称为网。

- 生成树：连通图 G 有 n 个顶点，取 G 中 n 个顶点，取连接 n 个顶点的 n–1 条边所得的子图称为 G 的生成树。满足此定义的生成树可能有多棵，即生成树不唯一。

3. 图的存储结构

- 邻接矩阵：邻接矩阵是表示顶点之间相邻关系的矩阵。设图 G=（V，E）有 n 个顶点，则 G 的邻接矩阵是一个 n 阶方阵：

$$A[i][j]=\begin{cases}1 & (v_i,v_j)\in E \text{ 或} <v_i,v_j>\in E \\ 0 & (v_i,v_j)\notin E \text{ 或} <v_i,v_j>\notin E\end{cases}$$

若图是带权(w)图，则：

$$A[i][j]=\begin{cases}w_{ij} & (v_i,v_j)\in E \text{ 或} <v_i,v_j>\in E \\ \infty & (v_i,v_j)\notin E \text{ 或} <v_i,v_j>\notin E\end{cases}$$

- 邻接表：邻接表就是对图中的每个顶点 v_i 建立一个单链表，把与 v_i 相邻接的顶点放在一个链表中。

4. 图的遍历

- 深度优先搜索遍历（DFS）：首先访问指定的起始顶点 v，然后选取与 v 邻接的未被访问的任意一个顶点 w，访问之，再选取与 w 邻接的未被访问的任一顶点，访问之。重复进行如上的访问，当到达一个所有邻接顶点都被访问过时，则依次退回到最近被访问过的顶点，若它还有邻接顶点未被访问过，从这些未被访问过的顶点中取其中的一个顶点开始重复上述的访问过程，直到所有的顶点都被访问过为止。

- 广度优先搜索遍历（BFS）：首先访问指定的起始顶点 v，然后选取与 v 邻接的全部顶点 w_1、w_2、…、w_t，再依次访问与 w_1、w_2、…、w_t 邻接的全部顶点（已被访问的顶点除外），再从这些被访问的顶点出发，逐次访问与它们邻接的全部顶点（已被访问的顶点除外）。依次类推，直到所有顶点都被访问过为止。

- 深度优先生成树和广度优先生成树：在对具有 n 个顶点的连通图进行遍历时，要访问图中的所有顶点，在访问 n 个顶点过程中一定经过 n–1 条边，由深度优先遍历和广度优先遍历所经过的 n–1 条边是不同的，通常把由深度优先遍历所经过的 n–1 条边和 n 个顶点组成的图形就称为深度优先生成树。而由广度优先遍历所经过的 n–1 条边和 n 个顶点组成的图形就称为广度优先生成树。

5. 最小生成树

- 定义：生成树中边权之和定义为树权，在图的所有生成树中树权最小的那棵生成树就是最小生成树。

- 最小生成树的算法：普里姆（Prim）算法和克鲁斯卡尔（Kruskal）算法，Prim 算法的时间复杂度为 $O(n^2)$，它适用于稠密图，而 Kruskal 算法的时间复杂度为

$O(elog_2e)$，它适用于稀疏图。

6. 拓扑排序

- 拓扑排序就是对一个有向无环图（AOV 网）中的各顶点排成一个具有前后次序的线性序列。
- 拓扑排序的方法：在图中始终找无前趋（入度为零）的顶点，找到无前趋的顶点输出并将其每个后继顶点的前趋数（入度数）减 1，重复上述过程直至所有顶点都输出或无顶点可输出。只要图是无环的，一定能输出所有的顶点，否则说明有向图存在环。算法的时间复杂度为 $O(n+e)$。

7. 关键路径

带权有向图（AOE 网）中从源点（表示工程开始）到汇点（表示工程结束）的长度最长的路径称为关键路径。关键路径上的所有活动都是关键活动，只要提高关键路径上的活动的速度就能缩短整个工程的工期。

8. 最短路径

最短路径是图中两个顶点之间的最短距离或最便宜的交通费用或途中所需的时间最少的路径。要找出最短路径方法很多。常用经典算法 Dijkstra 算法来求从一个源点到其他顶点的最短路径。

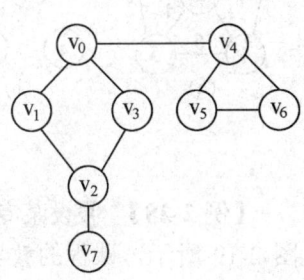

图 2-15　无向图

【例 2-24】 已知图 G 如图 2-15 所示从 v_0 出发深度优先遍历序列是 $v_0 v_1 v_2 v_3 v_7 v_4 v_5 v_6$ 或 $v_0 v_3 v_2 v_7 v_1 v_4 v_5 v_6$ 等，从 v_0 出发广度优先遍历序列：$v_0 v_1 v_3 v_4 v_2 v_5 v_6 v_7$ 或 $v_0 v_4 v_3 v_1 v_6 v_5 v_2 v_7$ 等。

【例 2-25】 对于图 2-15 所示的无向图，从 v_0 出发深度优先遍历生成树和广度优先遍历生成树如图 2-16 所示。

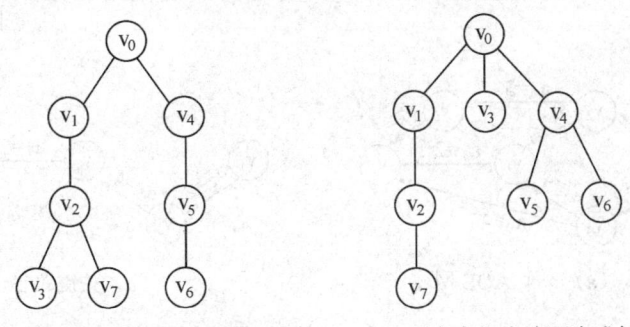

（a）深度优先遍历生成树　　　（b）广度优先遍历生成树

图 2-16　深度和广度遍历生成树

【例 2-26】 用 Prim 算法构造最小生成树的过程如图 2-17 所示。

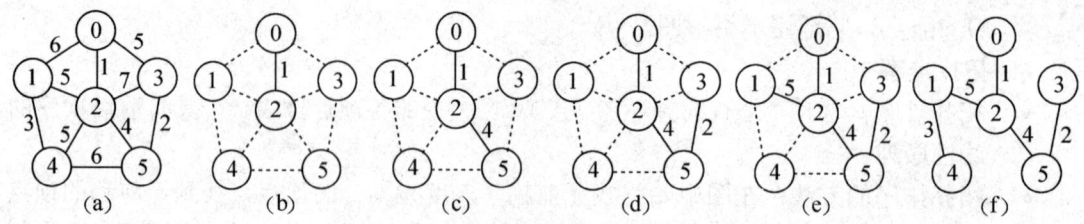

图 2-17 Prim 算法构造最小生成树的过程

【例 2-27】 用 Kruskal 算法构造的最小生成树的过程如图 2-18 所示。

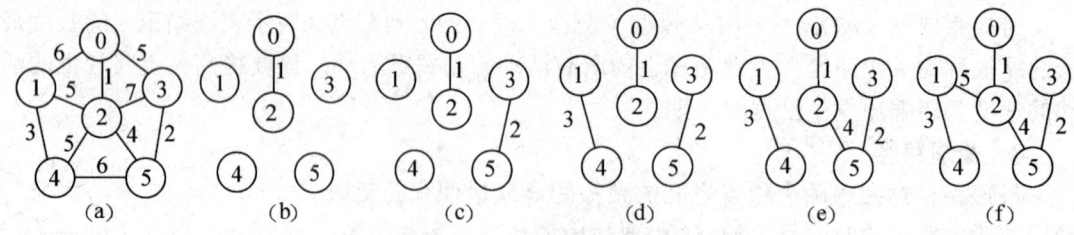

图 2-18 Kruskal 算法构造最小生成树的过程

【例 2-28】 假设某专业中的 6 门课程的前趋后继之间的关系如图 2-19 所示,课程的教学安排次序为:c1、c3、c2、c5、c4、c6,或 c1、c2、c3、c5、c4、c6。这就是拓扑排序序列,方法是将图中的无前驱的结点输出,若有多个无前驱的结点,则用栈或队列暂存无前驱的结点,然后依次输出并将后继的前驱数减 1。

【例 2-29】 已知 AOE 网如图 2-20(a)所示,其中顶点表示事件,弧表示活动,弧上的数值表示活动需要的时间,关键路径如图 2-20(b)所示。

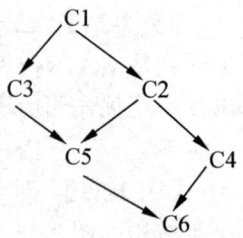

图 2-19 一个 AOV 网

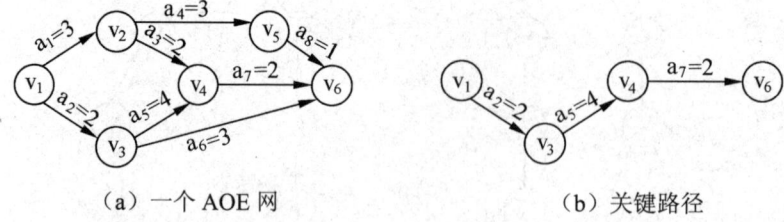

（a）一个 AOE 网　　　　　　　（b）关键路径

图 2-20 AOE 网及其关键路径

【例 2-30】 有向图 G 如图 2-21 所示,G 的邻接矩阵如图 2-22 所示。

从源点 v_0 到各终点的最短路径值、路径和 Dijkstra 算法的动态执行过程如图 2-23 所示。

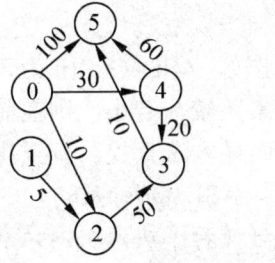

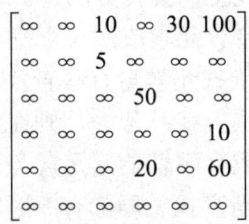

图 2-21　一个有向图　　　　　　图 2-22　有向图的邻接矩阵

距离数组：

	终点	1	2	3	4	5
初始	v_0	∞	10	∞	30	100
第1次	v_2	∞	10	60	30	100
第2次	v_4	∞	10	50	30	90
第3次	v_3	∞	10	50	30	60
第4次	v_5	∞	10	50	30	60
第5次	v_1	∞	10	50	30	60

路径数组：

0	1	2	3	4	5
-1	-1	0	-1	0	0
-1	-1	0	2	0	0
-1	-1	0	4	0	4
-1	-1	0	4	0	3
-1	-1	0	4	0	0
-1	-1	0	4	0	3

图 2-23　Dijkstra 算法的动态执行过程

输出结果为：

v_0 到 v_2：　$v_0 \rightarrow v_2$　　　　　　距离 10

v_0 到 v_4：　$v_0 \rightarrow v_4$　　　　　　距离 30

v_0 到 v_3：　$v_0 \rightarrow v_4 \rightarrow v_3$　　　　距离 50

v_0 到 v_5：　$v_0 \rightarrow v_4 \rightarrow v_3 \rightarrow v_5$　　距离 60

v_0 到 v_1：　无路径　　　　　　距离 ∞

2.2.8　查找

1. 查找概念

查找表：同一类型的数据元素构成的集合。

静态查找表：在查找操作时不对查找表的长度进行修改。

动态查找表：查找表是在查找过程中动态生成的，即查找时若所找元素不存在则插入。

平均查找长度 ASL：查找成功的 $ASL=\sum_{i=1}^{n}p_i c_i$，其中 P_i 为第 i 个结点的查找概率，C_i 为查找第 i 个结点的比较次数。

2. 静态查找表上的查找方法

顺序查找：待查元素依次与查找表中的元素比较，ASL=O(n)(n 为查找表的长度)。

二分查找：待查元素与有序查找表的中间元素比较，若小，则在前半段中用同样方法查找；若大，则在后半段中用同样方法查找，直至找到（查找成功）或有序表中无元素（查找不成功），ASL=O($\log_2$n)。

分块查找：当查找表局部有序时，将查找表分成若干块，块内元素不一定有序，对块建立索引，索引表是按关键字有序的，查找方法是先顺序查找块，然后在块内顺序查找元素。当块长为 $\sqrt{n}$ 时，最小的 ASL=O$\sqrt{n}$。

3. 动态查找表的查找

（1）二叉搜索（排序）树

① 定义：非空的二叉排序树中的任意结点 k，若 k 有左子树，则左子树中的每个结点的值都小于 k 的值；若 k 有右子树，则右子树中的每个结点的值都大于等于 k 的值。（注意：k 是指树中的每个结点。）

② 查找：将待查元素与二叉排序树的根比较，若相等，则查找成功；若待查元素小于根，则在左子树中找；若待查元素大于根，则在右子树中找；重复这样的查找过程直至找到（查找成功）或子树空（查找不成功）为止。

③ 插入：先查找插入位置，然后新结点挂在从根到插入位置这条路径的末端。

④ 删除：先查找到被删元素，若被删元素是叶子，则直接删除；若被删结点是单支（被删结点只有左子树或只有右子树）结点，则将单支的子树挂到被删结点的父结点上，即从树上断开了被删结点；若被删结点是双支（被删结点有左子树又有右子树）结点，则将左子树挂到被删结点的中序后继的左边或将右子树挂到被删结点的中序前驱的右边，这样变成删单支结点的操作。

（2）平衡二叉树（AVL 树）

① 定义：对于非空的平衡二叉树中的任意结点 k，k 的左子树和右子树的深度之差的绝对值不超过 1。注意：k 是指树中的每个结点。

② 插入：在平衡二叉排序树中插入结点，然后检查是否因插入结点而破坏平衡，若是，则找出其中最小的不平衡二叉树，按如图 2-24 所示情况进行调整。

图 2-24 中结点的值为该结点的平衡值，阴影结点的平衡值为 1 或 0 或–1。

（3）B–树

① B–树定义：一棵 m 阶 B–树，或是空树，或是满足下列特性的 m 叉树。

• 树中每个结点最多有 m 棵子树；

• 若根不是叶结点，则至少有两棵子树；

• 除根外的每个非终端结点至少有 $\left\lfloor \dfrac{m}{2} \right\rfloor$ 棵子树；

• 所有非终端结点中都包含下列数据信息：

$$(n, A_0, K_1, A_1, K_2, A_2, \cdots, K_n, A_n)$$

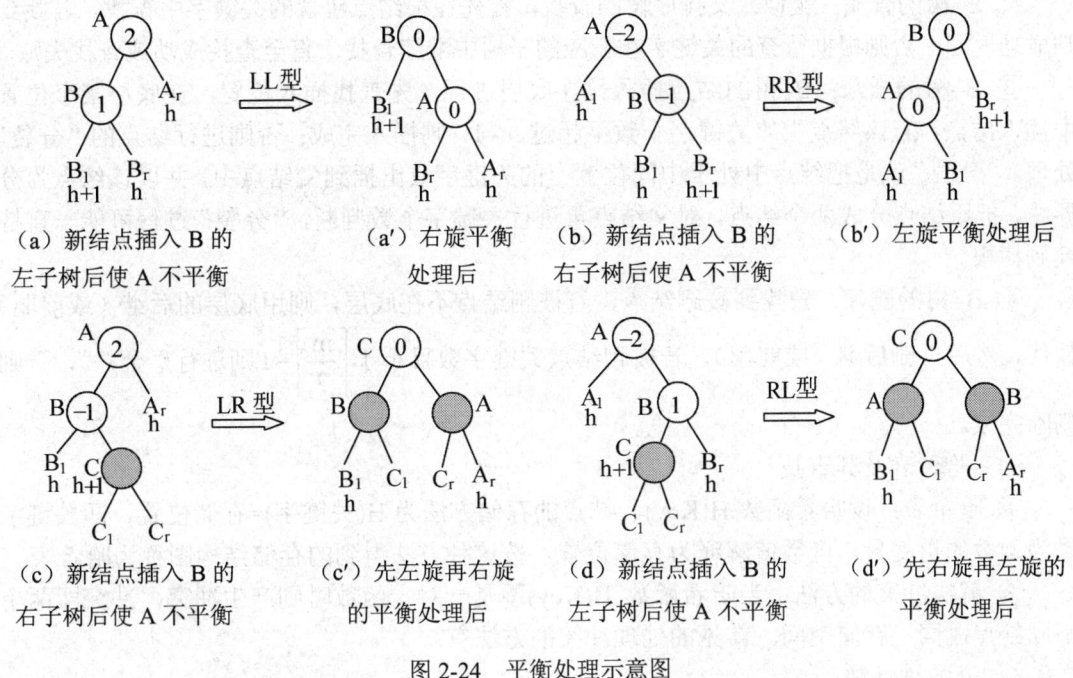

（a）新结点插入 B 的　　　（a'）右旋平衡　　　（b）新结点插入 B 的　　　（b'）左旋平衡处理后
　　左子树后使 A 不平衡　　　　处理后　　　　　右子树后使 A 不平衡

（c）新结点插入 B 的　　　（c'）先左旋再右旋　　　（d）新结点插入 B 的　　　（d'）先右旋再左旋的
　　右子树后使 A 不平衡　　　的平衡处理后　　　　　左子树后使 A 不平衡　　　平衡处理后

图 2-24　平衡处理示意图

其中 $K_i(i=1, 2, \cdots, n)$ 为关键字且由小到大有序排列，$A_i(i=0, 1, \cdots, n)$ 为指向子树根的指针，且指针 A_{i-1} 所指子树中的所有结点的关键字均小于 K_i，A_n 所指结点的关键字均大于 K_n，n 为结点中的关键字数目（$\lceil \frac{m}{2} \rceil -1 \leqslant n \leqslant m-1$）。

- 所有的叶子结点都出现在同一层次上，并且不带信息（看作外部结点或查找失败结点）。

一棵 3 阶 B–树如图 2-25 所示。

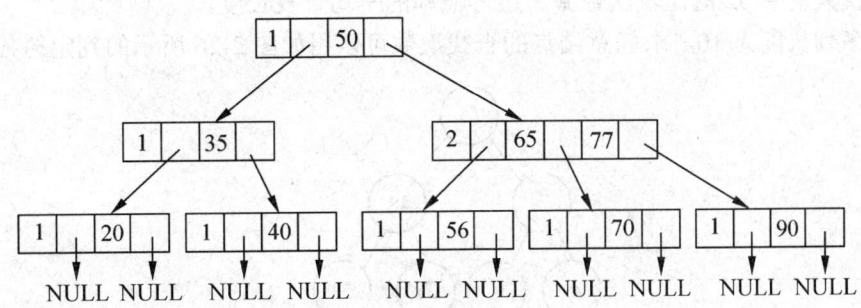

图 2-25　一棵 3 阶 B–树

3 阶 B–树也称 2-3 树。

② B–树的查找：类似二叉排序树的查找，首先在根结点包含的关键字中查找，若找到则成功返回；否则根据待查的关键字在相应的子树中继续查找，直至查找成功或查找失败。

③ B–树的插入：B–树的结点插入只在底层进行，先查找插入位置，在底层某个位置中插入结点，若该结点中的关键字个数不超过 m–1，则插入完成；否则进行结点的"分裂"处理。"分裂"就是把结点中处于中间位置上的关键字取出插到父结点中，并以该结点为分界线，把原结点分成两个结点，对父结点再进行关键字个数判断，"分裂"过程可能一直持续到树根。

④ B–树的删除：先找到被删结点，若被删结点不在底层，则用底层的后继（或前驱）替代，然后再删后继（或前驱），若被删结点关键字数目小于 $\lceil \frac{m}{2} \rceil -1$ 则进行"合并"，否则删除完成。

（4）哈希表及其查找

① 哈希表：设哈希函数 H(Key)，结点的存储方法为 H(关键字)=存储位置，即关键字作为函数的自变量，函数值解释为存储位置，按这种方法得到的存储结构图称为哈希表。

② 解决冲突的方法：当哈希函数 H(Key)不是一对一函数时则产生冲突，冲突即两个不同结点占同一存储空间。常见的处理冲突的方法有：

● 开放地址法：

$$H_i=(H(Key)+d_i)\%M \qquad i=1,2,\cdots,\ M-1$$

其中，H(Key)为哈希函数；M 为哈希表的长度；d_i 为增量序列。

当 $d_i=1，2，3，\cdots，M-1$ 时称为线性探测再散列；

当 $d_i=1^2，-1^2，2^2，-2^2，\cdots，\pm k^2(k\leq M/2)$ 时称为二次探测再散列。

在发生冲突时顺序地到存储区的下一个单元进行探测。

● 链地址法：每个结点增加一个链域，链域指向冲突结点。

【例 2-31】 已知关键字序列 4，7，9，10，15，21，33，48，52，61。写出用二分查找方法查找关键字 52 的比较次数并写出等概率的平均查找长度。

解：序列长度为 10，求任意结点的查找次数可以用如图 2-26 所示的判定树描述。

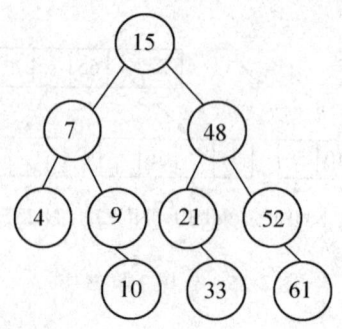

图 2-26 二分查找的判定树

从判定树可得查找 52 的比较次数为 3 次，$ASL = \frac{1}{10}(1 + 2 \times 2 + 3 \times 4 + 4 \times 3) = 2.9$。

【例 2-32】 画出有序序列长度为 15 的判定树。

解： 15 个元素的判定树如图 2-27 所示。

图中的数字为序列的关键字所在序列中的下标。

【例 2-33】 从空的二叉排序树开始依次插入 29、20、35、8、15、39、28。画出该二叉排序树并计算平均查找长度。

解： 二叉排序树如图 2-28 所示。

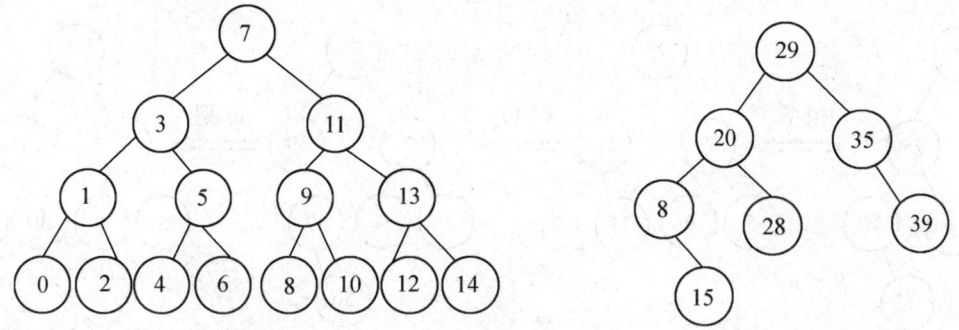

图 2-27 15 个元素的判定树   图 2-28 二叉排序树

$$ASL = \frac{1}{7}(1 + 2 \times 2 + 3 \times 3 + 4 \times 1) = 2.57$$

【例 2-34】 图 2-29 所示的为二叉排序树中删除结点 20 和 35 的过程。

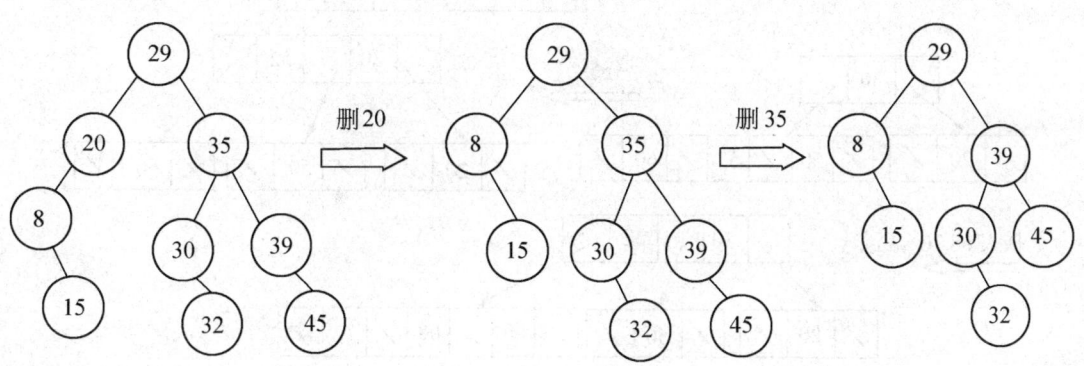

图 2-29 二叉排序树的删除示意图

【例 2-35】 从空的平衡树中依次插入 5、7、9、50、25、37、30。画出建平衡二叉树的过程。

解： 建平衡二叉树的过程如图 2-30 所示。

【例 2-36】 从空的 2-3 树开始依次插入 20、30、50、52、60、68、70，画出建立 2-3 树的过程。并画出删除 50 和 68 后的 2-3 树状态。

解： 2-3 树的建立过程如图 2-31 所示，删除 50、68 后的 B–树状态如图 2-32 所示。

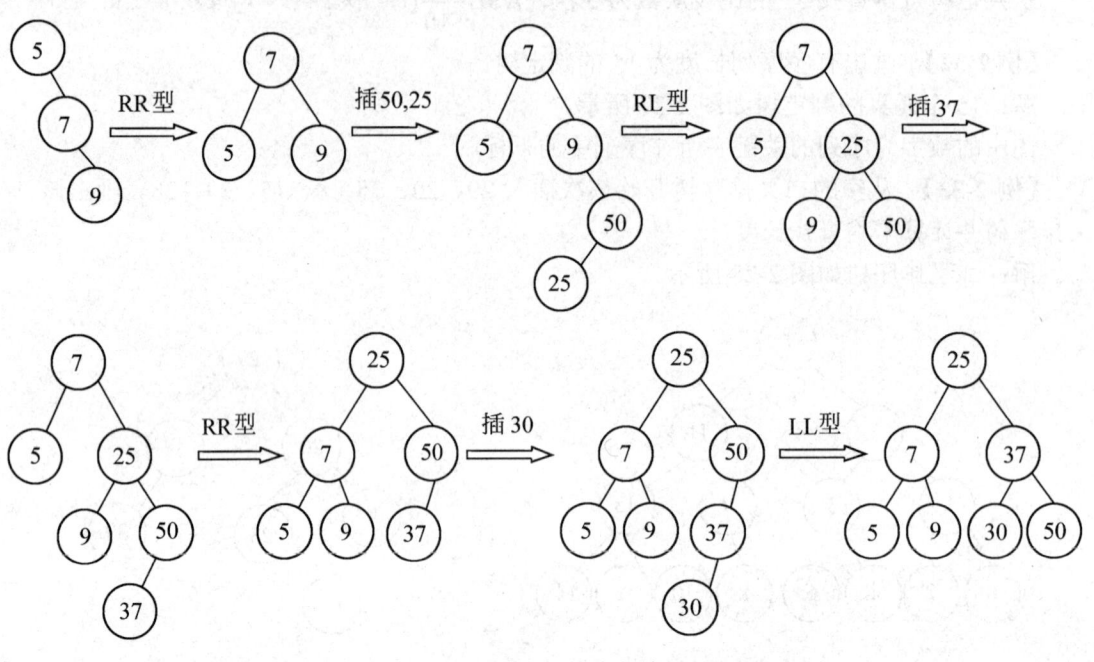

图 2-30　平衡树的建立过程

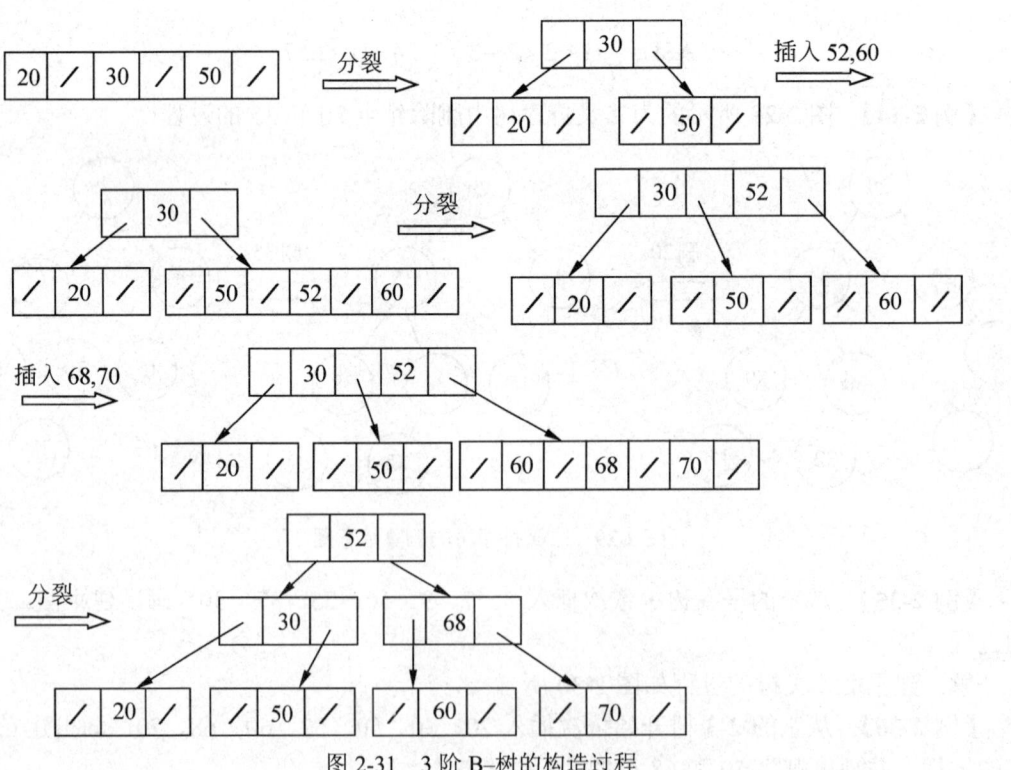

图 2-31　3 阶 B–树的构造过程

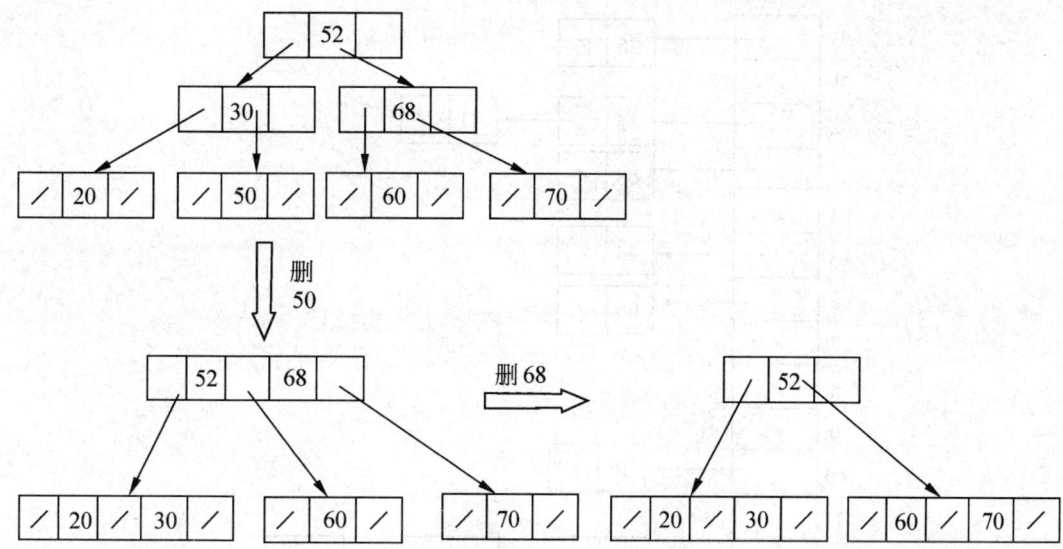

图 2-32　3 阶 B–树的删除示意图

图中每个结点的结点数省略了。

【例 2-37】　已知一组关键字为（26，36，41，38，44，15，68，12，06，51），哈希函数为 H(key)=key%13，用线性探测再散列法解决冲突，画出哈希表并求平均查找长度。

解：哈希表如图 2-33 所示，平均查找长度 ASL=$\frac{1}{10}$(1+1+1+1+1+2+2+3+1+9) = 2.2。

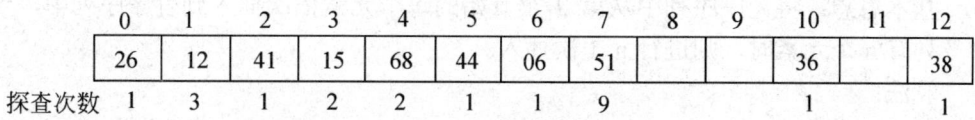

0	1	2	3	4	5	6	7	8	9	10	11	12
26	12	41	15	68	44	06	51			36		38

探查次数　1　　3　　1　　2　　2　　1　　1　　9　　　　　　1　　　　1

图 2-33　线性探测再散列构造的哈希表

【例 2-38】　对于例 2-37 的关键字序列用链地址法解决冲突的哈希表如图 2-34 所示，平均查找 4 长度 ASL=$\frac{1}{10}$(1×7 + 2×2 + 3) = 1.4。

2.2.9　排序

1. 排序的基本概念

- 排序：将无序序列调整为有序序列。
- 稳定性：若待排序记录中有相同关键字，排序后相同关键字的相对位置发生变化，则称该排序是不稳定的；否则为稳定的。
- 内部排序：指待排序记录全部存放在内存中进行排序的过程。

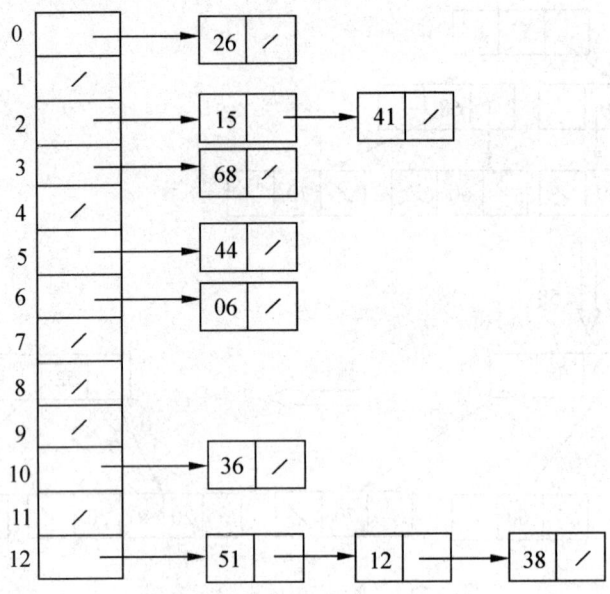

图 2-34 链地址法解决冲突的哈希表

- 外部排序：指待排序的数量很大，以至内存不能放下全部记录，在排序过程中尚需对外存进行访问的排序过程。

2. 简单排序

（1）直接插入排序

- 基本思想：将无序序列中从第 2 个开始的每个元素依次插入到有序序列中，当序列有 n 个元素时，则进行 n–1 次插入。
- 算法：

```
void insertsort(int r[ ],int n)
  /*将数组 r[1]～r[n]中的 n 个整数按非递减有序方式进行直接插入排序*/
{int i,j;
 for(i=2;i<=n;i++)
if ( r[i]<r[i-1])
   {r[0]=r[i];j=i-1;
   do{ r[j+1]=r[j];j--;
     } while (r[0]<r[j]);
   r[j+1]=r[0];
   }
}
```

- 稳定性：稳定的。
- 算法分析：如表 2-6 所示。

表 2-6　直接插入排序算法的时间复杂度分析

直接插入排序	最 好 情 况	最 差 情 况	一 般 情 况
比较次数	n–1 次	$\dfrac{(n+2)(n-1)}{2}$ 次	$O(n^2)$
移动次数	0次	$\dfrac{(n+4)(n-1)}{2}$ 次	$O(n^2)$
时间复杂度	$O(n)$	$O(n^2)$	$O(n^2)$

（2）冒泡排序

- 基本思想：小的往上冒方法，从无序序列的最后元素开始往前两两比较，第一次冒出最小元素，第二次在剩余的结点序列中冒出第二小的，这样共要冒出 n–1 个小的数。（也可以用大的往下沉的方法。）
- 算法：

```
void bubblesort(int r[ ],int n)
 /*将数组 r[0]~r[n-1]中的 n 个整数按非递减有序方式进行冒泡排序*/
{int i,j,tag,temp;
 for(i=0;i<n-1;i++)
   { tag=0;
     for(j=n-1;j>=i+1;j--)
         if(r[j]<r[j-1])
             {temp=r[j];r[j]=r[j-1];r[j-1]=temp;tag=1;}
     if(tag==0) break;
   }
}
```

- 稳定性：稳定的。
- 算法分析：如表 2-7 所示。

表 2-7　冒泡排序算法的时间复杂度分析

冒 泡 排 序	最 好 情 况	最 差 情 况	一 般 情 况
比较次数	n–1 次	$\dfrac{n(n-1)}{2}$ 次	$O(n^2)$
移动次数	0次	$\dfrac{3n(n-1)}{2}$ 次	$O(n^2)$
时间复杂度	$O(n)$	$O(n^2)$	$O(n^2)$

（3）简单选择排序

- 基本思想：第一次从无序序列中选出第一小的元素，然后从剩余的结点序列中选出第二小的元素，这样共选出 n–1 小的数。
- 算法：

```
void selectsort(int r[ ],int n)
  /*将数组 r[0]~r[n-1]中的 n 个整数按非递减有序方式进行选择排序*/
{int i,j,k,temp;
 for(i=0;i<n-1;i++)
   {k=i;
    for(j=i+1;j<n;j++)
       if(r[j]<r[k])k=j;
    if(i!=k){ temp=r[i];r[i]=r[k];r[k]=temp;}
   }
}
```

- 稳定性：不稳定的。
- 算法分析：如表 2-8 所示。

表 2-8　简单选择排序算法的时间复杂度分析

简单选择排序	最 好 情 况	最 差 情 况	一 般 情 况
比较次数	$\dfrac{n(n-1)}{2}$次	$\dfrac{n(n-1)}{2}$次	$O(n^2)$
移动次数	0次	3(n–1)次	$O(n)$
时间复杂度	$O(n^2)$	$O(n^2)$	$O(n^2)$

3. 先进的排序

（1）希尔排序

希尔排序是直接插入排序方法的改进，基本思想是：先将整个待排序列分割成若干子序列（或称组），然后对各个子序列分别进行直接插入排序。待整个序列中的元素基本有序时，再对整个序列进行一次直接插入排序。具体做法是：先取一个小于 n 的整数 d_1 作为第一个增量，把序列分成 d_1 个子序列，将所有间隔距离为 d_1 的元素放在同一子序列中，在各个子序列中进行直接插入排序，然后取第二个增量 $d_2<d_1$，重复上述分组和排序，以此类推，直至所取的增量 $d_i=1$ 为止，即所有元素在同一组中进行直接插入排序。

希尔排序中元素是跳跃式移动的，所以是不稳定的。尽管希尔排序中调用了多次直接插入排序，但初始子序列较短，花的时间不会太多，后面序列基本有序，花的时间接近直接插入排序的最好时间，所以希尔排序的时间复杂度接近$O(n\log_2 n)$。

（2）快速排序

- 算法思想：选取序列的第一个结点，以它的关键字和序列中所有其他结点的关键字比较，将所有关键字较它小的结点放在它之前，将所有关键字较它大的结点放在它之后，则经过这样的一趟排序后，可按该结点所在位置为界，将序列分成两部分，然后再分别对这两部分重复上述过程，直至每一部分只剩一个结点为止。
- 排序过程：

25 84 21 47 15 27 68 35 20

$$20\ 15\ 21\ \underline{25}\ 47\ 27\ 68\ 35\ 84$$
$$15\ \underline{20}\ 21\ 25\ 35\ 27\ \underline{47}\ 68\ 84$$
$$15\ 20\ 21\ 25\ 27\ 35\ 47\ \underline{68}\ 84$$

- 算法：

```
void quicksort(node r[ ],int L,int R)
{int i,j;
    if(L<R)
     { i=L;j=R;r[0]=r[i];
       do{while (r[j].key>=r[0].key && i<j) j--;
         if (i<j) r[i++]=r[j];
         while (r[i].key<=r[0].key && i<j) i++;
         if (i<j) r[j--]=r[i];
         }while (i!=j);
       r[i]=r[0];
       quicksort(r, L, i-1);
       quicksort(r, i+1, R);
     }
}
```

- 稳定性：不稳定的。
- 算法分析：一般情况下的时间复杂度为 $O(nlog_2n)$，最坏情况下的时间复杂度为 $O(n^2)$。

（3）堆排序

- 堆的定义：n 个元素的关键字序列$\{k_1,k_2,\cdots, k_n\}$，当且仅当所有关键字都满足下列关系式时称为堆：$\begin{cases} k_i \leqslant k_{2i} \\ k_i \leqslant k_{2i+1} \end{cases}$（称为小根堆）或 $\begin{cases} k_i \geqslant k_{2i} \\ k_i \geqslant k_{2i+1} \end{cases}$（称为大根堆）其中 $1 \leqslant i \leqslant n/2$。

- 堆排序的算法思想：首先将序列按堆的定义建成堆（如大根堆），从而堆顶的关键字最大，将堆顶与堆末交换，这样得到了最大数，并把末元素从堆中去掉，然后再将堆顶调整为堆，从而堆顶为次大数，得到了次大数。如此反复进行，直到堆中只剩一个元素为止，此时数组的元素为递增（或非递减）有序序列。

- 算法：

```
void heapsort(int r[ ], int n)
/*将数组 r[0]~r[n-1]中的 n 个整数按非递减有序方式进行堆排序*/
{int i,t;
 for(i=n/1-1;i>0;i--)
     heapadjust(r,i,n-1);
 for(i=n-1;i>0;i--)
```

```
        {t=r[0];r[0]=r[i];r[i]=t; heapadjust(r , 0, i-1);}
}
void heapadjust(int r[ ],int s,int m)
  /*使r[s] ~r[m]为大根堆*/
{int i,j,t;
 t=r[s];
 for(j=2*s+1;j<=m;j=2*j+1)
    {if (j<m&&r[j]<r[j+1])j++;
     if(t>=r[j])break;
     r[s]=r[j];s=j;
    }
 r[s]=t;
 }
```

- 稳定性：不稳定的。
- 算法分析：堆排序的最好、最差情况下的时间复杂度都为 $O(n\log_2 n)$。

（4）归并排序

- 算法思想：将两个或多个有序序列合并成一个新的有序序列。
- 稳定性：稳定的。
- 算法分析：归并排序的最好、最差情况下的时间复杂度都为 $O(n\log_2 n)$。

（5）基数排序

- 算法思想：基数排序是按组成关键字各个数位的值进行排序的，具体做法是，根据基数 r（若关键字是十进制，则 r=10）设置 r 个口袋（0~r-1），将关键字的第 T 位的值分配到相应的口袋中，当所有关键字分配完，则按 0 号~r-1 号的次序进行收集，若最大关键字有 d 位，则上述过程重复 d 次。T 可以从最高有效位开始，也可以从最低有效位开始。
- 排序过程：若原关键字序列为（52，18，17，5，8，7，25），则在个位收集后，关键字序列为（52，5，25，17，7，18，8），如表 2-9 所示；

再在十位收集后，关键字序列为（5，7，8，17，18，25，52），如表 2-10 所示。

表 2-9　基数排序的个位分配

口　　袋	0	1	2	3	4	5	6	7	8	9
个位分配			52			5 25		17 7	18 8	

表 2-10　基数排序的十位分配

口　　袋	0	1	2	3	4	5	6	7	8	9
十位分配	5 7 8	17 18	25	52						

- 稳定性：稳定的。
- 算法分析：基数排序的平均时间复杂度为 $O(d \times (n+r))$。

【例 2-39】 给出一个例子说明简单选择排序是不稳定的。

解：关键字序列如下：

$$5, \underline{5}, 4, 7, 2$$
$$2, \underline{5}, 4, 7, 5$$
$$2, 4, \underline{5}, 7, 5$$
$$2, 4, \underline{5}, 5, 7$$

带下划线的是后一个相同关键字。

【例 2-40】 判断序列（100，70，33，65，24，56，48，92，86，33）是否为大根堆，如果不是，则把它调整为堆。

解：（100，70，33，65，24，56，48，92，86，33）不是堆，调整为大根堆为：（100，92，56，86，33，33，48，65，70，24）。

4. 外排序

外排序就是对大型文件的排序，待排序的记录存放在外存上，在排序过程中，内存只存储文件的一部分记录，整个排序过程需要进行多次内外存间的数据交换。

常用的外排序方法是归并排序，先将文件中的记录分段分别读入内存，用内部排序方法分别进行排序形成一个一个归并段，然后用某种归并方法进行一趟一趟地归并，使文件的有序段逐渐加长，直至整个文件归并为一个有序段为止。

2.2.10 常见算法设计方法

1. 分治法

分治法的基本思想是将一个规模为 n 的问题分解为 k 个规模较小的子问题，这些子问题互相独立且与原问题相同。递归地解这些子问题，然后将各子问题的解合并得到原问题的解。

根据分治法的分割原则，应把问题分为多少个子问题才比较适宜？每个子问题是否规模相同或怎样才为适当？这些问题很难给予肯定的回答。但人们从大量实践中发现，在用分治法设计算法时，最好使子问题的规模大致相同。即将一个问题分成大小相等的 k 个子问题的处理方法是行之有效的。许多问题可以取 k=2。这种使子问题规模大致相等的做法是出自一种平衡子问题的思想，它几乎总是比子问题规模不等的做法要好。

二分查找法、快速排序是运用分治策略的典型例子。

2. 递推法

递推法是指利用问题本身所具有的一种递推关系构造求解算法的方法。设要求问题规模为 n 的解，在 n=1 时能方便地得到解。当得到问题规模为 i-1 的解后，由问题的递推性质能从已求的规模为 1、2、…、i-1 的一系列解，构造出问题为 i 的解，这样程序可从 i=1 出发，由已知 1～i-1 规模的解，利用递推关系得到规模 i 的解，以此类推，直至得到规模为 n 的解。

3. 动态规划法

基本思想是将待求解问题分解成若干个子问题，先求解子问题，然后从这些子问题的解得到原问题的解。与分治法不同的是，适合于用动态规划法求解的问题，经分解得到的子问题往往不是互相独立的。若用分治法解这类问题，则分解得到的子问题数目太多，以至于最后解决原问题需要耗费指数级时间。在用分治法求解时，有些子问题被重复计算了许多次。如果能够保存已解决的子问题的答案，而在需要时再找出已求得的答案，就可以避免大量重复计算。从而得到多项式时间算法。为了达到这个目的，可以用一个表来记录所有已解决的子问题的答案。不管该子问题以后是否被用到，只要它被计算过，就将其结果填入表中。这就是动态规划算法的基本思想。具体的动态规划算法是多种多样的，但它们具有相同的填表格式。

动态规划算法适用于解最优化问题。通常可以按以下步骤设计动态规划算法。

（1）找出最优解的性质，并刻画其结构特征；

（2）递归地定义最优值；

（3）以自底向上的方式计算出最优值；

（4）根据计算最优值时得到的信息，构造最优解。

4. 贪心法

当一个问题具有最优子结构性质时，可用动态规划法求解。但有时候会有更简单、更有效的算法。贪心法总是做出在当前看来最好的选择，也就是说贪心法并不从整体最优考虑，它所做出的选择是在某种意义上的局部最优选择。考察找硬币的例子，假设有4种硬币，它们的面值分别为二角五分、一角、五分和一分。现在要找给某顾客六角三分钱。这时，很自然会拿出两个二角五分的硬币、1个一角的硬币和3个一分的硬币交给顾客。这种找硬币的方法与其他的找法相比，所拿出的硬币个数是最少的。事实上，这里用到下面的找硬币算法：首先选出一个面值不超过六角三分的最大硬币，即二角五分，然后从六角三分中减去二角五分，剩下三角八分。再选出一个面值不超过三角八分的最大硬币，即又一个二角五分……如此一直做下去。这个找硬币的方法实际上就是贪心法。找硬币问题本身具有最优子结构性质，它可以用动态规划法求解。但用贪心法更简单，更直接，且解题效率更高。

图的单源最短路径问题、最小生成树问题是贪心法求解的例子。

5. 回溯法

回溯法有"通用解题法"之称。用它可以系统地搜索问题的所有解。回溯法是一个既带有系统性又带有跳跃性的搜索算法。它在问题的解空间树中，按深度优先策略，从根结点出发搜索解空间树。算法搜索至解空间树的任一结点时，先判断该结点是否包含问题的解。如果肯定不包含，则跳过以该结点为根的子树的搜索，逐层向其祖先结点回溯；否则，进入该子树，继续按深度优先策略搜索。回溯法求问题的所有解时，要回溯到根，且根结点的所有子树都被搜索遍才结束。回溯法求问题的一个解时，只要搜索到问题的一个解就可结束。这种以深度优先方式系统搜索问题解的算法称为回溯法，它适用于求解组合数较大的问题。

确定了解空间的组织结构后，回溯法从开始结点（根结点）出发，以深度优先方式搜索整个解空间。这个开始结点成为活结点，同时也成为当前的扩展结点。如果在当前结点处不能再向纵深方向移动，则当前扩展结点就成为死结点。此时，应往回移动（回溯）至最近的活结点处，并使这个活结点成为当前扩展结点。回溯法以这种工作方式递归地在解空间中搜索，直至找到所要求的解或解空间中已无活结点为止。

迷宫问题、八皇后问题等是回溯法求解的典型例子。

6. 分支限界法

分支限界法类似于回溯法，它是在问题的解空间树上搜索问题解的算法。一般情况下，分支限界法与回溯法的求解目标不同。回溯法的求解目标是找出解空间树中满足约束条件的所有解，而分支限界法的求解目标则是找出满足约束条件的一个解，或是在满足约束条件的解中找出使某一目标函数值达到极大或极小的解，即在某种意义下的最优解。

由于求解目标不同，导致分支限界法与回溯法对解空间树的搜索方式也不相同。回溯法以深度优先的方式搜索解空间树，而分支限界法则以广度优先或以最小耗费优先的方式搜索解空间树。分支限界法的搜索策略是，在扩展结点处，先生成其所有的孩子结点（分支），然后再从当前的活结点表中选择下一个扩展结点。为了有效地选择下一扩展结点，加速搜索过程，在每一活结点处，计算一个函数值（限界），并根据函数值，从当前活结点表中选择一个最有利的结点作为扩展结点，使搜索朝着解空间树上有最优解的分支推进，以便尽快地找出一个最优解。这种方法称为分支限界法。人们已经用分支限界法解决了大量离散最优化问题。

分支限界法常以广度优先或以最小耗费（最大效益）优先的方式搜索问题的解空间树。问题的解空间树是表示问题解空间的一棵有序树，常见的有子集树和排列树。在搜索问题的解空间树时，分支限界法与回溯法的主要不同在于它们对当前扩展结点所采用的扩展方式。在分支限界法中，每一个活结点只有一次机会成为扩展结点。活结点一旦成为扩展结点，就一次性产生其所有儿子结点。在这些儿子结点中，导致不可行解或导致非最优解的儿子结点被舍弃，其余儿子结点被加入活结点表中。此后，从活结点表中取下一结点成为当前扩展结点，并重复上述结点扩展过程。这个过程一直持续到找到所需的解或活结点表为空时为止。从活结点表中选择下一扩展结点的不同方式导致不同的分支限界法。最常见的有以下两种方式。

（1）队列式（FIFO）分支限界法

队列式分支限界法将活结点表组织成一个队列，并按队列的先进先出（FIFO）原则选取下一个结点为当前扩展结点。

（2）优先队列式分支限界法

优先队列式分支限界法将活结点表组织成一个优先队列，并按优先队列中规定的结点优先级选取优先级最高的下一个结点成为当前扩展结点。

优先队列中规定的结点优先级常用一个与该结点相关的数值 P 表示。结点优先级的高低与 P 值的大小相关。最大优先队列规定 P 值较大的结点优先级较高。在算法实现时通常用大根堆来实现最大优先队列，以体现最大效益优先的原则。类似地，最小优先队列规定，P 值较小的结点优先级较高。在算法实现时通常用小根堆来实现最小优先队列，体现最小费用优先的原则。

7. 概率法

概率法允许算法在执行过程中可随机地选择下一个计算步骤。在很多情况下，当算法在执行过程中面临一个选择时，随机性选择常比最优选择省时。因此概率法可以在很大程度上降低算法的复杂度。

概率法的一个基本特征是，对所求解问题的同一实例用同一概率法求解两次可能得到完全不同的效果。这两次所求解所需的时间，甚至所得到的结果可能会有相当大的差别。概率法可分为 4 类：数值概率算法、蒙特卡罗（Monte Carlo）算法、拉斯维加斯（Las Vegas）算法和舍伍德（Sherwood）算法。

2.2.11　小结

数据结构技术主要有线性表、树、图、查找和排序等内容。要求掌握各种数据结构的定义、基本操作和典型算法。

- 线性表按照存储方式分成顺序表和链表两种，按照插入删除方式方成栈和队列两种。元素为单个字符的线性表称为"串"。数组用线性表存储时应掌握其地址计算公式。元素可以是原子或表元素的表，称为"广义表"。
- 树状结构有树和二叉树两种，这是两种不同的数据结构，但使用了相同的术语。
- 图的存储方式有邻接矩阵和邻接表两种。图的遍历有深度优先和广度优先两种。图的应用有拓扑排序、求关键路径和求最短路径等。
- 静态查找表的查找方法有顺序、二分、分块查找等方法。动态查找表的查找方法有二叉排序树、平衡二叉树、B 树、哈希表等方法。
- 简单排序方法有直接插入、冒泡、简单选择等方法。先进排序方法有希尔、快速、堆、归并、基数排序等方法。
- 常见的算法设计有分治、递归、动态规划、贪心、回溯、分支限界和概率等方法。

2.3　重点习题解析

本章重点内容是栈，队列，二叉树性质及遍历，图的存储及遍历，二分查找，二叉排序树，哈希表和内部排序。本节给出相关习题的讨论。

本章难点内容是：时间复杂度计算，串模式匹配中的next函数，平衡二叉树，B–树，算法设计方法等。

2.3.1　判断题

从下列各题叙述中分别选出5条正确的叙述。

1. ① 顺序存储方式只能用于存储线性结构。

② 顺序存储方式的优点是存储密度大，且插入、删除运算效率高。

③ 链表的每个结点中都恰好包含一个指针。

④ 散列法存储的基本思想是由关键码的值决定数据的存储地址。

⑤ 散列表的结点中只包含数据元素自身的信息，不包含任何指针。

⑥ 负载因子（装填因子）是散列法的一个重要参数，它反映散列表的装满程度。

⑦ 栈和队列的存储方式既可是顺序方式，也可是链接方式。

⑧ 用二叉链表法存储包含 n 个结点的二叉树，结点的 2n 个指针区域中有 n+1 个为空指针。

⑨ 用相邻矩阵法存储一个图时，在不考虑压缩存储的情况下，所占用的存储空间大小只与图中结点个数有关，而与图的边数无关。

⑩ 邻接表法只能用于有向图的存储，而相邻矩阵法对于有向图的存储都适用。

2. ① 二叉树中每个结点有两个子结点，而对一般的树则无此限制，因此二叉树是树的特殊情形。

② 当 k≥1 时，高度为 k 的二叉树至多有 2^{k-1} 个结点。

③ 用树的前序遍历和中序遍历可以导出树的后序遍历。

④ 线索二叉树的优点是便于在中序下查找前趋结点和后继结点。

⑤ 将一棵树转换成二叉树后，根结点没有左子树。

⑥ 一棵含有 n 个结点的完全二叉树，它的高度是 $\lfloor \log_2 n \rfloor + 1$。

⑦ 在二叉树中插入结点，该二叉树便不再是二叉树。

⑧ 采用二叉链表作为树的存储结构，树的前序遍历和其相应的二叉树的前序遍历的结果是一样的。

⑨ 霍夫曼树是带权路径长度最短的树，路径上权值较大的结点离根较近。

⑩ 用一维数组存储二叉树时，总是以前序遍历顺序存储结点。

3. ① 一棵二叉树的层次遍历方法只有前序法和后序法两种。

② 在霍夫曼树中，叶结点的个数比内部结点个数多 1。

③ 完全二叉树一定是平衡二叉树。

④ 在二叉树的前序序列中，若结点 u 在结点 v 之前，则 u 一定是 v 的祖先。

⑤ 在查找树中插入一个新结点，总是插入到叶结点下面。

⑥ 树的后序序列和其对应的二叉树的后序序列的结果是一样的。

⑦ 对 B–树删除某一关键字值时，可能会引起结点的分裂。

⑧ 在含有 n 个结点的树中，边数只能是 n–1 条。

⑨ 最佳查找树就是检索效率最高的查找树。

⑩ 中序遍历二叉链表存储的二叉树时，一般要用堆栈；中序遍历检索二叉树时，也必须使用堆栈。

4. ① m 阶 B–树每一个结点的后继个数都小于等于 m。

② m 阶 B–树每一个结点的后继个数都大于等于 $\left\lfloor \dfrac{m}{2} \right\rfloor$。

③ m 阶 B–树具有 k 个后继的非叶子结点含有 k–1 个键值。

④ m 阶 B–树的任何一个结点的左右子树的高度都相等。

⑤ 中序遍历一棵查找树的结点就可得到排好序的结点序列。

⑥ 用指针的方式存储一棵有 n 个结点的二叉树，最少要 n+1 个指针。

⑦ 任一查找树的平均查找时间都小于顺序查找同样结点的线性表的平均查找时间。

⑧ 平衡树一定是丰满树。

⑨ 已知树的前序遍历并不能唯一地确定这棵树，因为不知道树的根结点是哪一个。

⑩ 不使用递归，也可以实现二叉树的前序、中序及后序遍历。

判断题参考答案

1．④⑥⑦⑧⑨   2．③④⑥⑧⑨   3．②③⑧⑨⑩   4．①③④⑤⑩

2.3.2　填空题

1．算法好坏主要从＿＿＿＿＿＿＿＿和＿＿＿＿＿＿＿＿方面来衡量。

2．算术表达式 a+b/(c+d)×f 的逆波兰式是＿＿＿＿＿＿。

3．在一个顺序存储的循环队列 Q[0…M–1]，头尾指针分别是 front 和 rear，判断队空的条件为＿＿＿＿，判断队满的条件为＿＿＿＿。

4．设二维数组 a[10][10] 是对称阵，现将 a 中的上三角（含对角线）元素以行为主序存储在首地址为 2000 的存储区域中，每个元素占 3 个单元，则元素 a[6][7]的地址为＿＿＿＿。

5．广义表((a,b),(c))的表头是 ＿＿＿＿，表尾是 ＿＿＿＿ 。

6．假定一棵树的广义表表示为 A（B（C，D（E，F，G），H（I，J））），则树中所含的结点数为＿＿＿个，树的深度为＿＿＿，树的度为＿＿＿。

7．在一棵三叉树中，度为 3 的结点数为 2 个，度为 2 的结点数有 1 个，度为 1 的结点数为 2 个，那么度为 0 的结点数有＿＿＿个。

8．一棵二叉树的结点数为 18，则它的最小深度为＿＿＿，最大深度为＿＿＿。

9．对于一棵具有 n 个结点的二叉树，对应二叉链表中指针总数为＿＿＿个，其中＿＿＿个用于指向孩子结点，＿＿＿个指针空闲着。

10．某二叉树的前序遍历结点访问顺序是 abdgcefh，中序遍历的结点访问顺序是 dgbaechf，则其后序遍历的结点访问顺序是＿＿＿＿＿＿。

11．有一棵 50 个结点的完全二叉树，其叶结点有＿＿＿＿个。

12．设有一稀疏图 G，则 G 采用＿＿＿＿＿＿存储较省空间。

13．如果无向图 G 有 n 个顶点，那么 G 的一棵生成树有且仅有＿＿＿＿＿条边。

14．如果无向图 G 有 n 个顶点、e 条边且用邻接矩阵进行存储，那么深度优先遍历图 G 的时间复杂度为 ＿＿＿＿＿＿。

15．假定对线性表（38，25，74，52，48）进行散列存储，采用 H（K）=K%7 作为散列函数，若分别采用线性探测法和链接法处理冲突，则对各自散列表进行查找的平均查找长度分别为____和_____。

16．在待排序的元素序列基本有序的前提下，效率最高的排序方法是_____。

17．对于一个具有 n 个结点的序列，如果采用插入排序，所需的最大比较次数是_____，所需的最大移动次数是_____。

18．设有 1000 个无序的元素，希望用最快的速度挑选出其中前 10 个最大的元素，最好选用_____排序法。

19．对于一个具有 n 个元素序列如果采用快速排序，那么所需的最少比较次数是_____，所需的最大比较次数是_____，且此序列为_____序列。

20．将两个各有 n 个元素的有序表归并成一个有序表，其最少的比较次数是_____，最多的比较次数是_____。

填空题参考答案

1．时间复杂度　空间复杂度

2．abcd+/f×+

3．front==rear　front==（rear+1）%M

4．上三角的地址公式 loc(a[i][j])=loc(a[0][0])+(((2n–i+1)*i/2+(j–i))×L)注意 i≥0，j≤9，所以 a[6][7]的地址为 2228。

5．(a,b)　((c))

6．10　4　3

7．m 叉树中的叶子数$=1+\sum_{i=2}^{m}(i-1)n_i$，所以有 6 个叶子。

8．最小深度$\lfloor \log_2 18 \rfloor+1=5$，最大深度是 18。

9．2n　n–1　n+1

10．画出二叉树后得 gdbaehfca

11．完全二叉树的叶结点数$=\lfloor \dfrac{n+1}{2} \rfloor$，n 为结点数，所以有 25 个叶结点。

12．邻接表

13．n–1 条边

14．$O(N^2)$

15．2　1.2

16．插入排序和冒泡排序

17．(n+2)(n–1)/2　(n+4)(n–1)/2

18．堆排序

19．$n\log_2 n$　n(n–1)/2　有序

20．当一个有序表的元素都比另一有序表的元素都小（或都大）时比较次数最少为 n。

最多的比较次数为2n–1。

2.3.3　简答题

1. 简述顺序存储结构和链式存储结构的特点。

解答：顺序存储结构的优点无须为表示元素间的逻辑关系而增加额外的指针空间；可以随机存取表中的任一元素。缺点是必须事先进行空间分配，表的容量难以扩充；插入和删除操作时需移动大量结点，效率较低。

链式存储结构的优点是结点的存储采用动态存储，表的容量很容易扩充；插入和删除操作方便，不必移动结点，只要修改结点中的指针即可。缺点是每个结点中需要有指针空间，比顺序存储结构的存储密度小；只能进行顺序查找结点。

2. 链表中为什么要引入头结点？

解答：链表进行插入和删除操作时要判断是否在链表的首端操作，若在第一结点前插入新结点和删除第一个结点则会引起首指针 head 值的改变；否则 head 的值不会改变。在链表前加一个头结点（只用指针域指向链表的首结点）就避免了两种情况的判断，使程序设计简单了，程序的结构更清楚。

3. 简述由二叉树的前序、中序和后序遍历序列如何确定二叉树。

解答：在 3 种遍历序列中，前序序列和中序序列、中序序列和后序序列能唯一确定一棵二叉树，因为前序序列或后序序列能确定二叉树的根结点而中序序列能确定根的左、右子树。前序序列和后序序列不能唯一确定一棵二叉树，但注意树的先根序列和后根序列能唯一地确定该树，因为树的后根序列就是二叉树的中序序列。

4. 快速排序的最坏情况如何改进？

解答：当待排序的序列为有序序列时快速排序的效率很低，蜕变为冒泡排序了，为了避免这种情况，选序列的首元素为枢轴元素（或称基准元素）改为选序列的首元素、中间元素和末元素 3 个元素中中间大的元素为基准元素（简单的就用中间元素为基准），这可大大改善快速排序的性能。例如：

8，0，4，9，6，3，5，2，7，1

以中间大元素 6 为基准，基准元素与最后元素交换后为：

8，0，4，9，1，3，5，2，7，6

　↑　　　　　　　　　↑

　i　　　　　　　　　j

将 i、j 指的内容比较，若 i 的内容比基准小，i 推进，否则 i 停下，开始进行 j 的比较；若 j 的内容比基准大，j 推进，否则 j 停下，将 i 的内容与 j 的内容交换，重复上述过程，直至 j<i 止，将基准与 i 的内容交换，一次分段完成。如下所示：

8，0，4，9，1，3，5，2，7，6

2，0，4，9，1，3，5，8，7，6

2，0，4，5，1，3，9，8，7，6

2, 0, 4, 5, 1, 3, 6, 8, 7, 9

5．简述动态规划法的基本思想。

解答：为了节约重复求相同子问题的时间，引入一个表（数组），不管它们是否对最终解有用，把新的子问题的解答存于该表中，待以后遇到同样子问题时，就不再重复求该子问题，而直接从表中取出该子问题的解答，这就是动态规划法所采用的基本思想。

2.3.4 选择题

1．循环队列用数组 A[0…m–1]存放其元素值，已知其头尾指针分别是 front 和 rear，则当前队列中的元素个数是_____。

  A．(rear–front+m)% m   B．read–front+1

  C．read–front–1   D．read–front

2．递归算法的执行过程一般来说，可分成___(1)___和___(2)___两个阶段。

  （1）A．试探   B．递推   C．枚举   D．分析

  （2）A．回溯   B．回归   C．返回   D．合成

3．设哈希表长 m=11，哈希函数 H（key）=key%11。表中已有 4 个结点：addr（15）=4，addr（38）=5，addr（61）=6，addr（84）=7，其余地址为空，如果二次探测再散列处理冲突，关键字为 49 的结点地址是_____。

  A．8   B．3   C．5   D．9

4．m 阶 B–树中所有非终端（除根之外）节点中的关键字个数必须大于或等于_____。

  A．$\lceil m/2 \rceil$–1   B．$\lceil m/2 \rceil$+1   C．$\lceil m/2 \rceil$–1   D．m

5．一组记录的关键码为（46，79，56，38，40，84），则采用快速排序的方法，以第一个记录为基准得到的一次划分结果为_____。

  A．38，40，46，56，79，84   B．40，38，46，79，56，84

  C．40，38，46，56，79，84   D．40，38，46，84，56，79

6．若一个问题的求解既可以用递归算法，也可以用递推算法，则往往用___(1)___算法，因为___(2)___。

  （1）A．先递归后递推   B．先递推后递归   C．递归   D．递推

  （2）A．递推的效率比递归高   B．递归宜于问题分解

     C．递归的效率比递推高   D．递推宜于问题分解

7．将一棵有 100 个结点的完全二叉树从上到下、从左到右依次对结点进行编号，根结点的编号为 1，则编号为 49 的结点的左孩子编号为_____。

  A．99   B．98   C．50   D．48

8．二叉树在线索化后，仍不能有效求解的问题是_____。

  A．前序线索二叉树中求前序后继   B．中序线索二叉树中求中序后继

  C．中序线索二叉树中求中序前趋   D．后序线索二叉树中求后序后继

9．判断线索二叉树中某结点 P 有左孩子的条件是___(1)___。若由森林转化得到的二

叉树是非空的二叉树，则二叉树形状是___（2）___。

（1）A．P! =null　　B．P->lchild! =null　　C．P->ltag=0　　D．P->ltag=1

（2）A．根结点无右子树的二叉树　　　　B．根结点无左子树的二叉树

　　　C．根结点可能有左子树和右子树　　D．各结点只有一个孩子的二叉树

10．在一个单链表 head 中，若要在指针 p 所指结点后插入一个 q 指针所指结点，则执行_____。

　　A．p->next=q->next; q->next=p;　　　　B．q->next=p->next; p=q;

　　C．p->next=q->next; p->next=q;　　　　D．q->next=p->next; p->next=q;

11．设二维数组 a[0…m-1][0…n-1]按列优先顺序存储在首地址为 LOC(a[0][0])的存储区域中，每个元素占 d 个单元，则 a[i][j]的地址为_____。

　　A．LOC(a[0][0]) +(j×n+i) ×d　　　　B．LOC(a[0][0]) +(j×m+i) ×d

　　C．LOC(a[0][0]) +((j-1)×n+i-1) ×d　　D．LOC(a[0][0]) +((j-1)×m+i-1) ×d

12．如果一个栈的进栈序列是 1，2，3，4 且规定每个元素的进栈和退栈各一次，那么不可能得到的退栈序列为_____。

　　A．4，3，2，1　　B．4，2，1，3　　C．1，3，2，4　　D．3，4，2，1

13．对 n 个元素进行快速排序时，最坏情况下的时间复杂度为_____。

　　A．O（$\log_2 n$）　　B．O（n）　　C．O（$n\log_2 n$）　　D．O（n^2）

14．任何一个基于"比较"的内部排序的算法中，若对 6 个元素进行排序，在最坏情况下所需的比较次数至少为_____。

　　A．10　　　　　　B．11　　　　　　C．21　　　　　　D．36

选择题参考答案

1．A　　　　　　2．（1）B（2）B　3．D　　　4．C　　　　　5．C

6．（1）D（2）A　7．B　　　　　　8．D　　　9．（1）C（2）C　10．D

11．B　　　　　12．B　　　　　13．D　　　14．A

2.4　模拟试题

1．二叉树的前序、中序和后序遍历法最适合采用____（1）____来实现。

查找树中，由根结点到所有其他结点的路径长度的总和称为___（2）___，而使上述路径长度总和达到最小的树称为___（3）___。它一定是___（4）___。

在关于树的几个叙述中，只有___（5）___是正确的。

（1）A．递归程序　　　B．迭代程序　　　C．队列操作　　　D．栈操作

（2）A．路径和　　　　B．内部路径长度　　C．总深度　　　　D．深度和

（3）A．B-树　　　　　B．B+树　　　　　C．丰满树　　　　D．穿线树

（4）A．B-树　　　　　B．平衡树　　　　C．非平衡树　　　D．穿线树

（5）A．用指针方式存储有 n 个结点的二叉树，至少要有 n+1 个指针

B. m 阶 B–树中，每个非叶子结点的后继个数≥$\lceil m/2 \rceil$

C. m 阶 B–树中，具有 k 个后继的结点，必含有 k–1 个键值

D. 平衡树一定是丰满树

2. 一棵查找二叉树，其结点 A、B、C、D、E、F 依次存放在一个起始地址为 n（假定地址以字节为单位顺序编号）的连续区域中，每个结点占 4 个字节：前二个字节存放结点值，后二个字节依次放左指针、右指针。若该查找二叉树的根结点为 E，则它的一种可能的前序遍历为___(1)___，相应的层次遍历为___(2)___。在以上两种遍历情况下，结点 C 的左指针 L_c 的存放地址为___(3)___，L_c 的内容为___(4)___。结点 A 的右指针 R_a 的内容为___(5)___。

(1) A. EAFCBD   B. EFACDB   C. EABCFD   D. EACBDF

(2) A. EAFCBD   B. EFACDB   C. EABCFD   D. EACBDF

(3) A. n+9   B. n+10   C. n+12   D. n+13

(4) A. n+4   B. n+8   C. n+12   D. n +16

(5) A. n+4   B. n+8   C. n+12   D. n +16

3. 对于给定的一组关键字（12,2,16,30,8,28,4,10,20,6,18），按照下列算法进行递增排序，写出每种算法第一趟排序后得到的结果：希尔排序（增量为 5）得到___(1)___，快速排序（选第一个记录为基准元素）得到___(2)___，基数（基数为 10）排序得到___(3)___，二路归并排序得到___(4)___，堆排序得到 ___(5)___。

(1) A. 2,4,6,8,10,12,16,18,20,28,30   B. 6,2,10,4,8,12,28,30,20,16,18

    C. 12,2,10,20,6,18,4,16,30,8,28   D. 30,10,20,12,2,4,16,6,8,28,18

(2) A. 10,6,18,8,4,2,12,20,16,30,28   B. 6,2,10,4,8,12,28,30,20,16,18

    C. 2,4,6,8,10,12,16,18,20,28,30   D. 6,10,8,28,20,18,2,4,12,30,16

(3) A. 10,6,18,8,4,2,12,20,16,30,28   B. 1,12,10,20,6,18,4,16,30,8,28

    C. 2,4,6,8,10,12,16,18,20,28,30   D. 30,10,20,12,2,4,16,6,8,28,18

(4) A. 2,12,16,8,28,30,4,6,10,18,20   B. 2,12,16,30,8,28,4,10,6,20,18

    C. 12,2,16,8,28,30,4,6,10,28,18   D. 12,2,10,20,6,18,4,16,30,8,28

(5) A. 30,28,20,12,18,16,4,10,2,6,8   B. 20,30,28,12,18,4,16,10,2,8,6

    C. 2,6,4,10,8,28,16,30,20,12,18   D. 2,4,10,6,12,28,16,20,8,30,18

4. 在所有排序方法中，关键字比较的次数与记录的初始排列次序无关的是___(1)___。

从未排序序列中依次取出元素与已排序序列（初始时为空）中的元素进行比较，将其放入已排序序列的正确位置上的方法，称为___(2)___。设有 1000 个无序的元素，希望用最快的速度挑选出其中前 10 个最大的元素，最好选用___(3)___排序法。

(1) A. 希尔排序   B. 起泡排序   C. 插入排序   D. 选择排序

(2) A. 希尔排序   B. 起泡排序   C. 插入排序   D. 选择排序

(3) A. 起泡排序   B. 快速排序   C. 堆排序   D. 基数排序

5．用某种排序方法对线性表（25,84,21,47,15,27,68,35,20）进行排序时，元素序列的变化情况如下。

① 25,84,21,47,15,27,68,35,20 ② 20,15,21,25,47,27,68,35,84

③ 15,20,21,25,35,27,47,68,84 ④ 15,20,21,25,27,35,47,68,84

则所采用的排序方法是 ___(1)___ 。不稳定的排序是___(2)___ 。

外排序是指___(3)___ 。

（1）A．选择排序 B．希尔排序 C．归并排序 D．快速排序

（2）A．直接插入排序 B．冒泡排序 C．Shell 排序 D．归并排序

（3）A．用机器指令直接对硬盘中需排序数据排序

  B．把需排序数据，用其他大容量机器排序

  C．把外存中需排序数据一次性调入内存，排好序后再存储到外存

  D．对外存中大于内存允许空间的待排序的数据，通过多次内外间的交换实现排序

6．在内部排序中，通常要对被排序数据进行多次扫描。各种排序方法有不同的排序实施过程和时间复杂性。对给定的整数数列（541,132,984,746,518,181,946,314,205,827）进行从小到大的排序时，采用冒泡排序和简单选择排序时，若先选出大元素，则第一次扫描结果分别是___(1)___，采用快速排序（以中间元素 518 为基准）的第一次扫描结果是___(2)___ 。

设被排序的序列有 n 个元素，冒泡排序和简单选择排序的时间复杂度是___(3)___；快速排序的时间复杂度是___(4)___ 。

（1）

A．(181,132,314,205,541,518,946,827,746,984)和（541,132,827,746,518,181,946,314,205,984）

B．(132,541,746,518,181,946,314,205,827,984)和（541,132,827,746,518,181,946,314,205, 984）

C．(205,132,314,181,518,746,946,984,541,827)和（132,541,746,518,181,946,314,205,827,984）

D．(541,132,984,746,827,181,946,314,205,518)和（132,541,746,518,181,946,314,205,827,984）

（2）A．（181,132,314,205,541,518,946,827,746,984）

  B．（541,132,827,746,518,181,946,314,205,984）

  C．（205,132,314,181,518,746,946,984,541,827）

  D．（541,132,984,746,827,181,946,314,205,518）

（3）A．$O(n\log_2 n)$ B．$O(n)$ C．$\log_2 n$ D．$O(n^2)$

（4）A．$O(n\log_2 n)$ B．$O(n^2\log_2 n)$ C．$O(\log_2 n)$ D．$O(n^2)$

7．给定结点的关键字序列（F,B,J,G,E,A,I,D,C,H），对它按字母的字典顺序进行排列，采用不同方法，其最终结果相同，但中间结果是不同的。

Shell 排序的第一趟扫描（步长为 5）结果应为 ___(1)___ 。

冒泡排序（大数下沉）的第一趟冒泡的效果是___(2)___ 。

快速排序的第一次扫描结果是___(3)___ 。

二路归并排序的第一趟结果是___(4)___ 。

若以层次序列来建立对应的完全二叉树后，采用筛选法建堆，其第一趟建的堆是____(5)____。

（1）A.（B，F，G，J，A，D，I，E，H，C）

  B.（B，F，G，J，A，E，D，I，C，H）

  C.（A，B，D，C，E，F，I，J，G，H）

  D.（C，B，D，A，E，F，I，G，J，H）

（2）A.（A，B，D，C，F，E，I，J，H，G）

  B.（A，B，D，C，E，F，I，H，G，J）

  C.（B，F，G，E，A，I，D，C，H，J）

  D.（B，F，G，J，A，E，D，I，C，H）

（3）A.（C，B，D，A，F，E，I，J，G，H）

  B.（C，B，D，A，E，F，I，G，J，H）

  C.（B，A，D，E，F，G，I，J，H，C）

  D.（B，C，D，A，E，F，I，J，G，H）

（4）A.（B，F，G，J，A，E，D，I，C，H）

  B.（B，A，D，E，F，G，I，J，H，C）

  C.（A，B，D，C，E，F，I，J，G，H）

  D.（A，B，D，C，F，E，J，I，H，G）

（5）

A. 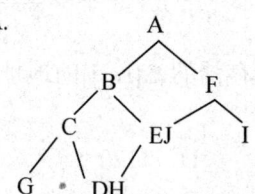 B.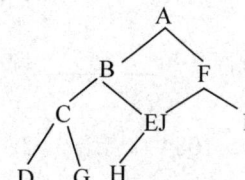

C. 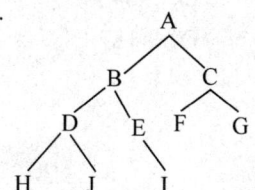 D.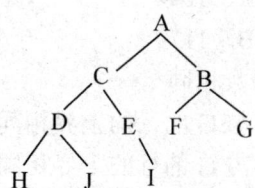

8．二叉树____(1)____。在完全二叉树中，若一个结点没有____(2)____，则它必定是叶结点。每棵树都能唯一地转换成与它对应的二叉树。由树转换成的二叉树里，一个结点 N 的左子树是 N 在原树里对应结点的____(3)____，而 N 的右子树是它在原树里对应结点的____(4)____。二叉排序树的平均检索长度为____(5)____。

（1）A．是特殊的树 B．不是树的特殊形式

  C．是两棵树的总称 D．是只有两个根结点的树状结构

（2）A. 左子树　　　　B. 右子树　　　C. 左子树或没有右子树　　　D. 兄弟

（3）、（4）A. 最左子树　　　　　　　　B. 最右子树

　　　　　　C. 最邻近的右兄弟　　　　　D. 最邻近的左兄弟

（5）A. $O(n^2)$　　　　B. $O(n)$　　　C. $O(\log_2 n)$　　　D. $O(n\log_2 n)$

9. 哈希存储的基本思想是根据＿＿＿（1）＿＿＿来决定＿＿＿（2）＿＿＿，冲突（碰撞）指的是＿＿＿（3）＿＿＿，＿＿＿（4）＿＿＿越大，发生冲突的可能性也越大。处理冲突的两种主要方法是＿＿＿（5）＿＿＿。

（1）、（2）A. 存储地址　　B. 元素的序号　　C. 元素个数　　D. 关键码值

（3）A. 两个元素具有相同序号

　　　B. 两个元素的关键码值不同，而非码属性相同

　　　C. 不同关键码值对应到相同的存储地址

　　　D. 数据元素过多

（4）A. 非码属性　　B. 平均检索长度　　C. 负载因子　　D. 哈希表空间

（5）A. 线性探查法和双散列函数法　　　　B. 建溢出区法和不建溢出区法

　　　C. 除余法和折叠法　　　　　　　　D. 拉链法和开放地址法

10. 设二维数组 F 的行下标为 1～5，列下标为 0～8，F 的每个数据元素均占 4 个字节。在按行存储的情况下，已知数据元素 F[2，2]的第一个字节的地址是 1044，则 F[3，4]和 F[4，3]的第一个字节的地址分别为＿＿＿（1）＿＿＿和＿＿＿（2）＿＿＿，而数组的第一个数据元素的第一个字节和数组最后一个元素的最后一个字节的地址分别为＿＿＿（3）＿＿＿和＿＿＿（4）＿＿＿。

对一般的二维数组 G 而言，当＿＿＿（5）＿＿＿时，其按行存储的 G[i，j]的地址与按列存储的 G[j，i]的地址相同。

（1）A. 1088　　　　B. 1084　　　　C. 1092　　　　D. 1120

（2）A. 1092　　　　B. 1088　　　　C. 1120　　　　D. 1124

（3）A. 1004　　　　B. 1044　　　　C. 1000　　　　D. 984

（4）A. 1183　　　　B. 1179　　　　C. 1164　　　　D. 1187

（5）A. G 的列数与行数相同

　　　B. G 的列的上界与 G 的行的上界相同

　　　C. G 的列的上界与 G 的行的下界相同

　　　D. G 的列的上下界与 G 的行的上下界相同

11. 某顺序存储的表格，其中有 90 000 个元素，已按关键字递增有序排列，现假定对各个元素进行查找的概率是相同的，并且各个元素的关键字皆不相同。

用顺序查找法查找时，平均比较次数约为＿＿＿（1）＿＿＿，最大比较次数为＿＿＿（2）＿＿＿。

现把 90 000 个元素按排列顺序划分成若干组，使每组有 g 个元素（最后一组可能不足 g 个）。查找时，先从第一组开始，通过比较各组的最后一个元素的关键字，找到欲查找的元素所在的组，然后再用顺序查找法找到欲查找的元素。在这种查找法中，使总的平均比

较次数最小的 g 是___(3)___，此时的平均比较次数是___(4)___。当 g 的值大于等于 90 000 时，此方法的查找速度接近于___(5)___。

（1）、（2）　A．25 000　　　B．30 000　　　C．45 000　　　D．90 000

（3）、（4）　A．100　　　　B．200　　　　C．300　　　　D．400

（5）　　　　A．快速分类法　　B．斐波那契查找法　　C．二分法　　D．顺序查找法

12．已知无向图的邻接表如图 2-35 所示。

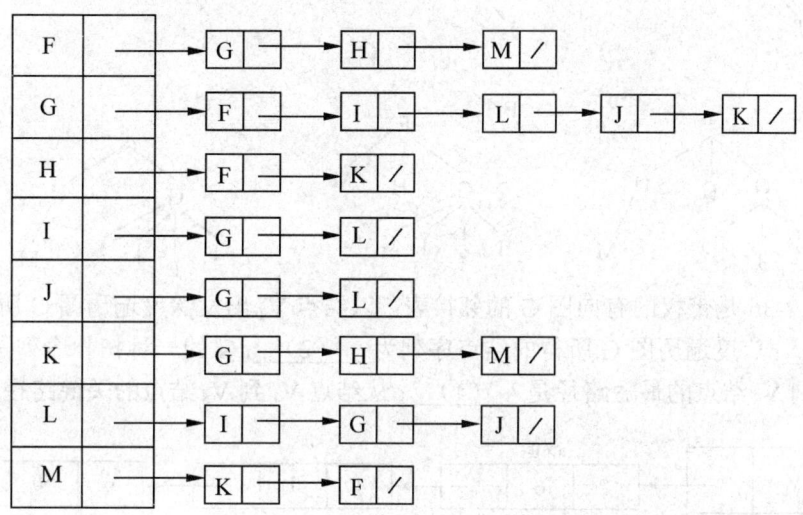

图 3-35　无向图的邻接表

此邻接表对应的无向图为___(1)___。此图从 F 开始的深度优先遍历为___(2)___。从 F 开始的广度优先遍历为___(3)___。从 F 开始的深度优先生成树为___(4)___。从 F 开始的广度优先生成树为___(5)___。

（1）

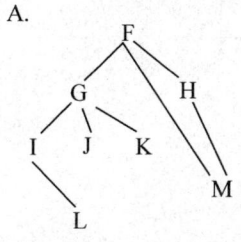
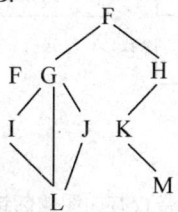
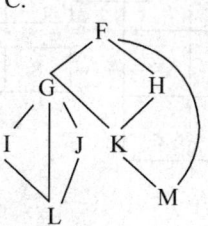

（2）A．FGILJMKH　　　　B．FGILJKHM

　　C．FGILJKMH　　　　D．FGHMILJK

（3）A．FGILJKMH　　　　B．FGHMILJK

　　C．FGHILJKM　　　　D．FGHMKILJ

（4）

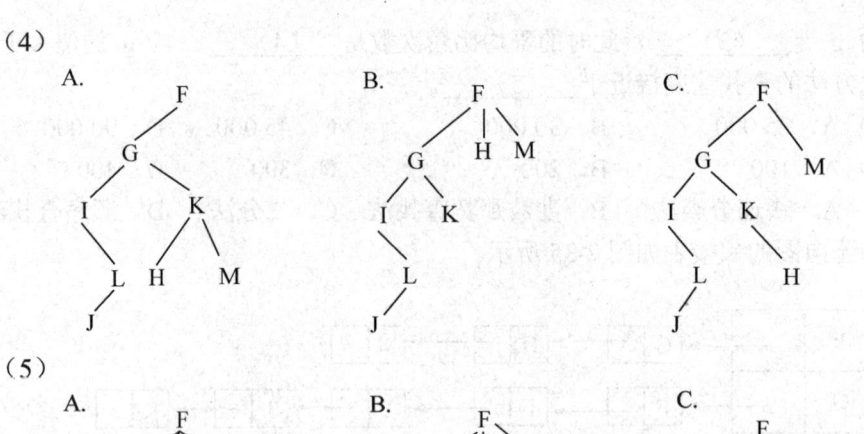

（5）

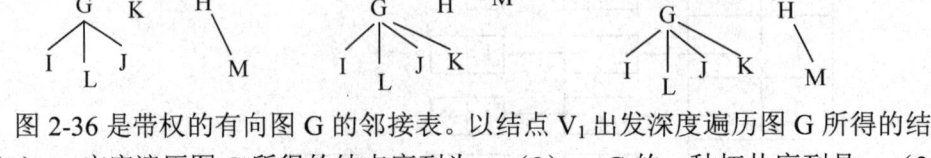

13. 图 2-36 是带权的有向图 G 的邻接表。以结点 V_1 出发深度遍历图 G 所得的结点序列为____（1）____；广度遍历图 G 所得的结点序列为____（2）____；G 的一种拓扑序列是____（3）____；从结点 V_1 到 V_8 结点的最短路径是____（4）____；从结点 V_1 到 V_8 结点的关键路径是____（5）____。

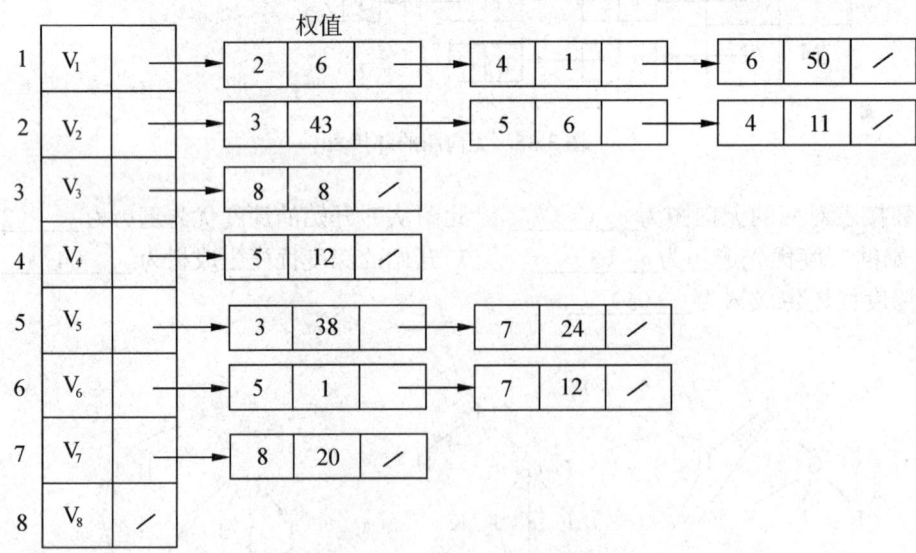

图 2-36　带权有向图的邻接表

（1）A. V_1, V_2, V_3, V_4, V_5, V_6, V_7, V_8

　　B. V_1, V_2, V_3, V_8, V_4, V_5, V_6, V_7

　　C. V_1, V_2, V_3, V_8, V_4, V_5, V_7, V_6

　　D. V_1, V_2, V_3, V_8, V_5, V_7, V_4, V_6

（2）A．V_1，V_2，V_3，V_4，V_5，V_6，V_7，V_8

B．V_1，V_2，V_4，V_6，V_5，V_3，V_7，V_8

C．V_1，V_2，V_4，V_6，V_3，V_5，V_7，V_8

D．V_1，V_2，V_4，V_6，V_7，V_3，V_5，V_8

（3）A．V_1，V_2，V_3，V_4，V_5，V_6，V_7，V_8

B．V_1，V_2，V_4，V_6，V_5，V_3，V_7，V_8

C．V_1，V_2，V_4，V_6，V_3，V_5，V_7，V_8

D．V_1，V_2，V_4，V_6，V_7，V_3，V_5，V_8

（4）、（5）A．（V_1，V_2，V_4，V_5，V_3，V_8）　　　B．（V_1，V_6，V_5，V_3，V_8）

C．（V_1，V_6，V_7，V_8）　　　D．（V_1，V_2，V_5，V_7，V_8）

14．在一棵完全二叉树中，其根的序号为 1，_____可判定序号为 p 和 q 的两个结点是否在同一层。

A．$\lfloor \log_2 p \rfloor = \lfloor \log_2 q \rfloor$　　　　　　　B．$\log_2 p = \log_2 q$

C．$\lfloor \log_2 p \rfloor + 1 = \lfloor \log_2 q \rfloor$　　　　　　D．$\lfloor \log_2 p \rfloor = \lfloor \log_2 q \rfloor + 1$

15．堆是一种数据结构，_____是堆。

A．(10,50,80,30,60,20,15,18)　　　　B．(10,18,15,20,50,80,30,60)

C．(10,15,18,50,80,30,60,20)　　　　D．(10,30,60,20,15,18,50,80)

16．_____从二叉树的任一结点出发到根的路径上，所经过的结点序列必按其关键字降序排列。

A．二叉排序树　　　　B．大顶堆　　　　C．小顶堆　　　　D．平衡二叉树

17．若广义表 L=((1,2,3))，则 L 的长度和深度分别为_____。

A．1 和 1　　　　B．1 和 2　　　　C．1 和 3　　　　D．2 和 2

18．若对 27 个元素只进行 3 趟多路归并排序，则选取的归并路数为_____。

A．2　　　　B．3　　　　C．4　　　　D．5

19．循环链表的主要优点是_____。

A．不再需要头指针了

B．已知某个结点的位置后，能很容易找到它的直接前驱结点

C．在进行删除操作后，能保证链表不断开

D．从表中任一结点出发都能遍历整个链表

20．表达式 a*(b+c)-d 的后缀表达形式为_____。

A．abcd*+-　　　　B．abc+*d-　　　　C．abc*+d-　　　　D．-+*abcd

21．若二叉树的先序遍历序列为 ABDECF，中序遍历序列 DBEAFC，则其后序遍历序列为_____。

A．DEBAFC　　　　B．DEFBCA　　　　C．DEBCFA　　　　D．DEBFCA

22. 无向图中一个顶点的度是指图中_____。

    A. 通过该顶点的简单路径数   B. 通过该顶点的回路数

    C. 与该顶点相邻的顶点数   D. 与该顶点连通的顶点数

23. 利用逐点插入法建立序列 (50,72,43,85,75,20,35,45,65,30) 对应的二叉排序树以后,查找元素 30 要进行_____次元素间的比较。

    A. 4   B. 5   C. 6   D. 7

模拟试题参考答案

1.（1）A   （2）B   （3）C   （4）B   （5）C

2.（1）D   （2）A   （3）B   （4）A   （5）B

3.（1）C   （2）B   （3）D   （4）B   （5）C

4.（1）D   （2）C   （3）C

5.（1）D   （2）C   （3）D

6.（1）B   （2）C   （3）D   （4）A

7.（1）C   （2）C   （3）B   （4）A   （5）B

8.（1）B   （2）A   （3）A   （4）C   （5）C

9.（1）D   （2）A   （3）C   （4）C   （5）D

10.（1）A   （2）C   （3）C   （4）B   （5）D

11.（1）C   （2）D   （3）C   （4）C   （5）D

12.（1）C   （2）B   （3）B   （4）A   （5）B

13.（1）D   （2）C   （3）B   （4）D   （5）B

14. A   15. B   16. C   17. B   18. B

19. D   20. B   21. D   22. C   23. B

第 3 章 操作系统知识

3.1 基本要求

1. 学习目的与要求

计算机系统是由硬件和软件组成的。硬件有处理器、存储器、设备等，软件有系统软件和应用软件；系统软件包含文字处理、语言处理、命令处理和操作系统；应用软件是利用计算机系统的硬件、软件资源为某个专门的领域服务的软件，如财务软件、CAD 等。

操作系统是一组程序，是为了提高系统资源的使用效率而且方便用户使用的，这些程序可以是软件，也可以是固件。操作系统是计算机系统中硬件和软件资源的总指挥，其性能的高低，决定着整个计算机系统的能力能否充分发挥；操作系统也是软件的基础运行平台；操作系统的安全可靠程度，决定了整个计算机系统的安全性和可靠性。

通过本章的学习，可以掌握如下内容。

（1）操作系统的概念、分类、功能和结构。

（2）处理机的管理和调度。

（3）实存管理、虚存组织和虚存管理。

（4）设备的分类、虚拟设备和设备管理。

（5）文件的逻辑结构、存储结构和辅助存储器管理。

（6）联机处理与批处理、前台与后台。

（7）流行操作系统的体系结构、安装与配置。

（8）操作系统的发展情况。

2. 本章重点内容

可以从多种视角考察操作系统，由此，涉及了如下重点内容。

（1）操作系统的作用、类型、特征、功能和结构。

（2）处理机管理相关的概念：并行与并发、单道与多道、进程与线程、同步与互斥、进程状态和状态转换、处理机调度。

（3）存储管理相关的概念：实存与虚存、虚存组织、虚存管理。

（4）设备管理相关的概念：设备的分类、虚拟设备、块设备管理。

（5）文件管理相关的概念：文件的逻辑结构与存储结构、文件目录、辅助存储器管理。

（6）人机交互相关的概念：联机与批处理、前台与后台。

（7）流行操作系统的体系结构、安装与配置。

（8）操作系统的发展情况。

3.2 基本内容

3.2.1 基础知识

操作系统运行在计算机的硬件上，并且为其他软件运行提供服务平台。在计算机系统中，操作系统安装在哪里？操作系统做什么？硬件提供什么接口？操作系统提供什么接口？操作系统的结构是什么？这是本小节要介绍的内容。

可以从两个观点来考察操作系统：资源管理器和虚拟机管理器。因此操作系统是处于硬件和用户软件之间的一个重要组成部分。

计算机系统由硬件和软件两部分构成。计算机硬件通常是指构成计算机系统的物理设备，比如，寄存器、中断、中央处理器（控制器和运算器）、存储器、输入/输出设备、通道和网络接口等部件，它们构成了用户程序赖以活动的物质基础和工作环境。操作系统是位于计算机系统硬件和用户软件之间的。如图 3-1 所示。操作系统做所有软件所期望做的：它通过在更低的层次上建立可用的功能，实现一些期望的功能；其他软件经接口调用这些功能，实现更容易使用的功能；这样，软件将一类接口转化为另一类接口。

操作系统直接构建在硬件接口上，为硬件和用户程序之间提供接口。没有任何软件支持的计算机称为裸机，裸机仅仅构成计算机系统的物质基础，需要在裸机上安装操作系统和应用软件，呈现在用户面前的计算机系统是经过多层软件改造的计算机。

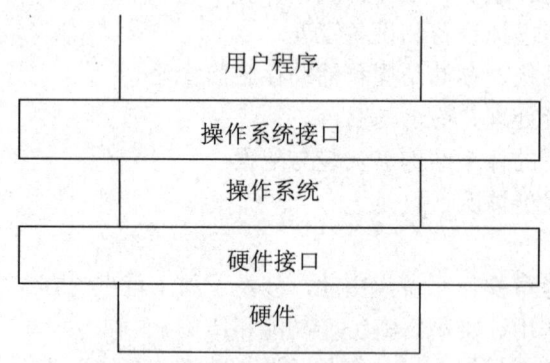

图 3-1   计算机系统的分层

图 3-1 显示了硬件、软件和操作系统的简单的层次结构。硬件接口由程序计数器、寄存器、中断、硬盘、终端等组成。操作系统拥有硬件和软件各自的特性。操作系统是软件，也就是说，它是经过编译、连接、运行在计算机上的一个程序；但是，它又像硬件，只有一个操作系统拷贝运行在计算机上，它扩展了计算机的性能。其他软件使用特殊的"自陷"（trap）或"系统调用"命令请求操作系统的服务，这类似于硬件指令。

现代计算机系统中硬件与软件之间的关系常可分成若干层次，如图 3-2 所示。

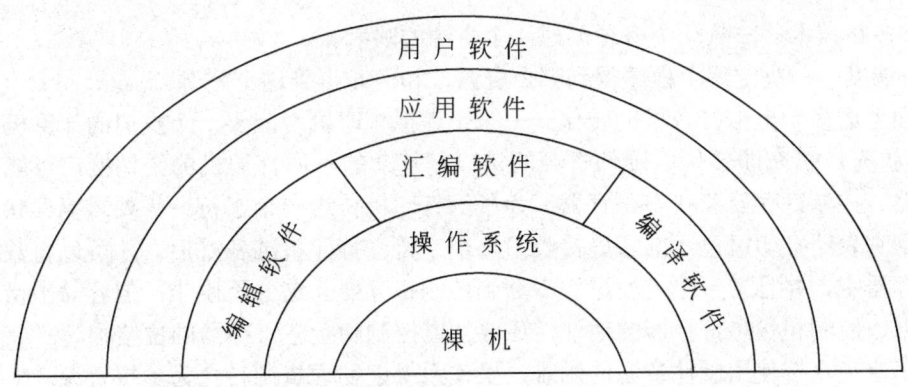

图 3-2　操作系统与硬件软件的关系

图 3-2 显示，硬件（裸机）在最里层，是计算机系统工作的物质基础，它的外面是操作系统，通过系统程序对计算机系统中各类资源（处理器、存储器、设备、数据等）进行管理和提供用户使用的多种服务功能，隐蔽对硬件的复杂操作，把裸机改造成功能更强、使用更方便的系统。

在操作系统的外面，是其他系统软件。操作系统是最基本的系统软件，其他系统软件对用户的操作和软件开发提供支持。如文本编辑、汇编程序、编译程序、连接程序、命令解释程序等，它们不是操作系统的一部分，一般与操作系统一起由供应商提供。有时，人们也将系统实用软件、系统工具软件等视作系统软件。

系统软件的外面是应用软件，它们是为各应用领域服务的软件，如数据库软件、财务软件等。

用户可以直接经系统软件操纵计算机，也可以通过实用软件或工具软件操纵计算机。根据用户的需求产生用户软件，如事务处理，也可直接使用应用软件满足自己的需要。

1. 操作系统的功能

操作系统的功能可以从两个方面考虑。

- 资源管理器——操作系统管理计算机系统的硬件资源。
- 虚拟计算机的实现——实现计算机软件方面的功能。

（1）硬件资源

计算机系统中主要的硬件资源如下。

- 处理器——处理器是计算机系统的一部分，能够执行指令。
- 主存储器——存储数据和程序。这个存储器是易失的，常称为内存或实存储器。
- 输入/输出（I/O）模块——在计算机和外部环境之间传递数据。
- 外部设备——辅助存储器设备，如磁盘、磁带、终端、网络等。

（2）资源管理

资源管理主要涉及以下几个方面。

- 扩充——从一个现存的资源创建一个新资源，而且功能更强，更容易使用。

- 多路技术——从一个资源创建几个资源的映射。
- 调度——决定哪个程序得到哪个资源，和何时得到这个资源。

下面考虑多个虚拟打印机的转化——一个虚拟打印机对应于一个虚拟的计算机。

① 扩充：扩充即转化。硬件资源的接口是复杂的，如打印机的硬件接口可能包括数据寄存器、控制寄存器和状态寄存器。为了给打印机传送一个字符，需要重复读状态寄存器，直到它表明打印机已经准备好接收下一个字符。打印机准备好后，才可以将数据写到数据寄存器中，并且送一个"发送"命令到控制寄存器。这并不困难，但容易出错，需要知道数据、控制和状态寄存器的地址，还要知道控制和状态寄存器的位结构。

为了避免直接使用硬件资源的困难，操作系统把物理资源转化为虚拟资源。一个虚拟资源能提供基本的硬件资源功能，由于隐藏了硬件接口细节，使用起来也很容易。例如，操作系统提供的一台虚拟打印机能够打印一个字符。使用这个虚拟的资源，一个应用只需要指定某个字符被打印。虚拟的打印机提供一台硬件打印机的基本功能，而操作系统处理难以使用的硬件接口的细节。

② 多路技术：计算机系统的物理资源是宝贵的，操作系统需要使众多的应用程序（虚拟计算机）共享物理资源，物理资源的共享称为多路技术。继续打印机的例子，设想系统只有一台打印机。如果运行两个或多个应用程序（虚拟计算机），操作系统需要显示出好像每个虚拟计算机都有一台它自己的打印机，它们打印的字符不会混淆。

为了创建多重打印机的映射，操作系统常常用一个磁盘文件实现虚拟打印机。在这种解决方案中，每个虚拟计算机（应用程序）有一个自己的"打印文件"。

这种方法常简称为 SPOOLING 方法，应用的打印文件称做 SPOOLING 文件。SPOOL 是 Simultaneous Peripheral Operating On Line 的首字母的缩写词，即联机的即时外围设备操作。

这个打印机的例子说明时分多路技术的一种简单的方式。在时分多路技术中，资源在不同的时刻为不同的虚拟计算机服务。通常，时分多路技术简称为分时共享。

时分多路技术的形式相当简单，是一个应用向自己的虚拟计算机的输出。但是打印机要完成打印一台虚拟计算机的所有输出之后，才开始打印另一台虚拟计算机的输出。当资源不能分成更小的单位时，时分多路技术是适用的。

在空分多路技术中，资源被分成更小的单位，每一个虚拟计算机拥有资源的一部分。空分多路技术常用于主存和辅助存储器。"空间分享"是空分多路技术的同义词。

③ 调度：调度需要确定把资源分配给哪个请求者(进程)，既要考虑用户的需要，又要考虑系统性能。具体内容，在各章节描述。

（3）虚拟计算机

操作系统创建了处理器（能够执行指令）和内存（能够存储信息）的软件副本。它也能把磁盘转化为文件系统，并把输入/输出设备转化为更抽象、更容易使用的设备。具体如下。

- 从单处理器创建多个进程（虚拟计算机），把它们分配给各个程序。（时分）

- 在内存中创建多个地址空间（为一个进程运行的内存），把它们分配给程序。（空分）
- 实现文件系统和输入/输出系统，处理器能够很容易地使用磁盘和分享磁盘。（空分磁盘空间和时分 I/O 频道）。

接下来分析一下虚拟计算机和物理计算机的差别。

两者最大的差别就是虚拟计算机有很多，但物理计算机只有一台。操作系统通过转化单个物理计算机，创建很多虚拟计算机的映射。图 3-3 显示了这个结构。

每一个虚拟计算机（记为 VC）在许多方面和物理计算机相似，但使用起来比物理计算机容易。

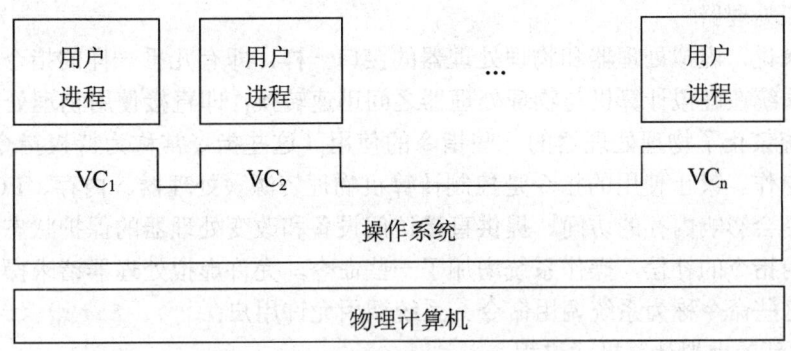

图 3-3　一个操作系统上的多虚拟计算机

2. 虚拟计算机

虚拟计算机是由软件使用物理计算机的硬件资源实现的计算机。它和物理计算机一样，有 4 个基本组成部分：处理器、内存、I/O 和外部设备。每一个虚拟资源都是物理资源的转化和多路技术的版本。图 3-4 和图 3-5 显示了两种资源的多路技术。多路技术是用相同的方法实现的：将物理资源分成独立的分块，这些分块再一起创建虚拟资源。一些情况下，分块是基于空间的（空分多路），另一些情况则是基于时间的（时分）。

在下面几节中，我们将讲述这些资源转化为虚拟资源的方法。

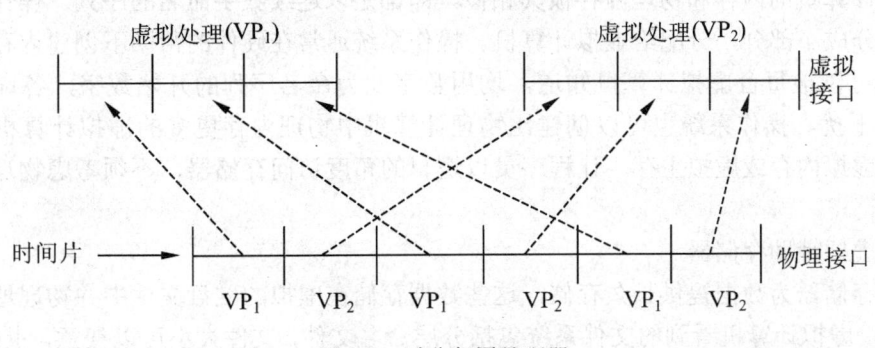

图 3-4　时分复用处理器

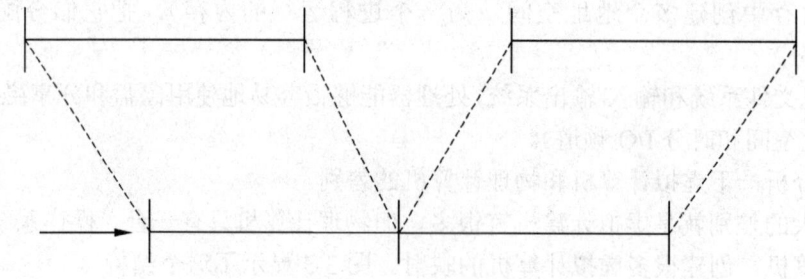

图 3-5　内存空分多路技术

（1）虚拟处理器

对用户来说，虚拟处理器和物理处理器的接口一样，即有几乎一样的指令集。对这些指令，操作系统在虚拟计算机与物理处理器之间迅速转换，即直接使用物理处理器实现。

操作系统禁止了物理处理器的一些指令的使用（这些指令常称为特权指令），增加了一些其他的操作。禁止使用的指令是控制计算机物理资源（处理器、内存、I/O 等）的指令。这些指令会影响内存的访问、提供直接访问设备和改变处理器的保护状态。作为对这些被禁止使用指令的补偿，操作系统增加了一些命令，允许虚拟处理器请求操作系统分配虚拟资源。这些命令称为系统调用命令。系统调用允许用户：

- 创建新的虚拟计算机（进程）；
- 和其他虚拟计算机之间进行通信；
- 请求所需要的内存；
- 进行 I/O 操作；
- 访问复杂的文件系统。

现代处理器提供了两种处理模式：系统模式和用户模式。在用户模式下，不允许使用特权指令。这样，操作系统提供的虚拟处理器是安全的：操作系统管理计算机的硬件资源，而且保持对它们的控制，操作系统允许虚拟计算机使用这些资源，但不能控制它们。

（2）虚拟主存

虚拟计算机的内存和物理内存极其相似，即都是以连续数字命名的序列。操作系统把物理内存分成小部分，分配给虚拟计算机。操作系统通常在硬件的帮助下创建内存映像，内存映像可以被每台虚拟计算机知道，均用数字 0 为命名序列的开始数字，各虚拟计算机间互不干扰。操作系统也可以创建比物理计算机中物理内存更多的虚拟计算机内存映像。称为虚拟内存或虚拟主存，让程序员以逻辑的角度访问存储器，不须考虑物理主存的大小。

（3）虚拟辅助存储器

辅助存储器为数据提供长久存储，这些数据存储在虚拟的磁盘文件中并物理地存放在磁盘块上。虚拟计算机看到的文件系统包括分层命名文件，文件大小可以任意，也能够读、写文件中任意大小的单元。

（4）虚拟 I/O

虚拟计算机的 I/O 操作完全不同于物理计算机的 I/O 操作。物理计算机的设备带有复杂的控制和状态寄存器。例如，磁盘主要是没有结构的物理块组成的大序列。它们仅仅能以大块地（如 512、1024、2048 字节等）进行读/写操作。

相对来讲，虚拟计算机提供的虚拟 I/O 使用起来简单又容易。

3. 硬件接口

现代计算机系统的设备的发展异常迅速，除了拥有常用的键盘、显示器、磁盘驱动器、鼠标、光盘驱动器等，还可配有数字化仪、声频与视频设备、网络设备、办公设备等。这些设备的加入，导致了设备控制技术的发展，设备控制的基本技术是中断。

（1）中断的基本概念

计算机系统中，中断是改变处理器执行指令顺序的事件，被打断的程序可以在将来某个时候继续执行。

计算机系统的中断既来自系统内部，也来自系统外部，分别称为内部中断和外部中断。

- 内部中断是系统本身在工作过程中出现的各种需要紧急处理的事件：一种是由于运行程序发生意外而产生的，如溢出，操作地址错误等，常称为例外中断；另一种是运行程序需要发生的，如系统调用。内部中断也称为软件中断。
- 外部中断是由于硬件方面的原因，也称为硬件中断，如掉电、设备运行完成、设备故障、时钟中断等。硬件中断往往是随机发生的，不由程序控制。

外部中断和由于运行程序产生的例外中断常常称为强迫中断，由运行程序主动要求而产生的中断称为自愿中断。

外部中断可进一步分成可屏蔽中断和不可屏蔽中断。

- 不可屏蔽的中断是一些最紧急最重要的中断，如掉电等；
- 可屏蔽的中断通过处理器内部的中断许可状态确定响应中断的次序或者不响应一些不重要（或不紧急）的中断请求。

（2）中断的响应与处理

引起中断的事件（即原因）称为中断源。确定中断源的难易程度与硬件有关。目前，大多数系统都采用中断向量的技术。中断向量实际上是一种指针，是由硬件针对不同的中断源将控制转移到不同的中断处理程序入口地址。所有的中断向量构成一个中断向量表，它们通常存放在一个专门的存储区域中。

现代计算机都设有多级中断，即把中断源按轻重缓急划分成几类，如硬件故障、程序违例、重新启动、外部、输入/输出、系统调用等。

中断响应的另一个重要概念是程序状态字（PSW），PSW 是用来控制指令执行顺序并且保留和指示与程序有关的系统状态的。PSW 包含 3 部分内容。

- 程序基本状态（指令地址、条件码、处理器状态等）。
- 中断码（程序运行时，当前发生的中断事件）。
- 中断屏蔽位（指出程序运行中发生中断事件时，是否响应）。

每个程序都有一个程序状态字描述程序的运行状态。一个处理器有一个用来存放当前运行程序的 PSW 寄存器（程序状态字寄存器）。

为了说明中断响应过程，先区分 3 种 PSW。

- 现行 PSW：当前正占用处理器的程序的 PSW。
- 新 PSW：出现中断事件后，由操作系统的中断处理程序占用处理器，这个中断处理程序的 PSW 称为新 PSW。
- 老 PSW：被中断处理程序中断运行的程序的 PSW。

这样，中断响应的过程可描述成图 3-6 所示。

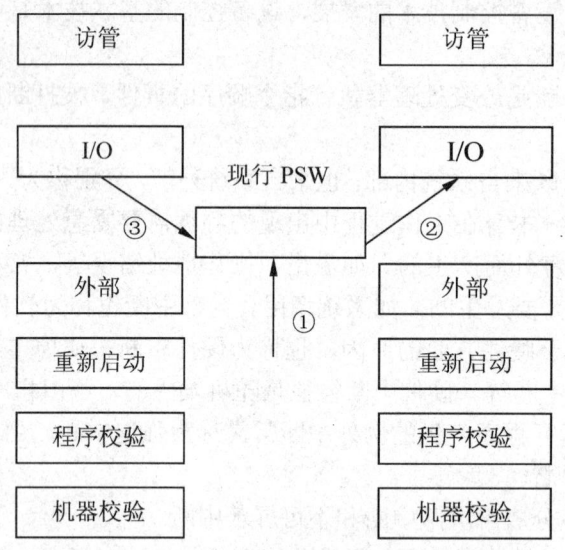

图 3-6　中断响应时交换 PSW 过程

图 3-6 中①表示中断机制发现中断事件并允许响应这类中断时，在现行 PSW 中记录中断原因；接着执行②，保存现行 PSW 到这类中断的老 PSW 中；然后执行③，把这类中断的新 PSW 装入到现行 PSW 中。

这 3 个动作是由中断机制自动实现的，当交换 PSW 的硬件操作完成后，现行 PSW 中包括有关中断类型的中断处理程序的入口地址，然后由中断处理程序处理这个中断。

中断处理程序对中断事件的处理分两步进行。

① 保护好被中断程序的现场信息，即保存被中断程序的寄存器以及 PSW 的内容，以保证被中断程序能继续运行；

② 具体处理中断。

中断处理完成后，处理器分配给发生中断时正在运行的进程，还是分配给另一进程，这取决于被中断的进程是可剥夺的还是不可剥夺的。如果是不可剥夺的，它重新得到处理器；否则，可能被别的进程（如优先级更高的）夺得处理器。

4. 操作系统接口

在阐述操作系统的实现之前，先看看需要实现什么功能。本节中读者将看到操作系统提供给用户程序的接口。这个接口通过特殊的机器指令访问，即自陷或系统调用命令。首先叙述什么是系统调用，然后叙述典型操作系统提供的各种系统调用。本节将讨论文件是怎样使用的，进程是怎样创建和撤销的，以及进程间的通信和外壳（shell）提供的交互访问操作系统的功能。

几乎所有的现代操作系统都提供系统调用命令。系统调用命令不一定是能在硬件上直接执行的指令，但是会产生一个中断，使操作系统得以控制处理器；操作系统判定它是哪种系统调用，为调用者提供适当的服务。

为了方便，记 syscall 为系统调用命令。图 3-7 说明了系统调用的控制流。

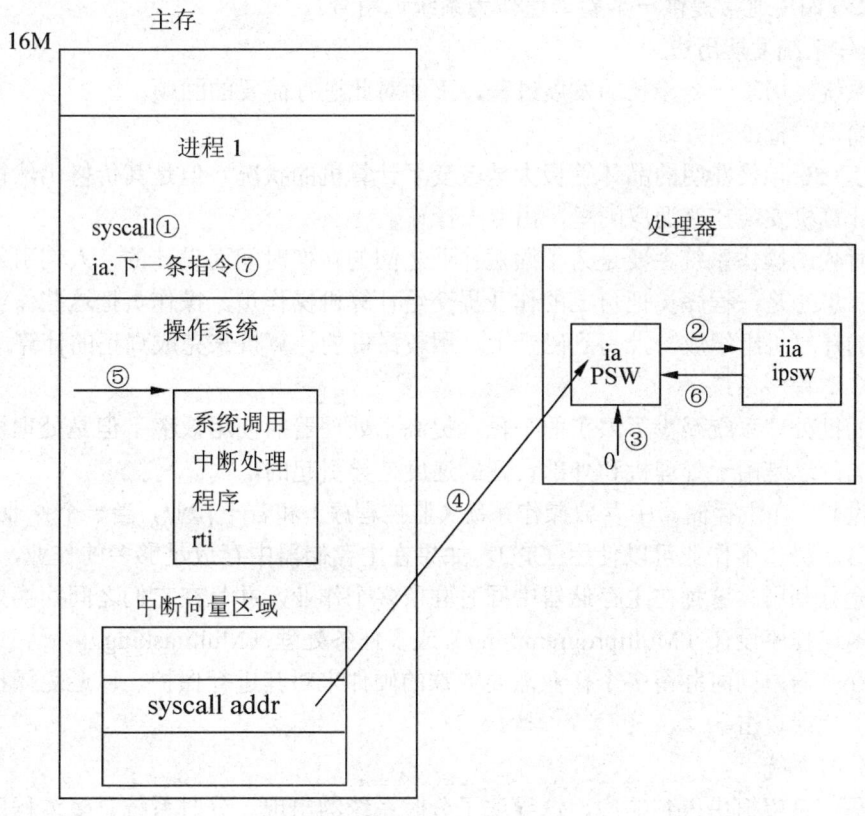

图 3-7　系统调用控制流

一个系统调用按照以下步骤进行。

① 程序执行系统调用命令。

② 硬件保存当前指令地址（PC）和程序状态字（PSW）到中断指令地址和中断程序状态寄存器（PSWR）中。

③ 硬件加载 PSW，并将处理器设置为不允许中断的系统模式。

④ 硬件从系统调用中断向量区域加载指令地址寄存器。

⑤ 指令的执行从系统调用中断处理程序继续开始，中断处理程序的地址就是系统调用中断向量单元所指出的。

⑥ 系统调用处理程序完成后，从保护的中断指令地址和中断程序状态字中恢复指令地址和程序状态字。

⑦ 执行系统调用命令的进程继续执行系统调用后的指令。

步骤 2～4 的处理类似于图 3-6 所示的交换 PSW，是由硬件实现的。

系统调用类似于过程调用，然而系统调用有以下两个特点。

- 使处理器模式从用户模式改变成系统模式。
- 系统调用通常提供一个整型值作为系统调用号。

5. 操作系统发展历史

操作系统经历了一个漫长的发展过程，下面对此进行简要的回顾。

（1）简单的批处理系统

20 世纪 50 年代发明的晶体管极大地改变了计算机的状况。但是其价格仍然很昂贵。这个时期计算机安装在空调房间里，由专人操作。

这个时代的操作系统主要是为了缩短作业之间的转换时间而设计的，人们引入了批处理系统。其思想是：程序员把自己的作业提交给计算机操作员，操作员把这些作业用一台相对廉价的计算机组织成一批写到磁带上，用较昂贵的计算机来完成真正的计算。

（2）多道程序系统

简单的批处理系统减少了人工的干预，提高了处理器的使用效率，但是处理机仍然经常是空闲的，这是由于处理机和外部设备的速度差异引起的。

人们设想，在主存储器中存放操作系统（监控程序）和若干作业，当一个作业等待 I/O 操作完成时，另一个作业可以使用 CPU。如果在主存储器中存放足够多的作业，则 CPU 可能获得充分利用。这种在主存储器中同时驻留多个作业，并且在它们之间切换处理机的使用称为多道程序设计（Multiprogramming）或多任务处理（Multitasking）。

在主存储器中同时驻留多个作业需要特殊的硬件来对其进行保护，以避免操作系统和作业受到干扰或攻击。

（3）分时系统

程序员们希望很快得到响应，这导致了分时系统的出现。分时系统是多道程序的一个变种。在分时系统中，每个用户都有联机终端。由于有的用户需要思考问题，有的用户为调试程序只发出简短的命令。而很少执行耗时长的命令，因此计算机能够为一些用户提供快速的交互式服务，同时在 CPU 空闲时还能运行后台的大作业。

第一个分时系统是由 M.I.T 开发的 CTSS。以后，M.I.T、贝尔实验室和通用电气公司决定开发一种"公用计算服务系统"，该系统称为 MULTICS（MULTiplexed Information and Computing Service）

贝尔实验室中参加过 MULTICS 研制的计算机科学家 Ken Thompson，在 PDP－7 机器上开发了一个简化的单用户版 MULTICS，他的工作促使了 UNIX 操作系统的诞生。

（4）个人计算机和网络系统

在个人计算机和工作站领域有 3 种主流操作系统：微软的 Windows、UNIX 和 Linux。从 80 年代中期出现一种发展趋势，就是运行网络操作系统和分布式操作系统的个人计算机网络的崛起。

在网络操作系统中，用户知道多台计算机的存在，每台计算机都运行自己本地的操作系统。

一个分布式操作系统在用户看来就像一个普通的单处理机系统。用户不会感知他们的程序在哪个处理机上运行，或者他们的文件存放在哪里，所有这些均由操作系统自动完成。

（5）嵌入式操作系统

嵌入式操作系统是运行在嵌入式智能芯片环境中，对智能芯片及其控制的部件或装置等资源进行统一协调、处理和控制的系统软件。

6. 操作系统结构

我们已经了解了操作系统的特性（即硬件接口和操作系统接口），现在考察其内部的组成结构。下面讨论 3 种组织结构，即单体式系统、层次式系统和客户机/服务器系统。

（1）单体式系统

早期操作系统大都采用单体式结构，整个操作系统是许多过程的集合，每个过程都可以调用任一其他过程。

单体式操作系统的系统调用是通过自陷指令(如 TRAP)陷入内核实现的，在内核完成所需要的服务后，返回结果给用户进程。

（2）层次式系统

随着硬件能力的不断发展，操作系统的功能越来越多，随之操作系统的规模越来越大，其复杂程度也随着增加。对此，操作系统的设计不仅采用模块化技术，而且引入了层次式技术，即上层软件是基于下层软件的。

（3）客户机/服务器系统

现代操作系统的一个趋势是从操作系统中去掉尽可能多的东西，而只留一个最小的核心（常称为微内核）。

微内核的主要工作是提供进程间通信、低级存储器管理和基本中断处理。这些功能或是基于硬件的或是支持服务程序和应用程序在用户模式上运行所需要的功能。如图 3-8所示。

通常的方法是将大多数操作系统功能由服务进程来实现。为了获取某项服务，比如读文件中的一块，用户进程将此请求发送给一个服务器进程，服务器进程随后完成此操作并将结果送回。

由于服务器以用户进程的形式运行，而不是运行在核心态，所以它们不能直接访问硬件。这样一来，如果某个服务器发生错误，这个服务器可能崩溃，但不会导致整个系统的崩溃。

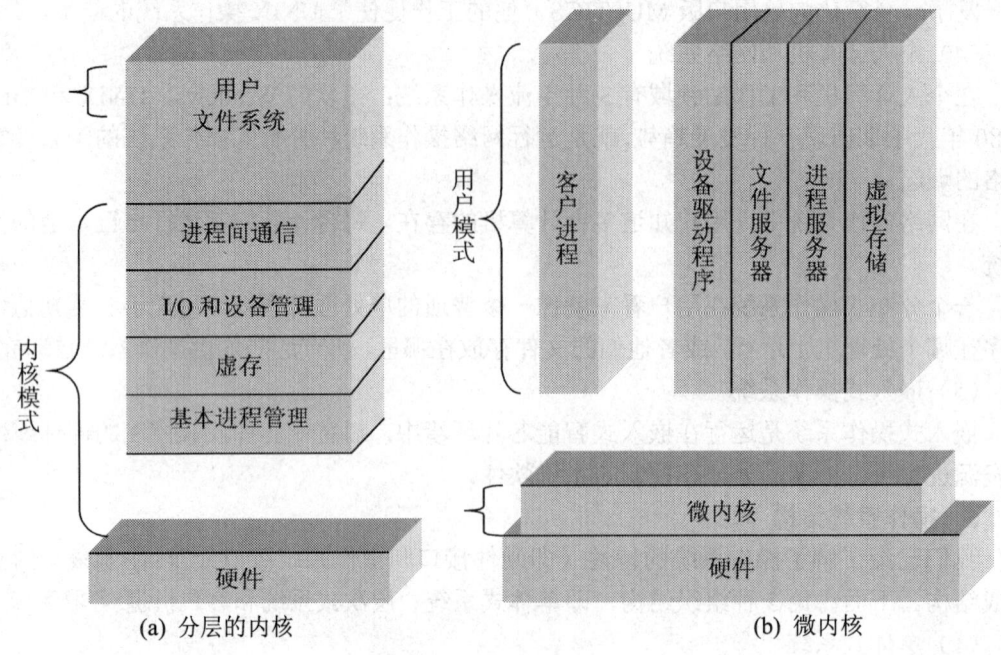

(a) 分层的内核   (b) 微内核

图 3-8　内核体系结构

客户机/服务器模型为分布式系统提供了适当的基础（参阅图 3-9）。分布式系统采用客户机/服务器模型，一个客户通过消息传递与服务器通信，客户无须知道这条消息是在本地处理还是通过网络送给远地机器上的服务器。在这两种情况下，客户机的处理都是一样的：发送一个请求，收到一个回答。

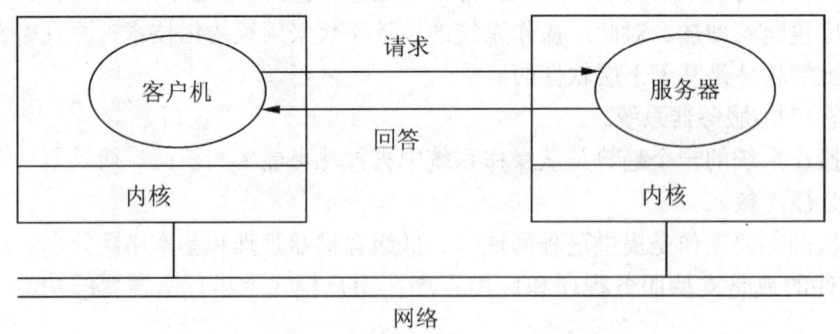

图 3-9　分布式系统中的客户机/服务器模型

图 3-9 中所描绘的是简化的模型。某些操作系统的功能由用户空间的程序是不能实施的，通常是设立一个运行于核心态的服务器进程，它具有直接访问硬件的权力，但仍旧通过一般的消息机制与其他进程通信。

现代操作系统往往是在核心中建立一套基本的机制，而由用户空间中的服务器进程选择所需要的策略。例如核心可能将向某特定地址发送的一条消息理解为：取该消息的内容并将其装入某台磁盘的 I/O 设备寄存器以启动读盘操作。此例中核心不对消息的内容进行合法性检查，而只是将它们复制进磁盘设备寄存器。

机制与策略分离是一个重要的概念，它在操作系统的实现中有重要的作用。

3.2.2 进程描述与控制

进程是操作系统中一个非常重要的概念，它是资源分配和调度运行的基本单位。进程管理主要涉及进程的一些基本概念、进程的描述、进程的控制、进程的互斥与同步，以及进程间的通信等。在这一节中先介绍进程的定义、进程与程序的关系和区别、进程状态和状态转换、进程控制块和它的作用、进程控制原语。

1. 进程的基本概念

（1）进程的引入

所有现代计算机都具有通道技术和中断技术，都能同时做多件事情。例如，当一个用户程序正在运行时，计算机还能同时读盘，并向打印机或屏幕输出正文。在一个单 CPU 的多道程序系统中，CPU 按照一定原则在多道程序之间切换，使得每道程序都有在处理机上运行的机会。也就是说，在系统中运行的用户程序是走走停停的，当 CPU 分配给它时就能运行，否则它只能停下来。为了刻画系统内部出现的情况，描述系统内部各道程序的活动规律而引入进程这一概念。进程是理解和研究现代操作系统的一种观点。

① 程序的顺序执行

顺序处理是人们熟悉的。人们习惯使用的程序设计方法就是传统的顺序程序设计法，即程序中的语句按其内部的逻辑结构顺序地被执行。单 CPU 计算机系统的工作方式也是顺序处理的：处理机逐条地执行每一条指令；内存储器一次只能访问一个字或一个字节。人们把一个具有独立功能的程序独占处理机运行，直至得到最终结果的过程称为程序的顺序执行。例如，用户要求计算机完成一道程序的运行时，通常先输入用户的程序和数据，然后运行程序进行计算，最后将结果打印出来。用圆节点表示各程序段的操作，其中 I 表示输入，C 表示计算，P 表示打印，用箭头指明操作间的先后次序。计算机处理完一道程序后再处理下一道程序。图 3-10 所示描述了二道程序在单 CPU 系统中先后被顺序执行。

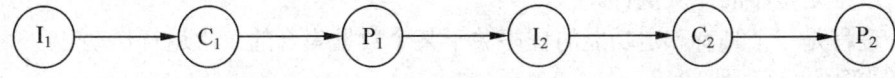

图 3-10　程序的顺序执行

② 程序顺序执行的特征

程序顺序执行时具有下面 3 个基本特征：顺序性、封闭性、可再现性。

单道程序系统不利于系统资源的充分利用，但它却使该程序具有程序顺序执行时的 3 大特性，这为程序员检测和改正程序中的错误带来很大方便。

③ 多道程序的并发执行

现代计算机为了提高计算机的运行速度和系统处理能力，在总体设计和逻辑设计中采用了并行操作技术，使得多种硬件设备能并行工作。例如，系统引入通道和中断技术后，通道能执行通道指令独立地控制外部设备操作，从而使 CPU 与通道以及外部设备间均能并行地工作。硬件的并行操作技术为程序的并发执行提供了物质基础。在多道程序操作系统（多道批处理操作系统、分时操作系统、单用户多任务操作系统等）的支持下，不但在多机系统中可同时执行多个不同的程序，即使是在单机系统中，从逻辑上或宏观上看，多个程序也能并行运行。图 3-11 所示描述了多道程序均包括输入、计算、打印 3 部分操作时并发处理的过程。其中，每道程序均保持原程序逻辑顺序 $I_i \rightarrow C_i \rightarrow P_i$，多道程序间存在 $I_i \rightarrow I_{i+1}$、$C_i \rightarrow C_{i+1}$、$P_i \rightarrow P_{i+1}$ 的关系，而不存在 $P_i \rightarrow I_{i+1}$ 关系。从图中可看到 I_{i+1} 和 C_i 以及 P_{i-1} 可以并发执行。多道程序的并发执行大大提高系统的处理能力，改善了系统资源的利用效率。

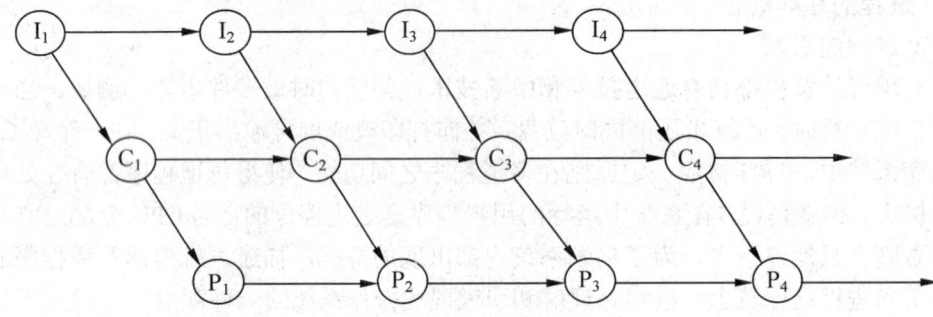

图 3-11　程序的并发执行

④ 程序并发执行的特征

程序的并发执行产生了一些新的特征，与程序的顺序执行大不相同，这为系统管理增加了复杂性。这些特征有：间断性、失去封闭性、不可再现性。

（2）进程的定义和特征

① 进程的定义

程序并发执行时所产生的一系列新特点，使传统的"程序"概念已不足以描述程序的并发执行，为此引入了"进程"这一概念。常用的定义如下。

- 进程是程序的一次执行。
- 进程是一个具有一定功能的程序关于某个数据集合的一次运行活动。

② 进程的特征

进程和程序是两个存在许多不同特性的概念。进程具有 4 个基本特征：动态性、并发性、独立性和异步性。

（3）进程的基本状态及其转换

① 进程的 3 种基本状态

进程在运行中不断地改变其状态。通常，一个运行进程一定具有以下 3 种基本状态：

就绪（Ready）、执行（Running）状态和阻塞（Blocked）状态。

② 进程3种状态间的转换

一个进程在运行期间，经常从当前所处的状态转换到另一种状态，它可以多次处于就绪状态和执行状态，也可以多次处于阻塞状态。图3-12描述了进程的3种基本状态及其转换。它们是：就绪→执行、执行→就绪、执行→阻塞、阻塞→就绪。

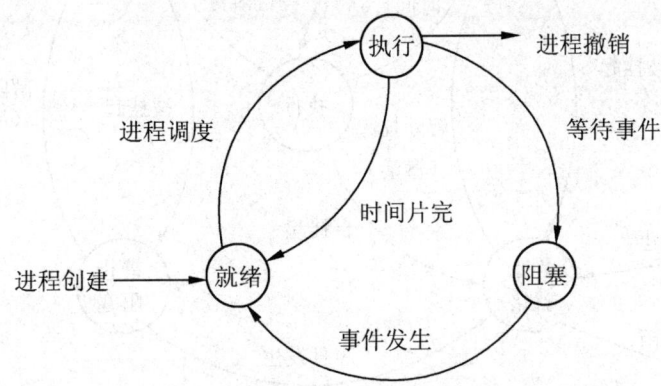

图3-12 进程的3种状态及其转换

（4）具有挂起功能的进程状态及其转换

① 挂起功能引入的原因

为了更好地管理和调度，在许多系统中引入了挂起功能。挂起状态常用于：对换的需要、调节系统负荷的需要、终端用户的需要。

② 进程5种状态间的转换

增加了挂起状态的进程状态有 5 个：执行、活动就绪、挂起就绪、活动阻塞和挂起阻塞。

详细的进程状态转换图如图3-13所示。

2. 进程描述

在计算机系统中，操作系统实施进程调度，为进程分配资源，正确响应用户程序的各种服务请求等。

（1）操作系统的控制结构

为管理进程和资源，操作系统掌握每一个进程和资源的当前状态信息。一般的方法是为每个被管理的对象建立并维护一张信息表。操作系统保存了不同对象的表，例如内存控制表、设备控制表、文件控制表和进程控制表等。尽管细节上可能会有所不同，但几乎所有操作系统都会用这4类控制表保存相关信息。

（2）进程的结构描述

为了控制进程的并发执行，操作系统必须知道进程存储在何处，以及进程的一些属性。一个进程应包括进程要执行的程序、与进程程序有关的一个数据集、程序执行时所需

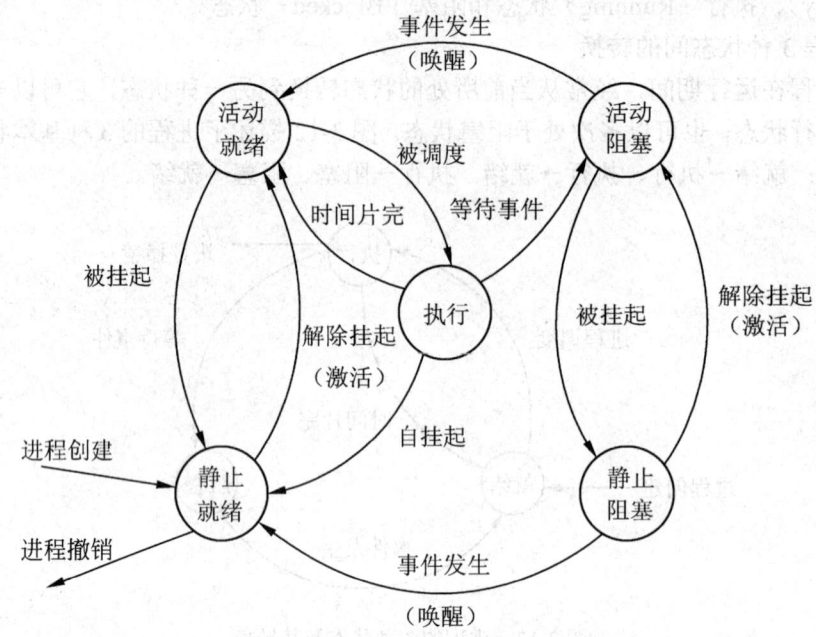

图 3-13　具有挂起功能的进程状态及其转换

要的系统栈和进程控制块 PCB 4 个部分。

（3）进程控制块的结构

PCB 通常包括如下一些信息：进程标识符、进程的现行状态、处理机的现场保留区、进程相应的程序和数据地址、进程资源清单、进程优先级、进程同步与通信机制、进程所在队列 PCB 的链接字、与进程有关的其他信息。

3. 进程控制

进程控制的主要任务是对进程生命期控制，以及实现进程状态的转换。为了防止操作系统的关键数据如 PCB 等，受到用户程序有意或无意的破坏，通常将处理机的执行状态分为系统态和用户态两种。

通常，用户程序运行在用户态，不能执行操作系统程序和访问操作系统区域，这样就防止了用户程序对操作系统的破坏。

操作系统核心功能比较多，除中断处理、时钟管理、存储器管理和设备管理外，还有与进程控制与管理有关的支撑功能和资源管理功能，例如，原语操作和进程管理。

进程控制原语是对进程生命期控制和进程状态转换的原语，它们是创建进程原语、撤销进程原语、挂起进程原语、激活进程原语、阻塞进程原语和唤醒进程原语等。

4. 线程的概念

线程是进程中可独立调度执行的子任务，一个进程可以有一个或多个线程，它们共享所属进程的地址空间等该进程所拥有的资源。

线程具有传统进程所具有的许多特征，故又称为轻型进程，而把传统的进程称为重型进程。在引入了线程机制的操作系统中，通常一个进程都有若干个线程，但至少有一个线程。

面向对象的多线程的进程是一种提供服务器应用的有效方法，图 3-14 描述了一般的概念。一个单一的服务器进程可向许多客户端提供服务。每个客户端请求都将触发服务器内部一个新线程的创建。

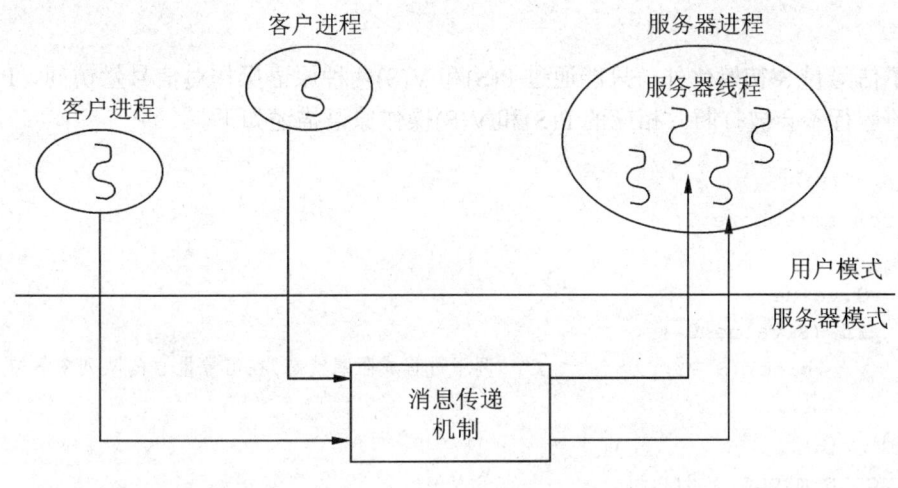

图 3-14　多线程服务器

3.2.3　进程互斥与同步

引入进程后，虽然改善了系统资源的利用率和提高了系统的吞吐量，但由于进程执行的异步性增加了系统的复杂性，尤其是在多进程竞争临界资源时。操作系统中进程互斥、同步机制的主要任务是控制并发执行的各进程之间能有效地共享资源和相互协作，同时使并发程序的执行仍具有可再现性。

1．进程互斥

一次只允许一个进程访问的资源称为临界资源，许多物理设备是临界资源，如打印机。另外，程序中使用的某些软资源，例如，共享的变量、缓冲区、表格、队列等也属于临界资源。每个相关进程中访问临界资源的代码段称为临界区。

关于互斥临界区管理的要求是：空闲让进、两者择一、忙则等待、有限等待。

为了防止两个或多个进程同时进入它们的临界区，可以利用基本的硬件机制来解决进程互斥问题，如禁止中断和特殊的机器指令（Test-and-Set、swap 等）；也可以用软件方法。

2．互斥——信号量机制

荷兰计算机科学家 Dijkstra 提出的信号量（semaphore）机制，是一种卓有成效的进程互斥同步工具，已被广泛地应用于单处理机系统及紧密耦合的多处理器系统等。

（1）信号量的定义

信号量是一个记录型的数据结构，包含两个数据项，一个是信号量的值域，另一个是在该信号量上等待的进程队列首指针域。

```
typedef  struct  semaphore
                    {  int      value;
                       PCB      *P;
                    }S;
```

除了信号量 S 初始化外，只能通过 P(S)和 V(S)两种原语操作对信号量访问，P 操作和V 操作的运行不会被打断。相应的 P(S)和 V(S)操作原语描述如下。

```
void  P(S)
struct  semaphore  S;
{
    S.value--;
    if (S.value<0 )
        block(S.P);            /*  调用进程成阻塞状态,在信号量 S 的队列中等待 */
}
void  V(S)
struct  semaphore  S;
{
    S.value++;
    if (S.value<=0)
        wakeup(S.P);           /* 唤醒信号量 S 的等待队列中的一个进程成就绪状态 */
}
```

当进程调用 P(S)原语时，减 1 操作后，若 S.value＜0，则调用 block(S.P)原语，将调用进程置为阻塞状态后排在信号量 S.P 链表中等待，然后进行进程调度。该进程等待其他进程调用 V(S)原语操作唤醒；若 S.value≥0，则调用进程继续执行。

当进程调用 V(S)原语时，加 1 操作后，若 S.value≤0，将调用 wakeup(S.P)原语，把S.P 链表中的一个进程唤醒成就绪状态后送入进程就绪队列。调用 V(S)操作的进程，不管S.value 的结果值如何，总能继续执行。

信号量的值 S.value 有确切的物理意义：S.value＞0 时，表示某类可用资源的数量。每次 P(S)操作，意味着调用进程请求分配该类资源的一个单位资源，用 S.value 减 1 来描述。当 S.value＜0 时，表示该类资源已分配完，请求该资源的进程被阻塞，此时 S.value 的绝对值就是该信号量链表中等待该类资源的进程数。

用信号量正确解决进程互斥、同步问题的关键是信号量的设置、初始化和 P-V 操作的使用 3 个方面，若使用不当，可能因此而产生死锁。

（2）用信号量机制解决进程互斥方法

用信号量来解决 n 个进程互斥进入各自的临界区对临界资源访问的问题。方法是：第一，为 N 个进程设置一个互斥信号量，其变量名可随意取，例如，取名为 mutex，其初值为 1，表示开始时没有进程在临界区执行。第二，控制互斥进程的流程。每个互斥进程在欲进入临界区之前，先执行 P(mutex)操作，表示进程请求进入临界区，若不允许，即 mutex.value < 0，则调用进程被阻塞以等待正在临界区的进程退出临界区，否则 mutex.value >= 0 即没有进程在临界区执行，调用进程进入临界区；进程在结束临界区后执行 V(mutex) 操作，表示进程已退出临界区，若有进程在等待进入临界区时，唤醒其中的一个等待进程。并发程序描述如下。

```
struct semaphore mutex=1;    /* 定义互斥信号量 mutex,初始化为 1 */
cobegin
    void process1(void)
    { while (1) {
            p(mutex);              /*  进程 process1 申请进入其临界区  */
            <critical section>;    /*  进入进程 process1 的临界区      */
            v(mutex);              /*  进程 process1 声明退出其临界区  */
            remainder section;     /*  进程 process1 的剩余部分        */
        }
    }
            ...
    void processN(void)
    {   while (1) {
            p(mutex);              /*  进程 processN 申请进入其临界区  */
            <critical section>;    /*  进入进程 processN 的临界区      */
            v(mutex);              /*  进程 processN 声明退出其临界区  */
            remainder section;     /*  进程 processN 的剩余部分        */
        }
    }
coend
```

3. 进程同步

进程同步是在多进程并发执行的系统中，进程间存在的制约关系。所谓进程同步是指多个合作进程为了完成同一个任务，它们在执行速度上必须相互协调，即一个进程的执行依赖于另一个进程的消息。

例如，为了把原始的一批记录加工成当前需要的记录，创建了两个进程 A 和 B。进程 A 启动输入设备不断地读记录，每读出一个记录就交给进程 B 去加工，直到所有记录都处理结束。为此，系统设置了一个能容纳一个记录的缓冲器，进程 A 把读出的记录存入缓冲器，进程 B 从缓冲器中取出记录加工，如图 3-15 所示。

进程 A 和进程 B 是两个合作并发进程，它们共享一个缓冲器，如果两个进程不相互制约的话就会造成错误。

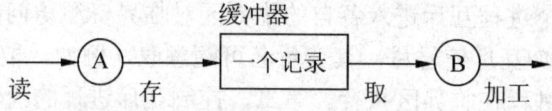

图 3-15   进程合作

用进程互斥的办法不能实现进程合作要求。事实上,进程 A 和进程 B 虽然共享缓冲器,但它们都是在没有进程使用缓冲器时向缓冲器存记录或从缓冲器取记录的, 即它们在互斥使用共享缓冲器的情况下仍会发生错误。引起错误的根本原因是它们的执行速度,可以采用互通消息的办法来控制执行速度,使相互合作的进程正确工作。

更一般地,有合作进程的逻辑描述如图 3-16 所示。

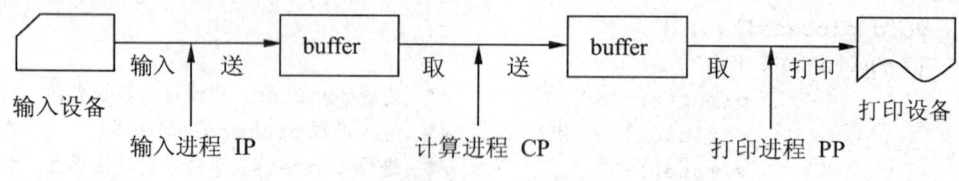

图 3-16   3 个合作进程

利用同步信号量解决计算进程 CP 和打印进程 PP 的并发程序描述如下。

```
struct semaphore  SC,SP = 1,0;
number        x,y,buffer ;
cobegin
    void cp(void)
        { while (1) {
                compute next number into x; /*  计算下一个数据暂存于 x  */
                p(SC);                      /*  要求进入临界区放数据  */
                buffer = x;                 /*  数据存入缓冲区  */
                v(SP);}                     /*  与打印进程同步  */
        }
    void  pp(void)
        { while (1) {
                p(SP);                      /*  要求进入临界区取数据  */
                y=buffer;                   /*  数据暂存于 y  */
                v(SC);                      /*  与计算进程同步  */
                print y number;}            /*  打印 y 中的数据  */
        }
coend
```

4. 典型的同步与互斥问题

有许多同步与互斥问题,如前驱图问题、生产者—消费者问题、哲学家进餐问题、读者—写者问题等。

（1）前趋图问题

所谓前趋图，是一个由节点和有向边构成的有向无循环图。图 3-17 是具有 8 个节点的前趋图。图中的每个节点可以是一个语句、一个程序段或是一个进程，节点间的有向边表示两个节点之间存在的前趋关系。若图中存在由节点 Si 指向节点 Sj 的有向边，则称节点 Si 是节点 Sj 的直接前趋，而节点 Sj 是节点 Si 的直接后继。没有前趋的节点称为初始节点，没有后继的节点称终止节点。如图中节点 S2 是 S5 的直接前趋，而节点 S5 是 S2 的直接后继。S1 是初始节点，S8 是终止节点。

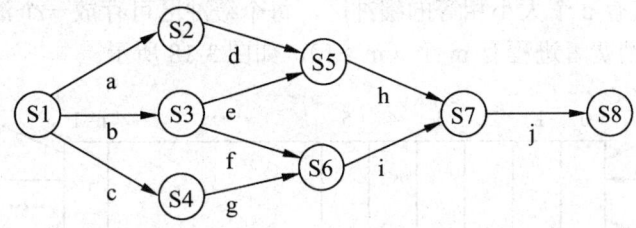

图 3-17   具有 8 个节点的前趋图

用信号量机制解决前趋图问题的方法如下。

- 设置信号量。为前趋图中的每一条有向边设置一个信号量，它们均被初始化为 0。
- 将每个节点设计成一个进程，并具有相似的结构。为进入该节点的每条有向边的信号量分别执行 P 操作（若是初始节点，则不做）；然后执行该节点指定的操作；最后为离开该节点的每条有向边的信号量分别执行 V 操作（若是终止节点，则不做）。图 3-17 的前趋图中共有 10 条有向边，可设置 10 个信号量，例如，变量名为 a、b、c、d、e、f、g、h、i、j，初值均为 0，设计 8 个并发进程。具体并发程序描述如下。

```
struct semaphore a,b,c,d,e,f,g,h,i,j=0,0,0,0,0,0,0,0,0,0;
cobegin
    { S1;v(a);v(b);v(c); }
    { p(a);S2;v(d); }
    { p(b);S3;v(e);v(f); }
    { p(c);S4;v(g); }
    { p(d);p(e);S5;v(h); }
    { p(f);p(g);S6;v(i); }
    { p(h);p(i);S7;v(j); }
    { p(j);S8; }
coend
```

在多道程序环境中，进程同步问题十分重要，也是相当有趣的问题，因此吸引了不少学者对它进行精心研究，从而产生了一系列经典的进程同步问题，其中较有代表性的有"生产者—消费者问题"、"哲学家就餐问题"和"读者—写者问题"等。通过对这些问题的研究，我们可以更好地理解和掌握进程同步的概念及实现方法。

（2）生产者—消费者问题

生产者—消费者（Producer—Consumer）问题是最著名的进程同步问题。它描述了一组生产者向一组消费者提供消息，它们共享一个有界缓冲池，生产者向其中存入消息，消费者从中取出消息。生产者—消费者问题是许多相互合作进程的一种抽象。例如，在输入时，输入进程是生产者，而计算进程是消费者；在输出时，计算进程是生产者，打印进程是消费者。

假定缓冲池中具有 n 个大小相等的缓冲区，每个缓冲区可存放一个消息，生产者进程有 k 个（k>1），而消费者进程有 m 个（m>1），如图 3-18 所示。

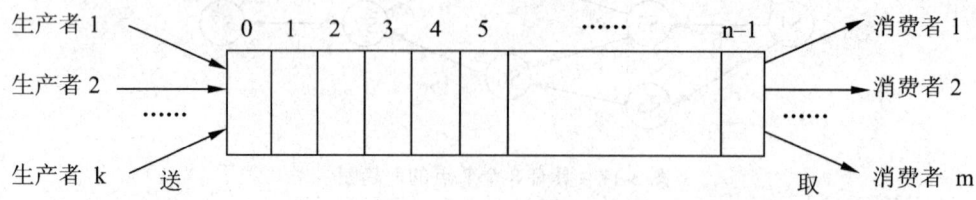

图 3-18　生产者—消费者问题

利用信号量机制解决生产者—消费者问题的并发程序描述如下。

```
struct semaphore s1, s2, empty, full = 1, 1, n, 0;
/*s1 和 s2 用于互斥,empty 和 full 用于同步*/
    message buffer[n];
    int in, out = 0,0;
    cobegin
        void produceri(void)(i=1,2,…k)
        { message x;
          while (1) {
            produce a new message into x;
            p(empty);
            p(s1);
            buffer[in]=x;
            in=(in+1) mod n;
            v(s1);
            v(full);}
        }
        void consumerj(void)(j=1,2,…m)
        { message y;
          while (1) {
            p(full);
```

```
                p(s2);
                y=buffer[out];
                out=(out+1) mod n;
                v(s2);
                v(empty);
                consume message  y;}
        }
coend
```

　　注意，程序中两个互斥信号量 S1、S2 合为一个互斥信号量 S 时，会降低生产者进程与消费者进程间的并发程度。两类进程中均有两个 P 操作，即生产者进程中的 P(empty)、P(S)和消费者进程中的 P(full)、P(S)，它们执行的先后次序是不能颠倒的，即应该同步信号量的 P 操作在先，互斥信号量的 P 操作在后，若颠倒了可能要产生死锁。

　　若系统中只有一个生产者和一个消费者时，程序中的互斥信号量 S1 和 S2 及其 P-V 操作可以取消，程序仍能正确工作。

　　（3）哲学家进餐问题

　　哲学家进餐问题是另一种类型的典型的同步问题：有 5 位哲学家，他们的生活方式是交替地进行思考和进餐。哲学家们共用一张圆桌，如图 3-19 所示。桌子上放着 5 把叉子，桌子中央有一盘通心粉。规定第 i 位哲学家固定坐在第 i 把椅子上（i = 0、1、2、3、4），且每位哲学家坐定后，必须左右手分别获得最靠近他的左右边叉子时才能就餐。假定通心粉的数量足够供 5 位哲学家就餐。显然，本问题中叉子是哲学家进餐竞争的临界资源，5 把叉子应分别用一个互斥信号量描述，这 5 个信号量构成一个信号量数组，初值分别为 1，表示开始时 5 把叉子均可以使用。

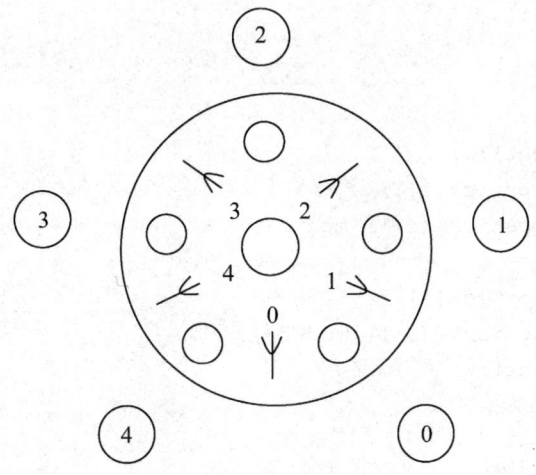

图 3-19　5 个哲学家进餐

一个可能产生死锁的解法程序如下。

```
struct semaphore  chopstick[5]={1,1,1,1,1};
```

第 i 位哲学家的并发程序描述如下。

```
while (1) {
    think;
    p(chopstick[i]);
    p(chopstick[(i+1) mod 5]);
    eat;
    v(chopstick[i]);
    v(chopstick[(i+1) mod 5]);
}
```

第 i 位哲学家重复这样的过程：思考问题；当感到饥饿想进餐时先申请左边的叉，拿到后再申请右边的叉，若左右手均拿到叉子就进餐，否则，因等待叉子而阻塞；进餐结束时，先后放下左右边的叉子。

虽然上述解法有时能保证两个哲学家同时进餐，但可能引起死锁。

一种解决上述死锁的方法是，增设一个互斥信号量 count，初值是 4，这样限制了同时申请拿到左边叉子的人数，保证任何情况下至少有一位哲学家能同时拿到左右手两把叉子进餐，从而使每个哲学家均有进餐的可能。完整的正确程序如下。

```
struct  semaphore  chopstick[5] = {1,1,1,1,1};
struct  semaphore  count = 4;
cobegin
    void phi(i)(i=0,1,2,3,4)
    int  i;
    {
        while (1) {
            think;
            p(count);
            p(chopstick[i]);
            p(chopstick[(i+1) mod 5]);
            eat;
            v(chopstick[i]);
            v(chopstick[(i+1) mod 5]);
            v(count);
        }
    }
coend
```

（4）读者—写者问题

问题的描述：一个数据文件或记录，统称数据对象，可被多个进程共享，其中有些进程要求读，称为"读者"；而另一些进程要求写或修改，称为"写者"。

多个读者可以同时读一个对象，但禁止读者、写者同时访问一个对象，也禁止多个写者同时访问一个对象。总之，所谓"读者—写者问题"，是指保证一个写进程必须与其他写进程或读进程互斥地访问同一个对象的同步问题。

可利用信号量机制解决读者—写者问题（读者优先）。为了解决读者—写者问题，可设置两个信号量：互斥信号量 x 用于多个读者进程互斥地访问共享变量读计数 readcount；互斥信号量 wsem 用于实现一个写者与其他写者和读者互斥地访问共享对象。

利用信号量机制解决读者—写者问题的并发程序描述如下。

```
struct semaphore       x,wsem = 1,1;
int                    readcount = 0;
cobegin
  void readeri(void)(i=1,2,…k)
       { while (1) {
              p(x);
              if (readcount == 0)
                    p(wsem) ;              /* p(wsem)语句实施读者与写者互斥  */
              readcount++;
              v(x);
              perform read operation;  /* 一读者对数据对象进行读操作  */
              p(x);
              readcount--;
              if (readcount==0 )
                    v(wsem);              /* v(wsem) 语句实施唤醒一等待的写者 */
              v(x);}
       }
       void  writerj(void)(j=1,2,…m)
       { while (1) {
              p(wsem);                     /* 写者与写者互斥、读者与写者互斥   */
              perform write operation; /*  一写者对数据对象进行写操作  */
              v(wsem);}                    /* 语句实施唤醒一等待的写者或等待的读者  */
       }
coend
```

利用信号量机制解决读者—写者问题（写者优先）。前一种读者—写者问题解法是读者优先，即只要有一个读者正在进行读操作，那么不管有多少个新的读者请求读，均允许它们进入访问数据区，但不让任何写者对数据区做写操作。这种读者优先解法容易使写者的写要求迟迟不能满足，即存在写者挨饿现象。而写者优先的解法则规定，只要有写者申请写操作，就不允许新的读者访问数据区。为此，在读者优先解法的基础上，为写者进程增加信号量和变量。

- 信号量 rsem ，用于在有写者访问数据对象时，禁止所有读者进行读操作；
- 变量 writecount，用于控制信号量 rsem 的设置，当 writecount 的值为 1 时，做 p(rsem) 操作，而当其值为 0 时，做 v(rsem)操作；
- 信号量 y，对写者共享变量 writecount 进行互斥控制。

读者进程也增加一个信号量 z。因为在信号 量 rsem 上不允许有较长的等待队列，否则写者就不能跳过这个队列，只允许一个读者在 rsem 上排队，而其余的读者请求在等待 rsem 前先在增加的信号量 z 上排队。

写者优先的读者—写者问题的并发程序描述如下。

```
struct   semaphore    x,y,z,wsem,rsem = 1,1,1,1,1;
int                   readcount,writecount = 0, 0;
cobegin
    void readeri(void)(i=1,2,…,k)
    {    while (1){
            p(z);
            p(rsem);
            p(x);
            readcount++;
            if (readcount == 1)
                p(wsem);
            v(x);
            v(rsem);
            v(z);
            读数据对象操作;
            p(x);
            readcount--;
            if  (readcount == 0)
                v(wsem);
            v(x)
        }
    }
    void writerj(void)(j=1,2, …,m)
    {   while (1){
            p(y);
            writecount++;
            if (writecount==1)
                p(rsem);
            v(y);
            p(wsem);
            写数据对象操作;
            v(wsem);
```

```
                        p(y);
                        writecount--;
                        if (writecount==0)
                                v(rsem);
                        v(y);
                }
        }
coend
```

5. 进程通信

进程通信是指进程间的信息交换。进程通信不但存在于一个作业的各进程间，而且也存在于共享有关资源的不同作业的进程间。进程间通信时所交换的信息量可多可少。信号量机制作为进程同步工具是卓有成效的，但作为通信工具不够理想，效率低而且使用不方便，常称为低级通信原语。

计算机系统中用得比较普遍的高级通信机制可分为 3 大类：共享存储器系统、消息传递系统及管道通信系统。

6. 消息传递系统

消息传递系统有两类：直接通信和间接通信。

（1）直接通信方式（消息缓冲）

发送进程利用操作系统提供的发送原语 send(receiver，message)，直接把消息发送到目标进程，而接收进程利用操作系统提供的接收原语 receive(sender，message)接收发送者给它的消息。例如，原语 send(A，m1)，表示将消息 m1 发送给接收进程 A，而原语 receive(B，m2)，表示接收由进程 B 发送来的消息要存入 m2。

用直接通信原语来解决生产者—消费者问题的并发程序描述如下。

```
cobegin
    void  produceri(void)(i=1,2,…k)
    { item   nextp;
      while (1) {
            produce an item in nextp;
            ...
            send(consumerj,nextp);
            ...
      }
    }
    void  consumerj(void)(j=1,2,…m)
    { item   nextc;
      while (1) {
            receive(produceri,nextc);
            ...
```

```
                consume the item in nextc;
                ...
            }
        }
coend
```

（2）间接通信方式（信箱）

系统为信箱提供了若干原语，用于信箱的创建、撤销和消息的发送、接收等。

① 信箱的创建和撤销。进程可利用信箱创建原语建立一个新的信箱。创建者进程应给出信箱名字、信箱属性（公用、私用或共享），对于共享信箱，还应给出共享者的名字。当进程不再需要该信箱时，可用信箱撤销原语撤销它。

② 消息的发送和接收。当进程之间要利用信箱进行通信时，必须有共享信箱，并利用系统提供的通信原语来实现。

send(mailbox, message)原语，将一个消息发送到指定信箱，其中 message 指出要发送的消息，mailbox 是存放消息的信箱。

Receive(mailbox, message)原语，从指定信箱中接收一个消息，其中 mailbox 是指定的信箱，message 是接收消息的区域。

信箱可由操作系统创建，也可由用户进程创建，创建者是信箱的拥有者，据此，可把信箱分为 3 类：私用信箱、公用信箱和共享信箱。

7. 管程

信号量机制是解决进程互斥、同步的有效工具，但是必须正确实现互斥，否则会发生死锁。

一个管程定义了一个数据结构和能为并发进程调用的在该数据结构上的一组操作过程，这组操作过程能同步进程和改变管程中的数据。

管程有 4 个组成部分：管程名、局部于管程的变量说明，对这些变量操作的一组互斥执行的过程以及对局部于管程的变量的初始化。管程是一种抽象数据类型。

```
type monitor_name = monitor
    variable declarations
    procedure entry p1(···);
        begin ··· end;
    procedure entry p2(···);
        begin ···end;
            ···
    procedure entry pn(···);
        begin ··· end;
    begin
        initialization code
```

```
        end
```

这里定义了一个标识符为 monitor_name 的管程类型名，variable declarations 部分描述局部于管程的数据结构（普通变量和条件变量），同时定义了名称为 p_1、p_2、…p_n 的 n 个入口过程，以及管程的初始化代码段 initialization code。以后可以用类型名 monitor_name 来定义有关的管程。

管程已实现互斥，也就是说，进程是互斥地调用管程的入口过程。故使用者只需考虑同步问题。

管程结构中提供两个同步操作原语 cwait 和 csignal。当进程通过管程请求访问共享数据而未能满足时，管程的入口过程中便调用 cwait 原语使该进程阻塞等待，当另一进程访问完该共享数据且释放后，入口过程中调用 csignal 原语，唤醒等待队列中的队首进程。

（1）用管程解决生产者—消费者问题

管程类型标识符描述如下。

```
type producer_consumer = monitor;
    var  in, out, count: integer;
         buffer: array[0…n-1] of item;
         full, empty: condition;
    procedure entry put(item);
    begin
        if count = n then
            wait(full);
        buffer[in]:= item;
        in:= (in+1) mod n;
        count:=count+1;
        if count = 1 then
            signal(empty);
    end
    procedure entry get(var item);
    begin
        if count = 0 then
            wait(empty);
        item:= buffer[out];
        out:= (out+1) mod n;
        count:= count - 1;
        if count = n-1 then
            signal(full);
    end
    begin
        in:= 0; out:= 0; count:= 0
    end
```

（2）生产者—消费者问题解

```
var pc: producer_consumer;    /* 定义一个管程 pc */
cobegin
  producer:
  begin
  repeat
    produce an item in x;    /* 生产一个消息暂存 x */
    pc.put(x);               /*  调用管程入口过程 put(x),将 x 消息存入缓存池 */
    ...
    until false
  end
  consumer:
  begin
  repeat
    pc.get(y);               /* 调用管程入口过程 get(y),取一个消息到 y */
    consume the item in y    /* 消耗 y 中的消息 */
    ...
    until false
  end
coend
```

其中，var pc：producer_consumer 语句定义了一个生产者—消费者管程 pc。生产者进程 producer 产生一个消息存入 x 后，只要调用管程 pc 中的入口过程 put，即 pc.put(x)能将消息存入缓冲池。而消费者进程 consumer 只要调用管程 pc 中的入口过程 get，即 pc.get(y)就能从缓冲池中取得一消息存入 y，生产者和消费者进程根本不必考虑进程间的互斥和同步，进程间互斥同步的控制是由管程 pc 完成的。

3.2.4 存储器管理

高效的内存管理是多道程序系统的关键问题，本节先介绍内存储器管理的一些基本概念，然后具体讨论各种内存管理技术。

1. 存储器管理的基本概念

（1）存储器的层次结构

计算机系统中，采用三级存储器结构，即高速缓冲存储器、内存储器和辅助存储器。多级存储器组织是这样协调工作的：正在运行的程序（操作系统程序和用户程序）及其有关的数据存放在内存中，但由于内存容量有限，那些不立即使用的程序段和数据存放在外存储器中，当用到时再把它们装入内存。

这种多级存储器组织，在相关硬件的支持下，加上操作系统的精心设计，就能使系统的存取速度接近高速缓存的存取速度，而存储容量却接近辅助存储器的容量。

一般，内存中所有物理存储单元的集合称为存储空间，源程序经编译产生的目标程序所涉及的地址范围称为该作业的逻辑地址空间。

在多道程序环境中，用户无法决定自己的程序能使用内存的哪个区域，因而在编程序时不能使用物理地址。这样，当程序装入内存运行时必须把程序中的逻辑地址转换成实际的物理地址，程序才能正确执行。

作业在装入内存的过程中一次性完成所有的地址转换，称为静态重定位。而作业执行过程中，当访问内存单元时才进行的地址转换，称为动态重定位。

动态重定位的优点是：作业不要求分配连续的存储空间，作业在执行过程中，可以动态申请附加的存储空间，并可在内存中移动，有利于程序段的共享，提高内存的利用效率。

（2）存储管理的功能

存储管理的目的是要尽可能方便用户和提高内存储器的使用效率，使各类程序均能正常运行。存储管理提供的功能有：内存的分配和回收、内存容量的"扩充"、地址转换、存储保护。

存储分配方式有两种，静态分配和动态分配。静态分配往往采用静态重定位方式，动态分配往往采用动态重定位方式。

（3）虚拟存储器

虚拟存储器是操作系统在硬件的支持下，对内存和外存实施统一管理，达到"扩充"内存容量的目的，呈现给每个用户的是一个远远大于实际内存容量的编程空间，即虚拟空间。

虚拟存储器的容量受到计算机地址位数和辅助存储器容量大小的限制。

2. 连续分配存储管理

连续分配存储管理的基本思想是一道作业的全部内容（程序和数据）装入到内存的一个连续存储区中，这是实存管理技术，有单道连续区管理、多道固定分区管理和多道可变分区管理。

（1）可变分区的分配算法

有4种分配算法：最佳适应算法（best fit）、最差适应算法（worst fit）、首次适应算法（first fit）、下一次适应算法（next fit）。

固定分区存储管理方法会产生"内碎片"，可变分区存储管理方法会产生"外碎片"；为此，用"拼接"技术把存储空间内的碎片合并成一个大的空间。

（2）分区的存储保护

通常采用界限寄存器和存储保护键两种存储保护措施。

界限寄存器方式有两种，上、下界寄存器保护方案和基址、限长寄存器保护方案。

存储保护键方案是每个存储块有一个与其相关的存储保护键（如数字），用户作业有一个唯一的存储键号，访问内存时，比较存储保护键与作业的存储键号。

3. 纯分页存储管理

多道可变分区管理和多道可重定位分区管理中，不存在"内碎片"问题，但往往在作业已占用区之间有一些不足以装入任何作业的小分区，即存在"外碎片"问题。尽管采用"拼接"技术可以解决外碎片问题，但移动作业的代价很高。分页存储管理能取消作业对内存连续性分配的要求，又无须为移动内容付出代价。

（1）分页存储管理的基本原理

① 作业逻辑地址空间分页

在分页存储管理方式中，当一个用户作业对应一个逻辑地址空间装入内存时，系统自动把它分成若干个大小相等的片，称为页面，最后一页往往不满。

② 内存储器空间分块

相应地，系统将内存储器空间也分成与页面大小相同的若干个存储块，称为物理块。在为一个作业分配内存空间时，将作业的所有页面分别装入到内存中可不相邻的若干物理块中。

③ 页式逻辑地址的结构

在分页存储管理方式中地址结构由页号和页内位移两部分组成，如图 3-20 所示。

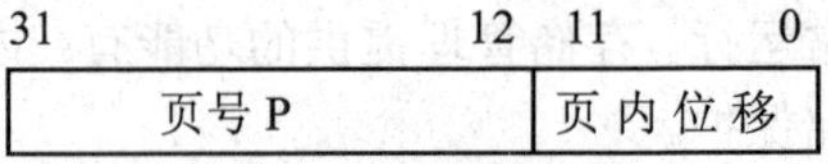

31	12	11	0
页号 P		页 内 位 移	

图 3-20　分页地址结构

这是一个 32 位长度的地址结构。其中 0~11 位为页内位移，即每页的大小为 4KB；12~31 位为页号，地址空间最多允许有 1M 页。对于某特定机器，其地址结构通常是固定的。假定一个逻辑地址空间中的地址为 A，页面的大小为 L，则页号 P 和页内位移 W 可按下面的公式求得：

$$P=INT(A/L) \qquad\qquad W= MOD(A，L)$$

其中，INT 是整除函数，MOD 是取余函数。例如，在页面大小为 4KB 的系统中，设 A=5888，则由上式可以求得页号 P=1，页内位移 W=1792。

④ 页表

在分页系统中，允许将作业的各页离散地存放在内存的任一物理块中，但系统应能保证作业的正确运行。为此，操作系统为每个作业建立一张页面映射表，简称页表。在作业逻辑地址空间内的所有页（0~n–1），依次在页表中有一个页表表项，其中记录了相应页在内存中对应的物理块号，如图 3-21 所示。作业执行时，通过查找页表，即可找到每页在内存中的物理块号。所以，页表的主要作用是实现从页号到物理块号的转换。

尽管纯分页存储管理比较简单，但也常在页表的表项中设置一个存取控制字段，用于对该物理块中的内容进行保护。当存取控制字段仅有一位时，可用来规定该物理块中的内容是允许读/写还是只读。

计算机系统在确定地址结构时，若选择的页面较小，可使每个作业的最后一页内的零头小，这样减少了内存零头的总容量，有利于提高内存利用率，但会使每个作业被分成较多的页面，从而导致页表过长，占用大量内存；此外，还会降低页面调入调出的效率。若选择的页面较大，虽然可减少页表长度，提高调入调出效率，但却又会使作业最后一页的页内的零头增大。因此，页面的大小应选择得适中，不能太小也不能太大。通常页面的大小是 2 的幂，常在 2^9~2^{12} 之间，即在 512B~4KB 之间。

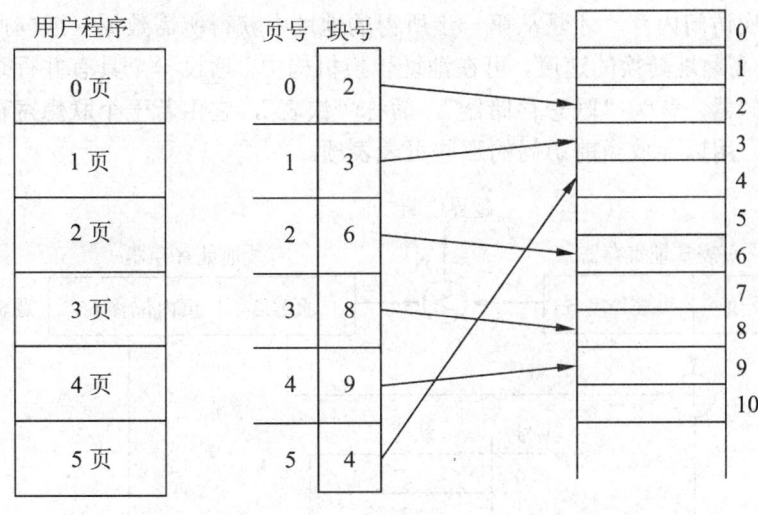

用户程序　　　页号　块号

| 0 页 |
| 1 页 |
| 2 页 |
| 3 页 |
| 4 页 |
| 5 页 |

页号	块号
0	2
1	3
2	6
3	8
4	9
5	4

0
1
2
3
4
5
6
7
8
9
10

图 3-21　页表的作用

⑤ 地址转换

纯分页存储管理采用动态重定位方式进行地址转换，由于页内位移与物理块内地址是一一对应的，地址转换的任务，实际上就是将逻辑地址中的页号转换成内存中相应的物理块号。因为从页表可以得到页号与块号的对照信息，所以地址转换的任务是借助于页表完成的。

为了加快地址转换的速度，计算机系统总是提供相应地址转换的硬件机构。

（2）页式地址转换机构

页式地址转换机构主要由下面部分组成：页表基址寄存器、地址寄存器（存放被转换的逻辑地址）、物理地址寄存器、越界仲裁机构。

（3）页式地址转换过程

进程访问一个逻辑地址时，地址转换机构把该逻辑地址送地址寄存器，自动形成页号和页内位移两部分，再以页号为索引去检索页表。查找操作由硬件执行。在执行检索之前，先将页号与页表基址寄存器中的页表长度进行比较，如果页号大于或等于页表长度，则表示本次所访问的地址已超越该进程的地址空间。若未出现越界错误，则将页表寄存器中的页表基址与页号和页表项长度的乘积相加，便得到该页表项在页表中的开始位置，然后可从页表项中得到该页的物理块号，将它装入物理地址寄存器的块号字段中。与此同时，再将地址寄存器中的页内位移直接送入物理地址寄存器的块内地址字段中，这样便完成了从逻辑地址到物理地址的转换。图 3-22 所示为纯分页系统的基本地址转换机构的应用例子，将逻辑地址（3，66）转换成物理地址（8，66）。

（4）具有联想存储器的地址转换机构

由于页表存放在内存中，这使 CPU 每次要存取一个数据时，都要两次访问内存。第一次是访问内存中的页表，从中找到该页的物理块号，将此块号与页内位移 W 拼接而形成物理地址。第二次访问内存，才是从第一步所得的地址中获得所需数据（或向此地址中写入数据）。为了提高地址转换的速度，可在地址转换机构中，增设一个具有并行查寻能力的特殊高速缓冲存储器，称为"联想存储器"，简称"快表"，它由若干个联想寄存器（也称联想单元）组成，用以存放当前访问的那些页表表项。

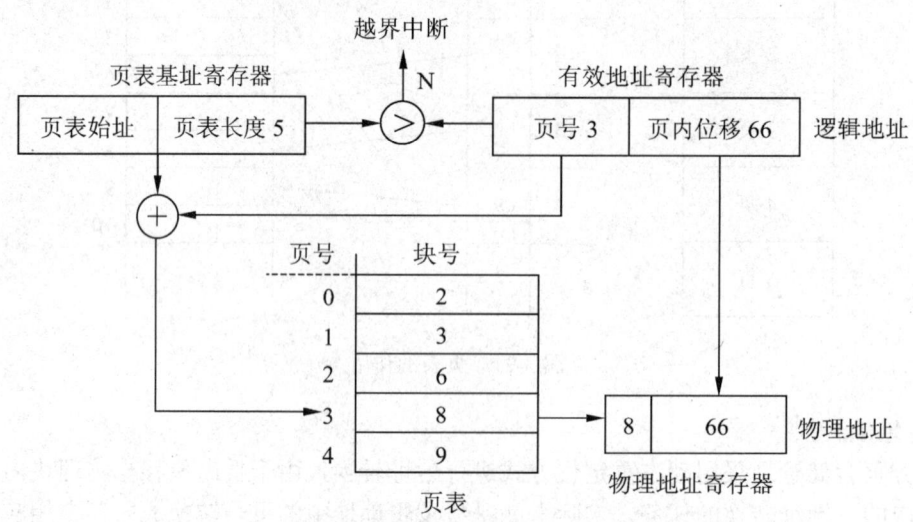

图 3-22　纯分页系统的基本地址转换机构应用例子

地址转换过程是：在 CPU 给出有效地址后，由地址转换机构自动将页号 P 送入高速缓冲存储器，与联想存储器中的所有页号进行比较，若有相匹配的页号，则表示所要访问的页表表项在快表中，直接读出该页所在内存对应的物理块号，并送入物理地址寄存器中。若在快表中未找到对应的页号，还须再访问内存中的页表，找到后，把从页表表项中读出的物理块号送入物理地址寄存器；同时，还将此页表项存入快表中的一个空闲单元中。如果联想存储器中已无空闲单元，则操作系统和存储管理部件（MMU）将淘汰一个最近没有被访问过的单元，然后将该页表项写入到该单元中。图 3-23 所示为具有快表的分页地址转换机构的应用例子，将逻辑地址（1，88）转换成物理地址（3，88）。

只需要将作业的一部分页表项放入联想存储器中，由于程序执行的局部性，访问联想存储器的命中率仍非常高。如果不引入联想存储器，而只通过内存页表进行地址转换，那么程序执行的时间将延长许多。

4. 纯分段存储管理

分段存储管理方式，主要是满足用户的一些要求：方便分段编程、实现分段共享和保护、实现动态链接、允许分段的动态增长。

（1）分段系统的基本原理

分段存储管理中，作业的逻辑地址空间按逻辑关系被划分为若干个段，每个段定义了一组逻辑信息。例如，有主程序段 MAIN、子程序段 X、数据段 D 及栈段 S 等，如图 3-24

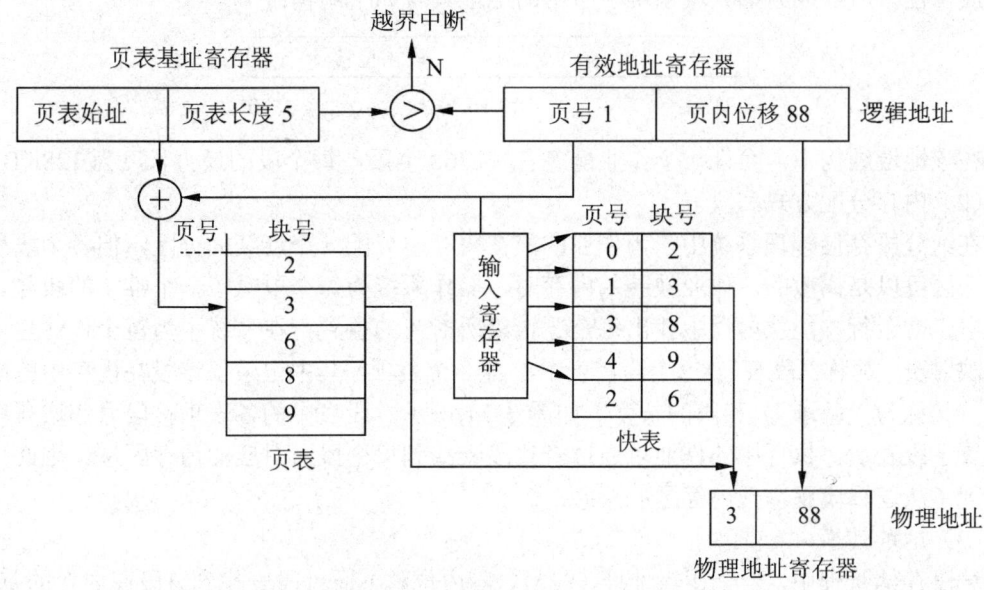

图 3-23　具有快表的分页地址转换机构应用例子

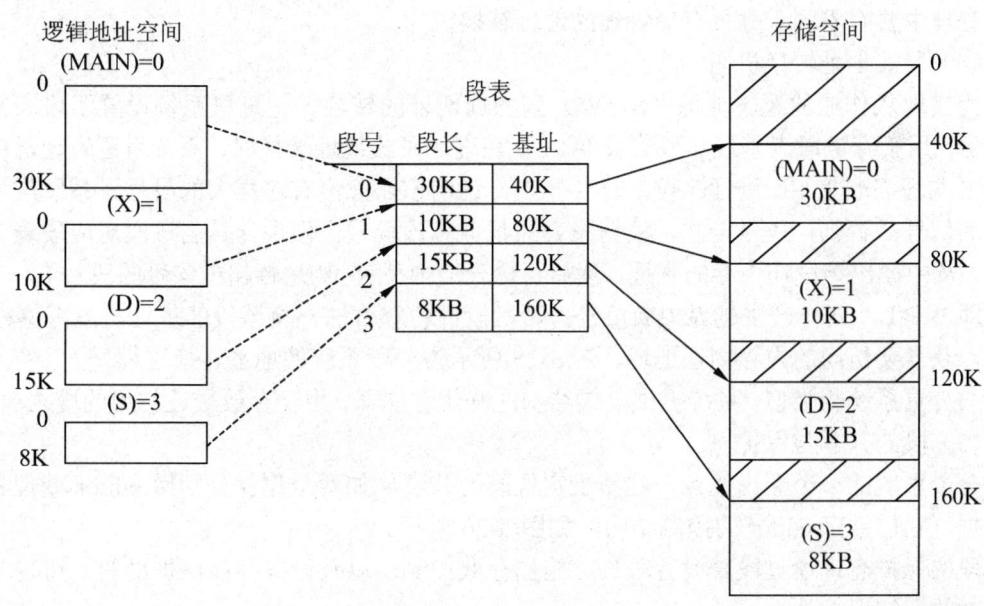

图 3-24　利用段表实现地址映射

所示。每个段都有自己的名字，每个段都是从 0 开始编址的一个连续地址空间。段的长度由相应的逻辑信息的实际长度决定，因而各段长度通常不等。整个作业的逻辑地址空间由于分成多个段，因而是二维的。由于系统中用一个段号来代替段名，所以其逻辑地址由段号和段内位移所组成。如分段系统中所用的地址具有如下结构：

段号	段内位移

31   17 16   0

那么在该地址结构中，允许一个作业最多有 32 768 个段，每个段的最大长度为 128KB。

（2）内存分配方式和段表

在纯分段存储管理系统中，为作业的段在内存中分配一个连续的分区，但各个段所占用的分区可以是离散的。作业被装入内存时，操作系统为每个段赋予一个唯一的段号。为使程序正常运行，能从内存中找出每个逻辑段所对应的位置，在系统中为每个作业建立一张段映射表，简称"段表"。每个段在表中占有一个表项，其中记录了该段在内存中的起始地址（又称为"基址"）和段的长度，如图 3-24 所示。段表中的各表项按段号递增排序。在配置了段表后，执行中的作业可通过查找段表找到每个段所对应的内存区域。因此，段表实现了从逻辑段到物理内存区的映射。

（3）地址转换

分段存储管理中，一个逻辑地址（段号，段内位移）通过段表找到该段在内存的基址，然后与段内位移相加获得相应的物理地址。由于一个作业的每段长度通常不相等，在进行地址转换的时候，除了检查段号的合法性外，还要检查段内位移是否越界。因此，在分段存储管理中要有不同于分页存储管理的地址转换机构。

（4）段式地址转换机构

为实现从作业的逻辑地址（S，W）到物理地址的转换，计算机系统设置了段表基址寄存器，用于存放段表基址和段表长度 SL。在进行段式地址转换时，系统将逻辑地址中的段号 S 与段表长度 SL 进行比较，若 S≥SL，说明该作业没有这样大的段号，系统产生越界中断信号；否则，段号合法，根据段表的基址和该段号由硬件计算出该段对应段表项的位置，从中读出该段在内存的基址，然后再检查段内位移 W 是否超过该段的段长 L。若超过，即 W≥L，同样产生越界中断信号；否则段内位移合法，将该段的基址与段内位移 W 相加，获得要访问的内存物理地址。图 3-25 所示为分段系统的地址转换过程。

与分页系统相类似，系统提供段式结构的联想存储器，用于存放最近常用的段表表项。

（5）段的共享与保护

分段系统的一个突出优点，是易于实现段的共享。如两个作业分别用 editor 处理各自的数据，它们共享 editor 的控制结构，如图 3-26 所示。

段的保护有：通过段表设置段长、施加存取控制，以及设置存储保护键等，可建立一个有效的存储保护体系。

5. 请求分页虚拟存储管理

虚拟存储器具有虚拟性、多次（装入）性、离散（分配）性和对换（内外存）性特征。

（1）分页虚拟存储管理中的硬件支持

请求分页存储管理建立在纯分页存储管理基础上，是目前常用的一种实现虚拟存储器的技术。请求分页存储管理的硬件支持，除了需要一台具有较大内存及很大容量的快速外存的计算机系统外，还需要有页表机制、缺页中断机构和页式动态地址转换机构（MMU）等。

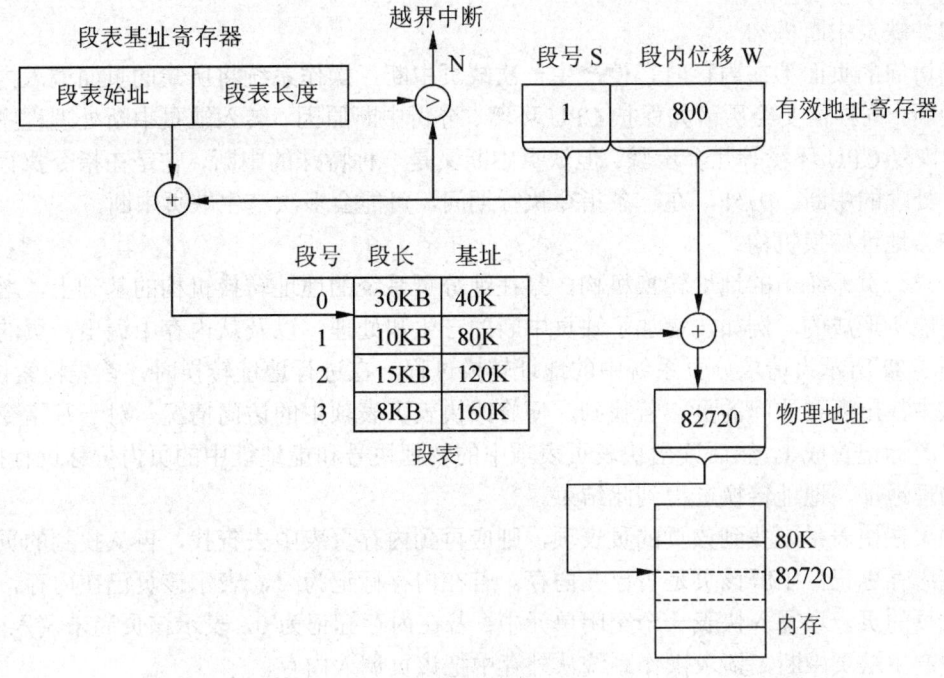

图 3-25　纯分段系统的地址转换过程应用例子

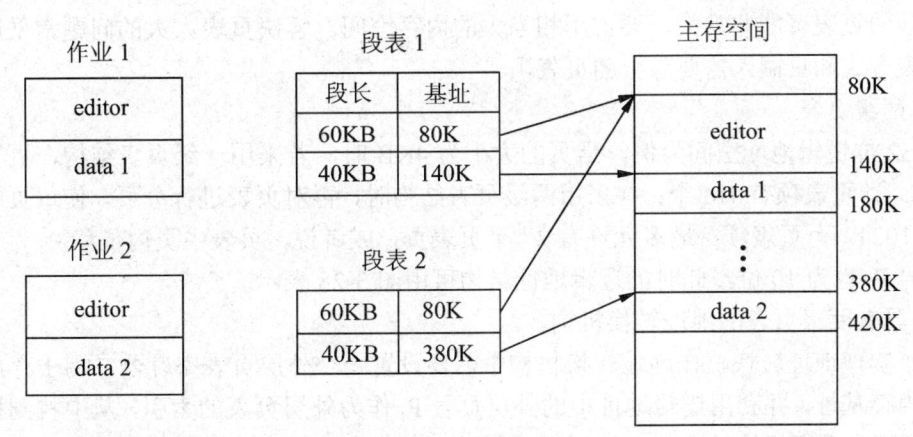

图 3-26　分段系统中共享程序 editor 的示意图

扩充的页表是请求分页存储管理系统的主要数据结构，其作用是将作业的逻辑地址转换为内存空间的物理地址。由于作业的一部分在内存，还有一部分仍在磁盘上，故需要在页表表项中增加若干项目，供程序或数据调入、调出时参考。请求分页系统中的每个页表表项的结构如下：

物理块号	在内存标记	访问情况	修改标记	辅存地址	其他控制位

（2）缺页中断机构

当访问的页面不在内存时，便产生一次缺页中断，操作系统将所缺的页面调入内存。作为中断，同样需要经历诸如保护 CPU 环境、分析中断原因、转入缺页中断处理程序进行处理、恢复 CPU 环境等几个步骤。但缺页中断又是一种特殊的中断，它是在指令执行期间产生并处理的中断。另外，在一条指令执行期间，可能会多次产生缺页中断。

（3）地址转换机构

请求分页系统中的地址转换机构，是在纯分页系统的地址转换机构的基础上，增加了某些功能所形成的，例如，增加了缺页中断的产生和处理，以及从内存中调出一页的功能等。图 3-27 所示为请求分页系统中的地址转换过程。在进行地址转换时，首先检索快表，试图从中找出所要访问的页。若找到，便修改快表页表项中的访问情况。对于写指令，还须将修改标记置成 1，然后读出快表页表项中的物理块号和虚地址中的页内位移进行拼接，形成物理地址，地址转换过程到此结束。

如果在快表中未找到该页的页表项，则应再到内存页表中去查找，再从找到的页表项中的在内存标记，了解该页是否已在内存。若在内存标记为 1，表示该页已在内存，这时应将此页的页表项写入快表一个空闲单元中；若在内存标记为 0，表示该页尚未调入内存，这时便产生缺页中断，请求操作系统从外存中把该页调入内存。

（4）两级页表

大多数计算机系统，都能支持非常大的逻辑地址空间（如 $2^{32} \sim 2^{64}$）。在这样的环境下，一个作业的页表可能非常大，要占用相当大的内存空间。解决页表太大的问题常采用离散分配页表方式和只调入需要部分的页表项。

① 两级页表

以 32 位逻辑地址空间为例，当页的大小为 4KB 时，若采用一级页表结构，页号应具有 20 位，即页表项有 1M 个；在采用两级页表结构时，再对页表进行分页，使每页中包含 2^{10}（即 1024）个页表项，最多允许有 2^{10} 个页表页，或者说，页表中页内位移 P_2 为 10 位，外层页号 P_1 也为 10 位，此时的逻辑地址结构可用图 3-28 表示。

② 具有两级页表的地址转换机构

为了实现地址转换，在地址转换机构中需要设置一个外层页表寄存器，用于存放外层页表的内存基址，并利用逻辑地址中的外层页号 P_1 作为外层页表的索引，从中找到指定页表地址，再利用逻辑地址中的 P_2 作为指定页表的索引，找到指定的页表项。其中含有该页在内存的物理块号，用该块号和逻辑地址中的页内位移 W 即可拼接得到访问内存的物理地址。图 3-29 描述了两级页表的地址变换机构。

（5）页面置换算法

在作业运行过程中，若其所要访问的页面不在内存而需将它调入内存，但内存已无空闲空间时，为了保证该作业能正常运行，系统必须根据一定的算法从内存中选择一页淘汰。通常，把选择调出页面的算法称为页面置换算法。一个好的页面置换算法，应具有较低的页面更换频率。下面介绍几种常用的置换算法。

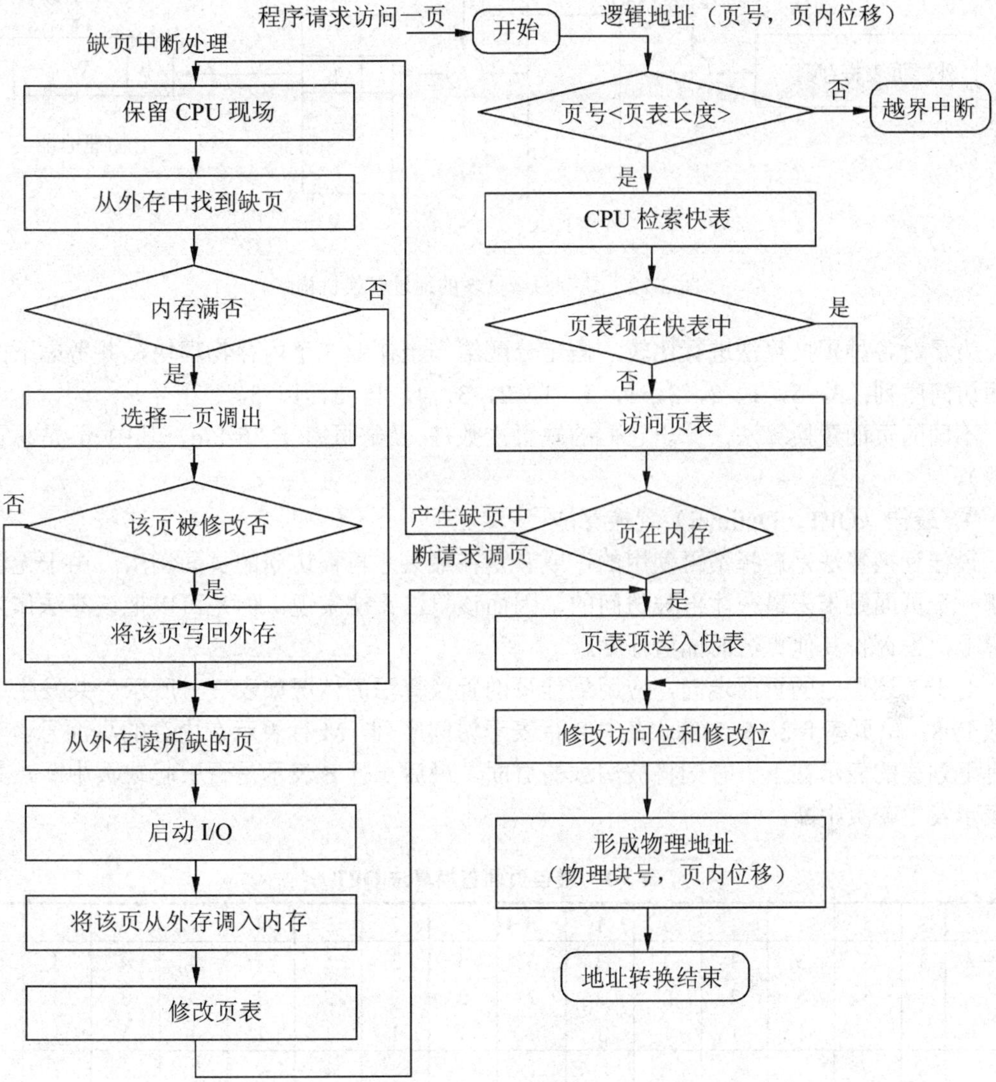

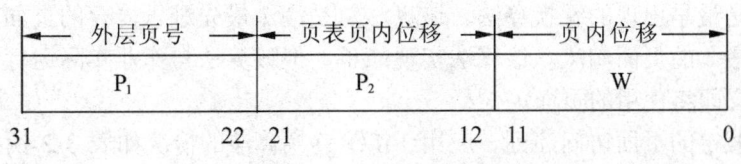

图 3-27　请求分页系统中的地址转换过程

外层页号	页表页内位移	页内位移
P_1	P_2	W

31　　　　　　22 21　　　　　　　12 11　　　　　　　0

图 3-28　逻辑地址结构

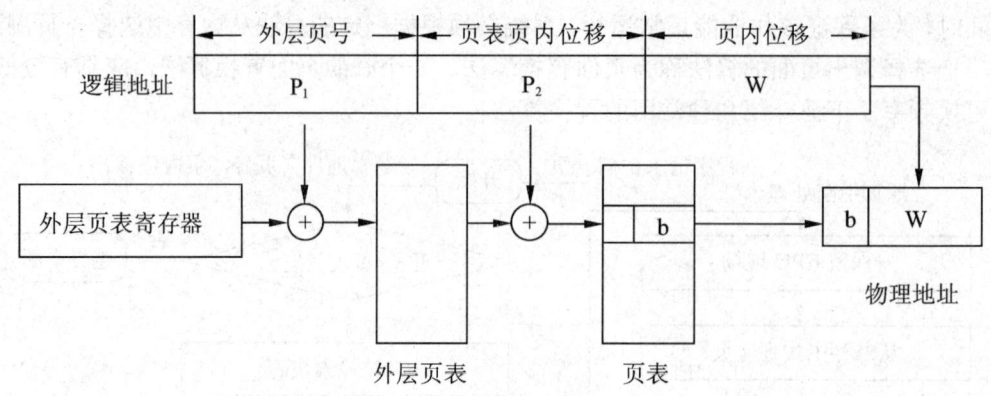

逻辑地址 外层页号 P_1 | 页表页内位移 P_2 | 页内位移 W

外层页表寄存器

外层页表

页表

物理地址

图 3-29 具有两级页表的地址转换机构

为了对各种置换算法进行比较，假定分配给一个作业 3 个内存物理块，并考虑下面的页面访问序列：3，5，1，2，3，1，5，1，2，3，4，1，3，1，5。

不同的页面置换算法，算出它们的缺页次数 F 及缺页率 f（f=F/n，其中 n 是总页面次数）。

① 最佳（OPT，Optimal）置换算法

最佳置换算法是选择不再使用的，或者是在最久才再被访问的页面淘汰。由于无法预知哪一个页面是未来最久才再被访问的，因而该算法无法实现。但是可以把该算法作为一个标准，去评价其他算法的优劣程度。

对于上述假定的页面走向，应用最佳页面置换算法的情况如表 3-1 所示。共发生中断次数 F=8，缺页率 f=8/15=53%。表中 P 行表示访问序列，M 行表示在内存的页面号，其中带有下划线的表示在下一时刻将被淘汰的页面，最后一行 F 表示是否引起缺页中断，其中 √ 表示发生缺页中断。

表 3-1 最佳页面置换法 OPT

P	3	5	1	2	3	1	5	1	2	3	4	1	3	1	5
M＝3	3	3	3	3	3	3	5	5	5	5	4	4	4	4	4
		5	5	2	2	2	2	2	2	4	3	3	3	3	3
			1	1	1	1	1	1	1	1	1	1	1	1	5
F	√	√	√	√			√			√	√				√

② 先进先出（FIFO）置换算法

先进先出是最早出现的置换算法。该算法总是淘汰最先进入内存的页面，即选择在内存中驻留时间最久的页面淘汰。该算法实现简单，但该算法与作业实际运行的规律不相适应，可能淘汰立即将使用的页面。

对于上述假定的页面访问序列，应用 FIFO 置换算法的情况如表 3-2 所示。共发生缺页中断次数 F=12，缺页率 f 为 12/15=80%。

表 3-2　先进先出置换算法 FIFO

P	3	5	1	2	3	1	5	1	2	3	4	1	3	1	5
M＝3	3	3	3	2	2	2	2	1	1	1	4	4	4	4	4
		5	5	5	3	3	3	3	2	2	2	1	1	1	1
			1	1	1	1	5	5	5	3	3	3	3	3	5
F	√	√	√	√	√		√	√		√	√	√			√

③ 最近最久未用页面置换算法（Least Recently Used，LRU）

最近最久未用页面置换算法是，利用局部性原理，根据一个作业在执行过程中页面访问踪迹来推测未来的行为。这个算法的实质是：当需要淘汰一个页面时，总是选择在最近一段时间内最久不用的页面淘汰，为此需要一种计数器机制，为防止溢出误判，计数器需复位。

对于上述假定的页面访问序列同样是 3 个物理块，应用 LRU 算法的情况如表 3-3 所示。共产生 11 次缺页中断，缺页率 f 为 11/15＝75%。

表 3-3　LRU 页面置换算法

P	3	5	1	2	3	1	5	1	2	3	4	1	3	1	5
M＝3	3	3	3	2	2	2	5	5	5	3	3	3	3	3	3
		5	5	5	3	3	3	3	2	2	2	1	1	1	1
			1	1	1	1	1	1	1	1	4	4	4	4	5
F	√	√	√	√	√		√		√	√	√	√			√

④ Clock 置换算法

利用 Clock 置换算法时，须为每页设置一个访问位，内存中的所有页面形成一个循环链。当某页被访问时，其访问位被置 1。置换算法在选择一页淘汰时，只须检查其访问位。如果是 0，就选择该页调出；若为 1，则重新将它复 0，暂不调出而给该页第二次驻留内存的机会，再按照 FIFO 算法检查下一个页面。当检查到队列中的最后一个页面时，若其访问位仍为 1，则再返回到队首检查第一个页面。但因该算法只有一个访问位，只能用它表示该页最近是否访问过，而置换时是将未使用过的页面调出去。

⑤ 最近不使用置换算法（NUR，Not Used Recently）

不同于 Clock 算法，NUR 算法为每个页增加一个修改位，这样，选择调出页面时，既要是未使用过的页面，又要是未被修改过的页面。把同时满足两条件的页面作为首选淘汰的页。由使用位 u 和修改位 m 可以组合成下面 4 种类型的页面。

- 1 类（u=0，m=0）。表示该页最近既未被使用、以前又未被修改过，是最佳淘汰页。
- 2 类（u=0，m=1）。表示该页最近未被使用，但以前已被修改过，并不是最佳淘汰页。
- 3 类（u=1，m=0）。最近已被使用，但未被修改过，该页有可能再被使用。
- 4 类（u=1，m=1）。最近已被使用且被修改，该页可能再被使用。

第 2 类页面是由于复位（原状态为 u=1，m=1）引起的。

在进行页面置换时，首先选择第 1 类页面，其次选择第 2 类页面，然后选择第 3 类页面，最后选择第 4 类页面。

（6）抖动和工作集模型

作业运行时产生频率非常高的页面替换现象称为抖动。

工作集模型是基于局部性原理假设的。这种模型使用一个参数△定义工作集窗口尺寸，其思想是检查最近的△页面引用。最近的△页面引用中的页面集就是工作集。如果一个页面被经常使用，它将在工作集中；如果它不再使用，则将在最后一次被引用后从工作集中去掉。这样，工作集是程序局部性的一个近似。

6. 请求分段虚拟存储管理

请求分段虚拟存储管理系统是在纯分段存储管理的基础上建立的虚拟存储器，是以段为单位进行调入调出的。在请求分段系统中，作业运行前只须先调入部分相关的段，便启动运行，在运行过程中作业的段被操作系统动态地调入、调出。正因为这样，请求分段系统使一个作业的地址空间的总和可以大于内存实际容量。

（1）扩充的段表机制

在请求分段管理中所需要的主要数据结构是段表，段表项需要增加若干标记，段表项的结构如下所示：

段长	段基址	存取方式	访问字段 A	修改位 M	存在位 P	增补位	外存起址

存取方式用于标识本段的存取属性，增补位表示该段动态增长。

（2）缺段中断机构

请求分段系统中，当作业要访问的段尚未调入内存时，便产生缺段中断，由缺段中断处理程序根据段表中外存基址将所缺段调入内存。缺段中断机构与缺页中断机构是类似的，它同样是在一条指令执行期间产生和处理的。

（3）地址转换机构

请求分段系统中的地址转换机构，是在分段系统地址转换机构的基础上增加了某些功能，例如缺段中断的请求及其处理等。

纯段式或请求段式存储器管理中存在类似可变分区管理中的缺点，例如，分段的大小受内存实际容量的限制，以及经常需要内存空间的拼接，是一件麻烦的事情。为了获得分段在程序上的逻辑划分，分页在存储空间管理方面的优点，可以采用段页式存储管理，它兼有分段和分页两种方式的特性。

7. 段页式虚拟存储管理

（1）作业地址空间及内存空间的划分

段页式系统中，一个作业地址空间被划分成若干分段，每一分段又分成若干个固定大小的页面。图 3-30 为段页式系统中一个作业的地址空间结构，页面尺寸为 4KB。如图 3-30 所示，该作业有 3 个分段：主程序、子程序和数据。

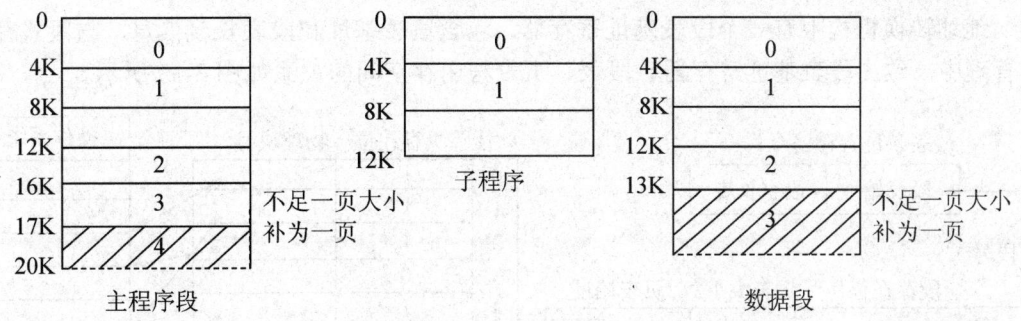

图 3-30　段页式管理中一个作业的地址空间结构

（2）地址结构

段页式系统给作业地址空间增加了另一级结构，现在的地址结构由段号（S）、段内页号（P）和页内位移（W）构成。这种地址结构的例子如图 3-31 所示，它由 3 部分（S，P，W）组成。

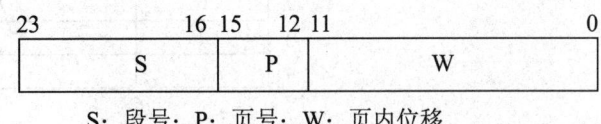

S：段号；P：页号；W：页内位移

图 3-31　段页式管理中地址结构例子

段页式地址结构，确定了一个作业最多能有多少段，每段最多有多少页，以及每个页面的大小。图 3-31 表明，一个作业最多可有 256 段，每段最多有 16 页，而每个页面的大小为 4KB。

程序的分段可以由程序员根据信息的逻辑结构划分；而分页则与程序员无关，是由系统自动进行的。这就是说，程序员使用的编址方式或编译程序给出的目标程序的地址形式仍然是二维的，即段号 S 和段内位移 W′，而只是由地址转换机构把 W′ 的高 4 位解释为页号 P，把低 12 位解释为页内位移 W。

（3）地址转换机制

系统设置一个硬件机制提供二级地址转换系统。每一个作业有一个段表，每一个分段有一个页表。段表项和页表项的逻辑结构如图 3-32 所示。

段表项

页表始址	页表大小	存取控制	段存在位

页表项

物理块号	页存在位	访问位	修改位

图 3-32　段页式管理中的段、页表项的结构

地址转换机构中有一个段表基址寄存器,包含段表基址和段表长度信息,与段式存储器管理中一致。段表基址寄存器、段表、页表与内存空间的关系如图 3-33 所示。

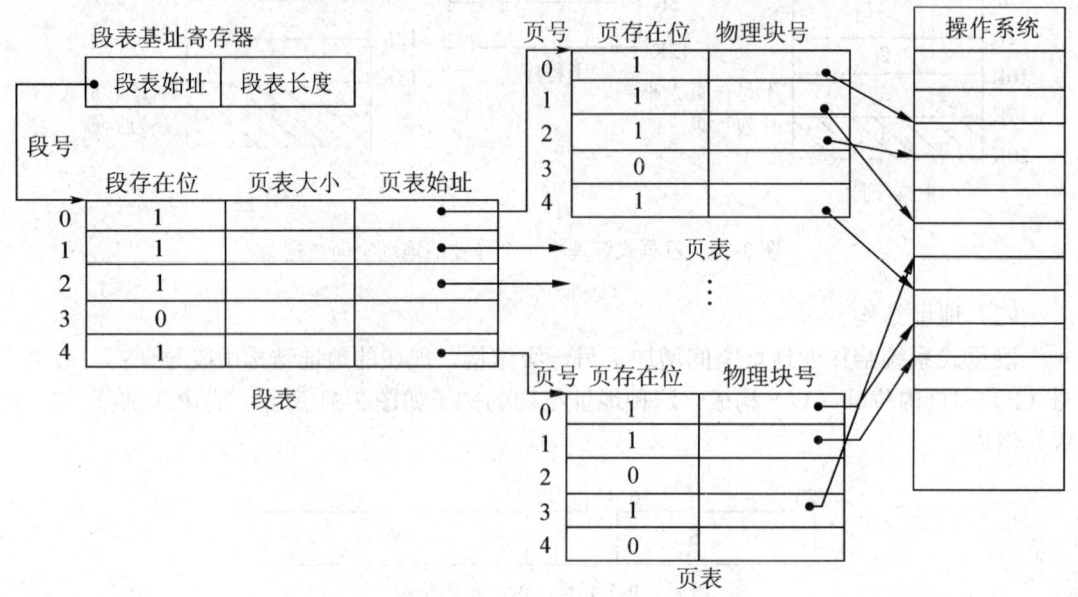

图 3-33　段页式管理

(4)段页式地址转换过程

段页式系统利用段表、页表实现地址转换。

可以看出,在段页式存储管理系统中,利用段表和页表将一个段页式的虚地址转换成物理地址,就要访问内存两次。一次是访问段表,另一次是访问相应的页表。最后,把物理块号和逻辑地址中的页内位移拼接形成所要访问的内存单元的实际地址。显然,这样进行虚、实地址转换,要访问内存中的一条指令或一个数据需要访问内存 3 次,这将使程序的执行速度大大降低。为此,需要联想存储器技术,加速地址转换过程。

3.2.5　处理机管理

处理机管理主要涉及处理机调度类型和模型、调度算法的选择和性能评价、处理机调度算法及其实现。

1. 调度的类型和模型

调度有 3 类:作业、均衡和进程调度;又称为高级、中级和低级调度。

(1)作业状态及其状态转换

从作业控制方式分析,作业分为批处理型作业和交互型作业。批处理型作业的实体由用户提交的程序文件、数据文件以及表达控制该作业执行过程的作业说明书文件 3 部分组成。作业从提交给系统直到它完成后离开系统前的整个活动过程分为若干阶段,每阶段所处的状态称为作业的状态。作业状态有 4 种:提交状态、后备状态、运行状态和完成状态。

作业正常运行结束或因发生错误而终止时，释放其占有的全部资源，准备离开系统时作业的状态称为完成状态。

图 3-34 描述了作业的 4 种状态及其转换过程。其中作业运行状态具体细分为执行、就绪和阻塞状态，即进程的 3 种基本状态。

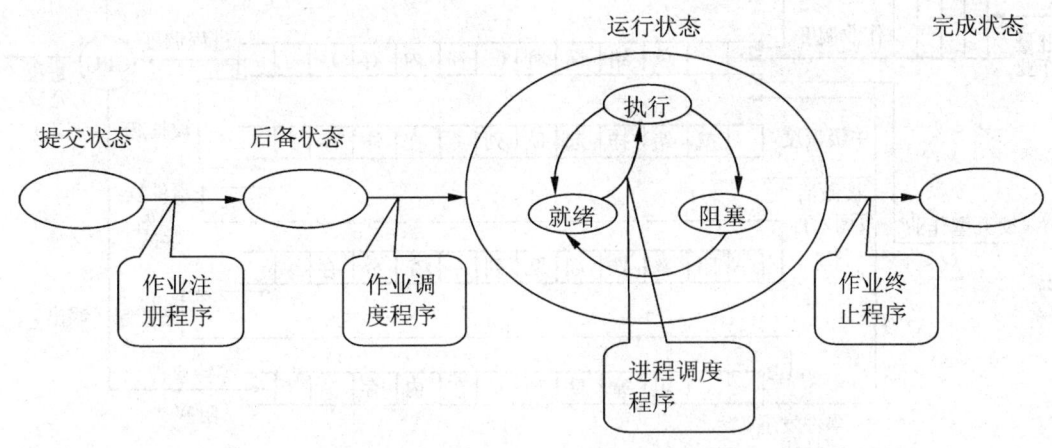

图 3-34　批处理作业状态及其转换过程

（2）作业调度及其功能

作业调度又称高级调度或宏观调度，是按照某种调度算法从后备作业队列中选择作业装入内存运行，当作业运行结束后做善后处理。作业调度程序具体要完成的功能有：选择作业、分配资源、建立作业的进程、建立其他有关表格和作业后续处理。

（3）进程调度

进程调度又称低级调度，是按照某种调度算法从就绪状态的进程中选择一个进程使用处理机运行，进程调度程序运行的频率很高，在分时系统中通常是几十毫秒就运行一次。

进程调度是真正让某个就绪状态的进程到处理机上运行；而作业调度选择的是后备状态的作业装入内存运行，是个宏观的概念，使作业具有了竞争处理机的机会，但真正在处理机上运行的是该作业的相应进程。

进程调度的方式在不同类型的操作系统中有所不同，主要采用两种不同的调度方式，即非抢占方式和抢占方式。

抢占调度方式常用的原则有 3 个：时间片原则、优先级原则和短进程优先原则。

（4）均衡调度

均衡调度又称中级调度，其目的是提高内存利用率和系统吞吐量。其方法是使那些暂时不具备执行条件的进程调出内存，其进程状态称为挂起状态。当这些进程重新又具备执行条件，内存有空闲时，由中级调度决定，将外存上哪些进程解除挂起后重新调入内存。

（5）调度队列模型

为了调整系统工作负荷而引入中级调度。为此，进程的就绪状态分为内存就绪状态（又称活动就绪状态）、外存就绪状态（又称静止就绪状态）。类似地，系统将阻塞状态分为内存阻塞状态（即活动阻塞状态）和外存阻塞状态（即静止阻塞状态）。图 3-35 描述了具有三级调度时的调度队列模型。

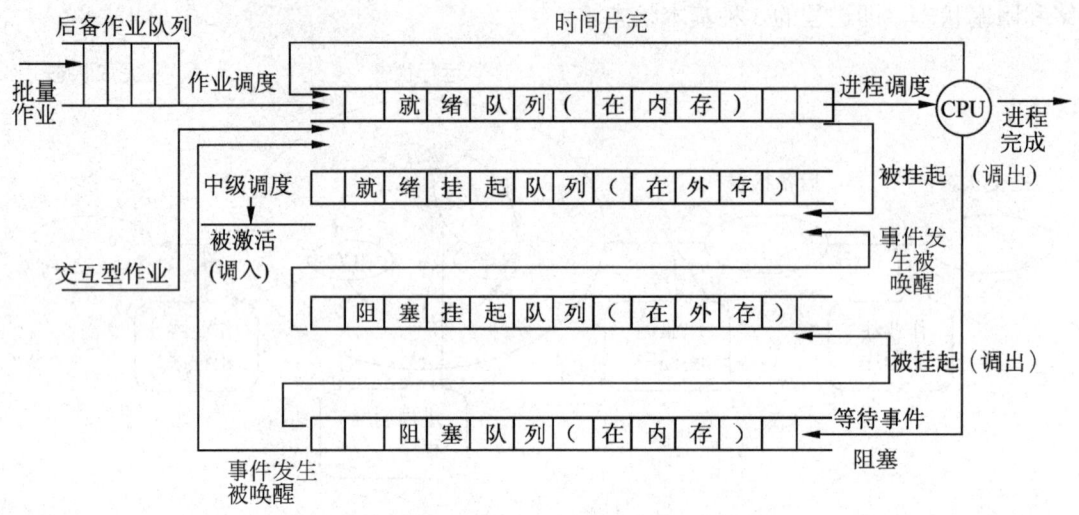

图 3-35　具有三级调度时的调度队列模型

2.　调度算法的选择和性能评价

选择调度算法时需要考虑系统各类资源的均衡使用、用户作业到达系统的时间、用户作业估计执行的时间；对用户公平并使用户满意、作业的优先级、作业对内存和外设的要求以及整个系统的效率等。这些因素之间往往相互矛盾，较难兼顾。通常，选择调度算法时应将那些对系统运行影响较大的关键因素作为主要依据，如系统设计目标是批处理系统、实时系统或是分时系统，如均衡地处理系统和用户的要求，如系统资源利用率等。

选择调度算法时通常考虑周转时间与响应时间。作业的周转时间是作业从提交到完成的时间间隔。响应时间是从用户提交一个请求开始直到在屏幕上显示出结果或显示正在处理的提示信息为止的这段时间间隔。带权周转时间是周转时间与服务时间之比。

3.　调度算法

常用的几种调度算法有先来先服务调度算法、短作业（短进程）优先调度算法、最高响应比优先调度算法、优先级调度算法、时间片轮转调度算法和多级反馈队列调度算法等。假定所有作业（进程）都是计算型作业且忽略系统调度所花的时间，以表 3-4 所示的情况比较其作业平均周转时间 T 和作业平均带权周转时间 W。

表　3-4

作业（进程）名	进入系统时间	需服务时间	作业（进程）名	进入系统时间	需服务时间
A	0	3	D	6	5
B	2	6	E	8	2
C	4	4			

（1）先来先服务调度算法

表 3-5 描述了各作业（进程）被选中进入系统的时间、开始执行的时间、执行结束的时间以及周转时间和带权周转时间。

表 3-5　先来先服务调度算法

作业名	进入系统时间	开始执行时间	结束执行时间	周转时间	带权周转时间
A	0	0	3	3	3/3
B	2	3	9	7	7/6
C	4	9	13	9	9/4
D	6	13	18	12	12/5
E	8	18	20	12	12/2

FCFS 调度算法是非剥夺算法，具有一定的公平性，并且实现也比较容易。但是，它的缺点是实际上不公平，它比较有利于长作业（长进程），而不利于短作业（短进程）。

（2）短作业（短进程）优先调度算法

短作业优先调度算法 SJF，是执行时间短的作业优先调度的算法。短进程优先调度算法 SPF，是执行时间短的就绪进程优先调度的算法。

表 3-6 列出了 5 个作业的装入内存时间、开始执行时间、结束执行时间以及周转时间和带权周转时间。

表 3-6　短作业（短进程）优先调度算法

作业名	进入系统时间	开始执行时间	结束执行时间	周转时间	带权周转时间
A	0	0	3	3	3/3
B	2	3	9	7	7/6
C	4	11	15	11	11/4
D	6	15	20	14	14/5
E	8	9	11	3	3/2

SJF 和 SPF 算法是非剥夺算法，不论是平均周转时间还是平均带权周转时间均比 FCFS 调度算法有改善。但是对长作业不利，对紧迫作业、进程不能及时处理。

（3）最高响应比优先调度算法

响应比的定义是：（作业服务时间＋作业等待时间）/作业服务时间

表 3-7 列出了 5 个作业的装入内存时间、开始执行时间、结束执行时间以及周转时间和带权周转时间。

最高响应比优先算法是非剥夺算法，是兼顾短作业和长作业的算法。

（4）优先级调度算法

优先级调度算法有非抢占式优先级调度算法和抢占式优先级调度算法两种，进程的优先级可采用静态优先级和动态优先级两种，优先级可由用户自定或由系统确定。

表 3-7　最高响应比优先调度算法

作业名	进入时间	响应比		开始时间	结束时间	周转时间	带权周转时间
A	0			0	3	3	3/3
B	2			3	9	7	7/6
C	4	(5+4)/4		9	13	9	9/4
D	6	(3+5)/5	(7+5)/5	15	20	14	14/5
E	8	(1+2)/2	(5+2)/2	13	15	7	7/2

假设表 3-4 中所示进程同时进入系统，进程的优先次序是 A、C、D、B、E。采用非抢占式优先级调度算法的周转时间和带权周转时间如表 3-8 所示。

表 3-8　优先级调度算法

作业名	进入系统时间	开始执行时间	结束执行时间	周转时间	带权周转时间
A	0	0	3	3	3/3
B	0	12	18	18	18/6
C	0	3	7	7	7/4
D	0	7	12	12	12/5
E	0	18	20	20	20/2

（5）时间片轮转调度算法

时间片轮转调度算法主要用于进程调度，就绪队列往往按进程到达时间的先后排列。进程调度程序总是把处理机分配给队首进程，执行一段时间，即一个时间片。时间片的大小一般从几毫秒到几十毫秒，进程执行完一个时间片就发生调度，把处理机分配给就绪进程队列中新的队首进程。

在分时系统和实时信息处理系统中，必须满足系统对响应时间的要求。由于响应时间 T 直接与用户进程数目 N 和时间片 q 成正比，即 $T=N*q$（时间片固定），因此在用户（进程）数 N 固定时，时间片 q 的大小将正比于系统所要求的响应时间。如响应时间 T 为 3s，若 N=100 时，则时间片 q=30ms。

（6）多级反馈队列调度算法

多级反馈队列调度算法，是一种自适应的调度算法，它不必事先知道各作业所需的执行时间，且可以满足各种类型进程的需要。图 3-36 描述了多级反馈队列调度算法。在 Windows NT 中，采用了多级反馈队列调度算法。

多级反馈队列调度算法具有较好的性能，能照顾到各种用户的需要。

（7）实时调度算法

实时系统通常分为硬实时系统和软实时系统。前者意味着实时处理必须在规定的时间限制内完成，后者意味着若偶尔实时处理超过时间限制是可以容忍的。

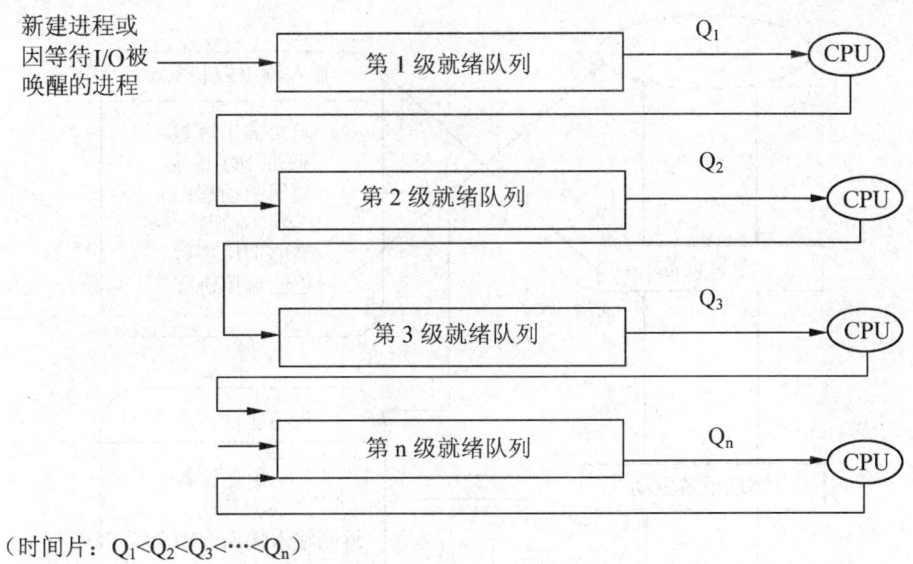

（时间片：$Q_1<Q_2<Q_3<\cdots<Q_n$）

图 3-36   多级反馈队列调度算法

目前大多数的实时控制系统，响应时间通常要求是几百毫秒至几十微秒，采用的调度算法有时间片轮转调度算法、非抢占的优先级调度算法、基于时钟中断抢占的优先级调度算法和立即抢占的优先级调度算法。

3.2.6   设备管理

计算机系统中除 CPU 和内存储器外，所有的设备和装置统称为计算机外部设备。计算机外部设备种类繁多并特性各异，如速度、传输单位、具体操作方式等。

操作系统涉及的外部设备主要是各种人机交互设备（如键盘、鼠标、显示器等）或者是计算机与外界其他设备（或者其他的计算机）之间通信的设备。

有多种方法对外部设备分类，如按设备与主机之间数据传输的单位分为字符设备和块设备；按设备的读写物理特性分类分为顺序存储设备和随机存储设备；按是否可以共享分为共享设备、独占设备和虚拟设备（SPOOLING 技术）；按照主机控制设备的方式分为询问式、中断方式、DMA 方式和 I/O 处理器；按数据接口的传输方式分为并行设备和串行设备。

设备管理任务是：提供一个统一的、友好的使用界面；为用户隐藏各种不同设备使用上的差别（设备独立性）；负责管理系统中的各种设备，根据各类设备的特点确定相应的分配策略；优化设备的调度、提高设备的利用率等。一般地，设备管理的实施采用层次结构，如图 3-37 所示。

设备管理分为两层，第一层与用户进程交互的是"输入输出控制系统"，它完成设备的分配、调度并向程序员提供一个统一的编程接口，实现逻辑设备向物理设备的转换。处于下面一层的是"设备驱动程序"，它直接与设备打交道，控制设备控制器完成具体的输入

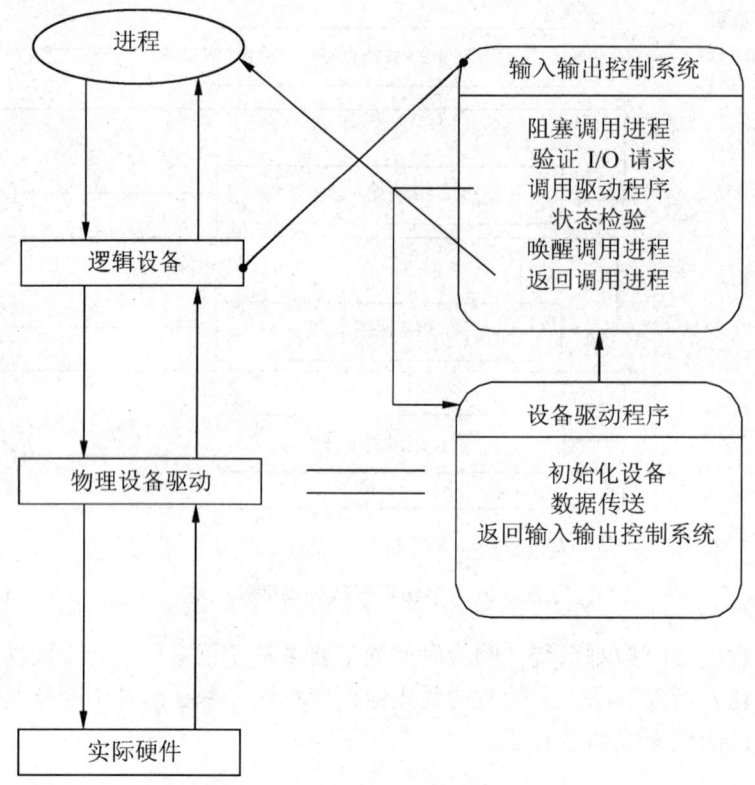

图 3-37　设备管理子系统的体系结构

输出。

1. 设备独立性

设备独立性又称设备无关性，其基本含义是：应用程序独立于具体使用的物理设备。程序只需指明 I/O 使用的设备类而不能指定哪一台设备。

2. DMA 技术

现代计算机均采用 DMA（Direct Memory Access）技术，以提高 CPU 使用效率。CPU 只须告诉 DMA 控制器："请帮助把硬盘 C 上从 2000 扇区开始的 400 个扇区中的数据读到内存中 10000H 开始的位置"，DMA 控制器就会开始做这份工作，CPU 则可以转而进行其他工作；等到数据传送好，DMA 控制器会通知 CPU，CPU 就可以取到现成的数据了。DMA 减轻了 CPU 的负担，让 CPU 做更重要的工作，提高计算机的整体性能。

DMA 控制器通常采用总线浮起或周期挪用技术。

3. 输入输出通道

计算机的 I/O 系统有多种模型：单总线、多总线和通道模型。

具有通道结构的计算机系统采用主存、通道、控制器和设备 4 级结构。通道处理机的优点是最大程度地减轻了 CPU 的工作负担，增加了并行工作程度。

4. 通道类型

根据通道数据传送方式的不同，分为字节多路、选择多路和数组多路 3 类通道。字节多路通道适用于连接大量低速设备；数组多路通道适用于连接多台磁盘等高速设备；选择通道适用于连接优先级高的磁盘等高速设备。

5. 磁盘调度策略——移臂调度

硬盘的容量是由硬盘的磁头数、柱面数、每磁道扇区数以及每扇区的字节数决定的。

硬盘定位并查询某个扇区中数据时间是以下 3 个方面时间的总和，寻道时间（Seek Time）、旋转延迟时间（Rotational Delay Time）和数据传输时间（Transfer Time）。其中，寻道时间是磁盘 I/O 中时间代价最大的。

考虑磁盘调度策略时，主要考虑整个磁盘系统的吞吐量、平均响应时间和公平性。

寻道时间优化的磁盘调度策略有先来先服务、最短寻道时间优先、扫描、单向扫描、N 步扫描和 FSCAN 等。

（1）先来先服务（first come first service，FCFS）

FCFS 是一种最简单的调度方案。假设磁盘有 200 个柱面，表示为 0~199，磁盘调度起始位置为 100。然后磁盘调度部分得到了这样的一个访问串：

18，19，8，147，85，177，79，149，112，179，10

采用 FCFS 调度方案，其访问序列与上面相同。

（2）最短寻道时间优先（Shortest Seek-Time First，SSTF）

SSTF 策略总是选择服务队列中欲访问离当前磁头位置最近的磁道的进程。这里的平均寻道时间有了一定的优化，但是，不能保证整个系统的平均寻道时间最短。

对上述访问串：18，19，8，147，85，177，79，149，112，179，10

这个方案的磁盘访问序列为：

112，85，79，147，149，177，179，19，18，10，8

这个算法有利于访问中间的磁道的请求，可能使外层的磁道请求长时间得不到服务。

（3）扫描（SCAN）

为了防止 SSTF 产生的问题，可以采用 SCAN 算法。SCAN 算法是按照磁头前进方向寻找最近的需要访问的磁道，直到在前进方向上已经没有需要访问的磁道，然后转向沿着另一个方向按照最近磁道原则选择下一个访问的磁道，如此往复，故又称为电梯调度算法。

对上述访问串：18，19，8，147，85，177，79，149，112，179，10

这个方案的磁盘访问序列为：

85，79，19，18，10，8，112，147，149，177，179

这个算法的公平性要比 SSTF 好，但是它仍然不是很公平。

（4）单向扫描（C-SCAN）

这种算法是 SCAN 算法的一种变形，它在前进到末端或者没有请求时，不是转向选择请求，而是回到从头开始的位置，沿着同样的方向选择进程为之服务。这个算法的好处是减小了最大的服务等待时间。

（5）N 步扫描（N-STEP-SCAN）

为了进一步解决公平性问题，考察 N-STEP-SCAN（N 步扫描算法）。N-STEP-SCAN 是把所有进程的请求按照请求时间分成很多个段（每个队列中有 N 个请求），一段时间内的请求位于一个特定的请求队列中。磁盘服务程序循环地服务每个队列，在处理每个服务队列的时候使用 SCAN 算法（或者可以使用 C-SCAN），直到一个队列服务完毕再服务下一个队列。可以看出这种算法是 FCFS 和 SCAN 算法的折中。因为如果 N 取为 1，则每个请求单独的构成一个队列，那么这种算法将退化成为 FCFS 算法；如果 N 取的非常大，那么所有的请求都在一个队列中，这个算法就会退化成为 SCAN 算法。

现在假设 N 为 4，则可以分为 3 个队列（18，19，8，147）、（85，177，79，149）和（112，179，10），同时 SCAN 的算法设置与上面相同。调度的结果为：

19，18，8，147，   149，177，85，79，   10，112，179

（6）FSCAN

FSCAN 是 N 步 SCAN 算法的简化，只有两个队列，磁头为一个队列的请求服务时，新的请求进入另一队列。

6. 磁盘调度策略——旋转调度

一般，旋转调度的方法是整理同一磁道上的请求，按离磁头距离从小到大排序，使盘片上的请求能一次完成。

3.2.7 文件系统

文件系统是软资源。软资源包括各种系统程序、实用程序、应用领域的程序等，也包括大量的文档材料。每一种资源本身都是具有一定逻辑意义的、相关信息的集合。在操作系统中它们以文件的形式长期存储在辅助存储器上。

文件是一个抽象机制，它提供了一种把信息保存在辅助存储器上、便于以后读取的方法，而且使用户不必了解信息存储的位置、方法和磁盘实际运行方式等细节。

文件是信息的一种组织形式，是一个具有标识名的存储在辅存上的一组信息的有序序列。它可以是有格式的，也可以是无格式的。

与文件相关的概念有数据项、记录、文件和数据库。

有些文件是由字节构成的，没有格式，常称为字符流文件；由记录构成的文件是格式文件；数据库（database）是相关数据的集合，其本质是数据元素间存在着直接的联系，这些联系是在设计时为若干个不同的应用而设计的。数据库本身可由若干文件组成，通常有一个独立的数据库管理系统。虽然数据库系统常常使用一些文件管理程序，即数据库通常是基于操作系统的；然而，它是独立于操作系统的。

1. 文件命名和文件类型

为便于控制和管理，通常把文件分成若干类型。按文件的用途可以分为系统文件、库文件和用户文件；按文件的使用情况可以分为临时文件、档案文件和永久文件；按文件的信息流向可以分为输入文件、输出文件和输入输出文件等。

在 UNIX 系统中，按文件的组织形式分为普通文件、目录文件和特别文件；按文件的保护方式分为只读文件、读写文件和不保护文件。

抽象机制的重要特征是被管理对象的命名方法。在创建一个文件时，进程给出文件名。进程终止后，文件仍然存在，其他进程经授权可以使用该文件名访问这个文件。

各种系统的文件命名规则略有不同，有些文件系统区分大小写（如 UNIX），而另一些则不加区分（如 Windows）。许多操作系统支持两部分文件名，两部分之间用句点（.）加以分隔，比如 prog.c。在句点后面的部分常称作扩展名，它通常给出了与文件有关的一些信息。在 UNIX 中，如果使用扩展名，一个文件名之中可以含两个或多个部分的扩展名。例如，prog.c.Z 中，.Z 通常表明文件 prog.c 已经用压缩算法压缩过。许多文件系统支持长达 255 个字符的文件名。

2. 文件操作

文件用于存储信息，供以后检索。最常用的系统调用有创建、删除、打开和关闭。打开以后可以实施各种读写操作。

3. 文件管理

文件系统包括两方面，一是负责管理文件的一组系统软件，另一个是被管理的对象——文件。文件系统的主要功能是提供用户和应用程序受限的按名访问文件的能力，并提高辅助存储器的利用率。此外，每个用户都能创建、读写和删除文件；每个用户都能设定其他用户对自己的文件的访问权限；每个用户都能受控访问其他用户的文件；每个用户都能备份文件，以用于文件被破坏后进行恢复。

为此要解决的主要问题是：管理辅助存储器，实现文件从名字空间到辅存地址空间的转换，决定文件信息的存放位置、存放形式和存放权限，提供文件共享能力和安全设施，提供友好的用户接口。

4. 文件系统结构

一般文件系统都采用分层逻辑结构，如图 3-38 所示。

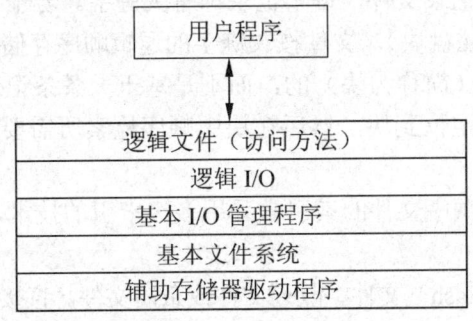

图 3-38　逻辑文件系统结构

在最底层，辅助设备驱动程序直接与辅助存储器或它们的控制器或通道通信。设备驱动程序负责启动设备上的 I/O 操作，完成请求的 I/O。

基本文件系统，也就是物理 I/O。这是与计算机系统外部环境的基本接口，处理与磁盘或磁带交换的数据块，关注这些数据块在主存储器和辅助存储器中的位置。

基本 I/O 管理程序根据所选择的请求启动相应文件的输入/输出并处理文件输入/输出完成后的善后事宜。

逻辑 I/O 使用户和应用程序能访问记录。逻辑 I/O 提供通用的按记录输入/输出的能力。

访问方法层为用户和应用程序提供一个标准接口，不同的访问方法反映出不同的文件结构以及处理数据的不同方法。

5. 文件组织和访问

文件组织有逻辑组织和物理组织两种。文件的逻辑组织一般分成两类:有格式和无格式。字节流文件是无格式文件，这种文件是一个无结构的字节序列。UNIX 和 Windows 系统就采用这一方式。记录文件是有格式文件，主要有堆文件、顺序文件、索引文件、索引顺序文件、直接文件和分区文件。

（1）堆

堆（Pile）是最简单的文件组织形式。记录按它们到达的顺序存放，每个记录可以有不同的数据项，或数据项的次序不同。实现时，数据项是自描述的，既包含数据项名又包含数据项的值；为了区分不同的数据项，还采用长度子项或数据项分隔符指出数据项的长度。

堆文件没有结构，只能顺序访问。如图 3-39（a）所示。

（2）顺序文件

顺序文件是定长记录文件，每个记录都有一个数据项，称为关键数据项，简称关键字。一个关键字唯一标识一个记录。顺序文件的记录按记录关键字的约定顺序存储。如图 3-39（b）所示。

（3）索引顺序文件

索引顺序文件是定长记录文件，每个记录都有关键字。若干记录构成一组（可以是一个磁盘块，也可以是几个磁盘块），文件按关键字的逻辑顺序存储，系统维护一个索引表，这个索引表是基于记录组（简称为块）的，而不是基于一条条记录的。索引顺序文件中记录的检索过程是先经索引定位到块，然后在块中顺序检索所需要的记录。如图 3-39（c）所示。

对于大型文件，索引顺序文件的索引常采用多级索引的技术，以提供高效的访问。

（4）直接文件

直接文件又称哈希（Hash）文件、散列文件或杂凑文件。直接文件是定长记录文件，每个记录都有关键字，每个记录的存储位置采用计算寻址方法，在这种方式中，记录的存储位置由记录的键值经数学转换（Hash（key））确定。直接文件常用于要求快速访问的应用中，这种方法尤其适用于每次只访问一条记录的应用，如目录处理等。如图 3-39（e）所示。

直接文件和索引顺序文件都需要溢出处理。在直接文件中会出现两条记录的键的 Hash 值相等（称为碰撞），而在索引顺序文件中会发生新记录需插入的数据块已满的情况。这都需要使用溢出文件或溢出块技术处理。

（5）分区文件

分区文件是若干子文件的文件。每一个子文件称为一个成员，每一个成员的起始位置存储在分区文件的索引（目录）中。分区文件常用于存储软件包、程序库、函数库等。如图 3-39（f）所示。

（6）索引文件

顺序文件是常用的文件组织形式之一。然而，许多应用不仅需要经常改变文件的内容，而且需要按非关键数据项检索文件的记录。一般地，索引文件组织由基本文件和指定的数据项的索引两部分构成。通常，用户指定的数据项的索引组织成顺序文件。索引文件也可以采用多索引结构，对需要检索的数据项都建一个索引。如图 3-39（d）所示。

6. 文件访问

文件访问的方法有两种：顺序访问和随机访问。

早期的操作系统只提供一种文件访问方式：顺序访问。能够以任何次序访问的文件叫随机访问文件。

有两种方法指明从哪儿开始访问文件。一种方法是，每次操作都指出文件中开始访问的位置；另一种方法是，提供一个特殊的操作（如 Seek）来设置下一次访问的位置。

7. 文件控制块

与文件管理系统和全部文件都相关的是文件目录。文件的目录包括文件的控制信息。若干文件的目录构成目录文件。

文件的目录中存放文件的控制信息，又称为文件控制块（记为 FCB）。通常，文件控制块包含 4 部分信息：基本信息（文件名、文件类型和文件组织）、位置信息和访问控制信息和使用信息。

8. 目录结构

不同系统的目录中，信息的保存方式是不同的。目录文件的组织与结构是文件系统管理的一个重要方面，也反映了文件系统的特色。一般地，目录结构有一级、二级和多级 3 种。

（1）一级目录结构

这是最简单的目录结构形式。文件系统中只有一个目录文件的目录结构称为一级目录结构。其中，每一个表项是一个文件控制块，对应于一个文件。

（2）二级目录结构

文件系统将目录分为两级，第一级目录称为主目录，主目录表的表项记录用户名及相应用户目录的存储位置。第二级是用户目录，以顺序表形式存放该用户文件的文件控制块。

当用户访问一个文件时，系统根据用户名在主目录中检索出该用户的用户目录文件，再根据文件名在用户目录文件中检索出相应的文件控制块，从而就知道了该文件的存储位置。

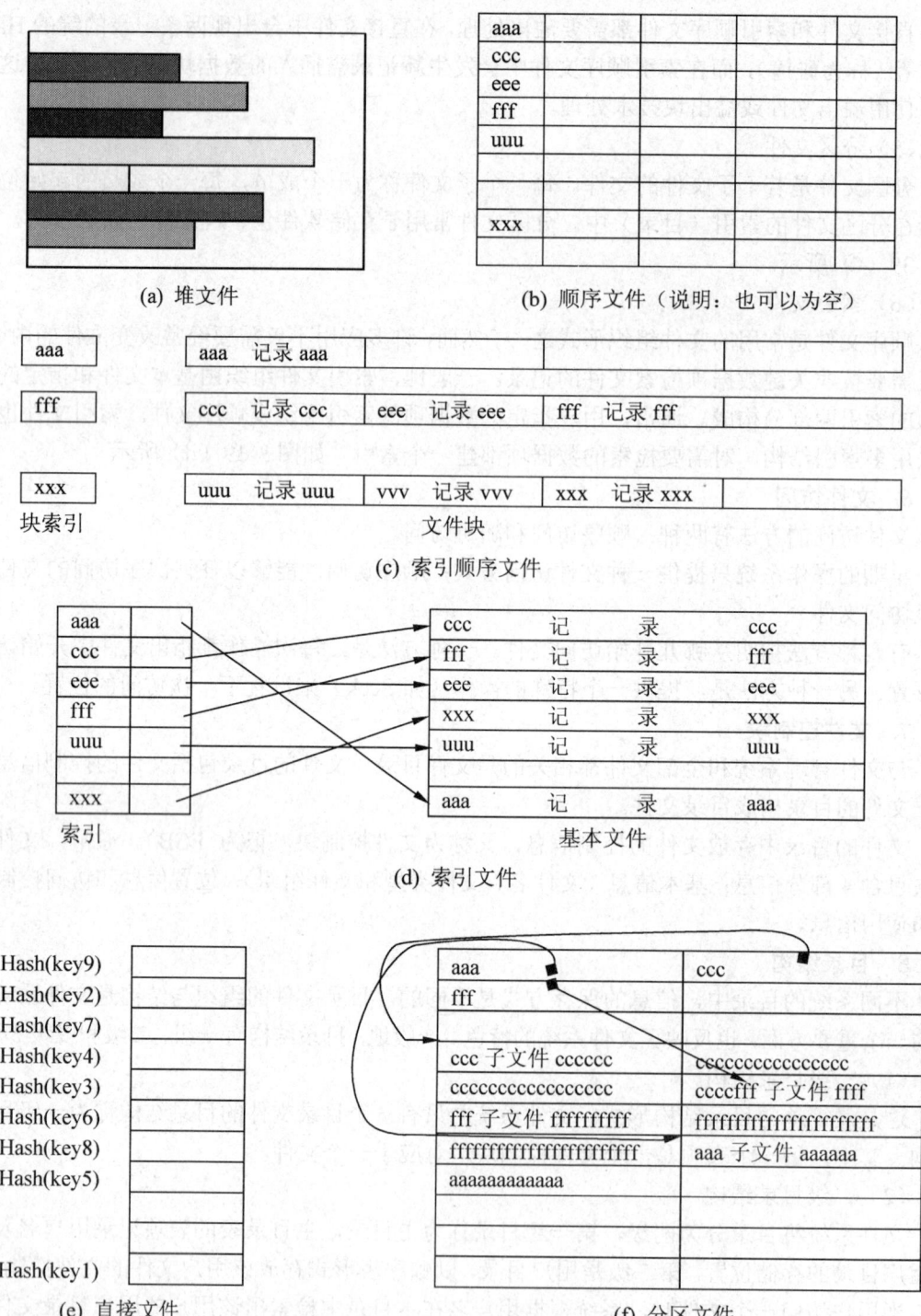

(a) 堆文件

(b) 顺序文件（说明：也可以为空）

(c) 索引顺序文件

(d) 索引文件

(e) 直接文件

(f) 分区文件

图 3-39　采用的文件组织

（3）多级目录结构

为了便于管理，也为了使用的灵活性，将二级目录结构的级数增加，就形成了多级目录。也称为树状目录结构。在多级目录结构中，第一级目录是系统目录，称为根目录（树的根节点）。

在树状目录结构中，从根出发到任何一个叶节点有且只有一条路径，该路径的全部节点名构成一个全路径名，称为绝对路径名。为查找一个非目录文件，可使用它的全路径名，如 /B/F/ff，这里斜线/表示路径名分量的分隔符，这是 UNIX 系统所采用的；在 Windows 系统中，使用的分隔符是反斜线\。树状目录结构更加完善了文件结构的查找范围，解决了文件的重名问题，增强了文件的共享和保护措施。如图 3-40 所示。图中用方框表示目录文件，用圆圈表示非目录文件（下同）。

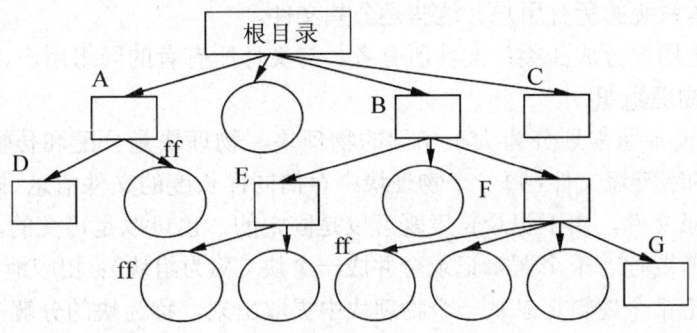

图 3-40 树状目录结构

对于大型系统，绝对路径名可能变得很长，不利于使用。为此，在树状目录结构中，通常引入工作目录或当前目录概念。

每一个用户都有自己的用户目录。用户一旦登录，即进入这个用户的用户目录（又称用户根目录）。从根开始的文件路径名是绝对路径名，如/B/F/ff，否则是相对路径名。

有些系统允许一个普通文件有两个全路径名，这称为文件的链接（link）。这种做法有利于实现文件的共享，如图 3-41 中的文件 J 所示，这里，假设文件 J 是在目录 D 下的。现在，另外一个目录 E 对文件 J 有一个链接，且命名为 ee。这样，当工作目录为 D 时，可直接用文件名 J 访问；当工作目录为 E 时，可直接用文件名 ee 访问。

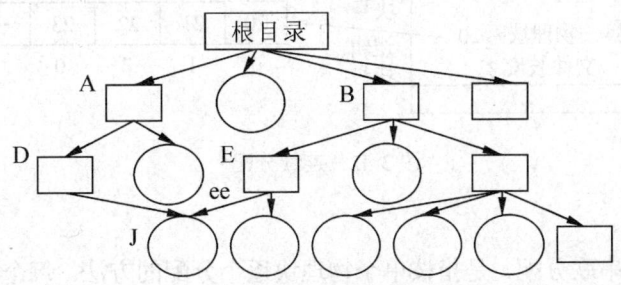

图 3-41 有链接的多级目录结构

提供树状目录结构的操作系统往往在每个目录中有两个特殊的目录项 . 和 .. 。通常读作"点"和"点点"。"点"指当前目录,"点点"指其父目录。

9. 文件共享

在多用户系统中,总是要求允许文件在多个用户间共享。这时就产生了两个问题:访问权限和对同时访问的管理。

文件系统允许在多个用户间广泛地共享文件。具有代表性的访问权限有:无、知道、执行、读、增补、更新、改变保护和删除等。

为了便于管理往往区分不同的用户类,如下。

- 特定用户:由用户 ID 号指定的单个用户。
- 用户组:系统了解用户组的所有成员。
- 全部:本系统的所有用户。这些是公共文件。

UNIX 系统把用户分成 3 类:文件所有者、与文件所有者的同组用户、其他用户。

10. 文件的物理组织

存储文件的设备通常划分为大小相同的物理块,物理块是分配和传输信息的基本单位。对于无格式的字符流文件,每一个物理块中存储同样长度的文件信息(除最后一块外)。对于有格式的记录文件,由于记录长度既可以是固定的,也可以是可变的,从而在存入辅助存储器时可能需要把若干个逻辑记录合并成一个块(称为组块);相应地,从文件存储器中读出时,需要把某个逻辑记录从一个物理块中提取出来,称为块的分解——解块。

文件的物理组织涉及文件存储设备的组块策略和文件分配策略,决定文件信息在存储设备上的存储位置,常用的文件分配策略有:连续分配、链接分配和索引分配。

(1)连续分配

连续分配,又称顺序分配。这是最简单的分配方法。在文件建立时预先分配一个连续的物理块区,然后,按照文件中的信息顺序,依次把信息顺序存储到物理块中。这种分配方法适合于顺序访问,在连续访问相邻信息时,访问速度快。其缺点是文件不能动态增长,一般不宜用于需要经常修改的文件。如图 3-42 所示。

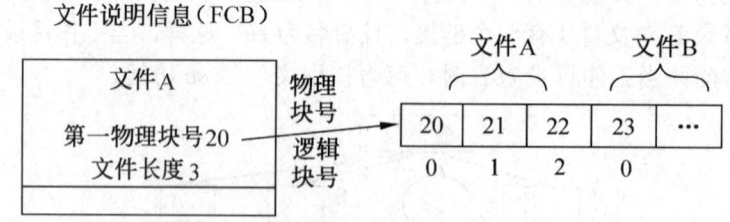

图 3-42　连续分配

(2)链接分配

链接分配,又称串联分配,是指按单个物理块逐个分配的方法。每个物理块中设有一个指示器,用以指出下一个物理块的位置,即形成链接队列。在文件控制块中,只需指出这个文件的第一个物理块块号，链接文件的文件长度可以动态地增长，只需调整物理块间的指针就可以插入或删除一个信息块。链接分配的优点是可以消除存储器的碎片问题，提高存储器的空间利用率。链接文件一般只适用于顺序访问，不适用于随机存取。如图3-43所示。

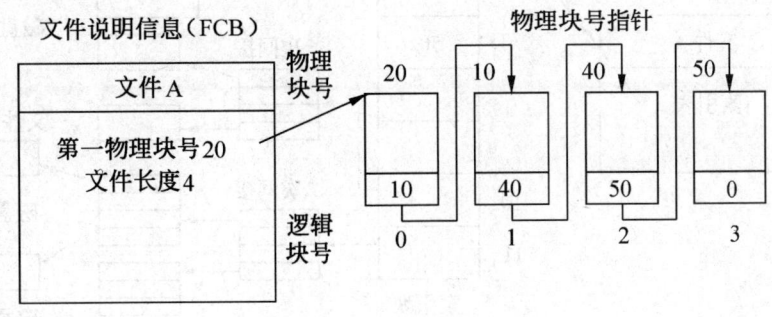

图 3-43　链接分配

（3）索引分配

索引分配方法中，每个文件有一个索引表，索引表中的表项指出文件信息的逻辑块号所对应的物理块号。如图3-44所示。索引分配既可以满足文件动态增长的要求，又可以方便而迅速地实现随机存取。

对一些大的文件，索引表的大小会超过一个物理块，则会发生索引表的分配问题。一般采用多级（间接索引）技术，即索引表指出的物理块中的内容不是文件信息，而是存放文件信息的物理块块号。这样，如果一个物理块能存储 n 个物理块块号，则一次间接索引，可寻址的文件长度将变成 n * n 块，对于更大的文件可以采用二级间接索引，甚至三级间接索引技术（如 UNIX 系统）。

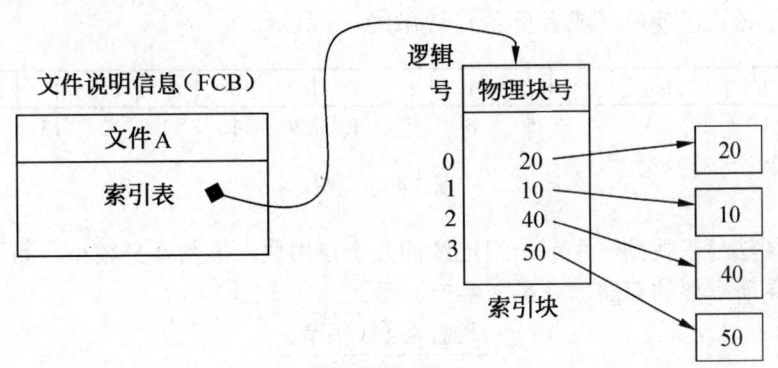

图 3-44　索引分配（直接索引）

在实际系统中，往往把索引表的前几项设计成直接寻址方式，也就是说，这几项物理块中存放的是文件信息；而索引表的剩余几项分别设计成一次间接、二次间接甚至三次间接的间接寻址方式，这种混合方式，对小文件十分有效，也适应于大文件。如图3-45所示。

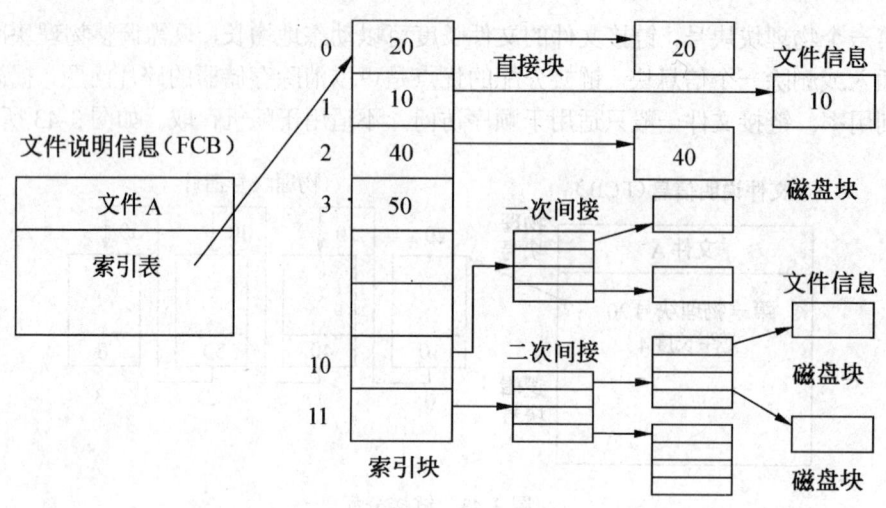

图 3-45　混合索引分配

索引分配既适用于顺序访问，也适用于随机访问。索引分配的缺点是索引表增加了存储空间的开销。

11. 磁盘空间管理

通常，磁盘块的大小是扇区大小的整倍数，如 512B，1024B，2KB，4KB 等，文件存储设备的管理实质上是对自由块的组织和管理问题。有 3 种管理方法：位图法、链接法和索引法。

（1）位图法

位图法使用向量描述整个磁盘，向量的每一位表示一个磁盘块的状态，如 0 表示自由块，而 1 表示该块已使用（或者反之）。如图 3-46 所示。

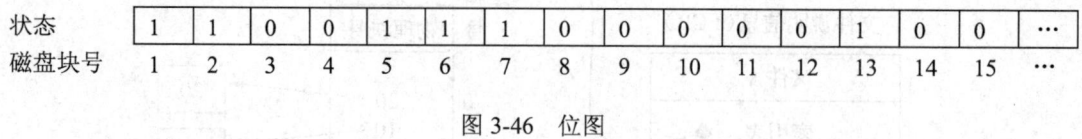

图 3-46　位图

使用位图法易于找到一个或一组连续的几个自由块，位图本身较小，易于全部放入主存。一个位图所需要的存储器总量（字节）是：

$$\frac{磁盘容量（字节）}{8\times磁盘块大小}$$

当磁盘容量增大后，位图需要的空间将增大。

（2）链接法

链接法使用链表组织自由块，自由块链的链接方法可以是按释放的先后顺序或后进先出次序链接，也可以是按自由块区的大小顺序链接。后者有利于获得连续的自由块的请求，但在分配和回收自由块时系统开销多一点。如图 3-47 所示。

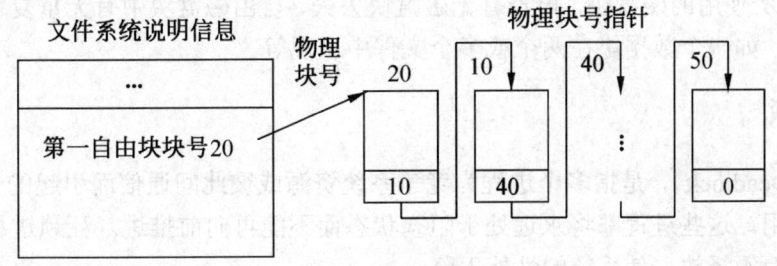

图 3-47　链接法

（3）索引法

似文件分配中的索引方法，索引法把自由块作为一个文件并采用索引技术。为了有效，索引可以基于自由块区而不是仅仅基于单个物理块。这样，磁盘上每一个自由块区都对应于索引表中一个条目。如图 3-48 所示。

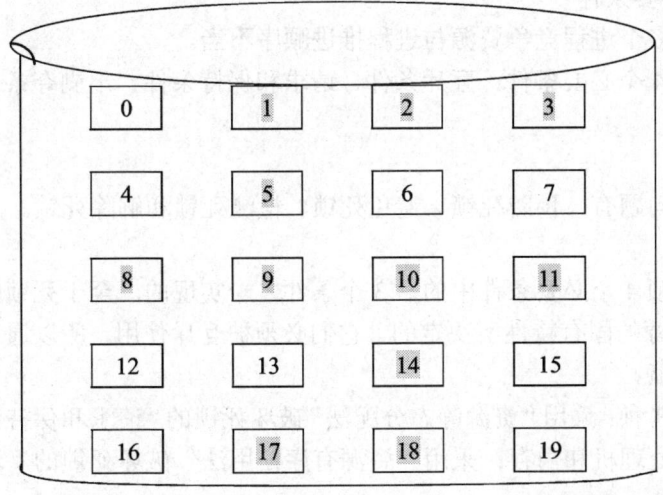

起始	长度
1	3
8	4
17	2
5	1
14	1

图 3-48　自由块区索引

12. 可靠性

为防止因设备或媒体的损坏而使文件受损，通常采用备份技术。

可以转储整个文件系统，也可以增量转储。最简单的增量转储形式是：定期地做一次全量转储，比如每周一次或者每月一次，此后，每天只存储自上次全量转储以后修改过的文件，或者每天只转储那些自上次增量转储以后修改过的文件。

影响文件系统可靠性的另一个问题是文件系统的一致性。为解决文件系统的不一致问题，许多操作系统都带有一个实用程序，检验文件系统的一致性。系统初启时，特别是在不正常关机后的重新启动时，运行该程序。

一致性检查分为两种：块的一致性检查和文件的一致性检查。实用程序统计所有文件（包括目录）所使用的磁盘块，检查有无磁盘块丢失、自由磁盘块中有无重复块以及有无重复的数据块，如一个数据块在两个或多个文件中出现等。

3.2.8　死锁

死锁（Deadlock），是指多个进程为竞争系统资源或彼此间通信而引起的一种僵局，若无外力的作用，这些进程都将永远处于阻塞状态而不能再向前推进。死锁进程均占有了一些系统资源而不释放，使系统的性能下降。

1.　资源的类型

进程因竞争系统资源而发生死锁，系统资源可以从不同角度进行不同分类。

根据资源的性质，系统资源可分为可剥夺性资源和非剥夺性资源；根据资源的使用方式，系统资源可分为共享资源和临界资源；根据资源能被使用的期限，系统资源可分为永久性资源和临时性资源。

2.　产生死锁的原因和必要条件

产生死锁的基本原因是多个进程竞争资源与进程推进顺序不当。

永久性资源产生死锁有 4 个必要条件：互斥条件、请求和保持条件、不剥夺条件和环路等待条件。

3.　死锁的处理

操作系统中涉及死锁的问题有：预防死锁、避免死锁、检测死锁和解除死锁。

（1）预防死锁

预防死锁是通过破坏死锁 4 个必要条件中的后 3 个条件之一实现的。至于死锁的必要条件 1（互斥条件），是由资源的固有特性所决定的，它们必须被互斥使用，所以通常不去破坏互斥条件来实现预防死锁。

预防死锁的方法有以下 3 种：采用"资源静态分配法"破坏死锁的"请求和保持条件"；系统中可以被剥夺的资源有处理机和内存；采用"资源有序使用法"破坏死锁的"环路等待条件"。

预防死锁的策略使系统资源的利用率和系统的吞吐量都有较明显的改善。但也可能造成有关资源浪费并给用户使用带来不便。

（2）避免死锁

常用的避免死锁算法是银行家算法，即资源安全分配算法。

在某一时刻，如果存在某个资源分配顺序，使进程运行都能顺利完成，则称系统处于"安全"状态，这个分配序列称为安全分配序列。只要系统处于安全状态，则系统就可避免死锁的出现。

银行家算法是在进程请求资源时，首先假设分配完成，再检测是否存在安全分配序列，若存在，即系统安全，可以进行实际的资源分配，否则，系统不安全，不能分配。

（3）检测死锁

预防死锁和避免死锁都是对资源分配增加限制条件，使系统不会出现死锁状态。有些系统为了提高资源的利用率，允许死锁现象出现。检测死锁就是用某种方法及时检测系统中是否存在死锁现象，若存在，再设法解除死锁。

检测死锁状态的基本方法是判定系统中是否存在环路等待条件。

（4）解除死锁

当检测出系统中已发生死锁，就要设法解除死锁。常用的解除死锁方法有两种：一个是强制性地从系统中撤销一些死锁进程，剥夺它们已占用的资源分配给剩余的死锁进程；另一个是挂起一些死锁进程，从被挂进程处剥夺一些资源用来解除死锁。

3.2.9 网络操作系统和嵌入式操作系统的基础知识

1. 网络操作系统

随着计算机技术及通信技术的飞速发展。各种类型的局域网、广域网大量涌现，人们把大量的计算机通过网络连接在一起，从而获得极高的运算能力及广泛的数据共享。这种用高速通信网络连接起来的计算机系统，通常称为分布式系统，分布式系统打破了集中处理的局限性。

在网络系统中，实现进程间通信的软件，称为通信软件。网络通信软件的任务是根据通信协议来控制和管理进程间的通信。

国际标准化组织（ISO）定义的开放系统互连模型，即 OSI 参考模型，对计算机网络的发展起了很大的作用。OSI 参考模型把网络协议分成 7 个层次，每个层次只涉及网络业务的一部分，它们是：应用层、表示层、会话层、传输层、网络层、数据链路层和物理层。

（1）分布处理

由于数据处理需求的拓展和计算机硬件环境，特别是网络技术的发展，使分布处理系统应运而生，并成为计算机技术活跃的研究领域之一。

分布式处理系统符合当今企业组织的管理思想和管理方式。在这些组织中，往往既要有各部门的局部控制和分散管理，同时也要有整个组织的全局控制和高层次的协同管理。这种协同管理要求各部门之间的信息既能灵活交流和共享，又能统一管理和使用。此外，在许多组织中，个人计算机和服务器之间存在严重的依赖性。个人计算机之间、个人计算机与服务器之间也需要连接。从把个人计算机当作一台简单终端，到个人计算机应用程序和服务器数据库之间的高度集成，普遍使用了许多种不同方法。

现代操作系统及其提供的各种分布处理能力支持这些应用趋势，这些分布处理能力提供的功能包括：通信体系结构、网络环境下的操作系统。

（2）网络类型

根据计算机（又称节点机）之间传输信息的基本技术或基本方式，人们把网络分为两类：广播式网络和点到点网络。

- 广播式网络——网络中只有单一的通信信道，供网络中所有的节点机所共享。当广播式网络中的一台节点机发送出一个短的报文时，在网上所有的节点机都可以接收到。广播式网络经常用于距离范围较小、节点机站点较少的计算机网络。
- 点对点网络——当一个网络中成对的主机之间存在着相互连结关系时，便形成了一个点到点的网络。在每一对主机之间进行通信时，一台主机作为信息的源（发送地），另一台主机则作为信息的宿（目的地）；允许一台主机与多台主机建立通信关系。

（3）网络环境下的操作系统

网络环境下的操作系统有两类：网络操作系统和分布式操作系统。

网络操作系统是实现网络通信的有关协议以及为网络中各类用户提供网络服务的软件的集合。其主要目标是使用户能通过网络上各个计算机场点（节点）方便而高效地管理和享用网络上的各类资源（数据与信息资源、硬件资源和软件资源）。

分布式操作系统是指整个网络系统中只有一个操作系统，它管理网络中所有的计算机及资源，用户看到的是一个常规的集中式操作系统。

（4）网络操作系统

早期的 UNIX 系统是一台主机与多台终端直接连接组成的集中式系统。

计算机网络作为一个信息处理系统，构成网络的基本模式有两种：客户机/服务器模式和对等模式。

- 客户机/服务器（Client/Server）模式

在一个信息处理系统中，往往有若干台计算机。其中，用于提供数据和服务的计算机称为服务器，向服务器提出请求的计算机称为客户机，这样的系统工作模式称为客户机/服务器模式。在计算机网络中，一些节点作为客户机，而另一些节点作为服务器，通常由多个客户机和一个或多个服务器构成。

最常见类型的服务器是数据库服务器，通常提供的是关系数据库服务。服务器能使很多客户共享对同一数据库的访问。

- 对等（Peer to Peer）模式

在对等模式中，网络上任何一个节点机所拥有的资源都作为网络公用资源，可被其他节点机上的网络用户共享。在这种情况下，一个节点机可以支持前、后台操作，当在前台执行应用程序时，后台支持其他网络用户使用该机资源。也可以说，网络上的一个节点机既可以作为客户机访问其他节点机的资源，又可以作为服务器为其他节点机服务。

采用对等工作模式的网络，各节点机都处于平等地位，没有主次之分。对等模式是小型网络的较好选择，中等以上的网络常采用客户机/服务器模式。

客户机/服务器模式是当前信息处理系统中发展最快的一种模式，其特点是把个人机、工作站、服务器、X 终端和各类计算机系统，通过网络构成分布处理环境，高效地实现资源共享。同时具有很好的可移植性、互操作性和可扩展性。

采用客户机/服务器模式构造一个操作系统的基本思想是：把操作系统划分成若干进程，

其中每个进程实现一个单独的服务。例如，操作系统中的虚存服务、进程管理服务、网络服务、设备驱动、文件服务和显示服务等。每个服务都运行在用户态，一个服务可以对应于一个服务器，也可以多个服务对应于一个服务器。客户可以是一个应用程序，也可以是另一个操作系统的一个成分。客户通过发送一条消息给某个服务器请求一项服务，该消息由运行在核心态下的操作系统内核传送给服务器，由服务器提供服务，其结果再经由内核返还给客户。

流行的操作系统如 Windows 2000、商用 UNIX 系统如 IBM 的 AIX、Sun 公司的 Soralis、HP 公司的 UX 系统和众多的 Linux 系统等都已把网络功能包含到操作系统的内核中。

2. 嵌入式操作系统

嵌入式系统是有计算机功能但又不是计算机的设备或器材。它是以应用为中心，以计算机技术为基础，并且软硬件可裁剪，适用于应用系统对功能、可靠性、成本、体积、功耗有严格要求的专用计算机系统。它一般由嵌入式微处理器、外围硬件设备、嵌入式操作系统以及用户的应用程序等 4 个部分组成，它是集软硬件于一体的可独立工作的"器件"，用于实现对其他设备的控制、监视或管理等功能。

与通用计算机系统相比，嵌入式系统功耗低、可靠性高；功能强大、性能价格比高；实时性强，支持多任务；占用空间小，效率高；面向特定应用，可根据需要灵活定制。

当今，对嵌入式设备在智能化和互连性上提出了要求，这使得嵌入式设备不再是孤立的，它们可以通过互联网、无线或是其他的方式实现相互连接。

嵌入式系统主要用于各种信号处理与控制，目前已在国防、国民经济及社会生活各领域普及应用，用于企业、军队、办公室、实验室以及个人家庭等各种场所。

嵌入式系统的核心是嵌入式微处理器。嵌入式微处理器一般对实时多任务有很强的支持能力、具有很强的存储区保护功能、可扩展的处理器结构、功耗很低。

嵌入式操作系统是一种实时的、支持嵌入式系统应用的操作系统软件，它是嵌入式系统（包括硬、软件系统）极为重要的组成部分，通常包括与硬件相关的底层驱动软件、系统内核、设备驱动接口、通信协议、图形界面、标准化浏览器 Browser 等。与通用操作系统相比较，嵌入式操作系统在系统实时高效性、硬件的相关依赖性、软件固态化以及应用的专用性等方面具有较为突出的特点。

根据嵌入式系统的复杂程度，可以将嵌入式系统分为以下 4 类：单个微处理器、不带计时功能的微处理器装置、带计时功能的组件和在制造或过程控制中使用的计算机系统。

自从 20 世纪 80 年代起，涌现了许多商用嵌入式操作系统：Windows CE、VxWorks、pSOS、QNX、Palm OS、μC/OS-II、OS-9 和 LynxOS 等。

3.2.10　小结

操作系统是一组程序，是为了提高系统资源的使用效率而且方便用户使用的，这些程序可以是软件，也可以是固件。

计算机系统的资源有两类：硬件资源和软件资源。硬件资源包括中央处理机、存储器和各类外部设备。软件资源包括各种程序和文档。

操作系统的形成和发展是基于硬件的发展和用户使用的要求的。随着计算机硬件的发展和使用的需求形成了多种操作系统。操作系统的类型可分为：批处理操作系统（单道和多道），分时操作系统，实时操作系统，网络操作系统，分布式操作系统和嵌入式操作系统等。

操作系统为用户提供的使用接口有两类：系统调用命令（如 TRAP）和作业控制命令。用户使用这些接口可以方便地请求计算机系统为其服务。

操作系统对各类资源统一管理，从资源管理的视角观察，操作系统的基本功能分为：处理器管理、存储管理、设备管理和文件管理。

3.3 重点习题解析

3.3.1 选择题

1. 进程的 3 个基本状态为执行状态、就绪状态和阻塞状态，从执行状态到就绪状态是由_____引起的。

   A. 进程请求 I/O 操作　　　　　　　B. 进程调度

   C. 时间片到　　　　　　　　　　　D. P 操作

2. 分时操作系统的主要目标是_____。

   A. 提高计算机系统的实时性　　　　B. 提高计算机系统的利用率

   C. 提高软件的运行速度　　　　　　D. 提高计算机系统的交互性

3. 多道系统是指_____。

   A. 在实时系统中同时运行多个程序　B. 同一时刻在一个处理器上运行多个程序

   C. 在网络系统中同时运行多个程序　D. 在一个处理器上并发运行多个程序

4. 进程有多个状态，不会发生的状态转换是_____。

   A. 就绪态转换为运行态　　　　　　B. 运行态转换为就绪态

   C. 运行态转换为等待态　　　　　　D. 等待态转换为运行态

5. 在存储管理系统的支持下，用户编程时可以直接编写_____。

   A. 页式系统中运行的程序地址的两维部分

   B. 在段式系统中运行的程序地址的两维部分

   C. 在段页式系统中运行的程序地址的三维部分

   D. 在页式虚拟存储系统中运行的程序地址的两维部分

6. 物理记录和逻辑记录之间存在关系：_____。

   A. 一个物理块只能存放一个逻辑记录

   B. 一个物理块可以存放一个或多个逻辑记录

   C. 一个逻辑记录不能分开存放在多个物理块中

   D. 一个逻辑记录必须存放在一个物理块中

7. 多个并发进程使用一个互斥信号量 mutex 时，如果 mutex=0，则表示_____。

A．没有进程在临界区中

B．有一个进程在临界区中

C．有多个进程在临界区中

D．有一个进程在临界区中，另一些进程正在等待进入临界区

8．访问磁盘的时间要素是_____。

A．查找时间、磁头移动时间和传送时间

B．查找时间、旋转等待时间和传送时间

C．查找时间、磁头移动时间和旋转等待时间

D．延迟时间、旋转等待时间和传输时间

9．操作系统中，关于死锁有结论：_____。

A．对于可以反复使用的资源，打破4个必要条件之一，就可以防止死锁

B．对于消耗性资源，可以采用打破4个必要条件之一，以防止死锁

C．对于所有资源，采用打破4个必要条件之一，可以防止死锁

D．对于可以反复使用的资源和消耗性资源，打破4个必要条件之一，就可以防止死锁

10．从供选择的答案中选出同下列叙述关系密切的答案。

A．支持多道程序设计，算法简单，但存储器碎片多

B．能消除碎片，但用于存储器拼接处理的时间长

C．克服了碎片多和拼接处理时间长的缺点，支持多道程序设计，但不支持虚拟存储

D．支持虚拟存储，但不能以自然的方式提供存储器的共享和存取保护机制

供选择的答案

A~D：（1）段页式　　　　　（2）分页式　　　　　（3）请求分页式

（4）可变分区　　　　（5）固定分区　　　　（6）单一连续分配

11．假设某计算机系统的内存大小为256KB，在某一时刻内存的使用情况如图3-49所示。此时，若进程顺序请求20KB、10KB和5KB的存储空间，系统采用_____算法为进程依次分配内存，则分配后的内存情况如图3-50所示。

起始地址	0K	20K	50K	90K	100K	105K	135K	160K	175K	195K	220K
状态	已用	未用	已用	已用	未用	已用	未用	已用	未用	未用	已用
容量	20KB	30KB	40KB	10KB	5KB	30KB	25KB	15KB	20KB	25KB	36KB

图 3-49　内存的使用情况

起始地址	0K	20K	40K	50K	90K	100K	105K	135K	145K	160K	175K	195K	200K	220K
状态	已用	已用	未用	已用	已用	未用	已用	已用	未用	已用	未用	已用	未用	已用
容量	20KB	20KB	10KB	40KB	10KB	5KB	30KB	10KB	15KB	15KB	20KB	5KB	20KB	36KB

图 3-50　分配后的内存情况

A．最佳适应　　　　B．最差适应　　　C．首次适应　　　D．循环首次适应

12．若有一个仓库，可以存放 P1、P2 两种产品，但是每次只能存放一种产品。要求：

（1）w = P1 的数量–P2 的数量

（2）–i<w<k（i、k 为正整数）

若用 PV 操作实现 P1 和 P2 产品的入库过程，至少需要　(1)　个同步信号量及　(2)　个互斥信号量，其中，同步信号量的初值分别为　(3)　，互斥信号量的初值分别为　(4)　。

（1）、（2）　　A．0　　　　　　B．1　　　　　　C．2　　　　　　D．3

（3）　　　　　A．0　　　　　　B．i、k、0　　　C．i、k　　　　D．i–1、k–1

（4）　　　　　A．1　　　　　　B．1、1　　　　C．1、1、1　　　D．i、k

13．已知 A、B 的值、表达式 A2/（5A+B）的求值过程，该公式求值过程可用前驱图　(1)　来表示，若用 PV 操作控制求值过程，需要　(2)　的信号量。

A.
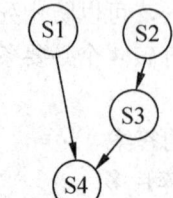

B.
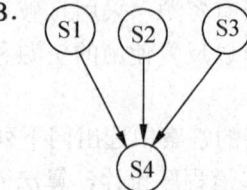

C.
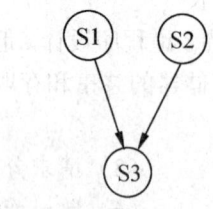

D.
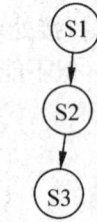

（1）、（2）　A．3 个且初值等于 1　　　　　　B．2 个且初值等于 0

　　　　　　C．2 个且初值等于 1　　　　　　D．3 个且初值等于 0

选择题参考答案

1．C　2．D　3．D　4．D　5．D　6．B　7．D　8．B　9．A　10．A 与（5），B 与（4），C 与（2），D 与（3）　11．B　12．（1）C（2）B（3）D（4）A　13．（1）A（2）D

3.3.2　简答题

1．一个多道程序设计系统，采用可变分区方式管理主存，采用最高响应比优先算法管理作业。现有如表 3-9 所示的作业序列，请列出各个作业的执行时间和周转时间。注意：忽略系统开销。

表 3-9 作 业 序 列

作 业 名	进入系统时间	需计算时间
1	8.0 时	1 小时
2	8.2 时	0.7 小时
3	8.5 时	0.5 小时
4	8.6 时	0.4 小时
5	9.0 时	0.6 小时

解答：如表 3-10 所示。

表 3-10 作 业 管 理

作业名	进入系统时间	需求时间	开始时间	完成时间	比率	周转	比率	比率
1	8	1	8	9		9		
2	8.2	0.7	9	9.7	0.8/0.7	1.5		
3	8.5	0.5	10.1	10.6	0.5/0.5	2.1	1.2/0.5	1.6/0.5
4	8.6	0.4	9.7	10.1	0.4/0.4	1.5	1.1/0.4	
5	9	0.6	10.6	11.6	0	2.6	0.7/0.6	1.1/0.6

2. 下列程序试图用 P/V 操作正确实现阅览室的管理：读者进这个阅览室时，必须先在一张登记表上进行登记。该登记表为每一个座位列一表目，记录座位号和读者姓名；读者离开时要撤销登记。阅览室共有 100 个座位。请完善这个程序——分别填写两个问号外的值和填写空格 1~空格 6 的内容，两个问号 "？" 的值是信号量的初值。

```
begin
    mutex, s :  semaphore ;    { := ?, ? }
cobegin
    process READER i ;
        begin
            …
            (1);
            (2);
            "登记"
            (3);
            "阅览"
            (4);
            "撤销登记"
            (5);
            (6);
            …
        end;
    coend
```

解答：依次为 P（s）、P（mutex）、V（mutex）、P（mutex）、V（mutex）、V（s）。

这是典型的同步与互斥的问题。登记处理需要互斥。

3.4 模拟试题

1. 进程的 3 个基本状态为执行状态、就绪状态和阻塞状态，从执行状态到阻塞状态是由_____引起的。

    A. 进程请求 I/O 操作   B. 进程调度

    C. V 操作   D. 就绪队列中出现更高优先级的进程

2. 实时操作系统的主要目标是_____。

    A. 计算机系统的交互性   B. 计算机系统的利用率

    C. 计算机系统的可靠性   D. 提高软件的运行速度

3. 拼接（紧凑）技术是在_____中采用的一种技术。

    A. 固定分区管理   B. 可变分区管理

    C. 页式存储管理   D. 段页式存储管理

4. 进程调度算法有多种，不是进程调度算法的算法是_____。

    A. 先来先服务调度算法   B. 最高响应比优先调度算法

    C. 优先数调度算法   D. 时间片轮转调度算法

5. 页式虚拟存储管理系统中，一次访问内存请求最多可能发生_____内存访问。

    A. 1 次   B. 2 次

    C. 3 次   D. 4 次

6. 常用的磁盘存储空间管理方法有_____。

    A. 位图法、空闲块表和索引表   B. 位图法、空闲块表和空闲块链

    C. 位图法、空闲块表和索引链表   D. 位图法、索引表和间接索引

7. 为了使两个进程能同步运行，最少需要_____个信号量。

    A. 1   B. 2   C. 3   D. 4

8. 支持记录式文件的系统中，用户对记录文件存取的最小单位是_____。

    A. 字节   B. 数据项   C. 记录   D. 文件

9. 操作系统讨论的死锁与_____有关。

    A. 进程申请的资源不存在   B. 进程并发执行的进度和资源分配的策略

    C. 并发执行的进度   D. 某个进程申请的资源数多于系统资源数

10. 文件在磁盘上可以有多种组织方式，常用的组织方式有_____。

    A. 顺序结构、记录结构和链接结构   B. 顺序结构、记录结构和索引结构

    C. 顺序结构、链接结构和索引结构   D. 链接结构、记录结构和索引结构

11. 程序试图用 P/V 操作正确实现东、西向单行道的管理：当有车由东向西（或由西向东）行驶时，另一方向的车需等待；同一方向的车可连续通过；当某一方向已无车辆在单行道上行驶时，另一方向的车即可驶入单行道。请完善这个程序。

```
begin
    mutex, eastwest, westeast :        semaphore ; {:=1, 1, 1 }
                                       {分别初始化成 1、1、1}
    eastcount, westcount :             integer :
    eastcount    :=0;
    westcount    :=0;
cobegin
    process east_west ;
        begin
            (1);
            eastcount := eastcount + 1 ;
            if eastcount = 1 then  (2);
            (3);
                "通过单行道"
            (4);
            eastcount := eastcount - 1 ;
            if eastcount = 0 then (5);
            (6);
        end;
    process west_east ;
        begin
            P (westeast) ;
            westcount := westcount+1;
            if westcount = 1 then P(mutex);
            V(westeast);
                "通过单行道"
            P(westeast);
            westcount:=westcount-1;
            if westcount=0then V (mutex);
            V (westeast) ;
        end;
    coend;
end;
```

12. 在一个单 CPU 的计算机系统中，有两台外部设备 R1、R2 和 3 个进程 P1、P2、P3。系统采用可剥夺式优先级的进程调度方案，且所有进程可以并行使用 I/O 设备，3 个进程的优先级、使用设备的先后顺序和占用设备时间如表 3-11 所示。

表 3-11　3 个进程的比较

进程	优先级	使用设备的先后顺序和占用设备时间
P1	高	R2（30ms）→CPU（10ms）→R1（30ms）→CPU（10ms）
P2	中	R1（20ms）→CPU（30ms）→R2（40ms）
P3	低	CPU（40ms）→R1（10ms）

假设操作系统的开销忽略不计，3个进程从投入运行到全部完成，CPU的利用率约为___(1)___%；R2的利用率约为___(2)___%（设备的利用率指该设备的使用时间与进程组全部完成所占用时间的比率）。

(1) A. 60   B. 67   C. 78   D. 90

(2) A. 70   B. 78   C. 80   D. 89

模拟试题参考答案

1. A 2. C 3. B 4. A 5. A 6. A 7. B 8. C 9. B 10. C

11. （1）P（eastwest） （2）P（mutex） （3）V（eastwest） （4）P（eastwest）

    （5）V（mutex） （6）V（eastwest）

12. （1）D （2）A

第 4 章　程序设计语言基础

4.1　基本要求

1.　学习目的与要求

本章的学习目的和要求是：通过本章的学习，掌握程序设计语言和语言处理程序的基本知识，包括各类程序设计语言的主要特点和适用情况，程序设计语言的基本成分，汇编、编译、解释系统的基础知识和基本工作原理。

2.　本章重点内容

（1）程序设计语言的基础知识：程序语言的分类、典型的程序设计语言以及适用情况。

（2）程序设计语言的基本成分：数据，控制结构，函数。

（3）汇编程序的基本原理：语句分类，汇编程序处理过程。

（4）编译程序的基本原理：编译系统的组成和原理，各个模块的工作原理。

（5）解释程序的基本原理：工作原理，与编译系统的对比。

4.2　基本内容

4.2.1　程序设计语言的基础知识

程序语言已经历了 40 多年的发展，其间人们提出并完善了许多程序语言的概念。程序语言具有交流算法和计算机实现的两重目的，现在程序设计语言种类繁多，它们在应用上各有不同的侧重面。本节首先介绍程序设计语言的一些基本概念，再介绍一些典型的程序设计语言，然后在此基础上讨论程序设计语言的分类，最后以 C/C++语言为例介绍一些程序设计语言中比较普遍的成分。

1.　基本概念

（1）程序语言可以划分为低级语言和高级语言两大类。低级语言又称面向机器语言，它是特定的计算机系统所固有的语言，它包括机器语言和汇编语言。为了便于理解和使用，人们设计出了高级语言，它们与人类的自然语言更接近，大大提高了程序设计的效率。例如 Fortran、Pascal、C、C++、Java、SQL、PROLOG 等都是高级语言。

（2）为使机器能够理解运行用某一种程序语言书写的程序，需要语言处理程序。语言处理程序分为两大类：解释程序和翻译程序。解释程序用软件模拟计算机环境直接执行源程序；而翻译程序将源程序翻译成另一种语言程序，称为目标语言。如果源语言是汇编语言而目标语言是机器语言，则这种翻译程序称为汇编程序；如果源语言是高级语言而目标语言是低级语言，则这种翻译程序称为编译程序。

（3）一般程序设计语言的定义都涉及语法、语义和语用 3 个方面。语法指程序语言基本符号组成程序的规则；语义指按语法规则构成的各个语法成分的含义；而语用表示构成语言的记号和使用者的关系。语言的实现涉及语境问题，语境指理解和实现程序设计语言的环境，这种环境包括编译环境和运行环境。

2. 典型的程序设计语言

若一个程序语言不依赖于机器硬件，则称为高级语言。若程序语言能够应用于范围广泛的问题求解过程中，则称之为通用的程序设计语言。下面介绍一下常见的一些程序设计语言和编程工具。

（1）Fortran 是第一个被广泛用于进行科学计算的高级语言。一个 Fortran 程序由一个主程序或一个主程序与若干个子程序组成。主程序及每一个子程序都分别是独立的程序单元，称为一个程序模块。在 Fortran 中，子程序是实现模块化的有效途径。Fortran 的结构特别简单，除了输入和输出部分外，几乎所有 Fortran 成分都可以用硬件结构直接实现，从而使执行效率相当高。

（2）ALGOL 是另一个早期研制出来的高级语言。它有严格的文法规则，用巴科斯范式 BNF 来描述语言的文法。ALGOL 是一个分程序结构的语言。一般来说，一个 ALGOL 程序本身就是一个分程序。每个分程序由括号 begin…end 括起来，以说明它的范围和它所管辖的名字的作用域。分程序的结构可以是嵌套的，也就是说，分程序内可以含有别的分程序。过程也可以看成是一个分程序，这个分程序可以在别的分程序中被调用。同一个名字在不同的分程序中可以代表完全不同的实体。如果一个名字在若干层嵌套分程序中多次被说明，则程序中该名字的使用由离使用点最近的内层说明决定，即"最近嵌套原则"。此外，ALGOL 还提供了数组的动态说明和过程的递归调用。

分程序结构的主要优点是：可以非常有效地使用存储器。因为一个分程序只有在执行时才需要数据空间，执行后所占用的空间被释放。由于分程序结构的嵌套性，因此，可用一个栈作为整个程序运行时的数据空间，这种存储管理方式非常方便。

（3）COBOL 是一种面向事务处理的高级语言。COBOL 语言的语法规则很严格，目前主要应用在情报检索及商业数据处理等领域。

（4）Pascal 语言是一种结构化程序设计语言，它具有相当强的表达能力，在教学中曾一度处于主导地位。后来 Pascal 语言添加了并发控制结构，产生了并发 Pascal。在 Pascal 中分程序和过程这两个概念合二为一，统一为过程。而一个 Pascal 程序本身可看成是一个由操作系统所调用的过程。Pascal 过程可以是嵌套和递归的。

（5）C 语言是 20 世纪 70 年代发展起来的一种通用程序设计语言。字符、整数和浮点数是 C 的基本数据对象，用户可以用指针、数组、结构和联合等建立新的数据类型。C 是一种较低级的语言，它提供了指针和地址操作的能力。C 提供书写结构良好的程序所需的控制结构。C 与 UNIX 操作系统紧密相关，UNIX 操作系统及其上的许多软件都是用 C 编写的。

（6）C++是在 C 语言的基础上发展起来的，与 C 兼容。C++中最主要的是增加了类功能，使它成为了一种面向对象的程序设计语言。

（7）Java 产生于 1995 年，是一种新型的面向对象的程序设计语言，具有简单、动态、可移植性、与平台无关等优点。Java 保留了 C++的基本语法、类和继承等概念、删掉了 C++中一些不好的特性，因此与 C++相比，Java 更简单，其语法和语义更合理。由于 Java 的许多结构在运行时检查，它常作为虚拟机上的小应用程序解释执行，因此执行速度较慢。

（8）LISP 是表处理（List Processing）的缩写，它是典型的函数型程序设计语言。在 LISP 中，所有的操作均通过表操作进行，变量的赋值也是通过表操作来进行的。LISP 的初始设计是为了进行符号处理，它被用于各种符号验算：微分和积分验算、电子电路理论、数理逻辑、游戏推演，以及人工智能的其他领域。

（9）PROLOG 程序是逻辑型程序设计语言，它以特殊的逻辑推理形式回答用户的查询。PROLOG 程序具有逻辑的简洁性和表达能力。实际应用上多用于数据库和专家系统。

（10）VB 是 Microsoft 公司开发的基于 Basic 的 IDE 工具，它使用方便的图形界面以及便捷的程序调试工具，具有较大的使用群体。

（11）Delphi 是 Borland 公司出品的开发工具，基于 Object Pascal 程序语言。它提供了 32 位 Windows 应用程序的继承开发环境和强大丰富的可视化组件库（VCL）。

（12）PowerBuilder 是一种数据库应用开发工具，由 PowerSoft 公司推出。它是完全按照客户机/服务器体系结构研制设计的，采用面向对象技术，图形化的应用开发环境，是数据库的前端开发工具。

3. 程序设计语言的分类

按照程序设计的方式可以将程序语言分为命令式程序设计语言、面向对象程序设计语言、函数式程序设计语言和逻辑型程序设计语言等。

（1）命令式程序设计语言

也称为过程性语言，指传统的程序设计语言。命令式语言是基于动作的语言，程序员不仅要说明信息结构，而且要描述程序的控制流程。最早的命令式语言是 Fortran，另外 C 和 Pascal 也属于命令式语言。

（2）面向对象的程序设计语言

Simula 是最早提出类概念的语言，完备的体现面向对象并提出集成概念的程序设计语言是 Smalltalk，C++和 Java 是目前最流行的面向对象的程序设计语言。

一般认为，面向对象程序语言至少包含下面一些概念。

① 对象：对象是人们要进行研究的任何事物，它具有状态（用数据来描述）和操作（用来改变对象的状态）。面向对象语言把状态和操作封装于对象体之中，并提供一种访问机制，使对象的"私有数据"仅能由这个对象的操作来执行。用户只能通过向允许公开的操作提供要求，从而访问数据。这样，对象状态的具体表示和操作的具体实现都是隐蔽的。

② 类：类是面向对象语言必须提供的由用户定义的数据类型，它将具有相同状态、操作和访问机制的多个对象抽象成一个对象类。在定义了类以后，属于这种类的一个对象

叫做类实例或类对象。一个类的定义应包括类型、类的说明和类的实现。

③ 继承：继承是面向对象语言的另一个必备要素。类与类之间可以组成继承层次，一个类的定义（称为子类）可以定义在另一个已定义类（称为父类）的基础上。子类可以继承父类中的属性和操作，也可以定义自己的属性和操作，从而使内部表示有差异的对象可以共享与它们结构中的共同部分有关的操作，达到代码重用的目的。

（3）函数式程序设计语言

函数型语言是一类以 λ-验算为基础的语言。LISP 是典型的函数型程序语言。函数是一种对应规则（映射），它使其定义域中每一个元素和值域中唯一的值相对应。

函数型程序设计语言的优点之一是，对表达式中出现的任何函数都可以用其他函数来代替，只要这些函数调用产生相同的值。由于用函数程序设计语言书写的程序是利用自变量的值来计算函数的值，它没有副作用。这些特点有助于程序的模块化。

函数式程序语言主要用于符号数据处理，如微分和积分验算、数理逻辑、游戏推演以及人工智能等领域。

（4）逻辑型程序设计语言

逻辑型程序设计语言是一类以形式逻辑为基础的语言，它的理论基础是一阶谓词验算。PROLOG 是典型的逻辑型语言，它建立在关系理论和一阶谓词理论基础上。使用 PROLOG 编写程序时不需要描述具体的解题过程，只需要给出一些必要的事实和规则，计算机利用谓词逻辑通过演绎推理得到求解问题的执行序列。PROLOG 中的事实和规则用 Horn 子句来表示。

PROLOG 主要用于人工智能领域，也应用在自然语言处理、专家系统开发等方面。

4. 程序设计语言的基本成分

（1）数据类型

任何一个程序都可看成是对一些数据及作用于该组数据上的操作的一种说明。不同语言所提供的数据类型不尽相同，本节对 C/C++所提供的数据类型做一概述。

数据是程序操作的对象，具有存储类、类型、名称、作用域和生存期等属性，使用时要为它分配空间。数据名称由用户通过标识符命名；类型说明数据占用内存的大小和存放形式；存储类说明数据在内存中的位置和生存期；作用域说明数据可以使用的范围；生存期说明数据占用内存的时间。

数据从不同角度可分成不同的类别。

① 按数据的作用域大小，可将数据分为全局变量和局部变量，系统为全局变量分配的存储空间在程序运行的过程中一般是不改变的，而为局部变量分配的存储单元是动态改变的。

② 按生存期可将数据分为自动生存期、静态生存期和动态生存期。

③ 按程序运行时数据的值是否能改变可将数据分为常量和变量。程序中的数据对象可以具有左值和右值。左值指存储单元（或地址、容器），右值是值（或内容）。变量具有左值和右值，在程序运行的过程中其右值可以改变；常量只有右值，在程序运行的过程中

其右值不能改变。

C/C++中的数据类型主要包括：

- 基本类型：整型（int）、字符型（char）、实型（float、double）和布尔类型（bool）
- 空类型（void）
- 枚举类型（enum）
- 构造类型：数组、结构和联合
- 指针类型（type *）
- 抽象数据类型：类类型

其中，布尔类型和类类型是 C++在 C 语言的基础上扩充的。

（2）控制结构

程序语言中控制结构为把数据和数据上的运算组合成程序提供了基本框架，理论上已经证明了可计算问题的程序都可用顺序、选择和循环 3 种控制结构来描述。

① 顺序结构

顺序结构用来表示一个计算操作序列。从操作序列的第一个计算开始，顺序执行序列的计算操作，直至序列的最后一个计算操作。顺序结构内也可以包含其他控制结构。以只有 A、B 两个操作步骤为例，图 4-1 表示顺序结构的流程图。

② 选择结构

选择结构提供了在两种或多种分支中选择其中一个的逻辑。基本的选择结构由一个条件 P 和两个供选择的操作 A 和 B 组成。在执行时，先计算条件 P 的值，如果 P 的值为真，则执行操作 A；否则执行操作 B，如图 4-2 所示。操作 A 和 B 都可以为空，也可以包含其他控制结构。当需要在多个分支中进行选择时，可以在 A 或 B 中使用选择结构，组成嵌套选择结构。

③ 循环结构

循环结构为程序中的重复计算提供了控制手段。循环结构中最常见的有以下两种形式。

- while 型循环结构，如图 4-3 所示。当条件 P 成立（真）时，反复执行操作 A；直到 P 不成立（假）时，结束循环。

图 4-1　顺序控制结构　　　　　　图 4-2　选择结构

- do-while 型循环结构，如图 4-4 所示。先执行操作 A，再求条件 P 的值，若 P 的值为真，再次执行操作 A，否则结束循环。

图 4-3 while 型循环结构   图 4-4 do-while 型循环结构

下面看 C 和 C++语言中提供的控制结构语句。

① 复合语句：用于描述顺序控制结构。它将一个语句序列变成一个顺序执行的整体，在逻辑上它是一个单一语句，能用作其他控制结果的成分语句。用花括号将一语句序列括起来就构成了复合语句。

② if 语句和 switch 语句：它们都用于描述选择控制结构。

if 语句的一般形式为：

```
if (表达式) 语句 1
else      语句 2
```

当 else 后的语句 2 为空语句时，可简写成：

```
if (表达式) 语句 1
```

注意：因 if 语句的分支语句也可以是 if 语句，即嵌套的 if 语句，C/C++规定 else 总是与它前面最接近的 if 对应。

switch 语句用于描述多分支选择情况，一般形式如下。

```
switch (表达式)
{
    case 常量表达式 1:  语句序列 1
           ...
    case 常量表达式 n:  语句序列 n
    default:          语句序列 n+1
}
```

程序在执行完一个 case 后面的语句序列后，不会跳出 switch 语句，而是继续执行下一个语句序列。如果希望在执行完一个语句序列后跳出 switch 语句，需要使用 break 语句。switch 语句可用嵌套的 if 语句来描述，但 switch 语句更清晰地反映了程序的计算过程。

③ while 语句、do-while 语句和 for 语句。

while 语句用来描述 while 型循环控制结构，其一般形式为：

```
while (表达式)
    语句
```

执行 while 语句时，首先计算表达式的值，当值为非 0 时，执行语句，然后重新计算表达式的值；若值为非 0，再次执行内嵌语句。重复此过程直到表达式的值为 0 时才结束 while 语句的执行。

do-while 语句用来描述 do-while 型重复控制结构，其一般形式为：

```
do
    语句
while (表达式)
```

执行 do-while 语句时，先执行内嵌语句，然后计算表达式的值，若值为非 0，则重新执行内嵌语句。重复此过程直到表达式的值为 0 结束循环。

for 语句是 C 和 C++语言中最为灵活、使用最广泛的循环控制结构，其一般形式为：

```
for (表达式 1; 表达式 2; 表达式 3)
    语句
```

它的语义为：

```
表达式 1;
while (表达式 2)
{
    语句
    表达式 3;
}
```

在 for 语句的一般形式中，表达式 1 的作用是为循环控制的有关变量赋初值，表达式 2 是循环控制条件，表达式 3 用于修正有关变量，语句是循环控制操作。3 个表达式都可以省略，但是 for 语句中的分号不能省略。

在循环中，break 语句可以用来跳出一层循环，continue 语句可以用来忽略后面的语句，直接进行下一次循环。

（3）函数

函数是程序模块的主要成分，它是一段具有独立功能的程序。程序中有关函数的部分有：函数定义、函数声明和函数调用。

① 函数定义

函数定义的一般格式为：

```
返回值类型     函数名（形式参数表）
{
     函数体
}
```

其中形式参数表中说明了函数要求调用者提供的参数的个数、类型、顺序和名字。

② 函数声明

函数声明的一般格式为：

```
返回值类型     函数名（参数类型表）
```

函数应该先声明再引用。如果程序对一个函数的调用位于该函数的定义之前，则应该在调用前对被调用函数进行声明。函数声明定义了函数的名字，参数个数、类型和顺序以及函数返回值的类型。

③ 函数调用

函数调用的一般格式为：

```
函数名（实际参数表）
```

函数调用的时候传入函数的参数称为实参。

在函数体中如果调用自己，则称为递归调用。

C 和 C++中将实参传递给形参有 3 种方式，分别为传值调用、传地址调用和引用调用。在传值调用中，函数体无法修改实参；在传地址调用中，函数体需要对指针进行取地址运算得到实参的值，修改该地址中的值就是修改实参；而在引用调用中，函数体对形参的修改实际上就是对实参的修改。

4.2.2 汇编程序的基本原理

1. 汇编语言

汇编语言是为特定的计算机或计算机系统设计的面向机器的语言。用汇编语言编写的源程序，要通过汇编程序将它翻译成机器语言程序，才能被计算机理解执行。一个汇编源程序中可以包含 3 类语句，分别为指令语句、伪指令语句和宏指令语句。

（1）指令语句：指令语句是与机器指令相对应的可执行汇编语句，它会被汇编程序翻译成相应的机器代码。指令语句可分为传送指令、算术运算指令、逻辑运算指令、移位指令、转移指令和处理机控制指令等。

（2）伪指令语句：伪指令语句又称汇编控制语句，不翻译成机器指令，它的作用是控制汇编程序工作，因此它是在汇编时就完成的。通常汇编语言都需要如下的一些伪指令：定义常数语句、定义存储语句、开始语句和结束语句。

（3）宏指令语句：在汇编语言中允许将多次重复使用的程序段定义为宏。在程序的任意位置，只要使用宏名就相当于使用了这段程序。宏指令语句就是宏的引用。汇编程序在翻译之初会将所有宏名替换为它引用的程序，然后再进行翻译。

2. 汇编程序

汇编程序的功能时将汇编语言所编写的源程序翻译成由机器指令和其他信息组成的目标程序。汇编程序的基本工作包括：将每一条可执行汇编语句转换成对应的机器指令，处理源程序中出现的伪指令和宏指令。

汇编程序至少需要两次扫描源程序才能完成翻译过程。第一次扫描的主要工作是计算保存符号的值、处理伪指令和宏指令；第二次扫描的目的是产生目标程序。

4.2.3 编译程序的基本原理

1. 编译过程概述

编译程序的功能是把用高级语言书写的源程序翻译成与之等价的低级语言（汇编语言或机器语言）的目标程序。编译程序的工作过程一般可以划分为 6 个阶段：词法分析、语法分析、语义分析、中间代码产生、代码优化和目标代码生成。图 4-5 中给出了编译器工作的各个阶段，事实上某些阶段可能组合在一起，如语义分析和中间代码产生两个阶段一般放在一起，这些阶段间的源程序的中间表示形式就没必要构造出来了。

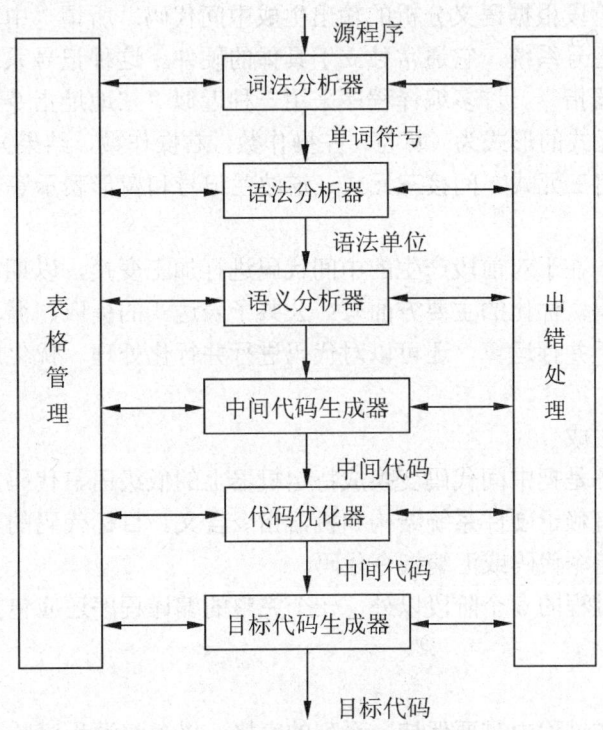

图 4-5 编译器的工作阶段示意图

（1）词法分析

词法分析的任务是：输入源程序，对构成源程序的字符串进行扫描和分解，识别出一个个的单词，如基本字（if、for、while 等），标识符，常数，算符和界符（如标点符号、左右括号等）。单词符号是语言的基本组成部分，是人们理解和编写程序的基本要素。在词法分析阶段的工作中所依循的是语言的词法规则，描述词法规则的有效工具是正则表达式和有限自动机。

（2）语法分析

语法分析的任务是：在词法分析的基础上，根据语言的语法规则，把单词符号串分解成各类语法单位，如"短语"、"子句"、"句子"、"程序段"和"程序"等。通过语法分析，确定整个输入串是否构成语法上正确的"程序"。语法分析所依循的是语言的语法规则。语法规则通常用上下文无关文法描述。

（3）语义分析

语义分析阶段的任务是审查源程序是否有语义错误，为代码生成阶段收集类型信息。语义分析的一个主要工作是进行类型分析和检查。只有语法和语义都正确的源程序才能翻译成正确的目标代码。这一阶段所依循的是语言的语义规则，通常使用属性文法描述语义规则。

（4）中间代码产生

中间代码产生阶段根据语义分析的输出生成中间代码。所谓"中间代码"是一种含义明确、便于处理的记号系统，它通常独立于具体的硬件。这种记号系统通常可以很容易地变换成计算机的机器指令。许多编译程序采用一种近似"三地址指令"的"四元式"作为中间代码，这种四元式的形式为（算符，左操作数，右操作数，结果）。常用的中间代码除了四元式之外，还有三元式、间接三元式、逆波兰记号和树形表示等等。

（5）代码优化

代码优化的任务在于对前段产生的中间代码进行加工变换，以期在最后阶段能产生出更为高效的目标代码。优化的主要方面有：公共子表达式的提取、循环优化、删除无用代码等。有时为了便于并行运算，还可以对代码进行并行化处理。优化所依循的原则是程序的等价变换规则。

（6）目标代码生成

这一阶段的任务是把中间代码变换成特定机器上的低级语言代码。这阶段实现了最后的翻译，它的工作有赖于硬件系统结构和机器指令含义。目标代码的形式可以是绝对指令代码或可重定位的指令代码或汇编指令代码。

除了上述编译过程的 6 个阶段以外，一个完整的编译程序还应包括表格管理和出错处理两个部分。

（7）表格管理

编译程序在工作过程中需要保持一系列的表格，以登记源程序的各类信息和编译各阶段的进展状况。在编译程序使用的表格中，最重要的是符号表。它用来登记源程序中出现的每个名字以及名字的各种属性。通常，编译程序在处理到名字的定义性出现时，要把名字的各种属性填入到符号表中；当处理到名字的使用性出现时，要对名字的属性进行查证。

当扫描器识别出一个名字（标识符）后，它把该名字填入到符号表中。但这时不能完全确定名字的属性，它的各种属性要在后续的各阶段才能填入。例如，名字的类型等要在语义分析时才能确定，而名字的地址可能要到目标代码生成时才能确定。

由此可见，编译各阶段都涉及到构造、查找或更新有关的表格。

（8）出错处理

一个编译程序不仅应能对书写正确的程序进行翻译，而且应能对出现在源程序中的错误进行处理。如果源程序有错误，编译程序应设法发现错误，把有关的错误信息报告给用户。这部分工作由出错处理程序完成。一个好的编译程序应能最大限度地发现源程序中的各种错误，准确指出错误的性质和发生错误的位置，并且能将错误所造成的影响限制在尽可能小的范围内，使得源程序的其余部分能继续被编译下去，以便进一步发现其他可能的错误。

（9）编译前端和后端

我们有时把编译程序划分为编译前端和编译后端。前端主要由与源程序有关但与目标机无关的那些部分组成。这些部分通常包括词法分析、语法分析、语义分析与中间代码生成；后端包括编译程序中与目标机有关的那些部分，如代码优化和目标代码生成等。通常，后端不依赖于源语言而仅仅依赖于中间语言。

2. 文法和语言的形式描述

（1）基本概念

- 字母表 Σ：是元素的非空有穷集合。例如 $\Sigma=\{a, b\}$。
- 符号：指字母表 Σ 中的一个元素。例如 a 或 b。
- 符号串（字）：Σ 上的一个符号串指由 Σ 中的符号所构成的一个有穷序列。例如 ab。
- 字的长度：指字中的字符个数。如符号串 aab 的字长为 3，记为 $|aab|=3$。
- 空字 ε：指不包含任何符号的序列，空字的长度为 0。
- Σ^*：表示 Σ 上的所有符号串的全体，包括空字 ε。例如如果 $\Sigma=\{a, b\}$，那么 $\Sigma^*=\{\varepsilon, a, b, aa, ab, ba, bb, aaa, \cdots\}$。
- 空集 $\varnothing$：表示不含任何元素的空集。$\varnothing=\{\}$。

符号串运算涉及的基本概念如下。

- 连接：符号串 α、β 的连接是把串 β 写在串 α 之后，显然有 $\alpha\varepsilon=\varepsilon\alpha=\alpha$。
- 方幂：把串 α 自身连接 n 次得到的串，称为串 α 的 n 次方幂，即为 α^n。

$$\alpha^0=\varepsilon, \quad \alpha^n=\alpha\alpha^{n-1}=\alpha^{n-1}\alpha \ (n>0)$$

- 符号串集：设 A，B 是 Σ^* 的子集，即 A，B 是字母表 Σ 上的符号串集。
- 或（合并）：$A\cup B=\{\alpha \mid \alpha\in A \text{ 或 } \alpha\in B\}$。
- 积（连接）：$AB=\{\alpha\beta \mid \alpha\in A \text{ 且 } \beta\in B\}$。
- 幂：$A^n=AA^{n-1}=A^{n-1}A \ (n>0)$，并规定 $A^0=\{\varepsilon\}$。
- 正则闭包：$A^+=A^1\cup A^2\cup A^3\cup\cdots\cup A^n\cup\cdots$。
- 闭包：$A^*=A^0\cup A^+$。

（2）文法和语言的形式描述

① 文法的定义：描述语言的语法结构的形式规则称为文法。文法 G 是一个四元组，可表示为

$$G=(V_T, V_N, S, P)$$

V_T 是一个非空有限集，每个元素称为终结符；V_N 是一个非空有限集，每个元素称为非终结符。$V_T \cap V_N=\varnothing$，即 V_T 和 V_N 不含公共元素。用 V 表示 $V_T \cup V_N$，称 V 为文法 G 的字母表。S 是一个非终结符，称为开始符号；它至少要在一条产生式中作为左部出现。P 是一个有限的具有如下形式的产生式（也称重写规则）的集合：

$$\alpha \to \beta$$

其中：$\alpha \in V^+$ 且至少含有一个非终结符，称为产生式的左部；$\alpha \in V^*$ 称为产生式的右部。若干个产生式 $\alpha \to \beta_1$、$\alpha \to \beta_2$、$\cdots$、$\alpha \to \beta_n$ 的左部相同，可简写成 $\alpha \to \beta_1 | \beta_2 | \cdots | \beta_n$，称 β_i（$1 \leqslant i \leqslant n$）为 α 的一个候选式。

② 句子和语言：设文法 $G=(V_T, V_N, S, P)$，我们引入下面一些概念。

- 直接推导与推导：若 $\alpha \to \beta \in P$，r 和 $\delta \in V^*$，记号 $r\alpha\delta \Rightarrow r\beta\delta$ 称为文法 G 中的一个直接推导。若 $r\alpha\delta$ 可直接推导出 $r\beta\delta$，$r\beta\delta$ 是 $r\alpha\delta$ 的一个直接推导。显然，对 P 中每一个产生式 $\alpha \to \beta$ 有 $\alpha \underset{G}{\Rightarrow} \beta$。若在文法 G 中存在一个直接推导序列即

$$\alpha_0 \Rightarrow \alpha_1 \Rightarrow \alpha_2 \Rightarrow \cdots \alpha_n \quad (n>0)$$

称 α_0 可以推导出 α_n，α_n 是 α_0 的一个推导，并记为 $\alpha_0 \underset{G}{\overset{+}{\Rightarrow}} \alpha_n$。用记号 $\alpha_0 \underset{G}{\overset{*}{\Rightarrow}} \alpha_n$ 表示 $\alpha_0 = \alpha_n$ 或 $\alpha_0 \underset{G}{\overset{+}{\Rightarrow}} \alpha_n$。

- 直接归约和归约（推导的逆过程）：若文法 G 中有一个直接推导 $\alpha \underset{G}{\Rightarrow} \beta$，则称 β 可直接归约成 α，α 是 β 的一个直接归约。若文法 G 中有一个推导 $r \underset{G}{\overset{*}{\Rightarrow}} \delta$，则称 δ 可归约称 r，r 是 δ 的一个归约。

- 句型和句子：若文法 G 的开始符号为 S 且有如下推导 $S \underset{G}{\overset{*}{\Rightarrow}} \alpha$，$\alpha \in V^*$，则称 α 是文法 G 的一个句型。若 X 是文法 G 的一个句型，且 $X \in V_T^*$，则称 X 是文法 G 的一个句子，即仅含终结符的句型是一个句子。

- 语言：文法 G 所产生的句子的全体是一个语言，记为 L(G)，它可表示成：$L(G)=\{X | S \underset{G}{\overset{*}{\Rightarrow}} X$ 且 $X \in V_T^*\}$。

- 文法的等价：文法 G_1 等价于文法 G_2 是指 $L(G_1)=L(G_2)$。

【例 4-1】 对于文法 $E \to E+E | E*E | (E) | i$

终结字符串（$i*i+i$）是该文法的一个句子，有推导如下：

$$E \Rightarrow (E) \Rightarrow (E+E) \Rightarrow (E*E+E) \Rightarrow (i*E+E) \Rightarrow (i*i+E) \Rightarrow (i*i+i)$$

【例 4-2】 考虑文法 $G_1[S]=(\{a, b\}, \{S, A, B\}, S, P)$，其中 P 为：

$$S \rightarrow AB$$
$$A \rightarrow aA \mid a$$
$$B \rightarrow bB \mid b$$

我们可以分析得出 $L(G_1) = \{a^m b^n \mid m, n \geq 1\}$。

【例 4-3】 构造一个文法 G_2，使 $L(G_2) = \{a^n b^n \mid n \geq 1\}$。$G_2$ 和 G_1 的区别在于，G_2 的每个句子中 a 和 b 的个数必须相同，我们可以写出文法 $G_2[S]$：

$$S \rightarrow aSb \mid ab$$

③ 文法的分类：乔姆斯基（Chomsky）把文法分成 4 种类型，即 0 型、1 型、2 型和 3 型。其中 0 型强于 1 型，1 型强于 2 型，2 型强于 3 型。这几类文法的差别在于对产生式施加不同的限制。

我们说 $G = (V_T, V_N, S, P)$ 是一个 0 型文法，如果 G 的每条产生式

$$\alpha \rightarrow \beta$$

满足 $\alpha \in V^+$ 且至少含有一个非终结符，而 $\beta \in V^*$。

0 型文法也称短语文法。一个非常重要的理论结果是，0 型文法的能力相当于图灵（Turing）机。或者说，任何 0 型语言都是递归可枚举的；反之，递归可枚举集必定是一个 0 型语言。

如果对 0 型文法分别施加以下的第 i 条限制，则我们就得 i 型文法。

- 1 型：G 的任何产生式为 $\alpha \rightarrow \beta$ 满足 $|\alpha| \leq |\beta|$，仅仅 $S \rightarrow \varepsilon$ 例外，但 S 不得出现在任何产生式的右部。
- 2 型：G 的任何产生式为 $A \rightarrow \beta$，$A \in V_N$，$\beta \in V^*$。
- 3 型：G 的任何产生式为 $A \rightarrow \alpha\beta$ 或 $A \rightarrow \alpha$，$\alpha \in V_T^*$，A，$B \in V_N$。

1 型文法也称上下文相关文法。这种文法意味着，对非终结符进行替换时务必考虑上下文，并且，一般不允许替换成空串 ε。1 型文法的能力相当于线性界限自动机。

2 型文法也称上下文无关文法，其中非终结符的替换可以不必考虑上下文。其能力相当于非确定的下推自动机。

上述的 3 型文法也称为右线性文法，它还有另一种形式称为左线性文法：一个文法 G 为左线性文法，如果 G 的任何产生式为 $A \rightarrow B\alpha$ 或 $A \rightarrow \alpha$。其中 $\alpha \in V_T^*$，A、$B \in V_N$。由于 3 型文法等价于正规式，所以也称正规文法。正规文法的能力比上下文无关文法弱得多。

（3）上下文无关文法

上下文无关文法是 2 型文法，它有足够的能力描述现今多数程序设计语言的语法结构。

① 规范推导（最右推导）：如果在推导的任何一步 $\alpha \Rightarrow \beta$，其中 α，β 是句型，都是对 α 中的最右（最左）非终结符进行替换，则称这种推导为最右（最左）推导。最右推导常称为规范推导。

② 短语、直接短语和句柄：设 $\alpha\beta\delta$ 是文法 G 的一个句型，即 $S \overset{*}{\Rightarrow} \alpha\beta\delta$，且满足 $S \overset{*}{\Rightarrow} \alpha A\delta$，$A \overset{+}{\Rightarrow} \beta$，则称 β 是句型 $\alpha\beta\delta$ 相对于非终结符 A 的短语。特别地，如有 $A \Rightarrow \beta$ 则称 β 是句型 $\alpha\beta\delta$ 相对于产生式 $A \rightarrow \beta$ 的直接短语。一个句型的最左直接短语称为该句型的句柄。

③ 素短语：素短语是一个短语，它至少含有一个终结符，并且，除自身之外不再含任何更小的素短语。所谓最左素短语是指处于句型最左边的那个素短语。

④ 规范归约：设 α 是文法 G 的一个句子，若序列 α_n, α_{n-1}, …, α_1, α_0 满足如下条件，

- $\alpha_n = \alpha$;
- α_0 为文法的开始符号，即 $\alpha_0 = S$;
- 对任何 i $(0 < i \leqslant n)$，α_{i-1} 是 α_i 从经把句柄替换成相应产生式的左部符号而得到的。

则规范归约是最左归约，它是最右推导（规范推导）的逆过程。

⑤ 语法树：我们可以用一张图表示一个句型的推导，这种表示称为语法树（推导树）。

给定文法 G=（V_T, V_N, S, P），对于 G 的任何句型都能构造与之关联的语法树。这棵树满足下列 5 个条件。

- 每个结点都有一个标记，此标记是 V∪{ε} 中的一个符号；
- 根的标记是 S；
- 若一结点 n 是内部结点，并且有标记 A，则 A 肯定在 V_N 中；
- 如果结点 n 的直接子孙，从左到右的次序是结点 n_1、n_2、…、n_k，其标记分别为 A_1、A_2、…、A_k，那么 $A \rightarrow A_1 A_2 \cdots A_k$ 一定是 P 中的一个产生式；
- 若结点 n 的标记为 ε，那么结点 n 是叶子，且是它父亲的唯一儿子。

⑥ 文法的二义性：如果一个文法存在某个句子对应两棵不同的语法树，则说这个文法是二义的。

【例 4-4】 考虑文法

$$E \rightarrow T \mid E+T$$
$$T \rightarrow F \mid T * F$$
$$F \rightarrow i \mid (E)$$

该文法的一个句型 i * i+i，为方便记为 $i_1 * i_2 + i_3$，尽管有 $E \overset{+}{\Rightarrow} i_2 + i_3$，但是 $i_2 + i_3$ 并不是该句型的一个短语，因为不存在从 E（文法开始符）到 $i_1 * E$ 的推导。但是 i_1、i_2、i_3、$i_1 * i_2$ 和 $i_1 * i_2 + i_3$ 自身都是句型 $i_1 * i_2 + i_3$ 的短语，而且 i_1、i_2 和 i_3 均为直接短语，其中 i_1 是最左直接短语，即句柄。

【例 4-5】 对例 4-4 中文法，它的另一句型 E+T * F+i 的短语有 E+T * F+i、E+T * F、T * F 和 i。其中 T * F 和 i 为直接短语，T * F 为句柄。

【例 4-6】 对于文法 G

（1）S→aAcBe

（2）A→b

（3）A→Ab

（4）B→d

串 abbcde 是该文法的一个句子，它的规范推导（最右推导）为

S ⇒ aAcBe ⇒ aAcde ⇒ aAbcde ⇒ abbcde

它的规范归约（最左归约）为

句　　型	句　　柄	归　约　规　则
ab<u>b</u>cde	b	（2）A→b
a<u>Ab</u>cde	Ab	（3）A→Ab
aAc<u>d</u>e	d	（4）B→d
<u>aAcBe</u>	aAcBe	（1）S→aAcBe
S		

3. 词法分析

词法分析的任务是从左至右逐个字符地对源程序进行扫描，产生一个个的单词符号，把作为字符串的源程序改造成为单词符号串的中间程序。执行词法分析的程序称为词法分析器。词法分析器的功能是输入源程序，输出单词符号。单词符号是一个程序语言的基本语法符号。程序语言中的单词符号一般可以分为关键字、标识符、常数、运算符和界符 5 种。词法规则可用 3 型文法（正规文法）或正规表达式描述，它产生的集合是 Σ* 上的一个子集，称为正规集。

（1）正规表达式

对于字母表 Σ 而言，正规式和它所表示的正规集的递归定义如下。

① ε 和 ∅ 是正规式，它们所表示的正规集分别为 {ε} 和 ∅；

② 任何 a∈Σ，a 是 Σ 上的一个正规式，它所表示的正规集为 {a}；

③ 假定 U 和 V 都是 Σ 上的正规式，它们所表示的正规集分别为 L(U) 和 L(V)，那么，(U | V)、(U·V) 和 (U)* 也都是正规式，它们所表示的正规集分别为 L(U)∪L(V)、L(U)L(V)（连接积）和 (L(U))*（闭包）。

④ 仅由有限次使用上述 3 步骤定义的表达式才是 Σ 上的正规式，仅由这些正规式所表示的字符集才是 Σ 上的正规集。

其中 |、·、* 分别读作 "或"、"连接"、"闭包"（即任意有限次的自重复连接）。规定运算符的优先顺序从高到低依次为 *、·、|。连接符 · 可省略不写。

【例 4-7】 令 Σ={a，b}，下面是 Σ 上的正规式和相应的正规集。

正规式　　　　　　　　正规集

ba*　　　　　　　　　　Σ 上所有以 b 为首后跟任意多个 a 的字

a(a | b)*　　　　　　　Σ 上所有以 a 为首的字

(a | b)*(aa | bb)(a | b)*　　Σ 上所有含有两个相继的 a 或两个相继的 b 的字

若两个正规式所表示的正规集相同，则认为两者等价。两个等价的正规式 U 和 V 记为 U=V。例如 b(ab)*=(ba)*b，(a | b)*=(a*b*)*。

令 U、V 和 W 均为正规式，下列代数规律普遍成立。

- U | V=V | U　　　　　　　　　　（交换率）
- U | (V | W)=(U | V) | W　　　　　（结合律）
- U(VW)=(UV)W　　　　　　　　　（结合律）
- U(V | W)=UV | UW　　　　　　　（分配律）

　(V | W)U=VU | WU

- $\varepsilon U=U\varepsilon=U$
- $V^*=(V^+ \mid \varepsilon)$
- $V^{**}=V^*$

（2）确定有限自动机（DFA）

有限自动机作为一种识别装置，它能准确地识别正规集。有限自动机分为两类：确定有限自动机和非确定有限自动机。

确定有限自动机（deterministic finite automata，DFA）M 是一个五元式：

$$M=(S, \Sigma, \delta, s_0, F)$$

其中：

- S 是一个有限集，它的每个元素称为一个状态；
- Σ 是一个有穷字母表，它的每个元素称为一个输入字符；
- δ 是一个从 $S\times\Sigma$ 到 S 的单值部分映射。$\delta(s, a)=s'$ 意味着：当现行状态为 s，输入字符为 a 时，将转换到下一状态 s'。我们称 s' 是 s 的一个后继状态；
- $s_0\in S$，是唯一的初态；
- F 是 S 的子集，是一个终态集（可空）。

一个 DFA 可用一个矩阵表示，该矩阵的行表示状态，列表示输入字符，矩阵元素表示 $\delta(s, a)$ 的值，这个矩阵称为状态转换矩阵。

一个 DFA 也可以表示成一张（确定的）状态转换图。假定 DFA M 含有 m 个状态和 n 个输入字符，那么，这个图含有 m 个状态结点，每个结点顶多有 n 条箭弧射出和别的结点相连接，每条箭弧用 Σ 中的一个不同输入字符作标记，整张图含有唯一的一个初态结点和若干个（可以是 0 个）终态结点。

【例 4-8】 对于 DFA M=({0, 1, 2, 3}, {a, b}, δ, 0, {3})，
其中 δ 为

$\delta(0, a)=1$	$\delta(0, b)=2$	$\delta(1, a)=3$ $\delta(1, b)=2$
$\delta(2, a)=1$	$\delta(2, b)=3$	$\delta(3, a)=3$ $\delta(3, b)=3$

它对应的状态转换矩阵如表 4-1 所示。

表 4-1　状态转换矩阵

状　态	a	b
0	1	2
1	3	2
2	1	3
3	3	3

它对应的状态转换图如图 4-6 所示。

对于 Σ^* 中的任何字 α，若存在一条从初态结点到某一终态结点的通路，且这条通路上所有的弧的标记符连接成的字等于 α，则称 α 为 DFA M 所识别（读出或接受）。若 M 的初态结点同时又是终态结点，则空字 ε 可为 M 所识别（接受）。DFA M 所能识别的字的全体

记为 L(M)。

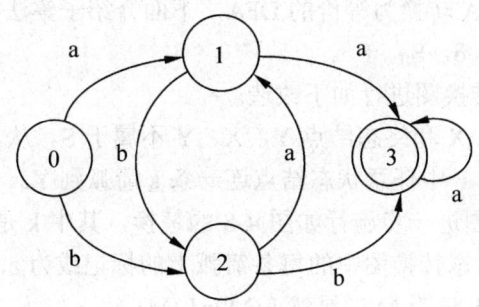

图 4-6 状态转换图

如果一个 DFA M 的输入字母表为 Σ，则我们也称 M 是 Σ 上的一个 DFA。可以证明 Σ 上的一个字集 V 是正规的，当且仅当存在 Σ 上的 DFA M，使得 V=L(M)。

（3）非确定有限自动机（NFA）

一个非确定有限自动机（Nondeterministic Finite Automata，NFA）M 是一个五元式：

$$M=（S，\Sigma，\delta，S_0，F）$$

其中只有 S、Σ 和 F 都和 DFA 中的定义一样，δ 是一个从 S×Σ* 到 S 的子集的映射，即

$$\delta: S \times \Sigma^* \rightarrow 2^S$$

这说明当前状态的后继不是唯一的，而且有向弧射过部分的标记可以是 ε。S_0 是 S 的一个子集，它是非空初态集。

对于 Σ* 中的任何一个字 α，若存在一条从某一初态结点到某一终态结点的通路，且这条通路上所有弧的标记字依序连接成的字（忽略那些标记为 ε 的弧）等于 α，则称 α 可为 NFA M 所识别（读出或接受）。若 M 的某些结点既是初态结点又是终态结点，或者存在一条从某个初态结点到某个终态结点的 ε 通路，那么，空字 ε 也可为 M 所接受。

如图 4-7 就是一个 NFA，它对应的正规式是(a | b)*(aa | bb)(a | b)*，其中 X 是初态，Y 是终态。

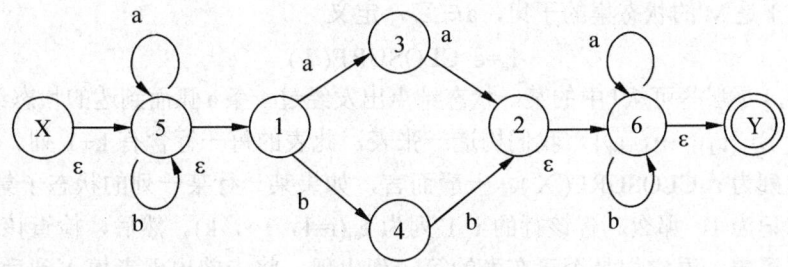

图 4-7 一个非确定有限自动机 NFA

显然，DFA 是 NFA 的特例，但是，对于每个 NFA M 存在一个 DFA M'，使得 L(M)=L(M')。对于任何两个有限自动机 M 和 M'，如果 L(M) 和 L(M') 相等，则称 M 与 M' 是等价的。

（4）NFA 到 DFA 的转换

可以使用子集法将 NFA 转换为等价的 DFA，下面介绍子集法的过程。

假定 NFA M=<S，Σ，δ，S_0，F>。

① 首先对 M 的状态转换图进行如下改造。

- 引进新的初态结点 X 和终态结点 Y，X、Y 不属于 S。从 X 到 S_0 中任意状态结点连一条 ε 箭弧，从 F 中任意状态结点连一条 ε 箭弧到 Y。

- 对 M 的状态转换图进一步施行如图 4-8 的替换，其中 k 是新引入的状态。重复这种分裂过程直至状态转换图中的每条箭弧上的标记或为 ε，或为 Σ 中的单个字母。将最终得到的 NFA 记为 M'，显然 L(M')=L(M)。

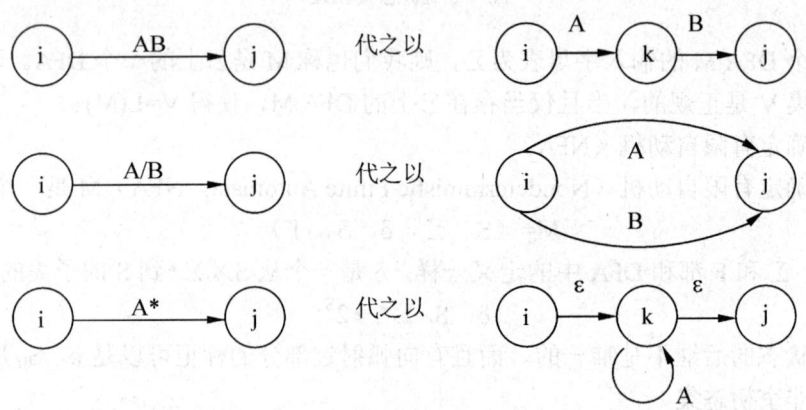

图 4-8　NFA 到 DFA 转换的替换规则

② 将 M'进一步变换为 DFA，方法如下。

- 假定 I 是 M'的状态集的子集，定义 I 的 ε 闭包 $\varepsilon\_CLOSURE(I)$：

  若 $q \in I$，则 $q \in \varepsilon\_CLOSURE(I)$；

  若 $q \in I$，那么从 q 出发经任意条 ε 弧而能到达的任何状态 q'都属于 $\varepsilon\_CLOSURE(I)$

- 假定 I 是 M'的状态集的子集，$a \in \Sigma$，定义

$$I_a = \varepsilon\_CLOSURE(J)$$

  其中，J 是那些可从 I 中的某一状态结点出发经过一条 a 弧而到达的状态结点的全体。

- 假定 $\Sigma = \{a_1，\cdots，a_k\}$。我们构造一张表，此表的每一行含有 k+1 列。置该表的首行首列为 $\varepsilon\_CLOSURE(X)$。一般而言，如果某一行某一列的状态子集已经确定，例如记为 I，那么，置该行的 i+1 列为 $I_{a_i}(i=1，\cdots，k)$。然后，检查该行上的所有状态子集，看它们是否已在表的第一列出现，将未曾出现者填入到后面空行的第一列。重复上述过程，直至出现在第 i+1 列($i=1，\cdots，k$)上的所有状态子集均已在第一列上出现。因为 M'的状态子集的个数是有限的，所以上述过程必定在有限步内终止。

现在将构造出来的表视为状态转换表，将其中的每个状态子集视为新的状态。显然，该表唯一地刻画了一个 DFA M"。它的初态是该表首行首列的那个状态，终态是那些含有原终态的状态子集。根据上述构造方法，不难得出：L(M")=L(M')=L(M)。

【例 4-9】 对图 4-7 中的 NFA 使用子集法转换成等价的 DFA，过程如表 4-2 所示。

对表 4-2 中的所有状态子集重新命名，得到如下表 4-3 所示的状态转换矩阵。

表 4-2　状态转换矩阵

I	I_a	I_b
{X, 5, 1}	{5, 3, 1}	{5, 4, 1}
{5, 3, 1}	{5, 3, 1, 2, 6, Y}	{5, 4, 1}
{5, 4, 1}	{5, 3, 1}	{5, 4, 1, 2, 6, Y}
{5, 3, 1, 2, 6, Y}	{5, 3, 1, 2, 6, Y}	{5, 4, 1, 6, Y}
{5, 4, 1, 6, Y}	{5, 3, 1, 6, Y}	{5, 4, 1, 2, 6, Y}
{5, 4, 1, 2, 6, Y}	{5, 3, 1, 6, Y}	{5, 4, 1, 2, 6, Y}
{5, 3, 1, 6, Y}	{5, 3, 1, 2, 6, Y}	{5, 4, 1, 6, Y}

表 4-3 对应的 DFA 就是与图的 NFA 等价的 DFA，其中 0 为初态，3、4、5 和 6 为终态。

表 4-3　状态子集重新命名后的状态转换矩阵

s	a	b
0	1	2
1	3	2
2	1	5
3	3	4
4	6	5
5	6	5
6	3	4

（5）正规式和有限自动机的转换

正规式和有限自动机的等价性有以下两点说明。

- 对于 Σ 上的 NFA M，可以构造一个 Σ 上的正规式 R，使得 L(R)=L(M)。
- 对于 Σ 上的每个正规式 R，可以构造一个 Σ 上的 NFA M，使得 L(M)=L(R)。

① 对于 Σ 上的 NFA M 构造 Σ 上的正规式 R，使 L(R)=L(M)。

首先，将状态转换图的概念拓广，令每条弧可用正规式作标记。

在 M 的转换图上加进两个结点，一个为 X，另一个为 Y。从 X 用 ε 弧连接到 M 的所有初态结点；从 M 的所有终态结点用 ε 弧连接到 Y，从而形成一个新的 NFA，记为 M'，它只有一个初态 X 和一个终态 Y。显然，L(M)=L(M')，即这两个 NFA 是等价的。

现在逐步消去 M'中的所有结点，直至只剩下 X 和 Y 为止。在消除结点的过程中，逐步用正规式来标记箭弧。消弧的过程是很直观的，只需反复使用如图 4-9 的替换规则即可。

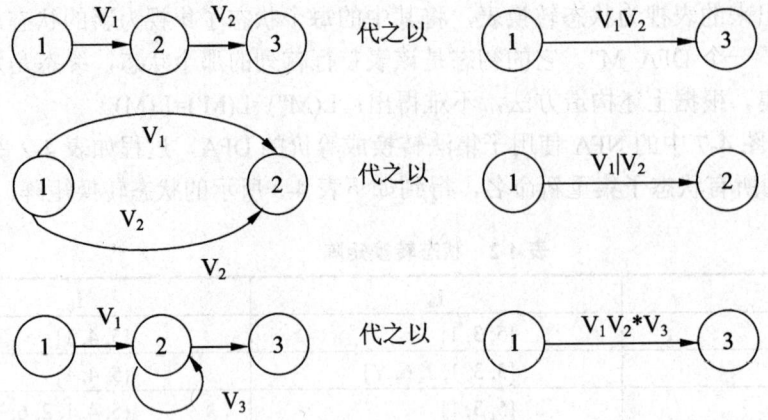

图 4-9　替换规则

最后 X 和 Y 结点间弧上的标记即为所求的正规式 R。

② 对于 Σ 上的正规式 R，构造 NFA M，使 L(M)=L(R)，并且 M 只有一个终态，而且没有从该终态出发的箭弧。

首先把正规式 R 表示成如图 4-10 所示的拓广状态转换图。

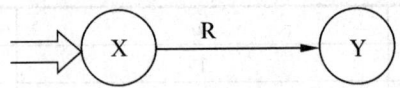

图 4-10　初始 NFA 的状态转换图

通过对 R 进行分裂和加进新结点的办法，逐步把这个图转变成每条弧标记为 Σ 上的一个字符或 ε。转换规则如图 4-11 所示。

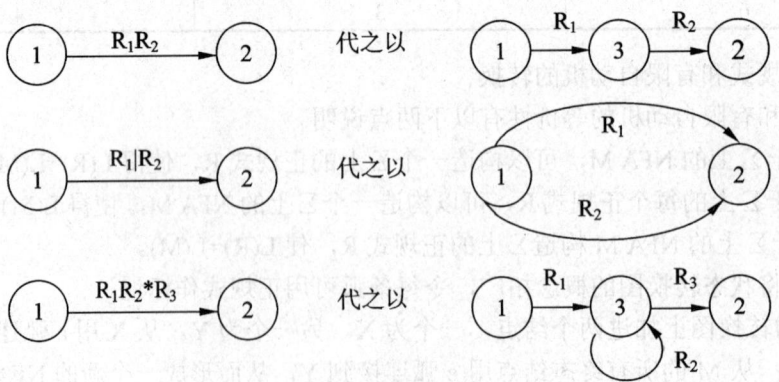

图 4-11　替换规则

最后所得的图即为一个 NFA M，X 为初态结点，Y 为终态结点，显然，L(M)=L(R)。

（6）确定有限自动机的化简

一个确定有限自动机 M 的化简是指：寻找一个状态数比 M 少的 DFA M'，使得 L(M)=L(M')。

假定 s 和 t 是 M 的两个不同状态，我们称 s 和 t 是等价的：如果从状态 s 出发能读出某个字 w 而停于终态，那么同样，从 t 出发也能读出同样的字 w 而停于终态；反之，若从 t 出发能读出某个字 w 而停于终态，则从 s 出发也能读出同样的 w 而停于终态。如果 DFA M 的两个状态 s 和 t 不等价，则称这两个状态是可区别的。

一个 DFA M 的状态最小化过程旨在将 M 的状态集分割成一些不相交的子集，使得任何两个不同的两子集中的状态都是可区别的，而同一子集中的任何两个状态都是等价的。最后，在每个子集中选出一个代表，同时消去其他等价状态。

对 M 的状态集 S 进行分划的步骤是：首先，把 S 的终态和非终态分开，分成两个子集，形成基本分划 II。显然，属于这两个不同子集的状态是可区别的。假定到某个时候 II 已含有 m 个子集，记为 II={$I^{(1)}$, $I^{(2)}$, …, $I^{(m)}$}，并且属于不同子集的状态是可区别的。检查 II 中的每个 $I^{(i)}$ 看能否进一步分划。对于某个 $I^{(i)}$，令 $I^{(i)}$={q_1, q_2, …, q_k}，若存在一个输入字符 a 使得 $I_a^{(i)}$ 不全包含在现行 II 的某一子集 $I^{(j)}$ 中，就将 $I^{(i)}$ 一分为二。假定状态 s_1 和 s_2 经 a 弧分别到达状态 t_1 和 t_2，而 t_1 和 t_2 属于现行 II 的两个不同子集，那就将 $I^{(i)}$ 分成两半，使得一半含有 s_1：

$$I^{(i1)}=\{s \mid s\in I^{(i)}且 s 经 a 弧到达 t_1 所在子集中的某状态\}$$

另一半含有 s_2：

$$I^{(i2)}=I^{(i)}-I^{(i1)}$$

由于 t_1 和 t_2 是可区别的，即存在一个字 w，t_1 将读出 w 而停于终态，而 t_2 或读不出 w 或虽然可读出 w 但不到达终态；或情形恰好相反。因而字 aw 将状态 s_1 和 s_2 区别开来。也就是说，$I^{(i1)}$ 中的状态与 $I^{(i2)}$ 中的状态是可区别的。至此我们将 $I^{(i)}$ 分成两半，形成了新的分划。

一般地，若 $I_a^{(i)}$ 落入现行 II 中 N 个不同子集，则应将 $I^{(i)}$ 划分为 N 个不相交的组，使得每个组 J 的 J_a 都落入 II 的同一子集，这样形成新的分划。重复上述过程，直至分划中所含的子集数不再增长为止。至此，II 中的每个子集已不可再分。也就是说，每个子集中的状态是互相等价的，而不同子集中的状态则是可互相区别的。

经上述过程之后，得到一个最后分划 II。对于这个 II 中的每一个子集，我们选取子集中的一个状态代表其他状态。例如假定 I={q_1、q_2、…、q_k} 是这样一个子集，我们即可挑选 q_1 代表这个子集。在原来的自动机中，凡导入到 q_2、…、q_k 的弧都改成导入到 q_1。然后，将 q_2、…、q_k 从原来的状态集 S 中删除。若 I 中含有原来的初态，则 q_1 是新初态，若 I 中含有原来的终态，则 q_1 是新终态。经过上述步骤之后得到的 DFA M' 和原来的 M 是等价的，也就是 L(M)=L(M')。若从 M' 中删除所有无用状态（即从初态结点开始永远到达不了的那些状态），则 M' 便是最简的（包含最少状态）。

【例 4-10】 将表 4-3 对应的 DFA M 化简，化简过程如下。

首先，将 M 的状态分成两组，终态组{3, 4, 5, 6}，非终态组{0, 1, 2}。

其次，看{3, 4, 5, 6}，由于{3, 4, 5, 6}$_a$={3, 6}是{3, 4, 5, 6}的子集，{3, 4, 5, 6}$_b$={4, 5}是{3, 4, 5, 6}的子集，所以它不能再分划。

再看{0, 1, 2}，由于{0, 1, 2}$_a$={1, 3}，它既不包含在{3, 4, 5, 6}之中，也不包含在{0, 1, 2}之中，因此，应把{0, 1, 2}一分为二。由于状态 1 经 a 弧到达状态 3，而状态 0、2 经 a 弧都到达状态 1，因此，应把 1 分出来，形成{1}、{0, 2}。

现在，整个分划中含有 3 组：{3, 4, 5, 6}、{1}和{0, 2}。

由于{0, 2}$_b$={2, 5}未包含在上述 3 组中的任一组之中，故{0, 2}也应一分为二：{0}、{2}。

至此，整个分划含有 4 组：{3, 4, 5, 6}、{0}、{1}、{2}。每个组都已不可再分。

最后，令状态 3 代表{3, 4, 5, 6}。把原来到达状态 4、5、6 的弧都导入 3，并删除状态 4、5、6，这样就得到了化简后的 DFA。

（7）词法分析器的构造

构造词法分析器的一般步骤如下。

① 用正规式描述语言中的单词构成规则；

② 为每个正规式构造一个 NFA，用于识别正规式所表示的正规集；

③ 将构造出的 NFA 转换成等价的 DFA；

④ 对 DFA 进行最小化处理，使其最简；

⑤ 根据 DFA 构造词法分析器。

4. 语法分析

语法分析的任务是在词法分析识别出的单词符号串的基础上，分析并判定程序的语法结构是否符合语法规则。语言的语法结构一般是用上下文无关文法描述的，因此语法分析器的工作本质上就是按文法的产生式，识别输入符号串是否为一个句子，识别的过程就是建立一棵与输入串相匹配的语法分析树。按照语法分析树的建立方法，可以把语法分析分为自顶向下分析法和自底向上分析法。

（1）自顶向下分析法

自顶向下分析的主旨是对任何输入串，试图用一切可能的办法，从文法开始符号（根结点）出发，自顶向下地为输入串建立一棵语法树。或者说，为输入串寻找一个最左推导，如果输入串是给定文法的句子，则必能推出，反之必然出错。自顶向下分析法分为带回溯和不带回溯两种。由于带回溯的自顶向下分析实际上采用了一种穷尽一切可能的试探法，因此效率很低，代价极高，在实践上价值不大。我们在这里重点讨论不带回溯的自顶向下分析法，主要包括 LL(1)分析法、递归下降分析法和预测分析法。

① LL(1)文法

自顶向下分析法必须消除文法的左递归和克服回溯。一个文法是含有左递归的，如果存在非终结符 P

$$P \overset{+}{\Rightarrow} P\alpha$$

含有左递归的文法将使自顶向下的分析过程陷入无限循环。消除左递归的方法如下。

- 消除直接左递归：一般而言，假定关于 P 的全部产生式是：

$$P \rightarrow P\alpha_1 \mid P\alpha_2 \mid \cdots \mid P\alpha_m \mid \beta_1 \mid \beta_2 \mid \cdots \mid \beta_n$$

其中，α_i（$1 \leqslant i \leqslant m$）都不等于 ε，β_i（$1 \leqslant i \leqslant n$）都不以 P 开头，那么，消除 P 的直接左递归后改写为：

$$P \rightarrow \beta_1 P' \mid \beta_2 P' \mid \cdots \mid \beta_n P'$$
$$P' \rightarrow \alpha_1 P' \mid \alpha_2 P' \mid \cdots \mid \alpha_m P' \mid \varepsilon$$

- 消除文法中的一切左递归的算法：要求文法中不含回路即无 $P \overset{+}{\Rightarrow} P$ 的推导，也不含以 ε 为右部的产生式。

    算法步骤如下。

    （i）把文法的所有非终结符按某一顺序排序，如 P_1，P_2，$\cdots$，P_n。

    （ii）FOR   i:=1 TO n   DO

    　　　　BEGIN

    　　　　　FOR   j:=1 TO i − 1   DO

    　　　　　　BEGIN

    　　　　　　　把形如 $P_i \rightarrow P_j\gamma$ 的规则改写成

    　　　　　　　$P_i \rightarrow \beta_1\gamma \mid \beta_2\gamma \mid \cdots \mid \beta_k\gamma$。其中 $P_j \rightarrow \beta_1 \mid \beta_2 \mid \cdots \mid \beta_k$ 是 P_j 的所有

    　　　产生式

    　　　　　　END

    　　　　　消除 P_i 中的一切直接左递归

    　　　END

    （iii）最后删除无用产生式，即去除那些从文法开始符出发永远无法到达的非终结符的产生式。

【例 4-11】 文法 G[S]：

$$S \rightarrow Qc \mid c$$
$$Q \rightarrow Rb \mid b$$
$$R \rightarrow sa \mid a$$

虽不具有直接左递归，但 S、Q、R 都有左递归，例如

$$S \Rightarrow Qc \Rightarrow Rbc \Rightarrow Sabc$$

用上述算法消除它的左递归。令它的非终结符的排序为 R、Q、S。对于 R，不存在直接左递归。把 R 代入到 Q 的有关候选式后，Q 的规则变成

$$Q \rightarrow sab \mid ab \mid b$$

现在的 Q 同样不含直接左递归，把它代入到 S 的有关候选式后，S 变成

$$S \rightarrow Sabc \mid abc \mid bc \mid c$$

经消除了 S 的直接左递归后，我们得到整个文法为：

$$S \rightarrow abcS' \mid bcS' \mid cS'$$
$$S' \rightarrow abcS' \mid \varepsilon$$

$$Q \rightarrow Sab \mid ab \mid b$$
$$R \rightarrow Sa \mid a$$

显然，其中关于 Q 和 R 的规则已是多余的。经化简后所得文法是：

$$S \rightarrow abcS' \mid bcS' \mid cS'$$
$$S' \rightarrow abcS' \mid \varepsilon$$

注意，由于对非终结符排序的不同，最后所得文法在形式上可能不一样，但它们都是等价的。例如，若对文法 G 的非终结符排序为 S、Q、R，那么，最后所得的无左递归文法是：

$$S \rightarrow Qc \mid c$$
$$Q \rightarrow Rb \mid b$$
$$R \rightarrow bcaR' \mid caR' \mid aR'$$
$$R \rightarrow bca \mid R' \mid \varepsilon$$

在消除左递归之后，必须消除回溯。回溯的情况是，如果有产生式

$$A \rightarrow ab_1 \mid ab_2 \mid ab_3$$

那么轮到非终结符 A 去执行匹配过程时，如果下一输入字符是 a，就不能够确定该使用哪个候选，这样就可能导致回溯。或者如果有产生式

$$A \rightarrow Bb_1 \mid ab_2$$
$$B \rightarrow ac_1$$

也会存在回溯。

消除回溯需要保证对文法的任何非终结符，当要它去匹配输入串时，能够根据它所面临的输入符号准确地指派它的一个候选去执行任务，并且此候选的工作结果应是确信无疑的。也就是说，若此候选获得成功匹配，那么这种匹配决不会是虚假的；若此候选无法完成匹配任务，则任何其他候选也肯定无法完成。

下面看一下在不得回溯的前提下对文法有什么要求。令 G 是一个不含左递归的文法，对 G 的所有非终结符的每个候选 α 定义它的终结首符集 $FIRST(\alpha)$ 为

$$FIRST(\alpha) = \{a \mid \alpha \overset{*}{\Rightarrow} a \cdots, \ a \in V_T\}$$

特别是，若 $\alpha \overset{*}{\Rightarrow} \varepsilon$，则规定 $\varepsilon \in FIRST(\alpha)$。换句话说，$FIRST(\alpha)$ 是 α 的所有可能推导的开头终结符或可能的 ε。如果非终结符 A 的所有候选首符集两两不相交，即 A 的任何两个不同候选 α_i 和 α_j

$$FIRST(\alpha_i) \cap FIRST(\alpha_j) = \varnothing$$

那么，当要求 A 匹配输入串时，A 就能根据它所面临的第一个输入符号 a，准确地指派某一个候选前去执行任务。这个候选就是那个终结首符集含 a 的 α。

消除回溯的方法是提取公共左因子。例如，假定关于 A 的规则是

$$A \rightarrow \delta\beta_1 \mid \delta\beta_2 \mid \cdots \mid \delta\beta_n \mid \gamma_1 \mid \gamma_2 \mid \cdots \mid \gamma_m \quad (\text{其中，每个} \gamma \text{不以} \delta \text{开头})$$

则可以将规则改写为

$$A \rightarrow \delta A' \mid \gamma_1 \mid \gamma_2 \mid \cdots \mid \gamma_m$$

$$A' \rightarrow \beta_1|\beta_2|\cdots|\beta_n$$

经过反复提取左因子，就能够把每个非终结符的所有候选首符集变成为两两不相交。为此付出的代价是大量引进新的非终结符和 ε-产生式。

对于不含左递归，且满足每个非终结符的所有候选首符集两两不相交的条件的文法，如果空字 ε 属于某个非中介符的候选首符集时，情况会有点复杂。为此，假定 S 是文法 G 的开始符号，对于 G 的任何非终结符 A，我们定义

$$FOLLOW(A)=\{a \mid S \overset{*}{\Rightarrow} \cdots Aa\cdots, \quad a \in V_T\}$$

特别是，若 $S \overset{*}{\Rightarrow} \cdots A$，则规定 #∈FOLLOW(A)。换句话说，FOLLOW(A) 是所有句型中出现在紧接 A 之后的终结符或#。

如果一个文法满足如下条件，则称该文法为 LL(1) 文法。

- 文法不含左递归；
- 对于文法中每一个非终结符 A 的各个产生式的候选首符集两两不相交。即，若

$$A \rightarrow \alpha_1|\alpha_2|\cdots|\alpha_n$$

则　　$FIRST(\alpha_i) \cap FIRST(\alpha_j)=\varnothing$ 　　　 $(i \neq j)$；

- 对文法中的每个非终结符 A，若它存在某个候选首符集包含 ε，则

$$FIRST(A) \cap FOLLOW(A)=\varnothing \quad 。$$

对于一个 LL(1) 文法，可以对其输入串进行有效的无回溯的自顶向下分析。假设要用非终结符 A 进行匹配，面临的输入符号为 a，A 的所有产生式为

$$A \rightarrow \alpha_1|\alpha_2|\cdots|\alpha_n$$

若 $a \in FIRST(\alpha_i)$，则指派 α_i 去执行匹配任务。

若 a 不属于任何一个候选首符集，则

- 若 ε 属于某个 $FIRST(\alpha_i)$，且 $a \in FOLLOW(A)$，则让 A 与 ε 自动匹配；
- 否则，a 的出现是一种语法错误。

根据 LL(1) 文法的条件，每一步这样的工作都是确信无疑的。

② 递归下降分析法

递归下降分析法要求文法是 LL(1) 文法，它以程序的方式模拟产生式产生语言的过程，方法是为文法构造一个不带回溯的自上而下的语法分析程序，这个分析程序是由一组递归子程序组成的，每个子程序对应文法的一个非终结符，子程序中按照该非终结符的产生式候选项分情况展开，遇到终结符则进行匹配，而遇到非终结符则调用相应的子程序。这样的一个分析程序称为递归下降分析器。它的工作过程是从调用文法的开始符号的子程序开始，直到所有非终结符都展开为终结符并得到匹配为止。若分析过程可以达到这一步，则表明分析成功，否则表明输入串中有语法错误。对于规模较小的语言，递归下降分析法是一种有效的方法，其优点是简单且易于构造；缺点是程序与文法直接相关，对文法的任何改变都需要在程序中进行相应的修改。

③ 预测分析法

预测分析法是自顶向下的另一种方法，一个预测分析器由 3 部分组成：预测分析程序、

先进后出栈和预测分析表。预测分析表与文法有关，可用一个二维数组 M 表示，其元素 M[A,a]（A∈V_N，a∈V_T∪{#}）存放一条关于 A 的产生式，表明当用 A 向下推导时，面临输入符 a 时应采用的候选式；当元素内容无产生式时，则表明用 A 向下推导时，遇到了不该出现的符号，转向出错处理。预测分析法也使用 LL(1)文法。

（2）自底向上分析法

自底向上分析法是一种"移进-归约"法，这种方法的大意是，用一个寄存符号的先进后出栈，把输入符号一个一个地移进到栈里，当栈顶形成某个产生式的一个可归约串时，即把栈顶的这一部分替换成（归约为）该产生式的左部符号。重复这一过程直到归约到栈中只剩文法的开始符号且输入串也已扫描完时，分析成功，即确认输入串是文法的句子。由对"可归约串"刻画的不同，形成了不同的自底向上分析方法。在算符优先分析中，用"最左素短语"来刻画"可归约串"；在"规范归约"分析中，用"句柄"来刻画"可归约串"，对应的分析器称为 LR 分析器。移进归约分析法的数学模型是下推自动机。

① 算符优先分析

算符优先分析法特别有利于表达式分析，宜于手工实现。算符优先分析过程是自底向上的归约过程，但这种归约未必是严格的最左归约。也就是说，算符优先分析法不是一种规范归约法。

所谓算符优先分析就是定义算符之间（确切地说是终结符之间）的某种优先关系，借助于这种优先关系寻找"可归约串"和进行归约。

用下面的方法表示任何两个可能相继出现的终结符 a 和 b（它们之间可能插有一个非终结符）的优先关系。这种关系有 3 种：

a<·b　　　　a 的优先性低于 b
a=b　　　　 a 的优先性等于 b
a·>b　　　　a 的优先性高于 b

注意，这 3 个关系不同于数学中的<、=、>。例如 a<·b 并不一定意味着 b·>a，a=b 也不一定意味着 b=a。

一个文法，如果它的任一产生式的右部都不含两个相继（并列）的非终结符，即不含如下形式的产生式右部：

$$\cdots QR\cdots$$

则我们称该文法为算符文法。

令 a、b 代表任意终结符；P、Q、R 代表任意非终结符；…代表由终结符和非终结符组成的任意序列，包括空字。

假定 G 是一个不含 ε-产生式的算符文法，对于任何一对终结符 a、b，我们说

- a=b 当且仅当文法 G 中含有形如 P→…ab…或 P→…aQb…的产生式；

- a<·b 当且仅当 G 中含有形如 P→…aR…的产生式，而 R $\overset{+}{\Rightarrow}$ b…或 R $\overset{+}{\Rightarrow}$ Qb…；

- a·>b 当且仅当 G 中含有形如 P→…Rb…的产生式，而 R $\overset{+}{\Rightarrow}$ …a 或 R $\overset{+}{\Rightarrow}$ …aQ。

如果一个算符文法 G 中的任何终结符对（a，b）至多只满足下述三种关系之一：

$$a=b, \quad a< \cdot \; b, \quad a \cdot >b$$

则称 G 是一个算符优先文法。

在使用算符优先分析方法之前首先要构造文法的优先关系表。在进行算符优先分析方法时，每次找出的都是句型的最左素短语。

算符优先分析比规范归约要快得多，因为算符优先分析跳过了所有但非产生式所对应的归约步骤。这既是算符优先分析的优点，同时也是它的缺点。因为，忽略非终结符在归约过程中的作用，存在某种危险性，可能导致把本来不成句子的输入串误认为是句子。但这种缺陷容易从技术上加以弥补。

② LR 分析法

LR 分析法是一种规范归约分析法，它根据当前分析栈中的符号串（通常以状态表示）和向右顺序查看输入串的 k 个符号，就可唯一确定分析器的动作是移进还是归约，以及用哪条产生式归约，因而也就能唯一地确定句柄。当 k=1 时，已能满足当前绝大多数高级语言编译程序的需要。常用的 LR 分析器有 LR(0)、SLR(1)、LR(1)和 LALR(1)4 种。

一个 LR 分析器实质上是一个带有先进后出存储器（栈）的确定优先自动机，它的每一步工作都由栈顶状态和现行输入符号唯一决定。LR 分析器由 3 个部分组成。

- 总控程序：也称驱动程序。对所有 LR 分析器总控程序都是相同的。
- 分析表：不同的文法具有不同的分析表。同一文法采用不同的 LR 分析器时，分析表也不同。分析表又分为动作表（ACTION）和状态转换表（GOTO）两个部分，它们都可用二维数组表示。
- 分析栈：分析栈是先进后出栈，每一项内容包括状态 s 和文法符号 X 两部分。

分析表 ACTION[s，a]规定了当状态 s 面临输入符号 a 时应采取什么动作，而分析表 GOTO[s，X]规定了状态 s 面对文法符号 X（终结符或非终结符）时下一状态是什么。

ACTION[s，a]所规定的动作有 4 种可能。

- 移进：把（s，a）的下一状态 s'=GOTO[s，a]和输入符号 a 推进栈，下一输入符号变成现行输入符号。
- 归约：指用某一产生式 A→β 进行归约。假若 β 的长度为 r，归约的动作是 A，去掉栈顶的 r 个项，使状态 s_{m-r} 变成栈顶状态，然后把（s_{m-r}，A）的下一状态 s'=GOTO[s_{m-r}，A]和文法符号 A 推进栈。归约动作不改变现行输入符号。执行归约动作意味着 β 已呈现于栈顶而且是一个相对于 A 的句柄。
- 接受：当归约到文法符号栈中只剩文法的开始符号 S，并且输入符号串已经结束时，即当前输入符是#，宣布分析成功，停止分析器的工作。
- 报错：当遇到状态栈顶为某一状态下出现不该遇到的文法符号时，报错，调用出错处理程序。说明输入串不是该文法所能接受的句子。

LR 分析器的总控程序本身的工作是非常简单的。它的任何一步只需按栈顶状态 s 和现行输入符号 a 执行 ACTION[s，a]所规定的动作。不管什么分析表，总控程序都一样地工作。

一个 LR 分析器的工作过程可看成是栈里的状态序列、已归约串和输入串所构成的三元式的变化过程。分析开始时的初始三元式为

$$(s_0, \quad \#, \quad a_1a_2\cdots a_n\#)$$

其中，s_0 为分析器的初态；#为句子的左括号；$a_1a_2\cdots a_n$ 为输入串；其后的#为结束符（句子右括号）。分析过程每步的结果可表示为

$$(s_0s_1\cdots s_m, \quad \#X_1X_2\cdots X_m, \quad a_ia_{i+1}\cdots a_n\#)$$

分析器的下一步动作是由栈顶状态 s_m 和现行输入符号 a_i 所唯一决定的。即执行 ACTION$[s_m, a_i]$ 所规定的动作。经执行每种可能的动作之后，三元式的变化情形是：

- 若 ACTION$[s_m, a_i]$ 为移进，且 $s=$GOTO$[s_m, a_i]$，则三元式变成：

$$(s_0s_1\cdots s_mS, \quad \#X_1X_2\cdots X_ma_i, \quad a_{i+1}\cdots a_n\#)$$

- 若 ACTION$[s_m, a_i]=\{A\rightarrow\beta\}$，则按产生式 $A\rightarrow\beta$ 进行归约。此时三元式变为

$$(s_0s_1\cdots s_{m-r}s, \quad \#X_1X_2\cdots X_{m-r}A, \quad a_ia_{i+1}\cdots a_n\#)$$

此处 $s=$GOTO$[s_{m-r}, A]$，r 为 β 的长度，$\beta=X_{m-r+1}\cdots X_m$。

- 若 ACTION$[s_m, a_i]$ 为接受，则三元式不再变化，变化过程终止，宣布分析成功。
- 若 ACTION$[s_m, a_i]$ 为报错，则三元式的变化过程终止，报告错误。

一个 LR 分析器的工作过程就是一步一步地变换三元式，直至执行接受或报错为止。它对字串的处理过程与规范归约一致。

LR 分析器的关键部分是分析表的构造，在此不做介绍。

5. 语法制导翻译和中间代码生成

语法制导翻译方法使用属性文法为工具来说明程序设计语言的语义。一个属性文法包含一个上下文无关文法和一系列语义规则，这些语义规则附在文法的每个产生式上，在语法分析过程中，完成附加在所使用的产生式上的语义规则描述的动作，从而实现语义处理。

在语法分析过程中，随着分析的步步进展，一条产生式获得匹配（自顶向下分析）或用于归约（自底向上分析）时，根据这条产生式所对应的语义子程序进行翻译的方法称作语法制导翻译。它既适用于自顶向下分析，又适用于自底向上分析。

（1）中间代码的形式

编译程序使用的中间代码有多种形式。常见的有逆波兰记号、三元式、四元式和树形表示。下面分别做介绍。

① 逆波兰记号将运算对象写在前面，把运算符号写在后面，比如把 a＋b 写成 ab＋，把 a*b 写成 ab*，用这种表示法表示的表达式也称作后缀式。后缀表示法的最大优点是最易于计算机处理表达式。利用一个栈，自左向右扫描算术表达式（后缀表示）。每碰到运算对象，就把它推进栈；碰到运算符，若该运算符是二目运算符，则对栈顶的两个运算对象实施该运算，并将运算结果代替这两个运算对象而进栈。若是一目运算符，则对栈顶元素执行该运算，并以运算结果代替该元素进栈，最后的结果留在栈顶。

② 三元式可以表示表达式和各种语句。每个三元式的组成部分是（op，ARG1，ARG2），其中 op 是算符，ARG1 和 ARG2 分别是第一、第二运算对象。三元式中含有对中间计算结

果的显示引用。

　　③ 四元式是一种比较普遍采用的中间代码形式，它的 4 个组成部分是（op，ARG1，ARG2，RESULT），其中 RESULT 指运算结果。运算对象和运算结果有时指用户自己定义的变量，有时指编译程序引进的临时变量。四元式与三元式的主要不同在于，四元式对中间结果的引用必须通过给定的名字，而三元式是通过产生中间结果的三元式编号，也就是说，四元式之间的联系是通过临时变量实现的。

　　④ 树形表示就是将三元式表达成树形，运算符的孩子是对应的操作数。

　　【例 4-12】　e:=(a + b) * (c + d)的各种中间代码表示形式如下。

逆波兰（后缀式）表示：　e ab+cd+* :=

三元式表示：(+, a, b)

　　　　　　　(+, c, d)

　　　　　　　(*, (1), (2))

　　　　　　　(:=, (3), e)

四元式表示：(+, a, b, t1)

　　　　　　　(+, c, d, t2)

　　　　　　　(*, t1, t2, t3)

　　　　　　　(:=, t3, － , e)

树形表示：

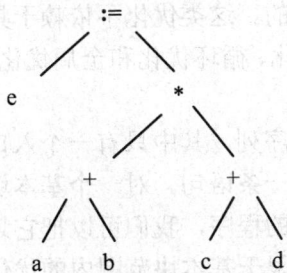

　　（2）几种语法单位的翻译

　　语法制导翻译的基本方法是为文法的每个产生式配上语义规则并且在适当的时候执行这些规则，即当归约（或推导）到某产生式时，除了按照产生式进行相应的代换外，还要按照产生式对应的语义规则执行相应的语义动作。

　　常见的语法单位主要有：算术表达式、布尔表达式、赋值语句、控制语句（分支和循环）等。对于不同的结构，有不同的处理方法，但翻译程序的构造原理是相似的。对于各种语法单位的翻译，要按如下步骤进行：语法单位的文法描述；语法单位的语义描述；根据语义，设计语法单位翻译后的目标结构；根据目标结构，改写文法并设计相应的语义子程序。

　　（3）动态存储分配

　　由于各种语言的不同特点，在目标程序运行时，对存储空间的分配和组织有不同的要求，在编译阶段应产生相应的目标来满足不同的要求。分配的对象有初等数据类型（如整型、实型和布尔型等）、结构数据类型（如数组和记录等）和连接数据（如返回地址、参数等）。分配的依据是名字的作用域和生存期的定义规则。分配的策略按语言的特点而定，有静态和动态两大类。

如果在编译时能确定目标程序运行中所需的全部数据空间的大小，安排好目标程序运行时的全部数据空间，并确定每个数据对象的存储位置，则称这种分配策略是静态存储分配，如 Fortran 语言。

如果一个程序语言允许递归过程、可变数组或可变数据结构，那么，就需采用动态存储管理技术。它有两种方式：栈式和堆式。栈式动态存储分配策略是将整个程序的数据空间设计为一个栈，适用于 Pascal、C、ALGOL 之类的语言。每当调用一个过程时，它所需的数据空间就分配在栈顶。每当过程工作结束时，就释放这部分空间。如果一个程序语言提供用户自由地申请数据空间和退还数据空间的机制（如 C++中的 new、delete），或者不仅有过程而且有进程的程序结构，即空间的使用未必服从"先申请后释放、后申请先释放"的原则，那么栈式的动态存储分配方案就不适用了，这种情况下通常使用一种称为堆式的动态存储分配方案。

6. 中间代码优化

优化是对程序进行等价变换，使得从变换后的程序能够生成更有效的目标代码。等价的含义是指不会改变程序的运行结果；更有效是指优化后的目标代码运行时间更短，占用的存储空间更小。原则上讲，优化可以在编译的各个阶段进行，但最主要的一类优化是在目标代码生成之前，对语法分析后的中间代码进行的。这类优化不依赖于具体的计算机。

根据优化所涉及的程序范围，可以分为局部优化、循环优化和全局优化 3 个不同级别。

（1）局部优化

所谓基本块，是指程序中一个顺序执行的语句序列，其中只有一个入口和一个出口，入口就是其中的第一条语句，出口就是其中的最后一条语句。对一个基本块来说，执行时只能从其入口进入，从其出口退出。对于一个给定的程序，我们可以把它划分为一系列的基本块。在各个基本块范围内，分别进行优化。局限于基本块范围内的优化称为基本块内的优化，或称为局部优化。

局部优化包括删除公共子表达式、删除无用赋值和合并已知量等。

下面先给出划分程序为中间代码的算法。

① 求出程序中各个基本块的入口语句，它们是程序的第一条语句；或者能由条件转移语句或无条件转移语句转移到的语句；或者紧跟在条件转移语句后面的语句。

② 对以上求出的每一入口语句，构造其所属的基本块。它是由该入口语句到另一入口语句（不包括该入口语句），或到一转移语句（包括该转移语句），或到一停机语句（包括该停机语句）之间的语句序列组成的。

③ 凡未被纳入某一基本块中的语句，都是程序中控制流程无法到达的语句，从而也是不会被执行到的语句，可以从程序中删除。

【例 4-13】 对于如下的三地址程序：

（1）read X

（2）read Y

（3）R:=X mod Y

（4）if R=0 goto （8）

（5）X:=Y

（6）Y:=R

（7）goto （3）

（8）write Y

（9）halt

使用上面的算法，由规则 1a，（1）是入口语句；由规则 1b，（3）和（8）分别是入口语句；由规则 1c，（5）是入口语句。然后使用规则 2，得到各基本块分别为（1）（2）、（3）（4）、（5）（6）（7）以及（8）（9）。

局部优化的方法是：将基本块内的四元式序列转换成带标记或附加信息的有向无环图 DAG。在构造好 DAG 后，利用该 DAG 重新生成原基本块的一个优化的中间代码序列。

（2）控制流程分析和循环优化

循环是程序中那些可能反复执行的代码序列。因为循环中代码可能要反复执行，所以进行代码优化时应着重考虑循环的代码优化，这对提高目标代码的效率将起更大的作用。为进行循环优化首先要确定控制流程图中哪些基本块构成一个循环。

控制流程图（简称流图）是具有唯一首结点的有向图。所谓首结点，就是从它开始到控制流程图中任何结点都有一条通路的结点。控制流程图可表示成三元组 $G=(N, E, n_0)$，其中 N 代表图中所有结点集（结点就是程序的基本块），E 代表图中所有有向边集，n_0 代表首结点（即包含程序第一条语句的基本块）。E 是这样构成的：假设流图中结点 i 和结点 j 分别对应程序的基本块 i 和基本块 j，则当下述两条件有一个成立时，从结点 i 有一有向边引向结点 j。

① 基本块 j 在程序中紧跟在基本块 i 之后，并且基本块 i 的出口语句不是无条件转移语句 goto(S)或者停机语句。

② 基本块 i 的出口语句是一个条件或无条件转移语句转到语句 S，并且 S 是基本块 j 的入口语句。

这时我们称基本块 i 是 j 的前驱，j 是 i 的后继。

【例 4-14】 根据例 4-13 中的基本块划分，画出控制流图如图 4-12 所示。

在程序流图中，我们称具有下列性质的结点序列为一个循环。

① 它们是强连通的，即：其中任意两个结点之间必有一条通路，而且该通路上各结点都属于该结点序列。如果序列只包含一个结点，则必有一有向边从该结点引到自身。

② 它们中间有且只有一个是入口结点。所谓入口结点，是指该序列中具有下列性质的结点：从序列外某结点，有一有向边引到它，或者它就是程序流图的首结点。

因此，我们定义的循环就是程序流图中具有唯一入口结点的强连通子图，从循环外要进入循环，必须首先经过循环的入口结点。

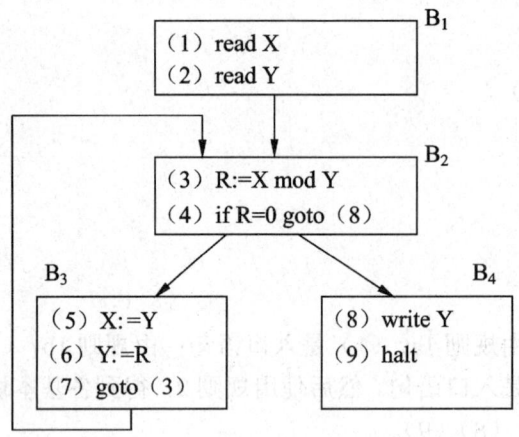

图 4-12　控制流图

循环的查找方法如下。

① 必经结点：在程序流图中，对任意两个结点 m 和 n，如果从流图的首结点出发，到达 n 的任一通路都要经过 m，则称 m 是 n 的必经结点，记为 m DOM n。流图中结点 n 的所有必经结点的集合，称为结点 n 的必经结点集，记为 D(n)。

② 回边：假设 a→b 是流图中的一条有向边，如果 b DOM a，则称 a→b 是流图中的一条回边。

③ 利用回边求循环：如果已知 n→d 是回边，那么就可求出由它组成的循环。该循环由结点 d、结点 n 以及有通路到达 n 而该通路不经过 d 的所有结点组成，并且 d 是该循环的唯一入口结点。

【例 4-15】 对图 4-12 的控制流图，容易看出基本块 B_2 和 B_3 构成了一个循环。

循环优化主要包括代码外提、强度削弱和删除归纳变量。

① 代码外提

循环中的代码，要随着循环反复地执行，但其中某些运算的结果往往不随循环而变化，我们可以将这种不变运算外提到循环之外执行，这种优化称为代码外提。

实施代码外提时，我们在循环入口结点前面建立一个新结点（基本块），称为循环的前置结点。循环前置结点以循环入口结点为其唯一后继，原来流图中从循环外引到循环入口结点的有向边，改成引到循环前置结点。循环中外提的代码都外提到前置结点中。

② 强度削弱

强度削弱是指把程序中执行时间较长的运算替换为执行时间较短的运算。例如把循环中的乘法运算用递归加法运算来替换，也可以对加法进行强度削弱。

如果循环中有 I 的递归赋值 I:=I±C（C 为循环不变量），并且循环中 T 的赋值运算可划归为 T:=K*I±C_1（K 和 C_1 为循环不变量），那么 T 的赋值运算可以进行强度削弱。T 的

初始化为 $K*I\pm C_1$。以后每次循环 $T:=T\pm C*K$。

③ 删除归纳变量

如果循环中对变量 I 只有唯一的形如 $I:=I\pm C$ 的赋值，且其中 C 为循环不变量，则称 I 为循环中的基本归纳变量。

如果 I 是循环中一基本归纳变量，J 在循环中的定值总是可划归为 I 的同一线性函数，也即 $J=C_1*I\pm C_2$，其中 C_1 和 C_2 都是循环不变量，则称 J 是归纳变量，并称它与 I 同族。一个基本归纳变量也是一归纳变量。

一个基本归纳变量除用于自身的递归定值外，往往只在循环中用来计算其他归纳变量以及用来控制循环的进行。这是我们可用与 I 同族的某一归纳变量来替换循环控制条件中的 I。这种优化称为删除归纳变量，或称变换循环控制条件。

删除归纳变量是在强度削弱以后进行的。下面，我们统一给出强度削弱和删除归纳变量的算法框架，其步骤如下。

- 利用循环不变运算信息，找出循环中所有基本归纳变量。
- 找出所有其他归纳变量 A，并找出 A 与已知基本归纳变量 X 的同族线性函数关系 $F_A(X)$。
- 对上一步中找出的每一归纳变量 A 进行强度削弱。
- 删除对归纳变量的无用赋值。
- 删除基本归纳变量。

（3）全局优化

全局优化是在整个程序范围内进行的优化，它包括常数传播、合并已知量、删除全局公共子表达式以及复写传播。由于全局优化需先进行数据流分析，在此不做介绍。

7. 目标代码生成

目标代码的生成是把经过语法分析或优化后的中间代码作为输入，将其转换成特定机器上的目标代码，这样的转换程序称为代码生成器。目标代码一般有以下 3 种形式。

- 能够立即执行的机器语言代码，所有地址均已定位。
- 待装配的机器语言模块。当需要执行时，由连接装入程序把它们和某些运行程序连接起来，转换成能执行的机器语言代码。
- 汇编语言代码，尚需经过汇编程序汇编，转换成可执行的机器语言代码。

代码生成器的设计要着重考虑两个问题：一是如何使生成的目标代码较短（空间上）；另一个是如何充分利用计算机的寄存器，减少目标代码中访问存储单元的次数（时间上）。

4.2.4　解释程序的基本原理

1. 解释程序的基本原理和过程

解释程序是一种语言处理程序，它直接执行源程序或源程序的内部形式。因此，解释程序并不产生目标程序，这是它和编译程序的主要区别。

解释程序一般有 3 种方式。

（1）源程序直接被解释执行。这种方式在实现时需要反复扫描源程序，因此效率很低。

（2）先将源程序翻译成高级中间代码，然后再扫描高级中间代码进行解释执行。在高级中间代码和高级语言之间存在着一一对应关系。

（3）先将源程序转化为和机器代码十分接近的低级中间代码，然后解释执行这种低级中间代码。通常，在这种方式下，高级语言的语句和低级中间代码之间存在 1 和 n 的对应关系。

解释程序一般分为两个部分：第一部分包括通常的词法分析、语法和语义分析程序；第二部分是解释部分，对第一部分产生的中间代码进行解释执行。

2. 解释程序和编译程序的比较

（1）效率：一般来说编译方式比解释方式具有更高的效率。虽然在编译阶段编译方式需要更长的时间，但是一旦编译完成，就可以多次执行。执行速度比解释方式要快。

（2）灵活性：解释方式具有更大的灵活性，甚至可以在运行时修改程序。

（3）可移植性：解释方式具有更好的可移植性，可以方便地运行在多个不同的环境中。

4.2.5 小结

- 程序语言分为低级语言和高级语言。语言处理程序分为：解释程序和翻译程序。
- 程序语言可分为命令式程序语言、面向对象程序语言、函数式程序语言和逻辑型程序语言等。常见的程序设计语言有 Fortran、ALGOL、COBOL、Pascal、C/C++、Java、LISP、PROLOG 等。
- 程序设计语言的基本成分包括数据、控制结构和函数等。常见的控制结构有顺序结构、选择结构和循环结构。
- 汇编语言是面向机器的语言。汇编源程序包含指令语句、伪指令语句和宏指令语句。
- 编译程序的工作过程分为 6 个阶段：词法分析、语法分析、语义分析、中间代码产生、代码优化和目标代码生成。除此之外还应包括表格管理和出错处理两个部分。
- 文法、句子、句型、语言、归约的定义。文法分为 0 型、1 型、2 型和 3 型文法。上下文无关文法是 2 型文法，相关概念有规范推导、规范归约、短语、直接短语、句柄和素短语。
- 词法分析中使用正则文法，相关的概念有正规表达式、确定有限自动机 DFA 和非确定有限自动机 NFA。使用子集法完成从 NFA 到 DFA 的转换。正规表达式、DFA 和 NFA 表达能力等价。使用状态分划的方法进行 DFA 的化简。
- 语法分析包括自顶向下分析法和自底向上分析法。自顶向下分析法需要消除左递归和回溯，包括 LL(1)分析法、递归下降分析法和预测分析法。自底向上分析法包括算符优先分析法和 LR 分析法。算符优先分析法通过找出最左素短语完成归约，LR 分析法通过找出句柄完成归约。LR 分析器包括 LR(0)、SLR(1)、LR(1)和

LALR(1)，它们的区别在于分析表的构造。

- 通常使用语法制导的方法产生中间代码。中间代码的形式包括逆波兰记号、三元式、四元式和树形表示。
- 中间代码的优化可以分为局部优化、循环优化和全局优化。局部优化包括删除公共子表达式、删除无用赋值和合并已知量等，通过首先划分基本块，在块内使用DAG 图完成优化。循环优化首先需要画出基本块的控制流图，找出循环，优化方法主要包括代码外提、强度削弱和删除归纳变量。
- 目标代码可以是绝对指令代码或可重定位的指令代码或汇编指令代码。
- 解释程序并不产生目标程序。解释方式程序的运行效率低于编译方式，但是具有更好的灵活性和可移植性。

4.3 重点习题解析

4.3.1 填空题

1. 编译的前端主要包括_____。
2. 汇编程序翻译的源语言是_____，目标语言是_____。
3. 常量和变量的区别在于_____。
4. 程序的基本控制结构顺序结构、选择结构和循环结构，C/C++中的 switch 语句属于_____控制结构，for 语句属于_____控制结构。
5. C 语言程序：int v=0;

    switch(2)
    {
        case 1: v=1;
        case 2: v=2;
        case 3: v=3;
        default: v=10;
    }

执行完该语句后 v=_____。

6. 汇编语言中伪指令语句的作用是_____。
7. 文法 G[Z]：

    Z→U0 | V1   U→Z1 | 1   V→Z0 | 0

对应的正规式为_____。

8. 表达式 x+y*z+w 的逆波兰表示是_____。
9. 代码的优化可以分为局部优化、循环优化和全局优化。强度削弱属于_____优化，删除公共子表达式属于_____优化。

10. 语言 L={$a^m b^n$ | m≥0，n≥2}的正规表达式是_____。

填空题参考答案

1．词法分析、语法分析、语义分析与中间代码生成

2．汇编语言　　　机器语言

3．程序运行时数据的值是否能改变

4．选择　　　循环

5．10

解答：在 switch 语句中，执行完一个 case 后的语句序列后会继续执行下一个 case 的语句序列，要跳出 switch 语句需要使用 break 语句。

6．控制汇编程序工作。

7．(01 | 10)$^+$

8．xyz*+w+

9．循环　　局部

10．a*bbb*

4.3.2　简答题

1．简述编译程序的工作步骤。

解答：编译程序的工作过程一般可以分为词法分析、语法分析、语义分析、中间代码产生、代码优化和目标代码生成，除此之外还应包括表格管理和出错处理。

2．比较编译方式和解释方式的优缺点。

解答：编译方式比解释方式的程序具有更高的效率，只要一次编译，就可以多次执行，执行速度比解释方式快。

解释方式的编译速度比编译方式快，具有更好的灵活性和可移植性。

3．已知文法 G[S]：

$$S \rightarrow SaA \mid A$$
$$A \rightarrow AbB \mid B$$
$$B \rightarrow cSd \mid e$$

写出句型 AacAbcBaAdbed 的规范归约过程。

解答：

句型	句柄	归约规则
<u>A</u>acAbcBaAdbed	A	S→A
SacAbc<u>B</u>aAdbed	B	A→B
SacAbc<u>A</u>aAdbed	A	S→A
SacAbc<u>SaA</u>dbed	SaA	S→SaA
SacAbc<u>cSd</u>bed	cSd	B→cSd
SacA<u>bB</u>bed	AbB	A→AbB
SacAb<u>e</u>d	e	B→e

Sac<u>A</u>bBd	AbB	A→AbB
Sac<u>A</u>d	A	S→A
Sac<u>S</u>d	cSd	B→cSd
Sa<u>B</u>	B	A→B
Sa<u>A</u>	SaA	S→SaA
S		

4. 为正规表达式(a | b)*a (a | b)构造一个最简的确定有限自动机。

解答：首先构造与该正规表达式等价的 NFA，如图4-13 所示。

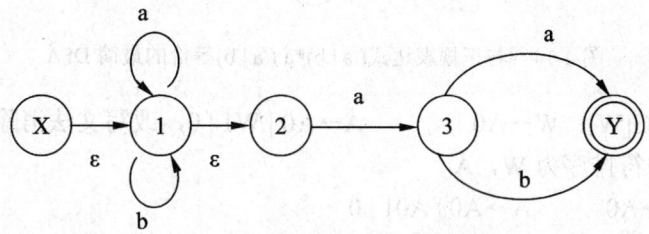

图 4-13　与正规表达式(a | b)*a (a | b)等价的 NFA

然后用子集法将 NFA 确定化为 DFA，如表 4-4 所示。

表4-4　子集法过程

I	I_a	I_b
{X, 1, 2}	{1, 2, 3}	{1, 2}
{1, 2, 3}	{1, 2, 3, Y}	{1, 2, Y}
{1, 2}	{1, 2, 3}	{1, 2}
{1, 2, 3, Y}	{1, 2, 3, Y}	{1, 2, Y}
{1, 2, Y}	{1, 2, 3}	{1, 2}

得到的 DFA　M=（S，Σ，δ，s_0，F）

Σ={a, b}　　　　S={s_0, s_1, s_2, s_3, s_4}　　　F={s_3, s_4}

$\delta(s_0$, a)=s_1　　　　$\delta(s_0$, b)=s_2

$\delta(s_1$, a)=s_3　　　　$\delta(s_1$, b)=s_4

$\delta(s_2$, a)=s_1　　　　$\delta(s_2$, b)=s_2

$\delta(s_3$, a)=s_3　　　　$\delta(s_3$, b)=s_4

$\delta(s_4$, a)=s_1　　　　$\delta(s_4$, b)=s_2

然后进行化简，首先将 M 的状态分成两组，非终态组{s_0, s_1, s_2}，终态组{s_3, s_4}。由于{s_0, s_1, s_2}$_a$={s_1, s_3}，因此可将{s_0, s_1, s_2}拆分为{s_0, s_2}、{s_1}，将{s_3, s_4}拆分为{s_3}、{s_4}、由于{s_0, s_2}$_a$={s_1}，{s_0, s_2}$_b$={s_2}，故不再导致拆分。

至此，整个分划含有 4 组：{s_0, s_2}、{s_1}、{s_3}、{s_4}。每个组都已不可再分。

最后，令状态 s_0 代表{s_0, s_2}。把原来到达状态{s_0, s_2}的弧都导入 s_0，并删除状态{s_0, s_2}，

这样就得到了化简后的 DFA，如图 4-14 所示。

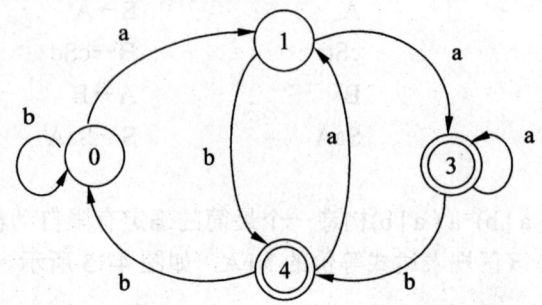

图 4-14　与正规表达式(a | b)*a (a | b)等价的最简 DFA

5. 设有文法 G[W]：W→A0　　　　　A→A0 | W1 | 0，改写文法消除左递归

解答：非终结符排序为 W，A

则 W→A0　　　A→A0 | A01 | 0

改写后消除左递归为　　W→A0　　　A→0A'　　　A'→0A' | 01A' | ε

6. 对如下的三地址代码，划分为基本块，找出循环。

（1）read(n)

（2）j:=1

（3）fen:=1

（4）if　j<=n　goto　（6）

（5）goto　（10）

（6）t1:=fen *i

（7）fenL:=t1

（8）j:=j+1

（9）goto（4）

（10）write(fen)

解答：基本块划分为　　B1：语句（1）～（3）　B2：语句（4）

B3：语句（5）　　　　B4：语句（6）～（9）　B5：语句（10）

画出程序流图可找出循环为 B2 和 B4。

4.3.3　选择题

1. 算符优先文法是一种自底向上的分析方法，其文法的特点是文法的产生式中　(1)　。自顶向下的分析方法通常要求文法的产生式　(2)　，如　(3)　文法就是一种可以自上而下分析的文法。

（1）A. 不含两个相邻的非终结符　　B. 不含两个相邻的终结符

C. 不含 ε 产生式　　　　　　　　D. 不含长度为 1 的产生式

(2) A. 不以非终结符开头　　　　　B. 不以终结符开头

C. 不含左递归　　　　　　　　D. 不含右递归

(3) A. LR(1)　　　B. LL(1)　　　　C. SLR(1)　　　　D. LALR(1)

2. 高级语言编译程序中常用的语法分析方法中，递归子程序法属于 __(1)__ 分析方法，算符优先法属于 __(2)__ 分析方法。

(1)、(2)

A. 自左至右　　　B. 自右至左　　　C. 混合方式　　　D. 自顶向下　　　E. 自底向上

3. 编译程序中代码优化的目的在于使目标程序的执行速度加快。采用的优化方法中，合并已知量和删除公共子表达式是在 __(1)__ 范围内进行；代码外提、删除归纳变量和强度削弱等是在 __(2)__ 范围内进行。

(1)、(2)

A. 基本块　　　　B. 循环语句　　　C. 赋值语句　　　D. 整个程序

4. Java 属于 __(1)__，LISP 属于 __(2)__，PROLOG 属于 __(3)__。

(1) ~ (3)

A. 命令式程序设计语言　　　　B. 面向对象的程序设计语言

C. 函数式程序设计语言　　　　D. 逻辑型程序设计语言

5. 一个文法 G={N，T，P，S}，其中 N 是非终结符号的集合，T 是终结符号的集合，P 是产生式集合，S 是开始符号，令集合 V=N∪T，那么 G 所描述的语言是_____的集合。

A. 由 S 推导出的所有符号串　　　B. 由 S 推导出的所有终结符号串

C. V 中所有符号组成的符号串　　　D. V 的闭包中的所有符号串

6. 程序设计语言中引入"类"的概念是为了解决数据保护问题。C++语言将类的成员封装在类体之中，使之具有一定的存取规则，这些规则规定了存取类的成员的权利，其中，对于用 private 说明的成员，它_____。

A. 既能被该类的成员函数访问，又能被外界直接访问

B. 只能被该类的成员函数访问，外界不能直接访问

C. 不能被该类的成员函数访问，只能被外界直接访问

D. 既不能被该类的成员函数访问，也不能被外界直接访问

7. 对于下面的文法，

　　　S→a│b│(T)　　　　　　　　T→TdS│S

其中 VT={a, b, d, (,)}，VN={S, T}，S 是开始符号。

在句型(Sd(T)db)中，__(1)__ 是句柄，__(2)__ 是素短语，__(3)__ 是该句型的直接短语，__(4)__ 是短语。

(1) A. S　　　　　　B. b　　　　　　C. (T)　　　　　　D. Sd(T)

(2) A. S　　　　　　B. b　　　　　　C. (T)　　　　　　D. Sd(T)

(3) A. S　　　　　　B. S, (T), b　　　C. S, (T), TdS, b　D. (Sd(T)db)

(4) A. (Sd(T)db)　　B. d(T)　　　　　C. Td　　　　　　D. Sd(T)d

8. DFA 可用五元组（S，Σ，δ，s_0，F）来描述，设有一 DFA M 的定义如下。

$\Sigma=\{a, b\}$　　　　　　　　$S=\{s_0, s_1, s_2\}$　　　　　　　　$F=\{s_2\}$

$\delta(s_0,\ a)=s_1$　　　　　　　　$\delta(s_0,\ b)=s_2$

$\delta(s_1,\ a)=s_1$　　　　　　　　$\delta(s_1,\ b)=s_2$

$\delta(s_2,\ a)=s_1$　　　　　　　　$\delta(s_2,\ b)=s_2$

该 DFA　M 对应的正规式为_____。

A. a*b*　　　　　　　B. (a | b)*b　　　　　　　C. a(a | b)*　　　　　　　D. (a | b)*

9. 表达式采用逆波兰式表示时可以不用括号，而且可以用基于__(1)__的求值过程进行计算，与逆波兰式 ab+c*d+对应的中缀表达式是__(2)__。

(1)：A. 栈　　　　　　　B. 队列　　　　　　　C. 符号表　　　　　　　D. 散列表

(2)：A. a+b+c*d　　　B. (a+b)*c+d　　　C. (a+b)*(c+d)　　　D. a+b*c+d

选择题参考答案

1.（1）A　　（2）C　　（3）B

2.（1）D　　（2）E

3.（1）A　　（2）C

4.（1）B　　（2）C　　（3）D

5. B

6. B

7.（1）A　　（2）C　　（3）B　　（4）A

8. B

9.（1）A　　（2）B

4.4　模拟试题

1. 程序设计语言可划分为低级语言和高级语言两大类。与高级语言相比，用低级语言开发的程序，其__(1)__，但在__(2)__的场合，还经常全部或部分地使用低级语言。在低级语言中，汇编语言与机器语言十分接近，它使用了__(3)__来提高程序的可读性。高级语言有许多种类，其中，PROLOG 是一种__(4)__型语言，它具有很强的__(5)__能力。

(1) A. 运行效率低，开发效率低　　　　　　　B. 运行效率低，开发效率高

　　 C. 运行效率高，开发效率低　　　　　　　D. 运行效率高，开发效率高

(2) A. 对时间和空间有严格要求　　　　　　　B. 并行处理

　　 C. 事件驱动　　　　　　　　　　　　　　D. 电子商务

(3) A. 简单算术表达式　　　　　　　　　　　B. 助记符号

　　 C. 伪指令　　　　　　　　　　　　　　　D. 定义存储语句

(4) A. 命令　　　　　　B. 交互　　　　　　C. 函数　　　　　　D. 逻辑

(5) A. 控制描述　　　　B. 输入/输出　　　　C. 函数定义　　　　D. 逻辑推理

2．一种最早用于科学计算的程序设计语言是＿＿（1）＿＿；一种提供指针和指针操作且不存在布尔类型的、应用广泛的系统程序设计语言是＿＿（2）＿＿；一种适合在互联网上编写程序可供不同平台上运行的面向对象程序设计语言是＿＿（3）＿＿；一种在解决人工智能问题上使用最多的有强的表处理能力的函数程序设计语言是＿＿（4）＿＿；一种以谓词逻辑为基础的，核心是事实、规则和推理机制的实用逻辑程序设计语言是＿＿（5）＿＿。

（1）A．Pascal　　　　B．C　　　　　　C．Fortran　　　　D．LISP

（2）A．C　　　　　　B．Java　　　　　C．C++　　　　　　D．Pascal

（3）A．C　　　　　　B．Java　　　　　C．C++　　　　　　D．Pascal

（4）A．PROLOG　　　B．Java　　　　　C．LISP　　　　　　D．SmallTalk

（5）A．PROLOG　　　B．Java　　　　　C．LISP　　　　　　D．SmallTalk

3．通常编译程序是把高级语言书写的源程序翻译为＿＿（1）＿＿程序。一个编译程序除了可能包括词法分析、语法分析、语义分析和中间代码生成、代码优化、目标代码生成之外，还应包括＿＿（2）＿＿。其中＿＿（3）＿＿和优化部分不是每个编译程序都必需的。

（1）A．Basic 程序　　　　　　　　　B．中间语言

　　　C．另一种高级语言　　　　　　D．低级语言

（2）A．符号执行器　　　　　　　　B．模拟执行器

　　　C．解释器　　　　　　　　　　D．表格管理和出错处理

（3）A．词法分析　　　　　　　　　B．语法分析

　　　C．中间代码生成　　　　　　　D．目标代码生成

4．形式语言的短语结构文法一般用四元组 G=（V_T，V_N，S，P）表示。根据＿＿（1）＿＿的分类，把文法分成 0 型、1 型、2 型、3 型 4 种类型。各类文法所对应的自动机顺次为＿＿（2）＿＿。

（1）A．终结符号集 V_T　　　　　　　　B．非终结符号集 V_N

　　　C．产生式集 P　　　　　　　　　　D．起始符 S

（2）A．有限状态自动机、线性有界自动机、下推自动机、图灵机

　　　B．图灵机、线性有界自动机、下推自动机、有限状态自动机

　　　C．图灵机、下推自动机、有限状态自动机、线性有界自动机

　　　D．线性有界自动机、有限状态自动机、下推自动机、图灵机

5．词法分析器用于识别＿＿（1）＿＿，常用的支持编译程序开发的工具 Yacc，主要用于＿＿（2）＿＿阶段。

（1）A．语句　　　　B．单词　　　　C．字符串　　　　D．标识符

（2）A．词法分析　　　　　　　　　B．语法分析

　　　C．中间代码生成　　　　　　　D．目标代码生成

6．在编译程序中，语法分析的方法有自底向上分析和自顶向下分析。自底向上分析方法自左向右扫描输入符号串，通过＿＿（1）＿＿分析其语法是否正确。例如，＿＿（2）＿＿就是一种自底向上的分析方法。与其他自底向上分析方法不同，它是根据＿＿（3）＿＿来进行归约的。自顶向下分析方法从文法的开始符号出发，判断其能否＿＿（4）＿＿出输入符号串。采

用自顶向下分析方法时，要求文法不含有___(5)___。

(1) A. 归约-移进　　　B. 移进-移进　　　C. 移进-归约　　　D. 归约-归约

(2) A. 算符优先分析法　　　　　　B. 预测分析法

　　 C. 递归子程序分析法　　　　　D. LL(1)分析法

(3) A. 短语　　　B. 素短语　　　C. 直接短语　　　D. 句柄

(4) A. 归纳　　　B. 归约　　　C. 推理　　　D. 推导

(5) A. 右递归　　　B. 左递归　　　C. 直接右递归　　　D. 直接左递归

7. 已知文法 G[E]：

$E \rightarrow T | E + T | E - T$　　　　$T \rightarrow F | T * F | T / F$　　　　$F \rightarrow (E) | I$

该文法的句型 $T + T * F + I$ 的最左素短语为___(1)___，句柄为___(2)___。

(1) A. 句型中第一个 T　　　　　　B. $T + T$

　　 C. I　　　　　　　　　　　　D. $T * F$

(2) A. $T * F$　　　　　　　　　　B. 句型中第 2 个 T

　　 C. 句型中第 1 个 T　　　　　　D. I

8. 程序设计语言包括___(1)___等几个方面，它的基本成分包括___(2)___。Chomsky（乔姆斯基）提出了形式语言的分层理论，他定义了 4 类文法：短语文法、上下文相关文法、上下文无关文法和正则文法。一个文法可以用一个四元组 $G = (V_T, V_N, S, P)$，其中 V_T 是终结符的有限字符集，V_N 是非终结符的有限字母表，$S \in V_N$ 是开始符号，P 是生成式的有限非空集。

在短语文法中，P 的生成式都是 $\alpha \rightarrow \beta$ 的形式，其中 $\alpha \in$ ___(3)___，$\beta \in (V_T \cup V_N)$ *；在上下文相关文法中，P 中的生成式都是 $\alpha_1 A \alpha_2 \rightarrow \alpha_1 \beta \alpha_2$ 的形式，其中 $A \in$ ___(4)___，$\beta \in (V_T \cup V_N)$ *，$\beta \neq \varepsilon$。在上下文无关文法中，P 中的生成式的左部 $\in$ ___(5)___。

(1) A. 语法、语义　　　　　　　　B. 语法、语用

　　 C. 语义、语用　　　　　　　　D. 语法、语义、语用

(2) A. 数据、传输、运算　　　　　　B. 数据、运算、控制

　　 C. 数据、运算、控制、传输　　　D. 顺序、分支、循环

(3) A. V_N^+　　　　　　　　　　　B. $(V_T \cup V_N)$

　　 C. $(V_T \cup V_N)$ *　　　　　　D. $(V_T \cup V_N) * V_N (V_T \cup V_N)$ *

(4) A. V_N　　　　　　　　　　　　B. V_N^+

　　 C. $V_T \cup V_N$　　　　　　　　D. $(V_T \cup V_N)$ *

(5) A. V_N　　　　　　　　　　　　B. V_N^+

　　 C. $V_T \cup V_N$　　　　　　　　D. $(V_T \cup V_N)$ *

9. 有限状态自动机可用五元组 $(S, \Sigma, \delta, s_0, F)$ 来描述，它可对应于___(1)___。设有一有限状态自动机 M 的定义如下。

　　　　　　$\Sigma = \{0, 1\}$　　　　　$S = \{s_0, s_1, s_2\}$　　　　　$F = \{s_2\}$

　　　　　　$\delta(s_0, 0) = s_1$　　　　$\delta(s_1, 0) = s_2$

$\delta(s_2, 1)=s_2$ $\qquad$ $\delta(s_2, 0)=s_2$

M 是一个 __(2)__ 有限状态自动机，它所能接受的语言可以用正则表达式表示为 __(3)__，其含义是 __(4)__ 。

(1) A. 0 型文法   B. 1 型文法   C. 2 型文法   D. 3 型文法

(2) A. 歧义的   B. 非歧义的   C. 确定的   D. 非确定的

(3) A. (0 | 1)*   B. 0 0 (0 | 1) *

     C. (0 | 1)* 0 0   D. 0 (0 | 1)* 0

(4) A. 由 0 和 1 所组成的符号串的集合

     B. 由 0 为头符号和尾符号，由 0 和 1 所组成的符号串的集合

     C. 以两个 0 结束的、由 0 和 1 所组成的符号串的集合

     D. 以两个 0 开始的、由 0 和 1 所组成的符号串的集合

10. 文法 G[S]: S→xSx | y 所描述的语言是_____（n≥0）。

     A. $(xyx)^n$ B. xyx^n C. xy^nx D. x^nyx^n

11. 与正规式 (a | b)* 等价的正规式为_____。

     A. a* | b*   B. a*b*   C. (a*b*)*   D. (ab)*

12. 已知文法 G[S]: S→A0 | B1, A→S1 | 1, B→S0 | 0；该文法属于乔姆斯基定义的 __(1)__ 文法，它不能产生串 __(2)__ 。

(1) A. 0 型   B. 1 型   C. 2 型   D. 3 型

(2) A. 0011   B. 1010   C. 1001   D. 0101

13. 对于文法 G={{0, 1}, {S, A, B}, P, S}，其中 P 中的产生式及序号为：

     ①S→0A   ②S→1B   ③A→1S   ④A→1   ⑤B→0S   ⑥B→0

与该文法等价的正规式是 __(1)__ ，其中，若采用最右推导产生句子 100110 使用的产生式编号的序列为 __(2)__ ；句型 01011B 的直接短语是 __(3)__ ，句柄为 __(4)__ 。

(1) A. 01(01 | 10)*   B. (0 | 1)*(01 | 10)

     C. (0 | 1) (1* | 0*)   D. (01 | 10) (01 | 10)*

(2) A. bcadef   B. beacbf

     C. bacebf   D. beadcf

(3) A. 0   B. 1   C. 0A   D. 1B

(4) A. 0   B. 1   C. 1B   D. 01011B

14. 某一确定性有限自动机（DFA）的状态转换如图 4-15 所示，令 d=0|1|2|…|9，则以下字符串中，不能被该 DFA 接受的是 __(1)__ ，与该 DFA 等价的正规式是 __(2)__ （其中，ε 表示空字符）。

     ① 3857   ② 1.2E+5   ③ –123.   ④ .576E10

(1) A. ①、②、③   B. ①、②、④   C. ②、③、④   D. ①、②、③、④

(2) A. (–d|d)d*E(–d|d)d*|(–d|d)*.d*(ε|E(–d|d)d*)

     B. (–d|d)dd*(.|ε)d*|(ε|E(–d|d)d*)

C. (–|d)dd*E(–|d)d*|(–d|d)dd*.d*(ε|E(–|d)d*)

D. (–d|d)dd*E(–d|d)d*|(–d|d)dd*.d*(ε|E(–dd*|dd*))

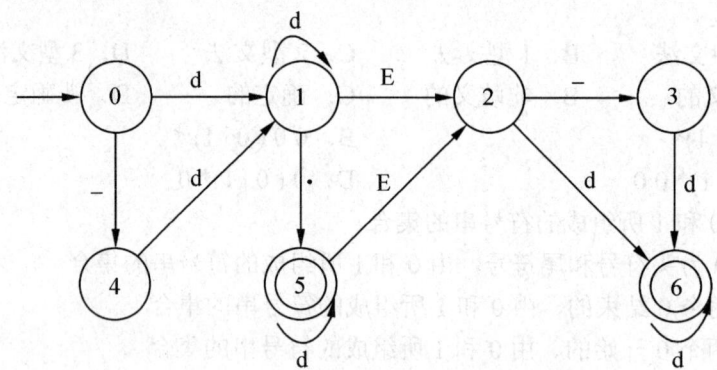

图 4-15　DFA 的状态转换

15. 对于以下编号为①、②、③的正规式，正确的说法是_____。

　　① (aa*|ab)*b　　　② (a|b)*b　　　③ ((a|b)*|aa)*b

　　A. 正规式①、②等价　　　　B. 正规式①、③等价

　　C. 正规式②、③等价　　　　D. 正规式①、②、③互不等价

16. 表达式 a*(b+c)–d 的后缀表达形式为_____。

　　A. abcd*+ –　　　B. abc+*d –　　　C. abc*+d–　　　D. –+*abcd

模拟试题参考答案

1.（1）C　　（2）A　　（3）B　　（4）D　　（5）D

2.（1）C　　（2）A　　（3）B　　（4）C　　（5）A

3.（1）D　　（2）D　　（3）C

4.（1）C　　（2）B

5.（1）B　　（2）B

6.（1）C　　（2）A　　（3）B　　（4）D　　（5）B

7.（1）D　　（2）C

8.（1）D　　（2）C　　（3）D　　（4）A　　（5）A

9.（1）D　　（2）C　　（3）B　　（4）D

10. D

11. C

12.（1）D　　（2）A

13.（1）D　　（2）B　　（3）D　　（4）C

14.（1）B　　（2）A

15. C

16. B

第5章   网络基础知识

5.1   基本要求

1．学习目的与要求

在本章中要了解和掌握计算机网络的基本概念和基本理论。了解目前主流的局域网组网技术和当今的因特网概况。掌握计算机网络的体系结构，包括物理拓扑、网络分层、网络模型和基本的网络协议。了解计算机网络中的介质、传输技术和控制方法。熟悉常见的网络设备和各种组网部件。掌握局域网的组建和 LAN-WAN 互联方法。了解因特网的协议、服务等基础知识和应用。了解简单的网络安全知识，能够有能力防范一些网络隐患。

2．本章重点内容

（1）网络体系结构（网络拓扑、OSI/RM、基本的网络协议）。

（2）传输介质、传输技术、传输方法和传输控制。

（3）常用的网络设备和各类通信设备。

（4）Client/Server 结构、Browser/Server 结构、Brower/Web/Database 结构。

（5）LAN 拓扑、存取控制、LAN 的组网、LAN 间连接、LAN-WAN 连接。

（6）因特网基础知识及应用。

（7）网络组建和管理。

5.2   基本内容

5.2.1   网络概述

本小节介绍计算机网络的基本概念，包括网络定义、网络分类，以及网络的拓扑结构等。

1．计算机网络的发展历史

计算机网络是计算机技术和通信技术结合的产物，发展过程大致分为 4 个阶段。

（1）具有通信功能的单机，即一台具有和终端通信功能的主计算机，是计算机和通信的首次低层次的结合。又称终端－计算机网络。

（2）具有通信功能的多机，拥有超过一台主机。一般在主机外，具有专用处理通信信息和控制通信线路的主机。这也是终端－计算机网络的一种。

（3）以共享资源为目的的计算机网络，通过通信线路把多台计算机连接起来。这是计算机－计算机网络的基本形式。

（4）以局域网及互联网为支撑环境的分布式计算机系统，从单一的网络扩展为布满全球的互联网，这是计算机－计算机网络发展以后的形式。

计算机网络的发展有其历史必然性，与计算机的发展紧密联系。在第一阶段时，计算机是一种高级的、稀缺的资源，于是大家试图通过终端远程利用主机的计算资源，这就形成了终端－计算机网络。随着对主机数目（计算能力）要求的提高，和对网络的速度和可靠度要求的提高，多主机网络自然形成，并且有了专门控制通信的主机，网络发展到第二阶段。随着主机数目的进一步增多，人们需要把各地的主机通过通信线路连接起来用来交换信息，这就形成了计算机－计算机网络，在第3阶段中，主机仍旧是稀少的，而且分布在不同地域，网络是单一的、私有的、独立的，并没有全球统一的网络标准和实际网络。随着 PC 的发展，计算机成为大众的工具，计算机－计算机网络需要统一标准，资源共享的要求逐渐成为计算机网络发展的主要需求，于是在第4阶段中，网络出现了局域网到互联网的分级结构，形成了全球统一的计算机－计算机网络。

图 5-1 中方形的是计算机，圆形的是终端，此图反映了计算机网络发展的 4 个阶段。

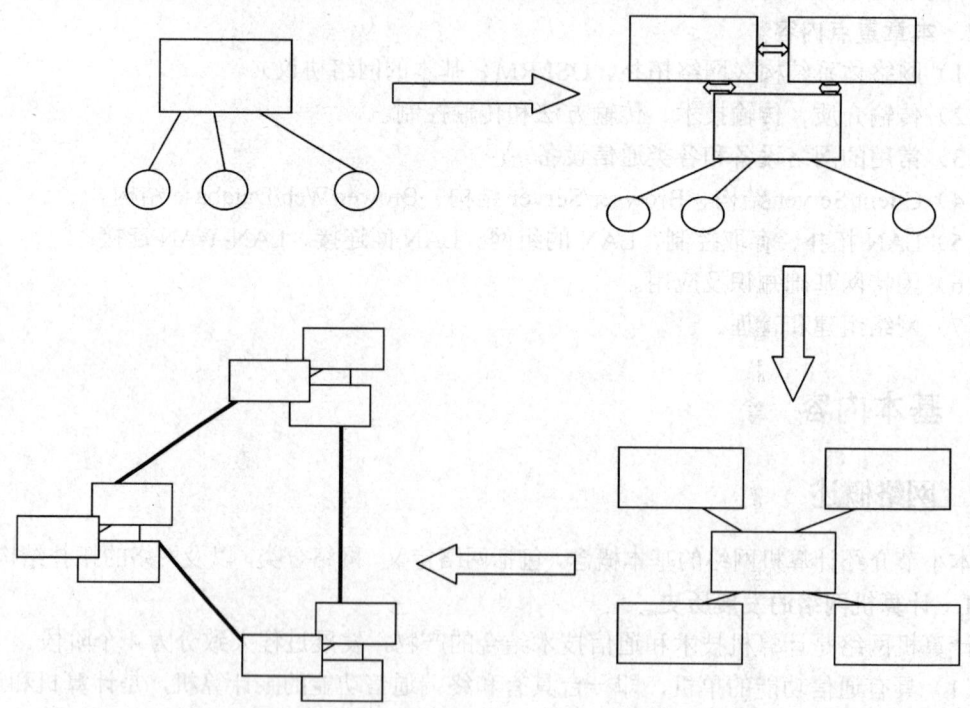

图 5-1　计算机发展的 4 个阶段（方形的是计算机，圆形的是终端）

2. 计算机网络的定义

计算机网络的定义有多种，一般公认的：利用通信设备和线路将地理位置分散的、功能独立的自主计算机系统或由计算机控制的外部设备连接起来，在网络操作系统的控制下，按照约定的通信协议进行交换，实现资源共享的系统。

简单来说计算机网络就是"自主计算机的互连集合"。两台计算机如果能相互交换信息即称为互联，连接可以通过铜线、光纤、微波、通信卫星等。自主计算机排除了网络系统中的主从关系，如果一台计算机可以强制启动、停止或控制另一计算机，这些计算机就不是自主的。一台主控机和多台从属机的系统不能称为网络。

另外，计算机网络和分布式系统两个概念也应该注意区别。在分布式系统中，多台自主计算机的存在对用户来说是透明的，用户面对的是一台虚拟的单处理机，为处理器分配任务，为磁盘分配文件，把文件从存储的地方传送到需要的地方，这些都必须是自动完成的。在计算机网络中，用户必须明确指定在哪一台机器上登录，明确递交任务，明确指定文件传输的目的和源，并且要管理整个网络。所以，网络和分布式系统的区别主要取决于软件（尤其是操作系统）而不是硬件。

3. 计算机网络的主要功能

数据通信、资源共享、负载均衡、提高可靠性是计算机网络的主要功能。一般意义上，数据通信是网络最基本的功能，资源共享是目前互联网的主要功能，而负载均衡和提高可靠性更多地体现在企业网络上。

4. 网络的层次划分

按照通信和计算功能，把网络分成通信子网和资源子网。通信子网负责数据的传输，资源子网负责数据的处理。这种方式对网络进行了最基本的划分，把纯粹通信的任务从主机中抽取出来，由通信子网的设备专门解决，对网络的进一步分层有指导意义，并且从概念上划分出了所谓的主机和网络设备。

通信子网有时简称子网，由传输线和交换单元组成，在某些定义下也可以说由通信线路和路由器（不包括主机）组成。

5. 网络的分类

按照不同的分类原则，可以得到各种不同类型的计算机网络。

（1）按通信距离

- 局域网：传输距离短，传输速率高，拓扑简单。
- 广域网：传输距离长，传输速率低，拓扑复杂。
- 城域网：介于上面两者之间。
- 距离的长和短界限定义比较模糊，之所以有单独城域网的定义并不是因为距离或者传输速率等原因，而是因为有一个实际的标准并且正在被实施。这就是分布式队列双总线（DQDB），又称为 IEEE 802.6。

（2）按信息交换方式

分为电路交换网、分组交换网和综合交换网。

（3）按网络拓扑结构

分为总线、星状、环状、树状和分布式，如图 5-2 所示。

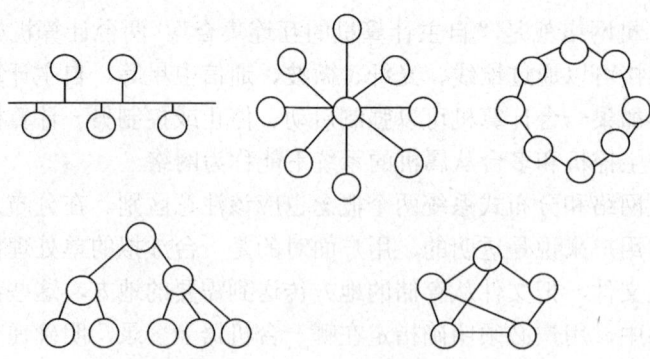

图 5-2　网络拓扑结构分类图

（4）其他

- 按照通信介质分为：双绞线、同轴电缆、光纤、卫星等。
- 按照传输带宽分为：基带和宽带。
- 按照使用范围分为：公用和专用。
- 按照速率分为：高速、中速和低速。
- 按照通信传播方式分为：广播式和点到点。

5.2.2　ISO/OSI 网络体系结构

本小节阐述了网络分层思想，以及分层中的基本概念。给出了最基本的 ISO/OSI 参考模型，虽然这个模型在实际使用中并没有被完全采用，但作为网络知识的学习和对网络分层的理解，这一经典模型是值得被好好研究的。

1. 网络分层

计算机网络是相当复杂的系统，在软件设计的时候，人们为了简化复杂问题，大多数网络都按层（Layer）或者级（Level）来组织，每一层都建立在它的下层之上。不同的网络、层的数量、名字、内容和功能都不同。不过在所有的网络中，每一层的目的都是向它的上一层提供一定的服务，而把如何实现这一服务的细节对上一层屏蔽，以此来做到把复杂问题简化成若干较小局部问题进行处理的目的。

2. 网络协议和接口

在网络中，一台机器的第 n 层和另外一台机器的第 n 层进行对话，通话的规则就被称为第 n 层协议（Protocol），协议是通信双方关于通信如何进行达成的一致。

结合网络分层和协议的定义，可以画出最一般的分层网络模型，如图 5-3 所示。

在图 5-3 中，数据不是从一台机器的第 n 层直接传送到另一台机器的第 n 层的，而是每一层都把数据和控制信息交给它的下一层，一直到最低一层，即第 1 层，然后第 1 层通过物理介质进行实际的通信。

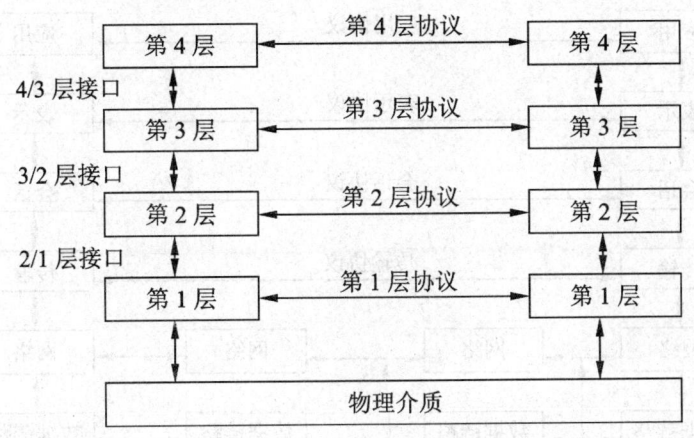

图 5-3　网络模型示意图

　　在相邻两层之间都有一个接口。接口定义下层向上层提供的原语操作和服务。当网络设计者决定网络应当包含多少层，每一层的功能定义时，很重要的一点就是要在相邻层之间定义一个清晰的接口。

3．OSI 参考模型

　　OSI 参考模型是基于 ISO（国际标准化组织）的建议，作为各种层上使用的协议的国际标准化的第一步而发展起来的。这一模型被称为 ISO 开放系统互连参考模型（Open System Interconnection Referrence Model，OSI/RM）。

　　标准的 OSI 有 7 层，从高到低分别是：应用层（Application Layer）、表示层（Presentation Layer）、会话层（Session Layer）、传输层（Transport Layer）、网络层（Network Layer）、数据链路层（Data Link Layer）和物理层（Physical Layer）。

　　其分层原则是：根据不同层次的抽象分层；每层应当实现一个定义明确的功能；每层功能的选择应该有助于制定网络协议的国际标准；各层边界的选择应尽量减少跨过接口的通信量；层数应该足够多，以避免不同的功能混杂在同一层中，但也不能太多，否则系统体系结构会过于庞大。如图 5-4 所示。

　　由于 OSI 参考模型对理解网络帮助很大，所以详细解释每一层是必要的。

　　（1）物理层

　　物理层涉及的是信道上传输的原始比特流，就是我们常说的 0 和 1。这里的典型问题是用多少伏特的电压表示 1，用多少伏特的电压表示 0；一个比特持续的时间是多久；传输是否是两个方向同时进行（单工双工）；最初的连接怎么被建立，通信完成后怎么释放信道；网络电缆的使用和接头的类型等等。所以这里的设计主要是处理机械的、电气的和过程的接口，以及物理层下的物理介质等问题。

　　在这一层的研究中，我们会关注信道的特性、传输介质的分类和选择、各种通信网络的特性、各种标准的接口，包括它们的电气特性和机械特性。总的来说，通信科学在这一层中受到重视，因为这是最接近硬件的一层，传统通信科学中研究的对象在这里被广泛的研究。

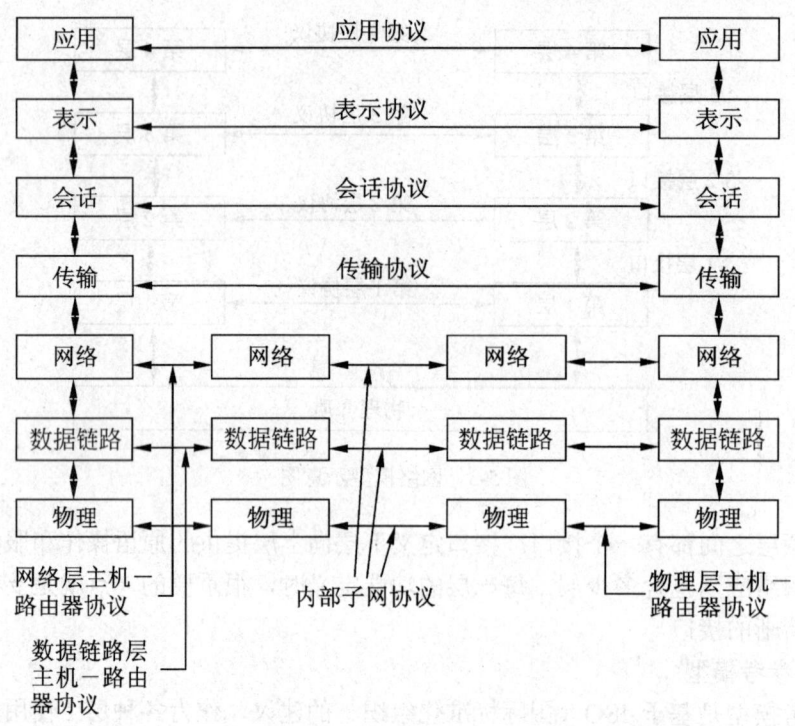

图 5-4 OSI 模型示意图

（2）数据链路层

数据链路层的主要任务是加强物理层传输原始比特的功能，使之对上面的网络层显现为一条无错线路。发送方把数据封装在数据帧里面，按顺序传送各数据帧，并且处理接收方回送的确认帧。

因为在物理层，仅仅负责接受和传送比特流，并不关心数据的意义和结构，所以只能依赖数据链路层来产生和识别帧边界。可以通过在帧的前面和后面加上特殊的二进制编码来达到这一目的。传输线路上面的噪声干扰可能会把帧破坏，数据链路层要解决由于帧的破坏、丢失和重复所产生的问题。数据链路层要解决的另一个问题是防止高速的发送方所发送的数据把低速的接收方淹没。因此需要某种流量调节机制，使发送方知道当前接收方还有多少缓存空间。

在广播式网络中，数据链路层还要处理一个非常关键的问题，即如何控制对共享信道的访问，在数据链路层中有一个特殊的子层——介质访问子层，就是专门处理这个问题的。

总结来说，数据链路层要解决的问题可以归结为：封装成帧、流量控制、差错控制。

我们非常熟悉的数据链路层协议是 IEEE 的 802 系列规范。

（3）网络层

网络层关系到通信子网的运行控制，其中最关键的问题就是确定分组从源端到目的端如何选择路由，即实现端到端的网络数据传输。路由可以是网络中固定的静态路由表决定，也可以在每一次会话开始时决定，还可以根据当前网络的负载情况，灵活地为每一个分组决定路由。网络层的另一个问题是，如果在子网中出现过多的分组，会在网络中形成拥塞，解决这类网络拥塞问题也是网络层的任务。网络层还应承担异种网络互联问题，以及网络计费问题。

网络层的问题总结来说是：路由选择、拥塞控制及网络互联。

我们熟悉的因特网的网络层协议是 IP，这也是网络层研究的问题的例子。在后面的章节中会接触到 IP。

（4）传输层

传输层的基本功能是从会话层接收数据，并且在必要时把它分成较小的单元，传送给网络层，并确保到达对方的各段信息正确无误。传输层根据通信子网的特性，最佳地利用网络资源，为两个端系统的会话层提供透明可靠的数据传输服务。

需要注意的是，传输层是真正的从源到目的端的"端到端"层，也就是两者之间直接的对话。在传输层以下的 3 层中，协议是每台机器和它直接相邻的机器或者是网络设备之间的协议，而不是最终的源端机器和目的地机器之间的协议，在它们之间可能存在多个主机，或者路由器。从上面的图 5-4 中可以看到，传输层是第一个端到端的层。

传输层需要解决的问题有：为每一个会话层的请求建立一个独立的网络连接，或者把多个报文复用到一条通道上；决定为会话层提供什么样的服务，需要在功能和成本等各方面进行平衡；解决跨网络连接的建立和拆除；需要流量控制机制防止高速淹没低速主机。

我们熟悉的因特网协议中的 TCP 和 UDP 就是传输层协议，和网络层的 IP 共称为 TCP/IP 协议簇。

（5）会话层

会话层允许不同机器上的用户或者进程建立会话（Session）关系。会话层的服务之一是管理对话。会话层也提供如名字查找和安全验证等服务，允许两个程序能够相互识别并建立和维护通信连接。会话层还提供数据同步和检查点服务，这样当网络失效时会对失效后的数据进行重发。这种服务又被称为同步。

在 OSI 参考模型中，会话层的规范具体包括：通信控制、检查点设置、重建中断的传输链路、名字查找和安全验证服务。

（6）表示层

表示层以下的各层只关心从源到目的地的可靠传输数据，而表示层关心的是所传输数据的语义和语法，它负责把收到的数据转换为计算机内的表示方法或特定程序的表示方法。也就是说，它负责通信协议的转换、数据的翻译、数据的加密、字符的转换等工作。这一层关心的是数据的格式和表示方法。在 OSI 模型中表示层的规范包括：数据编码方式的约定；本地句法的转换。各种表示数据格式的协议也属于表示层，比如 MPEG 和 JPEG 等。

（7）应用层

应用层包含大量人们普遍需要的协议。比如解决不同终端之间兼容性的网络虚拟终端协议。又比如文件传输协议，我们熟悉的电子邮件协议等都是应用层协议，可以说和用户靠得最近的就是这一层协议了。它可以实现网络中一台计算机上的应用程序同另一台计算机上的应用程序之间的通信，而且就像在同一台计算机上一样。在 OSI 参考模型中应用层的规范具体包括：各类应用过程的接口、提供用户接口。

4. OSI 模型的信息流向

原始数据首先送入应用层，应用程序给数据加上应用报头，即 AH，把结果交给下面的表示层。表示层有多种方式对数据进行变换，也可以在前面加上报头；即 PH 后交给下面的会话层，当然表示层是不知道应用层给的数据中哪些是实际的信息，哪些是 AH 的。

上面的过程一直重复到数据抵达物理层，然后被实际传输到目的地。在接收机中，当信息逐层向上传递时，各层的报头被一层一层剥离，最后交给接收应用程序并显示给用户。

这里最重要的一点是：虽然数据是垂直传送的（即通过接口层层传递），但每一层在编程时却好像数据是水平传输的，即接收方和发送方相对应的层之间直接对话。

5. OSI 参考模型和协议的缺点

OSI 标志虽然是 ISO 提出的标准，并且始终出现在经典教科书中，但是在实际中从来没有被真正实现过，那么它有什么缺点呢？简单说来，OSI 的提出时机不对、OSI 本身技术的缺陷、分层标准不明确、实现太难。所以国际标准其实也有许多缺点，在学习 OSI 模型中，我们需要注意各层的重要性差别，注意数据链路层、网络层和传输层，并且了解到分层时还是有些随意的，为什么这些功能放在这层而不是那一层并不是一定有道理的。

5.2.3　网络的协议与标准

本小节介绍了各种网络类型的不同网络协议，在学习时要明白各种不同类型协议的不同，尽可能了解造成这些不同的根本原因。并且由于网络分层思想始终贯穿于每一种类的网络，所以应当结合上小节的内容。内容中许多涉及通信领域，而不是计算机领域，这些内容只需理解即可。

1. 网络协议的定义

在网络中，要实现不同实体间的通信，必须具有相同的通信语言，在计算机网络中称为协议。所谓协议，指的是网络中的计算机和计算机进行通信时，为了能够实现数据的正常发送和接收，必须要遵循的一些事先预定好的规程（标准或约定），这些规程中明确规定了通信时的数据格式、数据传送时序以及相应的控制信息和应答信号等内容。

2. 网络标准

目前有许多网络供应商，如果都各管各的制造设备，那是很混乱的，唯一的解决方法就是遵循一种网络标准。网络标准有两种：既成事实的标准和合法的标准。在网络标准化方面，有许多标准化机构在工作。下面分别介绍。

（1）电信标准

世界上有许多电话服务提供者，我们需要世界范围内的兼容性，能够使得一个国家的人和计算机可以呼叫另外一个国家的人和计算机。在 1865 年，欧洲许多政府的代表开会组成了国际电信联盟 ITU 的前身。ITU 的工作是标准化国际电信，在那时就是电报。当电话开始提供国际服务时，ITU 又接管了电话标准化的工作。在 1947 年，ITU 成为联合国的一个办事处。

ITU 有 3 个主要部门：ITU-R，无线通信部门；ITU-T，电信标准部门，后被称为 CCITT；ITU-D，开发部门。

（2）国际标准

国际标准是由国际标准化组织（ISO）制定的，它是 1946 年成立的一个自愿的、非条约的组织。它的成员是 89 个成员国的国家标准化组织，包括 ANSI（美国）、BSI（英国）、AFNOR（德国）、DIN（法国）和其他 85 个组织。ISO 制定了大量标准，包括 OSI 网络模型。在电信标准上，ISO 经常和 ITU-T 合作以避免出现两个正式的但是互相不兼容的国际标准。

其他的标准化组织还有：ANSI，美国国家标准研究所；NIST，美国国家标准和技术研究所；IEEE，电气和电子工程师协会。

（3）因特网标准

因特网的标准化机构和 ISO、ITU-T 不同，它们之间的区别可以粗略总结如下：参加 ISO 和 ITU 标准化会议的人穿戴整齐；而参加因特网标准化会议的人穿着随便。目前因特网协会负责协调和管理因特网，NIC 来管理 IP 地址，还有 IAB 作为总体管理机构。

3. 局域网协议

IEEE 局域网标准委员会对局域网的定义：局域网中的通信被限制在中等规模的地理范围内，能够使用具有中等或较高数据速率的物理信道，且具有较低的误码率，局域网是专用的，由单一组织机构使用。局域网由于简单，因此标准容易形成。IEEE 的 802 系列协议就是国际标准的局域网协议。有 IEEE 802.3（CSMA/CD，以太网）、IEEE 802.4（令牌总线）、IEEE 802.5（令牌环）、IEEE 802.7（FDDI）、IEEE 802.3u（快速以太网）、IEEE 802.12（100VG-AnyLAN）和 IEEE 802.3z（千兆以太网）等协议。

在不同的局域网协议中，起主要作用的是介质访问控制方法。

4. 局域网模型和 IEEE 802 标准

我们说过，OSI 模型由于太复杂，实际上从来没有使用过。实际的局域网协议主要定义第一层物理层和第二层数据链路层。并且把第二层分为逻辑链路控制 LLC 子层和介质访问控制 MAC 子层，加强了数据链路层功能，把网络层的寻址、排序、流量控制和差错控制等功能放在 LLC 子层来实现。7 层模型中的其他几层都不是局域网关心的主要问题。

IEEE 制定了几个局域网的标准。这些标准合称为 IEEE 802 标准，它们包括 CSMA/CD、令牌总线和令牌环。这些标准在物理层和 MAC 子层上有所不同，但是在数据链路层上是兼容的。IEEE 802 已经被 ANSI 采用为美国国家标准，被 NIST 采用为政府标准，并且被 ISO 作为国际标准，称之为 ISO 8802。这些标准分为几个部分。802.1 标准对这组标准做了介绍并且定义了接口原语；802.2 标准描述了数据链路层的上部，即 LLC 子层；802.3 到 802.5 分别描述了 3 个不同的局域网标准，分别是 CSMA/CD、令牌总线和令牌环标准，每一个标准均包括物理层和 MAC 子层协议。

5. 以太网（IEEE 802.3）

以太网是最常见的局域网技术，我们平时使用的都是这种基于 802.3 协议的网络。以太局域网就是使用 CSMA/CD 技术的总线状网络，这种技术的原始基带型是 Xerox（施乐）公司开发的。1981 年，Xerox、DEC 和 Intel 公司联合推出以太网商业产品，在这个基础上 1985 年 IEEE 802 委员会颁布了 802.3 以太网标准。下面介绍 CSMA/CD 和 802.3 标准。

（1）CSMA/CD

在以太网里，最关键的介质访问层协议，即 CSMA/CD——带冲突检测的载波侦听多路访问协议。

介质访问层协议主要解决多路访问信道的分配问题。最早的协议有 ALOHA 协议，即只要有数据待发，就发数据。然后有改进型的分隙 ALOHA 协议，不过总的来说 ALOHA 的信道利用率非常低，ALOHA 本身不管信道的状态而直接就发数据，这样产生冲突的可能性非常大。在局域网中，因此网络本身就不大，所以很容易知道网络信道的状态，于是在局域网中使用的介质访问协议就发展成为网络站点侦听载波是否存在（即有无传输）并相应动作的协议，就叫做载波侦听协议（CSMA）。

有多种不同的载波侦听协议，比如：1 持续的 CSMA、非持续的 CSMA、p 持续的 CSMA。

CSMA 对 ALOHA 进行了改进，主要表现在 CSMA 保证在侦听到信道忙时没有新的站点开始发送数据。不过如果两个站点侦听到站点空闲并且同时开始发送数据那么还是会造成冲突，这个时候我们就采取另外一种改进方法，就是站点检测到冲突，马上就取消传送。冲突一旦形成，数据就已经被破坏了，这个时候继续坚持发送数据是没有意义的，所以尽快停止传送数据是好办法。这样的协议被称为 CSMA/CD，即带冲突检测的载波侦听多路访问协议。它被广泛地用于局域网的 MAC 子层。

CSMA/CD 的工作方式总结起来就是：首先侦听信道，如果空闲就发送数据。如果信道忙，就继续侦听，直到空闲立即发送数据（这里是 1 持续的 CSMA，原因是 802.3 使用了 1 持续的 CSMA/CD）。发送数据后再进行一段时间的检测，把发送数据和接收的相比较，不同就说明冲突，此时立即停止发送，等待一段时间以后再次发送。

在 CSMA/CD 中等待的这段时间称为退避时间，退避算法在网络的许多协议中都有用，常见的是二进制指数退避法。

（2）IEEE 802.3

IEEE 802.3 标准有一段有趣的历史，其真正的开端是夏威夷岛上建立的用于无线电通信的 ALOHA 系统，后来加入了载波侦听，并且 Xerox PARC 建造了一个 2.94Mbps 的 CSMA/CD 系统。在 14m 的电缆上接了 100 多个个人工作站。该系统称为以太网是因为"以太"。由于 Xerox 的以太网如此成功，因此就和 DEC 以及 Intel 共同起草了一份 10Mbps 的以太网标准，这就是 802.3 的基础。

IEEE 802.3 定义了多个不同的物理层规范，每一个物理层的命名都根据 3 个符号加以说明，我们看名字就能知道这种规范的主要特征。下面以 10Base5 为例来说明，如图 5-5 所示。

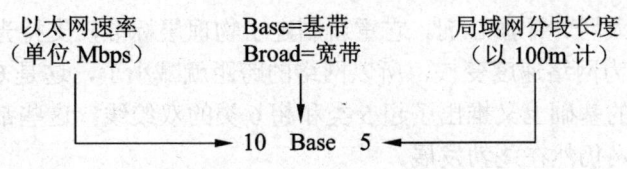

图 5-5 对 802.3 的命名解释

目前的以太网主要包括 3 种：

- IEEE 802.3——10Mbps 以太网

IEEE 802.3 定义过 10Base5、10Base2、10Base-T、10Base-F 等几种。按照历史顺序，10base5 是最早的一种，使用阻抗为 50 欧姆的粗同轴电缆，两个节点间的最大距离是 500m。不过由于粗缆直径大，不易铺设，因此出现了 10Base2 标准，它使用了阻抗是 50 欧姆的细同轴电缆来铺设网络，所以比 10Base5 节省成本，是最便宜的系统，不过网络的节点间最大距离也变为 200m 了。10Base-T 是使用非屏蔽双绞线作为传输介质的标准，只需要使用 3 类线就可以组网，虽然速率不高，但是由于成本较低，易于维护，因此是一个很成功且广泛使用的标准。10Base-F 是使用光纤组网的技术，其连接器和终止器的价格非常昂贵，不过它有极好的抗干扰性，常用于办公大楼或相距较远的集线器之间的连接。

表 5-1 总结了 802.3 中的不同标准之间的区别。

表 5-1 802.3 标准的不同种类间区别

名　　称	电　　缆	最大区间距离	节点数/段	优　　点
10Base5	粗同轴电缆	500m	100	用于主干很好
10Base2	细同轴电缆	200m（185m）	30	最便宜的系统
10Base-T	双绞线	100m	1024	易于维护
10Base-F	光纤	2000m	1024	适用于楼间使用

- IEEE 802.3u——100Mbps 快速以太网

随着大家对网络速度要求的提高，10Mbps 的速度不能满足需求了，为了保持对 IEEE 802.3 的兼容性要求，推出了 100Mbps 速度的快速以太网——802.3u。它同样采用了双绞线和光纤作为媒介，并且使用了 CSMA/CD。快速以太网分为 100Base-TX、100Base-FX 和 100Base-T4 三种，表 5-2 列出了它们的区别。

表 5-2 3 种快速以太网之间的区别

名　　称	电　　缆	线	最大区间距离
100Base-TX	5 类 UTP 或者 1、2 类 STP	2 对	100m
100Base-FX	多模光纤	2 束	2000m
100Base-T4	3 类 UTP	4 对	100m

- IEEE 802.3z——1000Mbps 千兆以太网

20 世纪 90 年代后期以太网速度发展到了极限，有人认为以太网将被淘汰，不过千兆以太网的推出给以太网一针强心剂。它重新制定了物理层标准，支持光纤、宽带同轴电缆和 5 类的 UTP。因为网络速度变快，所以网络的跨距就减小了，这是 CSMA/CD 决定的。另外在 5 类双绞线的基础上又推出了超 5 类和超 6 类的双绞线。这些都帮助以太网继续发展，至今千兆以太网仍然在蓬勃发展。

6. 令牌环网（IEEE 802.5）

环网有多年的历史，并且长期应用于广域网和局域网。环并不是广播介质，而是单个的点到点连接的集合形成的一个圆环。可以使用双绞线、同轴电缆和光纤。

在令牌环中，当所有的站点都空闲时，一种特殊的比特格式——令牌（Token）总是在绕环运行。当一个站点想发送一帧时，它必须抓住令牌，并在传输帧之前将令牌从环中删除。这个动作的实现是通过将 3 字节令牌中的某位置取反，这样令牌就立即变成了一个正常的数据帧的头 3 字节。因为只有一个令牌，所以一次只有一个站点发送，这就采用了令牌总线的方法解决了信道访问问题。

令牌环网的工作方式就是：在网络中传递令牌，要发送数据的站点捕获令牌，改变令牌并且传向下一个站点，直到目的站点，最后回到发送站点，由发送站点把比特从环中去除。如果需要发送的站点发现令牌并不空，则必须等待令牌变成空。

与以太网比起来，令牌环的协议复杂，所以速度比以太网慢，不过它可以定制每个站点持有令牌的时间，使得整个网络是确定性的。

另外 IEEE 802.4 是令牌总线网，和令牌环有着相似的特性。这里省略。

7. FDDI——光纤分布式数据接口

FDDI 是光纤环网，采用了类似令牌环网的协议，使用了光纤作为传输媒介，数据速率可以达到 100Mbps，环路长度可以扩展到 200km，连接的站点数目可以达到 1000 个。FDDI 物理层采用光纤中比较常见的 4B/5B 编码。一般来说，4B/5B 比起曼彻斯特编码要节省带宽，不过自定时的特性不如曼彻斯特编码。

FDDI 电缆由两个光纤环组成，一个顺时针发送，另一个逆时针发送，如果一个断路，另外一个可以替代，如果两者同时在一个地方断路，两个环可以连成一个环。FDDI 的基本协议几乎完全以 802.5 作为模板，大家可以参考上文。

8. 广域网协议

广域网的地域分布远，所以无法用局域网协议连接，广域网协议比较复杂，由于已经有许多现成的、正在运作的网络，所以其协议只能说是多种多样的。我们这里介绍的也是一些正在广泛使用的、用于广域网的协议。有的是某一层的协议，有的是目前在运作的数据通信服务。这里的内容偏向通信领域，只是做出简要的介绍。

（1）PPP

这是一个因特网的数据链路层协议，因为在因特网中，需要点到点线路连接，在线路上需要一些点到点的数据链路层协议，完成成帧、差错控制以及其他的数据链路层功能。有两个协议被广泛地应用在因特网上，即 SLIP（串行线路 IP）和 PPP（点到点协议）。

在 ADSL 等宽带应用中，我们一般使用 PPP 的衍生方式 PPPoE（以太网上的 PPP）来进行虚拟拨号，另外还有 PPPoA（ATM 网络上的 PPP）等衍生方式，可以说 PPP 是一种很好的数据链路层协议，它的分配地址、建立零时点对点线路的功能得到了很广泛的应用。

（2）xDSL

DSL 是数字用户线，x 代表各种不同的类型，比较常见的是 ADSL、SDSL、IDSL、RADSL 和 VDSL 等。由于电话线通过 Modem 上网的方式是利用电话线的基带频段，所以速率始终得不到提高，我们看到的最高速的 Modem 也只有 56Kbps 的速率。这样的速率是不能满足所谓宽带的需求的，而 xDSL 就是一种利用电话线的高频段提供的宽带服务。

ADSL 是研制最早、发展较快的一种数字用户线。它使用的物理层媒介是电话双绞线，虽然双绞线的带宽天生就不大，不过 ADSL 根据用户上行数据量少、下行数据量多（我们总是下载多于上传）的特点，合理利用双绞线的带宽资源，做到了较高速率的数据服务。提供了不错的性能价格比。理论上 ADSL 的下行速度可以达到 8Mbps，而上行速度可以达到 1Mbps，记住网络速度一般以 bps 即 bit per second 表示，如果要换算成 BPS，必须除以 8。ADSL 把物理信道分成语音、上行、下行 3 个频段，互相独立，共用一根双绞线。在通信领域，这就称为频分复用。

（3）DDN

DDN 即数字专线，是提供商提供的一种出租线路的数据服务。由于拨号上网时，发送和接收数据通过的线路是不明确的，所以我们对它的延迟并不能预知，而且线路的情况并不稳定。

DDN 线路等于用户租用了一条自己专用的从用户端到局端的电话线路，用户可以定制自己的带宽，这样一来可以大大提高自己线路的速率和稳定性。所以受到广大企业用户的好评。DDN 用户需要一个称为 DDN Modem 的 CSU/DSU 设备以及一个路由器，DDN 线路的租用费用绝非 ADSL 这样的服务可比，个人用户一般不会使用 DDN 服务，因为性能价格比不高。

（4）ISDN

ISDN 曾经被认为是有希望集成传统语音和数据服务的新型电话系统，但是实际却发展缓慢。由于传统的电话交换系统是为模拟语音传输而设计的，不能满足现代通信的需求。预计用户需要大量的端到端的数字服务，所以在 1984 年 CCITT 召集各地电话公司，共同建立了完全数字化的电路交换系统，称为综合业务数字网——ISDN，其最初目的是综合语音和非语音业务。

ISDN 由发展历史来看分为 N-ISDN 和 B-ISDN 两种。

传统的 N-ISDN 支持时分多路复用的多个信道，分别是 A、B、C、D、E、H。CCITT 并不打算采用任意的信道组合，而是采用 3 种标准化的组合：2B+1D、23B+1D 或 30B+1D 及 1A+1C。

N-ISDN 是一种试图用数字系统代替模拟系统的巨大尝试，可惜它标准化花费了比较长的时间，而它完成的时候，却已经过时了。虽然互联网的应用使得 ISDN 火过短短一段时间，128Kbps 比起不到 56Kbps 的速率提高巨大，但是多媒体的兴起、视频点播的兴起都使得这样的带宽根本无法满足需求，所以 N-ISDN 已经不可能流行了。

B-ISDN 是一种基于 ATM 网络的技术，基本上就是一个数字虚电路，以 155Mbps 的速率把固定大小的分组从源端送到目的地。虽然看起来带宽是大了许多，但是 B-ISDN 是否能够被大家接受还十分危险，最关键的问题是 B-ISDN 不能在现有双绞线上运行，这意味着我们需要废弃使用良好的本地回路，而采用 5 类双绞线或者光纤，而且交换设备必须全面升级。这样的成本是很难让人接受的。

（5）X.25

很多以前的公用网都遵循 X.25 标准，CCITT 在 20 世纪 70 年代开发了 X.25，以便在公用分组交换网络和客户端之间提供接口。X.25 的物理层协议被称为 X.21，用于定义主机和网络之间物理的、电子的和程序上的接口。实际上极少的公用网络支持此标准，因为它要求电话线上使用的是数字信号，所以定义了和 RS-232 相似的标准来过渡。X.25 的数据链路层标准有不少变种。它们都设计来处理用户设备和公用网之间的电话线上的传输错误。X.25 的网络层协议处理寻址、流量控制、递交确认、中断和相关的问题。基本上，它允许用户建立虚拟电路，并且发送不超过 128 字节的分组。这些分组可以被可靠和有序地传递。大多数 X.25 网络速率是 64Kbps。

X.25 网络是面向连接的，支持交换式虚电路和永久式虚电路。交换式虚电路在一台计算机向网络发送分组要求与远程计算机通话时建立。一旦建立好连接，分组就可以在上面发送，通常按次序到达。X.25 提供流量控制，防止快速设备淹没低速设备。永久式虚电路根据提前在客户和提供商之间达成的协议建立，它一直存在，不需要使用时设置，它与租用线路相似。X.25 基本已经成为历史，不过老设备上仍有使用。

（6）FR（帧中继）

FR 是 X.25 的发展，是一种高性能的广域网协议。由于从 70 年代到 90 年代计算机和通信线路发展迅速，所以很多以前需要在网络上完成的复杂功能现在可以交给计算机完成，于是简化的协议就出现了。FR 省略了 X.25 的一些健壮的功能，比如提供窗口技术和数据重发功能等。

帧中继可以被认为是虚拟的租用线路，客户在两点之间租用一条永久的虚电路，然后可以在两点之间以不高于 1600 字节的速率发送帧。也可以在一个指定地点和多个其他地点间租用永久虚电路，这样每帧上带有 10bit 的数字，以指明使用哪条虚电路。

FR 一般以 1.5Mbps 的速率运行，比 X.25 快很多。它提供最少的服务，基本上是判断帧的开始和结束，已经检测传输错误。如果收到损坏的帧，帧中继服务简单抛弃它。用户需要字节判断帧是否丢失并且采取补救措施。和 X.25 不同，帧中继不提供确认和流量控制。在网络环境不好的情况下，将无法像 X.25 一样提供较好的服务质量。

（7）ATM（异步传输模式）

ATM 的基本思想是以小的、固定的分组——信元（Cell）来传输所有的信息。信元长53 字节，其中 5 字节是信元头，48 字节是有效载荷。

使用信元交换技术是对有 100 年历史的电路交换系统的巨大突破。选择信元交换的原因很多，首先，信元交换很灵活，它可以容易地处理固定速率流量（声音、影像）和变化速率流量（数据）；其次，在非常高的速率情况下，信元的数据交换比使用传统的多路复用技术容易得多，尤其在使用光纤时；最后，对于电视转播和广播它是必需的，因为信元交换可以提供广播而电路交换不可以。

ATM 网络是面向连接的。有两种连接：永久虚电路和交换虚电路。

ATM 的参考模型并不是二维的，而是三维的，与 OSI 参考模型差异较大。ATM 未来发展的前途光明，不过由于它对现有技术做了太大的改进，很难普及，这一点我们在前面的 B-ISDN 中已经提到，因为 B-ISDN 本身就是基于 ATM 网络的。

9. 因特网协议

因特网的核心协议就是 TCP/IP 协议组，相对于 OSI 协议，TCP/IP 是事实上的标准。TCP/IP 模型如图 5-6 所示。

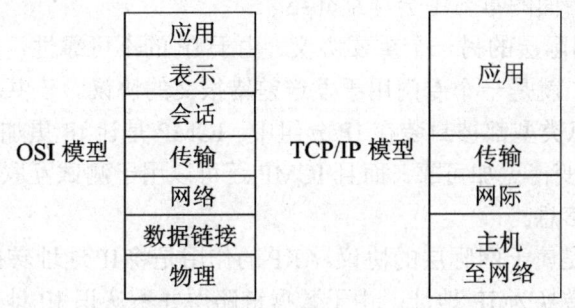

图 5-6　TCP/IP 和 OSI 网络分层的对应关系

TCP/IP 的分层模型和 OSI 有很大不同，把两者联系起来进行比较是学习的好方法。图 5-6 表示了 TCP/IP 和 OSI 分层的对应关系。

从上图可以看出，TCP/IP 大致分为 4 层，下面分别来介绍这 4 层。

（1）主机至网络层

这是对应于 OSI 中的物理层和数据链路层的一层，在 TCP/IP 中没有明确定义这一层，只是指出主机必须使用某种协议与网络相连，以便能在其上传递 IP 分组。这个协议并不没有被定义，并且随主机和网络的不同而不同。

（2）网际层（网络层）

因特网的前身 ARPANET 提出时，需要网络不受子网硬件损坏的影响，已经建立起来的对话不会因为子网硬件损坏而中止。换句话说，就是只要源端和目的端主机都在工作，连接就能保持住，即使某些中间机器和传输线路突然失去控制。基于这个要求，需要设计出无连接互联网络层的分组交换网络，这一层就称为网际层，它是整个体系结构中的关键部分。

它的功能是使主机可以把分组发往任何网络，并使分组独立的传向目标（可能经由不同的网络）。这些分组到达的顺序和发送的顺序可能不同，因此如果需要按顺序发送及接收，高层必须对分组排序。

网际层定义了正式的分组格式和协议,即 IP。网际层的功能就是把 IP 分组发送到应该去的地方。分组路由和避免阻塞是这里主要的设计问题。网际层除了 IP 之外,还有 ICMP、ARP、RARP 和 BOOTP 等几个协议。

在这里要注意无连接和面向连接的服务的区别,以及不可靠的意义。IP 提供的服务如前所述是无连接的,并且是不可靠的。所谓无连接的传输,是指没有确定目标系统是否已经做好接收数据的准备之前就发送数据。与此对应的是面向连接的传输,在这类传输中,源系统与目标系统在应用层数据开始传送之前需要进行 3 次握手。不可靠的服务指的是目的系统不对成功接收的分组进行确认。

IP 的主要功能就是把上层和同层的数据封装到 IP 数据报中,将 IP 数据报传送到目的地,对数据进行分段,并且确定路由(就是通过的路径)。其中 IP 地址和通过 IP 进行路由是最重要的部分,在后面的章节中会详细介绍。

ICMP 是工作在网际层的另一个重要协议。由于 IP 的不可靠性,需要一种在发生意外时报告的机制。ICMP 就是一个专门用于发送差错报文的协议。一共定义了有十几种消息类型。每个 ICMP 消息类型都被封装在 IP 分组中。ICMP 是让 IP 更加稳固、有效的一种协议,它使 IP 传送机制变得更加可靠。而且 ICMP 还可以用于测试互联网,以得到一些有用的网络维护和排错的信息。

ARP 和 RARP 也是属于网际层的协议。ARP 的作用是将 IP 地址转换成物理地址,RARP 的作用是将物理地址转换为 IP 地址。由于数据链路层并不认识 IP 地址,而大多使用物理地址(比如 LAN 中的每一块以太网卡都具备一个唯一的以太网地址),网络中的任何设备都有唯一的物理地址,在传输过程中就通过 ARP 和 RARP 进行 IP 地址和物理地址的相互转换。

(3)传输层

在 TCP/IP 中位于网际层上面的称为传输层,和 OSI 模型中的传输层相似,它的功能是使源端和目的端主机上的对等实体可以对话。我们应该记得在 OSI 模型中传输层是第一层端到端的协议。在这里提供了两个端到端的协议。第一个是传输控制协议 TCP。它是一个面向连接的协议,允许从一台机器发出的字节流无差错地传输到互联网上的其他机器。它把字节流分成报文段,接收端完成逆过程。TCP 还要处理流量控制。第二个是用户数据报协议 UDP。它是一个不可靠的、无连接的协议,用于不需要 TCP 的排序和流量控制而是自己完成这些功能的应用程序。它也被广泛地用于只有一次的、客户机\服务器模式的请求—应答查询,以及快速递交比准确递交更重要的应用程序,比如传输语音和影像。

TCP 通过一种重发的技术来实现可靠性,在 TCP 发送方发送数据之后,它会启动一个定时器,当接收方收到信息之后,会给出 ACK 信息确认,如果没有收到,则要重发。TCP 在建立和拆除连接的时候都需要 3 次握手的过程。通过以上的手段,TCP 在 IP 这个不可靠的数据服务上,提供了面向连接的、可靠的服务。

相对地,在不需要可靠的服务时,可以使用 UDP,它不负责重发数据,不会对接收到的无序的 IP 数据报进行重新排序，不消除重复的 IP 数据报，不对已经接收到的数据报发确认，也不负责建立或者拆除连接。如果需要，应用程序需要自己做这些工作。虽然 UDP 牺牲了一些可靠性，但是它提高了信道的利用率。最关键的是在一些事实性要求高的应用中，UDP 具有不可替代的优势。

可见 TCP 和 UDP 分别面向了不同的应用，适于不同用途选用。

（4）应用层

TCP/IP 没有会话层和表示层，在传输层上面直接就是应用层。它包含所有的高层协议。最早引入的是虚拟终端协议（Telnet）、文件传输协议（FTP）和电子邮件协议（SMTP）。后来又加入如 NNTP、HTTP 等。

5.2.4　网络设备和介质

本小节讲述构建一个实际网络所需要的设备和介质，为下一节作准备，需要了解各种网络设备的功能和所属的网络分层，以及不同设备和介质之间的搭配等实际问题。

1.　网络设备

网络互联的目的是使一个网络的用户能够访问其他网络的资源，使不同网络上的用户可以互相通信和交换信息。在网络互联中，涉及多个层次的网络互联，从简单的双机共享到本地局域网的构建，到互联网的接入，以及不同协议的不同种类的网络之间的相互连接。由于可能涉及不同的网络，所以需要的中间网络设备也分为多种，有的可以满足低层次的需要，价格也低，有的具有许多高级的互联功能，能够完成特殊的功能，价格当然也高出不少。

这些设备一般可以按照完成的功能处于网络分层中的第几层来分类，比如：中继器和集线器，物理层设备，在电缆间转发二进制信号；网桥，实现物理层和数据链路层协议转换；路由器，实现网络层和以下各层协议转换；网关，实现从最低层到传输层或以上各层的协议转换。

（1）网络传输介质的互联设备

在网络线路和用户节点（主机）相连时，需要用到网络传输介质的互联设备，比如 T 型头（细同轴电缆和主机相连的连接器）、收发器、RJ-45 接口（UTP 和 STP 双绞线和主机相连时的连接器）、RS232 接口（PC 和通信线路相连的常用接口）、DB-15 接口（网卡的 AUI 接口）等接口。另外主机端的互联设备比如 NIC（网卡）和 Modem（调制解调器）也可以分在此类。

（2）物理层的互联设备

在物理层，有中继器（Repeater）和集线器（Hub）等互联设备。

其中，中继器是用来实现局域网网段的长度的。由于网络上存在信号的衰减，所以经过一段长度的介质之后需要一个设备来恢复和整形网络中的二进制信号，否则将由于信号的变形导致最终的不可识别，判断错误，导致网络的误码率上升。这个恢复和整形的设备就叫中继器。它只是简单的恢复和整形，所以只能用来连接相同的局域网段。

从理论上说，使用中继器以后，网络上的信号幅度就可以得到保证，好像可以得到任意长的网络，其实问题没有这么简单。以最常见的以太网为例，由于 CSMA/CD 的冲突检测协议的要求，网络的时延并不能任意长，所以即使使用了中继器，以太网仍然不能做到任意长度。以太网中端到端最多只能用 4 个中继器，一共 5 个网段。在 10Base-T 中端到端就不得超过 500m。中继器的优点是安装方便，价格便宜。缺点是只能扩大网段长度，没有任何互联功能。

集线器可以看作一种特殊的多路中继器，具有和中继器一样的信号恢复和整形功能，集线器是一种广播设备，具有多个端口，在某一个端口收到的信号，集线器会原封不动地广播到所有的端口。我们现在最多使用的 10Base-T 或者快速以太网都使用集线器来扩大网络的范围，可以说集线器是以太局域网最方便、最基本、最廉价的互联设备。以集线器作为中心，把许多主机通过双绞线连到集线器上，或者集线器进行级联，是当今一个小型本地局域网的最主要的连接方式。这种方式当网络中某条线路或者主机出现故障时，并不会影响到其他节点的正常工作。一般还分为无源、有源和智能集线器。无源集线器不对信号进行任何处理，每一种介质段只允许扩展到最大有效距离的一半。有源集线器对传输信号进行再生和放大，也就是恢复和整形，从而进一步扩大介质长度。智能集线器除了具有有源集线器的功能外，还集成了一些比如网络管理或者选择网络传输线路的功能。集线器的优点是价格便宜，使用方便。缺点是由于集线器只是广播所有的信号，所以所有的端口一起共享带宽，比如 16 口的 100Mbps 的集线器，16 个口共享 100Mbps 的带宽，每个口相当于只分到 100Mbps/16 的网络带宽，速度会比较慢。如果网络中流量很大，使用集线器会降低网络的效率。

（3）数据链路层的互联设备

数据链路层的互联设备有网桥和交换机等。

网桥工作于数据链路层，连接两个不同的局域网段。确切地说，网桥工作于 MAC 子层，只要两个网络的 MAC 子层以上的协议相同，那么这两个网段可以用网桥连接。

之所以一个单位会有不同的多个局域网，并且需要网桥连接，是由于：第一，许多大学的系或者公司的部门都有各自的局域网，用于连接他们自己的个人计算机、工作站以及服务器。因为各系（部门）的工作性质不同，所以他们组建局域网时不会考虑其他系（部门）使用什么局域网，当他们之间需要通信的时候，就需要网桥。第二，一个单位在地理上较分散，并且相距较远，这样不可能安装一个遍布所有地点的网络，用网桥把各地的局域网连接起来是比较明智和经济的。第三，有时有必要将一个逻辑上单一的局域网分成多个局域网，以调节载荷。例如，在许多大学中，有数千台工作站供师生使用，文件通常放在文件服务器中，当收到服务请求就将文件下载到用户机器中。这样的系统规模庞大，将所有的工作站连在一个局域网中会要求很高的总带宽，于是采用由网桥连接的多个局域网。其中每个局域网有一组工作站，并且有自己的文件服务器，大部分的通信限于单个局域网内部，减轻了主干网的负担。第四，我们前面说过网络的跨距是有限的，即使使用了物理层的中继器和集线器，仍旧不能突破由于延迟带来的距离限制，所以在两个主机距离非常远的时候，可以采用网桥来增加工作的总距离。第五，网桥可以设置在局域网中的关键部位，就像防火墙一样，可以对其编程决定是否转发，在可靠性上提高网络质量。第六，网桥有助于安全保密。

举一个简单的 802.3 到 802.4 局域网的两端口网桥的例子来说明网桥的工作方式。如图 5-7 所示。主机 A（在 802.3 局域网）要发一个分组到主机 B（802.4），该分组在 LLC 子层中加入一个 LLC 头。随后被传到 MAC 子层，并且加上一个 802.3 头，经过物理层后传送到网桥的 MAC 子层里，在此被去掉了 802.3 头，连带着 LLC 头被交到网桥中的 LLC 子层，然后按照 802.4 的方式加入 802.4 的 MAC 子层头，最后传到了 802.4 局域网。

平时常见的网桥有 802.x 到 802.y 的网桥、透明网桥、源路由选择网桥，等等。网桥工作在第 2 层，比起物理层设备要智能和先进，当然价格也贵。

交换机是一种简化、低价、高性能和高端口密集特性的交换设备，它按照每个包中的 MAC 地址简单的决策信息的转发，而不考虑包中的其他信息，所以这种交换设备的转发速度很快，远远超过一般的网桥，不过同时也多用于同一类型的局域网之内，比起网桥的功能要少。

交换机具有 3 种交换技术：端口交换、帧交换和信元交换。

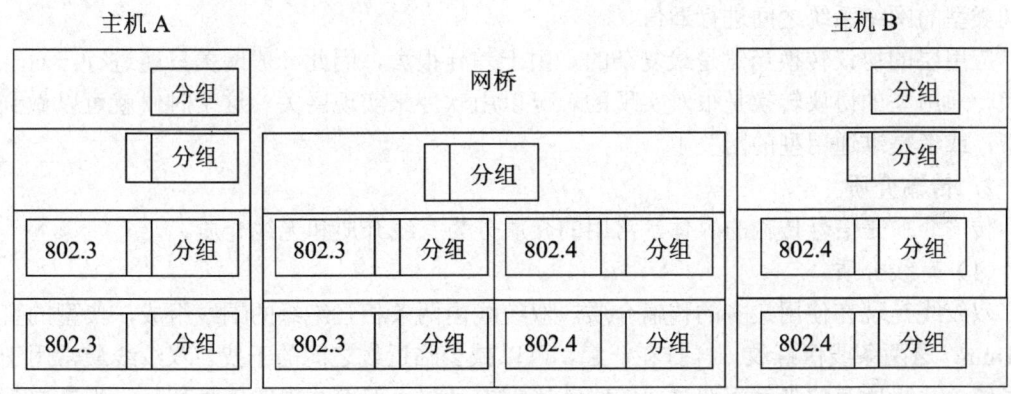

图 5-7　802.3 到 802.4 的网桥

高级的交换机支持虚拟网（VLAN）的划分，划分的方式通常有 3 种：静态端口分配、动态端口分配和多虚拟网端口配置。

交换机的优点是延迟低，转发快，缺点是通常不会用来连接不同的网络，功能没有网桥强大。不过其价格非常便宜，目前的低端交换机比起集线器也贵不了多少。在以太网中，交换机可以认为是每一个端口单独享用带宽的，还是用前面的例子，一个 100Mbps 的以太网交换机，每一个端口都具有 100Mbps 的网络带宽，比起集线器是一个进步。

当然交换机技术也发展得很快，比如说刚刚提到的支持 VLAN 划分的交换机，以及第三层交换机，第三层交换机具备了大部分路由器的功能，工作在网络层中，功能更加强大。

（4）网络层互联设备

路由器是网络层的互联设备，用于连接多个逻辑上分开的网络。路由器具有很强的异种网络互联功能，互联网络最低两层的协议可以不同，通过驱动软件接口在第三层上得到统一。对于互联网络的第三层协议，如果相同，可以使用单协议路由器进行互联，如果不同，应使用多协议路由器。多协议路由器同时支持多种不同的网络层协议，并可以设置为允许或禁止某些特定的协议。

路由器的主要功能就是路由的选择，以及对不同端口发来的包进行存储转发。路由器的存储器中维护着一个路由表，记录各个网络的逻辑地址，用于识别网络。路由选择的算法有许多种，非常复杂，所以一台路由器内部比起前面的设备都要复杂许多。因为路由器工作在网络层，所以比起网桥处理量大，处理速度要慢。

路由器的价格很贵，特别是高端的路由器具有互联各种不同网络的功能，配置起来也非常麻烦，可见网络互联设备越高级，层数越高一般就越难配置。我们目前在家里使用宽带时用到的所谓宽带路由器是路由器中最简单的一种，只是具有互联局域网和广域网的功能，而且处理速度一般来说比较慢，所以这种路由器是最便宜的。

（5）应用层互联设备

网关是应用层的互联设备。当互联不同类型而协议又差别很大的网络时，需要用到网关。网关的功能体现在 OSI 模型的最高层，它将协议进行转换，将数据重新分组，以便在不同类型的网络系统之间进行通信。

应用层的协议转换当然是最复杂的，由于差异很大，因此一般网关只能进行一对一的转换，通用型的协议转换是很难实现的。可以用软件来实现网关，这个时候就可以做到通用型，或者是准通用型的网关了。

2. 传输介质

传输介质是信号传输的媒体，常用的介质分为有线介质和无线介质。

（1）有线介质

双绞线是现在使用最多的传输介质。双绞线由两条相互绝缘的铜线组成，典型的直径是 1mm，这两条线像螺纹一样拧在一起，可以减少临近线之间的干扰。双绞线最常用于电话系统。几乎所有的电话都通过双绞线连接到电话局。双绞线内的信号在几千米之内都不需要放大，更远的距离就需要中继设备了。双绞线既能用于传输模拟信号，又能传输数字信号。其带宽取决于铜线的粗细和传输距离，一般为几 Mbps。由于双绞线的性能较好而且价格便宜，因此广泛使用在以太网中，已经取代了同轴电缆。

双绞线分为屏蔽双绞线 STP 和非屏蔽双绞线 UTP，非屏蔽双绞线的线缆外皮是屏蔽层，适用于网络流量不大的场合。屏蔽式的双绞线有一个金属壳，对电磁干扰具有较强的抵抗能力，适用于网络流量较大的高速网。双绞线又分为 3 类、4 类、5 类、6 类和 7 类、现在常用的是 5 类和超 5 类 UTP。双绞线大多应用于 10Base-T 和 100Base-T 网络中，两端都有一个 RJ-45 接头。一段双绞线的理论最大长度是 100m。目前 5 类 UTP 网线的价格已经非常便宜了。

同轴电缆是另外一种使用较多的传输介质。它比双绞线的屏蔽性更好，因此在更高速度上可以传输的更远。有两种广泛使用的同轴电缆。一种是 50 欧姆电缆，用于数字传输，另一种是 75 欧姆电缆,用于模拟传输。这种区别是由于历史原因造成的,而不是由于技术原因或生产厂家。

同轴电缆以硬铜线为芯,外包一层绝缘材料。这层绝缘材料用密织的网状导体环绕,网外又覆盖一层保护性材料。同轴电缆的这种结构,使它具有高带宽和极好的噪声抑制特性。同轴电缆的带宽取决于电缆长度。1km 的电缆可以达到 1Gbps 到 2Gbps 的数据速率。还可以使用更长的电缆,但是传输率要降低或者使用中间放大器。基带同轴电缆又分为粗同轴电缆和细同轴电缆。其中粗同轴电缆适用于较大局域网的网络干线,布线距离较长,可靠性较好,但是网络安装和维护等方面比较困难,造价较高。而细同轴电缆安装较容易,而且造价较低,但因受网络布线结构的限制,其日常维护不够方便。

另一种同轴电缆系统使用有线电视电缆进行模拟信号传输。这种电缆称为宽带同轴电缆。宽带这个词来源于电话业,指比 4kHz 宽的频带。然而在计算机网络中,宽带电缆却指任何使用模拟信号进行传输的电缆网。宽带同轴电缆用于 FDM 进行模拟信号传输。从技术上来讲,宽带电缆在发送数字信号上比基带电缆差,但是它的优点是已经被广泛安装。

光纤是目前通信线路发展的趋势,光传输系统由 3 个部分组成:光源、传输介质和检测器。习惯上,一个光脉冲表示比特 1,而无光脉冲表示比特 0。传输介质——光纤,是极细的玻璃纤维。当光照到检测器时,它产生一个电脉冲。在光纤的一端放上光源,另外一端放上检测器,我们就有了一个单向传输系统,它接收一个电信号,转换成光信号传输出去,然后接收端再把光信号转换成电信号。光纤简单的来说可以认为是采用了光的全反射机制来传输光信号的。光纤分为单模光纤和多模光纤。单模光纤比多模光纤要贵不少,但是单模光纤的定向性好,损耗少,传的也更远。光纤的比特距离积很高,远远高于前面的传输介质。光纤系统用 Gbps 级别的速率传输几十千米是很常见的。

光纤和铜线比较来看,光纤有许多优点。光纤可以提供比铜线高得多的带宽,这使得它可应用于高级网络。由于衰减较小,在长的线路上每 30km 才需要一个中继器,而铜线每 5km 就需要一个,由此就节省了不少钱。光纤也不受发动机转动、电磁干扰或电源故障的影响,而且不受空气中腐蚀性化学物质的侵蚀,因而能适应恶劣的工作环境。光纤很细而且重量轻。最后,光纤不漏光并且难于拼接,这使它们很难被窃听,安全性很高。光纤不利的因素是:这是一个陌生的技术领域,大多数工程技术人员还不具备相应的技能。由于光的传输是单向的,双向传输需要两根光纤或在一根光纤上的两个频段。光纤接口的价格比电子接口贵。但是将来光纤是一定会取代铜制电缆成为主要介质的。

（2）无线介质

现在出现许多用户需要随时随地上网,这样的移动用户不可能随时找到有线的接入口,因此无线通信成了解决问题的唯一办法。无线传输介质不需要电缆,而是通过大气传播。目前有微波、红外线和激光 3 种技术。

微波通信是一般用 2GHz~40GHz 的无线电波来进行传输的。在这个波段上,微波沿着直线传播。通过抛物状天线把所有的能量集中于一小束,便于获得较高的信噪比,但是发射天线和接收天线要精确对准。在光纤出现之前,几十年来这种微波构成了远距离电话传输系统的核心。由于微波沿直线传播，所以如果微波塔相距太远，地表就会挡住去路。因此隔一段距离就需要一个中继站。微波塔的高度越高，传的距离就越远。对于 100m 高的塔，中继站可以相距 80km。

微波并不能很好地穿过建筑物，除此之外，虽然微波在发射器处可以很好地集中，但在空间里还是会发散。微波会引起多径效应，即多路衰减，这会影响通信的质量。另外超过 8GHz 的频段还会被雨水吸收，所以环境对微波通信的影响还是很大的。

红外线和毫米波被广泛用于段距离通信。电视、录像机的遥控器就是用了红外线。红外线也是有方向性的，沿着直线传播，而且不能有坚实物体阻挡。这一点学过物理的同学应该明白，光的波粒二相性表现为，波长越短，就越靠近粒子的特性。不过红外线不能穿透坚固的墙壁也算一个优点。它意味着一间房屋里的红外系统不会对其他房间里的系统产生串绕。而且，正是由于这个原因红外系统防窃听的安全性要比无线电系统好。

激光通信也具有很强的方向性，沿着直线传播。大气激光通信为无线通信的一种，它以光信号作为传输信息的载体，在大气中直接传输。就概念而论，大气传输光学线路非常简单，即用发射机将激光束发射到接收机即可。然而，在实际的大气传输中，激光狭窄的光束对准确的接收有很高的要求，因此系统还应包括主动对准装置。在空间传输中，激光系统必须有很强的排除杂光的能力，否则阳光或其他照射光源就会淹没激光束。与传统的无线电通信手段相比，激光大气通信具有安装便捷、使用方便等特点，很适合于在特殊地形、地貌及有线通信难以实现和机动性要求较高的场所工作。与光纤通信相比，使用新技术光通信设备还具有建网和维护费用低廉；实际应用中线路建立快捷，特别适合快速抢通；运行安全，不易被窃听；可移动，可升级等优点。因此，激光大气通信可极大地提高光通信系统的通信能力，大大节省光—电—光中继器及光电机，使通信技术产生新的飞跃。

最后，无线介质的通信还有卫星通信，它是微波通信的特殊形式。卫星接收来自地面发送站发出的电磁信号后，以广播方式用不同的频率发回地面，被地面工作站接收。卫星的优势是广播和移动。一个同步卫星可以覆盖地球 1/3 以上的地面，3 个同步卫星就可以覆盖地球的全部范围。卫星一般使用频分多路复用的技术，把信道分为若干个子信道，卫星通信的容量大，距离远，覆盖广，而且可以覆盖很多环境恶劣或地面基础设施很差的地方。不过卫星通信的延迟比较大。目前已经有许多提供商提供卫星接入因特网的服务了。

5.2.5　网络搭建

本小节介绍网络构建的具体方法，涉及的都是常见的企业或者个人的小型网络的构建。要了解怎样选用网络的软硬件，了解网络构建从规划到完成的整个步骤。

1. 构建网络

这里所说的构建网络大部分还是指常见的局域网的构建，以及一些广域网的接入知识和基础知识。

在局域网中，基本的组成部件有服务器、客户机、网络设备、通信介质和网络软件等。服务器就是一种配置强大、计算能力和通信能力超众的计算机，根据它在网络中的作用，可以进一步分为文件服务器、打印服务器和通信服务器。一般服务器要求的稳定性非常高，性能要求视需要完成的任务而定，并不一定要求很高，有的地方随便使用客户机作为服务器也是可以的。文件服务器、打印服务器等并不一定要分开，在要求不高的情况下，使用一台服务器也是省钱的选择。

客户机又称为用户工作站，是用户与网络应用的接口设备。每一个客户机既要运行本机的进程又要和服务器打交道，同时还可以和其他工作站一起构成分布式计算的环境。当然工作站最主要的任务还是给客户使用，并不要求它具有很高的性能。

网络设备就是前文所说的互连设备，比如网卡、收发器、中继器、集线器、网桥、路由器，等等。网卡是客户机和服务器接入网络必不可少的网络设备，常用的网卡有以太网网卡、令牌环网网卡等。其他的网络设备前文已经进行了必要的介绍。

通信介质在前文中也做了相应的介绍，不同的通信介质有不同的传输特性，可以满足不同的用户需求。

网络软件主要包括网络操作系统和底层协议软件。网络操作系统主要管理整个网络的资源和运行，并为用户提供应用接口，底层协议软件由一组标准规则和软件构成，使实体间或网络间能够相互通信。

在广域网中，除了以上的设备以外还有通信处理机、集中器、信号变换器和多路复用器等。通信处理机是连接主计算机与通信线路单元的计算机，负责通信控制和通信处理工作。集中器的作用是把若干个终端用低速线路先集中起来，连接到高速线路上，经高速线路再与通信处理机连接，用于提高通信效率，减少通信费用。信号变换器提供不同信号之间的变换。

2. 因特网接入介绍

目前比较热门的是因特网的接入，即局域网和广域网之间的连接问题。首先要明白目前因特网的接入，特别是国内因特网的接入主要有窄带和宽带两种，窄带一般指的是传统的 Modem 拨号上网，而宽带主要是 ADSL、光纤到户和 Cable Modem 有线电视上网。至于 ISDN 一般使用的人已经不多了。笔者对目前的因特网接入做一个简单的介绍。

（1）接入技术

宽带与窄带一般的划分标准是用户网络接口上的速率，即将用户网络接口上的最大接入速率超过 2Mbps 的用户接入称为宽带接入，对最低接入速率则没有限制。窄带接入系统是基于支持传统的 64Kbps 电路交换业务的，对以 IP 为主流的高速数据业务支持能力差。宽带接入系统则是以分组传送方式为基础，具有统计复用功能。宽带接入网适合用来解决高速数据业务接入。近几年，因特网以惊人的速度迅猛发展。据统计，世界上因特网业务量每 6 个月翻一番。现在每天都有数以亿计的人与因特网发生关系。随着因特网服务内容的增多，用户对数据传送速率的需求也日益增加，对整个网络带宽形成巨大压力。特别是在接入部分，已成为因特网的瓶颈。为解决因特网业务的接入，国内外主要电信运营商都开始了宽带接入网的建设。这些宽带接入网中，有的是试验网，还有的是大规模的商用网。我国接入网的建设始于 90 年代中期，到目前为止网上运行的接入网设备绝大部分是窄带接入系统。1999年开始出现较大规模的宽带接入网试验。由于市场需求的推动，宽带接入技术这几年有了较大发展，呈现百花齐放的状态。基于铜线（缆）的接入技术有 xDSL（HDSL、ADSL、VDSL…）、Cable Modem 等；基于光纤的接入技术有有源光接入和无源光接入等；另外还有固定无线接入技术。这给运营商增加了技术选择余地。

（2）不同宽带技术比较

ADSL 和 Cable Modem 是当今发展最快、市场容量最大、技术最为成熟的宽带接入技术。带话音分离器的 ADSL 下行带宽最高可达 8Mbps，上行带宽最高可达 640Kbps。使用的传输频段是 25kHz~1104kHz，多采用 DMT 线路编码方式。通过调整传输速率，最远传输距离可达 4km~5km。ADSL 设备可同时支持电话高速数据接入业务。由于其上下行速率的不对称性，特别适用于住宅用户和小型商业用户的因特网接入。但 ADSL 也存在着开通率低、不能支持视频广播业务、不同厂家的局端和用户端设备一般不能相互兼容、设备价格高、用户端安装相对复杂等问题。

在 HFC 上利用 Cable Modem 进行数据传输，是解决住宅用户高速数据接入的另一项热门技术。Cable Modem 下行数据占用 50MHz~860MHz 之间的一个 8MHz 的频段。一般采用 64QAM 调制方式，速率可达 40Mbps；上行数据占用 5MHz~42MHz 之间的一个 8MHz 的频段。为解决漏斗噪声问题，一般采用抗噪声能力较强的 QPSK 调制方式，速率可达 10Mbps。Cable Modem 系统在 HFC 中的引入不影响有线电视业务的正常传送。Cable Modem 与其他接入技术相比存在可靠性低的问题。另外，虽然我国同轴电缆入户率很高，但如果要引入 Cable Modem 系统，首先要对现有的单向有线电视网进行双向改造，这里涉及的费用往往比较高。

目前我国的 ADSL 和 Cable Modem 接入在大城市中已经得到了飞快的普及，而且价格都比较便宜，比起传统的拨号上网有很大优势，而且接入方式的选择多种多样，有包月的、有计时的，大家可以做到按需定制。不过目前的两种接入大多是限定上限速度的，除非交很多的费用。所以一般 ISP 也是按照带宽来收费的。

（3）FTTH 介绍

首先应该明白，FTTC、FTTB、FTTZ、FTTH 等不是具体的接入技术，而是建设光纤接入网的实施策略。不可否认，光纤接入不论是现在还是将来，都是接入网中使用的重要媒质。接入网的光纤化是未来的发展方向。关键是在建设宽带接入网时如何处理已有的铜双绞线，在现阶段条件下光纤应该敷设到什么地方。1996 年前后，世界上不少电信运营商和设备制造商错误估计了形势，认为光纤到户（FTTH）时代即将来临，并成立了 FSAN（全业务接入网）组织，该组织主要致力于推进光纤到户，并解决相关技术和标准问题。如果要推行 FTTH 政策，由于关键技术由少数几个厂家掌握，且市场容量有限，因此设备价格居高不下。这是推行 FTTH 政策的重大障碍之一。推行 FTTH 政策的另外一个障碍是用户没有如此高速的业务需求。近两年来 ADSL 和 Cable Modem 得到迅速发展，基于基础设施的宽带接入设备的成本正迅速下降，FTTH 已几乎销声匿迹。不过如果在新建小区的时候就预选建好光纤接入网，那还是适合建立 FTTH 网络的，在各大城市，这种业务也有发展。

3. 组网实例

实例 1：部门以太局域网的组建。由于对带宽要求不太高，直接使用 Hub 互联，只要做到能够互相通信、使用资源就可以了。使用目前最常见的 5 类的 UTP 和 100Mbps 的 Hub，计算机上使用的是最常见的 10/100Mbps 以太网卡，目前普通的 10/100Mbps 以太网卡售价仅几十元，而且由于技术成熟，这样的普通环境使用 Realtek 的 8139 系列芯片的网卡就可以了。而 100Mbps 的 Hub 价格也非常低廉，不过由于是企业环境，还是有必要使用好一些的多端口的 Hub。其实有条件这个网络应该使用交换机，目前低端的交换机也非常便宜了。网络软件的选择更加简单，这样的环境大多使用 TCP/IP，装有 Windows 操作系统。至于 NetBEUI 等协议仅仅用在局域网中，如果没有上外网的需求，也可以考虑使用。在组网的时候记住以太网的组网规则，不要使用太长的网线，虽然有时即使不超过规定的 100m，但是会引发网络的奇怪问题。

实例 2：企业网络。这样的网络使用了交换机，下面级联了几个 Hub，并且使用了专门的数据库服务器、一般服务器和打印服务器。这个例子体现了更高级的网络环境，对带宽的要求也更高。10/100Mbps 混合网络看似很合理，实际上已经有些落后了，全 100Mbps 网络在当今来看已经是很普及的了，所以没有必要使用 10Mbps 的线路。当然中心交换机一定要使用企业级的机架式交换机，不要去用那种桌面式的交换机，而且没有必要使用 Hub，全部使用交换机是较好的选择。网络的软件和连接和第一个实例类似。

实例 3：ADSL 的接入。家庭用户很简单，只需要申请一下，电信会上门给分离器、ADSL Modem，只需买好以太网卡就可以了。企业用户方面，因为一般 ADSL 只提供一个实 IP，显然通过集线器是无法让企业内部所有的主机都连接到外网（因特网）上，这个时候一般采取使用路由器的方式，路由器有 WAN 口和 LAN 口，在 LAN 口下面可以级联交换机或者集线器，这样的方案可以做到让所有用户上外网。当然也可以采用代理服务器的方式上外网，代理服务器就是一台普通的服务器，代理服务器必须连接到 ADSL Modem 上，并且通过第二块网卡连接到交换机或者集线器上，所有的主机通过代理服务器连接到外网。

实例 4：校园网的组建。中心交换机使用 1000Mbps 的交换机，并且通过路由器加防火墙来上外网。在带宽的分配上做到按需分配。遵守中心交换机使用最大带宽、逐级减少的原则，同时注意网络硬件的价格，这样组出的网络都是合格的。在这样的大型网络环境下，路由器和交换机的配置也是不可忽视的，有的时候比起硬件选择困难许多，而且一般需要网络管理员定期地维护和监视网络的状况。

5.2.6　Internet 及应用

本小节介绍 Internet 的核心技术以及基本服务，由于内容简单，而且大家比较熟悉，所以仅了解即可。

1. Internet 概述

因特网（Internet，国际互联网络）是当今世界上最大的计算机网络通信系统。该系统拥有成千上万个数据库，所提供的信息包括文字、数据、图像、声音等形式，信息属性有软件、图书、报纸、杂志、档案等，其门类涉及政治、经济、科学、教育、法律、军事、物理、体育、医学等社会生活的各个领域。Internet 成为无数信息资源的总称，它是一个无级网络，不为某个人或某个组织所控制，人人都可参与，人人都可以交换信息，共享网上资源。

Internet 为人们进行科学研究、商业活动、社会生活等方面共享信息提供重要的手段。业已成为人类智慧的海洋、知识的宝库，它将使人们从包罗万象的环球信息世界中得到不尽的益处。可以通过多种接入方式入网，享用该网提供的所有服务。它是人们获取详尽、广泛信息的理想选择。使人们能够双足不出门便知天下事。

从用户的角度来看，Internet 就是一个统一的独立的网络，虽然实际上它是用不同种类的网络技术、不同种类的主机构成的，但是由于具备统一的 TCP/IP，使得所有的用户可以统一使用网络提供的服务，取得网络提供的信息，访问各种不同的主机。TCP/IP 是由 Internet 的前身 ARPANET 首先使用的，关于 TCP/IP 的详情在前面的章节里已经介绍。关于 Internet 的管理机构前面的章节也有介绍。

在 Internet 中，分布着一些覆盖范围很广的大网络，称为主干网，它们一般属于国家级的广域网。比如中国现有 4 大网络与 Internet 相连，它们是公用网 ChinaNet、科技网 CSTNet、科教网 CerNet 和金桥网 ChinaGBNet，通过与这些主干网相连，形成下面的各个子节点，然后再形成更低一级的子节点，这样的一张大网把所有的用户连在一起，形成了特有的 Internet 文化。

1997 年 11 月，中国互联网络信息中心（CNNIC）第一次发布《中国互联网络带宽调查报告》。截至 10 月 31 日，中国共有上网计算机约 29.9 万台，上网用户数约 62 万，CN 下注册的域名 4066 个，WWW 站点约 1500 个，国际出口带宽 25.4Mbps。

以后每年发布两次统计报告，CNNIC 发布第 5 次《中国互联网络发展状况统计报告》：截至 1999 年 12 月 31 日，中国共有上网计算机约 350 万台，上网用户数约 890 万，CN 下注册的域名 48 695 个，WWW 站点约 15 153 个，国际出口带宽 351Mbps。

截至 2004 年 12 月 31 日，中国互联网络信息中心（CNNIC）发布第 15 次《中国互联网络发展状况统计报告》：中国共有上网计算机约 4160 万台，上网用户数约 9400 万，CN 下注册的域名 43.2 万个，WWW 站点约 66.8 万个，国际出口带宽 74 429Mbps。

从上面的趋势看出，中国互联网的发展非常迅猛，几乎是以几何级数上涨的。

2. Internet 地址

我们知道，IP 的核心就是 IP 地址，在 Internet 上，要找到目标主机，一定要知道对方的 Internet 地址，每一台接入 Internet 的主机都有唯一的地址，这种地址有两种书写的方式：域名和 IP 地址。

（1）域名

管理一个大而经常变化的名字集合是一个麻烦的问题。比如在邮政系统中，名字管理是通过要求信上写明收信人的国家、省、市、街道等信息实现的，这就是分级的思想。Internet 也使用这样的分级地址。

Internet 被分为几百个顶层域，每个域包括多个主机。每个域被分为子域，下面还有更详细的划分。顶层域分为两大类：一般的和国家的。一般的域比如 com（商业）、edu（教育）、gov（政府）、int（国际组织）、mil（军事机构）、net（网络提供者）和 org（非盈利组织）等。国家域比如 cn（中国）、jp（日本）这样的代表国家的域。

一般的完整域名大概表示为：计算机主机名.本地名.组名.顶层域名。上面提到的顶层域名放在最右边，从右到左依次出现包含关系。就像邮政系统中的例子一样。

当然域名不一定就是四级的形式，相信读者对常见的域名一定比较了解了，只要满足域名从右到左的规律就行。现在，IPRA 和 IANA 负责 Internet 最高层域名的登记和管理。

（2）IP 地址

IP 地址是 IP 的核心，上面提到的域名只是为了方便记忆而提出的。IP 地址是用来标识网络中的一个通信实体，比如一台主机，或者是路由器的某一个端口。而在基于 IP 网络中传输的数据包，也都必须使用 IP 地址来进行标识，如同我们写一封信，要标明收信人的通信地址和发信人的地址，邮政工作人员通过该地址来决定邮件的去向。在计算机网络中，每个被传输的数据包也要包括一个源 IP 地址和一个目的 IP 地址。当该数据包在网络中进行传输时，这两个地址要保持不变，以确保网络设备总能根据确定的 IP 地址，将数据包从源通信实体送往指定的目的通信实体。

目前，IP 地址使用 32 位二进制（4 个字节）地址格式，为方便记忆，通常使用以点号划分的十进制来表示，如：202.112.14.1。

我们要知道 IP 地址的 32 位二进制和常见的十进制之间的转换关系。比如：某台联在因特网上的计算机的 IP 地址为：11010010 01001001 10001100 00000010，把 IP 地址的 32 位二进制分成 4 段，每段 8 位（一个字节），中间用小数点隔开，然后将每 8 位二进制转换成十进制数，这样上述计算机的 IP 地址就变成了：210.73.140.2。从转换关系知道，每一段中的数值范围是 0~255，超过这个范围的显然就是非法的 IP 地址。

因特网是把全世界的无数个网络连接起来的一个庞大的网间网，每个网络中的计算机通过其自身的 IP 地址而被唯一标识，据此我们也可以设想，在 Internet 这个庞大的网间网中，每个网络也有自己的标识符。这与我们日常生活中的电话号码很相像，例如有一个电话号码为 0215193，这个号码中的前 4 位表示该电话是属于哪个地区的，后面的数字表示该地区的某个电话号码。与上面的例子类似，我们把计算机的 IP 地址也分成两部分，分别为网络标识和主机标识。同一个物理网络上的所有主机都用同一个网络标识，网络上的一个主机（包括网络上的工作站、服务器和路由器等）都有一个主机标识与其对应。因此 IP 地址的 4 个字节划分为两个部分，一部分用以标明具体的网络段，即网络标识；另一部分用以标明具体的节点，即主机标识，也就是说某个网络中的特定的计算机号码。例如 210.73.140.2 这个 IP，可以把它分成网络标识和主机标识两部分，这样上述的 IP 地址就可以写成：

网络标识：210.73.140.0

主机标识：　　　　　2

合起来写：210.73.140.2

由于网络中包含的计算机有可能不一样多，有的网络可能含有较多的计算机，也有的网络包含较少的计算机，于是人们按照网络规模的大小，把 32 位地址信息设成 3 种定位的划分方式，这 3 种划分方法分别对应于 A 类、B 类、C 类 IP 地址。

① A 类 IP 地址

一个 A 类 IP 地址是指，在 IP 地址的 4 段号码中，第 1 段号码为网络号码，剩下的 3 段号码为本地计算机的号码。如果用二进制表示 IP 地址的话，A 类 IP 地址就由 1 字节的网络地址和 3 字节的主机地址组成，网络地址的最高位必须是 0。A 类 IP 地址中网络的标识长度为 7 位，主机标识的长度为 24 位，A 类网络地址数量较少，可以用于主机数达 1600 多万台的大型网络。第一个字节的十进制范围是 000~127（127 作为回路测试）。

② B 类 IP 地址

一个 B 类 IP 地址是指，在 IP 地址的 4 段号码中，前两段号码为网络号码，剩下的两段号码为本地计算机的号码。如果用二进制表示 IP 地址的话，B 类 IP 地址就由 2 字节的网络地址和 2 字节的主机地址组成，网络地址的最高位必须是 10。B 类 IP 地址中网络的标识长度为 14 位，主机标识的长度为 16 位，B 类网络地址适用于中等规模规模的网络，每个网络所能容纳的计算机数为 6 万多台。第一个字节的十进制范围是 128~191。

③ C 类 IP 地址

一个 C 类 IP 地址是指，在 IP 地址的 4 段号码中，前 3 段号码为网络号码，剩下的 1 段号码为本地计算机的号码。如果用二进制表示 IP 地址的话，C 类 IP 地址就由 3 字节的网络地址和 1 字节的主机地址组成，网络地址的最高位必须是 110。C 类 IP 地址中网络的标识长度为 21 位，主机标识的长度为 8 位，C 类网络地址数量较多，适用于小规模的局域网络，每个网络最多只能包含 254 台计算机。第一个字节的十进制范围是 192~223。

除了上面 3 种类型的 IP 地址外，还有几种特殊类型的 IP 地址，TCP/IP 规定，凡 IP 地址中的第一个字节以 1110 开始的地址都叫多点广播地址。因此，任何第一个字节大于 223 小于 240 的 IP 地址是多点广播地址，也称为 D 类地址。D 类地址的第 1 字节范围是 223~240。IP 地址中凡是以 1110 的地址都留着将来作为特殊用途使用，这种地址也称为 E 类地址，第 1 位十进制范围是 240~255。

另外一定要注意几个特例：IP 地址中的每一个字节都为 0 的地址（0.0.0.0）对应于当前主机；IP 地址中以全 0 作为网络号的代表当前网络；IP 地址中的每一个字节都为 1 的 IP 地址（255.255.255.255）是当前子网（局域网）的广播地址；IP 地址中以全 1 作为主机号的表示对一个远程的局域网的广播；IP 地址中不能以十进制 127 作为开头，它被保留用于回路测试。

（3）子网掩码的解释

我们了解了网络标示和主机标示的划分之后，应该知道，一个网络的所有主机都必须拥有相同的网络号。当网络增大后，这种编址特性会引发问题。比如一个公司申请了一个 C 类的网段，此时这个公司的网络最多允许 254 台主机。如果超过了这个数目，那么需要申请另外一个 C 类网段。或者公司需要增加一个不同类型的局域网，于是又要申请一个 C 类网段。这样一来管理网络就很麻烦了，新申请的网段需要向客户公布，主机又需要重新设置地址。解决这样问题的办法是让网络内部分为多个部分，但对外又像一个单独的网络，这称为子网划分。

子网的划分借助于子网掩码。通过子网掩码确定在 IP 地址中，哪些是网络号，哪些是主机号。子网掩码也是用 32 位的二进制数表示的。其中 1 代表网络位，0 代表主机位。有了子网掩码的帮助，本来 IP 地址的网络－主机分段可以进化为网络－子网－主机分段。

比如我们刚刚提到的，一个公司申请一个 C 类网段，本来 C 类网段的默认子网掩码是 255.255.255.0，转换成二进制是 11111111 11111111 11111111 00000000，即告诉大家，前面的 3 个字节表示网络，最后 1 个字节表示主机。如果主机超过了 254 个，那么原先是需要另外申请 C 类网段了。

现在有了子网掩码，我们可以第一次申请一个 B 类的网段，这个时候默认的子网掩码是 255.255.0.0，即 11111111.11111111.00000000.00000000，前面两个字节表示网络，后面两个字节表示主机。我们并不需要后两个字节全部代表主机，因为那样太浪费，我们没有那么多主机，而且可能的确需要不同的网络。于是我们再把后面表示主机的部分（两个字节，16bit）划分为子网－主机两个，比如前 6 位表示子网，后 10 位表示主机。这样，我们可以得到 62 个子网（全 0 和全 1 保留），每个子网有 1022 个主机（同样排除全 0 和全 1）。这样的情况下，新增网段不需要申请，而且我们有很大的自由度来选择子网的划分。对外又表现为一个 B 类网段。

同样地，有的公司可能需要几个小型的局域网，那么我们可以选择申请一个 C 类网段，在最后的 8bit 的主机段中再分出子网和主机。

总的来说，子网掩码是一个 32 位的二进制数，如果要知道一个 IP 的网络号和主机号，只需要把子网掩码和这个主机的 IP 进行与运算。

子网的引入需要在路由器的路由表中进行配置，告诉路由器如何找到子网，并且在子网中找到主机。具体略。

另外说一下 VLSM（可变长子网掩码），这是一种产生不同大小子网的网络分配机制，指一个网络可以配置不同的掩码。开发可变长度子网掩码的想法就是在每个子网上保留足够的主机数的同时，把一个网分成多个子网有更大的灵活性。如果没有 VLSM，一个子网掩码只能提供给一个网络。这样就限制了要求的子网数上的主机数。VLSM 技术对高效分配 IP 地址（较少浪费）以及减少路由表大小都起到非常重要的作用。但是需要注意的是使用 VLSM 时，所采用的路由协议必须能够支持它，这些路由协议包括 RIP2、OSPF、EIGRP 和 BGP。VLSM 用一个十分直观的方法来表示，那就是在 IP 地址后面加上"/网络号及子网络号编址比特数"。例如：193.168.125.0/27，就表示前 27 位表示网络号。

IP 地址由于不够用，正在经历从 IPv4 到 IPv6 的转变，也就是用 6 个字节来表示地址，大大增加了 IP 的范围。

3. Internet 服务

这里介绍的都是 Internet 的高层协议，即应用层协议。通过这些协议，Internet 提供给我们丰富多彩的服务类型。使用 TCP 和 UDP 时，可以支持 65 535 种服务，通过不同的端口到名字实现逻辑连接。

（1）DNS 域名服务

我们看到前文提到了两种 Internet 地址的表示方式，域名地址和 IP 地址有对应关系，它们之间就是通过 DNS 域名服务来完成转换的。它是一种分布式地址信息数据库系统，服务器中通常仅包含整个数据库中的一部分内容，供客户查询。只要记得域名，通过 DNS 域名服务器的转换，就可以得到 IP 并且访问到主机。DNS 用的是 UDP 端口，端口号为 53。

（2）Telnet 远程登录服务

在 TCP/IP 协议簇中还包括了一个简单远程终端协议——Telnet。Telnet 允许某个网点上的用户与另一个网点上的登录服务器（提供 Telnet 服务的服务器）建立 TCP 连接。Telnet 然后将用户键盘上的键入直接传递到远地计算机，好像用户是连在远地机器的本地键盘上操作一样。Telnet 也将远地机器的输出送回到用户屏幕上。这种服务称为"明透"服务，因为它给人的感觉好像用户键盘和显示器是直接连在远地机器上的一样。

Telnet 是基于客户机/服务器的模式，由客户软件、服务器软件以及 Telnet 协议组成。本地计算机作为远程主机的虚拟终端，通过它用户可以同主机上的其他用户共同使用主机的资源。使用 Telnet 协议进行远程登录时需要满足以下条件：在本地计算机上必须装有包含 Telnet 协议的客户程序；必须知道远程主机的 IP 地址或域名；必须知道登录标识与口令。

Telnet 一般使用 23 端口来建立 TCP 连接。

（3）E-mail 电子邮件服务

这是我们很熟悉的服务，随着互联网的出现，电子邮件是最早使用的一种快速、简便、高效和廉价的通信服务。E-mail 用户需要拥有服务商提供的电子邮箱，一般格式是用户名@主机名。我们可以通过 Web 方式登录服务商的网站来发送电子邮件，需要填写收件人的地址、发件人的地址、主题和正文，然后就可以由邮件服务器发送，经过多个计算机和路由器的中转最后到达目的地。收信也是类似的方式。目前也有许多邮件的客户端，可以以 POP3 来收取服务器的信件，这样的软件有 Outlook Express、Foxmail 等。

E-mail 服务也基于客户机/服务器模式，由客户软件、服务器和通信协议构成。客户软件是用来收发和管理邮件的工具，服务器充当邮局的角色，为用户投递邮件。协议主要使用 SMTP 和 MIME 等，用户端使用 POP3 协议。SMTP 所使用的端口号是 25 号，POP3 是 110 端口，都是 TCP 端口。

（4）WWW 服务

提到互联网的使用，就一定会联想到大名鼎鼎的万维网服务（World Wide Web，WWW）。它是一个大规模、在线式的信息储藏所，用户可以通过一个被称为浏览器的交互式应用程序来查找所要的信息。从技术上说，WWW 是一个支持交互式访问的分布式超媒体系统。超媒体系统直接扩充了传统的超文本系统。在这两个系统中，信息被作为一个文档集而存储起来,除了基本的信息外,还包含有指向集中的其他文档。

Web 文档用超文本标记语言(HTML)来撰写。除了文本外,文档还包括指定文档版面与格式的标签。在页面中可以包含图形、音频、视频等各种多媒体信息。

WWW 是由 Web 服务器,浏览器和 HTTP 组成。Web 服务器提供信息;Web 浏览器显示信息;HTTP 是为分布式超媒体涉及的网络协议,满足客户机和服务器之间多媒体通信的需要。URL 是 WWW 中标识信息资源的字符串,俗称网址。我们使用 IE 或者 Firefox 这样的浏览器输入 URL 地址,通过网页间的链接,就可以在 WWW 的世界里自由遨游了。

WWW 服务器(Web 服务器)使用 80 或者 8080 的 TCP 端口提供服务。我们可以在 PC 上使用 Windows 自带的 IIS 打开 Web 服务。

另外在浏览器中还可以输入其他协议的 URL 来访问其他服务器,比如 FTP、Telnet 等等。其格式包括:协议、主机域名、端口号、路径和文件。比如:http://www.it.com.cn 是访问 Web 服务器,ftp://ftp.asus.com.tw 是访问 FTP 服务器。所以使用 URL 和浏览器可以统一地访问几乎所有的网络资源,当然很多功能还是专用的客户端好用。

(5)FTP 文件传输服务

在 Internet 上使用最广泛的文件传输协议(File Transfer Protocol,FTP)。FTP 允许传输任意文件,并且允许文件具有所有权与访问权限(也就是说,可以指定哪些人能访问哪些文件,甚至不能访问)。还有一个很重要的功能就是,它允许在 IBM PC 与 Macintosh 之间进行文件传输。基于 FTP,可以架设一台专门供人们上传或下载文件的 FTP 文件服务器,还可以根据这些文件的性质来对不同用户进行授权:将一些认为可以公开的内容开放给一些匿名用户(也就是任何人),将一些不可以公开的内容,根据实际情况给具有用户名和密码的用户。

TCP/IP 协议簇中包括两种文件传输服务:FTP 和 TFTP。FTP 功能更强,它支持面向命令的交互界面,从而允许用户列。另外,TFTP 使用 UDP 进行实际的数据传输,而 FTP 则是使用 TCP 进行实际的数据传输。

FTP 也基于客户机/服务器模式,由客户软件、服务器软件和 FTP 组成。FTP 客户端比如 CUTEFTP、LEAPFTP 等,通过 FTP 命令与服务器建立连接、传输文件。匿名用户可以直接不写用户名而登录服务器。FTP 服务器软件常见的有 IIS 自带的、SERVU 等。在 PC 上开 FTP 服务也越来越普遍。

FTP 在客户端和服务器中建立两条 TCP 连接,一条是控制连接,使用 21 端口,主要用于传输命令和参数;另外一条是数据连接,使用 20 端口,用于传输文件。

(6)Gopher

Gopher 是 Internet 提供的一种由菜单式驱动的信息查询工具,采用客户机/服务器模式。Internet 上有上千个 Gopher 服务器。它们将 Internet 的信息资源组织成单一形式的资料库,称为 Gopher 空间。Gopher 不同于一般的信息查询工具,它使用关键字作索引,用户可以方便地从 Internet 某台主机连接到另一台主机,查找到所需的资料。

Gopher 服务器在 70 端口上提供服务。随着 WWW 的发展，它的应用正在减少。

5.2.7　网络安全

本小节讲述网络安全的基本概念和防火墙的基本概念。随着网络规模的发展和编程水平的提高，有许多恶意攻击者会窃取网上的信息，占用网络资源，我们要学会防范，提高自身的安全意识。

1.　网络安全概述

计算机网络安全是指保护计算机网络系统的硬件、软件以及系统中的数据，不因偶然的或恶意的原因而遭到破坏、更改、泄漏，确保系统能连续和可靠的运行，使网络服务不中断。网络安全就是网络上的信息安全。凡是涉及网络上信息的保密性、完整性、可用性、真实性和可控性的相关技术和理论都是网络安全要研究的领域。

（1）网络安全受威胁的原因：计算机存储和处理的信息涉及国家和一些重要部门的机密和个人敏感信息；随着网络的扩大和软件的越做越大，系统缺陷和隐患也在增加；在信息传输中需要经过多个中间节点，不易控制，网络运行机制存在严重安全隐患；网络协议对真实性不能保证，协议本身有安全漏洞。

（2）网络安全涉及的主要内容：运行系统的安全、信息系统的安全、信息传播的安全、信息内容的安全。

（3）信息系统对安全的基本要求：保密性、完整性、可用性、可控性、可核查性。

（4）网络的安全威胁来自：物理威胁、网络攻击、身份鉴别、编程威胁、系统漏洞。

2.　网络信息安全

网络信息安全概括起来就是信息的存储安全和传输安全。

（1）信息的存储安全

信息的存储安全包括如下方面。

① 用户的标识和验证。就是平时我们看到的对登录用户的用户名和密码的验证。一般的方法有两种：基于人的物理特征的识别和基于用户所拥有的特殊安全物品的识别。最简单的例子是登录一些 HTTP 或者 FTP 时需要键入用户名和密码。

② 用户存取权限限制。主要限制进入系统的用户能进行的操作。一般有两种方法：隔离控制法和限制控制法。隔离控制法主要有物理隔离法、时间隔离法、逻辑隔离法以及密码技术隔离法。当然物理上的隔离是最有效的方法。权限控制法对目录和文件的访问控制进行严格的权限分级和控制。最简单的例子就是对 FTP 服务中目录的读写和删除权限的分级控制。

③ 系统安全监控。系统建立一套安全监控系统，全面监控系统的活动并检查系统的使用情况，一旦有非法入侵，需要及时发现并且采取相应措施。应当建立完善的审计系统和日志管理系统。管理员还应当做到：人工监控系统；经常检查文件所有者、授权、修改日期和访问控制属性；经常检查安全配置文件、口令文件、核心启动文件和任何可执行文

件的修改情况；经常检查用户登录历史和超级用户登录历史。

④ 计算机病毒防治。计算机要定期检测病毒，并且需要网络防火墙的帮助防止不明程序的入侵。需要建立病毒管理制度：经常下载，安装安全补丁和升级杀毒软件；定期检查敏感文件；使用高强度的口令；经常备份重要数据；选择、安装经过公安部认证的防毒软件；安装防火墙；在不使用网络时断网；重要的计算机系统一定要和互联网物理隔离；不要打开陌生人的电子邮件；正确配置系统和防毒软件。

⑤ 数据的加密。主要防止非法窃取和调用。包括文件信息的加密、数据库数据的安全与加密和磁介质的加密等。文件信息加密分为文件加密和文件名加密，是对文件内容或名字的保护。数据库加密通过对数据库系统的管理和数据库数据的加密来实现，包括用户身份识别和确认、访问操作的鉴别和控制、审计和跟踪、数据库外和库内加密。磁介质加密的目的在于防复制，主要方法有固化部分程序、激光穿孔加密、掩膜加密和芯片加密、修改磁介质参数等。

⑥ 计算机网络安全。主要指网络为抵御外界侵袭等采取的安全措施。主要通过防火墙、代理服务器以及加密网关来实现。计算机网络安全包括网络边界的安全和网络内部的安全控制与防范。网络边界的安全指本部门的网络和外界网络或 Internet 的出口边界，其安全主要是针对经边界进出访问和传输数据包时应采取的控制和防范措施。网络边界必须设置防火墙，要定期扫描网络的安全漏洞，一般不要提供远程的拨号访问，即使提供，也需要隔离重要的信息。网络内部的安全是指采取防范措施以控制外界远程用户对网络内部数据的存取。常用的技术手段包括网络安全检测报警系统，数据加/解密卡以及电子印章系统等。

（2）信息的传输安全

信息的传输加密是面向线路的加密措施，有链路加密、节点加密和端—端加密。

对信息加密是在密钥的控制下，通过密码算法把敏感的机密明文数据变成不可懂的密文。基本的加密算法有两种：对称密钥加密和非对称密钥加密。对称密钥加密也叫私有密钥加密，即发送和接收双方必须采用相同的、对称的密钥对明文进行加密和解密，算法主要有 DES、IDEA、RC2 和 RC4 等。非对称密钥加密也叫公开密钥加密，每个人都有一对唯一对应的密钥：公开密钥和私有密钥。公钥对外公开，私钥由个人秘密保存，用其中一把密钥来加密，只能用另外一把密钥来解密。算法主要有 RSA、DSA、Diffie-Hellman、PKCS 和 PGP 等。

3. 防火墙技术

防火墙是建立在内外网络边界上的过滤封锁机制。防火墙系统决定了哪些内部服务可以被外界访问；外界的哪些人可以访问内部的服务以及哪些外部服务可以被内部人员访问。防火墙必须只允许授权的数据通过，而且防火墙本身也必须能够免于渗透。

防火墙技术是一套集身份认证、加密、数字签名和内容检查为一体的安全防范措施。

（1）防火墙技术经历的 3 个发展阶段

① 包过滤防火墙。使用包过滤器，根据数据包头中的各项信息来控制站点与站点、

站点与网络以及网络与网络之间的相互访问。包过滤无法控制数据的内容。因为内容是应用层数据，而包过滤器处于网络层和数据链路层之间。

- 优点：速度快，易配置；对每个 IP 包都进行检查；可识别和丢弃带欺骗性的包等。
- 缺点：靠网管不能严格区分出可信边界；不支持应用层协议；不能处理新的安全威胁。

② 应用代理网关防火墙。完全隔离内网与外网的直接通信，所有通信必须经应用层代理软件转发，外网不可能直接触及内网。

- 优点：可以检查应用层、传输层和网络层的协议特征，对数据包的检测能力强。
- 缺点：难于配置，每个应用都需要单独配置，要求网管能了解不同应用的弱点；处理速度很慢，延迟大；需要预先内置已知应用的代理，使一些新出现的应用不能被支持。

③ 状态检测技术防火墙。结合前两个技术的优点，在不损失安全性的基础上提高了代理防火墙的性能。它摒弃了包过滤仅考察数据包的 IP 地址等几个参数，而不关心数据包连接状态变化的缺点，在防火墙的核心部分建立状态连接表，并将进出网络的数据看成会话，利用状态表跟踪每一个会话状态。状态检测防火墙在提高安全防范能力的同时改进了流量处理速度，使性能大幅提升。

（2）典型的防火墙体系

① 包过滤路由器。最简单和常用的防火墙，作用在网络层，对进出内部网络的所有信息进行分析，并按照一定的安全策略对进出的信息进行限制。核心是安全策略，往往可以用一台过滤路由器实现。优点是速度快、实现方便。缺点是安全性能差，兼容性差，日志记录能力差。

② 双宿主主机。核心是至少具有两个网络接口的双宿主主机（堡垒主机），每个接口都连接在物理和逻辑上分离的网段上，代理服务器软件在双宿主主机上运行。内外网均可与双宿主主机通信，但不可直接通信。双宿主主机不转发报文，由相应代理程序支持。优点是日志功能丰富，便于日后检查。缺点是如果入侵者得到了双宿主主机的控制权，内部网络就被入侵。

③ 屏蔽主机网关。由过滤路由器和应用网关构成。在内外网之间建立两道安全屏障。优点是安全等级高，配置灵活，可以提供不同的服务和安全等级。缺点是配置工作复杂。

④ 被屏障子网。由两个包过滤路由器和一个应用网关组成。包过滤路由器分别位于周边网和内网以及周边网和外网之间，应用网关位于两个包过滤路由器中间，形成一个非军事区（DMZ）。其优势在于入侵者必须突破 3 个不同的设备才能入侵内网；保证内网不可见，并且只有 DMZ 上选定的系统才对 Internet 开放；保证内网用户必须通过堡垒主机的代理才能访问 Internet；报过滤器直接将数据引向 DMZ 上指定的系统；能够支持比双宿堡垒主机更大的数据包吞吐量；NAT 可安装在堡垒主机上，避免内网重新编址或重新划分子网。

5.2.8 小结

本章讲述计算机网络的基本概念和理论，包括网络的概念、功能、分层、模型等；分别讲述具体的局域网和广域网协议，着重描述因特网的各种协议和技术；简单讲了组网和宽带接入；最后讲了网络安全的初步知识。

5.3 重点习题解析

5.3.1 填空题

1. 计算机网络技术是＿＿＿＿＿＿和＿＿＿＿＿＿技术的结合。
2. 计算机网络的发展和演变可概括为＿＿＿＿、＿＿＿＿和开放式标准化网络3个阶段。
3. 计算机网络的功能主要表现在资源共享、＿＿＿＿、＿＿＿＿和高可靠性4个方面。
4. 计算机网络按照通信和计算功能分为：＿＿＿＿和＿＿＿＿。
5. 计算机网络按通信距离分为：＿＿＿＿、局域网和＿＿＿＿。
6. 计算机网络按信息交换方式分为：＿＿＿＿、＿＿＿＿和综合交换网。
7. 网络的拓扑结构主要有：＿＿＿＿、＿＿＿＿、环状、＿＿＿＿和分布式结构。
8. 开放系统互联参考模型OSI中，共分7个层次，其中最下面的3个层次从下到上分别是＿＿＿＿＿＿、＿＿＿＿＿＿、＿＿＿＿＿＿。
9. 确定分组从源端到目的端的"路由选择"，属于ISO/OSI中＿＿＿＿＿＿层的功能。
10. 收发电子邮件，属于ISO/OSI中＿＿＿＿＿＿层的功能。
11. OSI的会话层处于＿＿＿＿层提供的服务之上，为＿＿＿＿层提供服务。
12. 网络中的计算机和计算机进行通信时，为了能够实现数据的正常发送和接收，必须要遵循的一些事先预定好的规程，这些规程称为＿＿＿＿。
13. LAN的数据链路层又可分为＿＿＿＿子层和＿＿＿＿子层。
14. 局域网标准合称＿＿＿＿，有：＿＿＿＿、＿＿＿＿和令牌环。
15. 以太网的MAC子层采用＿＿＿＿协议。
16. Token Bus的媒体访问控制方法与其相应的物理规范由＿＿＿＿＿＿标准定义。
17. 100Mbps快速以太网的标准是＿＿＿＿。
18. 10Base5标准使用的是＿＿＿＿传输媒质。
19. FDDI使用的物理层编码是＿＿＿＿。
20. 因特网上的拨号上网在连接中使用了＿＿＿＿。
21. 拨号上网时，PC的IP地址是＿＿＿＿通过＿＿＿＿分配的。
22. 一般来说，ADSL的上行速率＿＿＿＿下行速率。
23. ADSL的下行速率理论上能达到＿＿＿＿Mbps。
24. ADSL中语音信息和数据信息的传输使用＿＿＿＿共享介质。

25. ISDN 从发展历史看，分为＿＿＿＿和＿＿＿＿。

26. 一般而言，我们说的窄带 ISDN 指的是＿＿＿＿的搭配。

27. X.25 支持＿＿＿＿虚电路和＿＿＿＿虚电路。

28. 帧中继是对＿＿＿＿的简化。

29. ATM 的信元具有固定的长度，即总是＿＿＿＿字节，其中＿＿＿＿字节是信头（Header），＿＿＿＿字节是信息段。

30. 在 TCP/IP 层次模型中与 OSI 参考模型第 4 层（传输层）相对应的主要协议有＿＿＿＿和＿＿＿＿，其中后者提供无连接的不可靠传输服务。

31. 在 TCP/IP 层次模型的第 3 层（网络层）中包括的协议主要有 IP、ICMP、＿＿＿＿及＿＿＿＿。

32. 由于 IP 是＿＿＿＿的协议，所以需要＿＿＿＿来发送差错报文。

33. ARP 的作用是将＿＿＿＿地址转换成＿＿＿＿地址。

34. 有线传输介质通常有＿＿＿＿、＿＿＿＿和＿＿＿＿。

35. 网络互联时，通常采用＿＿＿＿、＿＿＿＿、＿＿＿＿和＿＿＿＿4 种设备。

36. 在因特网上的计算机地址有＿＿＿＿和＿＿＿＿两种。

37. 因特网上提供的主要信息服务有＿＿＿＿、＿＿＿＿、＿＿＿＿和＿＿＿＿4 种。

38. 网络上的计算机之间通信要采用相同的＿＿＿＿，FTP 是一种常用的＿＿＿＿协议。

39. IP 地址 205.3.127.13 用二进制表示可写为＿＿＿＿。

40. 某 B 类网段子网掩码为 255.255.255.0，该子网段最大可容纳＿＿＿＿台主机。

填空题参考答案

1. 计算机　通信
2. 终端－计算机　计算机－计算机
3. 数据通信　负载均衡
4. 通信子网　资源子网
5. 广域网　城域网
6. 电路交换网　分组交换网
7. 总线　星状　树状
8. 物理层　数据链路层　网络层
9. 网络
10. 应用层
11. 传输层　表示层
12. 网络协议
13. MAC　LLC
14. 802 标准　以太网　令牌总线
15. CSMA/CD
16. 802.4
17. 802.3u
18. 同轴电缆（粗缆）
19. 4B/5B 编码
20. PPP
21. ISP　动态
22. 小于
23. 8
24. 频分多用
25. N-ISDN　B-ISDN
26. 2B+1D
27. 交换式　永久式
28. X.25
29. 53　5　48
30. TCP　UDP
31. ARP　RARP
32. 不可靠　ICMP
33. IP　物理
34. 双绞线　同轴电缆　光纤
35. 中继器　网桥　路由器　网关
36. IP 地址　域名

37. 电子邮件　WWW　文件传输　远程登录　　38. 协议　应用层
39. 11001101 00000011 11111111 00001101　　40. 254

5.3.2　简答题

1. 简要说明物理层要解决什么问题,物理层的接口有哪些特性。

解答:物理层解决比特流如何在通信信道上从一个主机正确传送到另一个主机的问题。物理层接口有机械特性、电气特性、功能特性、规程特性。

2. 局域网基本技术中有哪几种拓扑结构、传输媒体和媒体访问控制方法。

解答:拓扑结构有星状、环状、总线、树状。传输媒体有:双绞线、同轴电缆、光纤等。媒体访问控制方法:CSMA/CD、Token Ring 等。

3. 网络安全的主要内容和信息系统对安全的基本要求是什么?

解答:网络安全涉及的主要内容:运行系统的安全、信息系统的安全、信息传播的安全、信息内容的安全。

信息系统对安全的基本要求:保密性、完整性、可用性、可控性、可核查性。

4. 防火墙技术经历了哪 3 个发展阶段?它们有些什么特点?

解答:包过滤防火墙、应用代理网关防火墙和状态检测技术防火墙。特点见教材。

5. 典型的防火墙体系包括哪几种,分别有何特点,安全性能如何?

解答:有如下 4 种:包过滤路由器、双宿主主机、屏遮主机网关和被屏障子网。安全性能从差到好。特点见教材。

6. 简要说明 IP 地址的格式和网络地址的分类。

解答:简要说明 IP 的 32 位地址,并且说明网络标识和主机标识的区别。然后说明 A 类到 C 类地址的特点,以及如何分辨出 IP 地址属于哪一类。

7. 简要说明子网掩码的定义和作用。举例说明子网掩码的作用。

解答:说明对主机标识的再一次划分,说明 32 位的子网掩码的意义。并且能够举例说明这一点。

8. 简要说明域名的含义,并且举出一些熟悉的域名,指出其中的顶级域的含义。

解答:域名的从右到左,范围从大到小的含义,并且能够举出一些例子。比如www.online.sh.cn 里面的国家域和地区域,又比如 www.intel.com 中的顶级商业域。

9. 组网实例题:试为一个具有 3 个不同部门的小型企业设计一个能够连接到 Internet 上的网络。

解答:参考书上的第 2 个例子,使用路由器的 WAN 连接 Internet,用路由器的 LAN 连接内部局域网。在局域网方面,使用千兆或者百兆的交换机作为核心,并且使用交换机或者集线器来连接 3 个部门的网络。

10. 举出目前常见的 Internet 接入方式,并简要说明特点和所在城市的解决方案。

解答:拨号、ADSL、ISDN、Cable Modem 和 HTTX 方式,并且说明特点。解决方案即月租费用、使用方式等,举出一两个例子即可。

5.4 模拟试题

1. 网络按通信方式分类，可分为点对点传输网络和_____。
   - A. 点对点传输网络
   - B. 广播式传输网络
   - C. 数据传输网络
   - D. 对等式网络
2. 能实现不同的网络层协议转换功能的互连设备是_____。
   - A. 集线器
   - B. 交换机
   - C. 路由器
   - D. 网桥
3. 路由器（Router）是用丁连接逻辑上分开的_____网络。
   - A. 1个
   - B. 2个
   - C. 多个
   - D. 无数个
4. 计算机网络完成的基本功能是_____和报文发送。
   - A. 数据处理
   - B. 数据传输
   - C. 数据通信
   - D. 报文存储
5. FDDI 的特点是利用单模光纤进行传播和_____。
   - A. 利用单模光纤进行传输
   - B. 使用有容错能力的双环拓扑
   - C. 支持 500 个物理连接
   - D. 光信号码元传输速率为 125Mbaud
6. UDP 提供面向_____的传输服务。
   - A. 端口
   - B. 地址
   - C. 连接
   - D. 无连接
7. 在不同的网络之间实现分组的存储和转发，并在网络层提供协议转换的网络互联器称为_____。
   - A. 转接器
   - B. 路由器
   - C. 网桥
   - D. 中继器
8. 根据报文交换的基本原理，可以将其交换系统的功能概括为_____。
   - A. 存储系统
   - B. 转发系统
   - C. 存储－转发系统
   - D. 传输－控制系统
9. TCP/IP 网络类型中，提供端到端通信的是_____。
   - A. 应用层
   - B. 传输层
   - C. 网络层
   - D. 网络接口层
10. 网卡是完成_____功能的。
    - A. 物理层
    - B. 数据链路层
    - C. 物理层和数据链路层
    - D. 数据链路层和网络层
11. CSMA/CD 是 IEEE 802.3 所定义的协议标准，它适用于_____。
    - A. 令牌环网
    - B. 令牌总线网
    - C. 网络互联
    - D. 以太网
12. 100Base-TX 中，所用的传输介质是_____。
    - A. 3 类双绞线
    - B. 5 类双绞线
    - C. 1 类屏蔽双绞线
    - D. 任意双绞线
13. 路由器工作在 OSI 模型的_____。
    - A. 网络层
    - B. 传输层
    - C. 数据链路层
    - D. 物理层
14. 下列关于 TCP 和 UDP 的描述正确的是_____。
    - A. TCP 和 UDP 均是面向连接的
    - B. TCP 和 UDP 均是无连接的

C. TCP 是面向连接的，UDP 是无连接的

D. UDP 是面向连接的，TCP 是无连接的

15. PC 通过远程拨号访问 Internet，除了要有一 PC 和一个 Modem 之外，还要有____。

    A. 一块网卡和一部电话机   B. 一条有效的电话线

    C. 一条有效的电话线和一部电话机   D. 一个 Hub

16. 在配置一个电子邮件客户程序时，需要配置_____。

    A. SMTP 以便可以发送邮件，POP 以便可以接收邮件

    B. POP 以便可以发送邮件，SMTP 以便可以接收邮件

    C. SMTP 以便可以发送接收邮件

    D. POP 以便可以发送和接收邮件

17. 域名服务 DNS 的主要功能为_____。

    A. 通过查询获得主机和网络的相关信息

    B. 查询主机的 MAC 地址

    C. 查询主机的计算机名

    D. 合理分配 IP 地址的使用

18. 关于 IP 地址 192.168.0.0~192.168.255.255 的正确说法是_____。

    A. 它们是标准的 IP 地址可以从 Internet 的 NIC 分配使用

    B. 它们已经被保留在 Internet 的 NIC 内部使用，不能够对外分配使用

    C. 它们已经留在美国使用

    D. 它们可以被任何企业用于企业内部网，但是不能够用于 Internet

19. WWW 是 Internet 上的一种_____。

    A. 浏览器   B. 协议   C. 协议集   D. 服务

20. HTML 中用于指定超链接的 tag 是_____。

    A. a   B. link   C. hred   D. hlink

21. 以下的网络分类方法中，哪一组分类采用了不同的标准？_____

    A. 局域网/广域网   B. 树状网/城域网

    C. 环状网/星状网   D. 广播网/点-点网

22. 在 OSI 模型中，第 N 层和其上的 N+1 层的关系是_____。

    A. N 层为 N+1 层提供服务

    B. N+1 层将从 N 层接收的信息增加了一个头

    C. N 层利用 N+1 层提供服务

    D. N 层对 N+1 层没有任何作用

23. 在 OSI 七层结构模型中，处于数据链路层与传输层之间的是_____。

    A. 物理层   B. 网络层   C. 会话层   D. 表示层

24. 以下 IP 地址中属于 B 类地址的是_____。

    A. 10.20.30.40   B. 172.16.26.36

C.　192.168.200.10　　　　　　　　D.　202.101.244.101

25．以下 IP 地址中不能分配给主机的是_____。

A.　131.107.255.80　　　　　　　B.　231.255.0.11

C.　126.1.0.255　　　　　　　　　D.　198.121.254.255

26．在同一个信道上的同一时刻，能够进行双向数据传送的通信方式是_____。

A.　单工　　　　　B.　半双工　　　　C.　全双工　　　　D.　上述 3 种均不是

27．以下各项中，是令牌总线媒体访问控制方法的标准是_____。

A.　IEEE 802.3　　　　　　　　　B.　IEEE 802.4

C.　IEEE 802.6　　　　　　　　　D.　IEEE 802.5

28．调制解调器的作用是_____。

A.　实现模拟信号在模拟信道中的传输

B.　实现数字信号在数字信道中的传输

C.　实现数字信号在模拟信道中的传输

D.　实现模拟信号在数字信道中的传输

29．将一个信道按频率划分为多个子信道，每个子信道上传输一路信号的多路复用技术称为_____。

A.　时分多路复用　　　　　　　　B.　频分多路复用

C.　波分多路复用　　　　　　　　D.　空分复用

30．ATM 信元及信头的字节数分别为_____。

A.　5、53　　　　　B.　50、5　　　　　C.　50、3　　　　　D.　53、5

31．以下哪类网络使用双绞线作为传输媒体？_____

A.　10Base-FP　　　B.　10Base-2　　　C.　100Base-T4　　D.　100Base-FX

32．若两台主机在同一子网中，则两台主机的 IP 地址分别与它们的子网掩码相"与"的结果一定_____。

A.　为全 0　　　　　B.　为全 1　　　　C.　相同　　　　　D.　不同

33．以下 TCP/IP 中，哪个是应用层协议？_____

A.　PPP　　　　　　B.　TCP　　　　　　C.　IP　　　　　　D.　HTTP

34．TCP/IP 体系结构中的 TCP 和 IP 分别为哪两层协议？_____

A.　数据链路层和网络层　　　　　B.　运输层和网络层

C.　运输层和应用层　　　　　　　D.　网络层和运输层

35．40 光纤传输是运用光的哪个特点？_____

A.　光的反射　　　B.　光的折射　　　C.　光的衍射　　　D.　光的电磁辐射

36．以太网 100Base-TX 标准规定的传输介质是_____。

A.　3 类 UTP　　　　B.　5 类 UTP　　　C.　单模光纤　　　D.　多模光纤

37．许多网络通信需要进行组播，以下选项中不采用组播协议的应用是___（1）___。在 IPv4 中把___（2）___类地址作为组播地址。

（1）A. VOD　　　B. Netmeeting　　　C. CSCW　　　D. FTP

（2）A. A　　　B. B　　　C. D　　　D. E

38. 将双绞线制作成交叉线（一端按 EIA/TIA 568A 线序，另一端按 EIA/TIA 568B 线序），该双绞线连接的两个设备可为_____。

A. 网卡与网卡

B. 网卡与交换机

C. 网卡与集线器

D. 交换机的以太口与下一级交换机的 UPLINK 口

39. 某公司使用包过滤防火墙控制进出公司局域网的数据，在不考虑使用代理服务器的情况下，下面描述错误的是"该防火墙能够_____"。

A. 使公司员工只能访问 Internet 上与其有业务联系的公司的 IP 地址

B. 仅允许 HTTP 通过

C. 使员工不能直接访问 FTP 服务端口号为 21 的 FTP 服务

D. 仅允许公司中具有某些特定 IP 地址的计算机可以访问外部网络

40. 两个公司希望通过 Internet 进行安全通信，保证从信息源到目的地之间的数据传输以密文形式出现，而且公司不希望由于在中间节点使用特殊的安全单元增加开支，最合适的加密方式是___（1）___，使用的会话密钥算法应该是___（2）___。

（1）A. 链路加密　　　B. 节点加密　　　C. 端-端加密　　　D. 混合加密

（2）A. RSA　　　B. RC-5　　　C. MD5　　　D. ECC

模拟试题参考答案

1. B	2. C	3. C	4. C	5. D	6. D
7. B	8. C	9. B	10. C	11. D	12. B
13. A	14. C	15. B	16. A	17. A	18. D
19. D	20. C	21. B	22. A	23. B	24. B
25. C	26. C	27. B	28. C	29. D	30. D
31. C	32. C	33. D	34. B	35. A	36. B
37.（1）D （2）C	38. A	39. B	40.（1）C （2）B		

第 6 章　多媒体基础知识

6.1　基本要求

1. 学习目的与要求

本章中通过对多媒体基础知识的学习，希望能够了解和掌握多媒体的基本概念、音频、图像和视频等多媒体的基本概念，压缩标准和文件格式，多媒体网络和虚拟现实的相关概念，多媒体计算机系统的硬件和软件组成等知识。

2. 本章重点内容

（1）多媒体的基本概念：媒体，媒体的分类，多媒体，多媒体技术。

（2）音频：声音的三要素，人耳的带宽，声音的数字化，计算机中声音的表示（波形声音和合成声音），数字音乐的国际标准 MIDI，常见的声音文件格式。

（3）图形和图像：色彩三要素，三基色原理和彩色空间，图形和图像的区别与转换，图像的获取过程，图像的属性，图像的压缩国际标准，常见的图像文件格式。

（4）视频和动画：动画的概念和分类，模拟视频电视，数字视频及标准 CCIR601，视频压缩编码的特点，与图像压缩编码的区别，常见的视频文件格式。

（5）多媒体网络：超文本、超媒体、流媒体的概念和特点。

（6）多媒体计算机系统：硬件组成，软件组成。

（7）虚拟现实：虚拟现实的概念和特征，虚拟现实的分类。

6.2　基本内容

6.2.1　多媒体的基本概念

多媒体集文本、声音、图像、视频和动画等为一体，是计算机处理信息多元化的技术和手段。多媒体技术本质上是一种计算机接口技术，它采用图形交互界面、窗口选择操作等，使人机交互能力增强，有利于人与计算机之间的信息交流。本小节介绍媒体和多媒体的概念和特点。

1. 媒体及其分类

媒体是信息表示和传播的形式载体，CCITT 将它分为 5 类：感觉媒体、表示媒体、表现媒体、存储媒体和传输媒体。

- 感觉媒体：指直接作用于人的感觉器官，使人产生直接感觉的媒体。如引起听觉反应的声音、引起视觉反应的图像等。

- 表示媒体：指传输感觉媒体的中介媒体，即用于数据交换的编码。如图像编码、文本编码和声音编码等。
- 表现媒体：指进行信息输入和输出的媒体。如键盘、鼠标、显示器等。
- 存储媒体：指用于存储表示媒体的物理介质。如磁盘、ROM、光盘等。
- 传输媒体：指传输表示媒体的物理介质。如电缆、光缆和电磁波等。

我们常说的媒体主要指其中的存储媒体和表示媒体。存储媒体指信息的物理载体，如磁盘、光盘、磁带等。表示媒体指承载信息的载体，如文字、声音、图像、动画、视频等。表示媒体又可以分为视觉类媒体、听觉类媒体和触觉类媒体。视觉和听觉类媒体是信息传播的内容，触觉类媒体是实现人机交互的手段。

2. 多媒体及其特征

多媒体是对多种媒体的融合，将声音、图像、视频等通过计算机技术和通信技术集成在一个数字环境中，以协同表示更多的信息。多媒体技术就是指利用计算机技术把文本、图形、图像、声音、动画和视频等多种媒体综合起来，使多种信息建立逻辑连接，并能对它们进行获取、压缩、加工处理及存储，集成为一个具有交互性的系统。它的主要特征有多样性、集成性、交互性、非线性、实时性等。

6.2.2 音频

声音是一种重要的媒体形式，本小节中概述了音频部分的知识点，首先，介绍声音及其数字化过程，其次，分别介绍两种数字化的声音——波形声音和合成声音，其中合成声音又分为语音合成和音乐合成，再次，介绍音乐合成中的 MIDI 标准，最后，介绍一下流行的声音文件格式。

1. 声音信号

声音是一种连续的波，叫做声波，它在时间和幅度上都是连续的模拟信号，所以通常称为模拟声音（音频）信号。声波中波形最高点与基线之间的距离称为声波的振幅，它表示声音的强弱，一般以分贝（dB）为单位；波形中两个相邻波峰之间的距离称为周期，它表示完成一次完整振动所需要的时间。一秒钟内出现的周期数称为声波的频率，指声波每秒变化的次数，用赫兹（Hz）表示。周期和频率在数值上互为倒数。信号的频率范围称为带宽，人耳能听到的声音信号频率范围为 20Hz～20kHz，一般称为音频信号。频率小于 20Hz 的声音信号称为亚音信号（次音信号），高于 20kHz 的信号称为超音频信号（超声波）。

音量、音调和音色称为声音的 3 要素。
- 音量：也称为音强或响度，指声音的强弱程度，由声波的振幅决定。
- 音调：由声音波形的基频决定，基频越低则音调越低，声音低沉，俗称低音；基频越高则音调越高，声音越尖锐，俗称高音。
- 音色：由混入基音的泛音（谐波）决定，每种声音都有其固定的频率和不同音强的泛音，从而使得声音具有特殊的音色效果。一个声波上的谐波越丰富，则音色越好。

2. 声音信号的数字化

声音信号是一种模拟信号，而计算机只能对数字信号进行处理，所以必须先将模拟信号转换为数字信号，即用二进制的编码来表示声音，这个过程称为声音信号的数字化。数字声音信号可以通过数模转换把数字信号转换成模拟信号，再经过混音器混合后成为声音波形由音箱输出，这个过程称为音频的重拨。最基本的声音信号数字化方法是取样—量化法，分为采样、量化、编码3个步骤。

（1）采样：以固定的时间间隔获取声音信号的幅值叫做采样，得到的信号称为离散时间信号。采样的时间间隔称为采样周期，它的倒数即每秒采样的样本数称为采样频率。为了不产生失真，采样频率不能低于声音最高频率的两倍。所以由于人的语音频率在300Hz~3400Hz之间，语音采样频率一般为8kHz；音乐信号在20Hz~20kHz之间，音乐信号采样频率应在40Hz以上。采样频率越高，声音保真度越好，但是得到的数据量也越大。常见的CD采样频率是44.1kHz。

（2）量化：量化是将采样得到的模拟值通过量化器（A/D转换器）转化为离散值表示，量化过程有时也称为模数转换（A/D转换）。量化后的样本用二进制来表示，二进制位数的多少反映了度量声音波形幅度的精度，称为量化精度（量化分辨率，量化位数）。量化精度越高，声音质量越好，需要存储空间就越多；量化精度越低，声音质量越差，存储空间越少。

（3）编码：经过采样和量化处理后的声音信号为了便于计算机处理，还需要进行数据压缩和编码，以减少数据量，再按照规定的格式组织成文件。

经过数字化处理后的数字声音的参数主要有采样频率、量化位数、声道数目、数据率和压缩比。

3. 个人计算机中的声音表示方法

个人计算机中的数字声音一般有两种不同的表示方法。

（1）波形声音：通过对实际声音进行取样—量化法得到，可以高保真地表示现实世界中任何客观存在的真实声音。主要缺点是数据量比较大。

（2）合成声音：用符号对声音进行描述，然后通过合成的方法生成声音、如MIDI音乐、合成语音等。合成声音虽然没有波形声音那么逼真，但是数据量要小得多，而且能产生自然界中不存在的声音。

下面分别介绍这两种表示方法。

4. 波形声音

波形声音是一个用来表示声音振幅的数字序列，它是通过对模拟声音进行取样—量化得到的。未经压缩的波形声音的数据传输率和占用的存储空间可以按照下面公式计算：

数据传输率（bps）=采样频率（Hz）×量化位数（b）×声道数

数据量（B）=数据传输率（bps）×持续时间（s）/8（B）

其中b指bit（位），B指Byte（字节），1Byte = 8bit

由于数字波形声音数据量非常大，所以在存储和传输时进行数据压缩是必须的。音频的压缩算法一般利用语音信号中含有的大量冗余信息，以及人的听觉感知特征。通常压缩数据会造成音频质量的下降、计算量的增加。因此人们在进行数据压缩时，需要在语音质量、压缩比、计算量3方面综合考虑。数字语音压缩算法从原理上可以分为3类。

（1）波形编码：它是基于波形的压缩处理方法，例如脉冲编码调制（PCM）、自适应量化（APCM）、差值量化（DPCM）、自适应差分脉冲编码（ADPCM）以及子带编码（SBC）等。它的特点是通用性强，语音质量高，但是压缩比不易降低。

（2）参数编码：也称为模型编码，是一种基于声音生成模型的压缩方法，从语音波形信号中提出生成的语音参数，使用这些参数通过声音生成模型重构出声音。如线形预测编码（LPC）和声码器（vocoder）等。它的优点是可达到高压缩比，缺点是信号源必须已知，受声音生成模型的限制，语音质量不理想。

（3）混合编码：波形编码质量高而压缩比低，参数编码质量低而压缩比高。混合编码结合了上述两种方法，既达到高压缩比，又保证一定的质量，但算法相对比较复杂。如码激励线性预测（CELP）和混合激励线性预测（MELP）等。

其中波形编码虽然数据率比较高，但是语音质量高，算法简单易实现，能较好地保持原有声音的特点，在多媒体计算机和多媒体文档中有广泛的应用。

数字语音由于频带比较窄，又可以通过语音生成模型进行比较好的模拟，因此经过压缩编码后码率比较低，存储和传输问题不大。而有高保真要求的全频带声音由于带宽达到20kHz以上，又有多声道的要求，数据量相当大，对压缩要求更高。全频带声音的压缩编码方法与数字语音不同，它不但依据波形本身的相关性，而且还利用人的听觉系统特性来达到压缩声音的目的，这种压缩编码称为感知声音编码。在国际标准MPEG中，先后为视频图像伴音的数字宽带声音制定了 MPEG-1 Audio、MPEG-2 Audio、MPEG-2AAC 和 MPEG-4 Audio 等多种数据压缩编码的标准。MPEG 处理的是 10Hz ～20kHz 频率范围的声音信号，压缩的主要依据是人耳的听觉特性，特别是人耳存在着随声音频率变化的听觉域，以及人耳的听觉掩蔽特性。

5. 合成声音

在个人计算机和多媒体系统中的声音，除了波形声音外，还有一类是用符号来表示的由计算机合成的声音。这种声音包括语音合成和音乐合成。

（1）语音合成（文语转换）：语音合成目前主要指从文本到语音的转换。它能把计算机内的文本转换成连续自然的语声流。采用这种方法需要预先建立语音参数数据库、发音规则库等。需要输出语音时，系统按需求先合成语音基元，再按语音学规则或语言学规则，连接成自然的语流。文语转换的参数库不随发音时间增长而加大，但规则库随着语音质量的要求而增大。目前自动的声讯服务都采用这种技术。

文语转换的原理分为两步：第一步先将文字序列转换成音韵序列，第二步再由语音合成器生成语音波形。其中第一步需要语言学处理，进行分词、字音转换等，然后将音标通过韵律控制规则转换成音韵序列；第二步通过语音合成技术根据语音库产生波形声音。

从合成采用的技术来说，语音合成可分为发音参数合成、声道模型参数合成和波形编辑合成。其中波形编辑合成质量最好。

（2）音乐合成：音乐合成的方式是根据一定的协议标准，采用音乐符号记录方法来记录和解释乐谱，可以对乐谱进行修改和编辑，通过合成器把数字乐谱变换成模拟声音波形，再通过混音器混合后播放。乐谱的基本组成单元是音符，最基本的音符有 7 个，所有不同音调的音符少于 128 个。音乐与噪声的区别主要在于它们是否有周期性。音乐波形随时间周期变化，它的要素有音调、音色、响度和持续时间。一首乐曲中每个乐音的持续时间是变化的，从而形成旋律。

通过计算机的数字合成技术可以模拟出许多传统乐器的音色，而且还可以通过计算机的编辑处理功能合成出自己想要的，甚至是自然界中不存在的声音。利用计算机软件作曲可以降低对音乐知识和作曲技术方面的专业要求，原来由多人合作才能制作或演奏的乐曲，现在可以由一个人完成。音乐合成系统的 3 要素是演奏控制器、音源和 MIDI 接口。

① 演奏控制器是一种输入和记录实时乐曲演奏信息的设备，例如钢琴模拟键盘。演奏控制器用来产生演奏声音，并不发出声音。用户可以用 MIDI 电缆把它的输出端和音源的输入端相连接。当用演奏控制器演奏乐曲或编制乐曲时，就可以把乐曲信息记录下来，或通过合成器和音箱播出来。演奏控制器除了钢琴键盘外，还有电子琴、吉他、萨克斯管、手风琴等乐器。

② 音源（音乐合成器）是具体产生声音波形的部分，即发声部分。它通过电子线路把演奏控制器送来的声音合成起来。最常见的音源有：数字调频合成器（Frequency Modulation，FM）和 PCM 波形合成器（Wave Table 波表合成法）。其中 PCM 产生音乐的质量要优于 FM 方法。

- 数字调频合成器（FM）：它是运用特定的算法来简单模拟真实乐器声音。其主要特点是电路简单、生产成本低，不需要大容量存储器支持即可模拟出多种声音。由于 FM 是靠算法来合成某个声音，因此实现方法过于生硬、效果单一，所生成的声音与真实乐器产生的声音距离很大，很容易让人听出来是"电子音乐"。

- Wave Table 波表合成法：它是利用数码拟合技术，将各种乐器的真实声音采样后将样本存储在声卡的 EPROM 中，当需要某种乐器的某个音色时，就到 EPROM 中查询该乐器的有关数据，运算后经过声卡的芯片处理合成所需要的声音。Wave Table 技术最大限度地读原始的声音效果并进行再现，使之更加真实。鉴于 Wave Table 的出色表现，取代 FM 已是必然趋势，如今很多声卡普遍采用 Wave Table 结构。

③ MIDI 是乐器数字接口（Musical Instrument Digital Interface）的缩写，泛指数字音乐的国际标准，它始创于 1982 年。MIDI 标准规定了不同厂家的电子乐器和计算机之间连接的电缆硬件以及电子乐器之间、乐器与计算机之间的通信协议。它还规定了音乐的数字表示，包括音符、定时和乐器指派等规范。由于 MIDI 标准定义了计算机音乐程序、合成器及其他电子设备交换信息和电子信号的方式，所以可以解决不同电子乐器之间不兼容的

问题。这样，任何电子乐器，只要有处理 MIDI 消息的处理器和适当的硬件接口都是 MIDI 设备。通过 MIDI 接口，不同 MIDI 设备之间可以进行信息交换。带有 MIDI 接口以及专用 MIDI 电缆的计算机、合成器和其他 MIDI 设备连接在一起，即可构成计算机音乐系统。数据由 MIDI 设备的键盘产生，可通过声音合成器还原为声音。通过计算机可以控制乐器的输出，并能接收、存储和处理经过编码的音乐数据。

MIDI 数据不是单个采样点的编码，而是乐谱的数字描述，称为 MIDI 消息。乐谱由音符序列、定时、音色和音量组成。每个消息对应一个音乐事件（如键按下、键释放等）。当一组 MIDI 消息通过音乐合成芯片演奏时，合成器解释这些符号，并产生相应的音乐。

MIDI 文件是存放 MIDI 信息的标准文件格式，它由一系列的 MIDI 消息组成。MIDI 文件包含音符、定时和多达 16 个通道的演奏定义，保存每个通道的演奏音符信息，如键、通道号、音长、音量和力度等。标准 MIDI 文件格式文件扩展名为 mid，它是音序软件的文件交换标准，也是商业音乐作品发行的标准。MIDI 音乐与高保真波形声音相比，音质有些差距，也无法合成出语音，但是数据量极少，易于修改和编辑。

音序器又称声音序列发生器，是一种记录、编辑和播放 MIDI 文件的软件。音序器将演奏者实时演奏的音符、节奏、表情控制以及音色变化等以数字方式按时间或节拍顺序记录下来。它还允许修改和编辑 MIDI 文件。另外，音序器可以将 MIDI 信息发送给音源，音源可自动演奏播放。

6. 声音文件格式

在音频媒体处理中，数字声音需要以一定格式存储。下面介绍一下比较流行的声音文件格式。

① Wave 文件（.WAV）：WAV 文件是从模拟声音通过采样量化法数字化后得到的一种波形文件，使用于 Windows 操作系统下。该格式可以产生质量非常高的声音文件，主要缺点是数据量太大。如采样率为 44kHz，采样精度为 16b，立体声 2 声道，效果与常规 CD 唱片相当，但是 1 分钟的数据量就有 44k×16×2/8×60=10 560k 个字节产生，约为 10MB。

② Module 文件（.MOD）：该格式不仅存放了乐谱，而且还存放了乐曲使用的各种音色样本。它的主要优点回放效果好，音色种类无限。MOD 文件相对 WAV 来说小得多，一般三四分钟的乐曲大概 300KB 左右，然后它也有一些致命的弱点，如低音效果差，不能达到 CD 音质等。

③ MPEG-3 音频文件（.MP3）：现在最流行的声音文件格式，压缩率大，在网络通信方面应用广泛，但和 CD 唱片相比音质不能令人满意。

④ RealAudio 文件（.RA）：和 MP3 相同，它也是为了解决网络传输带宽资源而设计的，因此它的主要目标是压缩比和容错性，其次才是音质。它具有高压缩比和较小的失真。

⑤ MIDI 文件（.MID/.RMI）：比较成熟的音乐格式。MIDI 作为世界通用标准已很成熟，所谓 General MIDI 就是最常见的通用标准。MIDI 能指挥各音乐设备的运转，而且具有统一的标准格式。它能够模仿原始乐器的各种演奏技巧甚至无法演奏的效果，而且文件长度很小。RMI 可包括图片标记和文本。MIDI 不能记录人声等声音。

⑥ Voice 文件（.VOC）：Creative 公司波形音频文件格式，也是声霸卡（sound blaster）使用的音频文件格式。每个 VOC 文件由文件头块和音频数据块组成。

⑦ Sound 文件（.SND）：Sound 文件是 NeXT Computer 公司推出的数字声音文件格式，支持压缩。

⑧ Audio 文件（.AU）：Audio 文件是 Sun Microsystems 公司推出的经过压缩的数字声音文件格式，是互联网上常用的声音文件格式。

⑨ CMF 文件（.CMF）：Creative 公司的专用音乐格式，与 MIDI 差不多，只是音色、效果上有些特色，专用于 FM 声卡，兼容性较差。

6.2.3 图形和图像

图像是一种信息量丰富且人类最容易接受的信息媒体。一幅图像可以形象、生动、直观地表现出大量的信息，相比之下声音和文字所载信息量要小得多。本节中介绍图形和图像的一些知识点，首先介绍色彩的基本概念、色彩三要素、三基色原理和彩色空间，然后介绍图形和图像的区别以及相互转换的方法，之后介绍一下图像的压缩编码和相应的国际标准，最后介绍图像的文件格式。

1. 色彩的基本概念

色彩是通过光被人们感知的，物质受光线照射后，一部分光被吸收，其余的被反射或投射出来，成为人们所见的物体的色彩。视觉上的彩色可以用亮度、色调和色饱和度来描述，它们称为色彩三要素，任一彩色光都是这 3 个特征的综合效果。

（1）亮度：亮度是光作用于人眼时所引起的明暗程度感觉。一般来说，发光物体彩色光辐射功率越大，亮度越高；功率越小，亮度越低。对于不发光的物体，亮度取决于吸收或反射光的功率。如果彩色光的强度降至人看不清了，在亮度等级上它应与黑色对应；如果光强度变得很大，那么亮度等级应与白色对应。此外，亮度感还与人类视觉系统的视敏功能有关，即使强度相同，颜色不同的光进入视觉系统，也可能会产生不同的亮度。

（2）色调：指当人眼看到一种或多种波长的光时所产生的彩色感觉，它反映颜色的种类。如红色、绿色等都是指色调。色调取决于其光谱成分。

（3）色饱和度：色饱和度指颜色的纯度，即掺入白光的程度，或者说是指颜色的深浅程度。对同一种色调的彩色光，色饱和度越高，颜色越深，如深红、深蓝；色饱和度越低，颜色越淡，如淡红。高饱和度的深色光掺入白光可以被冲淡，变为低饱和度的淡色光。如果在某色调的彩色光中掺入别的彩色光，会引起色调的变化，掺入白光仅引起饱和度的变化。

2. 三基色原理与彩色空间

自然界中常见的可见光，都可以由红绿蓝 3 种颜色光相配而成，也可以分解为这 3 种光，这就是三基色原理。三基色的选择不是唯一的，可以选择其他 3 种颜色，只要它们是相互独立的，即其中一种颜色不能由另外两种颜色合成。如果两种色光混合成为白光，则这两种色光互为补色。由于人眼对红、绿、蓝 3 种色光最敏感，因此由这 3 种颜色相配置所得的彩色范围也最广，所以一般都选用这 3 种颜色作为基色。

彩色空间指彩色图像所使用的颜色描述方法，也称为彩色模型。常见的彩色空间有 3 种，分别为 RGB 彩色空间、CMY 彩色空间、YUV 彩色空间。

（1）RGB 彩色空间：计算机中的彩色图像一般都使用 R（红），G（绿），B（蓝）3 个分量表示。

（2）CMY 彩色空间：CMY 彩色空间分别指青（cyan）、品红（magenta）、黄（yellow），常用在打印机中。在 RGB 彩色空间中，不同颜色的光是通过相加混合实现的，而纸张不能发射光线，所以不能用 RGB 颜色来打印，而只能使用吸收特定光波而反射其他光波的油墨或颜料来实现。用油墨或颜料进行混合得到的彩色称为相减混色。

（3）YUV 彩色空间：YUV 彩色空间一般用在彩色电视系统中，指亮度信号 Y、色差信号 U（R-Y）和 V（B-Y）。由于亮度和色度是分离的，因而解决了彩色和黑白显示系统的兼容问题。如果只有 Y 分量而没有 U、V 分量，则显示的图像是黑白的。

3. 图形和图像

计算机中的图形数据有两种常用的表示形式，一种称为几何图形或矢量图形，简称为图形，另一种称为点阵图像或位图图像。

（1）图形：图形是用一个指令集合来描述其内容的，即通过指令描述构成一幅图的所有直线、曲线、圆、圆弧和矩形等图元的位置、维数和形状，也可以用更为复杂的形式表示图形中的曲面、光照和材质等效果。矢量图形的基本组成部分称为图元，它是图形中具有一定意义的较为独立的信息单元，例如一个图、一个矩形等。由若干个图元组成一个图段，再由若干个图段组成一个图形。

矢量图法实际上是通过数学的方式来描述一幅图。在处理图形时，根据图元对应的数学表达式进行编辑和处理。在屏幕上显示图形时，首先要解释这些指令，将描述图形的指令转换成屏幕上显示的形状和颜色。编译矢量图的软件有适于绘制机械图、电路图的 AutoCAD 软件等。矢量图形的优点是计算机可以对其进行任意的放大、缩小、旋转、变形、扭曲等变换而不会破坏图像的画面，但是用矢量图表示复杂图像时（如人物、风景照片）比较困难。因此矢量图形主要用于表示线框型的图画、工程制图和美术字等。

（2）图像：图像是指用像素点描述的图。图像一般是用摄像机或扫描仪等输入设备捕捉实际场景画面离散化为空间、亮度和颜色的序列值，即把一幅彩色图或灰度图分成许多像素点，每个像素用若干二进制位来指定该像素的颜色、亮度和属性。位图图像在计算机内存中由一组二进制位组成，这些位定义图像中每个像素点的颜色和亮度。屏幕上一个点也称为一个像素，显示一幅图像时，屏幕上的一个像素就对应于图像中的一个点。根据组成图像的像素密度和表示颜色、亮度级别的数目，又可将图像分为二值图（黑白图）和彩色图两大类，彩色图还可以分为真彩色图和伪彩色图等。位图适合表现比较细腻、层次较多、色彩较丰富以及包含大量细节的图像，并可直接、快速地在屏幕上显示出来。但占用的存储空间比较大，一般需要进行数据的压缩。

4. 图像的获取

将现实世界的景物或物理介质上的图文输入计算机的过程称为图像的获取。在多媒体应用中的基本图像可以通过不同的方式获得。一般来说，可以直接利用数字图像库的图像，可以利用绘图软件创建图像，也可以利用数字转换设备采集图像。从现实世界中获取数字图像所使用的设备通称为图像获取设备。常见的图像获取设备有扫描仪、摄像机、数码照相机等。数字获取设备获取图像的过程实际上是信号扫描和数字化的过程，与声音信号的数字化类似，它也分为采样、量化、编码 3 个步骤。

（1）采样：在 xy 上对图像进行采样，要确定一个采样间隔，称为图像分辨率。将一幅画面划分为 m×n 个网格，每个网格称为一个取样点，用其亮度值来表示。

（2）量化：将扫描得到的离散像素点对应的亮度值进行 A/D 转换，量化的等级参数即为图像深度。

（3）编码：将离散的像素矩阵编码按一定格式记录在图片文件中。

5. 图像的属性

图像的属性主要包括分辨率、像素深度、真/伪彩色、图像的表示法和种类等。

（1）分辨率：分辨率是影响位图图像质量的重要因素，可分为显示分辨率、图像分辨率和像素分辨率 3 种。

显示分辨率指显示屏上能够显示出来的像素数目，以水平和垂直的像素数目表示。如 VGA 显示模式下分辨率为 640×480，表示显示屏分为 480 行，每行有 640 个像素。屏幕能够显示的像素越多，说明显示设备的分辨率越高，显示的图像质量越高。一般来说，显示器的显示分辨率可在一定范围内调节。

图像分辨率是指一幅图像的像素密度，以水平和垂直的像素表示。图像分辨率越高，图像越清晰，反之则越模糊。如果图像分辨率大于显示分辨率，那么屏幕上只能显示部分图像；如果图像分辨率小于显示分辨率，则图像只占屏幕的一部分。

像素分辨率指一个像素的宽和长的比例，一般为 1∶1 或 1∶2。在不同的图形显示方式或计算机硬件间传输图像时要考虑到它们的像素分辨率。如果像素分辨率不同就会产生图像畸变。

（2）图像深度：指位图中每个像素所占的位数（bit）。屏幕上的每个像素都占有一个或多个位，以存放与它相关的颜色信息。图像深度反映了构成图像的颜色数目，或确定灰度图像中每个像素可能的灰度等级。如一幅图像的图像深度为 b 位，则该图像的最多颜色数或灰度级为 2^b 种。

（3）真彩色：真彩色指组成一幅彩色图像的每个像素值中，有 R、G、B 三个基色分量，每个基色分量直接决定该像素的基色强度，这样产生的颜色为真彩色。例如用 RGB 8∶8∶8 方式表示一幅彩色图像，就是 R、G、B 分量都占 8 位，图像深度为 24 位，可生成的颜色数为 2^{24} 种。RGB 值为（255，0，0）就代表红色，(0，255，0)代表绿色，(0，0，255)代表蓝色。

（4）伪彩色和调色板：为了减少彩色图像的存储空间，在生成图像时可以对图像中的不同色彩进行采样，产生包含各种颜色的表，即彩色查找表，也称为调色板。图像中的每个像素不是由三个基色分量的数值直接表示，像素值作为一个地址索引，描述了该像素的颜色在调色板中的位置。这种彩色表示方法称为伪彩色，图像中不仅需要保存位图像素值，还需要保存调色板。

（5）图像大小：一个未经压缩的位图图像的数据量可用如下公式估算：

$$图像字节数 = 图像分辨率 \times 图像深度(b)/8(B)$$

例如一个图像分辨率为 1024×768 的真彩色图像，其数据量为 2 359 296 字节，约为 2.4MB，可见位图图像的存储空间较大，一般都需要压缩来减少数据量。

6. 图形和图像的转换

图形和图像可以互相转换，采用光栅化（点阵化）技术可以将图形转换成图像，采用图形跟踪技术可以将图像转换成图形。转换分为硬件转换和软件转换。大部分转换都是不可逆的，即会丢失信息。

7. 图像的压缩编码标准及国际标准

图像的数据量很大，因此一般需要采用压缩编码技术减少图像的数据量，节省存储空间和传输代价。一般来说，压缩技术利用的是图像中数据相关性很强的特点，以及人眼视觉的局限性。数据压缩可以分为无损压缩和有损压缩两类。如表 6-1 所示。

表 6-1　图像的压缩算法

压缩方式	算　　法
无损压缩	行程长度编码（RLE）、增量调制编码（DM）、霍夫曼（Huffman）编码
有损压缩	预测编码、变换编码、矢量编码和基于模型的编码

无损压缩利用数据中的统计冗余进行压缩，可以保证压缩和还原后图像信息没有丢失。常用的无损压缩有行程长度编码（RLE）、增量调制编码（DM）、霍夫曼（Huffman）编码等。

（1）行程长度编码（run-length encoding，RLE）：对于同一扫描行上的连续相同颜色的像素，只存储一个像素值和相同颜色像素的数目。压缩率大小取决于图像本身。

（2）增量调制编码（delta modulation encoding，DM）：利用图像相邻像素值的相关性来压缩每个像素值的位数，达到减少存储容量的目的。这种编码方式只存储每行第一个像素的值，然后依次存储每一像素值与前一像素值的差。

（3）霍夫曼（Huffman）编码：这种方法首先计算出图像中各个像素值出现的频率，然后利用霍夫曼编码方法为每个像素值赋一个码字，使其总数据量最小。频率越大的像素值的码字越短。这种方法经常与其他编码方法一起使用，以获得更大的压缩比。

有损压缩方法利用人眼视觉对图像中某些信息不敏感的特性，采用一些高效的有限失真数据压缩算法，允许压缩中丢失一定的信息，可以达到很高的压缩比。常见的有损压缩方法有预测编码、变换编码、矢量编码和基于模型的编码等。

ISO、IEC、ITU 等国际组织已制定了各种通用压缩编码标准，其中图像压缩编码广泛使用的压缩标准有 H.261、JPEG 和 MPEG。如表 6-2 所示。

表 6-2　图像压缩的国际标准

国际标准	描　　　述
MPEG-1	动态图像压缩标准,针对传输率在 1Mbps 到 1.5Mbps 的普通电视质量的视频信号的压缩。它的比特率是 1.5Mbps
MPEG-2	动态图像压缩标准,所能提供的传输率在 3Mbps~10Mbps 之间,能提供一个较大范围的压缩比
MPEG-4	动态图像压缩标准,主要应用于视像电话、视像电子邮件和电子新闻等,其主要特点是交互性
MPEG-7	多媒体内容描述接口标准
JPEG	静态图像压缩标准,采用有损压缩方法,可以提供较高的压缩比
H.261	视频编码标准,其应用目标是可视电话和电视会议
H.263	CCITT 推出的,用于低传输速率通信的电视图像编码

　　H.261 视频编码标准是由国际电话电报咨询委员会(CCITT)于 1990 年提出的电话/电视会议的建议标准,该标准又称为 P×64 标准,这个标准支持实时动态图像的压缩编解码,其应用目标是可视电话和电视会议。H.261 的图像分为全屏格式 CIF(所需最低速率320Kbps)和 1/4 屏格式 QCIF(所需最低速率为 64Kbps)。其中 CIF 格式的色度信号分辨率为 180×144,亮度信号分辨率为 360×288;QCIF 格式的色度信号分辨率为 90×72,亮度信号分辨率为 180×144。P×64 中的 P 是一个可变参数,取值范围为 1～30。P=1 或 P=2 时只支持 QCIF 图像格式的频率较低的视频电话传输。P≥6 时支持 CIF 的帧率较高的电视会议数据传输。H.261 的编码器采用带有运动估计的 DCT 和 DPCM(差分脉冲编码调制)的混合方式。它在一帧中使用有损压缩(基于离散余弦变换 DCT),在帧间使用无损熵编码。

　　H.263 标准是 CCITT 推出的,用于低传输速率通信的电视图像编码。

　　JPEG(Joint Photographic Experts Group)是一个由 ISO 和 IEC 联合组成的专家组,负责制定静态和数字图像数据压缩编码标准。它们提出了 JPEG 算法来压缩静态图像,并成为了通用的 JPEG 标准。JPEG 包括两种基本的压缩算法,一种是以离散预先变换 DCT 为基础的有损压缩算法,另一种是以预测技术为基础的无损压缩算法。有损压缩在压缩比为25:1 时人难以区别原始图像和压缩还原图像,效果比较好。在保证图像质量的情况下,JPEG 专家组进一步提出了 JPEG 2000 标准,这个标准采用了小波变换(wavelet)算法。

　　MPEG 动态图像压缩标准(Moving Pictures Experts Group)是一个由 ISO 和 IEC 组成的活动图像专家组,它们提出的 MPEG 标准分为 MPEG 视频、MPEG 音频和视频音频同步 3个部分。它们原本打算开发 4 个版本:MPEG-1~MPEG-4,以适应不同带宽和数字影像质量的要求。后由于 MPEG-3 被放弃(其实并未完全放弃,现在流行的 MP3 格式就是按此标准压缩的),所以只有 MPEG-1、MPEG-2、MPEG-4 三个标准。后来又推出了 MPEG-7 标准。

　　MPEG-1 标准制定于 1992 年,是针对传输率在 1Mbps 到 1.5Mbps 的普通电视质量的视频信号的压缩。它的比特率是 1.5Mbps,每秒播放 30 帧。它也可用于数字电话网络上的视频传输,如视频点播(VOD)以及教育网络等。

　　MPEG-2 标准制定于 1994 年,设计目标是高级工业标准的图像质量以及更高的传输率。

MPEG-2 所能提供的传输率在 3Mbps~10Mbps 之间，其在 NTSC 制式下的分辨率可达 720×480，MPEG-2 也能提供广播级的视像和 CD 级的音质。由于 MPEG-2 的出色性能表现，已能适用于高清晰电视 HDTV，使得原打算为 HDTV 设计的 MPEG-3 还没有出世就被抛弃了。MPEG-2 的另一特点是提供一个较广的范围改变压缩比，以适应不同画面质量、存储容量以及带宽的要求。

MPEG-4 制定于 1999 年，主要应用于视像电话、视像电子邮件和电子新闻等，其传输速率要求较低，在 4800bps~64 000bps 之间。它利用很窄的带宽，通过帧重建技术压缩和传输数据，以求以最少的数据获得最佳的图像质量。与 MPEG-1 和 MPEG-2 相比，MPEG-4 的特点是其更适于交互 AV 服务以及远程监控。MPEG-4 是第一个使人们由被动变为主动（不再只是观看，还允许加入其中，即有交互性）的动态图像标准；它的另一个特点是其综合性。从根源上说，MPEG-4 试图将自然物体与人造物体相融合（在视觉效果意义上的）。

MPEG-7 标准是一个多媒体内容描述接口标准。

8. 图像的文件格式

下面介绍图像在计算机中存储时常用的文件格式。

（1）BMP 文件：PC 上最常见的位图格式，与设备无关。它一般不采用压缩，所以占用的存储空间较大。它的图像深度可以为 1 位、4 位、8 位和 24 位，分别对应黑白、16 色、256 色和真彩色图像。

（2）GIF 文件：GIF 是 Compuserver 公司创建的图像文件格式，使用 LZW 无损压缩算法，并可以在一个文件中存放多个彩色图像，产生简单的动画效果。GIF 的图像深度为 1 位到 8 位，最多支持 256 种颜色。GIF 支持两种数据存储方式，一种是普通的按行存储，另一种是交叉存储，可以使用户在图像全部收到之前就看到这幅图的概貌。GIF 文件在网页中具有广泛应用。

（3）TIFF 文件：TIFF（.TIF）格式使用于扫描仪和桌面出版系统。TIF 文件可以压缩，也可以不压缩。非压缩的 TIF 文件独立于软硬件，所以具有良好的兼容性。

（4）PCX 文件：PCX 文件是 PC Paintbrush（PC 画笔）图像文件格式。

（5）PNG 文件：PNG 文件是作为 GIF 的替代品而开发的。其在存储灰度图时图像深度可达到 16 位，对彩色图像图像深度可达 48 位。它使用一种基于 LZ77 算法的无损压缩算法。

（6）JPEG 文件：JPEG（.JPG）文件采用有损压缩算法，压缩比约为 5∶1 到 50∶1，可以大幅压缩图像文件大小。它可以选择压缩比例，支持灰度图像和真彩色图像。由于它的压缩比大并且图像还原后效果好，所以应用广泛。

（7）Targe 文件：Targe（.TGA）文件格式用于存储彩色图像，可支持任意大小的图像，最高彩色数可达 32 位。专业图形用户经常使用 TGA 点阵格式保存具有真实感的三维有光源图像。

（8）WMF 文件：WMF 文件只能用于 Windows 中，它保存的不是点阵信息，而是函数调用信息。它将图像保存为一系列 GDI（图形设备接口）函数调用。在恢复时，应用程序执行源文件中的一个个函数调用，在输出设备上画出图像。

6.2.4 动画和视频

动态图像，包括动画和视频，是连续渐变的静态图像或图形序列沿时间轴顺次更换显示，从而构成运动视感的媒体。当序列中每帧图像由人工或计算机产生时，常称之为动画；当序列中每帧图像通过拍摄自然景象或活动对象得到时，常称之为影像视频，简称视频。视频又包括模拟视频和数字视频。在视频中每一幅图像称为一帧，帧是视频信息构成最基本的单位。

1. 动画

动画就是通过以一定速度顺序地播放静止图像帧以产生运动的错觉，这是因为眼睛能足够长时间地保留图像以允许大脑以连续的序列把帧连接起来。一般来说，动画是一种动态生成一系列相关画面的处理方法，其中每一幅与前一幅略有不同。计算机动画的原理与传统动画相同，只是可以使用计算机来处理画面，达到不同的效果。

计算机动画根据运动的控制方式可以分为实时动画和逐帧动画。实时动画用算法来控制物体的运动方式；逐帧动画类似于传统动画，通过顺序显示图像达到运动效果。根据视觉空间的不同，计算机动画也可以分为二维动画和三维动画。

（1）实时动画：实时动画采用各种算法控制物体的运动，其基本原理是计算机通过数据和算法一面绘制出动画帧一面播放出动画帧。实现实时动画需要两个缓冲区，当在显示一个页缓冲区中的动画帧时，在另一个页缓冲区上绘制下一次要显示的动画帧，在两个页缓冲区中绘制和显示交替进行，用户看到的是显示在屏幕上的图像，而看不到正在绘制的图像。实时动画的响应时间与动画图像大小、复杂程度、计算机速度和算法计算基于软件还是硬件等因素有关。

（2）矢量动画：矢量动画是由矢量图衍生出来的动画形式。矢量图是利用数学函数来记录和表示图形的方法。矢量动画通过各种算法实现动画效果，使矢量图产生运动效果，并可以改变其相关参数。矢量动画是实时动画的一种，其特点是图形放大或缩小时都不会影响显示质量。

（3）逐帧动画：逐帧动画是一种最常见的产生动画的方法，其基本原理是由原来绘制好的一帧帧图像组成连续的画面序列，然后以高速放映这些画面序列，由于人眼对图像的滞留视觉特性产生连续图像的感觉，从而产生了动画的效果。关键帧动画是通过一组关键帧来得到中间的动画帧序列，它利用计算机的快速计算能力，通过对关键帧进行插值计算而获得中间帧，也可以基于物体模型来计算。

（4）二维动画：二维动画的处理主要包括两个步骤，一是屏幕绘画；二是动画生成。其中屏幕绘画主要利用图像处理软件完成，然后计算机以屏幕绘画的结果作为关键帧产生动画。计算机在二维动画中的作用有输入和编辑关键帧、计算和生成中间帧、定义和显示运动路径、产生特技效果等。

（5）三维动画：三维动画和二维动画的区别主要在于采用不同的方法获得动画中景物运动的效果。所以二维动画画面内容不随观察方式的不同而变化，而三维动画可以通过调整视点看到不同的内容。三维动画的制作过程分为 4 步。

① 建立角色、实物和景色的三维数据模型。建立三维动画物体模型称为造型，计算机中一般有 3 种方式来描述物体模型，分别为线框模型、表面模型和实体模型。线框模型用线条来描述一个形体，表面模型用面的组合来描述形体，实体模型将一个物体分解成若干个基本形体的组合。所以三维动画在描述物体时首先用线框模型进行概念设计，再转换成表面模型，最后转换成实体模型进行动画处理。

② 对模型进行光照着色，物体只有通过光和色的渲染，才能具有自然界中真实物体的效果，这在动画中称为着色（真实感设计）。着色涉及材质，纹理和光源 3 方面。材质指物体的材料，其影响到对光线的反射和折射。纹理可以改变物体的外观，分为颜色纹理和几何纹理。光源的位置亮度颜色等决定光照射到物体上的效果。

③ 控制形体模型的运动，首先要确定每个物体的位置和相互关系，确定运动轨迹和速度，然后确定物体的变化方式，另外还要决定视点的位置。

④ 根据视点和运动模型生成二维图像显示出来，形成动画，这个过程称为动画生成。

2. 模拟视频

电视是当代最流行的多媒体传播工具，它与多媒体系统的不同在于电视不具备交互性，它播放的信号是模拟信号。电视信号通过光栅扫描的方法显示在屏幕上，扫描方式是逐行扫描或隔行扫描。水平扫描线中的点数称为水平分辨率，扫描线行数称为垂直分辨率。每秒显示的帧数称为帧频，一般来说，帧频大于 25Hz 时人眼就感觉不到闪烁。电视一般采用 YUV 彩色空间，是亮度和色度的组合。

电视信号的标准也称为电视的制式，只要有 NTSCM 制、PAL 制、SECAM 制 3 种。其中美国、加拿大、日本、韩国、中国台湾和菲律宾等地使用 NTSCM 制；德国、英国、中国、中国香港和新西兰等地使用 PAL 制；法国、东欧和中东使用 SECAM 制。我国使用的 PAL 制垂直分辨率为 625，采用隔行扫描方式，即每帧扫描 625/2 行，这样可以使信号传输带宽减少一半。帧频为 25Hz，满足人眼的视觉滞留特性；行扫描频率为 625×25=15 625Hz；场频为 50Hz，因为我国电网频率为 50Hz，这样可以有效去掉电网信号的干扰。

3. 数字视频及标准

数字视频基于数字技术图像显示，使用于计算机等数字设备。模拟视频信号需要进行数字化转换成数字视频才能在计算机上使用。视频数字化过程主要包括模数转换和彩色空间变换等，它需要考虑到电视和计算机的不同，如：电视是隔行扫描，而计算机是逐行扫描；电视上的彩色空间是亮度加色度的 YUV 彩色空间，而计算机上是 RGB 彩色空间；电视和计算机的分辨率不同等。数字化分为复合数字化和分量数字化。由于人眼对色度信号不如对亮度信号敏感，所以对色度信号的取样频率可以比亮度信号低，以减少数字视频的数据量。数字化时亮度和色度两分量采样频率比可以为 4∶4∶4 格式、4∶2∶2 格式、4∶2∶0 格式、4∶1∶1 格式，CCIR601 标准推荐使用 4∶2∶2 格式。

国际无线电咨询委员会（CCIR）制定的广播级质量数字电视编码标准，即 CCIR601 标准，确定了不同电视制式共同的数字化参数，规定了采样频率、分辨率和彩色空间转换等。

4. 视频压缩编码

由于视频的数据量比较大，因此对压缩要求比较高。其压缩的目标是在尽可能保证视觉效果的情况下减少视频数据量。由于视频是动态图像，因此压缩方法与静态图像的压缩有所不同，可以利用各帧间画面的相关性进行压缩，下面介绍一些视频压缩的基本概念。

（1）无损压缩和有损压缩：与声音和图像中一样，无损压缩指解压后可以还原成原图像，但是压缩效果不好。有损压缩压缩时会丢失信息，解压后的数据与压缩前不一样，但是可以达到高压缩比。

（2）帧内压缩和帧间压缩：帧内压缩也称为空间压缩，它与静态图像的压缩类似，在压缩时只考虑该帧内的数据而不考虑与相邻帧之间的冗余信息。因为帧内压缩没有考虑各个帧之间的相互关系，所以压缩后的视频数据仍然可以以帧为单位进行编码。帧间压缩利用连续帧之间的相关性，也就是说前后两帧信息变化很小的特点进行压缩，也称为时间压缩。帧差值算法是一种帧间压缩算法，利用连续两帧图像变化很少的特点，只记录该帧与相邻帧的差值，达到压缩的效果。

（3）对称编码和不对称编码：压缩和解压的复杂度相同的编码称为对称编码，它适用于实时压缩和传输视频；而不对称编码的压缩时间和解压时间不同，一般在压缩时很慢，解压时很快，这样可以应用在电子出版和其他多媒体应用中，实现实时回放。

视频压缩的标准跟图像压缩标准相同，这里就不再重复了。

5. 视频文件格式

下面介绍一些常见的视频格式。

（1）GIF 文件：GIF 是 Compuserver 公司创建的图像文件格式，使用 LZW 无损压缩算法，可以产生简单的动画效果。它具有渐显方式，即在图像传输完成前显示出图像的大致轮廓。GIF 文件在网页中具有广泛应用。

（2）AVI 文件：微软公司开发的符合 RIFF 文件规范的数字音频和视频文件格式。因为 AVI 没有限定压缩标准，所以不具有兼容性，只能作为控制界面上的标准。AVI 具有可伸缩性，使用 AVI 算法的性能依赖于一起使用的硬件。

（3）Quick Time 文件（.MOV/.QT）：苹果公司开发的一种音频视频格式。向量量化是 Quick Time 的软件压缩技术之一，在最高 30 帧/s 下提供 320×240 的分辨率，并且不需要硬件帮助，压缩比为 25∶1~200∶1。具有跨平台的优势，得到了广泛的应用。

（4）MPEG 文件（.MPEG/.MPG/.DAT）：MPEG 是运动图像压缩算法的国际标准，包括 MPEG 视频、MPEG 音频和 MPEG 视频音频同步 3 部分，它的压缩效果和兼容性都非常好，压缩比可高达 200∶1。

（5）RealMedia 文件（.RM）：Real Networks 公司开发的一种文件格式，主要使用在低速率的广域网上进行实时传输，它的一个特点是可以与 RealVideo 服务器相配合，边下载边播放，而不是像其他视频文件那样必须下载完成后才能播放。

（6）ASF 文件（.ASF）：ASF 是 Advanced Streaming Format 的缩写，是微软公司为和

RealMedia（.RM）竞争而发展出来的可以直接在网上观看的视频压缩格式。它使用了MPEG-4 算法，压缩率和图像质量都不错，图像质量不如 VCD，但是比 RealMedia 要好。

（7）WMV：WMV 是一种独立于编码方式的在 Internet 上实时传播多媒体的技术标准。它是微软公司出品的视频格式文件，希望用其取代 Quick Time 之类的技术标准。WMV 的主要优点包括：本地或网络回放、可扩充的媒体类型、部件下载、可伸缩的媒体类型、流的优先级化、多语言支持、环境独立性、丰富的流间关系以及扩展性等。

6.2.5　多媒体网络

所谓多媒体网络，就是将多个在地理上分散的具有处理多媒体功能的计算机终端通过高速通信线路互相连接起来成为一个分布式的多媒体信息处理系统，该网络具有多媒体信息通信和共享多媒体资源的功能。多媒体通信对通信网络的要求是很高的，它要求实现一点对多点，或者多点对多点的实时不间断的信息传输。超文本和超媒体都是多媒体网络上常用的信息传输形式。

1．超文本

超文本以链接的方式将文本中的相关内容组织在一起，用户可以方便地通过链接浏览相关内容。超文本是由相对独立的信息块——节点和表达节点之间关系的链组成的信息网络。超文本的 3 个基本要素为节点、链和网络。用户通过在网上浏览、查询、沿链访问相应的节点。从计算机技术的角度来看，超文本是一种数据组织模式，在这种数据组织模式下，用户可以使用非线性的数据访问方式。下面介绍超文本的 3 个基本要素。

（1）节点：超文本中节点是存储和表达信息的基本单位，每个节点表达一个特定的主题，节点的大小根据需要而定，没有严格的限制。对多媒体而言，节点中包含的信息可以用文本、图像、视频、动画、音频等多种媒体来表征。节点一般分为表现型节点和组织型节点两类。

（2）链：链用来连接具有某种信息联系的节点。节点和节点之间的链组成了超文本的层次网状结构，链提供了在这种超文本结构中进行浏览和探索节点的能力，实现了非线性检索信息的目的。链的结构一般分为链源、链宿及链的属性 3 部分。链源指发出链的节点，可以是热字、热区、热点等。链宿是链所指向的目标，一般为一个节点。链的属性指它的类型、版本和权限等。网络中链一般称为超链接。

（3）网络：网络是由节点和链组成的有向图。网络中的节点排列没有固定的顺序，所以超文本中采用一种非线性的网状结构来组织块状信息。

2．超媒体

随着多媒体技术的发展，超文本的信息块中表达信息的形式从符号、文字、数字扩展到图像、动画、视频、音频等媒体，这样的多媒体信息称为超媒体。它以超文本的方式组织和处理多媒体，它与超文本的区别在于超文本主要以文字表示信息，而超媒体除了文本外还使用图形、图像、动画、声音、影视等多媒体来表示信息，建立的链接也是在各种多媒体之间。

3. 流媒体

流媒体简单来说就是应用流技术在网络上传输的多媒体文件，而流技术就是把连续的影像和声音信息经过压缩处理后放到网站服务器，让用户一边下载一边观看、收听，而不需要等整个压缩文件下载到自己机器后才可以观看的网络传输技术。该技术先在使用者端的计算机上创造一个缓冲区，在播放前预先下载一段资料作为缓冲，在网路实际连线速度小于播放所耗用资料的速度时，播放程序就会取用这一小段缓冲区内的资料，避免播放的中断，也使得播放品质得以维持。流媒体系统一般包括 3 个部分：流媒体开发工具、流媒体服务器和流媒体播放器。流媒体文件需要使用特定的格式，支持部分解压，在视频文件格式中介绍的.RM 和.ASF 都满足这种要求。流媒体的主要应用有远程教育、宽带网视频点播、互联网直播、视频会议等。

4. 互联网上获取声音和影视的方法

从互联网上获取声音和影视的方法常见的有 3 种。

（1）通过 Web 浏览器把声音/影视文件从 Web 服务器传送给媒体播放器。

（2）直接把声音/影视文件从 Web 服务器传送给媒体播放器，可以减少方法 1 中由于 Web 浏览器产生的延迟。

（3）通过多媒体流式服务器将声音/影视文件传送给媒体播放器。

6.2.6 多媒体计算机系统

多媒体系统是一种能对文本、声音、图形、图像、视频和动画等多媒体信息进行综合处理的计算机系统，一般由多媒体硬件系统和软件系统两部分组成。

1. 多媒体计算机硬件系统

多媒体硬件系统主要包括计算机硬件、音频/视频处理器、各种媒体输入/输出设备及信号转换装置、通信传输设备及接口装置等。其中，最重要的是根据多媒体技术标准而研制生产的多媒体信息处理芯片和相应的板卡以及光盘驱动器等外设。下面介绍一些主要的硬件。

（1）音频卡：又称为声卡，用来处理音频信息。它可以将话筒、电子乐器等输入的声音进行模数转换存储在计算机上，也可以将计算机上的数字化声音通过数模转换用音箱播放出来。声卡主要依据数据采样量化的位数来分类，分为 8 位、16 位、32 位等，位数越多，量化精度越高，音质就越好。声卡具有录音和播音的功能，同时可以压缩采样信号。最常用的压缩方法为自适应脉冲编码调制。

（2）视频卡：又称为显卡，用来处理视频信号的输入和输出。其主要功能是通过摄像机、录像机或电视获取视频信号，数字化后存储在计算机中，和将数字化的图像视频经过数模转换在显示器上播放。显卡的质量一般从捕获的图像尺寸、视频图像能支持的颜色数和捕获的速度 3 个方面来考虑。

（3）光盘驱动器：光盘驱动器简称光驱，分为只读和可读写两种。可读写光驱又称为刻录机。光驱用来从光盘中读入数据，是常用的多媒体设备之一。CD-ROM 可以提供 650MB

的存储容量，DVD-ROM 的存储量更大，双面可达 17GB。

（4）扫描仪：扫描仪是图像输入设备，可以将图稿捕捉下来转换成计算机能够进行处理的数据形式。这里的图稿可以是图像、绘画、照片、图形和文字等。扫描仪由光学成像、机械传动和转换电路 3 个部分组成。常用的扫描仪有手持式、滚筒式和平板式等。

（5）光学字符阅读器：又称为 OCR（Optical Character Recognition），是一种文字自动输入设备，通过扫描或摄像等光学输入方法从纸介质上获取文字的图像信息，利用各种模式识别算法分析文字形态特征，判断出文字的标准编码，并按通用格式存储在文本文件中。

（6）触摸屏：触摸屏是一种随着多媒体技术发展而使用的输入设备，当用户手指点在屏幕上的菜单、光标、图符等光按钮时，能产生触摸信号，经过变化后成为计算机可以处理的操作命令，从而实现人机交互。它由传感器、控制器和驱动程序 3 部分组成。

（7）数字化仪：数字化仪是一种图形输入设备，它由平板加上连接的手动定位装置组成，主要用于输入线型图，例如地图、地形图、气象图等。

（8）操纵杆：操纵杆是一种提供位置信息的输入设备，可以作为游戏控制器，用来操纵电子游戏。操纵杆可以以模拟信号方式工作，也可以以数字信号方式工作，并可兼容各种游戏模式。

2. 多媒体计算机软件系统

多媒体计算机软件系统主要包括 3 部分：多媒体操作系统、多媒体创作工具和多媒体应用软件。

（1）多媒体操作系统：多媒体操作系统具有实时任务调度、多媒体数据转换和同步控制、对多媒体设备的驱动和控制以及图形用户界面管理等功能。一般是在已有的操作系统基础上扩充和改造。多媒体操作系统必须具备对多媒体环境下的各个任务进行调度和管理、支持多媒体应用软件运行、对多媒体声像及其他多媒体信息进行控制和实时处理、支持多媒体的输入输出及相应的软件接口、对多媒体数据和多媒体设备的管理和控制以及图形用户界面管理等功能。也就是说，它能够像一般操作系统处理文字那样去处理音频、图像和视频等多媒体信息，并能够对光盘驱动器、数码相机、MIDI 设备、扫描仪等多媒体设备进行控制和管理。Windows 系列产品以及 Apple 公司提供的 Quick Time 多媒体操纵平台等都具有多媒体功能。

（2）多媒体创作工具：多媒体创作工具是在多媒体操作系统上的系统软件，用来创作多媒体。它们可以分为页面模式创作工具，如 PowerPoint、Tool Book；时序模式的创作工具，如 Director、Flash；图标模式创作工具，如 Authorware；窗口模式的创作工具等。

（3）多媒体素材编辑软件：多媒体素材编辑软件用于采集、整理和编辑各种多媒体数据，分为如下几类。

- 文本工具：用于处理文字，如 Word、WPS、Notebook 和 OCR（光学字符识别）等。
- 图形/图像工具：主要功能包括图形/图像显示、编辑、压缩以及相互转换等。如 Photoshop、Illustrator、PhotoDeluxe、PageMaker、CoreDraw、AutoCAD、3ds max 等，其中 CorelDraw 和 AutoCAD 是矢量图形处理软件。

- 动画工具：用来显示、编辑动画。如 GIF Construction Set、Xara3D 等。
- 视频工具：用来显示、编辑、压缩、捕捉视频等，如 Media Studio Pro、Premiere 等。
- 音频工具：包括音频播放、编辑、录制等功能，如 CoolEdit、GoldWave、Cake Walk Pro Audio 等。
- 播放工具：用来显示、浏览和播放多媒体数据，如 Media Player，ACDSee 等。

（4）多媒体应用软件：根据多媒体系统终端用户要求而定制的应用软件，如特定的专业信息管理系统、语音/Fax/数据传输调制管理应用系统、多媒体监控系统、多媒体 CAI 软件、多媒体彩印系统等。人们设计构造出各种应用软件系统，使最终用户使用的多媒体系统方便、易学、好用。

6.2.7 虚拟现实

虚拟现实使人们通过计算机对复杂数据进行可视化、操作以及交互的一种全新的方式，它将用户和计算机视为一体，通过各种直观的工具将信息进行可视化，用户直接置身于这种三维信息空间中自由地操作各种信息，由此控制计算机。虚拟现实是利用计算机生成一种模拟环境，通过多种传感设备使用户投入到该环境中，实现用户与该环境直接进行自然交互的技术。它的特点在于，运用计算机对现实世界进行全面的仿真，创建与真实社会类似的环境，通过各种传感设备使用户投入到该环境中，实现用户与该环境的直接交互。多媒体是实现虚拟现实的有力手段，而虚拟现实是多媒体发展的方向。

1. 主要特征

虚拟现实有如下 4 个主要特征。

（1）多感知性：虚拟现实技术除了一般多媒体计算机技术所具有的视觉感知和听觉感知外，还具有触觉感知、力觉感知、运动感知、味觉感知和嗅觉感知等。理想的虚拟现实技术应该具有一切人所具有的感知功能。由于形成虚拟现实的相关技术，特别是传感技术的限制，目前虚拟现实技术所具有的感知功能仅限于视觉、听觉、力觉、触觉和运动几种，无论是感知范围还是从感知的精确度都无法与人类的相比。

（2）临场感：临场感指用户感到作为主角存在于模拟环境中的真实程度。理想的模拟环境应该达到使用户难以分辨真假的程度。

（3）交互性：交互性指用户对模拟环境内物体的可操作程度和从环境得到反馈的自然程度。

（4）自主性：自主性指虚拟环境中物体依据物理定律运动的程度。例如，当受到力作用时物体会运动，力越大运动速度越快。

2. 生成技术

虚拟现实主要包括基本模型构建、空间跟踪、声音定位、视觉跟踪和视觉感应等关键技术。

3. 分类

根据用户参与虚拟现实的不同形式以及沉浸的不同程度，可以把虚拟现实分为以下

4 类。

（1）桌面虚拟现实：桌面虚拟现实利用个人计算机和低级工作站进行仿真，将计算机的屏幕作为用户观察虚拟环境的窗口，利用输入设备实现与虚拟现实世界的交互。在这种环境下，用户缺少临场感，但是成本相对较低，应用比较广泛。

（2）完全沉浸的虚拟现实：这种虚拟现实利用头盔式显示器和其他传感设备，把参与者的视觉、听觉和其他感觉封闭起来，提供新的虚拟的感觉空间，具有很强的临场感。

（3）增强现实性的虚拟现实：它不仅模拟了现实世界，还利用虚拟现实技术给用户反馈，增强用户对真实环境的感受。

（4）分布式虚拟现实：分布式虚拟现实是基于网络的虚拟环境，在这个环境下，位于不同位置的多个用户通过网络相连接，可以互相交互，共享信息，协同工作。

6.2.8 小结

- 媒体是信息表示和传播的形式载体，通常指存储媒体和表示媒体。多媒体是对多种媒体的融合。多媒体技术利用计算机技术把多种媒体结合成一个交互式系统。
- 声音的三要素是音量、音调和音色。声音的数字化步骤分为采样、量化和编码。计算机中声音的表示有波形声音和合成声音两种。乐器数字接口 MIDI 是数字音乐的国际标准。
- 色彩的三要素是亮度、色调和色饱和度。三基色原理和常见的彩色空间。图像的属性。图像的压缩方式和国际标准。
- 动态图像包括动画和视频，前者是由人工或计算机产生的，后者是通过拍摄得到的。电视是一种模拟视频，不具有交互性。视频的压缩可以利用帧间画面的相关性。
- 多媒体网络上常用的信息传输方式是超文本和超媒体。超文本的基本要素有结点、链和网络。流媒体是网络上传输的多媒体文件，允许在下载完成前播放，主要用于远程教育、宽带网视频点播等。
- 多媒体系统是一种能对文本、声音、图形、图像、视频和动画等多媒体信息进行综合处理的计算机系统，包括硬件系统和软件系统。
- 虚拟现实是新式多媒体技术，主要特征有多感知性、临场感、交互性和自主性。

6.3 重点习题解析

6.3.1 填空题

1. 媒体是信息表示和传播的形式载体，CCITT 将媒体分为感觉媒体、表示媒体、表现媒体、存储媒体和传输媒体，人们常说的媒体指其中的_____和_____。

2. 声音的三要素是_____、_____和_____。

3. 人耳能听到的声音带宽为_____，人的语音频率的范围为_____，音乐信号的频率范围为_____。

4. 声音信号是一种模拟信号，为将模拟信号转换为数字信号需要进行声音的数字化。最基本的数字化过程包括_____、_____和_____。

5. 采用 8kHz 的采样频率，8 位的量化位数的单声道声音的数据传输率为_____。

6. 目前自动的声讯服务一般需要计算机产生语音，计算机语音实现方法主要有_____和_____。

7. 数字语音压缩算法从原理上可以分为波形编码、参数编码和混合编码，其中既达到高压缩比，又保证一定的质量，但算法相对比较复杂的是_____，脉冲编码调制（PCM）是_____。

8. 音乐和噪声的主要区别在于_____。

9. 音乐合成是采用音乐符号记录方法来记录和解释乐谱，可以进行修改和播放。音乐合成系统的三要素分别为_____、_____和_____。

10. 在音乐合成系统中，常见音源有_____和_____，其中_____产生音乐的质量比较好。

11. _____是一种记录、编辑和播放 MIDI 文件的软件。

12. 色彩的三要素是_____、_____和_____。

13. 色彩的亮度与光的_____和_____有关。

14. 图形和图像可以互相转换，采用_____技术可以将图形转换成图像。

15. 如果一个图像的图像深度是 b 位，那么该图像中最多的颜色数为_____，RGB8：8：8 真彩色可以表示的颜色数为_____。

16. 一个图像分辨率为 1024×768 的 BMP 真彩色图像的大小约为_____MB。

17. 在播放视频或动画时，每秒显示的帧数大于_____时人眼就感觉不到闪烁。

18. 电视的制式主要有_____、_____和_____3 种，中国采用的是_____，它的帧频是_____，采用_____扫描方式。

19. 在视频压缩中，帧差值算法在_____情况下效果较差。

20. 超文本的 3 个基本要素为_____、_____和_____。

21. 流媒体技术的特点是_____。

22. _____设备可以从纸介质上读入图像转换成文本保存在通用格式中。

23. 分布式虚拟现实与普通的虚拟现实相比，其特点是_____。

填空题参考答案

1. 表示媒体 存储媒体

2. 音调 音量 音色

3. 20Hz~20kHz   300Hz~3400Hz   20Hz~20kHz

4. 采样 量化 编码

5. 64kbps

解答：未经压缩的波形声音的数据传输率的公式为

数据传输率（bps）=采样频率（Hz）×量化位数（b）×声道数

所以，数据传输率=8kHz×8b×1=64kbps

6. 录音重放　文语转换

7. 混合编码　波形编码

8. 它们是否有周期性　音乐波形随时间周期变化

9. 演奏控制器　音源　MIDI 接口

10. 数字调频合成器（FM）　波表合成法　波表合成法

11. 音序器

12. 亮度　色调　色饱和度

13. 颜色　强度

14. 光栅化（点阵化）

15. 2^b　2^{24}

16. 2.4

解答：一个未经压缩的位图图像的数据量为

图像字节数=图像分辨率×图像深度（b）/8（B）

又由于 BMP 真彩色图像的图像深度为 24b，所以

图像大小=1024×768×24÷8≈2.4MB

17. 25

18. NTSCM 制　PAL 制　SECAM 制　PAL 制　25Hz　隔行

19. 连续帧变化较大

20. 节点　链　网络

21. 可以让用户一边下载一边观看、收听，而不必等整个压缩文件下载到自己计算机后才可以观看

22. 光学字符阅读器 OCR

23. 允许多人通过网络交互　协同工作

6.3.2　简答题

1. 个人计算机中的数字声音的表示方法有哪些，它们的主要区别是什么？

解答：个人计算机中的数字声音的表示方法主要有波形声音和合成声音。

波形声音通过对实际声音进行取样－量化法得到，可以高保真地表示现实世界中任何客观存在的真实声音，数据量比较大；而合成声音是用符号对声音进行描述，然后通过合成的方法生成声音，数据量要小得多。

2. 简述音频的压缩可以利用的特点。

解答：音频的压缩主要可以利用波形本身的相关性，以及人的听觉系统特性，特别是人耳存在着随声音频率变化的听觉域和人耳的听觉掩蔽特性。

3．简述文语转换的作用和步骤。

解答：请参见原文。

4．打印机中使用的彩色空间是什么，为什么使用这种彩色空间？

解答：打印机中使用 CMY 彩色空间。这是因为在 RGB 彩色空间中，不同颜色的光是通过相加混合实现的，而纸张不能发射光线，所以不能用 RGB 颜色来打印，而只能使用吸收特定光波而反射其他光波的油墨或颜料来实现。用油墨或颜料进行混合得到的彩色称为相减混色，所以使用青（cyan）、品红（magenta）、黄（yellow）3 种颜色。

5．简述 GIF 与 JPEG 图像文件格式相比的优缺点。

解答：与 JPEG 相比 GIF 的优点是采用无损压缩算法，使用交错的图像传输易于网络应用，具有渐显效果；支持简单的动画效果。

缺点是比 JPEG 等有损压缩方法压缩比低，另外仅支持 256 种图像颜色。

6．比较超文本和超媒体之间的区别和联系。

解答：超文本以链接的方式将文本中的相关内容组织在一起，用户可以方便地通过链接浏览相关内容。随着多媒体技术的发展，超文本的信息块中表达信息的形式从符号、文字、数字扩展到图像、动画、视频、音频等媒体，这样的多媒体信息称为超媒体。它以超文本的方式组织和处理多媒体，它与超文本的区别在于超文本主要以文字表示信息，而超媒体除了文本外还使用图形、图像、动画、声音、影视等多媒体来表示信息，建立的链接也是在各种多媒体之间。

6.3.3　选择题

1．下列选项中，___(1)___ 和 ___(2)___ 是存储媒体，___(3)___ 和 ___(4)___ 是表示媒体。

(1)～(4)　A．图像编码　　　B．声音编码　　　C．键盘　　　　　D．ROM

　　　　　E．电缆　　　　　F．磁盘　　　　　G．显示器

2．_____ 是将音频、视频、图像等和计算机技术与通信技术集成到同一数字环境中，以协同表示更丰富和复杂的信息。

　　A．虚拟现实　　　B．超媒体　　　　C．多媒体　　　　D．流媒体

3．声音的音量由声波的 ___(1)___ 决定的，音调是由声波的 ___(2)___ 决定的，音色是由混入基音的 ___(3)___ 决定的。

(1)～(3)　A．周期　　　　　B．基频　　　　　C．泛音　　　　　D．振幅

4．在模拟声音的数字化过程中，语音采样频率一般在 ___(1)___ 左右，音乐信号采样频率需要在 ___(2)___ 以上。

(1)、(2)　A．4kHz　　　　B．8kHz　　　　　C．20kHz　　　　D．40kHz

5．两分钟双声道，16 位量化位数，22.05kHz 采样频率的未经压缩的声音的数据量为 ___(1)___，如果保存为 WAV 文件格式，则文件大小约为 ___(2)___。

(1) A．5.05MB　　　B．10.58MB　　　C．10.35MB　　　D．10.09MB

（2）A．5.05MB   B．5.29MB   C．10.58MB   D．10.09MB

6．MIDI 文件是最常用的数字音频文件之一，MIDI 是一种 ___（1）___，它是该领域国际上的一个 ___（2）___。

（1）A．语音数字接口   B．乐器数字接口

　　C．语音模拟接口   D．乐器模拟接口

（2）A．控制方式   B．管理规范

　　C．通信标准   D．输入格式

7．在多媒体中记录音乐的文件格式常用的有 WAVE、MP3 和 MIDI 等。其中 WAVE 记录了音乐的 ___（1）___，MP3 记录了 ___（2）___ 的音乐，MIDI 记录了 ___（3）___。

（1）A．模拟信号电压量   B．模拟信号的采样数值

　　C．数字化压缩编码   D．电子合成波形

（2）A．属于 MTV   B．有极高保真度

　　C．经过 3 次编码处理   D．经数字化压缩编码

（3）A．描述音乐演奏过程的指令   B．音乐电信号的采样数值

　　C．分成许多小段的音乐   D．多声道电子合成的音乐

8．深红色和浅红色的区别在于 _____ 不同。

　　A．亮度   B．色调   C．色饱和度   D．光强

9．MPEG-1 编码器输出视频的数据率大约为 _____。

　　A．128Kbps   B．320Kbps   C．1.5Mbps   D．15Mbps

10．下面 _____ 不是一种多媒体压缩标准。

　　A．MPEG-1   B．MPEG-2   C．MPEG-4   D．MPEG-7

11．多媒体应用需要对庞大的数据进行压缩，常见的压缩编码方法可分为两大类，一类是无损压缩法，另一类是有损压缩法，_____ 属于无损压缩法。

　　A．MPEG 压缩   B．子带编码   C．Huffman 编码   D．模型编码

12．___（1）___ 和 ___（2）___ 是使用无损压缩方法的图像格式。

（1）、（2）   A．JPEG   B．GIF   C．PNG   D．AVI

13．支持流媒体的文件格式有 ___（1）___ 和 ___（2）___。

（1）、（2）   A．AVI   B．RM   C．MPEG   D．ASF

14．下列文件格式中，声音的文件格式和静态图像的文件格式分别有 _____。

①WAV   ②BMP   ③GIF   ④ASF

⑤MOV   ⑥MID   ⑦MPEG   ⑧PNG

　　A．①⑤⑥和②③④   B．①⑥和②③⑧

　　C．①和②③   D．①⑥⑧和②③⑤

15．多媒体计算机中常用的图像输入设备不包括 _____。

　　A．数码照相机   B．彩色扫描仪   C．视频信号数字化仪   D．触摸屏

16. 虚拟现实的特征不包括_____。

    A. 多感知   B. 临场感   C. 可交互   D. 多人协同工作

选择题参考答案

1.（1）D（2）F（3）A（4）B

解答：A 图像编码和 B 声音编码是表示媒体，C 键盘和 G 显示器属于表现媒体，D. ROM 和 F 磁盘属于存储媒体，E 电缆属于传输媒体。

2. C

3.（1）D（2）B（3）C

4.（1）B（2）D

5.（1）B（2）C

解答：未经压缩的波形声音占用的存储空间公式为

数据量（B）=数据传输率（bps）×持续时间（s）/8（B）

                =采样频率（Hz）×量化位数（b）×声道数×持续时间（s）/8（B）

                =22.05kHz×16b×2×120s/8

                =10.58MB

由 WAV 文件是从模拟声音通过采样量化法数字化后得到的一种波形文件，它的大小与未经压缩的波形声音占用的空间接近，所以文件大小约为 10.58MB。

6.（1）B（2）C

7.（1）B（2）D（3）A

8. C

9. C

10. D

解答：MPEG-1、2、4 都是多媒体压缩标准，而 MPEG-7 标准是一个多媒体内容描述接口标准。

11. C

12.（1）B（2）C

13.（1）B（2）D

解答：流媒体文件需要使用特定的格式，支持部分解压。RM 和 ASF 文件都满足这种要求。

14. B

15. D

解答：ABC 都是常用的图像输入设备，而 D 虽然也是输入设备，但不是图像输入设备。

16. D

解答：多感知、临场感和可交互性都是虚拟现实的特征；而多人协同工作是分布式虚拟现实的特点。

6.4　模拟试题

1．在声音数字化的过程中，为了不产生失真，采样频率不能低于声音最高频率的
　　_____倍。

　　A．1　　　　　　　B．2　　　　　　　C．3　　　　　　　D．4

2．下列采集的波形声音_____的质量最好。

　　A．单声道、8 位量化、22.05kHz 采样频率

　　B．双声道、8 位量化、 44.1kHz 采样频率

　　C．单声道、16 位量化、22.05kHz 采样频率

　　D．双声道、16 位量化、44.1kHz 采样频率

3．在多媒体的音频处理中，由于人所敏感的音频最高为 __(1)__ 赫兹（Hz），因此，
数字音频文件中对音频的采样频率为 __(2)__ 赫兹（Hz）。对于一个双声道的立体声，保持
一秒钟的声音，其波形文件所需的字节数为 __(3)__，这里假设每个采样点的量化位数为
8 位。

　　（1）A．50　　　　　　B．10k　　　　　C．22k　　　　　D．44k

　　（2）A．44.1k　　　　B．20.05k　　　C．10k　　　　　D．88k

　　（3）A．22 050　　　B．88 200　　　C．176 400　　　D．44 100

4．MIDI 是一种数字音乐的国际标准，MIDI 文件存储的 __(1)__。它的重要特色是
__(2)__。

　　（1）A．不是乐谱而是波形　　　　　　B．不是波形而是指令序列

　　　　　C．不是指令序列而是波形　　　　D．不是指令序列而是乐谱

　　（2）A．占用的存储空间少　　　　　　B．乐曲的失真度小

　　　　　C．读写速度快　　　　　　　　　D．修改方便

5．MIDI 的音乐合成器有_____

　　① FM　　　　　　② 波表　　　　　③ 复音　　　　　④ 音轨

　　A．①　　　　　　　B．①②　　　　　C．①②③　　　D．全部

6．如果在某色调的彩色光中掺入别的彩色光，会引起 __(1)__ 的变化，掺入白光会引
起 __(2)__ 的变化。

　　（1）A．亮度　　　B．色调　　　　C．色饱和度　　　　D．光强

　　（2）A．亮度　　　B．色调　　　　C．色饱和度　　　　D．光强

7．打印机中使用的彩色空间是 __(1)__，彩色电视机中使用的彩色空间是 __(2)__。

　　（1）A．YUV　　B．XYZ　　　　C．RGB　　　　　D．CMY

　　（2）A．YUV　　B．XYZ　　　　C．RGB　　　　　D．CMY

8．若每个像素具有 8 位的颜色深度，则可表示 __(1)__ 种不同的颜色，若某个图像具
有 640×480 个像素点，其未压缩的原始数据需占用 __(2)__ 字节的存储空间。

（1）A. 8　　　　　　B. 128　　　　　　C. 256　　　　　　D. 512

（2）A. 1024　　　　B. 19 200　　　　C. 38 400　　　　D. 307 200

9. 在 MPEG 格式存储的图像序列中，不能随机恢复一幅图像的原因是它使用了__（1）__技术，影响这种图像数据压缩比的主要因素是__（2）__。

　　（1）A. 帧内图像数据压缩　　　　　B. 帧间图像数据压缩

　　　　　C. 富里埃变换　　　　　　　　D. 霍夫曼编码

　　（2）A. 图像的大小　　　　　　　　B. 图像的色彩

　　　　　C. 图像表现的细节　　　　　　D. 图像序列变化的程度

10. 下列_____是正确的。

　　① 冗余压缩法不会减少信息量，可以原样恢复原来数据

　　② 冗余压缩法减少了冗余，不能原样恢复原始数据

　　③ 冗余压缩法是有损压缩法

　　④ 冗余压缩的压缩比一般都比较小

　　A. ①③　　　　　　B. ①④　　　　　　C. ①③④　　　　　D. ③

11. MPEG 中为了提高数据压缩比，采用了_____的方法。

　　A. 运动补偿与运动估计　　　　　B. 减少时域冗余与空间冗余

　　C. 帧内图像数据与帧间图像数据压缩　　D. 向前预测与向后预测

12. MPEG 是一种__（1）__，它能够__（2）__。

　　（1）A. 静态图像的存储标准　　　　B. 音频、视频的压缩标准

　　　　　C. 动态图像的传输标准　　　　D. 图形国家传输标准

　　（2）A. 快速读写　　　　　　　　　B. 有高达 200∶1 的压缩比

　　　　　C. 无失真的传输视频信号　　　D. 提供大量基本模板

13. 中国采用的电视的制式是__（1）__，采用__（2）__彩色空间，它的帧频是__（3）__，电视数字化的标准是__（4）__。

　　（1）A. NTSCM　　　B. PAL　　　　　C. SECAM　　　D. HIS

　　（2）A. RGB　　　　B. YUV　　　　　C. CMY　　　　D. XYZ

　　（3）A. 10　　　　　B. 25　　　　　　C. 30　　　　　D. 50

　　（4）A. JPEG　　　　B. H.261　　　　C. CCIR601　　D. H.263

14. MPEG-4 相对于 MPEG 以前版本的最大特点是_____。

　　A. 更高的压缩比　　　　　　　　B. 更多的基本图形的模板

　　C. 更强的交互能力　　　　　　　D. 更快的运算速度

15. 渐显效果可以使用户在图像全部收到之前就看到这幅图的概貌，下列图像文件格式中_____支持渐显效果。

　　A. BMP　　　　　　B. GIF　　　　　　C. JPG　　　　　D. TIF

16. 图像序列中的两幅相邻图像，后一幅图像与前一幅图像之间有较大的相关，这是_____

A. 空间冗余　　　B. 时间冗余　　　C. 信息冗余　　　D. 视觉冗余

17. 超文本是一种信息管理技术，其组织形式以_____作为基本单位。

　　A. 文本（Text）　B. 节点（Node）　C. 链（Link）　　D. 环球网（Web）

18. PC 处理人耳能听得到的音频信号，其频率范围是_____。

　　A. 80~3400Hz　　B. 300~3400Hz　C. 20Hz~20kHz　D. 20~44.1kHz

19. 电视系统采用的颜色空间中，其亮度信号和色度信号是相分离的。下列颜色空间中，_____不属于电视系统的颜色空间。

　　A. YUV　　　　　B. YIQ　　　　　C. YCbCr　　　　D. HSL

20. 双层双面只读 DVD 盘片的存储容量可以达到_____。

　　A. 4.7GB　　　　B. 8.5GB　　　　C. 17GB　　　　D. 6.6GB

21. 静态图像压缩标准 JPEG 2000 中使用的是_____算法。

　　A. K-L 变换　　　　　　　　　　B. 离散正弦变换

　　C. 离散余弦变换　　　　　　　　D. 离散小波变换

22. 未经压缩的数字音频数据传输率的计算公式为_____。

　　A. 采样频率（Hz）×量化位数（bit）×声道数×1/8

　　B. 采样频率（Hz）×量化位数（bit）×声道数

　　C. 采样频率（Hz）×量化位数（bit）×1/8

　　D. 采样频率（Hz）×量化位数（bit）×声道数×1/16

模拟试题参考答案

1. B　　　　2. D　　　　3.（1）C（2）A（3）B　　4.（1）（2）A

5. B　　　　6.（1）B（2）C 7.（1）D（2）A　　8.（1）C（2）D

9.（1）B（2）D　　10. B　11. C　12.（1）B（2）B

13.（1）B（2）B（3）B（4）C　　14. C　　　　15. B

16. B　17. B　18. C　19. D　20. C　21. D　22. B

第 7 章　数据库技术基础

7.1　基本要求

1.　学习目的与要求

本章介绍数据库技术的基本概念。总的要求是了解数据管理技术的发展阶段、数据描述的术语、数据模型的概念、数据库管理系统的功能及组成、数据库系统的组成与全局结构。

本章的重点是实体间的联系、数据模型、数据库的体系结构、数据库系统的全局结构。

2.　本章重点内容

（1）数据管理技术的发展阶段：人工管理、文件系统、数据库系统和高级数据库系统等各阶段的特点。

（2）DB、DBMS 和 DBS 的定义。

（3）数据描述：概念设计、逻辑设计和物理设计等各阶段中数据描述的术语，物理存储介质层次，概念设计中实体间二元联系的描述（1∶1，1∶N，M∶N）。

（4）数据模型：

- 数据抽象的过程（即数据库设计的过程）；
- 4 种数据模型包括概念模型、逻辑模型、外部模型和内部模型；
- 层次、网状、关系和对象 4 种逻辑模型的比较；
- 外部模型的特点和优点；
- 数据独立性、物理独立性、逻辑独立性的定义。

（5）DB 的体系结构：三级结构，两级映像，两级数据独立性。

（6）DBMS 的工作模式和主要功能。

（7）DBS：

- DBS 的 4 个组成部分、DBS 的系统软件、DBA 的定义和职责；
- DBS 的全局结构、DBMS 的查询处理器和存储管理器的模块成分；
- 应用程序的演变过程；
- DBS 的效益。

7.2　基本内容

7.2.1　数据管理技术的发展阶段

数据管理技术的发展，与计算机硬件（主要是外部存储器）、系统软件及计算机应用的范围有着密切的联系。数据管理技术的发展经历了人工管理、文件系统、数据库系统阶段和高级数据库系统阶段。

1. 人工管理阶段

在这一阶段（20 世纪 50 年代中期以前），计算机主要用于科学计算，其他工作还没有展开。外部存储器只有磁带、卡片和纸带等，还没有磁盘等字节存取存储设备。软件只有汇编语言，尚无数据管理方面的软件。数据处理的方式基本上是批处理。这个时期的数据管理有下列特点。

（1）数据不保存在计算机内。

（2）程序直接面向存储结构，数据的逻辑结构与物理结构没有区别。

（3）只有程序（program）的概念，没有文件（file）的概念。

（4）数据面向程序，即一组数据对应一个程序。

2. 文件系统阶段

在这一阶段（20 世纪 50 年代后期至 60 年代后期），计算机不仅用于科学计算，还用于信息管理。随着数据量的增加，数据的存储、检索和维护问题成为紧迫的需要，数据结构和数据管理技术迅速发展起来。此时，外部存储器已有磁盘、磁鼓等直接存取存储设备。操作系统中的文件系统是专门管理外存的数据管理软件。数据处理的方式有批处理，也有联机实时处理。

这一阶段的数据管理有以下特点。

- 数据以"文件"形式可长期保存在外部存储器的磁盘上。
- 数据的逻辑结构与物理结构有了区别，但比较简单。程序与数据之间具有"设备独立性"，即程序只需用文件名就可与数据打交道，不必关心数据的物理位置。
- 文件组织已多样化。有索引文件、链接文件和直接存取文件等。但文件之间相互独立、缺乏联系。数据之间的联系要通过程序去构造。
- 数据不再属于某个特定的程序，可以重复使用，即数据面向应用。

在文件系统阶段，由于具有设备独立性，因此当改变存储设备时，不必改变应用程序。但这只是初级的数据管理，还未能彻底体现用户观点下的数据逻辑结构独立于数据在外存的物理结构要求。在数据的物理结构修改时，仍然需要修改用户的应用程序，即应用程序具有"程序—数据依赖"性。有关物理表示的知识和访问技术将直接体现在应用程序的代码中。

- 对数据的操作以记录为单位。

文件系统阶段是数据管理技术发展中的一个重要阶段。在这一阶段中。得到充分发展的数据结构和算法丰富了计算机科学，为数据管理技术的进一步发展打下了基础，现在仍是计算机软件科学的重要基础。

随着数据管理规模的扩大，数据量急剧增加，文件系统显露出 3 个缺陷：数据冗余（redundancy）、数据不一致（inconsistency）、数据联系弱（poor data relationship）。这些缺陷是由于文件之间相互独立、缺乏联系造成的。

3. 数据库系统阶段

数据管理技术进入数据库系统阶段的标志是 20 世纪 60 年代末的 3 件大事。

- 1968 年美国 IBM 公司推出层次模型的 IMS（Information Management System）系统；
- 1969 年美国 CODASYL（Conference On Data System Language）组织发布了 DBTG（Data Base Task Group）报告。总结了当时各式各样的数据库，提出网状模型，而后于 1971 年 4 月正式通过；
- 1970 年美国 IBM 公司的 E.F.Codd 连续发表论文，提出关系模型，奠定了关系数据库的理论基础。

数据库系统克服了文件系统的缺陷，提供了对数据更高级、更有效的管理。概括起来，数据库阶段的数据管理具有以下特点。

- 用数据模型表示复杂的数据结构。数据模型不仅描述数据本身的特征，还要描述数据之间的联系。
- 有较高的数据独立性。数据的逻辑结构与物理结构之间的差别可以很大。用户以简单的逻辑结构操作数据而无须考虑数据的物理结构。数据库的结构分成用户的局部逻辑结构、数据库的整体逻辑结构和物理结构 3 级。用户（应用程序或终端用户）的数据和外存中的数据之间转换由数据库管理系统实现。

数据独立性是指应用程序与数据库的数据结构之间相互独立。在物理结构改变时，尽量不影响整体逻辑结构、用户的逻辑结构以及应用程序，这样就认为数据库达到了物理数据独立性。在整体逻辑结构改变时，尽量不影响用户的逻辑结构以及应用程序，这样就认为数据库达到了逻辑数据独立性。

- 数据库系统为用户提供了方便的用户接口。用户可以使用查询语言或终端命令操作数据库，也可以用程序方式（如用 COBOL、C 一类高级语言和数据库语言联合编制的程序）操作数据库。
- 数据库系统提供了 4 个方面的数据控制功能：数据库的并发控制，数据库的恢复，数据的完整性，数据的安全性。
- 增加了系统的灵活性：对数据的操作不一定以记录为单位，可以以数据项为单位。

从文件系统发展到数据库系统是信息处理领域的一个重大变化。在文件系统阶段，人们关注的中心问题是系统功能的设计，因而程序设计处于主导地位，数据只起着服从程序设计需要的作用；而在数据库方式下，数据占据了中心位置，数据结构的设计成为信息系统首先关心的问题，而利用这些数据的应用程序设计则退居到以既定的数据结构为基础的外围地位。

4. 高级数据库阶段

这一阶段的主要标志是 20 世纪 80 年代的分布式数据库系统、90 年代的对象数据库系统、网络数据库系统和新决策支持系统。

（1）分布式数据库系统（DDBS）

分布式数据库系统主要有下面 3 个特点。

① 数据库的数据物理上分布在各个场地，但逻辑上是一个整体。

② 每个场地既可以执行局部应用（访问本地 DB），也可以执行全局应用（访问异地 DB）。

③ 各地的计算机由数据通信网络相联系。本地计算机单独不能胜任的处理任务，可以通过通信网络取得其他 DB 和计算机的支持。

分布式数据库系统兼顾了集中管理和分布处理两个方面，因而有良好的性能。

（2）对象数据库系统（ODBS）

在数据处理领域，关系数据库的使用已相当普遍、相当出色。但是现实世界存在着许多具有更复杂数据结构的实际应用领域，已有的层次、网状、关系 3 种数据模型对这些应用领域都显得力不从心。例如多媒体数据、多维表格数据、CAD 数据等应用问题，需要更高级的数据库技术来表达，以便于管理、构造与维护大容量的持久数据，并使它们能与大型复杂程序紧密结合。而对象数据库正是适应这种形势发展起来的，它是面向对象的程序设计技术与数据库技术结合的产物。

对象数据库系统主要有以下两个特点。

① 对象数据模型能完整地描述现实世界的数据结构，能表达数据间的嵌套、递归联系。

② 具有面向对象技术的封装性（把数据与操作定义在一起）和继承性（继承数据结构和操作）的特点，提高了软件的可重用性。

（3）网络数据库系统（Web DBS）

现在，计算机网络已成为信息化社会中十分重要的一类基础设施。随着广域网（WAN）的发展，信息高速公路已发展成为 Internet。采用通信手段将地理位置分散的、各自具备自主功能的若干台计算机和数据库系统有机地连接起来组成因特网，用于实现通信交往、资源共享或协调工作等目标。这个目标在 20 世纪末已经实现，正在对社会的发展起着极大的推进工作。

（4）新决策支持系统

传统数据库技术的普及推广，使各企业积累了大量的业务数据，但企业普遍存在着"数据监狱"、"数据贫穷"和"信息贫乏"等现象。人们希望能从这些大量杂乱无章的数据中获取有意义的信息，来指导企业的决策和发展。在 20 世纪 90 年代初期，兴起了数据仓库（DW）、联机分析处理（OLAP）和数据挖掘（DM）3 门技术。这 3 门技术都是基于传统的数据库技术，但这是高一层次的数据管理技术。

DW 是将传统数据库中的数据按决策需求（主题）进行重新组织，以多维空间结构形式存储数据，数量级达到 TB 级。OLAP 是对数据进行分析型处理，而不是传统的操作型处理。DM 是从数据库中发现知识的核心技术，它是从人工智能的机器学习中发展起来的。经过 10 年的发展，这 3 门技术已经成熟，并且相互结合，进入实用阶段。

传统的决策支持系统是以模型驱动的，由模型库、知识库、数据库和人机交互等系统组成。而由 DW、OLAP 和 DM 结合而成的系统被认为是新决策支持系统，这是以数据驱动的决策支持系统，对商业环境的变革起着促进性的推动。

7.2.2 数据库的基本术语

在数据库应用中，常用到 DB、DBMS、DBS 等术语，形式定义如下。

- 数据库（Database，DB）：是长期存储在计算机内、有组织的、统一管理的相关数据的集合。DB 能为各种用户共享，具有较小冗余度，数据间联系紧密而又有较高的数据独立性等特点。

- 数据库管理系统（Database Management System，DBMS）：是位于用户与操作系统（OS）之间的一层数据管理软件（图 7-1），它为用户或应用程序提供访问 DB 的方法，包括 DB 的建立、查询、更新及各种数据控制。

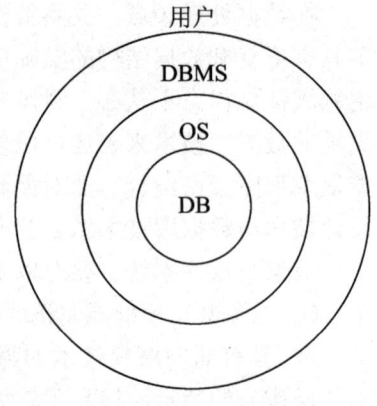

图 7-1 系统层次图

DBMS 总是基于某种数据模型的，可以分为层次型、网状型、关系型和面向对象型等。

- 数据库系统（Database System，DBS）：是实现有组织动态地存储大量关联数据，方便多用户访问的计算机硬件、软件和数据资源组成的系统，即它是采用数据库技术的计算机系统。

- 数据库技术：是研究数据库的结构、存储、设计、管理和使用的一门软件学科。

数据库技术是在操作系统的文件系统基础上发展起来的，而且 DBMS 本身要在操作系统支持下才能工作。数据库与数据结构之间的联系也很密切，数据库技术不仅要用到数据结构中的链表、树、图等知识，而且还丰富了数据结构的内容。应用程序是使用数据库系统最基本的方式，因为系统中大量的应用程序都是用高级语言（例如 COBOL、C 等）加上数据库的操纵语言联合编制的。集合论、数理逻辑是关系数据库的理论基础，很多概念、术语、思想都直接用到关系数据库中。因此，数据库技术是一门综合性较强的学科。

7.2.3 数据描述

在数据处理中，数据描述将涉及不同的范畴。从事物的特性到计算机中的具体表示，实际上经历了 3 个阶段——概念设计中的数据描述、逻辑设计中的数据描述和物理存储介质中的数据描述。本节先介绍这 3 个阶段的数据描述，再介绍数据之间的联系描述。

1. 概念设计中的数据描述

数据库的概念设计是根据用户的需求设计数据库的概念结构。这一阶段用到下列 4 个术语。

- 实体（entity）：客观存在的，可以相互区别的事物称为实体。实体可以是具体的对象，例如一名男学生，一辆汽车等。也可以是抽象的对象，例如一次借书，一场足球比赛等。

- 实体集（entity set）：性质相同的同类实体的集合称为实体集。例如所有的男学生，全国足球锦标赛的所有比赛等。
- 属性（attribute）：实体有很多特性，每一个特性称为属性。每一个属性有一个值域，其类型可以是整数型、实数型、字符串型等。例如学生有学号、姓名、年龄、性别等属性。
- 实体标识符（identifier）：能唯一标识实体的属性或属性集称为实体标识符。有时也称为关键码（key），或简称为键。例如学生的学号可以作为学生实体的标识符。

2. 逻辑设计中的数据描述

数据库的逻辑设计是根据概念设计得到的概念结构设计数据库的逻辑结构，即表达方式和实现方法。有许多不同的实现方法，因此逻辑设计中有许多套术语，下面列举了最常用的一套术语。

- 字段（field）：标记实体属性的命名单位称为字段或数据项。它是可以命名的最小信息单位，所以又称为数据元素或初等项。字段的命名往往和属性名相同。例如学生有学号、姓名、年龄、性别等字段。
- 记录（record）：字段的有序集合称为记录。一般用一个记录描述一个实体，所以记录又可以定义为能完整地描述一个实体的字段集。例如一个学生记录，由有序的字段集组成：（学号，姓名，年龄，性别）。
- 文件（file）：同一类记录的集合称为文件。文件是用来描述实体集的。例如所有的学生记录组成了一个学生文件。
- 关键码（key）：能唯一标识文件中每个记录的字段或字段集，称为记录的关键码（简称为键）。

概念设计和逻辑设计中两套术语的对应关系如表 7-1 所示。

表 7-1　术语的对应关系

概 念 设 计	逻 辑 设 计	概 念 设 计	逻 辑 设 计
实体	记录	实体集	文件
属性	字段（数据项）	实体标识符	关键码

在数据库技术中，每个概念都有类型（type）和值（value）之分。例如，"学生"是一个实体类型，而具体的人"张三"、"李四"是实体值。记录也有记录类型和记录值之分。

类型是概念的内涵，而值是概念的外延。有时在不会引起误解时，不去仔细区分类型和值，例如笼统地称"记录"。

数据描述有两种形式：物理描述和逻辑描述。物理数据描述指数据在存储设备上的存储方式，物理数据是实际存放在存储设备上的数据。例如物理联系、物理结构、物理文件、物理记录等术语，都是用来描述存储数据的细节。逻辑数据描述指程序员或用户用以操作的数据形式，是抽象的概念化数据。例如逻辑联系、逻辑结构、逻辑文件、逻辑记录等术语，都是用户观点的数据描述。

在数据库系统中，逻辑数据与物理数据之间可以差别很大。数据管理软件的功能之一，就是要把逻辑数据转换成物理数据，或者把物理数据转换成逻辑数据。

3. 存储介质层次及数据描述

数据库系统的一个目标是使用户能简单、方便、容易地存取数据，不必关心数据库的存储结构和具体实现方式，但为了拓宽知识面，应对基本的存储介质和存储器中的数据描述有所了解。

（1）物理存储介质层次

根据访问数据的速度、成本和可靠性，计算机系统的存储介质可分为以下 6 类。

① 高速缓冲存储器（cache）：cache 是访问速度最快，也是最昂贵的存储器，容量小，由操作系统直接管理。数据库技术通常不研究 cache 的存储管理。

② 主存储器（main memory）：又称为内存。机器指令可以直接对内存中的数据进行修改。但致命的一点是，在掉电或系统崩溃时，内存数据立即全部丢失。

③ 快擦写存储器：（flash memory）：又称为"电可擦可编程只读存储器"（EEPROM），简称为"快闪存"。快闪存在掉电后仍能保持数据不丢失，操作速度略低于主存。目前已在小型数据库中广泛应用。

④ 磁盘存储器（magnetic disk）：磁盘是目前最流行的外部存储器。能长时间地联机存储数据，并能直接读取数据，所以又被称为"直接存取存储器"。在掉电或系统崩溃后，数据不会丢失。目前最大容量已达 20 000MB。

⑤ 光存储器（optical storage）：目前流行的光存储器是"光盘只读存储器"（CD-ROM）。数据以光的形式存储在盘里，然后用一个激光器去读。CD-ROM 制作后，只能读不能写。还有一类"一写多读光盘"（WORM）。这两类容量都已达 500MB。

⑥ 磁带（tape storage）：磁带用于存储复制的数据或归档的数据。在存储器中，磁带价格最便宜，属于"顺序存取存储器"，每盘有 5GB。

存储介质组成了计算机系统的存储层次（图 7-2）。图中最高一级的高速缓存价格最昂贵，访问速度也最快。自上而下，每位（bit）数据的成本越来越低，但访问速度越来越慢。图 7-2 中上面两层是计算机系统的基本存储器。中间两层称为"辅助存储器"或"联机存储器"。下面两层称为"第三级存储器"（Tertiary）或"脱机存储器"。

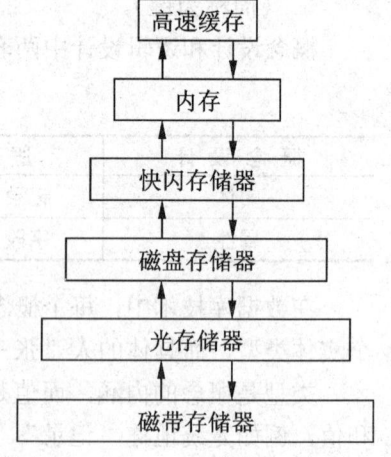

图 7-2 存储介质层次

（2）物理存储中的数据描述

在存储器中用到下列数据描述的术语。

① 位（bit，比特）：一个二进制位称为"位"。一位只能取 0 或 1 两个状态。

② 字节（byte）：8 个比特称为一个字节，可以存放一个字符所对应的 ASCII 码。

③ 字（word）：若干个字节组成一个字。一个字所含的二进制位的位数称为字长。各种计算机的字长是不一样的，例如有 8 位、16 位、24 位、32 位等。

④ 块（block）：又称为物理块或物理记录。块是内存和外存交换信息的最小单位，每块的大小，通常为 $2^{10} \sim 2^{14}$ 字节。内、外存信息交换是由操作系统的文件系统管理的。

⑤ 桶（bucket）：外存的逻辑单位，一个桶可以包含一个物理块或多个在空间上不一定连续的物理块。

⑥ 卷（volume）：一个输入输出设备所能装载的全部有用信息称为"卷"。例如磁带机的一盘磁带就是一卷，磁盘的一个盘组也是一卷。

4. 数据联系的描述

现实世界中，事物是相互联系的。这种联系必然要在数据库中有所反映，即实体并不是孤立静止存在的，实体与实体之间是有联系的。

联系（relationship）是实体之间的相互关系。与一个联系有关的实体集个数称为联系的元数。

譬如，联系有一元联系、二元联系、三元联系等。我们先把二元联系研究清楚。

二元联系有以下 3 种类型。

（1）一对一联系：如果实体集 E1 中每个实体至多和实体集 E2 中的一个实体有联系，而实体集 E2 中每个实体也至多和实体集 E1 中的一个实体有联系，那么实体集 E1 和 E2 的联系称为"一对一联系"，记为 1∶1。

（2）一对多联系：如果实体集 E1 中每个实体可以与实体集 E2 中任意个（零个或多个）实体间有联系，而 E2 中每个实体至多和 E1 中的一个实体有联系，那么称 E1 对 E2 的联系是"一对多联系"，记为 1∶N。

（3）多对多联系：如果实体集 E1 中每个实体可以与实体集 E2 中任意个（零个或多个）实体有联系，而实体集 E2 中每个实体也可以与实体集 E1 中任意个（零个或多个）实体有联系，那么称 E1 和 E2 的联系是"多对多联系"，记为 M∶N。

【例 7-1】 飞机的座位和乘客之间是 1∶1 的联系，如图 7-3 所示，图中用方框表示实体集。工厂里车间和工人之间是 1∶N 的联系，如图 7-4 所示。学校里学生和课程之间是 M∶N 的联系，如图 7-5 所示。

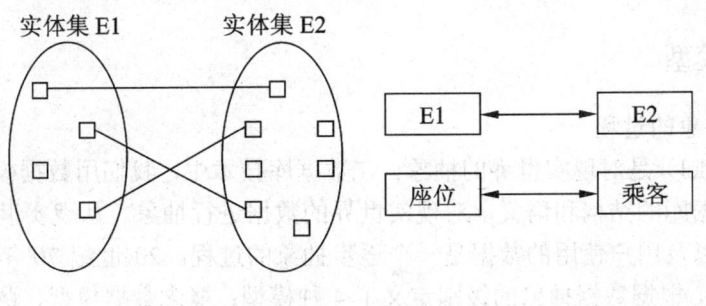

图 7-3　一对一联系

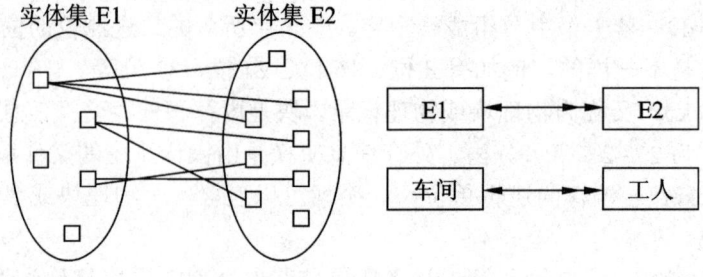

图 7-4　一对多联系

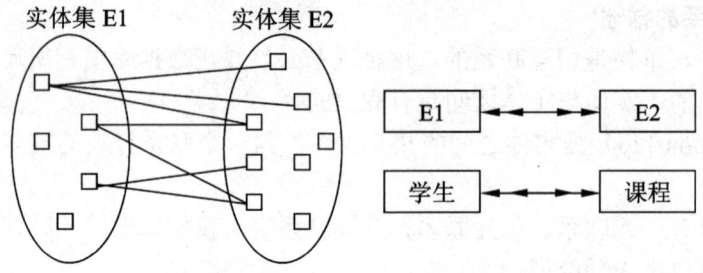

图 7-5　多对多联系

类似地也可定义三元联系或一元联系。

【例 7-2】 图 7-6 表示 3 个实体集之间的三元联系，即确定执行某航班班次的飞机和驾驶员。图 7-7 表示一个实体集的实体之间的一元联系，即零件的组合关系，一个零件可以由若干子零件组成，而一个零件又可以是其他零件的子零件。

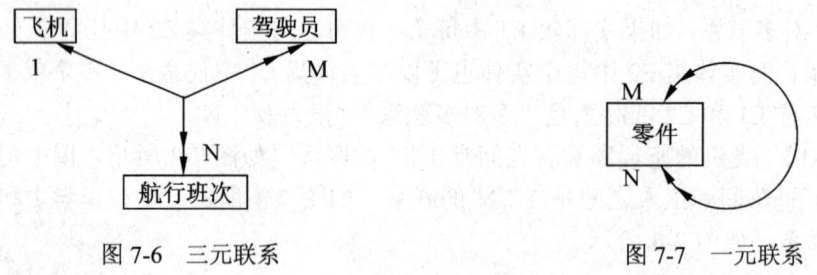

图 7-6　三元联系　　　　　　　　　　图 7-7　一元联系

7.2.4　数据模型

1. 数据抽象的过程

模型（model）是对现实世界的抽象。在数据库技术中，我们用数据模型（data model）的概念描述数据库的结构和语义，对现实世界的数据进行抽象。从现实世界的信息到数据库存储的数据以及用户使用的数据是一个逐步抽象的过程。20 世纪 70 年代美国国家标准化协会（ANSI）根据数据抽象的级别定义了 4 种模型：概念数据模型、逻辑数据模型、外部数据模型和内部数据模型。一般，在提及时省略"数据"两字。这 4 种模型的定义如下。

表达用户需求观点的 DB 全局逻辑结构的模型称为"概念模型"。表达计算机实现观点的 DB 全局逻辑结构的模型称为"逻辑模型"。表达用户使用观点的 DB 局部逻辑结构的模型称为"外部模型"。表达 DB 物理结构的模型称为"内部模型"。

这 4 种模型之间的相互关系如图 7-8 所示。

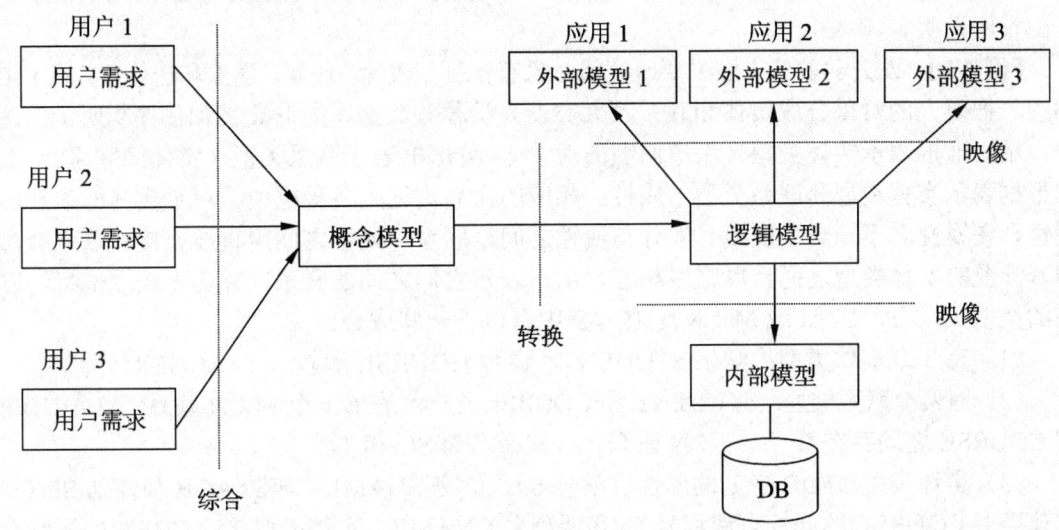

图 7-8　4 种模型之间的相互关系

数据抽象的过程也就是数据库设计的过程，具体步骤如下。

第 1 步：根据用户需求，设计数据库的概念模型，这是一个"综合"的过程，也是一个"自底向上"的设计过程。

第 2 步：根据转换规则，把概念模型转换成数据库的逻辑模型，这是一个"转换"的过程。

第 3 步：根据用户的业务特点，设计不同的外部模型，给程序员使用。也就是应用程序使用的是数据库的外部模型。外部模型与逻辑模型之间的对应性称为映射。

第 4 步：数据库实现时，要根据逻辑模型设计其内部模型。

一般，上述第 1 步称为 DB 的概念设计，第 2、3 步称为 DB 的逻辑设计，第 4 步称为 DB 的物理设计。

下面对这 4 种模型分别进行详细的解释。

2. 概念模型

这 4 种模型中，概念模型的抽象级别最高。其特点如下所述。

（1）概念模型表达了 DB 的整体逻辑结构，它是企业管理人员对整个企业组织的全面概述。

（2）概念模型是从用户需求的观点出发，对数据建模。

（3）概念模型独立于硬件和软件。硬件独立意味着概念模型不依赖于硬件设备，软件独立意味着该模型不依赖于实现时的 DBMS 软件。因此硬件或软件的变化都不会影响 DB 的概念模型设计。

（4）概念模型是数据库设计人员与用户之间进行交流的工具。

现在采用的概念模型主要是实体联系（E-R）模型。E-R 模型主要用 E-R 图来表示。下面举例说明。

【例 7-3】 设大学教务方面主要研究的对象有课程、教师、任课、学生和选修等。在 E-R 图中，把研究的对象分成实体和联系两大类。大学教务数据库的 E-R 图如图 7-9 所示。图中，用矩形框表示实体类型（考虑问题的对象），菱形框表示联系类型（实体间联系），椭圆形框表示实体类型和联系类型的属性。相应的命名均记入各种框中。对于实体标识符的属性，在属性名下画一条横线。实体与属性之间，联系与属性之间用直线连接。联系类型与其涉及的实体类型之间也以直线相连，用来表示它们之间的联系，并在直线端部标注联系的类型（1：1，1：N 或 M：N）。图 7-9 中有以下一些成分。

（1）有 3 个实体类型：学生 STUDENT、课程 COURSE 和教师 TEACHER。

（2）有两个联系类型：STUDENT 和 COURSE 之间存在着一个 M：N 联系，TEACHER 和 COURSE 之间存在着一个 1：N 联系，分别命名为 SC 和 TC。

（3）实体类型 STUDENT 的属性有学号 S#、姓名 SNAME、年龄 AGE 和性别 SEX。实体类型 COURSE 的属性有课程号 C#和课程名 CNAME。实体类型 TEACHER 的属性有教师工号 T#、姓名 TNAME 和职称 TITLE。

联系类型 SC 的属性是某学生选修某课程的成绩 SCORE。联系类型 TC 没有属性。联系类型的数据在数据库技术中称为"相交数据"。联系类型中的属性是实体发生联系时产生的属性，而不应该包括实体的属性或标识符。

（4）确定实体类型的键，在 E-R 图中属于标识符的属性名下画一条横线。

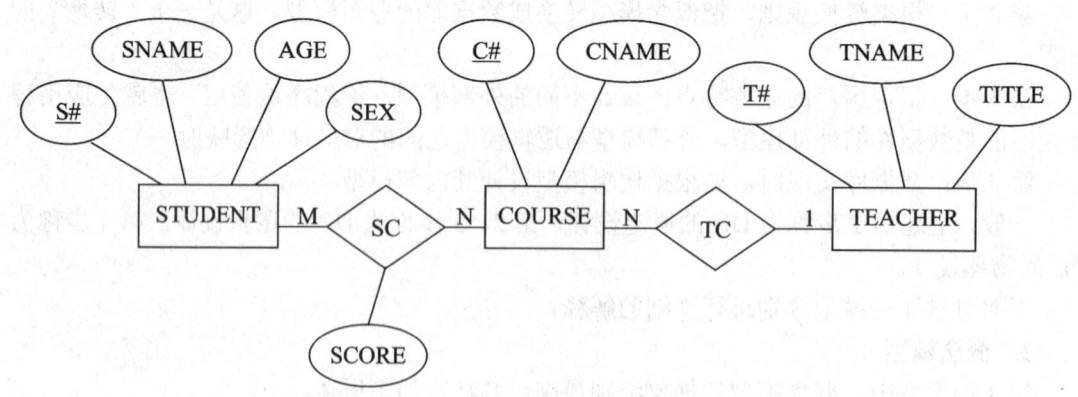

图 7-9　E-R 图实例

E-R 模型有两个明显的优点：一是简单，容易理解，真实地反映用户的需求；二是与计算机无关，用户容易接受。因此 E-R 模型已成为软件工程的一个重要设计方法。

但是 E-R 模型只能说明实体间语义的联系，还不能进一步说明详细的数据结构。在数据库设计时，遇到实际问题总是先设计一个 E-R 模型，然后再把 E-R 模型转换成计算机能实现的数据模型，譬如关系模型。

3. 逻辑模型

在选定 DBMS 软件后，就要将概念模型按照选定的 DBMS 的特点转换成逻辑模型。

逻辑模型具有下列特点。

（1）逻辑模型表达了 DB 的整体逻辑结构，但它是设计人员对整个企业组织数据库的全面概述。

（2）逻辑模型是从数据库实现的观点出发，对数据建模。

（3）逻辑模型硬件独立，但软件依赖。

（4）逻辑模型是数据库设计人员与应用程序员之间进行交流的工具。

逻辑模型主要有层次、网状、关系和对象模型 4 种。层次模型的数据结构是树结构，网状模型的数据结构是有向图，这两种模型的特点是数据之间的联系用指针来实现。关系模型是用二维表格表示实体集，用关键码表示数据之间的联系。对象模型采用了面向对象技术，用"引用"（类似于指针）方式实现了数据之间的嵌套联系。下面举例说明图 7-9 的 E-R 图转换成的 4 种逻辑模型。

【例 7-4】 图 7-9 的 E-R 图转换成的层次模型如图 7-10 所示。这是一棵树，树中的结点是记录类型，上一层记录类型和下一层记录类型之间的联系是 1∶N 联系。

这个模型表示，每门课程有若干（但这里应限定为 1）个教师任课，有若干个学生选修。

模型中，从 COURSE 值查询 TEACHER 或 STUDENT 值比较容易，但要从 TEACHER 或 STUDENT 值查询 COURSE 值就比较麻烦。

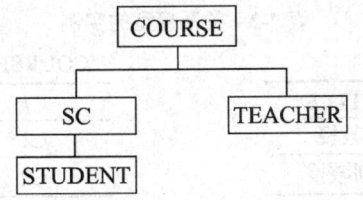

COURSE（C#，CNAME）
SC（S#，C#，SCORE）
STUDENT（S#，SNAME，AGE，SEX）
TEACHER（T#，C#，TNAME，TITLE）

图 7-10 层次模型例子

【例 7-5】 图 7-9 的 E-R 图转换成的网状模型如图 7-11 所示。这是一个有向图，图中的结点是记录类型，箭头表示从箭尾的记录类型到箭头的记录类型间的联系是 1∶N 联系。

这张图中有 4 个结点和 3 条有向边组成。E-R 图中的实体类型转换成记录类型。M∶N

联系用两个 1：N 联系实现。例如 STUDENT 和 COURSE 间的 M：N 联系用两个 1：N 联系 S_SC 和 C_SC 实现，即 STUDENT 和 SC 间的 1：N 联系，COURSE 和 SC 间的 1：N 联系。而 TEACHER 和 COURSE 间的 1：N 联系就用 1：N 联系 T_C 实现。

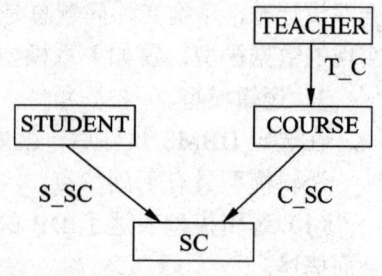

网状模型的特点是记录之间的联系通过指针实现，M：N 联系也容易实现（一个 M：N 联系可拆成两个 1：N 联系），查询效率较高。

图 7-11　网状模型例子

与文件系统的数据管理方式相比，层次模型和网状模型是一个飞跃，但致命的缺点是数据结构复杂和编程复杂。因此从 20 世纪 80 年代中期起其市场已被关系系统的产品所取代。

【例 7-6】　图 7-9 的 E-R 图转换成的关系模型如图 7-12 所示。关系模型是由若干个关系模式组成的集合。关系模式相当于前面提到的记录类型，它的实例称为关系，每个关系实际上是一张二维表格。

```
TEACHER 模式      (T#, TNAME, TITLE)
COURSE 模式       (C#, CNAME, T#)
STUDENT 模式      (S#, SNAME, AGE, SEX)
SC 模式           (S#, C#, SCORE)
```

图 7-12　关系模型的例子

转换的方法是把 E-R 图中的实体类型和 M：N 的联系类型分别转换成关系模式即可。在属性名下加一横线表示模式的键。联系类型相应的关系模式属性由联系类型属性和与之联系的实体类型的键一起组合而成。表 7-2 是具体实例。

表 7-2　关系模型的实例

TEACHER 关系

T#	TNAME	TITLE
T2	SHI	教授
T3	LI	副教授
T1	DAI	讲师
T4	GU	讲师

COURSE 关系

C#	CNAME	T#
C1	C	T2
C2	DB	T3
C3	OS	T3
C4	C++	T2

STUDENT 关系

S#	SNAME	AGE	SEX
S1	WANG	20	M
S4	LIU	18	F
S2	HU	17	M
S3	XIA	19	F

SC 关系

S#	C#	SCORE
S1	C1	80
S1	C2	60
S1	C3	70
S4	C4	90
S2	C1	85
S2	C2	75

关系模型和层次、网状模型的最大差别是用关键码而不是用指针导航数据，其表格简单，用户易懂，用户只需用简单的查询语句就可以对数据库进行操作，并不涉及存储结构、访问技术等细节。关系模型是数字化的模型。由于把表格看成一个集合，因此集合论、数理逻辑等知识可引入到关系模型中来。

【**例7-7**】 图7-9的E-R图转换成的对象模型的一种形式如图7-13所示。在对象模型中，实体集被模拟为"类"，联系被模拟为"关联"。图7-13中有4个类，分别是TEACHER、STUDENT、COURSE和SC。其中类SC的属性PS取值为类STUDENT中的对象（即"嵌套"），属性PC取值为类COURSE中的对象；类COURSE的属性PT取值为类TEACHER的对象，这就充分表达了图7-9中E-R图的全部语义。

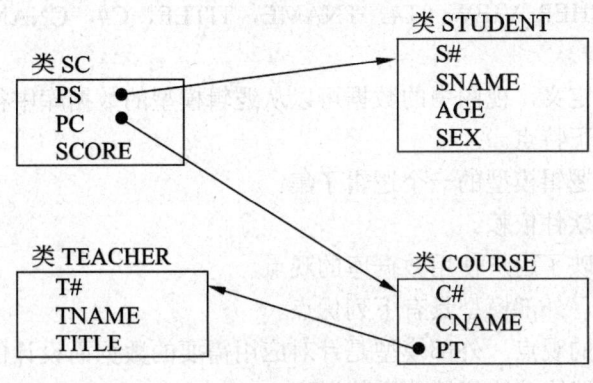

图7-13 对象模型的类层次例子

对象模型能完整地描述现实世界的数据结构，具有丰富的表达能力，但模型相对比较复杂，涉及的知识比较多，因此对象数据库尚未达到关系数据库的普及程度。

上述4种逻辑数据模型的比较如表7-3所示。

表7-3 4种逻辑数据模型的比较

	层 次 模 型	网 状 模 型	关 系 模 型	对 象 模 型
创始	1968年IBM公司的IMS系统	1969年CODASYL的DBTG报告(1971年通过)	1970年E.F.Codd提出关系模型	20世纪80年代
数据结构	复杂 （树结构）	复杂 （有向图结构）	简单 （二维表）	复杂 （嵌套，递归）
数据联系	通过指针	通过指针	通过表间的公共属性	通过对象标识
查询语言	过程性语言	过程性语言	非过程性语言	面向对象语言
典型产品	IMS	IDS/Ⅱ，IMAGE/3000，IDMS，TOTAL	Oracle，Sybase，DB2，SQL Server，Informix	ONTOS DB
盛行期	20世纪70年代	20世纪70年代至80年代中期	80年代至现在	90年代至现在

4. 外部模型

在应用系统中，常常是根据业务的特点划分成若干个业务单位，每一个业务单位都有特定的约束和需求。在实际使用时，可以为不同的业务单位设计不同的外部模型。

【例 7-8】 图 7-12 所示的关系模型由 TEACHER、COURSE、STUDENT 和 SC 这 4 个关系模式组成。在这个基础上，可以为学生应用子系统设计一个外部模型。外部模型中的模式称为"视图"（VIEW）。这个视图如下：

学生视图 STUDENT_VIEW（S#，SNAME，AGE，SEX，C#，CNAME，SCORE，T#，TNAME）

也可以为教师应用子系统设计一个外部模型。其中的视图如下：

教师视图 TEACHER_VIEW（T#，TNAME，TITLE，C#，CNAME，S#，SNAME，SCORE）

显然，视图只是一个定义，视图中的数据可以从逻辑模型的数据库中得到。

外部模型具有如下特点。

（1）外部模型是逻辑模型的一个逻辑子集。

（2）硬件独立，软件依赖。

（3）外部模型反映了用户使用数据库的观点。

从整个系统考察，外部模型具有下列优点。

（1）简化了用户的观点。外部模型是针对应用需要的数据而设计的，无关的数据就不必放入，这样用户就能比较简便地使用数据库。

（2）有助于数据库的安全性保护。用户不能看的数据，不放入外部模型，这样就提高了系统的安全性。

（3）外部模型是对概念模型的支持。如果用户使用外部模型得心应手，那么说明当初根据用户需求综合成的概念模型是正确的、完善的。

5. 内部模型

内部模型又称为物理模型，是数据库最低层的抽象，它描述数据在磁盘或磁带上的存储方式（文件的结构）、存取设备（外存的空间分配）和存取方法（主索引和辅助索引）。内部模型是与硬件和软件紧密相连的。因此，从事这个级别的设计人员必须具备全面的软、硬件知识。在层次、网状模型设计时，要精心设计内部模型，以提高系统的效率。但随着计算机软、硬件性能的大幅度提高，并且目前占绝对优势的关系模型是以逻辑级为目标，因而可以不必考虑内部级的设计细节，由系统自动实现。这也是关系数据库能取代层次、网状系统并能得到广泛应用的重要原因之一。

7.2.5 数据库的体系结构

1. 数据库的三级体系结构

数据库的体系结构分成 3 级：外部级（external）、概念级（conceptual）和内部级（internal）（图 7-14）。这个结构称为"数据库的体系结构"，有时亦称为"三级模式结构"，或"数据抽象的三个级别"。这个结构早先是在1971年通过的DBTG报告中提出的,后来收入在1975年的 ANSI / X3 / SPARC(美国国家标准化组织 / 授权的标准委员会 / 系统规划与需求委员会)报告中。虽然现在 DBMS 的产品多种多样,在不同的操作系统支持下工作,但是大多数系统在总的体系结构上都具有三级结构的特征。

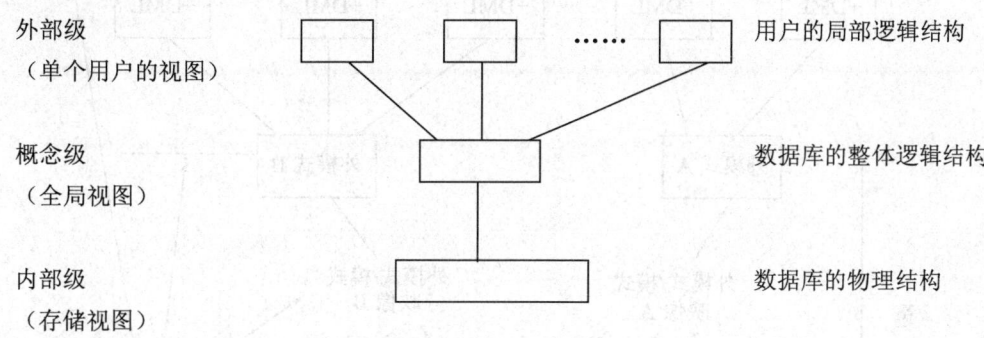

图 7-14　三级模式结构

从某个角度看到的数据特性,称为"数据视图"(data view)。

外部级最接近用户,是单个用户所能看到的数据特性。单个用户使用的数据视图的描述称为"外模式"。

概念级涉及所有用户的数据定义,也就是全局性的数据视图。全局数据视图的描述称为"概念模式"。

内部级最接近于物理存储设备,涉及物理数据存储的结构。物理存储数据视图的描述称为"内模式"。

数据库的三级模式在 DBTG 报告中分别称为子模式、模式和物理模式。数据的三级抽象术语如表 7-4 所示。(应注意:概念模式在 7.2.4 节的数据模型中应属于"逻辑模型"级别,而不是"概念模型"级别。)

表 7-4　数据抽象的术语

	数 据 模 型	用数据定义语言 描述后的称呼	DBTG 报告 中的称呼
外部级	外模型	外模式	子模式
概念级	逻辑模型	概念模式	模式
内部级	内模型	内模式	物理模式

数据库的三级模式结构是对数据的 3 个抽象级别。它把数据的具体组织留给 DBMS 去做,用户只要抽象地处理数据,而不必关心数据在计算机中的表示和存储,这样就减轻了用户使用系统的负担。

三级结构之间往往差别很大,为了实现这 3 个抽象级别的联系和转换,DBMS 在三级结构之间提供了两层映像(mapping):外模式/模式映像,模式/内模式映像。这里模式是概念模式的简称。

数据库的三级模式结构，即数据库系统的体系结构如图 7-15 所示。

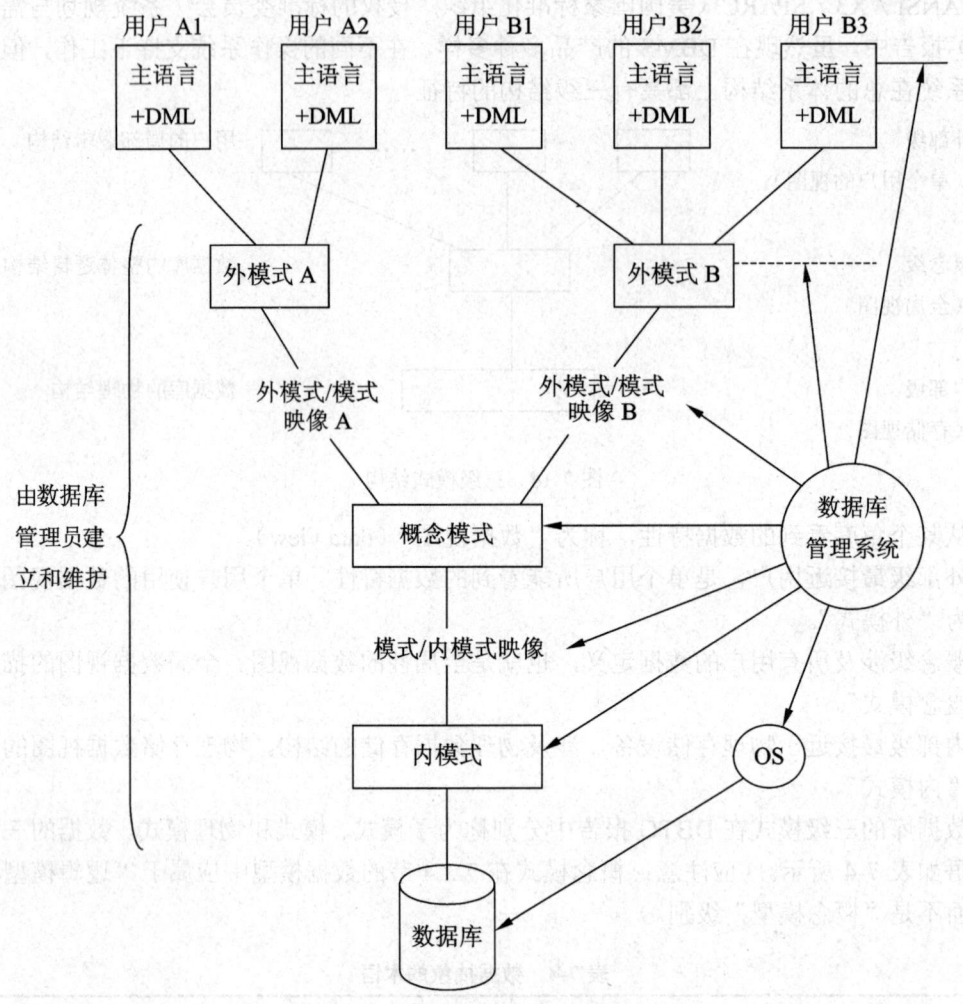

图 7-15　数据库系统的体系结构

2.　体系结构中的 5 个要素

（1）概念模式

概念模式（conceptal schema）是数据库中全部数据的整体逻辑结构的描述。它由若干个概念记录类型组成，还包含记录间联系、数据的完整性安全性等要求。

数据按外模式的描述提供给用户，按内模式的描述存储在磁盘中，而概念模式提供了连接这两级的相对稳定的中间观点，并使得两级中任何一级的改变都不受另一级的牵制。

概念模式必须不涉及到存储结构、访问技术等细节。只有这样，概念模式才能达到"物理数据独立性"。

描述概念模式的数据定义语言称为"模式 DDL"（Schema Data Definition Language）。

在大多数情况中，概念模式简称为"模式"。

（2）外模式

外模式（External Schema）是用户与数据库系统的接口，是用户用到的那部分数据的描述。外模式由若干个外部记录类型组成。

用户使用数据操纵语言（DML）语句对数据库进行操作，实际上是对外模式的外部记录进行操作。例如读一个记录值，实际上用户读到的是一个外部记录值（即逻辑值），而不是数据库的内部记录值。

描述外模式的数据定义语言称为"外模式 DDL"。有了外模式后，程序员不必关心概念模式，只与外模式发生联系，按照外模式的结构存储和操纵数据。实际上，外模式是概念模式的逻辑子集。

（3）内模式

内模式（Internal Schema）是数据库在物理存储方面的描述，定义所有内部记录类型、索引和文件的组织方式，以及数据控制方面的细节。

内部记录并不涉及物理设备的约束。比内模式更接近物理存储和访问的那些软件机制是操作系统的一部分（即文件系统），例如从磁盘读数据或写数据到磁盘上的操作等。

描述内模式的数据定义语言称为"内模式 DDL"。

（4）模式/内模式映像

模式/内模式映像存在于概念级和内部级之间，用于定义概念模式和内模式之间的对应性。

由于这两级的数据结构可能不一致，即记录类型、字段类型的命名和组成可能不一样，因此需要这个映像说明概念记录和内部记录之间的对应性。

模式/内模式映像一般是放在内模式中描述的。

（5）外模式/模式映像

外模式/模式映像存在于外部级和概念级之间，用于定义外模式和概念模式之间的对应性。

由于这两级的数据结构可能不一致，即记录类型、字段类型的命名和组成可能不一样，因此需要这个映像说明外部记录和概念记录之间的对应性。

外模式/模式映像一般是放在外模式中描述的。

3. 两级数据独立性

由于数据库系统采用三级模式结构，因此系统具有数据独立性的特点。

数据独立性（data independence）是指应用程序和数据库的数据结构之间相互独立，不受影响。

数据独立性分为物理数据独立性和逻辑数据独立性两个级别。

（1）物理数据独立性

如果数据库的内模式要修改，即数据库的物理结构有所变化，那么只要对模式/内模式映像作相应的修改，可以使概念模式尽可能保持不变。也就是对内模式的修改尽量不影响概念模式，当然对于外模式和应用程序的影响更小，这样，我们称数据库达到了物理数据独立性（简称物理独立性）。

（2）逻辑数据独立性

如果数据库的概念模式要修改，譬如增加记录类型或增加数据项，那么只要对外模式/模式映像作相应的修改，可以使外模式和应用程序尽可能保持不变。这样，我们称数据库达到了逻辑数据独立性（简称逻辑独立性）。

4. 用户与用户界面

用户是指使用数据库的应用程序或联机终端用户。

编写应用程序的语言可以是 COBOL、PL/I、C、C++、Java 一类的高级程序设计语言。在数据库技术中，这些语言称为主语言（host language）。

DBMS 还提供了数据操纵语言 DML（Data Manipulation Language），让用户或程序员使用。DML 可自成系统，在终端上直接对数据库进行操作，这种 DML 称为交互型 DML 或宿主型 DML，此时主语言是经过扩充能处理 DML 语句的语言。

用户界面是用户和数据库系统之间的一条分界线，在界限下面，用户是不可知的。用户界面定在外部级上，用户对于外模式是可知的。

5. 本节小结

数据库的三级模式结构是一个理想的结构，使数据库系统达到了高度的数据独立性。但是它给系统增加了额外的开销。首先，要在系统中保存三级结构、两级映像的内容，并进行管理；其次，用户与数据库之间的数据传输要在三级结构中来回转换，增加了时间开销。然而，随着计算机硬件性能的迅速提高和操作系统的不断完善，数据库系统的性能越来越好。在目前现有的 DBMS 商品软件中，不同系统的数据独立性程度是不同的。一般来说，关系数据库系统在支持数据独立性方面优于层次、网状系统。

与三级结构吻合，我们可以用图 7-16 表示各个层次中记录的联系。

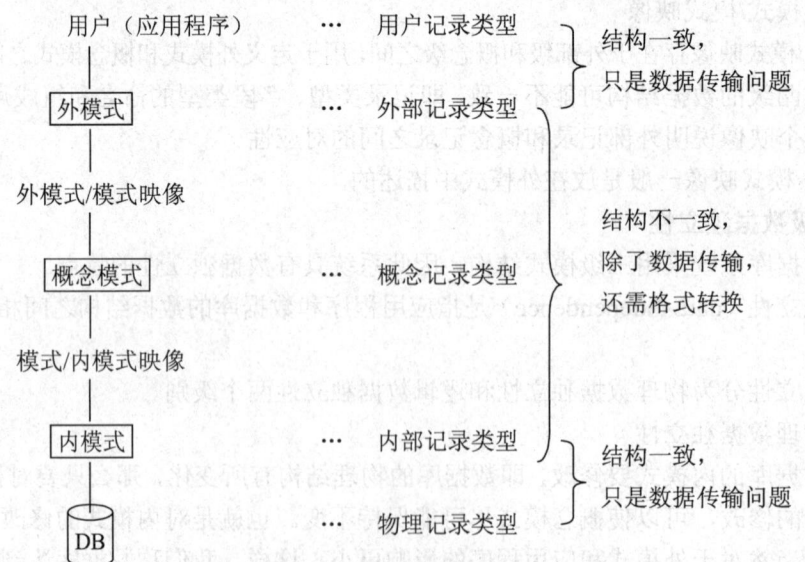

图 7-16　体系结构各个层次中记录的联系

这里应注意，外模式中的外部记录类型应与应用程序在系统缓冲区中的记录类型一致。内模式中的内部记录类型应与磁盘上的物理文件的记录类型一致。

7.2.6 数据库管理系统

1. DBMS 的工作模式

数据库管理系统(DBMS)是指数据库系统中对数据进行管理的软件系统，它是数据库系统的核心组成部分。对 DB 的一切操作，包括定义、查询、更新及各种控制，都是通过 DBMS 进行的。DBMS 的工作示意图如图 7-17 所示。

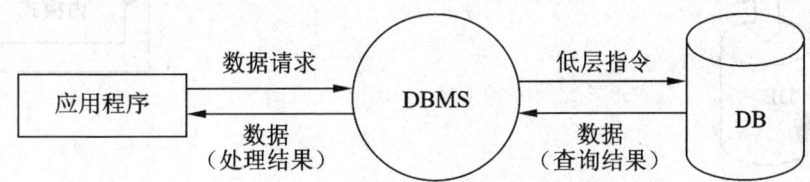

图 7-17　DBMS 的工作模式

DBMS 的工作模式如下。

- 接收应用程序的数据请求和处理请求；
- 将用户的数据请求（高级指令）转换成复杂的机器代码（低层指令）；
- 实现对数据库的操作；
- 从对数据库的操作中接收查询结果；
- 对查询结果进行处理（格式转换）；
- 将处理结果返回给用户。

DBMS 总是基于某种数据模型，因此可以把 DBMS 看成是某种数据模型在计算机系统上的具体实现。根据数据模型的不同，DBMS 可以分为层次型、网状型、关系型、面向对象型等。

在不同的计算机系统中，由于缺乏统一的标准，即使同种数据模型的 DBMS，在用户接口、系统功能等方面也常常是不相同的。

用户对数据库进行操作，是由 DBMS 把操作从应用程序带到外部级、概念级，再导向内部级，进而通过 OS 操纵存储器中的数据。同时，DBMS 为应用程序在内存开辟了一个 DB 的系统缓冲区，用于数据的传输和格式的转换。而三级结构定义存放在数据字典中。图 7-18 是用户访问数据库的一个示意图，可看出 DBMS 所起的核心作用。DBMS 的主要目标是使数据作为一种可管理的资源来处理。

2. DBMS 的主要功能

DBMS 的主要功能有以下 5 个方面。

（1）数据库的定义功能

DBMS 提供 DDL 定义数据库的三级结构、两级映像，定义数据的完整性约束、保密限制等约束。因此在 DBMS 中应包括 DDL 的编译程序。

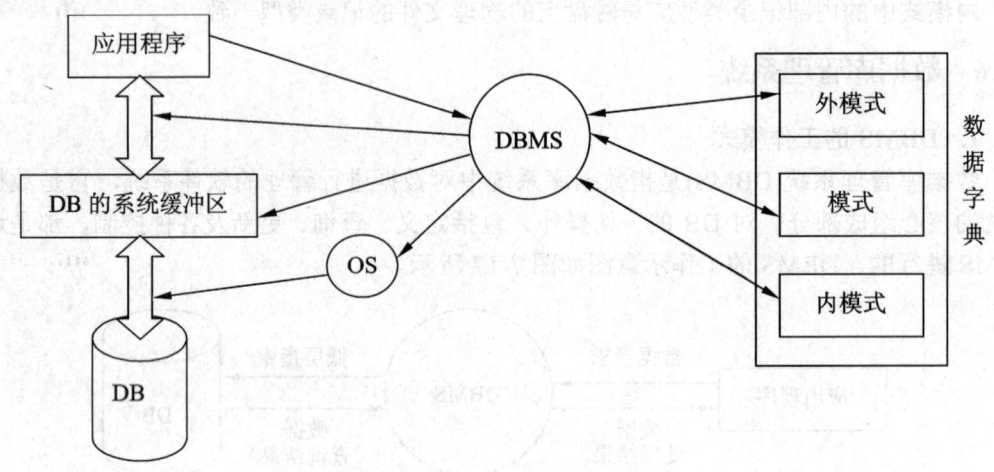

图 7-18   用户访问数据的过程

（2）数据库的操纵功能

DBMS 提供 DML 实现对数据的操作。基本的数据操作有两类：检索（查询）和更新（包括插入、删除、修改）。因此在 DBMS 中应包括 DML 的编译程序或解释程序。

依照语言的级别，DML 又可分为过程性 DML 和非过程性 DML 两种。

过程性 DML 是指用户编程时，不仅需要指出"做什么"（需要什么样的数据），还需要指出"怎么做"（怎样获得这些数据）。

非过程性 DML 是指用户编程时，只需要指出"做什么"，不需要指出"怎么做"。

层次、网状的 DML 都属于过程性语言，而关系型 DML 属于非过程性语言。非过程性语言易学，操作方便，深受广大用户欢迎。但非过程性语言增加了系统的开销，一般采用查询优化的技术来弥补。

通常查询语言是指 DML 中的检索语句部分。

（3）数据库的保护功能

数据库中的数据是信息社会的战略资源，对数据的保护是至关重要的大事。DBMS 对数据库的保护通过 4 个方面实现，因而在 DBMS 中应包括以下 4 个子系统。

① 数据库的恢复。在数据库被破坏或数据不正确时，系统有能力把数据库恢复到正确的状态。

② 数据库的并发控制。在多个用户同时对同一个数据进行操作时，系统应能加以控制，防止破坏数据库中的数据。

③ 数据完整性控制。保证数据库中数据及语义的正确性和有效性，防止任何对数据造成错误的操作。

④ 数据安全性控制。防止未经授权的用户存取数据库中的数据，以免数据的泄露、

更改或破坏。

　　DBMS 的其他保护功能还有系统缓冲区的管理以及数据存储的某些自适应调节机制等。

　　（4）数据库的维护功能

　　这一部分包括数据库的数据载入、转换、转储，数据库的改组以及性能监控等功能。这些功能分别由各个实用程序（utilities）完成。

　　（5）数据字典

　　数据库系统中存放三级结构定义的数据库称为数据字典（Data Dictionary，DD）。对数据库的操作都要通过 DD 才能实现。DD 中还存放着数据库运行时的统计信息，例如记录个数、访问次数等。管理 DD 的子系统称为"DD 系统"。

　　上面是一般的 DBMS 所具备的功能，通常在大、中型计算机上实现的 DBMS 功能较强、较全，在微型计算机上实现的 DBMS 功能较弱。

　　还应指出，应用程序并不属于 DBMS 应用。应用程序是用主语言和 DML 编写的。程序中 DML 语句由 DBMS 执行，而其余部分仍由主语言编译程序完成。

7.2.7　数据库系统

1．DBS 的组成

　　DBS 是采用了数据库技术的计算机系统。DBS 是一个实际可运行的、按照数据库方法存储、维护和向应用系统提供数据支持的系统，它是数据库、硬件、软件和数据库管理员的集合体。

　　（1）数据库（DB）

　　DB 是与一个企业组织各项应用有关的全部数据的集合。DB 分成两类，一类是应用数据的集合，称为物理数据库，它是数据库的主体；另一类是各级数据结构的描述，称为描述数据库，由 DD 系统管理。

　　（2）硬件

　　这一部分包括中央处理器、内存、外存、输入输出设备等硬件设备。在 DBS 中特别要关注内存、外存、I/O 存取速度、可支持终端数和性能稳定性等指标，现在还要考虑支持联网的能力和配备必要的后备存储器等因素。此外，还要求系统有较高的通道能力，以提高数据的传输速度。

　　（3）软件

　　这一部分包括 DBMS、OS、各种主语言和应用开发支撑软件等程序。

　　DBMS 是 DBS 的核心软件，要在 OS 支持下才能工作。

　　为了开发应用系统，需要各种主语言，这些语言大都属于第三代语言（3GL）范畴，譬如 COBOL、C、PL/I 等；有些是属于面向对象程序设计语言，譬如 Visual C++、Java 等语言。

　　应用开发支撑软件是为应用开发人员提供的高效率、多功能的交互式程序设计系统，一般属于第四代语言（4GL）范畴，包括报表生成器、表格系统、图形系统、具有数据库访问和表格 I/O 功能的软件、数据字典系统等。它们为应用程序的开发提供了良好的环境，可使生产率提高 20～100 倍。目前，典型的数据库应用开发工具有 Visual Basic 6.0、PowerBuilder 7.0 和 Delphi 5.0 等系统。

（4）数据库管理员

要想成功地运转数据库，就要在数据处理部门配备管理人员——数据库管理员（Database Administrator，DBA）。DBA 必须具有下列素质：熟悉企业全部数据的性质和用途；对所有用户的需求有充分的了解；对系统的性能非常熟悉；兼有系统分析员和运筹学专家的品质和知识。DBA 的定义如下所述。

DBA 是控制数据库整体结构的一组人员，负责 DBS 的正常运行，承担创建、监控和维护数据库结构的责任。

DBA 的主要职责有以下 6 点。

① 定义模式。

② 定义内模式。

③ 与用户的联络。包括定义外模式、应用程序的设计、提供技术培训等专业服务。

④ 定义安全性规则，对用户访问数据库的授权。

⑤ 定义完整性规则，监督数据库的运行。

⑥ 数据库的转储与恢复工作。

DBA 有两个很重要的工具，一个是一系列的实用程序，例如 DBMS 中的装配、重组、日志、恢复、统计分析等程序；另一个是 DD 系统，管理着三级结构的定义，DBA 可以通过 DD 掌握整个系统的工作情况。

由于职责重要和任务复杂，DBA 一般是由业务水平较高、资历较深的人员担任。

2. DBS 的全局结构

DBS 的全局结构如图 7-19 所示。这个结构从用户、界面、DBMS 和磁盘等 4 个层次考虑各模块功能之间的联系。实际上，在 DBMS 和磁盘之间还应有一个 OS 层次，OS 提供了 DBS 最基本的服务（读写磁盘）。这里，我们主要是考虑 DBMS 的功能，因此把 OS 略去了。下面对图 7-19 作较为详细的解释。

（1）数据库用户

按照与系统交互方式的不同，数据库用户可分为以下 4 类。

① DBA：DBA 负责三级结构的定义和修改以及访问授权、日常维护等工作。DBA 和 DBMS 之间的界面是数据库模式。

② 专业用户：指数据库设计中的上层人士（例如系统分析员）。他们使用专用的数据库查询语言操作数据。专业用户和 DBMS 之间的界面是数据库查询工具。

③ 应用程序员：指使用主语言和 DML 语言编写应用程序的计算机工作者。他们开发的程序称为应用程序。应用程序员和 DBMS 之间的界面是应用程序。

这里的主语言是指编写应用程序的语言，可以是 COBOL、PL/I、C、C++和 Java 等一类的高级程序设计语言，也可以是 PowerBuilder 9.0、Delphi 6.0、Visual Basic 7.0 和
Developr/2000 等一类的软件开发工具。

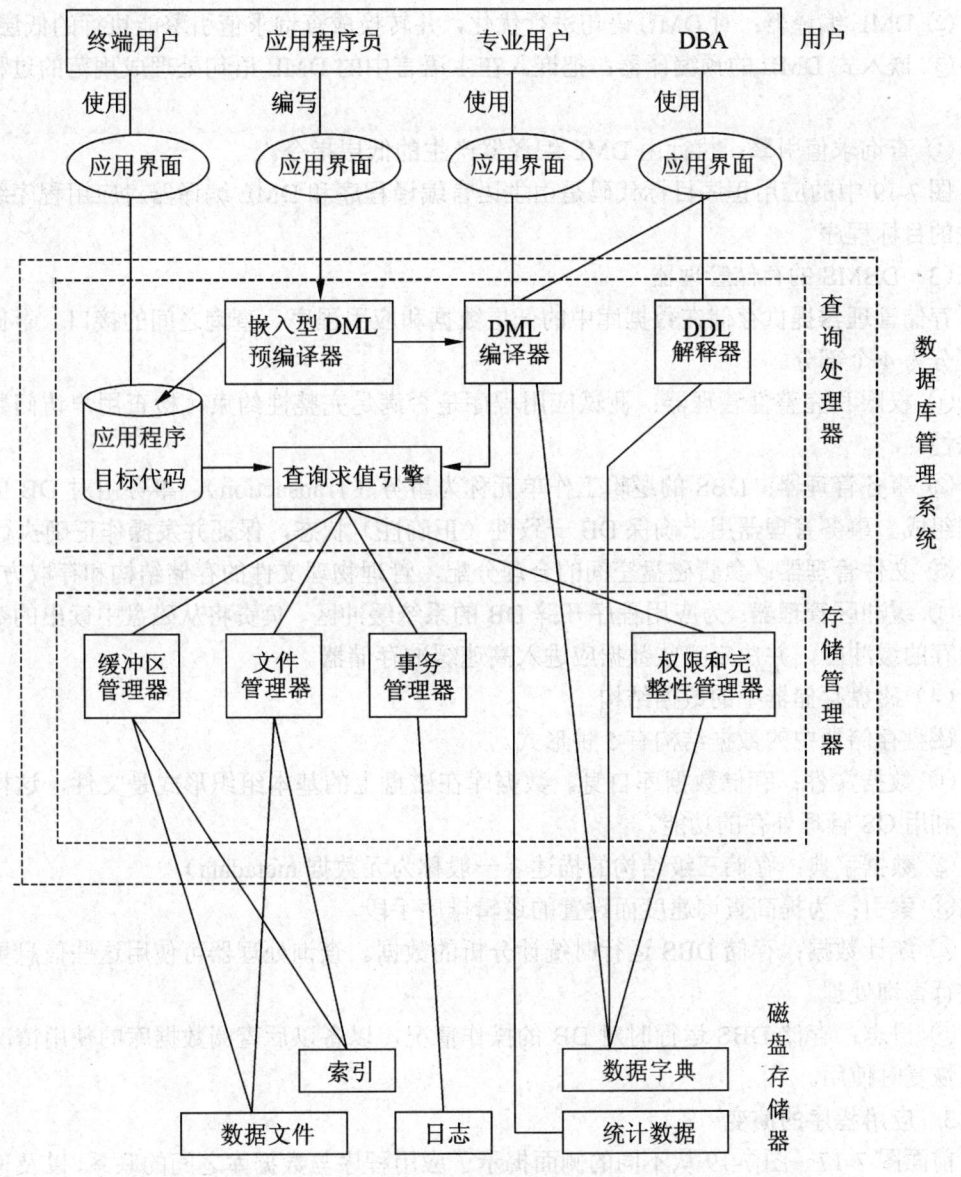

图 7-19　DBS 的全局结构

④ 终端用户：指使用应用程序的非计算机人员，例如银行的出纳员、商店里的售货
员等，他们要使用终端记账、收款等工作。终端用户和 DBMS 的界面是应用程序的运行
界面。

（2）DBMS 的查询处理器

这一部分可分为以下 4 个部分。

① DDL 解释器：解释 DDL 语句，并将这些定义登录在数据字典中。

② DML 编译器：对 DML 语句进行优化，并转换成查询求值引擎能执行的低层指令。

③ 嵌入式 DML 的预编译器：把嵌入在主语言中的 DML 语句处理成规范的过程调用形式。

④ 查询求值引擎：执行由 DML 编译器产生的低层指令。

图 7-19 中的应用程序目标代码是由主语言编译程序和 DML 编译器对应用程序编译后产生的目标程序。

（3）DBMS 的存储管理器

存储管理器提供存储在数据库中的低层数据和应用程序、查询之间的接口。存储管理器可分为 4 个部分。

① 权限和完整性管理器：测试应用程序是否满足完整性约束，检查用户访问数据的合法性。

② 事务管理器：DBS 的逻辑工作单元称为事务（Transaction），事务由对 DB 的操作序列组成。事务管理器用于确保 DB 一致性（正确性）状态，保证并发操作正确执行。

③ 文件管理器：负责磁盘空间的合理分配，管理物理文件的存储结构和存取方式。

④ 缓冲区管理器：为应用程序开辟 DB 的系统缓冲区，负责将从磁盘中读出的数据送入内存的缓冲区，并决定哪些数据应进入高速缓冲存储器。

（4）磁盘存储器中的数据结构

磁盘存储器中的数据结构有 5 种形式。

① 数据文件：存储数据库自身。数据库在磁盘上的基本组织形式是文件，这样可以充分利用 OS 管理外存的功能。

② 数据字典：存储三级结构的描述（一般称为元数据 metadata）。

③ 索引：为提高查询速度而设置的逻辑排序手段。

④ 统计数据：存储 DBS 运行时统计分析的数据。查询处理器可使用这些信息更有效地进行查询处理。

⑤ 日志：存储 DBS 运行时对 DB 的操作情况，以备以后查阅数据库的使用情况及数据库恢复时使用。

3. 应用程序的演变

前面图 7-17～图 7-19 从不同的侧面揭示了应用程序与数据库之间的联系，以及使用数据库的过程。那么用什么语言来编写应用程序？又如何访问数据库呢？这里有一个演变的过程。以关系数据库为例，用户访问数据库的语言是国际标准语言"SQL 语言"，但在不同层次上使用的方式有所不同。

应用程序从低级到高级大致经历了以下几个阶段。

（1）采用"交互式 SQL"直接使用数据库的方式

用户可以直接使用交互式 SQL 命令来定义和操纵数据库。这种方式很简单，但对数据库本身无安全性可言。

（2）采用"主语言+嵌入式 SQL"方式编写应用程序

应用程序用 C 一类主语言编写，访问数据库用嵌入式 SQL 语句。嵌入式 SQL 语句可以包含完整的 SQL 语句，也可以包含不完整的 SQL 语句（语句缺或条件缺）。其中后者称为"动态 SQL"方式。

（3）采用"主语言+ODBC 函数+嵌入式 SQL"方式编写应用程序

应用程序用 C 一类主语言编写，但使用中间件（譬如 ODBC）技术，访问数据库用 ODBC 函数或嵌入式 SQL 语句。

相比之下，第（2）种编程方式中应用程序与 DBMS 有关，而第（3）种与 DBMS 无关。但这两种的主语言都属于 3GL，是过程性语言，因此编程较复杂。故引入了下面一种方式。

（4）采用"4GL+事件和函数+嵌入式 SQL"方式编写应用程序

应用程序采用 PowerBuilder 一类软件开发工具（属于 4GL）编写。编程技术是面向对象的，开发效率也高。

4．DBS 结构的分类

根据计算机的系统结构，DBS 可分为集中式、客户机/服务器式、并行式、分布式和 Web 式 5 种。

（1）集中式 DBS（centralized DBS）

如果 DBS 运行在单个计算机系统中，并与其他的计算机系统没有联系，那么这种 DBS 称为集中式 DBS。集中式 DBS 遍及从微型计算机上的单用户 DBS 直到大型计算机上的高性能 DBS，其结构如图 7-20 所示。这种系统的计算机只有一台即可。有若干台设备控制器控制着磁盘、打印机和磁带等设备。计算机和设备控制器通过系统总线与共享的内存相连。计算机和设备控制器能够并发执行。

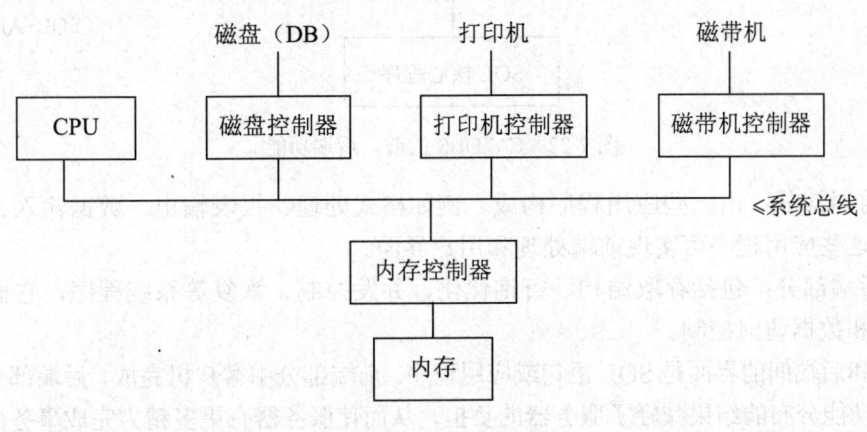

图 7-20　集中式 DBS

计算机系统有单用户系统和多用户系统两种。微型计算机和工作站可归于单用户系统，一般有一个 CPU，单用户系统的 DBS 不支持并行控制，恢复机制也较简单。多用户系统有多个计算机，可以为大量的用户服务，因而多用户系统也称为服务器系统。

目前通用的计算机系统都已设计成多处理机，但其并行程序大都是粗放型。即只带少量的处理机（2~4 个），每个查询并不是分割在多台处理机上并行执行的，而是只在一台处理机上执行，但允许多个查询并发执行（以分时方式）。这种系统的查询吞吐量非常大。

现在，设计成单处理机的 DBS 也能处理多任务，以分时方法允许多个查询并发执行，即实现了粗放型的并行机制。

（2）客户机/服务器式 DBS（client/server DBS，C/S DBS）

随着计算机网络技术的发展和微型计算机的广泛使用，客户机/服务器式的系统结构得到了广泛应用。C/S 结构的关键在于功能的分布，一些功能放在前端机（即客户机）上执行，另一些功能放在后端机（即服务器）上执行。功能的分布在于减少计算机系统的各种瓶颈问题。C/S 系统的一般结构如图 7-21 所示。

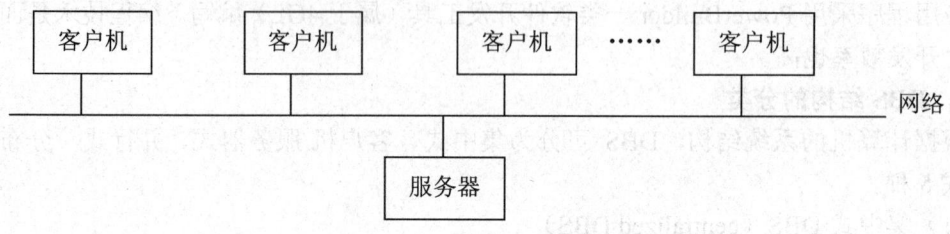

图 7-21　C/S 系统的一般结构

在 C/S DBS 中，数据库的功能分成两部分（图 7-22）。

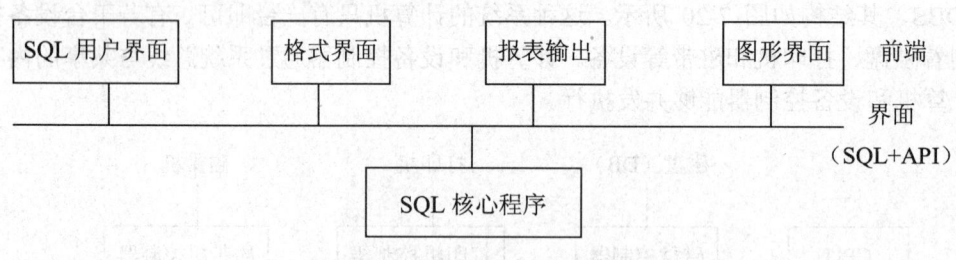

图 7-22　C/S DBS 的前、后端功能

① 前端部分：由一些应用程序构成，例如格式处理、报表输出、数据输入、图形界面等，用这些应用程序可实现前端处理和用户界面。

② 后端部分：包括存取结构、查询优化、并发控制、恢复等系统程序，它们可完成事务处理和数据访问控制。

前端和后端间的界面是 SQL 语句或应用程序。前端部分由客户机完成，后端部分由服务器完成。功能分布的结果减轻了服务器的负担，从而使服务器有更多精力完成事务处理和数据访问控制，支持更多的用户，提高系统的功能。服务器的软件系统实际上就是一个 DBMS。

（3）并行式 DBS（parallel DBS）

现在数据库的数据量大幅度提高，巨型数据库的容量已达到"太拉"级（1 太拉为 10^{12}，记作 T），此时要求事务处理速度极快，每秒达数千个事务才能胜任系统运行。集中式 DBS 和 C/S 式 DBS 都不能应付这种环境。并行计算机系统能解决这个问题。

并行系统使用多个 CPU 和多个磁盘进行并行操作，提高数据处理和 I/O 速度。并行处理时，许多操作同时进行，而不是采用分时的方法。在大规模并行系统中，CPU 不是几个，而是数千个。在商用并行系统中，CPU 也可达数百个。并行 DBS 有两个重要的性能指标。

① 吞吐量：在给定时间间隔内能完成任务的数目。

② 响应时间：完成一个任务所花费的时间。

并行 DBS 的结构有 4 种（图 7-23）。

① 共享内存型（SM 结构）：所有 CPU 共享一个公共的内存。由于系统总线和网络通信的瓶颈影响，目前一个系统的 CPU 数目还不能超过 64 个。

② 共享磁盘型（SD 结构）：所有 CPU 共享一组公共的磁盘。

③ 无共享型（SN 结构）：所有 CPU 既不共享内存也不共享磁盘。系统中每一结点都有一个 CPU，一个内存和若干磁盘。结点之间通过网络连接。

④ 层次型（H 结构）：这一种是上述 3 种结构的组合。一般，顶层是非共享型，而下层结点是共享内存型或共享磁盘型。图 7-23（d）是层次型结构。

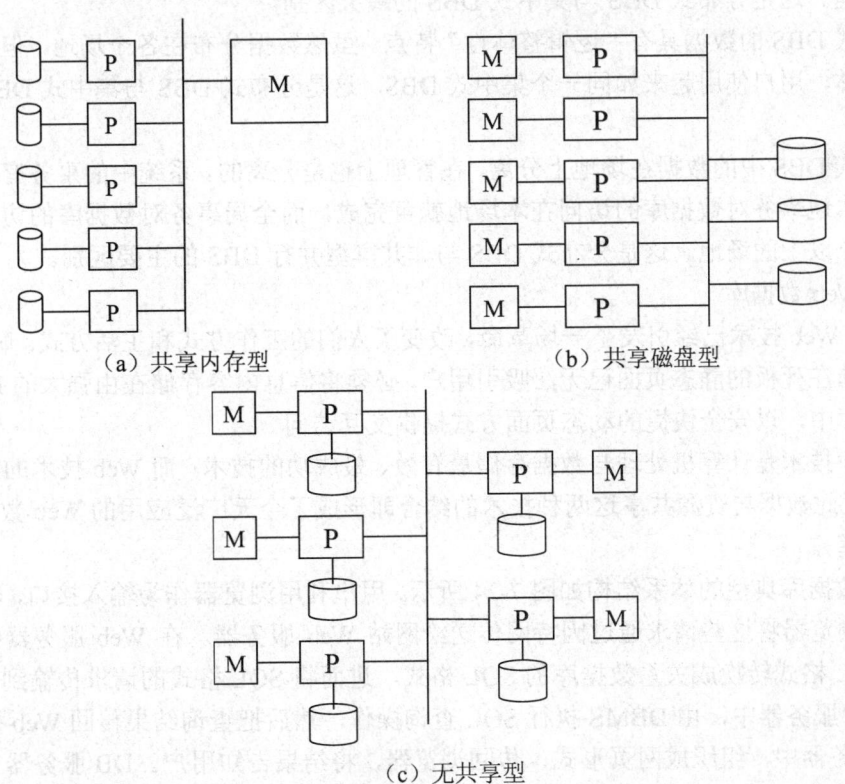

（a）共享内存型　　　　　　　　　　　　（b）共享磁盘型

（c）无共享型

图 7-23　并行 DBS 结构的 4 种类型

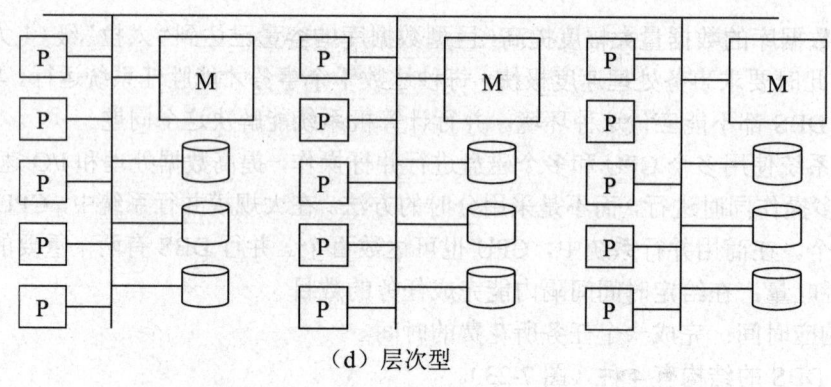

(d) 层次型

图 7-23（续）

M—内存　P—处理机　圆柱—磁盘

（4）分布式 DBS（distributed DBS）

分布式 DBS 是一个用通信网络连接起来的场地（site，也称为结点）的集合，每个场地都可以拥有集中式 DBS 的计算机系统。

分布式 DBS 的数据具有"分布性"特点，数据不是存储在同一场地，而是分别存储在不同的场地。这是分布式 DBS 与集中式 DBS 的最大区别。

分布式 DBS 的数据具有"逻辑整体性"特点。虽然数据分布在各个场地，但在逻辑上是一个整体，用户使用起来如同一个集中式 DBS。这是分布式 DBS 与集中式 DBS 的主要区别。

分布式 DBS 中的数据在场地上分离，在管理上也是分离的。系统中的事务有本地和全局之分。本地事务对数据库的访问在本场地就可完成，而全局事务对数据库的访问要涉及两个或两个以上的场地。这是分布式 DBS 与非共享型并行 DBS 的主要区别。

（5）Web 数据库

目前，Web 技术已经引发了一场革命，改变了人们的工作方式和生活方式。时至今日，将信息存储在死板的静态页面已无法吸引用户，必须将信息内容存储在由强大的 DBMS 管理的数据库中，以安全快捷的动态页面方式提供交互访问。

数据库技术是计算机处理与数据存储最有效、最成功的技术，而 Web 技术的特点是资源共享，因此数据与资源共享这两种技术的结合即形成了今天广泛应用的 Web 数据库（即网络数据库）。

Web 数据库典型的体系结构如图 7-24 所示。用户利用浏览器作为输入接口，输入用户的请求，浏览器将这些请求通过因特网传送给网站 Web 服务器。在 Web 服务器中，将请求从 HTML 格式转换成关系数据库的 SQL 格式，进而将 SQL 格式的请求传输到 DB 服务器。在 DB 服务器中，由 DBMS 执行 SQL 查询操作，然后把查询结果传回 Web 服务器。在 Web 服务器中，组织成网页形式，传回浏览器，将结果告知用户。DB 服务器上的数据库就是 Web 数据库。

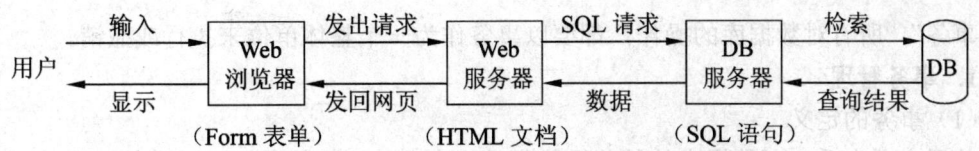

图 7-24 Web 数据库典型的体系结构

通常，Web 数据库的运行环境有硬件元素和软件元素组成。硬件元素包括客户端、Web服务器、中间件、数据库服务器和网络等。而软件元素包括客户端能执行 HTML 代码的浏览器（如 IE 或 Netscape 等）、Web 服务器中具有能自动生成 HTML 代码的程序（如 ASP、JSP、PHP、CGI 等程序）、DB 服务器中具有能自动完成数据库访问的 DBMS（如 ACCESS、SQL Server 等）等。

5. DBS 的效益

DBS 的应用，使计算机应用深入到社会的每个角落。人们可以从 DBS 中获得很大的效益，具体有以下几个方面。

（1）灵活性。数据库容易扩充，以适应用户新的要求；也容易移植，以适应新的硬件环境和更大的数据容量。

（2）简易性。由于精心设计的数据库能模拟企业的运转情况，并提供企业详细的数据资料，因此能使管理部门和使用部门方便地运用和理解数据库。

（3）面向用户。由于数据库能反映企业的实际运转情况，因此基本上能满足用户的要求，为企业的信息系统和信息化奠定了基础。

（4）有效的数据控制。对数据实现集中控制，能保证所有用户在同样的数据上操作，而且数据对所有部门具有相同的语义。数据的冗余减少到最小程度，消除了数据的不一致性。

（5）加快应用系统的开发速度。系统分析员和程序员可以集中精力于应用的逻辑方面，而不必关心物理设计和文件设计的细节，后援和恢复问题均由系统来保证。由于 DML 命令功能强，因此编写应用程序较方便，进一步提高了程序员的生产效率。

（6）维护方便。数据独立性使得修改数据库结构时尽量不影响已有的应用程序，使得程序维护的工作量大为减少。

（7）标准化。数据库方法能促进整个企业乃至全社会的数据一致性和使用的标准化工作。

7.2.8 数据库的控制功能

在 DBS 运行时，DBMS 要对 DB 进行监控，以保证整个系统的正常运转，防止数据意外丢失和不一致数据的产生。DBMS 对 DB 的监控，称为数据库的控制，有时也称为数据库的保护。对数据库的控制主要通过 4 个方面实现：数据库的恢复、并发控制、完整性控制和安全性控制。每一方面构成了 DBMS 的一个子系统。DBS 运行的最小逻辑工作单位是"事务",所有对数据库的操作,都要以事务作为一个整体单位来执行或撤销。

1. 事务管理

（1）事务的定义

从用户观点看,对数据库的某些操作应是一个整体,也就是一个独立的工作单元,不能分割。譬如,客户认为电子资金转账（从账号 A 转一笔款项到账号 B）是一个独立的操作,而在 DBS 中这是由几个操作组成的。显然,这些操作要么全都发生,要么由于出错（可能账号 A 已透支）而全不发生。保证这一点非常重要,我们决不允许发生下面的事情:在账号 A 透支情况下继续转账;或者从账号 A 转出了一笔钱,而不知去向未能转入账号 B 中。这样就引出了事务的概念。

事务（transaction）是构成单一逻辑工作单元的操作集合。不论发生何种情况,DBS 必须保证事务能正确、完整地执行。

DBS 的主要意图是执行"事务"。事务是数据库环境中的一个逻辑工作单元,相当于操作系统环境中的"进程"概念。一个事务由应用程序中的一组操作序列组成,在程序中,事务以 BEGIN TRANSACTION 语句开始,以 COMMIT 语句或 ROLLBACK 语句结束。

COMMIT 语句表示事务执行成功地结束（提交）,此时告诉系统,数据库要进入一个新的正确状态,该事务对数据库的所有更新都已交付实施（写入磁盘）。ROLLBACK 语句表示事务执行不成功地结束（应该"回退"）,此时告诉系统,已发生错误,数据库可能处在不正确的状态,该事务对数据库的所有更新必须被撤销,数据库应恢复到该事务的初始状态。

【例 7-9】 设银行数据库中有一转账事务 T,从账号 A 转一笔款项（\$50）到账号 B,其操作应视为一个整体,不可分割,要么全做,要么全不做,决不允许只做一半操作。因此这个转账操作应该是一个事务。如果考虑到转账时不允许发生账号透支的情况,那么在组织事务时,应对事务的开始语句和结束语句加以界定,具体如下。

```
T:  BEGIN TRANSACTION;              /*事务开始语句*/
    read(A);
    A:=A-50;
    write(A);
    if (A<0) ROLLBACK;             /*事务回退语句*/
    else {read(B);
    B:=B+50;
    write(B);
    COMMIT;}                        /*事务提交语句*/
```

ROLLBACK 语句表示在账号 A 扣款透支时,就拒绝这个转账操作,执行回退操作,数据库的值恢复到这个事务的初始状态。COMMIT 语句表示转账操作顺利结束,数据库处于新的一致性状态。

对数据库的访问是建立在读和写两个操作的基础上的,作用如下。

- read（X）：把数据 X 从磁盘的数据库中读到内存的缓冲区中。
- write（X）：把数据 X 从内存缓冲区中写回磁盘的数据库。

在系统运行时，write 操作未必导致数据立即写回磁盘，很可能先暂存在内存缓冲区中，稍后再写回磁盘。这件事情是 DBMS 实现时必须注意的问题。

（2）事务的 ACID 性质

我们要求事务具有下列 4 个性质。

① 原子性（Atomicity）

一个事务对数据库的所有操作，是一个不可分割的工作单元。这些操作要么全部执行，要么什么也不做（就对 DB 的效果而言）。

保证原子性是数据库系统本身的职责，由 DBMS 的事务管理子系统来实现。

② 一致性（Consistency）

一个事务独立执行的结果，应保持数据库的一致性，即数据不会因事务的执行而遭受破坏。

确保单个事务的一致性是编写事务的应用程序员的职责。在系统运行时，由 DBMS 的完整性子系统执行测试任务。

③ 隔离性（Isolation）

在多个事务并发执行时，系统应保证与这些事务先后单独执行时的结果一样，此时称事务达到了隔离性的要求。也就是在多个事务并发执行时，保证执行结果是正确的，如同单用户环境一样。

隔离性是由 DBMS 的并发控制子系统实现的。

④ 持久性（Durability）

一个事务一旦完成全部操作后，它对数据库的所有更新应永久地反映在数据库中，不会丢失。即使以后系统发生故障，也是如此。

持久性是由 DBMS 的恢复管理子系统实现的。

上述 4 个性质称为事务的 ACID 性质，这一缩写来自 4 条性质的第一个英文字母。

2. 数据库的恢复

在 DBS 运行时，可能会出现各式各样的故障，譬如磁盘损坏、电源故障、软件错误、机房火灾和恶意破坏等。在发生故障时，很可能丢失数据库中数据。DBMS 的恢复管理子系统采取一系列措施保证在任何情况下保持事务的原子性和持久性，确保数据不丢失、不破坏。

系统能把数据库从被破坏、不正确的状态、恢复到最近一个正确的状态，DBMS 的这种能力称为数据库的可恢复性（Recovery）。

（1）典型的恢复策略

数据库的恢复，意味着要把数据库恢复到最近一次故障前的一致性状态。典型的数据库恢复策略如下。

① 平时做好两件事：转储和建立日志。

- 周期地（比如一天一次）对整个数据库进行复制，转储到另一个磁盘或磁带一类存储介质中。
- 建立日志数据库。记录事务的开始、结束标志，记录事务对数据库的每一次插入、删除和修改前后的值，写到日志库中，以便有案可查。

② 一旦发生数据库故障，分两种情况进行处理。

- 如果数据库遇到灾难性故障，例如磁头脱落、磁盘损坏等，这时数据库已不能用了，就必须装入最近一次复制的数据库备份到新的磁盘，然后利用日志库执行"重做"（REDO）已提交的事务，把数据库恢复到故障前的状态。
- 如果数据库未遭到物理性破坏，但破坏了数据库的一致性（某些数据不正确），此时不必去复制存档的数据库，只要利用日志库"撤销"（UNDO）所有不可靠的修改，再利用日志库执行"重做"（REDO）已提交的、但对数据库的更新可能还留在内存缓冲区的事务，就可以把数据库恢复到正确的状态。

恢复的基本原则很简单，数据重复存储，即数据"冗余"，实现的方法也比较清楚，但做起来相当复杂。

（2）故障类型和恢复方法

在 DBS 引入事务概念以后，数据库的故障具体体现为事务执行的成功与失败。常见的故障可分成下面 3 类。

① 事务故障

事务故障又可分为两种。

- 可以预期的事务故障，即在程序中可以预先估计到的错误，譬如存款余额透支，商品库存量达到最低量等，此时继续取款或发货就会出现问题。这种情况可以在事务的代码中加入判断和 ROLLBACK 语句。当事务执行到 ROLLBACK 语句时，由系统对事务进行回退操作，即执行 UNDO 操作。
- 非预期的事务故障，即在程序中发生的未估计到的错误，譬如运算溢出、数据错误、并发事务发生死锁而被选中撤销该事务等。此时由系统直接对该事务执行 UNDO 处理。

② 系统故障

引起系统停止运转随之要求重新启动的事件称为"系统故障"。例如硬件故障、软件（DBMS、OS 或应用程序）错误或掉电等几种情况，都称为系统故障。系统故障要影响正在运行的所有事务，并且主存内容丢失，但不破坏数据库。由于故障发生时正在运行的事务都非正常终止，从而造成数据库中某些数据不正确。DBMS 的恢复子系统必须在系统重新启动时，对这些非正常终止的事务进行处理，把数据库恢复到正确的状态。

重新启动时，具体处理分两种情况考虑。

- 对未完成事务作 UNDO 处理；
- 对已提交事务但更新还留在缓冲区的事务进行 REDO 处理。

③ 介质故障

在发生介质故障和遭受病毒破坏时,磁盘上的物理数据库遭到毁灭性破坏。此时恢复的方法如下。

- 重装转储的后备副本到新的磁盘,使数据库恢复到转储时的一致状态。
- 在日志中找出转储以后所有已提交的事务。
- 对这些已提交的事务进行 REDO 处理,将数据库恢复到故障前某一时刻的一致状态。

事务故障和系统故障的恢复由系统自动进行,而介质故障的恢复需要 DBA 配合执行。在实际中,系统故障通常称为软故障(Soft Crash),介质故障通常称为硬故障(Hard Crash)。

(3)检查点技术

① 检查点方法

前面多次提到 REDO(重做)和 UNDO(撤销)处理,实际上是采用检查点(Checkpoint)方法实现的,大多数 DBMS 产品都提供这种技术。在 DBS 运行时,DBMS 定时设置检查点。在检查点时刻才真正做到把对 DB 的修改写到磁盘,并在日志文件写入一条检查点记录(以便恢复时使用)。当 DB 需要恢复时,只有那些在检查点后面的事务需要恢复。若每小时进行 3~4 次检查,则只有不超过 15~20 分钟的处理需要恢复。这种检查点机制大大减少了 DB 恢复的时间。一般 DBMS 产品自动实行检查点操作,无须人工干预。这个方法如图 7-25 所示。

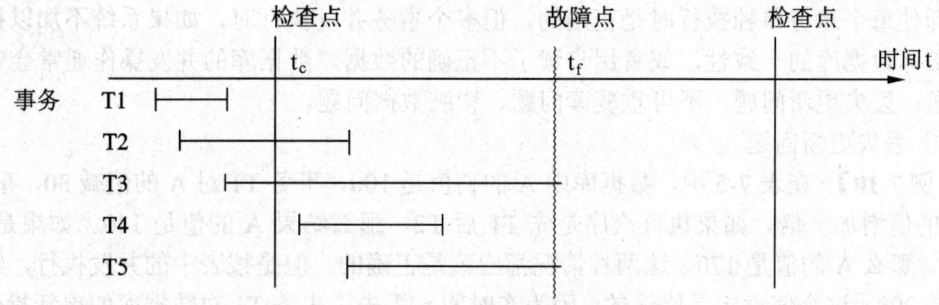

图 7-25　与检查点和系统故障有关的事务

设 DBS 运行时,在 t_c 时刻产生了一个检查点,而在下一个检查点来临之前的 t_f 时刻系统发生了故障。我们把这一阶段运行的事务分成 5 类(T1~T5):

- 事务 T1 不必恢复。因为它们的更新已在检查点 t_c 时写到数据库中去了。
- 事务 T2 和事务 T4 必须重做(REDO)。因为它们结束在下一个检查点之前。它们对 DB 的修改仍在内存缓冲区,还未写到磁盘。
- 事务 T3 和事务 T5 必须撤销(UNDO)。因为它们还未做完,必须撤销事务已对 DB 做的修改。

② 检查点方法的恢复算法

采用检查点方法的基本恢复算法分成两步。

- 根据日志文件建立事务重做队列和事务撤销队列。

此时，从头扫描日志文件（正向扫描），找出在故障发生前已经提交的事务（这些事务执行了 COMMIT），将其事务标识记入重做对列。

同时，还要找出故障发生时尚未完成的事务（这些事务还未执行 COMMIT），将其事务标识记入撤销队列。

- 对重做队列中的事务进行 REDO 处理，对撤销队列中的事务进行 UNDO 处理。

进行 REDO 处理的方法是：正向扫描日志文件，根据重做队列的记录对每一个重做事务重新实施对数据库的更新操作。

进行 UNDO 处理的方法是：反向扫描日志文件，根据撤销队列的记录对每一个撤销事务的更新操作执行逆操作（对插入操作执行删除操作，对删除操作执行插入操作，对修改操作则用修改前的值代替修改后的值）。

3. 数据库的并发控制

（1）并发操作带来的 3 个问题

在多用户共享系统中，许多事务可能同时对同一数据进行操作（并发操作），此时可能会破坏数据库的完整性。这里的"并发"（Concurrent）是指在单处理机（一个 CPU）上，利用分时方法实行多个事务同时做。

DBMS 的并发控制子系统，就是负责协调并发事务的执行，保证数据库的完整性，同时避免用户得到不正确的数据。

即使每个事务单独执行时是正确的，但多个事务并发执行时，如果系统不加以控制，仍会破坏数据库的一致性，或者用户读了不正确的数据。数据库的并发操作通常会带来 3 个问题：丢失更新问题、不可重复读问题、读脏数据问题。

① 丢失更新问题

【例 7-10】 在表 7-5 中，数据库中 A 的初值是 100，事务 T1 对 A 的值减 30，事务 T2 对 A 的值增加一倍。如果执行次序是先 T1 后 T2，那么结果 A 的值是 140。如果是先 T2 后 T1，那么 A 的值是 170。这两种情况都应该是正确的。但是按表中的并发执行，结果 A 的值是 200，这个值肯定是错误的，因为在时间 t_7 丢失了事务 T1 对数据库的更新操作。因而这个并发操作是不正确的。

表 7-5

时 间	更新事务 T1	A 的值	更新事务 T2
t_0		100	
t_1	FIND A		
t_2			FIND A
t_3	A:=A−30		
t_4			A:=A*2
t_5	UPD A		
t_6		70	UPD A
t_7		200	

注：FIND 表示从 DB 中读值，UPD 表示把值写回到 DB。

② 读脏数据问题

这里有两种情况，用两个例子来说明。

【例7-11】（用户读了"脏数据"，但没有破坏数据库的完整性）在表7-6中，事务T1把A的值修改为70，但尚未提交（即未做COMMIT操作），事务T2紧跟着读未提交的A值70。随后，事务T1做ROLLBACK操作，把A的值恢复为100。而事务T2仍在使用被撤销了的A值70。在数据库技术中，把未提交的随后被撤销的数据称为"脏数据"。

表 7-6

时　　间	更新事务 T1	A 的值	读事务 T2
t_0		100	
t_1	FIND A		
t_2	A:=A–30		
t_3	UPD A		
t_4		70	FIND A
t_5	*ROLLBACK*		
t_6		100	

【例7-12】（用户读了"脏数据"，引起自身的更新操作被丢失，破坏了数据库的完整性）在表7-6中，只是用户读了不正确的数据，而没有破坏数据库的完整性。但是表7-7的情况更糟，事务T2不仅在时间t_4读了未提交的A值70，而且实际上在时间t_8还丢失了自己的更新操作。此时破坏了数据库的完整性。

表 7-7

时　　间	更新事务 T1	A 的值	更新事务 T2
t_0		100	
t_1	FIND A		
t_2	A:=A–30		
t_3	UPD A		
t_4		70	FIND A
t_5			A:=A*2
t_6			UPD A
t_7		140	
t_8	*ROLLBACK*		
t_9		100	

③ 不可重复读问题

【例7-13】 表7-8表示T1需要两次读取同一数据项A，但是在两次读操作的间隔中，另一个事务T2改变了A的值。因此，T1在两次读同一数据项A时却读出了不同的值。

表　7-8

时　间	读事务 T1	A 的值	更新事务 T2
t_0		100	
t_1	FIND A		
t_2			XFIND A
t_3			A:=A*2
t_4			UPD A
t_5		200	COMMIT
t_6	FIND A		

这些问题都需要并发控制子系统来解决。

（2）封锁技术

锁（lock）是一个与数据项相关的变量，对可能应用于该数据项上的操作而言，锁描述了该数据项的状态。

通常在数据库中每个数据项都有一个锁。锁的作用是使并发事务对数据库中数据项的访问能够同步。封锁技术中主要有两种封锁：排他型封锁和共享型封锁。

① 排他型封锁（X 锁）

在封锁技术中最常用的一种锁是排他型封锁（Exclusive Lock），简称为 X 锁，又称为写锁。

如果事务 T 对某个数据 R（可以是数据项、记录、数据集乃至整个数据库）实现了 X 锁，那么在 T 对数据 R 解除封锁之前，不允许其他事务 T 再对该数据加任何类型的锁。这种锁称为"X 锁"。

使用 X 锁的操作有两个。

- 申请 X 锁操作"XFIND R"：表示事务对数据 R 申请加 X 锁，若成功，则可以读或写数据 R；如果不成功，那么这个事务将进入等待队列，一直到获准 X 锁，事务才能继续做下去。
- 解除 X 锁操作"XRELEASE R"：表示事务要解除对数据 R 的 X 锁。

在一个事务对数据加上 X 锁后，并且对数据进行了修改，如果过早地解锁，有可能使其他事务读了未提交的数据（即随后被回退），引起丢失其他事务的更新。譬如在表 7-7 中，如果事务 T1 在 t_1 时刻对数据 A 加 X 锁，在 t_4 时刻解锁，那么问题仍然存在。为了解决这个问题，X 锁的解除操作应该合并到事务的结束（COMMIT 或 ROLLBACK）操作中。也就是系统中没有解除 X 锁操作的语句，在 COMMIT 语句和 ROLLBACK 语句中包含了解除 X 锁的操作。

② 共享型封锁（S 锁）

采用 X 锁的并发控制并发度低，只允许一个事务独锁数据。而其他申请封锁的事务只能排队去等。为此，降低要求允许并发地读，就引入了共享型封锁（Shared　Lock），这种锁简称为 S 锁，又称为读锁。

如果事务 T 对某数据加上 S 锁后，仍允许其他事务再对该数据加 S 锁，但在对该数据的所有 S 锁都解除之前决不允许任何事务对该数据加 X 锁。

使用 S 锁的操作有 3 个。

- 申请 S 锁操作 "SFIND R"：表示事务对数据 R 申请加 S 锁，若成功，则可以读数据 R，但不可以写数据 R；如果不成功，那么这个事务将进入等待队列，一直到获准 S 锁，事务才能继续做下去。
- 升级和写操作 "UPDX R"：表示事务要把对数据 R 的 S 锁升级为 X 锁，若成功则更新数据 R，否则这个事务进入等待队列。
- 解除 S 锁操作 "SRELEASE R"：表示事务要解除对数据 R 的 S 锁。

可以看出，获准 S 锁的事务只能读数据，不能更新数据，若要更新，则先要把 S 锁升级为 X 锁。另外，由于 S 锁只允许读数据，因此解除 S 锁的操作不必非要合并到事务的结束操作中去，可以随时根据需要解除 S 锁。

③ 封锁的相容矩阵

据 X 锁、S 锁的定义，可以得出封锁类型的相容矩阵，如表 7-9 所示。表中事务 T1 先对数据做出某种封锁或不加封锁，然后事务 T2 再对同一数据请求某种封锁或不需封锁。表中的 Y 和 N 分别表示它们之间是相容的还是不相容的。如果两个封锁是不相容的，那么后提出封锁的事务要等待。

表 7-9　封锁类型的相容矩阵

T2 T1	X	S	—
X	N	N	Y
S	N	Y	Y
—	Y	Y	Y

注：① N=NO，不相容的请求；
　　　 Y=YES，相容的请求。
② X、S、—：分别表示 X 锁，S 锁，无锁。
③ 如果两个封锁是不相容的，则后提出封锁的事务要等待。

④ 封锁的粒度

封锁对象的大小称为封锁的粒度（Granularity）。

封锁粒度与系统的并发度和并发控制的开销密切相关。封锁的粒度越大，系统中能够被封锁的对象就越少，并发度也就越小，但同时系统的开销也就越小；相反，封锁的粒度越小，并发度越高，但系统开销也就越大。因此，在一个系统中同时存在不同大小的封锁单元供不同的事务选择使用是比较理想的。而选择封锁粒度时必须同时考虑封锁机构和并发度两个因素，对系统开销与并发度进行权衡，以求得最优的效果。一般来说，需要处理大量元组的用户事务可以以关系为封锁单元；而对于一个处理少量元组的用户事务，可以以元组为封锁单位以提高并发度。

（3）封锁协议

在运用封锁机制时，还需要约定一些规则，这些规则称为协议。下面介绍三级封锁协议，分别在不同程度上解决了并发操作带来的各种问题，为并发操作的正确调度提供一定的保证。这三级协议的内容和优缺点如表 7-10 所示。

表 7-10 封锁协议的内容和优缺点

级 别	内 容			优 点	缺 点
一级封锁协议	事务在修改数据之前，必须先对该数据加 X 锁，直到事务结束时才释放	但只读数据的事务可以不加锁		防止"丢失修改"	不加锁的事务，可能"读脏数据"，也可能"不可重复读"
二级封锁协议		但其他事务在读数据之前必须先加 S 锁	读完后即可释放 S 锁	防止"丢失修改"，防止"读脏数据"	对加 S 锁的事务，可能"不可重复读"
三级封锁协议			直到事务结束时才释放 S 锁	防止"丢失修改"，防止"读脏数据"，防止"不可重复读"	

（4）封锁带来的问题

利用封锁技术，可以避免并发操作引起的各种错误，但有可能产生其他 3 个问题：活锁，饿死和死锁。下面分别讨论这 3 个问题的解决方法。

① "活锁"问题

系统可能使某个事务永远处于等待状态，得不到封锁的机会，这种现象称为"活锁"（Live Lock）。

解决活锁问题的一种简单的方法是采用"先来先服务"的策略，也就是简单的排队方式。

如果运行时，事务有优先级，那么很可能使优先级低的事务，即使排队也很难轮上封锁的机会。此时可采用"升级"方法来解决，也就是当一个事务等待若干时间（譬如 5min）还轮不上封锁时，可以提高其优先级别，这样总能轮上封锁。

② "饿死"问题

有可能存在一个事务序列，其中每个事务都申请对某数据项加 S 锁，且每个事务在授权加锁后一小段时间内释放封锁，此时若另有一个事务 T2 欲在该数据项上加 X 锁，则将永远轮不上封锁的机会。这种现象称为"饿死"（Starvation）。

可以用下列方式授权加锁来避免事务饿死。

当事务 T2 中请求对数据项 Q 加 S 锁时，授权加锁的条件是：

- 不存在在数据项 Q 上持有 X 锁的其他事务；
- 不存在等待对数据项 Q 加锁且先于 T2 申请加锁的事务。

③ "死锁"问题

系统中有两个或两个以上的事务都处于等待状态，并且每个事务都在等待其中另一个事务解除封锁，它才能继续执行下去，结果造成任何一个事务都无法继续执行，这种现象称系统进入了"死锁"（Dead Lock）状态。

预防死锁有两个方法。第一个方法是要求每个事务在开始执行时封锁它所使用的所有数据，此外还要求要么一次全部封锁，要么全不封锁。第二个方法是系统对所有数据项强加一个封锁的顺序，同时要求所有事务只能按该顺序封锁数据项。

这两个方法都能预防死锁，但代价太高，可能发生许多不必要的回退操作。因此现在大多数系统采用下面的方法，允许死锁发生，然后设法发现它、解除它。

我们可以用事务等待图（Wait-for graph）的形式测试系统中是否存在死锁。图中每一个结点是一个"事务"，箭头表示事务间的依赖关系。如果事务 T1 需要数据 B，但 B 已被事务 T2 封锁，那么从 T1 到 T2 画一个箭头；然后，事务 T2 需要数据 A，但 A 已被事务 T1 封锁，那么从 T2 到 T1 也应画一个箭头。如果在事务等待图中沿着箭头方向存在一个循环，那么死锁的条件就形成了，系统进入死锁状态。如图 7-26 所示。

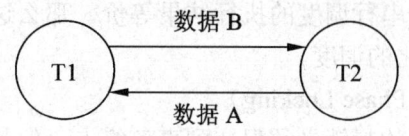

图 7-26　事务等待图

比如图 7-27 为无环等待图，表示系统未进入死锁状态；而图 7-28 为有环等待图，表示系统进入死锁状态。

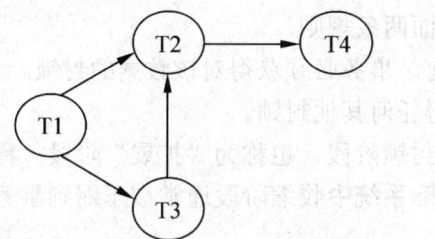
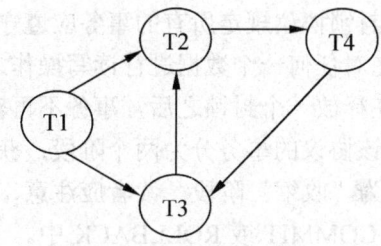

图 7-27　事务的无环等待图　　　　图 7-28　事务的有环等待图

DBMS 中有一个死锁测试程序，每隔一段时间检查并发的事务之间是否发生死锁。如果发生死锁，那么只能抽取某个事务作为牺牲品，把它撤销，做回退操作，解除它的所有封锁，恢复到该事务的初始状态。释放出来的资源就可以分配给其他事务，使其他事务有可能继续运行下去，就有可能消除死锁现象。理论上，系统进入死锁状态时可能会有许多事务在相互等待，但是 System R 的实验表明，实际上绝大部分的死锁只涉及两个事务，也就是事务依赖图中的循环里只有两个事务。有时，死锁也被形象地称作"死死拥抱"（Deadly Embrace）。

（5）并发操作的调度

事务的执行次序称为"调度"。如果多个事务依次执行，则称为事务的串行调度（Serial Schedule）。如果利用分时的方法同时处理多个事务，则称为事务的并发调度（Concurrent Schedule）。

数据库技术中事务的并发执行与操作系统中的多道程序设计概念类似。在事务并发执行时，有可能破坏数据库的一致性，或用户读了脏数据。

如果有 n 个事务串行调度，可有 n!种不同的有效调度。事务串行调度的结果都是正确的，至于依何次序执行，视外界环境而定，系统无法预料。

如果有 n 个事务并发调度，可能的并发调度数目远远大于 n!。但其中有的并发调度是正确的，有的是不正确的。如果产生正确的并发调度，是由 DBMS 的并发控制子系统实现的。如何判断一个并发调度是正确的，这个问题可以用下面的"并发调度的可串行化"概念解决。

每个事务中，语句的先后顺序在各种调度中始终保持一致。在这个前提下，如果一个并发调度的执行结果与某一串行调度的执行结果等价，那么这个并发调度称为"可串行化的调度"，否则是不可串行化的调度。

（6）两段封锁法（Two Phase Locking）

前面提到对未提交更新的封锁必须保持到事务终点，但其他封锁可较早释放。但是释放一个封锁之后，又继续去获得另一个封锁的事务仍然容易产生错误。为了消除错误现象，同时也是为了管理上的方便，引进两段封锁协议，可以解决这些问题。

协议是系统中所有的事务都必须遵守的章程。这些章程是对事务可能执行的基本操作次序的一种限制。

两段封锁协议规定所有的事务应遵守下面两条规则。

① 在对任何一个数据进行读写操作之前，事务必须获得对该数据的封锁。

② 在释放一个封锁之后，事务不再获得任何其他封锁。

遵守该协议的事务分为两个阶段：获得封锁阶段，也称为"扩展"阶段；释放封锁阶段，也称为"收缩"阶段。读者应注意，实际系统中收缩阶段通常被压缩到事务结束时的单个操作 COMMIT 或 ROLLBACK 中。

如果所有的事务都遵守两段封锁协议，则所有可能的并发调度都是可串行化的。两段式封锁是可串行化的充分条件，但不是必要条件。也就是可串行化的并发调度，其中有的事务可能不遵守两段封锁协议。

遗憾的是，两段封锁协议仍有可能导致死锁的发生，而且可能会增多。这是因为每个事务都不能及时解除被它封锁的数据。

4. 数据库的完整性

数据库中完整性（Integrity）一词是指数据的正确性（Correctness）、有效性（Validity）和相容性（Consistency），防止错误的数据进入数据库。

所谓正确性是指数据的合法性，譬如数值型数据中只能含数字而不能含字母；所谓有效性是指数据是否属于所定义的有效范围；所谓相容性是指表示同一事实的两个数据应相同，不一致就是不相容。

DBMS 必须提供一种功能来保证数据库中数据是正确的，避免非法的不符合语义的错误数据的输入和输出，即所谓"垃圾进垃圾出"（Garbage In Garbage Out）所造成的无效操作和错误操作。检查数据库中数据是否满足规定的条件称为"完整性检查"。数据库中数据应该满足的条件称为"完整性约束条件"，有时也称为完整性规则。

DBMS 中执行完整性检查的子系统称为"完整性子系统"。完整性子系统的主要功能有以下两点。

- 监督事务的执行，并测试是否违反完整性规则。
- 若有违反现象，则采取恰当的操作，譬如拒绝操作、报告违反情况、改正错误等方法来处理。

完整性子系统是根据"完整性规则集"工作的。完整性规则集是由 DBA 或应用程序员事先向完整性子系统提供的有关数据约束的一组规则。下面介绍 SQL 中的各种完整性规则。

5. 数据库的安全性

数据库的安全性（Security）是指保护数据库，防止不合法的使用，以免数据的泄密、更改或破坏。

数据库的安全性问题常与数据库的完整性问题混淆。安全性是保护数据以防止非法用户故意造成的破坏；而完整性是保护数据以防止合法用户无意中造成的破坏。也就是安全性确保用户被限制在做其想做的事情；而完整性确保用户所做的事情是正确的。

（1）安全性级别

为了保护数据库，防止故意的破坏，可以在从低到高的 5 个级别上设置各种安全措施。

① 环境级：计算机系统的机房和设备应加以保护，防止有人进行物理破坏。

② 职员级：工作人员应清正廉洁，正确授予用户访问数据库的权限。

③ OS 级：应防止未经授权的用户从 OS 处着手访问数据库。

④ 网络级：由于大多数 DBS 都允许用户通过网络进行远程访问，因此网络软件内部的安全性是很重要的。

⑤ DBS 级：DBS 的职责是检查用户的身份是否合法及使用数据库的权限是否正确。

上述环境级和职员级的安全性问题属于社会伦理道德问题，不是本教材的内容。OS 的安全性从口令到并发处理的控制，以及文件系统的安全，都属于 OS 的内容。网络级的安全性措施已在国际电子商务中广泛应用，属于网络教材中的内容。下面主要介绍关系数据库的安全性措施。

（2）权限问题

用户（或应用程序）使用数据库的方式称为"权限"（Authorization）。

权限有两种：访问数据的权限和修改数据库结构的权限。

① 访问数据的权限有 4 个。

- 读（Read）权限：允许用户读数据，但不能修改数据。
- 插入（Insert）权限：允许用户插入新的数据，但不能修改数据。
- 修改（Update）权限：允许用户修改数据，但不能删除数据。
- 删除（Delete）权限：允许用户删除数据。

根据需要，可以授予用户上述权限中的一个或多个，也可以不授予上述任何一个权限。

② 修改数据库结构的权限也有 4 个。

- 索引（Index）权限：允许用户创建和删除索引。
- 资源（Resourse）权限：允许用户创建新的关系。
- 修改（Alteration）权限：允许用户在关系结构中加入或删除属性。
- 撤销（Drop）权限：允许用户撤销关系。

（3）常用的安全性措施

在 DBMS 中还有许多措施可用于实现系统的安全性，下面将介绍强制存取控制、统计数据库的安全性、数据加密等方法，最后指出自然环境的安全性也是系统应注意的问题。

① 强制存取控制（Mandatory Access Control）

有些 DBS 的数据具有很高的保密性，通常具有静态且严格的分层结构，强制存取控制对于存放这种数据的数据库非常适用。这个方法的基本思想在于每个数据对象（文件、记录或字段等）赋予一定的密级，级别从高到低为：绝密级（Top Secret）、机密级（Secret）、秘密级（Confidential）和公用级（Unclassified）。每个用户也具有相应的级别，称为许可证级别（clearance level）。密级和许可证级别都是严格有序的，如：绝密>机密>秘密>公用。

在系统运行时，采用如下两条简单规则：

- 用户 i 只能查看比它级别低或同级的数据；
- 用户 i 只能修改和它同级的数据。

强制存取控制是一种独立于值的简单控制方法。它的优点是系统能执行"信息流控制"。在前面介绍授权方法中，允许凡有权查看保密数据的用户就可以把这种数据复制到非保密的文件中，造成无权用户也可接触保密的数据。而强制存取控制可以避免这种非法的信息流动。

注意，这种方法在通用数据库系统中不十分有用，只是在某些专用系统中才有用。

② 统计数据库的安全性

有一类数据库称为"统计数据库"，例如人口调查数据库，它包含大量的记录，但其目的只是向公众提供统计、汇总信息，而不是提供单个记录的内容。也就是查询的仅仅是某些记录的统计值，例如求记录数、和、平均值等。在统计数据库中，虽然不允许用户查询单个记录的信息，但是用户可以通过处理足够多的汇总信息来分析出单个记录的信息，这就给统计数据库的安全性带来严重的威胁。

统计数据库应防止上述问题的发生。该问题产生的原因是两个查询包含了许多相同的信息（即两个查询的"交"）。系统应对用户查询得到的记录数加以控制。

在统计数据库中，对查询应作下列限制：

- 一是查询查到的记录个数至少是 n；
- 二是查询查到的记录的"交"数目至多是 m。

系统可以调整 n 和 m 的值，使得用户很难在统计数据库中获取其他个别记录的信息，但要做到完全杜绝是不可能的。我们应限制用户计算和、个数、平均值的能力。如果一个破坏者只知道他自己的数据，那么已经证明，他至少要花 $1+(n-2)/m$ 次查询才有可能获取其他个别记录的信息。因而，系统应限制用户查询的次数在 $1+(n-2)/m$ 次以内。但是这个方法还不能防止两个破坏者联手查询导致数据的泄露。

保证数据库安全性的另一个方法是"数据污染"，也就是在回答查询时，提供一些偏离正确值的数据，以免数据泄露。当然，这个偏离要在不破坏统计数据的前提下进行。此时，系统应该在准确性和安全性之间做出权衡。当安全性遭到威胁时，只能降低准确性的标准。

③ 数据加密法

为了更好地保证数据库的安全性，可用密码存储口令和数据，数据传输采用密码传输防止中途非法截获等方法。我们把原始数据称为源文，用加密算法对源文件进行加密。加密算法有两种:普通加密法和公钥加密法。

● 普通加密法

加密算法的输入是源文和加密键，输出是密码文。加密算法可以公开，但加密键是一定要保密的。密码文对于不知道加密键的人来说，是不容易解密的。

这种方法不是绝对安全的，专业人员使用高效率计算机，有可能在几个小时内就能解密。

● 公钥加密法（Public-Key Encryption）

在这种方法中，每个用户 U 有一个加密键 E（称为公钥）和一个解密键 D（称为私钥）。系统中所有公钥都被公开，但每个私钥只能被拥有它的用户知道。如果用户 U 想要存储加密数据，就通过公钥 E 对数据进行加密，这些加密数据的解密需要用私钥 D。

由于用来加密的公钥对所有用户公开，所以就可以利用这一方法安全地交换信息。如果用户 U_1 希望与 U_2 共享数据，那么 U_1 就用 U_2 的公钥 E_2 来加密数据。由于只有用户 U_2 知道如何解密，因此信息的传输是安全的。

公钥加密法的另一个有趣的应用是"数字签名"（Digital Signature）。数字签名扮演的是物理文件签名的电子化角色，用来验证数据的真实性。此时私钥用来加密数据，加密后的数据可以公开。所有人都可以用公钥来解码，但没有私钥的人就不能产生编码数据。这样我们就可以验证（Authenticate）数据是否真正由宣称产生这些数据的人所产生。

另外，数据签名也可以用来保证"认可"（Nonrepudiation）。也就是，在一个人创建了数据后声称他没有创建它（电子等价于没有签支票）的情况下，我们可以证明这个人一定创建了这个数据（除非它的私钥被泄露给他人）。

④ 自然环境的安全性

这里是指 DBS 的设备和硬件的安全性。许多天灾人祸可以危及数据库的安全性。自然界的祸害有水灾（水管破裂）、火灾（机房着火）、灰尘、垃圾、地震等；人为因素的祸害可分为蓄意破坏和人为错误两种，蓄意破坏有内部职员的破坏、计算机病毒、计算机犯罪、恐怖主义行为等，人为错误有粗心的操作或未经培训人的操作等。

为防止计算机系统瘫痪，在国外已开展"数据银行"服务，可以把本地数据库的数据通过网络通信传输到远地的数据库中储存起来。

7.2.9　小结

- 数据管理技术经历了人工管理、文件系统、数据库系统和高级数据库系统技术 4 个阶段。数据库系统是在文件系统的基础上发展而成的，同时又克服了文件系统的 3 个缺陷：数据冗余、不一致性和联系弱。

- 在数据库领域，应该准确使用术语。概念设计阶段用到实体、实体集、属性和实体标识符这 4 个术语，逻辑设计阶段用到字段、记录、文件和关键码 4 个术语。应该深刻理解实体间 1:1、1:N 和 M:M 这 3 种联系的意义。

- 数据模型是对现实世界进行抽象的工具，用于描述现实世界的数据、数据联系、数据语义和数据约束等方面内容。

- 从现实世界的信息到数据库存储的数据以及用户使用的数据，这是一个逐步抽象的过程。分为 4 个级别：概念模型、逻辑模型、外部模型和内部模型。概念模型是对现实世界的第一层抽象，是一种高层的数据模型。逻辑模型是对现实世界的第二层抽象，是一种低层的数据模型。外部模型是逻辑模型的逻辑子集，是用户使用的数据模型。内部模型是对逻辑模型的物理实现。

- 概念模型的代表是实体联系模型。逻辑模型有层次、网状、关系和对象模型 4 种。层次、网状模型已成为历史，关系模型是当今的主流模型，对象模型是今后发展的方向。

- 从用户到数据库之间，数据库的数据结构经历了外模式、概念模式和内模式 3 个级别。（应注意：概念模式在数据模型中应属于"逻辑模型"级别，而不是"概念模型"级别）这个结构把数据的具体组织留给 DBMS 去做，用户只需抽象地处理逻辑数据，而不必关心数据在计算机中的存储，从而减轻了用户使用系统的负担。由于三级结构之间往往差别很大，存在着两级映像，因此使 DBS 具有较高的数据独立性：物理数据独立性和逻辑数据独立性。数据独立性是指在某个层次上修改模式而不影响较高一层模式的能力。

- DBMS 是位于用户与 OS 之间的一层数据管理软件。数据库语言分为 DDL 和 DML 两类。DBMS 主要由查询处理器和存储管理器两大部分组成。

- DBS 是包含 DB 和 DBMS 的计算机系统。DBS 的全局结构体现了 DBS 的模块功能结构。

- 编写应用程序的主语言经历了从 3GL（C 一类高级程序设计语言）到 4GL（PowerBuilder 一类软件开发工具）的发展历程，使用关系数据库的 SQL 语言经历了从交互式 SQL、嵌入式 SQL、ODBC 函数到 4GL 函数的发展历程。

- 根据计算机的系统结构，DBS 可分为集中式、客户机/服务器式、并行式、分布式和 Web 式 5 种。

- DBS 在运行时，要进行管理和保护。即使性能最优的 DBS，如果不进行必要的管理，也不能进行正常的运行。DBS 运行的基本工作单元是"事务"，事务是由一组操作序列组成。事务具有 ACID 性质，即原子性、一致性、隔离性和持久性。

- DBMS 的恢复子系统负责检测故障以及将数据库恢复到故障发生前的某一状态。在平时要做好 DB 备份和记日志这两件事情，在出故障时就能利用备份和日志做好恢复工作。恢复工作是由复制备份、UNDO 操作、REDO 操作和检查点操作等组成的一项综合性工作。DB 的恢复机制保证了事务的原子性和持久性。

- 多个事务的并发执行有可能带来一系列破坏 DB 一致性的问题。DBMS 是采用排他锁和共享锁相结合的技术来控制事务之间的相互作用。封锁避免了错误的发生，但有可能产生活锁、饿死和死锁等问题。系统用事务等待图的形式来测试系统中是否存在死锁。并发操作的正确性用"可串行化"概念来解决。

- 完整性约束保证了授权用户对 DB 的修改不会导致 DB 完整性的破坏。

- 数据库的安全性是为了防止对数据库的恶意访问。完全杜绝对 DB 的恶意滥用是不可能的，但可以使那些未经授权访问 DB 的作恶者付出足够高的代价，以阻止绝大多数（如果不是全部）这样的访问企图。

7.3 重点习题解析

7.3.1 填空题

1. 数据管理技术的发展，与_____、_____和_____有密切的联系。
2. 文件系统中的数据独立性是指_____独立性。
3. 文件系统的缺陷是：_____、_____和_____。
4. 就信息处理的方式而言，在文件系统阶段，_____处于主导地位，_____只起着服从程序设计需要的作用；而在数据库方式下，_____占据了中心位置。
5. 数据库技术是在_____的基础上发展起来的，而且 DBMS 本身要在_____的支持下才能工作。
6. 在 DBS 中，逻辑数据与物理数据之间可以差别很大。数据管理软件的功能之一就是要在这两者之间进行_____。
7. 联机存储器是指_____和_____存储器；第三级存储器是指_____和_____存储器。
8. 对现实世界进行第一层抽象的模型，称为_____模型；对现实世界进行第二层抽象的模型，称为_____模型。
9. 层次模型的数据结构是_____结构；网状模型的数据结构是_____结构；关系模型的数据结构是_____结构；面向对象模型的数据结构之间可以_____。
10. 在层次、网状模型中，用_____导航数据；而在关系模型中，用_____导航数据。
11. 数据库的三级模式结构是对_____的 3 个抽象级别。

12. DBMS 为应用程序运行时开辟的 DB 系统缓冲区，主要用于_____和_____。

13. 在数据库技术中，编写应用程序的语言仍然是 C 一类的高级语言，这些语言被称为_____语言。

14. 在 DB 的三级模式结构中，数据按_____的描述提供给用户，按_____的描述存储在磁盘中，而_____提供了连接这两级的相对稳定的中间观点，并使得两级中的任何一级的改变都不受另一级的牵制。

15. 层次、网状的 DML 属于_____语言，而关系型 DML 属于_____语言。

16. DBS 中存放三级结构定义的 DB 称为_____。

17. DBA 有两个很重要的工具：_____和_____。

18. DBS 是_____、_____、_____和_____的集合体。

19. DBS 的全局结构体现了其_____结构。

20. 在 DBS 中，DB 在磁盘上的基本组织形式是_____，这样可以充分利用 OS 的_____的功能。

21. DBS 中单一逻辑工作单元的操作集合，称为_____。

22. 在应用程序中，事务以 BEGIN TRANSACTION 语句开始，以_____或_____语句结束。

23. 事务的原子性是由 DBMS 的_____实现的，事务的一致性是由 DBMS 的_____实现的，事务的隔离性是由 DBMS 的_____实现的，事务的持久性是由 DBMS 的_____实现的。

24. 要使数据库具有可恢复性，在平时要做好两件事：_____和_____。

25. 并发事务发生死锁，属于_____故障，在 DBS 运行时，掉电属于_____故障。

26. 如果对数据库的并发操作不加以控制，则会带来 3 类问题：_____、_____和_____。

27. 锁（Lock）描述了数据项的状态，其作用是使_____。

28. 封锁能避免错误的发生，但会引起_____问题。

29. S 封锁增加了并发度，但缺点是_____。

30. 事务的执行次序称为_____。

31. 判断一个并发调度是否正确，可以用_____概念来解决。

32. 两段式封锁是可串行化的_____条件。

33. 数据库的完整性是指数据的_____、_____和_____。

34. 错误数据的输入和输出，称为_____。

35. 数据库中数据发生错误，往往是由_____引起的。

36. 数据库完整性子系统是根据_____工作的。

37. 用户使用数据库的方式，称为_____。

填空题参考答案

1. 硬件　软件　计算机应用

2. 设备　　　　　　　　　　　　　　　3. 数据冗余　数据不一致　数据联系弱

4. 程序设计　数据　数据　　　　　　　5. OS 的文件系统　OS

6. 转换　　　　　　　　　　　　　　　7. 快闪存　磁盘　光盘　磁带

8. 概念　逻辑　　　　　　　　　　　　9. 树　有向图　二维表　嵌套和递归

10. 指针　关键码（或外键与主键）　　　11. 数据

12. 数据的传输　格式的转换　　　　　　13. 宿主语言（或主语言，Host Language）

14. 外模式　内模式　逻辑模式　　　　　15. 过程性　非过程性

16. 数据字典（DD）　　　　　　　　　　17. 一系列实用程序　　　DD 系统

18. 数据库　硬件　软件　DBA　　　　　19. 模块功能

20. 文件　管理外存（或文件系统）　　　21. 事务

22. COMMIT　　　ROLLBACK

23. 事务管理子系统　完整性子系统　并发控制子系统　恢复管理子系统

24. 转储（备份）　记"日志"　　　　　25. 事务　　　系统

26. 丢失更新问题　读"脏数据"问题　错误求和问题　不可重复读问题

27. 并发事务对数据库中数据项的访问能够同步

28. 活锁、饿死和死锁　　　　　　　　　29. 容易发生死锁

30. 调度　　　　　　　　　　　　　　　31. 可串行化

32. 充分　　　　　　　　　　　　　　　33. 正确性　有效性　相容性

34. 垃圾进垃圾出　　　　　　　　　　　35. 非法的更新

36. 完整性规则集　　　　　　　　　　　37. 权限

7.3.2　简答题

1. 试对人工管理、文件系统和数据库这 3 个数据管理阶段作一详细的比较。

解答：数据管理技术 3 个发展阶段的详细比较如表 7-11 所示。

表 7-11　数据管理技术各阶段的比较

<table>
<tr><td colspan="2"></td><th>人工管理阶段</th><th>文件系统阶段</th><th>数据库阶段</th></tr>
<tr><td colspan="2">时　　间</td><td>20 世纪 50 年代</td><td>20 世纪 60 年代</td><td>20 世纪 70 年代</td></tr>
<tr><td rowspan="2">环境</td><td>外存</td><td>纸带、卡片、磁带</td><td>磁盘</td><td>大容量磁盘</td></tr>
<tr><td>软件</td><td>汇编语言</td><td>3GL、OS</td><td>DBMS</td></tr>
<tr><td colspan="2">计算机应用</td><td>科学计算</td><td>进入企业管理</td><td>企业管理</td></tr>
<tr><td colspan="2">数据的管理者</td><td>用户（程序员）</td><td>文件系统</td><td>DBMS</td></tr>
<tr><td colspan="2">数据的针对者</td><td>面向某一应用</td><td>面向某一应用</td><td>面向现实世界</td></tr>
<tr><td colspan="2">数据的共享程度</td><td>无共享</td><td>共享性差、冗余度大</td><td>共享性高、冗余度小</td></tr>
<tr><td colspan="2">数据独立性</td><td>无独立性，数据完全依赖于程序</td><td>独立性差，有设备独立性</td><td>有高度的物理独立性，一定的逻辑独立性</td></tr>
<tr><td colspan="2">数据的结构化</td><td>无结构</td><td>记录内有结构，整体结构性差</td><td>整体结构化，用数据模型描述</td></tr>
</table>

2. 与文件结构相比，数据库结构有些什么不同？

解答：与文件结构相比，数据库结构主要有下面 3 点不同。

- 数据的结构化。文件由记录组成，但各文件之间缺乏联系。数据库中的数据在磁盘中仍以文件形式组织，但这些文件之间有着广泛的联系。数据库的逻辑结构用数据模型来描述，整体结构化。数据模型不仅描述数据本身的特点，还要描述数据之间的联系。
- 数据独立性。文件只有设备独立性，而数据库还具有逻辑独立性和物理独立性。
- 访问数据的单位。访问文件中的数据，以记录为单位。访问数据库中的数据，以数据项（字段）为单位，增加了系统的灵活性。

3. 数据独立性与数据联系这两个概念有什么区别？

解答：数据独立性是指应用程序和 DB 的数据之间相互独立，不受影响，对系统的要求是"数据独立性要高"。

而数据联系是指记录之间的联系，对系统的要求是"数据联系密切"。

4. 概念模型、逻辑模型、外部模型和内部模型各具有哪些特点？

解答：这 4 种模型的特点和区别如表 7-12 所示。

表 7-12   4 种模型的特点和区别

	反映何种观点的何种结构	独立性	使 用 者	范 例
概念模型	反映了用户观点的数据库整体逻辑结构	硬件独立 软件独立	企业管理人员 数据库设计者（系统分析员）	E-R 模型
逻辑模型	反映了计算机实现观点的数据库整体逻辑结构	硬件独立 软件依赖	数据库设计者（软件设计员） DBA	层次、网状、关系、对象模型
外部模型	反映了用户具体使用观点的数据库局部逻辑结构	硬件独立 软件依赖	用户（应用程序员）	与用户有关
内部模型	反映了计算机实现观点的数据库物理结构	硬件依赖 软件依赖	数据库设计者（软件设计员） DBA	与硬件、DBMS 有关

5. 试叙述 DB 的三级模式结构中每一概念的要点，并指出其联系。

解答：DB 的三级模式结构描述了数据库的数据结构。数据结构分成 3 个级别。由于三级结构之间有差异，因此存在着两级映像。这 5 个概念描述了如下内容。

- 外模式：描述用户的局部逻辑结构。
- 外模式/模式映像：描述外模式和概念模式间数据结构的对应性。
- 概念模式（简称为"模式"）：描述 DB 的整体逻辑结构。
- 模式/内模式映像：描述概念模式和内模式间数据结构的对应性。
- 内模式：描述 DB 的物理结构。

这里应注意，外模式中的外部记录类型应与应用程序在系统缓冲区中的记录类型一致。内模式中的内部记录类型应与磁盘上的物理文件的记录类型一致。

6. 在用户访问数据库数据的过程中，DBMS 起着什么作用？

解答：在用户访问数据的过程中，DBMS 起着核心的作用，实现"数据三级结构转换"的工作。

7. 什么是"DB 的系统缓冲区"？

解答：在应用程序运行时，DBMS 在内存为其开辟一个程序工作区，称为"DB 的系统缓冲区"。这个工作区主要用于"数据的传输和格式的转换"。

8. 数据之间的联系在各种逻辑模型中是怎么实现的？

解答：在层次、网状模型中，数据之间的联系是通过指针实现的；在关系模型中，数据之间的联系是通过外键和主键间的联系实现的；在面向对象模型中，数据之间的嵌套、递归联系通过对象标识符（OID）来实现。

9. 试述概念模式在数据库结构中的重要地位。

解答：在数据库的三级模式结构中，数据按外模式的描述提供给用户，按内模式的描述存储在磁盘中，而概念模式提供了连接这两级的相对稳定的中间观点，而且两级中任何一级的改变都不受另一级的牵制。

10."元数据"与"数据"有什么联系与区别？

解答：元数据（Metadata）是指"数据的数据"，即数据的描述。DB 中的元数据是指三级模式结构的详细描述。

数据（Data），一般是指用户使用的具体值。

11."检查点机制"的主要思想是什么？

解答："检查点机制"的主要思想是在检查点时刻才真正做到把对 DB 的修改写到磁盘。在 DB 恢复时，只有那些在最后一个检查点到故障点之间还在执行的事务才需要恢复。

12. 什么是 UNDO 操作和 REDO 操作？为什么要这样设置？

解答：UNDO 和 REDO 是系统内部命令。

在 DB 恢复时，对于已经 COMMIT 但更新仍停留在缓冲区的事务要执行 REDO（重做）操作，即根据日志内容把该事务对 DB 修改重做一遍。

对于还未结束的事务要执行 UNDO（撤销）操作，即据日志内容把该事务对 DB 已作的修改撤销掉。

设置 UNDO 和 REDO 操作，是为了使数据库具有可恢复性。

13. COMMIT 操作和检查点时的操作有什么联系？你认为应该如何恰当地协调这两种操作才有利于 DB 的恢复？

解答：在 COMMIT 和检查点技术联合使用时，COMMIT 操作就不一定保证事务对 DB 的修改写到磁盘，而要到检查点时刻才保证写到磁盘。在系统恢复时，那些已经执行了 COMMIT 操作但修改仍留在内存缓冲区的事务需要做恢复工作，利用日志重做（REDO）事务对 DB 的修改。

在事务执行时，应在日志中记下事务的开始标记、结束标志以及事务对 DB 的每一个修改。在系统恢复时，要在日志中检查故障点与最近一个检查点之间，哪些事务执行了 COMMIT 操作（这些事务应重做），哪些事务还未结束（这些事务应撤销）。

14. 为什么 X 封锁需保留到事务终点，而 S 封锁可随时解除？

解答：为防止由事务的 ROLLBACK 引起丢失更新操作，X 封锁必须保留到事务终点，因此 DML 不提供专门的解除 X 锁的操作，即解除 X 锁的操作合并到事务的终点去做。

而在未到事务终点时，执行解除 S 锁的操作，可以增加事务并发操作的程度，但对 DB 不会产生什么错误的影响，因此 DML 可以提供专门的解除 S 锁的操作，让用户使用。

15. 死锁的发生是坏事还是好事？试说明理由。如何解除死锁状态？

解答：在 DBS 运行时，死锁状态是我们不希望发生的，因此死锁的发生本身是一件坏事。但是坏事可以转换为好事。如果我们不让死锁发生，让事务任意并发做下去，那么有可能破坏 DB 中的数据，或用户读了错误的数据。从这个意义上讲，死锁的发生是一件好事，能防止错误的发生。

在发生死锁后，系统的死锁处理机制和恢复程序就能起作用，抽取某个事务作为牺牲品，把它撤销，做 ROLLBACK 操作，使系统有可能摆脱死锁状态，继续运行下去。

16. 试叙述事务的 ACID 性质及其实现者。

解答：事务的 ACID 性质及其实现者如表 7-13 所示。

表 7-13　事务的 ACID 性质及其实现者

	内　容	实　现　者
原子性	事务是一个基本工作单位，不可以被分割执行	DBMS 的事务管理子系统
一致性	事务独立执行的结果，应保证 DB 的一致性	1. 程序员（正确地编写事务） 2. DBMS 的完整性子系统
隔离性	在多个事务并发执行时，保证执行结果是正确的，如同单用户环境一样	DBMS 的并发控制子系统
持久性	事务对 DB 的更新，应永久地反映在 DB 中，即应保留这个事务执行的痕迹	DBMS 的恢复管理子系统

17. 日志文件中记载了哪些内容？

解答：日志文件中记载了事务开始标记、事务结束标记以及事务对 DB 的插入、删除和修改的每一次操作前后的值。

18. 试比较并发与并行的区别。

解答：并发与并行的区别如表 7-14 所示。

表 7-14　并发与并行的区别

	定　义	方　法	对　立　面
并发 （Concurrent）	在某时间段上，有 n 个活动	单处理器（一个 CPU，利用分时方法，实现多个事务同时作）	串行（Serial）（事务按顺序先后执行）
并行 （Parallel）	在某时间点上，有 n 个活动	多处理器（并行系统）	顺序（Sequential）（事务按顺序先后执行）

19. 试解释 DB 的并发控制与恢复有什么关系？

解答：如果采用封锁机制，事务并发操作时有可能产生死锁。为了解除死锁状态，就要抽取某个事务作牺牲品，把它撤销掉，做回退操作，这就属于 DB 的恢复范畴。

20．X 封锁与 S 封锁有什么区别？

解答：X 锁与 S 锁的区别如表 7-15 所示。

表 7-15　X 锁与 S 锁的区别

X　锁	S　锁
只允许一个事务独锁数据	允许多个事务并发 S 锁某一数据
获准 X 锁的事务可以修改数据	获准 S 锁的事务只能读数据，但不能修改数据
事务的并发度低	事务的并发度高，但增加了死锁的可能性
X 锁必须保留到事务终点	根据需要，可随时解除 S 锁
解决"丢失更新"问题	解决"读不一致性"问题

7.3.3　多项选择题

1．从下列关于数据库系统特点的叙述中，选出 5 条最确切的叙述，其相应的编号依次为：＿＿＿＿＿、＿＿＿＿＿、＿＿＿＿＿、＿＿＿＿＿和＿＿＿＿＿。

　　A．数据库避免了一切数据重复。

　　B．数据库减少了数据冗余。

　　C．各类用户程序均可随意地使用数据库中的各种数据。

　　D．用户程序按所对应的子模式使用数据库中的数据。

　　E．数据库数据可以为 DBA 认可的各用户所共享。

　　F．数据库系统中如概念模式有改变，则需要将与其有关的子模式作相应的改变，进而用户程序也需要改写。

　　G．数据库系统中的概念模式如有改变，则有关的子模式不必作相应的改变，因此用户程序也不必改写。

　　H．数据库系统中的存储模式如有改变，则概念模式应予以调整，否则用户程序会在执行中出错。

　　I．数据库系统中的存储模式如有改变，概念模式无须改动。

　　J．数据一致性是指数据库中的数据类型一致。

2．从下列关于数据库系统特点的叙述中，选出 5 条最确切的叙述，其相应的编号依次为：＿＿＿＿＿、＿＿＿＿＿、＿＿＿＿＿、＿＿＿＿＿和＿＿＿＿＿。

　　A．在数据库系统中，数据独立性指的是数据之间相互独立，互不依赖。

　　B．数据库系统中，由于有封锁机制，因此应用程序对数据的存储结构和存取方法有较高的独立性。

　　C．SQL 语言的视图定义和视图操作功能在一定程度上支持了逻辑数据独立性。

　　D．SQL 语言不显示提供索引功能，这是对物理数据独立性的支持。

E. 在数据库系统中，数据的完整性是指数据的正确性和相容性。

F. "授权"是数据库系统中采用的完整性措施之一。

G. 实体完整性和参照完整性是可应用于所有关系数据库的两条完整性准则。

H. "脏数据"的读出是数据库安全性遭到破坏的一个例子。

I. 在数据库系统中，数据的安全性是指保护数据以防止不合法的使用。

J. SQL 语言的 COMMIT 语句 ROLLBACK 语句和 LOCK TABLE 语句都具有维护数据库安全性的功能。

3. 从下列关于数据库系统特点的叙述中，选出 5 条最确切的叙述，其相应的编号依次为：_____、_____、_____、_____和_____。

A. 关系代数的最基本操作有并、差、笛卡儿积、选择和投影。

B. 视图由一个或多个基本表导出，其定义存在于数据库目录中，其数据在物理上以表的形式直接存储。

C. 参照完整性规则是指依赖关系中的外键可以是空值，或者必须是相应参照关系中的某个主键值。

D. 像基本表一样，用户对视图也可以进行查找、添加、删除、修改等操作。

E. 多用户数据库系统的目标之一是使它的每个用户好像面对一个单用户的数据库一样使用它，为此数据库管理系统必须有并发控制管理子系统。

F. 数据库的系统目录（或数据字典）也由一些关系组成，因而用户可以同样对其进行查找、添加、删除、修改等操作。

G. 在 SQL 的查询语句中，要对所查询的数据指明存取路径，进行数据导航。

H. 数据库的应用程序环境包括主语言（如 C 语言）和数据子语言（如 SQL），游标机制起着两种语言的桥梁作用。

I. 事务是数据库系统运行的基本工作单位，一个事务要么全做，要么全不做。

J. 由于数据库系统克服了文件系统的缺点，因此数据库中的数据不存在任何冗余。

多项选择题答案

1. B D E G I   2. C D E G I   3. A C E H I

7.4 模拟试题

模拟试题为单项选择题，每小题中有一个或多个空格，每个空格中至少有 4 个备选答案，其中只有一个是正确的。

1. DBS 中"脱机存储器"是指_____。

    A. 快闪存和磁盘   B. 磁盘和光盘

    C. 光盘和磁带   D. 磁带和磁盘

2. 在 DBS 中，DBMS 和 OS 之间关系是_____。

    A. 并发运行   B. 相互调用

C. OS 调用 DBMS   D. DBMS 调用 OS

3. 在文件系统阶段的信息处理中，人们关注的中心问题是系统功能的设计，因而处于主导地位的是_____。

    A. 数据结构   B. 程序设计   C. 外存分配   D. 内存分配

4. 在数据库方式下，信息处理中占据中心位置的是_____。

    A. 磁盘   B. 程序   C. 数据   D. 内存

5. 在 DBS 中，逻辑数据与物理数据之间可以差别很大，实现两者之间转换工作的是_____。

    A. 应用程序   B. OS   C. DBMS   D. I/O 设备

6. DB 的三级模式之间应满足_____。

    A. 完整性   B. 相容性   C. 结构一致   D. 可以差别很大

7. DB 的三级模式结构是对_____抽象的 3 个级别。

    A. 存储器   B. 数据   C. 程序   D. 外存

8. DB 的三级模式结构中最接近外部存储器的是_____。

    A. 子模式   B. 外模式   C. 概念模式   D. 内模式

9. DBS 具有"数据独立性"特点的原因是因为在 DBS 中_____。

    A. 采用磁盘作为外存   B. 采用三级模式结构
    C. 使用 OS 来访问数据   D. 用宿主语言编写应用程序

10. 在 DBS 中，"数据独立性"和"数据联系"这两个概念之间的联系是_____。

    A. 没有必然的联系   B. 同时成立或不成立
    C. 前者蕴涵后者   D. 后者蕴涵前者

11. 数据独立性是指_____。

    A. 数据之间相互独立
    B. 应用程序与 DB 的结构之间相互独立
    C. 数据的逻辑结构与物理结构相互独立
    D. 数据与磁盘之间相互独立

12. DB 中数据导航是指_____。

    A. 数据之间的联系   B. 数据之间指针的联系
    C. 从已知数据找未知数据的过程   D. 数据的组合方式

13. 用户使用 DML 语句对数据进行操作，实际上操作的是_____。

    A. 数据库的记录   B. 内模式的内部记录
    C. 外模式的外部记录   D. 数据库的内部记录值

14. 对 DB 中数据的操作分成两大类：_____。

    A. 查询和更新   B. 检索和修改
    C. 查询和修改   D. 插入和修改

15. 要想成功地运转数据库，就要在数据处理部门配备_____。

A．部门经理　　　　　　　　　　　B．数据库管理员

C．应用程序员　　　　　　　　　　D．系统设计员

16．数据库在磁盘上的基本组织形式是_____。

A．DB　　　　　B．文件　　　　　C．二维表　　　　　D．系统目录

17．数据库是存储在一起的相关数据的集合，能为各种用户共享，且_____。

A．消除了数据冗余　　　　　　　　B．降低了数据的冗余度

C．具有不相容性　　　　　　　　　D．由用户进行数据导航

18．数据库管理系统是_____。

A．采用了数据库技术的计算机系统

B．包括数据库、硬件、软件和 DBA 的系统

C．位于用户与操作系统之间的一层数据管理软件

D．包含操作系统在内的数据管理软件系统

19．DBMS 主要由两大部分组成：_____。

A．文件管理器和查询处理器　　　　B．事务处理器和存储管理器

C．文件管理器和数据库语言编译器　D．存储管理器和查询处理器

20．在实体类型及实体之间联系的表示方法上，层次模型采用___(1)___结构，网状模型采用___(2)___结构，关系模型则采用___(3)___结构。在搜索数据时，层次模型采用单向搜索法，网状模型采用___(4)___的方法，关系模型则采用___(5)___的方法。

（1）～（3）A．有向图　　　B．连通图　　　C．波特图　　　D．卡诺图

E．结点集　　　F．边集　　　　G．二维表　　　H．树

（4）、（5）　A．双向搜索　　　B．单向搜索　　　C．循环搜索

D．可从任一结点开始且沿任何路径搜索

E．可从任一结点沿确定的路径搜索

F．可从固定的结点沿任何路径搜索

G．对关系进行运算

21．DBS 的体系结构，按照 ANSI/SPARC 报告分为___(1)___；在 DBS 中，DBMS 的首要目标是提高___(2)___；为了解决关系数据库的设计问题，提出和发展了___(3)___；对于 DBS，负责定义 DB 结构以及安全授权等工作的是___(4)___。

（1）A．外模式、概念模式和内模式　　B．DB、DBMS 和 DBS

C．模型、模式和视图　　　　　　D．层次模型、网状模型和关系模型

（2）A．数据存取的可靠性　　　　　　B．应用程序员的软件生产效率

C．数据存取的时间效率　　　　　D．数据存取的空间效率

（3）A．模块化方法　　　　　　　　　B．层次结构原理

C．新的计算机体系结构　　　　　D．规范化理论

（4）A．应用程序员　　B．终端用户　　C．数据库管理员　　D．系统设计员

22．DBS 由 DB、___(1)___和硬件等组成，DBS 是在___(2)___的基础上发展起来的。

DBS 由于能够减少数据冗余，提高数据独立性，并集中检查___(3)___，多年来获得了广泛的应用。DBS 提供给用户的接口是___(4)___，它具有数据定义、操作和检查等功能，既可独立使用，也可嵌入在宿主语言中使用。

（1）、（2） A．操作系统　　　　　B．文件系统　　　　C．编译系统

D．应用程序系统　　　E．数据库管理系统

（3） A．数据完整性　　B．数据层次性　　C．数据操作性　　D．数据兼容性

（4） A．数据库语言　　B．过程性语言　　C．宿主语言　　　D．面向对象语言

23．DBS 的数据独立性是指___(1)___；DBMS 的功能之一是___(2)___；DBA 的职责之一是___(3)___。编写应用程序时，需要把数据库语言嵌入在___(4)___中；为此应在 DBMS 中提供专门设计的___(5)___。

（1） A．不会因为数据的数值变化而影响应用程序

B．不会因为系统数据存储结构与数据逻辑结构的变化而影响应用程序

C．不因为存取策略的变化而影响存储结构

D．不因为某些存储结构的变化而影响其他的存储结构

（2）、（3） A．编制与数据库有关的应用程序

B．规定存取权　　　　C．查询优化

D．设计实现数据库语言　　E．确定数据库的数据模型

（4） A．编译程序　　　B．操作系统　　　C．中间语言　　　D．宿主语言

（5） A．宿主语言编译程序　　　　B．宿主语言解释程序

C．操作系统接口　　　　　　D．预处理程序

24．事务（Transaction）是一个_____。

A．程序　　　　　B．进程　　　　C．操作序列　　　D．完整性规则

25．事务对 DB 的修改，应该在数据库中留下痕迹，永不消逝。这个性质称为事务的_____。

A．持久性　　　B．隔离性　　　C．一致性　　　D．原子性

26．事务的并发执行不会破坏 DB 的完整性，这个性质称为事务的_____。

A．持久性　　　B．隔离性　　　C．一致性　　　D．原子性

27．数据库恢复的重要依据是_____。

A．DBA　　　　B．DD　　　　C．文档　　　　D．事务日志

28．后备副本的主要用途是_____。

A．数据转储　　B．历史档案　　C．故障恢复　　D．安全性控制

29．"日志"文件用于保存_____。

A．程序运行过程　　　　　B．数据操作

C．程序执行结果　　　　　D．对数据库的更新操作

30．在 DB 恢复时，对已经 COMMIT 但更新未写入磁盘的事务执行_____。

A．REDO 处理　　　　　　B．UNDO 处理

C. ABORT 处理 D. ROLLBACK 处理

31. 在 DB 恢复时，对尚未做完的事务执行_____。
    A. REDO 处理 B. UNDO 处理
    C. ABORT 处理 D. ROLLBACK 处理

32. 在 DB 技术中，"脏数据"是指_____。
    A. 未回退的数据 B. 未提交的数据
    C. 回退的数据 D. 未提交随后又被撤销的数据

33. 事务的执行次序称为_____。
    A. 过程 B. 步骤 C. 调度 D. 优先级

34. 在事务等待图中，如果两个事务的等待关系形成一个循环，那么就会_____。
    A. 出现活锁现象 B. 出现死锁现象
    C. 事务执行成功 D. 事务执行失败

35. "所有事务都是两段式"与"事务的并发调度是可串行化"两者之间的关系是_____。
    A. 同时成立与不成立 B. 没有必然的联系
    C. 前者蕴涵后者 D. 后者蕴涵前者

36. 事务的 ACID 性质中，关于原子性（Atomicity）的描述正确的是_____。
    A. 指数据库的内容不出现矛盾的状态
    B. 若事务正常结束，即使发生故障，更新结果也不会从数据库中消失
    C. 事务中的所有操作要么都执行，要么都不执行
    D. 若多个事务同时进行，与顺序实现的处理结果是一致的

37. 关于事务的故障与恢复，下列描述正确的是_____。
    A. 事务日志是用来记录事务执行的频度
    B. 采用增量备份，数据的恢复可以不使用事务日志文件
    C. 系统故障的恢复只需进行重做（REDO）操作
    D. 对日志文件设立检查点的目的是为了提高故障恢复的效率

38. 一级封锁协议解决了事务的并发操作带来的_____不一致性的问题。
    A. 数据丢失修改 B. 数据不可重复读
    C. 读脏数据 D. 数据重复修改

39. _____能保证不产生死锁。
    A. 两段锁协议 B. 一次封锁法
    C. 2 级封锁法协议 D. 3 级封锁协议

40. _____，数据库处于一致性状态。
    A. 采用静态副本恢复后 B. 事务执行过程中
    C. 突然断电后 D. 缓冲区数据写入数据库后

41. 一个事务执行过程中，其正在访问的数据被其他事务所修改，导致处理结果不正

确，这是由于违背了事务的＿＿＿＿＿而引起的。

    A．原子性   B．一致性   C．隔离性   D．持久性

模拟试题参考答案

1. C	2. D	3. B	4. C	5. C
6. D	7. B	8. D	9. B	10. A
11. B	12. C	13. C	14. A	15. B
16. B	17. B	18. C	19. D	

20.（1）H（2）A（3）G（4）D（5）G　21.（1）A（2）B（3）D（4）C

22.（1）E（2）B（3）A（4）A　23.（1）B（2）C（3）B（4）D（5）D

24. C	25. A	26. B	27. D	28. C	29. D
30. A	31. B	32. D	33. C	34. B	35. C
36. C	37. D	38. A	39. B	40. A	41. C

第 8 章　关系数据库基本理论

关系模型是 1970 年由 E.F.Codd 提出的，现已成为当今主要的数据模型。与层次、网状模型相比，关系模型有两个显著的特点：一是其数据结构简单，是二维表格，进而简化了编程者的工作；二是有坚实的理论基础，体现在关系运算理论和关系模式设计理论上。

8.1　基本要求

1.　学习目的与要求

关系运算理论有关系代数和关系演算两种，其中关系演算又细分为元组关系演算和域关系演算两种。这一理论有助于掌握关系数据库的查询语言，即对数据库的查询和更新操作。

关系模式设计理论主要包括数据依赖、范式和模式设计方法 3 个方面的内容，其中数据依赖起着核心的作用。这一理论在整个数据库设计过程中起着重要的指导作用。

本章总的要求是：掌握关系代数和关系演算这两种运算理论，了解查询优化的意义和算法；了解关系模式设计理论及其在数据库设计和应用中的作用。

本章理论性很强。关系运算的重点是用关系代数表达式和元组演算表达式来表达用户的查询语句；关系模式设计理论的重点是函数依赖、无损分解、保持依赖和范式。

读者应从一些经典的例子来了解和掌握这些理论。只有掌握了这些理论，数据库工作者才能在软件领域和数据库领域有所建树。

2.　本章重点内容

（1）关系模型：关系模型的定义，关键码（主键和外键），关系的定义和性质，3 类完整性规则，关系模型的形式定义和优点。

（2）关系代数：5 个基本操作，4 个组合操作，2 个扩充操作。

（3）关系演算：元组关系演算和域关系演算的原子公式、公式的定义。关系代数表达式、元组表达式和域表达式之间的等价转换。关系运算的等价性。

（4）关系代数表达式的优化：关系代数表达式的等价及等价变换规则，启化式优化算法。

（5）关系模式的冗余和异常问题，关系模式的非形式化设计准则。

（6）FD 的定义、逻辑蕴涵、闭包、推理规则、与关键码的联系；平凡的 FD；属性集的闭包；FD 集的等价；最小依赖集。

（7）无损分解的定义、性质、测试；保持依赖集的分解。

（8）关系模式的范式：1NF，2NF，3NF，BCNF。分解成 2NF、3NF 模式集的简单算法。分解成 BCNF 模式集的分解算法，分解成 3NF 模式集的合成算法。

（9）MVD、4NF、EMVD、JD 和 5NF 的定义。

8.2 基本内容

8.2.1 关系模型的基本概念

1. 基本术语

用二维表格表示实体集，用关键码表示实体之间联系的数据模型称为关系模型（Relational Model）。

为简单起见，对表格数字化，用字母表示表格的内容。在关系模型中，字段称为属性，字段值称为属性值，记录类型称为关系模式。在图 8-1 中，关系模式名是 R。记录称为元组（Tuple），元组的集合称为关系（Relation）或实例（Instance）。一般用大写字母 A、B、C、… 表示单个属性，用大写字母 X、Y、Z、…表示属性集，用小写字母表示属性值，有时也习惯称呼关系为表或表格，元组为行(Row)，属性为列(Column)。

关系中属性个数称为"元数"（Arity），元组个数称为"基数"（Cardinality）。

图 8-1 所示关系的元数为 5，基数为 4。

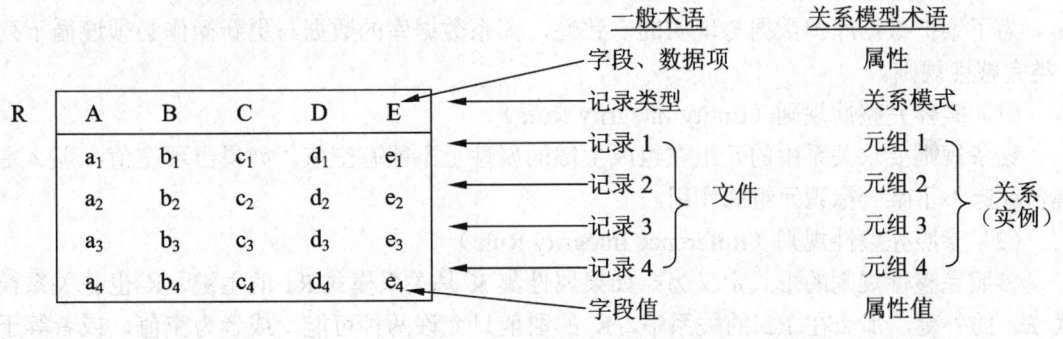

图 8-1　关系模型的术语

关键码（Key，简称键）由一个或多个属性组成。在实际使用中，有下列几种键。

（1）超建（Super Key）：在关系中能唯一标识元组的属性集称为关系模式的超键。

（2）候选键（Candidate Key）：不含有多余属性的超键称为候选键。也就是在候选键中，若再删除属性，就不是键了。

（3）主键（Primary Key）：用户选作元组标识的候选键称为主键。一般如不加说明，键是指主键。

在关系模式"学生（学号，姓名，年龄，性别，籍贯）"中，（学号，姓名）是模式的一个超键，但不是候选键，而（学号）是候选键。在实际使用中，如果选择（学号）作为删除或查找元组的标志，那么称（学号）是主键。

（4）外键（Foreign Key）：如果模式 R 中属性 K 是其他模式的主键，那么 K 在模式 R 中称为外键。

关系中每一个属性都有一个取值范围，称为属性的值域（Domain）。属性 A 的取值范围用 DOM(A)表示。每一个属性对应一个值域，不同的属性可对应于同一值域。

2. 关系的定义和性质

我们可以用集合论的观点定义关系。

关系是一个属性数目相同的元组的集合。

这个定义把关系看成一个集合，集合中的元素是元组，每个元组的属性数目应该相同。如果一个关系的元组数目是无限的，则称为无限关系，否则称为有限关系。由于计算机存储系统的限制，只限于研究有限关系。

尽管关系与二维表格、传统的数据文件有类似之处，但它们又有区别。严格地讲，关系是一种规范化了的二维表格。在关系模型中，对关系作了下列规范性限制：

（1）关系中每一个属性值都是不可分解的；

（2）关系中不允许出现重复元组（即不允许出现相同的元组）；

（3）由于关系是一个集合，因此不考虑元组间的顺序，即没有行序；

（4）元组中的属性在理论上也是无序的，但使用时按习惯考虑列的顺序。

3. 3 类完整性规则

为了维护数据库中数据与现实的一致性，关系数据库的数据与更新操作必须遵循下列 3 类完整性规则。

（1）实体完整性规则（Entity Integrity Rule）

这条规则要求关系中的元组在组成主键的属性上不能有空值。如果出现空值，那么主键值就起不了唯一标识元组的作用。

（2）参照完整性规则（Reference Integrity Rule）

参照完整性规则的形式定义为：如果属性集 K 是关系模式 R1 的主键，K 也是关系模式 R2 的外键，那么在 R2 的关系中，K 的取值只允许两种可能，或者为空值，或者等于 R1 关系中某个主键值。

这条规则的实质是"不允许引用不存在的实体"。这条规则在具体使用时，有 3 点变通：

① 外键和相应的主键可以不同名，只要定义在相同值域上即可；

② R1 和 R2 也可以是同一个关系模式，此时表示了同一个关系中不同元组之间的联系；

③ 外键值是否允许空，应视具体问题而定。

在上述形式定义中，关系模式 R1 的关系称为"参照关系"，关系模式 R2 的关系称为"依赖关系"。这两种关系在 PowerBuilder 系统中称为"主表"和"副表"，在 Visual FoxPro 系统中称为"父表"和"子表"。

【例 8-1】 第 7 章图 7-13 的关系模型中有 4 个关系模式，但是只标出了主键，实际上还应标出外键，如下形式：

TEACHER（T#，TNAME，TITLE）

COURSE（C#，CNAME，T#）

STUDENT（S#，SNAME，AGE，SEX）

SC（S#，C#，SCORE）

教师工号 T#在 TEACHER 中是主键，在 COURSE 中是外键，一般在外键的属性下面画一条波浪线。我们可以用数据结构图（Data Structure Diagram，DSD）表示关系数据库中表与表之间的联系。图中，用矩形框表示关系模式，框间的连线表示其联系，连线端点的"鸡爪型"表示"多"的一端。因此上述 4 个关系模式的数据结构图可用图 8-2 表示。数据结构图清楚地表达了关系模式之间主键和外键的联系。

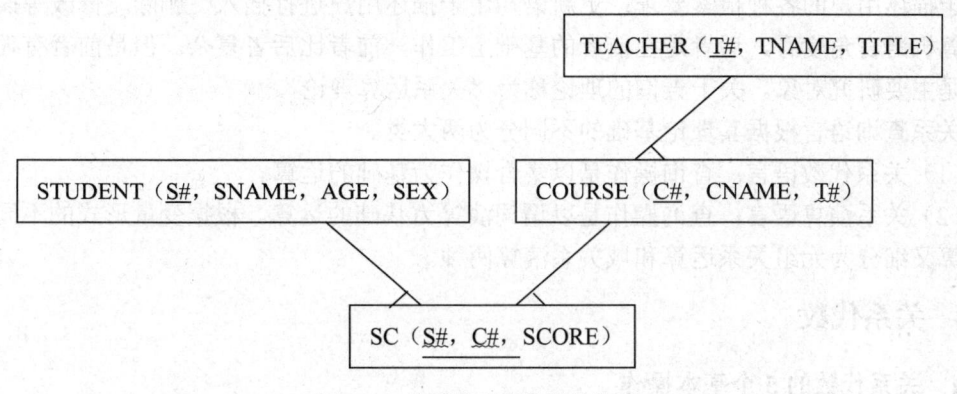

图 8-2　关系模型的数据结构图

（3）用户定义的完整性规则

在建立关系模式时，对属性定义了数据类型，即使这样可能还满足不了用户的需求。此时，用户可以针对具体的数据约束，设置完整性规则，由系统来检验实施，以使用统一的方法处理它们，不再由应用程序承担这项工作。例如学生的年龄定义为两位整数，范围还太大，我们可以写如下规则把年龄限制在 15～30 岁之间：

CHECK（AGE　BETWEEN　15　AND　30）

4. 关系模型的形式定义和优点

关系模型有 3 个重要组成部分：数据结构，数据操纵和数据完整性规则。

（1）数据结构：数据库中的全部数据及其相互联系都被组织成"关系"（二维表格）的形式。关系模型基本的数据结构是关系。

（2）数据操纵：关系模型提供一组完备的高级关系运算，以支持对数据库的各种操作。关系运算分为关系代数、关系演算和关系逻辑 3 类。

（3）数据完整性规则：数据库中的数据必须满足实体完整性，参照完整性和用户定义的完整性这 3 类完整性规则。

与其他数据模型相比，关系模型突出的优点如下：

（1）关系模型提供单一的数据结构形式，具有高度的简明性和精确性。各类用户都能很容易地掌握和运用基于关系模型的数据库系统,使得数据库应用开发的生产率显著提高。

(2)关系模型的逻辑结构和相应的操作完全独立于数据存储方式,具有高度的数据独立性。用户完全不必关心物理存储细节。

(3)关系模型使数据库的研究建立在比较坚实的数学基础上。关系运算的完备性和设计规范化理论为数据库技术的成熟奠定了基础。

(4)关系数据库语言与一阶谓词逻辑的固有内在联系,为以关系数据库为基础的推理系统和知识库系统的研究提供了方便,并成为新一代数据库技术不可缺少的基础。

5. 关系查询语言和关系运算理论

关系数据库的数据操纵语言(DML)的语句分为查询语句和更新语句两大类。查询语句用于描述用户的各种检索要求;更新语句用于描述用户进行插入、删除、修改等操作。从计算机语言角度看,后者是在前者的基础上工作,前者比后者复杂。但是前者有理论基础,是主要研究对象。关于查询的理论称为"关系运算理论"。

关系查询语言根据其理论基础的不同分为两大类。

(1)关系代数语言:查询操作是以集合操作为基础的运算。

(2)关系演算语言:查询操作是以谓词演算为基础的运算。根据变量形式的不同,关系演算又细分为元组关系运算和域关系演算两种。

8.2.2 关系代数

1. 关系代数的 5 个基本操作

关系代数是以关系为运算对象的一组高级运算的集合。由于关系定义为属性个数相同的元组的集合,因此集合代数的操作就可以引入到关系代数中。关系代数中的操作可以分为以下两类。

- 传统的集合操作:并、差、交、笛卡儿积(乘法),笛卡儿积的逆运算(除法)。
- 扩充的关系操作:对关系进行垂直分割(投影)、水平分割(选择)、关系的结合(连接、自然连接)等。

这里先介绍关系代数的 5 个基本操作:并、差、笛卡儿积、投影和选择。它们组成了关系代数完备的操作集。

(1)并(Union)

设关系 R 和 S 具有相同的关系模式,R 和 S 的并是由属于 R 或属于 S 的所有元组构成的集合,记为 R∪S。形式定义如下:

$$R \cup S \equiv \{t \mid t \in R \lor t \in S\}$$

其中,t 是元组变量,R 和 S 的元数相同。

(2)差(Difference)

设关系 R 和 S 具有相同的关系模式,R 和 S 的差是由属于 R 但不属于 S 的元组构成的集合,记为 R–S。形式定义如下:

$$R{-}S \equiv \{t \mid t \in R \land t \bar{\in} S\}$$

其中 R 和 S 的元数相同。

（3）笛卡儿积（Cartesian Product）

设关系 R 和 S 的元数分别为 r 和 s，定义 R 和 S 的笛卡儿积是一个（r+s）元的元组集合，每个元组的前 r 个分量（属性值）来自 R 的一个元组，后 s 个分量来自 S 的一个元组，记为 R×S。形式定义如下：

$$R \times S \equiv \{\, t \mid t = <t^r,\ t^s> \wedge t^r \in R \wedge t^s \in S \,\}$$

此处 t^r、t^s 中 r，s 为上标。若 R 有 m 个元组，S 有 n 个元组，则 R×S 有 m×n 个元组。

（4）投影（Projection）

这个操作是对一个关系进行垂直分割，消去某些列，并重新安排列的顺序。

设关系 R 是 k 元关系，R 在其分量 A_{i_1}，…，A_{i_m}（$m \leq k$；i_1，…，i_m 为 1 到 k 间的整数）上的投影用 $\pi_{i_1, \cdots, i_m}(R)$ 表示，它是一个 m 元组的集合，形式定义如下：

$$\pi_{i_1, \cdots, i_m}(R) \equiv \{\, t \mid t = \langle t_{i_1},\ \cdots,\ t_{i_m} \rangle \wedge \langle t_1,\ \cdots,\ t_k \rangle \in R \,\}$$

例如，$\pi_{3,1}(R)$ 表示其结果关系中第 1 列为关系 R 的第 3 列，第 2 列为 R 的第 1 列。如果 R 的每列标上属性名，那么操作符 π 的下标处也可以用属性名表示。例如，关系 R（A，B，C），那么 $\pi_{C,A}(R)$ 与 $\pi_{3,1}(R)$ 是等价的。

（5）选择（Selection）

选择操作是根据某些条件对关系做水平分割，即选取符合条件的元组。条件可用命题公式（即计算机语言中的条件表达式）F 表示。F 中有以下两种成分。

- 运算对象：常数（用引号括起来），元组分量（属性名或列的序号）。
- 运算符：算术比较运算符（<，≤，>，≥，=，≠，也称为 θ 符），逻辑运算符（∧，∨，$\urcorner$）。

关系 R 关于公式 F 的选择操作用 $\sigma_F(R)$ 表示，形式定义如下：

$$\sigma_F(R) = \{\, t \mid t \in R \wedge F(t) = \text{true} \,\}$$

其中，σ 为选择运算符，$\sigma_F(R)$ 表示从 R 中挑选满足公式 F 为真的元组所构成的关系。

例如，$\sigma_{2>'3'}(R)$ 表示从 R 中挑选第 2 个分量值大于 3 的元组所构成的关系。书写时，为了与属性序号区别起见，常量用引号括起来，而属性序号或属性名不要用引号括起来。

【例 8-2】 表 8-1 有两个关系 R 和 S。表 8-2 的（a）、（b）表示 R∪S 和 R–S；（c）表示 R×S，此处 R 和 S 的属性名相同，就应在属性名前注上相应的关系名，例如 R.A、S.A 等；表 8-2 的（d）表示 $\pi_{C,A}(R)$，即 $\pi_{3,1}(R)$；（e）表示 $\sigma_{B>'4'}(R)$。

表 8-1　两个关系

(a) 关系 R				(b) 关系 S		
A	B	C		A	B	C
1	2	3		2	4	6
4	5	6		4	5	6
7	8	9				

表 8-2　关系代数操作的结果

(a) R∪S			(b) R–S			(c) R×S						(d) $\pi_{C,A}(R)$		(e) $\sigma_{B>'4'}(R)$		
A	B	C	A	B	C	R.A	R.B	R.C	S.A	S.B	S.C	C	A	A	B	C
1	2	3	1	2	3	1	2	3	2	4	6	3	1	4	5	6
4	5	6	7	8	9	1	2	3	4	5	6	6	4	7	8	9
7	8	9				4	5	6	2	4	6	9	7			
2	4	6				4	5	6	4	5	6					
						7	8	9	2	4	6					
						7	8	9	4	5	6					

2. 关系代数的 4 个组合操作

在关系代数中还可以引进其他许多操作，但这些操作不增加语言的表达能力，可从前面 5 个基本操作中推出，在实际使用中却极为有用。这里介绍交、连接、自然连接和除法 4 个操作。

（1）交（Intersection）

关系 R 和 S 的交是由属于 R 又属于 S 的元组构成的集合，记为 R∩S，这里要求 R 和 S 定义在相同的关系模式上。形式定义如下：

$$R \cap S \equiv \{t \mid t \in R \wedge t \in S\}$$

R 和 S 的元数相同。由于 R∩S = R–（R–S），或 R∩S = S–（S–R），因此交操作不是一个独立的操作。在表 8-1 中，R∩S 的结果只有一个元组（4，5，6）。

（2）连接（Join）

连接（也称为θ连接）是从关系 R 和 S 的笛卡儿积中选取属性值满足某一θ操作的元组，记为 $R \underset{i\theta j}{\bowtie} S$，这里 i 和 j 分别是关系 R 和 S 中的第 i 个、第 j 个属性的序号。形式定义如下：

$$R \underset{i\theta j}{\bowtie} S \equiv \{t \mid t = <t^r,\ t^s> \wedge t^r \in R \wedge t^s \in S \wedge t_i^r \theta\ t_j^s\}$$

此处，t_i^r、t_j^s 分别表示元组 t^r 的第 i 个分量、元组 t^s 的第 j 个分量，$t_i^r \theta\ t_j^s$ 表示这两个分量值满足θ操作。

显然，连接是由笛卡儿积和选择操作组合而成的。设关系 R 的元数为 r，那么连接操作的定义等价于下式：

$$R \underset{i\theta j}{\bowtie} S \equiv \sigma_{i\theta(r+j)}(R \times S)$$

该式表示连接是在关系 R 和 S 的笛卡儿积中挑选第 i 个分量和第（r+j）个分量满足θ操作的元组。

如果θ是等号 "="，该连接操作称为 "等值连接"。

【例 8-3】　表 8-3 的（a）、（b）是关系 R 和 S，（c）是 $R \underset{2=1}{\bowtie} S$ 的值，其中 $\underset{2=1}{\bowtie}$ 也可以写成 $\underset{B=D}{\bowtie}$，但要注意 $R \underset{2=1}{\bowtie} S \equiv \sigma_{2=4}(R \times S)$。

表 8-3　连接的例子

(a) 关系 R			(b) 关系 S			(c) $R\underset{2=1}{\bowtie}S$				
A	B	C	D	E		A	B	C	D	E
1	2	3	2	4		1	2	3	2	4
4	5	6	5	6		4	5	6	5	6
7	2	9	7	8		7	2	9	2	4

（3）自然连接（Natural Join）

两个关系 R 和 S 的自然连接操作用 R⋈S 表示，具体计算过程如下：

① 计算 R×S；

② 设 R 和 S 的公共属性是 $A_1, \cdots, A_K$，挑选 R×S 中满足 $R.A_1=S.A_1, \cdots, R.A_K=S.A_K$ 的那些元组；

③ 去掉 $S.A_1, \cdots, S.A_K$ 这些列。

因此 R⋈S 可用下式定义：

$$R\bowtie S\equiv\pi_{i_1,\cdots,i_m}(\sigma R.A_1=S.A_1\wedge\cdots\wedge R.A_K=S.A_K(R\times S))$$

其中 $i_1, \cdots, i_m$ 为 R 和 S 的全部属性，但公共属性只出现一次。

【例 8-4】 表 8-4 的（c）表示关系 R 和 S 的自然连接，这里

$$R\bowtie S\equiv\pi_{A,R.B,R.C,D}(\sigma_{R.B=S.B}\wedge_{R.C=S.C}(R\times S))$$

表 8-4　自然连接的例子

(a) 关系 R			(b) 关系 S			(c) R⋈S			
A	B	C	B	C	D	A	B	C	D
2	4	6	5	7	3	2	4	6	2
3	5	7	4	6	2	3	5	7	3
7	4	6	5	7	9	3	5	7	9
						7	4	6	2

一般自然连接使用在 R 和 S 有公共属性的情况中。如果两个关系没有公共属性，那么其自然连接就转化为笛卡儿积操作。

（4）除法（Division）

设关系 R 和 S 的元数分别为 r 和 s（设 r–s>0），那么 R÷S 是一个（r–s）元的元组集合。R÷S 是满足下列条件的最大关系：其中每个元组 t 与 S 中每个元组 u 组成的新元组<t，u>必在关系 R 中。为方便起见，我们假设 S 的属性为 R 中的后 s 个属性。

R÷S 的具体计算过程如下：

① $T=\pi_{1, 2, \cdots, r-s}(R)$；

② W =(T×S)–R，（计算 T×S 中不在 R 的元组）；

③ $V=\pi_{1, 2, \cdots, r-s}(W)$；

④ $R \div S = T - V$。

即 $R \div S \equiv \pi_{1, 2, \cdots, r-s}(R) - \pi_{1, 2, \cdots, r-s}((\pi_{1, 2, \cdots, r-s}(R) \times S) - R)$

【例 8-5】 表 8-5 是关系做除法的例子。关系 R 是学生选修课程的情况，关系 COURSE1、COURSE2、COURSE3 分别表示课程情况，而操作 R÷COURSE1、R÷COURSE2、R÷COURSE3 分别表示至少选修 COURSE1、COURSE2、COURSE3 表中列出课程的学生名单。

表 8-5　除法操作的例子

R

S#	SNAME	C#	CNAME
S1	BAO	C1	DB
S1	BAO	C2	OS
S1	BAO	C3	DS
S1	BAO	C4	MIS
S2	GU	C1	DB
S2	GU	C2	OS
S3	AN	C2	OS
S4	LI	C2	OS
S4	LI	C4	MIS

COURSE1

C#	CNAME
C2	OS

COURSE2

C#	CNAME
C2	OS
C4	MIS

COURSE3

C#	CNAME
C1	DB
C2	OS
C4	MIS

R÷COURSE1

S#	SNAME
S1	BAO
S2	GU
S3	AN
S4	LI

R÷COURSE2

S#	SNAME
S1	BAO
S4	LI

R÷COURSE3

S#	SNAME
S1	BAO

3. 关系代数运算的应用实例

在关系代数运算中，把由 5 个基本操作经过有限次复合的式子称为关系代数表达式。这种表达式的运算结果仍是一个关系。我们可以用关系代数表达式表示各种数据查询操作。

【例 8-6】 对于例 8-1 教学数据库中的 4 个关系，为方便起见，简化为 T、C、S 和 SC：

教师关系　　T（T#，TNAME，TITLE）

课程关系　　C（C#，CNAME，T#）

学生关系　　S（S#，SNAME，AGE，SEX）

选课关系　　SC（S#，C#，SCORE）

下面用关系代数表达式表达每个查询语句。

（1）检索学习课程号为 C2 课程的学生学号与成绩。

$$\pi_{S\#, \text{SCORE}}(\sigma_{C\#='C2'}(SC))$$

表达式中也可以不写属性名，而写上属性的序号：

$$\pi_{1, 3}(\sigma_{2='C2'}(SC))$$

（2）检索学习课程号为 C2 课程的学生学号与姓名。

$$\pi_{S\#, \text{SNAME}}(\sigma_{C\#='C2'}(S \bowtie SC))$$

由于这个查询涉及两个关系 S 与 SC，因此先要对这两个关系进行自然连接操作，然后再执行选择和投影操作。

（3）检索至少选修于 LIU 老师所授课程中一门课程的学生学号与姓名。

$$\pi_{S\#,\ SNAME}\ (\sigma_{TNAME='LIU'}\ (S\bowtie SC\bowtie C\bowtie T))$$

（4）检索选修课程号为 C2 或 C4 的学生学号。

$$\pi_{S\#}\ (\sigma_{C\#='C2'\lor C\#='C4'}\ (SC))$$

（5）检索至少选修课程号为 C2 和 C4 的学生学号。

$$\pi_1\ (\sigma_{1=4\land 2='C2'\land 5='C4'}\ (SC\times SC))$$

这里（SC×SC）表示关系 SC 自身相乘的笛卡儿积操作。

（6）检索不学 C2 课的学生姓名与年龄。

$$\pi_{SNAME,\ AGE}(S)-\pi_{SNAME,\ AGE}\ (\sigma_{C\#='C2'}\ (S\bowtie SC))$$

这里要用到集合差操作。先求出全体学生的姓名和年龄，再求出学了 C2 课的学生的姓名和年龄，最后执行两个集合的差操作。

（7）检索学习全部课程的学生姓名。

编写这个查询语句的关系代数表达式过程如下。

- 学生选课情况可用操作$\pi_{S\#,\ C\#}$（SC）表示；
- 全部课程可用操作$\pi_{C\#}$（C）表示；
- 学了全部课程的学生学号可用除法操作表示，操作结果是学号 S#集：

$$\pi_{S\#,\ C\#}\ (SC)\div\pi_{C\#}\ (C)$$

- 从 S#求学生姓名 SNAME，可以用自然连接和投影操作组合而成：

$$\pi_{SNAME}\ (S\bowtie\ (\pi_{S\#,\ C\#}\ (SC)\div\pi_{C\#}\ (C)))$$

（8）检索所学课程包含学生 S3 所学课程的学生学号（这里"包含"是指集合中的意义）。

- 学生选课情况可用操作$\pi_{S\#,\ C\#}$（SC）表示；
- 学生 S3 所学课程可用操作$\pi_{C\#}$（$\sigma_{S\#='S3'}$（SC））表示；
- 所学课程包含学生 S3 所学课程的学生学号，可以用除法操作求得：

$$\pi_{S\#,\ C\#}\ (SC)\div\pi_{C\#}(\sigma_{S\#='S3'}\ (SC))$$

查询语句的关系代数表达式的一般形式是：

$$\pi\cdots\ (\sigma\cdots\ (R\times S))$$

或者$\pi\cdots\ (\sigma\cdots\ (R\bowtie S))$

首先把查询涉及的关系取来，执行笛卡儿积或自然连接操作得到一张大的表格，然后对大表格执行水平分割（选择操作）和垂直分割（投影操作）。

但是当查询涉及否定或全部值时，上述形式就不能表达了，就要用到差操作或除法操作，在例 8-6 中的（6）、（7）、（8）说明了这点。

4. 关系代数的两个扩充操作

为了使关系代数运算能真实地模拟用户的查询，就要对关系代数操作进行扩充，主要增加了下面两个操作。

（1）外连接（Outer Join）

在关系 R 和 S 做自然连接时，我们选择两个关系在公共属性上值相等的元组构成新关系的元组。此时，关系 R 中某些元组有可能在 S 中不存在公共属性上值相等的元组，造成

R 中这些元组的值在操作时被舍弃。由于同样的原因，S 中某些元组也有可能被舍弃。

为了在操作时能保存这些将被舍弃的元组，提出了"外连接"操作。

如果 R 和 S 做自然连接时，把原该舍弃的元组也保留在新关系中，同时在这些元组新增加的属性上填上空值（null），这种操作称为"外连接"操作，用符号 R⟗S 表示。

如果 R 和 S 做自然连接时，只把 R 中原该舍弃的元组放到新关系中，那么这种操作称为"左外连接"操作，用符号 R⟕S 表示。

如果 R 和 S 做自然连接时，只把 S 中原该舍弃的元组放到新关系中，那么这种操作称为"右外连接"操作，用符号 R⟖S 表示。

【例 8-7】 表 8-6 中（a）、（b）是关系 R 和 S，（c）为 R 和 S 的自然连接 R⋈S，（d）为外连接操作，（e）为左外连接操作。（f）为右外连接操作。

表 8-6 自然连接和外连接的例子

（a）关系R

A	B	C
2	4	6
3	5	7
4	6	8

（b）关系S

B	C	D
4	6	8
5	6	7
4	6	2
6	8	5

（c）R⋈S

A	B	C	D
2	4	6	8
2	4	6	2
4	6	8	5

（d）R⟗S

A	B	C	D
2	4	6	8
2	4	6	2
4	6	8	5
3	5	7	null
null	5	6	7

（e）R⟕S

A	B	C	D
2	4	6	8
2	4	6	2
4	6	8	5
3	5	7	null

（f）R⟖S

A	B	C	D
2	4	6	8
2	4	6	2
4	6	8	5
null	5	6	7

（2）外部并（Outer Union）

前面定义两个关系的并操作时，要求 R 和 S 具有相同的关系模式。如果 R 和 S 的关系模式不同，构成的新关系的属性由 R 和 S 的所有属性组成（公共属性只取一次），新关系的元组由属于 R 或属于 S 的元组构成，同时元组在新增加的属性上填上空值，那么这种操作称为"外部并"操作。

【例 8-8】 表 8-7 是表 8-6 中关系 R 和 S 执行外部并操作后的结果。

表 8-7 外部并的例子

A	B	C	D	A	B	C	D
2	4	6	null	null	5	6	7
3	5	7	null	null	4	6	2
4	6	8	null	null	6	8	5
null	4	6	8				

8.2.3 关系演算

把数理逻辑的谓词演算引入到关系运算中，就可得到以关系演算为基础的运算。关系演算又可分为元组关系演算和域关系演算，前者以元组为变量，后者以属性（域）为变量，分别简称为元组演算和域演算。

1. 元组关系演算

在元组关系演算（Tuple Relational Calculus）中，元组关系演算表达式简称为元组表达式，其一般形式为

$$\{ t \mid P(t) \}$$

其中，t 是元组变量，表示一个元数固定的元组；P 是公式，在数理逻辑中也称为谓词，也就是计算机语言中的条件表达式。{ t | P（t）}表示满足公式 P 的所有元组 t 的集合。

（1）原子公式和公式的定义

在元组表达式中，公式由原子公式组成。

原子公式（Atoms）有下列 3 种形式。

① R（s）。其中 R 是关系名，s 是元组变量。它表示了这样一个命题：s 是关系 R 的一个元组。

② s[i]θ u[j]。其中 s 和 u 是元组变量，θ 是算术比较运算符，s[i]和 u[j]分别是 s 的第 i 个分量和 u 的第 j 个分量。s[i]θ u[j]表示了这样一个命题：元组 s 的第 i 个分量和 u 的第 j 个分量之间满足θ 关系。

③ s[i]θ a 或 aθ u[j]。这里 a 是常量。s[i]θ a 表示这样一个命题：元组 s 的第 i 个分量值与常量 a 之间满足θ 关系。

譬如，s[1]<u[2]就是第②种形式，表示元组 s 的第 1 个分量值必须小于元组 u 的第 2 个分量值。s[4]=3 是第③种形式，表示元组 s 的第 4 个分量值为 3。

在定义关系演算操作时，要用到"自由"（Free）和"约束"（Bound）变量概念。在一个公式中，如果元组变量未用存在量词"∃"或全称量词"∀"符号定义，那么称为自由元组变量，否则称为约束元组变量。约束变量类似于程序设计语言中过程内部定义的局部变量，自由变量类似于过程外部定义的外部变量或全局变量。

公式（Formulas）的递归定义如下。

① 每个原子是一个公式。其中的元组变量是自由变量。

② 如果 P_1 和 P_2 是公式，那么¬ P_1、$P_1 \lor P_2$、$P_1 \land P_2$ 和 $P_1 \Rightarrow P_2$ 也都是公式。分别表示下列命题：P_1 不是真，P_1 或 P_2 或两者都是真，P_1 和 P_2 都是真，若 P_1 为真则 P_2 必然为真。公式中元组变量的自由约束性质如同在 P_1 和 P_2 中一样，依然是自由的或约束的。

③ 如果 P_1 是公式，那么（∃s）（P_1）和（∀s）（P_1）也都是公式。其中 s 是公式 P_1 中的自由元组变量；在（∃s）（P_1）和（∀s）（P_1）中称为约束元组变量。这两个公式分别表示下列命题：存在一个元组 s 使得公式 P_1 为真，对于所有元组 s 都使得公式 P_1 为真。公式中其他元组的自由约束性与 P_1 中一样。

④ 公式中各种运算符的优先级从高到低依次为：θ，∃和∀，¬，∧和∨，⇒。在公式外还可以加括号，以改变上述优先顺序。

⑤ 公式只能由上述 4 种形式构成，除此之外构成的都不是公式。

在元组表达式 $\{t \mid P(t)\}$ 中，t 是 P（t）中唯一的自由元组变量。

【例 8-9】 表 8-8 的（a）、（b）是关系 R 和 S，（c）～（g）分别是下面 5 个元组表达式的值：

R1 = { t | S(t)∧t[1]>2 }

R2 = { t | R(t)∧¬ S(t)}

R3 = { t |(∃u)(S(t)∧R(u)∧t[3]<u[2])}

R4 = { t |(∀u)(R(t)∧S(u)∧t[3]>u[1])}

R5 = { t |(∃u)(∃v)(R(u)∧S(v)∧u[1]>v[2]∧t[1]=u[2]∧t[2]=v[3]∧t[3]=u[1])}

表 8-8 元组关系演算的例子

(a) 关系 R			(b) 关系 S			(c) R1			(d) R2		
A	B	C	A	B	C	A	B	C	A	B	C
1	2	3	1	2	3	3	4	6	4	5	6
4	5	6	3	4	6	5	6	9	7	8	9
7	8	9	5	6	9						

(e) R3			(f) R4			(g) R5		
A	B	C	A	B	C	R.B	S.C	R.A
1	2	3	4	5	6	5	3	4
3	4	6	7	8	9	8	3	7
						8	6	7
						8	3	7

在元组关系演算的公式中，有下列 3 个等价的转换规则：

① $P_1∧P_2$ 等价于 ¬（¬ P_1∨¬ P_2）;

　$P_1∨P_2$ 等价于 ¬（¬ P_1∧¬ P_2）。

② （∀s）（P_1（s））等价于 ¬（∃s）（¬ P_1（s））;

　（∃s）（P_1（s））等价于 ¬（∀s）（¬ P_1（s））。

③ P_1⇒P_2 等价于 ¬ P_1∨P_2。

（2）关系代数表达式到元组表达式的转换

可以把关系代数表达式等价地转换到元组表达式。由于所有的关系代数表达式都能用 5 个基本操作组合而成，因此只要把 5 个基本操作用元组演算表达就行。下面举例说明。

【例 8-10】 设关系 R 和 S 都是三元关系，那么关系 R 和 S 的 5 个基本操作可直接转化成等价的元组关系演算表达式：

R∪S 可用 { t | R(t)∨S(t)}表示；

R–S 可用 { t | R(t)∧¬ S(t)}表示；

R×S 可用{t|(∃u)(∃v)(R(u)∧S（V）.∧t[1]=u[1]∧t[2]=u[2]∧t[3]=u[3]∧t[4]=v[1]∧t[5]=v[2]∧t[6]=v[3])}表示。

设投影操作是$\pi_{2,3}$（R），那么元组表达式可写成：

{ t |(∃u)(R(u)∧t[1]=u[2]∧t[2]=u[3])}

σ_F（R）可用{ t |R(t)∧F'}表示，F'是 F 的等价表示形式。譬如$\sigma_{2='d'}$（R）可写成{ t |(R（t)∧t[2]='d')。

【例 8-11】 设关系 R 和 S 都是二元关系，把关系代数表达式$\pi_{1,4}$（$\sigma_{2=3}$（R×S））转换成元组表达式的过程从里往外进行，如下所述。

① R×S 可用{ t |(∃u)(∃v)(R(u)∧S(v)∧t[1]=u[1]∧t[2]=u[2]∧t[3]=v[1]∧t[4]=v[2])}表示。

② 对于$\sigma_{2=3}$（R×S），只要在上述表达式的公式中加上"∧t[2]=t[3]"即可。

③ 对于$\pi_{1,4}$（$\sigma_{2=3}$（R×S）），可得到下面的元组表达式：

{ w |（∃t)（∃u)（∃v)（R（u）∧S（v）∧t[1]=u[1]∧t[2]=u[2]∧t[3]=v[1]∧t[4]=v[2]∧t[2]= t[3]∧w[1]=t[1]∧w[2]=t[4])}

④ 再对上式化简，去掉元组变量 t，可得下式：

{ w |（∃u)（∃v)（R（u）∧S（v）∧u[2]=v[1]∧w[1]=u[1]∧w[2]=v[2])}

【例 8-12】 对于例 8-6 中查询语句的关系代数表达式形式也可以用元组表达式形式表示。

① 检索学习课程号为 C2 课程的学生学号与成绩。

{ t |（∃u)（SC（u）∧u[2]='C2'∧t[1]=u[1]∧t[2]=u[3])}

② 检索学习课程号为 C2 课程的学生学号与姓名。

{ t |（∃u)（∃v)（S（u）∧SC（v）∧v[2]= 'C2'∧u[1]=v[1]∧t[1]=u[1]∧t[2]=u[2])}

这里 u[1]=v[1]是 S 和 SC 进行自然连接操作的条件，在公式中不可缺少。

③ 检索至少选修了 LIU 老师所授课程中一门课程的学生学号与姓名。

{ t |（∃u)（∃v)（∃w)（∃x)（S（u）∧SC（v）∧C（w）∧T（x）∧u[1]=v[1]∧v[2]=w[1]∧w[2]=t[1]∧x[2]='LIU'∧t[1]=u[1]∧t[2]=u[2])}

④ 检索选修课程号为 C2 或 C4 的学生学号。

{ t |（∃u)（SC（u）∧（u[2]='C2'∨u[2]='C4'）∧t[1]=u[1])}

⑤ 检索至少选修课程号为 C2 和 C4 的学生学号。

{ t |（∃u)（∃v)（SC（u）∧SC（v）∧u[2]='C2'∧v[2]='C4'∧u[1]=v[1]∧t[1]=u[1])}

⑥ 检索不学 C2 课的学生姓名与年龄。

{ t |（∃u)（∀v)（S（u）∧SC（v）∧（u[1]=v[1]⇒ v[2]≠'C2'）∧t[1]=u[2]∧t[2]=u[3])}

⑦ 检索学习全部课程的学生姓名。

{ t |（∃u)（∀v)（∃w)（S（u）∧C（v）∧SC（w）∧u[1]=w[1]∧v[1]=w[2]∧t[1]=u[2])}

⑧ 检索所学课程包含学号 S3 所学课程的学生。

{ t |（∃u)（SC（u）∧（∀v)（SC（v）∧（v[1]='S3'⇒（∃w)（SC（w）∧w[1]=u[1]∧

w[2]=v[2]）））|∧t[l]=u[1]）}

2. 域关系演算

（1）域关系演算表达式

域关系演算(Domain Relational Calculus)类似于元组关系演算，不同之处是用域变量代替元组变量的每一个分量，域变量的变化范围是某个值域而不是一个关系。可以像元组演算一样定义域演算的原子公式和公式。

原子公式有两种形式：

① $R（x_1 \cdots x_k）$，R 是一个 k 元关系，每个 x_i 是常量或域变量；

② $x\theta y$，其中 x、y 是常量或域变量，但至少有一个是域变量，θ 是算术比较符。

域关系演算的公式中也可使用 ∧、∨、 ┐ 和⇒等逻辑运算符。也可用(∃x)和（∀x）形成新的公式，但变量 x 是域变量，不是元组变量。

自由域变量、约束域变量等概念和元组演算中一样，这里不再重复。

域演算表达式是形为

$$\{t_1 \cdots t_k \mid P（t_1, \cdots, t_k）\}$$

的表达式，其中 $P（t_1, \cdots, t_k）$是关于自由域变量 $t_1, \cdots, t_k$ 的公式。

【例 8-13】 表 8-9 的（a）、（b）、（c）是 3 个关系 R、S、W，（d）、（e）、（f）分别表示下面 3 个域表达式的值。

R1={ xyz| R（xyz）∧x<5∧y>3 }

R2={ xyz| R（xyz）∨（S（xyz）∧y = 4）}

R3={ xyz| (∃u)(∃v)(R（zxu）∧w（yv）∧u>v）}

表 8-9 域关系演算的例子

(a) 关系 R			(b) 关系 S			(c) 关系 W		(d) R1			(e) R2			(f) R3		
A	B	C	A	B	C	D	E	A	B	C	A	B	C	B	D	A
1	2	3	1	2	3	7	5	4	5	6	1	2	3	5	7	4
4	5	6	3	4	6	4	8				4	5	6	8	7	7
7	8	9	5	6	9						7	8	9	8	4	7
											3	6	4			

（2）元组表达式到域表达式的转换

我们可以很容易地把元组表达式转换成域表达式，转换规则如下。

① 对于 k 元的元组变量 t，可引入 k 个域变量 $t_1, \cdots, t_k$，在公式中 t 用 $t_1, \cdots, t_k$ 替换，元组分量 t[i]用 t_i 替换。

② 对于每个量词（∃u）或（∀u），若 u 是 m 元的元组变量，则引入 m 个新的域变量 $u_1, \cdots, u_m$。在量词的辖域内，u 用 $u_1, \cdots, u_m$ 替换，u[i]用 u_i 替换，(∃u)用(∃u_1), ···, （∃u_m)替换，（∀u）用（∀u_1）, ···, （∀u_m）替换。

【例 8-14】 对于例 8-11 转换成的元组表达式

$$\{w \mid (\exists u)(\exists v)(R(u) \wedge S(v) \wedge u[2]=v[1] \wedge w[1]=u[1] \wedge w[2]=v[2])\}$$

可用上述转换方法转换成域表达式：

$$\{w_1w_2 \mid (\exists u_1)(\exists u_2)(\exists v_1)(\exists v_2)(R(u_1u_2) \wedge S(v_1v_2) \wedge u_2=v_1 \wedge w_1=u_1 \wedge w_2=v_2)\}$$

再进一步简化，可消去域变量 u_1、v_1、v_2，得到下式：

$$\{w_1w_2 \mid (\exists u_2)(R(w_1u_2) \wedge S(u_2w_2))\}$$

【例 8-15】 对于例 8-6、例 8-12 的查询，可转换成下列域表达式：

① 检索学习课程号为 C2 的学生学号与成绩。

$$\{t_1t_2 \mid (\exists u_1)(\exists u_2)(\exists u_3)(SC(u_1u_2u_3) \wedge u_2='C2' \wedge t_1=u_1 \wedge t_2=u_3)\}$$

可化简为：$\{t_1t_2 \mid (SC(t_1'C2't_2))\}$

② 检索学习课程号为 C2 的学生学号与姓名。

$$\{t_1t_2 \mid (\exists u_1)(\exists u_2)(\exists u_3)(\exists u_4)(\exists v_1)(\exists v_2)(\exists v_3)(S(u_1u_2u_3u_4) \wedge SC(v_1v_2v_3) \wedge v_2='C2'$$
$$\wedge u_1=v_1 \wedge t_1=u_1 \wedge t_2=u_2)\}$$

可化简为：$\{t_1t_2 \mid (\exists u_3)(\exists u_4)(\exists v_3)(S(t_1t_2u_3u_4) \wedge SC(t_1'C2'v_3))\}$

读者可以自己写出其他一些查询语句的域表达式。

3. 关系运算的等价性

并、差、笛卡儿积、投影和选择是关系代数中最基本的操作，并构成了关系代数运算的最小完备集。已经证明，在这个基础上，关系代数、安全的元组关系演算、安全的域关系演算在关系的表达和操作能力上是完全等价的。

关系运算主要有关系代数、元组演算和域演算 3 种，相应的关系查询语言也已研制出来，它们典型的代表是 ISBL 语言、QUEL 语言和 QBE 语言。

ISBL（Information System Base Language）是 IBM 公司英格兰底特律科学中心在 1976 年研制出来的，用在一个实验系统 PRTV (Peterlee Relational Test Vehicle)上。ISBL 语言与关系代数非常接近，每个查询语句都近似于一个关系代数表达式。

QUEL 语言（Query Language）是美国伯克利加州大学研制的关系数据库系统 INGRES 的查询语言，1975 年投入运行，并由美国关系技术公司制成商品推向市场。QUEL 语言是一种基于元组关系演算的并具有完善的数据定义、检索、更新等功能的数据语言。

QBE（Query By Example,按例查询）是一种特殊的屏幕编辑语言。QBE 是 M.M.Zloof 提出的，在约克镇 IBM 高级研究实验室为图形显示终端用户设计的一种域演算语言，1978 年在 IBM 370 上实现。QBE 使用起来很方便，属于人机交互语言，用户可以是缺乏计算机知识和数学基础的非程序员用户。现在，QBE 的思想已渗入到许多 DBMS 中。

还有一个语言 SQL，这是介乎于关系代数和元组演算之间的一种关系查询语言，现已成为关系数据库的标准语言。

8.2.4 关系代数表达式的优化

在关系代数表达式中需要指出若干关系的操作步骤。那么，系统应该以什么样的操作顺序，才能做到执行起来既省时间，又省空间，而且效率也比较高呢？这个问题称为查询优化问题。本节先列出等价变换规则，再介绍启发式优化算法。

1. 关系代数表达式的优化问题

在关系代数运算中，笛卡儿积和连接运算是最费时间的。若关系 R 有 m 个元组，关系 S 有 n 个元组，那么 R×S 就有 m×n 个元组。当关系很大时，R 和 S 本身就要占较大的外存空间，由于内存的容量是有限的，只能把 R 和 S 的一部分元组读进内存，如何有效地执行笛卡儿积操作，花费较少的时间和空间，就有一个查询优化的策略问题。

【例 8-16】 设关系 R（A,B）和 S(C,D)都是二元关系，若有一个查询可用下列关系代数表达式表示：

$$E_1 = \pi_A\ (\sigma_{B=C \wedge D='99'}\ (R \times S))$$

$$E_2 = \pi_A\ (\sigma_{B=C}\ (R \times \sigma_{D='99'}\ (S)))$$

$$E_3 = \pi_A\ (R \underset{B=C}{\bowtie} \sigma_{D='99'}\ (S))$$

上述 3 个关系代数表达式是等价的，但执行的效率大不一样。求 E_1 的值时，要先做 R 和 S 的笛卡儿积，这将占据大量的存储空间。求 E_2 的值时，先对 S 做选择，这样笛卡儿积结果的元组就少多了，占据的空间大为减少。求 E_3 的值时，笛卡儿积与其后的选择条件 B=C 可以合并成等值连接形式，更能减少占据的空间。可以看出，如何安排选择、投影和连接的顺序是个很重要的问题。

2. 关系代数表达式的等价变换规则

两个关系代数表达式等价是指用同样的关系实例代替两个表达式中相应关系时所得到的结果是一样的。也就是得到相同的属性集和相同的元组集，但元组中属性的顺序可能不一致。两个关系代数表达式 E_1 和 E_2 的等价写成 $E_1 \equiv E_2$。

涉及连接和笛卡儿积的等价变换规则有下面两条：

（1）连接和笛卡儿积的交换律

设 E_1 和 E_2 是关系代数表达式，F 是连接的条件，那么下列式子成立（不考虑属性间顺序）：

$$E_1 \underset{F}{\bowtie} E_2 \equiv E_2 \underset{F}{\bowtie} E_1$$

$$E_1 \bowtie E_2 \equiv E_2 \bowtie E_1$$

$$E_1 \times E_2 \equiv E_2 \times E_1$$

（2）连接和笛卡儿积的结合律

设 E_1、E_2 和 E_3 是关系代数表达式，F_1 和 F_2 是连接条件，F_1 只涉及 E_1 和 E_2 的属性，F_2 只涉及 E_2 和 E_3 的属性，那么下列式子成立：

$$(E_1 \underset{F_1}{\bowtie} E_2)\ \underset{F_2}{\bowtie} E_3 \equiv E_1 \underset{F_1}{\bowtie}\ (E_2 \underset{F_2}{\bowtie} E_3)$$

$$(E_1 \bowtie E_2)\ \bowtie\ E_3 \equiv E_1 \bowtie\ (E_2 \bowtie E_3)$$

$$(E_1 \times E_2)\ \times E_3 \equiv E_1 \times\ (E_2 \times E_3)$$

涉及选择和投影的规则有下面的 10 条。

（3）投影的级联

$$\pi_{L_1}(\pi_{L_2}(\cdots(\pi_{L_n}(E))\cdots))\equiv\pi_{L_1}(E)$$

此处 L_1、L_2、$\cdots$、L_n 为属性集，并且 $L_1\subseteq L_2\subseteq\cdots\subseteq L_n$。

（4）选择的级联

$$\sigma_{F_1}(\sigma_{F_2}(E))\equiv\sigma_{F_1\wedge F_2}(E)$$

由于 $F_1\wedge F_2=F_2\wedge F_1$，因此选择的交换律也成立：

$$\sigma_{F_1}(\sigma_{F_2}(E))\equiv\sigma_{F_2}(\sigma_{F_1}(E))$$

（5）选择和投影操作的交换

$$\pi_L(\sigma_F(E))\equiv\sigma_F(\pi_L(E))$$

此处要求 F 只涉及 L 中的属性，如果条件 F 还涉及不在 L 中的属性集 L_1，那么下式成立：

$$\pi_L(\sigma_F(E))\equiv\pi_L(\sigma_F(\pi_{L\cup L_1}(E)))$$

（6）选择对笛卡儿积的分配律

$$\sigma_F(E_1\times E_2)\equiv\sigma_F(E_1)\times E_2$$

此处 F 只涉及 E_1 中的属性。如果 F 形为 $F_1\wedge F_2$，且 F_1 只涉及 E_1 的属性，F_2 只涉及 E_2 的属性，那么使用规则（4）和（6）可得到下列式子：

$$\sigma_F(E_1\times E_2)\equiv\sigma_{F_1}(E_1)\times\sigma_{F_2}(E_2)$$

如果 F 形为 $F_1\wedge F_2$，且 F_1 只涉及 E_1 的属性，F_2 只涉及 E_1 和 E_2 的属性，那么可得下式：

$$\sigma_F(E_1\times E_2)\equiv\sigma_{F_2}(\sigma_{F_1}(E_1)\times E_2)$$

也就是把一部分选择条件放到笛卡儿积中关系的前面。

（7）选择对并的分配律

$$\sigma_F(E_1\cup E_2)\equiv\sigma_F(E_1)\cup\sigma_F(E_2)$$

此处要求 E_1 和 E_2 具有相同的属性名，或者 E_1 和 E_2 的属性有对应性。

（8）选择对集合差的分配律

$$\sigma_F(E_1-E_2)\equiv\sigma_F(E_1)-\sigma_F(E_2)$$

$$或者，\ \sigma_F(E_1-E_2)\equiv\sigma_F(E_1)-E_2$$

此处也要求 E_1 和 E_2 的属性有对应性。由于求 $\sigma_F(E_2)$ 比求 E_2 容易得多，因此一般使用前一个式子。

（9）选择对自然连接的分配律

$$\sigma_F(E_1\bowtie E_2)\equiv\sigma_F(E_1)\bowtie\sigma_F(E_2)$$

此处要求 F 只涉及表达式 E_1 和 E_2 的公共属性。

（10）投影对笛卡儿积的分配律

$$\pi_{L_1\cup L_2}(E_1\times E_2)\equiv\pi_{L_1}(E_1)\times\pi_{L_2}(E_2)$$

此处要求 L_1 是 E_1 中的属性集，L_2 是 E_2 中的属性集。

（11）投影对并的分配律

$$\pi_L(E_1\cup E_2)\equiv\pi_L(E_1)\cup\pi_L(E_2)$$

此处要求 E_1 和 E_2 的属性有对应性。

（12）选择与连接操作的结合

根据 F 连接的定义可得：

$$\sigma_F (E_1 \times E_2) \equiv E_1 \underset{F}{\bowtie} E_2$$

$$\sigma_{F_1} (E_1 \underset{F_2}{\bowtie} E_2) \equiv E_1 \underset{F_1 \wedge F_2}{\bowtie} E_2$$

涉及集合操作的有下面两条规则。

（13）并和交的交换律

$$E_1 \bigcup E_2 \equiv E_2 \bigcup E_1$$

$$E_1 \bigcap E_2 \equiv E_2 \bigcap E_1$$

（14）并和交的结合律

$$(E_1 \bigcup E_2) \bigcup E_3 \equiv E_1 \bigcup (E_2 \bigcup E_3)$$

$$(E_1 \bigcap E_2) \bigcap E_3 \equiv E_1 \bigcap (E_2 \bigcap E_3)$$

3. 关系代数表达式的启发式优化算法

现在，许多系统都是采用启发式优化（Heuristic Optimization）方法对关系代数表达式进行优化的。这种优化策略与关系的存储技术无关，主要是讨论如何合理安排操作的顺序，以花费较少的空间和时间。

在关系代数表达式中，最花费时间和空间的运算是笛卡儿积和连接操作，为此，引出 3 条启发式规则，用于对表达式进行转换，以减少中间关系的大小。

- 尽可能早地执行选择操作；
- 尽可能早地执行投影操作；
- 避免直接做笛卡儿积，把笛卡儿积操作之前和之后的一连串选择和投影合并起来一起做。

通常选择操作优先于投影操作比较好，因为选择操作可能会大大减少关系，并且选择操作可以利用索引存取元组。

关系代数表达式的启发式优化是由 DBMS 的 DML 编译器完成的。对一个关系代数表达式进行语法分析，可以得到一棵语法树，树中叶子是关系，非叶子结点是关系代数操作。利用前面的等价变换规则和启发式规则可以对关系代数表达式进行优化。

算法 8-1　关系代数表达式的启发式优化算法。

输入：一个关系代数表达式的语法树。

输出：计算表达式的一个优化序列。

方法：依次执行下面每一步。

（1）使用前面的等价变换规则（4），把每个形为 $\sigma_{F_1 \wedge \cdots \wedge F_n} (E)$ 的子表达式转换成选择级联形式：

$$\sigma_{F_1} (\cdots (\sigma_{F_n} (E)) \cdots)$$

（2）在语法树中，使用规则（4）～（9），尽可能把每个选择操作下推到最早可能执行的地方（即移向树的叶端）。

例如，只要有可能，σ_F（R×S）转换成σ_F（R）×S 或 R×σ_F（S）。尽早执行基于值的选择运算可以减少对中间结果进行排序的代价。

（3）对每个投影操作，使用规则（3），（10），（11）和（5），尽可能把投影操作往下推，移向树的叶端。规则（3）可能使某些投影操作消失，而规则（5）可能把一个投影分成两个投影操作，其中一个将靠近叶端。如果一个投影是针对被投影的表达式的全部属性，则可消去该投影操作。

（4）使用规则（3）～（5），把选择和投影合并成单个选择、单个投影或一个选择后跟一个投影。使多个选择、投影能同时执行或在一次扫描中同时完成。

（5）将上述步骤得到的语法树的内结点分组。每个二元运算（×、∪、−）结点与其直接祖先（不超过别的二元运算结点）的一元运算结点（σ或π）分为一组。如果它的子孙结点一直到叶都是一元运算符（σ 或 π），则也并入该组。但是，如果二元运算是笛卡儿积，而且后面不是与它组合成等值连接的选择时，则不能将选择与这个二元运算组成同一组。

（6）生成一个序列，每一组结点的计算是序列中的一步，各步的顺序是任意的，只要保证任何一组不会在它的子孙组之前计算。

【例 8-17】 对于教学数据库中的关系：

教师关系　　　T（T#，TNAME，TITLE）

课程关系　　　C（C#，CNAME，T#）

学生关系　　　S（S#，SNAME，AGE，SEX）

选课关系　　　SC（S#，C#，SCORE）

现有一个查询语句：检索学习课程名为 OS 的女学生学号和姓名。

该查询语句的关系代数表达式如下：

$$\pi_{S\#,\ SNAME}\ (\sigma_{CNAME='OS'\wedge SEX='F'}\ (C\bowtie SC\bowtie S))$$

上式中，$\bowtie$ 符号用π、σ、×操作表示，可得下式：

$$\pi_{S\#,\ SNAME}\ (\sigma_{CNAME='LIU'\wedge SEX='F'}\ (\pi L\ (\sigma_{C.C\#\ =\ SC.C\#\wedge SC.S\#\ =\ S.S\#}\ (C\times SC\times S))))$$

此处 L 是（C.C#，CNAME，T#，　SCORE，S.S#，SNAME，AGE，SEX）。该表达式构成的语法树如图 8-3 所示。

下面使用优化算法对语法树进行优化。

（1）将每个选择操作分裂成两个选择运算，共得到 4 个选择操作：

$\sigma_{CNAME='OS'}$　　$\sigma_{SEX='F'}$　　　$\sigma_{C.C\#=SC.C\#}$　　　　$\sigma_{SC.S\#=S.S\#}$

（2）使用等价变换规则（4）～（8），把 4 个选择操作尽可能向树的叶端靠拢。据规则（4）和（5）可以把$\sigma_{CNAME='OS'}$和$\sigma_{SEX='F'}$移到叶端 C 和 S 处。

$\sigma_{SC.S\#=S.S\#}$ 不能再往叶端移动了，因为它的属性涉及两个关系 SC 和 S，但$\sigma_{C.C\#=SC.C\#}$还可向下移，与笛卡儿积交换位置。

然后根据规则（3），再把两个投影合并成一个投影$\pi_{S\#,\ SNAME}$。这样，原来的语法树（图 8-3）变成了图 8-4 的形式。

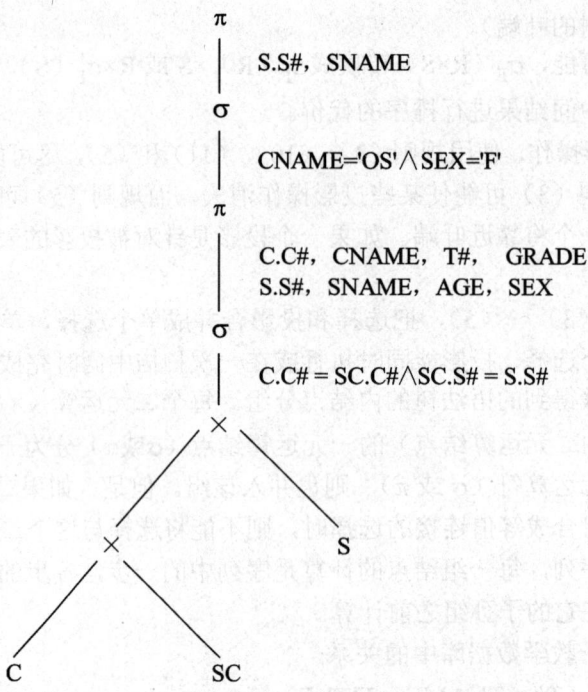

图 8-3　关系代数表达式的初始语法树

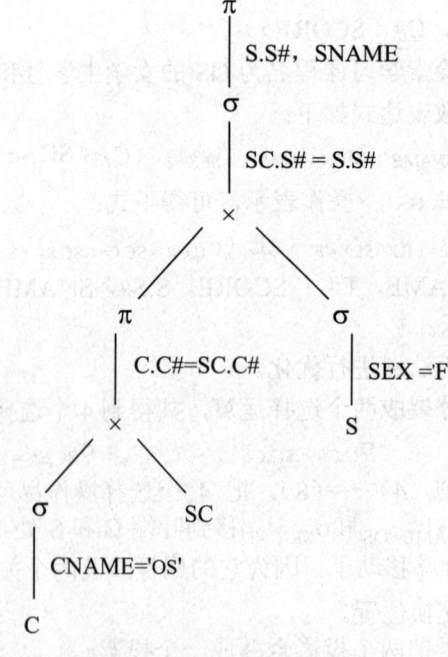

图 8-4　优化过程中的语法树

（3）尽可能把投影移向叶端。也就是在每个选择操作后尽可能做投影操作，只挑选对后面操作有用的属性，来尽量减少中间结果。

这样就形成图 8-5 的语法树。再以二元运算笛卡儿积为中心，在图 8-5 中用虚线划分了两个运算组。

（4）执行时从叶端依次向上进行，每组运算只对关系一次扫描。

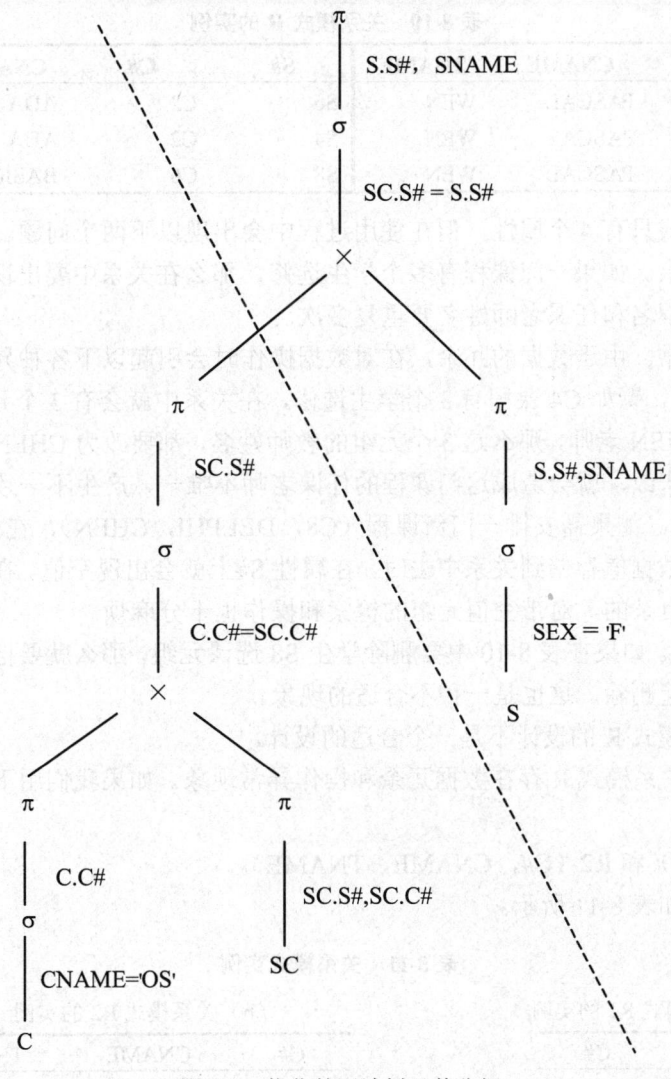

图 8-5　优化的语法树及其分组

8.2.5　关系模式的设计准则

1. 关系模式的冗余和异常问题

在数据管理中，数据冗余一直是影响系统性能的大问题。数据冗余是指同一个数据在系统中多次重复出现。在文件系统中，由于文件之间没有联系，引起一个数据在多个文件中出现。数据库系统克服了文件系统的这种缺陷，但对于数据冗余问题仍然应加以关注。如果一个关系模式设计得不好，就会出现像文件系统一样的数据冗余、异常、不一致等问题。

【例 8-18】 设有一个关系模式 R（S#，C#，CNAME，TNAME），其属性分别表示学生学号、选修课程的课程号、课程名、任课老师姓名。具体实例如表 8-10 所示。

表 8-10　关系模式 R 的实例

S#	C#	CNAME	TNAME	S#	C#	CNAME	TNAME
S2	C4	PASCAL	WEN	S6	C2	ADA	LIU
S4	C4	PASCAL	WEN	S4	C2	ADA	LIU
S6	C4	PASCAL	WEN	S8	C6	BASIC	MA

虽然这个模式只有 4 个属性，但在使用过程中会出现以下两个问题。

（1）数据冗余。如果一门课程有多个学生选修，那么在关系中要出现多个元组，也就是这门课程的课程名和任课老师姓名要重复多次。

（2）操作异常。由于数据的冗余，在对数据操作时会引起以下各种异常。

① 修改异常。譬如 C4 课程有 3 个学生选修，在关系中就会有 3 个元组。如果这门课程的教师改为 CHEN 老师，那么这 3 个元组的教师姓名，都要改为 CHEN 老师。若有一个元组的教师姓名未改，就会造成这门课程的任课老师不唯一，产生不一致现象。

② 插入异常。如果需安排一门新课程（C8，DELPHI，CHEN），在尚无学生选修时，要把这门课程的数据值存储到关系中去时，在属性 S# 上就会出现空值。在数据库技术中空值的语义是非常复杂的，对带空值元组的检索和操作也十分麻烦。

③ 删除异常。如果在表 8-10 中要删除学生 S8 选课元组，那么就要把这门课程的课程名和教师姓名一起删除，这也是一种不合适的现象。

因此，关系模式 R 的设计不是一个合适的设计。

在上例中，关系模式 R 存在数据冗余和操作异常现象。如果我们用下面两个关系模式 R1 和 R2 代替 R：

R1（S#，C#）和 R2（C#，CNAME，TNAME）。

其关系实例如表 8-11 所示。

表 8-11　关系模式实例

（a）关系模式 R1 的实例

S#	C#
S2	C4
S4	C4
S6	C4
S6	C2
S4	C2
S8	C6

（b）关系模式 R2 的实例

C#	CNAME	TNAME
C4	PASCAL	WEN
C2	ADA	LIU
C6	BASIC	MA

这样分解后，例 8-18 提到的冗余和异常现象基本消除了。每门课程的课程名和教师姓名只存放一次，即使这门课程还没有学生选修，其课程名和教师姓名也可存放在关系 R2 中。

"分解"是解决冗余的主要方法，也是规范化的一条原则："关系模式有冗余问题，就分解它。"

但是将 R 分解成 R1 和 R2 两个模式是否最佳分解，也不是绝对的。如果要查询教某门课程的教师地址时，就要对两个关系做连接操作，而连接的代价是很大的。而在原来模式 R 的关系中，就可直接找到上述结果。到底什么样的关系模式是最优的？标准是什么？如何实现？都是本章要讨论的问题。

2. 关系模式的非形式化设计准则

在讨论关系模式质量时，有 4 个非形式化的衡量准则。

准则 1：关系模式的设计应尽可能只包含有直接联系的属性，不要包含有间接联系的属性。

在表 8-10 中，学生与课程、课程与教师之间是直接的联系，而学生与教师之间是间接联系。把有间接联系的属性放在一个模式中，肯定会出现例 8-1 中的数据冗余和操作异常现象。而在表 8-11 的两个关系模式中，都是有直接联系的属性，避免了间接联系属性出现的现象。

准则 2：关系模式的设计应尽可能使得相应关系中不出现插入、删除和修改等操作异常现象。

设计成表 8-10 的模式就会出现操作异常现象，而设计成表 8-11 的模式就不会出现操作异常现象。

准则 3：关系模式的设计应尽可能使得相应关系中避免放置经常为空值的属性。

在表 8-10 中，如果要插入一些预备开设的新课程时，就会在 S# 上出现空值。而在表 8-11 中，把这些数据插到 R2 中，就避免了在关系中出现空值的现象。

准则 4：关系模式的设计应尽可能使得关系的连接操作在作为主键或外键的属性上，进行等值连接，并且保证连接以后不会生成额外的元组。

如果两个关系连接的匹配属性不是外键与主键的组合，那么这种连接很可能会产生额外的元组。这个准则在后面 8.2.7 节中被量化为"无损分解"。

为了便于阅读，下面对使用的符号有如下规定：

（1）英文字母表首部的大写字母 A，B，C，…表示单个的属性。

（2）英文字母表尾部的大写字母…，U，V，W，X，Y，Z 表示属性集。

（3）大写字母 R 表示关系模式，小写字母 r 表示其关系。为叙述方便，有时也用属性名的组合写法表示关系模式。若模式 A、B、C 有 3 个属性，就用 ABC 表示关系模式。

（4）属性集 $\{A_1, \cdots, A_n\}$ 简写为 $A_1 \cdots A_n$。属性集 X 和 Y 的并集 $X \cup Y$ 简写为 XY。$X \cup \{A\}$ 简写为 XA 或 AX。

8.2.6 函数依赖

在数据依赖中，函数依赖是最基本、最重要的一种依赖。实际上，它是关键码概念的推广。本节先介绍其定义，再研究其推理规则。

1. 函数依赖的定义

设有关系模式 R（U），X 和 Y 是属性集 U 的子集，函数依赖（Functional Dependency，FD）是形为 X→Y 的一个命题，只要 r 是 R 的当前关系，对 r 中任意两个元组 t 和 s，都有 t［X］＝s［X］蕴涵 t［Y］＝s［Y］，那么称 FD X→Y 在关系模式 R（U）中成立。

这里 t［X］表示元组 t 在属性集 X 上的值，其余类同。X→Y 读作"X 函数决定 Y"，或"Y 函数依赖于 X"。FD 是对关系模式 R 的一切可能关系 r 定义的。对于当前关系 r 的任意两个元组，如果 X 值相同，则要求 Y 值也相同，即有一个 X 值就有一个 Y 值与之对应，或者说 Y 值由 X 值决定。因而这种依赖称为函数依赖。

【例 8-19】 设有关系模式 R（A，B，C，D）。A→B 在表 8-12（a）所示的关系上成立，但 A→B 在表 8-12（b）所示的关系上不成立。因为表 8-12（b）中前两个元组的 A 值相等（为 a1），但 B 值不相等（分别为 b1 和 b2）。可以看出当关系模式上存在函数依赖时，对其关系中的值将有严格的限制。

表 8-12　关系模式 R 的两个关系

(a)				(b)			
A	B	C	D	A	B	C	D
a1	b1	c1	d1	a1	b1	c1	d1
a1	b1	c2	d2	a1	b2	c2	d2
a2	b2	c3	d3	a2	b2	c3	d3
a3	b1	c4	d4	a3	b2	c4	d4

【例 8-20】 有一个包括学生选课、教师任课数据的关系模式：

R（S#，SNAME，AGE，SEX，C#，CNAME，SCORE，T#，TNAME，TITLE）

属性分别表示学生学号、姓名、年龄、性别、选修课程的课程号、课程名、成绩、任课教师工号、教师姓名和职称。

如果规定，每个学号只能有一个学生姓名，每个课程号只能决定一门课程，那么可写成下列 FD 形式：

S#→SNAME

C#→CNAME

每个学生每学一门课程，有一个成绩，那么可写出下列 FD：

（S#，C#）→GRADE

还可以写出其他一些 FD：

S#→（AGE，SEX）

C#→T#

T#→（TNAME，TITLE）

为了直观地在关系模式中表示属性之间的函数依赖联系，可以用箭头来表示函数依赖（图 8-6）。每个函数依赖用一个箭头表示，箭尾处表示函数依赖左边的属性，箭头处表示函数依赖右边的属性。

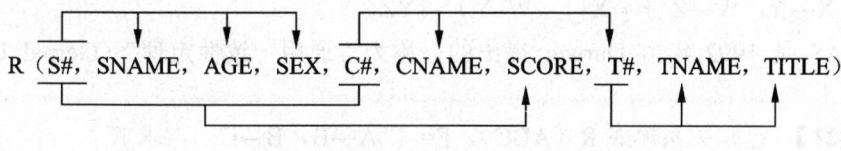

R（S#，SNAME，AGE，SEX，C#，CNAME，SCORE，T#，TNAME，TITLE）

图 8-6　函数依赖的图形化表示

如果 X→Y 和 Y→X 同时成立，则可记为 X←→Y。也就是在关系中，X 值和 Y 值具有一一对应关系。

2. FD 的闭包

由于函数依赖是用命题形式定义的，因此函数依赖之间存在着逻辑蕴涵的关系。比如 A→B 和 B→C 在关系模式 R 中成立，那么 A→C 在 R 中是否成立？这个问题就是 FD 之间的逻辑蕴涵问题。

设 F 是在关系模式 R 上成立的函数依赖的集合，X→Y 是一个函数依赖。如果对于 R 的每个满足 F 的关系 r 也满足 X→Y，那么称 F 逻辑蕴涵 X→Y，记为 F ⊨ X→Y。

设 F 是函数依赖集，被 F 逻辑蕴涵的函数依赖全体构成的集合，称为函数依赖集 F 的闭包（Closure），记为 F^+。即

$$F^+ = \{X→Y \mid F \vDash X→Y\}$$

3. FD 的推理规则

从已知的一些 FD，可以推导出另外一些 FD，这就需要一系列推理规则。FD 的推理规则最早出现在 1974 年 W.W.Armstrong 的论文里，这些规则常被称作 "Armstrong 公理"。

设 U 是关系模式 R 的属性集，F 是 R 上成立的只涉及 U 中属性的函数依赖集。FD 的推理规则有以下 3 条。

A1（自反性，Reflexivity）：若 Y⊆X⊆U，则 X→Y 在 R 上成立。

A2（增广性，Augmentation）：若 X→Y 在 R 上成立，且 Z⊆U，则 XZ→YZ 在 R 上成立。

A3（传递性，Transitivity）：若 X→Y 和 Y→Z 在 R 上成立，则 X→Z 在 R 上成立。

定理 8-1　FD 推理规则 A1、A2 和 A3 是正确的。也就是，如果 X→Y 是从 F 中用推理规则导出的，那么 X→Y 在 F^+ 中。

这个定理可以根据 FD 的定义和使用反证法来证明。

除了上述 A1、A2、A3 的 3 条规则外，FD 还有几条实用的推理规则，这些规则可从上面 3 条规则导出。这些规则可用下面的定理表示。

定理 8-2　FD 的其他 5 条推理规则。

A4（合并性，Union）：{ X→Y，X→Z } ⊨X→YZ。

A5（分解性，Decomposition）：$\{ X{\rightarrow}Y, Z{\subseteq}Y \} \vDash X{\rightarrow}Z$。

A6（伪传递性）：$\{ X{\rightarrow}Y, WY{\rightarrow}Z \} \vDash WX{\rightarrow}Z$。

A7（复合性，Composition）：$\{ X{\rightarrow}Y, W{\rightarrow}Z \} \vDash XW{\rightarrow}YZ$。

A8 $\{X{\rightarrow}Y, W{\rightarrow}Z \} \vDash X \cup (W{-}Y){\rightarrow}YZ$。

其中 A8 是 1992 年由 Darwer 提出的，称为"通用一致性定理"（Gernal Unification Theorem）。

【例 8-21】 已知关系模式 R（ABC），F=$\{ A{\rightarrow}B, B{\rightarrow}C \}$，求 F^+。

根据 FD 的推理规则，可推出 F 的 F^+ 有 43 个 FD。

譬如，据规则 A1 可推出 $A{\rightarrow}\phi$（ϕ 表示空属性集），$A{\rightarrow}A$，…。据已知的 $A{\rightarrow}B$ 及规则 A2 可推出 $AC{\rightarrow}BC$，$AB{\rightarrow}B$，$A{\rightarrow}AB$，…。据已知条件及规则 A3 可推出 $A{\rightarrow}C$ 等。作为习题，读者可自行推出这 43 个 FD。

对于 FD $X{\rightarrow}Y$，如果 $Y{\subseteq}X$，那么称 $X{\rightarrow}Y$ 是一个"平凡的 FD"，否则称为"非平凡的 FD"。

正如名称所示，平凡的 FD 并没有实际意义，根据规则 A1 就可推出。人们感兴趣的是非平凡的 FD。只有非平凡的 FD 才和"真正的"完整性约束条件相关。

从规则 A4 和 A5，立即可得到下面的重要定理。

定理 8-3 如果 $A_1{\cdots}A_n$ 是关系模式 R 的属性集，那么 $X{\rightarrow}A_1{\cdots}A_n$ 成立的充分必要条件是 $X{\rightarrow}A_i$（$i=1, \cdots, n$）成立。

4. FD 和关键码的联系

有了 FD 概念后，我们可以把关键码和 FD 联系起来。实际上，函数依赖是关键码概念的推广。

设关系模式 R 的属性集是 U，X 是 U 的一个子集。如果 $X{\rightarrow}U$ 在 R 上成立，那么称 X 是 R 的一个超键。如果 $X{\rightarrow}U$ 在 R 上成立，但对于 X 的任一真子集 X_1 都有 $X_1{\rightarrow}U$ 不成立，那么称 X 是 R 上的一个候选键。本章的键都是指候选键。

【例 8-22】 对于例 8-20 中的关系模式：

R（S#, SNAME, AGE, SEX, C#, CNAME, SCORE, T#, TNAME, TITLE）
根据已知的 FD 和推理规则，可以知道（S#, C#）能函数决定 R 的全部属性，并且是一个候选键。虽然（S#, SNAME, C#, TNAME）也能函数决定 R 的全部属性，但相比之下，只能说是一个超键，而不能说是候选键，因为其中含有多余属性。

5. 属性集的闭包

已经证明，规则集{A1, A2, A3}是函数依赖的一个正确的和完备的推理规则集。推理规则的正确性是指"从 FD 集 F 使用推理规则集推出的 FD 必定在 F^+ 中"，完备性是指"F^+ 中的 FD 都能从 F 集使用推理规则集导出"。也就是正确性保证了推出的所有 FD 是正确的，完备性保证了可以推出所有被蕴涵的 FD。这就保证了推导的有效性和可靠性。

在实际使用中，经常要判断能否从已知的 FD 集 F 中推导出 FD $X{\rightarrow}Y$，那么可先求出 F 的闭包 F^+，然后再看 $X{\rightarrow}Y$ 是否在 F^+ 中。但是从 F 求 F^+ 是一个复杂且困难的问题（NP

完全问题，指数级问题）。下面引入属性集闭包概念，将使判断问题化为多项式级时间问题。

设 F 是属性集 U 上的 FD 集，X 是 U 的子集，那么（相对于 F）属性集 X 的闭包用 X^+ 表示，它是一个从 F 集使用 FD 推理规则推出的所有满足 X→A 的属性 A 的集合：

X^+= { 属性 A | F ⊨ X→A }

从属性集闭包的定义，立即可得出下面的定理。

定理 8-4 X→Y 能用 FD 推理规则推出的充分必要条件是 $Y \subseteq X^+$。

从属性集 X 求 X^+ 并不太难，花费的时间与 F 中全部依赖的数目成正比，是一个多项式级时间问题。

下面介绍一个计算属性集闭包的算法。

求属性集 X 相对于 FD 集 F 的闭包 X^+。

设属性集 X 的闭包为 closure，其计算算法如下：

```
closure = x;
do { if  F中有某个 FD U→V 满足 U⊆closure
       then  closure = closure ⋃ V;
   } while (closure 有所改变);
```

【**例 8-23**】 属性集 U 为 ABCD，FD 集为 {A→B，B→C，D→B}。则用上述算法，可求出 A^+=ABC，$(AD)^+$=ABCD，$(BD)^+$=BCD，等等。

6. FD 集的最小依赖集

如果关系模式 R（U）上的两个函数依赖集 F 和 G，有 $F^+=G^+$，则称 F 和 G 是等价的函数依赖集。

函数依赖集 F 中的 FD 很多，我们应该从 F 中去掉平凡的 FD、无关的 FD、FD 中无关的属性，以求得 F 的最小依赖集 F_{min}。形式定义如下。

设 F 是属性集 U 上的 FD 集。如果 F_{min} 是 F 的一个最小依赖集，那么 F_{min} 应满足下列 4 个条件：

（1）$(F_{min})^+=F^+$；

（2）每个 FD 的右边都是单属性；

（3）F_{min} 中没有冗余的 FD（即 F_{min} 中不存在这样的函数依赖 X→Y，使得 F_{min} 与 F_{min}－{X→Y} 等价）；

（4）F_{min} 中每个 FD 的左边没有冗余的属性（即 F_{min} 中不存在这样的函数依赖 X→Y，X 有真子集 W 使得 F_{min}－{X→Y} ⋃ {W→Y} 与 F_{min} 等价）。

显然，每个函数依赖集至少存在一个最小依赖集，但并不一定唯一。

【**例 8-24**】 设 F 是关系模式 R（ABC）的 FD 集，F={ A→BC，B→C，A→B，AB→C}，试求 F_{min}。

解：（1）先把 F 中的 FD 写成右边是单属性形式：

$$F= \{A→B，A→C，B→C，A→B，AB→C\}$$

显然多了一个 A→B，可删去。得 F= {A→B，A→C，B→C，AB→C}。

（2）F 中 A→C 可从 A→B 和 B→C 推出，因此 A→C 是冗余的，可删去。得 F= {A→B，B→C，AB→C}。

（3）F 中 AB→C 可从 B→C 推出，因此 AB→C 也是冗余的，可以删去。最后得 F= {A→B，B→C}，即所求的 F_{min}。

计算函数依赖集 F 的最小依赖集 G。

具体过程分 3 步。

（1）据推理规则的分解性（A5），得到一个与 F 等价的 FD 集 G，G 中每个 FD 的右边均为单属性。

（2）在 G 的每个 FD 中消除左边冗余的属性。

（3）在 G 中消除冗余的 FD。

8.2.7　关系模式的分解特性

1．关系模式的分解

设有关系模式 R(U)，属性集为 U，R_1、…、R_k 都是 U 的子集，并且有 $R_1 \cup R_2 \cup \cdots \cup R_k = U$。关系模式 R_1、…、R_k 的集合用 ρ 表示，ρ= {R_1，…，R_k}。用 ρ 代替 R 的过程称为关系模式的分解。这里 ρ 称为 R 的一个分解，也称为数据库模式。

一般把上述的 R 称为泛关系模式，R 对应的当前值称为泛关系。数据库模式 ρ 对应的当前值称为数据库实例，它由数据库模式中的每一个关系模式的当前值组成。我们用 σ= <r_1，…，r_k>表示。模式分解示意图如图 8-7 所示。

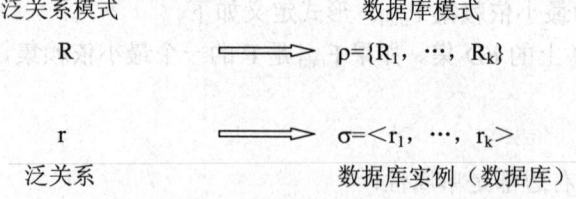

泛关系模式　　　　　　　　数据库模式

R　　⟹　ρ={R_1，…，R_k}

r　　⟹　σ=<r_1，…，r_k>

泛关系　　　　　　　数据库实例（数据库）

图 8-7　模式分解示意图

因此，在计算机中数据并不是存储在泛关系 r 中，而是存储在数据库 σ 中。

那么，这里就有两个问题：

（1）σ 和 r 是否等价，即是否表示同样的数据。这个问题用"无损分解"特性表示。

（2）在模式 R 上有一个 FD 集 F，在 ρ 的每一个模式 R_i 上有一个 FD 集 F_i，那么{F_1,…,F_k}与 F 是否等价。这个问题用"保持依赖"特性表示。

2．无损分解

【例 8-25】　设有关系模式 R（ABC），分解成 ρ= {AB，AC}。

（1）表 8-13 的（a）是 R 上的一个关系 r，（b）和（c）是 r 在模式 AB 和 AC 上的投影 r_1 和 r_2。显然，此时有 $r_1 \bowtie r_2 = r$。也就是在 r 投影、连接以后仍然能恢复成 r，即未丢失信息，这正是我们所希望的。这种分解称为"无损分解"。

表 8-13　未丢失信息的分解

(a) r				(b) r_1			(c) r_2	
A	B	C		A	B		A	C
1	1	1		1	1		1	1
1	2	1		1	2			

（2）表 8-14 的（a）是 R 上的一个关系 r，（b）和（c）是 r 在模式 AB 和 AC 上的投影 r_1 和 r_2，（d）是 $r_1 \bowtie r_2$。此时 $r_1 \bowtie r_2 \neq r$。也就是 r 在投影、连接以后比原来 r 的元组还要多，但把原来的信息丢失了。这种分解是我们不希望产生的。这种分解称为"损失分解"。

表 8-14　丢失信息的分解

(a) r				(b) r_1			(c) r_2			(d) $r_1 \bowtie r_2$		
A	B	C		A	B		A	C		A	B	C
1	1	4		1	1		1	4		1	1	4
1	2	3		1	2		1	3		1	1	3
										1	2	4
										1	2	3

在泛关系模式 R 分解成数据库模式 $\rho = \{R_1, \cdots, R_k\}$ 时，泛关系 r 在 ρ 的每一模式 R_i（$1 \leqslant i \leqslant n$）上投影后再连接起来，比原来 r 中多出来的元组，称为"寄生元组"（Spurious Tuple）。

实际上，寄生元组表示错误的信息。寄生元组也就是 8.2.5 节模式设计准则 4 中提到的额外元组。

下面对关系模式的无损分解和损失分解下个形式定义，这个定义实际上与函数依赖有着直接的联系。

设 R 是一个关系模式，F 是 R 上的一个 FD 集。R 分解成数据库模式 $\rho = \{R_1, \cdots, R_k\}$。如果对 R 中满足 F 的每一个关系 r，都有

$$r = \pi_{R_1}(r) \bowtie \pi_{R_2}(r) \bowtie \cdots \bowtie \pi_{R_k}(r)$$

那么称分解 ρ 相对于 F 是"无损连接分解"（Lossless Join Decomposition），简称为"无损分解"，否则称为"损失分解"（Lossy Decomposition）。

其中符号 $\pi_{R_i}(r)$ 表示关系 r 在模式 R_i 属性上的投影。r 的投影连接表达式 $\pi_{R_1}(r) \bowtie \cdots \bowtie \pi_{R_k}(r)$ 用符号 $m_\rho(r)$ 表示，即 $m_\rho(r) = \overset{k}{\underset{i=1}{\bowtie}} \pi_{R_i}(r)$。

读者应注意到，上述定义有一个先决条件，即 r 是 R 的一个关系。也就是先存在 r（泛关系）的情况下，再去谈论分解，这是关系数据库理论中著名的"泛关系假设"（Universal Relation Assumption）。在有泛关系假设时，r 与 $m_\rho(r)$ 之间的联系，可用图 8-8 表示。从

图中可看出 m_ρ（r）有两个性质：

（1）$r \subseteq m_\rho$（r）。

（2）设 s= m_ρ（r），则 π_{R_i}（s）=r_i。

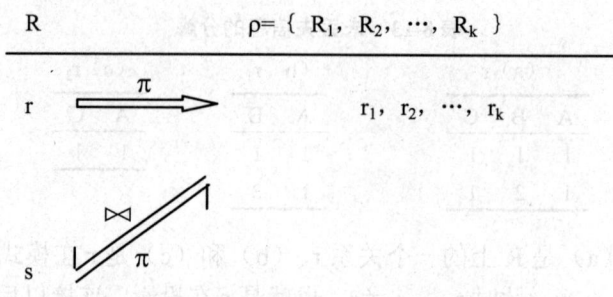

图 8-8 泛关系假设下关系模式分解的示意图

如果谈论模式分解时,先不提泛关系 r 的存在性,而先说存在一个数据库实例σ={r_1,…,r_k},再设 $\overset{k}{\underset{i=1}{\bowtie}} \pi_{r_i}$（r）= s,那么 π_{R_i}（s）就未必与 r_i 相等了。（图 8-9）原因就是这些 r_i 中可能有"悬挂"元组（Dangling Tuple,破坏泛关系存在的元组）。其定义和例子如下所述。

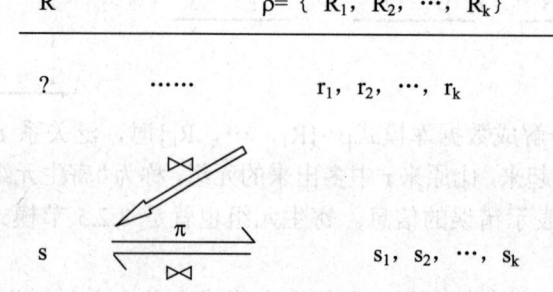

图 8-9 无泛关系假设时的示意图

在无泛关系假设时,对两个关系进行自然连接中被丢失的元组称为悬挂元组。

悬挂元组是造成两个关系不存在泛关系的原因。

【例 8-26】 设关系模式 R（ABC）分解成ρ= {AB, BC}。表 8-15 的（a）和（b）分别是模式 AB 和 BC 上的值 r_1 和 r_2,（c）是 $r_1 \bowtie r_2$ 的值。显然 π_{BC}（$r_1 \bowtie r_2$）≠r_2。这里 r_2 中的元组（b_2, c_2）就是一个悬挂元组,由于它的存在,使得 r_1 和 r_2 不存在泛关系 r。

表 8-15 关系 r_1 和 r_2 不存在泛关系

（a）关系 r_1		（b）关系 r_2		（c）$r_1 \bowtie r_2$		
A	B	B	C	A	B	C
a_1	b_1	b_1	c_1	a_1	b_1	c_1
		b_2	c_2			

3. 模式分解的优缺点

（1）模式分解的优点

① 模式分解能消除数据冗余和操作异常现象。

② 在分解了的数据库中可以存储悬挂元组，存储泛关系中无法存储的信息。

（2）模式分解的缺点

① 分解以后，检索操作需要做笛卡儿积或连接操作，这将付出时间代价。

② 在有泛关系假设时，对数据库中的关系进行自然连接时，可能产生寄生元组，即损失了信息。在无泛关系假设时，由于数据库中可能存在悬挂元组，就有可能不存在泛关系。

一般认为，为了消除冗余和异常现象，对模式进行分解还是值得的。但对于模式分解的缺点，还应加以注意。在进行数据库设计时，设计者应权衡利弊，在分解模式到一定程度时适可而止。

4. 无损分解的测试方法

在把关系模式 R 分解成 ρ 以后，如何测试分解 ρ 是否是无损分解？已有人提出一个"追踪"（Chase）过程，用于测试一个分解是否是无损分解。

无损分解的测试。

输入：关系模式 $R=A_1 \cdots A_n$，F 是 R 上成立的函数依赖集，$\rho = \{R_1, \cdots, R_k\}$ 是 R 的一个分解。

输出：判断 ρ 相对于 F 是否具有无损分解特性。

方法：（1）构造一张 k 行 n 列的表格，每列对应一个属性 A_j（$1 \leqslant j \leqslant n$），每行对应一个模式 R_i（$1 \leqslant i \leqslant k$）。如果 A_j 在 R_i 中，那么在表格的第 i 行第 j 列处填上符号 a_j，否则填上 b_{ij}。

（2）把表格看成模式 R 的一个关系，反复检查 F 中每个 FD 在表格中是否成立，若不成立，则修改表格中的值。修改方法如下。

对于 F 中的一个 FD $X \rightarrow Y$，如果表格中有两行在 X 值上相等，在 Y 值上不相等，那么把这两行在 Y 值上也改成相等的值。如果 Y 值中有一个是 a_j，那么另一个也改成 a_j；如果没有 a_j，那么用其中一个 b_{ij} 替换另一个值（尽量把下标 i，j 改成较小的数）。一直到表格不能修改为止（这个过程称为 Chase 过程）。

（3）若修改的最后一张表格中有一行是全 a，即 $a_1 a_2, \cdots, a_n$，那么称 ρ 相对于 F 是无损分解，否则称损失分解。

【例 8-27】 设关系模式 R（ABCD），R 分解成 $\rho = \{AB, BC, CD\}$。如果 R 上成立的函数依赖集 $F_1 = \{B \rightarrow A, C \rightarrow D\}$，那么 ρ 相对于 F_1 是否为无损分解？如果 R 上成立的函数依赖集 $F_2 = \{A \rightarrow B, C \rightarrow D\}$ 呢？

解：（1）相对于 F_1，Chase 过程的示意图如表 8-16 所示。

据 $B \rightarrow A$，可把 b_{21} 改成 a_1；据 $C \rightarrow D$，可把 b_{24} 改成 a_4。此时第二行已是全 a 行，因此相对于 F_1，R 分解成 ρ 是无损分解。

（2）相对于 F_2，Chase 过程的示意图如表 8-17 所示。

据 $C \rightarrow D$，可把 b_{24} 改成 a_4；据 $A \rightarrow B$，不能修改表格。此时表格没有一行是全 a 行，因此相对于 F_2，R 分解成 ρ 是损失分解。

表 8-16 算法 8-4 的运用示意图（1）

（a）初始表格					（b）修改后的表格			
	A	B	C	D		A	B	C	D
AB	a_1	a_2	b_{13}	b_{14}	AB	a_1	a_2	b_{13}	b_1
BC	b_{21}	a_2	a_3	b_{24}	BC	a_1	a_2	a_3	a_4
CD	b_{31}	b_{32}	a_3	a_4	CD	b_{31}	b_{32}	a_3	a_4

表 8-17 算法 8-4 的运用示意图（2）

（a）初始表格					（b）修改后的表格			
	A	B	C	D		A	B	C	D
AB	a_1	a_2	b_{13}	b_{14}	AB	a_1	a_2	b_{13}	b_1
BC	b_{21}	a_2	a_3	b_{24}	BC	b_{21}	a_2	a_3	a_4
CD	b_{31}	b_{32}	a_3	a_4	CD	b_{31}	b_{32}	a_3	a_4

在 chase 过程中，如果把 b 改成 a，则表示可以从其他模式和已知的 FD 中使该模式可以增加一个属性。如果改成另一个 b_{ij}，表示模式相应关系中该属性值虽然还没有，但其值应与其他关系中的值相等。

当最后一张表格中存在一行全 a 时，这行表示的模式中可以包含 R 的所有属性，也就回到原来的表格，即 $m_\rho(r) = r$。因此，分解是无损分解。

当最后一张表格中，不存在全 a 行时，也就是回不到原来的表格，即 $m_\rho(r) \neq r$。因此，分解是损失分解。

5. 保持函数依赖的分解

分解的另一个特性是在分解的过程中能否保持函数依赖集，如果不能保持 FD，那么数据的语义就会出现混乱。

定义 8-1 设 F 是属性集 U 上的 FD 集，Z 是 U 的子集，F 在 Z 上的投影用 $\pi_Z(F)$ 表示，定义为

$$\pi_Z(F) = \{X \rightarrow Y \mid X \rightarrow Y \in F^+, \text{且 } XY \subseteq Z\}$$

定义 8-2 设 $\rho = \{R_1, \cdots, R_k\}$ 是 R 的一个分解，F 是 R 上的 FD 集，如果有 $\bigcup_{i=1}^{k} \pi_{R_i}(F) \models F$，那么称分解 ρ 保持函数依赖集 F。

从定义 8-19 可知 $F \models \bigcup_{i=1}^{k} \pi_{R_i}(F)$，从定义 8-2 可知 $\bigcup_{i=1}^{k} \pi_{R_i}(F) \models F$，因此，在分解 ρ 保持函数依赖的情况下有 $\left(\bigcup_{i=1}^{k} \pi_{R_i}(F)\right)^+ = F^+$。

根据定义 8-1，测试一个分解是否保持 FD，比较可行的方法是逐步验证 F 中每个 FD

是否被 $\bigcup_{i=1}^{k} \pi_{R_i}$（F）逻辑蕴涵。

如果 F 的投影不蕴涵 F，而我们又用ρ={ R_1，…，R_k } 表达 R，很可能会找到一个数据库实例 σ 满足投影后的依赖，但不满足 F。对 σ 的更新也有可能使 r 违反 FD。下面的例子说明了这种情况。

【例 8-28】 设关系模式 R（T#，TITLE，SALARY）的属性分别表示教师的工号、职称和工资。如果规定每个教师只有一个职称，并且每个职称只有一个工资数目，那么 R 上的 FD 有 T#→TITLE 和 TITLE→SALARY。

如果 R 分解成ρ={ R_1，R_2 }，其中 R_1={ T#，TITLE }，R_2={ T#，SALARY }，可以验证这个分解是无损分解。

R_1 上 FD 是 F_1={ T#→TITLE }，R_2 上的 FD 是 F_2={ T#→SALARY }。但从这两个 FD 推导不出在 R 上成立的 FD TITLE→SALARY，因此分解ρ把 TITLE→SALARY 丢失了，即ρ不保持 F。

表 8-18 的（a）和（b）是两个关系 r_1 和 r_2，（c）是 $r_1 \bowtie r_2$。r_1 和 r_2 分别满足 F_1 和 F_2。但 $r_1 \bowtie r_2$ 违反了 TITLE→SALARY。

表 8-18　丢失 FD 的分解

（a）关系 r_1		（b）关系 r_2		（c）$r_1 \bowtie r_2$		
T#	TITLE	T#	SALARY	T#	TITLE	SALARY
T1	教授	T1	3000	T1	教授	3000
T2	教授	T2	4000	T2	教授	4000
T3	讲师	T3	2000	T3	讲师	2000

如果某个分解能保持 FD 集，那么在数据输入或更新时，只要每个关系模式本身的 FD 约束被满足，就可以确保整个数据库中数据的语义完整性不受破坏。显然这是一种良好的特性。

6. 模式分解与模式等价问题

本节讨论的关系模式分解的两个特性实际上涉及两个数据库模式的等价问题，这种等价包括数据等价和依赖等价两个方面。数据等价是指两个数据库实例应表示同样的信息内容，用"无损分解"衡量。如果是无损分解，那么对泛关系反复的投影和连接都不会丢失信息。依赖等价是指两个数据库模式应有相同的依赖集闭包。在依赖集闭包相等情况下，数据的语义是不会出差错的。违反数据等价或依赖等价的分解很难说是一个好的模式设计。

但是要同时达到无损分解和保持 FD 的分解也不是一件容易的事情，需要认真对待。下面的例子表示关系模式 R（ABC）在不同函数依赖集上即使对同样的分解也会产生不同的结果。

【例 8-29】 设关系模式 R（ABC），ρ={AB，AC}是 R 的一个分解。试分析分别在 F_1={A→B}，F_2={A→C，B→C}，F_3={B→A}，F_4={C→B，B→A}情况下，ρ是否具有无损分解和保持 FD 的分解特性。

解：（1）相对于 $F_1=\{A \to B\}$，分解 ρ 是无损分解且保持 FD 的分解。

（2）相对于 $F_2=\{A \to C, B \to C\}$，分解 ρ 是无损分解，但不保持 FD 集。因为 $B \to C$ 丢失了。

（3）相对于 $F_3=\{B \to A\}$，分解 ρ 是损失分解但保持 FD 集的分解。

（4）相对于 $F_4=\{C \to B, B \to A\}$，分解 ρ 是损失分解且不保持 FD 集的分解，因为丢失了 $C \to B$。

从上例可以看出分解的无损分解与保持 FD 的分解两个特性之间没有必然的联系。

8.2.8 范式

关系模式的好与坏，用什么标准来衡量呢？这个标准就是模式的范式（Normal Forms，NF）。范式的种类与数据依赖有着直接的联系，基于 FD 的范式有 1NF、2NF、3NF、BCNF 等多种。

在不提及 FD 时，关系中是不可能有冗余的问题，但是当存在 FD 时，关系中就有可能存在数据冗余问题。

1NF 是关系模式的基础；2NF 已成为历史，一般不再提及；在数据库设计中最常用的是 3NF 和 BCNF。为了叙述方便，我们还是以 1NF、2NF、3NF、BCNF 的顺序来介绍。

1. 第一范式（1NF）

定义 8-3 如果关系模式 R 的每个关系 r 的属性值都是不可分的原子值，那么称 R 是第一范式（First Normal Form，1NF）的模式。

满足 1NF 的关系称为规范化的关系，否则称为非规范化的关系。关系数据库研究的关系都是规范化的关系。例如关系模式 R（NAME，ADDRESS，PHONE），如果一个人有两个电话号码（PHONE），那么在关系中至少要出现两个元组，以便存储这两个号码。

1NF 是关系模式应具备的最起码的条件。

2. 第二范式（2NF）

即使关系模式是 1NF，但很可能具有不受欢迎的冗余和异常现象，因此需把关系模式作进一步的规范化。

如果关系模式中存在局部依赖，就不是一个好的模式，需要把关系模式分解，以排除局部依赖，使模式达到 2NF 的标准。具体定义如下。

定义 8-4 对于 FD $W \to A$，如果存在 $X \subset W$ 有 $X \to A$ 成立，那么称 $W \to A$ 是局部依赖（A 局部依赖于 W）；否则称 $W \to A$ 是完全依赖。完全依赖也称为"左部不可约依赖"。

如果 A 是关系模式 R 的候选键中的属性，那么称 A 是 R 的主属性；否则称 A 是 R 的非主属性。

定义 8-5 如果关系模式 R 是 1NF，且每个非主属性完全函数依赖于候选键，那么称 R 是第二范式（2NF）的模式。如果数据库模式中每个关系模式都是 2NF，则称数据库模式为 2NF 的数据库模式。

不满足 2NF 的关系模式中必定存在非主属性对关键码的局部依赖，如图 8-10 所示。

【例 8-30】 设关系模式 R（S#，C#，SCORE，T#，TITLE）的属性分别表示学生学号、选修课程的编号、成绩、任课教师工号和教师职称。（S#，C#）是 R 的候选键。

图 8-10　违反 2NF 的局部依赖示意图

R 上有两个 FD：（S#，C#）→（T#，TITLE）和 C#→（T#，TITLE），因此前一个 FD 是局部依赖，R 不是 2NF 模式。此时 R 的关系就会出现冗余和异常现象。譬如某一门课程有 100 个学生选修，那么在关系中就会存在 100 个元组，因而教师的工号和职称就会重复 100 次。

如果把 R 分解成 R1（C#，T#，TITLE）和 R2（S#，C#，SCORE）后，局部依赖（S#，C#）→（T#，TITLE）在 R1 和 R2 中隐去了（但未丢失）。R1 和 R2 则都是 2NF 模式。

在关系模式 R 中消除非主属性对候选键的局部依赖的方法可用下列算法表示。

分解成 2NF 模式集的简单算法。

设关系模式 R（U），主键是 W，R 上还存在 FD X→Z 和 X⊂W，并且 Z 是非主属性，那么 W→Z 就是一个局部依赖。此时应把 R 分解成两个模式：

- R1（XZ），主键是 X；
- R2（Y），其中 Y=U–Z，主键仍是 W，外键是 X（参照 R1）。

利用外键和主键的连接可以从 R1 和 R2 重新得到 R。

如果 R1 和 R2 还不是 2NF，则重复上述过程，一直到数据库模式中每一个关系模式都是 2NF 为止。

3. 第三范式（3NF）

定义 8-6　如果 X→Y，Y→A，且 Y ↛ X 和 A∉Y，那么称 X→A 是传递依赖（A 传递依赖于 X）。

定义 8-7　如果关系模式 R 是 1NF，且每个非主属性都不传递依赖于 R 的候选键，那么称 R 是第三范式（3NF）的模式。如果数据库模式中每个关系模式都是 3NF，则称其为 3NF 的数据库模式。

不满足 3NF 的关系模式中必定存在非主属性对关键码的传递依赖，如图 8-11 所示。

根据定义 8-7 和图 8-11 可知，3NF 还有下面一个等价的定义，如下所述。

定义 8-8　设 F 是关系模式 R 的 FD 集，如果对 F 中每个非平凡的 FD X→Y，都有 X 是 R 的超键，或者 Y 的每个属性都是主属性，那么称 R 是 3NF 的模式。

这个定义表明，如果非平凡的 FD X→Y 中 Y 是主属性，则 X→Y 不违反 3NF 条件；如果 Y 是非主属性，且 X 不包含超键，则必存在关键码 W 有 W→X，此时就有 W→Y 是一个传递依赖，即 R 不是 3NF 模式。

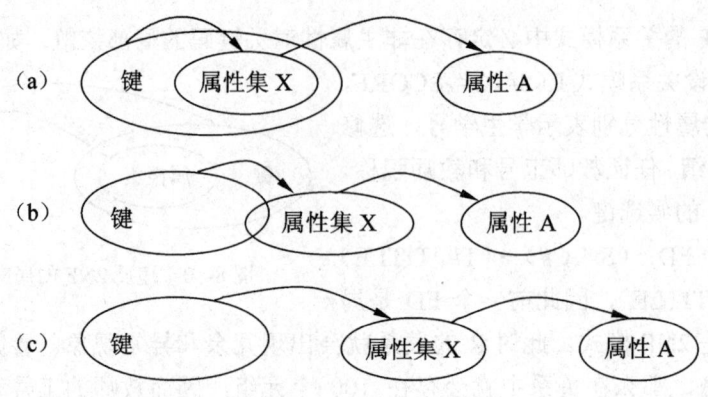

图 8-11 违反 3NF 的传递依赖的 3 种情况

【例 8-31】 在例 8-30 中，R2 是 2NF 模式，而且也已是 3NF 模式。但 R1（C#，T#，TITLE）是 2NF 模式，却不一定是 3NF 模式。如果 R1 中存在函数依赖 C#→T# 和 T#→TITLE，那么 C#→TITLE 就是一个传递依赖，即 R1 不是 3NF 模式。此时 R1 的关系中也会出现冗余和异常操作。譬如一个教师开设 5 门课程，那么关系中就会出现 5 个元组，教师的职称就会重复 5 次。

如果把 R2 分解成 R21（T#，TITLE）和 R22（C#，T#）后，C#→TITLE 就不会出现在 R21 和 R22 中。这样 R21 和 R22 都是 3NF 模式。

在关系模式 R 中消除非主属性对候选键的传递依赖的方法可用下列算法表示。

分解成 3NF 模式集的简单算法。

设关系模式 R（U），主键是 W，R 上还存在 FD X→Z，并且 Z 是非主属性，Z ⊄ X，X 不是候选键，这样 W→Z 就是一个传递依赖。此时应把 R 分解成两个模式：

- R1（XZ），主键是 X；
- R2（Y），其中 Y=U–Z，主键仍是 W，外键是 X（参照 R1）。

利用外键和主键相匹配机制，R1 和 R2 通过连接可以重新得到 R。

如果 R1 和 R2 还不是 3NF，则重复上述过程，一直到数据库模式中每一个关系模式都是 3NF 为止。

从定义 8-4 和定义 8-6 可以知道，局部依赖的存在必定蕴涵着传递依赖的存在。也就是，如果 R 是 3NF 模式，那么 R 也是 2NF 模式。

局部依赖和传递依赖是模式产生冗余和异常的两个重要原因。由于 3NF 模式中不存在非主属性对候选键的局部依赖和传递依赖，因此消除了很大一部分存储异常，具有较好的性能。而对于非 3NF 的 1NF、2NF，甚至非 1NF 的关系模式，由于它们性能上的弱点，一般不宜作为数据库模式，通常需要将它们变换成 3NF 或更高级的范式，这种变换过程，称为"关系的规范化处理"。

4. BCNF（Boyce-Codd NF）

在 3NF 模式中，并未排除主属性对候选键的传递依赖，如图 8-12 所示。因此有必要提出更高一级的范式。

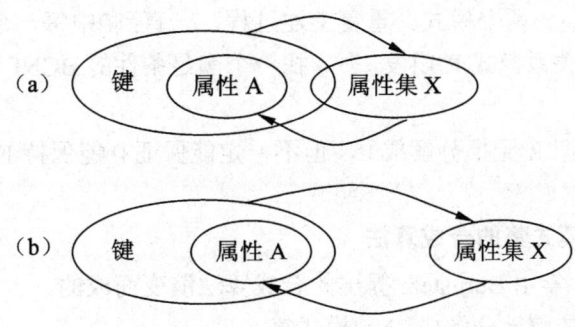

图 8-12   主属性对候选键的传递依赖

定义 8-9   如果关系模式 R 是 1NF，且每个属性都不传递依赖于 R 的候选键，那么称 R 是 BCNF 的模式。如果数据库模式中每个关系模式都是 BCNF，则称为 BCNF 的数据库模式。

BCNF 也有个等价的定义，如下所述。

定义 8-10   设 F 是关系模式 R 的 FD 集，如果对 F 中每个非平凡的 FD X→Y，都有 X 是 R 的超键，那么称 R 是 BCNF 的模式。

这个定义表明，如果非平凡的 FD X→Y 中 X 不包含超键，那么 Y 必须传递依赖于候选键，因此 R 不是 BCNF 模式。

【例 8-32】   设关系模式 R（B#，BNAME，AUTHOR）的属性分别表示书号、书名和作者名。如果规定每个书号只有一个书名，但不同书号可以有相同书名；每本书可以有多个作者合写，但每个作者参与编著的书名应该互不相同。这样的规定可以用两个 FD 表示：B#→BNAME 和（AUTHOR，BNAME）→B#。R 的关键码为（BNAME，AUTHOR）或（B#，AUTHOR），因而模式 R 的属性都是主属性，R 是 3NF 模式。但从上述两个 FD，可知属性 BNAME 传递依赖于关键码（AUTHOR，BNAME），因此 R 不是 BCNF 模式。譬如一本书由多个作者编写时，其书名与书号间的联系在关系中将多次出现，带来冗余和操作异常现象。

如果把 R 分解成 R1（B#，BNAME）和 R2（B#，AUTHOR），能解决上述问题，且 R1 和 R2 都是 BCNF。但有可能引起新的问题，譬如这个分解把（AUTHOR，BNAME）→B#丢失了，数据语义将会引起新的矛盾。

从定义 8-7 和定义 8-9 可以知道，如果 R 是 BCNF 模式，那么 R 也是 3NF 模式。

分解成 BCNF 模式集的算法基本上和算法 8-6 一样，只是 FD X→Z 中，Z 也可以是主属性。

5. 分解成 BCNF 模式集的分解算法

无损分解成 BCNF 模式集。

对于关系模式 R 的分解ρ（初始时ρ={R}），如果ρ中有一个关系模式 R_i 相对于 π_{R_i}（F）

不是 BCNF。据定义 8-10 可知，R_i 中存在一个非平凡 FD $X \rightarrow Y$，有 X 不包含超键，此时把 R_i 分解成 XY 和 R_i-Y 两个模式。重复上述过程，一直到ρ中每一个模式都是 BCNF。

这个算法是从泛关系模式 R 出发，去寻找一个满足条件的 BCNF 模式集，因此称为"分解算法"。

这个算法能保证把 R 无损分解成 ρ，但不一定能保证 ρ 能保持 FD（例 8-32 说明了这种情况）。

6. 分解成 3NF 模式集的合成算法

这个算法是 1976 年由 Bernstein 提出的合成算法演变而成的。

无损分解且保持依赖地分解成 3NF 模式集。

（1）对于关系模式 R 和 R 上成立的 FD 集 F，先求出 F 的最小依赖集，然后再把最小依赖集中哪些左部相同的 FD 用合并性合并起来。

（2）对最小依赖集中，每个 FD $X \rightarrow Y$ 构成一个模式 XY。

（3）在构成的模式集中，如果每个模式都不包含 R 的候选键，那么把候选键作为一个模式放入模式集中。

这样得到的模式集是关系模式 R 的一个分解，并且这个分解既是无损分解，又能保持 FD。

由于这个算法是从最小的 FD 集出发，对每个 FD 去构造一个模式，因此称为"合成算法"。

【例 8-33】 设关系模式 R（ABCDE），R 的最小依赖集为{A→B，C→D}。从依赖集可知 R 的候选键为 ACE。

先根据最小依赖集，可知ρ={AB，CD}。然后再加入由候选键组成的模式 ACE。因此最后结果ρ={AB，CD，ACE}是一个 3NF 模式集且 R 相对于该依赖集是无损分解且保持 FD。

7. 模式设计方法小结

至此，我们对关系模式的分解有了较全面的了解。关系模式 R 相对于函数依赖集 F 分解成数据库模式ρ={R_1, …, R_k}，一般应具有 3 个特性：

（1）ρ是 BCNF 模式集，或 3NF 模式集；

（2）无损分解，即对于 R 上任何满足 F 的泛关系应满足 $r=m_\rho$ (r)；

（3）保持函数依赖集 F，即 $(\bigcup_{i=1}^{k} \pi R_i$ (F)) $\vDash$ F。

数据库设计者在进行关系数据库设计时，应作权衡，尽可能使数据库模式保持最好的特性。一般尽可能设计成 BCNF 模式集。如果设计成 BCNF 模式集时达不到保持 FD 的特点，那么只能降低要求，设计成 3NF 模式集，以求达到保持 FD 和无损分解的特点。

模式分解并不单指把泛关系模式分解成数据库模式，也可以把数据库模式转换成另一个数据库模式，分解和转换的关键是要"等价"地分解。

下面一节讨论另外两种对数据库设计有一定用处的数据依赖和范式，但基本的模式设计思想还是这些。

8.2.9 其他数据依赖和范式

前面提到的函数依赖揭示了数据之间的一种联系。我们通过对函数依赖的观察、分析，可以消除关系模式中的冗余现象。但是函数依赖还不足以描绘现实世界中数据之间的全部联系，有些联系就要用其他数据依赖来刻画，例如多值依赖或连接依赖，本小节就介绍这两种依赖及其模式应达到的范式标准。

1. 多值依赖

【例 8-34】 关系模式 R（COURSE，STUDENT，PRECOURSE）的属性分别表示课程、选修该课程的学生以及该课程的先修课。这个模式表达了两件事情：选修课程的学生，课程的先修课。COURSE 值与 STUDENT 值、COURSE 值与 PRECOURSE 值之间都是 1∶N 联系，并且这两个 1∶N 联系是独立的。也就是选修一门课程的学生，必须选修这门课程的所有先修课。如表 8-19 所示。

表 8-19　属性为多值的表

COURSE	STUDENT	PRECOURSE
C4	{S1，S2}	{C1，C2，C3}

表 8-19 中的属性为多值属性，因此不是 1NF 关系。要表示成 1NF 的关系，就要用 6 个元组表示（表 8-20）。如果元组少于 6 个，那么数据的一致性就会受到质疑。

表 8-20　满足 1NF 的关系

COURSE	STUDENT	PRECOURSE
C4	S1	C1
C4	S1	C2
C4	S1	C3
C4	S2	C1
C4	S2	C2
C4	S2	C3

当关系用 1NF 形式表示时，可看出模式的键是全部属性，因此 R 已是 BCNF 模式，据 FD 不能再分解了。但显然，表 8-20 中有很大的冗余。如果 C4 这门课程有 100 个学生选修，并且 C4 这门课程有 4 门直接的先修课，那么在表中将会有 400 个元组。

如果把 R 分解成 R1（COURSE，STUDENT）和 R2（COURSE，PRECOURSE），就能消除冗余。

非形式地说，只要两个独立的 1∶N 联系出现在一个关系中，那么就可能出现多值依赖。多值依赖的形式定义如下。

设 U 是关系模式 R 的属性集，X 和 Y 是 U 的子集，Z=R–X–Y，小写的 xyz 表示属性集 XYZ 的值。对于 R 的关系 r，在 r 中存在元组（x，y_1，z_1）和（x，y_2，z_2）时，就也存在元组（x，y_2，z_1）和（x，y_1，z_2），那么称多值依赖（Multi Valued Dependency，MVD）

X→→Y 在模式 R 上成立。

MVD 的这个定义可用图 8-13 的形式表示。

从图 8-13 可以看出，每个 X 值对应一组 Y 值，但与 Z 值无关，则 X→→Y 成立。另外还可看出，这个定义具有对称性，即 R 中只要有 X→→Y，R 中也就有 X→→Z。即 X→→Y 和 X→→Z 同时成立，故有时写成 X→→Y ∣ Z。

表中已存在的元组：x　y_1　z_1

x　y_2　z_2

↓

可推出还应该存在的元组：x　y_2　z_1

x　y_1　z_2

图 8-13　MVD 的示意图

【例 8-35】 在例 8-34 中，模式 R 中的属性值间一对多联系可用下列 MVD 表示：

COURSE→→STUDENT 和 COURSE→→PRECOURSE。

2. 关于 FD 和 MVD 的推理规则集

关于 FD 和 MVD，已经找到了一个完备的推理规则集，这个集合有 8 条规则，3 条是关于 FD 的（即 8.2.6 节中提到的 A1、A2、A3 规则），3 条是关于 MVD 的，还有 2 条是关于 FD 和 MVD 相互推导的规则。具体如下。

设 U 是关系模式 R 上的属性集，W、V、X、Y、Z 为 U 的子集，关于 FD 和 MVD 的推理规则有以下几条。

A1（FD 的自反性）：若 Y⊆X，则 X→Y。

A2（FD 的增广性）：若 X→Y，且 Z⊆U，则 XZ→YZ。

A3（FD 的传递性）：若 X→Y，Y→Z 则 X→Z。

M1（MVD 的补规则，Complementation）：若 X→→Y，则 X→→(U－XY)。

M2（MVD 的增广性）：若 X→→Y，且 V⊆W⊆U，则 WX→→VY。

M3（MVD 的传递性）：若 X→→Y，Y→→Z，则 X→→(Z－Y)。

FM1（FD 到 MVD 的复制性，Replication）：若 X→Y，则 X→→Y。

FM2（FD 和 MVD 的接合性，Coalescence Rule）：若 X→→Y，W→Z，并且 Z⊆Y，W∩Y=∅，那么 X→Z。

可以证明，上述 8 条推理规则对于 FD 和 MVD 是完备的。和 FD 一样，也存在着平凡的 MVD。对于属性集 U 上的 MVD X→→Y，如果 Y⊆X 或者 XY=U，那么称 X→→Y 是一个平凡的 MVD，否则称 X→→Y 是一个非平凡的 MVD。

这是因为从 Y⊆X 可根据 A1 和 A7 推出 X→→Y，从 XY=U 可根据 A1、A7 和 A4 推出 X→→Y。

根据上述 8 条规则，还可以推出另外的推理规则。

M4（MVD 的并规则）：若 X→→Y，X→→Z，则 X→→YZ。

M5（MVD 的交规则）：若 X→→Y，X→→Z，则 X→→Y∩Z。

M6（MVD 的差规则）：若 X→→Y，X→→Z，则 X→→Y–Z，X→→Z–Y。

M7（MVD 的伪传递）：若 X→→Y，WY→→Z，则 WX→→Z–WY。

M8（混合伪传递）：若 X→→Y，XY→Z，则 X→Z–Y。

在有 FD 和 MVD 情况下，我们也可以用 Chase 过程来测试关系模式 R 相对于已知的

FD 和 MVD 集分解成ρ是否为无损分解。

另外，我们也可以用无损分解概念来定义 MVD：若 U 是关系模式 R 的属性集，X、Y、Z 是 U 的一个分割，且对 R 的每一个关系 r，都有 r=π_{XY}（r）$\bowtie$ π_{XZ}（r），则称 MVD X→→Y 在 R（U）上成立。这说明，如果一个模式可以无损分解成两个模式，那么蕴涵着一个多值依赖。

3. 第四范式（4NF）

4NF 是 BCNF 的直接推广，其形式定义如下。

定义 8-11 设 D 是关系模式 R 上成立的 FD 和 MVD 集合。如果 D 中每个非平凡的 MVD X→→Y 的左部 X 都是 R 的超键，那么称 R 是 4NF 的模式。

在这个定义中，关键码的涵义仍然没有变，关键码还是需通过 FD 来定义的，即关键码唯一决定元组。

【例 8-36】 在例 8-34 的模式 R（COURSE，STUDENT，PRECOURSE）中，键是（COURSE，STUDENT，PRECOURSE），在 MVD COURSE→→STUDENT 和 COURSE→→PRECOURSE 的左部都未包含键，因此 R 不是 4NF。若把 R 分解成 R_1（COURSE，STUDENT）和 R_2（COURSE，PRECOURSE）以后，则 R_1 和 R_2 都是 4NF。

从 4NF 的定义可知，是 4NF 的模式肯定是 BCNF 模式。

下面提出类似于算法 8-7 的分解成 4NF 模式集的算法。

无损分解成 4NF 模式集。

对于关系模式 R 的分解ρ（初始时ρ={R}），如果ρ中有一个关系模式 R_i 不是 4NF。据定义 8-11 可知，R_i 中存在一个非平凡 MVD X→→Y，有 X 不包含超键。此时把 R_i 分解成 XY 和 R_i-Y 两个模式。重复上述过程，一直到ρ中每一个模式都是 4NF。

这个算法也是从泛关系模式 R 出发，去寻找一个满足条件的 4NF 模式集，因此称为"分解算法"。

4. 嵌入多值依赖

FD X→Y 在任何包含 XY 的论域上都成立。但 MVD 就不一定。有可能 MVD X→→Y 在包含 XY 的论域 W 上成立，但在包含 W 的论域 U 上却不成立，这就引出了嵌入多值依赖的定义。设关系模式 R（U），X 和 Y 是属性集 U 的子集，W 是 U 的真子集，并且 XY⊆W。MVD X→→Y 在模式 R 上不成立，但在模式 W 上成立。那么 X→→Y 在 R 上称为嵌入多值依赖（Embedded MVD，EMVD），用符号（X→→Y）$_W$ 表示。

【例 8-37】 设模式 R（C，S，P，Y）的属性分别表示课程、选修课程的学生、这门课程的先修课程和该学生先修的年份。在 R 上仅有的非平凡的依赖是 SP→Y，关键码是 CSP。因此可将 R 分解为 R1（CSP）和 R2（SPY）。显然 R2 已是 4NF。

在 R 中，C→→S 和 C→→P 显然不成立。譬如关系 r 中有两个元组（c1，s1，p1，2001）和（c1，s2，p2，2000），但 r 中不一定有元组（c1，s2，p1，2001），也许 s2 选修 p1 课程是在 1999 年。

但是在模式 R1（CSP）中，C→→S 和 C→→P 是成立的。因为每门课程的先修课程对任何学生都是一样的。因而 C→→S 和 C→→P 在 R 上是 EMVD。由于 EMVD 的存在，R1（CSP）不是 4NF，应该分解成 R11（CS）和 R12（CP）。这样 R 上非平凡的依赖应该有 SP→Y，（C→→P）$_{CSP}$，（C→→S）$_{CSP}$ 这 3 个，R 上的分解应是{CS，CP，SPY}，而且是无损分解。如果 R 中没有这两个 EMVD，读者可以举出一个 r 满足 SP→Y，不满足 EMVD，此时有 m_ρ（r）≠r。

5. 连接依赖和第五范式

如前所述，MVD 定义为一个模式无损分解为两个模式。类似地，对于一个模式无损分解成 n 个模式的数据依赖，称为连接依赖，形式定义如下。

设 U 是关系模式 R 的属性集，R_1、…、R_n 是 U 的子集，并满足 U=R_1∪…∪R_n，ρ={R_1，…，R_n}是 R 的一个分解。如果对于 R 的每个关系 r 都有 m_ρ（r）=r，那么称连接依赖（Join Dependency，JD）在模式 R 上成立，记为*（R_1，…，R_n）。

如果*（R_1，…，R_n）中某个 R_i 就是 R，那么称这个 JD 是平凡的 JD。

【例 8-38】 设关系模式 R（SPJ）的属性分别表示供应商、零件和项目，表示三者之间的供应联系。如果规定，模式 R 的关系是 3 个二元投影（SP、PJ、JS）的连接，而不是其中任何两个的连接（图 8-14）。那么模式 R 中存在着一个连接依赖*（SP，PJ，JS）。

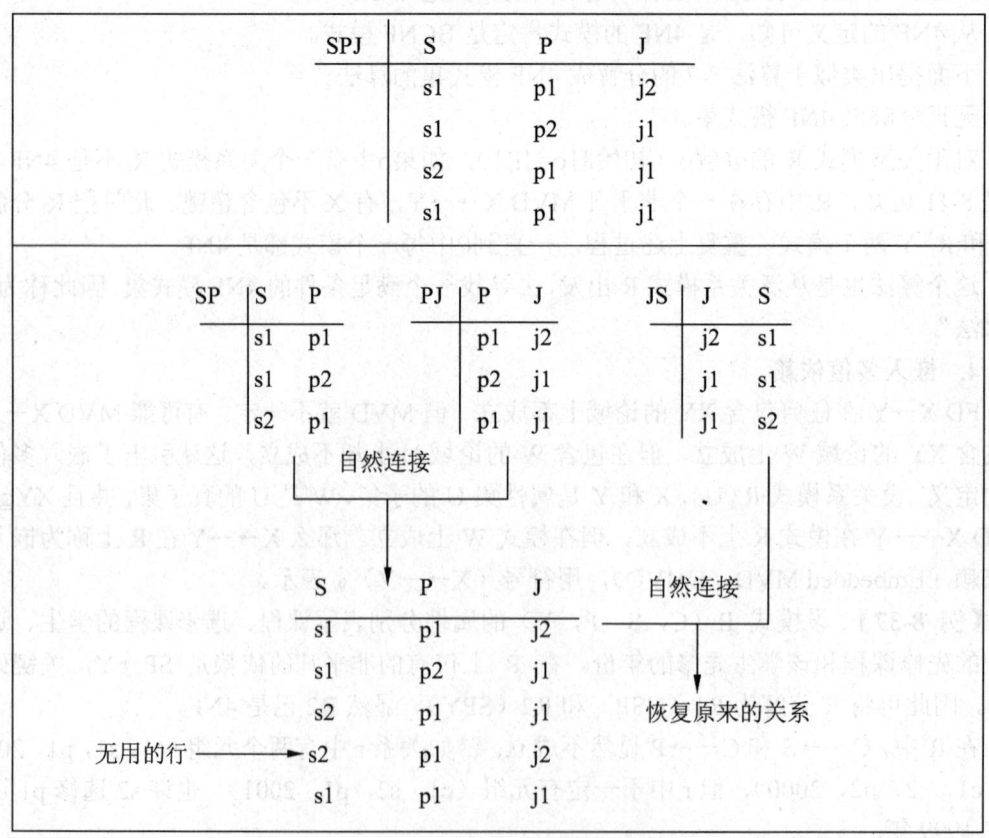

图 8-14 关系 SPJ 是 3 个二元投影的连接

在模式 R 存在这个连接依赖时，其关系将存在冗余和异常现象。譬如在元组插入或删除时就会出现各种异常，如图 8-15 所示。

SPJ	S	P	J
	s1	p1	j2
	s1	p2	j1

- 在插入元组（s2，p1，j1）时，必须再插入元组（s1，p1，j1）；否则将违反连接依赖*（SP，PJ，JS）
- 然而，插入元组（s1，p1，j1）时，可以不必要求插入元组（s2，p1，j1）

SPJ	S	P	J
	s1	p1	j2
	s1	p2	j1
	s2	p1	j1
	s1	p1	j1

- 元组（s2，p1，j1）可直接删除
- 元组（s1，p1，j1）被删除时，必须再删除其他 3 个元组中的一个，才不违反连接依赖*（SP，PJ，JS）

图 8-15　在 SPJ 中更新问题的例子

如果关系模式 R 的每个 JD 均由 R 的候选键蕴涵，那么称 R 是 5NF 的模式。在有的文献中，5NF 也称为投影连接范式（Project-Join NF，PJNF）。

这里 JD 可由 R 的键蕴涵，是指 JD 可由键推导得到。如果 JD*（R_1，…，R_n）中某个 R_i 就是 R，那么这个 JD 是平凡的 JD；如果 JD 中某个 R_i 包含 R 的键，那么这个 JD 可用 chase 方法验证。

【例 8-39】　在例 8-38 中提到的 R（SPJ）中，*（SP，PJ，JS）是非平凡的 JD，因此 R 不是 5NF。应该把 R 分解成 SP、PJ、JS 这 3 个模式，这个分解是无损分解，并且每个模式都是 5NF，清除了冗余和异常现象。

连接依赖也是现实世界属性间联系的一种抽象，是语义的体现。但是它不像 FD 和 MVD 的语义那么直观，要判断一个模式是否是 5NF 也比较困难。因此，现在数据库的实际设计中很少注意这种情况。

对于 JD，已经找到一些推理规则，但尚未找到完备的推理规则集。可以证明，5NF 的模式也一定是 4NF 的模式。根据 5NF 的定义，可以得出一个模式总是可以无损分解成 5NF 模式集。

不同级别的范式之间关系如下所示：

$$5NF \subseteq 4NF \subseteq BCNF \subseteq 3NF \subseteq 2NF \subseteq 1NF$$

8.2.10　小结

1. 关系运算理论

- 关系运算理论是关系数据库查询语言的理论基础。只有掌握了关系运算理论，才能深刻理解查询语言的本质和熟练使用查询语言。

- 关系定义为元组的集合，但关系又有特殊的性质。关系模型必须遵循实体完整性规则、参照完整性规则和用户定义的完整性规则。
- 关系查询语言属于非过程性语言，但关系代数语言的非过程性较弱，域关系演算语言的非过程性较强。关系代数、元组关系演算、域关系演算在关系的表达和操作能力上是完全等价的。
- 关系代数和关系演算是简洁的形式化语言，适合于理论研究。现在大多数商用数据库系统采用有更多"语法修饰"的语言。
- 查询优化是指系统对关系代数表达式要进行优化组合，以提高系统效率。关系代数表达式等价变换的启发式规则包括"尽早执行选择"、"尽早执行投影"及"避免直接使用笛卡儿积"等。

2. 关系模式设计理论

- 关系模式设计得好与坏，直接影响到数据冗余度、数据一致性等问题。要设计好的数据库模式，必须有一定的理论为基础，这就是模式规范化理论。
- 在数据库中，数据冗余是指同一个数据存储了多次，由数据冗余将会引起各种操作异常。通过把模式分解成若干比较小的关系模式可以消除冗余。
- 函数依赖 X→Y 是数据之间最基本的一种联系，在关系中有两个元组，如果 X 值相等那么要求 Y 值也相等。FD 有一个完备的推理规则集。
- 关系模式在分解时应保持"等价"，有数据等价和语义等价两种，分别用无损分解和保持依赖两个特征来衡量。前者能保持泛关系在投影连接以后仍能恢复回来，而后者能保证数据在投影或连接中其语义不会发生变化，也就是不会违反 FD 的语义。但无损分解与保持依赖两者之间没有必然的联系。
- 范式是衡量模式优劣的标准，范式表达了模式中数据依赖之间应满足的联系。如果关系模式 R 是 3NF，那么 R 上成立的非平凡 FD 都应该左边是超键或右边是非主属性。如果关系模式 R 是 BCNF，那么 R 上成立的非平凡的 FD 都应该左边是超键。范式的级别越高，其数据冗余和操作异常现象就越少。
- 分解成 BCNF 模式集的算法能保持无损分解，但不一定能保持 FD 集。而分解成 3NF 模式集的算法既能保持无损分解，又能保持 FD 集。
- 关系模式的规范化过程实际上是一个"分解"过程：把逻辑上独立的信息放在独立的关系模式中。分解是解决数据冗余的主要方法，也是规范化的一条原则"关系模式有冗余问题就分解它"。
- 关系模式分解的基本步骤和特性可用表 8-21 表示。

表 8-21　关系模式分解的基本步骤和特性

级　别	特　　点	分 解 特 性	
		无 损 分 解	保持 FD
1NF	属性值是原子值		
2NF	消除了非主属性对键的局部函数依赖	能达到	能达到
3NF	消除了非主属性对键的传递函数依赖	能达到	能达到
BCNF	消除了每一属性对键的传递函数依赖	能达到	不一定能达到
4NF	消除了非平凡、且非 FD 的 MVD	能达到	不一定能达到
5NF	消除了不是由超键组成的 JD	能达到	不一定能达到

8.3　重点习题解析

8.3.1　填空题

1．关系中没有行序的原因是＿＿＿＿＿＿＿＿＿。

2．关系中不允许有重复元组的原因是＿＿＿＿＿＿＿＿。

3．实体完整性规则是对＿＿＿＿＿＿＿＿的约束，参照完整性规则是对＿＿＿＿＿＿＿＿的约束。

4．关系代数的理论基础是＿＿＿＿＿＿＿＿，关系演算的理论基础是＿＿＿＿＿＿＿，关系逻辑的理论基础是＿＿＿＿＿＿＿。

5．关系代数的 5 个基本操作是＿＿＿＿＿＿＿＿＿。

6．安全运算是指不产生＿＿＿＿＿＿＿和＿＿＿＿＿＿＿的运算。

7．等式 $R \bowtie S = R \times S$ 成立的条件是＿＿＿＿＿＿＿＿。

8．等式 $\pi_L (\sigma_F (E)) = \sigma_F (\pi_L (E))$ 成立的条件是＿＿＿＿＿＿＿。

9．等式 $\pi_{L1} (\pi_{L2} (E)) = \pi_{L1} (E)$ 成立的条件是＿＿＿＿＿＿＿＿。

10．等式 $\sigma_F (E_1 \times E_2) = E_1 \times \sigma_F (E_2)$ 成立的条件是＿＿＿＿＿＿＿。

11．关系模式的操作异常问题往往是由＿＿＿＿＿＿＿＿引起的。

12．解决数据冗余的主要方法是＿＿＿＿＿＿＿＿。

13．被函数依赖集 F 逻辑蕴涵的函数依赖的全体构成的集合称为＿＿＿＿＿＿＿，用符号＿＿＿＿＿＿＿表示。

14．由属性集 X 函数决定的属性的集合称为＿＿＿＿＿＿，用符号＿＿＿＿＿＿表示。

15．如果 $Y \subseteq X \subseteq U$，则 $X \rightarrow Y$ 成立。这条推理规则称为＿＿＿＿＿＿＿。

16．如果 $X \rightarrow Y$ 和 $Y \subseteq X$ 成立，那么称 $X \rightarrow Y$ 是一个＿＿＿＿＿＿＿。这种 FD 可以根据推理规则＿＿＿＿＿＿＿性就可推出。

17．"从已知的 FD 集使用推理规则导出的 FD 在 F$^+$中"，这是推理规则的＿＿＿＿＿＿性。

18．"不能从已知的 FD 集使用推理规则导出的 FD 不在 F$^+$中"，这是推理规则的＿＿＿＿＿性。

19．函数依赖 $X \rightarrow Y$ 能从推理规则导出的充分必要条件是＿＿＿＿＿＿＿＿。

20. 在关系模式 R 中，能函数决定所有属性的属性组，称为模式 R 的＿＿＿＿＿＿。

21. 两个函数依赖集 F 和 G 等价的充分必要条件是＿＿＿＿＿＿。

22. 关系模式 R 有 n 个属性，则在模式 R 上可能成立的函数依赖有＿＿＿＿＿个，其中平凡的 FD 有＿＿＿＿＿＿个，非平凡的 FD 有＿＿＿＿＿＿个。

23. 谈论无损连接的先决条件是作了＿＿＿＿＿＿的假设。

24. 泛关系 r 在分解后的数据库模式上投影后，再连接起来，比原来 r 中多出来的元组，称为＿＿＿＿＿＿。

25. 数据库模式上的关系在自然连接后，被丢失的元组，称为＿＿＿＿＿＿。

26. 设有关系模式 R（A，B，C，D），F 是 R 上成立的 FD 集，F={AB→C，D→B}，则 F 在模式 ACD 上的投影为＿＿＿＿＿＿；F 在模式 AC 上的投影为＿＿＿＿＿＿。

27. 关系模式的好与坏，用＿＿＿＿＿＿来衡量。

28. 消除了非主属性对候选键局部依赖的关系模式，称为＿＿＿＿＿＿模式。

29. 消除了非主属性对候选键传递依赖的关系模式，称为＿＿＿＿＿＿模式。

30. 消除了每一属性对候选键传递依赖的关系模式，称为＿＿＿＿＿＿模式。

31. 在关系模式的分解中，数据等价用＿＿＿＿＿＿衡量，依赖等价用＿＿＿＿＿＿衡量。

填空题参考答案

1. 关系被定义为一个集合　　2. 关系中主键值不允许重复

3. 主键　外键

4. 集合论（或集合代数）　谓词演算　以 if-then 为基础的逻辑操作

5. $\cup$、$-$、$\times$、π 和 σ　　6. 无限关系　无穷验证

7. $W=\pi_{1,4}$（R$\bowtie$S）或 $W=\pi_{1,6}$（$\sigma_{2=4\wedge3=5}$（R$\times$S））

8. 条件 F 只涉及 L 中的属性　　9. $L1\subseteq L2$

10. F 只涉及 E_2 中的属性　　11. 数据冗余

12. 分解　　13. 函数依赖集 F 的闭包　F^+

14. 属性集 X 的闭包　X^+　　15. 自反性

16. 平凡的 FD　自反　　17. 正确

18. 完备　　19. $Y\subseteq X^+$

20. 超键（注：不能回答"候选键"）　21. $F^+=G^+$（注：不能回答 F=G）

22. 4^n　3^n　4^n-3^n　　23. 存在泛关系

24. 寄生元组　　25. 悬挂元组

26. {AD→C} ϕ（即没有非平凡的 FD）　27. 范式

28. 2NF　　29. 3NF

30. BCNF　　31. 无损连接　保持 FD

8.3.2　简答题

1. 参照完整性规则使用时，有哪些变通？试举例说明？

解答：参照完整性规则在具体使用时，有 3 点变通。

（1）外键和相应的主键可以不同名，只要定义在相同值域上即可。

譬如在关系数据库中有下列两个关系模式：

S（<u>SNO</u>，SNAME，AGE，SEX）

SC（<u>S#，C#</u>，GRADE）

学号在 S 中命名为 SNO，作为主键；但在 SC 中命名为 S#，作为外键。

（2）依赖关系和参照关系也可以是同一个关系，此时表示了同一个关系中不同元组之间的联系；

设课程之间有先修、后继联系。模式如下：

R（<u>C#</u>，CNAME，<u>PC#</u>）

其属性表示课程号、课程名、先修课的课程号。如果规定，每门课程的直接先修课只有一门，那么模式 R 的主键是 C#，外键是 PC#。这里参照完整性在一个模式中实现。即每门课程的直接先修课必须在关系中出现。

（3）外键值是否允许为空，应视具体问题而定。

在（1）的关系 SC 中 S#不仅是外键，也是主键的一部分，因此这里 S#值不允许空。

在（2）的关系 R 中外键 PC#不是主键的一部分，因此这里 PC#值允许空。

2．设有关系 R 和 S：

R	A	B	C
	2	4	6
	3	5	7
	4	6	8

S	A	B	C
	2	5	7
	4	6	8
	3	5	9

计算 R∪S，R–S，R∩S，R×S，$\pi_{3,1}$（S），$\sigma_{C>'6'}$（R），$R\underset{2=2}{\bowtie}S$，$R\bowtie S$。

解答：

R∪S	A	B	C
	2	4	6
	3	5	7
	4	6	8
	2	5	7
	3	5	9

R–S	A	B	C
	2	4	6
	3	5	7

R∩S	A	B	C
	4	6	8

R×S	R.A	R.B	R.C	S.A	S.B	S.C
	2	4	6	2	5	7
	2	4	6	4	6	8
	2	4	6	3	5	9
	3	5	7	2	5	7
	3	5	7	4	6	8
	3	5	7	3	5	9
	4	6	8	2	5	7
	4	6	8	4	6	8
	4	6	8	3	5	9

$\pi_{3,1}$（S）	C	A
	7	2
	8	4
	9	3

$\sigma_{C>'6'}(R)$	A	B	C
	3	5	7
	4	6	8

$R\underset{2=2}{\bowtie}S$	R.A	R.B	R.C	S.A	S.B	S.C
	3	5	7	2	5	7
	3	5	7	3	5	9
	4	6	8	4	6	8

$R\bowtie S$	A	B	C
	4	6	8

3. 设有关系 R 和 S，计算 $R\underset{1=1}{\bowtie}S$，$R\bowtie S$，$\sigma_{2=5}(R\times S)$。

R	A	C	D
	2	5	8
	7	4	1
	4	5	8
	3	4	9

S	B	C	D
	3	5	8
	4	4	1
	4	1	8
	6	4	1

解答:

$R\bowtie S$	A	C	D	B
	2	5	8	3
	7	4	1	4
	7	4	1	6
	4	5	8	3

$R\underset{1=1}{\bowtie}S$	A	R.C	R.D	B	S.C	S.D
	4	5	8	4	4	1
	4	5	8	4	1	8
	3	4	9	3	5	8

$\sigma_{2=5}(R\times S)$	A	R.C	R.D	B	S.C	S.D
	2	5	8	3	5	8
	7	4	1	4	4	1
	7	4	1	6	4	1
	4	5	8	3	5	8
	3	4	9	4	4	1
	3	4	9	6	4	1

4. 设关系 R 和 S 的属性个数为 r 和 s，元组个数为 m 和 n。试写出 R 和 S 在进行各种关系代数操作后，其结果的属性个数和元组个数的变化。

解答：关系代数操作后的属性个数和元组个数的变化如表 8-22 所示。

5. 假设 R 和 S 都是三元关系，试把关系代数表达式

$$\pi_{2,5}(\sigma_{1=6\vee 3=4}(R\times S))$$

转换成等价的：（1）汉语查询句子；（2）元组表达式；（3）域表达式。

表 8-22　关系代数操作后的属性个数和元组个数

关系代数操作	属 性 个 数	元 组 个 数
R	r	m
S	s	n
R∪S	r（要求 r=s）	≤（m+n）
R−S	r（要求 r=s）	≤m
R×S	r+s	m×n
$\pi_{属性集}$（R）	≤r	≤m
σ_F（R）	r	≤m
R∩S	r（要求 r=s）	≤min（m，n）
$R\underset{F}{\bowtie}S$	r+s	≤（m×n）
R⋈S	≤（r+s）	≤（m×n）
R÷S	r−s	≤m

解答：（1）在关系 R 和 S 的笛卡儿积中，选取第 1 个属性值与第 6 个属性值相等，或者第 3 个属性值与第 4 个属性值相等的那些元组，再取第 2 列和第 5 列组成新的关系。

（2）在熟练后，可以直接写出化简的元组表达式：

{w| （∃u） （∃v） （R（u）∧S（v）∧ （u[1]=v[3]∨u[3]=v[1]）∧w[1]=u[2]∧w[2]=v[2]）}

（3）再转换成域表达式：

{$w_1 w_2$ | （∃u_1） （∃u_2） （∃u_3） （∃v_1） （∃v_2） （∃v_3） （R （$u_1 u_2 u_3$）∧S （$v_1 v_2 v_3$）

∧ （$u_1=v_3$∨$u_3=v_1$）∧$w_1=u_2$∧$w_2=v_2$）}

再化简（消去 u_1，v_2）可得：

{$w_1 w_2$ | （∃u_1） （∃u_3） （∃v_1） （∃v_3） （R（$u_1 w_1 u_3$）∧S （$v_1 w_2 v_3$）∧ （$u_1=v_3$∨$u_3=v_1$））}

6. 假设 R 和 S 都是三元关系，试把元组表达式

{t| （∃u） （∃v） （R(u)∧S（v）∧u[2]≠v[2]∧t[1]=u[1]∧t[2]=v[3]）}

转换成等价的：（1）汉语查询句子；（2）域表达式；（3）关系代数表达式。

解答：（1）在关系 R 中选取第 2 列的值与关系 S 中某个元组的第 2 列值不相等的那些元组，组成新的关系。

（2）域表达式为：{$t_1 t_2$ | （∃u_2） （∃u_3） （∃v_1） （∃v_2） （R （$t_1 u_2 u_3$）∧S （$v_1 v_2 t_2$）∧$u_2 \neq v_2$）}

（3）关系代数表达式为：

$\pi_{1,6}$ （$\sigma_{2\neq5}$ （R×S） ） 或 $\pi_{1,6}$ （$R\underset{2\neq2}{\bowtie}S$）

7. 试把域表达式 {ab | R（ab）∧R（ba）}转换成等价的：（1）汉语查询句子；（2）关系代数表达式；（3）元组表达式。

解答：（1）在关系 R 中选取属性值交换后仍是 R 中元组的那些元组，组成新的关系。

（2）关系代数表达式为：$\pi_{1,2}$ （$\sigma_{1=4 \wedge 2=3}$ （R×R） ）

也可写成：R∩$\pi_{2,1}$ （R）

（3）元组表达式为：$\{t \mid (\exists u)(\exists v)(R(u) \wedge R(v) \wedge u[1]=v[2] \wedge u[2]=v[1] \wedge t[1]=u[1] \wedge t[2]=u[2])\}$

或：$\{t \mid (\exists v)(R(t) \wedge R(v) \wedge t[1]=v[2] \wedge t[2]=v[1])\}$

8. 设教学数据库中有 4 个关系：

教师关系　　T（<u>T#</u>，TNAME，TITLE）

课程关系　　C（<u>C#</u>，CNAME，<u>T#</u>）

学生关系　　S（<u>S#</u>，SNAME，AGE，SEX）

选课关系　　SC（<u>S#</u>，<u>C#</u>，SCORE）

试用关系代数表达式表示各个查询语句。

（1）检索年龄小于 17 岁的女学生的学号和姓名。

（2）检索男学生所学课程的课程号和课程名。

（3）检索男学生所学课程的任课老师的职工号和姓名。

（4）检索至少选修了两门课程的学生学号。

（5）检索至少有学号为 S2 和 S4 学生选修的课程的课程号。

（6）检索 WANG 同学不学的课程的课程号。

（7）检索全部学生都选修的课程的课程号与课程名。

（8）检索选修课程包含 LIU 老师所授全部课程的学生学号。

解答：（1）$\pi_{S\#,\ SNAME}(\sigma_{AGE<'17'\ \wedge\ SEX='F'}(S))$

（2）$\pi_{C\#,\ CNAME}(\sigma_{SEX='M'}(S\bowtie SC\bowtie C))$

（3）$\pi_{T\#,\ TNAME}(\sigma_{SEX='M'}(S\bowtie SC\bowtie C\bowtie T))$

（4）$\pi_1(\sigma_{1=4\ \wedge\ 2\neq5}(SC\times SC))$

（5）$\pi_2(\sigma_{1='S2'\wedge4='S4'\wedge2=5}(SC\times SC))$

也可写成 $\pi_{S\#,\ C\#}(SC)\div\{'S2',\ 'S4'\}$

（6）$\pi_{C\#}(C)-\pi_{C\#}(\sigma_{SNAME='WANG'}(S\bowtie SC))$

（7）$\pi_{C\#,\ CNAME}(C\bowtie(\pi_{S\#,\ C\#}(SC)\div\pi_{S\#}(S)))$

（8）$\pi_{S\#,\ C\#}(SC)\div\pi_{C\#}(\sigma_{TNAME='LIU'}(C\bowtie T))$

9. 试用元组表达式表示第 8 题中各个查询语句。

解答：（1）$\{t \mid (\exists u)(S(u)\wedge u[3]<17\wedge u[4]='F'\wedge t[1]=u[1]\wedge t[2]=u[2])\}$

（2）$\{t \mid (\exists u)(\exists v)(\exists w)(S(u)\wedge SC(v)\wedge C(w)\wedge u[1]=v[1]\wedge v[2]=w[1]$
$\wedge u[4]='M'\wedge t[1]=w[1]\wedge t[2]=w[2])\}$

　（此处自然连接条件 u[1]=v[1]∧v[2]=w[1]不要遗漏）

（3）$\{t \mid (\exists u)(\exists v)(\exists w)(\exists x)(S(u)\wedge SC(v)\wedge C(w)\wedge T(x)\wedge u[1]=v[1]$
$\wedge v[2]=w[1]\wedge w[3]=x[1]\wedge u[4]='M'\wedge t[1]=x[1]\wedge t[2]=x[2])\}$

　（此处自然连接条件 u[1]=v[1]∧v[2]=w[1]∧w[3]=x[1]不要遗漏）

（4）$\{t \mid (\exists u)(\exists v)(SC(u)\wedge SC(v)\wedge u[1]=v[1]\wedge u[2]\neq v[2]\wedge t[1]=u[1])\}$

（5）{t|（∃u）（∃v）（SC（u）∧SC（v）∧u[1]= 'S2'∧v[1]= 'S4'∧u[2]=v[2]∧t[1]=u[1]）}

（6）{t|（∃u）（∃v）（∀w）（C（u）∧S（v）∧SC（w）∧v[2]='WANG'∧

（w[1]=v[1] => w[2]≠u[1]）∧t[1]=u[1]）}

其语义是：在关系 C 中存在一门课程，在关系 S 中存在一个 WANG 同学，在关系 SC 中要求不存在 WANG 同学学这门课程的元组。也就是要求在关系 SC 中，WANG 同学学的课程都不是这门课程（因此在元组表达式中要求全称量词∀）。

（7）{t|（∃u）（∀v）（∃w）（C（u）∧S（v）∧SC（w）∧w[2]=u[1]∧w[1]=v[1]∧

t[1]=u[1] ∧t[2]=u[2]）}

其语义是：在关系 C 中找一课程号，对于关系 S 中的每一个学生，都应该学这门课（即在关系 SC 中存在这个学生选修这门课的元组）。

（8）{t|（∃u）（∃v）（SC（u）∧T（v）∧v[2]='LIU'∧（∀w）（C（w）

∧（w[3]=v[1] => （∃x）（SC（x）∧x[1]=u[1]∧x[2]=w[1]）））∧t[1]=u[1]）}

其语义是：在关系 SC 中找一个学号，在关系 T 中存在 LIU 老师，对于关系 C 中 LIU 老师的每一门课，这个学生都学了（即在关系 SC 中存在这个学生选修这门课的元组）。

由于在括号中出现"=>"符号（包含有"∨"的语义），因此括号中的量词（∃w）就不能随意往左边提了。

10．试用域表达式表示第 8 题的各个查询语句。

解答：（1）{t₁t₂|（∃u₁u₂u₃u₄）（S(u₁u₂u₃u₄)∧u₃<17∧u₄='F'∧t₁=u₁∧t₂=u₂）}

再简化成：{t₁ t₂ |（∃u₃）（S（t₁t₂u₃'F'）∧u₃<17）}

此处（∃u₁u₂u₃u₄）是（∃u₁）（∃u₂）（∃u₃）（∃u₄）的简写，下同。

（2）{t₁t₂|（∃u₁u₂u₃u₄）（∃v₁v₂v₃）（∃w₁w₂w₃）（S(u₁u₂u₃u₄)∧SC（v₁v₂v₃）

∧u₁=v₁∧v₂=w₁∧u₄='M'∧t₁=w₁∧t₂=w₂）}

再简化成：{t₁t₂|（∃u₁u₂u₃）（∃v₃）（∃w₃）（S(u₁u₂u₃'M')∧SC（（u₁t₁v₃）∧C（t₁t₂w₃）））}

（以下各题的化简略）

（3）{t₁t₂|（∃u₁u₂u₃u₄）（∃v₁v₂v₃）（∃w₁w₂w₃）（∃x₁x₂x₃）（S(u₁u₂u₃u₄)∧SC（v₁v₂v₃）

∧C(w₁w₂w₃)∧T(x₁x₂x₃)∧u₁=v₁∧v₂=w₁∧w₃=x₁∧u₄='M'∧t₁=x₁∧t₂=x₂）}

（（4）~（8）题的域表达式，读者可以很容易写出，此处略）

11．为什么要对关系代数表达式进行优化？

解答：关系代数表达式由关系代数操作组合而成。操作中，以笛卡儿积和连接操作最费时，并生成大量的中间结果。如果直接按表达式书写的顺序执行，必将花费很多时间，并生成大量的中间结果，效率较低。在执行前，由 DBMS 的查询子系统先对关系代数表达式进行优化，尽可能先执行选择和投影操作，以便减少中间结果，并节省时间。

优化工作是由 DBMS 做的，用户书写时不必关心优化一事，仍以简练的形式书写。

12．有哪 3 条启发式规则？对优化起什么作用？

解答：3 条启发式规则是：尽可能早地执行选择操作；尽可能早地执行投影操作；把笛卡儿积与附近的一连串选择和投影合并起来做。

使用这 3 条规则，可以使计算时尽可能减少中间关系的数据量。

13．外键值何时允许空？何时不允许空？

解答：在依赖表中，当外键是主键的组成部分时，外键值不允许空；否则外键值允许空。

14．什么是过程性语言？什么是非过程性语言？这两种语言有什么区别？

解答：编程时必须指出"干什么"及"怎么干"的语言，称为过程性语言；编程时只须指出"干什么"，不必指出"怎么干"的语言，称为非过程性语言。两种语言的主要区别如表 8-23 所示。

表 8-23　过程性语言与非过程性语言的区别

过程性语言	非过程性语言
编程时，必须指出"怎么干"	编程时，不必指出"怎么干"
由用户进行数据导航	由系统进行数据导航
单记录处理方式	集合处理方式
属于 3GL 范畴	属于 4GL 范畴
C 语言，层次、网状 DML 等	关系 DML，软件开发工具等

15．在对查询语句书写关系代数表达式时，有哪些常用的规则？

解答：在对查询语句书写关系代数表达式时，有以下 3 条规则。

（1）对于只涉及选择、投影、连接的查询可用下列表达式表示：

$$\pi_{\cdots}（\sigma_{\cdots}（R \times S））\qquad 或者 \pi_{\cdots}（\sigma_{\cdots}（R \bowtie S））$$

（2）对于否定的操作，一般要用差操作表示，例如"检索不学 C2 课的学生姓名"。

（3）对于检索具有"全部"特征的操作，一般要用除法操作表示，例如"检索学习全部课程的学生姓名"。

16．试解释下面两个"数据冗余"的概念：

• 文件系统中不可避免的"数据冗余"；

• 关系数据库设计中应该尽量避免的"数据冗余"。

解答：文件系统中不可避免的"数据冗余"是指同一数据有可能在多个文件中出现。这是由于文件之间缺乏联系造成的。

关系数据库已经克服了文件系统中的冗余现象，但如果设计得不好，则可能产生新的冗余现象，譬如同一数据有可能在一个关系中多次出现。此时就应该把这个关系分解成两个，来消除冗余现象。通过规范的数据库设计，可以避免这种现象。

17．关系模式的非形式化设计准则有哪几条？这些准则对数据库设计有什么帮助？

解答：关系模式的非形式化设计准则有以下 4 条。

（1）关系模式的设计应尽可能只包含有直接联系的属性，不要包含有间接联系的属性。

（2）关系模式的设计应尽可能使得相应关系中不出现插入、删除和修改等操作异常现象。

（3）关系模式的设计应尽可能使得相应关系中避免放置经常为空值的属性。

（4）关系模式的设计应尽可能使得关系的连接操作在作为主键或外键的属性上，进行等值连接，并且保证连接以后不会生成额外的元组。

这些准则有助于消除关系模式的数据冗余和操作异常现象。

18．对函数依赖 X→Y 的定义加以扩充，X 和 Y 可以为空属性集，用ϕ表示，那么 X→ϕ，ϕ→Y，ϕ→ϕ的含义是什么？

解答：据推理规则的自反性可知，X→ϕ和ϕ→ϕ是平凡的 FD，总是成立的。

而ϕ→Y 表示在当前关系中，任意两个元组的 Y 值相等，也就是当前关系的 Y 值都相等。

19．设关系模式 R 有 n 个属性，在模式 R 上可能成立的函数依赖有多少个？其中平凡的 FD 有多少个？非平凡的 FD 有多少个？

解答：这个问题是排列组合问题。FD 形为 X→Y，从 n 个属性值中选择属性组成 X 共有 $C_n^0 + C_n^1 + \cdots C_n^n = 2^n$ 种方法；同理，组成 Y 也有 2^n 种方法。因此组成 X→Y 形式应该有 $2^n \cdot 2^n = 4^n$ 种方法。即可能成立的 FD 有 4^n 个。

平凡的 FD 要求 Y$\subseteq$X，组合 X→Y 形式的选择有：

$$C_n^0 \cdot C_0^0 + C_n^1 \cdot (C_1^0 + C_1^1) + C_n^2 \cdot (C_2^0 + C_2^1 + C_2^2) + \cdots + C_n^n(C_n^0 + C_n^1 + \cdots C_n^n) = C_n^0 \cdot 2^0 +$$

$$C_n^1 \cdot 2^1 + C_n^2 \cdot 2^2 + \cdots + C_n^n \cdot 2^n = (1+2)^n = 3^n$$

即平凡的 FD 有 3^n。因而非平凡的 FD 有 4^n–3^n 个。

20．设关系模式 R（ABCD），F 是 R 上成立的 FD 集，F={A→B，C→B}，则相对于 F，试写出关系模式 R 的关键码，并说明理由。

解答：R 的关键码为 ACD。因为从已知的 F，只能推出 ACD→ABCD。

21．设关系模式 R（ABCD）上 FD 集为 F，并且 F={AB→C，C→D，D→A}。

（1）试从 F 求出所有非平凡的 FD。

（2）试求 R 的所有候选键。

（3）试求 R 的所有不是候选键的超键。

解答：（1）从已知的 F 可求出非平凡的 FD 有 76 个。

譬如，左边是 C 的 FD 有 6 个：C→A，C→D，C→AD，C→AC，C→CD，C→ACD。左边是 D 的 FD 有 2 个：D→A，D→AD。左边是 AB 的 FD 有 12 个：AB→C，AB→D，AB→CD，AB→AC，…。感兴趣的读者可以自行把这 76 个 FD 写齐。

（2）候选键是能函数决定所有属性的不含多余属性的属性集。根据这个概念可求出 R 的候选键有 3 个：AB、BC 和 BD。

（3）R 的所有不是候选键的超键有 4 个：ABC、ABD、BCD 和 ABCD。

22．试举出反例说明下列规则不成立：

（1）{A→B}⊨{B→A}

（2）{AB→C，A→C}⊨{B→C}

（3）{AB→C}⊨{A→C}

解答：设有 3 个关系：

r_1	A	B		r_2	A	B	C		r_3	A	B	C
	1	1			2	1	2			1	2	3
	2	1			2	2	2			1	3	4
					3	2	3					

（1）在关系 r_1 中，A→B 成立，但 B→A 不成立。

（2）在关系 r_2 中，AB→C 和 A→C 成立，但 B→C 不成立。

（3）在关系 r_3 中，AB→C 成立，但 A→C 不成立。

23．设关系模式 R（ABCD），F 是 R 上成立的 FD 集，F={A→B，B→C}，

（1）试写出属性集 BD 的闭包（BD）$^+$。

（2）试写出所有左部是 B 的函数依赖（即形为"B→？"）。

解答：（1）从已知的 F，可推出 BD→BCD，所以（BD）$^+$=BCD。

（2）由于 B^+=BC，因此左部是 B 的 FD 有 4 个：

B→φ，B→B，B→C，B→BC。

24．设关系模式 R（ABCDE）上 FD 集为 F，并且 F={A→BC，CD→E，B→D，E→A}。

（1）试求 R 的候选键。

（2）试求 B^+ 的值。

解答：（1）R 的候选键有 4 个：A、E、CD 和 BC。

（2）B^+=BD。

25．设有关系模式 R（ABC），其关系 r 如下所示。

A	B	C
1	2	3
4	2	3
5	3	3

（1）试判断下列 3 个 FD 在关系 r 中是否成立？

$$A→B \qquad BC→A \qquad B→A$$

（2）根据关系 r，你能断定哪些 FD 在关系模式 R 上不成立？

解答：（1）在关系 r 中，A→B 成立，BC→A 不成立，B→A 不成立。

（2）在关系 r 中，不成立的 FD 有：B→A，C→A，C→B，C→AB，BC→A。

26．什么是寄生元组？什么是悬挂元组？各是怎么产生的？

解答：泛关系 r 在分解后模式上的投影，再连接起来，比原来 r 中多出来的元组，称为寄生元组。

对分解后模式上的关系在进行自然连接时，被丢失的元组，称为悬挂元组。这是由于无泛关系假设造成的。

我们应该尽可能消除寄生元组，但存储悬挂元组则是模式分解的一个优点。

27．设关系模式 R（ABC）分解成ρ={AB，BC}，如果 R 上的 FD 集 F={A→B}，那么这个分解是损失分解。试举出 R 的一个关系 r，不满足 m_ρ（r）=r。

解答：这个反例 r 可以举测试时的初始表格：

	A	B	C
AB	a_1	a_2	b_{13}
BC	b_{21}	a_2	a_3

π_{AB}（r）$\bowtie\pi_{BC}$（r）有 4 个元组：

A	B	C
a_1	a_2	b_{13}
a_1	a_2	a_3
b_{21}	a_2	b_{13}
b_{21}	a_2	a_3

即 m_ρ（r）$\neq$r。

28．试解释数据库"丢失信息"与"未丢失信息"两个概念。"丢失信息"与"丢失数据"有什么区别？

解答：数据库中丢失信息是指 $r\neq m_\rho$（r），未丢失信息是指 $r=m_\rho$（r）。

丢失信息是指不能辨别元组的真伪，而丢失数据是指丢失元组。

29．设关系模式 R（ABC），F 是 R 上成立的 FD 集，F={A→C，B→C}，试分别求 F 在模式 AB 和 AC 上的投影。

解答：π_{AB}（F）=ϕ（即不存在非平凡的 FD）

$\quad\quad\quad\pi_{AC}$（F）={A→C}

30．设关系模式 R（ABC），F 是 R 上成立的 FD 集，F={B→A，C→A}，ρ={AB，BC} 是 R 上的一个分解，那么分解ρ是否保持 FD 集 F？并说明理由。

解答：已知 F={B→A，C→A}，而π_{AB}（F）={B→A}，π_{BC}（F）=ϕ，显然，分解ρ丢失了 FD C→A。

31．设关系模式 R（ABC），F 是 R 上成立的 FD 集，F={B→C，C→A}，那么分解ρ={AB，AC}相对于 F，是否无损分解和保持 FD？并说明理由。

解答：（1）已知 F={B→C，C→A}，而π_{AB}（F）=ϕ，π_{AC}（F）={C→A}，显然，这个分解丢失了 FD B→C。

（2）用测试过程可以知道，ρ相对于 F 是损失分解。

32．设关系模式 R（ABCDEG）上 FD 集为 F，并且 F={D→G，C→A，CD→E，A→B}。

（1）求 D^+，C^+，A^+，$(CD)^+$，$(AD)^+$，$(AC)^+$，$(ACD)^+$。

（2）试求 R 的所有候选键。

（3）用ρ1={CDEG，ABC}替换 R，这个分解有什么冗余和异常现象？

（4）用ρ2={DG，AC，CDE，AB}替换 R，这个分解是无损分解吗？

（5）用ρ3={CDE，AC，DG，BCD}替换 R，先求 F 在ρ3 的每个模式上的投影π_{R_i}（F），再判断分解ρ3 保持 FD 吗？

解答：（1）D^+=DG，C^+=ABC，A^+=AB，$(CD)^+$=ABCDEG，$(AD)^+$=ABDG，$(AC)^+$=ABC，

（ACD$)^+$=ABCDEG。

（2）R 的候选键只有一个：CD。

（3）用ρ1={CDEG，ABC}替换 R，在模式 CDEG 中，有局部依赖 CD→G，此时在关系中，一个 D 值只有一个 G 值，但当这个 D 值与 10 个 C 值对应时，就要出现 10 个元组，则 G 值就要重复 10 次。

在模式 ABC 中，有传递依赖（C→A 和 A→B），此时在关系中，一个 A 值只有一个 B 值，但当这个 A 值与 10 个 C 值对应时，就要出现 10 个元组，则 B 值就要重复 10 次。

（4）用ρ2={DG，AC，CDE，AB}替换 R，据 chase 过程可知，相对于 F，R 分解成ρ 是无损分解。

（5）用ρ3={CDE，AC，DG，BCD}替换 R，则 F 在模式 CDE 上的投影为{CD→E}，F 在模式 AC 上的投影为{C→A}，F 在模式 DG 上的投影为{D→G}，F 在模式 BCD 上的投影为{C→B}，显然从这 4 个投影集中的 FD 推不出原来 F 中的 A→B，因此分解ρ3 不保持 FD 集。

33. 设关系模式 R（ABCD），F 是 R 上成立的 FD 集，F={A→B，B→C，A→D，D→C}，ρ={AB，AC，BD}是 R 的一个分解。

（1）相对于 F，ρ是无损分解吗？为什么？

（2）试求 F 在ρ的每个模式上的投影。

（3）ρ保持 F 吗？为什么？

解答：（1）用测试过程可以知道，ρ相对于 F 是损失分解。

（2）π_{AB}（F）={A→B}，π_{AC}（F）={A→C}，π_{BD}（F）=φ。

（3）显然，分解ρ不保持 FD 集 F，丢失了 B→C、A→D 和 D→C 这 3 个 FD。

34. 设关系模式 R（ABCD），R 上的 FD 集 F={A→C，D→C，BD→A}，试说明ρ={AB，ACD，BCD}相对于 F 是损失分解的理由。

解答：据已知的 F 集，不可能把初始表格修改为有一个全 a 行的表格，因此ρ相对于 F 是损失分解。

35. 设关系模式 R（ABCD）上 FD 集为 F，并且 F={A→B，B→C，D→B}。

（1）R 分解成ρ={ACD，BD}，试求 F 在 ACD 和 BD 上的投影。

（2）ACD 和 BD 是 BCNF 吗？如不是，试分解成 BCNF。

解答：（1）F 在模式 ACD 上的投影为{A→C，D→C}，F 在模式 BD 上的投影为{D→B}。

（2）由于模式 ACD 的关键码是 AD，因此显然模式 ACD 不是 BCNF。模式 ACD 应分解成{AC，AD}或{CD，AD}。但是这个分解不保持 FD，丢失了 FD D→C 或 A→C。另外，模式 BD 已是 BCNF。

36. 设关系模式 R（ABCD），ρ={AB，BC，CD}是 R 的一个分解。设 F1={A→B，B→C}，F2={B→C，C→D}。

（1）如果 F1 是 R 上的 FD 集，此时ρ是否无损分解？若不是，试举出反例。

（2）如果 F2 是 R 上的 FD 集呢？

解答：（1）据 chase 过程可知，相对于 F1，R 分解成ρ是损失分解。

据构造初始表的规则，这个反例可以是下面的表格：

r	A	B	C	D
1	1	0	0
0	1	1	0
0	0	1	1

对于这个 r 而言，显然 r≠m。（r）。

（2）据 chase 过程可知，相对于 F2，R 分解成ρ是无损分解。

37．设关系模式 R（ABCD），F 是 R 上成立的 FD 集，F={AB→CD，A→D}。

（1）试说明 R 不是 2NF 模式的理由。

（2）试把 R 分解成 2NF 模式集。

解答：（1）从已知 FD 集 F，可知 R 的候选键是 AB。另外，AB→D 是一个局部依赖，因此 R 不是 2NF 模式。

（2）此时 R 应分解成ρ={AD，ABC}，ρ是 2NF 模式集。

38．设关系模式 R（ABC），F 是 R 上成立的 FD 集，F={C→B，B→A}。

（1）试说明 R 不是 3NF 模式的理由。

（2）试把 R 分解成 3NF 模式集。

解答：（1）从已知 FD 集 F，可知 R 的候选键是 C。从 C→B 和 B→A，可知 C→A 是一个传递依赖，因此 R 不是 3NF 模式。

（2）此时 R 应分解成ρ={CB，BA}，ρ是 3NF 模式集。

39．设有关系模式 R（职工编号，日期，日营业额，部门名，部门经理），该模式统计商店里每个职工的日营业额，以及职工所在的部门和经理信息。

如果规定：每个职工每天只有一个营业额；每个职工只在一个部门工作；每个部门只有一个经理。

试回答下列问题：

（1）根据上述规定，写出模式 R 的基本 FD 和关键码；

（2）说明 R 不是 2NF 的理由，并把 R 分解成 2NF 模式集；

（3）进而分解成 3NF 模式集。

解答：（1）基本的 FD 有 3 个：

（职工编号，日期）→ 日营业额

职工编号 → 部门名

部门名 → 部门经理

R 的关键码为（职工编号，日期）。

（2）R 中有两个这样的 FD：

（职工编号，日期）→（部门名，部门经理）

职工编号 →（部门名，部门经理）

可见前一个 FD 是局部依赖，所以 R 不是 2NF 模式。

R 应分解成 R1（职工编号，部门名，部门经理）

    R2（职工编号，日期，日营业额）

此处，R1 和 R2 都是 2NF 模式。

（3）R2 已是 3NF 模式。

在 R1 中，存在两个 FD：职工编号 → 部门名

        部门名 → 部门经理

因此，"职工编号 → 部门经理"是一个传递依赖，R1 不是 3NF 模式。

R1 应分解成 R11（职工编号，部门名）

    R12（部门名，部门经理）

这样，ρ = {R11，R12，R2}是一个 3NF 模式集。

40．设有关系模式

R（运动员编号，比赛项目，成绩，比赛类别，比赛主管）

存储运动员比赛成绩及比赛类别、主管等信息。

如果规定：每个运动员每参加一个比赛项目，只有一个成绩；每个比赛项目只属于一个比赛类别；每个比赛类别只有一个比赛主管。

试回答下列问题：

（1）根据上述规定，写出模式 R 的基本 FD 和关键码；

（2）说明 R 不是 2NF 的理由，并把 R 分解成 2NF 模式集；

（3）进而分解成 3NF 模式集。

解答：（1）基本的 FD 有 3 个：

      （运动员编号，比赛项目） → 成绩

         比赛项目 → 比赛类别

         比赛类别 → 比赛主管

    R 的关键码为（运动员编号，比赛项目）。

（2）R 中有两个这样的 FD：

    （运动员编号，比赛项目） →（比赛类别，比赛主管）

        比赛项目 → （比赛类别，比赛主管）

可见前一个 FD 是局部依赖，所以 R 不是 2NF 模式。

R 应分解成 R1（比赛项目，比赛类别，比赛主管）

    R2（运动员编号，比赛项目，成绩）

这里，R1 和 R2 都是 2NF 模式。

（3）R2 已是 3NF 模式。

在 R1 中，存在两个 FD：比赛项目 → 比赛类别

        比赛类别 → 比赛主管

因此，"比赛项目 → 比赛主管"是一个传递依赖，R1 不是 3NF 模式。

R1 应分解成 R11（<u>比赛项目</u>，<u>比赛类别</u>）

R12（<u>比赛类别</u>，比赛主管）

这样，ρ= {R11，R12，R2}是一个 3NF 模式集。

41．设关系模式 R（ABCD），在 R 上有 5 个相应的 FD 集及分解：

（1）F={B→C，D→A}，ρ={BC，AD}

（2）F={AB→C，C→A，C→D}，ρ={ACD，BC}

（3）F={A→BC，C→AD}，ρ={ABC，AD}

（4）F={A→B，B→C，C→D}，ρ={AB，ACD}

（5）F={A→B，B→C，C→D}，ρ={AB，AD，CD}

试对上述 5 种情况分别回答下列问题。

① 确定 R 的关键码。

② 是否无损分解？

③ 是否保持 FD 集？

④ 确定ρ中每一模式的范式级别。

解答：

（1）① R 的关键码为 BD。

② ρ不是无损分解。

③ ρ保持 FD 集 F。

④ ρ中每一模式已达到 BCNF 级别。

（2）① R 有两个关键码：AB 和 BC。

② ρ是无损分解。

③ 因为π_{ACD}（F）={C→A，C→D}，π_{BC}（F）=φ（没有非平凡的 FD），所以ρ不保持 FD，丢失了 AB→C。

④ ρ中两模式均已达到 BCNF 级别。

（3）① R 有两个关键码：A 和 C。

② ρ是无损分解。

③ 因为π_{ABC}（F）={A→BC，C→A}，π_{AD}（F）= {A→D}，所以ρ保持 FD。

④ 在模式 ABC 中，关键码是 A 或 BC，属性全是主属性，但有传递依赖（A→BC，BC→A）。因此模式 ABC 是 3NF，但不是 BCNF。而模式 AD 显然已是 BCNF。

（4）① R 的关键码为 A。

② ρ是无损分解。

③ 因为π_{AB}（F）={A→B}，π_{ACD}（F）={A→C，C→D}，从这两个依赖集推不出原来的 B→C，因此ρ不保持 FD，丢失了 B→C。

④ 模式 AB 是 BCNF，模式 ACD 不是 3NF，只达到 2NF 级别。

（5）① R 的关键码为 A。

② ρ不是无损分解。

③ 因为π_{AB}（F）={A→B}，π_{AD}（F）={A→D}，π_{CD}（F）={C→D}，从这 3 个依赖集推不出原来的 B→C，因此ρ不保持 FD，丢失了 B→C。

④ ρ中每个模式均是 BCNF 级别。

42．设关系模式 R（ABC）上有一个 MVD A→→B。如果已知 R 的当前关系存在 3 个元组（ab_1c_1）、（ab_2c_2）和（ab_3c_3），那么这个关系中至少还应该存在哪些元组？

解答：这个关系中至少还应存在下面 6 个元组：（ab_1c_2），（ab_2c_1），（ab_1c_3），（ab_3c_1），（ab_2c_3），（ab_3c_2）。

43．试举出"若 X→→Y 和 Y→→Z，则 X→→Z"不成立的一个例子。

解答：设 R（ABCD），有两个 MVD A→→BC 和 BC→→CD，模式 R 的关系 r 值如下所述，显然 A→→CD 不成立，但 A→→D 是成立的。

R	A	B	C	D
	a	b_1	c_1	d_1
	a	b_2	c_2	d_2
	a	b_1	c_1	d_2
	a	b_2	c_2	d_1

44．下面的结论哪些是正确的？哪些是错误的？对于错误，请给出一个反例加以说明。

（1）任何一个二元关系模式属于 3NF 模式。

（2）任何一个二元关系模式属于 BCNF 模式。

（3）任何一个二元关系模式属于 4NF 模式。

（4）任何一个二元关系模式属于 5NF 模式。

（5）若 R（ABC）中有 A→B 和 B→C，则有 A→C。

（6）若 R（ABC）中有 A→B 和 A→C，则有 A→BC。

（7）若 R（ABC）中有 B→A 和 C→A，则有 BC→A。

（8）若 R（ABC）中有 BC→A，则有 B→A 和 C→A。

解答：（1）、（2）成立。

（3）不成立。有 R（AB）但 $r=r_A \bowtie r_B$（即 $r=r_A \times r_B$）不一定成立。

（4）与（3）一样，不成立。

（5）、（6）、（7）成立。

（8）不成立。例如

r	A	B	C
	3	1	2
	4	1	3
	4	2	2

BC→A 成立，但 B→A 和 C→A 都不成立。

45．试撰写 2000 字短文，论述泛关系假设、无损分解和保持依赖间的联系。

解答：这篇短文的要点如下。

（1）"泛关系假设"是在谈论数据库时必须存在泛关系情况下再讨论分解。

（2）谈论无损分解的先决条件是泛关系假设。

（3）谈论保持 FD 时，不提泛关系假设。

（4）无损分解与保持 FD 之间，没有必然的联系。

（5）满足无损分解的数据库，有 r=m。(r) 性质。

（6）满足保持 FD 的数据库，数据的语义值肯定满足 FD。

46．为什么要进行关系模式的分解？分解的依据是什么？

解答：由于数据之间存在着联系和约束，在关系模式的关系中可能会存在数据冗余和操作异常现象，因此需把关系模式进行分解，以消除冗余和异常现象。

分解的依据是数据依赖和模式的标准（范式）。

47．分解有什么优缺点？

解答：分解有两个优点：（1）消除冗余和异常；（2）在分解了的关系中可存储悬挂元组。

但分解有两个缺点：（1）可能分解了的关系不存在泛关系；（2）做查询操作，需做连接操作，增加了查询时间。

48．在关系模式 R 分解成数据库模式 ρ 时，如何对待出现的寄生元组和悬挂元组现象？

解答：当数据库中出现寄生元组时，说明 R 到 ρ 的分解是损失分解，应该重新对 R 进行分解，同时保证分解是无损分解。

当数据库中出现悬挂元组时，说明系统未执行泛关系假设。但存储悬挂元组是分解的优点，能存储泛关系中无法存储的元组。

49．设关系模式 R（A，B，C，D，E，G，H）上的函数依赖集 F={AC→BEGH，A→B，C→DEH，E→H}，试将 R 分解成等价的 3NF 模式集。

解答：第一步，求出 F 的最小依赖集。

（1）把每个 FD 的右边拆成单属性，得到 9 个 FD。

（2）消除冗余的 FD。

（3）消除 FD 中左边冗余的属性。

（4）再把左边相同的 FD 合并起来。

可得到 4 个 FD：AC→G，A→B，C→DE，E→H。

第二步，从最小依赖集求得 3NF 模式集。

（1）对每一个 FD，形成一个关系模式，得到 ρ={ACG，AB，CDE，EH}。

（2）从最小依赖集，求得模式 R 的关键码为 AC，且 AC 已在第一个模式 ACG 中，故分解结束，ρ={<u>A C</u> G，<u>A</u> B，<u>C</u> D E，<u>E</u> H}即为所求的 3NF 模式集。

8.4　模拟试题

8.4.1　单项选择题

1．在关系中，"元数"（Arity）是指_____。

A. 行数　　　B. 元组个数　　　C. 关系个数　　　D. 列数

2. 在关系中，"基数"（Cardinality）是指＿＿＿＿＿＿。

A. 行数　　　B. 属性个数　　C. 关系个数　　D. 列数

3. 设关系 R、S、W 各有 10 个元组，那么这 3 个关系自然连接的元组个数为＿＿＿＿＿＿。

A. 10　　　B. 30　　　C. 1000　　　D. 不确定（与计算结果有关）

4. 设关系 R 和 S 的属性个数分别为 2 和 3，那么 $R\underset{1<2}{\bowtie}S$ 等价于＿＿＿＿＿＿。

A. $\sigma_{1<2}$（R×S）　　　　　B. $\sigma_{1<4}$（R×S）

C. $\sigma_{1<2}$（R⋈S）　　　　　D. $\sigma_{1<4}$（R⋈S）

5. 如果两个关系没有公共属性，那么其自然连接操作＿＿＿＿＿＿。

A. 转化为笛卡儿积操作　　　　B. 转化为连接操作

C. 转化为外部并操作　　　　　D. 结果为空关系

6. 下列式子中，不正确的是＿＿＿＿＿＿。

A. R–S=R–（R∩S）　　　　　B. R=（R–S）∪（R∩S）

C. R∩S=S–（S–R）　　　　　D. R∩S=S–（R–S）

7. 设关系 R 和 S 都是二元关系，那么与元组表达式
{t|（∃u）（∃v）（R（u）∧S（v）∧u[1]=v[1]∧t[1]=v[1]∧t[2]=v[2]）}
等价的关系代数表达式是＿＿＿＿＿＿。

A. $\pi_{3,4}$（R⋈S）　　　　　B. $\pi_{2,3}\underset{1=3}{(R\bowtie S)}$

C. $\pi_{3,4}\underset{1=1}{(R\bowtie S)}$　　　　　D. $\pi_{3,4}$（$\sigma_{1=1}$（R×S））

8. 在元组关系演算中，与公式 $P_1\wedge P_2$ 等价的公式是＿＿＿＿＿＿。

A. ￢（$P_1\vee P_2$）　　　　　B. ￢$P_1\wedge\neg P_2$

C. ￢（￢$P_1\wedge\neg P_2$）　　　D. ￢（￢$P_1\vee\neg P_2$）

9. 在元组关系演算中，与公式（∀s）（P_1（s））等价的公式是＿＿＿＿＿＿。

A. ￢（∃s）（P_1(s)）　　　　　B. （∃s）（￢P_1(s)）

C. ￢（∀s）（￢P_1(s)）　　　　D. ￢（∃s）（￢P_1(s)）

10. 在元组关系演算中，与公式 P_1=>P_2 等价的公式是＿＿＿＿＿＿。

A. ￢$P_1\vee P_2$　　　　　B. ￢$P_2\vee P_1$

C. ￢$P_1\wedge P_2$　　　　　D. ￢$P_2\wedge P_2$

11. 与域演算表达式{ab|R（ab）∧R（ba）}不等价的关系代数表达式是＿＿＿＿＿＿。

A. $\pi_{1,2}$（$\sigma_{1=4\wedge 2=3}$（R×R））　　　B. $\pi_{1,2}\underset{1=2\wedge 2=1}{(R\bowtie R)}$

C. R∩$\pi_{2,1}$（R）　　　　　D. $\sigma_{1=2}$（R）

12. 设有关系 R（A，B，C）和 S（B，C，D），那么与 R⋈S 等价的关系代数表达式是＿＿＿＿＿＿。

A. $\underset{2=1}{\sigma_{3=5}}$（R⋈S）　　　　　B. $\underset{2=1}{\pi_{1,2,3,6}}$（$\sigma_{3=5}$（R⋈S））

C. $\sigma_{3=5 \wedge 2=4}$（R×S））　　　　　　D. $\pi_{1,2,3,6}$（$\sigma_{3=2 \wedge 2=1}$（R×S））

13. 设 R 和 S 都是二元关系，那么与元组演算表达式

$$\{t \mid R（t）\wedge（\exists u）（S（u）\wedge u[1]\neq t[2]）\}$$

不等价的关系代数表达式是_____。

A. $\pi_{1,2}$（$\sigma_{2\neq3}$（R×S））　　　　　B. $\pi_{1,2}$（$\sigma_{2\neq1}$（R×S））

C. $\pi_{1,2}$（R$\underset{2\neq1}{\bowtie}$S）　　　　　　　　D. $\pi_{3,4}$（$\sigma_{1\neq4}$（S×R））

14. 在关系代数表达式的查询优化中，不正确的叙述是_____。

　　A. 尽可能早地执行连接

　　B. 尽可能早地执行选择

　　C. 尽可能早地执行投影

　　D. 把笛卡儿积和随后的选择合并成连接运算

15. 在关系数据模型中，通常可以把_____（1）_____称为属性，而把_____（2）_____称为关系模式。常用的关系运算是关系代数和_____（3）_____。在关系代数中，对一个关系作投影操作后，新关系的元组个数_____（4）_____原来关系的元组个数。

　　（1）A. 记录　　　　　B. 基本表　　　　　C. 模式　　　　　D. 字段

　　（2）A. 记录　　　　　B. 记录类型　　　　C. 元组　　　　　D. 元组集

　　（3）A. 集合代数　　　B. 逻辑演算　　　　C. 关系演算　　　D. 集合演算

　　（4）A. 小于　　　　　B. 小于或等于　　　C. 等于　　　　　D. 大于

16. 在关系数据模型中，用_____（1）_____形式表达实体集；用_____（2）_____形式表达实体集之间的联系。

　　（1）A. 链表　　　　　B. 表格　　　　　　C. 树　　　　　　D. 索引表

　　（2）A. 指针　　　　　B. 链表　　　　　　C. 实体完整性　　D. 参照完整性

17. 在关系模型的完整性约束中，实体完整性规则是指关系中_____（1）_____，而参照完整性（即引用完整性）规则要求_____（2）_____。

　　（1）A. 属性值不允许重复　　　　　B. 属性值不允许为空

　　　　　C. 主键值不允许为空　　　　　D. 外键值不允许为空

　　（2）A. 不允许引用不存在的元组　　B. 允许引用不存在的元组

　　　　　C. 不允许引用不存在的属性　　D. 允许引用不存在的属性

18. 在关系代数的专门关系运算中，从表中选出满足某种条件的元组的操作称为_____。

　　A. 选择　　　　　　B. 投影　　　　　　C. 连接　　　D. 扫描

19. 以下关于外键和相应的主键之间的关系，不正确的是_____。

　　A. 外键一定要与主键同名

　　B. 外键不一定要与主键同名

　　C. 主键值不允许是空值，但外键值可以是空值

　　D. 外键所在的关系与主键所在的关系可以是同一个关系

20. 若有关系模式 R（A，B，C）和 S（C，D，E），对于如下的关系代数表达式：

$E_1 = \pi_{A, D}(\sigma_{B<'2003' \wedge R.C=S.C \wedge E='80'}(R \times S))$

$E_2 = \pi_{A, D}(\sigma_{R.C=S.C}(\sigma_{B<'2003'}(R) \times \sigma_{E='80'}(S)))$

$E_3 = \pi_{A, D}(\sigma_{B<'2003'}(R) \bowtie \sigma_{E='80'}(S))$

$E_4 = \pi_{A, D}(\sigma_{B<'2003' \wedge E='80'}(S \bowtie SC))$

正确的结论是＿＿＿＿（1）＿＿＿＿，表达式＿＿＿＿（2）＿＿＿＿的查询效率最高。

(1) A．$E_1 \equiv E_2 \equiv E_3 \equiv E_4$　　　　　　B．$E_3 \equiv E_4$ 但 $E_1 \not\equiv E_2$

　　C．$E_1 \equiv E_2$ 但 $E_3 \neq E_4$　　　　　　D．$E_2 \equiv E_4$ 但 $E_1 \not\equiv E_3$

(2) A．E_1　　　　　B．E_2　　　　C．E_3　　　　　　D．E_4

21. 假设学生关系是 S（S#，SNAME，SEX，AGE），课程关系是 C（C#，CNAME，TEACHER），学生选课关系是 SC（S#，C#，GRADE）。那么，要查找选修"DB"课程的"女"学生姓名，将涉及到关系＿＿＿＿＿＿。

　　A．S　　　　B．SC 和 C　　　C．S 和 SC　　　　D．S、SC 和 C

22. 关系 R 和 S 如下表所述，$R \div \pi_{1,2}(\sigma_{1<3}(S))$ 的结果为＿＿＿＿（1）＿＿＿＿，而 R 与 S 的左外连接，右外连接和完全外连接的元组个数分别为＿＿＿＿（2）＿＿＿＿。

关系 R

A	B	C
a	b	c
b	a	d
c	d	d
d	f	g

关系 S

A	B	C
a	z	a
b	a	h
c	d	d
d	s	c

(1) A．{d}　　　　B．{c, d}　　　C．{c, d, g}　D．{ (a, b), (b, a), (c, d), (d, f) }

(2) A．2，2，4　　B．2，2，7　　C．4，4，7　　　D．4，4，4

23. 设有如下两个关系 U 和 V，则 $U \bowtie V$ 运算结果的元组个数是＿＿＿＿（1）＿＿＿＿，属性个数是＿＿＿＿（2）＿＿＿＿；$U \underset{2=1}{\bowtie} V$ 运算结果的元组个数是＿＿＿＿（3）＿＿＿＿，属性个数是＿＿＿＿（4）＿＿＿＿。

关系 U

A	B	C
3	2	1
6	5	4
9	2	1

关系 V

B	C	D
2	1	5
5	4	3
2	4	3
5	4	7

(1) ～ (4)

　　A．1　B．2　C．3　D．4　E．5　F．6　G．7

24. 设关系 R 和 S 的元数分别为 r 和 s。那么，由属于 R 但不属于 S 的元组组成的集合运算称为＿＿＿＿（1）＿＿＿＿。在一个关系中找出所有满足某个条件的元组的运算称为＿＿＿＿（2）＿＿＿＿运算。对 R 和 S 进行＿＿＿＿（3）＿＿＿＿运算可得到一个 r+s 元的元组集合，其每个元组的前 r 个分量来自 R 的一个元组，后 s 个分量来自 S 的一个元组，如果 R 中有 m 个元组，S 中有 n 个元组，则它们经_____(3)_____运算后共有_____(4)_____个元组。关系 R 和 S 的自然连接运算一般只用于 R 和 S 有公共_____(5)_____的情况。

（1）~（3）A. 交　　　　　B. 并　　　　　C. 差　　　　　D. 笛卡儿积

　　　　　E. 除　　　　　F. 投影　　　　G. 选择　　　　H. 自然连接

（4）A. m　　　　　　B. n　　　　　　C. m+n　　　　　D. m−n

　　　E. m×n　　　　F. m÷n

（5）A. 元组　　　　B. 属性　　　　C. 关键码　　　　D. 关系模式

25. 关系运算理论中，关系 R 和 S 分别在第 i_____(1)_____和第 j_____(2)_____上的连接运算写成 R⋈S，其中θ是_____(3)_____。若 R 是 r 关系，则有 R⋈S=_____(4)_____。
$_{iθj}$　　　　　　　　　　　　　　　　　　　　　　　　　　　　$_{iθj}$
关系代数的基本操作是_____(5)_____。

（1）、（2）A. 行　　　　　　B. 列　　　　　C. 个记录　　　　D. 张表

（3）A. 算术运算符，如+，−　　　　B. 逻辑运算符，如∧，∨

　　　C. 算术比较运算符，如=，<=　　D. 集合运算符，如∪，∩

（4）A. $\sigma_{(i+j)θ_r}$（R×S）　　　　　　　B. $\sigma_{(i+r)θ_j}$（R×S）

　　　C. $\sigma_{iθ_{(r+j)}}$（R×S）　　　　　　D. $\sigma_{iθ_j}$（R×S）

（5）A. 并、差、交、笛卡儿积、除法　B. 并、差、笛卡儿积、投影、选择

　　　C. 并、差、交、投影、选择　　　D. 并、差、笛卡儿积、自然连接、除法

26. 关系数据模型用_____(1)_____结构来表示实体集及实体之间的联系。关系数据库的数据操纵语言（DML）主要包括_____(2)_____两类操作。

（1）A. 树　　　　　B. 有向图　　　　C. 无向图　　　　D. 二维表

（2）A. 插入和删除　B. 检索和更新　　C. 查询和编辑　　D. 统计和修改

27. DBMS 是位于_____(1)_____之间的一层数据管理软件。关系数据库的概念模式是_____(2)_____的集合，外模式是_____(3)_____的集合。用符号⋈表示的关系操作称为_____(4)_____操作。

（1）A. OA 软件与用户　B. 用户与 OS　　C. 硬件与软件　　D. OS 与硬件

（2）A. 实表　　　　　B. 虚表　　　　　C. 视图　　　　　D. 文件

（3）A. 二维表　　　　B. 基本表　　　　C. 视图　　　　　D. 文件

（4）A. 左外连接　　　B. 右外连接　　　C. 自然连接　　　D. 完全外连接

28. 关系数据库设计理论主要包括 3 个方面的内容，其中起核心作用的是_____。

　　A. 范式　　　　　B. 关键码　　　　C. 数据依赖　　　D. 数据完整性约束

29. 关系规范化中的删除操作异常是指_____。

　　A. 不该删除的数据被删除　　　　　B. 不该删除的关键码被删除

　　C. 应该删除的数据未被删除　　　　D. 应该删除的关键码未被删除

30. 给定关系模式 R（U，F），U={A，B，C，D，E}，F={B→A，D→A，A→E，AC→B}，

　　那么属性集 AD 的闭包为_____(1)_____，R 的候选键为_____(2)_____。

（1）A. ADE   B. ABD   C. ABCD   D. ACD
（2）A. ABD   B. ADE   C. ACD   D. CD

31. 在关系模式 R 中，函数依赖 X→Y 的语义是_____。
    A. 在 R 的某一关系中，若两个元组的 X 值相等，则 Y 值也相等
    B. 在 R 的每一关系中，若两个元组的 X 值相等，则 Y 值也相等
    C. 在 R 的某一关系中，Y 值应与 X 值相等
    D. 在 R 的每一关系中，Y 值应与 X 值相等

32. 如果 X→Y 和 WY→Z 成立，那么 WX→Z 成立。这条规则称为_____。
    A. 增广律   B. 传递律   C. 伪传递律   D. 分解律

33. X→Y 能从推理规则导出的充分必要条件是_____。
    A. $Y \subseteq X$ B. $Y \subseteq X^+$ C. $X \subseteq Y^+$ D. $X^+ = Y^+$

34. 两个函数依赖集 F 和 G 等价的充分必要条件是_____。
    A. F=G   B. $F^+ = G$ C. $F = G^+$ D. $F^+ = G^+$

35. 在最小依赖集 F 中，下面叙述不正确的是_____。
    A. F 中每个 FD 的右部都是单属性
    B. F 中每个 FD 的左部都是单属性
    C. F 中没有冗余的 FD
    D. F 中每个 FD 的左部没有冗余的属性

36. 设有关系模式 R（A，B，C，D），F 是 R 上成立的 FD 集，F={A→B，B→C，C→D，D→A}，则 F^+ 中，左部为 C 的函数依赖有_____。
    A. 2 个   B. 4 个   C. 8 个   D. 16 个

37. 设有关系模式 R（A，B，C，D），F 是 R 上成立的 FD 集，F={AB→C，D→A}，则属性集（CD）的闭包（CD）$^+$ 为 _____。
    A. CD   B. ACD   C. BCD   D. ABCD

38. 设有关系模式 R（A，B，C，D），F 是 R 上成立的 FD 集，F={AB→C，D→A}，则 R 的关键码为_____。
    A. AB   B. AD   C. BC   D. BD

39. 在关系模式 R 分解成 ρ={R_1，…，R_k}时，R 上的关系 r 和其投影连接表达式 m_ρ（r）之间满足_____。
    A. r=m_ρ（r）   B. r⊆m_ρ（r）   C. m_ρ（r）⊆r   D. r≠m_ρ（r）

40. 如果分解 ρ 相对于 F 是"无损分解"，那么对 R 中满足 F 的每一个关系 r，都有_____。
    A. r=m_ρ（r）   B. r⊆m_ρ（r）   C. m_ρ（r）⊆r   D. r≠m_ρ（r）

41. 设关系模式 R（A，B，C，D），F 是 R 上成立的 FD 集，F={B→A，A→C}，ρ={AB，AC，AD}是 R 上的一个分解，那么分解 ρ 相对于 F_____。
    A. 是无损连接分解，也是保持 FD 的分解

B. 是无损连接分解，但不保持 FD 的分解

C. 不是无损连接分解，但保持 FD 的分解

D. 既不是无损连接分解，也不保持 FD 的分解

42. 设关系模式 R（A，B，C，D），F 是 R 上成立的 FD 集，F={A→B，B→C，C→D，D→A}，ρ={AB，BC，AD}是 R 上的一个分解，那么分解ρ相对于 F _____。

    A. 是无损连接分解，也是保持 FD 的分解

    B. 是无损连接分解，但不保持 FD 的分解

    C. 不是无损连接分解，但保持 FD 的分解

    D. 既不是无损连接分解，也不保持 FD 的分解

43. 设关系模式 R（A，B，C，D），F 是 R 上成立的 FD 集，F={AB→C，D→B}，那么 F 在模式 ACD 上的投影π_{ACD}（F）为 _____。

    A. {AB→C，D→B}　　　　　　B. {AC→D}

    C. {AD→C}　　　　　　　　　D. φ（即不存在非平凡的 FD）

44. 设关系模式 R（A，B，C，D），F 是 R 上成立的 FD 集，F={AB→C，D→B}，ρ={ACD，BD}是 R 上的一个分解，那么分解ρ_____。

    A. 保持函数依赖集 F　　　　　B. 丢失了 AB→C

    C. 丢失了 D→B　　　　　　　D. 是否保持 FD，由 R 的当前关系确定

45. 设关系模式 R（A，B，C，D），F 是 R 上成立的 FD 集，F={A→BC}，ρ={AB，AC，AD}是 R 上的一个分解，那么分解ρ_____。

    A. 是无损连接分解，也是保持 FD 的分解

    B. 是无损连接分解，但不保持 FD 的分解

    C. 不是无损连接分解，但保持 FD 的分解

    D. 既不是无损连接分解，也不保持 FD 的分解

46. 在关系模式 R 分解成数据库模式ρ时，谈论无损连接的先决条件是_____。

    A. 数据库模式ρ中的关系模式之间有公共属性　　B. 保持 FD 集

    C. 关系模式 R 中不存在局部依赖和传递依赖　　D. 存在泛关系

47. 无损连接和保持 FD 之间的关系是_____。

    A. 同时成立或不成立　　　　　B. 前者蕴涵后者

    C. 后者蕴涵前者　　　　　　　D. 没有必然的联系

48. 关系模式 R 分解成数据库模式ρ的一个优点是_____。

    A. 数据分散存储在多个关系中　　B. 存储悬挂元组

    C. 提高查询速度　　　　　　　D. 数据容易恢复

49. 关系模式 R 分解成数据库模式ρ的一个缺点是_____。

    A. 存储悬挂元组　　　　　　　B. 减少了数据冗余

    C. 查询时，需要做连接运算　　D. 数据分散存储在多个关系中

50. 设有关系 R（A，B，C）的值如下：

	A	B	C
	5	6	5
	6	7	5
	6	8	6

下列叙述正确的是_____。

  A．函数依赖 C→A 在上述关系中成立 B．函数依赖 AB→C 在上述关系中成立

  C．函数依赖 A→C 在上述关系中成立 D．函数依赖 C→AB 在上述关系中成立

51．设图书馆数据库中有一个关于读者借书的关系模式 R（L#，B#，BNAME，AUTH，BIRTH），其属性为读者借书证号、所借书的书号、书名、书的作者、作者的出生年份。

  如果规定：一个读者同时可借阅多本书籍；每本书只有一个书名和作者；作者的姓名不允许同名同姓；每个作者只有一个出生年份。

  那么，关系模式 R 上基本的函数依赖集为_____(1)_____，R 上的关键码为_____(2)_____，R 的模式级别为_____(3)_____。

  如果把关系模式 R 分解成数据库模式ρ₁={(L#，B#)，(B#，BNAME，AUTH，BIRTH)}，那么 R 分解成ρ₁是无损分解、保持依赖且ρ₁属于_____(4)_____。

  如果把关系模式 R 分解成数据库模式ρ₂={(L#，B#)，(B#，BNAME，AUTH)，(AUTH，BURTH)}，那么 R 分解成ρ₂是无损分解、保持依赖且ρ₂属于_____(5)_____。

（1）A．{L#→B#，B#→BNAME，BNAME→AUTH，AUTH→BIRTH}

   B．{L#→B#，B#→(BNAME，AUTH，BIRTH)}

   C．{B#→(BNAME，AUTH)，AUTH→BIRTH}

   D．{(L#，B#)→BNAME，B#→AUTH，AUTH→BIRTH}

（2）A．（L#）   B．（L#，B#）

   C．（L#，B#，AUTH）   D．（L#，BNAME，AUTH）

（3）A．属于 1NF 但不属于 2NF   B．属于 2NF 但不属于 3NF

   C．属于 3NF 但不属于 2NF   D．属于 3NF

（4）、（5）A．1NF 模式集   B．2NF 模式集

      C．3NF 模式集   D．模式级别不确定

52．设教学数据库中有一个关于教师任教的关系模式 R（T#，C#，CNAME，TEXT，TNAME，TAGE），其属性为教师工号、任教的课程编号、课程名称、所用的教材、教师姓名和年龄。

  如果规定：每个教师（T#）只有一个姓名（TNAME）和年龄（TAGE），且不允许同名同姓；对每个课程号（C#）指定一个课程名（CNAME），但一个课程名可以有多个课程号（即开设了多个班）；每个课程名称（CNAME）只允许使用一本教材（TEXT）；每个教师可以上多门课程（指 C#），但每个课程号（C#）只允许一个教师任教。

  那么，关系模式 R 上基本的函数依赖集为_____(1)_____，R 上的关键码为_____(2)_____，

R 的模式级别为_____（3）_____。

如果把关系模式 R 分解成数据库模式ρ₁={（T#，C#），（T#，TNAME，TAGE），（C#，CNAME，TEXT）}，那么 R 分解成ρ₁是无损分解、保持依赖且ρ₁属于_____（4）_____。

如果把关系模式 R 分解成数据库模式ρ₂={（T#，C#），（T#，TNAME），（TNAME，TAGE），（C#，CNAME），（CNAME，TEXT）}，那么 R 分解成ρ₂是无损分解、保持依赖且ρ₂属于_____（5）_____。

（1）A. {T#→C#，T#→（TNAME，TAGE），C#→（CNAME，TEXT）}

　　B. {T#→（TNAME，TAGE），C#→（CNAME，TEXT）}

　　C. {T#→TNAME，TNAME→TAGE，C#→CNAME，CNAME→TEXT}

　　D. {（T#，C#）→（TNAME，CNAME），TNAME→TAGE，CNAME→TEXT}

（2）A. （T#）　　　B. （C#）　　　C. （T#，C#）　　　D. （T#，C#，CNAME）

（3）A. 属于 1NF 但不属于 2NF　　　　　B. 属于 2NF 但不属于 3NF

　　C. 属于 3NF 但不属于 2NF　　　　　D. 属于 3NF

（4）、（5）A. 1NF 模式集　　　　　B. 2NF 模式集

　　　　　C. 3NF 模式集　　　　　D. 模式级别不确定

53. 假定每一车次具有唯一的始发站和终点站。如果实体"列车时刻表"属性为车次、始发站、发车时间、终点站、到达时间，该实体的主键是_____（1）_____；如果实体"列车运行表"属性为车次、日期、发车时间、到达时间，该实体的主键是_____（2）_____。通常情况下，上述"列车时刻表"和"列车运行表"两实体型间_____（3）_____联系。

（1）A. 车次　　　B. 始发站　　　C. 发车时间　　　D. 车次，始发站

（2）A. 车次　　　B. 始发站　　　C. 发车时间　　　D. 车次，日期

（3）A. 不存在　　　B. 存在一对一　　　C. 存在一对多　　　D. 存在多对多

54. 关系模式 R（U，F），其中 U=（W,X,Y,Z），F={WX→Y,W→X,X→Z,Y→W}。关系模式 R 的候选码是_____（1）_____，_____（2）_____是无损连接并保持函数依赖的分解。

（1）A. W 和 Y　　　B. WY　　　C. WX　　　D. WZ

（2）A. ρ={R1（WY），R2（XZ）}　　　B. ρ={R1（WZ），R2（XY）}

　　C. ρ={R1（WXY），R2（XZ）}　　　D. ρ={R1（WX），R2（YZ）}

55. 关系代数表达式 R*S÷T−U 的运算结果是_____。

关系 R		关系 S	关系 T		关系 U	
A	B	C	A	C	B	C
1	a	x	1	x	a	x
2	b	y	3		c	z
3	a					
3	b					
4	a					

可选择的答案：

A.

B	C
a	y

B.

B	C
b	x

C.

B	C
a	x
b	x
b	y

D.

B	C
a	x
c	z

56. 设有关系 R、S 和 T 如下所示，则元组演算表达式 {t|（∃u）（（R（u）∨S（u））∧（∀v）（T(v)→（∃w）（（R(w)∨S(w))∧w[1]=u[1]∧w[2]=v[1]∧w[3]=v[2]））∧t[1]=u[1]）} 运算结果是_____。

关系 R

A	B	C
a	b	c
b	a	d
c	b	c
d	h	k
a	h	k

关系 S

A	B	C
b	b	c
c	h	k
f	h	c

关系 T

B	C
b	c
h	k

可选择的答案：

A.

B	C
b	c
h	k

B.

A
a
b

C.

A
a
c

D.

A	B	C
c	b	c
c	h	k

57. 下列公式中一定成立的是_____。

A. $\pi_{A1,A2}$（σ_F（E））≡σ_F（$\pi_{A1,A2}$（E））

B. σ_F（E1×E2）≡σ_F（E1）×σ_F（E2）

C. σ_F（E1–E2）≡σ_F（E1）－σ_F（E2）

D. $\pi_{A1,A2,B1,B2}$（E⋈E）≡$\pi_{A1,A2}$（E）⋈$\pi_{B1,B2}$（E）

58. 设关系模式 R（ABCDE）上的函数依赖集 F={A→BC，BCD→E，B→D，A→D，E→A}，将 R 分解成两个关系模式：R1=（ABD），R2=（ACE），则 R1 和 R2 的最高范式分别是_____。

A. 2NF 和 3NF   B. 3NF 和 2NF   C. 3NF 和 BCNF   D. 2NF 和 BCNF

59. 某数据库中有供应商关系 S 和零件关系 P，其中，供应商关系模式 S（Sno，Sname，Szip，City）中的属性分别表示：供应商代码、供应商名、邮编、供应商所在城市；零件关系模式 P（Pno，Pname，Color，Weight，City）中的属性分别表示：零件号、零件名、颜色、重量、产地。要求一个供应商可以供应多种零件，而一种零件可由多个供应商供应。请将下面的 SQL 语句空缺部分补充完整。

```
CREATE TABLE SP（Sno CHAR(5),
                Pno CHAR(6),
```

```
               Status CHAR(8),
               Qty NUMERIC(9),
        (1)        Sno,Pno),
        (2)        Sno),
        (3)        Pno));
```

查询供应了"红"色零件的供应商号、零件号和数量（Qty）的元组演算表达式为：

{t| (∃u) (∃u) (∃u) (___(4)___ ∧u[l]=v[l]∧v[2]=w[l]∧w[3]='红'∧___(5)___) }

（1）A. FOREIGN KEY

B. PRIMARY KEY

C. FOREIGN KEY（Sno）REFERENCES S

D. FOREIGN KEY（Pno）PEFERENCES P

（2）A. FOREIGN KEY

B. PRIMARY KEY

C. FOREIGN KEY（Sno）REFERENCES S

D. FOREIGN KEY（Pno）PEFERENCES P

（3）A. FOREIGN KEY

B. PRIMARY KEY

C. FOREIGN KEY（Sno）REFERENCES S

D. FOREIGN KEY（Pno）PEFERENCES P

（4）A. $s(u)\wedge sp(v)\wedge p(w)$　　　　　B. $SP(u)\wedge S(v)\wedge P(w)$

C. $P(u)\wedge SP(v)\wedge S(w)$　　　　　D. $S(u)\wedge P(v)\wedge SP(w)$

（5）A. $t[1]=u[1]\wedge t[2]=w[2]\wedge t[3]=v[4]$　　B. $t[1]=v[1]\wedge t[2]=u[2]\wedge t[3]=u[4]$

C. $t[1]=w[1]\wedge t[2]=u[2]\wedge t[3]=v[4]$　　D. $t[1]=u[1]\wedge t[2]=v[2]\wedge t[3]=v[4]$

60. 设有如下关系：

关系 R

A	B	C	D
2	1	a	c
2	2	a	d
3	2	b	d
3	2	b	c
2	1	b	d

关系 S

C	D	E
a	c	5
a	c	2
b	d	6

与元组演算表达式{t| (∃u) (∃v) (R (u) ∧S (v) ∧u[3]=v[1]∧u[4]=v[2]∧u[1]>v[3]∧t[1]=u[2])}等价的关系代数表达式是___(1)___，关系代数表达式 R÷S 的运算结果是___(2)___。

（1）A. $\pi_{A,B}(\sigma_{A>E}(R\bowtie S))$　　　　　B. $\pi_B(\sigma_{A>E}(R\times S))$

C. $\pi_B(\sigma_{A>E}(R\bowtie S))$　　　　　D. $\pi_B(\sigma_{R.C=S.C\wedge A>E}(R\times S))$

（2）

A.	
A	B
2	1
3	2

B.	
A	B
2	1

C.	
C	D
a	c
b	d

D.		
A	B	E
2	1	5
1	1	2

61. 设关系模式 R（A，B，C），下列结论错误的是＿＿＿＿＿＿。

    A. 若 A→B，B→C，则 A→C   B. 若 A→B，A→C，则 A→BC

    C. 若 BC→A，则 B→A，C→A   D. 若 B→A，C→A，则 BC→A

62. 存在非主属性对码的部分依赖的关系模式是＿＿＿＿＿＿。

    A. 1NF   B. 2NF   C. 3NF   D. BCNF

选择题答案

1. D   2. A   3. D   4. B   5. A

6. D   7. C   8. D   9. D   10. A

11. D   12. B   13. B   14. A

15.（1）D（2）B（3）C（4）B   16.（1）B（2）D

17.（1）C（2）A   18. A   19. A

20.（1）A（2）C   21. D   22.（1）A（2）C

23.（1）D（2）D（3）F（4）F   24.（1）C（2）G（3）D（4）E（5）B

25.（1）B（2）B（3）C（4）C（5）B   26.（1）D（2）B

27.（1）B（2）A（3）C（4）A

28. C   29. A   30.（1）A（2）D

31. B   32. C   33. B   34. D   35. B

36. D   37. B   38. D   39. D   40. A

41. C   42. A   43. C   44. B   45. A

46. D   47. D   48. B   49. C   50. B

51.（1）C（2）B（3）A（4）B（5）C

分析：R中函数依赖可表示为

$$R（L\#，B\#，BNAME，AUTH，BIRTH）$$

52.（1）C（2）C（3）A（4）B（5）C

分析：R中函数依赖可表示为

$$R（T\#，C\#，TNAME，TAGE，CNAME，TEXT）$$

53.（1）A（2）D（3）C   54.（1）A（2）C   55. A   56. C

57. C   58. D   59. （1）B （2）C （3）D （4）A （5）D
60. （1）C （2）B   61. C   62. A

8.4.2 设计题

某学员为公司的项目工作管理系统设计了初始的关系模式集：

    部门（部门代码，部门名，起始年月，终止年月，办公室，办公电话）
    职务（职务代码，职务名）
    等级（等级代码，等级名，年月，小时工资）
    职员（职员代码，职员名，部门代码，职务代码，任职时间）
    项目（项目代码，项目名，部门代码，起始年月日，结束年月日，项目主管）
    工作计划（项目代码，职员代码，年月，工作时间）

（1）试给出部门、等级、项目、工作计划关系模式的主键和外键，以及基本函数依赖集 F1、F2、F3 和 F4。

（2）该学员设计的关系模式不能管理职务和等级之间的关系。如果规定：一个职务可以有多个等级代码。请修改"职务"关系模式中的属性结构。

（3）为了能管理公司职员参加各项目每天的工作业绩，请设计一个"工作业绩"关系模式。

（4）部门关系模式存在什么问题？请用 100 字以内的文字阐述原因。为了解决这个问题可将关系模式分解，分解后的关系模式的关系名依次取部门_A、部门_B、……。

（5）假定月工作业绩关系模式为：月工作业绩（职员代码、年月、工作日期），请给出"查询职员代码、职员名、年月、月工资"的 SQL 语句。

解答：（1）部门（<u>部门代码</u>，部门名，起始年月，终止年月，<u>办公室</u>，办公电话）
        F1={部门代码→（部门名，起始年月，终止年月）， 办公室 → 办公电话}

        等级（<u>等级代码</u>，等级名，<u>年月</u>，小时工资）
        F2={等级代码 → 等级名，   （等级代码，年月）→ 小时工资}

        项目（<u>项目代码</u>，项目名，<u>部门代码</u>，起始年月日，结束年月日，<u>项目主管</u>）
        F3={项目代码 →（项目名，部门代码，起始年月日，结束年月日，项目主管）}

        工作计划（<u>项目代码</u>，<u>职员代码</u>，<u>年月</u>，工作时间）
        F4={（项目代码，职员代码，年月）→ 工作时间}

（2）修改后的关系模式如下：
        职务（<u>职务代码</u>，职务名，<u>等级代码</u>）

（3）设计的"工作业绩"关系模式如下：

工作业绩（<u>项目代码，职员代码，年月日</u>，工作时间）

（4）部门关系模式不属于 2NF，只能是 1NF。该关系模式存在冗余问题，因为某部门有多少个办公室，则部门代码、部门名、起始年月、终止年月就要重复多少次。

为了解决这个问题，可将模式分解，分解后的关系模式为：

部门_A（<u>部门代码</u>，部门名，起始年月，终止年月）

部门_B（<u>部门代码，办公室</u>，办公电话）

（5）SQL 语句如下：

SELECT 职员代码，职员名，年月，工作时间*小时工资 AS 月工资

FROM 职员，职务，等级，月工作业绩

WHERE 职员.职务代码=职务.职务代码 AND 职务.等级代码=等级.等级代码

AND 等级.年月=月工作业绩.年月 AND 职员.职员代码=月工作业绩.职员代码；

第9章 SQL 语言

9.1 基本要求

SQL 语言是关系数据库的国际标准语言。SQL 语言是介乎于关系代数和元组演算之间的一种语言。

1. 学习目的与要求

本章总的要求是对 SQL 语言能全面掌握、深刻理解和熟练应用。

SQL 语言主要包括数据定义、数据操纵（查询和更新）、嵌入式 SQL 和数据控制等 4 个部分。读者应有上机的条件，譬如有 SQL Server 的上机环境。通过上机实习，牢固掌握 SQL 语言。

2. 本章重点内容

（1）SQL 数据库的体系结构，SQL 的组成。

（2）SQL 的数据定义：SQL 模式、基本表和索引的创建和撤销。

（3）SQL 的数据查询：SELECT 语句的句法，SELECT 语句的 3 种形式及各种限定，基本表的连接操作，SQL3 中的递归查询。

（4）SQL 的数据更新：插入、删除和修改语句。

（5）视图的创建和撤销，对视图更新操作的限制。

（6）嵌入式 SQL：预处理方式，使用规定，使用技术，卷游标，动态 SQL 语句。

（7）SQL 的数据控制：SQL 的事务处理语句，并发处理语句，完整性约束语句，触发器，安全性处理语句。

9.2 基本内容

9.2.1 SQL 简介

1. SQL 发展史

1970 年，美国的 E.F.Codd 提出了关系模型，1972 年，IBM 公司开始研制实验型关系数据库管理系统 SYSTEM R，配制的查询语言称为 SQUARE（Specifying Queries As Relational Expression）语言。1974 年，Boyce 和 Chamberlin 把 SQUARE 修改为 SEQUEL（Structured English QUEry Language）语言。这两个语言在本质上是相同的，但后者去掉了一些数学符号，并采用英语单词表示和结构式的语法规则。后来 SEQUEL 简称为 SQL（Structured Query Language），即"结构化查询语言"。

1986 年 10 月，美国国家标准化协会（ANSI）发布了 ANSI 文件 X9.135—1986《数据库语言 SQL》，1987 年 6 月国际标准化组织（ISO）采纳为国际标准。这两个标准现在称为"SQL86"。ANSI 在 1989 年 10 月又颁布了增强完整性特征的 SQL89 标准。随后，ISO 对标准进行了大量的修改和扩充，在 1992 年 8 月发布了标准化文件 ISO/IEC 9075：1992《数据库语言 SQL》。人们习惯称这个标准为"SQL2"，而不使用正式的术语 SQL92。SQL2 标准文本有 600 多页，相当庞大，分为 3 个级别，实现了对远程数据库访问的支持。

1999 年 ISO 发布了标准化文件 ISO/IEC9075：1999《数据库语言 SQL》。这个标准的核心部分有 1000 多页厚，包括对象数据库、开放数据库互联等内容。人们习惯称这个标准为"SQL3"，而不使用正式的术语 SQL99。SQL 的标准化工作还在继续进行。

SQL 成为国际标准后，各种类型的计算机和 DBS 都采用 SQL 作为其存取语言和标准接口，从而使数据库世界有可能链接为一个统一的整体。这个前景具有十分重大的意义。

现在 SQL 标准的影响还超过了数据库领域。它在数据库以外的其他领域也受到重视和采用。把 SQL 的数据检索功能和图形功能、软件开发工具结合在一起的产品也越来越多。因此，在未来很长一段时间里，SQL 仍将是关系数据库领域的主流语言。

本章将对 SQL 作一总体介绍。读者应注意，许多具体的 DBMS 实现的 SQL 与标准有一定区别，有些标准在具体系统还未实现，而具体系统对 SQL 也都有一定的扩充。

2. SQL 数据库的体系结构

SQL 数据库的体系结构基本上也是三级结构，但术语与传统的关系模型术语不同。在 SQL 中，关系模式称为"基本表"（Base Table），存储模式称为"存储文件"（Stored File），子模式称为视图（View），元组称为"行"（Row），属性称为"列"（Column）。图 9-1 是 SQL 数据库的体系结构示意图。

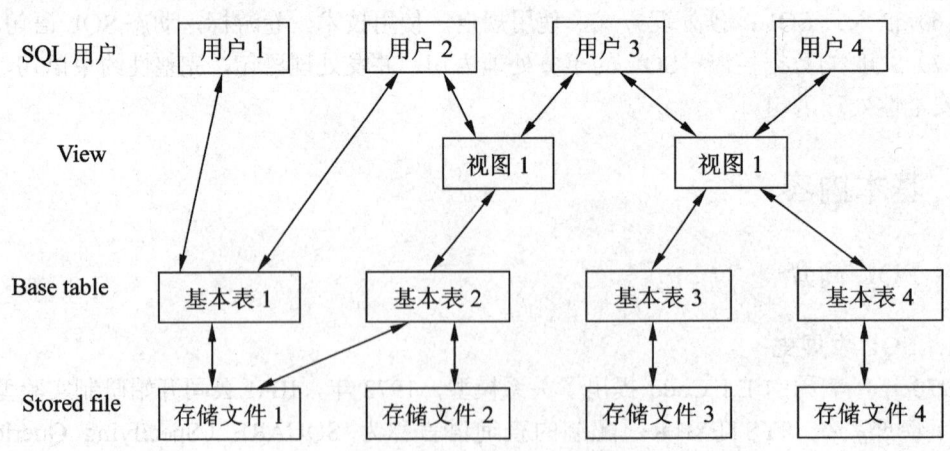

图 9-1 SQL 数据库的体系结构

SQL 数据库的体系结构要点如下。

（1）一个 SQL 模式（Schema）是已命名的数据组，由表、授权、规则、约束等组成。

（2）一个 SQL 表由行集构成，一行是列的序列，每列对应一个数据项。

（3）表有 3 种类型：基本表、视图和导出表。基本表是实际存储在数据库中的表，视图是由若干基本表或其他视图构成的表的定义，而导出表是执行了查询时产生的表。

（4）一个基本表可以跨一个或多个存储文件，一个存储文件也可以存放一个或多个基本表。每个存储文件与外部存储器上的一个物理文件对应。

（5）用户可以用 SQL 语句对基本表和视图进行查询等操作。在用户看来，两者是一样的，都是表。

（6）SQL 用户可以是应用程序，也可以是终端用户。SQL 语句可嵌在主语言的程序中使用，主语言有 FORTRAN、COBOL、PASCAL、PL/I、C 和 Ada 等语言；SQL 语言也能作为独立的用户接口，供交互环境下的终端用户使用。

值得一提的是，虽然 SQL 是国际公认的关系数据库标准，但标准的 SQL 文档中并没有使用"关系"和"数据库"这两个名词。

3. SQL 的组成

核心 SQL 主要由 4 个部分组成。

（1）数据定义语言，即 SQL DDL，用于定义 SQL 模式、基本表、视图、索引等结构。

（2）数据操纵语言，即 SQL DML。数据操纵分成数据查询和数据更新两类。而数据更新又分成插入、删除和修改 3 种操作。

（3）嵌入式 SQL 语言的使用规定。这一部分内容涉及 SQL 语句嵌入在主语言程序中的规则。

（4）数据控制语言，即 SQL DCL，这一部分包括对事务、并发控制、完整性和安全性等控制的支持。

4. SQL 的特点

SQL 具有如下特点。

（1）SQL 具有十分灵活和强大的查询功能，其 SELECT 语句能完成相当复杂的查询操作，包括各种关系代数操作、统计、排序等操作。

（2）SQL 不是一个应用开发语言，它只提供对数据库的操作功能，不能完成屏幕控制、菜单管理、报表生成等功能。但 SQL 既可作为交互式语言独立适用，也可作为子语言嵌入在主语言中使用，成为应用开发语言的一部分。

（3）SQL 是国际标准语言，有利于各种数据库之间交换数据，有利于程序的移植，有利于实现高度的数据独立性，有利于实现标准化。

（4）SQL 的词汇不多，完成核心功能只用了 9 个英语动词，它的语法结构接近英语，因此容易学习和使用。

9.2.2　SQL 的数据定义

本小节介绍对 SQL 模式、基本表和索引的创建与撤销操作，对视图的操作将在后面 9.2.6 节中介绍。

1. SQL 模式的创建和撤销

（1）SQL 模式的创建

在 SQL 中，一个 SQL 模式定义为基本表的集合。一个 SQL 模式由模式名和模式拥有者的用户名或账号来确定，并包含模式中每一个元素（基本表、视图、索引等）的定义。创建 SQL 模式，就是定义了一个存储空间。

SQL 模式的创建可用 CREATE　SCHEMA 语句定义，其基本句法如下：

```
CREATE  SCHEMA <模式名> AUTHORIZATION <用户名>
```

例如，下面语句定义了教学数据库的 SQL 模式：

```
CREATE   SCHEMA  ST_CO  AUTHORIZATION   LISMITH;
```

该模式名为 ST_CO，拥有者为 LISMITH。

（2）SQL 模式的撤销

当一个 SQL 模式及其所属的基本表、视图等元素都不需要时，可以用 DROP 语句撤销这个 SQL 模式。DROP 语句的句法如下：

```
DROP  SCHEMA <模式名> [CASCADE | RESTRICT]
```

其方式有两种。

CASCADE（级联式）方式：执行 DROP 语句时，把 SQL 模式及其下属的基本表、视图、索引等所有元素全部撤销。

RESTRICT（约束式）方式：执行 DROP 语句时，只有当 SQL 模式中没有任何下属元素时，才能撤销 SQL 模式，否则拒绝执行 DROP 语句。

例如，要撤销 SQL 模式 ST_CO 及其下属所有的元素时，可用下列语句实现：

```
DROP  SCHEMA  ST_CO   CASCADE;
```

由于"SQL 模式"这个名词学术味太重，因此大多数 DBMS 中不愿采用这个名词，而是采用"数据库"（DATABASE）这个名词。也就是大多数系统中把"创建 SQL 模式"按惯例称为"创建数据库"，语句采用"CREATE DATABASE…"和"DROP DATABASE…"等字样。

2. 基本数据类型

SQL 提供的主要数据类型（也称为"域类型"）有：

（1）数值型

INTEGER	长整数（也可写成 INT）
SMALLINT	短整数
REAL	浮点数
DOUBLE PRECISION	双精度浮点数
FLOAT（n）	浮点数，精度至少为 n 位数字

| NUMERIC（p, d） | 定点数，有 p 位数字（不包括符号、小数点）组成，小数点后面有 d 位数字（也可写成 DECIMAL（p, d）或 DEC（p,d）） |

（2）字符串型

| CHAR（n） | 长度为 n 的定长字符串 |
| VARCHAR（n） | 具有最大长度为 n 的变长字符串 |

（3）位串型

| BIT（n） | 长度为 n 的二进制位串 |
| BIT VARYING（n） | 最大长度为 n 的变长二进制位串 |

（4）时间型

| DATE | 日期，包含年、月、日，形为 YYYY-MM-DD |
| TIME | 时间，包含一日的时、分、秒，形为 HH:MM:SS |

SQL 允许在上面列出的类型的值上执行比较操作，但算术操作只限于数值类型。SQL 还提供一种时间间隔（INTERVAL）的数据类型，例如两个日期类型值的差，就是一个间隔类型的值。如果一个日期类型值加上一个间隔型的值，或减去一个间隔型的值，就可得到另外一个日期。

SQL 允许用户使用"CREATE DOMAIN"语句定义新的域，例如定义一个新的域 PERSON_NAME：

CREATE DOMAIN PERSON_NAME CHAR（8）；

这样我们就可以像使用基本类型一样，用域名 PERSON_NAME 来定义属性的类型。

3. 基本表的创建、修改和撤销

如果在系统中创建了一个数据库，那么就可以在数据库中定义基本表。

对基本表结构的操作有创建、修改和撤销 3 种操作。

（1）基本表的创建

创建基本表，可用 CREATE TABLE 语句实现：

CREATE TABLE <基本表名>
    （<列名 类型>，
        …
     <完整性约束>，
        …）

表中每个列的类型可以是基本数据类型，也可以是用户预先定义的域名。完整性约束主要有 3 种子句：主键子句（PRIMARY KEY）、外键子句（FOREIGN KEY）和检查子句（CHECK）。每个基本表的创建定义中包含了若干列的定义和若干个完整性约束。下面举例说明。

【例 9-1】 对于教学数据库中的 4 个关系：

$$
\begin{aligned}
&\text{教师关系} \quad \text{T}(\underline{\text{T\#}},\ \text{TNAME},\ \text{TITLE}) \\
&\text{课程关系} \quad \text{C}(\underline{\text{C\#}},\ \text{CNAME},\ \underline{\text{T\#}}) \\
&\text{学生关系} \quad \text{S}(\underline{\text{S\#}},\ \text{SNAME},\ \text{AGE},\ \text{SEX}) \\
&\text{选课关系} \quad \text{SC}(\underline{\text{S\#}},\ \underline{\text{C\#}},\ \text{SCORE})
\end{aligned}
$$

基本表 T 可用下列语句创建：

```
CREATE  TABLE  T
    (T#     CHAR(4)  NOT  NULL,
     TNAME CHAR(8)  NOT  NULL,
     TITLE CHAR(10),
     PRIMARY  KEY(T#));
```

SQL 中允许列值是空值，但当要求某一列的值不允许空值时就应在定义该列时写上关键字 "NOT NULL"，就像这里的 T#和 TNAME 后有 "NOT NULL" 字样。但在此处，由于主键子句（PRIMARY KEY）已定义 T#是主键，因此列 T# 的定义中 "NOT NULL" 是冗余的，可以不写。但为了提高可读性，写上也不妨。

对于基本表 C、S 和 SC 可以用下列语句创建：

```
CREATE  TABLE  C
    (C#     CHAR(4),
     CNAME   CHAR(10) NOT  NULL,
     T#      CHAR(4),
     PRIMARY  KEY(C#),
     FOREIGN KEY (T#) REFERENCES T(T#));
```

在基本表 C 的定义中说明了主键是 C#，外键是 T#，并指出外键 T#和基本表 T 中的 T#列对应，此处对应的列名恰好同名，实际上也可以不同名，只要指出其对应性即可。外键体现了关系数据库的参照完整性。

```
CREATE  TABLE  S
    (S#     CHAR(4)  NOT  NULL,
     SNAME CHAR(8)  NOT  NULL,
     AGE     SMALLINT,
     SEX    CHAR(2),
     PRIMARY  KEY(S#));
CREATE  TABLE  SC
    (S#     CHAR(4),
     C#     CHAR(4),
     SCORE SMALLINT,
     PRIMARY  KEY(S#, C#),
     FOREIGN  KEY(S#) REFERENCES  S(S#),
     FOREIGN  KEY(C#) REFERENCES  C(C#));
```

在基本表 SC 的定义中说明了主键是（S#，C#），还定义了两个外键，并指出外键 S# 和基本表 S 中的 S#列对应，外键 C#和基本表 C 中的 C#列对应。

在上例中，每个语句结束时加了分号";"。但读者应注意，在 SQL 标准中，分号不是语句的组成部分。在具体的 DBMS 中，有的系统规定必须加分号，表示语句结束，有的系统规定不加。本书为了醒目，特在每个语句结束处加上分号。

在用 CREATE 语句创建基本表时，最初只是一个空的框架，接下来，用户可使用 INSERT 命令把数据插入基本表。关系数据库产品都有数据装载程序，可以把大量原始数据装入基本表。

（2）基本表结构的修改

在基本表建立并使用一段时期后，可以根据实际需要对基本表的结构进行修改，即增加新的列、删除原有的列或修改数据类型、宽度等。

① 增加新的列用"ALTER … ADD …"语句，其句法如下：

```
ALTER  TABLE  <基本表名>  ADD  <列名> <类型>
```

【例 9-2】 在基本表 S 中增加一个地址（ADDRESS）列，可用下列语句：

```
ALTER TABLE S ADD ADDRESS VARCHAR（30）；
```

应注意，新增加的列不能定义为"NOT NULL"。基本表在增加一列后，原有元组在新增加的列上的值都被定义为空值（NULL）。

② 删除原有的列用"ALTER … DROP …"语句，其句法如下：

```
ALTER  TABLE  <基本表名>  DROP  <列名> [ CASCADE | RESTRICT ]
```

此处 CASCADE 方式表示：在基本表中删除某列时，所有引用到该列的视图和约束也要一起自动地被删除。而 RESTRICT 方式表示在没有视图或约束引用该属性时，才能在基本表中删除该列，否则拒绝删除操作。

【例 9-3】 在基本表 S 中删除年龄（AGE）列，并且把引用该列的所有视图和约束也一起删除，可用下列语句：

```
ALTER  TABLE  S  DROP  AGE  CASCADE；
```

③ 修改原有列的类型、宽度用"ALTER … MODIFY …"语句，其句法如下：

```
ALTER  TABLE  <基本表名>  MODIFY  <列名> <类型>
```

【例 9-4】 把基本表 S 中 S# 的长度修改为 6，可用下列语句：

```
ALTER  TABLE  S  MODIFY  S#  CHAR（6）；
```

（3）基本表的撤销

在基本表不需要时，可以用"DROP TABLE"语句撤销。在一个基本表撤销后，其所有数据也就丢失了。

撤销语句的句法如下：

```
DROP  TABLE  <基本表名>〔CASCADE | RESTRICT〕
```

此处的 CASCADE、RESTRICT 的语义同前面句法中的语义一样。

【例 9-5】 需要撤销基本表 S。但只有在没有视图或约束引用基本表 S 中的列时才能撤销，否则拒绝撤销。可用下列语句实现：

```
DROP TABLE S RESTRICT;
```

4. 索引的创建和撤销

在 SQL86 和 SQL89 标准中，基本表没有关键码概念，用索引机制弥补。索引属于物理存储的路径概念，而不是逻辑的概念。在定义基本表时，还要定义索引，就把数据库的物理结构和逻辑结构混在一起了。因此在 SQL2 中引入了主键概念，用户在创建基本表时用主键子句直接定义主键。

但至今大多数关系 DBMS 仍使用索引机制，有索引创建和撤销语句，其功能仅限于查询时起作用。因此这里仍加以介绍。

（1）索引的创建

创建索引可用 "CREATE INDEX" 语句实现。其句法如下：

```
CREATE 〔UNIQUE〕INDEX  <索引名> ON  <基本表名>（<列名序列>）
```

【例 9-6】 如果创建学生基本表 S 时，未使用主键子句，那么可用建索引的方法来起到主键的作用：

```
CREATE  UNIQUE  INDEX  S#_INDEX  ON  S（S#）；
```

此处关键字 UNIQUE 表示每个索引值对应唯一的数据记录。

SQL 中的索引是非显式索引，也就是在索引创建以后，用户在索引撤销前不会再用到该索引键的名，但是索引在用户查询时会自动起作用。

一个索引键也可以对应多个列。索引排列时可以升序，也可以降序，升序排列用 ASC 表示，降序排列用 DESC 表示，默认时表示升序排列。譬如，可以对基本表 SC 中的（S#，C# ）建立索引：

```
CREATE  UNIQUE  INDEX  SC_INDEX  ON  SC（S#  ASC, C#  DESC）；
```

（2）索引的撤销

当索引不需要时，可以用 "DROP INDEX" 语句撤销，其句法如下：

```
DROP  INDEX  <索引名>
```

【例 9-7】 撤销索引 S#_INDEX 和 SC_INDEX,可用下列语句：

```
DROP  INDEX  S#_INDEX, SC_INDEX;
```

9.2.3　SQL 的数据查询

数据查询是关系运算理论在 SQL 中的主要体现。在数据查询语句中既有关系代数特点，又有关系演算的特点。本小节介绍 SELECT 查询语句的基本结构和使用技术，下一小节介绍该语句使用中的各种限制和规定。在学习时，应注意把 SELECT 语句和关系代数表达式联系起来考虑问题。

1.　SELECT 查询语句的基本结构

在关系代数中最常用的式子是下列表达式：

$$\pi_{A_1,\cdots,A_n}(\sigma_F(R_1\times\cdots\times R_m))$$

这里 R_1、$\cdots$、R_m 为关系，F 是公式，A_1、$\cdots$、A_n 为属性。

针对上述表达式，SQL 为此设计了 SELECT—FROM—WHERE 句型：

```
SELECT  A₁, …, Aₙ
FROM  R₁, …, Rₘ
WHERE  F
```

这个句型是从关系代数表达式演变来的，但 WHERE 子句中的条件表达式 F 要比关系代数中的公式更灵活。

在 WHERE 子句的条件表达式 F 中可使用下列运算符。

- 算术比较运算符：<，<=，>，>=，=，<>或!=。
- 逻辑运算符：AND，OR，NOT。
- 集合成员资格运算符：IN，NOT IN。
- 谓词：EXISTS（存在量词），ALL，SOME，UNIQUE。
- 聚合函数：AVG（平均值），MIN（最小值），MAX（最大值），SUM（和），COUNT（计数）。
- F 中运算对象还可以是另一个 SELECT 语句，即 SELECT 语句可以嵌套。

另外，SELECT 语句的查询结果之间还可以进行集合的并、交、差操作，其运算符是集合运算符：UNION（并），INTERSECT（交），EXCEPT（差）。

由于 WHERE 子句中条件表达式可以很复杂，因此 SELECT 句型能表达的语义远比演变前的关系代数表达式复杂得多，SELECT 语句能表达所有的关系代数表达式。

2.　SELECT 语句的使用技术

SELECT 语句使用时有 3 种写法：连接查询、嵌套查询和带存在量词的嵌套查询。下面例 9-8 中表示了这 3 种写法。例 9-9 是最常用到的一些查询写法。

【例 9-8】　对于教学数据库中的 4 个关系：

```
教师关系  T（T#, TNAME, TITLE）
课程关系  C（C#, CNAME, T#）
```

学生关系 S（S#, SNAME, AGE, SEX）
选课关系 SC（S#, C#, SCORE）

用户有一个查询语句：检索学习课程号为 C2 课程的学生学号与姓名。这个查询要从基本表 S 和 SC 中检索数据，因此可以有下面 3 种写法。

第一种写法（连接查询）：

```
SELECT S.S#, SNAME
FROM S,SC
WHERE S.S# =SC.S#  AND C# = 'C2';
```

这个语句执行时，要先对 FROM 后的基本表 S 和 SC 做笛卡儿积操作，然后再做等值连接（S.S# =SC.S#）、选择（C# = 'C2'）和投影等操作。由于 S# 在 S 和 SC 中都出现了，因此引用时需注上基本表名，如 S.S#、SC.S# 等。

第二种写法（嵌套查询）：

```
SELECT S#, SNAME
FROM S
WHERE S# IN (SELECT S#
             FROM SC
             WHERE C# ='C2');
```

这里外层 WHERE 子句中嵌有一个 SELECT 语句，SQL 允许多层嵌套。这里嵌套的子查询在外层查询处理之前执行。即先在基本表 SC 中求出选修课程 C2 的 S#值，然后再在表 S 中据 S#值求出 SNAME 值。

由此可见，查询涉及多个基本表时用嵌套结构逐次求解层次分明，具有结构程序设计的特点。并且嵌套查询的执行效率也比连接查询的笛卡儿积效率高。在嵌套查询中，IN 是常用到的谓词，其结构为"元组 IN（集合）"，表示元组在集合内。

在上述查询中，S 是基本表名，但应看成是元组变量，取自于基本表 S 中的元组。而列名 S#、C#等应看成是元组分量。从这里可以看出，SQL 语句有元组演算的特点。

这个查询的嵌套写法还可以有另外一种：

```
SELECT S#, SNAME
FROM S
WHERE 'C2' IN (SELECT C#
               FROM SC
               WHERE S# =S.S# );
```

此处内层查询称为"相关子查询"，子查询中查询条件依赖于外层查询中的某个值，所以子查询的处理不止一次，要反复求值，以供外层查询使用。

第三种写法（使用存在量词的嵌套查询）：

```
SELECT S#, SNAME
FROM S
WHERE EXISTS (SELECT *
                FROM SC
                WHERE SC.S# =S.S# AND C# ='C2');
```

此处 "SELECT *" 表示从表中取出所有列。谓词 EXISTS 表示存在量词符号 "∃"，其语义是内层查询的结果应该为非空（即至少存在一个元组）。

【例 9-9】 对于教学数据库中的 4 个基本表 T、C、S、SC，下面用 SELECT 语句表达第 8 章中例 8-6 的各个查询语句。

（1）检索学习课程号为 C2 的学生学号与成绩。

```
SELECT S#, SCORE
FROM SC
WHERE C# = 'C2';
```

（2）该语句已在例 9-8 中介绍过。

（3）检索至少选修了 LIU 老师所授课程中一门课程的学生学号与姓名。

```
SELECT S.S#, SNAME
FROM S, SC, C, T
WHERE S.S# =SC.S# AND SC.C# =C.C# AND C.T# =T.T# AND TNAME ='LIU';
```

与（2）一样，本例也有多种写法，例如嵌套查询写法：

```
SELECT S#, SNAME
FROM S
WHERE S# IN (SELECT S#
              FROM SC
              WHERE C# IN (SELECT C#
                            FROM C
                            WHERE T# IN (SELECT T#
                                          FROM T
                                          WHERE TNAME ='LIU')));
```

（4）检索选修课程号为 C2 或 C4 的学生学号。

```
SELECT S#
FROM SC
WHERE C# ='C2' OR C# ='C4';
```

（5）检索至少选修课程号为 C2 和 C4 的学生学号。

```
SELECT X.S#
```

```
FROM SC AS X, SC AS Y
WHERE X.S# =Y.S# AND X.C# ='C2' AND Y.C# ='C4';
```

同一个基本表 SC 在一层中出现了两次，为加以区别，引入别名 X 和 Y。也可看成定义了两个元组变量 X 和 Y。在语句中应用别名对列名加以限定，譬如 X.S#、Y.S#等。书写时，保留字 AS 在语句中可省略，可直接写成"SC X，SC Y"。

（6）检索不学 C2 课程的学生姓名与年龄。

```
SELECT SNAME，AGE
FROM S
WHERE S# NOT IN（SELECT S#
                FROM SC
                WHERE C#='C2'）;
```

或者: `SELECT SNAME, AGE`
    `FROM S`
    `WHERE NOT EXISTS（SELECT *`
                    `FROM SC`
                    `WHERE SC.S#=S.S# AND C#='C2'）;`

这个查询不能使用连接查询写法。

（7）检索学习全部课程的学生姓名。

在表 S 中找学生，要求这个学生学了全部课程。换言之，在表 S 中找学生，在 C 中不存在一门课程这个学生没有学。按照此语义，就可写出查询语句的 SELECT 表达方式：

```
SELECT SNAME
FROM S
WHERE NOT EXISTS
    （SELECT *
     FROM C
    WHERE NOT EXISTS
        （SELECT *
         FROM SC
         WHERE SC.S#=S.S# AND SC.C#=C.C#））;
```

（8）检索所学课程包含学生 S3 所学课程的学号。

这一查询的写法类似于（7）的写法。其思路如下：

- 在 SC 表中找一个学生（S#）;   /* 在 SC 表中找 */
- 对于 S3 学的每一门课（C#）;   /* 在 SC 表中找 */
- 该学生都学了。   /* 在 SC 表中存在一个元组 */

然后，改写成双重否定形式：

- 在 SC 表中找一个学生（S#）；
  - 不存在 S3 学的一门课（C#）；
    - 该学生没有学。

这样就能很容易地写出 SELECT 语句：

```
SELECT DISTINCT S#
FROM SC AS X
WHERE NOT EXISTS
        (SELECT *
          FROM SC AS Y
          WHERE Y.S#='S3'
            AND NOT EXISTS
                  (SELECT *
                    FROM SC AS Z
                    WHERE Z.S#=X.S# AND Z.C#=Y.C#));
```

此处关键字 DISTINCT 表示要去掉重复的 S#值，否则查询结果中可能有重复的 S#值。

3. 聚合函数

SQL 提供了下列聚合函数：

```
COUNT（*）            计算元组的个数
COUNT（<列名>）       对一列中的值计算个数
SUM（<列名>）         求某一列值的总和（此列的值必须是数值型）
AVG（<列名>）         求某一列值的平均值（此列的值必须是数值型）
MAX（<列名>）         求某一列值的最大值
MIN（<列名>）         求某一列值的最小值
```

【例 9-10】 对教学数据库中基本表 T、C、S、SC 的数据进行查询和计算。

（1）求男学生的总人数和平均年龄。

```
SELECT  COUNT(*), AVG（AGE）
FROM S
WHERE  SEX='M';
```

（2）统计选修了课程的学生人数。

```
SELECT  COUNT（DISTINCT S#）
FROM SC;
```

这里如果不加保留字 DISTINCT，那么统计出表的值是选修课程的学生人次数。由于有的学生选修了多门课，在统计时只能计作一人，因此在 COUNT 函数的列名前面要加 DISTINCT，统计出来的值才是学生人数。

4. SELECT 语句完整的句法

SELECT 语句完整的句法如下：

```
SELECT <目标表的列名或列表达式序列>
FROM <基本表名和（或）视图序列>
[ WHERE  <行条件表达式> ]
[ GROUP BY  <列名序列>
     [ HAVING  <组条件表达式> ]]
[ ORDER BY  <列名 [ ASC|DESC ]>, … ]
```

句法中[ ]表示该成分可有，也可无。

整个语句的执行过程如下：

（1）读取 FROM 子句中基本表、视图的数据，执行笛卡儿积操作。

（2）选取满足 WHERE 子句中给出的条件表达式的元组。

（3）按 GROUP 子句中指定列的值分组，同时提取满足 HAVING 子句中组条件表达式的那些组。

（4）按 SELECT 子句中给出的列名或列表达式求值输出。

（5）ORDER 子句对输出的目标表进行排序，按附加说明 ASC 升序排列，或按 DESC 降序排列。

SELECT 语句中，WHERE 子句称为"行条件子句"，GROUP 子句称为"分组子句"，HAVING 子句称为"组条件子句"，ORDER 子句称为"排序子句"。下面举例说明分组子句和排序子句的用法。

【例 9-11】 对教学数据库的基本表 T、C、S、SC 中的数据进行查询和计算。

（1）统计每门课程的学生选修人数。

```
SELECT C.C#, COUNT (S#)
FROM  C, SC
WHERE C.C#=SC.C#
GROUP BY C.C#;
```

由于要统计每一门课程的学生人数，因此要把满足 WHERE 子句中条件的查询结果按课程号（C.C#）分组，在每一组中的课程号相同。此时的 SELECT 子句应对每一分组进行操作，在每一组中，C.C#只有一个值，统计出的 S#值个数就是这一组中的学生人数。

（2）求每一教师每门课程的学生选修人数（超过 50 人），要求显示教师工号、课程号和学生人数。显示时，查询结果按人数升序排列，人数相同按工号升序、课程号降序排列。

```
SELECT T#, C.C#, COUNT (S#)
FROM  C, SC
WHERE C.C#=SC.C#
GROUP BY T#, C.C#
  HAVING COUNT (*) > 50
ORDER BY 3, T#, C.C# DESC;
```

该语句先求出表 C 和 SC 中学生选修教师课程的那些元组，然后根据教师工号和课程号分组，去掉小于等于 50 人的组，对余下的组统计元组个数，再显示余下组的教师工号、课程号和人数。ORDER　BY 子句中数字 3 表示对 SELECT 子句中第 3 个属性值（学生人数）进行升序排列，若人数相同，则按工号升序、课程号降序排列。

9.2.4　SQL 数据查询中的限制和规定

SELECT 语句具体使用时，还有许多限制和规定，下面分别叙述。

1. SELECT 子句中的规定

（1）SELECT 子句的规定

SELECT 子句用于描述查询输出的表格结构，即输出值的列名或表达式。其形式如下：

```
SELECT [ ALL|DISTINCT ] <列名或列表达式序列> | *
```

① DISTINCT 选项保证重复的行将从结果中去除；而 ALL 选项是默认的，将保证重复的行留在结果中，一般就不必写出。

② 星号*是对于在 FROM 子句中命名表的所有列的简写。

③ 列表达式是对于一个单列求聚合值的表达式。

④ 允许表达式中出现包含+、−、*和/以及列名、常数的算术表达式。

【例 9-12】　对基本表 T、C、S、SC，进行查询。

① 在基本表 SC 中检索男同学选修的课程号。

```
SELECT DISTINCT C#
FROM S, SC
WHERE S.S#=SC.S# AND SEX='M';
```

由于一门课程可以有许多男同学选修，因此为避免输出重复的课程号，需在 SELECT 后面加上 DISTINCT。

② 检索每个学生的出生年份。

```
SELECT S#, SNAME, 2005-AGE
FROM S;
```

这里 "2005−AGE" 不是列名，而是一个表达式。

（2）列和基本表的改名操作

有时，一个基本表在 SELECT 语句的 FROM 子句中多次出现，即这个表被多次调用。为区别不同的引用，应给每次的引用标上不同的名字，也就是把基本表定义为一个元组变量。这种情况已在前面例 9-9 中的（5）、（8）出现过。

有时，用户也可以要求输出的列名与基本表中的列名不一致，可在 SELECT 子句用"旧名 AS 新名"形式改名，下例说明了这点。

【例 9-13】　在基本表 S 中检索每个学生的出生年份，输出的列名为 STUDENT_NAME 和 BIRTH_YEAR。

```
SELECT SNAME AS STUDENT_NAME, 2001-AGE AS BIRTH_YEAR
FROM S;
```

在实际使用时，AS 字样可默认。

（3）集合的并、交、差操作

当两个子查询结果的结构完全一致时，可以让这两个子查询执行并、交、差操作。并、交、差的运算符为 UNION、INTERSECT 和 EXCEPT。

```
（SELECT 查询语句 1）
 UNION  [ALL]
（SELECT 查询语句 2）

（SELECT 查询语句 1）
 INTERSECT  [ALL]
（SELECT 查询语句 2）

（SELECT 查询语句 1）
 EXCEPT   [ALL]
（SELECT 查询语句 2）
```

上述操作中不带关键字 ALL 时，返回结果消除了重复元组；而带 ALL 时，返回结果中未消除重复元组。

2. 条件表达式中的比较操作

条件表达式可以用各种运算符组合而成，常用的比较运算符如表 9-1 所示。下面分别介绍。

表 9-1　常用的比较运算符

运算符名称	符号及格式	说　　明
算术比较判断	<表达式 1> θ <表达式 2>	比较两个表达式的值
之间判断	<表达式 1>[NOT] BETWEEN<表达式 2> AND <表达式 3>	搜索（不）在给定范围内的数据
相同判断	<字符串> [NOT] LIKE <匹配模式>	查找（不）包含给定模式的值
空值判断	<表达式> IS [NOT] NULL	判断某值是否为空值
之内判断	<元组> [NOT] IN (<集合>)	判断某元组是否在某集合内
限定比较判断	<元组 1> θ ALL|SOME|ANY (<集合>)	元组 1 与集合中每（某）一个元组满足θ比较
存在判断	[NOT] EXISTS (<集合>)	判断集合是否至少存在一个元组
唯一判断	[NOT] UNIQUE (<集合>)	判断集合是否没有重复元组

（1）算术比较操作

条件表达式中可出现算术比较运算符（<, <=, >,>=,=,!=)，也可以用"BETWEEN …
AND …"比较运算符限定一个值的范围。

【例 9-14】 在基本表 S 中检索 18～20 岁的学生姓名，可用下列语句实现：

```
SELECT SNAME
FROM S
WHERE AGE>=18 AND AGE<=20;
```

若使用"BETWEEN … AND …"，就更容易理解了：

```
SELECT SNAME
FROM S
WHERE AGE BETWEEN 18 AND 20;
```

类似地，不在某个范围内可以用"NOT BETWEEN … AND …"比较运算符。

（2）字符串的匹配操作

条件表达式中字符串匹配操作符是"LIKE"。在表达式中可使用下面两个通配符。

百分号（%）：与零个或多个字符组成的字符串匹配。

下划线（_）：与单个字符匹配。

【例 9-15】 在基本表 S 中检索姓名以字符 D 打头的学生姓名。

```
SELECT SNAME
FROM S
WHERE SNAME LIKE 'D%';
```

在需要时，也可使用"NOT LIKE"比较运算符。

为了使字符串中可以包含特殊字符（即%和_），SQL 允许定义转义字符。转义字符紧靠特殊字符并放在它前面，表示该特殊字符将被当成普通字符。在 LIKE 比较中使用 ESCAPE 关键字来定义转义符。如果使用反斜线（\）作为转义符，那么：

```
LIKE 'ab\%cd%' ESCAPE '\'  匹配所有以"ab%cd"开头的字符串。
LIKE 'ab\\cd%' ESCAPE '\'  匹配所有以"ad\cd"开头的字符串。
```

SQL 允许使用 NOT LIKE 比较运算符搜寻不匹配项。

SQL 还允许在字符上使用多种函数，例如连接（‖）、提取子串、计算字符串长度、大小写转换操作。

（3）空值的比较操作

SQL 中允许列值为空，空值用保留字 NULL 表示。

【例 9-16】 在基本表 S 中检索年龄为空值的学生姓名。

```
SELECT SNAME
FROM S
WHERE AGE IS NULL;
```

这里用"IS NULL"测试列值是否为空值。如果要测试非空值，可用短语"IS NOT NULL"。

空值的存在增加了算术操作和比较操作的复杂性。SQL 中规定，涉及到+、-、*、/的算术表达式中有一个值是空值时，表达式的值也是空值。涉及到空值的比较操作的结果认为是"false"。

在聚合函数中遇到空值时，除了 COUNT（*）外，都跳过空值而去处理非空值。

（4）集合成员资格的比较

SQL 提供 SELECT 语句的嵌套子查询机制。子查询是嵌套在另一个查询中的 SELECT 语句。判断元组是否在子查询结果（即集合）中的操作，称为"集合成员资格比较"。其形式如下：

```
<元组>  [NOT] IN（<集合>）
```

这里的集合可以是一个 SELECT 查询语句，或者是元组的集合，但其结构应与前面元组的结构相同。IN 操作符表示：如果元组在集合内，那么其逻辑值为 true，否则为 false。这些操作在例 9-8、例 9-9 中已使用过，下面再举一例。

【例 9-17】 在基本表 S 和 SC 中检索至少不学 C2 和 C4 两门课程的学生学号，可用下列形式表示：

```
SELECT  S#
FROM    S
WHERE   S# NOT IN (SELECT  S#
                   FROM  SC
                   WHERE  C# IN ('C2', 'C4'));
```

上式中子查询表示选修 C2 课程或 C4 课程的学生学号，这个查询的否定是表示至少不学 C2 和 C4 两门课程的学生学号，就是外层查询的形式。

（5）集合成员的算术比较

其形式如下：

```
<元组> θ ALL|SOME|ANY（<集合>）
```

这里要求"元组"与集合中"元组"的结构一致。θ是算术比较运算符，"θ ALL"操作表示左边那个元组与右边集合中每一个元组满足θ运算，"θ SOME"操作表示左边那个元组与右边集合中至少有一个元组满足θ运算。ANY 和 SOME 是同义词，早期的 SQL 标准用 ANY，为避免与英语中 ANY 意思混淆，后来的标准都改为 SOME。

这里应该注意，元组比较操作与字符串比较类似。例如（a_1, a_2）<=（b_1, b_2），其意义与（$a_1 < b_1$）OR（（$a_1 = b_1$）AND（$a_2 <= b_2$））等价。两个元组相等，则要求其对应的列值都相等。

【例 9-18】 对基本表 S、SC、C 的数据进行检索。

① 检索学习课程号为 C2 课程的学生学号与姓名。

此查询在例 9-8 中用 IN 表达。实际上 IN 可用 "=SOME" 代替:

```
SELECT S#, SNAME
FROM S
WHERE S# = SOME (SELECT S#
                 FROM SC
                 WHERE C# ='C2');
```

② 检索至少有一门成绩超过学生 S4 一门成绩的学生学号。

```
SELECT DISTINCT S#
FROM SC
WHERE SCORE > SOME (SELECT SCORE
                    FROM SC
                    WHERE S#='S4');
```

③ 检索不学 C2 课程的学生姓名与年龄。

此查询在例 9-9 的(6)中用 NOT IN 表达,现在也可以用 "<> ALL" 表示:

```
SELECT SNAME, AGE
FROM S
WHERE S# <> ALL (SELECT S#
                 FROM SC
                 WHERE C#='C2');
```

④ 检索平均成绩最高的学生学号。

```
SELECT S#
FROM SC
GROUP BY S#
HAVING AVG (SCORE) >= ALL (SELECT AVG (SCORE)
                           FROM SC
                           GROUP BY S#);
```

在 SQL 中,不允许对聚合函数进行复合运算,因此不能写成 "SELECT MAX(AVG(SCORE))" 形式。

(6)集合空否的测试

可以用谓词 EXISTS 来测试一个集合是否为非空,或空。其形式如下:

```
[NOT] EXISTS (<集合>)
```

不带 NOT 的操作,当集合非空时(即至少存在一个元组),其逻辑值为 true,否则为 false。带 NOT 的操作,当集合为空时,其值为 true,否则为 false。

这些操作在例 9-8、例 9-9 中已使用过，此处不再举例。

（7）集合中重复元组存在与否的测试

可以用谓词 UNIQUE 来测试一个集合里是否有重复元组存在。形式如下：

```
[NOT] UNIQUE（<集合>）
```

不带 NOT 的操作，当集合中不存在重复元组时，其逻辑值为 true，否则为 false。带 NOT 的操作，当集合中存在重复元组时，其逻辑值为 true，否则为 false。

【例 9-19】 在基本表 T 和 C 中检索只开设了一门课程的教师工号和姓名。

```
SELECT T#, TNAME
FROM  T
WHERE UNIQUE （SELECT T#
              FROM  C
              WHERE C.T# = T.T#）;
```

3. 嵌套查询的改进写法

由于 SELECT 语句中可以嵌套，使得查询非常复杂，并且难于理解。为降低复杂度，SQL 标准提供了两个方法来改进：导出表和临时视图。这两种数据结构只在自身的语句中有效。

（1）导出表的使用

SQL2 允许在 FROM 子句中使用子查询。如果在 FROM 子句中使用了子查询，那么要给子查询的结果起个表名和相应的列名。

【例 9-20】 在基本表 SC 中检索平均成绩最高的学生学号。

这个查询在例 9-18 的（4）中是用嵌套的方法书写的。现在可以把子查询定义为导出表（命名为 RESULT），移到外层查询的 FROM 子句中，得到如下形式：

```
SELECT SC.S#
FROM  SC, （SELECT  AVG（SCORE）
            FROM SC
            GROUP BY S#）AS RESULT（AVG_SCORE）
GROUP BY SC.S#
   HAVING AVG（SC.SCORE）>= ALL（RESULT.AVG_SCORE）;
```

（2）WITH 子句和临时视图

SQL3 允许用户用 WITH 子句定义一个临时视图（RESULT，即子查询），置于 SELECT 语句的开始处。而临时视图本身是用 SELECT 语句定义的。

【例 9-21】 例 9-20 的 SELECT 语句还可以改写成使用 WITH 子句的形式。也就是把子查询定义成临时视图，置于 SELECT 语句的开始处，得到如下形式：

```
WITH RESULT（AVG_SCORE）AS
```

```
    SELECT AVG(SCORE)
    FROM SC
    GROUP BY S#
SELECT S#
FROM SC, RESULT
GROUP BY S#
    HAVING AVG(SCORE)>=ALL(RESULT.AVG_SCORE);
```

用 FROM 子句或 WHERE 子句中的嵌套子查询，在阅读时晦涩难懂。把子查询组织成 WITH 子句可以使查询在逻辑上更加清晰。

4. 基本表的连接操作

人们对 20 世纪 80 年代的 SQL 标准提出批评，认为 SELECT 语句中无直接的连接或自然连接操作。SQL 吸收了这个意见，用较为直接的形式表示各式各样的连接操作，这些操作可在 FROM 子句中以直接的形式指出。

在书写两个关系的连接操作时，SQL2 把连接操作符分成连接类型和连接条件两部分（表 9-2）。连接类型决定了如何处理连接条件中不匹配的元组。连接条件决定了两个关系中哪些元组应该匹配，以及连接结果中出现哪些属性。

表 9-2　连接类型和连接条件

连 接 类 型		连 接 条 件	
INNER JOIN	（内连接）	NATURAL	（应写在连接类型的左边）
LEFT OUTER JOIN	（左外连接）	ON 等值连接条件	（应写在连接类型的右边）
RIGHT OUTER JOIN	（右外连接）		
FULL OUTER JOIN	（完全外连接）	USING（A_1, A_2, …, A_n）	（应写在连接类型的右边）

下面是与连接操作有关的解释和说明：

（1）连接类型分成内连接和外连接两种。内连接是等值的 F 连接，外连接又分为左、右、完全外连接 3 种。连接类型中 INNER、OUTER 字样可不写。

（2）连接条件分为 3 种。

① NATURAL：表示两个关系执行自然连接操作，即在两个关系的公共属性上作等值连接，运算结果中公共属性只出现一次。

② ON 等值连接条件：具体列出两个关系在哪些相应属性上做等值连接。

③ USING（A_1, A_2, …, A_n）：类似于 NATURAL 形式，这里 A_1、A_2、…、A_n 是两个关系上的公共属性，但可以不是全部公共属性。在连接的结果中，公共属性 A_1、A_2、…、A_n 只出现一次。

（3）若连接操作是"INNER JOIN"，未提及连接条件，那么这个操作等价于笛卡儿积，SQL2 把此操作定义为"CROSS JOIN"操作。

（4）若连接操作是"FULL OUTER JOIN ON false"，这里连接的条件总是 false，那么这个操作类似于前面 2.2.4 节提到的"外部并"操作，但也有区别。这里操作结果要把两个关系的属性全部包括进去。SQL2 把此操作定义为 "UNION JOIN" 操作。

【例 9-22】 设有关系 R 和 S（表 9-3 的（a）和（b））。表 9-3 的（c），（d），（e）分别表示下面 3 个连接操作的结果。

E1：R NATURAL LEFT OUTER JOIN S

E2：R LEFT OUTER JOIN S ON R.B = S.B AND R.C =S.C

E3：R LEFT OUTER JOIN S USING(B)

表 9-3　关系的连接操作

(a) 关系 R				(b) 关系 S				(c) E1			
A	B	C		B	C	D		A	B	C	D
a_1	b_1	c_1		b_1	c_1	d_1		a_1	b_1	c_1	d_1
a_2	b_2	c_2		b_2	c_2	d_2		a_2	b_2	c_2	d_2
a_3	b_3	c_3		b_4	c_4	d_4		a_3	b_3	c_3	null

(d) E2						(e) E3				
A	R.B	R.C	S.B	S.C	D	A	B	R.C	S.C	D
a_1	b_1	c_1	b_1	c_1	d_1	a_1	b_1	c_1	c_1	d_1
a_2	b_2	c_2	b_2	c_2	d_2	a_2	b_2	c_2	c_2	d_2
a_3	b_3	c_3	null	null	null	a_3	b_3	c_3	null	null

5. SQL3 中的递归查询

SQL3 用 WITH RECURSIVE 子句来支持递归查询的有限形式。在前面第 3 点中提到的子句，是创建一个临时视图，现在再附加一个关键字 RECURSIVE，指明这个临时视图是递归的。

【例 9-23】 设课程之间有先修与后继的联系，其关系模式如下：

```
COURSE（C#, CNAME, PC#）
```

其属性表示课程号、课程名、直接先修课的课程号。

下面的 SELECT 语句表示了这个递归查询：

```
WITH RECURSIVE PRE（C#, PC#）AS           ①
    （（SELECT C#, PC# FROM COURSE）       ②
     UNION                                ③
    （SELECT COURSE.C#, PRE.PC#           ④
     FROM COURSE, PRE                     ⑤
     WHERE COURSE.PC#=PRE.C#))            ⑥
SELECT * FROM PRE;                        ⑦
```

上面第①行引入了临时视图 PRE 的定义，PRE 的实际定义在第②～⑥行给出，该定义由两个查询的并集组成。第②行是并集的第一项，表明关系 COURSE 中每个元组的第一和第三个分量（C#，PC#）构成 PRE 的一个元组。第④～⑥行对应于并集的第二项，FROM 子句中 COURSE 和 PRE 代表两个关系。第⑥行中的条件表达式表示 COURSE 的第二个分量和 PRE 的第一个分量应该相等。

最后，第⑦行描述了由整个查询生成的关系，它是关系 PRE 的一个副本。如果需要，我们也可以用更复杂的查询代替第⑦行。譬如：

```
SELECT PC# FROM PRE WHERE C#='C4';
```

将产生 C4 课程的所有先修课的课程号。

递归查询已在商业系统中崭露头角。本教材只是介绍了一个简单的概念。相信很快就会在许多 DBMS 中实现。

9.2.5 SQL 的数据更新

SQL 的数据更新包括数据插入、删除和修改 3 种操作，下面分别介绍。

1. 数据插入

往 SQL 基本表中插入数据的语句是 INSERT 语句。在 SQL3 中，有以下 4 种方式。

（1）单元组的插入

```
INSERT INTO <基本表名> [(<列名序列>)]
    VALUES（<元组值>）
```

（2）多元组的插入

```
INSERT INTO <基本表名> [(<列名序列>)]
    VALUES（<元组值>），（<元组值>），…，（<元组值>）
```

（3）查询结果的插入

```
INSERT INTO <基本表名> [(<列名序列>)]
    <SELECT 查询语句>
```

这个语句可把一个 SELECT 语句的查询结果插到某个基本表中。

（4）表的插入

```
INSERT INTO <基本表名 1> [(<列名序列>)]
    TABLE  <基本表名 2>
```

这个语句可把基本表 2 的值插入到基本表 1 中。

在上述各种插入语句中，如果插入的值在属性个数、顺序上与基本表的结构完全一致，那么基本表 1 后的（<列名序列>）可省略，否则必须详细列出。

【例 9-24】 下面是往教学数据库的基本表中插入元组的若干例子。

① 往基本表 S 中插入一个元组（S36，GU，20，M），可用下列语句实现：

```
INSERT INTO S (S#, SNAME, AGE, SEX)
    VALUES ('S36', 'GU', 20, 'M');
```

② 往基本表 SC 中插入一个选课元组（S5，C8），此处成绩值为空值，可用下列语句实现：

```
INSERT INTO SC (S#, C#)
    VALUES ('S5', 'C8');
```

③ 往 SC 中连续插 3 个元组，可用下列语句实现：

```
INSERT INTO SC
    VALUES ('S4', 'C4', 85),
           ('S3', 'C6', 90),
           ('S7', 'C2', 70);
```

④ 在基本表 SC 中，把平均成绩大于 80 分的男学生的学号和平均成绩存入另一个已存在的基本表 S_SCORE（S#，AVG_SCORE）中，可用下列语句实现：

```
INSERT INTO S_SCORE(S#, AVG_SCORE)
    SELECT S#, AVG(SCORE)
    FROM SC
    WHERE S# IN
        (SELECT S# FROM S WHERE SEX ='M')
    GROVP AY S#
       HAVING AVG(SCORE) > 80;
```

⑤ 某一个班级的选课情况已在基本表 SC4（S#，C#）中，把 SC4 的数据插入到表 SC 中，可用下列语句：

```
INSERT INTO SC (S#, C#)
    TABLE SC4;
```

2. 数据删除

SQL 的删除操作是指从基本表中删除元组，其句法如下：

```
DELETE FROM <基本表名>
[WHERE <条件表达式>]
```

该语句与 SELECT 查询语句非常类似。删除语句实际上是 "SELECT * FROM <基本表名>[WHERE <条件表达式>]" 操作和 DELETE 操作的结合，执行时首先从基本表中找出所有满足条件的元组，然后把它们从基本表中删去。

应该注意，DELETE 语句只能从一个基本表中删除元组。如果想从多个基本表中删除元组，就必须为每一个基本表写一条 DELETE 语句。WHERE 子句的条件可以和 SELECT

```
```

语句中的 WHERE 子句条件一样复杂，可以嵌套，也可以是来自几个基本表的复合条件。

如果省略 WHERE 子句，则基本表中的所有元组将都被删除，用户使用起来要慎重，现在大多数系统在此时还要用户再次确认后才执行。

【例 9-25】 把课程名为 MATHS 的成绩从基本表 SC 中删除。

```
DELETE FROM SC
WHERE C# IN （SELECT C#
            FROM C
            WHERE CNAME ='MATHS'）;
```

把 C4 课程中小于该课程平均成绩的成绩元组从基本表 SC 中删除。

```
DELETE FROM SC
WHERE C# ='C4'
  AND SCORE＜（SELECT AVG（SCORE）
            FROM SC
            WHERE C# ='C4'）;
```

这里，在 WHERE 子句中又引用了一次 DELETE 子句中出现的基本表 SC，但这两次引用是不相关的。也就是说，删除语句执行时，先执行 WHERE 子句中的子查询，然后再对查找到的元组执行删除操作。这样的删除操作在语义上是不会出问题的。

3. 数据修改

当需要修改基本表中元组的某些列值时，可以用 UPDATE 语句实现，其句法如下：

```
UPDATE <基本表名>
SET <列名>=<值表达式>[, <列名>=<值表达式>…] | ROW =（<元组>）
[WHERE <条件表达式>]
```

其语义是：修改基本表中满足条件表达式的那些元组中的列值，需修改的列值在 SET 子句中指出。SET 子句中第一种格式是对符合条件的元组中的列值进行修改，第二种格式是可对符合条件的元组中每个列值进行修改。

【例 9-26】 对基本表 SC 和 C 中的值进行修改。

（1）把 C5 课程的课程名改为 DB。

```
UPDATE C
SET CNAME ='DB'
WHERE C# ='C5';
```

（2）把女同学的成绩提高 10%。

```
UPDATE SC
SET SCORE = SCORE * 1.1
WHERE S# IN（SELECT S#
```

```
            FROM S
            WHERE SEX ='F');
```

（3）当 C4 课的成绩低于该门课程平均成绩时，提高 5%。

```
UPDATE SC
SET SCORE = SCORE * 1.05
WHERE C# = 'C4'
  AND SCORE < (SELECT AVG (SCORE)
               FROM SC
               WHERE C# ='C4');
```

此处两次引用 SC 是不相关的。也就是说，内层 SELECT 语句在初始时做了一次，随后对成绩的修改都以初始平均成绩为依据。

（4）在 C 中，把课程号为 C5 的元组修改为（C5，DB，T3）：

```
UPDATE C
SET ROW = ('C5', 'DB', 'T3')
WHERE C# ='C5';
```

9.2.6 视图

1. 视图的创建和撤销

在 SQL 中，外模式一级数据结构的基本单位是视图（View），视图是从若干基本表和（或）其他视图中导出来的表。具体采用 SELECT 语句实现。在我们创建一个视图时，只是把视图的定义存放在数据字典中，而不存储视图对应的数据，在用户使用视图时才去求对应的数据。因此，视图被称为"虚表"。

（1）视图的创建

创建视图可用"CREATE VIEW"语句实现。其句法如下：

```
CREATE VIEW <视图名> (<列表序列>)
    AS <SELECT 查询语句>
```

【例 9-27】 对于教学数据库中的基本表 S、SC、C，用户经常要用到 S#、SNAME、CNAME 和 SCORE 等列的数据，那么可用下列语句建立视图：

```
CREATE VIEW STUDENT_SCORE(S#, SNAME, CNAME, SCORE)
    AS SELECT S.S#, SNAME, CNAME, SCORE
        FROM S, SC, C
        WHERE S.S# = SC.S# AND SC.C# = C.C#;
```

此处，视图中列名、顺序与 SELECT 子句中的列名、顺序一致，因此视图名 STUDENT_SCORE 后的列名可省略。

（2）视图的撤销

在视图不需要时，可以用"DROP VIEW"语句把其从系统中撤销。其句法如下：

```
DROP VIEW <视图名>
```

【例 9-28】 撤销 STUDENT_SCORE 视图，可用下列语句实现：

```
DROP VIEW STUDENT_SCORE;
```

2. 对视图的操作

在视图定义以后，对于视图的查询操作，与基本表一样，没有什么区别。但对于视图中元组的更新操作就不一样了。

由于视图并不像基本表那样实际存在，因此如何将对视图的更新转换成对基本表的更新，是系统应该解决的问题。为简单起见现在一般只对"行列子集视图"才能更新。

如果视图是从单个基本表中使用选择、投影操作导出的，并且包含了基本表的主键，那么这样的视图称为"行列子集视图"，并且可以被执行更新操作。允许用户更新的视图在定义时必须加上"WITH CHECK OPTION"短语。

据上述可知，定义在多个基本表上的视图，或者使用聚合操作的视图，或者不包含基本表主键的视图都是不允许更新的。在习题中，请读者举例说明。

【例 9-29】 如果定义了一个有关男学生的视图：

```
CREATE VIEW S_MALE
  AS SELECT S#, SNAME, AGE
    FROM S
    WHERE SEX ='M';
```

由于这个视图是从单个关系中使用选择和投影导出的，并且包含主键 S#，因此是行列子集视图，是可更新的。譬如，执行插入操作：

```
INSERT INTO S_MALE
    VALUES ('S28', 'WU', 18);
```

系统自动会把它转变成下列语句：

```
INSERT INTO S
    VALUES ('S28', 'WU', 18, 'M');
```

9.2.7 嵌入式 SQL

SQL 是一种强有力的说明性查询语言。实现同样的查询用 SQL 书写比单纯用通用编程语言（3GL）编码要简单的多。然而，使用通用编程语言访问数据库仍是必要的。这在 9.1.4 节已提到，SQL 不能提供屏幕控制、菜单管理、图像管理、报表生成等非说明性动作。

而这些功能要靠 C、COBOL、PASCAL、Java、PL/I、FORTRAN 等语言实现。这些语言称为主语言。在主语言中使用的 SQL 结构称为嵌入式 SQL。

1. 嵌入式 SQL 的实现方式

SQL 语言有两种使用方式：一种是在终端交互方式下使用，称为交互式 SQL；另一种是嵌入在主语言的程序中使用，称为嵌入式 SQL。

嵌入式 SQL 的实现，有两种处理方式：一种是扩充主语言的编译程序，使之能处理 SQL 语句；另一种是采用预处理方式。目前多数系统采用后一种方式。

预处理方式是先用预处理程序对源程序进行扫描，识别出 SQL 语句，并处理成主语言的函数调用形式；然后再用主语言的编译程序编译成目标程序。通常 DBMS 制造商提供一个 SQL 函数定义库，供编译时使用。源程序的预处理和编译的具体过程如图 9-2 所示。

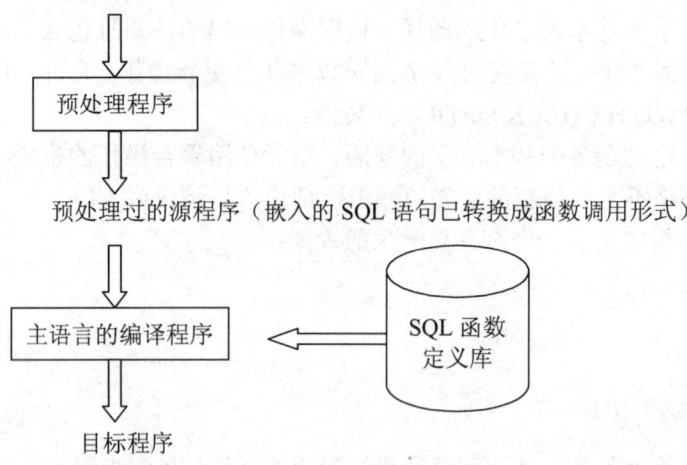

图 9-2 预处理方式的实现过程

存储设备上的数据库是用 SQL 语句存取的，数据库和主语言程序间信息的传递是通过共享变量实现的。这些共享变量先由主语言程序定义，再用 SQL 的 DECLARE 语句说明，随后 SQL 语句就可引用这些变量。共享变量也就成了 SQL 和主语言的接口。

SQL2 规定，SQL_STATE 是一个特殊的共享变量，起着解释 SQL 语句执行状况的作用，它是一个由 5 个字符组成的字符数组。当一个 SQL 语句执行成功时，系统自动给 SQL_STATE 赋上全零值（即"00000"），表示未发生错误；否则其值为非全零，表示执行 SQL 语句时发生的各种错误情况。譬如"02000"用来表示未找到元组。在执行一个 SQL 语句后，程序可以根据 SQL_STATE 的值转向不同的分支，以控制程序的流向。

2. 嵌入式 SQL 的使用规定

在主语言的程序中使用 SQL 语句有以下规定。

（1）在程序中要区分 SQL 语句与主语言语句。

所有 SQL 语句前必须加上前缀标识"EXEC SQL",并以"END_EXEC"作为语句结束标志。嵌入的 SQL 语句的格式如下:

```
EXEC SQL〈SQL 语句〉END_EXEC
```

结束标志在不同的主语言中是不同的,在 C 和 PASCAL 语言程序中规定结束标志不用 END_EXEC,而使用分号";"。

(2)允许嵌入的 SQL 语句引用主语言的程序变量(称为共享变量),但有两条规定:

① 引用时,这些变量前必须加冒号":"作为前缀标识,以示与数据库中变量有区别。

② 这些变量由主语言的程序定义,并用 SQL 的 DECLARE 语句说明。例如,在 C 语言程序中可用下列形式说明共享变量:

```
EXEC SQL BEGIN DECLARE SECTION;
        char sno [5], name [9];
        char SQL_STATE [6];
EXEC SQL END DECLARE SECTION;
```

上面 4 行语句组成一个说明节,第二行和第三行说明了 3 个共享变量。其中,共享变量 SQL_STATE 的长度是 6,而不是 5,这是由于 C 语言中规定变量值在作字符串使用时是有结束符"\0"引起的。

(3)SQL 的集合处理方式与主语言单记录处理方式之间的协调。

由于 SQL 语句处理的是记录集合,而主语言语句一次只能处理一个记录,因此需要用游标(Cursor)机制,把集合操作转换成单记录处理方式。与游标有关的 SQL 语句有下列 4 个。

① 游标定义语句(DECLARE)。游标是与某一查询结果相联系的符号名,游标用 SQL 的 DECLARE 语句定义,句法如下:

```
EXEC SQL DECLARE < 游标名> CURSOR FOR
        <SELECT 语句>
END_EXEC
```

游标定义语句是一个说明语句,定义中的 SELECT 语句并不立即执行。

② 游标打开语句(OPEN)。该语句执行游标定义中的 SELECT 语句,同时游标处于活动状态。游标是一个指针,此时指向查询结果的第一行之前。OPEN 语句句法如下:

```
EXEC SQL OPEN < 游标名> END_EXEC
```

③ 游标推进语句(FETCH)。此时游标推进一行,并把游标指向的行(称为当前行)中的值取出,送到共享变量。其句法如下:

```
EXEC SQL FETCH FROM < 游标名> INTO <变量表> END_EXEC
```

变量表是由用逗号分开的共享变量组成的。FETCH 语句常置于主语言程序的循环结构中，并借助主语言的处理语句逐一处理查询结果中的一个个元组。

④ 游标关闭语句（CLOSE）。关闭游标，使它不再和查询结果相联系。关闭了的游标，可以再次打开，与新的查询结果相联系。该语句句法如下：

```
EXEC SQL CLOSE <游标名> END_EXEC
```

在游标处于活动状态时，可以修改和删除游标指向的元组。

3. 嵌入式 SQL 的使用技术

SQL DDL 语句，只要加上前缀标识"EXEC SQL"和结束标志"END_EXEC"，就能嵌入在主语言程序中使用。SQL DML 语句在嵌入使用时，要注意是否使用了游标机制。下面就是否使用游标分别介绍 SQL DML 的嵌入使用技术。

（1）不涉及游标的 SQL DML 语句

由于 INSERT、DELETE 和 UPDATE 语句不返回数据结果，只是对数据库进行操作，因此只要加上前缀标识"EXEC SQL"和结束标志"END_EXEC"，就能嵌入在主语言程序中使用。对于 SELECT 语句，如果已知查询结果肯定是单元组时，在加上前缀和结束标志后，也可直接嵌入在主程序中使用，此时应在 SELECT 语句中再增加一个 INTO 子句，指出找到的值应送到相应的共享变量中去。

【例 9-30】 给出在 C 程序中不涉及游标的嵌入式 SQL DML 语句的使用例子。

① 在基本表 S 中，根据共享变量 givensno 的值检索学生的姓名、年龄和性别。

```
EXEC SQL SELECT sname, age, sex
    INTO :sn, :sa, :ss
    FROM s
    WHERE s# =: givensno;
```

此处 sn、sa、ss、givensno 都是共享变量，已在主程序中定义，并用 SQL 的 DECLARE 语句说明过，在使用时加上"："作为前缀标识，以示与数据库中变量有所区别。程序已预先给 givensno 赋了值，而 SELECT 查询结果（单元组）将送到变量 sn、sa、ss 中。

② 在基本表 S 中插入一个新学生，诸属性值已在相应的共享变量中：

```
EXEC SQL INSERT INTO s(s#, sname, age)
            VALUES (:givensno, :sn, :sa);
```

这里学生的性别未给出值，将自动置为空值。

③ 从基本表 SC 中删除一个学生的各个成绩，这个学生的姓名在共享变量 sn 中给出：

```
EXEC SQL DELETE FROM SC
        WHERE s# = (SELECT s#
                    FROM s
                    WHERE sname =:sn);
```

④ 把课程名为 MATHS 的成绩增加某个值（该值在共享变量 raise 中给出）：

```
EXEC SQL UPDATE sc
        SET SCORE =SCORE+:raise
        WHERE c# IN
            (SELECT c#
             FROM c
             WHERE cname ='MATHS');
```

（2）涉及游标的 SQL DML 语句

① SELECT 语句的使用方式

当 SELECT 语句查询结果是多个元组时，此时主语言程序无法使用，一定要用游标机制把多个元组一次一个地传送给主语言程序处理。

具体过程如下：

- 先用游标定义语句定义一个游标与某个 SELECT 语句对应。
- 游标用 OPEN 语句打开后，处于活动状态，此时游标指向查询结果的第一个元组之前。
- 每执行一次 FETCH 语句，游标指向下一个元组，并把其值送到共享变量，供程序处理。如此重复，直至所有查询结果处理完毕。
- 最后用 CLOSE 语句关闭游标。关闭的游标可以被重新打开，与新的查询结果相联系，但在没有被打开前，不能使用。

【例 9-31】 在基本表 SC 中检索某学生（学号由共享变量 givensno 给出）的学习成绩信息（S#，C#，SCORE），下面是该查询的一个 C 函数：

```
#define NO_MORE_TUPLES   !(strcmp(SQLSTATE, "02000"))
void sel()
{ EXEC SQL BEGIN DECLARE SECTION;
        char sno[5], cno[5], givensno[5];
        int g;
        char SQLSTATE[6];
EXEC SQL END DECLARE SECTION;
EXEC SQL DECLARE scx CURSOR FOR
        SELECT s#, c#, SCORE
        FROM sc
        WHERE s# =:givensno;
EXEC SQL OPEN scx;
while(1)
    { EXEC SQL FETCH FROM scx
                INTO :sno, :cno, :g;
        if(NO_MORE_TUPLES)break;
```

```
            printf ("%s, %s, %d", sno, cno, g);
            }
        EXEC SQL CLOSE scx;
    }
```

这里使用了 C 语言中的宏定义 NO_MORE_TUPLES，表示找不到元组时，其值为 1。

② 对游标指向元组的修改或删除操作

在游标处于活动状况时，可以修改或删除游标指向的元组。

【例 9-32】 在例 9-31 中，如果对找到的成绩作如下处理：删除不及格的成绩，60～69 分的成绩修改为 70 分，再显示该学生的成绩信息，那么例中的 "while（1）{……}" 语句应改写为下列形式：

```
while（1）
    { EXEC SQL FETCH FROM scx
                INTO :sno, :cno, :g;
    if（NO_MORE_TUPLES）break;
    if（g<60）
      EXEC SQL DELETE FROM sc
              WHERE CURRENT OF scx;
     else
       { if（g<70）
             { EXEC SQL UPDATE sc
                        SET SCORE = 70
                        WHERE CURRENT OF scx;
               g = 70;
              }
         printf ("%s, %s, %d", sno, cno, g);
       }
    }
```

4. 卷游标的定义和推进

前面提到的游标，在推进时只能沿查询结果中元组的顺序从头到尾一行行地推进，并且不能返回，这就给使用带来不便。SQL2 提供了卷游标（Scroll Cursor）技术解决这个问题，在推进卷游标时可以进退自如。下面分别介绍卷游标的定义和推进。

（1）卷游标的定义句法如下：

```
EXEC SQL DECLARE〈游标名〉SCROLL CURSOR FOR
     〈SELECT 语句〉
END_EXEC
```

与前面游标定义语句相比，这里只是多了个关键字 "SCROLL"。

卷游标的打开和关闭语句与前面一样。

（2）卷游标的推进句法如下：

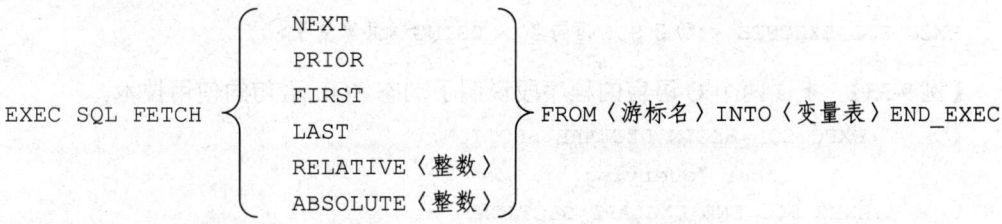

这里，NEXT 表示把游标从当前位置推进一行；

PRIOR 表示把游标从当前位置返回一行；

FIRST 表示把游标移向查询结果的第一行；

LAST 表示把游标移向查询结果的最后一行。

后两种句法举例说明：

```
RELATIVE 3     表示把游标从当前位置推进 3 行；
RELATIVE -5    表示把游标从当前位置返回 5 行；
ABSOLUTE 4     表示把游标移向查询结果的第 4 行；
ABSOLUTE -6    表示把游标移向查询结果的倒数第 6 行。
```

5. 动态 SQL 语句

前面提到的嵌入式 SQL 语句都必须在源程序中完全确定，然后再由预处理程序预处理和主语言编译程序编译。在实际问题中，源程序往往还不能包括用户的所有操作。用户对数据库的操作有时在系统运行时才能提出来，这时要用到嵌入式 SQL 的动态技术才能实现。

动态 SQL 技术主要有以下两个 SQL 语句。

（1）动态 SQL 预备语句

```
EXEC SQL PREPARE〈动态 SQL 语句名〉FROM〈共享变量或字符串〉
```

这里共享变量或字符串的值应是一个完整的 SQL 语句。这个语句可以在程序运行时由用户输入才组合起来。此时，这个语句并不执行。

（2）动态 SQL 执行语句

```
EXEC SQL EXECUTE〈动态 SQL 语句名〉
```

动态 SQL 语句使用时，还可以有以下两点改进。

① 当预备语句中组合而成的 SQL 语句只需执行一次时，那么预备语句和执行语句可合并成一个语句：

```
EXEC SQL EXECUTE IMMEDIATE〈共享变量或字符串〉
```

② 当预备语句中组合而成的 SQL 语句的条件值尚缺时，可以在执行语句中用 USING
短语补上：

```
EXEC SQL EXECUTE < 动态 SQL 语句名 > USING <共享变量>
```

【例 9-33】 下面两个 C 语言的程序段说明了动态 SQL 语句的使用技术。

```
①      EXEC SQL BEGIN DECLARE SECTION;
            char *query;
     EXEC SQL END DECLARE SECTION;
     scanf ("%s", query);              /* 从键盘输入一个 SQL 语句 */
     EXEC SQL PREPARE que FROM :query;
     EXEC SQL EXECUTE que;
```

这个程序段表示从键盘输入一个 SQL 语句到字符数组中；字符指针 query 指向字符串的第
1 个字符。

如果执行语句只做一次，那么程序段最后两个语句可合并成一个语句：

```
EXEC SQL EXECUTE IMMEDIATE :query;
```

```
②    char *query ="UPDATE sc
                  SET SCORE = SCORE * 1.1
                  WHERE c# = ? ";
     EXEC SQL PREPARE dynprog FROM :query;
     char cno[5] = "C4";
     EXEC SQL EXECUTE dynprog USING :cno;
```

这里第一个 char 语句表示用户组合成一个 SQL 语句，但有一个值（课程号）还不能确定，
因此用"？"表示。第二个语句是动态 SQL 预备语句。第三个语句（char 语句）表示取到
了课程号值。第四个语句是动态 SQL 执行语句，"？"值到共享变量 cno 中取。

9.2.8 SQL 的数据控制

1. SQL 对事务的支持

SQL 支持事务技术中通常的 COMMIT 和 ROLLBACK 语句，但这些语句将强制每个
打开的游标关闭，这就引起了所有数据库定位的丢失。有些系统的 SQL 语言能在执行
COMMIT 语句时防止关闭游标，但对执行 ROLLBACK 语句仍要关闭游标。譬如 DB2 支
持在游标说明时使用 WITH HOLD 选项，那么执行 COMMIT 语句时并不关闭游标，而是
使其保持打开、定位的状态，这样下一个 FETCH 语句将按顺序将游标指向下一个元组。
因此，原先在下一个游标打开时所需要的重定位就不再需要了。

SQL 对事务的支持中，不包括显式的 BEGIN TRANSACTION 语句。程序开始就是
第一个事务的开始。在遇到 COMMIT 或 ROLLBACK 语句时，意味着一个事务结束，同时

开始下一个事务。

2. SQL 对并发处理的支持

SQL2 对事务的存取模式（Access Mode）和隔离级别（Isolation Level）作了具体规定，并提供语句让用户使用，以控制事务的并发执行。

（1）事务的存取模式

SQL2 允许事务有两种模式。

① READ ONLY（只读型）：事务对数据库的操作只能是读操作。定义这个模式后，表示随后的事务均是只读型。

② READ WRITE（读写型）：事务对数据库的操作可以是读操作，也可以是写操作。定义这个模式后，表示随后的事务均是读写型。在程序开始时默认这种模式。

这两种模式可用下列 SQL 语句定义：

```
SET  TRANSACTION  READ  ONLY
SET  TRANSACTION  READ  WRITE
```

（2）事务的隔离级别

SQL2 提供事务的 4 种隔离级别让用户选择。这 4 个级别从高到低如下所述。

① SERIALIZABLE（可串行化）：允许事务与其他事务并发执行，但系统必须保证并发调度是可串行化，不致发生错误。在程序开始时默认这个级别。

② REPEATABLE READ（可重复读）：只允许事务读已提交的数据，并且在两次读同一数据时不允许其他事务修改此数据。但该事务与其他事务可能是不可串行化的。例如，当某个事务搜索满足某些条件的记录时，它找到的可能是已提交事务插入的那些记录，但却可能找不到其他记录。

③ READ COMMITTED（读提交数据）：允许事务读已提交的数据，但不要求"可重复读"。例如，事务对同一记录的两次读取之间，记录可能被已提交的事务更新。

④ READ UNCOMMITTED（可以读未提交数据）：允许事务读已提交或未提交的数据。这是 SQL2 中所允许的最低一致性级别。

上述 4 种级别可以用下列 SQL 语句定义：

```
SET  TRANSACTION  ISOLATION  LEVEL  SERIALIZABLE
SET  TRANSACTION  ISOLATION  LEVEL  REPEATABLE  READ
SET  TRANSACTION  ISOLATION  LEVEL  READ  COMMITTED
SET  TRANSACTION  ISOLATION  LEVEL  READ  UNCOMMITTED
```

事务的每种隔离级别可能发生的破坏情况如表 9-4 所示。表中"YES"表示可能发生的破坏，"NO"表示不可能发生的破坏。表中"读脏数据"、"不可重复读"在第 7 章 7.2.8 节中已解释过。"幻象"将在随后解释。

表 9-4　在每个隔离级上可能发生的破坏

隔离级别	破坏的类型			与封锁的关系
	读脏数据	不可重复读	幻象	
SERIALIZABLE	NO	NO	NO	等同于"X 锁"
REPEATABLE READ	NO	NO	YES	等同于"X 锁"
READ COMMITTED	NO	YES	YES	等同于"S 锁"
READ UNCOMMITTED	YES	YES	YES	等同于"无锁"

（3）幻象与插入的正确处理

如果两个事务并发访问数据库时不涉及到共同的元组，但这两个事务却互相冲突，这个问题称为"幻象现象"（Phantom phenomenon）。

【例 9-34】 假设事务 T1 对某基本表的数据进行统计（譬如求和），事务 T2 对该基本表再插入一个元组。此时就可能发生下面两种情况：事务 T1 的统计中包括了事务 T2 插入的元组，即等价于先 T1 后 T2 的串行调度；也可能事务 T1 的统计中不包括事务 T2 插入的元组，即等价于先 T2 后 T1 的串行调度。

后一种情况令人费解，T1 和 T2 未访问共同的元组，但却互相冲突，即发生了"幻象现象"。此时插入的元组称为"幻象元组"。

幻象现象发生的原因来自于封锁的粒度。上例中，事务 T2 的封锁是在元组粒度上，而不是在基本表粒度上。如果事务 T2 的封锁在基本表上，那么事务 T1 和 T2 将在真实的数据上发生冲突，而不是在幻象元组上发生冲突。因此在插入操作时，不仅要封锁插入的元组，还要封锁相应的基本表，即插入时要对相应的基本表实现 X 封锁。

3. SQL 中的完整性约束

SQL 中把完整性约束分成 4 大类：域约束、基本表约束、断言和触发器。下面分别介绍。

（1）域约束

SQL 可以用"CREATE　DOMAIN"语句定义新的域，并且还可出现 CHECK 子句。

【例 9-35】 定义一个新的域 COLOR，可用下列语句实现：

```
CREATE  DOMAIN  COLOR  CHAR(6)   DEFAULT '???'
    CONSTRAINT  VALID_COLORS
        CHECK(VALUE  IN
            ('Red', 'Yellow', 'Blue', 'Green', '???'));
```

此处"CONSTRAINT VALID_COLORS"表示为这个域约束起个名字 VALID_COLORS。假定为基本表 PART 创建表：

```
CREATE  TABLE  PART
    ( ……,
      COLOR COLOR,
      …… );
```

若用户插入一个零件记录时未提交颜色COLOR值，那么颜色值将被默认地置为"???"。若用户输入了非法的颜色值，则操作失败，系统将产生一个约束名为 VALID_COLORS 的诊断信息。

通常，SQL 允许域约束上的 CHECK 子句中可以有任意复杂的条件表达式。

（2）基本表约束

SQL 的基本表约束主要有 3 种形式：候选键定义、外键定义和"检查约束"定义。这些定义都可以在前面加 "CONSTRAINT〈约束名〉"，由此为新约束起个名字。为简化起见，下面都将忽略这一选项。

① 候选键的定义

候选键的定义形式为：

```
UNIQUE (〈列名序列〉) 或 PRIMARY  KEY (〈列名序列〉)
```

实际上 UNIQUE 方式定义了表的候选键，但只表示了值是唯一的，值非空还需在列定义时带有选项 NOT NULL。

PRIMARY 方式定义了表的主键。一个基本表只能指定一个主键。当是主键时，指定的列会自动被认为是非空的。

② 外键的定义

外键的定义形式为：

```
FOREIGN  KEY (〈列名序列〉)
    REFERENCES  <参照表>  [ (<列名序列>) ]
        [ ON  DELETE <参照动作> ]
        [ ON  UPDATE <参照动作> ]
```

此处，第一个列名序列是外键，第二个列名序列是参照表中的主键或候选键。参照动作可以有 5 种方式：NO ACTION（默认）、CASCADE、RESTRICT、SET NULL 或 SET DEFAULT。

在实际应用中，作为主键的关系称为参照表，作为外键的关系称为依赖表。

对参照表的删除操作和修改主键值的操作，会对依赖关系产生的影响由参照动作决定。

● 删除参照表中元组时的考虑

如果要删除参照表的某个元组（即要删除一个主键值），那么对依赖表有什么影响将由下列参照动作决定。

NO ACTION 方式：对依赖表没有影响。

CASCADE 方式：将依赖表中所有外键值与参照表中要删除的主键值相对应的元组一起删除。

RESTRICT 方式：只有当依赖表中没有一个外键值与要删除的参照表中主键值相对应时，系统才能执行删除操作，否则拒绝此删除操作。

SET NULL 方式：删除参照表中元组时，将依赖表中所有与参照表中被删主键值相对应的外键值均置为空值。

SET DEFAULT 方式：与上述 SET NULL 方式类似，只是把外键值均置为预先定义好的默认值。

对于这 5 种方式，选择哪一种，要视应用环境而定。

- 修改参照表中主键值时的考虑

如果要修改参照表的某个主键值时，那么对依赖关系的影响将由下列参照动作决定。

NO ACTION：对依赖表没有影响。

CASCADE 方式：将依赖表中与参照表中要修改的主键值相对应的所有外键值一起修改。

RESTRICT 方式：只有当依赖表中没有外键值与参照表中要修改的主键值相对应时，系统才能修改参照表中的主键值，否则拒绝此修改操作。

SET NULL 方式：修改参照表中主键值时，将依赖表中所有与这个主键值相对应的外键值均置为空值。

SET DEFAULT 方式：与上述 SET NULL 方式类似，只是把外键值均置为预先定义好的默认值。

对于这 5 种方式，选择哪一种也要视应用环境而定。

③ "检查约束"的定义

这种约束是对单个关系的元组值加以约束。方法是在关系定义中的任何所需地方加上关键字 CHECK 和约束的条件：

```
CHECK (〈条件表达式〉)
```

在条件中还可提及本关系的其他元组或其他关系的元组。这个子句也称为检查子句。

这种约束在插入元组或修改元组时，系统要测试新的元组值是否满足条件。如果新的元组值不满足检查约束中的条件，那么系统将拒绝这个插入操作或修改操作。

下面若干例子还是针对教学数据库中的关系：

```
教师关系 T (T#, TNAME, TITLE)
课程关系 C (C#, CNAME, T#)
学生关系 S (S#, SNAME, AGE, SEX)
选课关系 SC (S#, C#, SCORE)
```

【例 9-36】 在教学数据库中，如果要求学生关系 S 中存储的学生信息满足下列条件：男同学的年龄应在 15~35 岁之间，女同学的年龄应在 15~30 岁之间，那么可在关系 S 的定义中加入一个检查子句：

```
CHECK (AGE >= 15 AND ((SEX ='M' AND  AGE <= 35)
        OR (SEX ='F' AND  AGE <= 30)));
```

虽然检查子句中条件可以很复杂，也能表示许多复杂的约束，但是有可能产生违反约束的现象。这是因为检查子句只对定义它的关系 R1 起约束作用，而对条件中提及的其他关系 R2（R2 很可能就是 R1 本身）不起约束作用。此时在 R2 中插入、删除或修改元组时，有可能使检查子句中的条件值为假，而系统对此无能为力。下例说明了这个问题。

【例 9-37】 在关系 SC 的定义中，参照完整性也可以不用外键子句定义，而用检查子句定义：

```
CREATE  TABLE SC
        (S#  CHAR(4),
        C#  CHAR(4),
        GRADE  SMALLINT,
        PRIMARY  KEY(SNO，CNO),
        CHECK(S#  IN(SELECT  S#  FROM  S)),
        CHECK(C#  IN(SELECT  C#  FROM  C)));
```

此时可得到下面 3 种情况。

- 在关系 SC 中插入一个元组，如果 C#值在关系 C 中不存在，那么系统将拒绝这个插入操作。
- 在关系 SC 中插入一个元组，如果 S#值在关系 S 中不存在，那么系统将拒绝这个插入操作。
- 在关系 S 中删除一个元组，这个操作将与关系 SC 中的检查子句无关。如果此时关系 SC 中存在被删学生的选课元组时，关系 SC 将出现违反检查子句中条件的情况。

最后一种情况是我们不希望发生的，但系统无法排除。

从上例可以看出，检查子句中的条件尽可能不要涉及其他关系，应尽量利用外键子句或下面提到的"断言"来定义完整性约束。

（3）断言

如果完整性约束牵涉面较广，与多个关系有关，或者与聚合操作有关，那么 SQL2 提供"断言"（Assertions）机制让用户书写完整性约束。断言可以像关系一样，用 CREATE 语句定义，其句法如下：

```
CHECK  ASSERTION  <断言名>  CHECK(<条件>)
```

这里<条件>与 SELECT 语句中 WHERE 子句中的条件表达式一样。

撤销断言的句法是：

```
DROP  ASSERTION  <断言名>
```

但是撤销断言的句法中不提供 RESTRICT 和 CASCADE 选项。

【例 9-38】 在教学数据库的关系 T、C、S、SC 中，可以用断言来写出完整性约束。

① 不允许男同学选修"艺术体操"的课程。

```
CREATE  ASSERTION  ASSE2  CHECK
    (NOT  EXISTS (SELECT  *
                FROM  SC
                WHERE  C#  IN (SELECT  C#
                                FROM  C
                                WHERE  CNAME ='艺术体操')
            AND  S#  IN (SELECT  S#
                            FROM  S
                            WHERE  SEX ='M')));
```

② 每门课程最多有 50 名男学生选修。

```
CREATE  ASSERTION  ASSE3  CHECK
    (50 >= ALL (SELECT  COUNT (SC.SNO)
                FROM  S, SC
                WHERE  S.S# = SC.S#  AND  SEX='M'
                GROUP  BY  C#));
```

有时，断言也可以在关系定义中用检查子句形式定义，但是检查子句不一定能保证完整性约束彻底实现，而断言能保证不出差错。

（4）SQL3 的触发器

前面提到的一些约束机制，属于被动的约束机制。在检查出对数据库的操作违反约束后，只能做些比较简单的动作，譬如拒绝操作。比较复杂的操作还需要由程序员去安排。如果我们希望在某个操作后，系统能自动根据条件转去执行各种操作，甚至执行与原操作无关的一些操作，那么这种设想可以用 SQL3 中的触发器机制实现。

① 触发器结构

触发器（Trigger）是一个能由系统自动执行对数据库修改的语句。触发器有时也称为主动规则（Active Rule）或事件——条件——动作规则（Event—Condition—Action Rule，ECA 规则）。

一个触发器由 3 部分组成：

- 事件。事件是指对数据库的插入、删除、修改等操作。触发器在这些事件发生时，将开始工作。
- 条件。触发器将测试条件是否成立。如果条件成立，就执行相应的动作，否则什么也不做。
- 动作。如果触发器测试满足预定的条件，那么就由 DBMS 执行这些动作（即对数据库的操作）。这些动作能使触发事件不发生，即撤销事件，例如删除一插入的元组等。这些动作也可以是一系列对数据库的操作，甚至可以是与触发事件本身无关的其他操作。

② SQL3 的触发器实例

先举例说明 SQL3 触发器的定义，然后解释触发器的结构。

【例 9-39】 下面是应用于选课关系 SC 的一个触发器。这个触发器规定，在修改关系 SC 的成绩值时，要求修改后的成绩一定不能比原来的低，否则就拒绝修改。该触发器的程序如下：

```
CREATE  TRIGGER  TRIG1                                   (i)
AFTER  UPDATE  OF  GRADE  ON  SC                         (ii)
REFERENCING                                              (iii)
    OLD  AS  OLDTUPLE                                    (iv)
    NEW  AS  NEWTUPLE                                    (v)
FOR  EACH  ROW                                           (vi)
WHEN  (OLDTUPLE.GRADE > NEWTUPLE.GRADE)                  (vii)
    UPDATE  SC                                           (viii)
    SET  GRADE = OLDTUPLE.GRADE                          (ix)
    WHERE  C# = NEWTUPLE.C#                              (x)
```

第（i）行说明触发器的名字为 TRIG1。

第（ii）行给出触发事件，即对关系 SC 的成绩值修改后激活触发器。此处 AFTER 称为触发器动作时间，UPDATE 称为触发事件，ON SC 子句命名了触发器的目标表。

第（iii）~（v）行为触发器的条件和动作部分设置了必要的元组变量，OLDTUPLE 和 NEWTUPLE 分别为修改前、后的元组变量。

第（vi）~（x）行为触发器的动作部分。触发动作分为 3 个部分：动作间隔尺寸，动作时间条件，动作体。

第（vi）行为动作间隔尺寸。表示触发器对每一个修改的元组都要检查一次。如果没有这一行，则表示 FOR EACH STATEMENT，即表示触发器对 SQL 语句的执行结果只检查一次。

第（vii）行为动作时间条件，也就是触发器的条件部分。这里，如果修改后的值比修改前的值小，那么必须恢复修改前的值。

第（viii）~（x）行为动作体，是触发器的动作部分。这里是 SQL 的修改语句。这个语句的作用是恢复修改前的旧值。

触发器的撤销语句为 DROP TRIGGER，譬如要撤销上例中的触发器，可用下列命令：

```
DROP TRIGGER TRIG1;
```

③ 触发器结构的组成

SQL3 中触发器的结构如图 9-3 所示。

触发器的命名
动作时间　触发事件　目标表名
旧值和新值的别名表
触发动作 { 动作间隔尺寸 / 动作时间条件 / 动作体 }

图 9-3　触发器结构的组成示意图

- 动作时间

触发器的动作时间定义了何时想要执行触发器动作。在 SQL 标准中规定可以是 BEFORE 或 AFTER。

BEFORE 表示在触发事件进行以前，测试 WHEN 条件是否满足。若满足则先执行动作部分的操作，然后再执行触发事件的操作（此时可不管 WHEN 条件是否满足）。

AFTER 表示在触发事件完成以后，测试 WHEN 条件是否满足，若满足则执行动作部分的操作。

在 Oracle 系统中，还规定了另一种动作时间 INSTEAD OF，表示在触发事件发生时，只要满足 WHEN 条件，就执行动作部分的操作，而触发事件的操作不再执行。

- 触发事件

触发事件定义了激活触发器的 SQL 数据更新语句的类别。触发事件有 3 类：UPDATE、DELETE 和 INSERT。只有在 UPDATE 时，允许后面跟"OF <属性表>"短语。在其他两种情况时，是对整个元组的操作，不允许后面跟"OF <属性表>"短语。

- 目标表（ON 子句）

当目标表的数据被更新（插入、删除、修改）时，将激活触发器。

- 旧值和新值的别名表（REFERENCES 子句）

如果触发事件是 UPDATE，那么应该用 OLD AS 和 NEW AS 子句定义修改前后的元组变量。如果是 DELETE，那么只要用 OLD AS 子句定义元组变量。如果是 INSERT，那么只要用 NEW AS 子句定义元组变量。

- 触发动作

触发动作定义了当触发器被激活时想要它执行的 SQL 语句，有 3 个部分：动作间隔尺寸、动作时间条件和动作体。

"动作间隔尺寸"用 FOR EACH 子句定义，有两种形式：FOR EACH ROW 和 FOR EACH STATEMENT。前者对每一个修改的元组都要检查一次，而后者对 SQL 语句的执行结果进行检查。前一种形式的触发器称为"元组级触发器"，后一种形式的触发器称为"语句级触发器"。

"动作时间条件"用 WHEN 子句定义，它可以是任意的条件表达式。当触发器被激活时，如果条件是 ture，则执行动作体的 SQL 语句，否则不执行。

"动作体"定义了触发动作本身：即当触发器被激活时想要 DBMS 执行的 SQL 语句。动作体若是一个 SQL 语句，直接写上即可；若是一系列的 SQL 语句，则用分号定界，再使用 BEGIN ATOMIC…END 限定。

前面例 9-39 是一个元组级触发器，下面是一个语句级触发器的例子。在语句级触发器中，不能直接引用修改前后的元组，但可以引用修改前后的元组集。设旧的元组集由被删除的元组或被修改元组的旧值组成，新的元组集由插入的元组或被修改元组的新值组成。那么可以用 OLD_TABLE AS OLDSTUFF 和 NEW_TABLE AS NEWSTUFF 说明两个关系变量 OLDSTUFF 和 NEWSTUFF。下例说明了这种用法。

【例 9-40】 在关系 SC 中修改课程号 C#，也就是学生的选课登记需做变化。在关系

SC 中有个约束，要求保持每门课程选修人数不超过 50。如果更改课程号后，违反这个约束，那么这个更改应该不做。修改操作的触发器程序如下：

```
CREATE TRIGGER TRIG2
INSTEAD OF UPDATE OF C# ON SC
REFERENCING
    OLD_TABLE AS OLDSTUFF
    NEW_TABLE AS NEWSTUFF
WHEN( 50>=ALL( SELECT COUNT( S# )
                FROM (( SC EXCEPT OLDSTUFF ) UNION NEWSTUFF )
                GROUP BY C#
              )
    )
BEGIN ATOMIC
    DELETE FROM SC
    WHERE ( S#,C#,GRADE ) IN OLDSTUFF;
    INSERT INTO SC
        SELECT * FROM NEWSTUFF
END
```

由于这个触发器的动作时间是 INSTEAD OF（第 2 行），因此任何企图修改关系 SC 中 C#值的操作都被这个触发器截获，并且触发事件的操作（即修改 C#）不再进行，由触发器的条件真假值来判断是否执行动作部分的操作。

动作部分由两个 SQL 语句组成，前一个语句是从关系 SC 中删除修改前的元组，后一个语句是在关系 SC 中插入修改后的元组。用这样的方式完成触发事件的操作。

4. SQL 中的安全性机制

SQL 中有 4 个机制提供了安全性：视图（View）、权限（Authorization）、角色（Role）和审计（Audit）。

（1）视图

视图是从一个或多个基本表中导出的表。但视图仅是一个定义，视图本身没有数据，不占磁盘空间。视图一经定义就可以和基本表一样被查询，也可以用来定义新的视图，但更新（插、删、改）操作将有一定限制。这已在第 3 章 3.6 节介绍过。

视图机制使系统具有 3 个优点：数据安全性、逻辑数据独立性和操作简便性。

视图被用来对无权用户屏蔽数据。用户只能使用视图定义中的数据，而不能使用视图定义外的其他数据，从而保证了数据安全性。

（2）权限

DBMS 的授权子系统允许有特定存取权的用户有选择地和动态地把这些权限授予其他用户。

① 用户权限

SQL2 定义了 6 类权限供用户选择使用：SELECT、INSERT、DELETE、UPDATE、REFERENCES 和 USAGE。前 4 类权限分别允许用户对关系或视图执行查、插、删、修操作。REFERENCES 权限允许用户定义新关系时，引用其他关系的主键作为外键。USAGE 权限允许用户使用已定义的域。

② 授权语句

授予其他用户使用关系和视图权限的语句格式如下：

GRANT <权限表> ON <数据库元素> TO <用户名表> [WITH GRANT OPTION]

这里权限表中的权限可以是前面提到的 6 种权限。如果权限表中包括全部 6 种权限，那么可用关键字 ALL PRIVILEGES 代替。数据库元素可以是关系、视图或域，但是在域名前要加关键字 DOMAIN。短语 WITH GRANT OPTION 表示获得权限的用户还能获得传递权限，把获得的权限转授给其他用户。

【例 9-41】 下面有若干授权语句。

```
GRANT SELECT,UPDATE ON S TO WANG WITH GRANT OPTION
```

该语句把对关系 S 的查询、修改权限授给用户 WANG，并且 WANG 还可以把这些权限转授给其他用户。

```
GRANT INSERT (S#,C#) ON SC TO LOU WITH GRANT OPTION
```

该语句把对关系 SC 的插入（只能插入 S#，C#值）权限授给用户 LOU，同时 LOU 还获得了转授权。

```
GRANT UPDATE (GRADE) ON SC TO WEN
```

该语句把对关系 SC 的成绩修改权限授给用户 WEN。

```
GRANT REFERENCES (C#) ON C TO BAO WITH GRANT OPTION
```

该语句允许用户 BAO 建立新关系时，可以引用关系 C 的主键 C#作为新关系的外键，并有转让权限。

```
GRANT USAGE ON DOMAIN AGE TO CHEN
```

该语句将允许用户 CHEN 使用已定义过的域 AGE。

在授权语句中，关键字 PUBLIC 表示系统中所有目前的和将来可能出现的所有用户。

③ 回收语句

如果用户 U_i 已经将权限 P 授予其他用户，那么用户 U_i 随后也可以用回收语句 REVOKE 从其他用户回收权限 P。回收语句格式如下：

```
REVOKE<权限表>ON<数据库元素>FROM<用户名表>[RESTRICT|CASCADE]
```

该语句中带 CASCADE，表示回收权限时要引起连锁回收。即用户 U_i 从用户 U_j 回收权限时，要把用户 U_j 转授出去的同样权限同时回收。如果语句中带 RESTRICT，则当不存在连锁回收现象时，才能回收权限，否则系统拒绝回收。

另外，回收语句中 REVOKE 可用 REVOKE　GRANT　OPTION　FOR 代替，其意思是回收转授出去的转让权限，而不是回收转授出去的权限。

【例 9-42】 下面有若干权限回收语句。

```
REVOKE SELECT,UPDATE ON S FROM WANG CASCADE
```

该语句表示从用户 WANG 回收对关系 S 的查询、修改权限，并且是连锁回收。

```
REVOKE INSERT (S#,C#) ON SC FROM ZHANG RESTRICT
```

如果 ZHANG 已把获得的插入权限转授给其他用户，那么上述回收语句执行失败，否则回收成功。

```
REVOKE GRANT OPTION FOR REFERENCES (C#) ON C FROM BAO
```

该语句从用户 BAO 回收对关系 C 中主键 C#引用的转授权。

（3）角色

在大型 DBS 中，用户的数量可能非常大，使用数据库的权限也各不相同。为了便于管理，引入了角色的概念。

在 SQL 中，用户（User）是实际的人或是访问数据库的应用程序。而角色（Role）是一组具有相同权限的用户，实际上角色是属于目录一级的概念。

有关用户与角色有以下几点内容。

① SQL 标准并不包含 CREATE USER 和 DROP USER 语句，由具体的系统确定如何创建和撤销用户、如何组成一个合理的用户标识和口令系统。

② 用户和角色之间存在着多对多联系，即一个用户可以参与多个角色，一个角色也可授予多个用户。

③ 可以把使用数据库的权限用 GRANT 语句授予角色，再把角色授予用户，这样用户也就拥有了使用数据库的权限。其语句格式如下：

```
GRANT〈权限列表〉ON〈基本表名或视图名〉TO〈角色名〉
GRANT〈角色名〉TO〈用户名〉
```

反之，也可以用 REVOKE 语句把权限或角色收回。

④ 角色之间可能存在一个角色链。即可以把一个角色授予另一角色，则后一个角色也就拥有了前一个角色的权限。其语句格式如下：

```
GRANT〈角色名 1〉TO〈角色名 2〉
```

（4）审计

用于安全性目的的数据库日志，称为审计追踪（Audit Trail）。

审计追踪是一个对数据库作更改（插、删、修）的日志，还包括一些其他信息，如哪个用户执行了更新和什么时候执行的更新等。如果怀疑数据库被篡改了，那么就开始执行 DBMS 的审计软件。该软件将扫描审计追踪中某一时间段内的日志，以检查所有作用于数据库的存取动作和操作。当发现一个非法的或未授权的操作时，DBA 就可以确定执行这个操作的账号。

当然也可以用触发器来建立审计追踪，但相比之下，用 DBS 的内置机制来建立审计追踪更为方便。

9.2.9　主流数据库厂商及产品

1.　Oracle 公司的 Oracle 产品

Oracle 公司成立于 1977 年，原来的名字为 Relational Software Inc.，专门从事 RDBMS 及其相应工具的研究、开发和生产。Oracle 公司在 1979 年推出其第一个商品化的 RDBMS。最新的版本是 2000 年的第 9 版（Oracle 9i），支持 Internet，将关系数据库与多维数据库集于一体，成为功能更加强大的、既支持联机分析技术（OLTP）又支持数据仓库的、基于 Web 应用的数据处理及管理平台。

与 Oracle 9i 配套的开发工具是 Oracle 9i Developer Suite V2.0。

2.　IBM 公司的 DB2

成立于 1914 年的 IBM 公司，是世界上最大的信息工业跨国公司。基于 SQL 的 DB2 关系数据库家族产品，是 IBM 的主要数据库产品，产生于 1983 年。其最新版本为 2000 年的 DB2 UDB（Universal Database）V8.1。其开发工具为 Rational Rose。

3.　Sybase 公司的 ASE

成立于 1984 年的 Sybase 公司，以开发出与 C/S 结构紧密集成的数据库服务器而闻名业界，成长迅速，其产品面向 Internet，成为一个以数据库技术为核心，提供数据库、开发工具及中间件 3 大系列产品的系统公司。最新版本为 2002 年的 Adaptive Server Enterprise（ASE）V12.5。其开发工具为 PowerBuilder 9.0 和 PowerDesigner 9.5。

4.　MicroSoft 公司的 SQL Server

SQL Server 1.0 版在 1989 年推出。最新版本为 SQL Server 2000，这是新一代大型电子商务、数据仓库和数据库解决方案，为 Web 标准提供了强有力的支持，并为系统管理和调整提供了许多有力的工具，使其成为针对电子商务、数据仓库和在线商务解决方案的卓越的数据库平台。

9.2.10　小结

- SQL 是关系数据库的标准语言，已广泛应用在商用系统中。SQL 主要由数据定义、数据操纵，嵌入式 SQL 和数据控制 4 个部分组成。
- SQL 的数据定义部分包括对 SQL 模式、基本表、视图、索引的创建和撤销。
- SQL 的数据操纵分为数据查询和数据更新两部分。

- SQL 的数据查询是用 SELECT 语句实现的，兼有关系代数和元组演算的特点。SELECT 语句的格式有 3 种：连接查询、嵌套查询和存在量词方式。语句中聚集了函数、分组子句、排序子句的使用技术，以及 SELECT 语句中的各种限定用法。
- SQL 的数据更新包括插入、删除和修改这 3 种操作，在视图中只有行列子集视图是可以更新的。
- 嵌入式 SQL 涉及到 SQL 语句主语言程序中的使用规定，以解决两种语言中不一致和相互联系的问题。同时还介绍了动态 SQL 语句。
- SQL 的数据控制有以下一些技术：COMMIT 和 ROLLBACK 语句；事务的存取模式和隔离级别；4 类完整性约束；4 个安全性级别。

9.3 对 SELECT 语句的深入理解

SELECT 语句是 SQL 的核心内容，对于该语句学生应掌握下列内容。

1. SELECT 语句的来历

在关系代数中最常用的式子是下列表达式：

$$\pi_{A_1,\cdots,A_n}(\sigma_F(R_1\times\cdots\times R_m))$$

这里 R_1、$\cdots$、R_m 为关系，F 是公式，A_1、$\cdots$、A_n 为属性。

针对上述表达式，SQL 为此设计了 SELECT—FROM—WHERE 句型：

```
SELECT  A₁,…,Aₙ
FROM  R₁,…,Rₘ
WHERE  F
```

这个句型是从关系代数表达式演变来的，但 WHERE 子句中的条件表达式 F 要比关系代数中的公式更灵活，可出现更多的运算符和操作。

2. 对 SELECT 语句中基本表名的理解

SELECT 语句中出现的基本表名，应理解为基本表中的元组变量，而列名应理解为元组分量。

3. 对 SELECT 语句中 SELECT 子句的理解

SELECT 子句的语义有 3 种情况，下面以学生表 S（S#，SNAME，AGE，SEX）为例说明。

（1）SELECT 语句中未使用分组子句，也未使用聚合操作，那么 SELECT 子句的语义是对查询的结果执行投影操作。譬如：

```
SELECT S#,SNAME
FROM S
WHERE SEX='M';
```

（2）SELECT 语句中未使用分组子句，但在 SELECT 子句中使用了聚合操作，此时

SELECT 子句的语义是对查询结果执行聚合操作。比如：

```
SELECT COUNT(*),AVG(AGE)
FROM S
WHERE SEX='M';
```

该语句是求男同学的人数和平均年龄。

（3）SELECT 语句使用了分组子句和聚合操作（有分组子句时必有聚合操作），此时 SELECT 子句的语义是对查询结果的每一分组去做聚合操作。比如：

```
SELECT AGE,COUNT(*)
FROM S
WHERE SEX='M'
GROUP BY AGE;
```

该语句是求男同学每一年龄的人数。

4. 分组子句是聚合操作的充分条件而不是必要条件

SELECT 语句中使用分组子句的先决条件是要有聚合操作。但执行聚合操作不一定要用分组子句。比如求男同学的人数，此时聚合值只有一个，因此不必分组。

但同一个聚合操作的值有多个时，必须使用分组子句。比如求每一年龄的学生人数。此时聚合值有多个，与年龄有关，因此必须分组。

9.4 重点习题解析

9.4.1 填空题

1. 在 SQL 中，关系模式称为_____，子模式称为_____，元组称为_____，属性称为_____。
2. SQL 中，表有 3 种：_____、_____和_____，也称为_____、_____和_____。
3. SQL 中，用户有两种：_____和_____。
4. 在"SQL 模式"中，主要成分有_____。
5. 基本表中，"主键"概念应该体现其值的_____和_____两个特征。
6. 操作"元组 IN（集合）"的语义是_____。
7. 表达式中的通配符"%"表示_____，"_"（下划线）表示_____。
8. 操作"元组>SOME（集合）"的语义是_____。
9. 操作"元组<ALL（集合）"的语义是_____。
10. 操作"NOT EXISTS（集合）"的语义是_____。
11. 操作"NOT UNIQUE（集合）"的语义是_____。

12．行列子集视图有 3 个特点：_____、_____和_____。

13．允许用户更新的视图在定义时必须加上_____短语。

14．SQL 有两种使用方式：_____和_____。

15．嵌入式 SQL 的预处理方式，是指预处理程序先对源程序进行扫描，识别出_____，并处理成宿主语言的_____形式。

16．为保证嵌入式 SQL 的实现，通常 DBMS 制造商提供一个_____，供编译时使用。

17．SQL 语句嵌入在 C 语言程序中时，必须加上前缀标识_____和结束标志_____。

18．"卷游标"是指_____。

19．SQL 中事务的存取模式有两种：_____和_____；事务的隔离级别有 4 种，从高到低是：_____、_____、_____和_____。

20．SQL 中完整性约束有 4 种：_____、_____、_____和_____。

21．SQL 中基本表约束有 3 种形式：_____、_____和_____。

22．在 SQL 的外键约束中，如果 ON　DELETE …短语不写时，系统默认是_____方式。

23．SQL3 中的触发器由 3 个部分组成：_____、_____和_____。

24．触发器有两种级别：_____和_____。

25．用户使用数据库的方式，称为_____。

26．SQL 中的安全性机制主要有 4 个：_____、_____、_____和_____。

27．SQL 中，角色属于_____一级的概念。

28．SQL 的授权语句中的关键字 PUBLIC 表示_____。

29．SQL 中 REVOKE　GRANT　OPTION　FOR …表示_____。

填空题答案

1．基本表　视图　行　列

2．基本表　视图　导出表　实表　虚表　临时表

3．应用程序　终端用户

4．基本表、视图、索引、完整性规则等

5．唯一　非空

6．若元组在集合中，其值为 true，否则为 false

7．与零个或多个字符组成的字符串匹配　与单个字符匹配

8．若元组值大于集合中某一元组值，则其值为 true，否则为 false

9．若元组值小于集合中每一元组值，则其值为 true，否则为 false

10．若集合为空，则其值为 true，否则为 false

11．若集合中存在重复元组，则其值为 true，否则为 false

12. 从单表导出 只使用选择和投影操作 包含主键

13. WITH CHECK OPTION

14. 交互式 SQL 嵌入式 SQL

15. SQL 语句 函数调用

16. SQL 函数定义库

17. EXEC SQL 分号（；）

18. 可以进退自如的游标（即可随意推进或返回）

19. READ ONLY（只读型） READ WRITE（读写型）
    SERIALIZABLE（可串行化） REPEATABLE READ（可重复读）
    READ COMMITTED（读提交数据） READ UNCOMMITTED（可以读未提交数据）

20. 域约束 基本表约束 断言 触发器

21. 候选键定义 外键定义 检查约束定义

22. RESTRICT

23. 事件 条件 动作

24. 元组级 语句级

25. 权限

26. 视图 权限 角色 审计

27. 目录

28. 系统中当前的和未来的全体用户

29. 回收转授出去的转让权限

9.4.2 简答题

1. 试叙述 SELECT 语句的关系代数特点和元组演算特点。

解答：SQL 的 SELECT 语句的基本句法来自于关系代数表达式 $\pi_L(\sigma_F(R_1 \times \cdots \times R_m))$，并且 SQL 中有并（UNION）、交（INTERSECT）和差（EXCEPT）等操作，因此 SQL 具有关系代数特点。

SELECT 语句中出现的基本表名，都应该理解成基本表中的元组变量，而列名应理解成元组分量，这样 SQL 就具有了元组演算的特点。

2. SQL 语言对于"查询结果是否允许存在重复元组"是如何实现的？

解答：对于 SELECT 语句中的 SELECT 子句，若用 SELECT DISTINCT 形式，则查询结果中不允许有重复元组；若不写 DISTINCT 字样，则查询结果中允许出现重复元组。

3. 试对 SELECT 语句中使用的基本表名和列名的语义作详细的解释。

解答：在基本 SQL 中，SELECT 语句中使用的基本表名都应该理解成表中的元组变量，而列名就成了元组分量。这样就使 SELECT 语句带有元组演算的特点。

（注：实际上，在基本 SQL 中，把关系变量和元组变量混为一谈了。这在面向对象数

据库中得到了纠正，在引用表时，都要为表定义一个元组变量。）

4. SELECT 语句中，何时使用分组子句，何时不必使用分组子句？

解答：SELECT 语句中使用分组子句的先决条件是要有聚合操作。当聚合操作值与其他属性的值无关时，不必使用分组子句。譬如求男同学的人数。此时聚合值只有一个，因此不必分组。

当聚合操作值与其他属性的值有关时，必须使用分组子句。譬如求每一性别的人数。此时聚合值有两个，与性别有关，因此必须分组。

5. 在 SQL 中，表有哪 3 种类型？这 3 种表有什么异同？

解答：表有 3 种类型：基本表、视图和导出表。在用户看来这 3 种表的结构是一样的，都是集合，都可以对它们进行查询操作。其区别如表 9-5 所示。

表 9-5　3 种类型表的差别

	基　本　表	视　图	导　出　表
级别	逻辑模式	外模式	外模式
有效期	长期有效		在语句执行时有效
数据	与磁盘中数据直接对应	只是一个定义（用 SELECT 语句定义）	

6. 在 SQL 中，临时视图和视图有什么异同？

解答：临时视图和视图都是用 SELECT 语句定义的，这是它们的相同之处。但是在定义和使用时有区别，如表 9-6 所示。

表 9-6　临时视图和视图的区别

视　图	临　时　视　图
用 CREATE VIEW 语句定义	用 WITH 子句来定义
长期存在	在 SELECT 语句执行时有效
像基本表一样使用	用于复杂查询和递归查询

7. 对于下面的关系 R 和 S，试求出下列各种连接操作的执行结果：

（1）R NATURAL INNER JOIN S

（2）R NATURAL RIGHT OUTER JOIN S

（3）R RIGHT OUTER JOIN S USING（C）

（4）R INNER JOIN S

（5）R FULL OUTER JOIN S ON false

R	A	B	C
	a_1	b_1	c_1
	a_2	b_2	c_2
	a_3	b_3	c_3

S	B	C	D
	b_1	c_1	d_1
	b_2	c_2	d_2
	b_4	c_4	d_4

解答：

(1)	A	B	C	D
	a_1	b_1	c_1	d_1
	a_2	b_2	c_2	d_2

(2)	A	B	C	D
	a_1	b_1	c_1	d_1
	a_2	b_2	c_2	d_2
	null	b_4	c_4	d_4

(3)	A	R.B	C	S.B	D
	a_1	b_1	c_1	b_1	d_1
	a_2	b_2	c_2	b_2	d_2
	null	null	c_4	b_4	d_4

(4)	A	R.B	R.C	S.B	S.C	D
	a_1	b_1	c_1	b_1	c_1	d_1
	a_1	b_1	c_1	b_2	c_2	d_2
	a_1	b_1	c_1	b_4	c_4	d_4
	a_2	b_2	c_2	b_1	c_1	d_1
	a_2	b_2	c_2	b_2	c_2	d_2
	a_2	b_2	c_2	b_4	c_4	d_4
	a_3	b_3	c_3	b_1	c_1	d_1
	a_3	b_3	c_3	b_2	c_2	d_2
	a_3	b_3	c_3	b_4	c_4	d_4

(5)	A	R.B	R.C	S.B	S.C	D
	a_1	b_1	c_1	null	null	null
	a_2	b_2	c_2	null	null	null
	a_3	b_3	c_3	null	null	null
	null	null	null	b_1	c_1	d_1
	null	null	null	b_2	c_2	d_2
	null	null	null	b_4	c_4	d_4

8. 预处理方式对于嵌入式 SQL 的实现有什么重要意义？

解答：此时宿主语言的编译程序不必改动，只要提供一个 SQL 函数定义库，供编译时使用。预处理方式只是把源程序中的 SQL 语句处理成宿主语言的函数调用形式。

9. 在主语言的程序中使用 SQL 语句有哪些规定？

解答：有 3 条规定。

（1）在程序中要区分 SQL 语句与宿主语言语句，所有 SQL 语句必须加前缀标识 EXEC SQL 以及结束标志 END_EXEC；

（2）允许嵌入的 SQL 语句引用宿主语言的程序变量，而主语句不能引用数据库中的字段变量；

（3）SQL 的集合处理方式与宿主语言的单记录处理方式之间要用游标机制协调。

10. SQL 的集合处理方式与主语言单记录处理方式之间如何协调？

解答：用游标机制协调。把 SELECT 语句查询结果定义成游标关系，以使用文件的方式来使用游标关系。与游标有关的 SQL 语句有 4 个：游标定义，游标打开，游标推进，游标关闭。

11. 嵌入式 SQL 语句何时不必涉及到游标？何时必须涉及到游标？

解答：不涉及游标的 DML 语句有下面两种情况。

（1）INSERT、DELETE、UPDATE 语句，只要加上前缀和结束标志，就能嵌入在宿主语言程序中使用；

（2）对于 SELECT 语句，如果已知查询结果肯定是单元组，也可不必涉及游标操作。

涉及游标的 DML 语句有下面两种情况。

（1）当 SELECT 语句查询结果是多个元组时，必须用游标机制把多个元组一次一个地传递给主程序处理；

（2）对游标指向元组进行修改或删除操作时，也涉及到游标。

9.4.3 设计题

1. SQL2 提供有 CASE 表达式操作，这个操作类似于程序设计语言中的多分支选择结构，其句法如下：

```
CASE
    WHEN  条件1  THEN  结果1
    WHEN  条件2  THEN  结果2
    ……
    WHEN  条件n  THEN  结果n
    ELSE  结果m
END
```

如果自上而下"条件 i"首先被满足，那么这个操作返回值"结果 i"（可以是某个表达式的值）；如果没有一个条件被满足，那么返回值"结果 m"。

在基本表 SC（S#，C#，SCORE）中，SCORE 值是百分制。如果欲转换成"成绩等第"，则规则如下：若 SCORE< 40 则等第为 F，若 40≤SCORE< 60 则等第为 C，若 60≤SCORE< 80 则等第为 B，若 80≤SCORE 则等第为 A。试写出下列两个查询语句：

① 检索每个学生的学习成绩，成绩显示时以等第（GRADE）形式出现。

② 检索每个等第的学生人次数。

解答：（1）SELECT S#，C#，CASE

```
                        WHEN SCORE >= 80 THEN 'A'
                        WHEN SCORE >= 60 THEN 'B'
                        WHEN SCORE >= 40 THEN 'C'
                        ELSE 'F'
                    END AS GRADE
FROM SC;
```

（2）SELECT GRADE，COUNT（S#）

```
    FROM （SELECT S#,C#,CASE
                        WHEN SCORE >= 80 THEN 'A'
                        WHEN SCORE >= 60 THEN 'B'
                        WHEN SCORE >= 40 THEN 'C'
                        ELSE 'F'
                    END
```

```
            FROM SC) AS RESULT(S#,C#,GRADE)
        GROUP BY GRADE;
```

2. 设某商业集团中有若干公司，其人事数据库中有 3 个基本表：

职工关系   EMP (E#,ENAME,AGE,SEX,ECITY)

其属性分别表示职工工号、姓名、年龄、性别和居住城市。

工作关系   WORKS (E#,C#,SALARY)

其属性分别表示职工工号、工作的公司编号和工资

公司关系   COMP (C#,CNAME,CITY,MGR_E#)

其属性分别表示公司编号、公司名称、公司所在城市和公司经理的工号。

用 CREATE TABLE 语句创建上述 3 个表，需指出主键和外键。

解答：   CREATE TABLE EMP

```
    ( E#        CHAR(4) NOT NULL,
    ENAME       CHAR(8) NOT NULL,
    AGE         SMALLINT,
    SEX         CHAR(1),
    ECITY       CHAR(20),
    PRIMARY KEY(E#));
CREATE TABLE COMP
    ( C#        CHAR(4) NOT NULL,
    CNAME       CHAR(20) NOT NULL,
    CITY        CHAR(20),
    MGR_E#      CHAR(4),
    PRIMARY KEY(C#),
    FOREIGN KEY(MGR_E#) REFERENCES EMP(E#));
CREATE TABLE WORKS
    ( E#        CHAR(4) NOT NULL,
     C#         CHAR(4) NOT NULL,
    SALARY      SMALLINT,
    PRIMARY KEY(E#,C#),
    FOREIGN KEY(E#) REFERENCES EMP(E#),
    FOREIGN KEY(C#) REFERENCES COMP(C#));
```

3. 对于第 2 题中的 3 个基本表，试用 SQL 的查询语句表示下列查询：

（1）检索超过 50 岁的男职工的工号和姓名。

（2）检索为联华公司工作的职工的工号和姓名。

（3）检索至少为两个公司工作的职工工号。

（4）检索在编号为 C4 和 C8 公司兼职的职工工号和姓名。

（5）检索经理的工号、姓名和居住城市。

（6）检索居住城市和公司所在城市相同的经理工号和姓名。

（7）检索居住城市和公司所在城市相同的职工工号和姓名。

（8）检索与其经理居住在同一城市的职工的工号和姓名。

（9）检索不在联华公司工作的职工工号和姓名。

（10）工号为 E6 的职工在多个公司工作，试检索至少在 E6 职工兼职的所有公司工作的职工工号。

解答：（1）SELECT E#，ENAME

```
FROM EMP
WHERE AGE>50 AND SEX='M';
```

（2）SELECT A.E#，A.ENAME

```
FROM EMP A,WORKS B,COMP C
WHERE A.E#=B.E# AND B.C#=C.C# AND C.CNAME='联华公司';
```

（3）SELECT X.E#

```
FROM WORKS X,WORKS Y
WHERE X.E#=Y.E# AND X.C#!=Y.C#';
```

（4）SELECT Z.E#，Z.ENAME

```
FROM WORKS X,WORKS Y,EMP Z
WHERE X.E#=Y.E# AND X.C#='C4' AND Y.C#='C8' AND X.E#=Z.E#;
```

（5）SELECT E#，ENAME，ECITY

```
FROM EMP,COMP
WHERE E#=MGR_E#;
```

（6）SELECT E#，ENAME

```
FROM EMP,COMP
WHERE E#=MGR_E# AND ECITY=CITY;
```

（7）SELECT A.E#，A.ENAME

```
FROM EMP A,WORKS B,COMP C
WHERE A.E#=B.E# AND B.C#=C.C# AND A.ECITY=C.CITY;
```

（8）SELECT A.E#，A.ENAME

```
FROM EMP A,WORKS B,COMP C,EMP D
WHERE A.E#=B.E# AND B.C#=C.C# AND C.MGR_E#=D.E# AND
A.ECITY=D.CITY;
```

（9）SELECT E#，ENAME

```
FROM EMP
WHERE E# NOT (SELECT E#
              FROM WORKS B,COMP C
              WHERE B.C#=C.C# AND CNAME='联华公司');
```

（10）SELECT X.E#

```
FROM WORKS X
WHERE NOT EXISTS (SELECT *
                  FROM WORKS Y
                  WHERE E#='E6'
                    AND NOT EXISTS (SELECT *
                                    FROM WORKS Z
                                    WHERE Z.E#=X.E# AND
                                    Z.C#=Y.C#));
```

4．对于第 2 题中的 3 个基本表，试用 SQL 的查询语句表示下列查询：

（1）假设每个职工可在多个公司工作，检索每个职工的兼职公司数目和工资总数。显示（E#，NUM，SUM_SALARY），分别表示工号、公司数目和工资总数。

（2）检索联华公司中低于本公司平均工资的职工工号和姓名。

（3）检索工资高于其所在公司职工平均工资的所有职工的工号和姓名。

（4）检索职工人数最多的公司的编号和名称。

（5）检索工资总额最小的公司的编号和名称。

（6）检索平均工资高于联华公司平均工资的公司编号和名称。

解答：（1）SELECT E#，COUNT(C#) AS NUM，SUM(SALARY) AS SUM_SALARY

```
FROM WORKS
GROUP BY E#;
```

（2）SELECT A.E#，A.ENAME

```
FROM EMP A,WORKS B,COMP C
WHERE A.E#=B.E# AND B.C#=C.C# AND CNAME='联华公司'
AND SALARY<(SELECT AVG(SALARY)
            FROM WORKS,COMP
            WHERE WORKS.C#=COMP.C# AND CNAME='联华公司');
```

（3）SELECT A.E#，A.ENAME

```
FROM EMP A,WORKS B
WHERE A.E#=B.E#
```

```
            AND SALARY>(SELECT AVG(SALARY)
                    FROM WORKS C
                    WHERE C.C#=B.C#);
```

(4) SELECT C.C#，C.CNAME

```
FROM  WORKS B,COMP C
WHERE B.C#=C.C#
GROUP BY C.C#
  HAVING COUNT(*)>=ALL(SELECT COUNT(*)
                        FROM WORKS
                        GROUP BY C#);
```

(5) SELECT C.C#，C.CNAME

```
FROM  WORKS B,COMP C
WHERE B.C#=C.C#
GROUP BY C.C#
    HAVING SUM(SALARY)<=ALL(SELECT SUM(SALARY)
                            FROM  WORKS
                            GROUP BY C#);
```

(6) SELECT C.C#，C.CNAME

```
FROM  WORKS B,COMP C
WHERE B.C#=C.C#
GROUP BY C.C#
    HAVING AVG(SALARY)>(SELECT AVG(SALARY)
                        FROM  WORKS B,COMP C
                        WHERE B.C#=C.C# AND CNAME=
                        '联华公司');
```

5．对于第 2 题中的 3 个基本表，试用 SQL 的更新语句表示下列操作：

（1）WANG 职工的居住地改为苏州市。

（2）为联华公司的职工加薪 5%。

（3）为联华公司的经理加薪 8%。

（4）为联华公司的职工加薪，月薪不超过 3000 元的职工加薪 10%，超过 3000 元的职工加薪 8%。

（5）在 WORKS 基本表中，删除联华公司的所有职工元组。

（6）在 EMP 表和 WORKS 表中删除年龄大于 60 岁的职工有关元组。

解答：（1）UPDATE EMP

```
SET ECITY='苏州市'
```

```
      WHERE ENAME='WANG';
```

（2）UPDATE WORKS

```
SET SALARY=SALARY*1.05
WHERE C# IN (SELECT C#
             FROM COMP
             WHERE CNAME='联华公司');
```

（3）UPDATE WORKS A

```
SET SALARY=SALARY*1.08
WHERE EXISTS (SELECT *
             FROM COMP B
             WHERE B.C#=A.C# AND B.CNAME='联华公司'
             AND B.MGR_E#=A.E#);
```

（4）UPDATE WORKS

```
SET SALARY=SALARY * CASE
                       WHEN SALARY<=3000 THEN 1.1
                       WHEN SALARY>3000  THEN 1.08
                    END
WHERE C# IN (SELECT C#
             FROM COMP
             WHERE CNAME='联华公司');
```

（5）DELETE FROM WORKS

```
WHERE C# IN (SELECT C#
             FROM COMP
             WHERE CNAME='联华公司');
```

（6）DELETE FROM WORKS

```
WHERE E# IN (SELECT E# FROM EMP WHERE AGE>60);
DELETE FROM EMP
WHERE AGE>60;
```

6. 对第 2 题中的基本表建立一个有关女职工信息的视图 EMP_WOMAN，属性包括（E#，ENAME，C#，CNAME，SALARY）。

然后对视图 EMP_WOMAN 进行操作，检索每一位女职工的工资总数。（假设每个职工可在多个公司兼职）。

解答： CREATE VIEW EMP_WOMAN

```
        AS SELECT A.E#,A.ENAME,C.C#,CNAME,SALARY
            FROM EMP A,WORKS B,COMP C
            WHERE A.E#=B.E# AND B.C#=C.C# AND SEX='F';
SELECT E#,SUM(SALARY)
FROM EMP_WOMAN
GROUP BY E#;
```

7. 设有 3 个关系：

职工关系　　　　EMP（<u>E#</u>,ENAME,AGE,SEX,ECITY）

其属性分别表示职工工号、姓名、年龄、性别和居住城市。

工作关系　　　　WORKS（<u>E#</u>,<u>C#</u>,SALARY）

其属性分别表示职工工号、工作的公司编号和工资。

公司关系　　　　COMP（<u>C#</u>,CNAME,CITY,<u>MGR_E#</u>）

其属性分别表示公司编号、公司名称、公司所在城市和公司经理的工号。

试用 SQL 语句或子句定义下列完整性约束：

（1）男职工年龄在 18~50 岁之间，女职工年龄在 20~45 岁之间。

（2）在 WORKS 表中的职工工号 E#值必须在 EMP 表中出现。（用三种形式定义）。

（3）每个女职工至少要在一个公司工作。

（4）每个男职工至少要在 2 个公司兼职工作。

（5）每个男职工最多可在 4 个公司兼职工作。

（6）每个公司职工的平均工资不能低于 1500 元。

（7）不允许联华公司女职工的工资低于 1000 元。

解答：（1）用 CHECK 子句定义。

```
CHECK((SEX='M' AND AGE>=18 AND AGE<=50)
    OR(SEX='F' AND AGE>=20 AND AGE<=45))
```

（2）第一种形式，在 WORKS 表中，加一个外键子句，同时在 E#定义时注明非空，定义如下。

```
E# CHAR(6) NOT NULL,
FOREIGN KEY E# REFERENCES EMP(E#)
```

第二种形式，用 CHECK 子句定义。

```
CHECK(E# IN(SELECT E# FROM EMP))
```

第三种形式，用断言定义。

```
CREATE ASSERTION ASSE2 CHECK
    (NOT EXISTS
        (SELECT *
```

```
                FROM  WORKS
                WHERE  E#  NOT  IN
                        (SELECT  E#
                        FROM  WORKS)));
```

（3）用断言定义。

```
CREATE  ASSERTION  ASSE3  CHECK
    (NOT  EXISTS
        (SELECT  *
        FROM  EMP
        WHERE  SEX='F'  AND  E#  NOT  IN
                                    (SELECT  E#
                                     FROM  WORKS)));
```

（4）用断言定义。

```
    CREATE  ASSERTION  ASSE4  CHECK
        (2<=ALL(SELECT  COUNT(C#)
                FROM  EMP  A,WORKS  B
                WHERE  A.E#=B.E#  AND  A.SEX='M'
                GROUP  BY  A.E#));
```

（5）用断言定义。

```
    CREATE  ASSERTION  ASSE5  CHECK
        (4>=ALL(SELECT  COUNT(C#)
                FROM  EMP  A,WORKS  B
                WHERE  A.E#=B.E#  AND  SEX='M'
                GROUP  BY  A.E#));
```

（6）用断言定义。

```
CREATE  ASSERTION  ASSE6  CHECK
    (1500<=ALL(SELECT  AVG(SALARY)
            FROM  WORKS
            GROUP  BY  C#));
```

（7）用断言定义。

```
CREATE  ASSERTION  ASSE7  CHECK
    (NOT  EXISTS
        (SELECT  *
        FROM  EMP  A,WORKS  B,COMP  C
        WHERE  A.E#=B.E#  AND  B.C#=C.C#
```

```
                AND  A.SEX='F'  AND  C.CNAME='联华公司'
                AND  B.SALARY<1000));
```

8. 对第 7 题中的基本表，试为下列操作写出授权语句：

（1）把对 WORKS 关系的查询、修改工资的权限授权给用户 HE，而且 HE 拥有转授权。

（2）把对 EMP 表、COMP 表的查询权限授给全体用户。

（3）允许用户 LIU 引用 COMP 表的主键作为新关系的外键，并有转让权限。

（4）从用户 LIU 回收对 COMP 表主键引用的转授权。

解答：（1）GRANT SELECT, UPDATE（SALARY）ON WORKS TO HE
                        WITH GRANT OPTION；

（2）GRANT SELECT ON EMP，COMP TO PUBLIC；

（3）GRANT REFERENCES（C#）ON COMP TO LIU
                        WITH GRANT OPTION；

（4）REVOKE GRANT OPTION FOR REFERENCES（C#）ON COMP FROM
LIU；

9.5 模拟试题

9.5.1 单项选择题

1. SELECT 语句中没有分组子句和聚合函数时，SELECT 子句表示了关系代数中的
_____。

    A．投影操作   B．选择操作   C．连接操作   D．笛卡儿积操作

2. SQL 中，与 NOT IN 等价的操作符是_____。

    A．=SOME   B．<>SOME   C．=ALL   D．<>ALL

3. SQL 中，下列操作不正确的是_____。

    A．AGE IS NOT NULL   B．NOT （AGE IS NULL）

    C．SNAME='王五'   D．SNAME='王%'

4. 元组比较操作（a_1，a_2）≥（b_1，b_2）的意义是_____。

    A．（$a_1>b_1$）OR（（$a_1=b_1$）AND（$a_2 \geqslant b_2$））

    B．（$a_1 \geqslant b_1$）OR（（$a_1=b_1$）AND（$a_2 \geqslant b_2$））

    C．（$a_1>b_1$）OR（（$a_1=b_1$）AND（$a_2>b_2$））

    D．（$a_1 \geqslant b_1$）OR（（$a_1=b_1$）AND（$a_2>b_2$））

5. SELECT 语句中 FROM R，此处 R 是基本表名，但应理解为_____。

    A．R 的结构定义   B．R 的元组序号

    C．R 中全部元组   D．R 的元组变量

6. SQL 中，SALARY IN （1000，2000）的语义是_____。

    A. SALARY≤2000 AND SALARY≥1000

    B. SALARY<2000 AND SALARY>1000

    C. SALARY=1000 AND SALARY=2000

    D. SALARY=1000 OR SALARY=2000

7. 对于基本表 EMP（ENO，ENAME，SALARY，DNO），其属性表示职工的工号、姓名、工资和所在部门的编号。基本表 DEPT（DNO，DNAME）其属性表示部门的编号和部门名。

有一 SQL 语句：

```
SELECT  COUNT（DISTINCT DNO）
FROM EMP；
```

其等价的查询语句是_____。

    A. 统计职工的总人数   B. 统计每一部门的职工人数

    C. 统计职工服务的部门数目   D. 统计每一职工服务的部门数目

8. 对于第 7 题的两个基本表，有一个 SQL 语句：

```
SELECT  ENO,ENAME
FROM EMP
WHERE  DNO  NOT  IN
        （SELECT  DNO
         FROM DEPT
         WHERE  DNAME='金工车间'）；
```

其等价的关系代数表达式是：_____。

    A. $\pi_{ENO, ENAME}(\sigma_{DNAME \neq '金工车间'}(EMP \bowtie DEPT))$

    B. $\pi_{ENO, ENAME}(EMP \underset{DNAME \neq '金工车间'}{\bowtie} DEPT)$

    C. $\pi_{ENO, ENAME}(EMP) - \pi_{ENO, ENAME}(\sigma_{DNAME = '金工车间'}(EMP \bowtie DEPT))$

    D. $\pi_{ENO, ENAME}(EMP) - \pi_{ENO, ENAME}(\sigma_{DNAME \neq '金工车间'}(EMP \bowtie DEPT))$

9. 对于第 7 题的两个基本表，有一个 SQL 语句：

```
UPDATE  EMP
SET SALARY=SALARY*1.05
WHERE  DNO='D6'
    AND  SALARY<（SELECT  AVG（SALARY）
                  FROM EMP）；
```

其等价的修改语句为_____。

A．为工资低于 D6 部门平均工资的所有职工加薪 5%

B．为工资低于整个企业平均工资的职工加薪 5%

C．为在 D6 部门工作、工资低于整个企业平均工资的职工加薪 5%

D．为在 D6 部门工作、工资低于本部门平均工资的职工加薪 5%

10．有关嵌入式 SQL 的叙述，不正确的是_____。

　　A．宿主语言是指 C 一类高级程序设计语言

　　B．宿主语言是指 SQL 语言

　　C．在程序中要区分 SQL 语句和宿主语言语句

　　D．SQL 有交互式和嵌入式两种使用方式

11．嵌入式 SQL 实现时，采用预处理方式是_____。

　　A．把 SQL 语句和主语言语句区分开来

　　B．为 SQL 语句加前缀标识和结束标志

　　C．识别出 SQL 语句，并处理成函数调用形式

　　D．把 SQL 语句编译成二进制码

12．允许在嵌入的 SQL 语句中引用宿主语言的程序变量，在引用时_____。

　　A．直接引用

　　B．这些变量前必须加符号 "*"

　　C．这些变量前必须加符号 ":"

　　D．这些变量前必须加符号 "&"

13．如果嵌入的 SELECT 语句的查询结果肯定是单元组，那么嵌入时_____。

　　A．肯定不涉及游标机制

　　B．必须使用游标机制

　　C．是否使用游标，由应用程序员决定

　　D．是否使用游标，与 DBMS 有关

14．卷游标的推进语句 EXEC　SQL　FETCH　RELATIVE　–4 表示_____。

　　A．把游标移向查询结果的第 4 行

　　B．把游标移向查询结果的倒数第 4 行

　　C．把游标从当前位置推进 4 行

　　D．把游标从当前位置返回 4 行

15．卷游标的推进语句 EXEC　SQL　FETCH　ABSOLUTE　–3 表示_____。

　　A．把游标移向查询结果的第 3 行

　　B．把游标移向查询结果的倒数第 3 行

　　C．把游标从当前位置推进 3 行

　　D．把游标从当前位置返回 3 行

16．SQL2 事务的隔离级别中的 READ COMMITTED，等同于_____。

　　A．X 锁　　　　　B．S 锁　　　　　C．无锁　　　　　D．COMMIT

17. "断言"是 DBS 采用的_____。

    A．完整性措施   B．安全性措施   C．恢复措施   D．并发控制措施

18. "角色"是 DBS 采用的_____。

    A．完整性措施   B．安全性措施   C．恢复措施   D．并发控制措施

19. 不能激活触发器执行的操作是_____。

    A．DELETE   B．UPDATE   D．INSERT   D．SELECT

20. 某高校 5 个系的学生信息存放在同一个基本表中，采取_____的措施可使各系的管理员只能读取本系学生的信息。

    A．建立各系的列级视图，并将对该视图的读权限赋予该系的管理员

    B．建立各系的行级视图，并将对该视图的读权限赋予该系的管理员

    C．将学生信息表的部分列的读权限赋予各系的管理员

    D．将修改学生信息表的权限赋予各系的管理员

21. 关于对 SQL 对象的操作权限描述正确的是_____。

    A．权限的种类分为 INSERT、DELETE 和 UPDATE 这 3 种

    B．权限只能用于实表不能应用于视图

    C．使用 REVOKE 语句获得权限

    D．使用 COMMIT 语句赋予权限

22. 允许取空值但不允许出现重复值的约束是_____。

    A．NULL   B．UNIQUE   C．PRIMARY KEY   D．FOREIGN KEY

单项选择题答案

1．A	2．D	3．D	4．A	5．D	6．D
7．C	8．C	9．C	10．B	11．C	12．C
13．C	14．D	15．B	16．B	17．A	18．B
19．D	20．B	21．A	22．B		

9.5.2 设计题

1. 某工厂的信息管理数据库中有两个关系模式：

职工（职工号,姓名,年龄,月工资,部门号,电话,办公室）

部门（部门号,部门名,负责人代码,任职时间）

（1）查询每个部门中月工资最高的"职工号"的 SQL 查询语句如下：

```
SELECT 职工号 FROM 职工 E
WHERE 月工资=（SELECT MAX（月工资）
              FROM 职工 AS M
              WHERE M.部门号=E.部门号）；
```

① 请用 30 字以内的文字简要说明该查询语句对查询效率的影响。

② 对该查询语句进行修改，使它既可以完成相同功能，又可以提高查询效率。

（2）假定分别在"职工"关系中的"年龄"和"月工资"字段上创建了索引，如下的 Select 查询语句可能不会促使查询优化器使用索引，从而降低了查询效率，请写出既可以完成相同功能又可以提高查询效率的 SQL 语句。

```
SELECT 姓名,年龄,月工资 FROM 职工
WHERE 年龄>45 OR 月工资<1000;
```

解答：（1）此问考查的是查询效率的问题。在涉及相关查询的某些情形中，构造临时关系可以提高查询效率。

① 对于外层的职工关系 E 中的每一个元组，都要对内层的整个职工关系 M 进行检索，因此查询效率不高。

② 解答方法一（先把每个部门最高工资的数据存入临时表，再对临时表进行查询）：

```
SELECT MAX（月工资）AS 最高工资,部门号 Into Temp FROM 职工
    GROUP BY 部门号;
SELECT 职工号 FROM 职工,Temp
WHERE 月工资=最高工资 AND 职工.部门号=Temp.部门号;
```

解答方法二（直接在 FROM 子句中使用临时表结构）：

```
SELECT 职工号
FROM 职工,（SELECT MAX（月工资）AS 最高工资,部门号
            FROM 职工
            GROUP BY 部门号）AS depMax
WHERE 月工资=最高工资 AND 职工.部门号=depMax.部门号;
```

（2）此问主要考察在查询中注意 WHERE 子句中使用索引的问题。既可以完成相同功能又可以提高查询效率的 SQL 语句如下：

```
（SELECT 姓名,年龄,月工资 FROM 职工
    WHERE 年龄>45）
UNION
（SELECT 姓名,年龄,月工资 FROM 职工
    WHERE 月工资<1000）;
```

2．某工厂的仓库管理数据库中有两个关系模式：

```
仓库（仓库号,面积,负责人,电话）
原材料（编号,名称,数量,储备量,仓库号）
```

要求一种原材料只能存放在同一仓库中。

（1）写出"查询存放原材料数量最多的仓库号"的 SQL 语句。

（2）下面是一个创建视图的语句：

```
CREATE  VIEW  raw_in_wh01  AS
       SELECT *
       FROM  原材料
       WHERE  仓库号 = '01';
```

试写出"01 号仓库所存储的原材料信息只能由管理员李劲松来维护，而采购员李强能够查询所有原材料的库存信息"的授权语句。

（3）仓库管理数据库的订购计划关系模式为：订购计划（原材料编号，订购数量）。采用下面的触发器程序可以实现"当仓库中的任一原材料的数量小于其储备量时，向订购计划表中插入该原材料的订购记录，其订购数量为储备量的 3 倍"的功能。请将该程序的空缺部分补充完成。

```
CREATE  TRIGGER  ins_order_trigger AFTER ____(1)____ ON  原材料
    REFERENCING  NEW  ROW  AS  nrow
    FOR  EACH  ROW
    WHEN  nrow.数量 < nrow.储备量
    INSERT  INTO  订购计划  VALUES
        (____(m)____ , ____(n)____);
```

（4）如果一种原材料可以在多个仓库存放，则（3）中的触发器程序存在什么问题，如何修改？

解答：（1）SELECT   仓库号

```
FROM  原材料
GROUP  BY  仓库号
    HAVING  SUM(数量)>=ALL(SELECT  SUM(数量)
                          FROM  原材料
                          GROUP  BY  仓库号);
```

（2）可以写两个授权语句：

```
GRANT INSERT,DELETE,UPDATE  ON raws_in_wh01 TO  李劲松;
GRANT SELECT ON  原材料 TO  李强;
```

（3）（1）UPDATE，INSERT
   （m）nrow.编号
   （n）nrow.储备量*3

（4）存在的问题是：触发器程序判定某一原材料"数量"是否小于其存储量时，是按照当前记录的"数量"来判定的，当一种原材料存储在多个仓库时，这样判定是错误的，应根据该原材料在各仓库的存储总量判定。

应将触发器程序的 WHEN 子句的条件修改为:

```
WHEN   nrow.储备量>(SELECT  SUM(数量)
               FROM  原材料
               WHERE  编号=(SELECT  编号
                           FROM  nrow));
```

第 10 章　系统开发与运行

10.1　基本要求

1．学习目的与要求

了解和掌握软件工程和软件开发项目管理知识、系统分析基础知识、系统设计知识、系统实施知识以及系统运行和维护知识。了解计算机系统开发的基本过程，理解软件开发过程中的各个基本概念，了解各个步骤中使用的基本方法，能够熟练掌握和运用这些方法进行软件开发，了解软件测试和维护的基本知识。

2．本章重点内容

（1）掌握软件工程的基本概念；软件开发生命周期各个阶段的目标和任务；了解主要的软件开发方法，各个方法的特点以及区别；理解软件工具与环境知识。

（2）了解软件质量管理和过程改进的基础知识；理解软件开发过程评估方式，以及软件能力成熟度评估的基本知识。

（3）掌握系统分析的任务、目的和 4 种结构化的分析方法；能够使用 DFD 对系统建模；了解面向对象设计方法的基本思想。

（4）了解系统设计的目的和任务；掌握 3 种结构化设计方法和工具及其特点；了解系统总体结构设计和系统详细设计的内容。

（5）了解系统实施的主要任务；了解 3 种程序设计方式。

（6）掌握 3 种系统测试方法及其适用环境；掌握测试用例设计及测试管理。

（7）了解系统运行管理知识；了解系统维护的基本知识。

10.2　基本内容

10.2.1　软件工程基础知识

1．软件危机

20 世纪 60 年代末至 70 年代初，"软件危机"一词在计算机界广为流传。事实上，"软件危机"几乎从计算机诞生的那一天起就出现了，只不过到了 1968 年在原联邦德国加米施（Garmish）召开的国际软件工程会议上才被人们普遍认识到。

软件危机的主要表现在以下几方面。

（1）软件开发生产率提高的速度，远远跟不上计算机迅速普及的势头。

（2）软件成本在计算机系统总成本中所占的比例逐年上升。

（3）不能正确估计软件开发产品的成本和进度，致使实际开发成本高出预算很多。

（4）软件开发人员和用户之间的信息交流往往很不充分，用户对已完成的软件系统不满意的现象经常发生。

（5）软件产品的质量不易保证。

（6）软件产品常常是不可维护的。

（7）软件产品的重用性差，同样的软件多次重复开发。

（8）软件通常没有适当的文档资料。

从软件危机的表现和软件作为逻辑产品的特殊性可以发现软件危机有如下原因。

（1）用户对软件需求的描述不精确，可能有遗漏、二义性、有错误甚至在软件开发过程中，用户还提出修改软件功能、界面、支撑环境等方面的要求，在软件开发的过程中推翻原先的需求重新建立或补充需求，使得软件的修改代价十分的巨大。

（2）软件开发人员对用户需求的理解与用户的本来愿望有差异。

（3）大型软件项目需要组织一定的人力共同完成，多数管理人员缺乏开发大型软件系统的经验，而多数软件开发人员又缺乏管理方面的经验。

（4）软件项目开发人员不能有效地、独立自主地处理大型软件的全部关系和各个分支，容易产生疏漏和错误。

（5）缺乏有力的方法学和工具方面的支持，过分地依靠程序设计人员在软件开发过程中的技巧和创造性，加剧了软件产品的个性化。

（6）软件产品的特殊化和人类智力的局限性，导致人们无力处理"复杂问题"。

在认真分析了软件危机的原因之后，开始探索用工程的方法进行软件生产的可能性，即诞生了计算机科学技术的新领域——软件工程。

2. 软件工程概述

计算机软件是与计算机系统操作有关的程序、规程、规则及任何与之相关的文档及数据。它由两部分组成：一是计算机可执行的程序及有关数据；二是计算机不可执行的，与软件开发、运行、维护、使用和培训有关的文档。

软件工程是指应用计算机科学、数学及管理科学等原理，以工程化的原则和方法来解决软件问题的工程，其目的是提高软件生产率，提高软件质量，降低软件成本。在软件开发过程中必须遵循下列软件工程原则：抽象、信息隐藏、模块化、局部化、一致性、完整性和可验证性。

3. 软件生存周期（Life Cycle）

同生活中任何事物一样，一个软件产品或软件系统也要经历孕育、诞生、成长以及衰亡等多个阶段，一般称为软件生存周期。根据这个定义将软件生存周期的定义逐步展开（图 10-1），可以看到软件开发生存周期主要可以分为 6 个阶段：计划制定，需求分析，设计阶段，程序编制，测试以及运行维护。

可行性研究的任务是了解用户的要求及现实环境，从技术、经济和社会等几个方面研究并论证软件系统的可行性；需求分析确定待开发软件的功能需求、性能需求和运行环境约束，通俗地来说就是要解决软件要实现什么功能，要干什么。

概要设计定义各个功能模块的接口，设计全局数据库或数据结构，规定设计约束，制定组装测试计划；详细设计对于概要设计产生的功能模块逐步细化，形成若干个可编程的程序模块，拟定模块测试方案。

实现的主要任务是根据详细设计文档，将详细设计转化为所要求的编程语言或数据库语言的程序，并对这些程序进行调试和程序单元测试。

组装测试和确认测试分别根据概要设计和详细设计的内容，对软件的功能模块的实现以及性能要求进行测试。

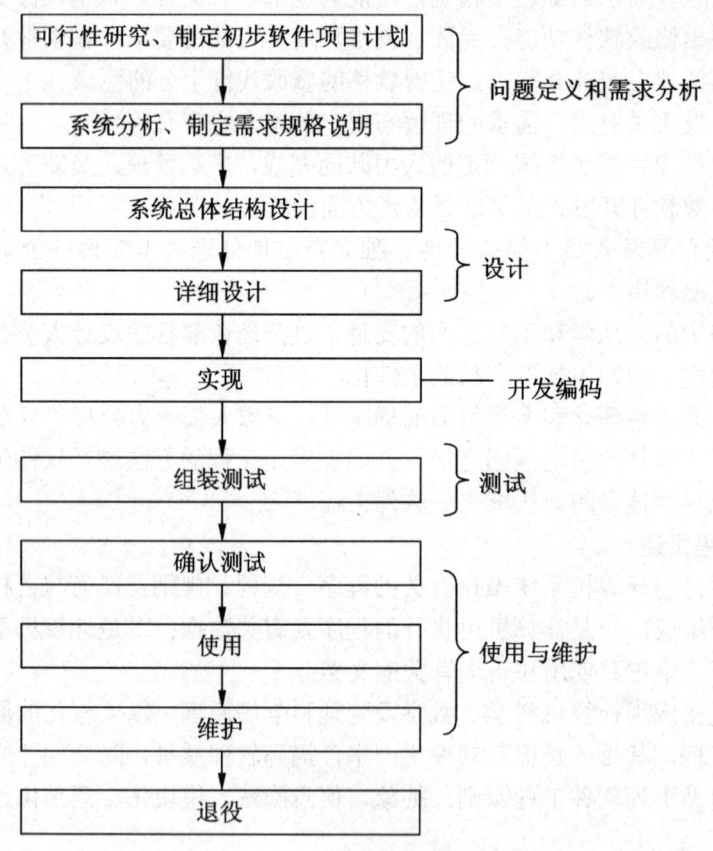

图 10-1　软件生存周期

软件的使用是将软件安装在用户确定的运行环境中，测试通过后移交给用户使用。维护是对软件产品进行修改或对软件需求变化做出响应的过程。退役是软件生存周期中的最后一个阶段，即终止对软件产品的支持，软件停止使用。

4. 软件开发方法

软件开发方法给出了软件开发活动各阶段之间的关系。它是软件开发过程的概括，是软件工程的重要内容，它为软件工程管理提供了里程碑和进度表，为软件开发过程提供了原则和方法。

近30年来形成了软件开发的多种模式，大致可归纳为3种方法：结构化声明周期法、原型化方法和面向对象的方法。对应于不同的软件开发方法，形成了多种不同的软件开发模型。图10-2给出了一些各种方法的典型模型。

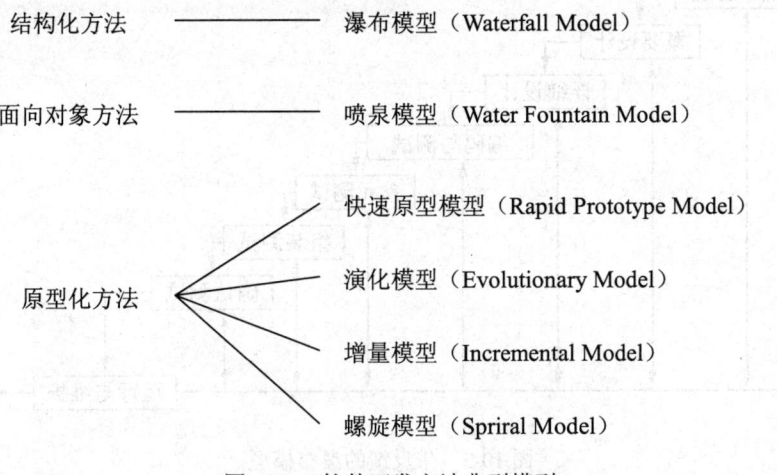

结构化方法 ——————— 瀑布模型（Waterfall Model）

面向对象方法 ——————— 喷泉模型（Water Fountain Model）

原型化方法
- 快速原型模型（Rapid Prototype Model）
- 演化模型（Evolutionary Model）
- 增量模型（Incremental Model）
- 螺旋模型（Spriral Model）

图10-2 软件开发方法典型模型

（1）结构化方法

结构化方法是结构化分析（Structured Analysis，SA）和结构化设计（Structured Design，SD）的总称。结构化方法严格遵循软件生命周期各阶段的固定顺序：计划、分析、设计、编码、测试和维护，典型的方法为"瀑布模型"。由于瀑布模型是顺序模型的典型，它的缺点在于其从计划到维护的顺序是不可逆的，在软件计划的初期很难收集完所有的用户需求，所以对于瀑布模型也有不少改进。图10-3给出了典型的带反馈的瀑布模型。

瀑布模型有利于大型软件开发过程中人员的组织、管理，有利于软件开发方法和工具的研究和使用，从而提高了大型软件项目开发的质量和效率。瀑布模型的缺点主要有以下几点。

- 在软件开发的初始阶段指明软件系统的全部需求是困难的，有时甚至是不现实的。
- 需求确定后，用户和软件项目负责人要等相当长的时间（经过设计、实现、测试、运行）才能得到一份软件的最初版本。如果用户对这个软件提出比较大的修改意见，那么整个软件项目将会蒙受巨大的人力、财力和时间方面的损失。

（2）原型化方法

原型化方法的思想是：在获得一组基本的需求后，快速地加以"实现"。随着用户或开发人员对系统理解的加深而不断地对这些需求进行补充和细化。原型化开发方法具有多种开发模型，如螺旋模型、演化模型、增量模型等等。原型化模型最大的特点在于在软件设计的过程中，首先产生一个软件产品的简单版本，通过用户对这个中间版本的评价来对用户需求进行补充和修改，以达到用户的要求。这在开发大型系统的时候十分有效，不会要等到整个系统都完成了，才对系统进行修改，这时的修改代价就十分大了。

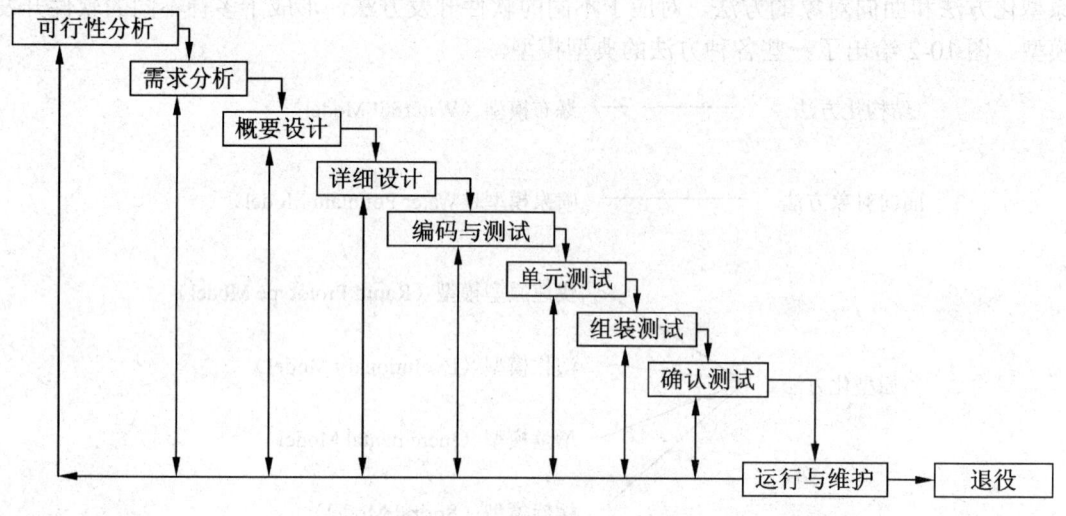

图 10-3　带反馈的瀑布模型

　　由于原型是客户和软件开发人员共同设计和评审的，因此利用原型能够统一客户和软件开发人员对软件项目需求的理解，有助于需求的定义和确认。软件原型开发模型的过程如图 10-4 所示。

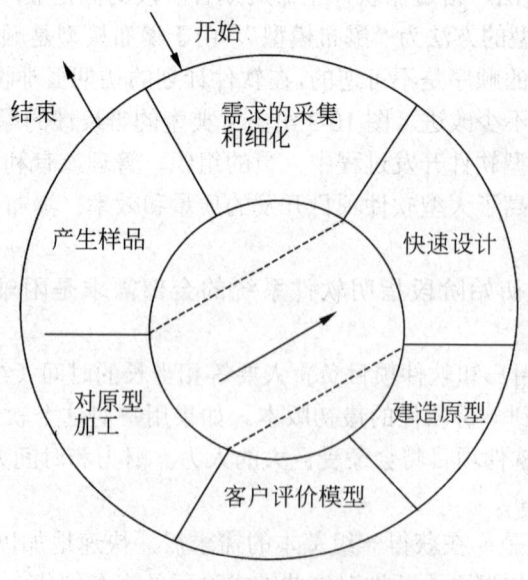

图 10-4　建造原型的过程

（3）面向对象方法

面向对象的思想最早起源于 20 世纪 60 年代中期的仿真程序设计语言 Simula 67。20 世纪 80 年代初，Smalltalk 语言及其程序设计环境的出现成为面向对象技术发展的一个重要里程碑。到 20 世纪 80 年代中后期，对于面向对象软件设计方法的重视越来越高，面向对象的软件设计和程序设计方法已发展成为一种成熟的、有效的软件开发方法。

面向对象方法的基本思想是从现实世界中客观存在的事物出发来构造软件系统的。软件系统适用的业务范围称作软件的问题领域，把问题领域中实物的特征抽象地描述成类，由类建立的对象作为系统的基本构成单位，它们的内部属性与服务描述了客观存在的事物的静态特征和动态特征。对象类之间的继承关系、聚集关系、消息和关联反映了问题域中事物之间实际存在的各种关系。

5. 软件工具

在软件工程活动中，软件工程师和管理员按照软件工程的方法和原则，借助于计算机及其软件工具的帮助，开发、维护、管理软件产品的过程，称为计算机辅助软件工程（Computer-Aided Software Engineering，CASE）。那么用来辅助软件开发、运行、维护、管理和支持等过程中的软件称为软件工具。

支持软件工程活动的软件工具品种繁多、数量大。人们可以根据软件工具的功能、作用、使用方式等多种分类标准对软件工具进行分类。按照软件过程活动对软件工具进行分类可以分成支持软件开发过程的工具，支持软件维护过程的工具，以及支持软件管理过程的工具等；按照功能分类可以分为项目管理工具、支撑工具、分析和设计工具、测试工具、维护工具、框架工具等等。

6. 软件开发环境

软件开发环境是指支持软件产品开发的软件系统，它由软件工具集和环境集成机制构成。工具集应包括支持软件开发过程、活动和任务的软件工具，以对软件开发提供全面的支持。软件集成机制为工具集成和软件开发、维护及管理提供统一的支持，它通常包括数据集成、控制集成和界面集成。

10.2.2 软件项目管理知识

1. 软件开发项目管理基础知识

开发软件项目与开发硬件项目一样，需要一定的人力、财力、时间，也需要一定的技术和工具。为了使项目能够按照预定成本、进度、质量顺利完成，需要对软件开发的成本、人员、进度、质量、风险等进行分析和管理，管理在软件工程项目中的地位和作用和其他工程项目一样，是十分重要的。所以首先来介绍一下关于软件开发中的项目管理的基础知识。

软件项目管理的主要任务是：制定项目实施计划；对人员进行组织、分工；按照计划的进度，以及成本管理、风险管理、质量管理的要求，进行软件开发，最终完成软件项目规定的各项任务。在这里必须了解各个任务的一些主要任务和使用的方法。

（1）成本估算

人们常用的成本估算方法有以下 4 种。

① 参照已经完成的类似项目，估算待开发项目的成本和工作量。

② 将大的项目分解成若干小的子项目，在估算出每个子项目成本和工作量之后，再估算整个项目。

③ 将软件项目按软件生存周期分解，分别估算出软件项目在软件开发各个阶段的工作量和成本，然后再把这些工作量和成本汇总，估算出整个项目的工作量和成本。

④ 根据试验或历史数据给出软件项目工作量或成本的经验估算公式。

上述第①种成本估算方式，在估计好完成项目所需要的工作量（人月数），然后根据每个人的代价来计算软件的开发费用，常用的估算公式为：

$$开发费用 = 人月数 \times 每个人月的代价$$

第③种成本估算方式是首先估计软件的规模，然后根据每行源代码的平均开发费用（按照软件生存周期中各个步骤分别计算所花的费用），这样常用的计算开发费用的公式为：

$$开发费用 = 源代码行数 \times 每行平均费用$$

估计行数时可以使用 $Ei = (ai + 4Mi + bi)/6$ 来获得平均值（其中 ai 和 bi 是所有估计中估计的最高和最少的行数，而 Mi 是所有人估计的平均行数）。

另外还有典型的成本估算模型 Putnam 模型和 CoCoMo 模型等，在这里就省略了。

（2）风险分析

与任何其他工程项目一样，软件工程项目的开发也存在各种各样的风险，有些风险甚至是灾难性的。R. Charette 认为，风险与将要发生的事情有关，它涉及诸如思想、观念、行为、地点、时间等多种因素；风险随条件的变化而变化，通常在项目管理过程中，通过改变、选择、控制与风险密切相关的条件来达到减少风险的目的。

风险分析实际上包括 4 个不同的活动：风险识别、风险预测、风险评估和风险控制。

从宏观上来看风险可以分为项目风险、技术风险和商业风险 3 类。由于项目在预算、进度、人力、资源、顾客和需求等方面的原因，对软件项目产生的不良影响称为项目风险。软件在设计、实现、接口、验证和维护过程中可能发生的潜在问题，如规格说明的二义性等等对软件项目带来的危害称为技术风险。开发一个没人需要的优质软件，或推销部门不知如何销售这一软件产品，或开发的产品不符合公司的产品销售战略等等称为商业风险。为了帮助项目管理人员、项目规划人员全面了解软件开发过程存在的风险，Boehm 建议设计并使用各类风险检测表标识各种风险。

（3）进度管理

进度的合理安排是如期完成软件项目的重要保证，也是合理分配资源的重要依据。软件开发项目的进度安排方式有两种。

① 软件开发小组根据提供软件产品的最后期限从后往前安排时间。

② 软件项目开发组织根据项目和资源情况制定软件项目开发的初步计划和交付软件产品的日期。

大多数的软件开发组织当然希望按照第②种方式来安排自己的工作进度，然而遗憾的是大多数场合遇到的都是比较被动的第①种方式。进度安排的常用图形描述方法有 Gantt 图（甘特图）和 PERT（Program Evaluation & Review Techniques）即计划评审技术图。表 10-1 给出了 Gantt 图和 PERT 图两种基本方式的一个简单总结。

表 10-1　Gantt 图与 PERT 图

	Gantt 图	PERT 图
主要形式	使用两维坐标来表示，横坐标表示时间，纵坐标表示任务	使用有向图来表示，图中的箭头表示任务，节点表示流入节点的任务的结束，流出节点的任务的开始
优点	1. 能够清晰地描述每个任务从何时开始，到何时结束 2. 能够很好的反映各个任务之间的并行性	1. 能够清晰给出每个任务开始时间、结束时间以及完成该任务所需要的时间 2. 给出了任务之间的关系，即哪些任务完成后才能够开始执行另外的一些任务 3. 给出了如期完成整个工程的关键路径
缺点	1. 不能清晰反映出各个任务之间的依赖关系 2. 难以确定整个项目的关键所在，也不能反映其中有潜力的部分	不能够反映出各个任务之间的并行关系

（4）人员管理

大型软件项目需要很多人的协力合作，花费一年或数年的时间才能完成。为了提高工作效率，保证工程质量，软件项目开发人员的组织、分工与管理是一项十分重要和复杂的工作，它直接影响到软件项目的成功与失败。

首先，由于软件开发人员的个人素质与能力差异很大，因此对软件开发人员的选择、分工十分关键。1970 年，Sackman 对 12 个程序员用两个不同的程序进行试验，结论是：程序排错、调试时间差别为 18:1；程序编制时间差别为 15:1；程序长度差别为 6:1；程序运行时间差别为 13:1。近年来随着软件开发方法的提高、工具的改善，上述差异可能会减少，但软件人员的合理选择以及分工，充分发挥每个人的特长和经验显然是十分重要的。

其次，因为软件产品不易理解、不易维护，因此软件人员的组织方式十分关键。按树状结构组织软件开发人员是一个比较成功的经验。树的根是软件项目经理和项目总的技术负责人。树的结点是程序员小组，为了减少系统的复杂性、便于项目管理，树的结点每层不要超过 7 个，在此基础上尽量降低树的层次。程序员小组的人数应视任务的大小和完成的时间而决定，一般是 2~5 人。程序设计小组的组织形式也可以有多种，如主程序员组、无主程序员组以及层次式程序员组等。这几种组织形式的比较在表 10-2 中给出。

表 10-2　3 种程序设计小组的组织方式的比较

	主程序员组	无主程序员组	层次式程序员组
组成	一名主程序员、一名后备主程序员、一名资料员和若干名程序员	若干名程序员	一位组长、若干名高级程序员、若干名程序员

	主程序员组	无主程序员组	层次式程序员组
成员之间的关系	主程序员由高级程序员担任，领导程序员进行项目开发	成员之间相互平等，重要决策和计划都由大家商量决定	组长领导若干名高级程序员,高级程序员领导普通的程序员
优点及适用环境	便于集中领导，统一步调，容易按规范办事	民主气氛浓烈，有利于发挥每个人的积极性	适合于层次结构特点的软件项目，该项目可分成若干个子项目
缺点	不利于发挥每个人的积极性，程序员仅仅是完成高级程序员所指派的任务	职责不明确，出了问题难以追究是谁的问题，也没有人负责，不利于与外界联系	组长必须负责全面的工作，做好各个高级程序员之间的交流工作

2. 软件质量管理和质量保证

软件质量是软件的生命，它直接影响到软件的使用与维护。软件开发人员、维护人员、管理人员和用户都十分重视软件的质量。质量低下的软件不但影响基于计算机系统的工作效率，而且还可能给用户带来灾难性的后果。1962 年美国飞向金星的空间探测器"水手一号"，因导航程序中的一个语句错误导致探测器偏离航线。大量软件事故的惨痛教训，时刻提醒人们千万不能忽视软件产品的质量，提高软件产品质量已成为软件工程的首要任务。

软件质量是指反映软件系统或软件产品满足规定或隐含需求的能力的特征和特征全体。目前已经有多种软件质量模型来描述软件质量特性。

（1）ISO/IEC 9126 软件质量模型

国际标准化组织和国际电工委员会发布了关于软件质量的标准 ISO/IEC 9126-1991，ISO/IEC 9126 软件质量模型主要由 3 个层次构成：第 1 层是 6 个质量特征，第 2 层是 21 个质量子特征，第 3 层是度量指标。表 10-3 给出了该模型的质量特征和质量子特征。

表 10-3　ISO/IEC 9126 质量特征和质量子特征

质 量 特 征	质 量 子 特 征
功能性（Functionality）：与一组功能及其指定性质的存在有关的一组属性	适宜性（Suitability）
	准确性（Accurateness）
	互用性（Interoperability）
	依从性（Compliance）
	安全性（Security）
可靠性（Reliability）：与在规定的时间内和规定的条件下，软件维持其性能水平的有关能力	成熟性（Maturity）
	容错性（Fault Tolerance）
	可恢复性（Recoverability）
易使用性（Usability）：与为使用所需的努力和由一组规定或隐含的用户，对这样使用所做个别评价的有关属性	可理解性（Understandability）
	易学性（Learnability）
	可操作性（Operability）

质 量 特 征	质量子特征
效率（Efficiency）：在规定条件下，软件性能水平与所用资源量之间的关系有关的软件属性	时间特性（Time behavior）
	资源特性（Resource Behavior）
可维护性（Maintainability）：与进行规定的修改所需要的努力相关的一组属性	可分析性（Analyzability）
	可修改性（Changeability）
	稳定性（Stability）
	可测试性（Testability）
可移植性（Portability）：与软件可从某一个环境移动到另一个环境的能力有关的一组属性	适应性（Adaptability）
	易安装性（Installability）
	一致性（Conformance）
	可替换性（Replaceability）

（2）Mc Call 软件质量模型

Mc Call 软件质量模型是从软件产品的运行、修正和转移等 3 个方面确定了 11 个质量特征。如图 10-5 中，Mc Call 软件质量模型也给出了一个 3 层的模型框架。

Mc Call 软件质量模型的软件质量要素分为 11 个特性，各种软件质量要素之间也是互相影响互相相关的。因此在系统设计过程中应根据具体情况对各种要素的要求进行折衷，以便得到在总体上用户和系统开发人员都满意的质量标准。

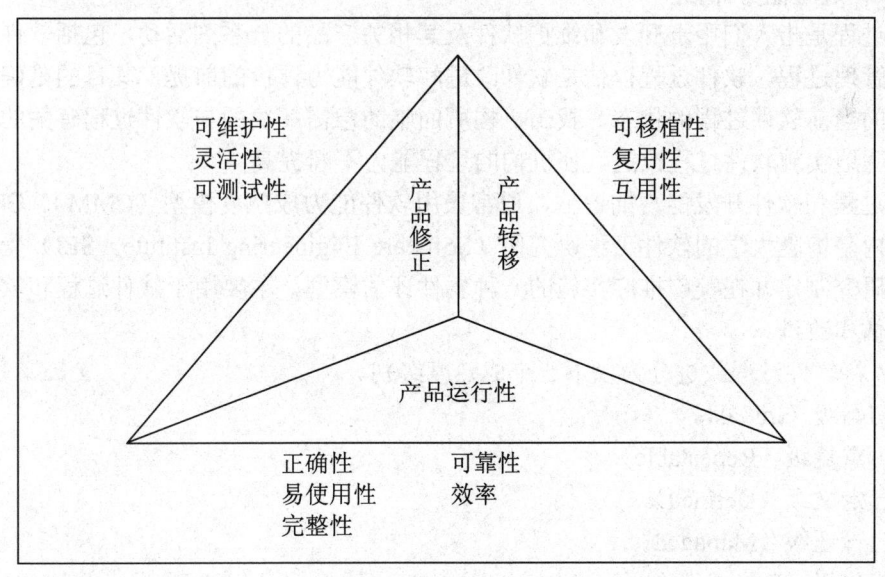

图 10-5 Mc Call 软件质量模型

（3）软件质量保证

软件质量保证是指为保证软件系统或软件产品充分满足用户要求的质量，而进行的有计划、有组织的活动，其目的是生产高质量的软件。

软件工程的目标是生产高质量的软件，高质量的软件应该具备下列 3 个条件。

- 满足软件需求定义的功能和性能。
- 文档符合实现确定的软件开发标准。
- 软件的特点和属性遵循软件工程的目标和原则。

这样，为了开发高质量的软件，必须进行有系统、有计划的软件质量保证（SQA）活动。软件质量保证包括与应用技术方法、进行正式的技术评审、软件测试、标准的实施、控制变更、量度以及记录保存和报告这 7 个活动相关的各种任务。

软件质量保证的主要手段如下所述。

- 开发初期制定质量保证计划，并在开发中坚持实行。
- 开发前选定或制定开发标准或开发规范，并遵照实施。
- 选择分析设计方法和工具，形成高质量的分析模型和设计模型。
- 严格执行阶段评审，以便及时发现问题。
- 各个开发阶段的测试。
- 对软件的每次"变动"都要经过申请、评估、批准、实施、验证等步骤。
- 软件质量特性的度量化。
- 软件生存期的各阶段都要有完整的文档。

3. 软件过程能力评估

软件过程是指人们用于开发和维护软件及其相关产品的一系列活动，包括软件工程过程和软件管理过程。软件过程评估是软件改进和软件能力评价的前提，其目的是确定一个软件机构的当前软件过程的状态，找出机构所面临的急需解决的与软件过程有关的问题，进而有步骤地实施软件过程改进，使机构的过程能力不断提高。

软件过程和软件开发能力的评估，通常采用软件能力成熟度模型（CMM）。CMM 是由美国卡内基梅隆大学的软件工程研究所（Software Engineering Institute，SEI）受美国国防部委托研究制定并在美国推广实施的一种软件评估模型，主要用于软件过程和软件开发能力的评估和改进。

CMM 将软件过程改进分为以下 5 个成熟度级别。

- 初始级（Initial）。
- 可重复级（Repeatable）。
- 已定义级（Defined）。
- 已管理级（Managed）。
- 优化级（Optimized）。

成熟度等级是已得到确切定义的，每一个成熟度为继续改进过程提供一个基础。每一等级包含一组过程目标，通过实施相应的一组关键过程域达到这一组过程目标。CMM 作为评估软件过程成熟度的依据，为软件过程评估和软件能力成熟度评估建立了一个共同参考框架。

10.2.3　系统分析基础知识

1．系统分析概述

系统分析的主要任务是对现行系统做进一步的详细调查，将调查所得到的文档资料集中，对组织内部整体管理状况和信息处理过程进行分析，为系统开发提供所需资料，并提交系统方案说明书。

系统分析的目的是把现有系统的物理模型转化为目标系统的物理模型。

系统分析的步骤如图 10-6 所示，系统分析阶段的结果是得到目标系统的逻辑模型。

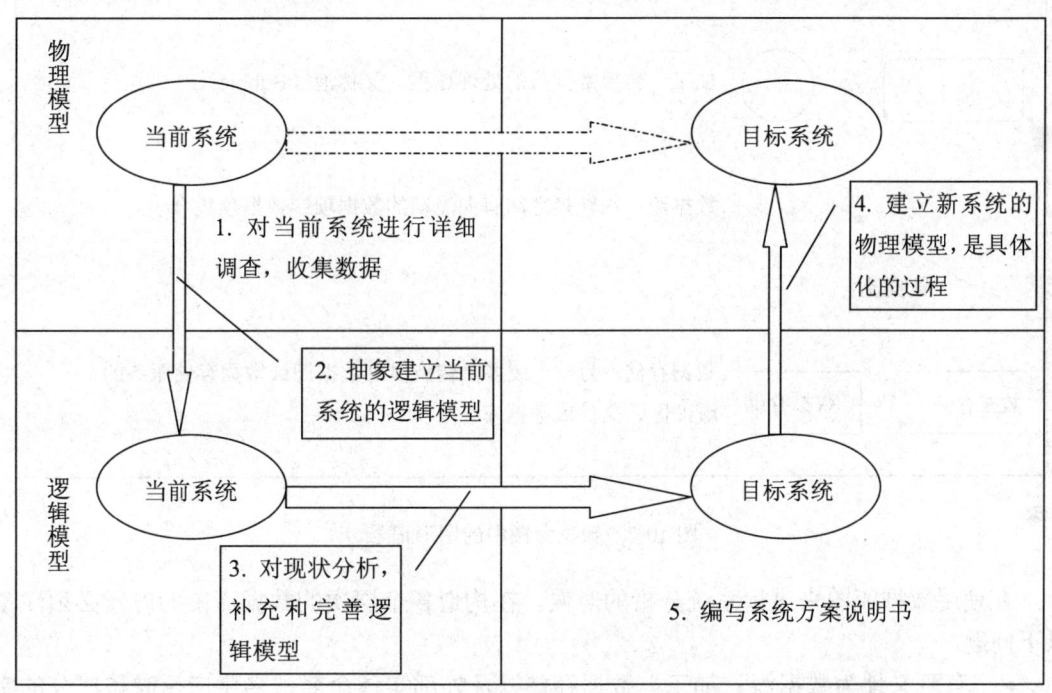

图 10-6　系统分析过程图

2．系统分析的方法

（1）结构化分析方法

① 数据流图

面向数据流的分析方法是结构化分析方法族中一员，它具有明显的结构化特征。结构化分析方法的雏形出现于 20 世纪 60 年代后期。但是，直到 1979 年才由 DeMarco 将其作为一种系统分析的方法正式提出，此后它得到了迅速发展和广泛应用。20 世纪 80 年代中后期，Ward & Mellor 和 Hatley & Pirbhai 在结构化分析方法中引入了实时系统分析机制，Harel 等人研制了面向复杂实时反应式系统的开发环境 STATEMATE，这些扩充使得传统的结构化分析方法重新焕发出生命力。

数据流图也称数据流程图（Data Flow Diagram，DFD），是一种便于用户理解和分析系统数据流程的图形工具。一个基于计算机的信息处理系统由数据流和一系列转换构成，这些转换将输入数据流变换为输出数据流。数据流图就是用来刻画数据流和转换的信息系统建模技术。它用简单的图形记号来分别表示数据流、加工、数据源以及外部实体，如图 10-7 所示。

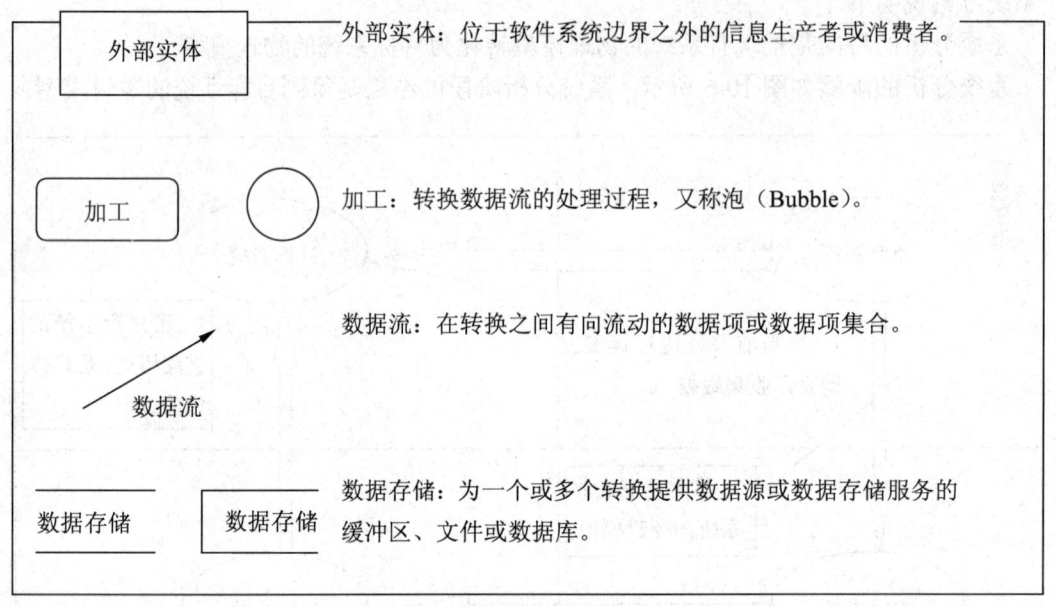

图 10-7　数据流图中的图形记号

在使用数据流图来进行系统分析的时候，在构造各个层次的数据流图的时候必须注意以下问题。

- 有意义地为数据流、加工、数据存储以及外部实体命名，名字应反映该成分的实际含义，避免使用特别简单的、空洞的名字。
- 在数据流图中，需要画的是数据流而不要画控制流。
- 一个加工的输出数据流不应与输入数据流同名，即使它们的组成成分相同。
- 允许一个加工有多条数据流流向另一个加工，也允许一个加工有两个相同的输出数据流流向两个不同的加工。
- 保持父图与子图平衡。也就是说，父图中某加工的输入输出数据流必须与它的子图的输入输出数据流在数量和名字上相同。值得注意的是：如果父图的一个输入（或输出）数据流对应于子图中几个输入（或输出）数据流，而子图中组成这些数据流的数据项全体正好是父图中的这一个数据流，那么它们仍然算是平衡的。
- 在自顶向下的分解过程中，若一个数据存储首次出现时只与一个加工相关，那么这个数据存储应作为这个加工的内部文件而不必画出。

- 保持数据守恒。也就是说，一个加工的所有输出数据流中的数据必须能从该加工的输入数据流中直接获得，或者是通过该加工能产生的数据。
- 每个加工必须既有输入数据流，又有输出数据流。
- 在整套数据流图中，每个数据存储必须既有读的数据流，又有写的数据流。但在某一张子图中可能只有读没有写，或者只有写没有读。

下面通过关于数据流图的例题来看看数据流图的设计。

【例 10-1】 阅读下列说明和数据流图，回答 1 到 3 的问题。

【说明】

家庭保安市场正以每年40%的速度增长。希望建立一种基于微处理器的家庭保安系统，它能够识别异常事件并采取相应的防护措施。这些异常事件应包括：非法进入、火灾、水淹、煤气泄漏等等。用户可以在安装该系统的时候配置安全监控设备（如传感器、显示器、报警器等等），一旦异常情况被相应的传感器探测出来，系统应自动用电话向监控中心报警。此外，系统应该允许户主对其行为实施程序式控制。

【问题1】

如图 10-8 所示，数据流图中 A 和 B 分别是什么？

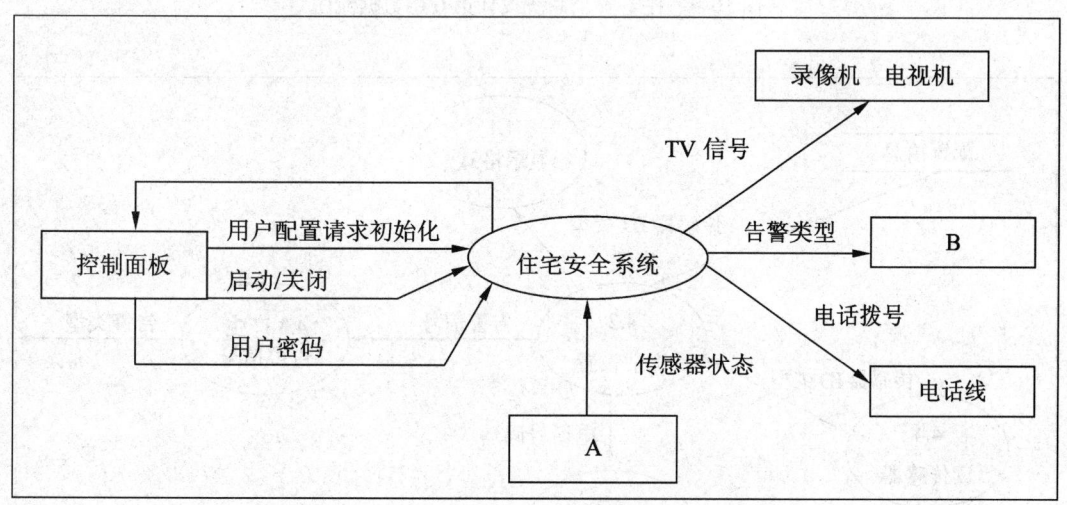

图 10-8 住宅安全系统设计顶层图

【问题2】

如图 10-9 所示，数据流图中的数据存储"配置信息"会影响到图中的哪些加工？

【问题3】

如图 10-10 所示，将数据流图中的数据流补充完整，并指明加工名称、数据流的方向（输入/输出）和数据流名称。

例题 10-1 分析

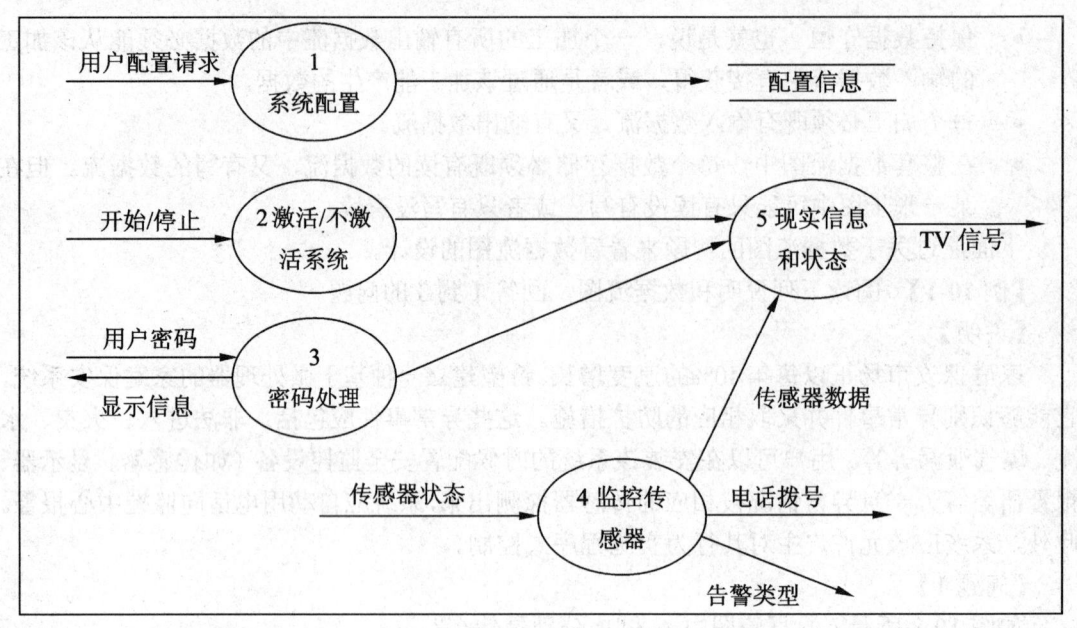

图 10-9 住宅安全系统设计第 0 层数据流图

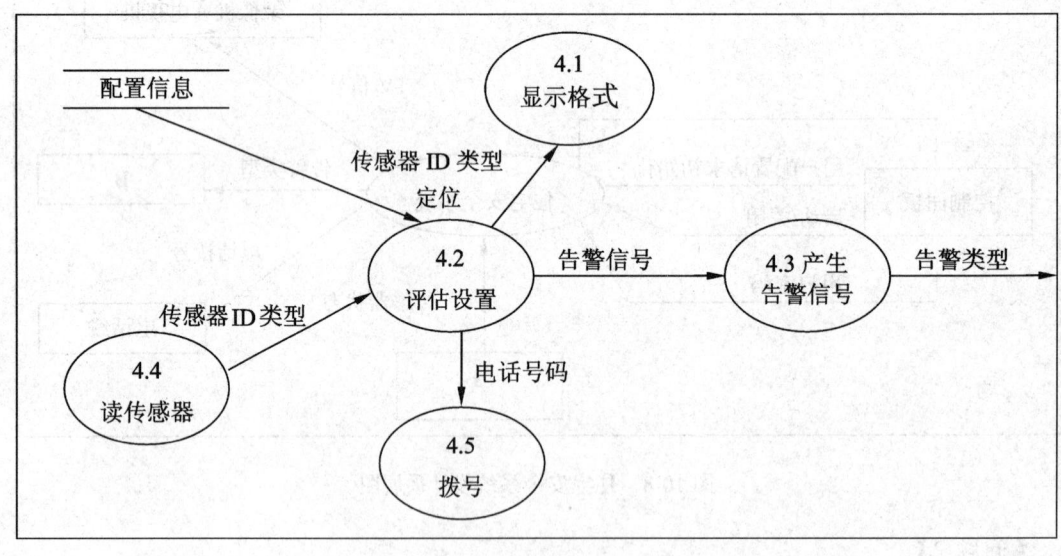

图 10-10 住宅安全系统设计加工 4 的细化图

  本例题是一道典型的考察分层数据流图的例题。在回答这一类题目的时候，要注意前面所说的那些要点，特别是父图与子图平衡等，来寻找各个层次的数据流图之间的关系。还有这一类题目的条件和要求一般都比较的长，要看清楚每一个条件和它所提出的要求。虽然利用父图和子图平衡这个关系可以解决各个层次数据流图之间的关系，但是对于顶层数据流图来说会没有可以参照的对象，就必须利用题目给出的内容来设计。接下去就可以利用分层数据流图的性质原则来解题。

用这样一条原则可以轻松地解决问题3。在0层数据流图中，"4监控传感器"模块有1条输入数据流——"传感器状态"和3条输出数据流——"电话拨号"、"传感器数据"和"告警类型"。但在加工4的细化图中，只画出了"告警类型"这一条输出数据流。所以很容易通过前面的平衡原则知道,在细化图4中缺少了3条输出数据流——"传感器状态"、"电话拨号"、"传感器数据"。这样对于问题3将数据流图补充完整，那么只要把这3条缺少的输出数据流定位到数据流图中的相应部分即可，具体的可以看参考答案。

而对于问题1，由于是对于顶层数据流图中缺少的内容进行补充，没有上层的图可以参考，那么现在对于顶层图中的内容只能通过题目给出的信息、对系统的要求来对顶层图的内容进行分析。题目中提到了"用户可以在安装该系统时配置安全监控预备（如传感器、显示器、报警器等）"，在顶层图中这3个名次都没有出现。但仔细观察，可以看出"电视机"实际上就是"显示器"，因为它接收TV信号并输出。其他的几个实体都和"传感器"、"报警器"没有关联。又因为A中输出"传感器状态"到"住宅安全系统"，所以A应填"传感器"；B接收"告警类型"，所以应填"报警器"。

再来看问题2，毫无疑问"4监控传感器"用到了配置信息，这一点可以在加工4的细化图中看出。同时由于输出到"5显示信息和状态"的数据流是"检验ID信息"，所以"5显示信息和状态"也用到了配置信息文件。

例题10-1参考答案

【问题1】

    A. 传感器

    B. 报警器

【问题2】

    A. 监控传感器

    B. 显示信息和状态

【问题3】

加入3条加工，如表10-4所示。

表10-4　问题3的答案

加 工 名 称	数据流的方向	数据流的名称
传感器数据	输出	传感器数据
读传感器	输入	传感器状态
拨号	输出	电话拨号

【例10-2】 阅读下列说明和数据流图，如图10-11至10-14所示，回答问题1至问题4。

【说明】

采用结构化分析方法画出的某考务处系统的数据流图（DFD）。

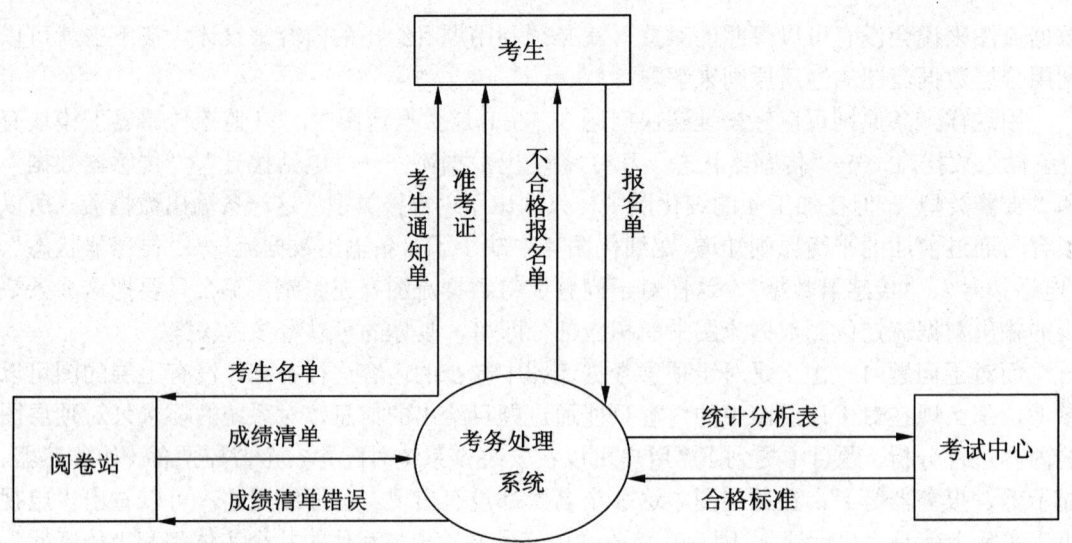

图 10-11　考务处理系统顶层数据流图 1

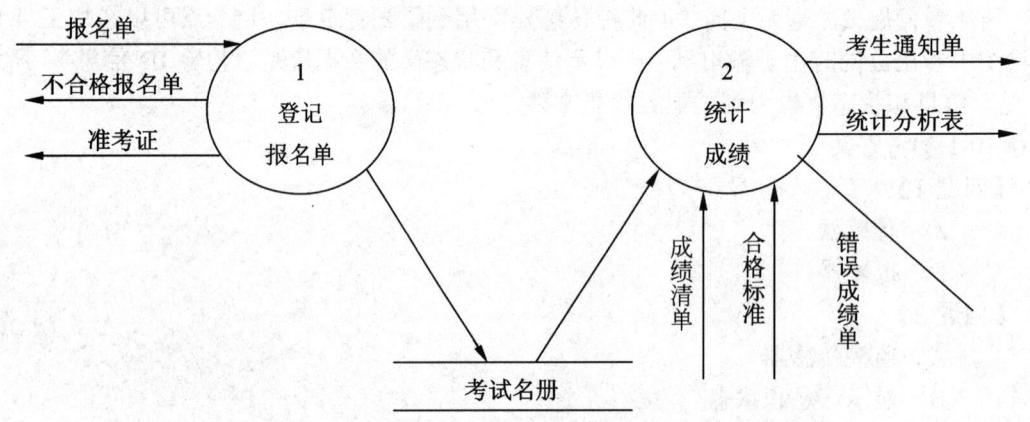

图 10-12　考务处理系统顶层数据图 2

该系统有如下功能。

- 对考生送来的报名单进行检查。
- 对合格的报名单编好准考证号后将准考证送给考生,并将汇总后的考生名单送给阅卷站。
- 对阅卷站送来的成绩清单进行检查,并根据考试中心制定的合格标准审定合格者。
- 制作考生通知单送给考生。
- 进行成绩分类统计(按地区、年龄、文化程度、职业和考试级别等分类)和试题难度分析,产生统计分析表。

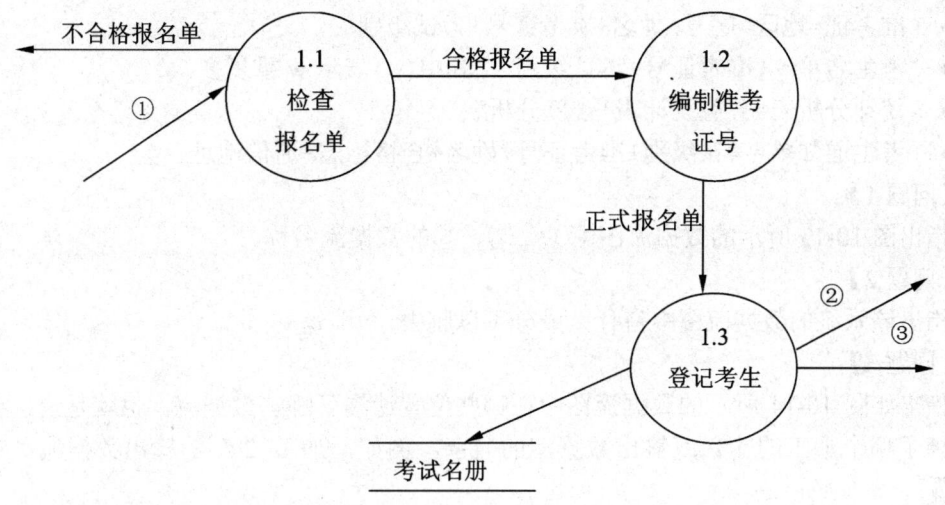

图 10-13　考务处理系统层图 1

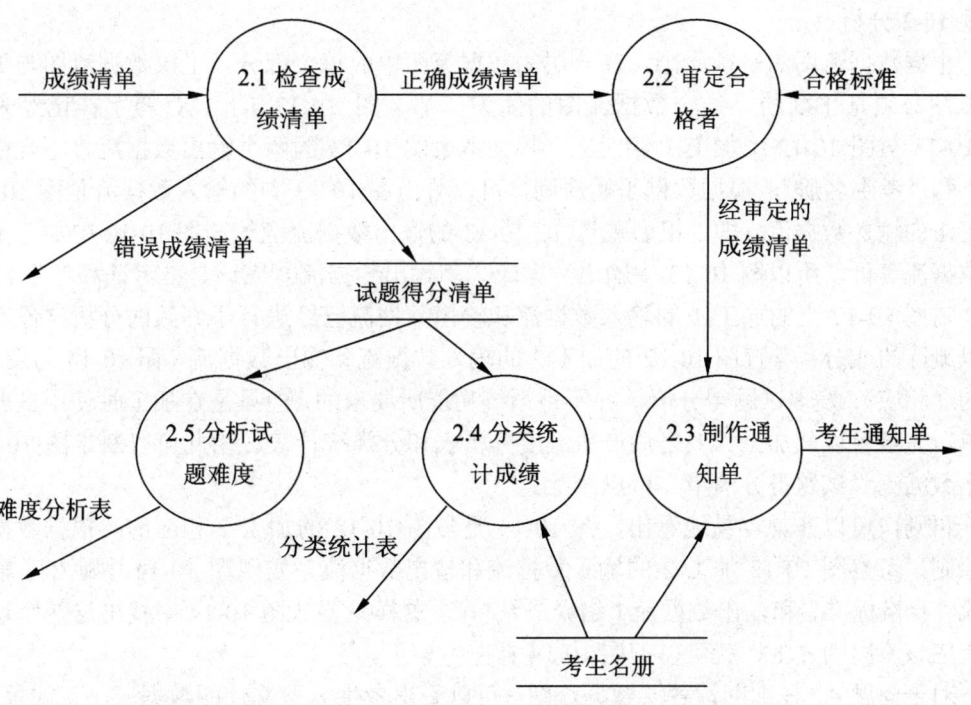

图 10-14　考务处理系统层图 2

部分数据流的组成如下所示。

- 报名单=地区+序号+姓名+性别+年龄+文化程度+职业+考试级别+通信地址
- 正式报名单=报名单+准考证号

- 准考证=地区+序号+姓名+准考证号+考试级别
- 考生名单=（准考证号+考试级别）（其中{w}表示 w 重复多次）
- 统计分析表=分类统计表+难度分析表
- 考生通知单=考试级别+准考证号+姓名+合格标志+通信地址

【问题 1】

指出图 10-13 所示的数据流图中①、②、③的数据流名称。

【问题 2】

指出该系统的数据流图中有什么成分可以删去。

【问题 3】

指出如图 10-14 所示的数据流图中在哪些位置遗漏了哪些数据流，也就是说，要求给出漏掉了哪个加工的输入或输出数据流的名字。例如，加工 2.5 的输出数据流"难度分析表"。

【问题 4】

指出考生名册文件的记录至少包括哪些内容。

例题 10-2 分析

根据数据流图的平衡原则，在分层的数据流图中的每个部分，上层数据流图与下层数据流图必须是平衡的。结合数据流图的知识，那么图 10-13 的 1.X 等字样已经表明，图 10-13 与图 10-12 中加工 1 相对应，那么考察图 10-13 的两个输出数据流"不合格报名单"和"考生名册"，根据数据平衡原则，可以看出图 10-13 中的输入数据流是图 10-12 中加工 1 的输入数据流，即"报名单"。图 10-13 的输出数据流应该与图 10-12 中加工 1 的输出数据流等价，所以图 10-13 中输出数据流②和输出数据流③应该是准考证和考生名单。

对图 10-12 上的加工 1 的输入数据流和输出数据流已经进行了细致的分析，没有发现可以删除的成分。考查图 10-12 的加工 2 的输入数据流和输出数据流（图 10-14 与图 10-12 中的 2 相应），发现试题得分清单并不是系统功能所要求的，但只是在加工时使用试题得分清单，完全可以从加工 2.1 之后产生难度分析表和分类统计表。由此可以断定图 10-14 的输出数据流"试题得分清单"可以删除。

再则，可以非常容易地看出，图 10-14 是与图 10-12 的加工 2 相应的。根据数据平衡的原则，考察图 10-12 加工 2 的输入数据流和输出数据流，发现图 10-14 中缺少了输入数据流"合格标准"和输出数据流"错误成绩单"。这样只要从图 10-14 中找出这两个输出数据流应该流出的加工，就可以把图 10-14 补充完整了。

对于问题 4，仔细阅读各层数据流图，可以看出考生名册文件的数据源是正式报名单，并在加工 2.3 中产生考生通知单，在加工 2.4 中产生分类统计表。这样，考生名册文件数据项的来源和应用范围都已经确定。结合试题说明，首先将考生通知单中除合格标志外的数据项都包括到考生名册文件中。成绩要按地区、年龄、文化程度和考试级别分类统计，这些数据项都在（正式）报名单中，而加工 2.4 又没有使用（正式）报名单，显然，以上 5 个数据项也要包括到考生名册文件中。

例题 10-2 参考答案

【问题 1】

① 报名单元

② 准考证

③ 考生名单

【问题 2】

输出数据流中"试题得分清单"可以删除。

【问题 3】

加工 2.1 遗漏输出数据流"错误成绩清单",加工 2.2 遗漏输入数据流"合格标准"。

【问题 4】

考生名册=地区+姓名+年龄+文化程度+职业+考试级别+通信地址+准考证号

② 数据字典

前述的数据流图机制并不足以完整地描述软件需求,因为它没有描述数据流的内容。事实上,数据流图必须与描述并组织数据条目的数据字典配套使用。

通常,数据字典中的每一数据条目包含以下内容。

- 在数据流图中标识数据流、数据源或外部实体的名称与别名。
- 数据类型。
- 所有以它作为输入流或输出流的转换的列表。
- 如何使用该数据条目的简要说明。
- 数据条目的解释性说明。
- 其他补充说明,例如取值范围与默认值,有关的设计约束等。

数据字典和数据流图共同构成系统的逻辑模型,两者相互联系、缺一不可。没有数据字典系统的逻辑模型就不严格;没有数据流图数据字典就难以发挥作用。

(2)面向对象分析方法

面向对象的系统分析方法的核心是利用面向对象的概念和方法为软件需求建造模型,它包含面向对象风格的图形语言机制以及用于指导系统分析的面向对象方法学。

使用面向对象方法来进行系统设计具有以下优点:

- 与人类习惯的思维方法一致。
- 稳定性好。
- 可重用性好。
- 较容易开发大型软件产品。
- 可维护性好。

统一建模语言(Unified Modeling Language,UML)由于其简单、统一,又能够表达软件设计中的动态和静态信息,已经成为可视化建模语言事实上的工业标准。在 20 世纪的 80 到 90 年代,面向对象的分析与设计方法获得了长足的发展,而且相关的研究也十分活跃,涌现了一大批新的方法学。其中最著名的有 Booch 方法、Jacobson 的 OOSE 和

Rumbaugh 的 OMT 方法。而 UML 正是在融合了 Booch、Rumbaugh 和 Jacobson 方法论的基础上形成的标准建模语言。UML 是用于系统的可视化建模语言，尽管它常与建模 OO 软件系统相关联，但由于其内置了大量扩展机制，还可以应用于更多的领域中，例如工作流程、业务领域等等。UML 的 16 个基本元素的图形化表示如图 10-15 所示，同时 UML 提供了 9 种图，其具体的介绍如表 10-5 中所描述的。

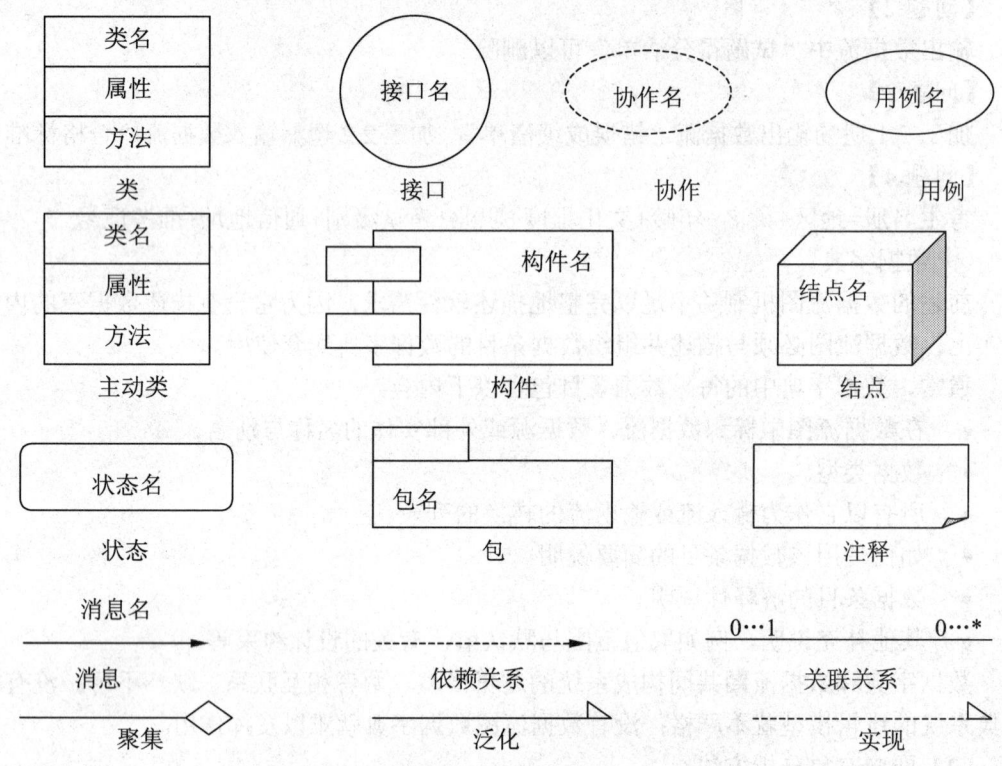

图 10-15　UML 的 16 个元素的图形表示

3.　系统分析报告

系统分析报告是系统分析阶段的工作成果，系统技术报告一经确认，就成为具有约束力的指导性文件，成为下一阶段系统设计工作的依据和今后验收目标系统的检验标准。

系统分析报告主要有以下 3 个作用。

- 描述目标系统的逻辑模型，可作为开发人员进行系统设计和实施的基础。
- 作为用户和开发人员之间的协议或合同，为双方的交流和监督提供基础。
- 作为目标系统验收和评价的依据。

在系统分析报告中，数据流图、数据字典和加工说明这 3 部分是主体，是系统分析报告中必不可少的组成部分。而其他各个部分的内容，则应根据开发的目标系统的规模和性质等具体情况酌情选用，不必生搬硬套。

表 10-5　UML 提供的 9 种图

UML 的 9 种 图	静态视图	类图：展现了一组对象、接口、协作和它们之间的关系 作用：给出了系统的静态设计视图	
		对象图：展现了一组对象以及它们之间的关系 作用：给出了事物实例的静态快照	
		用例图：展现了一组用例、主角以及它们之间的关系 作用：给出系统的静态用例视图	
	动态视图	序列图：场景的图形化表示 作用：描述以时间顺序组织的交互活动	
		协作图：收发消息的对象的结构组织 与序列图同构，可互相转换	
		状态图：展现了一个状态机，由状态、转换、事件和活动组成	活动图 构件图 部署图

10.2.4　系统设计知识

1. 系统设计概述

一般认为，软件开发阶段由设计、编码和测试 3 个基本活动组成，其中"设计活动"是获取高质量、低消耗、易维护软件的一个重要环节。系统设计过程是对程序结构、数据结构和过程细节逐步求精、复审并编制文档的过程。

系统设计的主要目的是系统分析报告和开发者的经验。系统设计的主要内容包括新系统总体结构设计、代码设计、输出设计、输入设计、处理过程设计、数据存储设计、用户界面设计和安全控制设计等。而从工程管理的角度来看，系统设计可以分为系统总体结构设计和系统详细设计。系统总体结构设计是根据需求确定软件和数据的总体框架，系统详细设计是将其进一步精化成软件的算法表示和数据结构。

系统设计的结果是一系列系统设计文件，这些文件是具体实现一个信息系统（包括硬件设备和编制软件程序）的重要基础。

2. 系统设计的重要概念

系统设计的基本概念是从 20 世纪 60 年代陆续提出的。软件设计者根据这组概念进行设计决策，例如，按什么标准划分子部件，如何从软件的概念表示中分离出功能和数据结构的细节，如何以统一的标准衡量软件设计质量等。所以在介绍系统设计的主要步骤和特点之前，先对一些重要的概念进行介绍，比如，抽象，聚合度等。

（1）抽象

软件设计的困难随着问题的规模和复杂性不断增大，抽象是控制复杂性的基本策略。"抽象"是一个心理学的概念，它要求人们将注意力集中在某一层次上考虑问题，而忽略那些低层次的细节。使用抽象技术便于人们使用"问题域"本来的概念和术语描述问题，而无须过早地转换为那些不熟悉的结构。软件工程过程应当是在不同抽象级别考虑和处理问题的过程，其中的每一步都是对较高一级抽象的解作一次较具体化的描述。

（2）模块化与信息隐藏

在计算机软件领域，模块化的概念已被推崇了近 40 年，即把软件划分为可独立命名和编址的部件，每个部件称为一个模块，当把所有模块组装到一起时，便可获得满足问题需要的一个解。

模块是指执行某一特定任务的数据和可执行语句等程序元素的集合，通常是指可通过名字来访问的过程、函数、子程序或宏调用等。模块化就是将一个待开发的软件划分成若干个可完成某一个子功能的模块，每个模块可独立地开发、测试，最后组装成完整的程序。

对于一个给定的问题，当模块总数增加时，每个模块的成本确实减少了，但模块接口所需的代价随之增加，致使软件总耗费呈一抛物线。如果模块数为 M 时将获得最小开发成本，那么模块数在 M 附近选择，就能够避免模块分割过度或者不足。那么怎么来保证模块的数量在最佳的 M 附近？这些问题就牵涉到对于信息隐藏、内聚度和耦合度的概念，将在下面陆续进行介绍，必须对这些因素进行考虑，寻找相对最佳的解决方案。

信息隐藏原理认为模块应该设计的使其所含信息对于那些不需要这些信息的模块不可访问；每个模块只完成一个相对独立的特定功能；模块之间仅仅交换那些为完成系统功能必须交换的信息，即模块应该独立。

（3）内聚度

内聚是指一个模块内各个元素彼此结合的紧密程度，它是信息隐藏和局部化概念的自然扩展，设计时应该力求高内聚度。内聚度按其高低程度可分为 7 级，图 10-16 给出了内聚程度由低到高的排列。

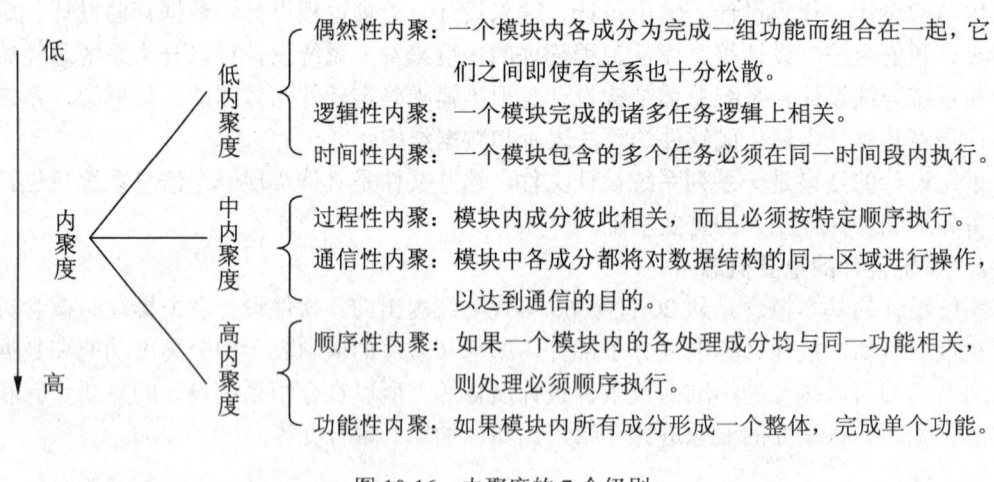

图 10-16　内聚度的 7 个级别

设计软件的时候，应该能够识别内聚度的高低，并通过修改设计尽可能提高模块内聚度，从而获得更高的模块独立性。

（4）耦合度

耦合是对一个软件结构内不同模块之间的互连程度的度量。耦合强弱取决于模块间接口的复杂程度，进入或访问一个模块的点，以及通过接口的数据。

模块间的耦合程度强烈影响着系统的可理解行、可修改性、可测试性和可靠性，在软件设计中应该追求尽可能松散耦合的系统。因为在这样的系统中，模块之间的联系比较简单，发生在一个模块的错误传播到整个系统的可能性就很小，一个模块的改动也不容易影响到软件整体的改动，研究、测试或维护一个模块不需要对系统的其他模块有很多的了解。耦合度也有 7 个级别的划分，图 10-17 给出了耦合程度由高到低的 7 个级别的介绍。

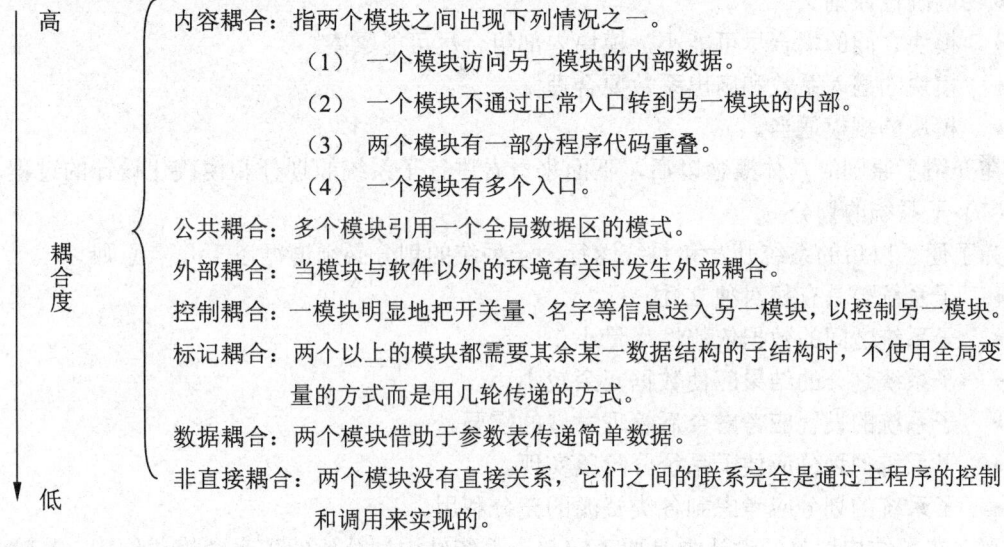

高

耦合度

内容耦合：指两个模块之间出现下列情况之一。
　　（1）　一个模块访问另一模块的内部数据。
　　（2）　一个模块不通过正常入口转到另一模块的内部。
　　（3）　两个模块有一部分程序代码重叠。
　　（4）　一个模块有多个入口。
公共耦合：多个模块引用一个全局数据区的模式。
外部耦合：当模块与软件以外的环境有关时发生外部耦合。
控制耦合：一模块明显地把开关量、名字等信息送入另一模块，以控制另一模块。
标记耦合：两个以上的模块都需要其余某一数据结构的子结构时，不使用全局变量的方式而是用几轮传递的方式。
数据耦合：两个模块借助于参数表传递简单数据。
非直接耦合：两个模块没有直接关系，它们之间的联系完全是通过主程序的控制和调用来实现的。

低

图 10-17　耦合度 7 个级别的介绍

（5）扇入扇出

一个模块的扇出是指该模块直接调用的下级模块的个数。扇出大表示模块的复杂度高，需要控制和协调过多的下级模块，但扇出过小（例如总是 1）也不好。扇出过大一般是因为缺乏中间层次，应该适当增加中间层次的控制模块。当扇出太小时可以把下级模块进一步分解成若干子功能模块，或者合并到它的上级模块中去。

一个模块的扇入是指直接调用该模块的上级模块的个数。扇入大表示模块的复用程度高。设计良好的软件结构通常顶层扇出比较大，中间层扇出比较小，底层模块则有大量的扇入，使得底层基础模块的复用程度比较高。当然，在考虑是否将模块合并或者继续分裂出中间层次的控制模块时，并不能以追求扇入扇出的理想化而违背模块独立的原则，分解或合并模块必须符合问题的结构。

3．系统总体结构设计

系统总体结构设计应该包括两方面的内容：一是由系统中所有过程性部件（即模块）构成的层次结构，亦称为程序结构；另一方面是输入输出的数据结构。系统总体结构设计的目标就是要产生一个模块化的程序结构,并明确各个模块之间的控制关系,此外还要通过定义界面说明程序的输入输出数据流,进一步协调程序结构和数据结构。

系统总体结构设计主要应该遵循如下的几条原则。

- 分解－协调原则。
- 自顶向下原则。
- 信息隐藏、抽象的原则。
- 一致性原则。
- 明确性原则。
- 模块之间的耦合尽可能小,模块内部组合尽可能紧凑。
- 模块的扇入系数和扇出系数要合理。
- 模块的规模适当。

在介绍了原则的具体概念以后,下面来看看进行子系统的划分和模块化设计的过程。

(1) 子系统的划分

为了便于以后的系统开发和系统运行,子系统的划分必须遵循以下几点原则。

- 子系统要具有相对独立性。
- 子系统之间的数据依赖性尽量小。
- 子系统划分的结果应使数据冗余较小。
- 子系统的设置应考虑今后管理发展的需要。
- 子系统的划分应便于系统分阶段实现。
- 子系统的划分应考虑到各类资源的充分利用。

那么在子结构划分的设计中是要确定整个系统结构划分后的子系统模块结构,在这个过程中必须对前面所提到的原则进行充分的考虑,同时要考虑到模块之间的高内聚低耦合的关系,模块之间的数据传送以及调用关系等等。

(2) 系统模块结构设计

经过系统分析阶段的工作,系统对必须"做什么"已经清楚了,系统总体结构设计的基本目的就是回答"概括地说,系统应如何实现?"这个问题。系统总体结构设计的任务就是设计软件的结构,也就是确定系统是由哪些模块组成的,以及这些模块相互间的关系。

在具体介绍模块结构图之前先来看看关于模块的一些概念。模块是组成系统的基本单位,它的特点是可以组合、分解和更换。

一个模块应具备以下 4 个要素。

- 输入和输出。
- 处理功能。
- 内部数据。
- 程序代码。

前两个因素是模块的外部特征,输入输出是连向模块的调用者和被调用者的,是连向系统中别的模块;后两个因素是模块的内部特征,即模块中所要包含的数据和程序。在总体结构设计的时候，要对内部特征有所了解，但具体的实现是在实施步骤中完成，在总体结构设计中无须考虑其中的细节。

为了保证系统设计工作的顺利进行，结构设计应遵循如下原则。

- 模块的内聚度要强，模块之间的联系要少，即模块具有较强的独立性。
- 模块之间的连接只能存在上下级之间的调用关系，不能有同级别之间的横向联系。
- 整个系统呈树状结构，不允许网状结构或交叉调用关系出现。
- 所有模块（包括后继 IPO 图）都必须严格地分类编码并建立归档文件。

这样建立整个系统的模块结构。模块结构采用模块结构图表示，模块结构图是采用 HIPO（分层输入－处理－输出）图形式绘制而成的框图。模块结构图由 5 种基本元素构成：模块、调用、数据、控制信息和转接符号。模块之间的转接符号，即模块之间的调用和被调用的关系根据不同的情况也有 3 种，即调用、判断调用和循环调用。

（3）数据存储设计

信息系统的主要任务是通过大量的数据获得管理所需要的信息，那么就必须要存储和管理大量的数据。因此，建立一个良好的数据组织结构和数据库，是整个系统都可以迅速、方便、准确地调用和管理所需的数据，是衡量信息系统开发工作好坏的主要指标之一。

数据结构组织、数据库或文件设计，就是要根据数据的不同用途、使用要求、统计渠道、安全保密性等，来解决数据的整体组织形式、表或文件的形式，以及决定数据的结构、类别、载体、组织形式、保密级别等一系列问题。

在确立了数据组织结构和数据库之后还必须考虑的就是数据资源分布和安全保密属性。由于现在数据库的容量不断地呈倍数增长，数据库的应用开始面向许多行业，其中有许多保密的数据，如银行账户数据、个人信贷数据等等。对于这些数据必须提供安全的保证，在一些等级制度十分鲜明的公司，还需要对于多级的数据进行组织和管理，这样就要对用户进行分级，通过分级来限制和管理用户的数据。

4. 系统详细设计

详细设计阶段要对系统的各个方面进行更周详的设计，主要包含了 7 个方面的设计：代码、输出、输入、处理过程、用户界面、安全控制。

（1）代码设计

代码是用来表征可观事物的一组有序的符号，以便于计算机和人工识别与处理。

（2）输出和输入设计

从系统开发的角度看，输出决定输入，即输入信息只有根据输出要求才能确定。也就是只有确定了要呈现给用户的数据组织形式以后才能对软件的输入进行设计，使得能够相对比较简单地进行软件编程。

（3）处理过程设计

系统总体结构设计已经确定了每个模块的功能和接口，详细设计的任务就是为每个模块设计其实现的细节。详细设计阶段的根本目标是确定应该怎样具体地实现所要求的系统，得出对目标系统的精确描述。常用的描述方式主要有程序流程图、盒图、判定表、PAD 图、

PDL 等。

① 程序流程图

人们常说"一张图顶一千个字"。流程图（也称为程序框图）是最常用的一种方式，它能够非常直观地给出过程的控制流程的描述，最便于初学者掌握。流程图中方框表示处理步，菱形框表示判断步，有向线段表示控制流，由这些基本图形再构成的判断、循环的表示方法。

② 盒图

盒图是由 Nassi 和 Sheiderman 提出的一种符合结构化设计原则的图形描述工具，称为 N-S 图，它仅仅包含 5 种基本结构：顺序结构、IF-THEN-ELSE 分支结构、CASE 型多分支结构、DO_WHILE 和 DO_UNTIL 型循环结构、子程序结构。

③ PAD 图

PAD 图是问题分析图（Problem Analysis Diagram）的英文缩写，它用二维树状结构的图表示程序的控制流，比较容易翻译成机器代码。PAD 图具有以下特点。

- 使用表示结构化控制结构的 PAD 符号所设计出来的程序必然是结构化程序。
- PAD 图所描绘的程序结构十分清晰。
- 用 PAD 图表示程序逻辑，易读、易懂、易记。
- 容易将 PAD 图转换成高级语言源程序，这种转换可用软件工具自动完成。
- PAD 图既可表示程序逻辑，也可用于描绘数据结构。
- PAD 图的符号支持自顶向下、逐步求精方法的使用。

④ PDL 方法

PDL（Program Design Language）即程序设计语言也称伪码，是一种以文本方式表示数据和处理过程的设计工具。PDL 是一种非形式化语言，经常表现为一种"混杂"的形式，允许自然语言的词汇与某种结构化程序设计语言（如 Pascal、Ada 等）的语法结构交织在一起。与程序语言不同，PDL 程序是不可执行的，但它可以通过转换程序自动转换成某种高级程序语言的源程序。

一般来说，PDL 具有下述特点。

- 关键字采用固定语法并支持结构化构件、数据说明机制和模块化。
- 处理部分采用自然语言描述。
- 允许说明简单（标量、数组等）和复杂（链表、树等）的数据结构。
- 子程序的定义与调用规则不受具体接口方式的影响。

现今大多数 PDL 都以某种流行的高级程序设计语言作为基础，例如 Ada_PDL 是 Ada 团体中广为使用的设计工具。值得一提的是：一个 PDL 还能扩充多任务和并行处理、异常处理、进程间同步等许多其他机制。实际使用某个 PDL 进行过程设计时，应充分了解其全部内容。

5. 系统设计说明书

系统设计阶段的输出主要是设计规格说明书，结构如下所示，其中各个条款的内容是在设计求精过程中逐步确定的。

Ⅰ．作用范围

    A．系统目标

    B．硬件、软件和人机界面

    C．主要的系统功能

    D．外部数据库定义

    E．主要的设计约束和限制

Ⅱ．文档

    A．现有的软件文档

    B．系统文档

    C．卖主（硬件的和软件的）的有关文档

    D．技术参考书

Ⅲ．设计描述

    A．数据描述

        1．数据流复审

        2．数据结构复审

    B．导出的程序结构

    C．结构之间的界面

Ⅳ．模块描述；针对每个模块给出：

    A．处理过程陈述

    B．接口描述

    C．设计语言（或其他形式）描述

    D．引用的模块

    E．数据组织

    F．注释

Ⅴ．文件结构及全局数据

    A．外部文件结构

        1．逻辑结构

        2．逻辑记录描述

        3．访问方式

    B．全局数据

    C．文件与数据的交叉访问表

Ⅵ．需求交叉访问矩阵

Ⅶ．测试准备

    A．测试指南

B．集成策略

C．特殊考虑

Ⅷ．装配

A．特殊的程序覆盖要求

B．转换方面的考虑

Ⅸ．特别注释

Ⅹ．附录

10.2.5 系统实施知识

1．系统实施概述

系统实施是新系统开发的最后一个阶段，经过了从系统分析到系统总体结构设计以及详细设计以后，对于系统的功能以及实现的流程已经有了很大程度的了解，在认清了各方面的问题和所要采用的技术以后，就差将这些设计的内容和流程转换成计算机能够理解的内容。所以所谓实施就是将系统设计阶段的结果在计算机上实现，将原来纸面上的、类似于设计图式的新系统方案转换成可执行的应用软件系统。

系统实施的步骤如下所示。

- 按总体设计方案购置和安装计算机网络系统。购置和安装硬件是比较简单的事情，但是由于各个软件开发的要求需要的配置是不同的，以及各个项目的投资是不同的，所以按照这些标准要求来选购性价比比较高的硬件就是要求比较高的地方。
- 建立数据库系统。建立数据库系统的工作在前面设计过程中就已经涉及了，所以如果对于所使用的语言以及建立数据库的过程比较熟悉的话，这部分工作应该是十分快就可以完成的。
- 程序设计。按照所选定的编程语言进行程序设计。
- 收集有关数据并进行录入工作，然后进行系统测试。这里包括对于测试数据的设计，对测试数据进行设计后就对系统进行一系列由小到大的测试。
- 人员培训、系统转换和试运行。在新系统经过测试以后，对于其使用要对人员进行培训，同时要投入实际使用来对系统进行测试。

2．程序设计

（1）程序设计语言的演变和分类

程序设计语言发展到今天，大致可划分为4代，如图10-18所示。第1代语言是指与计算机紧密相关的机器语言和汇编语言，其历史可追溯到第一台电子计算机问世，甚至更早。因其与硬件操作一一对应，基本上有多少种计算机就有多少种汇编语言。第2代语言是20世纪50年代末至20世纪60年代初先后出现的，它们应用面广，为人们熟悉和接受，有大量成熟的程序库。这代语言包括FORTRAN、COBOL、Algol 60和BASIC等。第3代语言，也称为结构化程序语言，其特点是直接支持结构化构件，并具有很强的过程能力

·512·

和数据结构能力。这代语言本身又可以分成 3 类：通用高级语言、面向对象的语言和专用语言。专用语言为专门应用领域设计，具有独特的语法和语义。

程序生成器（Program Generators）代表更为复杂的一类 4GL，它输入由甚高级语言书写的语句，自动产生完整的 3 代语言程序。但目前这方面的开发还不是很完善。

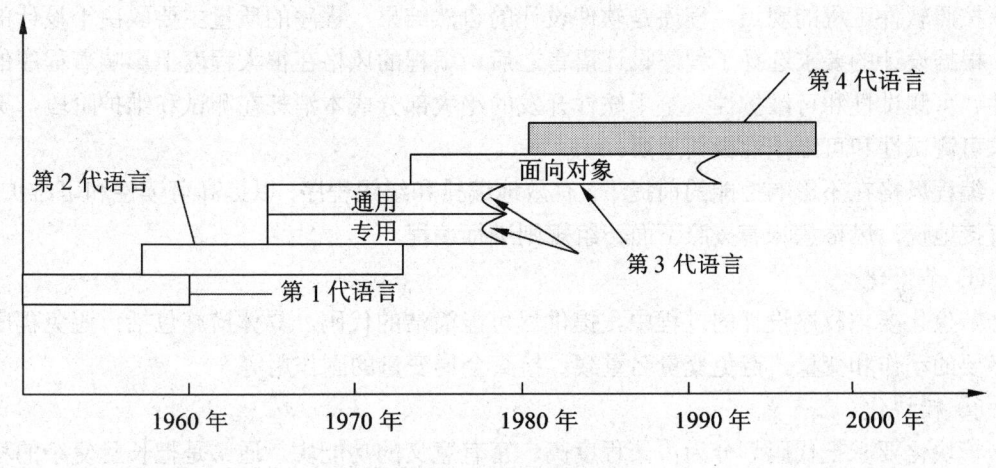

图 10-18　程序设计语言分代

（2）程序设计语言的选择

选择软件开发的程序设计语言的时候既要考虑前面所述语言的种种特性，又要考虑其基本机制是否能满足系统分析和设计阶段所产生模型的需要。一旦选择了适宜的语言，就能减少编码的工作量，产生易读、易测试、易维护的代码。

一般而言，衡量某种程序语言是否适合于特定的项目，应考虑下面一些因素。

- 应用领域。
- 算法和计算复杂性。
- 软件运行环境。
- 用户需求中关于性能方面的需要。
- 数据结构的复杂性。
- 软件开发人员的知识水平。
- 可用的编译器与交叉编译器。

其中，项目所属的应用领域常常作为首要标准，这主要是因为若干主要的应用领域长期以来已固定地选用了某些标准语言。例如，C 语言经常用于系统软件开发，Ada、C 和 Modula-2 对实时应用和嵌入式软件更有效；COBOL 迄今仍为商业信息处理的首选语言，不过其地位正在受到 4GL 的冲击；FORTRAN 始终占领着工程及科学计算领域的主导地位（当然 Algol、PL/1、Pascal 和 C 也广为使用）；个人计算机的用户主要使用 BASIC 和 C；人工智能领域则更多地使用 LISP、Prolog 和 OPS5；在一些极为特殊的应用领域，或因为追求时空效率的需要，或因为对计算机低级特征的描述，或因为对特殊硬件的控制，或因为没有可供选用的高级语言编译器，有时不得不采用或部分采用汇编语言编码，但一般情况下应首先考虑选择高级语言。当然，如果有多种语言都适合于某项目的开发时，也可以考虑选择开发人员比较熟悉的一种，这样会使得程序开发的过程比较顺利。

（3）编程风格书

按照软件工程的观点，程序是软件设计的自然结果，程序的质量主要取决于设计的质量，根据设计的要求选择了程序设计语言之后，编程的风格在很大程度上影响着程序的可读性、可测试性和可维护性。鉴于软件开发的绝大部分成本消耗在测试和维护阶段，努力追求可测试性和可维护性极其重要。

编程风格在不影响性能的前提下，有效地编排和组织程序，以提高可读性和可维护性，更直接地说，风格意味着按照下面一组规则进行编程。

① 节俭化

节俭化要求程序设计的过程中，提供尽可能简洁的代码。具体措施包括：避免程序中不必要的动作和变量、避免变量名重载、检查全局变量的副作用等。

② 模块化

模块化要求把代码划分为内聚程度高、富有意义的功能块。通常是把长且复杂的程序段或子程序分解成小而且定义良好的程序段，具体措施包括：确保物理和逻辑功能密切相关、限定一个模块完成一个独立的功能、检查代码的重复率等。

③ 简单化

去掉过分复杂和不必要的矫揉造作。具体措施包括：采用简单的直截了当的算法、使用简单的数据结构，避免使用多维数组、指针和复杂的表、注意对象命名的一致性等。

④ 结构化

结构化要求在开发时把程序的各个构件组织成一个有效系统。具体措施包括：按字母顺序说明对象名、使用读者明了的结构化程序部件、采用直截了当的算法、不随意为效率而牺牲程序的清晰度和可读性、让计算机多做琐碎的工作（如重复工作和库函数、用公共函数调用代替重复出现的表达式等）。

⑤ 文档化

要求程序能自说明，主要的措施包括：有效、适当地使用注释，保证注释有意义，说明性强、使用含义鲜明的变量名、协调使用程序块注释和程序行注释、始终坚持编制文档等。

⑥ 格式化

格式化要使得开发的代码尽量能布局合理、清晰、明了。具体措施包括： 有效地使用编码空间（水平和垂直两个方向），以助于读者理解、适当插入括号，使表达式的运算次序清晰直观，排除二义性、有效地使用空格符，以区别程序的不同意群，提高程序的可读性等。

10.2.6　系统测试与调试

1. 系统测试与调试

尽管软件质量保证是贯穿软件开发全过程的活动，但最关键的步骤是系统测试。系统测试是对软件规格说明、系统设计和编码的最后复审，目的是在软件产品交付之前尽可能发现软件中潜伏的错误。大量统计表明，系统测试工作量往往占软件开发总工作量的40%以上，在极端情况下，甚至可能高达软件工程其他步骤成本总和的3~5倍。

系统测试是为了发现错误而执行程序的过程，成功的测试是发现了至今尚未发现错误的测试。测试的目的是希望以最少的人力和时间发现潜在的各种错误和缺陷。

对于系统测试可以用3句话来归纳其目的和特点。

- 测试是使用最少的代价发现最多的错误（目的）。
- 测试只能发现错误而不能证明程序是无错的。
- 测试的代价是很大的。

经过了测试的程序并不能说其是无错的，因为测试发现错误和更正错误的过程，而不能表明软件程序的无错。而且在软件开发的过程中，每个不同的阶段对于错误的解决代价是不同的，在早期发现错误更正代价是相对较小的，等整个系统都完成了，再发现的错误其代价相对就比较大了。所以在软件测试的过程中，就应该尽早地不断地进行测试，使得能够尽早发现错误。测试的承担者应该不是开发人员，这样比较容易发现错误，能以比较客观的角度来看待程序。

（1）测试过程

测试是开发过程中一个独立而且非常重要的阶段，一个规范的测试过程通常包括以下几个方面：拟定测试计划、编制测试大纲、根据测试大纲设计和生成测试例子、实施测试、生成测试报告。

（2）测试策略和测试方法

测试策略和测试方法的分类如图10-19所示。其中黑盒测试完全不考虑程序内部结构和处理过程。测试仅在程序界面上进行。设计测试用例旨在说明：软件的功能是否可操作；程序能否适当地接受输入数据并产生正确的输出结果，或在可能的场景中事件驱动的效果是否尽如人意；能否保持外部信息的完整性。

与黑盒测试法相反，白盒测试法密切关注处理细节，针对程序的每一条逻辑路径都要分别设计测试用例，检查分支和循环的情况。由于对于所有的测试路径进行穷举的测试方法是不现实的方式，一般选用少量"最有效"，即最有可能暴露错误的路径进行测试。测试的目的是为了找出错误。

（3）测试用例的设计

① 白盒测试的测试用例设计

白盒测试根据软件的内部逻辑设计测试用例，原则如下所述。

- 保证模块中每一独立的路径至少执行一次。

- 保证所有判断的每一分支至少执行一次。
- 保证每一循环都在边界条件和一般条件下至少各执行一次。
- 验证所有内部数据结构的有效性。

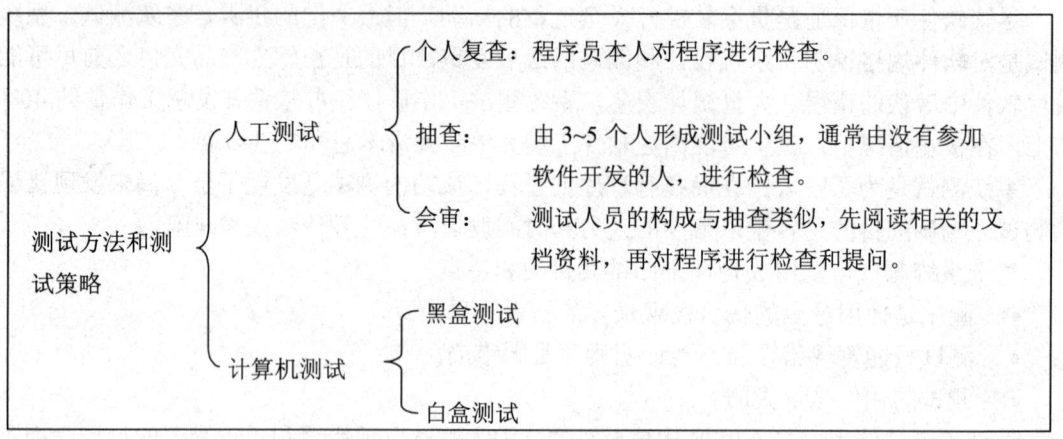

图 10-19　测试方法和测试策略的分类

白盒测试比较常用的方法主要有基本路径测试和控制结构测试两种技术。其中基本路径测试是根据软件过程性描述（详细设计或代码）中的控制流程确定复杂性度量，然后用此度量定义基本路径集合，由此导出一组测试用例，它们能保证每个语句至少执行一次。控制结构测试除了上述的基本路径测试以外还有其他形式的测试，比如条件测试法、数据流测试法、循环测试等，在这里就不详细介绍了。

白盒测试最主要的技术是逻辑覆盖，即考察用测试数据运行被测程序时对程序逻辑的覆盖程度。主要的覆盖标准有 6 种：语句覆盖、判定覆盖、条件覆盖、判定/条件覆盖、组合条件覆盖和路径覆盖。

- 语句覆盖是指选择足够多的测试用例，使得运用这些测试用例时，被测程序的每个语句至少执行一次。很显然，语句覆盖是一种很弱的覆盖标准。
- 判定覆盖又称分支覆盖，它的含义是：不仅每个语句至少执行一次，而且每个判定的每种可能的结果（分支）都至少执行一次。判定覆盖比语句覆盖强，但对程序逻辑的覆盖程度仍然不高。
- 条件覆盖的含义是：不仅每个语句至少执行一次，而且使判定表达式中的每个条件都取到各种可能的结果。条件覆盖不一定包含判定覆盖，判定覆盖也不一定包含条件覆盖。
- 判定/条件覆盖同时满足判定覆盖和条件覆盖的逻辑覆盖。它的含义是：选取足够的测试用例，使得判定表达式中每个条件的所有可能结果至少出现一次，而且每个判定本身的所有可能结果也至少出现一次。
- 条件组合覆盖的含义是：选取足够的测试用例，使得每个判定表达式中条件结果的所有可能组合至少出现一次。显然，满足条件组合覆盖的测试用例，也一定满足判定/条件覆盖。因此，条件组合覆盖是上述 5 种覆盖标准中最强的一种。然而，条件组合覆盖还不能保证程序中所有可能的路径都至少经过一次。

- 路径覆盖的含义是：选取足够的测试用例，使得程序的每条可能执行到的路径都至少经过一次（如果程序中有环路，则要求每条环路径至少经过一次）。路径覆盖实际上考虑了程序中各种判定结果的所有可能组合，因此是一种较强的覆盖标准。但路径覆盖并未考虑判定中的条件结果的组合，并不能代替条件覆盖和条件组合覆盖。

② 黑盒测试的测试用例设计

黑盒测试根据软件需求说明书所规定的功能来设计测试用例，它不考虑软件的内部结构和处理算法。常用的黑盒测试技术有以下几种。

- 等价类划分：等价类划分法主要思想是把程序的输入数据集合，按照输入条件划分为若干个等价类，每一个等价类相对于输入条件表示为一组有效或无效的输入，然后为每一等价类设计一个测试用例（在这里仅寻找具有代表性的用例），这样既可以大大减少测试的次数又不丢失发现错误的机会。
- 边值分析：经验表明，大多数的错误都发生在输入的边界值上。为此，专门引入了边界值分析（Boundary Value Analysis，BVA）技术。
- 错误推测：错误推测法，虽然错误发生的地方以及错误的类型是不可预知的，只能通过一定的覆盖程度来进行测试。但是不同类型和不同特点的软件通常又有一些特殊的容易出错的地方。
- 因果图：因果图法是根据输入条件与输出结果之间的因果关系来设计测试用例。

（4）软件测试步骤

软件测试实际上可分成 4 步进行：单元测试、组装测试、确认测试和系统测试。

① 单元测试

单元测试也称为模块测试，其对象是软件设计的最小单位——模块。单元测试的依据是详细设计描述，多采用白盒测试技术，对系统中多个模块进行并行测试。

单元测试的主要任务包括：模块接口测试，模块局部数据结构测试，模块边界条件测试，模块中所有独立执行通路测试，模块的各条错误处理通路测试。

② 组装测试

单元测试面向的对象是模块，能够对各个模块的功能进行测试。但通常具有这样的情况，即每个模块都能单独工作，但这些模块集成在一起之后却不能正常工作，例如：穿过模块的数据在数据传递过程中被丢失；一个模块修改另外一个模块的公共数据，使得对另外一个模块产生副作用等，所以在完成单元测试后，仍然要进行组装测试。

组装测试也称为集成测试，就是把模块按照系统设计说明书的要求组合起来进行测试。通常，组装测试有两种方法：一种是分别测试各个模块，再把这些模块组合起来进行整体测试，即非增量式集成，这种方法因为一次将所有的模块同时组合在一起，这样容易出现混乱，对错误的定位和修改都十分得不容易；另外一种是把下一个要测试的模块组合到已测试好的模块中，测试完后再将下一个需要测试的模块组合起来进行测试，逐步把所有的模块组合在一起，并完成测试，即增量式集成。主要有两种增量式的集成方法：自顶向下集成和自底向上集成。

表 10-6 给出了自顶向下集成和自底向上集成两者的优缺点。

表 10-6 两种集成方式的比较

方　法	优　点	缺　点
自顶向下集成	能够尽早地对程序的主要控制和决策机制进行检验，能够较早地发现错误	测试较高层模块的时候，低层处理采用桩模块替代，不能反映真实情况，重要的数据不能及时回送到上层模块，因此测试不充分
自底向上集成	不使用桩模块，测试用例的设计就相对来说比较简单	程序最后一个模块加入的时候才具有整体的形象

从表 10-6 中可以看出，自底向上集成的优缺点与自顶向下集成的优缺点正好相反，因此在测试软件系统时，有时混合使用两种策略，综合它们各自的优点能够更为有效。上层的模块使用自顶向下的方法，下层模块用自底向上的方法。

③ 确认测试

经过了单元测试和组装测试以后，软件的各个模块以及整个软件已经被集成起来，各个模块的功能在单元测试中已经得到测试，接口方面的问题也已经解决，将进入软件测试的最后一个环节——确认测试。

如果一个软件是为某个客户定制的，最后还要由该客户来实施验收测试，以便确认其所有的需求都已经得到了解决和满足。如果一个软件是作为产品被许多客户使用的，不可能也没有必要由每个客户进行验收测试。绝大多数软件开发采用的是被称作α（Alpha）测试和β（Beta）测试的过程，来发现那些看起来只有最终用户才能发现的错误。

④ 系统测试

经过上述一系列测试之后，由于计算机软件是基于计算机系统的一个重要组成部分，所以必须进行系统测试。系统测试是将已经确认的软件、计算机硬件、外设和网络等其他因素结合在一起，进行信息系统的各种组装测试和确认测试。

系统测试应该由若干个不同测试组成，目的是充分运行系统，验证系统各部件是否都能正常工作并完成所赋予的任务。系统测试所使用的主要的方式有：恢复测试、安全测试、强度测试、性能测试。

（5）调试

调试的任务就是根据测试时发现的错误，找出原因和具体的位置，进行改正。调试的工作主要由程序开发人员来进行，谁开发的程序就由谁来进行测试。

目前常用的调试方法有如下的几种：试探法、回溯法、对分查找法、归纳法、演绎法。

排错（即调试）与成功的测试形影相随。测试成功的标志是发生了错误。根据错误迹象确定错误的原因和准确位置，并加以改正主要依靠排错技术。在软件排错过程中，可能遇到大大小小、形形色色的问题，随着问题的增多，排错人员的压力也随之增大，在排错过程中有以下几种常用的调试方法，这几种调试方法的比较如表10-7所示。

表 10-7　各种调试方法之间的比较

调试方法名	方　法　描　述	局　限　性
试探法	调试人员分析错误的症状，猜测问题所在的位置，利用在程序中设置输出语句、逐步来试探问题所在	方法效率比较低下，适合结构流程比较简单的程序
回溯法	测试人员从发现错误症状的位置开始，人工沿着程序的控制流程往回跟踪代码，直到找到错误的根源	适合于小的程序，如果程序规模较大，控制流程比较复杂则使得回溯的路径过于大而不可进行
对分查找法	首先能够知道程序中某些变量的精确取值，在程序中对其赋值，如果输出结果正确，那么说明从赋值到最后的输出中间是没有错误的，通过这样的办法来缩小错误的范围	在极端情况下，即使发生错误的地方在程序刚刚开始的地方，使用这种方法极端情况下也会要耗费很多次的查找
归纳法	从测试中暴露出问题收集所有正确和不正确的数据，分析之间的关系，提出错误的原因	在有些情况下很难看出之间的规律，就要花费很长的时间
演绎法	根据测试结果，列出所有可能的错误原因，分析数据，排除不可能的和彼此矛盾的原因，对剩下的原因依次选择可能性最大的进行考察，直到找出原因	对于发生错误的原因很难罗列出所有的错误原因，而且对于原因之间的可能性大小的排序也是比较主观的

（6）测试计划和测试分析报告

软件测试文件描述要执行的软件测试及测试的结果，测试文件的编写是测试工作规范化的一个组成部分。通常测试文件可分成两类：测试计划和测试分析报告。测试计划，也称为软件验证与确认计划，详细规定测试的要求，包括测试的目的、内容、方法、步骤，以及测试的准则等。软件分析报告也称为软件验证和确认报告，用来对测试结果进行分析说明，并给出评价的结论性意见。这些意见既是对软件质量的评价，又是决定该软件是否能够交付用户使用的依据。根据 GB 8567，测试计划和测试分析报告包括的内容和书写的大致格式如下所示。

① 测试计划

1. 引言

1.1　编写目的

本测试计划的具体编写目的，指出预期的读者范围。

1.2　背景

说明测试计划所从属的软件系统的名称以及该开发项目的历史。

1.3　定义

列出本文件中用到的专门术语的定义和外文首字母组词的原词组。

1.4 参考资料

列出要用到的参考资料，比如任务书、合同、已经发表的文件等。

2. 计划

2.1 软件说明

提供一份图表，并逐项说明被测试软件的功能、输入和输出等质量指标，作为叙述测试计划的提纲。

2.1.1 测试内容

列出组装测试和确认测试中的每一项测试内容和名称标识符、这些测试的进度安排，以及这些测试的内容和目的。

2.2 测试1（标识符）

给出这些测试内容的参与单位以及被测试的部位。

2.2.1 进度安排

给出这项测试的进度安排，包括进行测试的日期和工作内容（如熟悉环境、培训、准备输入数据等）。

2.2.2 条件

陈述本项测试工作对资源的要求，主要包括对设备、人员的要求等。

2.2.3 测试资料

列出本项测试所需的资料，如：有关本项任务的文件、有关控制此项测试的方法、过程和图表等。

2.2.4 测试培训

说明和引用资料说明为被测软件的使用提供培训的计划、内容、受训的人员及从事培训的工作人员。

2.3 测试2（标识符）

用于本测试计划2.3条相类似的方式来说明用于另一项及其后各项测试内容的测试工作计划。

……

3. 测试设计说明

3.1 测试1（标识符）

说明对第一项测试内容的测试设计考虑。

3.1.1 控制

说明本测试的控制方式，如输入是人工、半自动或自动引入、控制操作的顺序，以及结果的记录方法。

3.1.2 输入

说明本项测试中所使用的输入数据及其选择这些输入数据的策略。

3.1.3 输出

说明预期的输出数据，如测试结果及可能产生的中间结果或运行信息。

3.1.4 过程

说明完成此项测试的一个个步骤和控制的命令，包括测试的准备、初始化、中间步骤和运行结束方式。

3.2 测试2（标识符）

用与本测试计划3.1条相类似的方式说明第2项及其后各项测试工作的设计考虑。

......

4. 评价准则

4.1　范围

说明所选择的测试用例能够检查的范围及其局限性。

4.2　数据整理

陈述为了把测试数据加工成便于评价的适当形式，使得测试结果可以同已知结果进行比较而要用到的转换处理技术。

4.3　尺度

说明用来判断测试工作是否能通过的评价尺度，如合理地输出结果的类型、测试输出结果与预期输出之间的容许偏离范围、允许中断或停机的最大次数。

② 测试分析报告

1. 引言

1.1　编写目的

说明这份测试分析报告的具体编写目的，指出预期的阅读范围。

1.2　背景

说明：被测试软件系统的名称、该软件的任务提出者、开发者、用户以及安装此软件的计算中心，指出测试环境与实际运行环境之间可能存在的差异，以及这些差异对测试结果的影响。

1.3　定义

列出本文件中用到的专门术语的定义和外文首字母组词的原词组。

1.4　参考资料

列出要用到的参考资料，如项目的任务书、合同、已发表的论文等。

2. 测试概要

用表格的形式列出每一个测试的标识符以及测试内容，并指明实际进行的测试工作内容与测试计划中预先设计的内容之间的差别，说明做出这种改变的原因。

3. 测试结果及发现

3.1　测试 1（标识符）

把本项测试中实际得到的动态输出（包括内部生成数据输出）结果与对于动态输出的要求进行比较，陈述其中的各项发现。

3.2　测试 2（标识符）

用类似本报告 3.1 条的方式给出第 2 项及其后各项测试内容的测试结果和发现。

......

4. 对软件功能的结论

4.1　功能 1（标识符）

4.1.1　能力

简述该项功能，说明为满足此项功能而设计的软件能力，以及经过一项或多项测试已正式的能力。

4.1.2　限制

说明测试数据值的范围（包括动态数据和静态数据），列出就这项功能而言，测试期间在该软件中查出的缺陷、局限性。

4.2 功能2（标识符）

用类似本报告4.1的方式给出第2项及其后各项功能的测试结论。

……

5. 分析摘要

5.1 能力

陈述经过测试证实了本软件的能力。

5.2 缺陷和限制

陈述经测试证实的软件缺陷和限制，说明每项缺陷和限制对软件性能的影响，并说明全部测得的性能缺陷的累积影响和总影响。

5.3 建议

对每项缺陷提出改进建议，如：各项修改可采用的修改方法、各项修改预计的工作量等。

5.4 评价

6. 测试资源消耗

总结测试工作的资源消耗数据，如工作人员的水平级别数量、机时消耗等。

2. 系统文档

信息系统的文档是系统建设过程的"痕迹"，是系统维护人员的指南，是开发人员与用户交流的工具。规范的文档意味着系统是按照工程化规范开发的，意味着信息系统的质量有了形式上的保障。文档的欠缺、文档的随意性和文档的不规范，极有可能在原来的开发人员流动以后，导致系统不可维护，不可升级，变成了一个没有扩展性、没有生命力的系统。

10.2.7 系统运行基础知识

系统交付用户使用之后，就进入了系统运行阶段。系统运行管理是指为保证系统能够正常运行而进行的管理过程。系统运行管理主要包括系统可运行性管理、系统成本管理、用户管理、设备和设施管理、系统故障管理、安全管理、性能管理和系统配置管理等。

随着市场竞争日益激烈，企业对于高效率的IT系统依赖性越来越强。一旦IT系统出现问题，将使得企业蒙受巨大损失，甚至致命。Strategic Research Corp按照美国标准技术研究（NIST）的ALE（Annual Loss Exposure）计算方式做的一份关于系统运行故障对于各个行业的损失报告显示，在系统正常运行率达到99.99%的情况下，系统如果停顿一个小时，则全行业平均损失850,000元。金融行业的IT系统只要停顿一分钟，就会损失900,000元。

让IT系统少出问题、甚至不出问题，就必须从管理入手。科学的管理可以降低企业运营成本，提高IT系统的效率、稳定性和安全性。对于企业来讲，计算机网络的软、硬件性能是由厂商按照业界标准提供的，问题最多则在于自身管理和操作。在国内96%的IT系统安全由人进行管理。人为管理不仅效率低下、错误率上升，而且安全性得不到更好保证。由人的管理向计算机自动管理进行转变，从本质上改观现有管理方式，是根本解决之道。

虽然对于系统运行管理软件十分的重要，但是在国内的应用还相对来说非常得少，主要是对其还没有很全面的了解，没有给予足够的重视。

10.2.8 系统维护基础知识

1. 系统维护

系统维护是软件生存周期的最后一个阶段，所有的活动都发生在软件交付并投入运行之后。维护活动根据维护的对象不同可以分为硬件设备维护、应用软件维护和数据的维护。

- 硬件维护主要由专职的硬件维护人员负责。主要是进行定期的设备保养性维护，进行例行的设备的检查和保养，对于一些易耗品进行更换或安装。
- 软件维护主要是根据需求变化、硬件环境的变化、操作系统的变化对应用程序进行部分或者全部的修改。修改时应充分利用源程序，考虑是否有前面原系统可重用的部分，修改后必须要填写程序修改记录，并在程序变更通知书上写明新老程序的不同之处。软件维护的内容可以包含 4 个部分：正确性维护、适应性维护、完善性维护和预防性维护。
- 正确性维护是为了诊断和改正软件系统中潜藏的错误而进行的活动。
- 适应性维护是为了适应环境的变化而修改软件的活动。使得软件能够不断地适应硬件、操作系统的变化而变化的适应性维护是十分必要的，而且随着时间的推移经常地进行维护工作。
- 完善性维护是根据用户在使用过程中提出的一些建设性意见而进行的维护活动。
- 预防性维护是为了进一步改善软件系统的可维护性和可靠性，并为以后的改进奠定基础。主要包括逆向工程和重构过程。

由此可见，软件的维护过程不仅仅是限于改错。统计表明，正确性维护占到所有维护工作量的 1/5，大部分的维护工作还是集中在适应性维护和完善性维护这两个工作上。所以认为软件系统的维护仅仅是正确性维护是远远不够的。

系统的可维护性是十分重要的一个性质，主要是指软件被理解、改正、调整和改进的难易程度。可维护性是指导软件工程各个阶段的一条基本原则，也是软件工程追求的目标之一。

（1）影响可维护性的因素

系统的可维护性受到各种因素的影响。设计、编码和测试时的漫不经心、软件配置不全，都会给维护带来困难。

除了与开发方法有关的因素外，还有下列与开发环境有关的因素。

- 是否拥有一组训练有素的软件人员。
- 系统结构是否可理解。
- 是否使用标准的程序设计语言。

- 是否使用标准的操作系统。
- 文档的结构是否标准化。
- 测试用例是否合适。
- 是否已有嵌入系统的调试工具。
- 是否有一台计算机可用于维护。

除此之外，参与系统开发时的人员是否能参加维护也是一个值得考虑的因素。

（2）保存维护记录

长期以来，软件工程过程中（从系统分析到编码、维护）都没有配备十分完善的文档来支持，这样使得软件的可重用性和可复用性等受到很大的影响。最重要的是当有几个开发人员对软件同时进行维护的时候，没有维护的记录，那么一个开发人员对于软件的修改，其他开发人员是不为所知的，那么会导致软件出现问题。所以在维护过程中，除了技术上的改进以外，还要保留一些值得记录有用的信息，如：源程序行数、目标程序指令条数、所用编程语言、安装程序的日期、自安装之日开始程序共运行的次数、自安装之日开始程序失败的次数、程序修改处的层数和标志、因程序变动而增加的源程序行数、因程序变动而删除的源程序行数、每处变动所耗费的人时数、程序改动的日期、维护开始和结束的日期、用于此次维护的累计人时数、执行本次维护的净利润。

每次维护完成以后都要尽量完整地搜集以上的信息，最好在此基础上能够形成维护数据库，对所有的维护活动和产生的结果进行记录。现有的许多软件也能够辅助完成这些信息的保留和保存工作，进行版本控制。

2. 系统评价知识

信息系统的评价分为广义和狭义两种。广义的信息系统评价是指从系统开发的开始到结束的每一阶段都需要进行评价。狭义的信息系统评价则是指在系统建成并投入运行之后进行全面和综合的评价。

信息系统的评价主要包括系统质量、技术水平、运行质量、用户需求、系统成本、系统效益和财务评价。根据评价与系统的关系来区分，可以分出如表 10-8 所示的系统评价类型。

表 10-8 系统评价的分类

评价与系统的关系	评 价 关 系
评价与决策	决策前评价 决策中评价 决策后评价
评价与系统发展过程	立项评价 中期评价 结项评价
评价与信息特征	基于数据的评价 基于模型的评价 基于专家知识的评价 基于数据、模型、专家知识的评价

系统评价的主要步骤如下所述。

（1）明确系统目标，熟悉系统方案。

（2）分析系统要素。根据评价的目标，集中收集有关资料和数据，对组成系统的各个要素及系统的性能特征进行全面分析，找出评价项目。

（3）确定评价指标体系，科学地、客观地、尽可能全面地考虑各种因素。

（4）制定评价结构、评价准则、对所确定的指标进行定量化处理并使之规范化，确定各指标的结构和权量。

（5）确定评价方法。

（6）进行单项评价，就系统的某一个特殊方面进行详细评价。

（7）综合评价。利用模型和各种资料，用技术经济的观点对比各种可行性方案，考虑成本、效益关系，权衡各方案的利弊得失，从系统的整体观点出发，综合分析问题，选择适当而且可能实现的优化方案。

10.2.9　小结

本章节主要介绍了关于软件系统开发与运行的知识，随着使用原先的软件开发管理方式带来了软件危机的种种问题之后，对于使用科学管理的方法来进行软件开发即软件工程的重视越来越多，掌握软件工程的系统方法和手段对软件开发人员和项目管理人员越来越重要。软件系统开发的过程要经历需求分析、系统设计、系统实现、系统测试和维护这几个环节，在各个环节中都有其十分常用的、经过考验的方式方法，如数据流图、PAD 图等，对这些方法的掌握能够有效地实现软件工程的系统化过程，使得软件的开发能够跟上时代的步伐。在软件开发的过程中，还渗透着人员管理、风险分析等等项目管理的知识，对于这些知识的掌握能够有效地对软件的需求、花费进行分析，很好地掌握软件开发的难度和所要花费的人力和财力。

10.3　重点习题解析

10.3.1　填空题

1. 软件工程是指应用计算机科学、数学及管理科学等原理，以_____的原则和方法来解决软件问题的工程，其目的是提高软件生产率，提高软件质量，降低软件成本。

2. 软件设计中划分模块的一个准则是_____。两个模块之间的耦合方式中，_____耦合的耦合度最高，_____耦合的耦合度最低。一个模块内部的内聚种类中_____内聚的内聚度最高，_____内聚的内聚度是最低的。

3. 软件测试的目的是_____，通常可分为白盒测试和黑盒测试。白盒测试是根据程序的_____来设计测试用例，黑盒测试是根据软件的规格说明来设计测试用例。常用的黑盒测试方法边值分析、等价类划分、错误猜测、因果图等。软件测试的步骤主要有单元测试、集成测试和确认测试。如果一个软件作为产品被许多客户使用的话，在确认测试的时候通常要通过α测试和β测试的过程。其中α测试是_____进行的一种测试。

4. 同生活中任何事物一样，一个软件产品或软件系统也要经历孕育、诞生、成长以及衰亡等多个阶段，一般称为_____。软件开发生存周期主要可以分为6个阶段：计划制定，需求分析，_____，程序编制，_____以及运行维护。

5. 近30年来形成了软件开发的多种模式，大致可归纳为3种方法：结构化声明周期法、原型化方法和_____。

6. 国际标准化组织和国际电工委员会发布了关于软件质量的标准ISO/IEC 9126-1991，ISO/IEC 9126软件质量模型主要由3个层次构成：第1层是_____个质量特征，第2层是_____个质量子特征，第3层是度量指标。

7. CMM将软件过程改进分为5个成熟度级别，分别是：初始级、_____、已定义级、已管理级、_____。

8. 内聚是指一个模块内各个元素彼此结合的_____，它是_____和局部化概念的自然扩展，设计时应该力求高内聚度。内聚度按其高低程度可分为_____级

9. 耦合度可以分成7个级别，从高到低依次为：内容耦合、_____、外部耦合、控制耦合、_____、_____、非直接耦合。

10. 测试的目的在于_____，因为测试发现错误和更正错误的过程，而不能表明软件程序的_____。而且在软件开发的过程中，每个不同的阶段对于错误的解决代价是不同的，在_____发现错误更正代价是相对较小的，等整个系统都完成了，再发现的错误其代价相对就比较大了。

11. 结构化方法是结构化_____和结构化_____的总称。

12. 软件质量是指反映软件_____和软件产品满足_____或隐含要求的能力的特征和特性的全体。

13. 软件质量保证是指为保证软件系统或者软件产品充分满足用户要求的质量而进行的_____、有组织的活动，其目的在于_____。

14. 数据流图也成为数据流程图，是一种便于用户理解和_____系统数据流程的_____工具。

15. 数据结构组织、数据库或者文件设计，就是要根据数据的___(1)___、使用要求、统计渠道、_____等，来解决数据的_____、表或文件的形式，以及决定数据结构等一系列问题。

填空题参考答案

1. 工程化　2. 高内聚低耦合　内容　非直接　功能　偶然

3. 尽可能多地发现程序中的错误　内部逻辑　在开发者现场由用户

4. 软件生存周期　设计　测试　　5. 面向对象的方法

6. 6　21　　7. 可重复级　优化级

8. 紧密程度　信息隐藏　7

9. 公共耦合　标记耦合　数据耦合

10. 尽可能多的发现错误　无错　早期　11. 分析　设计
12. 系统　　规定　13. 有计划　生产高质量的软件
14. 分析　　图形　15. 不同用途　安全保密性　整体组织形式

10.3.2　选择题

1. 美国卡内基·梅隆大学 SEI 提出的 CMM 模型将软件过程的成熟度分成 5 个级别，以下选项中，属于可管理级的特征是_____。

  A. 工作无序，项目进行过程中经常放弃当初的计划
  B. 建立了项目级的管理制度
  C. 建立了企业级的管理制度
  D. 软件过程中活动的生产率和质量是可度量的

分析：软件能力成熟度模型（CMM）是由美国卡内基·梅隆大学的软件工程研究所推广实施的一种软件评估模型，主要用于软件过程和软件开发能力的评估和改进。其具体的 5 个等级如表 10-9 所示。

表 10-9　CMM 的 5 个级别和其中的关键过程

等　级	特　征	关键过程域
初始级	软件过程是无序的，有时甚至是混乱的，对过程几乎没有定义，成功与否主要取决于个人努力。管理是反映式的	
可重复级	建立了基本的项目管理的过程来跟踪软件开发过程中的费用、进度以及基本的功能特性。制定了必要的过程纪律，能再现早先类似的应用项目的成功	需求管理 软件项目计划 软件项目跟踪和监控 软件子合同管理 软件质量保证 软件配置管理
已定义级	已将软件管理和工程两方面的过程文档化、标准化，并综合成该组织的标准软件过程。所有项目均使用经批准的标准软件过程来开发和维护软件	组织级过程焦点 组织级过程定义 培训大纲 集成软件管理 软件产品工程 组件协调 同行评审
已管理级	收集对软件过程和产品质量的详细度量，对软件过程和产品都有定量的理解和控制	定量过程管理 软件质量管理
优化级	进程具有量化的反馈，先进的思想和新技术促使过程不断地发展改进	缺陷预防 技术变更管理 过程变更管理

2. 关于软件危机的说法中，_____是造成软件危机的主要原因。

A. 用户的使用不当　　　　B. 软件本身特点　　　　C. 硬件不可靠

D. 对软件的错误认识　　E. 缺乏好的开发方法和手段　　F. 开发效率低

分析：软件危机的原因详见本章 10.2.1。

3. 软件开发的螺旋模型综合了瀑布模型和演化模型的优点，还增加了___(1)___。采用螺旋模型时，软件开发沿着螺线自内向外旋转，每转一圈都要对___(2)___进行识别和分析，并采取相应的对策。螺旋线的第 1 圈的开始点可能是一个___(3)___。从第 2 圈开始，一个新产品开发项目开始了，新产品的演化沿着螺旋线进行若干次迭代，直到软件生命周期的结束。

（1）A. 版本管理　　　　B. 可行性分析　　　　C. 风险分析　　　　D. 系统集成

（2）A. 系统　　　　　　B. 计划　　　　　　　C. 风险　　　　　　D. 工程

（3）A. 原型项目　　　　B. 概念项目　　　　　C. 改进项目　　　　D. 风险项目

分析：螺旋模型最早是由 Boehm 提出的，是一个演化软件过程模型，它将原型的迭代特征与线性顺序模型中控制的和系统化的方面结合起来，使得软件的增量版本的快速开发成为可能。螺旋模型被划分为若干个框架活动，也成为任务区域。

随着演化过程的开始，软件工程项目按顺时针方向沿着螺旋移动，从核心开始。螺旋的第 1 圈可能产生产品的规格说明；再外层的螺旋可能用于开发一个原型；随后可能是软件的更完善的版本。每一圈都可以对项目计划进行调整，基于从用户处得到的评估结果和反馈来调整开发的设计和进度。

对于大型系统以及软件的开发者来说，螺旋模型是一个很现实的方法。因为软件随着过程的进展演化，开发者和用户能够更好地理解和对待每一个演化级别上的风险。螺旋模型使用原型作为降低风险的机制，但更重要的是它使开发者在产品演化的任一阶段均可应用原型方法。它保持了传统生命周期模型中系统性、阶段性的方法，但将其并入了迭代框架，更加真实地反映了现实世界。螺旋模型要求在项目的所有阶段直接考虑技术风险，如果应用得当，能够在风险变成问题之前降低它的危害。

4. 在设计完成以后，实现阶段的初期确定算法是解决问题的关键步骤之一。算法的计算工作量的大小和实现算法所需的存储空间的多少，分别称为计算的___(1)___和___(2)___。编写程序的时候，___(3)___和___(4)___是应采纳的原则之一。___(5)___是调试程序的主要工作之一。

（1）、（2）

　　　A. 可实现性　　　　B. 时间复杂度　　　　C. 空间复杂度　　　　D. 困难度

　　　E. 高效度　　　　　F. 计算有效性

（3）　A. 程序的结构化　　　　　　　　B. 程序越短越好

　　　C. 尽可能节省存储单元　　　　　D. 尽可能减少注解行

（4）　A. 使用有实际意义的名字　　　　B. 使用长度短而无实际意义的名字

　　　C. 表达式中尽量少用括号　　　　D. 尽量使用化简了的逻辑表达式

（5）　A. 调度　　　B. 证明程序正确　　　C. 人员安排　　　D. 排错

分析：通常用来衡量算法的复杂度的标准有两个，是时间复杂度和空间复杂度。时间复杂度就是指完成该算法所要花费的工作量或者说运行的时间数量级；空间复杂度是指算法所要使用的变量的存储空间花费为多大。编写程序实现算法的时候，程序的结构化十分重要，包括对程序进行分模块处理。在实现中应该尽量使用有意义的变量名，这样对于变量的用途可以使用变量名来显现，有助于维护的时候重读代码时对于变量的理解。调试程序与测试相似，是不能用来证明程序一定是无错的，只能尽可能多的找出错误，修改错误。

5. 在使用 UML 建模时，若需要描述跨越多个用例的单个对象的行为，使用_____是最为合适的。

    A. 协作图   B. 序列图   C. 活动图   D. 状态图

分析：UML 由 5 类 9 种图组成，需要充分理解每类图的使用场合和阶段。详见表 10-5。

6. 在面向对象的方法学中，对象可看成是属性，以及对于这些属性的专用服务的封装体。封装是一种__(1)__技术，封装的目的是使对象的__(2)__分离。

类是一组具有相同属性和相同服务的对象的抽象描述，类中的每个对象都是这个类的一个__(3)__。类之间共享属性与服务的机制称为__(4)__。一个对象通过发送__(5)__来请求另一个对象来为其服务。

(1) A. 组装   B. 产品化   C. 固化   D. 信息隐藏
(2) A. 定义和实现   B. 设计和测试   C. 设计和实现   D. 分析和定义
(3) A. 例证   B. 用例   C. 实例   D. 例外
(4) A. 多态性   B. 动态绑定   C. 静态绑定   D. 继承
(5) A. 调用语句   B. 消息   C. 命令   D. 口令

分析：在面向对象方法中，面向对象的类和从类导出的对象封装数据和数据上的操作在同一个包中，这提供了以下一系列重要的好处。

- 数据和过程的内部实现细节对外界隐藏（信息隐藏），这减少了当变化发生时副作用的传播；
- 数据结构和对它们的操作被合并在单一名字的实体（类）中，这将便利于构件的复用；
- 简化被封装对象间的接口。发送消息的对象不需要关心接收对象的内部数据结构，因此，接口被简化，系统耦合度被降低。

继承是传统系统和面向对象系统间的关键区别之一。子类 Y 继承其超类 X 的所有属性和操作，这意味着所有原本对于 X 设计和实现的数据结构和算法，不需要进行进一步的工作就立即可以被 Y 使用，复用被直接实现。

对包含在超类中的数据或操作的任何修改立即被继承该超类的所有子类继承。因此，类层次变成了一种机制，通过高层的变化可以立即传播到系统的其他部分。

7. 系统模块中的_____不仅意味着作用于系统的小变化将导致行为上的小变化，也意味着规格说明的小变化将影响到一小部分模块。

    A. 可分解性   B. 保护性   C. 可理解性   D. 连续性

分析：本题考查的是关于模块的各个性质，模块的性质大致有如下4个。

模块的可分解性是指如果一个设计方法提供了将问题分解成子问题的系统化机制，它就能够降低整个系统的复杂性，从而实现一种有效的模块化的解决方案。模块的保护性是指如果模块内部出现异常情况，并且它的影响限制在模块内部，则错误引起的副作用就会被最小化。模块的可理解性是指如果一个模块可以作为一个独立的单位（不用参考其他模块）被理解，那么它就易于构造和修改。模块的连续性是指如果对系统需求的微小修改只导致对单个模块而不是整个系统的修改，则因修改所引起的副作用就会被最小化。

8. 在设计测试用例时，___(1)___是用得最多的一种黑盒测试方法。在黑盒测试方法中，等价类划分方法设计测试用例的步骤如下所述。

① 根据输入条件把数目极多的输入数据划分成若干个有效等价类和若干个无效等价类。

② 设计一个测试用例，使其覆盖___(2)___尚未被覆盖的有效等价类，重复这一步，直至所有的有效等价类均被覆盖。

③ 设计一个测试用例，使其覆盖___(3)___尚未被覆盖的无效等价类，重复这一步，直到所有的无效等价类均被覆盖。

因果图法是根据___(4)___之间的因果关系来设计测试用例的。

在实际应用中，一旦纠正了程序中的错误后，还应该选择部分或者全部原先已经测试过的测试用例，对修改后的程序进行重新测试，这种测试称为___(5)___。

（1）A. 等价类划分　　　　B. 边值分析　　　　　C. 因果图　　　　D. 判定表

（2）、(3)

A. 1个　　　　　　　B. 7个左右　　　　　C. 一半　　　　　D. 尽可能少的

E. 尽可能多的　　　　F. 全部

（4）A. 输入与输出　　　　　　　　　　　　B. 设计与实现

C. 条件与结果　　　　　　　　　　　　D. 主程序与子程序

（5）A. 验收测试　　　　B. 强度测试　　　　C. 系统测试　　　　D. 回归测试

分析：等价类划分是一种黑盒测试方法，将程序的输入域划分为数据类，以便导出测试用例。理想的测试用例是独自发现一类错误。等价类划分试图定义一个测试用例以发现各类错误，从而减少必须开发的测试用例数。

根据已划分的等价类表，应该按照以下步骤确定测试用例。

首先，设计一个测试用例，使其尽可能多地覆盖尚未覆盖的有效等价类，重复这一步，使得所有有效等价类都被测试用例所覆盖。

然后，设计一个新的测试用例，使其只覆盖一个无效等价类，重复这一步使所有无效等价类都被覆盖。应当注意到一次只能覆盖一个无效等价类。因为在一个测试用例中如果含有多个错误，有可能在测试中只发现其中的一个，另一些被忽视。

因果图法是根据输入与输出之间的因果关系来设计测试用例的，要检查输入条件的各种组合情况，在设计测试用例时，须分析规格说明中哪些是原因，哪些是结果，并指出原因和结果之间、原因和原因之间的对应关系。

纠正了程序中的错误之后，选择部分或者全部原先已经通过测试的用例，对修改后的程序进行重新测试以验证对软件修改后有没有引入新的错误，称为回归测试。

9. 软件维护工作越来越受到重视，因为它的花费常常要占到软件生存周期全部花费的___(1)___左右。其工作内容为___(2)___，为了减少维护工作的困难，可以考虑采取的措施是___(3)___。而软件的可维护性包括___(4)___。所谓维护管理主要指的是___(5)___等。

（1）A. 10~20　　　　　B. 20~40　　　　　C. 60~80　　　　　D. 90 以上

（2）A. 纠正与修改软件中含有的错误

　　　B. 因环境已发生变化，软件需做相应的变更

　　　C. 为扩充功能，提高性能而做出的变更

　　　D. 包括上述各点内容

（3）A. 设法开发出无错的软件

　　　B. 增加维护人员的数量

　　　C. 切实加强维护管理，并在开发过程中就采取有利于未来维护的措施

　　　D. 限制个性的范围

（4）A. 正确性、灵活性、可移植性　　　B. 可测试性、可理解性、可修改性

　　　C. 正确性、可复用性、可用性　　　D. 灵活性、可靠性、高效性

（5）A. 加强需求分析　　　　　　　　　B. 重新编码

　　　C. 判定修改的合理性并审查修改质量　　D. 加强维护人员管理

分析：根据统计资料表明，维护阶段的花费占到了整个软件生命周期总花费的 60%~80%，这是一个相当可观的数字。随着人们对于软件维护的重要性的逐步认识，对于软件维护的重视也越来越多。

软件的维护工作主要包括：正确性维护、适应性维护、完善性维护和预防性维护。正确的软件维护工作所应该采取的措施是：切实加强维护管理，并在开发过程中采取有利于软件未来维护的措施。

软件的可维护性包括可测试性、可理解性和可修改性。

软件维护管理主要是指为了保证维护质量、提高维护效率、控制维护成本而进行的维护工作管理。它要求对于软件的每次"修改"都必须经历申请、评估、批准、实施和验证等步骤。

选择题参考答案

1. D　　2. BEF　　3.（1）C　　（2）C　　（3）B

4.（1）B　　（2）C　　（3）A　　（4）A　　（5）D

5. D　　6.（1）D　　（2）A　　（3）C　　（4）D　　（5）B

7. D　　8.（1）B　　（2）E　　（3）A　　（4）A　　（5）D

9.（1）C　　（2）D　　（3）C　　（4）B　　（5）C

10.3.3　简答题

1．什么是软件危机？产生软件危机的原因？怎样消除？

解答：从软件危机的种种表现和软件作为逻辑产品的特殊性可以发现软件危机的原因主要来自于两个方面，一是用户对于软件需求的不精确，二是软件开发方法的不适用性。在认真分析了软件危机的原因之后，开始探索用工程的方法进行软件生产的可能性，即诞生了计算机科学技术的新领域——软件工程。软件危机的主要表现参考本章 10.2.1 节。

2．软件生存周期包含哪些内容？

解答：软件开发生存周期主要可以分为 6 个阶段：计划制定、需求分析、设计、程序编制、测试以及运行维护。这 6 个阶段要解决的任务和内容参考本章 10.2.1 的第 3 个知识点。

3．数据流图有哪几种基本符号？

解答：数据流图共用 4 种基本符号来标识，这 4 种基本符号参考图 10-7。

4．数据字典的作用？

解答：数据流图机制并不足以完整地描述软件需求，因为它没有描述数据流的内容。事实上，数据流图必须与描述并组织数据条目的数据字典配套使用。数据字典是给数据流图中每个成分以定义和说明的工具。数据字典的作用是对数据流图中的各种成分，包括数据项、数据结构、数据流、数据存储、处理功能、外部项等的逻辑内容与特征予以详细说明。数据字典中有关系统的详细信息是以后系统设计、系统实施与维护的重要依据。

5．评价选择可用编程语言的准则是什么？

解答：选择软件开发的程序设计语言的时候既要考虑前面所述语言的种种特性，又要考虑其基本机制是否能满足系统分析和设计阶段所产生模型的需要。一旦选择了适宜的语言，就能减少编码的工作量，产生易读、易测试、易维护的代码。一般而言，衡量某种程序语言是否适合于特定的项目，应考虑一些因素。参考本章 10.2.5 的第 2 个知识点。

6．人机界面设计包括哪些方面？

解答：人机界面的设计主要包括以下方面：创建系统功能的外部模型、确定为完成此系统功能人和计算机必须要分别完成的任务、考虑界面设计中的典型问题、借助 CASE 工具构造界面模型、真正实现设计模型、评估界面质量。

7．什么是黑盒测试和白盒测试？

解答：黑盒测试完全不考虑程序内部结构和处理过程。测试仅在程序界面上进行。设计测试用例旨在说明：软件的功能是否可操作；程序能否适当地接受输入数据并产生正确的输出结果或在可能的场景中事件驱动的效果是否尽如人意；能否保持外部信息的完整性。与黑盒测试法相反，白盒测试法密切关注处理细节，针对程序的每一条逻辑路径都要分别设计测试用例，检查分支和循环的情况。由于对于所有的测试路径进行穷举的测试方法是不现实的方式，一般选用少量"最有效"，即最有可能暴露错误的路径进行测试。测试的目的是为了找出错误。

8. 什么是软件维护的副作用？如何防止软件维护的副作用？

解答：软件修改是一项非常危险的工作，对一个复杂的逻辑过程，哪怕仅仅做一项微小的改动，都可能引入潜在的错误，虽然设计文档化和细致的回归测试有助于排除错误，但是维护仍然会产生副作用。软件维护的副作用是指由于维护或者在维护过程中其他一些不期望的行为引入的错误，副作用大致可以分为3类：代码副作用、数据副作用和文档副作用。一次维护工作完成以后，再次交付软件之前应仔细复审整个配置，有效地减少文档副作用。某些维护申请不必修改设计和代码，只须整理用户文档便可达到维护的目的。

10.4　模拟试题

10.4.1　选择题

1. 软件能力成熟度模型（CMM）描述和分析了软件过程能力的发展与改进的过程，确立了一个 CMM 的分级标准，共分为 5 个级别。

在初始级别，软件过程定义几乎处于无章可循的状态，软件开发的成功与否取决于个人的能力。在＿＿（1）＿＿，已建立了基本的项目管理的过程，可以对软件开发的成本、进度和功能特性的实现进行跟踪。在＿＿（2）＿＿，用于软件管理与工程方面的软件过程都已经文档化、标准化，并形成了整个软件组织的标准软件过程。在已管理级，对软件过程和产品质量都有详细的度量标准。在＿＿（3）＿＿，通过对来自新概念和技术的各种有用的信息的定量分析，能够不断地、持续地对软件过程进行改进。

（1）A. 可重复级　　　B. 管理级　　　C. 功能级　　　D. 成本级
（2）A. 标准级　　　　B. 已定义级　　C. 可重复级　　D. 优化级
（3）A. 分析级　　　　B. 过程级　　　C. 优化级　　　D. 管理级

2. 用来辅助软件维护过程中的活动的软件称为软件维护工具。其中，用来存储、更新、恢复和管理软件版本的工具称为＿＿（1）＿＿工具；用来对在软件开发过程中形成的文档进行分析的工具称为＿＿（2）＿＿工具；用来维护软件项目开发信息的工具称为＿＿（3）＿＿工具；用来辅助软件人员进行逆向工程活动的工具称为＿＿（4）＿＿工具；用来支持重构一个功能和性能更为完善的软件系统的工具称为＿＿（5）＿＿工具。

（1）～（5）

    A. 再工程工具　　　　　B. 软件配置工具　　　　C. 版本控制工具
    D. 集成工具　　　　　　E. 开发信息库工具　　　　F. 项目管理工具
    G. 软件评价工具　　　　H. 逆向工程工具　　　　　I. 静态分析工具
    J. 文档分析工具

3. 软件系统分析的任务不应该包括＿＿（1）＿＿。进行软件需求分析可以使用多种工具，但___(2)___是不适用的。在软件需求分析阶段中，分析员主要从用户那里解决的重要问题是___(3)___。需求规格说明书的内容不应当包括___(4)___。该文档在软件开发中具有重要的作用，其作用不应当包括___(5)___。

（1）A. 问题分析   B. 信息域分析

         C. 结构化程序设计   D. 确定逻辑模型

（2）A. 数据流图   B. 判定表   C. PAD 图   D. 数据字典

（3）A. 要让软件干什么   B. 要让软件具有什么结构

         C. 要给软件提供什么信息   D. 要求软件具有如何的工作效率

（4）A. 软件的性能   B. 对算法的详细过程性描述

         C. 对重要功能的描述   D. 软件确认准则

（5）A. 用户和开发人员对软件要"干什么"的共同理解

         B. 软件可行性分析的依据

         C. 软件验收的依据

         D. 软件设计的依据

4. 在软件工程的设计阶段中，有 3 种常用的设计方法：结构化设计（SD）方法、Jackson 方法和 Parnas 方法。SD 方法侧重与___(1)___，Jackson 方法则是___(2)___，Parnas 方法的主要思想是___(3)___。从 20 世纪 70 年代中期到 20 世纪 90 年代早起，___(4)___是最常用的设计方法。___(5)___方法只提供了重要的设计准则，没有规定出具体的工作步骤。

（1）～（3）

     A. 使用对象、类和集成

     B. 由数据结构导出模块结构

     C. 模块要相对独立，且功能单一，使块间联系弱，块内联系强

     D. 将可能引起变化的因素隐藏在某有关模块内部，使这些因素变化时的影响范围受到限制

     E. 用数据流图表示系统的分解，且用数据字典和说明分别表示数据和加工的含义

     F. 自顶向下、逐步细化，采用顺序、选择和循环 3 种基本结构，以及限制 goto 语句的使用，设计出可靠的和易维护的软件

（4）A. SD   B. Jackson   C. Parnas   D. 面向对象

（5）A. SD   B. Jackson   C. Parnas   D. 以上皆非

5. ERP 的中文全称是___(1)___。ERP 设计的总体思路即把握一个中心、两类业务、3 条干线，其中 3 条干线中不包含___(2)___。___(3)___和___(4)___贯穿了 ERP 系统的整个过程。

（1）A. 企业资源计划   B. 物料需求计划

         C. 客户关系管理   D. 供应链管理

（2）A. 供应链管理   B. 生产管理

         C. 财务管理   D. 客户关系管理

（3）、（4）

    A. 执行   B. 设计   C. 开发   D. 计划   E. 分析

6. 概要设计是软件系统结构的总体设计，以下选项中不属于概要设计的是_____。

    A. 把软件划分成模块   B. 确定模块之间的调用关系

    C. 确定各个模块的功能   D. 设计每个模块的伪代码

7. 在表示多个数据流与加工之间关系的符号中，下列符号分别表示 （1） 和 （2） 。

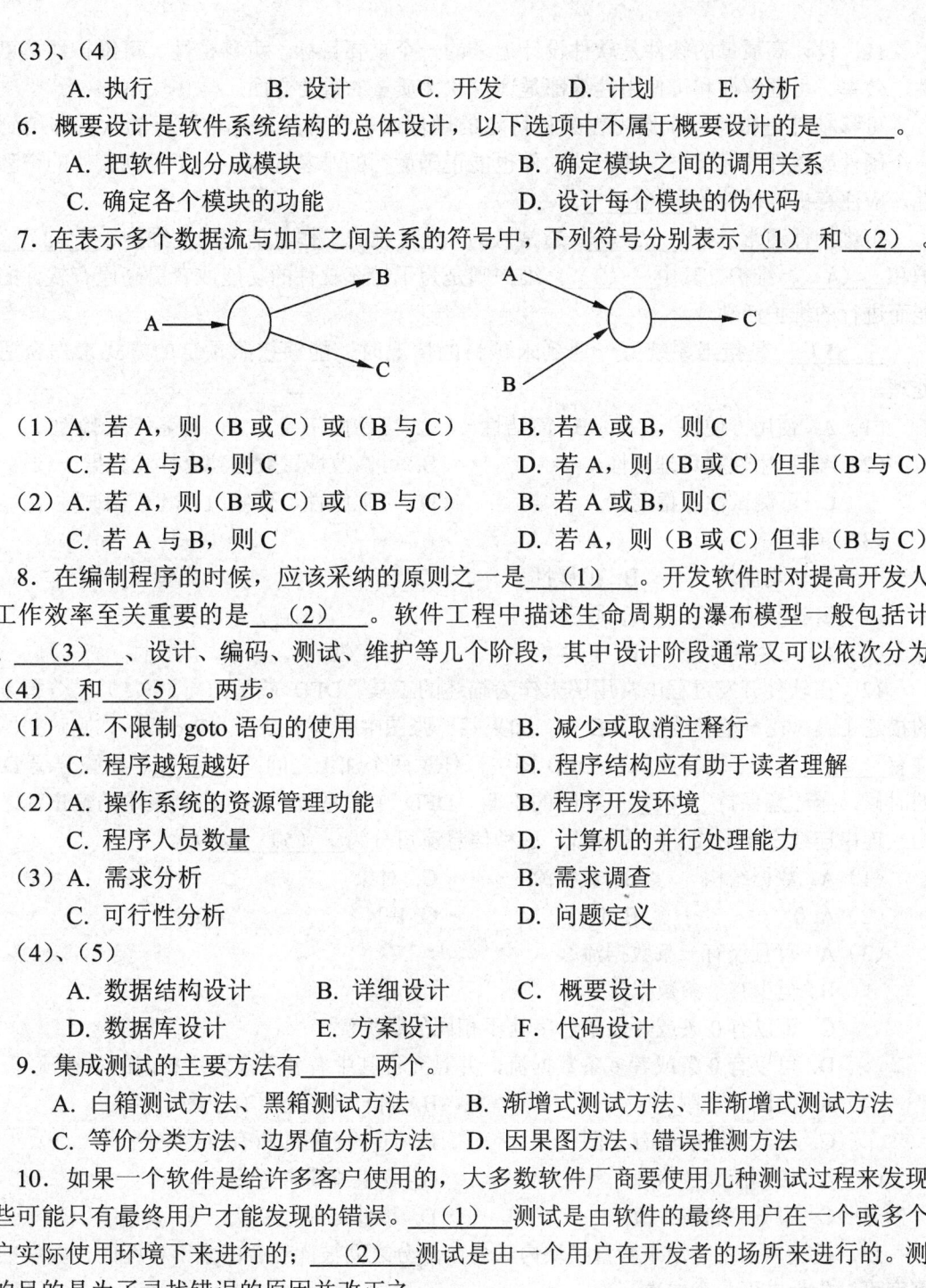

（1）A. 若 A，则（B 或 C）或（B 与 C）   B. 若 A 或 B，则 C

    C. 若 A 与 B，则 C   D. 若 A，则（B 或 C）但非（B 与 C）

（2）A. 若 A，则（B 或 C）或（B 与 C）   B. 若 A 或 B，则 C

    C. 若 A 与 B，则 C   D. 若 A，则（B 或 C）但非（B 与 C）

8. 在编制程序的时候，应该采纳的原则之一是 （1） 。开发软件时对提高开发人员工作效率至关重要的是 （2） 。软件工程中描述生命周期的瀑布模型一般包括计划、 （3） 、设计、编码、测试、维护等几个阶段，其中设计阶段通常又可以依次分为 （4） 和 （5） 两步。

（1）A. 不限制 goto 语句的使用   B. 减少或取消注释行

    C. 程序越短越好   D. 程序结构应有助于读者理解

（2）A. 操作系统的资源管理功能   B. 程序开发环境

    C. 程序人员数量   D. 计算机的并行处理能力

（3）A. 需求分析   B. 需求调查

    C. 可行性分析   D. 问题定义

（4）、（5）

    A. 数据结构设计   B. 详细设计   C. 概要设计

    D. 数据库设计   E. 方案设计   F. 代码设计

9. 集成测试的主要方法有_____两个。

    A. 白箱测试方法、黑箱测试方法   B. 渐增式测试方法、非渐增式测试方法

    C. 等价分类方法、边界值分析方法   D. 因果图方法、错误推测方法

10. 如果一个软件是给许多客户使用的，大多数软件厂商要使用几种测试过程来发现那些可能只有最终用户才能发现的错误。 （1） 测试是由软件的最终用户在一个或多个用户实际使用环境下来进行的； （2） 测试是由一个用户在开发者的场所来进行的。测试的目的是为了寻找错误的原因并改正之。

（1）A. Alpha   B. Beta   C. Gamma   D. Delta

（2）A. Alpha   B. Beta   C. Gamma   D. Delta

11．设计高质量的软件是软件设计追求的一个重要目标。可移植性、可维护性、可靠性、效率、可理解性和可使用性等都是评价软件质量的重要方面。

可移植性是指将一个原先在某种特定的硬件或软件环境下正常运行的软件移植到另一个硬件或软件的环境下，使得该软件也能正确运行的难易程度。为了提高软件的可移植性，应注意提高软件的___(1)___。

可维护性通常包括___(2)___。通常认为，软件维护工作包括正确性维护、___(3)___维护和___(4)___维护。其中___(3)___维护则是为了扩充软件的功能或者提高原有软件的性能而进行的维护活动。

___(5)___是指当系统万一遇到未预料的情况时，能够按照预定的方式来作合适的处理。

(1) A. 使用方便性　　　　B. 简洁性　　　　C. 可靠性　　　　D. 设备不依赖性

(2) A. 可用性和可理解性　　　　　　　B. 可修改性、数据独立性和数据一致性

　　　C. 可测试性和稳定性　　　　　　　D. 可理解性、可修改性和可测试性

(3)、(4)

　　　A. 功能性　　　　B. 扩展性　　　　C. 合理性　　　　D. 完善性

　　　E. 合法性　　　　F. 适应性

(5) A. 可用性　　　　B. 正确性　　　　C. 稳定性　　　　D. 健壮性

12．在软件开发过程中常用图来作为描述的工具。DFD 就是面向___(1)___分析方法的描述工具。在一整套分层 DFD 中，如果某一张图中有 N 个加工（Process），则这张图允许有___(2)___张子图。在一张 DFD 图中，任意两个加工之间___(3)___。在画分层 DFD 的时候，应注意保持___(4)___之间的平衡。DFD 中从系统的输入流到系统的输出流之间的一连串连续变换形成一种信息流，这种信息流可分为___(5)___两大类。

(1) A. 数据结构　　　　B. 数据流　　　　C. 对象　　　　D. 构件

(2) A. 0　　　　　　　B. 1　　　　　　　C. 1~N　　　　　D. 0~N

(3) A. 有且仅有一条数据流

　　　B. 至少有一条数据流

　　　C. 可以有 0 条或者多条名字互不相同的数据流

　　　D. 可以有 0 条或者多条数据流，并且允许其中有若干条名字相同的数据流

(4) A. 父图与子图　　　　　　　　　B. 同一父图的所有子图

　　　C. 不同父图的所有子图　　　　　D. 同一子图的所有直接父图

(5) A. 控制流和变换流　　　　　　　B. 变换流和事务流

　　　C. 事务流和事件流　　　　　　　D. 事件流和控制流

13．模块内聚度是用来衡量模块内部各个成分之间彼此结合的紧密程度的，模块的内聚度可以分为以下几个层次。

① 一组语句在程序的多处出现，为了节省内存空间把这些语句放在一个模块中，该模块的内聚度是___(1)___的。

② 将几个逻辑上相似的成分放在一个模块中，该模块的内聚度是___(2)___的。

③ 模块中的所有成分引用共同的数据，该模块的内聚度是___(3)___的。

④ 模块内的某成分的输出是另一些成分的输入，该模块内聚度是___(4)___的。

⑤ 模块中所有成分结合起来完成一项任务，该模块的内聚度是___(5)___的。它具有简明的外部界面，由它构成的软件易于理解、测试和维护。

（1）～（5）

    A. 功能性　　　　B. 顺序性　　　　C. 通信性　　　　D. 过程性

    E. 偶然性　　　　F. 瞬时性　　　　G. 逻辑性

14. 在软件生存中，___(1)___阶段所占的工作量最大，约 70%。

结构化分析方法产生的系统说明书由一套分层的___(2)___图、一本数据字典、一组说明以及补充材料组成。

软件的___(3)___一般由两次故障时间和故障平均恢复时间来度量。

采用___(4)___编写程序，可提高程序的可移植性。

仅根据规格说明书描述的程序功能来设计测试用例的方法称为___(5)___。

（1）A. 分析　　　　B. 设计　　　　C. 编码　　　　D. 维护

（2）A. 因果图　　　B. 数据流图　　C. PAD 图　　　D. 流程图

（3）A. 易维护性　　B. 可靠性　　　C. 效率　　　　D. 易理解性

（4）A. 机器语言　　B. 宏指令　　　C. 汇编语言　　D. 高级语言

（5）A. 白盒法　　　B. 静态分析法　C. 黑盒法　　　D. 人工分析法

15. 软件测试的目的是___(1)___。通常___(2)___是在代码编写阶段可进行的测试，它是整个测试工作的基础。

逻辑覆盖的标准主要用于___(3)___。它主要包括条件覆盖、条件组合（多重条件）覆盖、判定覆盖、条件及判定覆盖、语句覆盖和路径覆盖等几种，其中除了路覆盖外最弱的覆盖标准是___(4)___，最强的覆盖标准是___(5)___。

（1）A. 表明软件的正确性　　　　　　B. 评价软件质量

    C. 尽可能发现软件中错误　　　　D. 判定软件是否合格

（2）A. 系统测试　　B. 安装测试　　C. 验收测试　　　D. 单元测试

（3）A. 黑盒测试方法　　　　　　　　B. 白盒测试方法

    C. 灰盒测试方法　　　　　　　　D. 软件验证方法

（4）、（5）

    A. 条件覆盖　　　　　　　　　　B. 条件组合覆盖

    C. 判定覆盖　　　　　　　　　　D. 条件及判定覆盖

    E. 语句覆盖

16. 软件测试是软件质量保证的主要手段之一，测试的费用已经超过了___(1)___的 30%以上，因此提高测试的有效性十分重要。"高产"的测试是指___(2)___。根据国家标准 GB 8566—88 计算机软件开发规范的规定，软件开发和维护划分为 8 个阶段，其中单元测试是在___(3)___阶段完成的；组装测试的计划是在___(4)___阶段制定的；确认测试的计划是在___(5)___阶段制定的。

(1) A. 软件开发费用　　　　　　　　　B. 软件维护费用
　　C. 软件开发和维护费用　　　　　　D. 软件研制费用

(2) A. 用适量的测试用例，说明该被测程序是正确无误的
　　B. 用适量的测试用例，说明被测试程序符合相应的要求
　　C. 用少量的测试用例，发现被测程序尽可能多的错误
　　D. 用少量的测试用例，纠正被测试程序尽可能多的错误

(3) ～ (5)
　　A. 可行性研究和计划　　　　　　　B. 系统分析
　　C. 概要设计　　　　　　　　　　　D. 详细设计
　　E. 系统实现　　　　　　　　　　　F. 组装测试
　　G. 确认测试　　　　　　　　　　　H. 使用和维护

17. 软件测试在软件生命周期中横跨两个阶段，单元测试通常在___(1)___阶段完成。单元测试主要采用___(2)___技术，一般由___(3)___完成。测试一个模块时需要为该模块编写一个驱动模块和若干个___(4)___。渐增式集成是将单元测试和集成测试合并到一起，___(5)___集成测试中不必编写驱动模块。

(1) A. 设计　　　　　B. 编程　　　　　C. 测试　　　　　D. 维护
(2) A. 逻辑覆盖　　　B. 因果图　　　　C. 等价类划分　　D. 边值分析
(3) A. 课题负责人　　B. 编程者本人　　C. 专业测试人员　D. 用户
(4) A. 被测模块　　　B. 上层模块　　　C. 桩模块　　　　D. 等价模块
(5) A. 自顶向下的　　B. 自底向上的　　C. 双向的　　　　D. 反向的

18. 软件测试的一项重要作业是设计测试用例。测试用例主要由输入数据和___(1)___两部分组成。测试用例的设计方法主要有黑盒方法和白盒方法。黑盒方法根据程序的___(2)___设计测试用例，而白盒方法则根据程序的___(3)___设计测试用例。单独测试一个模块时，有时需要有一个___(4)___程序___(4)___被测试的模块。有时还要一个或者几个___(5)___模块模拟由被测试模块调用的模块。

(1) A. 测试规划　　　B. 测试计划　　　C. 预期输出结果　D. 以往测试记录分析
(2)、(3)
　　A. 功能　　　　　B. 内部逻辑　　　C. 数据结构　　　D. 调用关系
　　E. 全局变量　　　F. 数组大小
(4) A. 理解　　　　　B. 驱动　　　　　C. 传递　　　　　D. 管理
(5) A. 子　　　　　　B. 仿真　　　　　C. 桩　　　　　　D. 栈

19. 在结构测试用例的设计中，有语句覆盖、条件覆盖、判定覆盖、路径覆盖等。为了对如图 10-20 所示的程序段进行覆盖测试，必须适当地设计测试数据组。若 x，y 是两个变量，可供选择的测试数据组共有 I、II、III、IV 4 组（如表 10-10 中给出），则实现判定

覆盖至少应采用的测试数据组是___(1)___；实现条件覆盖至少应采用的测试数据组是
___(2)___；实现路径覆盖至少应采用的测试数据组是___(3)___或___(4)___。

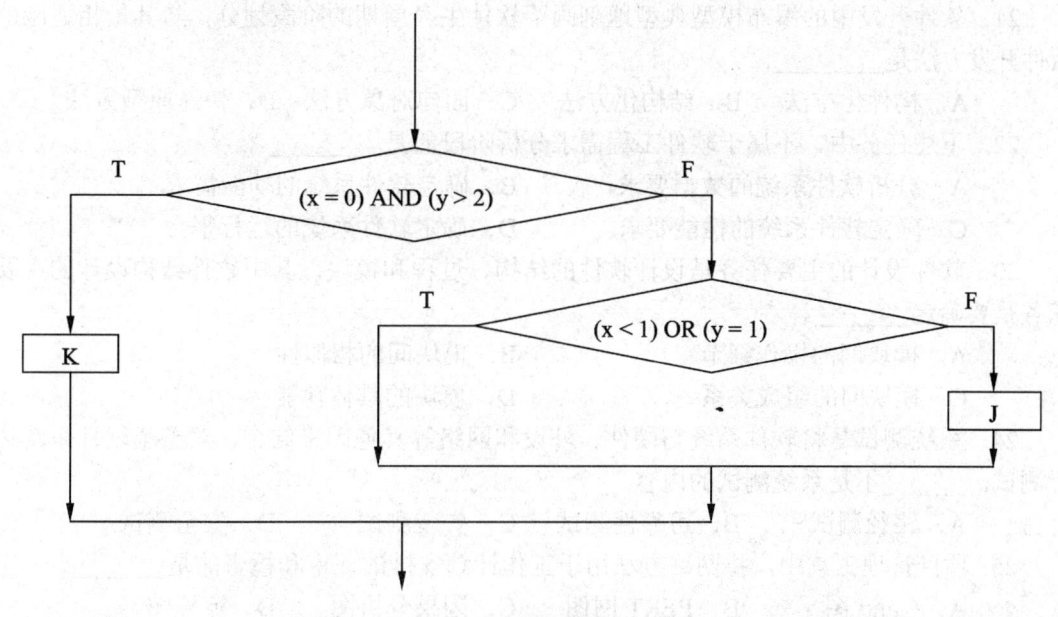

图 10-20　要测试的程序

表 10-10　测试数据组

	x	y
测试数据组 I	0	3
测试数据组 II	1	2
测试数据组III	−1	2
测试数据组IV	3	1

（1）～（4）

　　A. I 和 II 组　　　B. II 和 III 组　　　C. III 和 IV 组　　　D. I 和 IV 组
　　E. I、II 和 III 组　F. II、III 和 IV 组　G. I、III 和 IV 组　　H. I、II 和 IV 组

20．ISO9000 系列标准和软件成熟度模型 CMM 都着眼于质量和过程管理。ISO9000
系列标准的主导思想是：强调质量___(1)___；使影响产品质量的全部因素始终处于___(2)___
状态；要求证实企业具有持续提供符合要求产品的___(3)___；强调质量管理必须始终坚持
进行质量___(4)___。而 CMM 则强调持续的___(5)___。

（1）A. 形成于软件需求　　　　　　B. 形成于软件设计
　　　C. 形成于软件实现　　　　　　D. 形成于生产的全过程
（2）A. 可观察　　　B. 可控制　　　C. 可度量　　　D. 可跟踪
（3）A. 能力　　　　B. 条件　　　　C. 工具　　　　D. 环境

（4）A. 度量   B. 跟踪   C. 改进   D. 保证

（5）A. 质量度量   B. 质量改进   C. 过程改进   D. 过程度量

21. 软件开发中的瀑布模型典型地刻画了软件生存周期的阶段划分，与其最相适应的软件开发方法是_____。

     A. 构件化方法   B. 结构化方法   C. 面向对象方法   D. 快速原型方法

22. 下述任务中，不属于软件工程需求分析阶段的是_____。

     A. 分析软件系统的数据要求   B. 确定软件系统的功能需求

     C. 确定软件系统的性能要求   D. 确定软件系统的运行平台

23. 软件设计的主要任务是设计软件的结构、过程和模块，其中软件结构设计的主要任务是要确定_____。

     A. 模块间的操作细节   B. 模块间的相似性

     C. 模块间的组成关系   D. 模块的具体功能

24. 系统测试是将软件系统与硬件、外设和网络等其他因素结合，对整个软件系统进行测试。_____不是系统测试的内容。

     A. 路径测试   B. 可靠性测试   C. 安装测试   D. 安全测试

25. 项目管理工具中，将网络方法用于工作计划安排的评审和检查的是_____。

     A. Gantt 图   B. PERT 网图   C. 因果分析图   D. 流程图

26. 在结构化分析方法中，数据字典是重要的文档。对加工的描述是数据字典的组成内容之一，常用的加工描述方法_____。

     A. 只有结构化语言

     B. 有结构化语言和判定树

     C. 有结构化语言、判定树和判定表

     D. 有判定树和判定表

27. CMM 模型将软件过程的成熟度分为 5 个等级。在_____使用定量分析来不断地改进和管理软件过程。

     A. 优化级   B. 管理级   C. 定义级   D. 可重复级

28. 在面向数据流的设计方法中，一般把数据流图中的数据流划分为_____两种。

     A. 数据流和事务流   B. 变换流和数据流

     C. 变换流和事务流   D. 控制流和事务流

29. 在系统转换的过程中，旧系统和新系统并行工作一段时间，再由新系统代替旧系统的策略称为___（1）___；在新系统全部正式运行前，一部分一部分地代替旧系统的策略称为___（2）___。

（1）A. 直接转换   B. 位置转换   C. 分段转换   D. 并行转换

（2）A. 直接转换   B. 位置转换   C. 分段转换   D. 并行转换

30. 下列要素中，不属于 DFD 的是___（1）___。当使用 DFD 对一个工资系统进行建模时，___（2）___可以被认定为外部实体。

（1）A. 加工　　　　　　B. 数据流　　　　C. 数据存储　　　D. 联系

（2）A. 接收工资单的银行　B. 工资系统源代码程序

　　C. 工资单　　　　　　D. 工资数据库的维护

选择题参考答案

1.（1）A　　（2）B　（3）C　　2.（1）C　（2）J　（3）E　（4）H　（5）A

3.（1）C　　（2）C　（3）A　（4）B　（5）B

4.（1）C　　（2）B　（3）D　（4）A　（5）C

5.（1）A　　（2）D　（3）A　（4）D

6.（1）D　　7.（1）A　　（2）C

8.（1）D　　（2）B　（3）A　（4）C　（5）B

9.（1）B　　10.（1）B　（2）A

11.（1）D　　（2）D　（3）D　（4）F　（5）D

12.（1）B　　（2）D　（3）C　（4）A　（5）B

13.（1）E　　（2）G　（3）C　（4）B　（5）A

14.（1）D　　（2）D　（3）B　（4）D　（5）C

15.（1）C　　（2）D　（3）B　（4）E　（5）B

16.（1）A　　（2）C　（3）E　（4）C　（5）D

17.（1）B　　（2）A　（3）B　（4）C　（5）A

18.（1）C　　（2）A　（3）D　（4）D　（5）A

19.（1）D　　（2）E　（3）A　（4）H

20.（1）D　　（2）B　（3）D　（4）C　（5）C

21. B　　22. D　　23. C　　24. A　　25. B　　26. C　　27. A　　28. C

29.（1）D　　（2）C　30.（1）D　（2）A

10.4.2　数据流图设计

试题一

阅读下列说明和数据流图，回答问题 1 至问题 3。

【说明】

某图书管理系统的主要功能是图书管理和信息查询。对于初次借书的读者，系统自动生成读者号，并与读者基本信息（姓名、单位、地址等）一起写入读者文件。

系统的图书管理功能分为 4 个方面：购入新书、读者借书、读者还书以及图书注销。

（1）购入新书时需要为该书编制入库单。入库单内容包括图书分类目录号、书名、作者、价格、数量和购书日期，将这些信息写入图书目录文件并修改文件中的库存总量（表示到目前为止，购入此种图书的数量）。

（2）读者借书时须填写借书单。借书单内容包括读者号和所借图书分类目录号。系统首先检查该读者号是否有效，若无效，则拒绝借书。若有效，则进一步检查该读者已借图书是否超过最大限制数（假设每位读者能同时借阅的书不超过 5 本），若已达到最大限制数，则拒绝借书；否则允许借书，同时将图书分类目录号、读者号和借阅日期等信息写入借书文件中。

（3）读者还书时须填写还书单。系统根据读者号和图书分类目录号，从借书文件中读出与该图书相关的借阅记录，标明还书日期，再写回到借书文件中，若图书逾期，则处以相应的罚款。

（4）注销图书时，须填写注销单并修改图书目录文件中的库存总量。

系统的信息查询功能主要包括读者信息查询和图书信息查询。其中读者信息查询可得到读者的基本信息以及读者借阅图书的情况；图书信息查询可得到图书基本信息和图书的借出情况。图书管理系统的顶层图如图 10-21 所示，图书管理系统的第 0 层 DFD 图如图 10-22 所示，其中，加工 2 的细化图如图 10-23 所示。

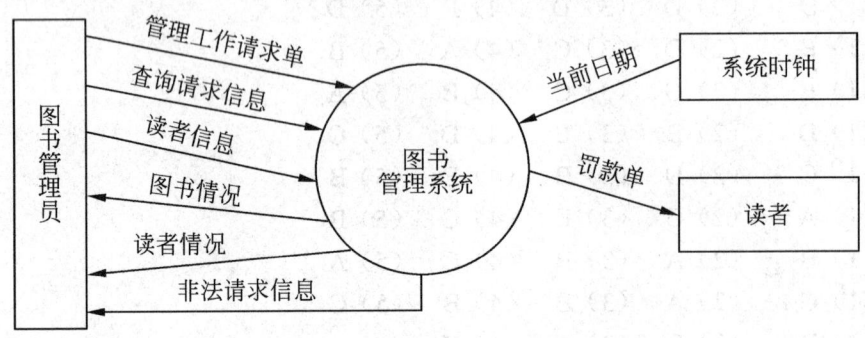

图 10-21　图书管理系统顶层图

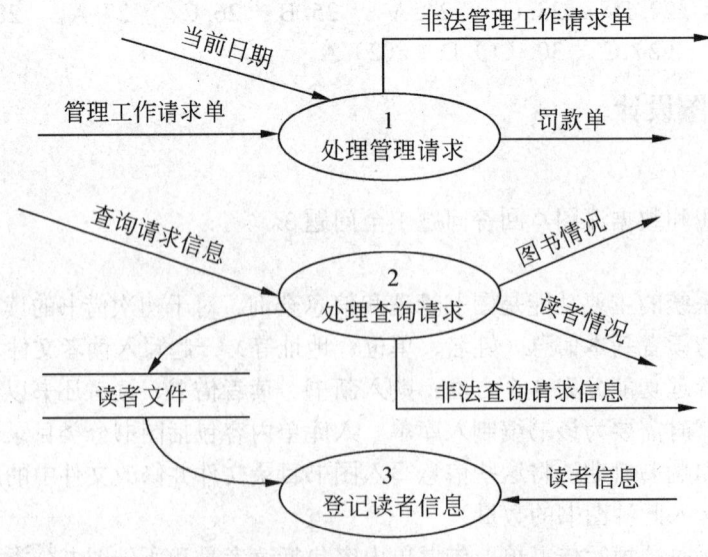

图 10-22　图书管理系统第 0 层 DFD 图

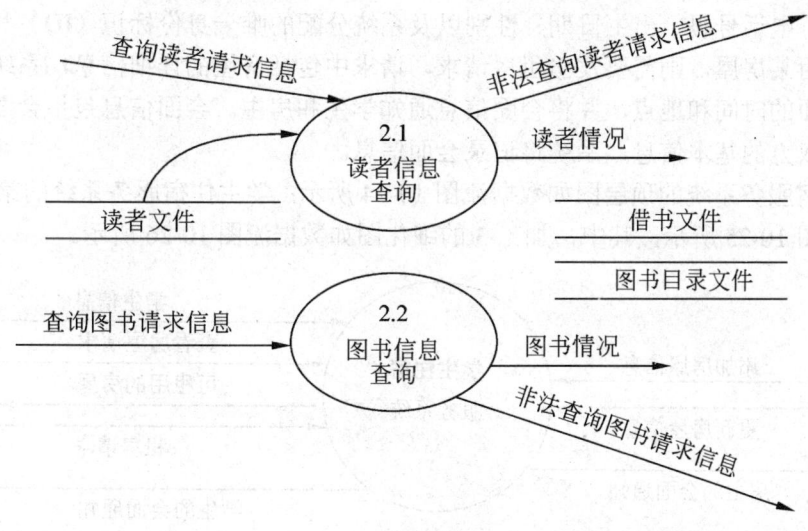

图 10-23　图书管理系统加工 2 的细化图

【问题 1】
数据流图 10-22 中有两条数据流是错误的，请指出这两条数据流的起点和终点。

【问题 2】
数据流图 10-23 中缺少 3 条数据流，请指出这 3 条数据流的起点和终点。

【问题 3】
根据系统功能和数据流图填充下列数据字典条目中的（1）和（2）。
查洵请求信息=[查询读者请求信息|查询图书请求信息]
读者情况=读者号+姓名+所在单位+{借书情况}
管理工作请求单=＿＿＿（1）＿＿＿
入库单=＿＿＿（2）＿＿＿

试题二
阅读以下说明和数据流图，回答问题 1 至问题 3，将解答填入答题纸的对应栏内。

【说明】
学生住宿服务系统帮助学生在就学的城市内找到所需的住房，系统对出租的房屋信息、房主信息、需要租房的学生信息以及学生和房主的会面信息进行管理和维护。

房主信息包括姓名、地址、电话号码以及系统分配的唯一身份标识（ID）和密码；房屋信息包括房屋地址、类型（单间/套间）、适合住宿的人数、房租、房主的 ID 以及现在是否可以出租（例如由于装修原因，须等到装修后才可出租或者房屋已被出租）。每当房屋信息发生变化时，房主须通知系统，系统将更新房屋文件以便学生能够获得准确的可租用房屋信息。房主向系统中加入可租用的房屋信息时，须交纳一定的费用，由系统自动给出费用信息。房主可随时更新房屋的各种属性。

学生可通过系统查询现有的可租用的房屋，但必须先在系统中注册。学生信息包括姓名、现住址、电话号码、出生日期、性别以及系统分配的唯一身份标识（ID）和密码。若学生希望租用某房屋，则需要发出租房请求，请求中包括房屋的详细信息，系统将安排学生与房主会面的时间和地点，并将会面信息通知学生和房主。会面信息包括会面时间、地点以及会面双方的基本信息，系统将记录会面信息。

学生住宿服务系统的顶层图如数据流图 10-24 所示：学生住宿服务系统的第 0 层 DFD 图如数据流图 10-25 所示，其中，加工 3 的细化图如数据流图 10-26 所示。

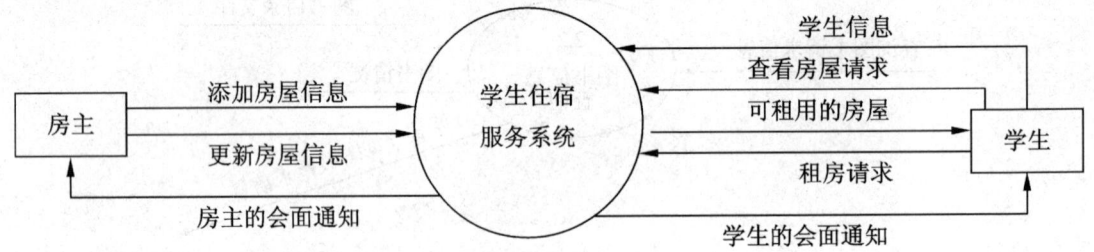

图 10-24　学生住宿服务顶层图

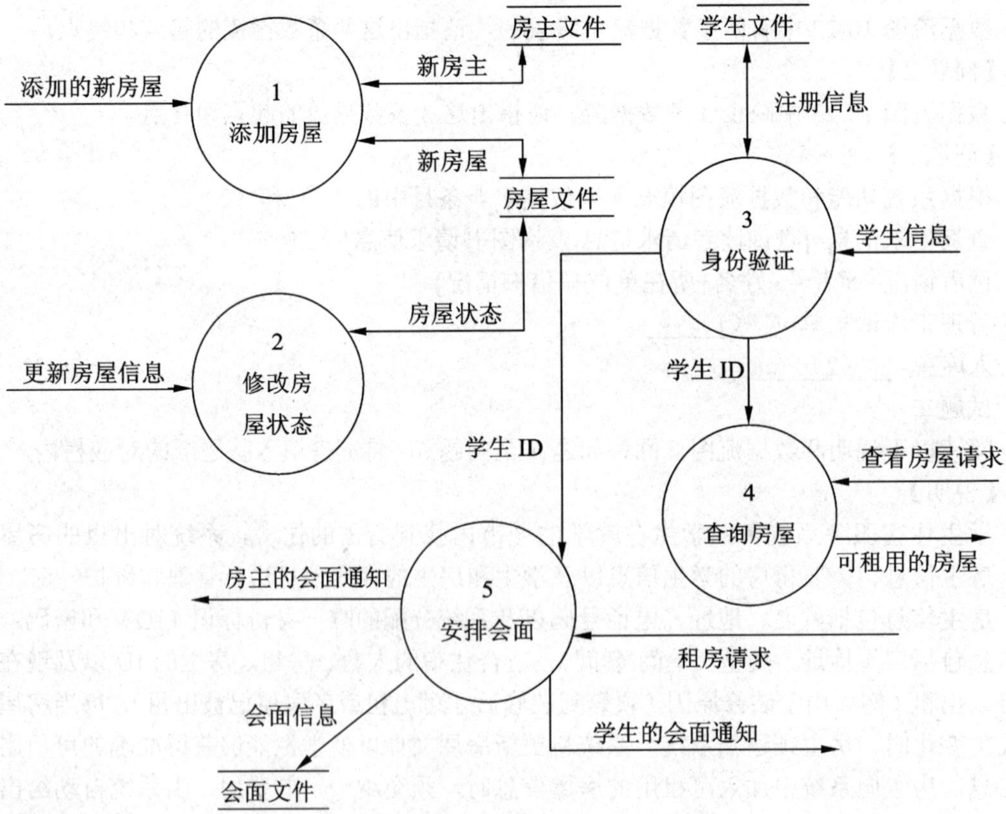

图 10-25　学生住宿服务第 0 层 DFD 图

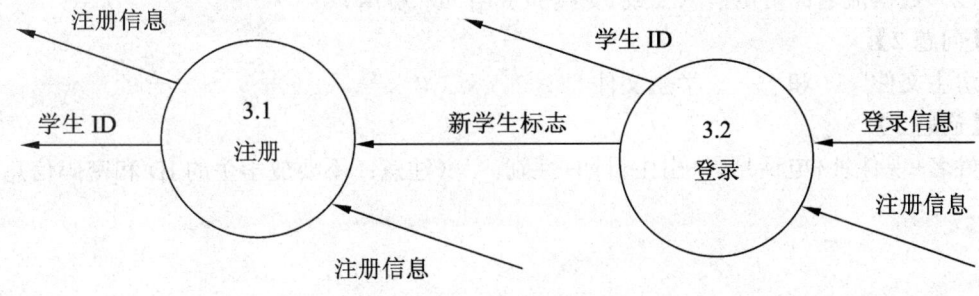

图 10-26　加工 3 的细化图

【问题 1】

（1）数据流图 10-24 缺少了一条数据流（在图 10-25 中也未给出该数据流），请给出此数据流的起点和终点，并采用说明中的词汇给出此数据流名。

（2）数据流图 10-25 缺少了与"查询房屋"加工相关的数据流，请指出此数据流的起点和终点。

【问题 2】

"安排会面"加工除需要写入会面文件外，还需要访问哪些文件？

【问题 3】

请补齐下列数据字典条目：

登录信息=学生 ID + 密码

注册信息　=　_____ ？_____

试题参考答案

试题一

【问题 1】

起点：读者文件　　　　　　　终点：登记读者信息或 3

起点：处理查询请求　或 2　　终点：读者文件

【问题 2】

起点；图书目录文件　　　　　终点：图书信息查询或 2.2

起点：借书文件　　　　　　　终点：读者信息查询或 2.1

起点；借书文件　　　　　　　终点；图书信息查询或 2.2

【问题 3】

（1）[入库单｜借书单｜还书单｜注销单]

（2）分类目录号+书名+作者+价格+数量+购书日期

试题二

【问题 1】（注意：数据流方向不要回答反了）

（1）起点：学生住宿服务系统　　　　终点：房主

（2）数据流名：费用信息（或 交纳的费用 或 费用）

【问题 2】

房主文件　　　和　　　学生文件

【问题 3】

姓名+现住址+电话号码+出生日期+性别　　（注意：不要放学生的 ID 和密码信息）

第 11 章　数据库设计

11.1　基本要求

1.　学习目的与要求

本章总的要求是详细了解数据库应用系统设计的全过程。重点是概念设计中 ER 模型设计方法、逻辑设计中 ER 模型向关系模型的转换规则,以及高级概念建模中的 UML 类图。

本章的实用性较强。学完本章,学习者应具有较强的数据库应用系统的设计能力。

2.　本章重点内容

（1）DBS 生存期及其 6 个阶段的任务和工作。

（2）概念设计的重要性及步骤;ER 模型的基本元素,属性的分类,联系的元数、基数约束、参与约束;采用 ER 方法的概念设计步骤;增强的 ER 模型（弱实体,子类实体和超类实体）。

（3）ER 模型到关系模型的转换规则;采用 ER 方法的逻辑设计步骤。

（4）面向对象的高级概念建模:UML 类图。基本成分（类和关联）,关联的元数、角色和重复度,关联类,概化/特化,抽象类和具体类,对子类的语义约束（完备、相交）,聚合和复合。

11.2　基本内容

现在数据库已用于各类应用系统,例如 MIS（管理信息系统）、DSS（决策支持系统）、OAS（办公自动化系统）等。实际上,数据库已成为现代信息系统的基础与核心部分。如果数据模型设计的不合理,即使使用性能良好的 DBMS 软件,也很难使数据库的应用系统达到最佳状态,仍然会出现文件系统存在的冗余、异常和不一致问题。总之,数据库设计的优劣将直接影响信息系统的质量和运行效果。

在具备了 DBMS、系统软件、操作系统和硬件环境时,对数据库应用开发人员来说,就是如何使用这个环境表达用户的要求,构造最优的数据模型,然后据此建立数据库及其应用系统,这个过程称为数据库设计。

本章从软件工程的角度来剖析数据库设计全过程。

11.2.1　数据库应用系统设计的全过程

由于软件规模的扩大,复杂性成倍地增加,在 20 世纪 60 年代中后期导致了所谓的"软件危机"。这种"危机"主要表现在以下几个方面:开发过程往往无法控制,常常一再拖延;

缺乏科学的指导原则和管理方法，软件产品质量低劣，达不到规定的要求；由于产品质量低劣，维护任务十分繁重；软件开发费用急剧上升，常常超出预算，使应用部门与开发部门无法负担。

为了解决"软件危机"，在 1968 年首次提出"软件工程"的概念。人们认为，应该用科学知识、工程方面的纪律指导软件开发的过程，以提高软件质量和开发效率，降低开发成本。软件工程中把软件开发的全过程称为"软件生存期"（Life Cycle）。软件生存期是软件工程的一个重要概念，是指从软件的规划、研制、实现、投入运行后的维护，直到它被新的软件所取代而停止使用的整个期间。

以数据库为基础的信息系统通常称为数据库应用系统，它一般具有信息的采集、组织、加工、抽取和传播等功能。数据库应用系统的开发是一项软件工程，但又有自己特有的特点，所以特称为"数据库工程"。

仿照软件生存期，可以得到数据库系统生存期概念，即把数据库应用系统从开始规划、设计、实现、维护到最后被新的系统取代而停止使用的整个期间，称为数据库系统生存期。

这个生存期一般可划分成 6 个阶段：规划、需求分析、设计、实现、测试和运行维护。数据库系统生存期中每个阶段的主要工作和成果见表 11-1。

表 11-1　数据库系统生存期中每个阶段的主要工作和成果

阶　　段	主要工作和成果	
规划	组织层次图，可行性分析报告，系统总目标，项目开发计划	
需求分析	业务流程图，系统关联图，数据流图，数据字典	
设计	数据库结构的设计： 概念设计（ ER 模型） 逻辑设计（关系模型） 物理设计（物理结构）	应用程序的设计： 概要设计（程序结构图） 详细设计（模块的算法， 　　　　　程序流程图）
实现	建库建表 装载数据	应用程序编码 （结构化编程，面向对象编程）
测试	数据库结构的测试： 测试 DB 的结构及使用 测试 DB 的并发、恢复、 完整性和安全性能力	应用程序的测试： 单元测试 集成测试 确认测试
	DBS 试运行	
运行维护	数据库部分： DB 的转储与恢复 DB 安全性完整性控制 DB 性能的监督分析和改进 DB 的重组织和重构造	应用程序部分： 改正性维护 适应性维护 完善性维护 预防性维护

1. 规划阶段

对于数据库系统，特别是大型数据库系统或大型信息系统中的数据库群，规划阶段是十分必要。规划的好坏将直接影响到整个系统的成功与否，对企业组织的信息化进程将产生深远的影响。

规划阶段具体可分成 3 个步骤。

（1）系统调查。对企业组织作全面的调查，画出组织层次图，以了解企业的组织机构。

（2）可行性分析。从技术、经济、效益、法律等诸方面对建立数据库的可行性进行分析；然后写出可行性分析报告；组织专家进行讨论其可行性。

（3）确定数据库系统的总目标和制定项目开发计划。在得到决策部门批准后，就正式进入数据库系统的开发工作。

2. 需求分析阶段

这一阶段是计算机人员（系统分析员）和用户双方共同收集数据库所需要的信息内容和用户对处理的需求。并以需求说明书的形式确定下来，作为以后系统开发的指南和系统验证的依据。

需求分析的工作主要由下面 4 步组成。

（1）分析用户活动，产生业务流程图。了解用户当前的业务活动和职能，搞清其处理流程（即业务流程）。如果一个处理比较复杂，就要把处理分解成若干个子处理，使每个处理功能明确、界面清楚，分析之后画出用户的业务流程图。

（2）确定系统范围，产生系统关联图。这一步是确定系统的边界。在和用户经过充分讨论的基础上，确定计算机所能进行的数据处理的范围，确定哪些工作由人工完成，哪些工作由计算机系统完成，即确定人机界面。

（3）分析用户活动涉及的数据，产生数据流图。深入分析用户的业务处理，以数据流图形式表示出数据的流向和对数据所进行的加工。

数据流图（Data Flow Diagram，DFD）是从"数据"和"对数据的加工"两方面表达数据处理系统工作过程的一种图形表示法，具有直观、易于被用户和软件人员双方都能理解的一种表达系统功能的描述方式。

（4）分析系统数据，产生数据字典。数据字典是对数据描述的集中管理，它的功能是存储和检索各种数据描述（称为元数据）。对数据库设计来说，数据字典是进行详细的数据收集和数据分析所获得的主要成果。

数据字典中通常包括数据项、数据结构、数据流、数据存储和处理过程 5 个部分。

需求分析阶段的有关内容在本书第 10 章中有详细的介绍，这里不再叙述。

3. 设计阶段

这一阶段又可分成两个部分的工作：数据库结构的设计与应用程序的设计。应用程序的设计在本书第 10 章中已介绍过，不再赘述，下面只介绍数据库结构的设计。数据库结构的设计工作分成 3 个阶段：概念设计，逻辑设计，物理设计。

（1）概念设计阶段

概念设计的目标是产生反映企业组织信息需求的数据库概念结构，即概念模型。概念模型是独立于计算机硬件结构，独立于支持数据库的 DBMS。

将概念设计从设计过程中独立开来，可以使数据库设计各阶段的任务相对单一化，使得有效控制设计的复杂程序，便于组织管理。概念模型能充分反映现实世界中实体间的联系，又是各种基本数据模型的共同基础，同时也容易向现在普遍使用的关系模型转换。

概念设计的任务一般可分为3步来完成：进行数据抽象，设计局部概念模型；将局部概念模型综合成全局概念模型；评审。

① 进行数据抽象，设计局部概念模型

局部用户的信息需求是构造全局概念模型的基础。因此，需要先从个别用户的需求出发，为每个用户或每个对数据的观点与使用方式相似的用户建立一个相应的局部概念结构。在建立局部概念结构时，要对需求分析的结果进行细化、补充和修改，如有的数据项要分为若干子项，有的数据的定义要重新核实等。

设计概念结构时，常用的数据抽象方法是"聚集"和"概括"。聚集是将若干对象和它们之间的联系组合成一个新的对象；概括是将一组具有某些共同特性的对象合并成更高一层意义上的对象。

② 将局部概念模型综合成全局概念模型

综合各局部概念结构就可得到反映所有用户需求的全局概念结构。在综合过程中，主要处理各局部模式对各种对象定义的不一致问题，包括同名异义、异名同义和同一事物在不同模式中被抽象为不同类型的对象（例如，有的作为实体，有的又作为属性）等问题。把各个局部结构合并，还会产生冗余问题，或导致对信息需求的再调整与分析，以确定确切的含义。

③ 评审

消除了所有冲突后，就可把全局结构提交评审。评审分为用户评审与 DBA 及应用开发人员评审两部分。用户评审的重点放在确认全局概念模型是否准确完整地反映了用户的信息需求和现实世界事物的属性间的固有联系；DBA 和应用开发人员评审则侧重于确认全局结构是否完整，各种成分划分是否合理，是否存在不一致性，以及各种文档是否齐全等。文档应包括局部概念结构描述、全局概念结构描述、修改后的数据清单和业务活动清单等。

概念设计中最著名的方法就是实体联系方法（ER 方法），建立 ER 模型，用 ER 图表示概念结构，得到数据库的概念模型。

（2）逻辑设计阶段

概念设计的结果是得到一个与 DBMS 无关的概念模式；而逻辑设计的目的是把概念设计阶段设计好的全局 ER 模型转换成与选用的具体计算机上的 DBMS 所支持的数据模型相符合的逻辑结构（包括数据库逻辑模型和外模型）。这些模型在功能上、完整性和一致性约束及数据库的可扩充性等方面均应满足用户的各种要求。对于逻辑设计而言，应首先选择 DBMS，但往往数据库设计人员没有挑选的余地，都是在指定的 DBMS 上进行逻辑结构的设计。

逻辑设计主要是把概念模型转换成 DBMS 能处理的逻辑模型。转换过程中要对模型进行评价和性能测试，以便获得较好的模式设计。逻辑设计的主要步骤有以下 5 步。

① 把概念模型转换成逻辑模型

如果概念模型采用 ER 模型，逻辑模型采用关系模型，那么这一步就是把 ER 模型转换成关系模型，也就是把 ER 模型中的实体类型和联系类型转换成关系模式。这个转换是有规则的，可以用 CASE 工具来实现。

② 设计外模型

外模型是逻辑模型的逻辑子集。外模型是应用程序和数据库系统的接口，它能允许应用程序有效地访问数据库中的数据，而不破坏数据库的安全性。

③ 设计应用程序与数据库的接口

在设计完整的应用程序之前，对应用程序应设计出数据存取功能的概况，提供应用程序与数据库之间通信的逻辑接口。

④ 评价模型

这一步的工作就是对逻辑模型进行评价。评价数据库结构的方法通常有定量分析和性能测量等方法。

定量分析有两个参数：处理频率和数据容量。处理频率是在数据库运行期间应用程序的使用次数。数据容量是数据库中记录的个数。数据库增长过程的具体表现就是这两个参数值的增加。

性能测量是指逻辑记录的访问数目、一个应用程序传输的总字节数、数据库的总字节数，这些参数应该尽可能预先知道，它能预测物理数据库的性能。

⑤ 修正模型

修正模型的目的是为了使模型适应信息的不同表示。此时，可利用 DBMS 的性能，如索引或散列功能，但数据库的信息内容不能修改。如果信息内容不修改，模式就不能进一步求精，那么就要停止模型设计，返回到概念设计或需求分析阶段重新设计。

（3）物理设计阶段

对于给定的基本数据模型选取一个最适合应用环境的物理结构的过程，称为物理设计。

数据库的物理结构主要指数据库的存储记录格式、存储记录安排和存取方法。显然，数据库的物理设计是完全依赖于给定的硬件环境和数据库产品的。

在关系模型系统中，物理设计比较简单一些，因为文件形式是单记录类型文件，仅包含索引机制、空间大小、块的大小等内容。

物理设计可分 5 步完成，前 3 步涉及到物理结构设计，后两步涉及约束和具体的程序设计。

① 存储记录结构设计：包括记录的组成、数据项的类型、长度，以及逻辑记录到存储记录的映射。

② 确定数据存放位置：可以把经常同时被访问的数据组合在一起，"记录聚簇"技术能满足这个要求。

③ 存取方法的设计：存取路径分为主存取路径与辅存取路径，前者用于主键检索，后者用于辅助键检索。

④ 完整性和安全性考虑：设计者应在完整性、安全性、有效性和效率方面进行分析，做出权衡。

⑤ 程序设计：在逻辑数据库结构确定后，应用程序设计就应当随之开始。物理数据独立性的目的是消除由于物理结构的改变而引起对应用程序的修改。当物理独立性未得到保证时，可能会发生对程序的修改。

4. 实现阶段

对数据库的物理设计初步评价完成后就可以开始建立数据库了。数据库实现主要包括以下 3 项工作：用 DDL 定义数据库结构，组织数据入库，编制与调试应用程序。

（1）定义数据库结构

确定了数据库的逻辑结构与物理结构后，就可以用所选用的 DBMS 提供的数据定义语言（DDL）来严格描述数据库结构。

（2）数据装载

数据库结构建立好后，就可以向数据库中装载数据了。组织数据入库是数据库实现阶段最主要的工作。

① 对于数据量不是很大的小型系统，可以用人工方法完成数据的入库，其步骤如下所述。

- 筛选数据。需要装入数据库中的数据，通常都分散在各个部门的数据文件或原始凭证中，所以首先必须把需要入库的数据筛选出来。
- 转换数据格式。筛选出来的需要入库的数据，其格式往往不符合数据库要求，还需要进行转换。这种转换有时可能很复杂。
- 输入数据。将转换好的数据输入计算机中。
- 校验数据。检查输入的数据是否有误。

② 对于大中型系统，由于数据量极大，用人工方式组织数据入库将会耗费大量人力物力，而且很难保证数据的正确性，因此应该设计一个数据输入子系统，由计算机辅助数据的入库工作。其步骤如下所述。

- 筛选数据。
- 输入数据。由录入员将原始数据直接输入计算机中（数据输入子系统应提供输入界面）。
- 校验数据。数据输入子系统采用多种检验技术检查输入数据的正确性。
- 转换数据。数据输入子系统根据数据库系统的要求，从录入的数据中抽取有用成分对其进行分类，然后转换数据格式。抽取、分类和转换数据是数据输入子系统的主要工作。也是数据输入子系统的复杂性所在。
- 综合数据。数据输入子系统对转换好的数据根据系统的要求进一步综合成最终数据。

如果数据库是在旧的文件系统或数据库系统的基础上设计的，则数据输入子系统只需要完成转换数据、综合数据两项工作，直接将旧系统中的数据转换成新系统中需要的数据格式。

为了保证数据能够及时入库，应在数据库物理设计的同时编制数据输入子系统。

（3）编制与调试应用程序

数据库应用程序的设计应该与数据设计并行进行。在数据库实现阶段，当数据库结构建立好后，就可以开始编制数据库的应用程序，也就是说，编制应用程序是与组织数据入库同步进行的。

5. 测试阶段

测试阶段有以下 4 项工作组成。

（1）对数据库的结构及使用进行测试。

（2）对数据库的并发控制、恢复、安全性、完整性措施进行测试。

（3）对应用程序进行测试。采用软件工程的白盒和黑盒测试方法，对应用程序进行单元测试和集成测试。

（4）数据库的试运行和确认测试。

应用程序调试完成，并且已有一小部分数据入库后，就可以开始数据库的试运行。数据库试运行也称为联合调试，其主要包括以下工作。

- 功能调试。即实际运行应用程序，执行对数据库的各种操作，测试应用程序的各种功能。
- 性能测试。即测量系统的性能指标，分析是否符合设计目标。

数据库物理设计阶段在评价数据库结构估算时间、空间指标时做了许多简化和假设，忽略了许多次要因素，因此结果必然很粗糙。数据库试运行则是要实际测量系统的各种性能指标（不仅是时间、空间指标），如果结果不符合设计目标，则需要返回物理设计阶段，调整物理结构，修改参数；有时甚至需要返回逻辑设计阶段，调整逻辑结构。

重新设计物理结构甚至逻辑结构，会导致数据重新入库。由于数据入库工作量实在太大，所以可以采用分期输入数据的方法，即先输入小批量数据供先期联合调试使用，待试运行基本合格后再输入大批量数据，逐步增加数据量，逐步完成运行评价。

在数据库试运行阶段，由于系统还不稳定，硬、软件故障随时都有可能发生，而且系统的操作人员对新系统还不熟悉，误操作也不可避免，因此必须做好数据库的转储和恢复工作，尽量减少对数据库的破坏。

6. 运行维护阶段

在数据库试运行结果符合设计目标后，数据库就可以真正投入运行了。数据库投入运行标志开发任务的基本完成和维护工作的开始，并不意味着设计过程终结，由于应用环境在不断变化，数据库运行过程中物理存储也会不断变化，所以对数据库设计进行评价、调整、修改等维护工作是一个长期的任务，也是设计工作的继续和提高。

在数据库运行阶段，对数据库经常性的维护工作主要是由 DBA 完成的，它包括以下内容。

（1）数据库的转储和恢复

数据库的转储和恢复是系统正式运行后最重要的维护工作之一。DBA 要针对不同的应用要求制定不同的转储计划，定期对数据库和日志文件进行备份，以保证一旦发生故障，能利用数据库备份及日志文件备份，尽快将数据库恢复到某种一致性状态，并尽可能减少对数据库的破坏。

（2）数据库安全性、完整性控制

DBA 必须对数据库安全性和完整性控制负起责任。根据用户的实际需要授予不同的操作权限。此外，在数据库运行过程中，应用环境的变化，对安全性的要求也会发生变化，比如有的数据原来是机密，现在是可以公开查询了，而新加入的数据又可能是机密了，而且系统中用户的密级也会改变。这些都需要 DBA 根据实际情况修改原有的安全性控制。同样，由于应用环境的变化，数据库的完整性约束条件也会变化，所以也需要 DBA 不断修正，以满足用户需要。

（3）数据库性能的监督、分析和改进

在数据库运行过程中，监督系统运行，对监测数据进行分析，找出改进系统性能的方法是 DBA 的又一重要任务。目前许多 DBMS 产品都提供了监测系统性能参数的工具，DBA 可以利用这些工具方便地得到系统运行过程中一系列性能参数的值。DBA 应该仔细分析这些数据，判断当前系统是否处于最佳运行状态，如果不是，则需要通过调整某些参数来进一步改进数据库性能。

（4）数据库的重组织和重构造

数据库运行一段时间后，由于记录的不断增、删、改，会使数据库的物理存储变坏，从而降低数据库存储空间的利用率和数据的存取效率，使数据库的性能下降。这时 DBA 就要对数据库进行重组织，或部分重组织（只对频繁增、删的表进行重组织）。数据库的重组织不会改变原计划的数据逻辑结构和物理结构，只是按原计划要求重新安排存储位置、回收垃圾、减少指针链、提高系统性能。DBMS 一般都提供了供重组织数据库使用的实用程序，帮助 DBA 重新组织数据库。

当数据库应用环境发生变化时，例如增加新的应用或新的实体，取消某些已有应用，改变某些已有应用，这些都会导致实体及实体间的联系也发生相应的变化，使原有的数据库设计不能很好地满足新的需求，从而不得不适当调整数据库的模式和内模式；例如，增加新的数据项、改变数据项的类型、改变数据库的容量、增加或删除索引、修改完整性约束条件等。这就是数据库的重构造。DBMS 都提供了修改数据库结构的功能。

重构造数据库的程度是有限的。若应用变化太大，已无法通过重构数据库来满足新的需求，或重构数据库的代价太大，则表明现有数据库应用系统的生命周期已经结束，应该重新设计新的数据库系统，开始新数据库应用系统的生命周期了。

11.2.2 数据库设计工具介绍

在传统的数据库设计过程中，人们大多以规模化理论为基础，结合软件工程中的系统分析与系统设计方法来进行数据库设计。对设计质量的控制，则是以大量的书面文档及数据字典为基础的，这在设计效率、系统的可复用性，易修改性等方面存在着明显的缺陷。

近年来，随着计算机软硬件技术的迅速发展，出现了许多基于数据库设计基本原理、充分发挥可视化设计优点，并与当代 DBMS 实现的新功能密切结合的数据库辅助设计工具，它们既可以完成数据库结构设计，生成逻辑模型与物理模型，也可以完成应用业务逻辑设计，生成高质量、易用的应用程序。这些工具的出现，完全改变了数据库设计由人工来完成时冗长乏味的局面，也为数据库的修改、数据模式的转换方式打开了方便之门，保证数据库设计的质量，提高了生产效率。其中较著名的数据库辅助设计工具有下面 4 个。

1. Oracle Case

美国 Oracle 公司的 Oracle 是目前市场占有率较高的 RDBMS，该系统同时也提高了 Case 工具。Oracle Case 从目标上看，是试图给出一个完全的 CASE 环境，它的核心是数据库，用数据库作为一个共享的数据字典，存储用户的要求和应用逻辑描述，也保存数据资源和程序的全部内容。用户可以使用表驱动的接口或一个综合的多窗口、多任务的图形工作台来存取这个字典。

Oracle Case 是个工具家族，包括 CASE*Method（方法）、CASE*Dictionary（数据字典）、CASE*Designer（设计），此外还包括应用开发的实现工具，如 SQL*Forms（表格管理）、SQL*Menu（菜单管理）和 SQL*Reportwrite（报表生成）等。这些工具从系统的分析、设计、实现到应用开发都提供了辅助，使用对象可以是数据处理专业人员，也可以是一般用户。使用这些工具可以建立综合性的事务处理，建立报表和菜单，给数据处理人员以快速应用开发（RAD）的能力。

2. ERwin

ERwin/ERX 是 LogicWorks 公司出品的一个基于 ER 方法的可视化数据库设计工具。它是一个数据库设计工具，可以生成与具体 DBMS 无关的概念模式，在作图过程中，ERwin 能够发现用户想要表达的逻辑数据模型，当用户指定了 DBMS 平台后，它将最终产生与该特定 DBMS 相关的物理模式。

ERwin 也使用标准的 IDEF1X 图表方法作为操作对象，能很快生成所有的表、索引、存储过程、参照完整性约束、触发器以及其他管理数据的组件。ERwin 还可以直接链接到数据库系统的 Catalog 表，从现有的一个数据库物理模式反向生成它的概念模式，让用户在设计环境中修改概念模式，然后快速生成一个新的物理模式，在原有物理数据库上进行重构生成一个新的物理数据库。

ERwin 支持大量的 DBMS，它所支持的 SQL 数据库有 DB2、RDB、Informix、SQL Base、SQL Server、NetWare SQL、Sybase、Oracle 等；同时对桌面数据库如 MS Access、Paradox、dBASE Ⅲ、dBASE Ⅳ、MS FoxPro、Clipper 等也有很好的支持。

3. SmartER

SmartER 是 KBSI 公司的一个智能数据库设计工具。它的体系结构及设计方法，主要采用了 IDEF1X 方法的思想，将现实世界抽象为实体、属性及联系等概念，用标准的 IDEF1X 记号将它们表示出来，作为设计工作中的操作对象，进行数据库模型设计。

SmartER 设计的结果可以是独立于具体实现的概念模型，也可以根据用户指定的 DBMS 平台，生成与平台相关的物理模型。同时，在设计过程中包含了整理文档的功能，在一个设计完成时，一份完整的设计文档也就形成了。

4. InfoModeler

InfoModeler 是 InfoModeler Inc.公司的产品，它是一个数据库设计工具，也可以用来对现有的数据库进行结构分析与设计。

在数据库设计方面，它提供了不寻常的 ORM 建模方法。该方法采用自然语言描述现实环境，并由此生成数据库表，同时 InfoModeler 还提供采用 IDEF1X 技术和关系技术实现的、工业标准的建模方法——逻辑建模方法；在分析过程及修改现有数据库方面，InfoModeler 可以通过 ODBC 访问所有的 DBMS，对于特别流行的 DBMS 还提供专门的访问方法，并可对现有数据库实施逆向工程，将物理模式变成 InfoModeler 所使用的概念模型，对它进行修改后又写回到原数据库中。

11.2.3 概念设计与 ER 模型

1. 概念设计的重要性

在早期的数据库设计中，概念设计并不是一个独立的设计阶段。当时的设计方式是在需求分析之后，直接把用户信息需求得到的数据存储格式转换成 DBMS 能处理的逻辑模型。这样，注意力往往被牵扯到更多的细节限制方面，而不能集中在最重要的信息组织结构和处理模型上。因此在设计依赖于具体 DBMS 的逻辑模型后，当外界环境发生变化时，设计结果就难以适应这个变化。

为了改善这种状况，在需求分析和逻辑设计之间增加了概念设计阶段。此时，设计人员仅从用户角度看待数据及处理需求和约束，尔后产生一个反映用户观点的概念模型（也称为"组织模型"）。将概念设计从设计过程中独立开来，可以使数据库设计各阶段的任务相对单一化，得以有效控制设计的复杂程序，便于组织管理。概念模型能充分反映现实世界中实体间的联系，又是各种基本数据模型的共同基础，同时也容易向现在普遍使用的关系模型转换。

概念模型在数据库的各级模型中的地位已在第 7 章 7.2.4 节中提及。

实体联系模型（ER 模型）是广泛被采用的概念模型设计方法。在前面第 7 章中已做过简单的介绍。它是由 Peter Chen 于 1976 年在题为"实体联系模型：将来的数据视图"论文中提出的。此后 Chen 和其他许多人对它又进行了扩展和修改，出现了 ER 模型的许多变种，且表达的方法没有一定的标准。但是，绝大多数 ER 模型的基本构件相同，只是表示的方法有所差别。这里采用的是一些典型的和流行的符号，所介绍的内容也是一些较普遍和实用的方法。

2. 概念设计方法学

概念设计通常有以下 4 种方法。

（1）自顶向下：首先定义全局概念结构的框架，然后逐步细化。

（2）自底向上：首先定义各局部应用的概念结构，然后将它们集成起来，得到全局概念结构。

（3）逐步扩张：首先定义核心业务的概念结构，然后向外扩充，以滚雪球的方式逐步生成其他概念结构，直至全局概念结构。

（4）混合策略：将自顶向下和自底向上两种方法相结合，首先用自顶向下方法设计一个全局概念结构框架，划分成若干个局部概念结构，再采取自底向上的方法实现全局概念结构加以合并，最终实现全局概念结构。

其中最常用的是第 2 种方法，即自底向上方法。也就是需求分析时采用自顶向下的方法，而在概念设计时采用自底向上的方法。

3. 数据抽象

概念结构是对现实世界的一种抽象。所谓抽象是对实际的人、物、事和概念进行人为处理，抽取所关心的共同特性，忽略非本质的细节，在 ER 模型中把这些特性用实体、联系、属性概念精确地加以描述，这些概念组成了 ER 模型。

在数据抽象时，特别要关心概念之间的联系。一般有 3 种抽象方法：分类、聚集和概括。

（1）分类（Classification）：定义某一类概念作为现实世界中一组对象的类型，这些对象具有共同的特性和行为。它抽象了对象值和类型之间的 is member of（是一个成员）的语义，在 ER 模型中，实体值和实体类型就是这种抽象。譬如张三是学生，这里"张三"是对象，而"学生"就是实体类型，表示张三是学生的一个成员，具有学生们共同的特性和行为。

（2）聚集（Aggregation）：定义某一类型的组成部分。它抽象了对象内部类型和成分之间 is part of（是一部分）的语义。在 ER 模型中若干属性的聚集组成了实体类型，就是这种抽象，譬如学生由学号、姓名、地址等属性聚集而成。更复杂的聚集是某类型的成分仍是一个聚集，譬如，地址又可以是省、市、区、街道、门牌号聚合而成。

（3）概括（Generalization）：定义类型之间的一种子集联系。它抽象了类型之间的 is subsetof 的语义。如学生是一个实体类型，而本科生、研究生也是实体类型，但本科生、研究生均是学生的子集，此时把学生称为超类，本科生、研究生称为学生的子类。有时这种联系也称为 is a 联系，譬如，本科生是一个学生，研究生是一个学生等。概括有一个很重要的性质：继承性。子类继承超类上定义的所有抽象，但子类还可以增加自己的某些特殊属性。

4. ER 模型的基本元素

ER 模型的基本元素是：实体、联系和属性，下面分别介绍。

（1）实体

实体、实体集、实体类型的定义如下所述。

- 实体（Entity）是一个数据对象，指应用中可以区别的客观存在的事物。
- 实体集（Entity Set）是指同一类实体构成的集合。
- 实体类型（Entity Type）是对实体集中实体的定义。

由于实体、实体集、实体类型等概念的区分在转换成数据库的逻辑设计时才要考虑，因此在不引起混淆的情况下，一般将实体、实体集、实体类型等概念统称为实体。由此可见，ER 模型中提到的实体往往是指实体集。

在 ER 模型中，实体用方框表示，方框内注明实体的命名。实体名常用大写字母开头的用具体意义的英文名词表示。但建议实体名在需求分析阶段用中文表示，在设计阶段再根据需要转成英文形式，这样有利于软件工作人员和用户之间的交流。下面的联系名和属性名也采用这种方式。

（2）联系

现实世界中，实体不是孤立的，实体之间是有联系的。例如"职工在某部门工作"是实体"职工"和"部门"之间的联系，"学生在某教室听某老师讲的课程"是"学生"、"教室"、"老师"和"课程"等 4 个实体之间有联系；而"零件之间有组合联系"表示"零件"实体之间有联系。

联系、联系集、联系类型的定义如下所述。

- 联系（Relationship）表示一个或多个实体之间的关联关系。
- 联系集（Relationship Set）是指同一类联系构成的集合。
- 联系类型（Relationship Type）是对联系集中联系的定义。

同实体一样，一般将联系、联系集、联系类型等统称为联系。

联系是实体之间的一种行为，所以在英语国家中，一般用动名词来命名联系，我们则用汉语动词，譬如"工作"、"参加"、"属于"、"入库"、"进库"等。

在 ER 图中，联系用菱形框表示，并用线段将其与相关的实体连接起来。由于一个实体可能涉及多个联系，在每个联系中所扮演的角色也会不同，如实体"职工"，在管理联系中可能扮演经理的角色，在保健联系中扮演病人的角色，在储蓄联系中扮演客户的角色。实体的角色为该实体在该联系中所起的作用。

（3）属性

实体的某一特性称为属性（Attribute）。在一个实体中，能够唯一标识实体的属性或属性集称为"实体标识符"。

如职工有工号、姓名、性别、年龄等属性，其中工号为实体标识符。但一个实体只有一个标识符，没有候选标识符的概念，实体标识符有时也称为实体的主键。在 ER 图中，属性用椭圆形框表示，加下划线的属性为标识符。

属性域是属性的可能取值范围，也称为属性的值域。抽象地说，属性将实体集合中每个实体和该属性的值域的一个值联系起来。实体属性的一组特定值，确定了一个特定的实体，实体的属性值是数据库中存储的主要数据。

联系也会有属性，用于描述联系的特征，如参加工作时间、入库数量等，但联系本身没有标识符。

5. 属性的分类

为了在 ER 图中准确设计实体或联系的属性，需要把属性的种类、取值特点等先了解清楚。属性有多种划分方法。

（1）简单属性和复合属性

根据属性类别可分为简单属性（Simple Attribute）和复合属性（Composite Attribute）。简单属性是不可再分割的属性，譬如，性别和年龄都是简单属性。复合属性是可再分解为其他属性的属性（即属性可嵌套），譬如，地址属性可分解为邮政编码、省（市）名、区名、街道 4 个子属性，街道又可分解为街道名、门牌号码两个子属性。复合属性形成了一个属性的层次结构。图 11-1 表示了地址这个复合属性的层次结构图。

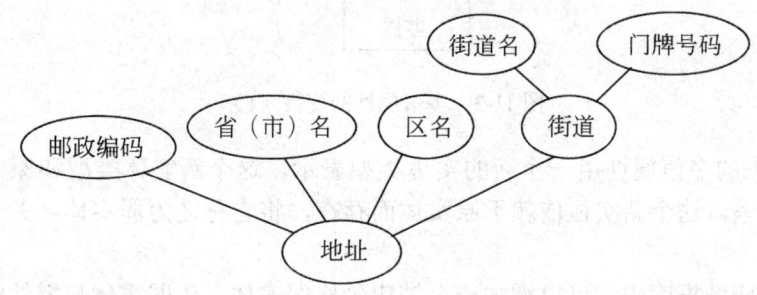

图 11-1　地址属性的层次结构

（2）单值属性和多值属性

根据属性的取值特点又可分为单值属性（Single-Valued Attribute）和多值属性（Multivalued Attribute）。单值属性指的是同一实体的属性只能取一个值，譬如，同一个学生只能具有一个年龄，所以年龄属性是一个单值属性。多值属性指同一实体的某些属性可能取多个值，譬如，一个人的学位是一个多值属性（学士，硕士和博士）；一种零件可能有多种销售价格（经销、代销，批发和零售）。图 11-2 表示了实体零件的表示形式，多值属性用双线椭圆形表示。

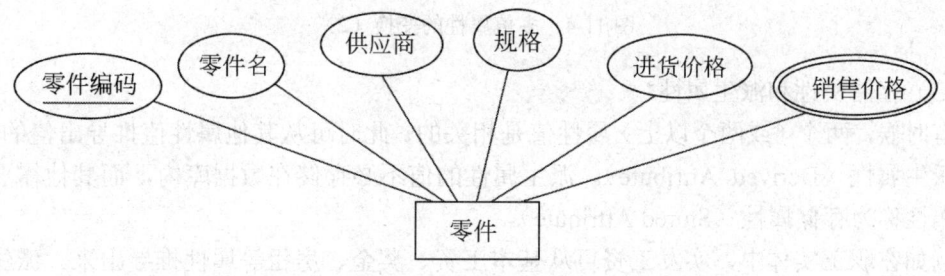

图 11-2　多值属性的表示

如果用上述的方法简单地表示多值属性，在数据库的实施过程中，将会产生大量的数据冗余，造成数据库潜在数据异常、数据不一致性和完整性的缺陷。所以，应该修改原来的 ER 模型，对多值属性进行变换。通常有下列两种变换方法。

① 将原来的多值属性用几个新的单值属性来表示。在零件供应数据库中，销售价格可分解为销售性质（经销、代销、批发和零售）和销售价格两个属性，变换结果如图 11-3 所示。

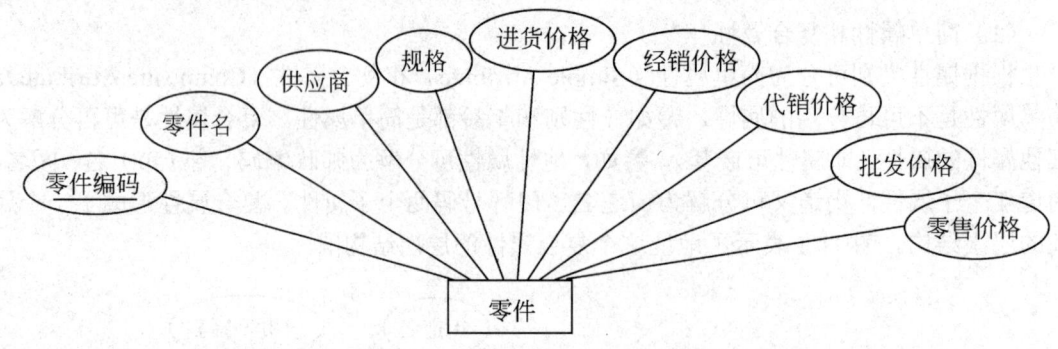

图 11-3　多值属性的变换（1）

② 将原来的多值属性用一个新的实体类型表示。这个新实体类型和原来的实体类型之间是 1:N 联系。这个新实体依赖于原实体而存在，将它称之为弱实体。关于弱实体后面将专门介绍。

在零件供应数据库中，可以增加一个销售价格弱实体，该弱实体与零件实体具有存在联系。变换的结果如图 11-4 所示。

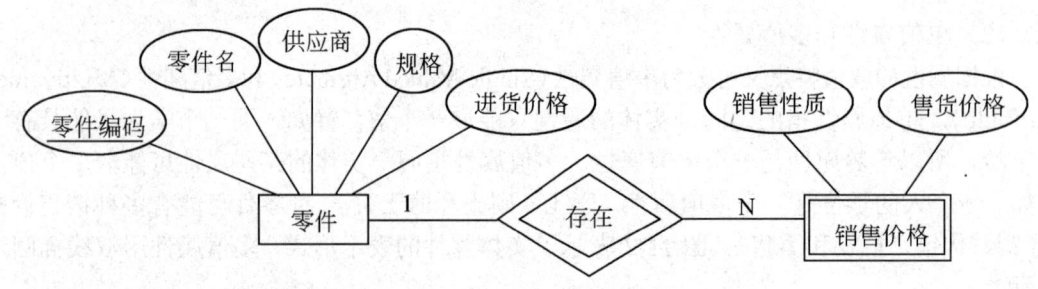

图 11-4　多值属性的变换（2）

（3）存储属性和派生属性

有时候，两个（或两个以上）属性值是相关的。此时可从其他属性值推导出值的属性，称为派生属性（Derived Attribute）。派生属性的值不必存储在数据库内，而其他需要存储值的属性称为存储属性（Stored Attribute）。

例如在职工实体中，实发工资可从基本工资、奖金、房租等属性推导出来。派生属性的值不仅可以从其他属性导出，有时也可以从其他有关的实体导出。派生属性用虚线椭圆形与实体相连，如图 11-5 所示。

（4）允许为空值的属性

当实体在某个属性上没有值时应使用空值（Null Value）。例如，如果某个员工尚未婚配，那么该员工的配偶属性值将是 Null，表示"无意义"。Null 还可以用于值未知时。未知的值可能是缺失的（即值存在，只不过没有该信息）或不知道的（不能确定该值是否真的存在）。譬如某个员工在配偶值处填上空值，实际上至少有以下 3 种情况。

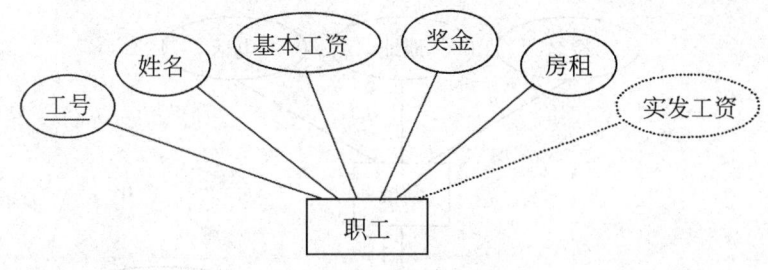

图 11-5　派生属性的表示

- 该员工尚未婚配，即配偶值无意义。（这种空值，称为"占位空值"）
- 该员工已婚配，但配偶名尚不知。（这种空值，称为"未知空值"）
- 该员工是否婚配，还不能得知。

在数据库中，空值是很难处理的一种值。

（5）复杂属性

复合属性和多值属性能以任意方式嵌套。此时，把复合属性的组成属性放在圆括号（ ）内，用逗号分割，多值属性放在花括号{ }内。可以以任意方式嵌套的复合属性和多值属性，称为复杂属性（Complete Attribute）。例如一个学生可以选修多门课程，有多个成绩，那么其成绩可用下列形式表示：

```
STUDENT_COURSE（S#,{ C#,CNAME,(T#,TNAME,TITLE),SCORE }）
```

（6）属性的域

实体的每个简单属性都和一个值集（或域）相联系。值集是指每个单独实体的属性可能具有的值的集合。

6. 联系的设计

一个联系涉及到的实体集个数，称为该联系的元数或度数（Degree）。

通常，同一个实体集内部实体之间的联系，称为一元联系，也称为递归联系；两个不同实体集、实体之间的联系，称为二元联系；3 个不同实体集实体之间的联系，称为三元联系，以此类推。

联系类型的约束限制了参与联系的实体的数目，有两类联系约束：基数约束和参与约束。

（1）基数约束

下面先定义二元联系的映射基数。

实体集 E1 和 E2 之间有二元联系，则参与一个联系中的实体数目称为映射基数。

对于二元联系类型，可能的映射基数有 1∶1，1∶N，M∶N，M∶1 等 4 种。由于 M∶1 是 1∶N 的反面，因此通常就不再提及。1∶1，1∶N 和 M∶N 的定义已在第 7 章给出。

【例 11-1】　下面对二元联系的 1∶1、1∶N 和 M∶N 3 种情况分别举例说明。

① 设教育系统中学校与校长有 1∶1 联系，其 ER 图如图 11-6 所示。

② 设学校中系与教师间的联系是 1∶N 联系，其 ER 图如图 11-7 所示。

③ 设学生与课程间的联系是 M∶N，其 ER 图如图 11-8 所示。

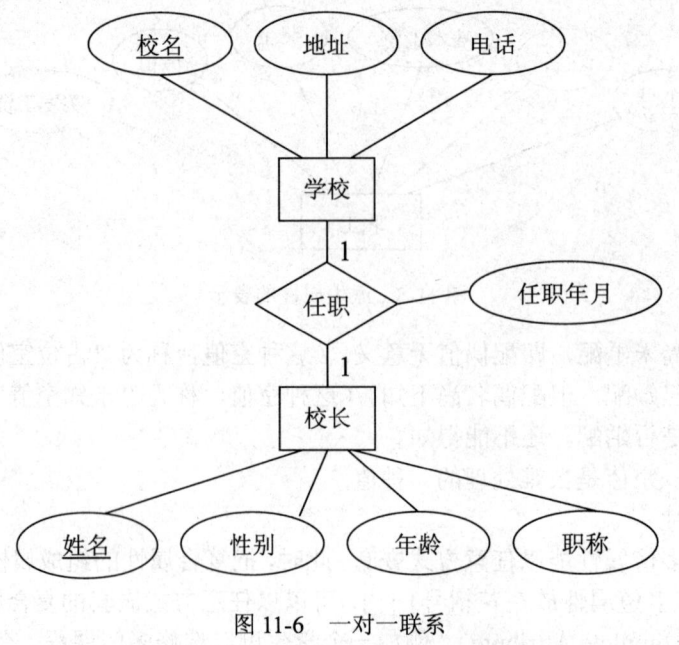

图 11-6　一对一联系

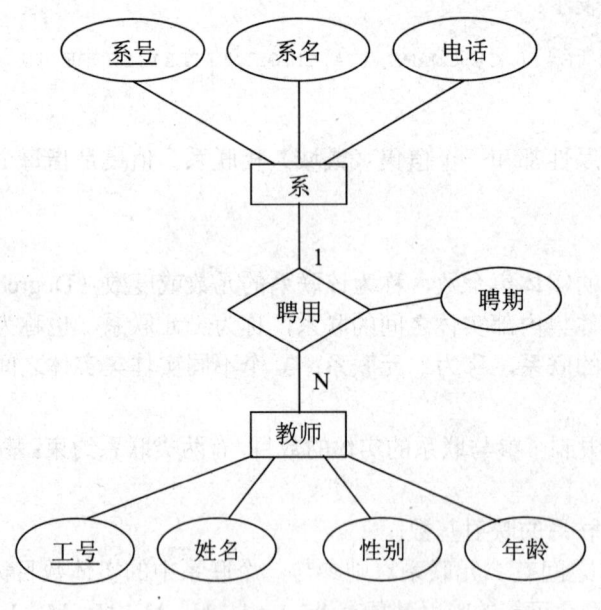

图 11-7　一对多联系

类似地，也可给出一元联系、三元联系的映射基数例子。

【例 11-2】　下面列举一元联系映射基数的 3 种方式。

① 运动员根据其得分来排列名次。在名次排列中，排在他前面只有一个人，排在他后面也只有一个人。也就是运动员之间有 1：1 联系，其 ER 图如图 11-9 所示。

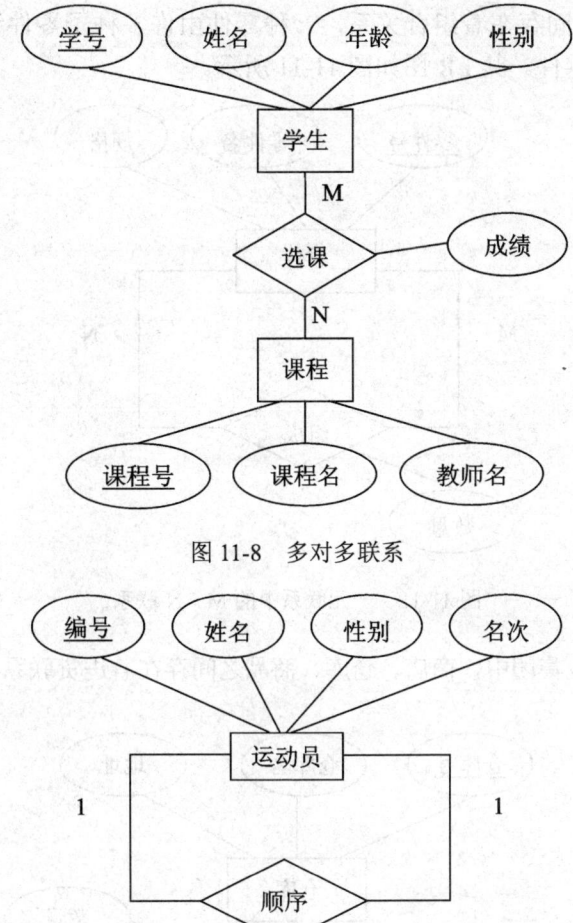

图 11-8　多对多联系

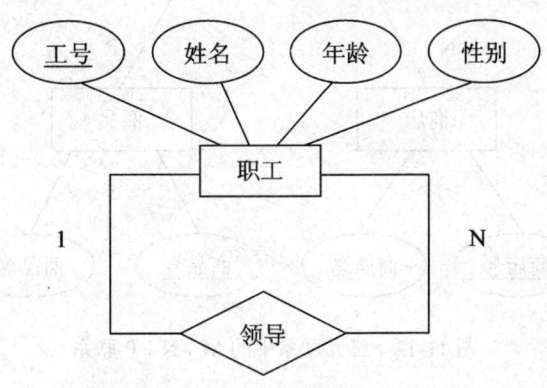

图 11-9　一元联系中的 1：1 联系

② 职工之间的上下级联系有 1：N 联系，其 ER 图如图 11-10 所示。

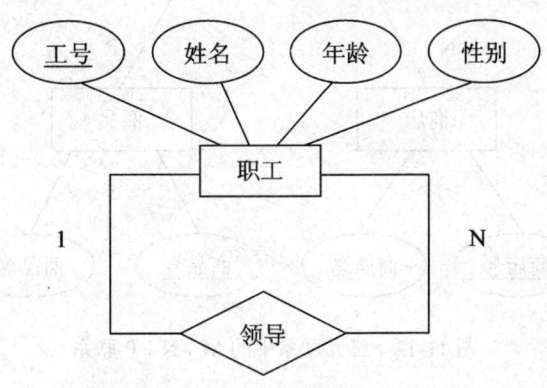

图 11-10　一元联系中的 1：N 联系

③ 工厂的零件之间存在着组合关系，一种零件由许多种子零件组成，而一种零件也可以是其他零件的子零件。其 ER 图如图 11-11 所示。

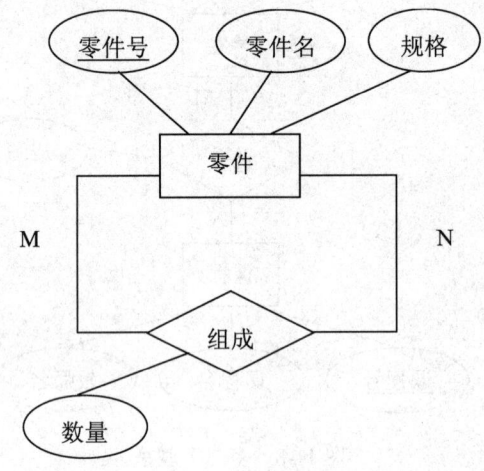

图 11-11　一元联系中的 M∶N 联系

【例 11-3】　某商业集团中，商店、仓库、商品之间存在着进货联系，其 ER 图如图 11-12 所示。

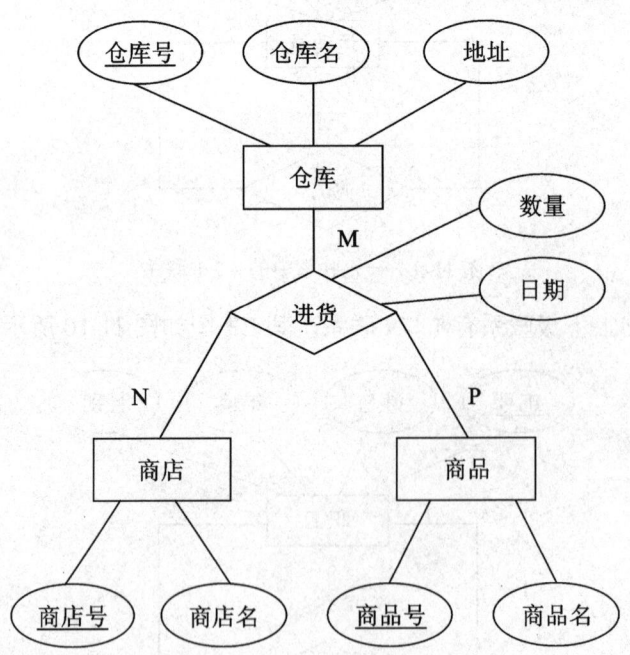

图 11-12　三元联系中的 M∶N∶P 联系

在具体实现时，有时对映射基数还要做出更精确的描述，即对参与联系的实体数目指明相关的最小映射基数 1 和最大映射基数 h，用范围 "1···h" 的方式表示。譬如 "1···*" 表示参与联系的实体至少为 1 个，上界没有限制，即 "*" 表示 "∞"。

【例 11-4】 设教师和课程之间有 1:N 联系。如果进一步规定，每位教师可讲授 3 门课，也可只搞研究而不教课；每门课程必须有一位教师上课。也就是，教师的基数是（0，3），课程的基数是（1，1），如图 11-13 所示。

读者应注意，很容易将"教师"与"讲授"之间边上的（0，3）曲解为联系是从"教师"到"课程"的 M:1 联系，而这正好和正确的解释相反。

学校里规定学生每学期至少选修 1 门课程，最多选修 6 门课程；每门课程至多有 50 人选修，最少可以没人选修。也就是，学生的基数是（1，6），课程的基数是（0，50），如图 11-14 所示。

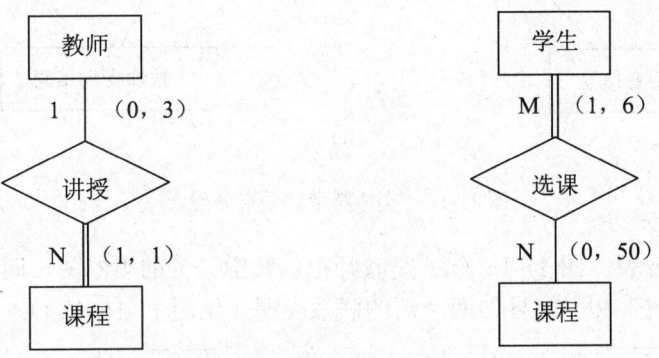

图 11-13　教师和课程之间的映射基数　　图 11-14　联系的连通词和实体的基数

（2）参与约束

如果实体集 E 中的每个实体都参与联系集 R 的至少一个联系中，称实体集 E 全部参与联系集 R。如果实体集 E 中只有部分实体参与联系集 R 的联系中，称实体集 E 部分参与联系集 R。在 ER 图中表示时，全部参与用双线边表示，部分参与用单线边表示。例如，在图 11-13 中，教师与课程是 1：N 联系，教师是部分参与，用单线边表示，课程是全部参与，用双线边表示。在图 11-14 中，学生与课程是 M：N 联系，学生是全部参与，用双线边表示，课程是部分参与，用单线边表示。

一般，为了简化，很少在 ER 图上考虑参与约束，联系全部用单线边表示。

7. ER 模型的操作

在数据库设计过程中，常常要对 ER 图进行种种变化。这种变化称为 ER 模型的操作，包括实体类型、联系类型和属性的分裂、合并、增删等。

分裂方式有水平分裂和垂直分裂两种。例如把教师分裂成男教师与女教师两个实体类型，这是水平分裂。也可把教师中经常变化的属性组成一个实体类型。而把固定不变的属性组成另一个实体类型，这是垂直分裂（见图 11-15）。但应注意在垂直分裂中，键必须在分裂后的诸实体类型中出现。

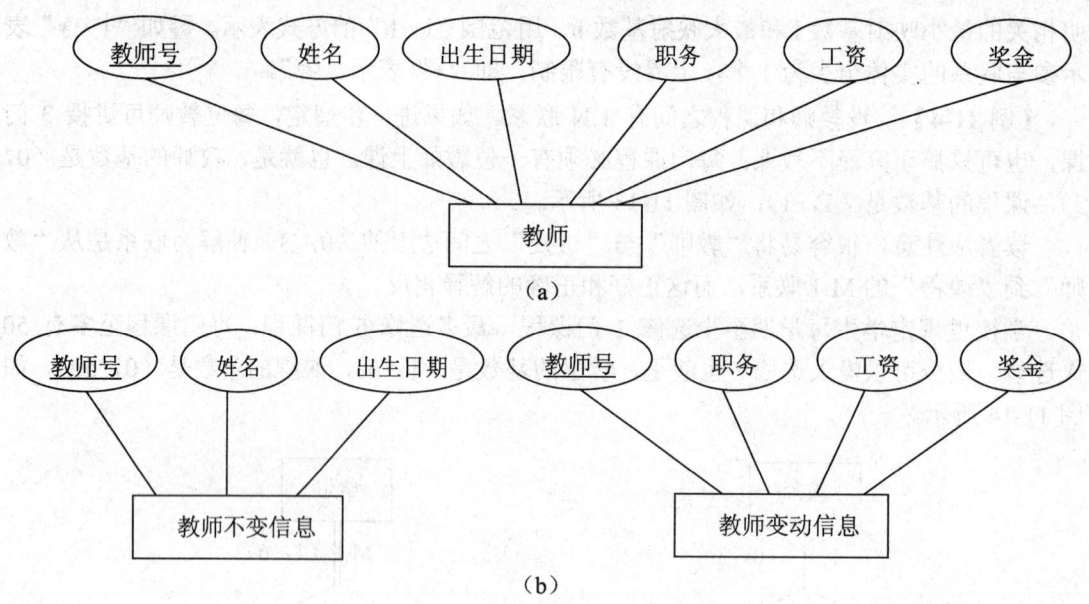

图 11-15　实体类型的垂直分裂

联系类型也可分裂。图 11-16（a）是教师担任教学任务的 ER 图，而"担任"联系类型可以分裂为"主讲"和"辅导"两个新的联系类型（见图 11-16（b））。

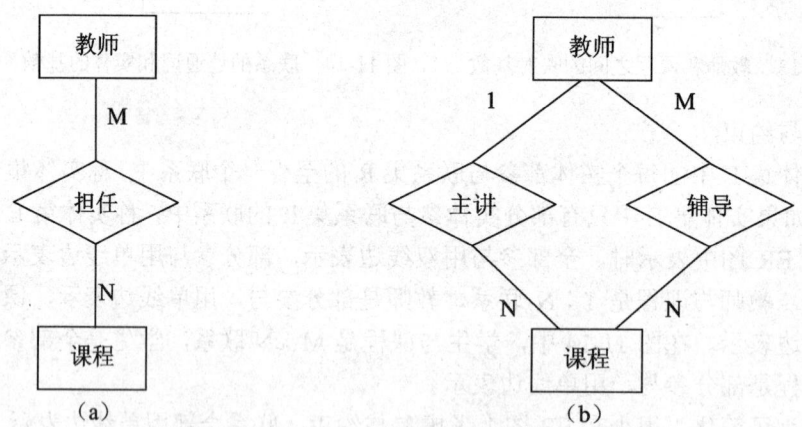

图 11-16　联系类型的分裂

合并是分裂操作的逆过程。但必须注意：合并的联系类型必须是定义在相同的实体类型组合中，否则是不合法的合并，图 11-17 的合并就是不合法的合并。

8. 采用 ER 模型的数据库概念设计步骤

采用 ER 模型进行数据库的概念设计，可以分成 3 步进行：首先设计局部 ER 模型，然后把各局部 ER 模型综合成一个全局 ER 模型，最后对全局 ER 模型进行优化，得到最终的 ER 模型，即概念模型。

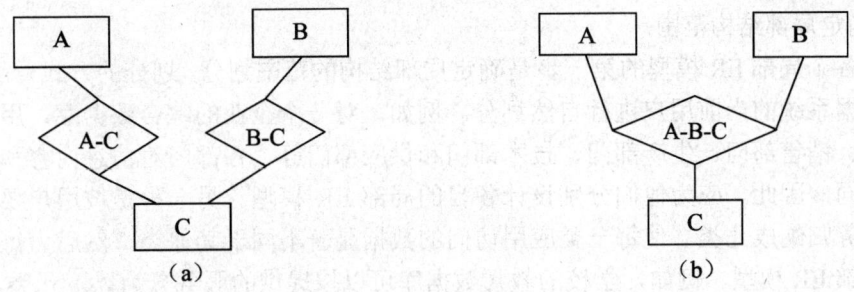

图 11-17　不合法的合并

（1）设计局部 ER 模型

通常，一个数据库系统都是为多个不同用户服务的。各个用户对数据的观点可能不一样，信息处理需求也可能不同。在设计数据库概念结构时，为了更好地模拟现实世界，一个有效的策略是"分而治之"，即先分别考虑各个用户的信息需求，形成局部概念结构，然后再综合成全局结构。在 ER 方法中，局部概念结构又称为局部 ER 模型，其图形表示称为局部 ER 图。局部 ER 模型的设计过程如图 11-18 所示。

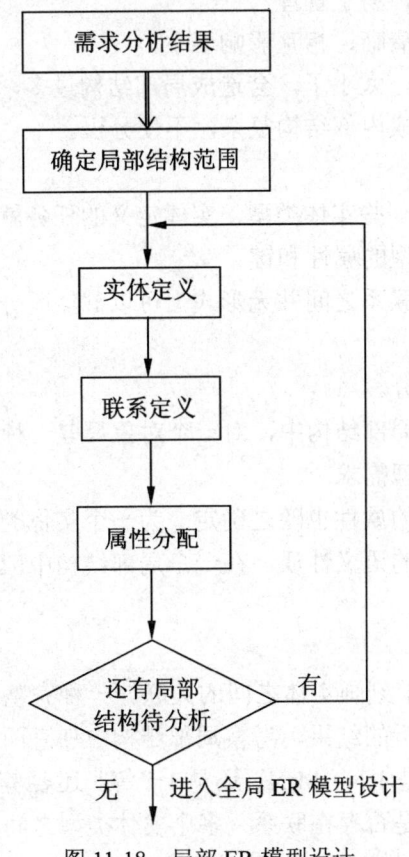

图 11-18　局部 ER 模型设计

① 确定局部结构范围

设计各个局部 ER 模型的第一步是确定局部结构的范围划分，划分的方式一般有两种。一种是依据系统的当前用户进行自然划分。例如，对一个企业的综合数据库，用户有企业决策集团、销售部门、生产部门、技术部门和供应部门等，各部门对信息内容和处理的要求明显不同，因此，应为他们分别设计各自的局部 ER 模型。另一种是按用户要求数据库提供的服务归纳成几类，使每一类应用访问的数据显著不同于其他类，然后为每类应用设计一个局部 ER 模型。例如，学校的教师数据库可以按提供的服务分为以下几类。

- 教师的档案信息（如姓名、年龄、性别和民族等）的查询。
- 对教师的专业结构（如毕业专业、现在从事的专业及科研方向等）进行分析。
- 对教师的职称、工资变化的历史分析。
- 对教师的学术成果（如著译、发表论文和科研项目获奖情况）查询分析。

这样做的目的是为了更准确地模仿现实世界，以减少统一考虑一个大系统所带来的复杂性。

局部结构范围的确定要考虑下述因素。

- 范围的划分要自然，易于管理。
- 范围之间的界面要清晰，相互影响要小。
- 范围的大小要适度。太小了，会造成局部结构过多，设计过程繁琐，综合困难；太大了，则容易造成内部结构复杂，不便分析。

② 实体定义

每一个局部结构都包括一些实体类型，实体定义的任务就是从信息需求和局部范围定义出发，确定每一个实体类型的属性和键。

事实上，实体、属性和联系之间并无形式上可以截然区分的界限，划分的依据通常有以下 3 条。

- 采用人们习惯的划分。
- 避免冗余，在一个局部结构中，对一个对象只取一种抽象形式，不要重复。
- 依据用户的信息处理需求。

实体类型确定之后，它的属性也随之确定。为一个实体类型命名并确定其键也是很重要的工作。命名应反映实体的语义性质，在一个局部结构中应是唯一的；键可以是单个属性，也可以是属性的组合。

③ 联系定义

ER 模型的"联系"用于刻画实体之间的关联。一种完整的方式是对局部结构中任意两个实体类型，依据需求分析的结果，考察局部结构中任意两个实体类型之间是否存在联系。若有联系，进一步确定是 1:N，M:N，还是 1:1 等。还要考察一个实体类型内部是否存在联系，两个实体类型之间是否存在联系，多个实体类型之间是否存在联系等等。

在确定联系类型时，应注意防止出现冗余的联系（即可从其他联系导出的联系），如果存在，要尽可能地识别并消除这些冗余联系，以免将这些问题遗留给综合全局的 ER 模式阶段（图 11-19 所示的"教师与学生之间的授课联系"就是一个冗余联系的例子）。

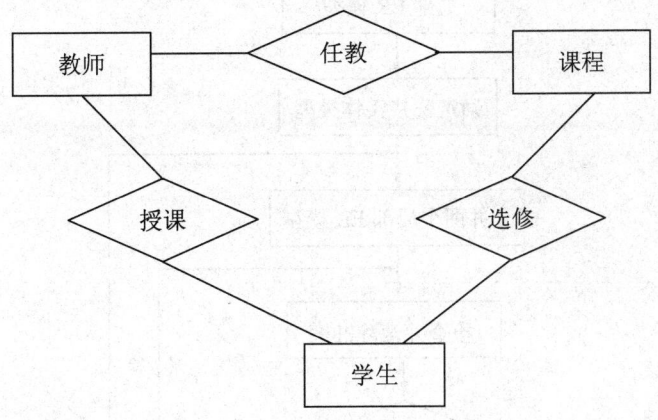

图 11-19　冗余联系的例子

联系类型确定后，也需要命名和确定键。命名应反映联系的语义性质，通常采用某个动词命名，如"选修"、"讲授"、"辅导"等。与实体类型不同的是联系类型没有标识符概念。

④　属性分配

实体与联系都确定下来后，局部结构中的其他语义信息大部分可用属性描述。这一步的工作有两类：一是确定属性，二是把属性分配到有关实体和联系中去。

确定属性的原则是：属性应该是不可再分解的语义单位；实体与属性之间的关系只能是 1:N 的；不同实体类型的属性之间应无直接关联关系。

属性不可分解的要求是为了使模型结构简单化，不出现嵌套结构。例如，在教师管理系统中，教师工资和职务作为表示当前工资和职务的属性，都是不可分解的。但若用户关心的是教师工资和职务变动的历史，则不能再把它们处理为属性，而可能抽象为实体了。

当多个实体类型用到同一属性时，将导致数据冗余，从而可能影响存储效率和完整性约束，因而需要确定把它分配给哪个实体类型。一般把属性分配给那些使用频率最高的实体类型，或分配给实体值少的实体类型。

有些属性不宜归属于任一实体类型，只说明实体之间联系的特性。例如，某个学生选修某门课的成绩，既不能归为学生实体类型的属性，也不能归为课程实体类型的属性，应作为"选修"联系类型的属性。

（2）设计全局 ER 模型

所有局部 ER 模型都设计好后，接下来就是把它们综合成单一的全局概念结构。全局概念结构不仅要支持所有局部 ER 模型，而且必须合理地表示一个完整、一致的数据库概念结构（有的书上称此步工作为"视图集成"，这里的"视图"特指本书所说的局部概念结构）。全局 ER 模型的设计过程如图 11-20 所示。

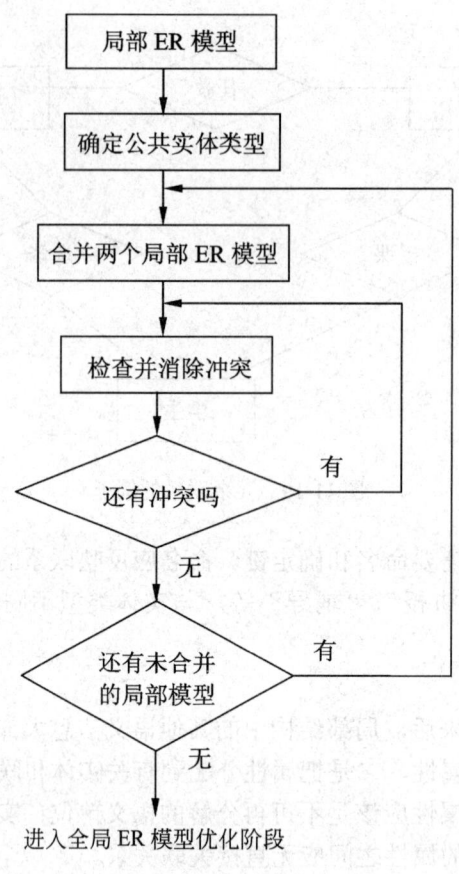

图 11-20　全局 ER 模型设计

① 确定公共实体类型

为了给多个局部 ER 模型的合并提供开始合并的基础，首先要确定各局部结构中的公共实体类型。

公共实体类型的确定并非一目了然。特别是当系统较大时，可能有很多局部模式，这些局部 ER 模式是由不同的设计人员确定的，因而对同一现实世界的对象可能给予不同的描述。有的作为实体类型，有的又作为联系类型或属性。即使都表示成实体类型，实体类型名和键也可能不同，在这一步中，仅根据实体类型名和键来认定公共实体类型。一般把同名实体类型作为公共实体类型的一类候选，把即具有相同键的实体类型作为公共实体类型的另一类候选。

② 局部 ER 模型的合并

合并的顺序有时影响处理效率和结果。建议的合并原则是：首先进行两两合并，先合并那些现实世界中有联系的局部结构；合并从公共实体类型开始，最后再加入独立的局部结构。

进行二元合并是为了减少合并工作的复杂性。后两项原则是为了使合并结果的规模尽可能小。

③ 消除冲突

由于各类应用不同，不同的应用通常又由不同的设计人员设计成局部 ER 模式，因此局部 ER 模式之间不可避免地会有不一致的地方，称之为冲突。通常，把冲突分为以下 3 种类型。

- 属性冲突，包括属性域的冲突，即属性值的类型、取值范围或取值集合不同。例如，重量单位有的用千克，有的用克。
- 结构冲突，包括同一对象在不同应用中的不同抽象。如职工，在某个应用中为实体，而在另一应用中为属性。同一实体在不同局部 ER 图中属性组成不同，包括属性个数、次序。实体之间的联系在不同的局部 ER 图中呈现不同的类型。如，E_1 与 E_2 在某一应用中是多对多联系，而在另一应用中是一对多联系；在某一应用中 E_1 与 E_2 发生联系，而在另一应用中，E_1、E_2 与 E_3 三者之间有联系。
- 命名冲突，包括属性名、实体名、联系名之间的冲突。同名异义，即不同意义的对象具有相同的名字；异名同义，即同一意义的对象具有不同的名字。

属性冲突和命名冲突通常采用讨论、协商等行政手段解决，结构冲突则要认真分析后才能解决。

设计全局 ER 模型的目的不在于把若干局部 ER 模型形式上合并为一个 ER 模型，而在于消除冲突，使之成为能够被全系统中所有用户共同理解和接受的统一的概念模型。

（3）全局 ER 模型的优化

在得到全局 ER 模型后，为了提高数据库系统的效率，还应进一步依据处理需求对 ER 模型进行优化。一个好的全局 ER 模型，除能准确、全面地反映用户功能需求外，还应满足下列条件：实体类型的个数尽可能少，实体类型所含属性个数尽可能少，实体类型间联系无冗余。

但是，这些条件不是绝对的，要视具体的信息需求与处理需求而定。下面给出几个全局 ER 模型的优化原则。

① 实体类型的合并

这里的合并不是前面的"公共实体类型"的合并，而是相关实体类型的合并。在公共模型中，实体类型最终转换成关系模式，涉及多个实体类型的信息要通过连接操作获得。因而减少实体类型个数，可减少连接的开销，提高处理效率。

一般在权衡利弊后，可以把 1∶1 联系的两个实体类型合并。

具有相同键的实体类型常常是从不同角度刻画现实世界，如果经常需要同时处理这些实体类型，那么也有必要合并成一个实体类型。但这时可能产生大量空值，因此，要对存储代价、查询效率进行权衡。

② 冗余属性的消除

通常在各个局部结构中是不允许冗余属性存在的。但在综合成全局 ER 模型后，可能产生全局范围内的冗余属性。例如，在教育统计数据库的设计中，一个局部结构含有高校毕业生数、招生数、在校学生数和预计毕业生数，另一局部结构中含有高校毕业生数、招生数、分年级在校学生数和预计毕业生数。各局部结构自身都无冗余，但综合成一个全局 ER 模型时，在校学生数即成为冗余属性，应予消除。

一般同一非键的属性出现在几个实体类型中，或者一个属性值可从其他属性的值导出，此时，应把冗余的属性从全局模型中去掉。

冗余属性消除与否，也取决于它对存储空间、访问效率和维护代价的影响。有时为了兼顾访问效率，有意保留冗余属性。这当然会造成存储空间的浪费和维护代价的提高。

③ 冗余联系的消除

在全局模式中可能存在有冗余的联系，通常利用规范化理论中函数依赖的概念消除冗余联系。

下面以一个稍大一点的例子来看看如何消除冗余。

【例 11-5】 图 11-21 是某大学学籍管理子系统的局部 ER 图，图 11-22 课程管理子系统的局部 ER 图，图 11-23 为教师管理子系统的局部 ER 图，现将几个局部 ER 图综合成全局 ER 图。

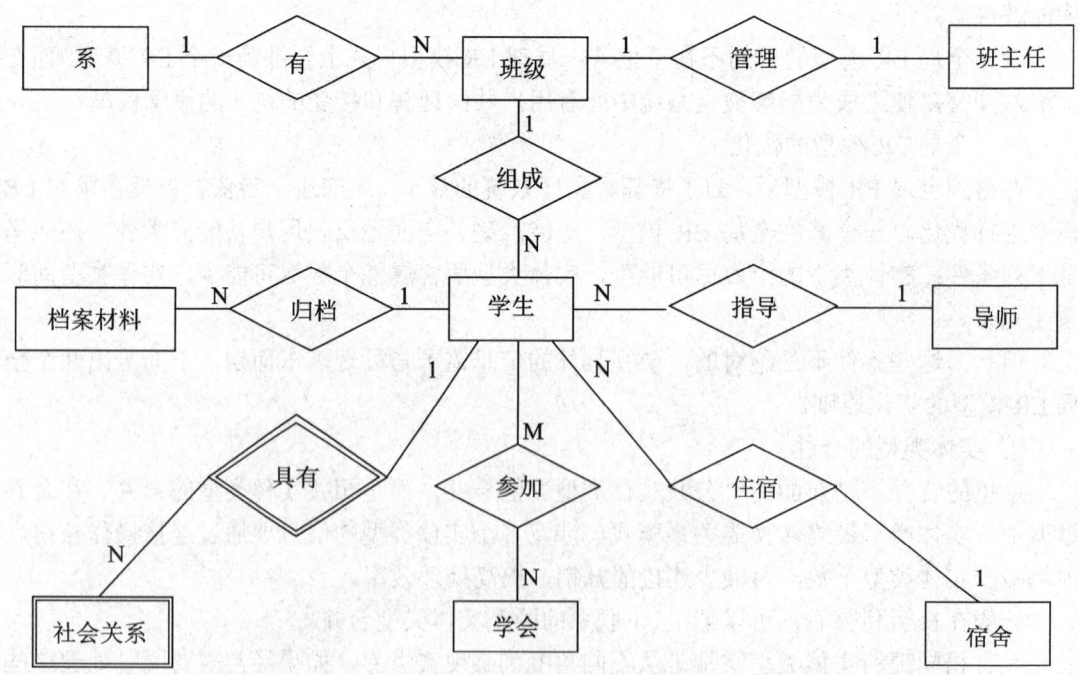

图 11-21　学籍管理子系统的局部 ER 图

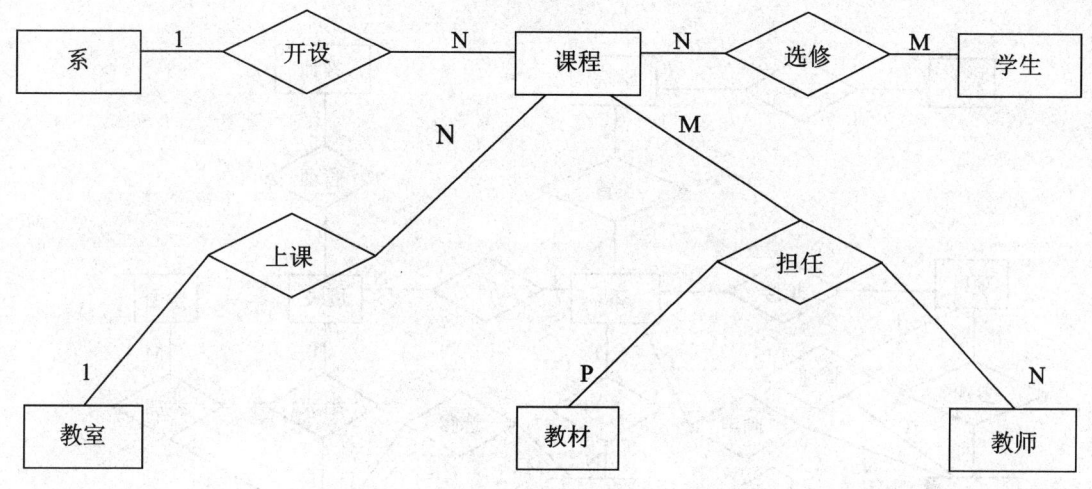

图 11-22　课程管理子系统的局部 ER 图

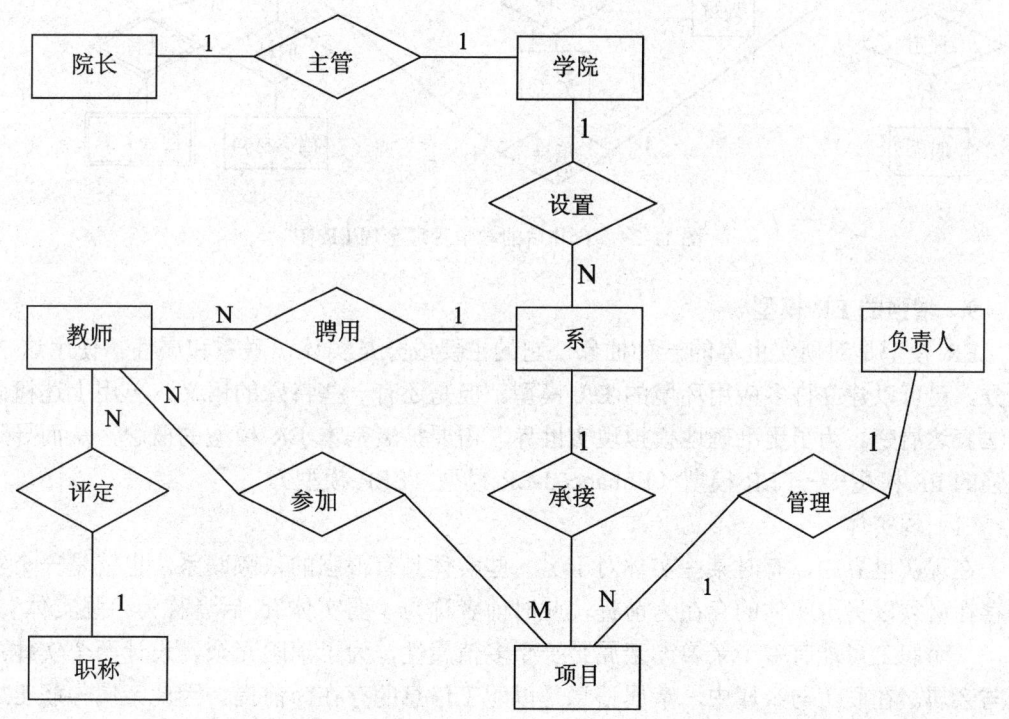

图 11-23　教师管理子系统的局部 ER 图

　　在综合过程中，学籍管理中的班主任和导师实际上也属于教师，可以将其与课程管理中的"教师"实体合并；教师管理子系统中的项目"负责人"也属于"教师"，所以也可以合并。这里实体可以合并，但联系依然存在。合并后的 ER 图如图 11-24 所示。

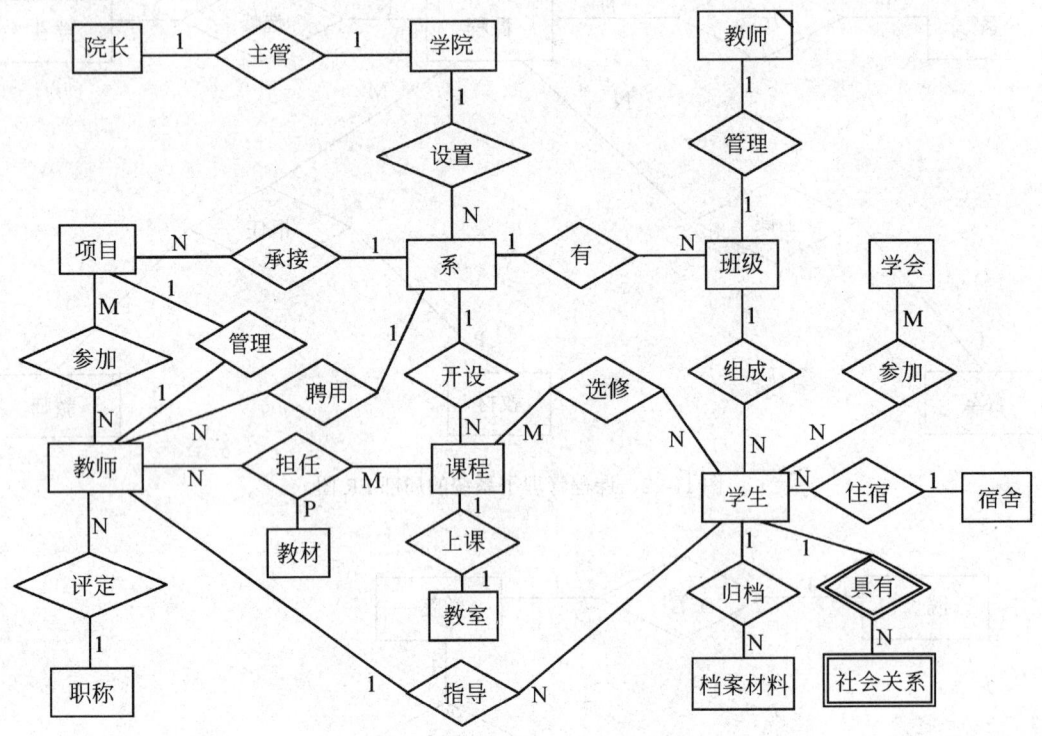

图 11-24　合并后的教学管理全局 ER 图

9. 增强的 ER 模型

ER 模型是对现实世界的一种抽象，它的主要成分是实体、联系和属性。使用这 3 种成分，已可以建立许多应用环境的 ER 模型。但是还有一些特殊的语义，单用上述概念尚无法表达清楚。为了更准确地模拟现实世界，需要扩展基本 ER 模型的概念，从而导致了增强的 ER 模型——EER 模型（Enhanced-ER 模型，EER 模型）。

（1）弱实体

在现实世界中，有时某些实体对于另一些实体具有很强的依赖联系。也就是一个实体的存在必须以另一实体的存在为前提，此时前者称为"弱实体"，后者称为"强实体"。比如，一个职工可能有有多个亲属，亲属是一个多值属性，为了消除冗余，设计两个实体：职工与亲属。在职工与亲属中，亲属信息是以职工信息的存在为前提。因此亲属与职工之间存在着一种依赖联系。

一个实体对于另一个实体（称为父实体）具有很强的依赖联系，而且该实体主键的一部分或全部从其父实体中获得，称该实体为弱实体。

在 ER 模型中，弱实体用双线矩形框表示。与弱实体联系的联系，用双线菱形框表示。应该注意，父实体与弱实体的联系只能是 1∶1 或 1∶N。

【例 11-6】 在人事管理系统中，亲属的存在是以职工的存在为前提，即亲属对于职工具有依赖联系，所以说亲属是弱实体。又如商业应用系统中，顾客地址与顾客之间也有类似的联系（一般顾客可以有若干个联系地址）。图 11-25 是依赖联系与弱实体的表示方法。

在职工与亲属的 ER 图中，转换成如下两个关系模式。

职工（职工号，职工姓名，性别，年龄）

亲属（职工号，称呼，姓名，工作单位）

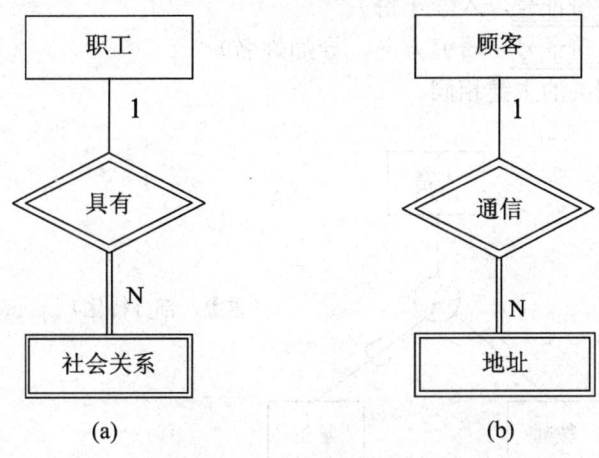

图 11-25　弱实体的表示方法

（2）子类实体与超类实体

子类和超类的概念最先出现在面向对象技术中。虽然关系模型中要实现子类和超类的概念还不行，但在 ER 模型设计中立即采用了子类和超类的概念。

在现实世界中，实体类型之间可能存在着抽象与具体的联系。譬如学校人事系统中有人员、教师、学生、本科生和研究生等实体类型。这些概念之间，"人员"是比"教师"、"学生"更为抽象、概化（Generalization）的概念，而"教师"、"学生"是比"人员"更为具体、特化（Specialization）的概念。

当较低层上实体类型表达了与之联系的较高层上的实体类型的特殊情况时，就称较高层上实体类型为超类型（Supertype），较低层上实体类型为子类型（Subtype）。

在数据库设计中，从子类到超类的抽象化过程称为"概化"，这是自底向上的概念综合（Synthesis）；从超类到子类的具体化过程称为"特化"，这是自顶向下的概念改进（Refinement）。

子类与超类有以下两个性质。

① 子类与超类之间具有继承性特点，即子类实体继承超类实体的所有属性。但子类实体本身还可以包含比超类实体更多的属性。

② 这种继承性是通过子类实体和超类实体由相同的实体标识符实现的。

【例 11-7】 学校人事系统中实体之间的联系可用图 11-26 表示。相邻的上层实体称为超类实体，下层实体称为子类实体。譬如"学生"是"人员"的子类实体，但又是"本科生"和"研究生"的超类实体。根据子类和超类的定义和性质，这个结构转换成的关系模式如下所示。

　　　人员（<u>身份证号</u>，姓名，年龄，性别）
　　　教师（<u>身份证号</u>，教师编号，职称）
　　　学生（<u>身份证号</u>，学号，系别，专业）
　　　本科生（<u>身份证号</u>，入学年份）
　　　研究生（<u>身份证号</u>，研究方向，导师姓名）

这里，子类和超类的主键相同。

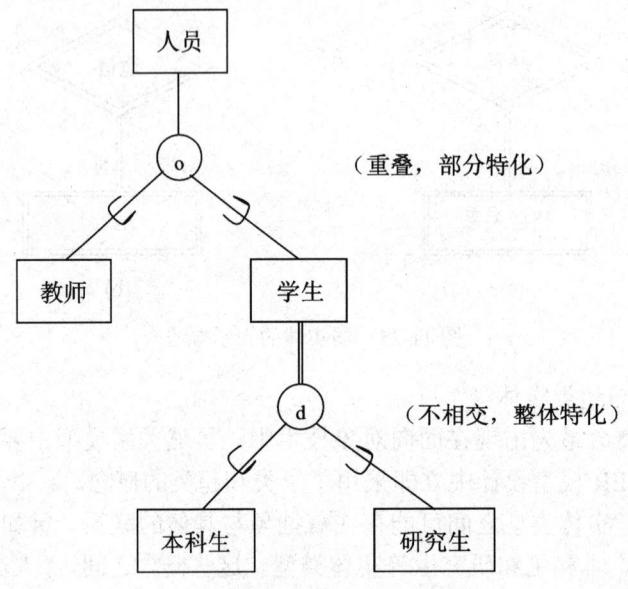

图 11-26　继承性的层次式联系

此外，有两种约束适用于特化过程：不相交约束和完备性约束。

① 不相交约束（Disjointness Constraint）

不相交约束是指特化的子类是否相交，不相交约束又分成不相交和重叠两种情况。

- 不相交（Disjoint）约束规定了在特化过程中，子类必须是不相交的。这意味着一个实体至多是特化中一个子类的成员。在图 11-26 中，小圆圈里的 d 表示不相交。
- 重叠（Overlap）约束规定了在特化过程中，子类可以是相交的。这意味着一个实体可出现在特化中的多个子类里。在图 11-26 中，小圆圈里的 o 表示重叠。

② 完备性约束（Complete Constraint）

完备性约束又分成整体特化和部分特化两种情况。

- 整体特化（Total Specialization）约束指定超类中的每个实体必须是特化中某个子类的一个成员。在 ER 图中，超类实体和小圆圈之间用双线条表示。图 11-26 中，本科生和研究生就是学生的整体特化。
- 部分特化（Partial Specialization）约束允许超类中的实体可以不属于任何一个子类。在 ER 图中，超类实体和小圆圈之间用单线条表示。图 11-26 中，有的人员就既不是教师，也不是学生。

注意：不相交性和完备性是独立的。因此，在特化过程中，可得到以下 4 种情况。

- 不相交（用 d 表示），整体特化（用双线条表示）。
- 不相交（用 d 表示），部分特化（用单线条表示）。
- 相交（用 o 表示），整体特化（用双线条表示）。
- 相交（用 o 表示），部分特化（用单线条表示）。

具体使用哪一种取决于每个特化在现实世界中的含义。然而，在概化过程中标识的超类通常是"整体"的，这是因为该超类是从子类中导出的，即超类只包含子类中的实体。

从上述两种约束出发，对子类和超类的插入、删除操作有以下 3 条规则。

- 从超类删除一个实体意味着该实体被自动地从它隶属的所有子类中删除。
- 向超类中插入一个实体意味着该实体被强制地插入到满足这两种约束的子类中。
- 向一个整体特化的超类中插入一个实体，意味着实体被强制插入到至少一个特化的子类。

在 ER 图中，所有的子类和超类组成了层次（Hierarchy）或格（Lattice）的结构。

11.2.4 逻辑设计与转换规则

1. ER 图转换成关系模式集的算法

ER 图中的主要成分是实体类型和联系类型，转换算法就是如何把实体类型、联系类型转换成关系模式。

把 ER 图中实体类型和联系类型转换成关系模式的步骤如下所述。

（1）步骤 1（实体类型的转换）：将每个实体类型转换成一个关系模式，实体的属性即为关系模式的属性，实体标识符即为关系模式的键。

（2）步骤 2（联系类型的转换）：根据不同的情况作不同的处理。

① 二元联系类型的转换

- 若实体间联系是 1∶1，可以在两个实体类型转换成的两个关系模式中的任意一个关系模式的属性中，加入另一个关系模式的键（作为外键）和联系类型的属性。
- 若实体间联系是 1∶N，则在 N 端实体类型转换成的关系模式中加入 1 端实体类型的键（作为外键）和联系类型的属性。
- 若实体间联系是 M∶N，则将联系类型也转换成关系模式，其属性为两端实体类型的键（作为外键）加上联系类型的属性，而键为两端实体键的组合。

② 一元联系类型的转换

和二元联系类型的转换类似。

③ 三元联系类型的转换

- 若实体间联系是 1：1：1，可以在 3 个实体类型转换成的 3 个关系模式中的任意一个关系模式的属性中，加入另两个关系模式的键（作为外键）和联系类型的属性。
- 若实体间联系是 1：1：N，则在 N 端实体类型转换成的关系模式中加入两个 1 端实体类型的键（作为外键）和联系类型的属性。
- 若实体间联系是 1：M：N，则将联系类型也转换成关系模式，其属性为 M 端和 N 端实体类型的键（作为外键）加上联系类型的属性，而键为 M 端和 N 端实体键的组合。
- 若实体间联系是 M：N：P，则将联系类型也转换成关系模式，其属性为 3 端实体类型的键（作为外键）加上联系类型的属性，而键为 3 端实体键的组合。

下面分别举例介绍。

【例 11-8】 图 11-27 是一个教学管理可能设计的 ER 图。图 11-27 中，有 3 个实体类型：系、教师和课程；有 4 个联系类型：主管、聘用、开设和任教。根据算法 11-1，把图 11-27 的 ER 图转换成关系模式集的步骤如下。

第 1 步把 3 个实体类型转换成 3 个模式。

系（<u>系编号</u>，系名，电话）

教师（<u>教工号</u>，姓名，性别，职称）

课程（<u>课程号</u>，课程名，学分）

第 2 步对于 1：1 联系"主管"，可以在"系"模式中加入教工号（教工号为外键）；

对于 1：N 联系"聘任"，可以在"教师"模式中加入系编号和聘期两个属性（系编号为外键）；对于 1：N 联系"开设"，可以在"课程"模式中加入系编号属性（系编号为外键）。这样第 1 步得到的 3 个模式就成了如下形式。

系（<u>系编号</u>，系名，电话，<u>主管人的教工号</u>）

教师（<u>教工号</u>，姓名，性别，职称，<u>系编号</u>，聘期）

课程（<u>课程号</u>，课程名，学分，<u>系编号</u>，）

第 3 步对于 M：N 联系"任教"，则生成一个新的关系模式。

任教（<u>教工号</u>，<u>课程号</u>，教材）

这样，转换成的 4 个关系模式如下所示。

系（<u>系编号</u>，系名，电话，<u>主管人的教工号</u>）

教师（<u>教工号</u>，姓名，性别，职称，<u>系编号</u>，聘期）

课程（<u>课程号</u>，课程名，学分，<u>系编号</u>）

任教（<u>教工号</u>，<u>课程号</u>，教材）

【例 11-9】 对于例 11-2 的一元联系类型的 ER 图结构，可使用上述的步骤 1 和步骤 2 中的②来转换成关系模式集。

① 运动员名次之间存在着 1∶1 联系（图 11-9），可转换成如下的关系模式。

　　　　运动员（<u>编号</u>，姓名，性别，名次，<u>上一名次编号</u>）

② 职工之间存在上下级联系，即 1∶N 联系（图 11-10），可转换成如下的关系模式。

　　　　职工（<u>工号</u>，姓名，年龄，性别，<u>经理工号</u>）

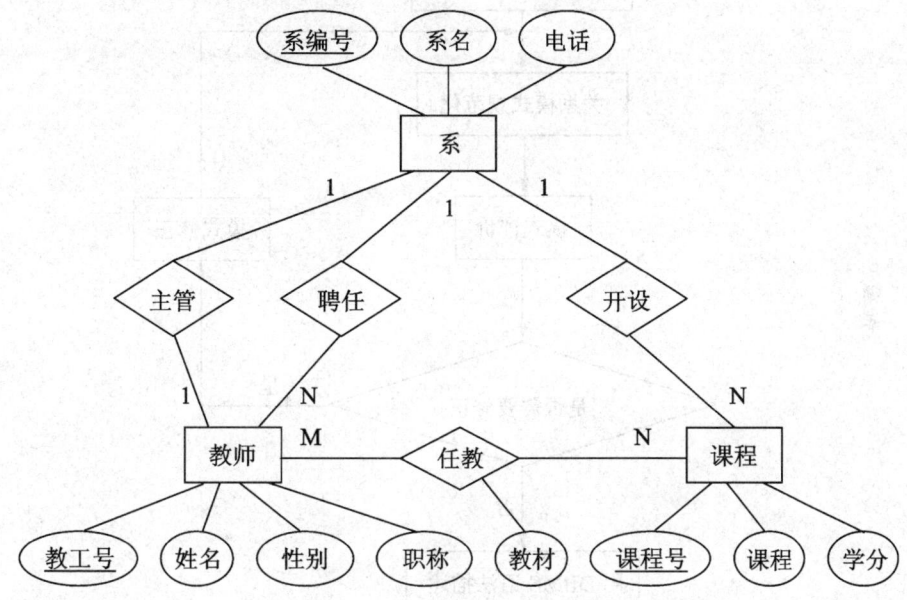

图 11-27　教学管理的 ER 图

③ 工厂的零件之间存在着组合关系（M:N 联系）（图 11-11），可转换成如下两个关系模式。

　　　　零件（<u>零件号</u>，零件名，规格）

　　　　组成（<u>零件号</u>，<u>子零件号</u>，数量）

【例 11-10】　对于例 11-3 的三元联系的 ER 图结构（图 11-12），可使用上述的步骤 1 和步骤 2 中的③来转换成以下 4 个关系模式。

　　　　仓库（<u>仓库号</u>，仓库名，地址）

　　　　商店（<u>商店号</u>，商店名）

　　　　商品（<u>商品号</u>，商品名）

　　　　进货（<u>商店号</u>，<u>商品名</u>，<u>仓库号</u>，日期，数量）

在联系转换成的关系模式"进货"中，把日期也加入到主键中，以记录某个商店可从某仓库多次进某种商品。

2. 采用 ER 模型的逻辑设计步骤

由于关系模型的固有优点，逻辑设计可以运用关系数据库模式设计理论，使设计过程形式化地进行，并且结果可以验证。关系数据库的逻辑设计的过程如图 11-28 所示。

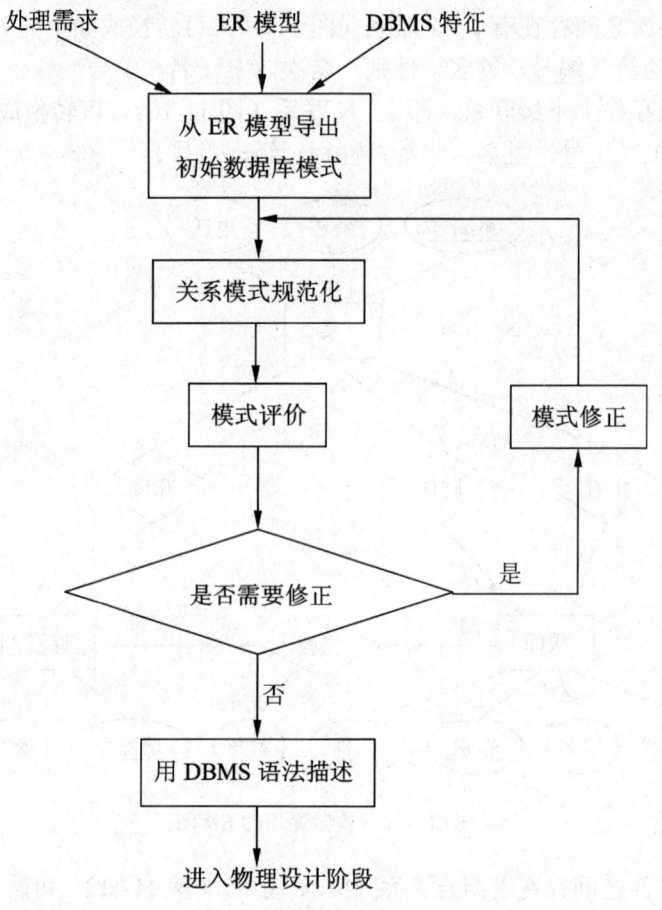

图 11-28　关系数据库的逻辑设计

从图 11-28 可以看出，概念设计的结果直接影响到逻辑设计过程的复杂性和效率。在概念设计阶段已经把关系规范化的某些思想用作构造实体类型和联系类型的标准，在逻辑设计阶段，仍然要使用关系规范化理论来设计模式和评价模式。关系数据库的逻辑设计的结果是一组关系模式的定义。

（1）导出初始关系模式

逻辑设计的第 1 步是把概念设计的结果（即全局 ER 模型）转换成初始关系模式。

（2）规范化处理

规范化的目的是减少乃至消除关系模式中存在的各种异常，改善完整性，一致性和存储效率。规范化过程分为以下两个步骤。

① 确定规范级别

规范级别取决于两个因素，一是归结出来的数据依赖的种类，二是实际应用的需要。在这里，主要从数据依赖的种类出发，来讨论规范级别问题。

首先考察数据依赖集合。在仅考虑函数依赖时，3NF 或 BCNF 是适宜的标准，如还包括多值依赖时，应达到 4NF。由于多值依赖语义的复杂性、非直观性，一般使用得并不多。现实环境中，大量使用的还是函数依赖。

② 实施规范化处理

确定规范级别之后，逐一考察关系模式，判断它们是否满足规范要求。若不符合上一步所确定的规范级别，则利用相应的规范将关系模式规范化。在规范化综合或分解过程中，要特别注意保持依赖和无损分解要求。

读者应注意，在把 ER 图转换成关系模式集时，某个关系模式不是 2NF 或不是 3NF 的原因往往是 ER 图中的实体设计不合理造成的。

（3）模式评价

模式评价的目的是检查已给出的数据库模式是否完全满足用户的功能要求，是否具有较高的效率，并确定需要加以修正的部分。模式评价主要包括功能和性能两个方面。

（4）模式修正

根据模式评价的结果，对已生成的模式集进行修正。修正的方式依赖于导致修正的原因，如果因为需求分析、概念设计的疏漏导致某些应用不能得到支持，则应相应增加新的关系模式或属性；如果因为性能考虑而要求修正，则可采用合并、分解或选用另外结构的方式进行。在经过模式评价及修正的反复多次后，最终的数据库模式得以确定，全局逻辑结构设计即告结束。

在逻辑设计阶段，还要设计出全部子模式。子模式是面向各个最终用户或用户集团的局部逻辑结构。子模式体现了各个用户对数据库的不同观点，也提供了某种程度的安全性控制。

11.2.5　ER 模型实例分析

1. 库存管理信息系统的 ER 模型及转换

某物资供应公司设计了库存管理信息系统，对货物的库存、销售等业务活动进行管理。其 ER 图如图 11-29 所示。

该 ER 图有 7 个实体类型，其结构如下所示。

货物（<u>货物代码</u>，型号，名称，形态，最低库存量，最高库存量）

采购员（<u>采购员号</u>，姓名，性别，业绩）

供应商（<u>供应商号</u>，名称，地址）

销售员（<u>销售员号</u>，姓名，性别，业绩）

客户（<u>客户号</u>，名称，地址，账号，税号，联系人）

仓位（<u>仓位号</u>，名称，地址，负责人）

报损单（<u>报损号</u>，数量，日期，经手人）

实体间联系类型有 6 个，其中 1 个 1:N 联系，1 个 M:N 联系，4 个 M:N:P 联系。其中联系的属性如下所示。

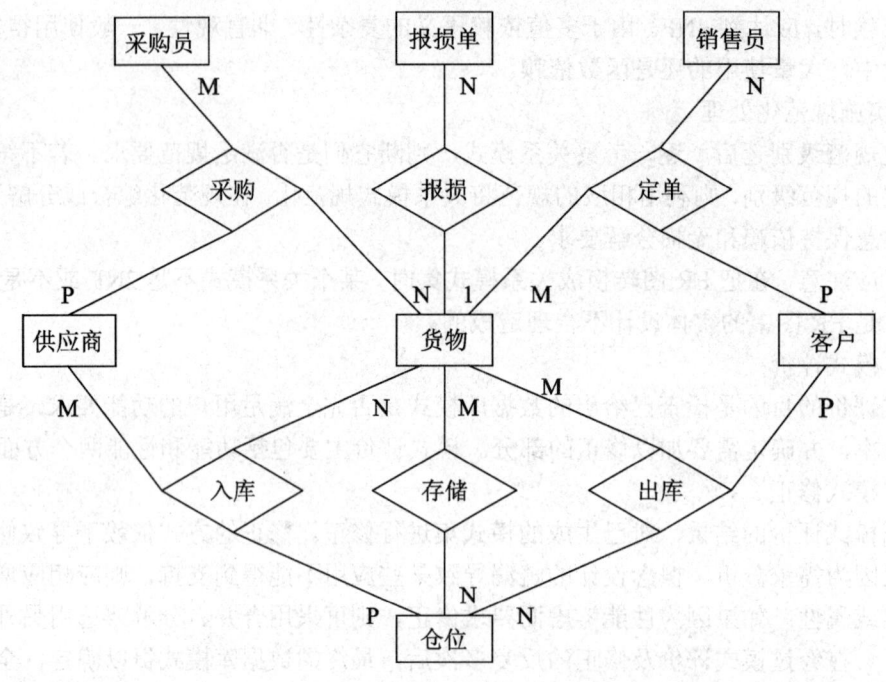

图 11-29 库存管理信息系统的 ER 图

入库（入库单号，日期，数量，经手人）
出库（出库单号，日期，数量，经手人）
存储（存储量，日期）
订单（订单号，数量，价格，日期）
采购（采购单号，数量，价格，日期）

　　根据转换算法，ER 图中有 7 个实体类型，可转换成 7 个关系模式，另外 ER 图中有 1 个 M:N 联系和 4 个 M:N:P 联系，也将转换成 5 个关系模式。因此，图 11-29 的 ER 图可转换成 12 个关系模式，具体如下所示。

货物（<u>货物代码</u>，型号，名称，形态，最低库存量，最高库存量）
采购员（<u>采购员号</u>，姓名，性别，业绩）
供应商（<u>供应商号</u>，名称，地址）
销售员（<u>销售员号</u>，姓名，性别，业绩）
客户（<u>客户号</u>，名称，地址，账号，税号，联系人）
仓位（<u>仓位号</u>，名称，地址，负责人）
报损单（<u>报损号</u>，数量，日期，经手人，<u>货物代码</u>）
入库（<u>入库单号</u>，日期，数量，经手人，<u>供应商号</u>，<u>货物代码</u>，<u>仓位号</u>）
出库（<u>出库单号</u>，日期，数量，经手人，<u>客户号</u>，<u>货物代码</u>，<u>仓位号</u>）
存储（<u>货物代码</u>，<u>仓位号</u>，日期，存储量）

订单（<u>订单号</u>，数量，价格，日期，<u>客户号</u>，<u>货物代码</u>，<u>销售员号</u>）

采购（<u>采购单号</u>，数量，价格，日期，<u>供应商号</u>，<u>货物代码</u>，<u>采购员号</u>）

2. 人事管理信息系统的 ER 模型

上海交通电器有限公司设计了人事管理信息系统，其中涉及职工、部门、岗位、技能、培训课程、奖惩记录等信息。其 ER 图如图 11-30 所示。

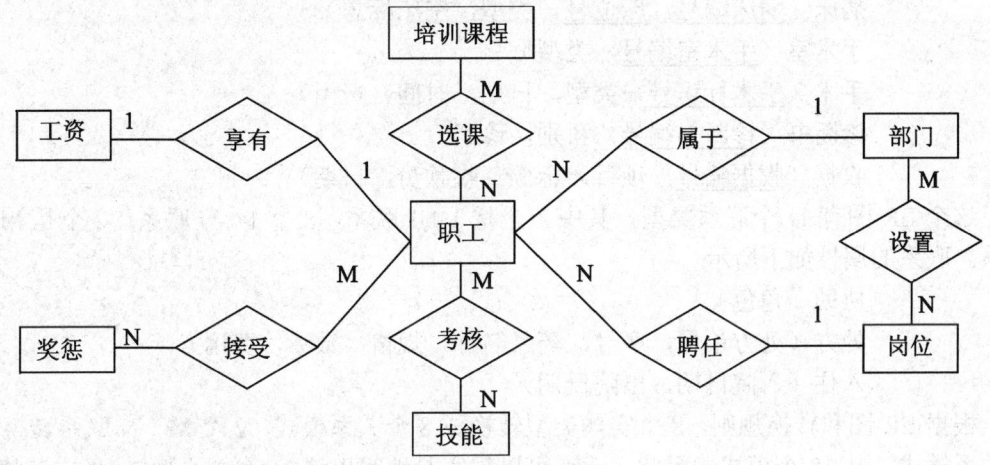

图 11-30　人事管理信息系统的 ER 模型

这个 ER 图有 7 个实体类型，其属性如下所示。

　　　　职工（<u>工号</u>，姓名，性别，年龄，学历）

　　　　部门（<u>部门号</u>，部门名称，职能）

　　　　岗位（<u>岗位编号</u>，岗位名称，岗位等级）

　　　　技能（<u>技能编号</u>，技能名称，技能等级）

　　　　奖惩（<u>序号</u>，奖惩标志，项目，奖惩金额）

　　　　培训课程（<u>课程号</u>，课程名，教材，学时）

　　　　工资（<u>工号</u>，基本工资，级别工资，养老金，失业金，公积金，纳税）

这个 ER 图有 7 个联系类型，其中 1 个 1:1 联系，2 个 1:N 联系，4 个 M:N 联系。联系类型的属性如下所示。

　　　　选课（时间，成绩）

　　　　设置（人数）

　　　　考核（时间，地点，级别）

　　　　接受（奖惩时间）

根据 ER 图和转换规则，7 个实体类型转换成 7 个关系模式，4 个 M:N 联系转换成 4 个关系模式，共 11 个模式。至此，读者可以很容易地写出这 11 个关系模式。（本书略）

3. 住院管理信息系统的 ER 模型

某学员为医院"住院管理信息系统"设计了数据库的 ER 模型，对医生、护士、病人、病房、诊断、手术、结账等有关信息进行管理，其 ER 图如图 11-31 所示。

这个 ER 图有 8 个实体类型，其属性如下所示。

        病人（<u>住院号</u>，姓名，性别，地址）

        医生（<u>医生工号</u>，姓名，职称）

        护士（<u>护士工号</u>，姓名，职称）

        病床（<u>病床编号</u>，<u>床位号</u>，类型，空床标志）

        手术室（<u>手术室编号</u>，类型）

        手术（<u>手术标识号</u>，类型，日期，时间，费用）

        诊断书（<u>诊断书编号</u>，科别，诊断）

        收据（<u>收据编号</u>，项目，金额，收款员，日期）

这个 ER 图有 11 个联系类型，其中 1 个是 1∶1 联系，8 个 1∶N 联系，2 个是 M∶N 联系。联系的属性如下所示。

        协助（角色）

        处方（处方单号，序号，药品名称，规格，数量，费用）

        入住（入院日期，出院日期）

根据 ER 图和转换规则，8 个实体类型转换成 8 个关系模式，2 个 M∶N 联系转换成 2 个关系模式，共 10 个模式。至此，读者可以很容易地写出这 10 个关系模式。（本书略）

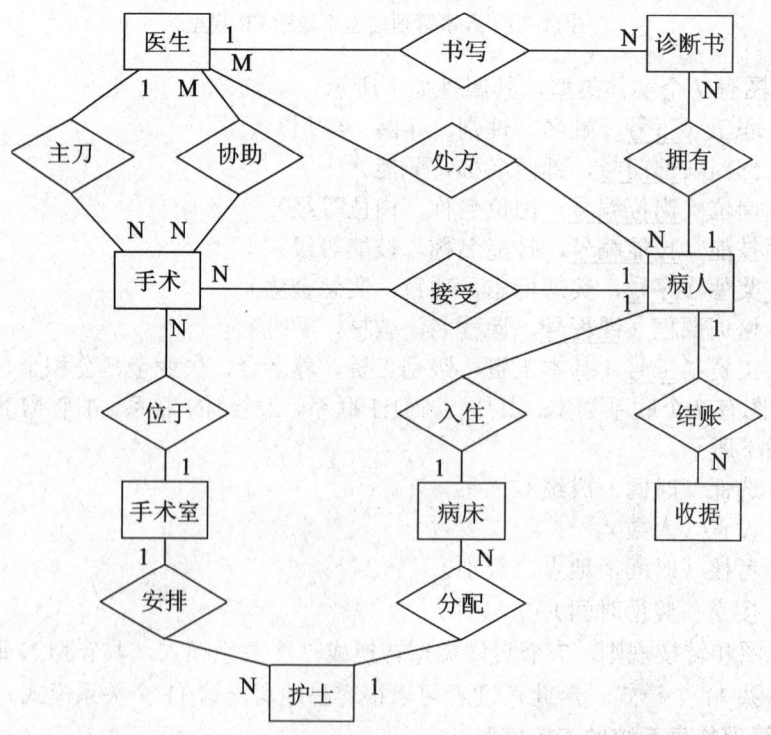

图 11-31　住院管理信息系统的 ER 图

4. 公司车队信息系统的 ER 模型

某货运公司设计了车队信息管理系统，对车辆、司机、维修、保险、报销等信息和业务活动进行管理。其 ER 图如图 11-32 所示。

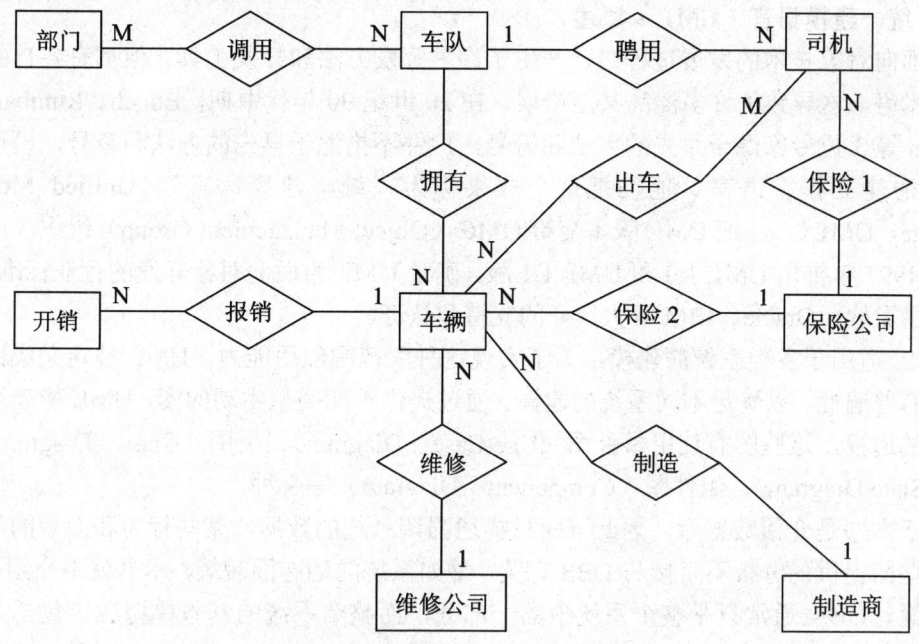

图 11-32 公司车队信息系统的 ER 模型

该 ER 图有 8 个实体类型，其结构如下所示。

部门（<u>部门号</u>，名称，负责人）

车队（<u>车队号</u>，名称，地址）

司机（<u>司机号</u>，姓名，执照号，电话，工资）

车辆（<u>车牌号</u>，车型，颜色，载重）

保险公司（<u>保险公司号</u>，名称，地址）

维修公司（<u>维修公司号</u>，名称，地址）

开销（<u>顺序号</u>，费用类型，费用，日期，经手人）

制造商（<u>制造商编号</u>，名称，地址）

实体之间有 9 个联系，其中 7 个是 1∶N 联系，2 个是 M∶N 联系。其中联系的属性如下所示。

调用（出车编号，出车日期，车程，费用，车辆数目）

保险 1（投保日期，保险种类，费用）

保险 2（投保日期，保险种类，费用）

出车（派工单号，起点，终点，日期，辅助人员）

根据 ER 图和转换规则，8 个实体类型转换成 8 个关系模式，2 个 M∶N 联系转换成 2

个关系模式,共 10 个关系模式。至此,读者可以很容易地写出这 10 个关系模式。(本书略)

11.2.6 面向对象的高级概念建模

1. 统一建模语言(UML)概述

在面向对象技术的发展过程中,产生了许多开发方法和开发工具。但都有各自的一套符号和术语,这导致了许多混乱甚至错误。在 20 世纪 90 年代中期,Booch、Rumbaugh 和 Jacobson 等 3 位专家源于早先的方法和符号,但并不拘泥于早先的方法和符号,设计了一个标准的建立模型语言。他们把这个成果称为"统一建模语言"(Unified Modeling Language,UML),并把 UML 版本交给 OMG(Object Management Group)组织,经过修改后在 1997 年推出 UML 1.0 和 UML 1.1 版,确定 UML 为面向对象开发的行业标准语言,并得到了微软、Oracle、IBM 等大厂商的支持和认证。

UML 适用于各类系统的建模,为了实现这种大范围应用能力,UML 被定义成比较粗放和具有普遍性,以满足不同系统的建模。通过提供不同类型生动的图,UML 能表达系统多方面的透视,这些图有使用事件图(Use-Case Diagram)、类图(Class Diagram)、状态图(State Diagram)、组件图(Component Diagram)等 9 种。

由于本书是介绍数据库,因此下面只描述强调系统的数据、某些行为和面貌的类图。其他一些图提供的分析不直接与 DBS 有关,譬如系统的动态面貌等,本书就不介绍了。但是应注意,DBS 通常只是整个系统中的一部分,而整个系统的基本模型应该包括不同的分析。

2. 用类图表达类和关联

类图描述了系统的静态结构,包括类和类间的联系。类图与前面学过的 ER 图、对象联系图有很多类似的地方,但所用的术语和符号有所不同。表 11-2 列出类图与 ER 图中所用的术语。

表 11-2 类图与 ER 图中术语的区别

ER 图中的术语	类图中的术语
实体集(Entity Set)	类(Class)
实体(Entity)	对象(Object)
联系(Relationship)	关联(Association)
联系元数	关联元数(Degree)
实体的基数(Cardinality)	重数(Mulitiplicity)

类图中的基本成分是类和关联。

(1)类被表示为由以下 3 个部分组成的方框(参见图 11-34)。

- 上面部分给出了类的名称。
- 中间部分给出了该类的单个对象的属性。
- 下面部分给出了一些可以应用到这些对象的操作。

（2）关联是对类的实例之间联系的命名，相当于 ER 模型中的联系类型。与关联有关的内容如下所述。

- 关联元数（Degree）：与关联有关的类的个数，称为关联元数或度数。
- 关联角色（Role）：关联的端部，也就是与关联相连的类，称为关联角色。角色名可以命名，也可以不命名，就用类的名字作为角色名。
- 重复度（Multiplicity）：重复度是指在一个给定的联系中有多少对象参与，即是关联角色的重复度。

重复度类似于 ER 模型中实体基数的概念。但这是两个相反的概念。实体基数是指与一个实体有联系的另一端实体数目的最小、最大值，基数应写在这一端实体的边上；而重复度是指参与关联的这一端对象数目的最小、最大值，重复度应写在这一端类的边上。重复度可用整数区间来表示：下界···上界，这个区间是一个闭区间。实际上最常用的重复度是 0···1、*和 1。重复度 0···1 表示最小值是 0 和最大值是 1（随便取一个），而*（或 0···*）表示范围从 0 到无穷大（随便多大）。而单个 1 代表 1···1，表示关联中参与的对象数目恰好是 1（强制是 1）。实际应用时，可以使用单个数值（譬如用 2 表示桥牌队的成员数目）、范围（譬如用 11···14 表示参与足球比赛队伍的人数）、或数值与范围的离散集（譬如用 3、5、7 表示委员会成员人数，用 20···32、35···40 表示每个职工的周工作量）。

下面以大学、教师、上课教材等信息组成的数据库来讨论，先画出其 ER 图，再画出类图。读者可以从 ER 图——UML 类图的发展来认识数据建模技术的发展历程。

【例 11-11】 图 11-33 是一个数据库模式的实体联系图，有大学、教师、上课教材等信息。

University 是有关大学信息的实体类型，有 3 个属性，学校编号 uno、校名 uname 和学校所在城市 City。Person 是有关人员信息的实体类型，有 4 个属性，社会安全号 social_number、姓名 name、年龄 age 和性别 sex。Faculty 是有关教师信息的实体类型，有 2 个属性，教师编号 fno 和工资 salary。Faculty 是 Person 的子类。Coursetext 是有关课程与教材信息的实体类型，有 3 个属性，课程号 cno、课程名 cname 和教材名 textname。

University 与 Faculty 之间有一个 1:1 联系（President 校长）和一个 M:N 联系（Staff 聘用）；Faculty 与 Coursetext 之间有一个 1:N 联系（Teacher 任课）；University 与 Coursetext 之间有一个 1:N 联系（Edit 编写教材）。

这个数据库相应的 UNL 类图可用图 11-34 表示。

对图 11-34 的类图可以作如下的解释。

① 图中有 4 个类：University、Faculty、Coursetext 和 person。在每个类的方框中，指出了类名、对象的属性和操作。其中，Faculty 是 Person 的子类，在超类的端点处标以空心三角形"△"。

② 图中有 4 个关联：President(1:1)、Staff(1:N)、Edit(1:N)和 Teach(1:N)。这 4 个关联都是二元关联。虽然在类图中关联名可以沿着一个方向读（在关联名上加个实心三角形▲明确表示方向）。但是二元关联是固有的双向联系。例如 Staff 关联可以读成从 University

到 Faculty 的关联，但隐含着 Staff 一个相反的遍历 Works_for，它表示从一个 Faculty 必须要为某个 University 服务。这两个遍历的方向提供了同样的基本关联：关联名可直接建立在一个方向上。

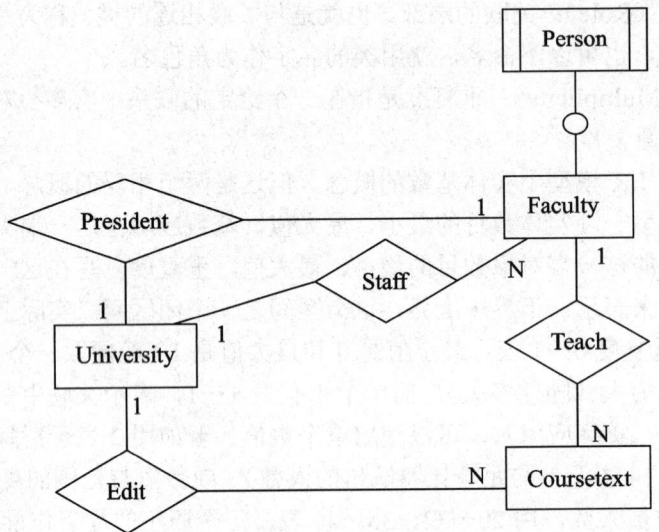

图 11-33　大学、教师、上课教材等信息的 ER 图

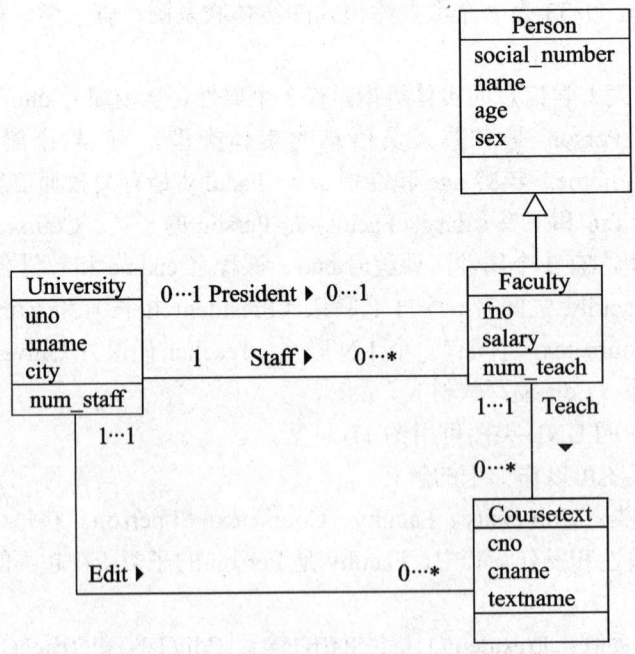

图 11-34　大学、教师、上课教材等信息的类图

【例 11-12】 图 11-35 表示了两个一元关联：Is_married_to（婚姻）和 Manage（管理）。Manage 关联的一端命名为角色 manager，表示一个职员可担经理的角色；而另一角色没有命名，但是对关联已命名了。在角色名没有出现时，可以把与端部相连的类的名字作为角色的命名。

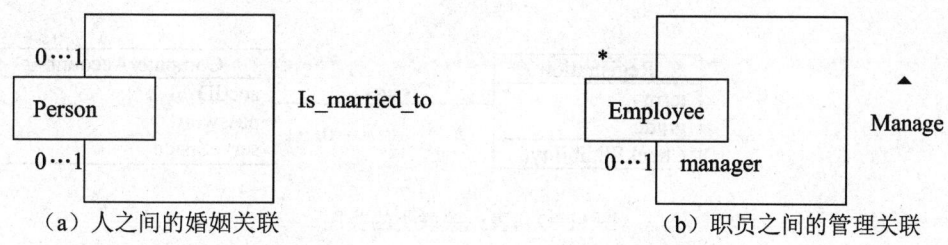

（a）人之间的婚姻关联　　　　　　　（b）职员之间的管理关联

图 11-35　两个一元关联

【例 11-13】 图 11-36 表示了 Vendor（厂商）、Part（零件）和 Warehouse（仓库）之间存在一个三元关联 Supplies（供应）。与 ER 图一样，用菱形符号表示三元关联，并填上关联的名字。这里，联系是多对多对多，并且不可以用 3 个二元关联替换，若要替换，势必造成信息丢失。

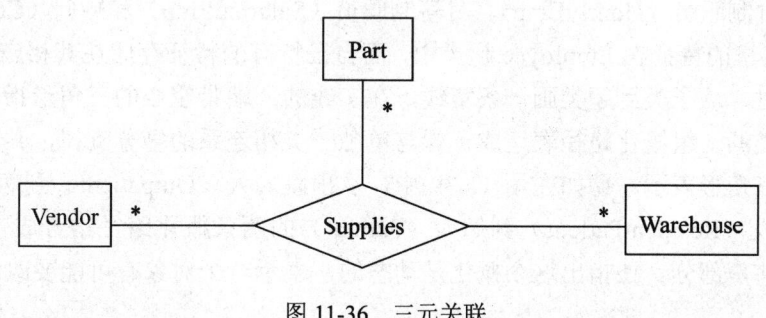

图 11-36　三元关联

3. 用类图表达关联类

在图 11-34 的类图中，那些关联未提及属性。像 ER 模型中联系可以有属性一样，类图中关联本身也可以有属性或自己的操作，此时应把关联模拟成"关联类"。

【例 11-14】 在 ER 模型中，学生与课程是一个多对多联系，其选课联系有一属性"成绩"。现在可以用图 11-37 的类图表示。图中，学生 Student 和课程 Course 表示成两个类。Student 和 Course 之间的关联 Registration（注册，即选课）也有自己的属性 term（学期）、grade（成绩）和操作 checkEligibility（检查注册是否合格）。因此关联 Registration 应表示成一个类，即"关联类"，用虚线与关联线相连。

还可以发现，对于某门课程的注册，会给学生一个计算机账号。基于此，这个关联类还可以与另一个类 ComputerAccount 有一个关联。

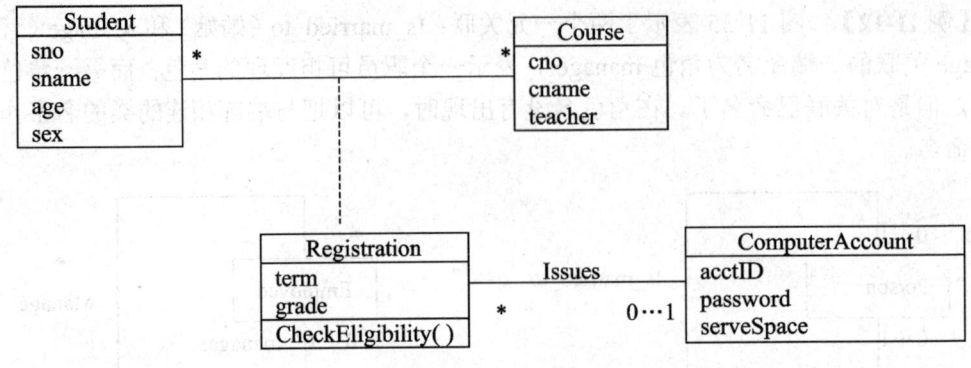

图 11-37　表达关联类的类图

4. 用类图表达概化/特化

在 11.2.3 节中，已提到 ER 模型中的子类实体与超类实体概念，还提到概化/特化概念。现在来讨论如何用类图来表达概化/特化。下面先举一个有概化/特化的类图例子，再详细解释。

【例 11-15】 考察图 11-38 类图例子，每个类只标出类名和属性，未标出操作。职员有 3 种：计时制职员（HourlyEmp）、月薪制职员（SalariedEmp）和顾问（Consultant）。这 3 种职员都共享的特征在 Employee 超类中，而自己特有的特征存储在其相应的子类中。表示概化路径时，从子类到超类画一条实线，在实线的一端带空心的三角形指向超类。也可以对给定超类的一组概化路径表达成一棵与单独子类相连系的多分支树，共享部分用指向超类的空心三角形表示。譬如在图 11-39 中，从出院病人（Outpatient）到病人（Patient）和从住院病人（ResidentPatient）到病人（Patient）的两条概化路径结合成带指向 Patient 的三角形的共享部分。还指出这个概化是动态的，表示一个对象有可能要改变子类型。

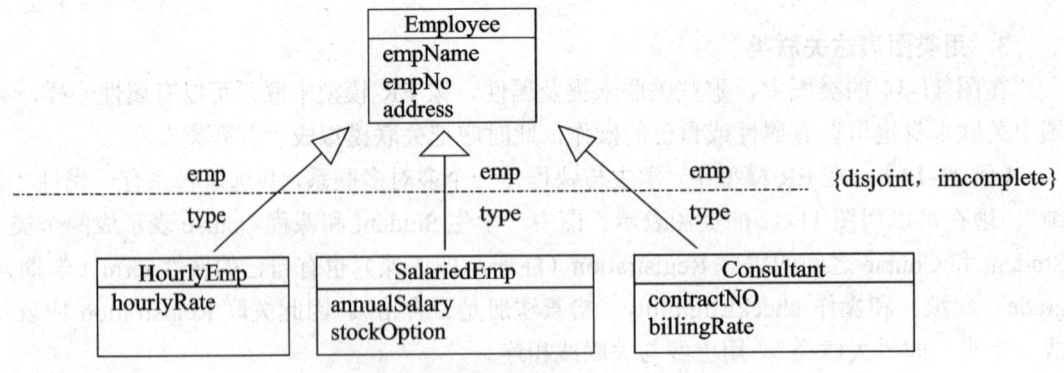

图 11-38　带有 3 个子类的 Employee 超类

下面介绍类图中与概化/特化有关的内容。

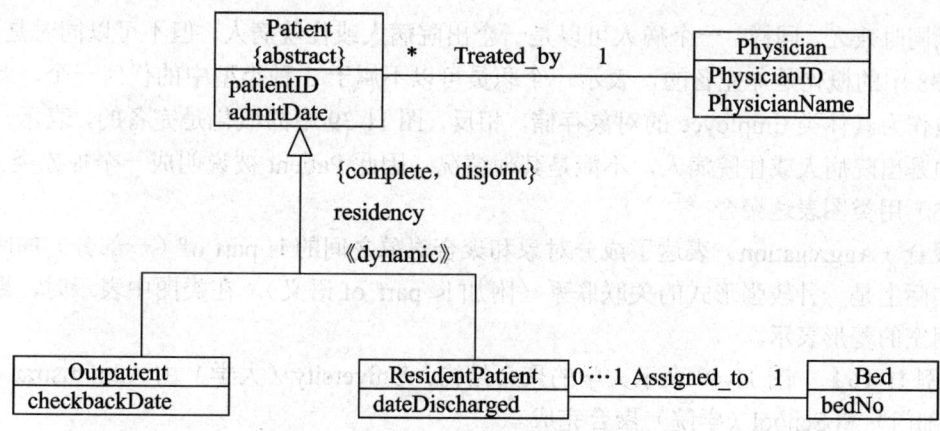

图 11-39　带有两个具体子类的抽象的 Patient 类

（1）鉴别器

可以在紧靠路径处设置一个鉴别器（Discriminator）指出概化的基础。在图 11-38 中，可以在职员类型（计时制、月薪制、顾问）的基础上鉴别出职员类别。在图 11-39，一组概化联系，设置鉴别器只须一次。

（2）概化表示了继承性联系

子类的对象也是超类的对象，因此概化是一个"is a"联系，子类继承了超类的所有性质。

继承性是使用面向对象模型的一个主要优点。继承性可以使代码具有重用性（Reuse）：程序员不必编写已在超类中编写过的代码，只须对那些作为已存在类的新的、被精炼的子类编写不重复的代码。

（3）抽象类和具体类

抽象类（Abstract Class）是一种没有直接对象，但它的子孙可以有直接对象的类。在类图中，抽象类应在类名下面用一对花括号并写上 abstract 字样（在图 11-39 的类 Patient 中已标出）。有直接对象的类，称为具体类（Concrete Class）。在图 11-39 中，Outpatient 和 ResidentPatient 都可以有直接对象，但 Patient 不可以有它自己直接的对象。

（4）子类的语义约束

在图 11-38 和图 11-39 中。complete、incomplete 和 disjoint 字样放在花括号内，靠近概化。这些单词表示了子类之间的语义约束。这些约束主要有 4 种，其意义如下。

- overlapping（重叠）：子类的对象集可以相交。
- disjoint（不相交）：子类的对象集不可以相交。
- complete（完备）：超类中的对象必须在子类中出现。
- imcomplete（非完备）：超类中的对象可以不在子类中出现。

图 11-38 和图 11-39 概化都是不相交的。一个职员可以是计时制、月薪制或顾问，但

不可以同时兼之。同样，一个病人可以是一个出院病人或住院病人，但不可以同时是两者。图 11-38 中的概化是非完备的，表示一个职员可以不属于 3 种类型中的任何一个，此时这个职员作为具体类 Employee 的对象存储。相反，图 11-39 中的概化是完备的，表示一个病人必须是出院病人或住院病人，不能是其他情况，因此 Patient 被说明成一个抽象类。

（5）用类图表达聚合

聚合（Aggregation）表达了成分对象和聚合对象之间的 is part of（一部分）的联系。聚合实际上是一种较强形式的关联联系（附加 is part of 语义）。在类图中表示时，聚合的一端用空的菱形表示。

【例 11-16】　图 11-40 表示大学的聚合结构。University（大学）由 AdministrativeUnit（管理部门）和 School（学院）聚合完成。

在 Building（大楼）和 Room（房间）之间联系的一端处的菱形不是空心的，是实心的。实心菱形是一种较强形式的聚合，称为复合（Composition）。在复合中，一部分对象只属于一个整体对象，但与整体对象共存亡。也就是聚合对象的删除将引起它的成分对象一起删除，但是有可能在聚合对象消亡前就有可能其中一部分对象就被删掉了。大楼与房间就属于这样的联系。

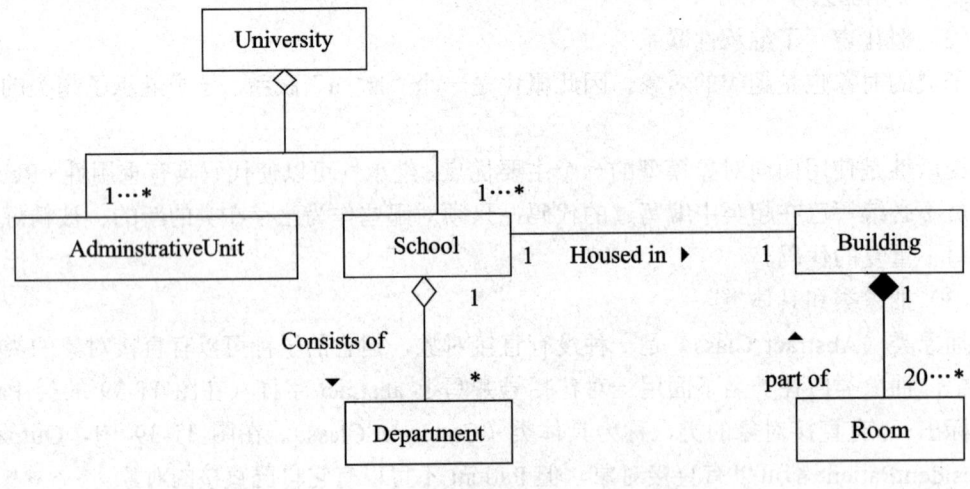

图 11-40　关于聚合和复合的类图

11.2.7　小结

- 本章介绍数据库设计的全过程，重点介绍数据库结构的概念设计和逻辑设计。
- 概念设计是设计能反映用户需求的数据库概念结构，即概念模型。概念设计使用的方法主要是 ER 方法，设计 ER 模型，画 ER 图。ER 模型要得到用户的认可才能最终确定下来。
- ER 模型是人们认识客观世界的一种方法、工具。ER 模型具有客观性和主观性两重含义。ER 模型是在客观事物或系统的基础上形成的，在某种程度上反映了客观现实，反映了用户的需求，因此 ER 模型具有客观性。但 ER 模型又不等同于客观事物的本身，它往往反映事物的某一方面，至于选取哪个方面或哪些属性，如何表达则决定于观察者本身的目的与状态，从这个意义上说，ER 模型又具有主观性。

- ER 模型的设计过程，基本上是两大步：先设计实体类型（此时不要涉及到"联系"），再设计联系类型（考虑实体间的联系）。
- 具体设计时，有时"实体"、"联系"、"属性"·三者之间的界线是模糊的。数据库设计者的任务就是要把现实世界中的数据以及数据间的联系抽象出来，分别用"实体"、"联系"、"属性"三者来表示。
- 逻辑设计的主要任务是把 ER 模型转换成关系模型，这个转换是有固定的转换规则。
- 本章举了 4 个大的 ER 模型实例，供读者参考、拓宽思路，以利于今后的数据库设计工作。
- EER 模型涉及弱实体、子类实体、超类实体等内容，这些内容有助于深化 ER 模型。
- UML 类图，这是一种面向对象的概念建模技术。在数据库技术中，概念建模走了一条"ER 图——类图"的发展历程。使用类图进行面向对象数据建模是一种高级概念活动，特别适用于数据分析。限于篇幅，本书只是举了许多例子和图形加以解释。

11.3 重点习题解析

11.3.1 填空题

1. 规划阶段具体可以分成 3 个步骤：_____、_____和_____。
2. 需求分析的工作主要有下面 4 步组成：分析用户活动，产生_____；确定系统范围，产生_____；分析用户活动涉及的数据，产生_____；分析系统数据，产生_____。
3. 需求分析中的数据字典通常包含以下 5 个部分：_____，_____，_____，_____和_____。
4. 概念设计的目标是产生反映_____的数据库概念结构，即概念模式。
5. 概念设计阶段可分为 3 步来完成：_____，_____和_____。
6. 就方法的特点而言，需求分析阶段通常采用_____的分析方法；概念设计阶段通常采用_____的设计方法。
7. 逻辑设计的主要工作是：_____。
8. 逻辑设计的步骤有 4 步：_____，_____，_____和_____。

9. 物理设计可分成 5 步进行：_____，_____，_____，_____和_____。

10. 数据库实现阶段主要有 4 部分工作：_____，_____，_____和_____。

11. DBS 的维护工作由_____承担的。

12. DBS 的维护工作主要包括 4 个部分：_____，_____，_____和_____。

13. 概念设计通常有 4 种方法：_____，_____，_____和_____。其中最常用的是_____方法。

14. 数据抽象有 3 种方法：_____，_____和_____。

15. 数据抽象中，分类方法抽象了对象值和类型之间的_____语义；聚集方法抽象了对象类型和成分类型之间的_____语义；概括方法抽象了类型之间的_____语义，也称为_____语义。

16. ER 模型的基本元素有 3 个：_____，_____和_____。

17. 在实体联系中，参与一个联系中的实体数目称为_____。

18. ER 模型反映了用户的需求，称 ER 模型具有_____；但 ER 模型决定于设计者的目的与状态，称 ER 模型具有_____。

19. 从子类到超类的抽象化过程，称为_____；从超类到子类的具体化过程，称为_____。

20. UML 类图描述了系统的_____结构，其中包括了类和类之间联系。

21. 关联是对_____的命名。

22. 类、对象和关联分别相当于 ER 模型中的_____、_____和_____。

23. 概化表达了类之间的_____联系，聚合表达了类之间的_____联系。

24. 没有直接对象的类，称为_____；有直接对象的类，称为_____。

填空题参考答案

1. 系统调查　可行性分析　确定总目标和制定项目开发计划

2. 业务流图　系统关联图　数据流图　数据字典

3. 数据项　数据结构　数据流　数据存储　加工过程

4. 企业组织信息需求

5. 设计局部概念模型　综合成全局概念模型　评审

6. 自顶向下逐步细化　自底向上逐步综合

7. 把概念模式转换成 DBMS 能处理的模式

8. 导出初始关系模式　规范化处理　模式评价　模式修正

9. 存储记录结构设计　确定数据存放位置　存取方法的设计　完整性和安全性考虑　程序设计

10. 用 DDL 定义数据库结构　组织数据入库　编制与调试应用程序　数据库试运行

11. DBA

12. DB 的转储与恢复　　DB 的安全性与完整性控制　　DB 性能的监督、分析和改进 DB 的重组织和重构造

13. 自顶向下　　自底向上　　逐步扩张　　混合策略　　自底向上

14. 分类　　聚集　　概括

15. is member of（是一个成员）　　is part of（是一部分）　　is sunset of（是一个子集） is a（是一个）

16. 实体　　联系　　属性

17. 映射基数

18. 客观性　　主观性

19. 概化　　特化

20. 静态

21. 类的实例之间联系

22. 实体集　　实体　　　联系

23. is a　　is part of

24. 抽象类　　具体类

11.3.2　简答题

1. ER 图转换成关系模式集的具体思想是什么？

解答：ER 图转换成关系模式集的具体思想主要有以下 3 点。

① 将每个实体类型转换成关系模式，实体的属性即为关系模式的属性，实体标识符即为关系模式的键。

② 对于 1:1、1:N 联系，不生成新的关系模式，只在主键转换成的模式中去填充外键和联系类型的属性。

③ 对于 M:N 联系，须生成一个新的关系模式，由联系两端实体的主键和联系类型的属性组成。

2. 类图中的重复度与 ER 图中实体的基数有什么异同？

解答：重复度类似于 ER 模型中实体基数的概念，但是这是两个相反的概念。实体基数是指与一个实体有联系的另一端实体数目的最小、最大值，基数应写在这一端实体的边上；而重复度是指参与关联的这一端对象数目的最小、最大值，重复度应写在这一端类的边上。

3. 试比较概化、聚合、复合等这 3 个概念的区别。

解答：这 3 个概念都表达了类图中类之间的联系，但表达的内容不一样。

- 概化表达了子类与超类之间的 "is a" 联系。
- 聚合表达了成分对象和聚合对象之间 "is part of" 的联系。
- 复合是较强形式的聚合，此时一部分对象只属于一个整体对象，并与整体对象共

存亡。

4. 试指出 ER 图和 UML 类图之间的主要差别。

解答：ER 图和 UML 类图之间的主要差别见表 11-3。

表 11-3　ER 图和 UML 的差别

	ER 图	UML 类图
术语的区别	实体	对象
	实体集	类
	联系	关联
	映射基数	重复度
联系的表达性	表达了实体间的 1∶1、1∶N、M∶N 联系	表达了参与关联的对象的数目
	能表达概化/特化	能表达概化/特化、聚合和复合
小结	表达了实体类型及实体间的联系，以及概化/特化联系	表达了类及类间的关联、概化/特化、聚合和复合等联系

5. 把 ER 图转换成 UML 图的具体思路是什么？

解答：把 ER 图转换成 UML 类图的具体思路如下所述。

① 将每个实体类型转换成"类"，实体的属性即为类的属性，实体标识符即为类的键。

② 对于 ER 图中的 N 联系，需要分为以下两种情况处理。

- 如果 ER 图中的联系无属性，那么在 UML 类图中可以对相应的类之间画一条连线即可。

- 如果 ER 图中的联系有属性或操作，那么在 UML 类图中须对这个联系生成一个新的"关联类"。

11.3.3　设计题

1. 某体育运动锦标赛有来自世界各国运动员组成的体育代表团参赛各类比赛项目。试为该锦标赛各个代表团、运动员、比赛项目、比赛情况设计一个ER模型。

解答：图 11-41 是 ER 图的一种设计方案。

2. 假设某超市公司要设计一个数据库系统来管理该公司的业务信息。该超市公司的业务管理规则如下。

① 该超市公司有若干仓库，若干连锁商店，供应若干商品。

② 每个商店有一个经理和若干收银员，每个收银员只在一个商店工作。

③ 每个商店销售多种商品，每种商品可在不同的商店销售。

④ 每个商品编号只有一个商品名称，但不同的商品编号可以有相同的商品名称。每种商品可以有多种销售价格。

⑤ 超市公司的业务员负责商品的进货业务。

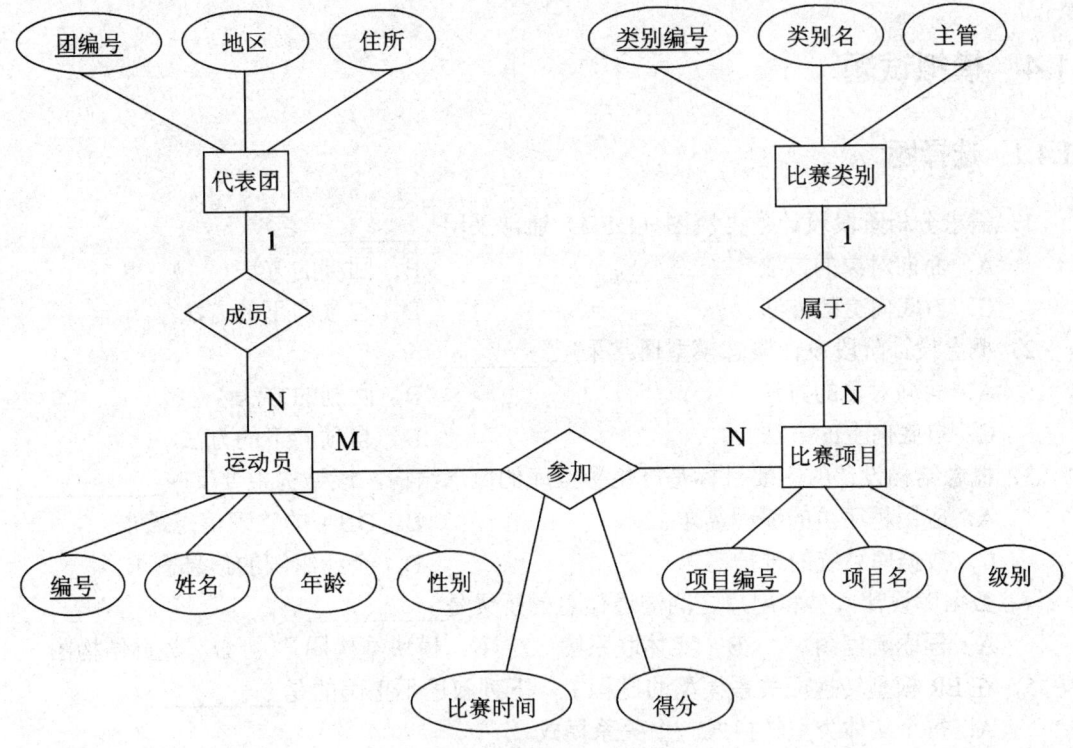

图 11-41　第 1 题的 ER 图

试按上述规则设计 ER 模型。

解答：图 11-42 是 ER 图的一种设计方案（图 11-42 中未标出属性）。

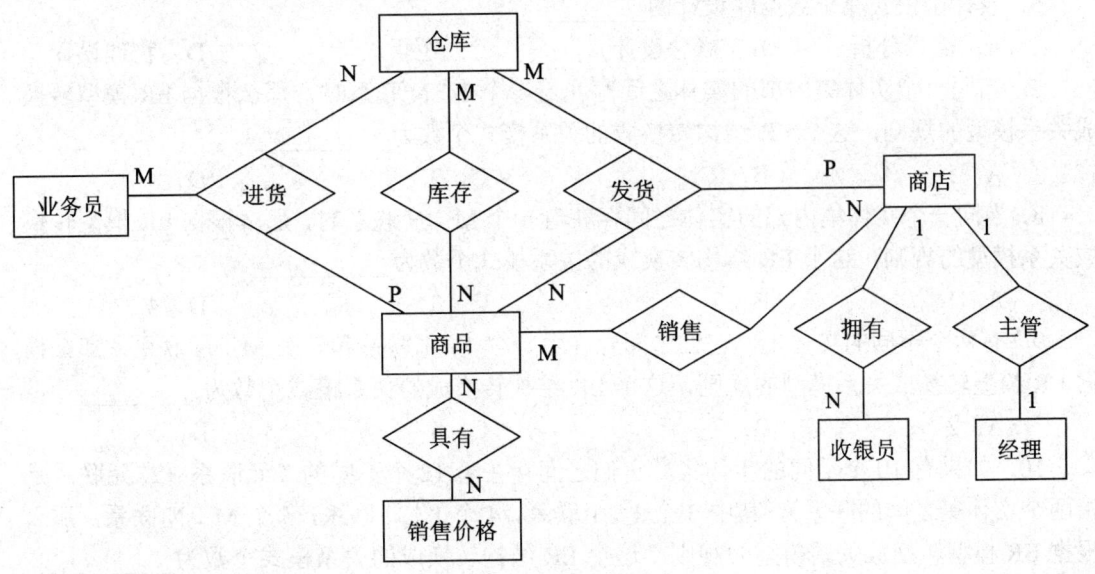

图 11-42　第 2 题的 ER 图

11.4　模拟试题

11.4.1　选择题

1. 需求分析阶段设计数据流图（DFD）通常采用_____。
   - A. 面向对象的方法
   - B. 回溯的方法
   - C. 自底向上的方法
   - D. 自顶向下的方法
2. 概念设计阶段设计概念模型通常采用_____。
   - A. 面向对象的方法
   - B. 回溯的方法
   - C. 自底向上的方法
   - D. 自顶向下的方法
3. 概念结构设计的主要目标是产生数据库的概念结构，该结构主要反映_____。
   - A. 应用程序员的编程需求
   - B. DBA 的管理信息需求
   - C. 数据库系统的维护需求
   - D. 企业组织的信息需求
4. 数据库设计人员和用户之间沟通信息的桥梁是_____。
   - A. 程序流程图　　B. 实体联系图　　C. 模块结构图　　D. 数据结构图
5. 在 ER 模型转换成关系模型的过程中，下列叙述不正确的是_____。
   - A. 每个实体类型转换成一个关系模式
   - B. 每个联系类型转换成一个关系模式
   - C. 每个 M:N 联系类型转换一个关系模式
   - D. 在处理 1:1 和 1:N 联系类型时，不生成新的关系模式
6. 设计子模式属于数据库设计的_____。
   - A. 需求分析　　　B. 概念设计　　　C. 逻辑设计　　　D. 物理设计
7. 当同一个实体集内部的实体之间存在着一个 1：N 联系时，那么根据 ER 模型转换成关系模型的规则，这个 ER 结构转换成的关系模式个数为_____。
   - A. 1　　　　　　B. 2　　　　　　C. 3　　　　　　D. 4
8. 当同一个实体集内部的实体之间存在着一个 M：N 联系时，那么根据 ER 模型转换成关系模型的规则，这个 ER 结构转换成的关系模式个数为_____。
   - A. 1　　　　　　B. 2　　　　　　C. 3　　　　　　D. 4
9. 有两个不同的实体集，它们之间存在着一个 1：1 联系和一个 M：N 联系，那么根据 ER 模型转换成关系模型的规则，这个 ER 结构转换成的关系模式个数为_____。
   - A. 2　　　　　　B. 3　　　　　　C. 4　　　　　　D. 5
10. 如果有 10 个不同的实体集，它们之间存在着 12 个不同的二元联系（二元联系是指两个实体集之间的联系），其中 3 个 1：1 联系，4 个 1：N 联系，5 个 M：N 联系，那么根据 ER 模型转换成关系模型的规则，这个 ER 结构转换成的关系模式个数为_____。
    - A. 14　　　　　　B. 15　　　　　　C. 19　　　　　　D. 22

11. 如果有 10 个不同的实体集，它们之间存在着 12 个不同的二元联系（二元联系是指两个实体集之间的联系），其中 3 个 1∶1 联系，4 个 1∶N 联系，5 个 M∶N 联系，那么根据 ER 模型转换成关系模型的规则，这个 ER 结构转换成的关系模式集中主键和外键的总数分别为_____。

    A．14 和 12   B．15 和 15   C．15 和 17   D．19 和 19

12. 如果有 3 个不同的实体集，它们之间存在着一个 M∶N∶P 联系，那么根据 ER 模型转换成关系模型的规则，这个 ER 结构转换成的关系模式个数为_____。

    A．3   B．4   C．5   D．6

13. UML 类图中的关联相当于 ER 模型中的_____。

    A．实体   B．实体集   C．联系   D．属性

14. UML 类图中的类相当于 ER 模型中的_____。

    A．实体   B．实体集   C．联系   D．属性

15. UML 类图中的对象相当于 ER 模型中的_____。

    A．实体   B．实体集   C．联系   D．属性

16. 以下关于 ER 图的叙述正确的是_____。

    A．ER 图建立在关系数据库的假设上

    B．ER 图使应用过程和数据的关系清晰，实体间的关系可导出应用过程的表示

    C．ER 图可将现实世界（应用）中的信息抽象地表示为实体以及实体间的联系

    D．ER 图能表示数据生命周期

17. 在某学校的综合管理系统设计阶段，教师实体在学籍管理子系统中被称为"教师"，而在人事管理子系统中被称为"职工"这类冲突被称之为_____。

    A．语义冲突   B．命名冲突   C．属性冲突   D．结构冲突

18. 新开发的数据库管理系统中，数据库管理员张工发现被用户频繁运行的某个查询处理程序使用了多个表的连接，产生这一问题的原因在于____(1)____。在保证该处理程序功能的前提下提高其执行效率，他应该____(2)____。

    (1) A．需求分析阶段对用户的信息要求和处理要求未完全掌握

        B．概念结构设计不正确

        C．逻辑结构设计阶段未能对关系模式分解到 BCNF

        D．物理设计阶段未能正确选择数据的存储结构

    (2) A．建立该查询处理程序所用到表的视图，并对程序作相应的修改

        B．将该查询处理程序所用到表进行必要的合并，并对程序作相应的修改

        C．修改该程序以减少所使用的表

        D．尽可能采用嵌套查询实现该程序的功能

选择题参考答案

1. D   2. C   3. D   4. B   5. B

6. C   7. A   8. B   9. B   10. B

11. C   12. B   13. C   14. B   15. A

16. C   17. B   18. （1）A   （2）B

11.4.2 设计题

某学员为人才交流中心设计了一个数据库，对人才、岗位、企业、证书、招聘等信息进行了管理。其初始 ER 图如图 11-43 所示。

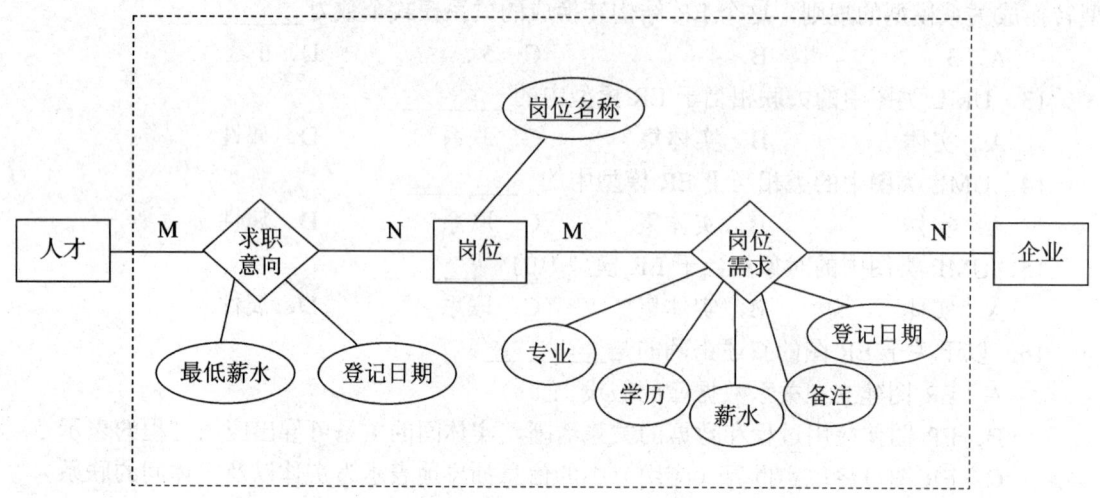

图 11-43 初始 ER 图

图 11-43 中，实体"企业"和"人才"的结构如下所示。

企业（<u>企业编号</u>，企业名称，联系人，联系电话，地址，企业网址，电子邮件，企业简介）

人才（<u>个人编号</u>，姓名，性别，出生日期，身份证号，毕业院校，专业，学历，<u>证书名称</u>，证书编号，联系电话，电子邮件，个人简历及特长）

读者应注意，在设计 ER 图时，应标出实体标识符。

- 实体"企业"的标识符是（企业编号）。
- 实体"岗位"的标识符是（岗位名称）。
- 实体"人才"的标识符是（个人编号，证书名称），这是因为有可能一个人拥有多张证书。

回答下列问题。

（1）根据转换规则，把 ER 图转换成关系模式集。

（2）由于一个人可能持有多个证书，须对"人才"关系模式进行优化，把证书信息从"人才"模式中抽出来，这样可得到哪两个模式？

（3）对最终的各关系模式，以下划线指出其主键，用波浪线指出其外键。

（4）另有一个学员设计的实体联系图如图 11-44 所示，请用 200 字以内的文字分析这样设计存在的问题。

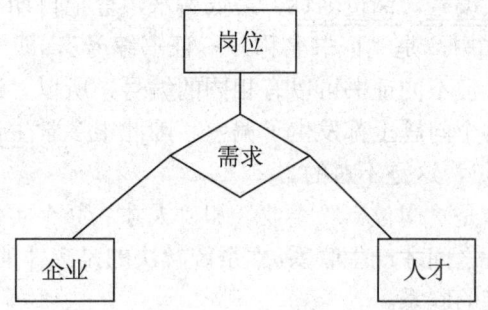

图 11-44　另一种设计的实体联系图

（5）如果允许企业通过互联网修改本企业的基本信息，应对数据库的设计作何种修改？请用 200 字以内的文字叙述实现方案。

解答：（1）图 11-43 的初始 ER 图，转换成的关系模式有以下 5 个。

企业（<u>企业编号</u>，企业名称，联系人，联系电话，地址，企业网址，电子邮件，企业简介）

岗位（<u>岗位名称</u>）

人才（<u>个人编号</u>，姓名，性别，出生日期，身份证号，毕业院校，专业，学历，<u>证书名称</u>，证书编号，联系电话，电子邮件，个人简历及特长）

岗位需求（<u>企业编号</u>，<u>岗位名称</u>，专业，学历，薪水，备注，登记日期）

求职意向（<u>个人编号</u>，<u>岗位名称</u>，最低薪水，登记日期）

此处读者应注意，在"求职意向"模式中未放入"人才"实体的标识符中的"证书名称"属性。

（2）由于一个人可能持有多个证书，对"人才"关系模式应进行优化，得到如下两个新的关系模式。

人才（<u>个人编号</u>，姓名，性别，出生日期，身份证号，毕业院校，专业，学历，联系电话，电子邮件，个人简历及特长）

证书（<u>个人编号</u>，证书名称，证书编号）

（3）这样，最终可得到 6 个关系模式，用下划线表示主键，用波浪线表示外键，如下所示。

企业（<u>企业编号</u>，企业名称，联系人，联系电话，地址，企业网址，电子邮件，企业简介）

岗位（<u>岗位名称</u>）

人才（<u>个人编号</u>，姓名，性别，出生日期，身份证号，毕业院校，专业，学历，联系电话，电子邮件，个人简历及特长）

证书（~个人编号~，<u>证书名称</u>，证书编号）

岗位需求（<u>企业编号</u>，<u>岗位名称</u>，专业，学历，薪水，备注，登记日期）

求职意向（<u>个人编号</u>，<u>岗位名称</u>，最低薪水，登记日期）

在"证书"模式中，是"证书名称 → 证书编号"，即一个人可以有多张证书，每张证书只有一个编号，但不同证书可以有相同的编号，所以"证书编号 → 证书名称"是错误的。许多学生在这个问题上都发生了偏差。因此很多学生认为"证书"模式中主键是（个人编号，证书编号），这是不对的。

（4）此处的"需求"是"岗位"、"企业"和"人才"3个实体之间的联系，而事实上只有人才被聘用之后三者之间才产生联系。本系统解决的是人才的求职和企业的岗位需求，人才与企业之间没有直接的联系。

（5）建立企业的登录信息表，包含用户名和密码，记录企业的用户名和密码，将对本企业的基本信息的修改权限赋予企业的用户名，企业工作人员通过输入用户名和密码，经过服务器将其与登录信息表中记录的该企业的用户名和密码进行验证后，合法用户才有权修改企业的信息。

第 12 章　数据库系统的运行与管理

12.1　基本要求

1.　学习目的与要求

本章总的要求是学习数据库应用系统在投入运行之后的运行计划、运行维护、DB 管理、性能调整和用户支持等日常工作，以保证系统的正常运行和高效运作。

2.　本章重点内容

（1）DBS 的运行计划：确定运行策略，确定监控对象，确定报警策略，制定管理计划。

（2）DBS 的运行和维护：新旧系统的转换，监控数据的收集和应用，日常维护管理工作，运行统计工作，运行标准，审计工作。

（3）DB 的管理：DD 管理，完整性维护，物理结构管理，备份和恢复，并发控制管理，安全性管理，DBA 的职责。

（4）性能调整：瓶颈的定位，SQL 语句的优化，表设计的评价，索引的改进，物理分配的改进，设备增强，数据库性能的优化。

（5）用户支持：用户培训，售后服务。

12.2　基本内容

12.2.1　DBS 的运行计划

由于数据库应用系统的不断扩大，数据库运行时的管理变成了一个日益复杂的工作。运行与管理工作主要是由数据库管理员来承担的。为保证数据库系统安全、稳定地运行，需要综合考虑可能遇到的各种问题，制定详尽的运行计划和应对措施。任何因素导致系统出现问题，都可能给企业带来损失。

数据库系统的运行计划包括以下 4 个部分。

- 确定运行策略。
- 确定数据库系统监控对象和监控方式。
- 确定数据库系统报警对象和报警方式。
- 制定数据库系统的管理计划。

1.　确定运行策略

运行策略分成系统正常运行策略和系统非正常运行策略两个方面。

（1）系统正常运行策略是指在正常运行状态下的数据库执行策略。

任何一个系统在一般情况下，都有相对固定的用户群和访问量，系统的负载相对稳定。需要从以下 4 个方面考虑正常运行策略。

① 系统运行对物理环境的要求

为保障系统安全稳定的运行，离不开系统的物理环境保障。物理环境是指运行场地的温度、湿度、通风条件、灰尘指标和电力供应等外部条件。

② 系统运行对人员的要求

企业中的数据库运行需要专人服务。应成立数据库运行管理机构，由数据管理员和数据库管理员专门负责数据库系统的运行。

③ 数据库的安全性策略

数据库的运行离不开用户的访问和操作，安全性策略包括环境安全、职员的可靠、OS 的安全、网络的安全、用户的权限管理、设备的安全以及数据的安全等诸方面。

④ 数据库备份和恢复策略

在数据库系统运行时数据是不断变更和增长的。有些系统会产生大量的数据，这些数据如果不及时从系统中导出，系统的存储设备很快会被占而不能正常运行。因此需要根据业务量，制定数据备份的策略，定期从系统中导出数据。同时备份也是系统故障恢复所必需的。

（2）系统非正常运行策略是指在特殊时期的数据库运行策略。

系统运行不可能一成不变，在各种因素的影响下，系统会处于特殊的运行时期。非正常运行策略主要从以下两个方面考虑。

① 突发事件的应对策略

突发事件有突然停电、设备故障等因素，甚至可能火灾、水灾、地震等人力不可抗拒的自然灾害，以及人为因素的蓄意破坏（犯罪、病毒等）和人为错误，必须要有及时的应对策略，如启动备用电源、备用设备甚至备用系统，使系统能够正常运行。

② 高负载状态的应对策略

数据库系统的高负载状态与企业的业务相关，有些是可以预计的，譬如节日中的话务系统，有些则是事先难以估计的，譬如大副涨跌时期的股票交易系统。此时应有正确的应对策略，进行系统负载平衡。

2. 确定数据库系统监控对象和监控方式

在数据库系统运行过程中，数据库管理员需要及时了解数据库的运行状态，掌握运行时的各种指标，为提高系统效率提供依据。对系统运行状态的了解可采用监控系统。

数据库系统监控的对象有系统性能、系统故障和系统安全等 3 个部分，因此监控也分为性能监控、故障监控和安全监控 3 种。

（1）性能监控是掌握系统运行的手段。性能监控应当从资源占用率、事务响应时间、事务量、死锁和用户量诸方面考虑。

（2）故障监控是保障数据库系统正常运行的手段。故障监控从故障的类型来看，监控事务故障、系统故障和介质故障。当出现需要管理员干预的故障时应及时出面恢复。

（3）安全监控是对数据库安全事件的监控，包括入侵监控、用户访问监控和病毒监控等。

在进行系统监控的同时，可以设定出现严重问题时的系统报警，及时通知管理员进行干预，保障系统安全稳定地运行。

数据库系统的监控方式有系统监控和应用程序监控两种。

（1）系统监控可通过 DBMS 提供的性能监控子程序设置参数，由系统自动监控。

（2）应用程序监控需要管理人员根据具体情况编制应用程序进行监控，这是对 DBMS 监控功能的补充。

在监控中，系统日志是监控的主要依据。日志文件信息记录了系统运行中的各种信息，管理员可以从日志文件中了解系统运行状态和事件，以此为依据发现系统运行中的问题。

3. 数据库系统报警策略

在主流数据库管理系统（Oracle、Sybase、DB2、SQL Server）中，都有告警日志文件，格式为文本，内容包括数据库的停止、启动信息，日志的产生情况，数据库系统的报错信息、告警信息。监控和分析此文件是监视数据库系统运行是否正常的最重要的手段，需要 DBA 定期（至少每日一次）查看和分析，如有问题就要及时争取相应动作。

但为了保证数据库的稳定高效运行，只监控数据库的日志文件是远远不够的，还应从以下 5 个方面来监控数据库的运行。

（1）数据库对象状态：定期查看表空间的大小，防止溢出，通常采用使用率超过 90% 或剩余空间小于 10MB 就告警的策略；定期查看存储过程、触发器、索引等重要数据库对象的状态是否正常，如不正常就需重新编译或建立。

（2）数据库运行效率：定期统计 Cache 缓冲区的命中率、字典缓冲区的命中率，通常不能低于 90%；分析数据库表空间的碎片，不能太多，否则需要合并；统计访问次数最多的表；统计访问次数最多的表空间和数据文件，找出最大的 I/O 瓶颈。

（3）主机运行效率：利用 sar、vmstat 等 UNIX 标准命令，查看主机内存、CPU、I/O、SWAP 区的运行状态。如果主机内存少于 1000 页（每页 4KB）、CPU 空闲率少于 20%、CPU I/O 等待率大于 20%、SWAP 区使用超过 15%等都表示主机在某些方面比较繁忙，存在瓶颈，需要注意监视、分析和调整。

（4）网络运行效率：利用命令查看网络是否丢包、时延是否过大、网卡是否报销。因为这些都会引起数据库访问速度的降低或不能访问。

（5）应用系统运行效率：数据库系统、主机系统和网络系统的故障或效率低下，最终都会表现出应用系统不能运行或效率低下，所以对应用系统运行情况的监控也十分重要，并根据不同表现形式要快速定位问题出在哪里。

4. 数据库系统管理计划

数据库系统投入运行后，必须进行有计划的维护管理，才能保证其始终高效安全稳定地运行，现将日常的维护管理工作罗列如下。

（1）每日进行的工作

检查数据库运行状态及告警日志；监测数据库各主要进程状态；监测和调整进程所占内存空间；监测数据库的表空间利用率；监测和调整数据库 I/O；监控数据库的所有会话和用户登录情况；监视和调整数据库锁的数量；监控数据库的日志空间；做好每日的备份工作；利用脚本收集数据库的运行性能数据。

（2）每周进行的工作

对数据库中的数据进行重组，优化数据的存储结构；对数据库中主要配置文件及参数进行预测、调整及备份文件的有效性；数据库的版本及补丁管理与跟踪；经常访问供应商的主页，看是否有新的补丁和警告；和开发人员一起分析新增对数据库操作 SQL 的性能。

（3）每月进行的工作

查看对数据库会产生危害的增长速度；查找是否有违法安全策略的问题；检查和评估性能是否正常合理，找出瓶颈，并进行优化；将所有的告警日志存档；做好主机操作系统和数据库系统软件本身的月备份工作；召开运行维护分析会，分析和总结系统运行情况，安排下一步的工作；联合数据库供应商和应用软件开发商对维护、开发人员做好相应热点的培训和答题工作。

12.2.2 DBS 的运行与维护

按照软件工程的理论，数据库系统的运行和维护要花整个系统 60%以上的费用，可见运行和维护工作的重要性。这些工作主要有：新旧系统的转换、监控数据的收集和使用、日常维护管理工作、运行统计工作、运行标准、审计工作等。

1. 新旧系统的转换

在数据库系统的日常维护工作中，经常会进行数据库系统的转换和迁移工作，通常有以下 3 类。

（1）异构数据库系统之间的转换

此时一般都采用标准格式的文本文件作为中间文件。譬如要将 Sybase 数据库系统转换到 Oracle 数据库系统，可以按以下所述去做。

① 首先利用 Sybase 的数据导出工具 BCP，将数据库中的所有表导出为标准格式的文本文件。

② 然后利用 Oracle 的数据导入工具 SQLloader 将标准格式的文本文件导入到 Oracle 数据库中。

③ 对于存储过程和函数等其他数据库库对象，将其创建语句导出成文本后，然后将其作适应于在 Oracle 上的修改，再在 Oracle 数据库系统中重新执行创建。

（2）同构数据库系统不同版本之间的转换

此时可利用数据库系统自带的数据导入/导出工具进行，如 Sybase 的 BCP（或 dump/load database 命令）、Oracle 的 exp/imp 工具。这种转换通常为低版本到高版本的迁移。

（3）同一数据库系统在不同主机平台之间的迁移

具体迁移步骤与上述的第（2）点基本相似。

在数据库系统中通常都存有大量数据，而且往往都是 7×24 小时运行，其数据转换工作都要求在较短时间内完成，以保证系统正常运行。为此在实际迁移工作中针对不同类型的数据可采取不同的迁移策略。

（1）静态历史数据：对于历史流水表、操作记录表等数据量大且不会改变的静态历史数据可以在正式迁移前一周就进行，以节省最后系统迁移的时间，减少系统中断时间，并可有充足的时间进行比较核对。

（2）半静态数据：如按日期插入记录的当月流水表可以在迁移 3 天前就将表中的前半部分数据迁移到新的数据库系统中，后面新插入的数据库在正式迁移时再补插入。

（3）动态数据：针对客户资料、用户金额等实时变化的资料，只能在系统转换的当时进行迁移和核对。

通过对以上 3 类数据迁移时间的合理安排，可以减少系统转换时的宕机时间，提高速度，减少风险。

2. 监控数据的收集和分析

数据库系统除了日常维护工作外，DBA 应继续检查系统的性能。此时统计数据是指标，通过指标值可了解有关数据库运行状况的信息。依照监控的类型，监控数据分为性能监控数据、故障监控数据和安全监控数据 3 类。

（1）性能监控数据包括磁盘的使用信息（碎片量、剩余空间和日志文件增长情况），I/O 操作数量，频度及响应时间，缓冲区的命中率，事务量及锁状况等。通过分析这些数据，找出影响性能的问题所在，为下一步的性能调整提供依据。

（2）故障监控数据包括故障的类型、原因，通过分析，确定是事务内部错误、系统调度问题，还是系统硬件问题，并做出相应的处理。

（3）安全监控数据主要是用户访问和修改数据库的记录。通过分析，得出安全漏洞的原因，以便对用户管理和应用程序加以改进。

数据收集有两种方法。一种是抽样方法，系统定期测量数据库活动的特定方面，譬如每隔 20 分钟记录活动事务的数目；另一种是事件驱动方法，只在发生特定事件时才记录统计数据，而不是定期记录。

3. 数据库的日常维护工作

数据库的日常维护工作包括 3 个方面：数据库重构、视图的维护和文档的维护。

（1）数据库重构：是指对数据库的结构作修改，由于 DBMS 具有逻辑独立性，因此这些修改可能不需要修改应用程序。对数据库中表和视图的结构修改应该是有限度的，若需求变化太大，或重构的代价太大，已无法通过重构来满足新的需求时，则表明现有的数据库应用系统的生命周期已经结束，应该重新设计新的数据库系统，即开始新的生命周期了。

（2）视图的维护：视图具有逻辑独立性和数据安全性的特点，将不允许应用程序访问的数据屏蔽在视图之外。在数据库重构过程中引入或修改视图，可能会影响数据的安全性，因此必须对视图进行评价和验证，保证不会因为数据库的重构而引起数据的泄密。

（3）文档的维护：文档是对系统结构和实现的描述，在系统的设计、开发和维护过程中起着重要的指导作用。文档必须与系统保持高度的一致性，否则会造成人为的困难和错误，甚至危及系统的生存。数据库重构过程中的所有修改，必须在文档中体现出来。

4. 数据库系统的运行统计工作

系统监控和系统运行统计是 DBA 掌握数据库系统运行状态最有效的手段。系统监控通常用来保障系统稳定运行，运行统计则用来了解系统性能，作为性能调整的依据。

运行统计的数据，有一些是由 DBMS 本身自动收集和存储，其他则必须通过监控系统来完成。主要的运行统计数据有以下一些：每个表的大小、活动表的数目、表中每列不同值的数目、特定查询的提交次数、查询和事务的执行时间、表空间和索引空间的统计数据、读/写操作的总时间、查询处理和事务处理的统计数据、封锁处理的统计数据、日志统计数据、索引统计数据、授权用户的合计数、在设置间隔期间内执行的读写操作次数和完成的事务数目、审计跟踪细节、页面故障次数、缓冲区满的次数、每天 CPU 使用的配置文件等。

运行统计可以是长期的，也可以是阶段性的。如对访问量的统计是长期的，峰值时期的统计则是为了掌握系统的负荷能力，因此是阶段性的。

5. 数据库系统运行标准

在数据库系统运行期间，应该建立数据库运行各项指标的基线，即建立运行标准。有了基线（或运行标准）后，日常的维护和性能调整工作就有了依据。

数据库系统运行标准分为系统响应时间、对象大小、命中率、主机运行情况等 4 大类。这 4 类标准在下面分别介绍。

（1）系统响应时间：譬如规定前台应用程序完成各种单笔交易的时间，单笔取款业务完成时间不得超过 3 秒，单笔交易记录查询完成时间不得超过 8 秒，此标准建立后，就是系统维护的重要晴雨表。如果响应时间超过标准，就应系统地查找原因并进行调整优化。

（2）对象大小：譬如规定表空间使用率不能超过 90%，若超过 90%就需要进行扩展；表空间碎片比率不能超过 20%，若超过就要整理表空间，合并碎片。

（3）命中率：譬如规定数据 Cache 缓冲区的命中率不低于 90%，数据字典 Cache 缓冲区命中率不低于 90%，SQL 语句执行内存命中率不低于 90%。如果低于这些值，就应该调整相应的数据库参数或优化相应的 SQL 语句。

（4）主机运行情况：譬如规定主机 CPU 平均空闲率不低于 30%，CPU 忙时空闲率不低于 10%，平均空闲内存空间不少于 10MB，网络时延不超过 10ms 等。如果超过此标准就应首先进行应用调整，如果调整后仍然不行，就应考虑进行相应的硬件扩容。

6. 数据库系统的审计工作

审计是一种 DBMS 工具，它记录数据库资源和权限的使用情况。启用审计功能，可以产生审计跟踪信息，包括哪些数据库对象受到了影响，谁在什么时候执行了这些操作。

审计是被动的，它只能跟踪对数据库的修改而不能防止。但作为安全性手段，能起到对非法入侵的威慑作用，并据此追究非法入侵者的法律责任。

常用的数据库系统都提供了比较强大的审计机制。如 Oracle 提供了 AUDIT 语句、LOG MINER 工具、触发器、FGA 4 种机制相结合的审计手段 FAG。AUDIT 语句分为语句级、权限级和对象级，来记录用户的操作、对表的操作。LOG MINER 是 Oracle 的一个工具，可以将日志里的内容转换成每一条语句展现给用户；触发器是对插入、删除、修改语句的监督；FGA 机制除了记录修改外，还有相应的告警。Sybase 也提供了 Audit Server，和触发器结合起来，可以审计和跟踪对数据库的操作。审计功能的开启会影响到系统的性能，而且审计跟踪信息的保存会引起存储空间的问题。解决这一问题的方法是在 DBMS 范围内的不同级别上进行审计操作。

12.2.3 数据库的管理

在数据库系统运行期间，数据库的管理有数据字典管理、完整性维护、物理结构管理、备份和恢复、并发控制与死锁管理、安全性管理、数据库管理员的职责等内容。

1. 数据字典的管理

数据字典（Data Dictionary）是任何通用 DBMS 的核心，有时亦称为"系统目录"。数据字典本身就是一个"微型数据库"，其主要功能是存储 DBMS 管理的数据库的定义或描述。这类信息被称为"元数据"，主要包括数据库三级结构和两级映像的定义。

数据字典中记载的内容有数据库的名字、启动时间、版本，各表空间、数据文件、用户的名称，数据库里各对象（如表、存储过程、索引等）的名称及对象的属性（如表的各列名字，存储过程的内容）；数据库目前的运行状态（如读表空间的次数、命中率等信息）。总之，通过数据字典的查询，可以查询到除表中数据以外的所有内容，是维护和管理数据库的重要手段。数据字典通常是在创建和安装数据库时被创建的，随着数据库里各对象的建立、删除及修改，其也不断修改。

2. 数据完整性维护和管理

数据库完整性概念、完整性检查、完整性规则、完整性子系统等内容已在第 7 章 7.2.8 节的第 4 点介绍过。SQL 语言中采用的完整性约束已在第 9 章 9.2.8 节的第 3 点介绍过，这里不再重复。

3. 数据库物理结构的管理

数据库物理机构的管理是指数据文件（或数据设备）的布局规划及日常维护，保证数据访问的尽快响应。数据库文件的布局规划应遵循可用性最大化和物理冲突最小化的原则。

（1）可用性最大化原则：是指数据在磁盘上安排方式应最大程度地保证数据库抵御灾难的能力，通常从文件布局、文件权限控制、物理 RAID 设计 3 方面来考虑。

（2）物理冲突最小化原则：为了保证数据访问的最快响应，必须最小化 I/O 在磁盘上的争用和冲突。譬如将 I/O 访问、数据表和索引、数据量大及访问最频繁的表尽可能分布在不同的物理磁盘上。通过数据分布的不断调整，提高系统效率。

4. 备份和恢复

数据库恢复的定义、策略、故障类型和恢复方法、检查点技术等内容已在第 7 章 7.2.8 节的第 2 点介绍过。SQL 语言中采用的对事务提交和回退的内容已在第 9 章 9.2.8 节的第 1 点介绍过，这里不再重复。

5. 并发控制与死锁管理

数据库的并发控制带来的问题、封锁技术、封锁协议、封锁带来的问题、并发操作的调度、两段封锁法等内容已在第 7 章 7.2.8 节的第 3 点介绍过。SQL 语言采用事务的存取模式和事务的隔离级别，并提供语句让用户使用，以控制事务的并发执行，这个内容已在第 9 章 9.2.8 节的第 2 点介绍过，这里不再重复。

6. 数据安全性管理

数据库的安全性定义、级别、权限、常用的安全性措施、自然环境的安全性已在第 7 章 7.2.8 节的第 5 点介绍过。SQL 语言中提供的视图、权限、角色和审计等安全性机制，已在第 9 章 9.2.8 节的第 5 点介绍过，这里不再重复。

7. 数据库管理员的职责

数据库管理员（DBA）的职责已在第 7 章 7.2.7 节的第 1 点介绍过，DBA 的工作范围和工作内容也已在本章 12.2.1 节中详述过，这里不再重复。

12.2.4　性能调整

系统性能调整涉及调整各种参数和选择设计方案，以提高系统在特定应用下的性能。下面介绍瓶颈的定位、SQL 语句的性能优化、表设计的评价、索引的改进、物理分配和磁盘 I/O 的改进、设备增强和数据库性能优化等问题。

1. 瓶颈的定位

大多数系统的性能会受制于一个或几个部件的性能，这些部件称为瓶颈（Bottleneck）。例如，一个程序可能有 80%的时间花在代码中的一个小循环上，而其余 20%的时间用在剩余代码上，那么这个小循环就是一个瓶颈。提高瓶颈的速度将直接影响整个系统的效率。

在系统进行性能调整时，必须首先试着找出是什么瓶颈，然后通过提高导致这些瓶颈的部件的性能来消除瓶颈。

下面介绍容易成为瓶颈的 SQL 语句、表、索引、存储器、硬件设备的优化、改进和增强问题。

2. SQL 语句的性能优化

SQL 语句是非过程化语句，它使操作数据库时觉得简单易行，但它也是一个可能影响数据库性能的缺陷。虽然 DBMS 有查询优化器负责分析 SQL 语句，能生成合理的方式组合运行，但却仍然有必要按照一定的规范来编写 SQL 语句，以减轻系统的负担和提高运行效率。

对频繁执行的 SQL 语句（通常是查询语句）进行优化，有以下一些规范。

- 尽可能地减少多表查询。
- 尽可能地减少物化视图（物化视图是指既存储定义又存储其计算了的数据视图）。
- 在采用嵌套查询时，尽可能以不相关子查询替代相关子查询。
- 只检索需要的列。
- 在 WHERE 子句中尽可能使用 IN 运算来代替 OR 运算。

- 查询时避免使用 LIKE '%string'，以免全表数据扫描；而采用 LIKE 'string%' 则可使用对应字段的索引。
- 尽量使用 UNION ALL 而不使用 UNION，因为后者操作时要排序并移走重复记录，而前者不执行该操作。
- 经常使用 COMMIT 语句，以尽早释放封锁。

3. 表设计的评价

表的设计分为逻辑设计和物理设计两个层次。

逻辑设计的主要内容有：系统中需要哪些表，每张表的字段数目和类型长度，表的主键、外键的设置等。在逻辑设计时，应关心关系模式达到何种范式级别，目的是为了减少数据冗余和消除操作异常。但最小冗余的要求必须以分解后的数据库能够表达原来数据库所有信息为前提来实现。事实上，并不一定要求全部模式都达到 BCNF 不可，经常需要故意保留部分冗余是为了更方便地进行数据查询。根据实际需求，调整表的结构有以下 3 条原则。

- 如果频繁地访问涉及两个表的连接操作，则考虑将其合并。
- 如果频繁地访问只是在表中某一部分字段上进行，则把这部分字段单独构成一个表。
- 对于很少更新的表，引入物化视图。

物理设计的主要内容是设计在物理磁盘上的分布。首先对大数据量的表应使用分区技术，分布在不同的磁盘上；其次应精心设计每个表的存储参数；最后应针对每个表设计其合理的索引。

4. 索引的改进

可以调整系统中的索引来提高性能，调整索引有以下一些原则。

- 如果查询是瓶颈，那么在关系上创建适当的索引来加速查询。
- 如果更新是瓶颈，那么可能是索引太多，这些索引在关系被更新时也必须被更新，此时则应删除一些索引以加速更新。
- 应该正确选择索引的类型。如果经常使用范围查询，则 B 树索引比散列索引更合适。
- 每个关系上只允许一个聚集索引，关系将按聚集索引属性值来排序并存储，通常应该将有利于大多数的查询和更新的索引设为聚集索引。

5. 物理分配和磁盘 I/O 的改进

物理分配和磁盘 I/O 的改进的最终目的就是通过物理 I/O 冲突的减少，提高数据库访问速度。

如果系统监测到在 I/O 上有较大的等待或前台应用响应慢，就有可能在 I/O 上存在瓶颈，需要考虑优化。

有以下一些经验规则可使用。

- "5 分钟规则"：如果一页在 5 分钟里被使用的次数多于一次，它就应当存储在内存中。虽然现在硬件性能有很大改善，但仍然保持在 5 分钟这个收支平衡点上。
- "1 分钟规则"：如果顺序读取的数据一分钟内至少访问一次，就应该把它们放到内存中。
- 在硬件上，选择 RAID1 还是 RAID5，则应取决于数据更新的频繁程度。在数据库存储量大而 I/O 速率和数据传输率要求低时，应选择 RAID5，其投资会少一些，否则就应选择 RAID1。
- 在 OS 层面上，数据库的数据文件尽量直接使用裸设备而不是文件系统，以提高 I/O 的效率。
- 在 DB 层面上，应尽量将索引和数据分开存储的同时，也应将几个访问频繁的表分开存储在不同的磁盘上。

6. 设备增强

在系统运行过程中，如果经过上述各种调整后仍不能满足性能要求，则应当考虑增强系统设备。主要从主机、磁盘和网络 3 个方面进行。

（1）主机设备的增强：主要从 CPU 和内存两个方面来衡量其处理能力，以及是否存在瓶颈限制。如果 CPU 利用率始终很大或运行队列始终很长，再经过相应的应用优化，仍得不到明显的改善，就考虑 CPU 的扩容，引入高速计算机。为了获得良好的性能，内存交换活动（page in/page out）应该为 0，如果交换活动频繁，并且应用优化后仍有交换活动，那么就应考虑增强系统内存。

（2）磁盘设备的增强：数据库的数据最终都是存储在磁盘上的，所以磁盘访问效率的高低对整个数据库系统的响应速度的高低影响十分大。为了获得良好的访问性能，那么就应考虑增强磁盘容量。

（3）网络设备的增强：网络的速度对客户端访问数据库服务端的速度也有影响，建议网络至少为百兆。

7. 数据库性能优化

数据库系统是一组程序作用在数据文件上对外提供服务，所以其本身的性能也十分重要，对其的优化工作主要是相应的参数调整。DBA 可以在 3 个级别上对 DBS 进行调整。

- 最低级（硬件层面上）：这一级上调整系统的选项可以选择考虑，如果磁盘 I/O 是瓶颈，则增加磁盘或使用 RAID 系统；如果磁盘缓冲区容量是瓶颈，则增加内存；如果 CPU 是瓶颈，则改用更快的处理器。
- 中间级（数据库系统参数）：例如缓冲区大小和检查点间隔等。
- 最高级（模式和事务）：调整模式的设计、索引的建立、事务的执行来提高性能。这一级的调整与系统相对独立。

这 3 级的调整相互影响，应全盘考虑。譬如在某个高层所做的调整可能导致硬件瓶颈从磁盘系统移到 CPU 上。

12.2.5　用户支持

数据库系统的运行离不开用户的使用，因此在数据库应用系统开发过程中，要注意对用户的培训工作，做好售后服务工作。

1. 用户培训

根据第 7 章 DBS 的全局结构的内容可以知道，用户可分为 3 类：应用开发人员（系统分析员和应用程序）、数据库管理员（DBA）和终端用户。在数据库系统的生命周期里，必须有计划、分阶段地对上述 3 类用户进行培训。培训方式分为以下 3 种。

（1）数据库原厂商对应用开发人员和 DBA 进行培训。这种培训一般在 DBS 设计前或投入运行后这两个阶段进行。在系统设计前培训的重点是体系结构、新功能新特性、通用设计原则等；在投入运行后培训的重点是维护管理、数据备份恢复、性能优化等方面。

（2）应用开发人员对 DBA 的维护工作进行培训。这种培训一般在系统交互运行后进行，主要内容为系统中各表的设计原则、表的结构、存储过程的功能、日常需要的监控、表空间扩展方法等内容，让 DBA 熟悉如何在库中查找、更新内容和如何维护数据库。

如果有条件的话，最好让 DBA 也作为应用开发人员身份参与应用系统的开发，在系统投入运行后，再以 DBA 身份来管理 DBS 的运行，这样工作就有连续性。

（3）DBA 对终端用户进行培训。此时 DBA 要制定全面的培训计划，明确培训的目的、要求、方法和步骤，即要明确指出谁做什么、什么时候做，以及怎样做。主要内容是要终端用户了解业务流程及规范，熟悉数据库系统的使用；掌握应用程序的操作，正确地使用和维护数据；培养安全意识，防止泄露或破坏数据。

2. 售后服务

由于数据库系统软件庞大、技术复杂，因此为了保证数据库系统在出现重大故障时能够快速解决，通常需要数据库原厂商和软件开发商的技术支持。一般，数据库原厂商的售后费用比较昂贵。为了有效降低售后服务费用的同时也保证不降低服务水平，可以采取首先依靠自身 DBA、其次依靠软件开发商、最后依靠数据库原厂商 3 个层次的技术支持体系。

一般与软件开发商签订的售后服务协议都要比数据库原厂商便宜，建议在购买数据库系统产品时，要求数据库原厂商和软件开发商将尽量长的售后服务时间与产品打包，以降低单独购买服务的成本。应注意，为了有效提高数据库运行效率和安全性，数据库售后服务不仅仅包括重大故障的处理，也应包括定期的性能和安全评估及其后续的优化调整措施。

12.2.6　小结

* 数据库系统在投入运行后，主要的管理和维护工作是由 DBA 承担的，实际中运行的不同厂商的 DBMS 有多种，具体的实施步骤需要参照 DBMS 的文档执行，但这些方法是通用的。作为一名合格的 DBA，需要有深厚广博的计算机软、硬件方面的知识，尤其应对 DBMS 内部技术有很好的了解，还要有分析问题和解决问题的能力，需要不断地学习。

- 数据库系统的运行维护工作主要包括 DBS 的运行计划、DBS 的运行维护、DB 的管理、DBS 性能调整和用户支持等 5 个方面。
- 数据库应用系统在运行一段时间后，由于数据的积累，出现了明显的数据访问和处理的迟滞。此时必须首先找出瓶颈的所在，然后通过提高导致这些瓶颈的部件的性能来消除瓶颈。

12.3　重点习题解析

填空题

1. DBS 的运行策略分成系统正常和非正常运行策略两个方面。系统正常运行策略需要从_____、_____、_____和_____等 4 个方面来考虑。系统非正常运行策略主要从_____和_____的两个应对策略来考虑。

2. DBS 监控对象有系统的_____、_____和_____等 3 个部分。DBS 的监控方式有_____和_____等 2 种方式。

3. 为了保证 DB 的稳定高效运行，只监控 DB 的日志文件是远远不够的，还应从以下 5 个方面来监控 DB 的运行：_____、_____、_____、_____和_____。

4. 新旧系统的转换有 3 类：_____、_____和_____。

5. 在系统转换和数据迁移时，有 3 种不同类型的数据：_____、_____和_____。对此应采取不同的迁移策略。

6. DB 的日常维护工作包括 3 个方面：_____、_____和_____。

7. DBS 运行标准是指 DBS 运行期间各项指标的_____。运行标准分为_____、_____、_____和_____等 4 大类。

8. DBS 的审计工作是一种_____手段，能起到对非法入侵的威慑作用，并据此追究非法入侵的法律责任。

9. 在 DBS 运行期间，DB 的管理有_____、_____、_____、_____、_____。

10. DBS 的性能调整涉及到_____、_____、_____、_____、_____、_____和_____等 7 个方面。

11. DBS 运行期间，用户可分为 3 类：_____、_____和_____。对用户的培训方式有 3 种_____、_____和_____。

12. 为了降低售后服务费用的同时也保证不降低服务水平，可以采取首先依靠_____、其次依靠_____、最后依靠_____等 3 个层次的技术支持体系。

填空题参考答案

1. 物理环境　人员要求　安全性　恢复策略　突发事件　高负载状态
2. 性能　故障　安全　系统监控　应用程序监控

3. DB 对象状态　　　　DB 运行效率　　　主机运行效率　　　网络运行效率　　应用系统运行效率

4. 异构数据库系统之间的转换　　　同构数据库系统不同版本之间的转换
同一数据库系统在不同主机平台之间的迁移

5. 静态历史数据　　　半静态数据　　　动态数据

6. 数据库重构　　　　视图的维护　　　文档的维护

7. 基线　　系统响应时间　　对象大小　　命中率　　　主机运行情况

8. 安全性

9. 数据字典管理　　　完整性维护　　　物理结构管理　　　备份和恢复
并发控制与死锁管理　　　安全性管理　　　数据库管理员

10. 瓶颈的定位　　　SQL 语句的优化　　　表设计的评价　　　索引的改进
物理分配的改进　　设备增强　　　数据库性能优化

11. 应用开发人员（系统分析员和应用程序）　　　数据库管理员（DBA）　　终端用户
数据库原厂商对应用开发人员和 DBA 进行培训　　应用开发人员对 DBA 的维护
工作进行培训　　　DBA 对终端用户进行培训

12. 自身 DBA　　　软件开发商　　　数据库原厂商

12.4　模拟试题

1. DBS 的运行管理工作的主要承担者是＿＿＿＿＿。
   A．终端用户　　　　　B．应用程序员　　　C．系统分析员　　　D．DBA

2. 不属于数据库系统监控的对象是＿＿＿＿＿。
   A．性能监控　　　　　　　　　　B．故障监控
   C．网络监控　　　　　　　　　　D．安全监控

3. 数据库系统监控的目的是为了保证数据库＿＿＿＿＿。
   A．不丢失数据　　　　　　　　　B．稳定高效运行
   C．做好恢复工作　　　　　　　　D．防止黑客闯入系统

4. 在 DBS 的日常维护工作中，不属于"新旧系统转换"的工作是＿＿＿＿＿。
   A．异构数据库系统在不同网络协议之间的转换
   B．异构数据库系统之间的转换
   C．同构数据库系统不同版本之间的转换
   D．同一数据库系统在不同主机平台之间的迁移

5. 在收集监控数据时，通常采用的方法是＿＿＿＿＿。
   A．统计方式　　　　　　　　　　B．日志方式
   C．随机方式　　　　　　　　　　D．抽样方式

6. DBS 运行标准是指各项指标的基线，下面不属于运行标准的是＿＿＿＿＿。

A. 前台应用程序完成单笔交易的时间   B. Cache 缓冲区的命中率

C. 表空间的大小   D. CPU 平均空闲率

7. 审计工作属于_____。

A. 并发控制措施   B. 安全性措施

C. 完整性措施   D. DB 恢复的措施

8. DD 中的数据称为_____。

A. 元数据   B. 基本数据   C. 微数据   D. 中心数据

9. DB 物理数据结构管理的原则中，不正确的是_____。

A. 数据量大的表分放在不同磁盘上

B. 将 I/O 访问分布在尽可能多的磁盘上

C. 将访问量最大的几个不同的表，分放在不同磁盘上

D. 数据表和索引放在一起存储

10. 瓶颈是指_____。

A. 计算机的硬件设备部件   B. 计算机的软件部件

C. 使系统整体性能受到影响的部件   D. 能提高系统整体性能的部件

11. 对频繁执行的 SQL 语句进行优化的规则中，不正确的是_____。

A. 尽可能减少多表查询，而使用嵌套查询

B. 在采用嵌套查询时，尽可能使用相关子查询

C. 尽量使用 UNION ALL 操作，而不使用 UNION 操作

D. 经常使用 COMMIT 语句，以尽量释放封锁

12. 在表的逻辑设计时，不正确的规则是_____。

A. 为消除数据冗余，要求全部模式都达到 BCNF 标准

B. 如果频繁地访问的数据涉及到两个表，那么考虑将其合并

C. 如果频繁地访问一个表中的部分字段值，那么这部分字段值应单独构成一个表

D. 对于很少更新的表，引入物化视图

13. 在调整系统中的索引提高性能时，不正确的规则是_____。

A. 如果经常使用范围查询，则 B 树索引比散列索引更合适

B. 应该将有利于大多数的查询和更新的索引设为聚集索引

C. 如果查询是瓶颈，那么应适当创建新的索引来加速查询

D. 如果更新是瓶颈，那么应适当创建新的索引来加速更新

模拟题参考答案

1. D   2. C   3. B   4. A   5. D   6. C   7. B

8. A   9. D   10. C   11. B   12. A   13. D

第 13 章 网络与数据库

13.1 基本要求

1. 学习目的与要求

了解和掌握软件工程和软件开发项目管理知识，系统分析基础知识，系统设计知识，系统实施知识以及系统运行和维护知识。了解计算机系统开发的基本过程，理解软件开发过程中的各个基本概念，了解各个步骤中使用的基本方法，能够熟练掌握和运用这些方法进行软件开发，了解软件测试和维护的基本知识。

2. 本章重点内容

（1）掌握分布式数据库的定义以及其优缺点，了解分布式数据库与原先的集中式数据库的差别所在；

（2）了解分布式数据库的体系结构；

（3）掌握分布式数据库的两种查询优化的方法和原理，能够分析两种查询优化的好处以及比起没有进行查询优化的方案所节约的部分；

（4）了解分布式数据库的管理方法；

（5）了解 WWW 技术和数据库技术的结合；

（6）掌握使用 ASP、JSP 以及 Servlet 等技术开发动态网页；

（7）了解 XML 技术，以及 XML 技术在数据库中的使用。

13.2 基本内容

13.2.1 分布式数据库的定义和特点

前面提到的数据库系统都属于集中式数据库系统，所有的工作都由一台计算机完成。这有很多的优点，例如在大型计算机配置大容量数据库时，价格比较合算，人员易于管理，能完成大型任务。数据集中管理，减少了数据冗余，并且应用程序和数据库的数据结构之间有较高的独立性。

但是，随着数据库应用的不断发展，规模的不断扩大，逐渐感觉到集中式系统也有不便之处。如大型的数据库系统的操作都比较复杂，系统显得不灵活并且安全性也较差。因此，采用将数据分散的方法，把数据库分成多个，建立在多台计算机上，这种系统称为分散式系统。在这种系统中，数据库的管理、应用程序的研制等都是分开并相互独立的，它们之间不存在数据通信联系。

由于计算机网络通信的发展，有可能把分散在各处的数据库系统通过网络通信连接起来，这样形成的系统称为分布式数据库系统（DDBS）。分布式数据库系统兼有集中式和分散式的优点。这种系统由多台计算机组成，各个计算机之间由通信网络相互联系着。下面就对于分布式数据库的体系结构、查询处理、事务管理等方面进行详细的介绍。

1. 分布式数据库的概念

一个分布式系统是用通信网络连接起来的结点（亦称为"场地"）的集合，每个结点都是拥有集中式数据库的计算机系统。每个场地可能相距甚远，如几十千米以上；也可能相距计算机很近，如一幢大楼里。不管哪种情况，都用通信网络联系着。在每个场地上，一般是由计算机、数据库和若干终端组成的集中式数据库系统。这种结构体现了分布式数据库的"分布性"特点。数据库中的数据不是存储在一个场地，而是分布存储在多个场地，这是分布式数据库与集中式数据库的最大区别。

表面上看，分布式数据库的数据分散在各个场地上，但是这些数据在逻辑上是一个整体，如同一个集中式数据库，因此分布式数据库就有局部数据库和全局数据库的概念。前者是从各个场地的角度，后者是从整个系统角度出发研究问题。这是分布式数据库的"逻辑整体性"特点，也是与分散式数据库的区别。区分一个系统是分布式还是分散式，就是判断系统是否支持全局应用，所谓全局应用就是指涉及到两个或两个以上场地中数据库的应用。

至此，可以得出分布式数据库系统（DDBS）的确切定义：分布式数据库系统是物理上分散逻辑上集中的数据库系统，系统中的数据分布存放在计算机网络的不同场地的计算机中，每一场地都有自治处理（即独立处理）能力并能完成局部应用，而每一个场地也参与（至少一种）全局应用，程序通过网络通信子系统执行全局应用。

分布式数据库系统中有两个重要的组成部分：分布式数据库（DDB）和分布式数据库管理系统（DDBMS）。

分布式数据库是计算机网络环境中各场地上数据库的逻辑集合。换言之，分布式数据库是一组结构化的数据集合，逻辑上属于同一系统，而物理上分布在计算机网络的各个不同场地，分布式数据库具有数据分布性和逻辑整体性这两个重要的特点。

分布式数据库管理系统是分布式数据库系统的一组软件，它负责管理分布环境下逻辑集成数据的存取、一致性和完备性。同时，由于数据的分布性，在管理机制上还必须具有计算机网络通信协议的分布管理特性。

2. 分布式数据库系统的特点和优缺点

（1）分布式数据库系统的基本特点

根据分布式数据库系统的定义，可以知道分布式数据库系统具有如下 4 个基本特点。

- 物理分布性：数据不是存储在一个场地上，而是存储在计算机网络的多个场地上。
- 逻辑整体性：数据物理分布在各个场地，但逻辑上是一个整体，它们被所有用户共享，并由一个分布式数据库管理系统来统一管理。
- 场地自治性：各场地上的数据由本地的 DBMS 管理，具有自治处理能力，完成本场地的应用（局部应用）。
- 场地之间协作性：各场地虽然具有高度的自治性，但是又相互协作构成一个整体。

对用户来说，使用 DDBS 如同集中式数据库系统一样，用户可以在任何一个场地执行全局应用。

（2）分布式数据库系统的其他特点

除了以上给出的 DDBS 4 个基本特点之外，还可以导出其他的几个特点。

① 数据独立性

数据独立性是数据库方法追求的主要目标之一。在集中式数据库系统中，数据独立性包括两个方面：数据的逻辑独立性与数据的物理独立性。其含义是应用程序与数据的全局逻辑结构、数据的物理结构无关。

在 DDBS 中，数据独立性具有更多的内容。除了逻辑独立性、物理独立性外，还有数据分布透明性，亦称为分布透明性（Distributed Transparency）。其定义如下：分布透明性是指用户或应用程序不必关心数据的逻辑分片，不必关心数据物理位置分配的细节，也不必关心各个场地上数据库的数据模型是哪种类型，可以像集中式数据库一样来操作物理上分布的数据库。

② 集中与自治相结合的控制机制

在 DDBS 中，数据的共享有两个层次：一是局部共享，即每一场地上的各用户可共享本场地上局部数据库中的数据，以完成局部应用；二是全局共享，即系统中的用户都可共享各场地上存储的数据，以完成全局应用。因此，相应的控制机构有两个层次：集中和自治。

③ 适当增加数据冗余度

在集中式数据库系统中，尽量减少冗余度是系统目标之一。在 DDBS 中却希望通过冗余数据提高系统的可靠性、可用性和改善系统性能。当某一场地出现故障时，系统可以对另一场地上相同的副本进行操作，不会因一个场地上的故障而造成整个系统的瘫痪。另外，系统可以选择用户最近的数据副本进行操作，以减少通信代价，改善整个系统的性能。

④ 事务管理的分布性

数据的分布性必然造成事务执行和管理的分布性，即一个全局事务的执行可分解为在若干场地上子事务（局部事务）的执行。事务的原子性、一致性、隔离性、持久性以及事务的恢复也都应该具有分布性特点。

DDBS 是在集中式 DBS 基础上发展起来的，但不是简单地把集中式 DB 分散实现，它具有其独立的性质和特征。集中式 DB 的许多概念和技术，如数据独立性、数据共享和减少冗余度、查询优化、并发控制、事务管理、完整性、安全性和恢复等，在 DDBS 中都有了不同且更加丰富的含义。

3. 分布式数据库管理系统的优点

与集中式 DBS 相比较，DDBS 具有下列优点。

- 有灵活的体系结构。集中式 DBS 中的数据库存放在一个场地，由一个 DBMS 集中管理。多个用户只可以通过近程或远程终端在多用户操作系统支持下运行 DBMS，共享集中式数据库中的数据，这里强调的是集中式控制。在 DDBS 中更多地强调各个场地局部 DBMS 的自治性。

- 分布式的管理和控制机构。使用数据库的企业在组织上常常是分布的（分为部门、科室、项目等），在地理上也是分布的（分为厂、车间、班级等）。

- 经济性能优越。与一个大型计算机支持一个大型集中式数据库再加一些近程、远程终端相比，由超级微机或超级小型机支持的 DDBS 的性能价格比往往要好得多。
- 系统的可靠性高、可用性好。由于数据分布在多个场地，并有许多复制数据，即使在个别场地或个别通信链路上发生故障，也不会引起整个系统的崩溃。一个场地的故障将被屏蔽，其他部分照常运行，而把对故障场地的操作暂存起来，当故障排除后，再弥补丢失的信息。这样，系统的局部故障不至于引起全局失控。
- 局部应用的相应速度快。局部应用只访问本地数据库，可以由用户所在地的计算机执行，速度就快。
- 可扩展性好，易于集成现有的系统。当一个企业或组织建立若干数据库之后，为了充分利用数据资源，开发全局应用，只要对原有的局部数据库系统作某些改动，就可形成分布式系统。这比新建一个大型系统要简单，既省时间，又省财力、物力。

由于 DDBS 具有上述优点，故在 20 世纪 80 年代发展较快，并在许多领域（如银行业务、飞机订票、企业管理等方面）得到广泛的应用。

4. 分布式数据库管理系统的缺点

DDBS 的优点是与系统的"分布式"共生的，正是因为"分布式"，所以也产生了较集中式 DBS 更复杂、难度更大的技术问题。DDBS 主要具有下列缺点。

- 系统开销较大，主要花在通信部分。
- 复杂的存取结构（如辅助索引、文件的链接技术），在集中式 DBS 中是有效存取数据的重要技术，但在分布式系统中不一定有效。
- 数据的安全性和保密性较难处理。

DDBS 的这些缺点正在逐步得到解决。

5. 分布式数据库管理系统的分类

在 DDBS 中，各个场地有各自的 DBS。如果对局部 DBS 的数据模型和 DBMS 进行考察，那么由它们支持的 DDBS 可以分成下面的 3 类。

- 同构同质型 DDBS：各个场地都采用同一类型的数据模型（譬如都是关系型），并且是同一型号的 DBMS。
- 同构异质型 DDBS：各个场地采用同一类型的数据模型，但是 DBMS 的型号的不同，譬如 DB2、Oracle、Sybase、SQL Serer 等。
- 异构型 DDBS：各个场地的数据模型的型号不同，甚至类型也不同。随着计算机网络技术的发展，异种机联网问题已经得到较好的解决，此时依靠异构型 DDBS 就能存取全网中各种异构局部库中的数据。

13.2.2 分布式数据库的体系结构

1. 分布式数据存储

分布式数据库中数据存储可以从数据分片（Data Fragmentation）和数据分配（Data

Allocation）两个角度考察。

（1）数据分片

DDBS 中的数据可以被分割和复制在网络场地的各个物理数据库中。数据存放的单位不是关系而是分段（Fragment），一个片断是逻辑数据库中某个全局关系的一部分。这样既有利于按照用户的需要较好地组织数据的分布，也有利于控制数据的冗余度。数据分片有 4 种基本方式，它们是通过关系代数的基本操作实现的。这 4 种数据分片为以下几种。

- 水平分片：按一定的条件把全局关系的所有元组划分成若干不相交的子集，每个子集为关系的一个片断。显然，水平分片可以通过对全局关系施加选择运算来实现。
- 垂直分片：把一个全局关系的属性集分成若干子集，并在这些子集上作投影运算，每个投影称为垂直分片。至于子集的划分，要根据具体的应用来确定。要求全局关系的每个属性至少映射到一个垂直分片中。另外还要求每个垂直分片的片断包含全局关系的键，这样就能保证把这些垂直分片通过自然联接方法恢复该全局关系。
- 导出分片：又称为导出水平分片，即水平分片的条件不是本关系属性的条件，而是其他关系属性的条件。
- 混合分片：即以上 3 种方法的混合。可以先水平分片再垂直分片，或先垂直分片再水平分片，或其他形式，但它们的结果是不相同的。

【例 13-1】 设有关系 S（SNO,SNAME,AGE,SEX）和关系 SC（SNO,CNO,GRADE）。

① 定义关系 S 的两个水平分片：

DEFINE   FRAGMENT   SHF1
        AS   SELECT   *   FROM   S   WHERE   SEX = 'M';
DEFINE   FRAGMENT   SHF2
        AS   SELECT   *   FROM   S   WHERE   SEX = 'F';

② 定义关系 S 的两个垂直分片：

DEFINE   FRAGMENT   SVF1
        AS   SELECT   SNO, AGE, SEX   FROM   S;
DEFINE   FRAGMENT   SVF2
        AS   SELECT   SNO, SNAME   FROM   S;

③ 定义关系 SC 的水平分片，但选择条件是男学生，即条件在关系 S 中：

DEFINE   FRAGMENT   SHF3
        AS   SELECT   *   FROM   SC
        WHERE   SNO   IN
        (SELECT   SNO   FROM   S
        WHERE   SEX = 'M');

④ 定义关系 S 的两个混合分片：

DEFINE   FRAGMENT   SHF1
        AS   SELECT   SNO, SNAME   FROM   SHF1;
DEFINE   FRAGMENT   SHF2

AS SELECT * FROM SVF1 WHERE SEX = 'M';

在定义各类分片时必须遵守下面 3 条原则。

- 完备性条件：必须把全局关系的所有数据映射到片段中，决不允许有属于全局关系的数据却不属于它的任何一个片段。
- 可重构条件：必须保证能够由同一个全局关系的各个片段来重建该全局关系。对于水平分片可用并操作重构全局关系；对于垂直分片可用联接操作重构全局关系。
- 不相交条件：要求一个全局关系被分割后所得的各个数据片段互不重叠（对垂直分片的主键除外）。

（2）数据分配

数据分配是指数据在计算机网络各场地上的分配策略。DDBS 中，数据存储是先数据分片，再数据分配。也就是先将逻辑数据库中的全局关系划分成若干逻辑片段，再按分配策略将这些分段分散存储在各个场地上。数据分配有时也称为"数据分布"（Data Distribution）。一般存在着以下 4 种分配策略。

① 集中式：所有的数据分段都安排在同一个场地上。这种分配策略使得系统中所有活动都集中在单个场地上，比较容易控制。但所有检索和更新必须通过该场地，使这个场地负担过重，容易形成瓶颈。一旦这个场地出现故障，将会使整个系统崩溃，因而系统的可靠性较差。为了提高系统的可靠性，该场地的设施性能就要提高。

② 分割式：所有数据只有一份，它被分割成若干逻辑分段，每个逻辑分段被指派在一个特定的场地上。这种分配策略可以充分利用各场地上的存储设备，数据的存储量大；检索和更新本地数据有局部自治性；系统有可能发挥并发操作的潜力；系统的可靠性有所提高，当部分场地出故障后，系统仍可能继续运行。对于全局性的查询，所需要的存取时间超过集中式分配方式，因为数据在不同的场地需要进行通信。

③ 全复制式：数据在每个场地重复存储，也就是每个场地上都有一个完整的数据副本。这种分配策略的可靠性更高，响应速度快，数据库的恢复也容易实现，可以从任一场地得到数据副本。但是要保持各个场地上数据库的同步，则比较复杂且代价高。另外，整个系统的冗余也十分大，系统的数据容量只是一个场地的数据容量。

④ 混合式：这是一种介于分割式和全复制式之间的分配方式。数据库分成若干可相交的子集，每一子集安置在一个或多个场地上，但是每一场地未必保存全部数据。混合式兼顾了分割式和全复制式两个方式，获得了两者的优点，但是也带来了两者各自的复杂性。这种分配策略的灵活性大，对各种情况可分别对待，以提高整个系统的效率，例如，对不重要的数据仅有一个副本，而重要的数据可以安排多个物理副本。

对于上述 4 种分配策略，有 4 个评估因素：存储代价、可靠性、检索代价和更新代价。其中，存储代价和可靠性是一对矛盾的因素，检索代价和更新代价也是一对矛盾的因素，在数据库物理设计时应该加以权衡。

2. 分布式数据库系统的体系结构——6 层模式

回顾集中式数据库的模式结构，具体内容是三级模式结构、两级映像和两级独立性。

分布式数据库是基于网络连接的集中式数据库的逻辑集合，因此分布式数据库的模式结构既保留了集中式数据库模式结构的特色，又比集中式数据库模式结构复杂。图 13-1 是分布式数据库的一种分层的模式结构，这种结构和实际的 DDB 的模式结构不一定完全相同，但可以用来理解任一 DDB 的组织结构。这个结构从整体上可以分成两大部分：下面两层是集中式数据库原有的模式结构，代表各个场地局部 DBS 的结构；上面 4 层是 DDBS 增加的结构，下面分别予以介绍。

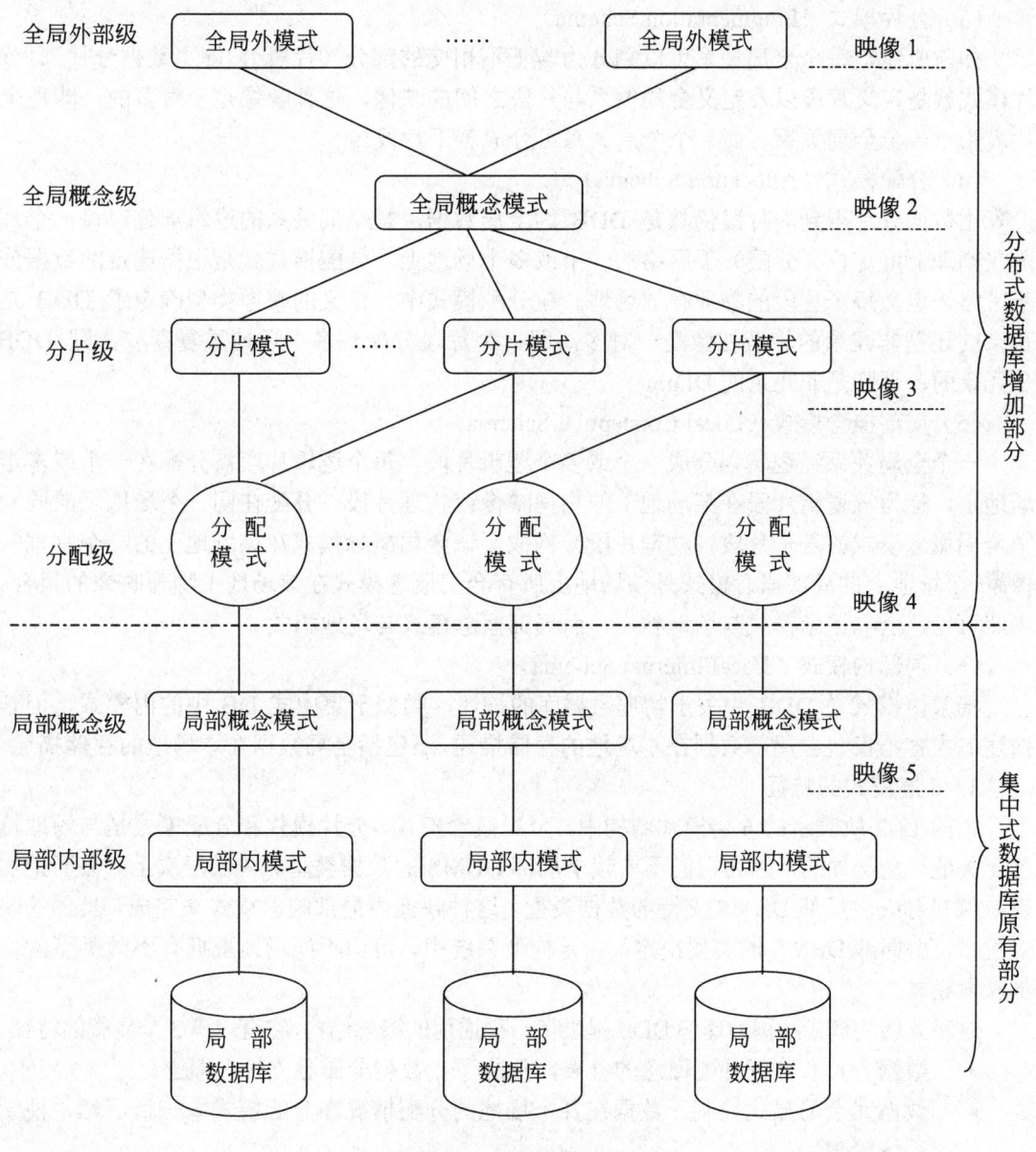

图 13-1　DDB 的体系结构

（1）全局外模式（Global External Schema）

全局外模式是全局应用的用户视图，是全局概念模式的子集。

（2）全局概念模式（Global Conceptual Schema）

全局概念模式定义了 DDB 中全局数据的逻辑结构，可用传统的集中式数据库中所采用的方法定义。从用户或应用程序角度来看，DDB 和集中式 DB 没有什么不同之处。通常，全局模式采用关系模型。

（3）分片模式（Fragmentation Schema）

如前所述，每个全局关系可以划分为若干不相交的部分（片段），即"数据分片"。分片模式就是定义片段以及定义全局关系与片段之间的映像，这种映像是一对多的，即每个片段来自一个全局关系，而一个全局关系可分成若干片段。

（4）分配模式（Allocation Schema）

由数据分片得到的片段仍然是 DDB 的全局数据，是全局关系的逻辑部分，每一个片段在物理上可定位（分配）于网络的一个或多个场地上。分配模式就是根据选定的数据分配策略来定义每个片段的物理存放场地。在分配模式中，定义的映像类型确定了 DDB 是冗余的还是非冗余的。若映像是一对多，即一个片段分配到多个场地重复存放，则 DDB 是冗余的，否则是非冗余的 DDB。

（5）局部概念模式（Local Conceptual Schema）

一个全局关系经逻辑划分成一个或多个逻辑片段，每个逻辑片段被分配在一个或多个场地上，称为该逻辑片段在某场地上的物理映像或物理片段。分配在同一个场地上的同一个全局概念模式的若干片段（物理片段）构成了该全局概念模式在该场地上的一个物理映像。一个场地上的局部概念模式是该场地上所有全局概念模式在该场地上物理映像的集合。由此可见，全局概念模式与场地独立，而局部概念模式与场地相关。

（6）局部内模式（Local Internal Schema）

局部内模式是 DDB 中关于物理数据库的描述，类似于集中式 DB 中的内模式，但其描述的内容不仅包含局部数据在本场地的存储描述，还包括全局数据在本场地的存储描述。

3. 6 层模式的特征

在图 13-2 所表示的 6 层模式结构中，全局概念模式、分片模式和分配模式是与场地特征无关的，是全局的，因此它们不依赖于局部 DBMS 的数据类型。在低层次上，需要把物理映像映射成由局部 DBMS 支持的数据类型，这种映像由局部映射模式来完成。具体的映射关系，由局部 DBMS 的类型决定。在异构型系统中，可由不同场地上拥有不同类型的局部映射模式。

这种分层的模式结构为理解 DDB 提供了一种通用的概念结构，它有以下 3 个显著的特征。

- 数据分片和数据分配概念的分离，形成了"数据分布独立性"概念。
- 数据冗余的显式控制。数据在各个场地的分配情况在分配模式中一目了然，便于系统管理。
- 局部 DBMS 的独立性。这个特征也称为局部映射透明性，此特征允许在不考虑局部 DBMS 专用数据模型的情况下，研究 DDB 管理的有关问题。

4. 分布透明性

在 DDB 的 6 层模式结构之间存在着 5 级映像（见图 13-1），其中最上面一级映像（映像 1）和最下面一级（映像 5）体现了类似于集中式数据库的逻辑独立性和物理独立性，这里就不再作解释。在 DDBS 中，提到数据独立性，更愿意用透明性这个名词，6 层结构中位于中间 3 个级别的映像体现的独立性分别称为分片透明性、位置透明性和局部数据模型透明性（图 13-2）。这 3 个透明性合起来称为"分布透明性"（其定义已在前面给出了）。实际上，分布透明性可以归入物理独立性范围。

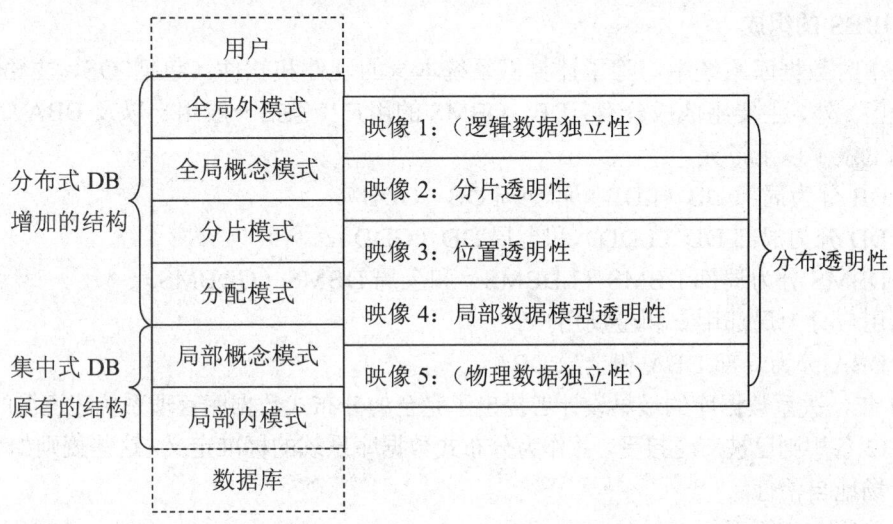

图 13-2　DDB 中的映像和数据独立性

下面将分别介绍这几种透明性。

（1）分片透明性

分片透明性（Fragmentation Transparency）是最高层次的分布透明性，位于全局概念模式与分片模式之间（图 13-2 中的映像 2）。当 DDB 具有分片透明性时，用户编写程序只须对全局关系进行操作，不必考虑数据的分片与存储场地。当分片模式发生改变时，只要改变全局概念模式到分片模式之间的映像（即映像 2），而不会影响全局概念模式和应用程序，即实现了分片透明性。

（2）位置透明性

位置透明性（Location Transparency）位于分片模式和分配模式之间（图 13-2 中的映像 3）。当 DDB 不具有分片透明性，但具有位置透明性时，用户编写程序时必须指出片段的名称，但不必指出片段的存储场地。当存储场地发生变化时，只要改变分片模式到分配模式之间的映像（即映像 3），而不会影响分片模式、全局概念模式和应用程序，即实现了位置透明性。

（3）局部数据模型透明性

局部数据模型透明性（Local Data Model Transparency）也称为局部映像透明性，位于分配模式与局部概念模式之间（图 13-2 中的映像 4）。当 DDB 不具有分片透明性和位置透明性，但具有局部数据模型透明性时，用户编写程序时必须指出片段的名称，还须指出片段的存储场地，但不必指出场地上使用的是何种数据模型。模型的转换以及查询语言的转换均由图 13-2 所示的映像 4 完成。

从系统角度看，应用层可能提供较高的透明性，以利于应用程序的开发，提高数据独立性；而从用户角度看，较高的透明性将很多工作交给系统完成，便于应用程序的开发，但引起应用程序执行效率的降低，往往没有给予较低透明性的应用程序的执行效率高。因而在设计 DDBS 的时候，应在透明性和应用效率两方面进行权衡。

5. DDBS 的组成

在集中时数据库系统中，除了计算机系统本身的硬件和软件（包括 OS、主语言、其他实用程序）外，主要组成成分有：DB、DBMS 的用户（包括一般用户以及 DBA）。DDBS 在此基础上做了以下扩充。

- DB 分为局部 DB（LDB）和全局 DB（GDB）。
- DD 分为局部 DD（LDD）和全局 DD（GDD）。
- DBMS 分为局部 DBMS（LDBMS）和全局 DBMS（GDBMS）。
- 用户分为局部用户和全局用户。
- DBA 分为局部 DBA 和全局 DBA。

1987 年，关系数据库的最早设计者提出了完全的分布式数据库管理系统应遵循的 12 条规则，这 12 条规则已被广泛接受，并作为分布式数据库系统的标准定义。这些规则如下所述。

- 场地自治性。
- 非集中式管理。
- 高可用性。
- 位置独立性。
- 数据分割独立性。
- 数据复制独立性。
- 分布式查询。
- 分布式事务管理。
- 硬件独立性。
- 操作系统独立性。
- 网络独立性。
- 数据库管理系统独立性。

如果一个分布式数据库管理系统能够满足上面的 12 条规则，就可称这个分布式管理系统为完全的分布式管理系统。

6. DDBMS 的功能和组成

一个 DDBMS 的功能主要包含以下的 5 个方面。

- 接受用户请求，并判定把它送到哪里，或必须访问哪些计算机才能满足该要求。

- 访问网络数据字典，了解如何请求和使用其中的信息。
- 如果目标数据存储在系统的多个计算机上，就必须进行分布式处理。
- 通信接口功能。在用户、局部 DBMS 和其他计算机的 DBMS 之间进行协调。
- 在一个异构型分布式处理环境中，还需要提供数据和进程移植的支持。这里的异构型是指各个场地的硬件、软件之间存在着差别。

以上是 DDBMS 应该包含的主要功能，而从功能上观察，一个 DDBMS 应该包括以下 4 个方面的基本功能模块。

- 查询处理模块：在 DDBS 中，当用户请求一个查询时，往往会引起数据的传输，这需要花费相当高的代价。因此需要尽可能采用最佳优化算法，以减少传输费用，提高传输效率。
- 完整性处理模块：该模块主要负责维护数据库的完整性和一致性，检查完整性规则，处理多副本数据的同步更新等。该模块有两个功能，一是确定使用的数据副本；二是维护数据库的完整性，提高并发控制机制。
- 调度处理模块：一旦确定了查询处理的策略，就要进行一些局部处理和数据传输，这是调度处理模块就负责向有关场地发布命令，使响应场地的 DBMS 执行这些局部处理。
- 可靠性处理模块：可靠性高是 DDBS 的一个主要优点。由于数据具有多个副本，当系统局部出现故障时，所需要的数据可从其他场地获得。

DDBMS 各个处理模块之间的关系如图 13-3 所示。

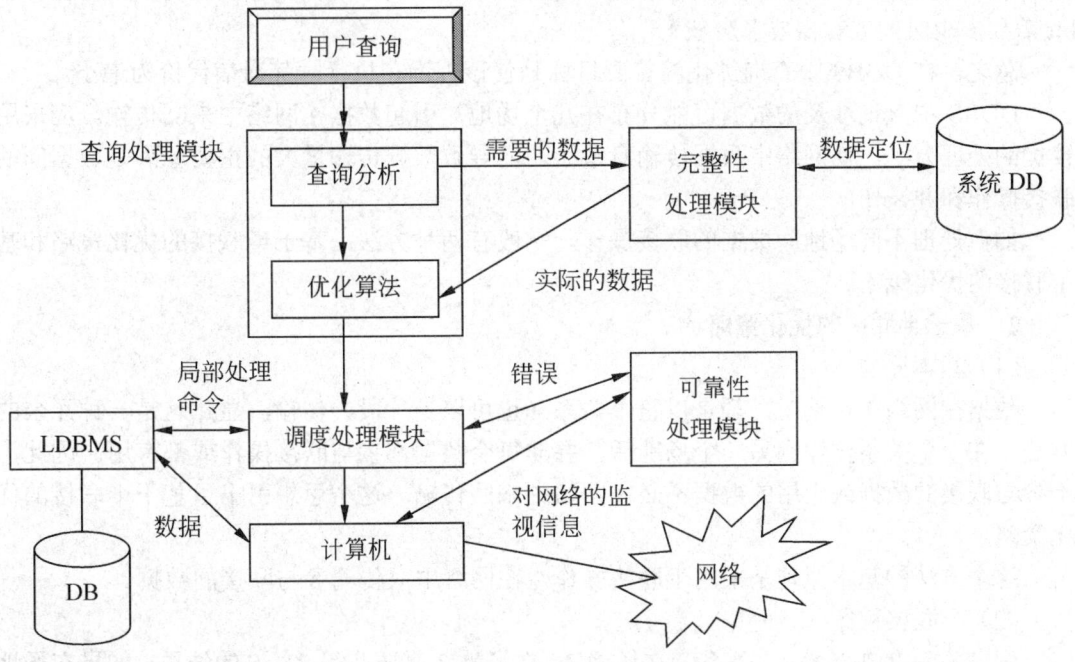

图 13-3　DDBMS 的一般功能结构

DDBS 中由于数据分布在各个场地，因此查询处理要比集中式 DBS 复杂。下面先介绍一下查询处理的传输代价，说明选择恰当的查询处理策略的重要性，然后介绍基于半联接操作的查询策略和基于联接操作的查询策略。

13.2.3 分布式数据库的查询优化

1. 查询代价的估算方法

在集中式 DBS 中，一个查询的预期代价（QC）是以查询处理的 CPU 代价和 I/O 代价来衡量的，即 QC = CPU 代价+I/O 代价。CPU 的处理时间是微秒级的，I/O 的处理时间是毫秒级的，因此集中式 DBS 中，提高查询效率主要从减少 I/O 次数来进行。

而在 DDBS 中，一个查询的预期代价，除了像集中式 DBS 一样考虑 CPU 代价和 I/O 代价之外，还要考虑数据通过网络传输的代价，即：

$$QC = CPU\ 代价 + I/O\ 代价 + 通信代价$$

通信代价与磁盘相比，可以看作是一个非常慢的外围设备，因而通信系统有较高的存取时间的延迟。另外，在 CPU 上处理通信的代价很高，例如，在网络中发一个消息和处理对方接收到消息的回答，一般要花费 5000~10000 条操作系统的指令。通信代价可用下列公式粗略估算

$$（一次传输的）通信代价 = C_0 + C_1 X$$

其中：X 是数据传输量，通常以 bit（位）为单位计算；C_0 和 C_1 是依赖于系统的常数，C_0 是两场地之间启动一个传输的固定费用；C_1 是网络范围内的单位传输费用（例如传输一个 bit 需要多少时间或者需要多少钱）。

总之，在 DDBS 中查询优化的首要目标是使该查询在执行时其通信代价为最小。

DDBS 中查询涉及的数据可能分布在几个场地，引起数据在网络中来回传输。应采用较优的处理方法，使网络中数据传输量最小。而导致数据传输量大的主要原因是数据间的联接操作和并操作。

如何处理不同场地间数据的联接操作，一般有两种方法：基于半联接的优化策略和基于联接的优化策略。

2. 基于半联接的优化策略

（1）基本原理

数据在网络中传输时，都是以整个关系（也可以是片段）传输，显然这是一种冗余的方法。在一个关系传输到另一个场地后，并非每个数据都参与联接操作或都有用。因此，不参与联接的数据或无用的数据不必在网络中来回传输。这个思想引出了基于半联接的优化策略。

这个方法的基本原理是采用半联接操作，在网络中只传输参与联接的数据。

（2）半联接程序

假设关系 R 在场地 1，关系 S 在场地 2，在场地 2 需要获得 R⋈S 的结果。如果在场地 2 直接计算 R⋈S 的值，那么需要先把关系 R 从场地 1 传输到场地 2，其执行示意图见

图 13-4。显然，传输 R 的数据量较大。

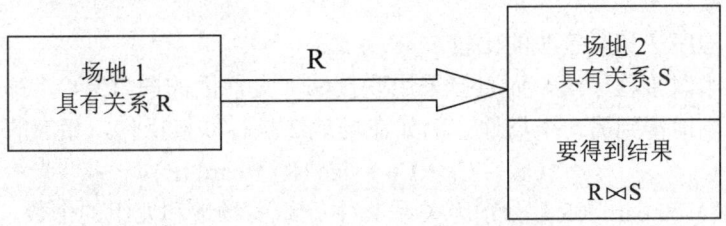

图 13-4　联接的执行示意图

可以采用半联接方法计算联接操作的值，方法如下（设 R 和 S 的公共属性为 B）：

$$R \bowtie S = (R \bowtie \prod_B(S)) \bowtie S$$
$$= (R \ltimes S) \bowtie S$$

等式右边的式子称为"半联接程序"，其执行示意图如图 13-5 所示。

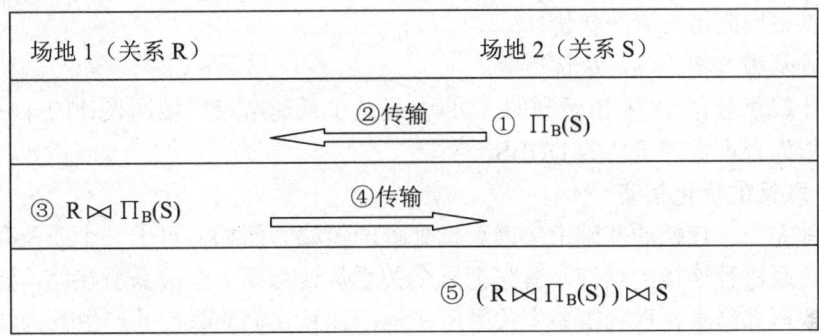

图 13-5　基于半联接的执行示意图

下面讨论这个半联接程序的操作过程和传输代价，其传输代价用 $T = C_0 + C_1 X$ 估算。

第 1 步在场地 2 计算关系 S 在公共属性 B 上的投影 $\prod_B(S)$。

第 2 步把 $\prod_B(S)$ 的结果从场地 2 传到场地 1，其传输代价为：

$$C_0 + C_1 * size(B) * val(B[S])$$

第 3 步在场地 1 计算半联接，设其结果为 R'，则 $R' = R \ltimes S$。实际上，这个操作是执行 $R \bowtie \prod_B(S)$。

第 4 步把 R' 从场地 1 传到场地 2，其传输代价为：

$$C_0 + C_1 * size(R) * card(R')$$

第 5 步在场地 2 执行联接操作 $R' \bowtie S$。

显然，步骤 1、3、5 无须网络传输费用，所以执行这样一个半联接程序，总的传输代价为：

$$C_* = 2*C_0 + C_1(size(B) * val(B[S]) + size(R) * card(R'))$$

读者应注意，半联接运算不具有对称性，即没有交换性。因此另一个等价的半联接程序（S ⋈ R）⋈ R，可能具有不同的传输代价。通过对它们的代价进行比较，就可以确定 R 和 S 的最优半联接程序。

（3）半联接程序法和联接法的比较

如果不采用半联接程序法，而直接采用联接法（见前面的图 13-4），那么需要把其中一个关系从一个场地传到另一个场地。例如在场地 2 执行联接操作，相应的传输代价为：

$$C_{联} = C_0 + C_1 * size(R) * card(R)$$

其中 size（R）和 card（R）分别为关系 R 中元组的场地和元组的个数。

在一般情况下，card（R）>> card（R'）是成立的，即 $C_{半} < C_{联}$ 成立，因此半联接程序法的传输代价较小，采用半联接程序执行联接操作是合适的。

对于复杂的联接查询，即多关系的联接，则可能存在多种联接方案，而其中总有一个方案最佳。

采用半联接算法优化联接查询的步骤如下所述。

- 计算每种可用的半联接方案的代价，并从中选择一个最佳方案。
- 计算采用联接方案的代价。
- 比较两种方案，确定最优方案。

由美国计算机公司 1978 年研制的 SDD-1 是基于低速窄带广域网设计的，它就是一个采用半联接作为查询处理策略的 DDBS。

3. 基于联接的优化策略

这是一种完全在连接的基础上考虑查询处理的策略。例如，对于一个涉及存储在不同场地的 3 个关系进行连接的查询，首先把一个关系传送给第 2 个关系所在地，然后进行联接运算；再把运算结果传送到第 3 个关系所在地，计算它们的联接并产生查询结果。

究竟用联接还是半联接方案，取决于数据传输和局部处理的相对费用。一般，如果认为传输费用是主要的，那么采用半联接策略比较有利；如果认为局部处理费用是主要的，则采用联接方案比较有利。

美国的 System R * 就是一个采用联接作为查询处理策略的 DDBS。由于该系统考虑了局部处理费用，因此必须考虑用于局部地联接两个关系的各种算法，然后进行评价。下面分两个关系在一个场地还是不同场地两种情况来对基于联接的优化策略进行介绍。

（1）两个关系在同一场地

算法与集中式 DBS 相同。根据对两个关系的扫描顺序，可把其中一个看成是外层关系（譬如 R），另一个看成是内层关系（譬如 S）。其中外层关系可看成前一个联接的结果。这样就有两种方法可供选择。

- 嵌套循环法：顺序扫描外层关系 R，对 R 的每一个元组扫描内层关系 S，查找在联接属性上一致的元组，把匹配的元组组合起来使之成为联接结果的一部分。
- 排序扫描法：先把两个关系按联接属性进行排序，然后按照联接属性值的顺序扫描这两个关系，使匹配的元组成为联接结果的一部分。

（2）两个关系在不同场地

对存储在不同场地上的关系 R 和 S 的联接，可以选择在 R 的场地，或 S 的场地，或者在第 3 个场地执行。因此，在确定最好的联接方法时，除考虑局部代价外，还需要考虑传输代价。系统支持以下两种供选择的传输方式。

- 整体传输：若有联接操作 R⋈S，R 为外层关系，S 为内层关系。如果传送的是内层关系 S，则在目的地必须把它存入一个临时关系中（因为 S 将被多次扫描，但传输量少）；如果传送的是外层关系 R，则内存关系 S 可直接使用依次到来的 R 元组，而无须保存 R（但传输量大）。
- 按需传输：只传输所需联接的元组，一次一个元组，无须临时存储器。因为每次提取都要求交换一次信息，所以传输代价较高，只有在高速局部网络中才是合理的。

以上各种方法均可配合使用，按需要选择。总之对于一个查询，可对不同方法进行代价估算，选出其中最省代价的方案作为优化的查询方案。

13.2.4　分布式数据库的管理

1. 分布事务管理

一个事务是访问数据库的一个逻辑工作单元，也就是说一个操作序列，执行这个操作序列，使得数据库从一种一致的状态转到另一种一致的状态，以实现特定的业务功能。分布式事务管理是对传统事务的扩充。从外部特征来看，分布式事务继承了传统事务的定义。但是由于在分布式数据库系统中数据是分布的，一个事务的执行可能设计到多个结点上的数据，使得分布式事务的执行与传统事务的执行方式不同。

分布式事务与集中式数据库中的事务一样具有原子性、一致性、隔离性和耐久性这 4 个特性（简称为 ACID）。

原子性是指事务所包含的数据库操作序列，要么全部成功地执行，要么全都不执行；一致性是指事务执行完毕必须以一个正确的状态退出系统，使得系统仍然保持一个一致的状态；隔离性是指在一个正在执行的事务提交之前，不允许别的事务使用或者修改该事务的共享数据。通过例子 13-2 来说明隔离性特征在分布式数据库系统中的重要性。

【例 13-2】 某银行的存款系统。账号 001 的存款余额为 0 元；分布式事务 T 由两个子事务 T1 和 T2 组成；站点 i 上的事务 T1 在 001 账号中存入 1000 元。如果在事务 T1 还未提交之前，站点 j 上的事务 T2 读取到该账号中有 1000 元，而取出这 1000 元，事务 T2 提交了。此时现金 1000 元就在执行 T2 的用户手上（注意 T1 这时并没有提交），假定此时由于某种特殊的原因，使得事务 T1 的存款操作无法执行，那么事务 T1 就被撤销。由于事务 T2 取出的 1000 元钱是建立在 T1 这个事务存入 1000 元这个操作之上的，那么 T1 的撤销使得事务 T2 就失去了基础，那么 T2 也应该被撤销，但是这个时候执行事务 T2 的用户已经把钱取走了，不可能再撤销了，这样就给系统带来了很大的问题。说明在分布式数据库系统中实现事务的隔离性还是十分重要的。

耐久性是指一旦某个事务被提交了，则无论系统发生任何故障，都不会丢失该事务的执行结果。就是说对于未提交的数据，别的事务是不可以使用的（隔离性），而对于已经提

交的事务，它所带来的数据变化（比如，存款额增加了 1000 元这个事实），即使当事务 T1
提交后马上系统就崩溃，也不会对这个事实产生影响，等系统恢复的时候，账户 001 中还
是仍旧具有 1000 元。

由于分布式数据库系统的分布特性，分布式事务的 ACID 特性在执行的时候更带有分
布执行时的特性。因此，分布式事务与集中式数据库中的事务相比，在下面几个特性有所
区别。

- 执行特性：由于分布式事务执行时被分解成多个子事务，这样各个子事务之间就
  必须进行协调。
- 操作特性：在集中式数据库中，所有的操作都是对数据进行存取操作。而在分布
  式事务中，除了对数据的存取操作之外，还必须加入大量的通信原语，负责协调
  各个子事务之间数据传送，以及进度协调的任务。
- 控制报文：分布式数据库系统中，要进行传输的除了数据报文之外，还有控制报
  文。就是完成基本的存取操作之外的事务操作的协调工作，这样会增加许多在网
  络上各个站点之间的大量的控制报文的传输。

由此可见，分布式事务管理的目标如下所述。

- 维护事务的原子性、一致性（可串行性）、耐久性和隔离性。
- 获得最小的主存和 CPU 开销，降低控制报文的传输个数和加快事务的相应速度。
- 获得最大限度的系统可靠性和可用性。

2. 分布式数据库的故障

在集中式数据库系统中，故障分为事务故障（计算溢出、完整性破坏、操作员干预、
输入或输出错等）、系统故障（CPU 错、死循环、缓冲区满、系统崩溃等）和介质故障（DB
因介质损坏无法访问等）。

在分布式数据库系统中，除了上述故障之外还有网络引起的故障。一般把网络上的各
节点出现的故障称为节点故障，其中包括集中式系统中可能发生的故障，而把节点之间的
通信出现的故障称为通信故障。处理网络分割故障要比处理节点故障和报文故障困难得多，
但其发生频率也要低于节点故障和报文故障。而且故障并不是一次只发生一个的，而往往
几个故障同时存在。若将故障类型按照其处理难度的升序排列，则如下：

- 仅发生节点故障。
- 节点故障与报文故障同时存在。
- 节点故障、报文故障和网络分割故障同时都存在。

3. 事务故障的恢复和恢复原则

故障的发生会影响数据库中数据的正确性，会破坏数据库中的数据甚至对数据库产生
破坏，从而影响数据库的可靠性和可用性。因此，在分布式数据库的管理系统的研究中，
很多研究和开发都致力于故障的恢复机制。研究数据库系统中故障的恢复，主要是指如何
恢复因故障而破坏的数据，使得数据库能够从不一致的状态恢复到正确的状态。

事务恢复主要依靠日志来实现，与日志配合使用的还有档案库和检查点。

（1）日志（Log）

日志中记录了每个事务所执行的所有类型操作的全部信息。它由日志记录组成，按时间先后呈线性的顺序，先发生的在前。每当发生开始事务（Begin Transaction），提交（Commit），回滚（Rollback）或者中止（Abort）时，都要在日志中对应一个相应的日志记录；同时当执行数据操作插入（Insert），删除（Delete），更新（Update）时，也要在日志中对应一条日志记录。

（2）档案库

一个大型的系统，使用的用户以及每天用户进行的操作都十分得多，很容易会产生200MB 的日志记录，因此，将日志记录全部存在盘中是不现实的。所以一般在系统的实现时把日志划分为两个部分：一部分是当前活动的联机部分，存放在直接存取的设备上，称为直接存取数据集（Direct Access Data Set）或简称数据集（Data Set）；另外一个部分是档案存储部分，存放在二级存储设备上，例如磁带上。每当数据集空间满了的时候就转存到档案存储设备中去，这种存放日志的档案存储设备称为日志档案库（Log Archive）。

为了防止因介质故障而破坏数据库，要定期将整个数据库的全部内容存储到档案库中去。存放数据库的档案存储设备称为数据库档案库（DB Archive）。这与前面的日志档案库是不同的，一个是存放日志，一个是存放数据的备份。

（3）检查点（Check point）

检查点是设定的一种周期性（对于时间或者容量设定）操作点，每次遇到设定的检查点，就完成如下的一系列工作。

- 将 Log 缓冲区内容写入在 Log Data Set 中。
- 在 Log Data Set 中写入这次检查点记录的信息：当前活动事务表，每一事务最近一次 Log 记录在 Log Data Set 中的位置。
- 将 DB 缓冲区中的内容写入 DB（更新当前 DB）。
- 将这次 Check point Record 在 Log Data Set 中的地址记入"重启动文件"中。

事务本身的故障和系统的故障是造成数据库完整性和一致性破坏的主要原因。当发生事务故障时，保证事务原子性的措施称为事务故障恢复，简称为事务恢复。

事务恢复主要依靠日志来实现，恢复的原则如下所述。

（1）孤立和逐步退出事务的原则

对于不影响其他事务的可排除性局部故障，例如事务操作的删除、超时、违反完整性规则、资源、限制、死锁等，应该令某个事务孤立地、逐步地退出，将其所作过的所有修改复原，即做 UNDO。

（2）成功结束事务原则

成功结束的事务所作过的修改应该超越各种故障而存在，也就是当系统出现故障的时候，重做（REDO）它所作过的所有修改数据库的操作。

（3）夭折事务的原则

若发生了非局部性的不可排除的故障，例如系统崩溃，则撤销全部事务，恢复到初态。

这有两种做法：一是利用数据库的备份实现，直接把备份的数据复制过来；另一种是反向顺序操作，复原其启动以来所作的一切修改。

可能发生这样的情况，就是在 UNDO 的过程中又发生了故障，导致退出过程从头开始，从而可能去 UNDO 一个已经 UNDO 过的对象，按 UNDO 的语义，对一个给定的变更 UNDO 和 UNDO 任意次应该有相同的结果，这种对 UNDO 的要求称为 UNDO 的幂等性（Idempotent）：

$$UNDO (UNDO (UNDO \cdots (X))) = UNDO(X)$$

对一切 X，同理对于 REDO 操作也应该有这样的要求

$$REDO (REDO (REDO \cdots (X))) = REDO(X)$$

4. 两阶段提交协议（2PC）

两阶段提交协议（2PC 协议）是一种故障恢复的方法，它把本地原子性提交行为的效果扩展到分布式事务，保证了分布式事务提交的原子性，并在不损坏日志的情况下，实现快速故障恢复，提高分布式数据库系统的可靠性。在系统运行的日志没有丢失的情况下，2PC 协议对于任何故障均有一定的恢复能力。

在两阶段提交协议中，把分布式事务中的某一个代理指定为协调者（Coordinator），所有其他代理称为参与者（Participant）。两阶段提交协议中，协调者负责对提交或取消做最后的决定，也就是说在整个系统中只有协调者才有权利提交或者撤销事务。而参与者则各自负责在其本地的数据库中执行写操作，并向协调者提出撤销或提交事务的意向。

两阶段提交协议之所以能够保证分布式事务提交的原子性，是因为协调者对所有参与者的全部子事务的提交或取消确定一个惟一的决定。如果某个参与者不能局部地提交其子事务，则所有的参与者均需要局部地取消其子事务。2PC 协议执行过程主要分成两个阶段，协议的执行过程如下所述。

第 1 步：协调者要求所有的参与者准备提交。如果参与者已经准备好，就回答 READY，一个参与者在回答 READY 前必须做两件事情，一是把子事务的所有日志记录写到不变存储器上；二是把日志记录"就绪"写到不变存储器上，从而保证它即使所在的站点出现故障也能够提交事务。协调者在所有的参与者回答后，决定提交或取消该全局事务。如果全都回答 READY，就决定提交；反之，如果某些参与者的回答 ABORT 或者超过规定时间没有回答，就取消之。

第 2 步：在这一步中协调者根据记录在不变存储器上的决定，在日志中写一个"全局提交"或者"全局撤销"的记录，并把这个决定通过发送 commit/about 命令通知所有的参与者。所有的参与者根据从协调者那里收到的命令消息在日志中写一个 commit/about 记录。从此时起，局部恢复过程将保证该子事务的影响不会丢失。最后，所有的参与者向协调者发送一条最后确认消息，并执行提交或者取消其子事务的工作。当协调者收到参与者的 ACK 消息时，在日志中写一条 complete 记录。

请注意协调者做出事务全局终止决定的方式，该决定受如下两条规则的支配，这两条规则称为全局提交规则。

- 只要有一个参与者撤销事务，协调者就必须做出全局撤销决定。
- 只有所有的参与者都同意提交事务，协调者才能够做出全局提交的决定。

两阶段提交协议由于其简单、实用，在分布式数据库系统中得到了广泛的应用，已成为事实上的工业标准，可以期望以后新研制的 DBMS 都具有此功能。

5. 三阶段提交协议

所谓事务的阻塞是指一个场地的子事务本来是可以执行并正常结束的，但是由于分布式数据库的故障，它必须等待故障恢复以后才能够得到需要的信息，做出决定。而故障情况是无法预料的，该子事务又占有一些系统资源不能释放，无法继续执行，这时称之为事务进入阻塞状态。

为了克服两阶段提交协议可能导致的阻塞的缺点，提出了三阶段提交协议。该协议的第 1 步和第 2 步与两阶段提交协议一样，由协调者发出 PREPARE 消息，如任一参与者回答 ABOUT，则进入第 3 步，由协调者发 ABOUT 命令。如所有的参与者都回答 READY，则进入第 2 步，由协调者发 PREPARE TO COMMIT 消息，参与者收到此消息后，把其记录在日志中，并回答 ACK。当协调者收到所有参与者回答的 ACK 后，向参与者发 COMMIT 命令。

在三阶段提交协议中，如果协调者在第 1 阶段发生故障，不会造成事务的阻塞。因为至少有下述两种情况之一发生。

- 至少有一个参与者已经进入了 PREPARE TO COMMIT 状态，即所有的参与者都已经回答了 READY，所以在这个情况下事务可以安全地提交。
- 至少有一个参与者未进入 PREPARE TO COMMIT 状态。即至少有一个参与者未回答 ACK，协调者肯定未发出 COMMIT 命令，因而事务可以安全返回。

由于三阶段提交协议具有如上的特点，那么当协调者在第 1 阶段后出现故障，可按下述规则处理。

- 若有参与者已经收到了 COMMIT，那么提交结束该事务；若有参与者回答 ABOUT 或收到 ABOUT 命令，则按 ABOUT 结束该事务。
- 若有参与者收到 PREPARE TO COMMIT 消息，那么可按提交结束此事务。
- 若无参与者收到 PREPARE TO COMMIT 消息，则可按 ABOUT 结束此事务。

通过上述分析可以看出三阶段提交协议可以有效地避免两阶段提交协议所可能引起的阻塞问题，但三阶段提交协议做到这些是有代价的，其在执行的时候会增加许多额外的负载，并且为了确保不发生事务阻塞，还需要在发生传输故障的时候不会发生分区故障。因此，由于三阶段提交协议的复杂性，现今三阶段提交协议的实际应用还不多。

6. 分布式数据库系统的应用

分布式数据库兴起于 20 世纪 70 年代，繁荣于 20 世纪 80 年代，而在 20 世纪 90 年代分布式数据库更是以其在分布性和开放性方面的优势重新获得了青睐。其应用领域已经不再局限于 OLTP 应用，从分布式计算、Internet 应用、数据仓库到高效的数据复制都可以看到分布式数据库系统的影子。

这些新型的应用与传统的分布式数据库应用相比不再具有理论上强调的所有特点和功能，而是根据应用环境和需求的不同在保留基本结构的基础上做出适当的修改。

Sybase 公司的 Replication Server 即是一种典型的分布式数据库系统，具有分布式体系结构，支持场地自治和全局应用，实现了分布透明性。但出于实用的考虑，Replication Server 并没有采用两阶段提交的方式来管理全局事务。原因很简单，Replication Server 强调系统的可用性、可靠性、场地自治，而两阶段提交协议在具体事实的时候有诸多缺陷，所以在 Replication Server 中采用松散一致性来完成全局事务，以满足实际应用的性能要求。

13.2.5　数据库与 WWW

1.　WWW 与数据库

随着 Internet/Intranet 的兴起与发展，WWW 与数据库的结合显得越来越重要。各个厂商不断推出新技术、新产品，使得连接更加简洁、迅速和方便。将数据库和 Web 结合有以下两种想法。

- 主要兴趣在于数据库，Web 是作为工具来获取对数据更容易的访问。
- 主要的兴趣在于 Web 站点，为了使站点的内容对访问者更有价值、更为便捷，数据库作为 Web 的一个工具。例如，保留访问者的信息轨迹，以分析访问者的爱好。

传统的数据库访问方式一般是字符方式的查询界面或通过编程来实现访问。无论哪种方式都较难使用。近年来开发了一些 RAD（Rapid Application Development）工具，如 VB、Delphi、PowerBuilder。通过它们可以方便地开发一些图形界面的数据库访问软件。但是这些开发软件需要更新或者移植时就会遇到很多的困难。与传统方式相比，通过 WWW 访问数据库有很多好处。使用 WWW 的另一个优点在于交叉平台对它的支持，几乎每种操作系统上都有现成的浏览器可以使用。

同时，数据库也可以作为 WWW 的一种工具，为 WWW 提供更加有效的数据组织和管理方式。由于数据库系统采用了索引和查询优化技术，通过数据库可以快速准确地访问任意部分的数据。面对 WWW 上的大量信息，数据库无疑是管理它们的最好方式。无论是数据库为 WWW 服务，还是 WWW 为数据库服务，还是它们相互作用，都可以看出，WWW 与数据库的相互作用带来的是更为有效、更为便利的信息管理和展示的方式。

2.　WWW 与数据库交互的办法

WWW 可以通过许多办法来与数据库交互，比如 CGI、JDBC 和 API 等。

（1）CGI

CGI（公共网关接口）程序能够与浏览器进行交互作用，同时还可以通过数据库的 API 与数据库服务器等外部数据源进行通信。几乎所有的服务器软件都支持 CGI。开发者可以使用任何一种 WWW 服务器内置语言编写 CGI，其中包括流行的 Perl、C、C++、VB 和 Delphi 等。

但是 CGI 开发支持 WWW 的应用有以下几个缺点。

- 首先，对开发人员要求较高，他们不仅要掌握 HTML，还要掌握低级编程语言。
- 其次，CGI 不提供状态管理功能。而在 WWW 与数据库访问的过程中状态的管理是很重要的，如果没有状态管理的功能，浏览器每次请求，都需要一个对连接的建立和释放过程，效率较低。另外，使用 CGI 的时候必须用某个特定数据库服务器的专用 SQL 语言来手工编写数据库接口，这样就导致了它的移植性不太好。

（2）Java/JDBC

Java 的推出，使 WWW 页面有了动感和活力。Internet 用户可以从 WWW 服务器上下载 Java 小程序到本地运行。这些小程序就像本地程序一样，可以独立地访问本地和其他服务器的资源。

最初的 Java 语言并没有访问数据库的功能。随着应用的深入，要求 Java 提供数据库的访问功能的需求越来越强烈。为了防止出现对 Java 的数据库访问方面各不相同的扩展，制定了 JDBC 作为 Java 语言访问数据库的 API。JDBC 在功能上与 ODBC 相同，给开发人员提供了一个统一的数据库的访问接口。

（3）API

现在有几家 WWW 服务器软件厂商已经开发出各自服务器的 API。服务器的 API 一般作为一个 DLL 提供，是驻留在 WWW 服务器中的程序代码，其扩展 WWW 服务器的功能与 CGI 相同。开发人员不但可以使用 API 解决 CGI 可以解决的一切问题，而且能够进一步解决给予不同的 WWW 应用程序的特殊请求。各种 API 与其相应的 WWW 服务器相结合，其初始开发目标服务器的运行性能进一步发掘、提高。但开发 API 应用程序需要一些编程方面的专门知识，如多线程、进程同步、直接协议编程以及错误处理等。

目前主要的 WWW API 有 Microsoft 公司的 ISAPI、Netscape 公司的 NSAPI 和 O'Reilly 公司的 WSAPI。使用这些 API 开发的程序性能要优于用 CGI 开发的程序，这时因为所开发的程序是与 WWW 服务器软件处于同一地址空间的 DLL，因此所有的 HTTP 服务器进程能够直接利用各种资源。这比调用不在同一地址空间的 CGI 程序语句要占用更少的系统时间。同时 Microsoft 与 Netscape 还在各自的服务器中提供了基于 API 的编程接口，这些编程接口较 API 更为好用。Microsoft 提供的是 IDC（Internet Database Connector），Netscape 提供的是 LiveWire。

3. CGI、JDBC 和 API 的比较

前面介绍了 CGI、JDBC 和 API 等 WWW 数据库访问技术，各种技术的工作原理不同，它们各有优缺点。表 13-1 所示的是从不同的侧面将这 3 种方法比较的结果。

表 13-1　CGI、JDBC、API 的比较

不 同 方 面	CGI	API	JDBC
编程的复杂度	复杂	复杂	中等
对程序员的要求	高	高	中等
开发时间	长	长	中等
可移植性	较好	差	好
CPU 的负载	高	较低	较低

CGI 是一个大家都支持的规范，但是用 CGI 编程太复杂，如一个简单的 Select 查询，用 CGI 来实现就需要上百条语句，并且 CGI 的运行效率不高，所以 CGI 技术有被取代的趋势。

用 WWW 服务器 API 编写的程序运行效率较高，但使用 API 编程比用 CGI 还要困难，它对程序员的要求更高。并且 API 之间没有互通性，用一种 API 编写的程序不能到另一个 WWW 服务器上运行，这就限制了它的使用范围。

JDBC 借鉴了 ODBC 的思想，并且可以利用现成的 ODBC 驱动程序访问各类数据库，保护了已有的投资。自从 JDBC 被推出后，在数据库方面，所有的数据库厂商都宣布支持 JDBC 标准，已经推出或准备推出各自的 JDBC 驱动程序。在 WWW 服务方面，除了 Microsoft 坚持自己的 ActiveX 之外，其他厂商都宣布支持 JDBC 标准。随着时间的推移，相信 JDBC 将会取代 CGI 成为新的标准。

13.2.6 动态 Web 网页和开发

静态网页的致命弱点在于不易维护，比如说在网站上建立了新闻这类实时性的栏目，那么为了不断地更新网页的内容，网页制作人员或者专门的网页更新人员必须不断地重复制作 HTML 文件，然后替换原先的页面来达到更新网页内容的目的。随着网站容量和栏目的逐渐增多，这种重新制作静态页面的方法的工作量大得惊人。

另外，随着网络的不断发展、Internet 的不断普及，网络页面不再仅仅是作为一个企业对外的展示窗口，许多公司的业务都可以通过 Internet 中的页面来完成。比如有些网站还可以直接通过网页来进行订货，同时客户和网站能够通过网页来互相交流，反馈信息等等。另一方面，随着各个公司业务的发展、分公司的建立，总公司和分公司都有自己独立的业务，总公司和分公司之间使用纯粹的局域网已经不能满足应用，总公司与分公司之间信息的传递和内容的共享也不能依靠静态网页很好地完成。所以随着技术的发展，动态网页出现了。

动态网页的意思是网页的内容通常是连续的和实时生成的活动或者改变的信息组成，与静态页面最主要的区别是在于：动态网页中的内容可以随着用户的操作而改变，而静态的页面是制作人员定下来的内容，是不可以修改的。页面上的动态信息主要有以下 3 个类型。

- 动态数据——在一个 Web 页面里面产生的变量。
- 动态 Web 页面——整个 Web 页面都是动态生成的。
- 动态内容——Web 页面的一部分是动态生成的。

动态网页主要是在网页的文件中加入了程序控制的内容，使得网页的内容和显示页面可以动态地修改，使得同一个页面在不同的用户使用或者不同的时间里显示是不同的。动态网页具有如下几个主要的特点。

- 交互性：网页会根据用户的要求和选择而动态改变和相应，比如设置网页显示的风格、颜色、字体等等。

- 自动更新：无须手动地重新制作 HTML 文件来更新原来的页面，只要通过动态地连接网页中的内容，便可以自动生成新的页面，可以大大地节省工作量。比如前面所说的制作新闻栏目，只要指定显示的内容来自于一个数据库，并且提供添加和删除新闻的功能按钮，就可以动态地改变页面显示的新闻内容，不断地达到更新、实时的目的。
- 因时因人而变：在不同的时间不同的用户使用，即使网址相同所看到的页面也是不同的。比如说教务系统中查询成绩的页面，会根据学生的不同而不同；查询个人公积金的网页，会根据输入的身份证的不同而不同。

随着网络上需要动态显示的内容的不断增加，以及网络数据库的发展，人们越来越多地关注 Web 与数据库连接的重要性。在 Web 与数据库相连的过程中，网络和数据库技术成为该结合的关键，图 13-6 显示了通过 Web 服务器来访问数据库的各种方式。

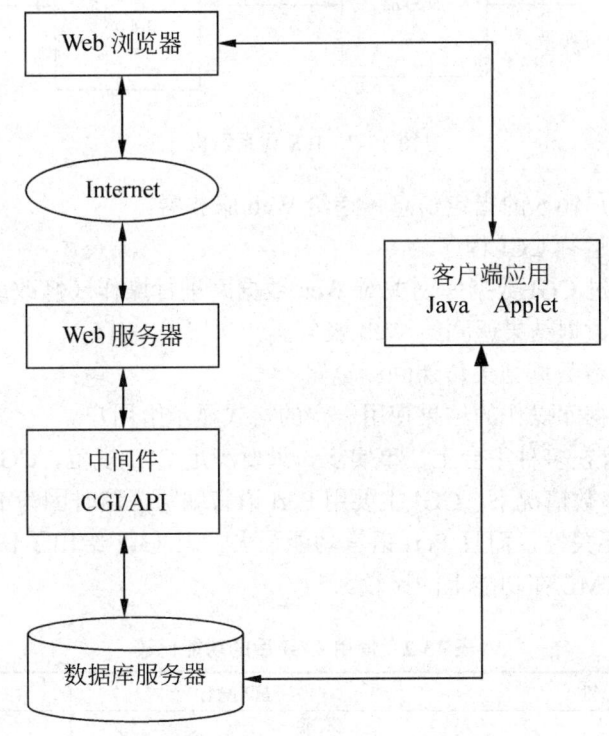

图 13-6　Web 浏览器访问数据库方式图

其中，采用什么样的构架和技术将对网站的动态性能产生决定性的影响。目前构建动态网站的技术主要有 CGI、ASP、JSP 和 Servlet、PHP 和 4 种方式。下面将逐一介绍这几种构架动态网站的技术。

1. CGI 方式

公共网关接口（Common Gataway Interface，CGI）是一个用于定义 Web 服务器与外部程序之间通信方式的标准，使得外部程序能够生成 HTML、图像或者其他内容。而 Web 服务器处理的方式与那些非外部程序生成的 HTML、图像或者其他内容处理的方式是一样的。因此 CGI 程序不仅能够生成静态内容，而且能够生成动态的内容。而使用 CGI 方式的原因在于它是一个定义良好并被广泛使用的标准，在一定意义上可以说"没有 CGI 就没有动态的 Web 页面"。

CGI 程序在开发 Web 数据库中的作用相当于一个中介。它在浏览器、Web 服务器和数据库之间传递信息。具体的工作过程如图 13-7 所示，它们之间传递信息的具体过程如下所述。

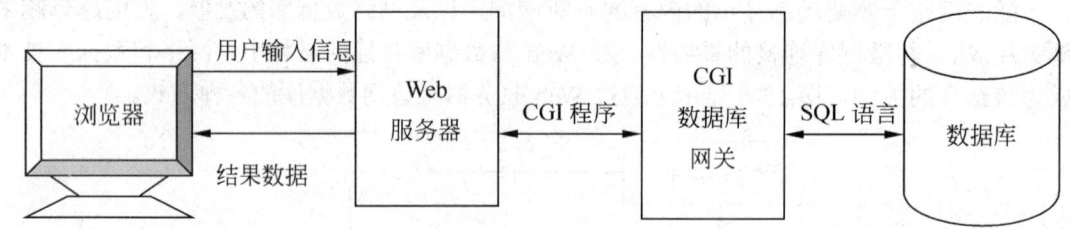

图 13-7　B/S 体系结构

① 浏览器将用户输入的指定信息传递给 Web 服务器。
② Web 服务器运行 CGI 程序。
③ CGI 程序通过 CGI 数据库网关对 Web 数据库进行操作（修改或查看）。
④ CGI 程序将数据结果返回给 Web 服务器。
⑤ Web 服务器将数据结果传递回浏览器。
⑥ 浏览器将数据库操作的结果使用一定的格式显示给用户。

CGI 程序能运行在多种平台上。事实上，只要满足 CGI 规范，CGI 程序可以用任何程序编制。但是在大多数情况下，CGI 主要用 Perl 语言编写。这时因为 Perl 语言是解释执行的，有一定的平台无关性，而且 Perl 语言功能强大。表 13-2 给出了使用一般的 HTML 再加上 CGI 以后的 HTML 在功能上的比较。

表 13-2　使用 CGI 后的功能比较

功　　能	HTML	HTML+CGI
处理表单	不能	能
创建 Web 上的大多数动态内容	不能	能
处理图像映像	能（仅限于客户端）	能
在 Web 页上增加搜索功能	不能	能
创建表单	能	能
创建交互程序	不能	能
按照用户需要对页面进行裁剪	不能	能
允许动态页面的生成	不能	能

虽然 CGI 的功能很丰富，但是它并不是无所不能的。事实上，CGI 程序也有它的局限性。有些时候，可以采用 CGI 来编程，也可以采用其他语言来编程。有些时候，采用其他方法要比 CGI 更加有效。比如在处理图像时 CGI 就显得力不从心，而 Java 却可以轻而易举地完成这个任务。另外，CGI 程序不能在 Web 页面中创建实时的应用程序。当 Java 成为标准后，CGI 主要被用来开发快捷而且杂乱的程序或数据库应用程序。

启动 CGI 程序的方式有两种：当用户单击某个链接时得到执行；通过外部程序调用。

第 1 种启动 CGI 程序最常见的例子就是页面计数器，用户每检索一次文件，该计数器就自动加一。例如在 Internet 上看到最多的就是登录某个页面，看到"你是第 XXXXXXX 个访问者"的信息。

第 2 种启动 CGI 程序的例子是在 HTML 文档中选择和完成某个表单，用户单击"提交"（Submit）按钮后，所输入的数据被传到 CGI 程序。然后，CGI 程序对数据进行一定的分析处理。

2. ASP

为了克服 CGI 方式的一些不足，随后又出现了 ISAPI、NSAPI 等技术方案。这些方案虽然较 CGI 有所进步，但仍然不太适用于进行快速开发、及时维护和大面积的技术普及。ASP 技术的出现，使动态交互式 Web 网站的创建成为一件轻松愉快的工作。只要几行脚本语句，就能够将后台的数据库信息发布到 Internet 和 Intranet 上，在编程和网页脚本的可读性上都大大优于传统的技术方案。

ASP（Active Server Pages）是一套微软开发的服务器端脚本环境，ASP 内含于 IIS 3.0 之后的各版本中，通过 ASP 可以结合 HTML 网页、ASP 命令和 ActiveX 元件建立动态、交互且高效的 Web 服务器应用程序。有了 ASP 就不必担心客户端浏览器是否能够运行自己所编写的代码，因为所有的程序都将在服务器端被执行，包括所有嵌在普通 HTML 中的脚本程序。当程序执行完毕后，服务器仅将执行的结果返回客户浏览器，这样也就减轻了客户端浏览器的负担，大大提高了交互的速度。

ASP 技术具有下列特点。

- 使用 VBScript、JavaScript 等简单易懂的脚本语言，结合 HTML 代码，即可快速地编写出网站的应用程序。
- 无须 Compiler 编译，无须编译或链接即可直接解释执行，可在服务器端直接执行。
- 使用普通的文本编辑器，如 Windows 系统中的记事本软件，即可进行编辑设计。
- 浏览器无关性（Browser Independency）。客户端只要使用可执行 HTML 的浏览器，即可浏览 ASP 所设计的网页内容。ASP 所使用的脚本语言（VBScript、JavaScript）均在 Web 服务器端执行，用户端的浏览器不需要执行这些脚本语言。
- ASP 能与任何 ActiveX Scripting 语言相兼容。除了可使用 VBScript 或 JavaScript 语言来设计外，还可通过 plug-in 的方式，使用由第 3 方所提供的其他脚本语言，例如 REXX、Perl、Tcl 等。脚本引擎是处理脚本程序的 COM（Component Object Model）物件。

- ASP 的源程序不会被传递到客户端，因而可以避免所写的源程序被他人剽窃，也提高了程序的安全性（漏洞除外）。
- 可使用服务器端的脚本来产生客户端的脚本。
- 具有面向对象的开发特点。
- ActiveX Server Component（ActiveX 服务器组件）具有无限可扩充性。可以使用 Visual Basic、Java、Visual C++、Cobol 等语言来编写所需要的 ActiveX 服务器组件。

ASP 要完成如下所述的功能。
- 处理由浏览器传送到站点服务器的表单输入。
- 访问和编辑服务器端的数据库表。使用浏览器即可输入、更新和删除站点数据库中的数据。
- 读写站点服务器的文件，实现访客计数器等功能。
- 取得浏览器信息管理等内置功能。
- 由 Cookies 读写用户端的硬盘文件，以记录用户的数据。
- 可以实现在多个主页间共享信息，以开发复杂的商务站点应用程序。
- 使用 VBScript 或 JavaScript 等简易的脚本语言，结合 HTML，快速完成站点的应用程序。通过站点解释器执行脚本语言，产生或更改在客户端执行的脚本语言。
- 功能扩充能力强，可通过使用多种程序语言制作的 ActiveX Server Component 以满足自己的特殊需要。

这样，ASP 所设计出来的是动态网站，可以接收用户提交的信息并做出反应，其中的数据可随着用户的设置或者实际情况的不同而改变，无须人工对网页文件进行更新即可满足应用的需要。例如，当浏览器用户申请主页时，可以调用 ASP 引擎解释被申请文件。当遇到任何与 ActiveX Scripting 兼容的脚本（如 VBScript 或 JavaScript）的时候，ASP 引擎会调用相应的脚本引擎来进行处理。若脚本指令中含有访问数据库的请求，就通过 ODBC 或 ADO 对象与后台数据库相连，由数据库访问组件执行对数据库的操作。这样在站点服务器上执行的不只是一个简单的 HTML 文件，而是一个复杂的应用程序。该应用程序分析用户的请求，根据不同的请求将相应的执行结果（通常是数据库查询的结果集）以 HTML 的格式传送给浏览器。在结构上，由于 ASP 是通过 ODBC 或 ADO 与数据库进行交互，数据库中的数据可以随时变化，客户端得到的网页信息始终是最新，而服务器上执行的应用程序却不要更改。

3. JSP 和 Servlet 方式

JSP 是动态网页的建设中常用的一种工具之一，JSP 网页的构造方法是在传统网页的 HTML 文件中加入 Java 程序片断（Scriptlet）和 JSP 标记（Tag）。Web 服务器在遇到访问 JSP 网页的请求时，首先执行其中的程序片断，然后将执行结果以 HTML 格式返回给用户。程序片断完成的功能可以操作数据库、重新定向网页以及发送 E-mail 等等。所有的程序操作都在服务器端执行，网络上传送给客户端仅是得到的结果，JSP 对客户浏览器的要求很低，无 Plug-in、ActiveX、Java Applet，甚至无 Frame 的浏览器均可访问它。

JSP 技术在多个方面加速了动态 Web 页面的开发。

（1）将内容的生成和显示进行了分离

使用 JSP 技术，网页开发人员可以使用 HTML 或者 XML 标识来设计和格式化最终的页面。使用 JSP 标识或者小脚本来生成页面上的动态内容（内容是根据请求来变化的，例如请求账户信息或者特定的信息）。生成内容的逻辑被封装在标识和 JavaBeans 组件中，并且捆绑在小脚本中，所有的脚本在服务器端运行。如果核心逻辑被封装在标识和 JavaBeans 中，那么其他人例如 Web 管理人员和页面设计者，能够编辑和使用 JSP 页面，而不影响页面内容的生成。

在服务器端，JSP 引擎解释 JSP 标识和小脚本，生成所请求的内容（例如，通过访问 JavaBeans 组件，使用 JDBC 技术来访问数据库），并且将结果以 HTML（或者 XML）页面的形式发回浏览器。这有助于作者保护自己的代码，从而又保证任何基于 HTML 的 Web 浏览器的完全可用性。

（2）强调可重用组件

绝大多数 JSP 页面依赖于可重用的、跨平台的组件（JavaBeans 或者 Enterprise JavaBeans 组件）来执行应用程序所要求的更为复杂的处理。开发人员能够共享和交换执行普通操作的组件，或者使得这些组件为更多的使用者或者客户团体所使用。基于组件的方法加速了总体开发过程，并且使得各种组织在他们现有的技能和优化结果的开发努力中得到平衡。

（3）采用标识简化页面开发

Web 页面开发人员未必都是熟悉脚本语言的编程人员。JSP 技术封装了许多功能，这些功能在易用的、与 JSP 相关的 XML 标识中进行动态内容生成所需要的。标准的 JSP 标识能够访问和实例化 JavaBeans 组件，设置或者检索组件属性，下载 Applet，以及执行用其他方法更难于编码和耗时的功能。

绝大多数的 JSP 页面依赖于可重用的、跨平台的组件，跨平台应用是 JSP 的最大的特色。作为 Java 平台的一部分，JSP 拥有 Java 编程语言的"一次编写、各处运行"的特点。随着越来越多的供应商将 JSP 支持添加到他们的产品中去，开发人员可以自由地选择服务器和开发工具，更改工具或者服务器并不影响到当前的应用。开发人员能够共享和交换执行普通操作和组件，或者使得这些组件为更多的使用者和客户团体所使用，这种基于组件的方式加速了整体的开发过程，并且使得各个组织能够在他们现有的技术基础上快速有效地开发出高效、优质的应用。

Servlet 是一个 Web 组件程序，它可以动态地生成 Web 内容，支持 Web 应用的 HTTP 协议，使用请求响应机制。服务器接收请求、处理请求并返回适当的响应。Servlet 技术在通过动态 HTML 页面扩展 Web Server 上呈现出一种强有力的方法。一个 Servlet 就是一个运行在 Web 服务器上的 Java 程序。Servlet 从浏览器中获取一个 HTTP 请求，动态生成内容（例如查询一个数据库），并把 HTTP 响应信息返回浏览器。

在 Servlet 使用之前，也有在动态内容中使用 CGI 技术。然而它的结构以及可升级性的限制，最后证明 CGI 是不太理想的解决方案。Servlet 技术可升级性上有了很大的改善，它提供了公认的 Java 平台扩展、安全性以及强壮性等方面的优点。

Servlet 能使用所有标准的 Java APIs。在 Java 领域中，Servlet 技术为密集型应用程序提供了许多的优点。优点之一就是 Servlet 运行在服务器端，服务器端具有多种资源且是一个相对强壮的计算机，因此占用客户端的资源相当少；另外一个优点就是 Servlet 在访问数据时更加直接。

4. PHP 方式

PHP（Personal Home Page）是近年来发展比较快的一门新兴语言。与 ASP 一样，PHP 也是一种用服务器端脚本创建动态网站的常用方式。PHP 是一种服务器端 HTML 嵌入脚本描述语言，其特色在于对数据库操作的方便性。正因为基于数据库网页非常流行，所以 PHP 迅猛地发展起来。PHP 除了向浏览器发送动态网页之外，还能发送不同的 HTTP 头标识，使其能够提供网页重定位、与 Web 服务器的安全认证结合的能力。PHP 能提供与多种数据库直接互连的能力，包括 SQL Server、Sybase、Informix、Oracle 等，也能够支持 ODBC。

简单地说 PHP 方式具有如下的特点。

- 支持多种系统平台。这包括微软的 Windows 9x、Windows NT、Windows 2000 以及各种 UNIX 系统，包括 Linux、Solaris 和 SCO UNIX 平台。
- 具有自由软件的特点。PHP 遵守自由软件 GNU 通用公共许可协议。不需要对用 PHP 编写的程序付版税，并且可以自行加入使用者所需要的功能。
- 版本更新速度快。与微软数年才更新一次的 ASP 相比，数周就更新一版使 PHP 具有独特的活力。
- PHP 容易和 HTML 网页融合，执行效率高。PHP 内嵌在 HTML 里修改成本低，开发速度快。
- PHP 具有丰富的函数接口。PHP 可以进行几乎所有流行数据库的数据库操作（修改或查看）。
- PHP 具有分赴的功能。从结构化的特征到对象式的设计，数据库处理等，几乎完整地囊括了网站所需要的所有功能。
- PHP 具有很高的安全性。

PHP 其最大的特色就在于数据库层操作功能强大。与其他语言相比，例如 Perl、JSP、ASP 等，PHP 对数据库的操作要简单得多。而且使用 PHP 语言编写的程序可以方便地进行系统之间的移植，从而保证了 PHP 的使用范围。

13.2.7 XML 与数据库

由于 HTML 语言的许多缺陷，如标记的缺乏使得它难易描述特定的结构，并且无法扩展，因此 XML 以其结构化特征和标记的易扩展性从 SGML（Standard Generalized Markup Language）中脱颖而出，下面主要介绍一下 XML 的内容以及 XML 与数据库之间的结合。

XML 是 Extensible Markup Language 的缩写，意思是可扩展的标记语言。它是 W3C（World Wide Web Consortium）在 1996 年设计的一个超越 HTML 能力范围的新语言，它除

保留了 HTML 的优点外，还具有以下比 HTML 更为优越的特点。

- 可扩充性。HTML 的标记仅使用有限个的固定词汇，除了这些规定的以外，均不可作为标记，而在 XML 中，数据标签不是固定的。用户可以根据需要定义自己的标签，对于标签的命名可以自行确定，这样有助于信息的交互和体现用户目的的信息。
- 灵活性。在 HTML 中数据的内容与表示是捆绑在一起的，使得信息的可重用性受到严重的制约，而 XML 利用数据描述标签和文档类型定义（Document Type Definition，DTD）的规则集，将数据与其表示分开，使得 XML 中的数据可以用多种形式表示，重用性比较高。
- 自描述性。XML 的文档有一个文档类型说明，它是由使用者描述的，因此不仅人能够读懂 XML 文件，同时计算机也可以读懂它。XML 中的数据可以提取、分析与处理（比如使用 C++中的专门处理 XML 的接口函数），文档中的数据也可以自由创建、查询与更新，与处理传统数据库方式类似。
- 环境无关性。XML 文档不依赖具体的计算机环境，因此可以有效地在异构系统之间进行数据交换。

另外，由于 XML 文档的灵活性，现在主流的浏览器工具（Internet Explorer、Netscape 等）都支持对 XML 文档的显示。

随着 XML 技术的日益发展，目前多数数据库厂商以及数据库系统开发商都提供了兼容 XML 技术的新产品。XML 在数据库系统中主要有如下几个方面的应用。

（1）表示逻辑中的应用

XML 可以弥补 HTML 语言先天性的不足。由于 XML 的结构化特征，因此可以方便地将数据库中的数据转换成 XML 文件，然后将转换后的 XML 文件传送到客户端。这样简化了服务器端与客户端之间的数据传输。

（2）异构数据库间信息交换的工具

目前市场上有多种不同的数据库产品，对于一个大型企业来说，企业内部通常存在多个基于不同数据库产品的应用系统。而这些不同的应用系统由于其存在于一个企业中间，那么这些应用系统之间会有交互，有数据的交流，那么不同数据库系统之间的必须以一定的形式进行数据交流。由于 XML 文件具有自描述性，计算机也能够读懂，所以 XML 文件称为实现不同数据库系统之间数据信息交换的有效工具。

（3）XML 在数据库领域的深层次应用

XML 在数据库领域的作用存在两种观点：一种认为 XML 仅是为了交换数据的编码表示，因此 XML 在数据库系统中仅仅起到数据输入输出的作用，数据库系统提供将数据库转换成 XML 文档格式的功能；另外一种观点认为，XML 不仅是数据交换的工具，而是数据存储的依据，新的数据库系统应能够存储和管理 XML 数据文档。目前，XML 在数据库领域的应用主要体现在前一种观点上，如 SQL Server 2000。

XML 文件的使用使得不同的数据库系统之间可以简单地进行数据通信、信息交换，但是 XML 作为一种文件的格式，还是受到存储的种种限制的，其面临的主要限制有大小、并发性、工具选择、安全和综合性等等。将 XML 文件放在文件系统中使用，由于存在着上述的局限性，使得 XML 不能发挥很大的作用，而数据库能够突破这些限制提供大容量的存储空间，所以将 XML 技术与数据库技术相结合是十分具有突破性的一项举措。要将数据库与 XML 技术相结合，首先要解决的一个问题就是 XML 存储的数据要能与数据库中存储的数据相互转换，这样才能够使用 XML 文件来传递数据库中的数据信息，用数据库来存储 XML 文件所代表的数据。例如考虑下面的模板，其中<SelectStmt>元素内嵌了 SELECT 语句。

```
<? xml version = "1.0" ?>
<FlightInfo>
<Intro> The following flights have available seats: </Intro>
<SelectStmt>SELECT Airline, FltNumber, Depart, Arrive FROM Flights
</SelectStmt>
<Conclude> We hope one of these meets your needs </Conclude>
```

当数据传输中间件处理到该文档的时候，每个 SELECT 语句都将被各自的执行结果所替代，得到下面的 XML 格式。

```
<? xml version = "1.0" ?>
<FlightInfo>
<Intro>The following flights have available seats:</Intro>
<Flights>
<Row>
<Airline>ACME</Airline>
<FltNumber>123</FltNumber>
<Depart>Dec 12, 1998 13:43 </Depart>
<Arrive>Dec 13, 1998 01:21 </Arrive>
</Row>
…
</Flights>
<Conclude> We hope one of these meets your needs </Conclude>
</FlightInfo>
```

这种转换的方式，是以模板驱动的，预先定义好文档结构中与数据库结构之间的映射关系，就比如上面的例子中，将 SelectStmt 对应于数据库结果中的 SELECT 操作，看到 SelectStmt 这个标识就将选择操作的结果直接代替这一部分。这种以模板驱动的映射相当灵活。

XML 文档中数据视图通常有以下两种模型。

（1）表格模型

由于数据库中使用最多的是关系数据库，显示关系数据库的一种最好的方式就是以表格的形式来显示其中的内容，所以许多中间软件包都采用表格模型在 XML 和关系型数据库之间进行转换。比如说将关系数据库转换成如下的 XML 文件。

```
<database>
<table>
<row>
<column1>…</column1>
<column2>…</column2>
…
</row>
…
</table>
…
</database>
```

该模型可以将一个关系数据库中的多个表格转换成一个 XML 文件存储起来。同时如果是查询语句的话，也可以将查询出来的结果也填入如此的一个结构中，发送回去，而不用像一般数据库查询那样返回一个游标然后一条条地取数据。

（2）特定数据对象模型

XML 文档与数据库转换的第 2 种数据模型就是树状结构。XML 文档由于其使用成对的标识，其结构十分完整，这样标识之间的嵌套关系就十分容易对应到一个树状结构上去。例如在 XML 中最外层的标识作为树状结构中的根结点，其里面一层作为树的第一层结点，再里面一层作为第一层的子结点，以此类推。

当然，在建立了 XML 文档与数据库之间的转换方式模型以后，还有许多实际的问题要考虑，比如数据库中常见的空值问题，还有就是 JDBC Driver 所支持的数据类型的限制。总之 XML 文件结构给数据库的数据保存和传输带来了许多便利的地方，数据库技术也给 XML 带来了解决许多文件系统不能解决的方法，两者的结合是一种具有突破性的结合。

13.2.8 小结

现在，计算机网络已成为信息化社会中十分重要的一类基础设施。采用通信手段将地理位置分散的、各自具备自主功能的若干台计算机和数据库系统有机地连接起来组成 Internet，用于实现通信交往、资源共享或协同工作等目标。这个目标已经实现，正在对社会的发展起着极大地推动作用。数据库技术和网络技术的迅速发展，使得人们开始寻求它们之间的联系和结合。提出了分布式数据库这个结合网络和数据库的产物。本章节主要对分布式数据库的特点、体系结构、管理以及查询优化等内容进行了介绍。并且随着这两个技术的结合，也产生了许多开发的语言工具，使得可以利用网页来访问数据库的内容，比如：ASP、JSP、Servlet，本章对这些语言以及访问方式做了简单的介绍。同时给出了目前十分流行的数据存放方式 XML，对 XML 的格式以及 XML 作为异构数据库之间数据传输手段做了介绍，特别是 XML 文件内容与数据库内容之间的转换进行了介绍。

13.3　重点习题解析

13.3.1　填空题

1．DDBS 逐渐向 C/S 模式发展。单服务器的结构本质上还是_____系统。只有在网络中有多个 DB 服务器时，并可协调工作，为众多客户机服务时，才称得上是_____系统。

2．DDB 的数据分配有_____，_____，_____和_____ 4 种分配策略。

3．DDBS 的分片透明性位于_____和_____之间；DDBS 的位置透明性位于_____和_____之间。DDBS 中透明性层次越高，应用程序的编写越_____。

4．基于半联接的查询优化策略的主要思想是_____。

5．_____是一个逻辑上统一、地域上分布的数据集合。

6．分布式数据库系统中有两个重要的组成部分：_____和_____。

7．分布式数据库系统具有 4 个基本特点，分别是：物理分布性、_____、_____、场地之间协作性。

8．分布式数据库中数据存储可以从_____和_____两个角度考察。分布式数据库中数据可以被分割和复制在网络场地的各个数据库中，数据存放的单元不是关系而是_____。

9．分布式数据库系统的体系结构是结合了集中式和分布式的特点后，而建立的 6 层模式，分别是：全局外模式、_____、分片模式、_____、_____、局部内模式。

10．分布透明性共有 3 种，分别是_____、位置透明性和_____。

11．分布式事务与集中式数据库中的事务一样具有_____、_____、_____和_____这 4 个特性。

12．分布式数据库的故障中结点故障包括_____、系统故障和事务故障。

13．分布式数据库的故障中通信故障包括网络分割故障和_____。

14．CGI（公共网关接口）程序能够与_____进行交互作用，同时还能够通过数据库的_____与数据库服务器等外部数据源进行通信。

15．XML 意思是可扩展的_____。XML 具有比 HTML 更为优越的特点：_____、灵活性、自描述性和_____。

填空题参考答案

1．集中式数据库　　分布式数据库

2. 集中式　　分割式　　全复制式　　混合式
3. 全局概念模式　　分片模式　　分片模式　　分配模式　　简单
4. 不参与联接的值或无用的值不必在网络中来回传输
5. 分布式数据库
6. 分布式数据库　　分布式数据库管理系统
7. 逻辑整体性　　场地自治性
8. 数据分片　　数据分配　　分段（Fragment）
9. 全局概念模式　　分配模式　　局部概念模式
10. 分片透明性　　局部数据模型透明性
11. 原子性　　一致性　　隔离性　　耐久性
12. 介质故障
13. 报文故障
14. 浏览器　　API
15. 标记预言　　可扩充性　　环境无关性

13.3.2　简答题

1. 比较处理分布、数据分布和功能分布。

解答：

处理分布：指系统中处理是分布的，数据是集中的这种情况。

数据分布：指系统中数据是分布的，但逻辑上是一个整体这种情况。

功能分布：将计算机功能分布在不同计算机上执行，譬如把 DBMS 功能放在服务器上执行，把应用处理功能放在客户机上执行。

2. C/S 结构的基本原则是什么？客户机和服务器的任务各是什么？

解答：C/S 结构的基本原则是将计算机应用任务分解成多个子任务，由多台计算机分工完成，即"功能分布"原则。客户机完成数据处理、数据表示、用户接口等功能；服务器完成 DBMS 的核心功能。

3. 试对 C/S 结构的两层模型、三层模型、多层模型作详细的解释。

解答：两层 C/S 结构的引出主要是为了减轻集中式 DBS 主机的负担,把计算机功能分布在不同计算机上。

三层 C/S 结构的引出主要是为了减轻客户机的负担，从两层 C/S 的客户机和服务器中各抽出一部分功能组成应用服务器。

多层 C/S 结构的引出是通过引入中间层组件，扩大了两层 C/S 结构。

4. 与集中式 DBS、分散式 DBS 相比，DDBS 的区别在哪里？

解答：与集中式 DBS 的集中存储相比，分布式 DBS 的数据具有"分布性"特点，即数据不是存储在一个场地，而是分布存储在各个场地。与分散式 DBS 的分散存储相比，分布式 DBS 的数据具有"逻辑整体性"特点。

5. DDBS 有哪些优点和缺点？

解答：与集中式 DBS 相比，DDBS 有 6 个优点，即灵活的体系结构、分布式的管理和控制机构、经济性能优越、系统可靠性高可用性好、局部应用的响应速度快、可扩展性好。缺点有 3 个，即花在通信部分开销较大，复杂的存取结构在分布式系统中不一定有效，数据的安全性保密性较难处理。

6. 试解释下列术语：同构同质型 DDBS，同构异质型 DDBS，异构型 DDBS。

解答：同构同质型 DDBS，即系统中各个场地都采用同一类型的数据模型，并且是同一型号的 DBMS。同构异质型 DDBS，即系统中各个场地都采用同一类型的数据模型，但 DBMS 的型号可不同。异构型 DDBS，即系统中各个场地的数据模型是不同的类型。

7. 全局关系与片段之间映像只能是一对多，不可以是多对多，为什么？

解答：在 DDB 的体系结构中，往上方向是越来越"逻辑"，往下方向是越来越"物理"。据此可看出，全局关系在上方，片段在下方，因此每个片段只能来自一个全局关系。如果来自多个全局关系的数据，那就不是片段了，而是位于全局关系上方的全局视图（全局外模式）了。因而全局关系与片段之间的映像只能是一对多。

8. DDBMS 主要有哪些功能？DDBMS 应包括哪些基本功能模块？

解答：DDBMS 的功能有 5 点，即接受并处理用户请求，访问网络数据字典，分布式处理，通信接口功能，异构型处理。DDBMS 应包括以下 4 个基本功能模块，即查询处理模块，完整性处理模块，调度处理模块，可靠性处理模块。

9. 与集中式 DBMS 比较，DDBMS 环境中在并发控制和恢复方面遇到哪些新问题？

解答：与集中式 DBMS 比较，DDBMS 环境中在并发控制和恢复方面会遇到以下 5 个问题。

① 数据项的多备份之间的一致性问题。分布式数据库中，会把数据存放在一台计算机上或者分在多台计算机上，那么对其中一台计算机上的数据进行修改，必须保证在其他计算机上存放的也进行修改，这样才能保证数据一致性。

② 在单个场地故障恢复时，局部数据库的数据应和其他场地同步的问题。分布式数据库各个站点之间要进行通信，并不是一个站点 COMMIT 成功就可以，必须与其他站点协调工作，这样，单个场地的故障恢复必须与别的站点进行通信。

③ 通信网络的故障处理能力问题。分布式数据库是结合网络和数据库的一项技术，在处理数据库的同时要面对网络出现故障的问题，这样使得分布式数据库 DDBMS 要比集中式的数据库 DBMS 多考虑网络故障方面的协调和处理能力。

④ 分布式提交的实现问题。在分布式数据库系统中，多个事务会分布在不同的站点上，单个事务是否成功影响到全局的其他事务是否成功，这样分布式提交不再仅仅只要考虑当前事务是否 COMMIT 成功，还要看其他的事务是否成功。

⑤ 分时式死锁的处理问题。网络中的通信会有等待信号的情况，同时数据在网络上会发生丢失，这样会发生死锁，那么分布式数据库 DDBMS 必须具有处理死锁的能力。

10. 试对分布式并发控制中的"主场地方法"和"主拷贝方法"作一比较。使用"备份场地"对它们有什么影响？

解答：分布式并发控制中的"主场地方法"和"主拷贝方法"的比较，以及有"备份场地"时对它们的影响如表 13-3 所示。

表 13-3　主场地与主拷贝的比较

	主场地方法	主拷贝方法
优点	是集中式方案的简单扩充，不太复杂	一个场地的故障只会影响本场地作为主拷贝场地的那些数据项的事务
缺点	① 主场地是瓶颈口，超负荷运行 ② 主场地的故障会使系统瘫痪	实现和管理较复杂
有备份场地时的影响	能克服上述第②个缺点，简化了恢复过程，但会使系统运行速度变慢	提高系统的可靠性和可用性

11. 集中式 DBS 中和 DDBS 中影响查询的主要因素各是什么？

解答：在集中式系统中，影响查询的主要因素是对磁盘的访问次数；而在分布式系统中，影响查询的主要因素是通过网络传递信息的次数和传送的数据量。

12. 设关系 R（A，B，C）在场地 1，关系 S（C，D，E）在场地 2，现欲在场地 2 得到 R⋈S 的操作结果。

（1）用联接的方法，如何执行上述操作。

（2）用半联接的方法，如何执行上述操作。（须写出详细的操作式子）

解答：

（1）用联接的方法执行，就是直接把关系 R 从场地 1 传输到场地 2，在场地 2 执行自然联接。（如图 13-8）

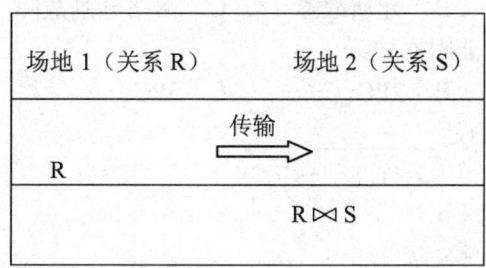

图 13-8　用联接的方法执行

（2）用半联接方法执行的过程如下（如图 13-9）。

① 在场地 2，求 π_C（S）的值；

② 把 π_C（S）的值从场地 2 传输到场地 1；

③ 在场地 1 执行 R⋈π_C（S）操作；

④ 把（R ⋈ π_C（S））的值从场地 1 传输到场地 2；

⑤ 在场地 2 执行（R ⋈ π_C（S））⋈ S 操作，即求得 R ⋈ S 的值。

即 R ⋈ S =（R ⋈ π_C（S））⋈ S

= （R ⋈ S）⋈ S

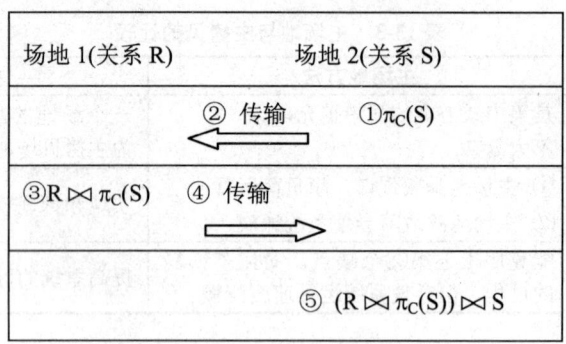

图 13-9　用半联接的方法执行

13.4　模拟试题

1. 在进行数据查询时，用户编写的应用程序只对全局关系进行操作，而不必考虑数据的逻辑分片，这需要分布式数据库至少要提供_____。

　　A. 分片透明性　　　　　　　　　　B. 分配透明性

　　C. 局部数据模型透明性　　　　　　D. 逻辑透明性

2. 在一个由 10 个结点组成的分布式数据库系统中，一个结点完全和其他结点都失去了联系，那么这种故障是_____。

　　A. 系统故障　　　B. 介质故障　　　C. 网络分割故障　　　D. 报文故障

3. _____是完全非阻塞协议。

　　A. 1PC　　　　　　B. 2PC　　　　　　C. 3PC　　　　　　D. 不存在协议

4. 下面的例子采用的是_____。

```
<? xml version = "1.0" ?>
<FlightInfo>
<Intro> The following flights have available seats: < /Intro >
<SelectStmt> SELECT Airline,FltNumber,Depart,Arrive FROM Flights </SelectStmt>
< Conclude > We hope one of these meets your needs < /Conclude >
< /FlightInfo >
```

　　A. 模型驱动　　　　B. 表格驱动　　　　C. 模板驱动　　　　D. 对象驱动

5. ASP 是通过_____打开或者关闭数据库连接的。

　　A. Connection 对象　　　　　　　　B. Recordset 对象

C．Command 对象   D．Parameter 对象

6．目前，分布式数据库系统最常采用的模式就是用一台或者几台计算机集中进行数据库的管理，而将其他应用的一些处理工作分散到网络中其他的计算机上去做，这种工作的模式称为 __(1)__ 模式。这种模式中的数据库大多数都是 __(2)__ 数据库，但在微机上最流行的 __(3)__ 通常不能适应其要求。这种模式中，数据库所在的计算机被称为 __(4)__；处理其他应用工作的计算机称为工作站或者客户机，为方便用户使用，常提供 __(5)__ 。

(1) A．OSI   B．Query/Response   C．ATM   D．Client/Server

(2) A．层次   B．网络   C．关系   D．演绎

(3) A．Sybase   B．Oracle   C．FoxPro   D．Informix

(4) A．数据库机   B．服务器   C．响应方   D．主机

(5) A．图形用户界面   B．终端访问界面

       C．键盘命令界面   D．库函数调用界面

7．下列关于 ASP 的说法中，错误的是_____。

A．ASP 应用程序无须编译

B．ASP 的源程序不会被传到客户浏览器

C．访问 ASP 文件时，不能用实际的物理路径，只能用其虚拟路径

D．ASP 的运行环境具有平台无关性

8．处理 ASP 文件是在_____。

A．客户机端和服务器端各处理一部分

B．客户机端

C．客户机端处理一大部分，不能处理的交给服务器端

D．服务器端

9．如果各个场地的数据模型是不同的类型（层次型或关系型），那么这种 DDBS 是_____。

A．同构型   B．异构型   C．同质型   D．异质型

10．DDBS 中的"数据分片"是指_____。

A．对磁盘的分片   B．对全局关系的分片

C．对内存的分片   D．对网络结点的分片

11．DDBS 中的"数据分配"是指在计算机网络各场地上的_____。

A．对磁盘的分配策略   B．对数据的分配策略

C．对内存的分配策略   D．对网络资源的分配策略

12．DDBS 的分片模式和分配模式均是_____。

A．全局的   B．局部的   C．集中的   D．分布的

13．在 DDBS 中，必须把全局关系映射到片段中，这个性质称为_____。

A．映射条件   B．完备性条件   C．重构条件   D．不相交条件

14．在 DDBS 中，必须从分片能通过操作得到全局关系，这个性质称为_____。

A．映射条件　　　　　B．完备性条件　　　　C．重构条件　　　　D．不相交条件

15．DDBS 的体系结构是＿＿＿＿＿＿。

A．分布的　　　　　B．集中的　　　　　C．全局的　　　　　D．分层的

16．DDBS 中"分布透明性"可以归入＿＿＿＿＿＿。

A．逻辑独立性　　　B．物理独立性　　　C．场地独立性　　　D．网络独立性

17．DDBS 中，透明性层次越高＿＿＿＿＿＿。

A．网络结构越简单　　　　　　　　B．网络结构越复杂

C．应用程序编写越简单　　　　　　D．应用程序编写越复杂

18．关系代数的半联接操作由下列操作组合而成：＿＿＿＿＿＿。

A．投影和选择　　　　　　　　　　B．联接和选择

C．联接和投影　　　　　　　　　　D．自然联接和投影

19．如果一个分布式数据库系统只提供了分配透明性，则用户在访问该数据库系统的时候需要考虑＿＿＿＿＿＿。

A．逻辑分片情况　　　　　　　　　B．片断所在的场地、位置

C．片断副本的数量　　　　　　　　D．片断是否有副本

20．在分布式数据库的垂直分片中，为保证全局数据的可重构和最小冗余，分片满足的必要条件是＿＿＿＿＿＿。

A．要有两个分片具有相同关系模式以进行并操作

B．任意两个分片不能有相同的属性名

C．各分片必须包含原关系的码

D．对于任一分片，总存在另一个分片能够和它进行无损连接

21．分布式数据库中，＿＿＿＿＿是指各场地数据的逻辑结构对用户不可见。

A．分片透明性　　　　　　　　　　B．场地透明性

C．场地自治　　　　　　　　　　　D．局部数据模型透明性

模拟试题参考答案

1．A　2．C　3．D　4．C　5．A　6．(1) D　(2) C　(3) C

(4) B　(5) A　7．D　8．D　9．B　10．B　11．B　12．A

13．B　14．C　15．D　16．B　17．C　18．D　19．A

20．D　21．D

第 14 章　数据库发展趋势与新技术

14.1　基本要求

1. 学习目的与要求

本章总的要求是了解数据库的发展趋势与新的技术。目前正在发展与完善，并对未来有深远影响的 3 种系统是：ODBS，ERP 和 DSS。数据库技术的发展势态图见图 14-1。读者在学习过程中，应了解每一种系统的发展过程、主要内容和发展的动向。

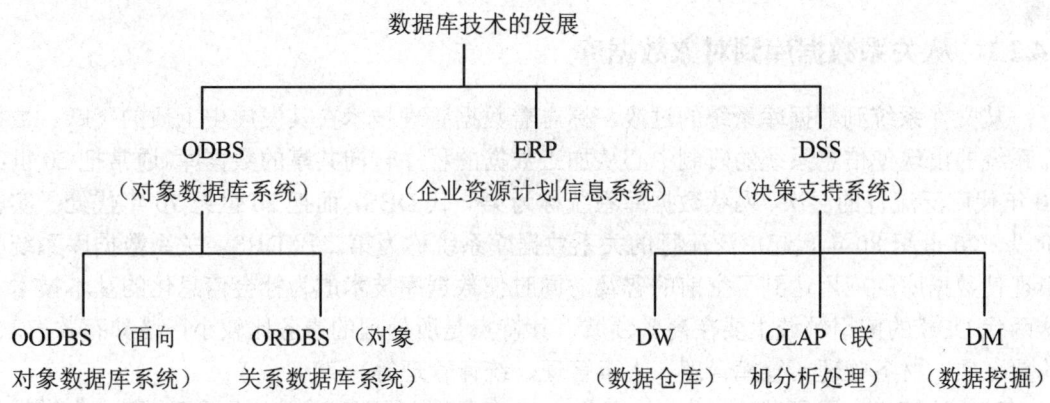

图 14-1　数据库技术的发展势态图

2. 本章重要概念

（1）ODBS

- 从关系模型到对象模型的发展。
- OO 的数据类型系统。
- OODBS：OO 数据模型的 5 个基本概念，ODMG 标准，ODMG 的 ODL 和 OQL。
- ORDBS：从关系模型到对象关系模型的发展，两种类型的继承性，引用类型的定义，ORDB 的定义语言，查询语言（路径表达式），嵌套与解除嵌套，SQL 函数与过程。
- OODB、ORDB 与 RDB 的比较。

（2）ERP 与 DB

- ERP 的发展历程：基本 MRP，闭环 MRP，MRP Ⅱ，ERP。
- ERP 设计的总体思路：一个中心，两类业务，三条干线。
- ERP 与 DB。

（3）DSS

- DW：从 DB 到 DW 的发展，DB 数据与 PW 数据的区别，DW 的定义和特点，DW 的数据组织结构、粒度与分割，DW 存储的多维数据模型，DW 设计的原则和步骤，DW 的发展阶段。
- OLAP：OLAP 的定义，12 条准则，7 个基本概念，OLAP 与 OLTP 的比较，OLAP 的多维数据分析。
- DM：DM 的定义，DM 与 DW、OLAP 的联系与区别，DM 的应用过程，DM 的分析方法（关联、序列模式、分类、聚类），DM 中用到的技术，DM 的应用领域。
- 传统 DSS，新 DSS，综合 DSS。

14.2 基本内容

14.2.1 从关系数据库到对象数据库

从文件系统到数据库系统的过渡，标志着数据管理技术在其发展史上质的飞跃。数据库系统的出现使信息系统的研制中心从加工数据的程序转向共享的数据库。通常把 20 世纪 70 年代广泛流行的层次、网状数据库系统称为第一代 DBS，而把 20 世纪 70 年代处于实验阶段、20 世纪 80 年代起广泛流行的关系数据库系统称为第二代 DBS。关系数据库系统的出现使数据库的应用达到了空前的普及，同时使数据库技术成为社会信息化的基本技术。这两代 DBS 的应用领域主要在商务领域，其特点是所处理的事务比较小，诸如存款取款、购票订票、财务管理、仓库管理、人事管理、统计管理等。

随着计算机应用领域的拓广，这两代 DBS 已不能适用于新的应用需要，譬如多媒体数据、空间数据、时态数据、复合数据等。同时，传统数据库的数据结构比较简单，不能支持新的数据类型和嵌套、递归的数据结构。

对于第二代以后的新一代 DBS，有两种观点。这两种观点虽然都是从面向对象（object-oriented，OO）技术和 DB 技术相结合的角度考虑，但方法不一样。1989 年 9 月，一批专门研究 OO 技术的学者著文《面向对象数据库系统宣言》，提出继第一、第二代 DBS 后，新一代 DBS 将是 OODBS，即在面向对象程序设计语言中引入数据库技术。而另外一批长期从事关系数据库研究的学者在 1990 年 9 月著文《第三代数据库系统宣言》，提出了不同的看法，认为新一代 DBS 是从关系 DBMS 自然地加入 OO 技术进化到具有新功能的结果。从这两种观点出发，各自研制了一批 DBS。现在一般把前一类 DBS 称为面向对象数据库系统（OODBS），而把后一类称为对象关系数据库系统（ORDBS）。这两类统称为对象数据库系统（ODBS）。

14.2.2 面向对象的数据类型系统

在面向对象技术中，数据类型系统由基本类型、复合类型和引用类型 3 部分组成。下面分别给予介绍。

1. 基本类型

基本数据类型是指整型、浮点型、字符、字符串、布尔型和枚举型。

枚举类型是一个标识符的列表，它和整型是同义词。例如，把 sex 定义为枚举类型{male，female}，在效果上就是把标识符 male 和 female 定义为整数 0 和 1 的同义词。

2. 复合类型

复合类型有下列 5 种。

（1）行类型

不同类型元素的有序集合称为行类型（Row Type），也称为元组类型、结构类型或对象类型。例如日期可以由日、月、年 3 部分组成（1，October，2001）。

（2）数组类型

相同类型元素的有序集合称为数组类型（Array Type）。一般，数组的大小是预先设置的。例如人名数组：[BAO，AN，NING，WEN，GAO，DING，SHI，ZHOU]。

（3）列表类型

相同类型元素的有序集合，并且允许有重复的元素，称为列表类型（List Type），作为一种特例，字符串（String）类型是列表（List）类型的简化形式。列表的大小预先未设置，在使用时，可以有任意个元素。

（4）包类型

相同类型元素的无序集合，并且允许有重复的元素，称为包类型（Bag Type），也称为多集类型（Multiset Type）。例如成绩集：{80，90，70，80，80}。

（5）集合类型

相同类型元素的无序集合，并且所有的元素必须是不同的，称为集合类型（Set Type），有时也称为关系类型。例如课程集：{MATHS，PHYSICS，PL，OS，DB}。

复合类型中后 4 种类型——数组、列表、包、集合统称为汇集（Collection）类型或批量（Bulk）类型。其区别如表 14-1 所述。

表 14-1　汇集类型的差异

类　型	元　素	元素的重复性	元素个数	例　　子
数组	有序	允许有重复的元素	预置	[1，2，1]和[2，1，1]是不同的数组
列表	有序	允许有重复的元素	未预置	{1，2，1}和{2，1，1}是不同的列表
包（多集）	无序	允许有重复的元素	未预置	{1，2，1}和{2，1，1}是相同的包
集合（关系）	无序	所有的元素必须是不同的	未预置	{1，2}和{2，1}是相同的集合

数据类型可以嵌套。例如课程成绩集：{（MATHS，80），（PHYSICS，90），（PL，70），（OS，80），（DB，80）}，外层是集合类型，里层是行类型。

3. 引用类型（Reference Type）

引用类型相当于程序设计中指针的概念，引用类型这个概念可以把类型定义中的实例映射扩充到类型值域中的实例映射，提供有关实现细节的抽象。引用类型可以避免数据结构的无穷嵌套问题。

14.2.3　OODB

1. OODB 的发展史

在 20 世纪 80 年代，人们在开发应用软件时，越来越多地使用面向对象的程序设计语言。数据库已成为软件系统的基本组成部分，但是传统的数据库很难直接嵌入到这种面向对象的应用软件中。所以 OODB 就应运而生，把数据库和面向对象语言开发的软件直接或无缝地集中在一起。

20 世纪 80 年代中期，计算机厂商在 Smalltalk 语言的基础上，增加了数据库 DDL 和 DML，并允许数据结构出现任意级的嵌套和递归，从而形成面向对象数据语言 OPAL。20 世纪 80 年代后期，计算机厂商纷纷推出 OODB 产品，为了增加与传统的数据库竞争中的对抗能力，成立了 ODMG（Object Database Management Group）国际组织，并于 1993 年形成工业化的 OODB 标准——ODMG1.0（或 ODMG93）。这个标准是基于对象的，把对象作为基本构造，而不是像在 SQL3 中看到的——基于表的，把表作为基本构造。在 ODMG1.0 标准中，强调从 C++语言出发，引入处理持久数据的机制，完全远离传统的数据库技术，这给 OODBS 的推广和普及带来了困难。

1997 年，ODMG 组织公布了第二个标准——ODMG2.0（或 ODMG97）。此标准对 OODBS 的内容作了较大修改，数据定义语言（DDL）称为对象数据语义（Object Data Language，ODL），其实质类似于 SQL 的 DDL，但写法上不一样；数据操纵语言（DML）称为对象查询语言（Object Query Language，OQL）。OQL 类似于 SQL，使得熟悉 SQL 的用户也能很容易地学习 OQL。

2. OODBS 的定义

一个面向对象数据库系统（OODBS）应该满足两个标准：其一，它是一个数据库系统（DBS），具备 DBS 的基本功能，譬如持久性、辅存管理、数据共享、事务管理、一致性控制及恢复；其二，它也是一个面向对象系统，是针对面向对象程序设计语言的持久性及便于对象存储管理而设计的，充分支持完整的面向对象概念和机制，譬如用户自定义数据类型、自定义函数、对象封装等必不可少的特点。

可以将一个 OODBS 表达为"面向对象系统 + 数据库能力"。实际上，它是一个将面向对象的程序设计语言中所建立的对象自动保存在磁盘上的文件系统。一旦程序终止后，它可以自动按另一程序的要求取出已存入的对象。所以，OODB 是一种系统数据库，它的用户主要是应用软件和系统软件的开发人员，即专业程序员，而不是终端用户。这类系统的好处是可与面向对象程序设计语言一体化，使用者不需要学习新的数据库语言。

典型的商品化的 OODBMS 有：ObjectStore、Ontos、O2、Gemstone、Objectivity 和 PoetVersant 等。

3. OODB 的基本概念

这里介绍面向对象数据模型的 5 个基本概念：对象、类、继承性、对象标识和对象包含。

（1）对象（object）

我们将客观世界中的实体抽象为问题空间中的对象。面向对象方法中的一个基本信条是任何东西都是对象。一本书可以是一个对象，一家图书馆也可以是一个对象。对象可以定义为对一组信息及其操作的描述。对象之间的相互作用都得通过发送消息（message）和执行消息完成，消息是对象之间的接口。

一般，对象由以下 3 个部分组成。

① 一组变量。它们包含对象的数据，变量相当于 ER 模型中的属性。

② 一组消息。这是一个对象所能响应的消息集合，每个消息可有若干参数。对象接受消息后应做出相应的响应。

③ 一组方法（method）。每个方法是实现一个消息的代码段，一个方法返回一个值，以此作为对消息的响应。

对象的定义提供了 OO 技术的一个重要特征——封装性（Encapsulation）。封装性是一种信息隐蔽技术，对象的使用者只能看到对象封装界面上的信息，对象的内部对使用者是隐蔽的，其目的在于将对象的使用者和设计者分开。

（2）类（class）

在数据库中通常有很多相似的对象。"相似"是指它们响应相同的消息时使用相同的方法，并且有相同名称和类型的变量。对每个这样的对象单独进行定义是很浪费的，因此我们将相似的对象分组从而形成了一个"类"。类是相似对象的集合，类中每个对象称为类的实例（instance）。一个类中的所有对象共享一个公共的定义，尽管它们对变量所赋予的值不同。面向对象数据模型中类的概念相当于 ER 模型中实体集的概念。类的概念类似于抽象数据类型，不过除了具有抽象数据类型的特征之外，类的概念还有另外一些特征。为了表示这些特征，我们将类本身看作一个对象，称为"类对象"。一个类对象包括两部分内容：

① 一个集合变量，它的值是该类的所有实例对象所组成的集合；

② 对消息 new 实施一个方法，用以创建类的一个新实例。

（3）继承性

继承性允许不同类的对象共享他们公共部分的结构和特性。继承性可以用超类和子类的层次联系实现。一个子类可以继承某一个超类的结构和特性，这称为"单继承性"；一个子类也可以继承多个超类的结构和特性，这称为"多重继承性"。继承性是数据间的概化/特化联系，是一种"是一个"（is a）联系，它表示了类之间的相似性。

【例 14-1】 图 14-2 是一个银行日常工作中涉及的各类人员的特殊层次的类继承层次图。图中，每个职员（Employee）是一个人（Person），人是职员的概化、抽象化，职员是人的特化、具体化。Person 是超类，Employee 是子类。

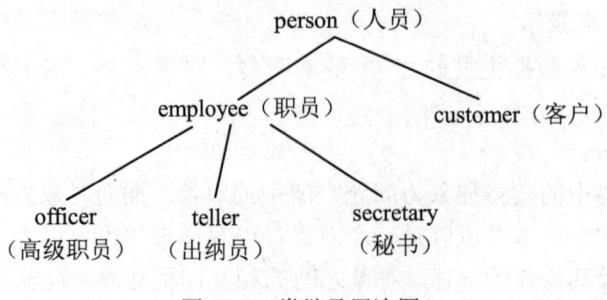

图 14-2 类继承层次图

【例 14-2】 图 14-3 是人的又一个特化图，faculty 和 student 是 person 的特化子类。有的人既是教师又是学生，那么 faculty_student 应是 faculty 和 student 这两个类的子类。这就是多重继承性。

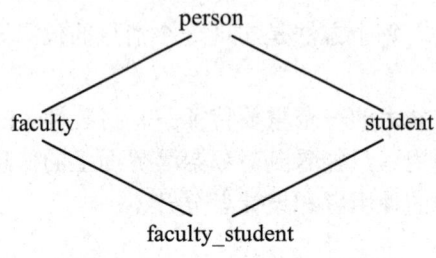

图 14-3 多重继承性层次

（4）对象标识

大多数语言都支持标识的概念，但在程序设计语言中把地址和标识混在一起，在关系数据库中把主键值和标识符混在一起。而在面向对象语言中，则把这些概念区分开来。面向对象系统提供了一种"对象标识符"（Object Identifier，OID）的概念来标识对象。OID 与对象的物理存储位置无关，也与数据的描述方式和值无关。然而，一个对象与存储器中物理位置之间的关联可能随时间发生变化，标识的持久程度有以下 4 种。

① 过程内持久性：标识只在单个过程的执行期间才是有效的，譬如过程内部的局部变量。

② 程序内持久性：标识只在单个程序或查询执行期间才是有效的，譬如程序设计语言中的全局变量、内存指针以及 SQL 语句中的元组标识符。

③ 程序间持久性：标识在从一个程序执行到另一个程序执行之间都是持久的。譬如指向磁盘上的文件系统数据的指针提供了程序之间的标识，SQL 语句中的关系名也具有程序间持久性。

④ 永久持久性：标识的持久性不仅跨越了各个程序的执行，还跨越了数据结构的重新组织。这种持久性正是面向对象系统所要求的。

OODB 的 OID 必须具有永久持久性。在对象创建的瞬间，由系统赋给对象一个 OID

值，它在系统内是唯一的，在对象生存期间，标识是不能改变的。OID 是唯一的，也就是说，每个对象具有单一的标识符，并且没有两个对象具有相同的标识符。

对象标识符的形式不必一定是要人所容易理解的。例如，它可以是一长串数字，能够像存储对象的一个字段那样存储。一个对象的标识符比有一个容易记忆的名称更为重要。系统生成的标识符通常是基于这个系统的，如果要将数据转移到另外一个不同的数据库系统中，则标识符必须进行相应的转化。

对象标识是指针一级的概念，是一个强有力的数据操纵原语，也是对集合、元组和递归等复合对象操纵的基础。

（5）对象包含

对象之间的聚合关系是指一个对象是由若干个其他对象组合而成的，是一种包含。而这种包含关系是直接的，即对象的创建不需要通过一个中间方法来实现。也就是说，当这个对象创建后，组成它的各个对象将自动被创建。

例如，飞机是由机身、引擎、机翼和尾翼 4 部分组成。要想描述它们，可将机身等 4 部分都定义为对象类。由于飞机这个对象由这 4 部分组成，所以它们之间不是继承关系，而是一种包含关系。这 4 个对象类在飞机类中以成员对象的身份存在，它们之间体现了对象的聚合关系，如图 14-4 所示。包含是一种"是一部分"（is part of）联系。譬如，引擎是飞机的一部分，而不能说"引擎是一架飞机"。因此，包含与继承是两种不同的数据联系。

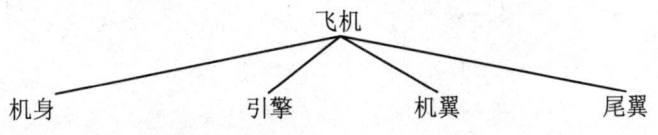

图 14-4　对象之间的包含层次

4．ODMG ODL

本节介绍如何使用 ODMD ODL 来创建数据库模式。ODL 被设计成支持 ODMG2.0 对象模型的语义结构，并且独立于任何特定的编程语言。ODL 的主要用途是创建对象说明，也就是类和接口，因此 ODL 不是一个完全的编程语言。用户可以独立于任何编程语言在 ODL 中指定一种数据库模式，然后使用特定的语言绑定来指明如何将 ODL 结构映射到特定编程语言中，譬如 C++、Smalltalk 和 Java 等。

【例 14-3】 在第 11 章例 11-13 中，对图 11-33 的 ER 图和图 11-34 的 UML 类图，现在我们可以用 ODMG ODL 来定义，形式如下：

```
class Person
    (extent persons key social_number)
{ attribute string social_number;
attribute string name;
```

```
    attribute  integer age;
    attribute  string  sex;
};
class  Faculty  extends  Person            /* 类 Faculty 是类 Person 的子类 */
    （extent  faculties  key  fno）
{ attribute  string  fno;
  attribute  integer  salary;
  relationship  University  works_for  inverse  University::staff;
  relationship  Set<Coursetext>  teach  inverse  Coursetext::teacher;
  integer  num_teach（）  raises（noTeach）;     /*统计教师授课门数的一个方法*/
                                    /* raises（引发）表示该方法可能引发的异常 */
};
class  University
    （extent  universities  key  uno）
{ attribute  integer  uno;
 attribute  string  uname;
  attribute  string  city;
  relationship  Faculty  president;
  relationship  Set<Faculty>  staff  inverse  Faculty::works_for;
 relationship  Set<Coursetext>  edit  inverse  Coursetext::editor;
 integer  num_staff（）;               /* 统计学校人数的一个方法 */
};
class  Coursetext
    （extent  coursetexts）
{ attribute  integer  cno;
  attribute  string  cname;
  attribute  string  textname;
    relationship  Faculty  teacher  inverse  Faculty::teach;
  relationship  University  editor  inverse  University::edit;
};
```

上面的代码定义了有 4 个类的数据库模式，这 4 个类分别用关键词 extent 说明了类外延，有的还用关键词 key 说明了关键码。其中类 Faculty 用关键词 extends 定义为类 Person 的子类，那么类外延 faculties 必须是类外延 persons 的子集。同时，单独的 faculty 对象将继承 person 的特性（属性和联系）和操作。

属性定义中的类型 integer、string 等都是标准 C++ 中有的。在 ODMG ODL 中，只要是联系（Relationship），属性都认为是引用方式。inverse 用来说明参照完整性约束。例如 University 的 staff 属性和 Faculty 的 works_for 属性是一对互逆的属性，表示 University 和 Faculty 的对象之间是 $1:N$ 联系。

5. ODMG OQL

SQL 不允许我们像传统编程语言 C 那样表达任意函数。相反，OQL 提供给我们类似于 SQL 的表示法，这种表示法与传统语言的典型语句相比，具有在更高级的抽象层次上表达特定的查询的特点。其意图是把 OQL 作为某个面向对象的宿主语言（C++、Smalltalk 和 Java 等）的扩充。这些对象将由 OQL 查询和宿主语言的传统语句进行操作。传统的方式是将 SQL 嵌入到宿主语言中，在这两种语言之间显式传递值，而现在是将宿主语言语句和 OQL 查询混合起来。无疑，后一种方式是在前一种方式的基础上发展起来的。

OQL 是专门为 ODMG 对象模型制定的查询语言。OQL 与编程语言紧密配合使用，这些编程语言有一个 ODMG 绑定的定义，譬如 C++、Smalltalk 和 Java 等。这样，嵌入某种编程语言的一个 OQL 查询，可以返回与这种语言的类型系统相匹配的对象。另外，一个 ODMG 模式中的类操作的实现可以通过这些编程语言来编写它们的代码。对于查询，OQL 语法和关系型 SQL 语法相似，只是增加了有关 ODMG 概念的特征，譬如对象标识、复合对象、操作、继承、多态性和联系。

OQL 允许人们用传统的 SELECT 查询语句来书写表达式，也具有消除重复、子查询、排序等功能，下面举例说明。

【例 14-4】 在例 14-4 定义的数据库中，对于下列查询操作：

检索上海地区大学中教师开设课程的课程名。

可用 OQL 的 SELECT 语句形式表达如下：

```
SELECT DISTINCT C.cname
FROM universities U, U.staff F, F.teach C
WHERE U.city = ' shanghai';
```

这里，在 SELECT 子句里加上关键字 DISTINCT，表示消除结果中的重复部分。也就是查询结果为集合（Set），否则为包（Bag）。

上述语句也可以用子查询形式表达，但子查询是出现在 FROM 子句中：

```
SELECT DISTINCT C.cname
FROM (SELECT U
       FROM universities U
       WHERE U.city = ' shanghai') D1,
      (SELECT F
       FROM D1.staff F) D2,
      D2.teach C;
```

显然，这个语句不比前一个语句简洁，实际上更差。但它确实说明了 OQL 中建立查询的新形式。在这个 FROM 子句中，具有 3 个嵌套的循环。在第 1 个循环中，变量 D1 覆盖了上海地区所有大学，这是 FROM 子句中第 1 个子查询的结果。对于嵌套在第一个循环外的第 2 个循环，变量 D2 覆盖了大学 D1 的所有教师。对于第 3 个循环，变量 C 覆盖了该教师的所有任课。注意，这个语句不需要 WHERE 子句。

这个语句也可在 WHERE 子句中嵌有子查询的形式：

```
SELECT  DISTINCT  C.cname
FROM  coursetexts  C
WHERE  C.teacher  IN
     ( SELECT  F
      FROM  faculties  F
      WHERE  F.works_for  IN
             ( SELECT  U
              FROM  universities  U
              WHERE  U.city = ' shanghai' ));
```

OQL 在 SELECT 语句格式中，还提供了全称量词（FOR ALL）和存在量词（EXISTS）等谓词，以及聚集运算符、分组子句和集合运算符（并、差、交）。OQL 中还考虑了把它和宿主语言（C++）相连，这样可以很方便地把 SELECT 查询结果值赋给任何合适类型的宿主语言变量。

14.2.4 ORDB

1. 从关系模型、嵌套关系模型、复合对象模型到对象关系模型

关系模型中基本的数据结构层次是关系—元组—属性。属性的类型是一些基本的数据类型，例如整型、实型、字符串型。元组是属性值的有序集合，而关系是元组的无序集合。并且要求关系模式具有 1NF 性质，也就是规定属性值是不可分解的，不允许属性值具有复合性质（例如元组或关系）。这种传统的关系模型又称为"平面关系模型"（Flat Relational Model）。

嵌套关系模型（Nested Relational Model）是从平面关系模型发展而成的。它允许关系的属性值可以是一个关系（即集合），而且可以出现多次嵌套。嵌套关系突破了 1NF 定义的框架，是"非 1NF 关系"。

如果进一步放宽在关系的定义上集合与元组必须严格交替出现的限制，就能得到复合对象模型（Complex Objects Model）。此时关系中的属性类型可以是基本数据类型，也可以是元组类型（即结构类型）或关系类型（即集合类型），关系本身也可以有子关系构成，而且在组成的层次上可以出现多次嵌套。

这 3 种模型的结构见图 14-5。

【例 14-5】 在教育系统中大学（university）与教师（faculty）组成了嵌套关系：

$$university（uno, uname, city, staff（fno, fname, age））$$

其属性分别表示学校编号、校名、所在城市、教师编号、教师名、教师年龄。属性 staff 是一个关系类型，表示一所大学中的所有教师。这里关系 university 是一个嵌套关系。

如果大学中还需要校长（president）信息，那么可设计成如下关系：

university（uno, uname, city, staff（fno, fname, age）, president[fno, fname, age]）

这里中括号[ ]表示元组类型。上述关系就不是嵌套关系，而是复合对象。在 university 关系中，属性 uno、uname、city 是基本类型，staff 是关系类型，president 是元组类型。

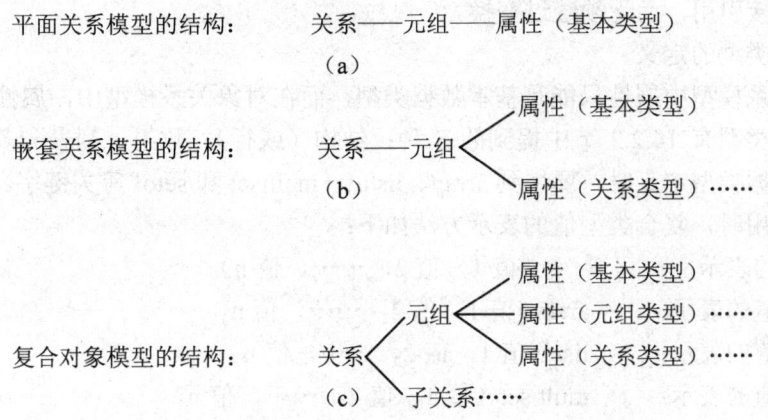

平面关系模型的结构：　　　关系——元组——属性（基本类型）
　　　　　　　　　　　　　　　（a）

嵌套关系模型的结构：　　　关系——元组——属性（基本类型）
　　　　　　　　　　　　　　　（b）　　　　　属性（关系类型）……

复合对象模型的结构：　　　　　　　　　　元组——属性（基本类型）
　　　　　　　　　　　　　　　　　　　　　　　　属性（元组类型）……
　　　　　　　　　　　　　关系　　　　　　　　属性（关系类型）……
　　　　　　　　　　　　　（c）　子关系……

图 14-5　3 种模型的结构

本质上，嵌套关系模型和复合对象模型并没有真正给关系模型增加什么新的概念，只是在构造类型的成分时更加随意，可以超越"平面文件"的范围，定义出更加复杂的层次结构。同时也扩充了现有的各种关系查询语言。

嵌套关系模型和复合对象模型的一个明显弱点是：它们无法表达递归的结构，类型定义不允许递归。如果采用前面 14.2.2 节中的引用类型，就能解决类型定义中的递归问题。

2. ORDB 的定义语言

20 世纪 80 年代中期，随着面向对象技术的崛起，人们设法在传统的 SQL 语言基础上加入面向对象的内容，这类系统称为对象关系系统。早期的对象关系系统 POSTGRES 是 1986 年由美国加州大学伯克利分校开发的，Illustra 是 POSTGRES 的商业化版本。惠普公司在 1990 年推出 Iris 系统，支持一种被称为 Object SQL（OSQL）的语言。1992 年由 Kifer 等人提出的 XSQL 也是 SQL 的面向对象语言的扩充。这些语言中扩充的 SQL 内容大都已被收入在 SQL3 标准中。典型的 ORDBMS 产品有：Informix 公司的 Informix Universal Server，Oracle 公司的 Oracle8，Sybase 公司的 Adaptive Server，IBM 公司的 DB2 UDB，微软公司的 Microsoft SQL Server 等。

SQL3 标准支持 ORDBMS 模型。但是现在 SQL3 标准和各厂商推出的 ORDBMS 产品的术语都不一致。本书以比较抽象、实用的形式来阐述 ORDB 定义语言的一些内容。下面介绍 ORDBS 的定义、数据类型的定义、继承性的定义和引用类型的定义等内容。

（1）对象关系数据模型的定义

在传统的关系数据模型基础上，提供元组、数组、集合一类丰富的数据类型以及处理新的数据类型操作的能力，并且具有继承性和对象标识等面向对象特点，这样形成的数据模型，称为"对象关系数据模型"。基于对象关系数据模型的 DBS 被称为"对象关系数据库系统"（ORDBS）。ORDBS 为那些希望使用具有面向对象特征的关系数据库用户提供了一条捷径。在对象关系模型中，ER 模型的许多概念，如实体标识、多值属性、概化 / 特化等，可以直接引用，而无须经过变换。

（2）数据类型的定义

传统的关系模型中属性只能是基本数据类型，而在对象关系模型中，属性还可以是复合类型。复合类型有 14.2.2 节中提到的 5 种：结构（或行）、数组、列表、多集和集合，后面 4 种在数据类型定义时，要用到 array、listof、multiset 和 setof 等关键字。

在具体使用时，复合类型值的表示方法如下：

- 行值的表示： （值 1，值 2，……，值 n）
- 数组值的表示： array [值 1，值 2，……，值 n]
- 列表值的表示： list（值 1，值 2，……，值 n）
- 多集值的表示： multiset（值 1，值 2，……，值 n）
- 集合值的表示： set（值 1，值 2，……，值 n）

（3）继承性的定义

继承性可以发生在类型一级或表一级。

① 类型级的继承性

假设有关于人的类型定义：

```
CREATE  TYPE  Person(name  varchar(10),
                     social_number  char(18));
```

我们还想在数据库中存储学生和教师这些人的其他信息。由于学生和教师也都是人，我们可用继承性定义学生类型和教师类型：

```
CREATE  TYPE  Student UNDER  Person
                   (degree  varchar(10),
                    department  varchar(20));
CREATE  TYPE  Teacher UNDER  Person
                   (salary  integer,
                    department  varchar(20));
```

Student 和 Teacher 两个类型都继承了 Person 类型的属性：name 和 social_number，称 Student 和 Teacher 是 Person 的子类型（Subtype），Person 是 Student 的超类型（Supertype），也是 Teacher 的超类型。其类型层次图可用图 14-6 的上半部分表示，图中箭头指向为超类型，箭尾为子类型。

如果我们要存储有关助教的信息，这些助教既是学生又是教师，甚至可能是在不同的系里。此时可定义助教（TeachingAssistant）作为 Student 和 Teacher 的公共子类型：

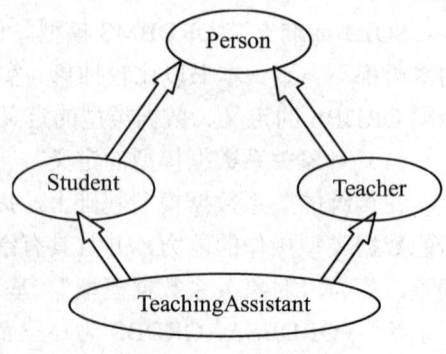

图 14-6 类型层次图

```
CREATE  TYPE  TeachingAssistant UNDER Student, Teacher;
```

这种继承性称为"多重继承性"。助教继承了学生和教师的所有属性，但有可能在department 属性上发生冲突，此时我们可以使用 AS 子句将它们重新命名，如：

```
CREATE  TYPE  TeachingAssistant
                UNDER Student WITH (department AS student_dept),
                    Teacher WITH (department AS teacher_dept);
```

这种情况如图 14-6 的下半部分所示。

② 表级的继承性

在对象关系系统中，也可在表级实现继承性。在上面例子的基础上，我们首先定义表 people：

```
CREATE  TABLE  people OF Person
```

然后可以创建表 students 和 teachers 作为 people 的子表：

```
CREATE  TABLE  students OF Student
                UNDER  people;
CREATE  TABLE  teachers OF Teacher
                UNDER  people;
```

这里 People 称为超表，students 和 teachers 称为子表。子表继承了超表的全部属性。

接着再创建一个类型为 TeachingAssistant 的子表 teaching_assistants：

```
CREATE  TABLE  teaching_assistants of TeachingAssistant
                UNDER students, teachers;
```

其表级继承层次图可用图 14-7 表示。

子表和超表应满足下列两个一致性要求：

① 超表中每个元组最多可以与每个子表中的一个元组对应。例如 people 中的每个人可以是一个学生，或者是一个教师，或者既是学生又是教师，或者什么也不是。子表中的元组在继承的属性上和对应的超表中元组具有相同的值。

② 子表中每个元组在超表中恰有一个元组对应，并在继承的属性上有相同的值。

如果没有第一个条件，students 表中就有可能有两个学生对应 people 表中同一个人；如果没有第二个条件，students 表中的学生有可能在 people 表中没有对应的人，或者对应了多个人。这些情况，都是违反实际的，是错误的。

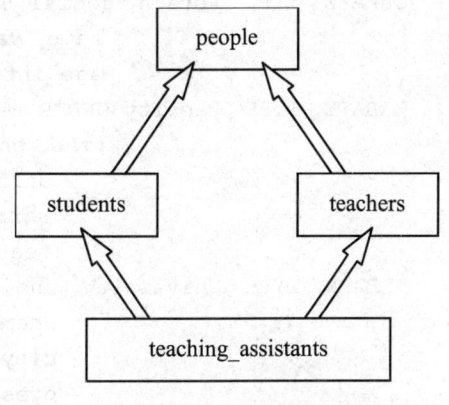

图 14-7 表级继承层次图

可以采用有效的方法存储子表。在子表中不必存放继承来的属性（超表中的主键除外），因为这些属性值可以通过基于主键的联接从超表中导出。

有了继承的概念，模式定义更符合实际。如果没有表的继承，模式设计者就得通过主键把子表对应的表和超表对应的表联系起来，还得定义表之间的引用完整性约束。有了继承性，就可以将在超表上定义的属性和性质用到属于子表的对象上，从而可以逐步对 DBS 进行扩充以包含新的类型。

（4）引用类型的定义

数据类型可以嵌套定义，但要实现递归，就要采用 14.2.2 节提到的"引用"类型。也就是在嵌套引用时，不是引用对象本身的值，而是引用对象标识符（即"指针"的概念）。在 SQL3 中对应用类型的使用作了如下的规定：

① 在创建类型时，类型中某属性可以是对一个指定类型对象的应用，该属性可以用下列定义方式：

> 属性名　ref（类型名）
>
> 或：属性名　setof（ref（类型名））

前者说明了属性的值是对指定类型的一个对象的应用，而后者说明了属性的值是对指定类型的一个对象集的应用。定义中的 setof 也可用 array、list 和 multiset 等替换。

② 在创建表时，要指明应用类型的属性将应用指定类型的哪一个表，其方式如下：

> 引用类型的属性名　WITH　OPTIONS　SCOPE　表名

这里对一个指向表的元组的引用范围（SCOPE）的限制是强制性的，它使用的方式与外键类似。

【例 14-6】 在第 11 章例 11-13 中，对图 11-33 的 ER 图和图 11-34 的 UML 类图，在例 14-4 中是用 ODMG ODL 定义的，现在也可以用 ORDB 的定义语言来定义，形式如下：

```
CREATE  TYPE  Person (social_number  char (18),
                     name  varchar (10),
                     age integer);
CREATE  TYPE  Faculty UNDER Person
                     (fno  char (10),
                      salary integer,
                      works_for  ref (University),
                      teach  setof (ref (Coursetext)));
CREATE  TYPE  University (uno  char (10),
                     uname  varchar (20),
                     city  varchar (20),
                     president  ref (Faculty),
                     staff  setof (ref (Faculty)),
                     edit  setof (ref (Coursetext)));
CREATE  TYPE  Coursetext (cname  varchar (20),
                     textname  varchar (20),
```

```
                    teacher  ref（Faculty）,
                    editor  ref（University））;
CREATE   TABLE  people OF Person;
CREATE   TABLE  faculties OF Faculty
          （works_for WITH OPTIONS SCOPE universities,
           teach WITH OPTIONS SCOPE coursetexts）;
CREATE   TABLE  universities OF University
          （president WITH OPTIONS SCOPE faculties,
           staff WITH OPTIONS SCOPE faculties,
           edit WITH OPTIONS SCOPE coursetexts）;
CREATE   TABLE  coursetexts OF Coursetexts
          （teacher WITH OPTIONS SCOPE faculties,
           editor WITH OPTIONS SCOPE universities）;
```

上述定义中的关键字 ref 是不可省的。如果没有 ref 词，那么表之间是递归嵌套，在系统中是不可实现的；但有了 ref 词后，表示引用的是关系中元组的标识符（即"元组的地址"），这样就能实现递归结构了。

一般，系统在具体实现引用类型时，有两种方式供选择：

① 可以用表的主键来实现对表中元组的引用。

② 表中每个元组有一个元组标识符作为隐含属性，对元组的引用就是引用这个元组标识符。另外，子表隐含地继承这个元组标识符属性，就像它从父表中继承其他属性一样。

3. ORDB 的查询语言

对 SQL 语言的 SELECT 句型使用方式稍加修改便能处理带有复合类型、嵌套和引用类型的 ORDB 查询。下面以例 14-7 中定义的 ORDB 为例，介绍 SELECT 句型的使用方式。

（1）对 SELECT 语句的新规定

扩充的 SQL 对 SELECT 语句做出了以下几条规定。

① 允许用于计算关系的表达式可出现在任何关系名可以出现的地方，比如 FROM 子句或 SELECT 子句中。这种可自由使用子表达式的能力使得充分利用嵌套关系结构成为可能。

② 在 SELECT 语句中，应为每个基本表设置一个元组变量，然后才可引用，否则语句将不做任何事情。

这是因为在传统的 SQL 语言中，在语句里把基本表看成是元组变量直接与属性名连用，求出属性值，这对于非计算机用户来说是很不习惯的。因而在 ORDB 中，把这种情况纠正过来了。

【例 14-7】 在例 14-7 的 ORDB 中，检索讲授 MATHS 课，采用"Mathematical Analysis"教材的教师工号和姓名。可用下列语句表达：

```
SELECT  F.fno, F.fname
FROM  faculies AS F
```

```
WHERE ('MATHS', 'Mathematical Analysis') IN F.teach;
```

在语句中使用了以关系为值的属性 teach，该属性所处的位置在无嵌套关系的 SQL 中要求一个 SELECT 查询语句。

聚集函数（如 min、max 和 count）以一个值的集合体作为参数，并返回单个值作为结果，它们可以应用于任何以关系为值的表达式处。例 14-9 说明了这个问题。

【例 14-8】 检索上海地区各大学超过 50 岁的教师人数，可用下列语句表达：

```
SELECT  U.uname, count (SELECT  *
                        FROM  U.staff AS F
                        WHERE  F.age > 50)
FROM  universities AS U
WHERE  U.city = 'shanghai';
```

在对象联系图中，从已知的属性值找未知的属性值时沿途经过的属性名构成的式子称为"路径表达式"。对路径表达式的使用，有以下两点规定。

① 当属性值为单值或结构值时，属性的引用方式仍和传统的关系模型一样，在层次之间加圆点"."。

【例 14-9】 在例 14-7 的 ORDB 中，检索上海地区的大学校长姓名，可用下列语句表达：

```
SELECT  U.uname, U.president.fname
FROM  universities AS U
WHERE  U.city = 'shanghai';
```

这里，为表名 universities 设置元组变量 U，president 为元组分量，但其值为结构值，因此校长姓名可用 U.president.fname 表示。

例 14-10 中形如"U.president.fname"的式子称为"路径表达式"。在图 8.6 中可以清楚地看到这条路径（沿着箭头方向）。路径表达式中的属性值都是单值或结构值。

② 当路径中某个属性值为集合时，就不能连着写下去。譬如，在某大学里检索教师姓名，就不能写成 U.staff.fname，因为这里 staff 是集合值，不是单值。此时应为 staff 定义一个元组变量。

【例 14-10】 检索上海地区各大学超过 50 岁的教师姓名，可用下列语句表达：

```
SELECT  U.uname, F.fname
FROM  universities AS U, U.staff AS F
WHERE  U.city = 'shanghai' AND F.age > 50;
```

这里，设表 universities 的元组变量为 U，元组分量 U.staff 仍是一个表，起元组变量名为 F。

【例 14-11】 检索复旦大学每个教师上课所用的教材及其编写的学校，可用下列语句表达：

```
SELECT  F.fname，C.textname，C.editor.uname
FROM  universities AS U，U.staff AS F，F.teach AS C
WHERE  U.uname = 'Fudan University';
```

这个查询也可用另外一种形式表达：

```
SELECT  F.fname，C.textname，C.editor.uname
FROM  faculties AS F，F.teach AS C
WHERE  F.works_for.uname = 'Fudan University';
```

【例 14-12】 检索使用本校教材开课的教师工号、姓名及所在学校，可用下列语句表达：

```
SELECT  U.uname，F.fno，F.fname
FROM  universities AS U，U.staff AS F，F.teach AS C
WHERE  C.editor.uname = U.uname;
```

这个查询也可用另外一种形式表达：

```
SELECT  F.work_for.uname，F.fno，F.fname
FROM  faculties AS F，F.teach AS C
WHERE  F.works_for.uname = C.editor.uname;
```

（2）嵌套与解除嵌套

在使用 SELECT 语句时，我们可以要求查询结果以嵌套关系形式显示，也可以以 1NF（非嵌套）形式显示。将一个嵌套关系转换成 1NF 的过程称为"解除嵌套"。

【例 14-13】 例 14-13 中 SELECT 语句的结果显示是一个 1NF 关系，形式如表 14-2 所示。

表 14-2　1NF 关系

Uname	Fno	fname
Fudan University	957	ZHAO
Fudan University	2468	LIU
Jiaotong University	4567	WEN
Jiaotong University	5246	BAO
Jiaotong University	3719	WU

反向过程即将一个 1NF 关系转化为嵌套关系称为"嵌套"，嵌套可以用对 SQL 分组的一个扩充来完成。在 SQL 分组的常规使用中，需要对每个组（逻辑上）创建一个临时的多重集合关系，然后在这个临时关系上应用一个聚集函数。如果不应用聚集函数而只返回这个多重集合，我们就可以创建一个嵌套关系。

【例 14-14】 在例 14-13 中，如果我们希望查询结果为嵌套关系，那么可在属性（fno，

fname）上对关系进行嵌套，语句如下：

```
SELECT  U.uname, set (F.fno, F.fname) as teachers
FROM  university AS U, U.staff AS F, F.teach AS C
WHERE  C.editor.uname = U.uname
GROUP  BY  U.uname;
```

此语句的查询结果为一个非 1NF 的嵌套关系，如表 14-3 所示。

表 14-3　非 1NF 关系（嵌套关系）

Uname	teachers	Uname	teachers
	（fno，fname）	Jiaotong University	{ （4567，WEN）, （5246，BAO）, （3719，WU） }
Fudan University	{ （957，ZHAO）, （2468，LIU） }		

（3）SQL 函数和过程

下面介绍 SQL3 中如何定义、使用函数和过程。

【例 14-15】　考虑学生选课成绩的嵌套关系：

```
sc (name, cg (course, grade, date))
```

如果想定义一个函数：给定一个学生，返回其选修课程的门数。这个函数可以这样定义：

```
CREATE FUNCTION course_count (name varchar (10))
RETURN integer
BEGIN
DECLARE a_count integer;
    SELECT count (B.cg)
    FROM  sc AS B
    WHERE  B.name=name
RETURN  a_count;
END;
```

上述函数可用在用户的查询中，例如检索选修课程的门数超过 8 门的学生的姓名，可用下列语句：

```
SELECT A.name
FROM  sc AS A
WHERE course_count (A) > 8;
```

【例 14-16】 例 14-16 的函数也可以写成一个过程:

```
CREATE PROCEDURE course_count_proc (in name varchar (8), out a_count integer)
BEGIN
    SELECT count (B.cg) INTO a_count
    FROM  sc AS B
    WHERE  B.name=name
END;
```

可以从一个 SQL 过程中或者从嵌入式 SQL 中使用语句来调用过程:

```
DECLARE a_count integer;
CALL course_count_proc ('WEN', a_count);
```

SQL3 允许多个过程同名,但同名的不同过程的参数个数应不同。实际上是用过程名和参数个数一起来标识一个过程的。SQL3 也允许多个函数同名,但要求这些同名的不同函数的参数个数不同,或者对于有相同个数参数的函数,至少有一个参数的类型不同。

4. ORDB 与 OODB 的比较

14.2.3 节介绍了 OODB,本小节介绍了 ORDB,这两种类型的 DBS 产品在市场上均有出售,数据库设计者应根据实际情况均衡利弊来选择合适的 DBS。OODBS 和 ORDBS 有着不同的市场目标。

SQL 语言的描述性特点提供了保护数据不受程序错误影响的措施,也使得高级优化(譬如减少 I / O 次数)变得相对简单。ORDBS 的目标是通过使用复合数据类型而使得数据建模和查询更加容易。它的典型应用涉及到复合数据(包括多媒体数据)的存储和查询。

然而,像 SQL 这样的说明性语言也会给一些应用带来性能上的损失,主要是指在内存中运行和那些要进行大量的数据库访问的应用。持久化程序设计语言的应用定位于那些性能要求很高的应用。持久化语言提供了对持久性数据的低开销访问方式,并且也省略了数据转换环节(指游标机制),这个环节在传统数据库应用中是不可缺少的。但是,持久化语言也有缺点:数据易受编程错误的侵害,通常不提供强有力的查询能力。它的典型应用是 CAD 数据库。

各种 DBS 的长处和优势可以概括如下。

① 关系系统:数据类型简单,查询语言功能强大,高保护性。

② OODBS:支持复合数据类型,与程序设计语言集成一体化,高性能。

③ ORDBS:支持复合数据类型,查询语言功能强大,高保护性。

上述总结具有普遍性,但是对有些 DBS 而言它们的分界线是模糊的。例如,有些以持久化语言为基础的 OODBS 是在一个关系 DBS 之上实现的,这些系统的性能可能比不上那些直接建立在存储系统之上的 OODBS,但这些系统却提供了关系系统所具有的较强保护能力。

OODB 与 ORDB 的主要区别如表 14-4 所示。

表 14-4   OODB 与 ORDB 的区别

OODB	ORDB
从 OOPL C++出发，引入持久数据的概念，能操作 DB，形成持久化 C++系统	从 SQL 出发，引入复合类型、继承性、引用类型等概念（SQL 3）
ODMG OQL（类似于 SQL）	SQL 3
有导航式查询，也有非过程性查询	结构化查询，非过程性查询
符合面向对象语言	符合第 4 代语言
显式联系	隐式联系
唯一的对象标识符，也有关键码概念	有主键概念，也有对象标识概念
能够表示"关系"	能够表示"对象"
对象处于中心位置	关系处于中心位置

14.2.5   ERP 的发展历程

企业资源计划（Enterprise Resource Planning，ERP）是指建立在信息技术的基础上，以系统化的管理思想，为企业决策层及员工提供决策运行手段的管理平台。

1.   ERP 的定义

ERP 是一个复杂的信息系统，遵循信息系统的认识规律。通常从管理思想、软件产品、管理系统 3 个层面上给出以下 ERP 的定义。

（1）ERP 是美国著名 IT 咨询公司 Gartner Group Inc.提供的一整套企业管理系统标准，其实质是在 MRP Ⅱ 基础上进一步发展而成、面向供应链（Supply Chain）的管理思想。

（2）ERP 是综合了 C/S 体系、关系数据库结构、面向对象技术、图形用户界面、第四代语言（4GL）、网络通信等信息产业成果，以 ERP 管理思想为核心的软件产品。

（3）ERP 是建立在信息技术基础上的，综合了企业管理概念、业务流程、基础数据、人力物力、计算机硬件和软件于一体的企业资源管理系统，以实现对企业物流、资金流、信息流的一体化管理。

ERP 系统起源于制造业的信息计划与管理。20 世纪 40 年代初期，西方经济学家对计划管理问题局限于确定库存水平和选择、补充库存策略问题。人们尝试用各种方法确定采购的批量和安全库存的数量，经济批量的订货点法成为最初的科学计划理论，即：

$$订货点 = 单位时段需求量 × 订货提前期 + 安全库存量$$

注意这个时候的采购和库存与生产没有建立直接的联系。从 20 世纪 60 年代开始，制造业的信息计划与管理经历了 4 个阶段：基本 MRP、闭环 MRP、MRP Ⅱ、ERP。这 4 个阶段并不是后面的系统取代了前一个，而是后面每一个系统都是对前面系统的扩充和进一步的发展。下面分别给予介绍。

2.   基本 MRP

20 世纪 60 年代初，为了解决原材料库存和零部件投产计划问题，美国 IBM 公司奥列基博士首先提出了以相关需求为原则、最少投入和关键路径为基础的"物料需求计划"

（Material Requirement Planning）原理，简称为"基本 MRP"。

MRP 将企业生产中涉及的所有产品、零部件、原材料、中间件等，在逻辑上统一视为物料。MRP 系统的目标是：围绕所要生产的产品，在正确的时间、地点，按照规定的数量得到真正需要的物料；通过按照各种物料真正需要的时间来确定订货与生产日期，以避免造成库存积压。

基本 MRP 的流程是：根据主生产计划（MPS）、库存信息和产品结构信息（即物料清单 BOM）这 3 项基本数据输入，计算出物料需求计划（MRP），进而编制零件的加工计划和采购计划。具体逻辑流程见图 14-8 所示。

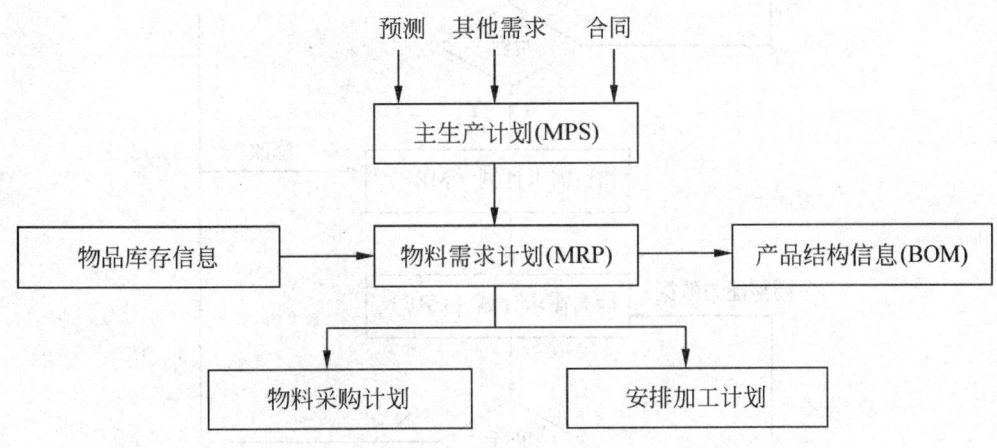

图 14-8　MRP 计算关系示意图

基本 MRP 只是一个库存订货的计划方法，只说明了需求的优先顺序，并没有说明是否有可能实现。在 20 世纪 70 年代初，MRP 由传统式发展成为闭环 MRP，它是一个结构完整的生产资源计划及执行控制系统。

3．闭环 MRP

闭环 MRP 系统除了物料需求计划（MRP）外，还将生产能力需求计划（CRP）、车间作业计划和采购作业计划也全部纳入 MRP，从而形成一个环形回路，如图 14-9 所示。

闭环 MRP 的基本目标是满足客户和市场的需求。通俗地说，闭环 MRP 是一种保证既不出现短缺、又不积压库存的计划方法，解决了制造业所担心的缺件与超储的矛盾。所有 ERP 软件都把 MRP 作为其生产计划与控制模块，因此 MRP 是 ERP 不可缺少的核心功能。

4．MRP II

闭环 MRP 系统的出现，使生产活动方面的各种子系统得到了统一。但在企业的管理中，生产管理只是一个方面，它所涉及的仅仅是物流，而与物流密切相关的还有资金流等其他相关方面，而闭环 MRP 无法反映出执行计划之后给企业带来什么效益。

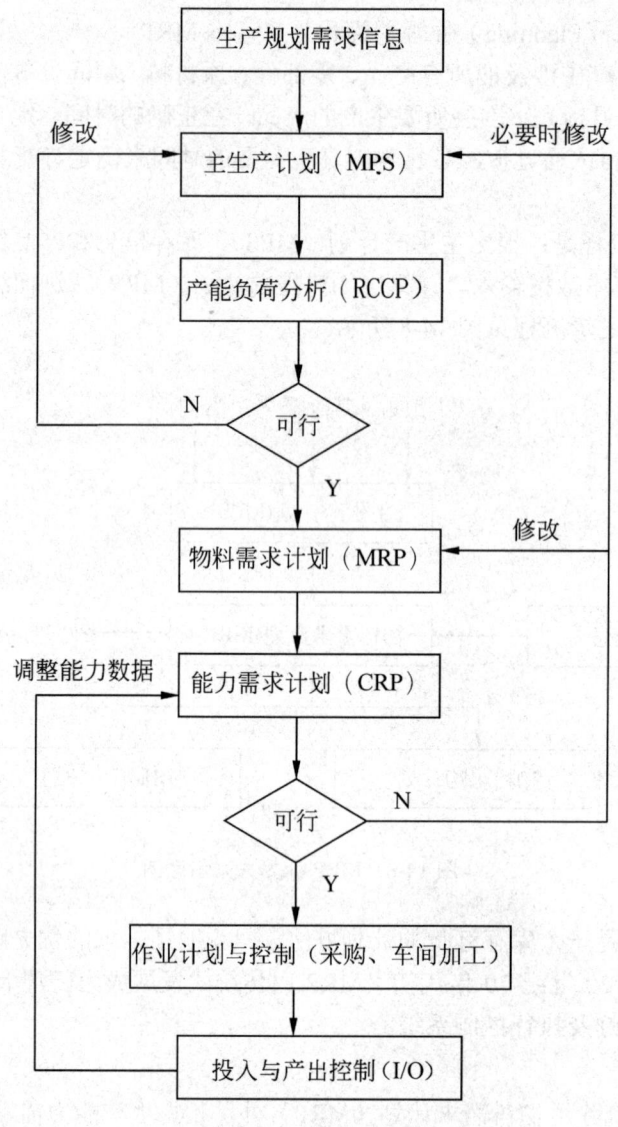

图 14-9　闭环 MRP

1977 年 9 月，美国著名的生产管理专家奥列弗·怀特（Oliver W. Wright）在美国《现代物料搬运（Modern Materials Handling）》月刊上由他主持的"物料管理"专栏中，首先倡议给同资金信息集成的 MRP 系统一个新的称号，即制造资源计划（Manufacturing Resource Planning）系统，英文缩写还是 MRP，为了与原来的物料需求计划区别而记为 MRPⅡ。于是，20 世纪 80 年代，人们把生产、财务、销售、工程技术、采购等各个子系统集成为一个一体化的系统，称为 MRPⅡ。

MRPⅡ围绕企业的基本经营目标，以生产计划为主线，对企业制造的各种资源进行统一计划和控制，使企业的物流、信息流和资金流畅通无阻，同时也实现了动态反馈。

MRPⅡ的基本思想就是把企业作为一个有机整体（图14-10），基于企业经营目标制定生产计划，围绕物料转化组织制造资源，实现按需按时进行生产；从整体最优的角度出发，通过运用科学方法对企业的各种制造资源和产、供、销、财各个环节进行有效地计划、组织和控制，使它们得以协调发展，并充分发挥作用。

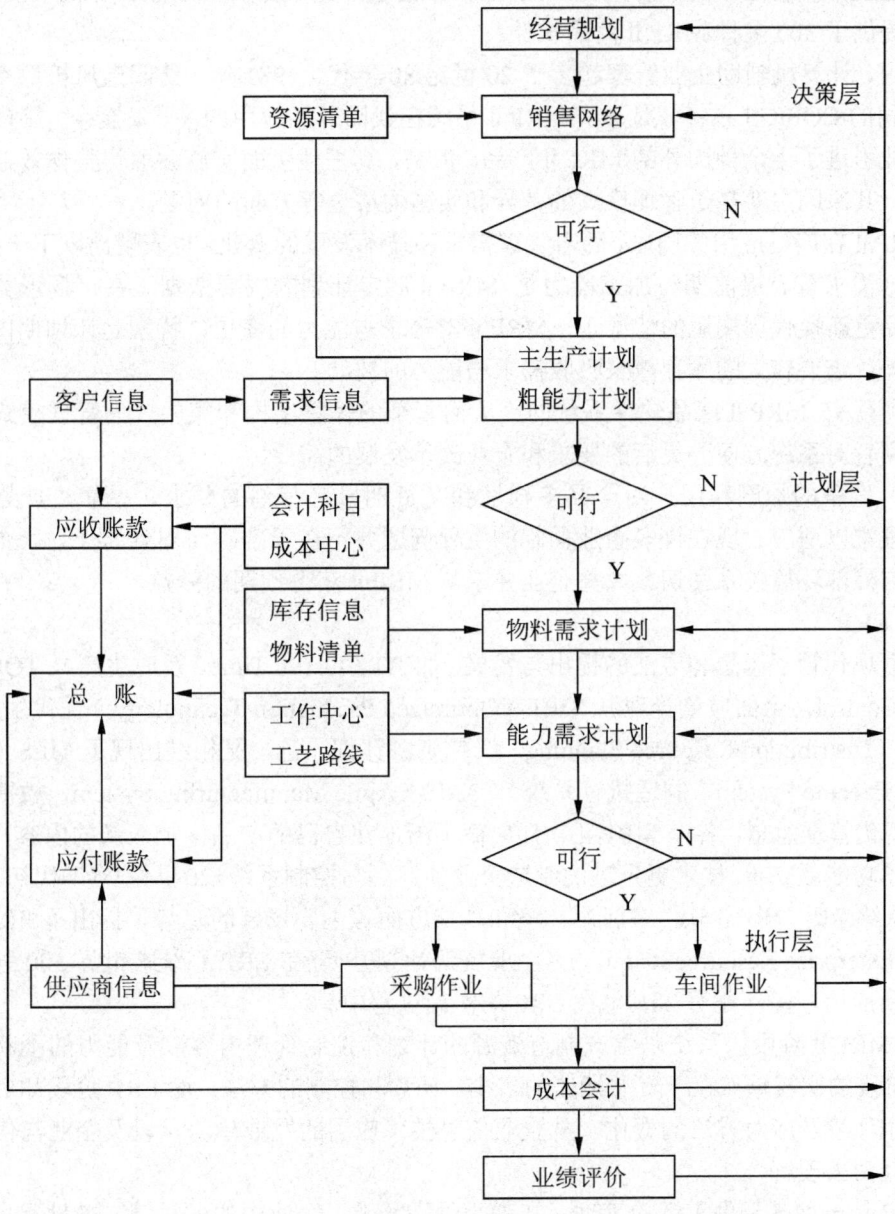

图 14-10　MRPⅡ系统

MRPⅡ是一种计划主导管理模式，计划层次从宏观到微观、从战略到技术、由粗到细逐层优化，但始终保证与企业经营战略目标一致。

MRPⅡ同MRP的主要区别之一就是它运用管理会计的概念，用货币形式说明了执行企业"物料计划"带来的效益，实现物料信息同资金信息集成。

MRPⅡ理论从20世纪80年代初开始在企业中得到了广泛的应用。MRPⅡ的应用与发展给制造业带来了巨大的经济效益。据1985年的统计，美国有160家计算机软硬件公司，开发与提供了300多种MRPⅡ商品软件。

我国，计算机辅助企业管理起步于20世纪80年代。1981年，沈阳鼓风机厂率先引进IBM公司的COPICS系统，揭开了MRPⅡ系统在我国开始应用的序幕。至今，国内已有数百家企业引进了十余种国外的MRPⅡ产品。但是，真正地全面实施并取得整体效益的企业并不多，其原因主要在于管理模式的差异和实施的质量等方面的问题。

MRPⅡ在广泛应用的同时，随着管理需求和技术发展的变化，也表现出以下一些不足。

（1）需求量、提前期与加工能力是MRPⅡ制定计划的主要依据。在市场形势复杂多变，产品更新换代周期短的情况下，MRPⅡ对需求与能力的变更，特别是计划期内的变动适应性差，需要较大的库存量来吸收需求与能力的波动。

（2）现有MRPⅡ商品软件系统的庞大而复杂的体系结构和集中式的管理模式，难以适应使用者对系统方便、灵活的要求和企业改革发展的需要。

（3）竞争的加剧和用户对产品多样性和交货期日趋苛刻的要求，单靠"计划推动"式的管理难以适应。现在许多企业面临的主要问题并不在于准确而周到的计划。企业的库存水平与外部环境关系密切。大量企业并未从MRPⅡ获得预期的效益。

5. ERP

随着现代管理思想和方法的提出与发展，如JIT（Just In Time，及时生产）、TQC（Total Quality Control，全面质量管理）、OPT（Optimized Production Technology，优化生产技术）及DRP（Distribution Resource Planning，分销资源计划）等，又相继出现了MES（Manufacturing Execute System，制造执行系统）、AMS（Agile Manufacturing System，敏捷制造系统）等现代管理思想。各个MRPⅡ软件厂商不断地在自己的产品中加入新的内容，逐渐演变形成了功能更完善、技术更先进的制造企业的计划与控制系统。20世纪90年代初，Gartner Group总结当时MRPⅡ软件在应用环境和功能方面等主要发展的趋势，提出了ERP概念。ERP即Enterprise Resource Planning（企业资源计划）。现在ERP系统被世界500强企业中的80%所应用，另外还有20%也在ERP的实施过程中。

在MRPⅡ阶段，系统以生产制造资源的计划和控制管理内容以及能力的不断扩展为主，各阶段的比较重点在于资源涵盖的多少，计划和控制的方法；而ERP阶段却更需要从企业竞争环境及应对方法的变化，从企业信息技术应用的发展趋势，以及企业与信息系统之间的互动去理解。

ERP是一种基于供需链的管理，在这个供需链上，企业中的各种流有效地得以集成。ERP系统中人力、物料、设备、空间和时间等各种资源，均以"信息"的形式表现。ERP

通过信息集成，使计划信息流和物料保持一致，并进一步对生产准备周期和物流周转周期进行控制，达到信息流、物流、资金流的闭环控制。ERP 系统功能集成图如图 14-11 所示。

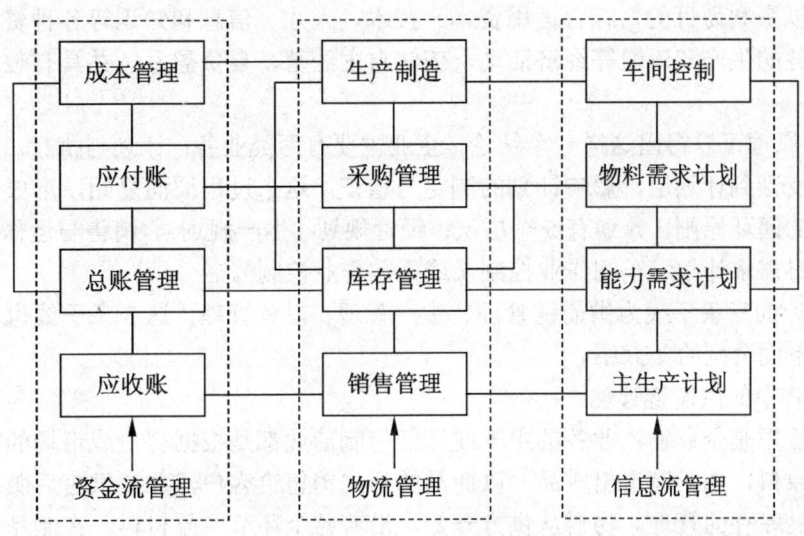

图 14-11　ERP 系统功能集成图

信息、物料、资金都不会自己流动，物料的价值也不会自动增值，要靠人的劳动来实现，要靠企业的业务活动——工作流（Work Flow）或业务流程（Business Process），才能使它们流动起来。

ERP 系统是一种管理理论与管理思想，不仅仅是信息系统。由于这种管理思想必须依附于电脑软件系统的运行，所以人们常把 ERP 系统当成一种软件，这是一种误解。ERP 理论不是对 MRPⅡ的否认，而是对它的继承与发展。MRPⅡ的核心是物流，主线是计划，伴随着物流的过程，同时存在资金流和信息流。ERP 的主线也是计划，但管理的重心已转移到财务上，在企业整个经营运作中贯穿了财务成本控制的概念。

6. ERP 的发展趋势

1990 年，Gartner Group 公司率先提出了 ERP 的概念，2000 年该公司又提出了一个新的概念 ERPⅡ。ERPⅡ提供了如下的广阔前景。

- 管理范围更加扩大：纳入了企业管理人员在办公室中完成的全部业务，实现了对企业中所有工作及相关内外部环境的全面管理。
- 继续支持与扩展企业的流程重组：企业能够适应外部与内部环境的快节奏变化。
- 运用最先进的计算机技术，譬如 Internet、Intranet 技术能使企业内部及企业之间的信息传递更加畅通，面向对象技术能使企业内部的重组变得更加快捷和容易。

ERPⅡ是一个在现有 ERP 的基础上，通过运用先进技术，能把各种现代企业管理思想、方法和应用系统集成在一起的，且又是面向供应链开放的新的管理系统，它将朝着全面企业集成（TEI）的方向发展。

7. ERP 设计的总体思路

ERP 设计的总体思路是把握一个中心、两类业务和三条干线。

企业是以赢利为目的，综合运用资本、技术、人才、信息和知识等各种资源，专门从事商品或服务的生产和流通等经济活动，依法自主经营、自负盈亏，并具有独立法人资格的经济组织。

从 ERP 原理可以得出这样一个结论，企业主要有两类业务：计划与执行。从计划到执行计划，再反馈到计划层，影响计划的制定与修正，这个过程周而复始，形成一个闭环，体现了管理的闭环原则。计划有 5 个层次：经营规划（生产规划）、销售与运作规划、主生产计划、物料需求计划、车间作业控制（或采购作业控制）。

ERP 设计的三条干线为供需链管理、生产管理、财务管理。这 3 条干线也是制造业的主流业务，下面分别给予介绍。

（1）ERP 中的供需链管理

供需链管理是企业物流业务的主干线。任何制造业都是根据客户或市场的需求，开发产品，购进原料，加工制造出成品，以商品的形式销售给客户，并提供售后服务的。物料管理的核心是库存的管理。物料从供方开始，沿着各个环节（原材料—在制品—半成品—成品—商品）向需方移动，每一个环节都存在"需方"与"供方"的对应关系，形成一条首尾相连的长链，成为供需链。

（2）ERP 中的生产管理

生产管理是制造业的主体业务，其主要任务是根据销售系统的市场需求或生产计划，对生产进行合理安排，以满足客户的需求。

生产管理的主要职能包括：制定各种层次的生产计划（包括短期执行计划和中长期规划），在生产中执行计划，控制车间作业进度和质量等。关键是使"计划"与"生产"密切配合，企业和车间管理人员可以在最短时间内掌握生产现场的变化，做出准确的判断和快速的应对措施，以保证生产计划得到合理而快速的修正。

（3）ERP 中的财务管理

ERP 的主线是计划，但企业管理的核心却是财务管理。在企业整个生产制造过程中贯穿了财务管理和成本控制的思想，使得 ERP 更能够贴近企业重视提高收入、降低成本的经营目标。财务集成设计是最终完成 ERP 集成的关键，是企业各项业务活动最终结果的体现，也是一个中心（即"企业赢利"）的最终体现。

围绕这三条干线的模块划分如下。

* 物流管理模块系列，包括库存管理、销售管理、采购管理及分销资源计划管理等。
* 生产管理模块系列，包括制造标准、主生产计划、物料需求计划、能力需求计划、车间作业管理、重复制造生产管理、质量管理及设备管理等。
* 财务管理模块系列，包括总账管理、应收账款管理、应对账款管理、预算会计、现金管理、账簿报表管理、固定资产管理、工资管理及成本会计等。

上述模块中大部分已在图 14-11 中标示。另外，还有其他补充模块，如人力资源管理、技术管理、经营预测系统、决策系统和工作流管理模块等。

ERP 应用程序软件包是一套事先做好的、完备的集成应用程序模块。ERP 使得企业成为集成的、企业级的、面向流程的、信息驱动的实时企业。

8. ERP 与数据库

在 ERP 软件中，数据库是它的灵魂。在编写 ERP 数据库的应用程序时，首先要做的一件事就是建立数据库结构，它包括视图和存储过程。然后使用编程语言开发应用界面，接收用户对数据库的操作。现在的 ERP 软件中都具有自动生成数据库结构的功能，不同软件的实现方法大致有 3 种：使用向导自动生成数据库结构；在安装时配置数据库系统；集成在主程序中，当主程序第一次运行时自动生成数据库结构。

在 ERP 系统设计过程中，应注意对数据库技术的应用。在需求分析阶段，系统分析员应深入理解 ERP 原理，对企业作详细的需求分析，绘制出组织结构图、业务流程图、数据流程图和数据字典。在概要设计阶段，设计出系统的模块结构图，同时应根据需求分析文档来进行数据库的概念设计，即设计 ER 图，分析出实体、联系和属性。为下一步数据库设计打下基础。在详细设计阶段，进行数据库的逻辑设计，把 ER 图转换成关系模式集，同时为每一模块设计详细的流程。

在 ERP 系统中，数据库结构的好坏直接影响到系统的运行效率，因此数据库技术是实现 ERP 系统的基础。

14.2.6 DW

1. 决策支持新技术的兴起

随着计算机技术的飞速发展和数据库技术的广泛普及应用，企业界对数据处理提出了更高的要求，即如何充分利用现有的数据资源，提取管理决策所需要的信息（决策支持），促进新技术的产生。数据仓库（Data Warehouse，DW）、联机分析处理技术（On Line Analytical Processing，OLAP）和数据挖掘（Data Mining，DM）是 20 世纪 90 年代初兴起的 3 项决策支持新技术，现已形成研究热潮，并已进入实用阶段。

DW 利用综合数据得到宏观信息，利用历史数据进行预测；OLAP 技术不满足于对数据进行操作处理，还要进行分析处理；而数据挖掘是从数据库中挖掘知识，也用于决策分析。虽然三者支持决策分析的方式不同，但已完全结合起来，提高了决策分析的能力。这三者的结合被认为是"新决策支持系统"，以区别于传统的决策支持系统。同时三者的结合也被称为"商业智能"，以区别于传统的人工智能。"商业智能"是指从数据仓库和数据挖掘中获取信息和知识，从而对变化的商业环境提供决策支持。

2. 从 DB 到 DW 的演变

当今，信息处理部门的工作重点已不在于简单的数据收集。随着企业计算机应用的不断深入，企业已经积累了大量的生产业务数据，企业中普遍存在着"数据监狱"和"信息贫乏"现象。企业内的各级人员都希望能够快速、交互并方便有效地从这些大量杂乱无章的数据中获取有意义的信息，决策者希望能够利用现有数据指导企业决策和发展企业的竞争优势。于是，一种新的数据处理技术——数据仓库（DataWarehouse，DW）应运而生。数据仓库是以关系数据库、并行处理和分布式技术为基础的信息新技术。现在，数据仓库技术已紧跟 Internet 而上，成为信息社会中获得企业竞争优越性的又一关键技术。

在激烈的市场竞争中，信息对于企业的生存和发展起着至关重要的作用。传统的数据库技术面临着以下 3 个难以克服的困难。

（1）数据太多，信息贫乏（Data Rich，Information Poor）。

（2）数据缺乏组织性，异构环境数据的转换和共享成为瓶颈。

（3）传统数据库的事务处理方式制约了决策分析。

因此，为了克服上述 3 个困难，需要有一种适应数据分析、决策环境的工具与技术，这就是 DW 技术。DW 起源于传统的决策支持系统（Decision Support System，DSS），在 20 世纪 80 年代末演变成 DW。

3. DB 数据和 DW 数据的区别

传统数据库利用事务处理，也叫操作型处理，对 DB 联机进行日常操作，即对一个或一组记录的查询和修改，是为企业特定的应用服务的。用户关心的是响应时间、数据安全性和完整性。

数据仓库用于决策分析，也称分析型处理，它建立在 DSS 的基础上。分析型处理经常需要访问大量历史性、汇总性和计算性数据，然后做出正确的决策其分析内容复杂，。

DB 数据（操作型数据）和 DW 数据（分析型数据）之间的差别如表 14-5 所示。

表 14-5　DB 数据和 DW 数据的比较

DB 数据	DW 数据
操作型数据	分析型数据
细节的	综合的或提炼的
在存取时准确的	代表过去的数据
可更新的	不可更新的
操作需求事先可知道	操作需求事先不知道
事务驱动	分析驱动
面向应用	面向分析
一次操作数据量小	一次操作数据量大
支持日常工作	支持决策工作
DB 规模为 100MB 至 GB 级数量级	100GB 至 TB 级数量级

4. DW 的定义和特点

"数据仓库"这个名词首次出现在 20 世纪 80 年代中期，其概念是由 W.H.Inmon 在 1992 年的《建立数据仓库》一书中提出的。

数据仓库（DW）是面向主题的、集成的、相对稳定的、不同时间的数据集合，用于支持经营管理中的决策制定过程。

根据数据仓库的定义，数据仓库除了具有传统数据库的数据独立性、共享性等特点外，还具有以下 5 个特点。

（1）DW 是面向主题的（Subject-Oriented）

传统数据库中建立的应用系统，是针对特定应用而设计的，是面向应用的，如教学管理、人事管理、财务管理、图书管理等。而 DW 中的数据是面向主题进行组织的。主题是指一个分析领域，一个抽象的概念，是在较高层次上将企业信息系统中的数据综合、归类并进行分析利用的抽象。

（2）DW 是集成的（Integrated）

数据进入 DW 之前，必须经过加工与集成，对不同来源的数据进行数据结构统一和编码。对原始数据中的所有矛盾之处，如字段的同名异义、异名同义、数据单位、类型长度进行统一。将原始的数据结构做一个从面向应用到面向主题的大转变。

（3）DW 是相对稳定的（Non-Volatile）

DW 中包括了大量的历史数据，而不是处理联机的数据。从数据的使用方式看，DW 的数据是用于查询和分析，也就是数据经集成进入 DW 后是极少或根本不更新的。因此可以说 DW 在一定时间间隔内是稳定的。

（4）DW 是随时间增长的

DW 内的数据时限为 5～10 年，故数据的关键码中包含的时间项，需标明数据的历史时期，这有助于系统进行时间趋势分析。相比之下，DB 中只包含当前数据，即存储当前时间的正确的有效数据。

（5）DW 中的数据量很大

通常 DW 数据量为 10 GB 级，相当于一般 DB 100MB 的 100 倍，大型 DW 是一个 TB 级的数据量。在 DW 的数据中，索引和综合数据约占 2/3，原始数据占 1/3。

（6）DW 对软、硬件要求较高

一般，进行一个 DW 系统，需要一个巨大的硬件平台和一个并行的 DBS。

5. DW 的体系结构

根据 DW 所管理的数据类型和它们所能解决的企业问题范围，可以将 DW 分为下面 3 种类型。

（1）企业数据仓库（Enterprise DW, EDW）：这种 DW 中既含有大量详细的数据，也含有大量陈旧、繁琐或聚簇的数据，并且这些数据具有不易改变性和面向历史性。这种 DW 主要被用于进行涵盖多种企业领域的战略或战术上的决策，是一种通用的 DW 类型。

（2）操作型数据存储区（Operation Data Store，ODS）

ODS 是用于支持企业日常工作的全局应用的数据集合，既可以被用来针对工作数据作决策，又可用来将数据加载到 DW 时的过渡区域。相对于 EDW，ODS 中的数据具有面向主题的、集成的、可变的和当前的或接近当前的特点，而不具有累计的、历史性等特点。

（3）数据集市（Data Mart）：这是一种更小的、更集中的 DW。譬如，原始数据从 DW 流入不同的部门以支持这些部门的定制化工作，这些部门级的 DW 就是数据集市。不同的部门有不同的主题域，因而也就有不同的数据集市。例如，财务部、供销部、采购部等各有自己的数据集市，他们之间可能有关联，但相互不同，且在本质上互相独立。

6. DW 的数据组织结构

DW 是在原有关系数据库的基础上发展形成的，但不同于 DBS 的体系结构。DW 从原有的业务 DB 中获得的基本数据和综合数据被分成一些不同的层次。典型的 DW 数据组织结构被分成为 4 个层次：

- 当前基本数据层（Current Detail Data Level）：存放最近时期的业务数据，数据量大，是 DW 用户最感兴趣的部分。
- 历史基本数据层（Older Detail Data Level）：随着时间的推移，由 DW 的时间控制机构把当前基本数据层的数据转制为历史数据，转存于磁带一类介质中。
- 轻度综合数据层（Lightly Summarized Data Level）：存放由当前基本数据层提取出来的数据。
- 高度综合数据层（Highly Summarized Data Level）：存放由轻度综合数据层再经提炼的数据，是一种准决策数据。

整个 DW 的结构是由元数据来组织的。元数据是"关于数据的数据"，如同传统 DB 中的 DD 一样。在 DW 环境中，主要有以下两种元数据。

- 管理元数据（Administrative Metadata）：用于从操作性环境向 DW 转化而建立的元数据，包含所有的源数据项名、属性及其在 DW 中的转化。
- 用户元数据（User Metadata）：用于帮助用户查询信息、理解结果及了解 DW 中的数据和组织。即提供已有的、可重复利用的查询语言信息。

7. 粒度与分割

粒度和分割属于 DW 的物理设计内容。

（1）粒度

在 DW 数据单位中，保存数据的详细程序和级别，称为"粒度"（granularity）。数据越详细，粒度越小，级别就低；数据综合度越高，粒度越大，级别就越高。

粒度可以分为以下两种形式。

第一种形式是对 DW 中数据的综合程度高低的一个度量，它既影响 DW 中数据量的多少，也影响 DW 所能回答询问的种类。在 DW 中，多维粒度是必不可少的。由于 DW 的主要作用是决策分析，因而绝大多数的查询基于某种程度的综合数据之上，只有极少数查询涉及到细节。所以应该将大粒度数据存储于快速设备（磁盘）中，小粒度数据存于低速设备（磁带）中。如区域粒度有国家、地区、城市等，时间粒度有年、季、月、日等。

第二种形式是样本数据库，它是根据给定的采样率从基本数据库中抽取出来的一个子集。这样，样本数据库中的粒度不是根据综合程度的不同来划分，而是由采样率的高低来划分的，采样粒度不同的样本数据库可以具有相同的数据综合程度。

在传统的 DB 技术中，粒度用于访问授权机制。在 DW 中，粒度是主要的设计问题，是因为它深深地影响存放在 DW 中的数据量的大小及 DW 所能回答的查询类型，因此设计 DW 时应在数据量大小与查询的详细程度之间做出平衡。

（2）分割

数据分割（Partition）是指把逻辑统一的数据分割成较小的、可以独立管理的物理单元进行存储，以便重构、重组和恢复。

数据分割使 DW 的开发人员和用户具有更大的灵活性，对应用级的分割通常是按日期、业务、机构和地址等进行的。一般，分割标准点应包括日期项，它十分自然而且分割均匀。

8. DW 的存储的多维数据模型

传统数据库的数据模型难于表达 DW 的数据结构和语义。DW 需要简明的、面向主题的以及便于联机进行数据分析的数据模型。DW 一般是基于多维数据模型（Multidimensional Data Model）构建的。多维模型将数据看成数据立方体（Data Cube）形式，由维和事实构成。维是人们观察主题的特定角度，每一个维分别用一个表来描述，称为"维表"（Dimension Table），它是对维的详细描述。事实表示所关注的主题，亦由表来描述，称为"事实表"（Fact Table），其主要特点是包含数值数据（事实），而这些数值数据可以进行汇总以提供有关操作历史信息。

每个事实表包括一个由多个字段组成的索引，该索引由相关维表的主键组成，维表的主键也可称为维标识符。事实表一般不包含描述性的信息，维表包含描述事实表事实记录的信息。多个维表之间形成的多维数据结构，体现了数据在空间上的多维性，也可称为"多维立方体"，它为各种不同决策需求提供分析的结构基础。

【例 14-17】 图 14-12 是每天各城市销售商品的数据组织起来的三维数据立方体。每个单元（小立方体）包含一个特定日期、特定城市、销售特定商品的销售额数据。

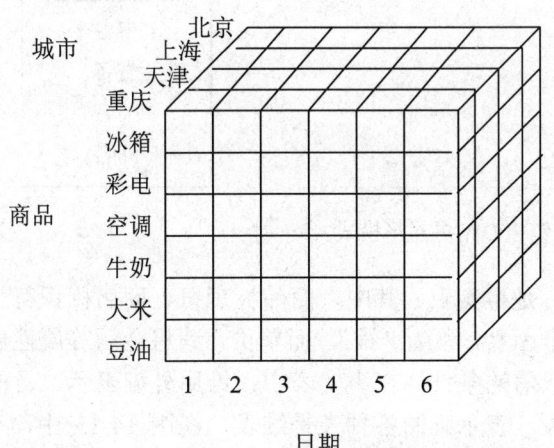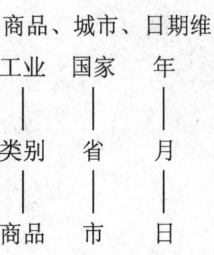

图 14-12　数据仓库的数据存储示意图（数据立方体）

DW 的多维数据模型，又分为 3 种：星形模式、雪花模式和事实星座模式。

（1）星形模式（Star Schema）

大多数的 DW 都采用星形模式。星形模式的结构主要有以下 3 点。

- 一个含大量而无冗余数据的事实表；
- 若干相对含有较少数据的维表；
- 每个维度自主组成一个维表，每个维表有一个维标识符与事实表发生联系，其图形描述呈星形。

【例 14-18】 某商业集团的数据仓库，需要收集各个商品在不同时期、在各个商店的销售量。由于连锁商店分布广、数量多，加之有关销售量的数据是随时间积累的，数据量很大。在设计数据模式时，要尽可能删去与决策无关的内容，压缩数据量。图 14-13 是可能的星形数据模式之一。

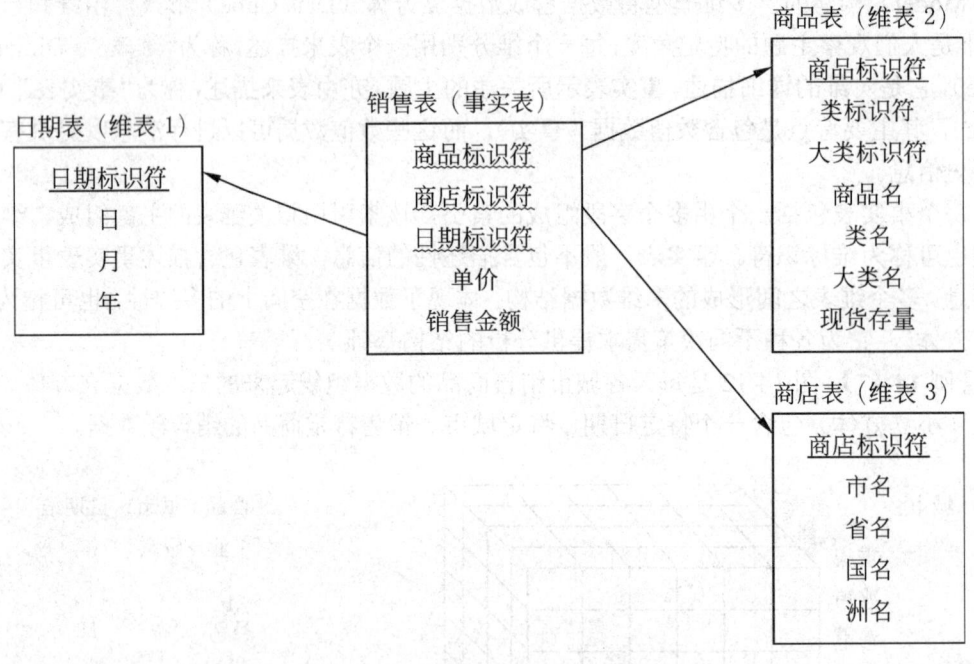

图 14-13 销售 DW 的星形模式

图中，销售表表示销售的基本情况，是事实表。其中，商品标识符、商店标识符、日期标识符 3 个属性是分析销售情况的 3 个因素，称为"维"。而单价、销售金额等属性表示数值数据（事实），称为"量"，维是量取值的条件。在事实表中，维用外键表示，目的是把维的细节移到其他表中，以简化事实表。表示维的各种表是维表，在图 14-13 中，有 3 个维表。以事实表为中心，加上若干维表，组成星形模式。

（2）雪花模式（Snowflake Schema）

"维"一般是层次结构或格结构。在例 14-19 中，商品的层次结构为商品→类→大类，商品表中每个元组表示商品所属的类及大类；商店的层次为商店→市→省→国→洲，商店表中每个元组表示商店所在的市、省、国、洲；日期的层次为日→月→年，日期表中每个元组表示"日"所属的月、年。用星形模式表示，数据冗余较大，应改用雪花模式。

雪花模式是对星形模式的扩展，实际上是对星形模式的规范化。雪花模式比星形模式的维表进一步层次化，原来的各维表可能被扩展为小的事实表，形成一些局部的"层次"区域。它的优点是最大限度地减少数据存储量，以及把较小的维表联合在一起改善查询性能。

【例 14-19】 例 14-19 中图 14-13 的星形模式，根据维的层次结构，把维表层次化（类似于关系数据库中的规范化），得到图 14-14 的雪花模式。

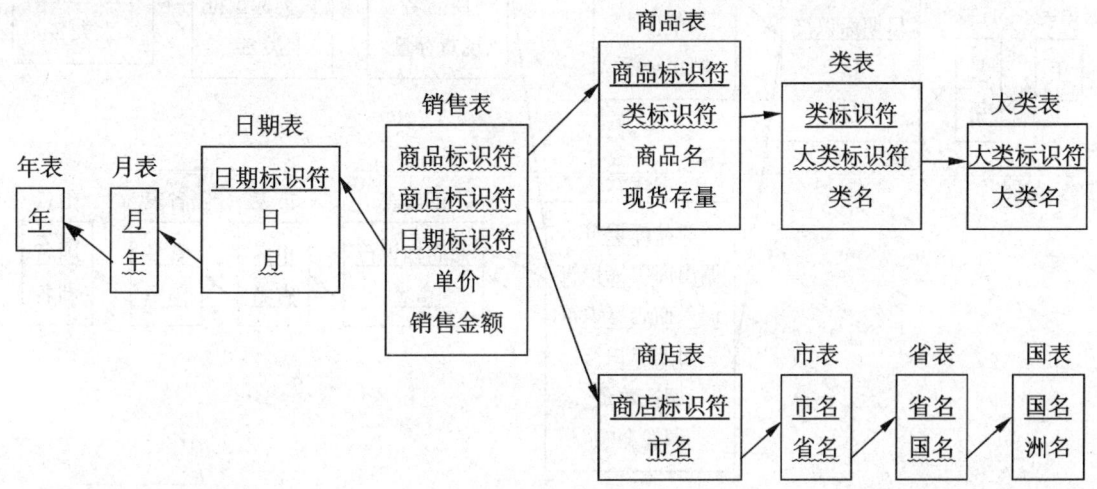

图 14-14　销售 DW 的雪花模式

雪花模式增加了用户必须处理的表的数量，增加了某些查询的复杂性。但这可以使系统能进一步专业化和实用化，同时降低了系统的通用程度。雪花模式能够定义多重"父类"维来描述某些特殊的维表。譬如，在时间维上增加了月维和年维，通过查看与时间有关的父类维，能够定义特殊的时间统计信息，如销售月统计、销售年统计等，这样便于用户进行决策分析。

（3）事实星座模式（Fact Constellation Schema）

事实星座模式是指存在多个事实表，而这些事实表共享某些维表。实际上，事实星座模式是星形模式和雪花模式的组合。

【例 14-20】 在例 14-20 中，如果商店之间的商品还有调拨关系，那么就还要一个调拨事实表。这样 DW 中就有两个事实表：销售事实表和调拨事实表。这个事实星座模式如图 14-15 所示。

9. DW 的设计阶段

DW 是建立新型决策支持系统（DSS）的基础，因此建设 DW 就成了建设企业的信息决策支持环境的中心问题。像 DB 设计一样，DW 设计也有生存期、DW 工程等概念。

（1）DW 设计的原则

DW 设计与 DB 设计在原理上应是一致的，因此 DB 设计中很多设计思想与方法都可在 DW 设计中得到应用。但 DW 中是分析型数据，DB 中是事务型数据，因此两者在设计中很多方面存在不一致，主要表现在以下 3 个方面。

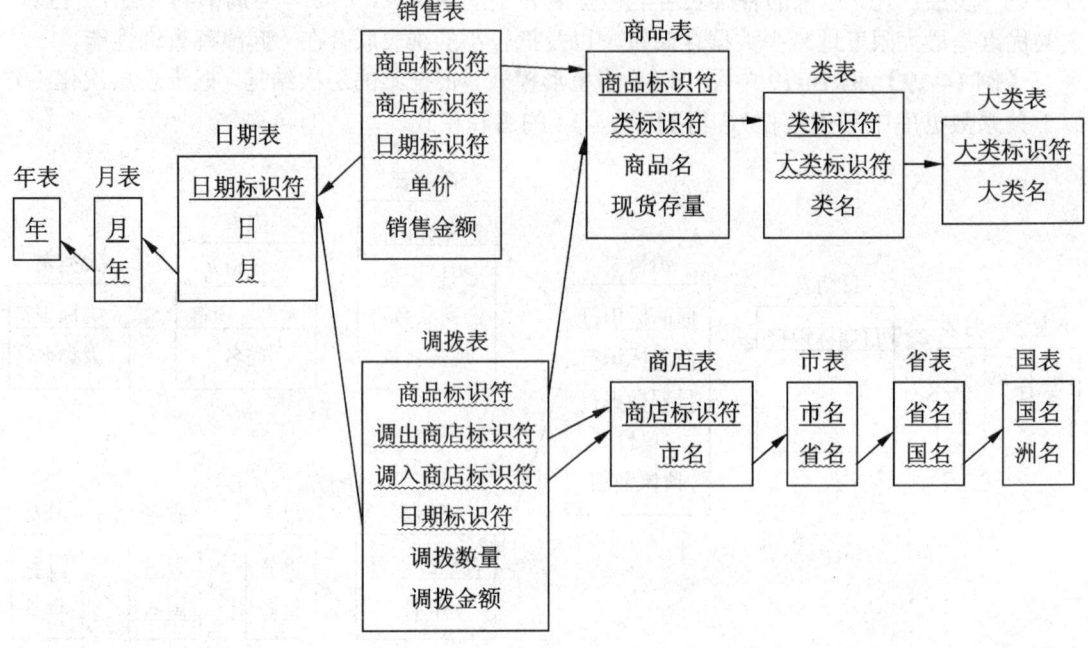

图 14-15　商业 DW 的事实星座模式

- 面向主题的设计原则。DW 的设计是从主题（Subject）开始的，为了进行数据分析首先要有分析的主题，以主题为起始点，进行相关数据的设计，最终建立起一个面向主题的分析型环境。相比之下，DB 的设计则是以实体（Object）为起始点，即以客观操作需求为设计依据的。
- 数据驱动的设计原则。在 DW 中，其所有数据均应建立在已有数据源的基础上，即从已存在于操作型环境中的数据出发进行 DW 的建设。一般而言，它不允许建立新的数据体系及结构，即不是从无到有。这种设计方法称为"数据驱动"方法。DW 设计中的数据必来源于已有的数据源中，这是 DW 设计的先决条件。与此不同，在 DB 设计中则是以建立新的数据体系与结构为其设计的内容。
- 原型法的设计原则。在 DW 设计中主题往往不很清晰，需要在设计过程中逐步明确并且要在 DW 使用中不断完善，不断改进。因此 DW 设计一般不宜采用生存周期法而采用原型法，即先建立一个设计原型，然后再不断扩充与完善。而 DB 设计则以生存周期为主要设计方法，其设计需求往往是明确的。

上述 3 个原则建立了设计 DW 的主要思想与方法，当然在设计中还要大量采用 DB 设计中的思想、方法及技术。

（2）DW 设计的步骤

DW 设计可分为 7 个步骤：明确主题，概念模型设计，技术准备，逻辑模型设计，物理模型设计，DW 的生成，DW 的运行与维护。

① 明确主题。在 DW 设计的开始，首先要确定领域的分析对象，这个对象就是主题。主题是一种较高层次的抽象，对它的认识与表示是一个逐步的过程。在开始时，不妨先确定一个初步的主题概念以利于设计工作的开始，此后随着设计工作的进一步开展，再逐步扩充与完善。

② 概念模型设计。DW 的概念模型设计采用 ER 模型方法。ER 图描述实体以及实体之间的联系，现在实体就是主题，联系表示主题之间的联系。由于目前的 DW 一般是建立在关系数据库的基础上，与 DB 的概念模型相一致，因此采用 ER 图作为 DW 的概念模式是较合适的。

DW 的概念设计是在原有的 DB 基础上建立的一个较为稳固的概念模型，并且 DW 是对原有 DBS 中数据进行集成和重组而形成的数据集合。因此在 DW 概念设计时，首先要对原有 DBS 加以分析理解，了解原有 DBS 中"有什么"、"是怎样组织的"和"是如何分布的"等，然后再来考虑应当如何建立 DW 系统的概念模型。概念模型的设计是在较高的抽象层次上的设计，不用考虑具体实现细节。

③ 技术准备工作。在建立概念模型之后的工作是准备具体的实现环境。技术准备工作主要做两件事情：

- 对 DW 的概念模型作一个评估，主要是 DW 的性能指标，如数据存取能力、模型重组能力、数据装载能力等；
- 在评估基础上提出 DW 的软硬件平台要求，诸如计算机、网络结构、操作系统、DB 与 DW 软件的选购要求等。

④ 逻辑模型设计。目前 DW 仍建立在关系数据库的基础上，因此 DW 的逻辑设计中采用了关系模型。无论是主题还是主题间的联系，都用关系来表示。DW 的逻辑模型描述了 DW 的主题以及主题之间的逻辑实现。DW 的逻辑设计进行的工作主要有以下 5 步：分析主题域，确定粒度层次划分，确定数据分割策略，定义关系模式，定义记录系统。

⑤ 物理模型设计。DW 的物理设计是在逻辑设计基础上确定数据存储结构、确定索引策略、确定存储分配及数据存放位置等与物理有关的内容。物理模型设计的具体方法与 DB 设计中的大致相似。

⑥ DW 的生成。这一阶段主要做 3 件事情：

- 数据 DW 的逻辑模型与物理模型，用 DB 中的 DDL 定义数据模式；
- 根据记录系统编制抽取程序，将数据源中的数据作加工以形成 DW 中的数据；
- 数据加载，将数据源中的数据，通过数据抽取程序加载到 DW 的模式中去。

⑦ DW 的使用与维护。在 DW 建立后紧接着的工作就是建立分析决策的应用系统，在应用系统完成后即可投入使用，在使用中不断加深理解，改进主题，依照原型法的思想使系统更趋完善。在 DW 使用中还要不断加强维护，DW 维护的主要工作是数据刷新、数据的调整以及淘汰数据的及时清洗等。

10. DW 的发展阶段

建立 DW 的目的不只是为了储存更多的数据，而是要对这些数据进行处理并转换成商业知识，利用这些知识来支持企业进行正确的商业活动，并最终获得效益。DW 的功能是在恰当的时间，把准确的信息传递给决策者，使他能做出正确的商业决策。

美国著名的 NCR 数据仓库公司将 DW 的发展总结为 5 个阶段：报表、分析、预测、实时决策和自动决策。

（1）报表阶段

最初的 DW 主要用于企业内部某一部门的报表。本阶段所建立的 DW 是通过收集各种来源的数据，来回答预先设置的一些问题，告诉决策者"发生了什么"。它为以后 DW 的发展奠定了基础。

（2）分析阶段

这一阶段，决策者关心的重点从"发生了什么"转向"为什么会发生"。分析活动就是要了解报表数据的含义，需要更多更详细的数据进行各种角度的分析，此时，DW 主要用于随机分析。业务用户希望通过图形用户界面（GUI）直接访问 DW，不希望有编程人员作为中介。支持 DW 的并发查询及大批量用户，是这一阶段的典型特征。

（3）预测阶段

这一阶段是 DW 帮助决策者来预测未来，回答"将要发生什么"。掌握公司即将发生的动向意味着更为积极地管理并实施公司战略。此时需要利用历史资料创建预测模型。利用预测模型进行高级分析的最终用户为数不多，但建模及评测的工作量极大。

一般，建模需要用数百种复杂的方法度量几十万（或更多）观察数据，以便形成适合于一组特定商业目标的预测算法。评测也常常被用于大量（数百万）数据，因为它是整体评测，而不是对建模所用的少量数据进行评测。

（4）实时决策阶段

这一阶段是企业需要准确了解"正在发生什么"，从而需要建立动态 DW（实时 DB），用于支持战术型决策，即实时决策以有效地解决当前的实际问题。而前面 3 个阶段的 DW 都以支持企业内部战略性决策为重点，帮助企业制定发展战略。

DW 的"实时决策"是指为当时现场提供的信息支持决策，如能及时补给的库存管理和包裹发运的日程安排、路径选择等。动态 DW 能够逐项产品、逐项店铺、逐秒地做出最佳决策。动态 DW 提供了全新型的决策支持，它是业务关键型系统。由于它支持经营决策，因此不允许当机。最佳的动态 DW 是跨越企业职能和部门界限的。

动态 DW 的主要功能是缩短重要业务决策及其实施之间的时间。将动态 DW 所作的数据分析转换成可操作的决策，这样才能将 DW 的价值最大化。动态 DW 的主导思想是提高业务决策的速度和准确性，其目标是达到近乎实时决策，生成最大价值。

（5）事件触发的自动决策阶段

这一阶段是由事件触发，利用动态 DW 自动决策，达到"希望发生什么"的层次。动态 DW 在决策支持领域中的角色越重要，企业实现决策自动化的积极性就越高。随着技术的进步，越来越多的决策由事件触发，自动发生。例如，零售业正面临着电子货架标签的技术突破，标签不再沿用已久的手工更换式的老式纸质标签。电子标签可以通过计算机远程控制，根据分析决策，随时改变标价，无须任何手工操作。

动态 DW 可以为整个企业提供信息和决策支持，而不只局限于战略决策过程。然而，战术决策支持并不能代替战略决策支持。确切地说，动态 DW 同时支持战术决策和战略决策两种方式。第（5）阶段的工作仍然是战略性的。有第（4）、（5）阶段 DW 的定时决策和自动决策，在第（1）～（3）阶段按照传统 DW 分析而制定的战略才能够得以实现。

上面较详细地介绍了 DW 的 5 个发展阶段。应注意，动态 DW 的应用是一个逐渐演进的过程，一般并不主张从第（1）阶段直接跳到第（5）阶段。当 DW 进步到具有战略决策支持功能时，必然会对 DW 提出更高的可执行战略和战术决策要求。动态 DW 如果能用于整个企业，其商业价值就会大大增加。

NCR 公司成功地开发了很多实际 DW 系统，在统计业、航空业和金融业等方面得到了广泛的应用。

14.2.7　数据转移

1.　数据获取

DW 中的数据是集成了各个异构数据源中的数据形成的。而 DB 中的数据真正要存储到 DW 中，还必须经过抽取（Extraction）、转换（Transform）和装载（Load）的过程，即 ETL 过程。

获取 DW 中的数据，由以下步骤组成。

（1）数据必须来自于多个的、异构的数据源。这些数据源可能是在不同的硬件平台上，使用不同的 OS，因而数据以不同的格式存在不同的 DB 中。

（2）数据必须格式化以使其与 DW 内部一致。来自于不相关数据源的数据，必须在名称、含义和域上是相容的。譬如，一个大企业的各个子公司可能有不同的财政日历，在聚集财政数据时必须加以妥善解决。

（3）为了保证有效性，数据必须要经过“清洗”。即输入数据在装入到 DW 之前必须进行清洗。清洗是一个非常复杂的过程，现在尚无特效的方法。一般，清洗包括两个操作：数据的有效性检查和数据的重新格式化。

在数据清洗后，许多部门的数据经理会发现他们的数据在入 DW 后被清洗了，他就可能希望利用清洗后的数据来改进他们原有的数据质量。把清洗后的数据从 DW 写回数据源的过程，称为回流（Back Flushing）。

（4）数据必须要适合 DW 的数据模型。不同数据源的数据必须装载到 DW 的数据模型中。数据可能要从 RDB、OODB 或其他传统 DB（网状或层次）转换到 DW 的多维数据模型中。

（5）数据要装载到 DW 中。DW 的海量数据使得装载数据成为一项可观的任务。此项任务需要一些装载的监控工具，以便不完全或不正确的装载过程执行恢复的方法。对于 DW

中的大量数据，一般采用增量方式的更新。

现在比较著名的 ETL 工具有 IBM 的 Visual Warehouse，Ardent 公司的 Data Stage 等。

考查 DW 中的数据质量有以下 5 个标准。

（1）数据是准确的；

（2）数据符合它的类型要求和取值要求；

（3）数据具有完整性和不冗余性；

（4）数据是集成的和一致的；

（5）数据是及时的，能遵循业务规则，满足业务要求。

2．DW 实施时的问题

DW 在实施时可能会出现不正常情况，主要有以下 5 种。

（1）应用程序之间缺少统一性

不同部门里的不同数据集市用于相同分析和查询时可能会出现不同的结果，企业就会陷于矛盾之中，失去"真实的版本"。

（2）决策分析的可用性差

DW 不能同时满足历史数据分析和当前数据分析两方面的需求，也不能同时满足汇总数据分析和基本详细数据分析两方面的需求。

（3）系统可用性差

在数据清洗与操作步骤冲突时，有时会发现系统不可使用。如果 DW 的规模已经发展到要求清洗的时间超过系统规定的停机时间，也会发生系统不可用。

（4）数据的可用性差

在系统运行时，有时用于趋势分析的历史数据会占据越来越多的自由空间，影响了系统资源的使用。因此定期的数据重组非常重要，及时整理硬盘碎片，以保证数据的最大可用性。

（5）系统的低性能

在 DW 运行一段时间后，系统性能开始下降，反应速度显著慢下来，令人沮丧。系统性能下降往往是由设计不良的数据库对象、草草编写的 SQL、资源争夺和自由空间等问题导致的。

上述问题并不是在 DW 建设完成过程中产生的，而是在 DW 已运行一段时间后才产生的。系统管理人员必须时刻注意所有这些可能的系统问题的来源，从最罕见的到最平凡的，从细微的不易察觉的数据库对象设计流程到用户自身对自由磁盘空间的随意破坏。

下面较详细地介绍对系统运行时产生的脏数据、休眠数据以及系统的元数据进行管理。

3．脏数据的产生和清洗

DW 中的脏数据是在数据源中抽取、转换和装载到 DW 的过程中出现的多余数据和无用数据。

（1）脏数据的产生

有以下 4 个原因可以产生脏数据。

① DW 中定义了一些多余的数据，或者由于一些不合适的转换规则在转换过程中产生的无用数据。

② 来自不同数据源的数据在数据结构、编码方式、数据定义等方面是不兼容的，在集成时未将所有不同情况的数据转换成统一形式，从而用了不匹配的转换方法而产生了脏数据。

③ 输入了过期的数据，造成了 DW 中过期的无用数据。

④ 用户需求有了改变或数据质量有了新的要求时，那么没有适应改变要求的数据就成了无用的脏数据。

（2）脏数据的清洗

清洗脏数据有以下 3 个方法。

① 检查抽取数据的定义和数据转换规则的正确性，清洗那些由于不合适的定义和规则所造成的脏数据。

② 在对多数据源集成时，必须对不同结构、不同编码、不同定义的数据，严格按统一格式转换后再集成，以便清洗那些不匹配方法产生的脏数据。

③ 对过期的、历史的数据，根据数据量的大小进行重新整理；在数据量较小时进行重新整理；在数据量较大时，增加一些时间限制规则来帮助对数据的使用。

4. 休眠数据的处理

休眠数据是指那些当前不使用，将来也很少使用或不使用的存在于 DW 中的数据。

据资料统计，第 1 年内，DW 近期数据和综合数据几乎被全部使用；第 2 年内，开始出现休眠数据；第 3 年内，休眠数据在增长；第 4 年内，休眠数据在迅速增长。

设 DW 中的数据总量为 D，一年之中支持决策的可能数据处理次数为 n，平均每次处理数据的字节数为 d，则一年中为支持决策的数据处理的总数据量为 n×d。

在名次数据处理过程中，可能会出现数据重复使用，用系数 α 表示数据重复使用的程度：

$$\alpha = \begin{cases} 1.0 & \text{如果每次数据处理均没用重复数据} \\ 0.5 & \text{如果平均两次数据处理会遇到同一数据} \\ 0.3 & \text{如果平均 3 次数据处理会遇到同一数据} \end{cases}$$

则休眠数据量 D_1 的值为：

$$D_1 = D - \alpha \times n \times d$$

休眠数据占 DW 中数据的比例称为休眠数据率 R，则 $R = D_1/D$。

（1）休眠数据的产生

休眠数据的产生有以下 3 个原因。

① 在 DW 中输入了过去的近期基本数据。

② 过多地增加了不必要的综合数据。

③ 历史数据用于预测，超过预测需求的历史数据均为休眠数据。

（2）休眠数据的发现

发现休眠数据的最好方法是监视用户查询 DW 的活动。主要是监视用户查询的 SQL 语句，监视返回给用户的查询结果数据集，以此来确定用户查询用了哪些数据，从而知道哪些数据没有被使用，很可能就是休眠数据。

（3）休眠数据的删除

删除休眠数据有以下 3 种方法。

① 直接删除法：直接删除较长时间用户不访问的数据。

② 归档存储法：将已确定的休眠数据归档存入一个大容量的存储媒介中，例如磁带。

③ 邻线（Near Line）存储法：DW 的数据是在线（On Line）存储，邻线存储是一种二级数据存储方式。"邻线"介乎于"在线"和"离线"（Off Line）之间，是将休眠数据从 DW 的在线存储转移到邻线存储中，平时不参与 DW 的运行。但必要时，可以被在线存储合理使用。邻线存储的花费比在线存储少，但比归档存储多。这是一种比较有效的删除休眠数据的方式。

5. 元数据的管理

元数据作为 DB 和 DW 的重要组成部分，它帮助 DW 开发小组准确而全面地理解潜在数据源的物理布局，以及所有数据元的业务定义，并为 DW 用户有效地使用 DW 中的信息提供帮助。

元数据描述了 DW 的数据和环境，即关于数据的数据。在 DW 中，元数据可分为 4 类：

* 关于数据源的元数据（对不同平台上数据源的物理结构和含义的描述）；
* 关于数据模型的元数据（描述 DW 中有什么数据以及数据之间的联系）；
* 关于 DW 映射的元数据（指数据源与 DW 数据之间的映射）；
* 关于 DW 使用的元数据（对 DW 中信息使用情况的描述）。

DW 主要是为决策分析者使用的，他们大多是商业人员和技术人员。因此按构建方式的不同，可将元数据分为下面两种。

* 技术元数据（Technical Metadata）：关于 DW 系统技术细节的元数据。
* 商业元数据（Business Metadata）：是技术元数据的辅助，定义了介于使用者和 DW 系统之间的语义关系，用以帮助用户在 DW 中寻找所需商业信息，有助于用户正确方便地使用 DW 系统。

元数据以概念、主题、集团或层次等形式，建立了 DW 中的信息结构。从 DW 管理人员来看，元数据是 DW 中所有内容和所有处理过程的一个综合仓库和文件；从最终用户的观点来看，元数据是 DW 中所有信息的路标。

DW 的元数据正在走向标准化和商品化。美国 ANSI 的 X3L8 组织试图独立开发管理共享数据的元数据模型。另外，美国一个称为"元数据委员会"的制造商集团正在进行 DW 领域内各种产品之间元数据交换的标准化工作，该委员会是由 Arbor 软件公司、Cognos 公司、Business Object 公司、Platinurn 技术公司（现已并入 CA 公司）和德州仪器公司联合发起的。目前不少著名的软件公司如 SAS Institute、Informix Software 等正致力于 DW 与元数据标准的开发工作。

14.2.8 OLAP

传统的 DB 操作是以简单的、原始的、可重复使用的例行短事务为主，如银行处的记账、民航售票、电话计费等即属于此类操作。这种应用称为联机事务处理（On-Line Transaction Processing），简称为 OLTP。

随着人类文明向信息时代的迈进，形形色色的数据化信息开始爆炸性地充斥于我们的生存空间，深入到社会的每一个角落。把握住信息就等于把握住了机遇。然而虽然随着计算机技术的广泛应用，公司每天都产生出了大量的数据，如何从这些数据中提取对公司决策分析有用的信息，是公司决策管理人员所面临的问题。这一种应用是分析型操作，它们以大量的、总结性的与历史有关的、涉及面广的以分析为主的操作，如连锁商店的销售统计。以分析为主的应用称为联机分析处理（On-Line Analytical Processing），简称为 OLAP。本节介绍 OLAP 的基本概念、数据组织、多维数据分析、数据索引技术和基于 Web 的 OLAP 结构。

1. OLAP 的定义

OLAP 一词首先是由提出关系模型的 E.F.Codd 于 1992 年提出的。当时 Codd 认为 OLTP 已不能满足终端用户对 DB 查询分析的需求，用户的决策分析需要对关系数据库进行大量的计算才能得到结果，而查询的结果都并不能满足决策者所提出的问题。因此 Codd 提出了多维数据库和多维分析的概念，即 OLAP 的概念。

OLAP 组织给出的形式定义如下所述：OLAP 是一种软件技术，它使分析人员能够迅速、一致、交互地从各个方面观察信息，以达到深入理解数据的目的。而这些信息是从原始数据转换过来的，按照用户的理解，反映了企业真实的方方面面。这里，"方方面面"也就是通常提到的"维"。企业用户对企业的观点自然是多维的，也就是观察角度可能是多种的。譬如销售系统，不仅可从生产角度观察，还可以从地点、时间等角度观察，这就是为什么 OLAP 模型是多维的原因。OLAP 的大部分技术都是将关系型或普通的数据进行多维数据存储，以便于进行分析，从而达到联机分析处理的目的。这种多维数据，也被看作是超立方体，沿着各个维方向存储数据，并允许用户沿事物的轴线方向方便地分析数据。

随着人们对 OLAP 理解的不断深入，对 OLAP 概念提出了更为简单明确的定义：OLAP 处理就是"共享多维信息的快速分析"（Fast Analysis of Shared Multidimensional Information）。

从这个定义出发，可以看出 OLAP 概念具有下列 5 个特征。

（1）快速性：用户对 OLAP 的快速反应有很高的要求。系统应能在 5 秒内对用户的大部分分析要求做出反应。如果终端用户在 30 秒内还没有得到系统的响应，则会变得烦躁不安，从而可能失去分析主线索，影响分析质量。对于大量的数据分析要达到这个速度并不容易，还需要一些技术上的支持，如专门的数据存储格式、大量的事先运算和特别的硬件设计等。

（2）可分析性：OLAP 系统应能处理与应用有关的任何逻辑分析和统计分析。尽管系统需要事先编程，但并不意味着系统已定义了所有的应用。用户可以在 OLAP 平台上进行数据分析，也可以连接到其他外部分析工具上，如时间序列分析工具、成本分配工具、意外报警和数据开采等。

（3）共享性：在大量用户间实现潜在地共享秘密数据所必需的安全性需求。

（4）多维性：多维性是 OLAP 的关键特征。系统必须提供对数据的多维视图和分析，包括对层次维和多重层次维的完全支持。事实上，多维分析是分析公司数据分析最有效的方法，是 OLAP 的灵魂。

（5）信息性：不论数据量有多大，或数据存储在何处，OLAP 系统应能及时获得信息，并且管理大容量信息。这里还应考虑数据的可复制性、可利用的磁盘空间、OLAP 产品性能及与 DW 的结合度等综合因素。

OLAP 是独立于 DW 的一种技术概念，其基本思想是公司的决策者应能灵活地操纵公司的数据，以多维的形式从诸方面和诸角度来观察公司的状态并了解公司的变化。OLAP 系统与数据源的数据存储相分离，只要提供足够的分析数据即可完成 OLAP 分析。

当 OLAP 作为独立的系统使用时，其数据的组织结构与 DW 的组织方式相同。当 OLAP 与 DW 结合时，OLAP 的数据来源于 DW。DW 中存储的大量数据是根据多维方式组织的，与 OLAP 的数据组织相匹配。

2. OLAP 准则

1993 年 E.F.Codd 在《Providing OLAP to User Analysis》中提出了有关 OLAP 的十二条准则，用来评价分析处理工具，这是他继关系数据库和分布式数据库提出的两个"十二条准则"后提出的第三个"十二条准则"。他在文中系统地阐述了有关 OLAP 产品及其所依赖的数据分析模型的一系列概念及衡量标准，这对 OLAP 产品的辨别及后来发展方向都产生了重要的作用。这十二条准则如下所述。

（1）多维概念视图

从用户分析员的角度来看，用户通常是以多维角度来看待企业的。企业决策分析的目的不同，决定了分析和衡量企业的数据总是从不同的角度来进行的，因而企业数据空间本身就是多维的，也就是 OLAP 的概念应是多维的。用户可以对多维数据模型进行切片、切块、改变坐标或旋转数据路径等。

（2）透明性

透明性有两层含义。首先，OLAP 在体系结构中的位置对用户是透明的。OLAP 应处于一个真正的开放系统结构中，它可使分析工具嵌入在用户所需的任何位置上，而不会对宿主工具的使用产生副作用，同时保证 OLAP 的嵌入不会产生任何新的复杂性。其次，OLAP 的数据源对用户也是透明的，用户只需使用查询工具进行查询，而不必关心数据来自于同构还是异构的数据源。

（3）存取能力

OLAP 系统不仅能进行开放的访问，而且还能提供高效的存取策略，OLAP 用户分析员不仅能在公共概念视图上对关系数据库中的数据进行分析,而且还能在公共分析模型的基础上对关系数据库、非关系数据库和外部存储的数据进行分析。要实现这些功能,OLAP必须将自己的概念视图映射到异质的数据存储上。另外,物理数据来源于何种系统,对用户也是透明的。

(4)稳定的报表性能

报表操作不应随维数的增加而有所削弱。当数据维数和数据综合层次增加时,提供给分析员的报表能力和响应速度不应该有明显的降低。即使用户的数据模型改变时,关键数据的计算方法也无须更改。

(5)客户/服务器(C/S)体系结构

OLAP 是基于 C/S 体系结构的。OLAP 工具的服务器结构构件应有足够的智能,多维数据库服务器能被不同的应用和工具所访问,服务器端应以最小的代价完成同多种服务器之间的挂接任务,从而保证透明性和建立统一的公共概念模式、逻辑模式和物理模式。客户端负责应用逻辑及用户界面。

(6)维的等同性

每一个数据维在其结构和操作功能上必须等价。提供给某一维的任何功能也应提供给其他维,即要求维上的操作是公共的。

(7)动态稀疏矩阵处理

OLAP 服务器的物理结构应完全适用于特定的分析模型,提供优化的稀疏矩阵处理措施。当存在稀疏矩阵时,OLAP 服务器应能推知数据是如何分布的,以及怎样存储才更有效。在数据量很大时,稀疏度是数据分布的一个特征,不能适应数据集合的数据分布,将会导致快速、高效操作的失败。

(8)多用户支持能力

OLAP 工具应提供并发访问、数据完整性及安全性等功能。实际上,OLAP 工具必须支持多用户是为了适合数据分析工作的特点。应该鼓励以工作组形式使用 OLAP 工具,这样多个用户可以交换各自的想法和分析结果。

(9)非受限的跨维操作

在多维数据分析中,所有维的生成和处理是平等的。OLAP 工具应能处理维间的相关计算。计算时需要的语言应允许计算和数据操作能跨越任意数目的数据维,而不必限制数据之间的任何关系。

(10)直观的数据操作

OLAP 操作直观、易懂。如果要重定向联系路径,或在维或行间进行细割操作,都应该通过直接操作分析模型单元来完成,而不需要使用菜单,也不需要跨越用户界面进行多次操作。在分析模型中定义的维应包含用户分析所需的所有信息,从而可以进行任意继承操作。

(11)灵活的报表生成

使用 OLAP 服务器及其工具,用户可以按任何想要的方式来操作、分析、综合和查看数据,报表生成工具能从各种可能的方面显示从数据模型中综合出的数据和信息,充分反映数据分析模型的多维特征，并可按用户需要的方式来显示它。

（12）不受限制的维和聚集层次

OLAP 服务器应能在通用分析模型中协调至少 15 个维。每一通用维应允许有任意个用户定义的聚集，而且用户分析员可以在任意给定的综合路径上建立任意多个聚集层次。

3. OLAP 的基本概念

在 OLAP 中有如下几个基本概念。

（1）对象（Object）

在分析型处理中所关注与聚焦的分析客体，称为"对象"。一般在一个应用中有一个或若干个对象，它们构成了分析应用中的焦点。如在连锁商店的分析型应用中，其中一个对象为销售金额，它是本应用分析的聚集点。

（2）变量（Variant）

变量是数据的实际意义，即描述数据"是什么"。一般情况下，变量总是一个数值的度量指标，例如"人数"、"单价"、"销售量"等都是变量，而"100"、"200"则是变量的一个值。

（3）维（Dimension）

在分析型应用中，对象可以从不同角度分析与观察，并可得到不同的结果。用"维"来反映对象的观察角度，如在连锁商店例中对销售金额可以有以下 3 个维：

- 时间维：可按时间段分析、统计其销售金额；
- 商品维：可按不同商品分类分析、统计其销售金额；
- 地域维：可按连锁店不同地域分析、统计其销售金额。

维有自己固有的特征，如层次结构（对数据进行聚合分析时要用到）、排序（定义变量时要用到）和计算逻辑（基于矩阵的算法），这些特征对进行决策是非常有用的。

（4）层（Layer）

在分析型应用中对对象可以从不同深度分析与观察，并可得到不同的结果。用"层"来反映对对象观察的深度。层与维紧密相连，一个维中可以存在多个层次。譬如连锁商店例中：

- 时间维可以有日、旬、月、季、年等层次；
- 商品维可以有商品类（如家电类）、商品大类（如电器产品类）等层次；
- 地域维可以有市、省、国、洲等层次。

在分析型应用中有若干个对象（设为 r 个），以它们为聚焦点作不同角度（设为 m 个）与深度（设为 n 个）的分析，可以得到多种不同的统计、分析结果（其为 r×m×n 个）。这些结果经常需要使用（包括查询等），因此在 OLAP 中需要将它们长期保留，以便随时供分析员使用。

（5）维成员

维的一个取值称为该维的一个维成员。如果一个维是多层次的，那么该维的维成员是由各个不同维层次的取值组合而成的。例如时间维有日、月、年 3 个层次，分别在日、月、年上各取一个值组合起来，就得到了时间维的一个成员"某年某月某日"。一个维成员并不一定在每个维层次上都要取值，例如"某年某月"、"某月某日"、"某年"等都可以是时间维的维成员。对应一个数据项来说，维成员是该数据项在某维中位置的描述。例如，对一个销售数据而言，时间维的维成员"某年某月某日"就表示该销售数据是"某年某月某日"的销售数据，而"某年某月某日"就是该销售数据在时间维上位置的描述。

（6）多维数组

一个多维数组可以表示为如下形式：（维1，维2，…，维n，变量）。例如，若商品销售数据是按时间、地区和销售渠道组织起来的三维立方体，加上变量"销售额"，就组成了一个三维数组：（时间，地区，销售渠道，销售额）。如果在此基础上再扩展一个商品维，就得到一个四维数组：（商品，时间，地区，销售渠道，销售额）。

（7）数据单元（单元格）

多维数组的取值称为数据单元。当多维数组的各个维都选中一个维成员，这些维成员的组合就唯一确定了一个变量的值，此时数据单元就可以表示为：（维1维成员，维2维成员，……，维n维成员，变量的值）。例如商品、地区、时间和销售渠道上各取维成员"牙膏"、"2004年1月"、"上海"和"批发"，就唯一确定了变量"销售额"的一个值（假设为100000），则该数据单元可以表示为：（牙膏，2004年1月，上海，批发，100000）。

4. OLAP 与 OLTP 的比较

OLAP 与 OLTP 在各个方面都存在着较大的差别，如数据库设计方法、用户及存储的数据内容等方面，见表 14-6 所示。

表 14-6　OLAP 与 OLTP 的比较

	OLAP	OLTP
用户	决策者（经理、主管、分析员）	DBA、办事员
数据库设计	面向主题	面向应用
规范化	非规范化设计	规范化设计
处理方式	分析处理	事务处理
特征	信息处理	操作处理
功能	全局决策支持、长期信息需求	日常操作
数据	历史数据	当前数据
工作单元	复杂查询	短的简单事务
数据存取	只读	更新频繁
系统关注	数据输出量	数据进入
操作	大量扫描	主关键码上索引
DB 规模	100GB 至 TB 数量级	100MB 至 GB 数量级
设计目标	高灵活性、终端用户自治	高性能、高可用性
系统度量	查询响应时间	事务吞吐量
用户数目	相对较少	多
访问记录	相对较少	特别多

5. OLAP 的数据组织

建立 OLAP 的基础是多维数据模型。多维数据模型的存储主要有 3 种形式：MOLAP、ROLAP 和 HOLAP。下面分别给予介绍。

（1）MOLAP

MOLAP 是多维 OLAP（Multi-dimension OLAP）的简写。MOLAP 利用一个专有的多维数据库（MDDB）来存储 OLAP 分析所需的数据，数据以多维方式存储，并以多维视图方式显示。在 MDDB 中，二维数据就是二维表格，三维数据就是立方体，当维数扩展到更多维时，多维数据库就形成"超立方体"。

（2）ROLAP

ROLAP 是关系 OLAP（Relation OLAP）的简写。ROLAP 在功能上类似于 MOLAP，但其底层是关系型 DB，而不是多维数据库。用户通过客户端工具提交多维分析请求给 OLAP 服务器，后者将这些请求动态地转换成 SQL 语句执行，分析的结果经过多维处理转化为多维视图并返回给用户。

在关系数据库中，没有数组的概念，因此多维数据必须被映像成平面型的二维表中的行。具有代表性的是 DW 中的星形模式设计，它将基本信息存储在单独的"事实表"中，而有关维的支持信息则被存储在其他"维表"中。这种结构不同于操作型系统中的使用方案。

（3）HOLAP

由于 MOLAP 和 ROLAP 各有优缺点，所以近年又提出一个新的 OLAP 结构——HOLAP。HOLAP 是混合型 OLAP（Hybrid OLAP）的简写。HOLAP 结构不是 MOLAP 与 ROLAP 结构的简单组合，而是将两种结构技术的优点进行有机结合，能满足用户各种复杂的分析请求。

6. OLAP 数据的处理方式

OLAP 有 3 种数据处理方式。实际上，多维数据计算不需要在数据存储位置上进行。

（1）关系数据库。此时活动的 OLAP 数据存储在关系数据库中，由于 SQL 的单语句并不具备完成多维计算的能力，要获得哪怕是最普通的多维计算功能也需用多重 SQL，因此现在一些 OLAP 工具用 SQL 做一些计算，然后将计算结果作为多维引擎输入。多维引擎在客户机或中层服务器上做了大部分的计算工作，并利用 RAM 机制存储数据，以提高响应速度。

（2）多维服务引擎。现在大部分 OLAP 应用在多维服务引擎上完成多维计算，具有良好的性能。因为这种方式可以同时优化引擎和数据库，并且服务器上充分的内存为有效地计算大量数组提供了保证。

（3）客户机。在客户机上进行计算，要求用户具备性能良好的 PC，来完成部分或大部分的多维计算。对于日益增多的瘦客户机，OLAP 产品将把基于客户机的处理转移到新的 Web 应用服务器上。

7. OLAP 的多维数据分析

OLAP 的目的是为决策管理人员提供一种灵活的数据分析、展现的手段，这是通过多维数据分析实现的。基本的数据分析有切片、切块、钻取、旋转等概念，另外又增加了计算和智能的能力，称为广义 OLAP 操作。

（1）切片和切块

在多维数组的某一维上选定一个维成员值的操作称为"切片"（Slice）。

在多维数组的某一维上选定一个以上的维成员的操作称为"切块"（Dice）。

（2）钻取

钻取包含上卷（Roll Up）和下钻（Drill Down）两个操作。上卷操作通过维的概念分层向上攀升或者通过维归约在数据立方体上进行汇总，以获得概括性的数据。下钻是上卷的逆操作，由不太详细的数据得到更详细的数据。下钻可以沿维的概念分层向下或引入新的维以及维的层次来实现，以获得细节性的数据。

（3）旋转

旋转（Pivoting）是一种视图操作，通过旋转可以得到不同视角的数据。

8. OLAP 应用开发实例

（1）上卷操作

在 SELECT 语句的分组子句中增加短语"WITH ROLLUP"以后，可以把查询结果的集合按分组子句的属性序列逐层"上卷"，执行聚集操作。

【例 14-21】 设数据库中有一个学生选课成绩表 SC（S#，C#，SCORE），如表 14-7 所示。

表 14-7 学生选课成绩表 SC

S#	C#	SCORE
S2	C4	80
S2	C6	90
S5	C4	60
S5	C6	60

在该表中查询每个学生的成绩和平均成绩，以及所有学生的总平均成绩。分组子句中的属性序列应为"S#，C#"，并要使用"WITH ROLLUP"上卷短语，此时 SELECT 语句可这样书写：

```
SELECT   S#,C#,AVG（SCORE） AS 平均成绩
FROM     SC
GROUP    BY S#,C#  WITH  ROLLUP
ORDER    BY S#,C#;
```

那么查询结果如表 14-8 所示。由于使用排序子句，因此查询分成 3 个层次：

- 先显示所有学生所有课程的总平均成绩；
- 再依 S#显示每一学生的平均成绩；
- 在每一学生中，依 C#显示每门课程的成绩。

表 14-8 结 果 集

S#	C#	平均成绩
ALL	ALL	75
S2	ALL	85
S2	C4	80
S2	C6	90
S5	ALL	65
S5	C4	60
S5	C6	70

（2）立方体操作

立方体（CUBE）操作与上卷操作不同的是它基于分组子句创建组的所有可能的组合，然后运用聚集函数。

【例 14-22】 在例 14-22 中，如果要查询每个学生每门课程的成绩，每个学生的平均成绩，每门课程的平均成绩以及所有学生所有课程的总平均成绩。其 SELECT 语句可如下书写：

```
SELECT  S#,C#,AVG（SCORE）AS 平均成绩
FROM    SC
GROUP   BY  S#,C#  WITH  CUBE
ORDER   BY  S#,C#;
```

其查询结果如表 14-9 所示。查询分 4 个层次：

- 先显示所有学生所有课程的总平均成绩；
- 再显示所有学生每一门课程的平均成绩；
- 再依 S#显示每一学生的平均成绩；
- 在每一学生中，依 C#显示每门课程的成绩。

表 14-9 结 果 集

S#	C#	平均成绩
ALL	ALL	75
ALL	C4	70
ALL	C6	80
S2	ALL	85
S2	C4	80
S2	C6	90
S5	ALL	65
S5	C4	60
S5	C6	70

9. 广义 OLAP 操作

前面提到的切片、切块、钻取与旋转等操作是 OLAP 的展开数据、获取信息的基本操作。实际上，任何能够有助于辅助用户理解数据的技术或操作都可以作为 OLAP 的功能，为区别于基本的 OLAP 操作，我们称之为广义 OLAP 操作。

（1）基本代理操作："代理"是指一些智能性代理，当系统处于某种特殊状态时提醒分析员。有以下 3 种操作。

① 示警报告：定义一些条件，一旦条件满足，系统会提醒分析员去做分析，如每日报告完成后或月定货完成后通知分析员作分析。

② 时间报告：按日历和时钟提醒分析员。

③ 异常报告：当超出边界条件时提醒分析员，如销售情况已超出预定义的阈值的上限或下限时提醒分析员。

（2）计算引擎：计算引擎用于特定需求的计算或某种复杂计算。

（3）模型计算：增加模型，如增加系统优化、统计分析、趋势分析等模型，以提高决策分析能力。

14.2.9 DM

随着数据库技术的迅速发展和 DBMS 的广泛应用，众多的企业实现了信息的数字化处理，人们积累的数据越来越多。激增的数据内部隐藏着许多重要的信息，人们希望能够对其进行更高层次的分析，以更好地利用这些数据。例如，超市的经营者希望将经常被同时购买的商品放在一起，以促进销售；保险公司想知道购买保险的客户一般具有哪些特征；医学科研人员希望从已有的成千上万份病历史中找出患某种疾病的病人的共同特征，以便为治愈这种疾病提供一些帮助。

对于这些问题，现有的信息管理系统中的数据分析工具无法给出。目前的 DBS 可以高效地实现数据的录入、查询和统计等功能，但缺乏挖掘数据背后隐藏知识的手段，无法发现数据中存在的联系和规则，无法根据现有的数据预测未来的发展趋势，从而导致了"数据爆炸，但知识贫乏"的现象。

正是为了满足这种要求，从大量数据中提取隐藏在其中的有用信息，将"机器学习"应用于大型数据库和数据仓库的数据挖掘（Data Mining，DM）技术在 20 世纪 90 年代得到了长足的发展。本节介绍 DM 的基本概念、DM 过程、DM 分析方法、DM 的应用领域等内容，最后介绍基于 DW、OLAP 和 DM 的新决策支持系统概念。

1. DM 的由来

DM 的产生实际上是一个逐渐演变的过程。在电子数据处理的初期，人们就试图通过某些方法来实现自动决策支持，当时"机器学习"成为人们关心的焦点。机器学习的过程就是将一些已知的并已被成功解决的问题作为范例输入计算机，机器通过学习这些范例，总结并生成相应的规则。这些规则具有通用性，可以解决某一类问题。

在 20 世纪 80 年代初，随着神经网络技术的形成和发展，人们的注意力逐渐转向知识库和知识工程。知识工程不同于机器学习，不是为计算机输入范例，而是直接为计算机输入已被代码化的规则，计算机通过使用这些规则来解决某些问题。专家系统就是知识工程的成果，但其投资大，效果不甚理想。

20 世纪 80 年代末，在新的神经网络理论的指导下，人们又回到机器学习方法上，并将其成果应用于处理大型商业数据库，从而引出了一个新的术语——数据库中的知识发现（Knowledge Discovery in Database），简称为 KDD。KDD 泛指所有从源数据中发掘模式（Pattern）或联系的方法，并用 KDD 来描述整个数据挖掘的过程。KDD 是一个比 DM 更大范围的术语。从最初的制定业务目标到最终的结果分析，用数据挖掘描述使用挖掘算法进行数据挖掘的子过程。最近，DM 中有许多工作逐渐使用统计方法来完成，并认为最好的策略是将统计方法与 DM 有机地结合起来。

DW 的发展是促进 DM 越来越热的原因之一，但 DW 并不是 DM 的先决条件，因为有很多 DM 可直接从操作数据源中挖掘信息。

2. DM 的定义

DM 是从大量、不完全、有噪声、模糊和随机的实际应用数据中提取隐含在其中且事先不为人们知道，但又是潜在有用的信息和知识的过程。

这是一个企业界认可的 DM 定义，认为 DM 和 KD 是同一个过程，即同义词。与 DM 相近的同义词还有数据融合、数据分析和决策支持等。

从这个定义可以看出，DM 有下列特点。

（1）数据源必须是真实、大量、有噪声的。

（2）发现的是用户感兴趣的知识。

（3）发现的知识要可接受、可理解并可运用，但并不要求是放之四海而皆准的真理，也不是崭新的自然科学定理和纯数学公式，仅仅是支持特定的发现问题。

（4）DM 可以看成是一种数据搜寻过程，它不必预先假设或提出问题，但在其中仍能找到那些非预期的却令人关注的信息。

DM 是一门交叉学科，相关的领域有统计、机器学习和模式识别、人工智能、数据库、数据仓库、OLAP、知识获取、信息提取、可视化、多媒体环境以及数字图书馆和信息管理系统等。DM 把人们对数据的应用从低层次的简单查询，提升到从数据中挖掘知识，以提供决策支持。

3. DM 与 DW 的联系与区别

（1）DM 与 DW 的联系

DM 与 DW 作为新决策支持系统的主要成分，在近 10 年得到了迅速发展。DW 是 DM 的对象，而 DW 为 DM 开辟了新的战场。DW 与 DM 是相互结合起来一起发展的，相互影响，相互促进。

- DW 对 DM 的 3 点影响：DW 为 DM 提供了广泛的数据源，DW 为 DM 提供了支持平台，DW 为使用 DM 工具提供了方便。
- DM 对 DW 的 3 点影响：DM 为 DW 提供了决策支持，DM 对 DW 的数据组织提出了更高的要求，DM 为 DW 提供了广泛的技术支持。

即 DM 和 DW 技术要充分发挥潜力，就必须结合起来。

（2）DM 与 DW 的区别

DW 是一种存储技术，它的数据存储量是一般数据库的 100 倍，DW 中包含了大量的历史数据、当前的详细数据以及综合数据。它能为不同用户的不同决策所需要，提供所需的数据和信息。DM 是从人工智能和机器学习中发展起来的，它研究各种方法和技术，从大量的数据中挖掘出有用的信息和知识。

4. DM 与 OLAP 的联系与区别

DM 和 OLAP 都是决策支持系统中的重要组成部分，两者都属于分析型工具，都可以从大量的数据中找出决策中所需要的信息。然而，它们是完全不同的工具，基于的技术也大相径庭。

OLAP 是一种自上而下、不断深入的分析工具，先由用户提出问题或假设，OLAP 负责从上而下深入地提取关于该问题的详细信息，并以可视化的方式呈现给用户。OLAP 分析过程在本质上讲是一个演绎推理的过程，人做出的假设非常关键。如果分析的变量达到几十或上百个，再用 OLAP 分析验证这些假设将是一件非常困难的事情。因此作为验证型分析工具，OLAP 更需要对用户需求有全面而深入的了解。

DM 与 OLAP 的本质区别是 DM 是在没有明确假设的前提下去挖掘信息，发现知识。DM 所得到的信息是先前未知的信息，是预先未曾预料到的信息，即 DM 是要发现那些不能靠直觉发现的信息或知识，甚至是违背直觉的信息或知识；挖掘出的信息，越是出乎意料，就可能越有价值。在商业应用中最典型的例子就是一家超市通过数据挖掘发现了销售尿布和啤酒之间有着惊人的联系：三十岁左右的男子周末买纸尿布的同时总要买几瓶啤酒。

DM 与 OLAP 不同之处是：DM 不是用于验证某个假定的模式的正确性，而是在数据库中自己寻找模型。这在本质上是一个归纳的过程。

DM 和 OLAP 具有一定的互补性。在将数据挖掘出来的结论付诸行动之前，可以通过OLAP 验证一下如果采取这样的行动会给公司带来什么样的影响，因为 OLAP 工具能够回答这样的问题。在知识发现的早期阶段，OLAP 工具可以用来探索数据，找出哪些是对一个问题比较重要的变量，并可发现异常数据和互相影响的变量。这都能帮助管理人员更好地理解重要的变量，加快知识发现的过程。所以在应用中，这两种工具经常被配合在一起使用。

5. DM 的应用过程

DM 是一个复杂的过程。DM 充分利用人工智能、机器学习、统计学等多学科的知识，并把它们同其他辅助技术结合到一起，从大量的数据中找出潜在的、有用的知识。从研究者的主观愿望来说，希望 DM 过程最好全程自动化。但从目前的技术发展水平来看，在DM 过程中，还应适当进行人工干预、引导或限制，以提高 DM 的有效性和有用性。因此，DM 至少在目前仍是一个人机交互过程。图 14-16 是 DM 的一般过程。从图中可以看到，DM 过程是一个由多个步骤连接起来，反复进行人机交互的过程。下面解释每个步骤中的工作。

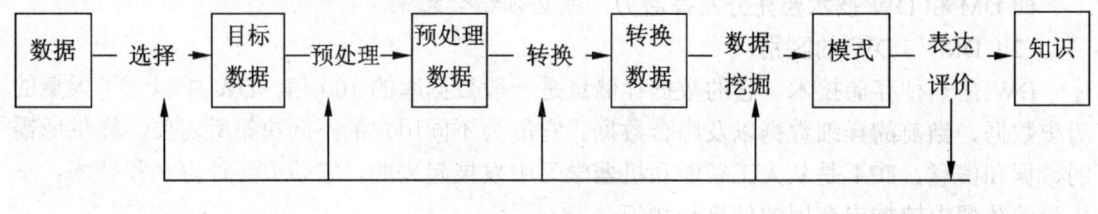

图 14-16　DM 过程

（1）确定目标

首先要了解应用的范围，了解最终用户的目标。数据挖掘的最后结果是不可预测的，但最终目标应是有预见的。一般，目标可以是规则的发现、数据分类、数据汇总、相关分析建模或误差检测等。如果能把用户或分析者的经验和知识结合起来，这样既可减少很多工作量，又能使挖掘工作更有目的性，更有成效。

（2）数据的选择

搜索所有与业务对象有关的内部和外部数据信息，并从中选择出适用于数据挖掘应用的数据，以便生成目标数据集。

进行数据挖掘时，首先要从大量数据中取出一个与问题相关的样本数据子集，而不是使用全部数据。通过对数据的取样、选择，以便发现与任务相关的数据集，从而减少数据处理量，同时又不降低知识发现的精确度。

（3）数据的预处理

DM 的关键在于数据的质量，因此提高数据的质量是提高 DW 的精度和性能的重要手段。实际存在的数据库中往往存在着大量的噪声数据、空值和不一致的数据，并且挖掘任务所需的数据来自不同的数据源，这些都需要进行处理。所以在实施 DM 算法之前，要花费大量的时间做数据预处理，这关系到挖掘的成功与否。数据预处理主要有以下两项工作。

- 数据清洗：处理空值、清洗脏数据、消除噪声和修正不一致的数据。"噪声"是指测量变量中的随机错误和偏差，或者说是失真较明显的数据。"不一致"是指对同一事务的记录数据可能由于输入及编码等所造成的不一致性。

- 数据集成：集成从多个数据源、多种数据源而来的数据。这些数据必须经过合并及转换而形成适合 DM 的数据形式。在集成中，必须清除数据之间的冲突，如在命名、结构、取值单位、含义等方面的不同。数据集成是对数据进行统一化和规范化的复杂过程，把原始数据在最低层次上加以转换、提炼和聚集，形成最原始的用于知识发现的统一的数据集合。

（4）数据的转换

这一阶段的工作主要包括数据变换和数据归约。

① 数据变换。将数据变换成一个针对挖掘算法建立的分析模型，找到数据的特征表示。经常采用多维数组形式来组织数据，采用 DW 中的切换、旋转和投影的技术，把初始

的知识空间状态按照不同的层次、粒度和维度进行抽象和聚集，从而生成在不同抽象级别上的知识基。常用的数据变换方法有以下几种。

- 平滑：采用邻接值的平均值来去除噪声数据。
- 聚集：进行数据汇总和聚集，提高数据粒度，以便构造数据立方体，比如将日汇总数据聚集为月汇总或年汇总。
- 概化：使用概念分层，用高层次概念概括低层次的概念，如"年龄"可以是"老年"、"中年"、"青年"的概括。
- 规范化：将属性数据按比例缩放，使之落入合适的区间，如 0.0~1.0 之间。
- 属性构造：用已有的属性集构造辅助属性，加入到属性集中，对 DM 过程提供帮助，提高 DM 精度和对数据结构的理解。

② 数据归约。数据归约就是优化数据、得到数据集的归约表示，减少数据量但基本保持数据质量，提高 DM 的效率，得到基本相同的结果，其处理时间不应超过规约后节省的时间。主要方法有以下几种。

- 数据立方体聚集：对数据立方体中的数据进行汇总和聚集操作。
- 维归约：检测并删除不相关、弱相关或冗余的属性或维来减少数据量，通常采用在属性这个方面对数据进行精简。
- 数据压缩：应用编码机制和使用合适的标准化的编码方式来压缩数据集。
- 数据归约：用较小的替代数据表示、替换或估计数据，如用参数表示数据而不存放实际数据的有参方法，譬如回归和对数线性模型。若用无参方法则有直方图、聚类、抽样等方法。

（5）数据挖掘

在经过预处理的数据基础上，综合利用各种 DM 方法（将在后面 15.3 和 15.4 节中介绍）分析数据库中的数据，并从大量的数据中识别出有效的、新颖的、具有潜在价值的乃至最终可理解的模式（Pattern）。

（6）结果表达和模式评价

表达（Presentation）就是将 DM 所获取的信息（模式）以方便用户理解和观察的方式呈现给用户。分析结果一般都是形式化的，这时需要通过可视化等技术手段，用图表、图形等为用户提供清晰、直观的结果描述。一般，对目标问题的描述是多侧面的，这时就要综合它们的规律性，进行进一步的抽象与过滤，且提供合理的决策支持信息。用合适的、用户易于理解的方法来表达复杂的结果是 DM 成功推广应用的重要步骤。

模式评价（Pattern Assess）就是根据最终用户的决策目的，对所提取的信息或发现的模式进行分析，根据在定义 DM 任务时确定的兴趣度指标检查和解决模式中可能的矛盾，把最有价值的信息或模式区分出来提交给决策者。这里，我们认为历史数据中包含着有用的信息，也就是存在着事物发展的规律，DM 即应用历史数据发现其中规律，以预言未来。

综上所述，可见 DM 是一个复杂的过程，需要具有不同专长的人的参与，这些人大体可分为业务分析人员、数据分析人员和数据管理人员 3 类。DM 也是一个在资金上和技术上高投入的过程。这一过程要反复进行，在反复的过程中，不断地趋近事物的本质，不断地优化问题的解决方案，最终得到对决策者有用的知识。

6. DM 的分析方法

对于不同的 DM 目标，人们期望不同的数据模式（Pattern），从而应采用不同的 DM 分析方法。常用的 DM 分析方法有以下 4 种。

（1）关联分析方法

关联（Associations）分析就是试图挖掘出隐藏在数据之间的相互联系，关联分析的结果是关联规则。这种分析方法是发现数据之间的联系。例如在商场中，如果顾客买了商品甲，一般都要买商品乙，这就是一种联系。这种同一交易内数据间的联系，称为"关联"。

（2）序列模式分析方法

序列模式（Sequential Patterns）分析和关联分析相似，其目的也是为了挖掘出数据之间的联系，但序列模式分析的侧重点在于分析数据间的前后（因果）关系。这种联系发生在不同交易的数据之间。例如一个顾客买了商品甲，一般会在两个月内买商品乙，6 个月内又买商品丙……。这种联系称为时间序列。

（3）分类分析方法

分类（Classification）分析把给定集合根据给定的类别标记将其分成若干类，并抽取各类特征描述的方法。这种方法是根据给定的数据模式，预测其结果的。例如诊断、客户信用评估、利润预测等都属于这一类。常用的方法是"决策树"方法。

（4）聚类分析方法

聚类是按数据的相似性和差异性，将数据划分为若干子集，子集还可以再分为若干子子集。聚类与分类不同，分类的类别是按应用的要求事先给定的，根据表示事物特征的数据，识别其类别。而聚类的类别不是人为指定的，而是分析数据的结果。通过比较数据的相似性和差异性，发现其特征及分布，从而抽象出聚类的规律。

至此，我们已学了 4 种 DM 分析方法，虽然这 4 种方法使用范围不同，但在一个真正的 DM 系统中经常是综合地利用这些方法的。

【例 14-23】 零售商在为某种商品进行市场定位时（例如微波炉），DM 系统可能会协调使用这 4 种分析方法。

① 运用关联分析法发现最常被一个顾客同时购买的商品。

② 运用序列模式分析法找出几类重要的用户群，他们具有如下购物模式：在购买了某些商品以后购买微波炉。

③ 基于②的分析结果，运用分类分析法定义出②的分类标准，即购物模式。

④ 将上述的购物模式作为分析规则，运用聚类分析法就可以找出具有该购物模式并且尚未购买微波炉的用户，他们就是市场销售人员所要争取的对象，应尽快向这些用户发出购物通知。

读者还应注意，数据挖掘得到的并不是真正的规则，它只是对数据库中数据之间相关 -

性的一种描述。在没有其他数据来验证得到的规则正确时，就不能保证利用过去的数据得到的规律在未来新的情况下是否有效。譬如，在超市货架的摆放策略上，按照发现的关联规则把相关性很强的物品放在一起，反而有可能在一段时间内使得整个超市的销售量下降。这是因为如果顾客很容易地找到他要买的商品，他就可能不会再去逛商场去买本来不在他的购买计划内的商品。总之，在采取任何行动之前一定要经过分析和实验，即使它是利用 DM 得到的知识。

7. DM 中用到的技术

（1）人工神经网络方法：人工神经网络方法从结构上模仿生物神经网络，是一种通过训练来学习的非线性预测模型。可以完成分类、聚类、特征挖掘等多种数据挖掘任务。

（2）决策树：决策树用树型结构来表示决策集合。这些决策集合通过对数据集的分类产生规则。典型的决策树方法有分类回归树（CART），典型的应用是分类规则的挖掘。

（3）遗传算法：遗传算法是一种新的优化技术，基于生物进化的概念设计了一系列的过程来达到优化的目的。这些过程有基因组合、交叉、变异和自然选择。为了应用遗传算法，需要把数据挖掘任务表达为一种搜索问题，以发挥遗传算法的优化搜索能力。

（4）最近邻技术：这种技术通过 K 个最与之相近的历史记录的组合来辨别新的记录。有时也称这种技术为 K-最近邻方法。这种技术可以用于聚类、偏差分析等挖掘任务。

（5）规则归纳：通过统计方法归纳、提取有价值的 If-Then 规则。规则归纳的技术在数据挖掘中被广泛使用，例如关联规则的挖掘。

（6）可视化：采用直观的图形方式将信息模式数据的关联或趋势呈现给决策者，决策者可以通过可视化技术交互式地分析数据关系。

8. DM 的应用领域

DM 技术可以应用于商务中大量的决策情况。预期回报最高的应用领域有以下 4 个。

- 市场营销：应用包括基于购买模式的消费者行为的分析，广告、店址、投递目标等市场策略的决定，顾客、商店或产品的细分，价目表、商店布局、广告活动的设计。
- 金融：应用包括客户信用度的分析，应收账户的划分，诸如股票、证券、信托基金等金融投资的性能分析，金融选择的评估，欺骗行为的探测。
- 生产：应用包括机器、人力、原料等资源的最优化，优化生产过程、车间布局、产品样式的设计。例如，根据用户要求设计汽车。
- 卫生保健：应用包括某种治疗方法有效性的分析；医院内部活动的最优化，把病人健康数据与医生资格联系起来；分析药品的副作用。

DM 技术在下面领域也有广泛的应用。

- 医疗 DM 可用于病例、病人行为特征的分析和处方管理等，以及安排治疗方案、判断处方的有效性等。
- 司法 DM 可用于案件调查、案例分析、犯罪监控等，此外，还可用于犯罪行为特征的分析。

- 工业部门 DM 技术可用于进行故障诊断、生产过程优化等。

14.2.10　DSS 的建立

决策支持系统（Decision Support System，DSS），最早是由美国 M.S.Scott Morton 教授于 20 世纪 70 年代初在《管理决策系统》一文中首先提出的，几经周折，现已得到很大的发展。DSS 是在管理信息系统（MIS）的基础上发展起来的。MIS 利用 DB 技术实现各级管理者的管理任务，在计算机上进行各种事务处理工作。DSS 要达到具有为各级管理者辅助决策的能力。

DSS 经历了三部件结构的 DSS、智能 DSS、新 DSS、综合 DSS 的发展历程。

1. 三部件结构的 DSS（20 世纪 80 年代初）

在 1980 年 Sprague 和 1981 年 Bonczak 提出的 DSS 结构基础上，形成了以模型库、数据库和人机交互系统的组合为基础的三部件结构的 DSS。其系统结构图如图 14-17 所示。

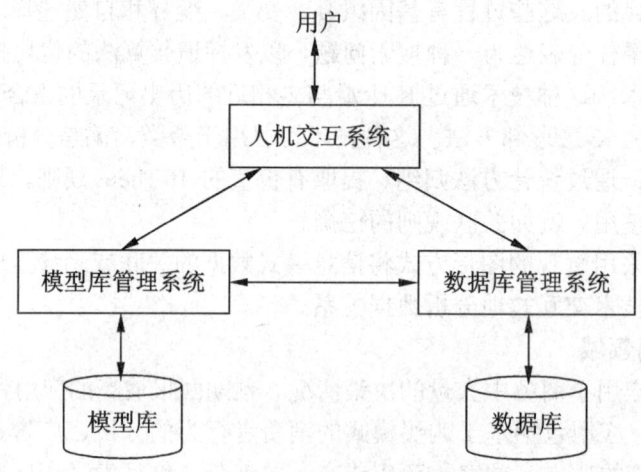

图 14-17　三部件结构 DSS 的系统结构图

此时的 DSS 主要以模型库为主体，通过模型定量分析进行辅助决策。模型以数学模型为主，扩大到数据处理模型、图形模型等多种形式。DSS 的本质是将多种模型有机地组合起来，通过对数据库中的数据进行处理，从而形成实际的决策问题的大模型。DSS 是新型的决策辅助产物。

2. 智能 DSS（20 世纪 80 年代末）

20 世纪 80 年代末，DSS 与 ES（专家系统）结合起来，形成了智能 DSS，又被称为传统 DSS。它是 4 种部件结构的 DSS：人机交互系统、模型库、知识库和数据库。

3. 新 DSS（20 世纪 90 年代中期）

20 世纪 90 年代初期提出的 DW、OLAP 和 DM 技术，到 90 年代中期已经形成潮流。DW 将大量的用于事务处理的传统 DB 中的数据进行清理、抽取和转换，按决策主题的需要重新进行组织。DW 的物理结构一般采用多维数据结构。DW 的综合数据直接为决策服务，对历史数据进行分析并能提供预测信息。DW 是决策支持的有效技术。

随着 DW 的发展，OLAP 随之得到了迅速的发展。OLAP 侧重于把 DW 中的数据进行分析，从而转换成辅助决策信息。OLAP 的一个重要特点就是多维数据分析，这与 DW 的多维数据组织恰好形成相互结合、相互补充的两个方面。OLAP 技术更直接为决策用户服务。

DM 是作为独立的信息技术（IT）出现的，它是从人工智能的机器学习技术中发展起来的。DM 是通过对 DB、DW 中数据的分析，来获得知识的一系列方法和技术。DW 与 DM 结合技术提高了数据分析和辅助决策的能力。

将 DW、OLAP 和 DM 集成到一个系统中可以更加有效地提高系统的决策支持能力。新 DSS 的系统结构图如图 14-18 所示。

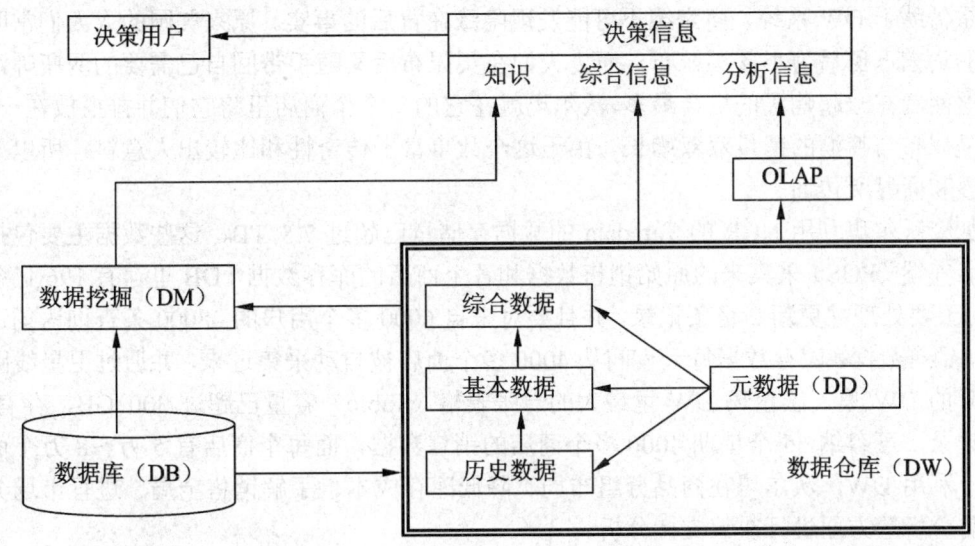

图 14-18 新 DSS 结构图

图 14-18 的结构图表明新 DSS 有如下的特点。

① 来源于 DB 的 DW 由基本数据、历史数据、综合数据和元数据组成。

② DW 主要提供的决策信息是综合数据的信息与预测的信息，DW 通过 OLAP 提供多维数据分析信息。

③ DM 从 DB 或 DW 数据中挖掘出知识。

④ DW 和 OLAP 提供的决策信息、DM 挖掘出的决策知识为用户提供了决策支持能力。

新 DSS 的明显特点是以数据驱动方式提供决策支持。新 DSS 中数据是主体，模型是辅助的。

4. 新 DSS 的成功实例

美国的沃尔玛是世界上最大的零售商，2002 年 4 月，该公司跃居《财富》500 强企业排行第一，在全球拥有 4000 多家分店和连锁店。沃尔玛建立了基于 NCR Teradata DW 的 DSS，它是世界上第二大的 DW 系统，总容量达到 170 TB 以上。

可以说，信息技术的成功运用造就了沃尔玛。强大的 DW 系统将世界上 4000 多家分店的每一笔业务数据汇总到一起，让决策者能够在很短时间里获得准确及时的信息，并做出正确和有效的经营决策。而沃尔玛的员工也可以随时访问 DW，以获得所需的信息，而这并不会影响 DW 的正常运转。

沃尔玛的 DW 始建于 1980 年，1988 年 DW 容量达到 12 GB，1996 年达到 7.5 TB，至今已达到 170 TB。利用 DW，沃尔玛对商品进行市场类组分析，即分析哪些商品是顾客最有希望一起购买的。沃尔玛的 DW 集中了各个商店一年多详细的原始交易数据，在此基础上，沃尔玛利用自动 DM 工具（模式识别软件）对这些数据进行分析和挖掘。竟有一个意外的收获：跟尿布一起购买最多的商品竟是啤酒！按常规思维，尿布与啤酒风马牛不相及，若不是借助于 DW 系统，商家绝不可能发现隐藏在背后的事实。原来美国的太太们常叮嘱她们的丈夫下班后为小孩买尿布，而丈夫们在买尿布后又随手带回自己需要的两瓶啤酒。既然这两者在一起购买的机会最多，沃尔玛就在它的一个个商店里将它们并排摆放在一起，结果是尿布与啤酒的销量双双增长。由于这个故事富于传奇性和比较出人意料，所以一直被业界和商界所传诵。

如今沃尔玛利用 NCR 的 Teradata 的数据存储量已超过 7.5 TB，这些数据主要包括各个商店前端（POS）采集来的原始销售数据和各个商店的库存数据。DB 里存有 196 亿条记录，每天要处理并更新 2 亿条记录，并且要对来自 6000 多个用户的 48000 条查询语句进行处理。销售数据、库存数据每天夜间从 4000 多个商店被自动采集过来，并通过卫星线路传到总部的 DW 里。沃尔玛 DW 里最大的一张表格（Table）容量已超过 300 GB，存有 50 亿条记录，可容纳 65 个星期 4000 多个商店的销售数据，而每个商店有 5 万～8 万个商品品种。利用 DW，沃尔玛在商品分组布局、降低库存成本、了解销售全局、进行市场分析和趋势分析等方面进行决策支持分析。

沃尔玛销量神奇的增长在很大程度上也可以归功于成功地建立了基于 NCR Teradata 的 DW 系统。DW 改变了沃尔玛，而沃尔玛改变了零售业。沃尔玛的成功给人以启示：惟有站在信息巨人的肩头，才能掌握无限，创造辉煌。

5. 综合 DSS 的结构图（21 世纪初）

以模型库为主体的三部件结构 DSS 对计算机辅助决策起到了很大的推动作用。DW 和 OLAP 技术为 DSS 开辟了新途径。DW 和 OLAP 都是数据驱动的。这些技术和传统的模型库对决策的支持是两种不同的形式，可以相互补充。在 OLAP 中加入模型库，将会使 OLAP 的分析能力有一个很大的提高。DM 是从 DB、DW 中挖掘有用的知识。

把 DW、OLAP、DM、MB（模型库）、KB（知识库）、DB（数据库）和人间交互系统结合起来形成的综合 DSS 是更高级形式的 DSS，称为综合 DSS。这种综合的 DSS 的结构图如图 14-19 所示。

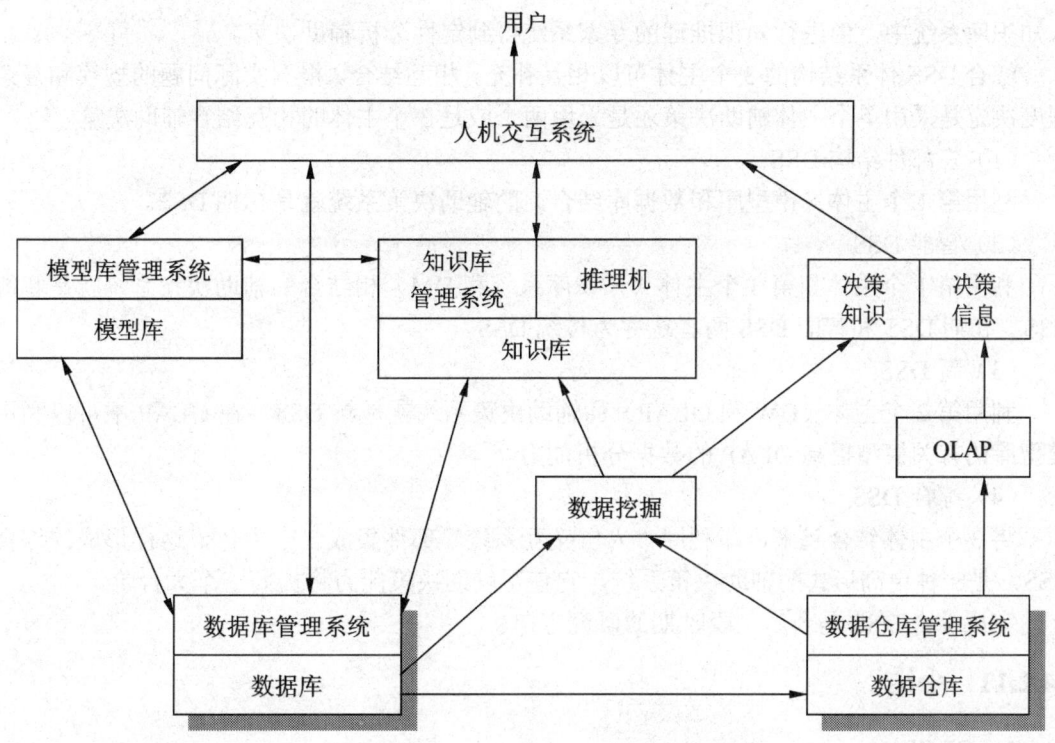

图 14-19 综合 DSS 的结构图

综合 DSS 各组成部分的功能如下:

- DW 能够实现对决策主题数据的存储和综合;
- OLAP 可以实现多维数据分析;
- DM 可以挖掘 DB 和 DW 中的知识;
- MD（模型库）可以实现多个广义模型的组合辅助决策;
- DB 可以为辅助决策提供数据;
- KB（知识库）可以用于知识推理进行定性分析;
- 人机交互系统。

由上述成分集成的综合 DSS，将相互补充和依赖，发挥各自的辅助决策优势，实现更有效的辅助决策。

综合 DSS 的体系结构包括以下 3 个主体。

（1）第 1 个主体是模型库系统和数据库系统的结合，它是决策支持的基础，是为决策问题提供定量分析（模型计算）的辅助决策系统。

（2）第 2 个主体是 DW、OLAP，它从 DW 中提取综合数据和信息，这些数据和信息反映了大量数据的内在本质。

（3）第 3 个主体是知识库系统和数据挖掘的结合。DM 从 DB 和 DW 中挖掘知识，放入知识库系统中，由进行知识推理的专家系统得到定性分析辅助决策。

综合 DSS 体系结构的 3 个主体可以相互补充，相互结合。根据实际问题的规模和复杂程度决定是采用单个主体辅助决策还是采用两个或是 3 个主体的相互结合辅助决策。

（1）三部件结构 DSS

利用第 1 个主体（模型库和数据库结合）的辅助决策系统就是初期 DSS。

（2）智能 DSS

利用第 1 个主体和第 3 个主体（知识库系统和 DM）相结合的辅助决策系统就是智能 DSS。初期 DSS 和智能 DSS 两者统称为传统 DSS。

（3）新 DSS

利用第 2 个主体（DW 和 OLAP）的辅助决策系统就是新 DSS。在 OLAP 中可以利用模型库的有关模型提高 OLAP 的数据分析能力。

（4）综合 DSS

将 3 个主体结合起来，即利用"人机交互系统"部件集成 3 个主体，这样形成的综合 DSS，是一种更高形式的辅助决策系统，它使得辅助决策能力将提高一个大台阶。

完成综合 DSS 是今后一段时期的研究方向。

14.2.11　小结

1. ODBS

- 面向对象技术中的复合类型有行、数组、列表、包和集合等 5 种；引用类型是指引用的不是对象本身的值，而是对象标识符，是属于指针一级概念的类型。

- 在传统 SQL 技术中，使用"SELECT　DISTINCT"方式查询到的结果，实际上为集合（Set），而未使用 DISTINCT 方式查询到的结果，实际上为包（Bag）。使用 ORDER　BY 子句方式查询到的结果，实际上为列表（list）。

- OODBS 是在 OOPL 基础上，引入传统数据库技术形成的。在这条途径上，有两个标准。ODMG1.0 标准致力于对 C++进行扩充，使之能处理数据库，形成持久化 C++系统。但这个标准完全置传统数据库技术于不顾，较难提供对说明性查询的支持，给 OODBS 的推广和普及带来困难。于是 ODMG2.0 标准作了较大的修改，数据库语言分为 ODL 和 OQL 两类。特别在 OQL 中引入 SELECT 语句，并能与宿主语言混合起来使用，为 OODBS 的使用和推广铺平了道路。

- OODB 有 5 个基本概念：对象，类，继承性，对象标识和对象包含。

- 在用 ODL 定义数据库模式时，应该注意类之间联系的定义、联系的方向性和互逆性。

- OQL 在查询的构造上遵循正交性（Orthogonal）概念，即只要一个操作的结果符合另一个操作的正确输入类型，就可以将该结果应用于那个操作。OQL 语法遵循 SQL 中许多语法构造，但是还包括一些补充的概念，譬如路径表达式、继承、方法、联系和汇集等。

- 在传统的关系模型基础上，提供复合数据类型和引用类型，扩充 SQL 语言使之能处理新的数据结构。这种模型称为对象关系模型，但还不能说是严格意义上的面向对象数据模型。但 SQL3 标准已收入了许多面向对象的内容，用户容易接受。扩充的 SQL 适应对象概念并提供一个高级接口。这强有力的接口，很可能是从关系世界通往面向对象的"真实世界"的一条平坦之路。
- 对象关系模型提供了子类型继承和子表继承两种方式，另外还有对象（元组）的引用方式。
- 对 OODB 和 ORDB 作了比较。

2. ERP 的发展历程

- ERP 是一个复杂的信息系统，是从管理思想软件产品和管理系统 3 个层面上给出其定义的。
- 基本 MRP 是为了解决原材料库存和零部件投产计划问题，以相关需求原则、最少投入和关键路径为基础的"物料需求计划"系统。
- 闭环 MRP 是解决制造业所担心的缺料与超储矛盾的系统。
- MRP Ⅱ 是一种计划主导管理模式，实现物料信息同资金流信息集成的"制造资源计划"系统。
- ERP 是一种基于供需链管理，达到信息流、物流和资金流结合的闭环控制的"企业资源计划"系统。
- ERP 设计的总体思路是把握一个中心、两类业务和三条干线。

3. DSS

- 数据仓库是继 Internet 技术后，信息社会中获得企业竞争优越性的又一关键技术。传统 DB 技术适用于事务处理，也称为操作型处理，其数据称为操作型数据；而 DW 技术适用于决策分析，也称为分析型处理，其数据称为分析型数据。
- DW 定义为面向主题的、集成的、相对稳定的、不同时间的数据集合，用于支持经营管理中的决策制定过程。
- 与 DB 设计相比，DW 的设计原则应着重在面向主题、数据驱动和原型法等 3 个方面。
- 传统的 DB 应用称为 OLTP，属于操作型处理；以大量的、总结性的与历史有关的、涉及面广的分析称为 OLAP，属于分析型处理。
- OLAP 的定义是"共享多维信息的快速分析（FASMI）"，体现了 OLAP 的 5 个特征。
- OLAP 概念是 1993 年 E.F.Codd 提出的，其核心是多维数据库和多维数据分析。
- OLAP 的基本概念有对象、变量、维、层次、维成员、多维数组和数据单元等概念。
- DM 是知识发现过程中的一部分。DM 是一门交叉学科。DM 把人们对数据的应用从低层次的简单查询，提升到从数据中挖掘知识，以提高决策支持。
- DM 与 DW、OLAP 有着紧密的联系，但又有区别。DW 是一种存储技术，OLAP 和 DM 都是分析型工具。但 OLAP 的分析过程是一个演绎推理的过程，先假设后验证；而 DM 的分析过程是一个归纳的过程，挖掘和发现未知的信息和知识。

- DM 至少在目前仍是一个人机交互的过程。DM 过程由确定目标、数据的选择、数据的预处理、数据的转换、数据挖掘、结果表达和模式评价等 6 个步骤组成。
- 常用的 DM 分析方法有关联、序列模式、分类和聚类等 4 种分析方法。
- DM 在金融、保险、零售、科学研究等行业得到了广泛的应用。
- 新 DSS 由 DW、OLAP 和 DM 集成而得。美国沃尔玛零售商成功地运用了新 DSS。
- 新 DSS 和传统 DSS 几乎没有什么共同之处，两者的综合形成了综合 DSS。综合 DSS 主要由 DW、OLAP、DM、MB、KB、DB 等 6 个部分集成而得。

14.3　重点习题解析

填空题

1. OODBS 是从＿＿＿＿＿＿出发，引入＿＿＿＿＿＿技术。
2. ORDBS 是从＿＿＿＿＿＿出发，引入＿＿＿＿＿＿技术。
3. 在面向对象技术中，数据类型系统由＿＿＿＿＿＿、＿＿＿＿＿＿和＿＿＿＿＿＿等 3 部分组成。
4. 面向对象的类型系统中，基本类型有 6 种：＿＿＿＿＿＿，＿＿＿＿＿＿，＿＿＿＿＿＿，＿＿＿＿＿＿，＿＿＿＿＿＿和＿＿＿＿＿＿。
5. 面向对象的类型系统中，复合类型有 5 种：＿＿＿＿＿＿，＿＿＿＿＿＿，＿＿＿＿＿＿，＿＿＿＿＿＿和＿＿＿＿＿＿。
6. OO 数据模型中有 5 个基本概念：＿＿＿＿＿＿，＿＿＿＿＿＿，＿＿＿＿＿＿，＿＿＿＿＿＿和＿＿＿＿＿＿。
7. OODB 中，对象由 3 个部分组成：＿＿＿＿＿＿，＿＿＿＿＿＿和＿＿＿＿＿＿。
8. 面向对象技术中，封装性是一种＿＿＿＿＿＿技术，其目的在于将＿＿＿＿＿＿和＿＿＿＿＿＿分开。
9. 类是＿＿＿＿＿＿的集合。
10. 面向对象模型中类和对象的概念相当于 ER 模型中＿＿＿＿＿＿和＿＿＿＿＿＿的概念。
11. 对象标识是指针一级的概念，是一个强有力的＿＿＿＿＿＿。
12. 继承性是数据间的概化/特化联系，是一种＿＿＿＿＿＿联系，而对象包含是一种＿＿＿＿＿＿联系。
13. 在标识的持久程度中，OODB 的 OID 必须有＿＿＿＿＿＿持久性。
14. 类本身也可看作一个对象，成为＿＿＿＿＿＿。
15. 关系模型中基本的数据结构层次是＿＿＿＿＿＿，并且要求关系模式具有＿＿＿＿＿＿性质。传统的关系模型又称为＿＿＿＿＿＿模型。
16. 在嵌套关系模型中，数据类型可以是基本数据类型，还可以是＿＿＿＿＿＿类型。

17. 在复合对象模型中，数据类型可以是基本数据类型，还可以是_____类型或_____类型。

18. 嵌套关系模型和复合对象模型的明显弱点是它们无法表达_____，即类型定义不允许_____。

19. ORDB 中，引用类型用关键字_____表示。

20. ORDB 中，继承性有两种级别：_____和_____。

21. 在 ORDB 的查询中，查询结果以嵌套形式显示的过程，称为_____；查询结果以 1NF 关系形式显示的过程，称为_____。

22. 从 20 世纪 60 年代开始，制造业的信息计划与管理经历了 4 个阶段：_____，_____，_____和_____。

23. MRP 中文意思是_____，MRPⅡ的中文意思是_____，ERP 的中文意思是_____。

24. 基本 MRP 是为了解决_____和_____问题；闭环 MRP 解决了制造业所担心的_____和_____矛盾；MRPⅡ是一种计划主导管理模式，实现了_____信息同_____信息的集成。

25. ERP 是建立在_____技术基础上的，整合了企业管理概念、业务流程、基础数据、人力物力、计算机硬件和软件于一体的企业资源管理系统，以实现对企业_____、_____、_____的一体化管理。

26. ERP 设计的总体思路中，一个中心是指_____，两类业务是指_____和_____，三条干线是指_____、_____和_____。

27. 随着企业计算机应用的不断深入，企业已经积累了大量的生产业务数据，但企业中普遍存在着_____和_____现象。

28. 传统数据库技术中的数据是_____数据，而 DW 中的数据是_____数据。

29. DW 是_____、_____、_____、_____的数据集合，用于支持_____中的决策制定过程。

30. 根据 DW 所管理的数据类型和它们所能解决的企业问题范围，可以将 DW 分为 3 种类型：_____、_____和_____。

31. 典型的 DW 数据组织结构被分成 4 个层次：_____、_____、_____和_____。

32. 在 DW 数据单位中，保存数据的详细程度和级别，称为_____。

33. 数据越详细，粒度越_____，级别就_____。

34. 多维数据模型把数据看成数据立方体形式，由_____和_____构成。

35. DW 的多维数据模型被分为 3 种：_____、_____和_____。

36. 在星状模式中事实表只有_____个，而事实星座模式中事实表可以有_____个。

37. DW 设计的原则有 3 个：_____、_____和_____。

38．DW 设计的步骤有 7 个：＿＿＿＿＿＿、＿＿＿＿＿＿、＿＿＿＿＿＿、＿＿＿＿＿＿、＿＿＿＿＿＿、＿＿＿＿＿＿和＿＿＿＿＿＿。

39．DW 的发展有 5 个阶段：＿＿＿＿＿＿、＿＿＿＿＿＿、＿＿＿＿＿＿、＿＿＿＿＿＿和＿＿＿＿＿＿。

40．DB 中的数据真正要存储到 DW 中，还必须经过 ETL 过程，即＿＿＿＿＿＿、＿＿＿＿＿＿和＿＿＿＿＿＿的过程。

41．DW 中的脏数据是指从数据源中抽取、转换和装载到 DW 过程中出现的＿＿＿＿＿＿、＿＿＿＿＿＿和＿＿＿＿＿＿。

42．休眠数据是指那些当前＿＿＿＿＿＿、将来也＿＿＿＿＿＿的存在于 DW 中的数据。

43．传统的 DB 操作是以简单的、原始的、可重复使用的例行短事务为主，如银行的记账、民航售票、电话计费等，这种应用称为＿＿＿＿＿＿，其英文简称为＿＿＿＿＿＿，属于＿＿＿＿＿＿处理。

44．现在新的应用是以大量的、总结性的与历史有关的、涉及面广的分析为主的操作，如连锁商店的销售统计，这种应用称为＿＿＿＿＿＿，其英文简称为＿＿＿＿＿＿，属于＿＿＿＿＿＿处理。

45．OLAP 概念是 1992 年 E.F.Codd 提出的，其核心是＿＿＿＿＿＿和＿＿＿＿＿＿。

46．对 OLAP 概念的简单明确的定义是：OLAP 处理就是＿＿＿＿＿＿。

47．OLAP 概念具有下列 5 个特征：＿＿＿＿＿＿、＿＿＿＿＿＿、＿＿＿＿＿＿和＿＿＿＿＿＿。

48．OLAP 中基本概念有 7 个：＿＿＿＿＿＿、＿＿＿＿＿＿、＿＿＿＿＿＿、＿＿＿＿＿＿、＿＿＿＿＿＿和＿＿＿＿＿＿。

49．建立 OLAP 的基础是＿＿＿＿＿＿数据模型，这种数据模型的存储主要有 3 种形式：＿＿＿＿＿＿、＿＿＿＿＿＿和＿＿＿＿＿＿。

50．OLAP 的多维数据分析主要有以下 4 种形式：＿＿＿＿＿＿、＿＿＿＿＿＿、＿＿＿＿＿＿和＿＿＿＿＿＿。

51．DM 是从大量、不完全、有噪声、模糊和随机的实际应用数据中提取隐含在其中且人们事先＿＿＿＿＿＿、但又是＿＿＿＿＿＿信息和知识的过程。

52．DW 为 DM 提供了广泛的＿＿＿＿＿＿和＿＿＿＿＿＿，而 DM 为 DW 提供了＿＿＿＿＿＿和＿＿＿＿＿＿。

53．OLAP 和 DM 都是分析型工具。但 OLAP 的分析过程是一个＿＿＿＿＿＿的过程，先假设后验证。而 DM 的分析过程是一个＿＿＿＿＿＿的过程，挖掘和发现＿＿＿＿＿＿。

54．DM 与 OLAP 的本质区别是 DM 是在没有＿＿＿＿＿＿的前提下去挖掘信息，发现知识。

55．DM 至少在目前仍是一个人机交互的过程。DM 过程由＿＿＿＿＿＿、＿＿＿＿＿＿、＿＿＿＿＿＿、＿＿＿＿＿＿、＿＿＿＿＿＿、＿＿＿＿＿＿等 6 个步骤组成。

56．数据预处理主要有＿＿＿＿＿＿和＿＿＿＿＿＿两项工作。

57. 数据的转换主要包括_____和_____。

58. 参与数据挖掘的计算机人员主要有3类：_____、_____和_____。

59. 常用的数据挖掘分析方法有 4 种：_____、_____、_____和_____。

60. DM 中常用的技术有 6 种：_____、_____、_____、_____、_____和_____。

61. DM 技术可应用于商务中大量的决策情况，预期回报最高的应用领域有4个：_____、_____、_____和_____。

62. 三部件结构 DSS 是_____、_____和_____的组合，主要以_____为主体。

63. 智能 DSS 由四部件组成：_____、_____、_____和_____。

64. 新 DSS 是以数据库为基础，将_____、_____和_____集成到一个系统，并能有效提高系统决策支持的 DSS。

65. 新 DSS 的明显特征是以_____方式提供决策支持。新 DSS 中，_____是主体，_____是辅助的。

66. 综合 DSS 是_____和_____的组合。综合 DSS 由 7 个部件组成：_____、_____、_____、_____、_____、_____和_____。

填空题参考答案

1. OOPL DB

2. 传统的关系 DB 技术（或 SQL 语言） OO

3. 基本类型 复合类型 引用类型

4. 整型 浮点型 字符 字符串 布尔型 枚举型

5. 行类型 数组类型 列表类型 包类型 集合类型

6. 对象 类 继承性 对象标识 对象包含

7. 一组变量 一组消息 一组方法

8. 信息隐蔽 使用者 设计者

9. 类似对象

10. 实体集 实体

11. 数据操纵原语

12. 是一个（is a） 是一部分（is part of）

13. 永久

14. 类对象

15. 关系—元组—属性 1NF 平面关系

16. 关系（或集合）

17. 关系（或集合） 元组（或结构）

18. 递归的结构 递归

19. ref

20. 类型级　　　　　表级

21. 嵌套　　解除嵌套

22. 基本 MRP　　　　闭环 MRP　　　　MRPⅡ　　　　ERP

23. 物料需求计划　　制造资源计划　　企业资源计划

24. 原材料库存　　　零部件投产计划　　　缺料　超储　物料　资金流

25. 信息　　信息流　　　物流　　　资金流

26. 企业以赢利为目的　计划　执行　供需链管理　　生产管理　财务管理

27. 数据监狱　　信息贫乏

28. 操作型　分析型

29. 面向主题的　　　集成的　　　相对稳定的　　　不同时间的　　　经营管理

30. 企业数据仓库　操作性数据存储区　　数据集市

31. 当前基本数据　　历史基本数据　　　轻度综合数据　　高度综合数据

32. 粒度（Granularity）

33. 小　　　低

34. 维　　事实

35. 星状模式　雪花模式　　事实星座模式

36. 1　　多

37. 面向主题　数据驱动　原型法

38. 明确主题　概念模型设计　技术装备　　逻辑模型设计　物理模型设计
　　　DW 的生成　　DW 的运行与维护

39. 报表　分析　预测　　实时决策　　　自动决策

40. 抽取　转换　　装载

41. 多余数据　无用数据

42. 不使用　很少使用或不使用

43. 联机事务处理　OLTP　操作型

44. 联机分析处理　OLAP　　分析型

45. 多维数据库　　多维数据分析

46. 共享多维信息的快速分析（FASMI）

47. 快速性　可分析性　共享性　　多维性　　信息性

48. 对象　变量　维　　层　维成员　　多维数组　数据单元

49. 多维　MOLAP　　ROLAP　HOLAP

50. 切片　切块　钻取　旋转

51. 不知道　潜在有用的

52. 数据源　支持平台　决策支持　广泛的技术支持

53. 演绎推理　归纳　　未知的信息和知识

54．明确假设

55．确定目标 数据的选择 数据的预处理 数据的转换 数据挖掘 结果表达和模式评价

56．数据清洗 数据集成

57．数据变换 数据归约

58．业务分析人员 数据分析人员 数据管理人员

59．关联分析方法 序列模式分析方法 分类分析方法 聚类分析方法

60．人工神经网络方法 决策树 遗传算法 最近邻技术 规则归纳 可视化

61．市场营销 金融 生产 卫生保健

62．模型库 数据库 人机交互系统 模型库

63．人机交互系统 模型库 知识库 数据库

64．DW OLAP DM

65．数据驱动 数据 模型

66．智能 DSS 新 DSS DW OLAP DM MB（模型库）KB （知识库） DB（数据库） 人间交互系统

14.4 模拟试题

模拟试题为单项选择题，每小题中有一个或多个空格，每个空格中至少有 4 个备选答案，其中一个是正确的。

1．传统的 SQL 技术中，使用"SELECT DISTINCT"方式查询得到的结果，实际上为_____。

    A．数组   B．列表   C．包   D．集合

2．传统的 SQL 技术中，在 SELECT 语句中使用了 ORDER BY 子句方式查询得到的结果，实际上为_____。

    A．数组   B．列表   C．包   D．集合

3．在面向对象系统中，不同类型元素的有序集合，称为_____。

    A．行类型   B．数组类型   C．列表类型   D．包类型   E．集合类型

4．在面向对象系统中，同类元素的有序集合（大小已预置），称为_____。

    A．行类型   B．数组类型   C．列表类型   D．包类型   E．集合类型

5．在面向对象系统中，同类元素的有序集合（大小未预置），称为_____。

    A．行类型   B．数组类型   C．列表类型   D．包类型   E．集合类型

6．在 ORDB 中，同类元素的无序集合，并且允许一个成员多次出现，称为_____。

    A．行类型   B．数组类型   C．列表类型   D．包类型   E．集合类型

7．在 ORDB 中，同类元素的无序集合，但每个成员只能出现一次，称为_____。

A．行类型　　　B．数组类型　　　C．列表类型　　　D．包类型　　E．集合类型

8．UML 类图中的关联相当于 ER 模型中的_____。

　　A．实体　　　　　　B．实体集　　　　　　C．联系　　　　　D．属性

9．UML 类图中的类相当于 ER 模型中的_____。

　　A．实体　　　　　　B．实体集　　　　　　C．联系　　　　　D．属性

10．UML 类图中的对象相当于 ER 模型中的_____。

　　A．实体　　　　　　B．实体集　　　　　　C．联系　　　　　D．属性

11．在 OODB 中，对象标识符具有_____。

　　A．过程内持久性　　　　　　　　　　B．程序内持久性

　　C．程序间持久性　　　　　　　　　　D．永久持久性

12．OO 技术中，存储和操作的基本单位是_____。

　　A．记录　　　　　　B．块　　　　　　　　C．对象　　　　　D．字段

13．面向对象技术中，封装性是一种_____。

　　A．封装技术　　　B．信息隐蔽技术　　　C．组合技术　　　D．传递技术

14．在 OODB 中，"类"（class）是_____。

　　A．实体的集合　　　　　　　　　　　B．数据类型的集合

　　C．表的集合　　　　　　　　　　　　D．对象的集合

15．在面向对象数据模型中，下列叙述不正确的是_____。

　　A．类相当于 ER 模型中实体类型　　　B．类本身也是一个对象

　　C．类相当于 ER 模型中实体集　　　　D．类的每个对象也称为类的实例

16．在 OODB 中，对象可以定义为对一组信息及其_____的描述。

　　A．操作　　　　　　B．存取　　　　　　　C．传输　　　　　D．继承

17．在 OODB 中，包含其他对象的对象，称为_____。

　　A．强对象　　　　　B．超对象　　　　　　C．复合对象　　　D．持久对象

18．在 OODB 中，对象标识_____。

　　A．与数据的描述方式有关　　　　　　B．与对象的物理存储位置有关

　　C．与数据的值有关　　　　　　　　　D．是指针一级的概念

19．关于 MRP Ⅱ，下列说法不正确的是_____。

　　A．以生产计划为主线　　　　　B．是企业的物流、信息流和资金流畅通无阻

　　C．运用了管理会计的概念　　　D．未反映企业资金的流通

20．关于 ERP，下列说法不正确的是_____。

　　A．计划与执行贯穿了 ERP 系统的整个过程

　　B．供需链管理是企业物流业务的主干线

　　C．ERP 系统是一种软件

　　D．数据库技术是实现 ERP 系统的基础

21．ERP 设计的总体思路中，三条干线不包含_____。

A．供需链管理 B．生产管理 C．财务管理 D．客户管理

22．DB中的数据属于_____①_____数据，DW中的数据属于_____②_____数据；DB属于_____③_____驱动方式，DW属于_____④_____驱动方式。

①、②：A．历史型 B．操作型 C．更新型 D．分析型

③、④：A．事务 B．用户 C．分析 D．系统

23．DW的多维数据模型将数据看成数据立方体形式，由_____①_____和_____②_____组成。

①、②：A．实体 B．联系 C．维 D．类

E．对象 F．事务 G．事实 H．表

24．DW中的脏数据是指数据获取过程中出现的_____的数据。

A．未提交 B．多余 C．冗余 D．重复

25．DW中的休眠数据是指DW中的_____数据。

A．以前经常用，现在无用的、过时的

B．当前经常用，将来很少使用或不使用的

C．当前不使用，将来有用的

D．当前不使用，将来也很少使用或不使用的

26．DW的数据具有若干基本特征，下列不正确的是_____。

A．面向主题的 B．集成的

C．不可更新的 D．不随时间变化的

27．下列关于OLAP的描述中，不正确的是_____。

A．用"维"来反映对象的观察角度

B．用"层"来反映对象的观察深度

C．维的一个取值称为该维的一个维成员

D．多维数组可以表示成如下形式：（维1，维2，…，维n）

E．OLAP是联机分析处理

F．OLAP是以DW进行分析决策的基础

28．关于OLAP和OLTP的说法，下列不正确的是_____。

A．OLTP事务量大，但事务内容比较简单且重复率高

B．OLAP的最终数据来源与OLTP不一样

C．OLAP面对的是决策人员和高层管理人员

D．OLTP以应用为核心，是应用驱动的

29．关于OLAP和OLTP的说法，下列不正确的是_____。

A．OLAP是面向主题的，OLTP是面向应用的

B．OLAP是分析处理方式，OLTP是事务处理方式

C．OLAP的数据是当前数据，OLTP的数据是历史数据

D．OLAP关心的是数据输出量，OLTP关注的是数据进入

E. OLAP 的用户数目较少，OLTP 的数目较多

F. OLAP 以 DW 为基础，其最终数据来源与 OLTP 一样均来自底层的 DBS

30. DM 是从_____演变而成的。

    A. 系统工程　　　　B. 机器学习　　　　C. 运筹学　　　　D. 离散数学

31. DM 和_____是同义词。

    A. 系统工程　　　　B. 操作处理　　　　C. 知识发现　　　　D. 规范化处理

32. 关于 DM 与 DW 的说法，下列不正确的是_____。

    A. DM 为 DW 提供了广泛的数据源

    B. DM 为 DW 提供了决策支持

    C. DW 是一种存储技术，包含了大量的历史数据、当前的详细数据以及综合数据

    D. DM 是从大量的数据中挖掘出有用的信息和知识

33. 关于 DM 与 OLAP 的说法，下列不正确的是_____。

    A. DM 和 OLAP 都属于分析型工具

    B. DM 在本质上是一个归纳的过程

    C. DM 是在做出明确假设后去挖掘知识，发现知识

    D. OLAP 是一种自上而下不断深入的分析工具，是一种演绎推理的过程

34. 关于 DSS 的说法，下列不正确的是_____。

    A. DSS 是在系统工程基础上发展起来的

    B. 在三部件结构 DSS 的基础上增加知识库，形成了智能 DSS

    C. 新 DSS 是以 DB 为基础，将 DW、OLAP、DM 集成到一个系统内形成的系统

    D. 新 DSS 以数据驱动方式提供决策支持，数据是主体，模型是辅助的

35. 有关联机分析处理（OLAP）与联机事务处理（OLTP）的正确描述是_____。

    A. OLAP 面向操作人员，OLTP 面向决策人员

    B. OLAP 使用历史性的数据，OLTP 使用当前数据

    C. OLAP 经常对数据进行插入、删除等操作，而 OLTP 仅对数据进行汇总和分析

    D. OLAP 不会从已有数据中发掘新的信息，而 OLTP 可以

36. 下面描述正确的是_____。

    A. 数据仓库是从数据库中导入大量的数据，并对结构和存储进行组织以提高查询效率

    B. 使用数据仓库的目的在于对已有数据进行高速的汇总和统计

    C. 数据挖掘是采用适当的算法，从数据仓库的海量数据中提取潜在的信息和知识

    D. OLAP 技术为提高处理效率，必须绕过 DBMS 直接对物理数据进行读取和写入

37. 数据仓库通过数据转移从多个数据源中提取数据，为了解决不同数据源格式上的不统一，需要进行_____操作。

    A. 简单转移　　　　B. 清洗　　　　C. 集成　　　　D. 聚集和概括

38. 不常用作数据挖掘的方法是_____。

A．人工神经网络　　　B．规则推导　　　C．遗传算法　　　D．穷举发

模拟试题参考答案

1．D　　2．B　　3．A　　4．B　　5．C

6．D　　7．E　　8．C　　9．B　　10．A

11．D　　12．C　　13．B　　14．D　　15．A

16．A　　17．C　　18．D　　19．D　　20．C　　21．D

22．① B　　② D　　③ A　　④ C　　23．① C ② G

24．B　　25．D　　26．D　　27．D　　28．B

29．C　　30．B　　31．C　　32．A　　33．C

34．A　　35．B　　36．C　　37．B　　38．D

第 15 章 知识产权与信息化基础知识

15.1 基本要求

1. 学习目的与要求

本章总的要求是学习有关知识产权与信息化的基础知识。知识产权也称为"智慧成果权"、"智慧财产权"。知识产权保护制度是现代社会发展中不可缺少的一种法律制度。在知识产权中主要是了解计算机软件著作权的概念和侵权问题。通过对本章这些主要法律、法规的解读，软件从业人员一方面可以了解法规，带头维护知识产权；另一方面可以学会利用知识产权保护自身的合法利益。

2. 本章重点内容

（1）知识产权的概念、分类及特点。

（2）计算机软件著作权的概念：主体、客体、保护的条件、权利、行使、保护日期及归属。

（3）计算机软件著作权的侵权问题：侵权行为、合理使用行为、侵权的识别、侵权的法律责任、商业秘密权。

（4）专利法：保护对象与特征以及有关专利权的常规知识。

（5）企业知识产权的保护和利用。

（6）信息化的定义和要素，全球信息化趋势，国家信息化战略，企业信息化策略。

（7）远程教育，电子商务，电子政务，企业信息资源管理。

15.2 基本内容

15.2.1 知识产权的概念与特点

1. 知识产权的概念

知识产权也称为"智慧成果权"、"智慧财产权"，是人们基于自己的智力活动创造的成果和经营管理活动中的经验、知识而依法享有的权利。我国《民法通则》中规定：知识产权是指民事权利主体（公民、法人）基于创造性的智力成果而享有的权利。知识产权可分为工业产权和著作权两类。

（1）工业产权

根据保护工业产权《巴黎公约》第一条的规定，工业产权包括专利、实用新型、工业品外观设计、商标、服务标记、厂商名称、产地标记或原产地名称以及制止不正当竞争等项内容。此外，商业秘密、微生物技术、遗传基因技术等也属于工业产权保护的对象。对于工业产权保护的对象，可分为"创造性成果权利"和"识别性标记权利"。发明、实用新型和工业品外观设计等属于前者，因为它们的智力创造性比较明显。其中，发明和实用新型是利用自然规律做出的解决特定问题的新的技术方案，工业品外观设计是确定工业品外表的美学创作，其完成需要人付出创造性劳动。商标、服务标记、厂商名称、产地标记或原产地名称以及我国《反不正当竞争法》第五条中规定的知名商品所特有的名称、包装、装潢等为识别性标记。

（2）著作权

著作权也称为版权，是指作者对其创作的作品享有的人身权和财产权。人身权包括发表权、署名权、修改权和保护作品完整权等；财产权包括作品的使用权和获得报酬权，即以复制、表演、播放、展览、发行、摄制电影、电视、录像或者改编、翻译、注释、编辑等方式使用作品的权利，以及许可他人以上述方式使用作品并由此获得报酬的权利。著作权保护的对象包括：文学、科学和艺术领域内的一切作品（不论其表现形式或方式如何），诸如书籍、小册子和其他著作，讲课、演讲和其他同类性质作品，戏剧或音乐作品，舞蹈艺术作品和哑剧作品，配词或未配词的乐曲，电影作品以及与使用电影艺术类似方法表现的作品，图画、油画、建筑、雕塑、雕刻和版画，摄影作品以及使用与摄影艺术类似方法表现的作品，与地理、地形建筑或科学技术有关的示意图、地图、设计图、草图和立体作品等。

有些智力成果可以同时成为这两类知识产权保护的客体。此外，一些新产生的知识产权不一定就归为这两个类别。知识产权所保护的对象是依赖人类智力劳动创造的，特别是高科技创新产业迸发出的呈现千姿百态的知识财产，这些都属于人类智力劳动的成果，法律都赋予它们民事权利。

2. 知识产权的特点

（1）无形性

知识产权是一种无形财产权。知识产权的客体指的是智力创作性成果（也称为知识产品），是一种没有形体的精神财富。它是一种可以脱离其所有者而存在的无形信息，可以同时为多个主体所使用，在一定条件下不会因多个主体的使用而使该项知识财产自身遭受损耗或者消失。

（2）双重性

某些知识产权具有财产权和人身权双重属性。例如著作权，其财产权属性主要体现在所有人享有的独占权以及许可他人使用而获得报酬的权利，所有人可以通过独自实施获得收益，也可以通过有偿许可他人使用而获得报酬，还可以像有形财产那样进行买卖或抵押；其人身权属性主要指署名权等。有的知识产权具有单一的属性。例如，发现权只具有名誉权属性，而没有财产权属性；商业秘密只具有财产权属性，而没有人身权属性；专利权和商标权主要体现为财产权。

（3）确认性

无形的智力创作性成果不像有形财产那样直观可见，因此，智力创作性成果的财产权需要依法审查确认，以得到法律保护。例如，我国的发明人所完成的发明，其实用新型或者外观设计，已经具有价值和使用价值，但是，其完成人并不能自动获得专利权。完成人必须依照专利法的有关规定，向国家专利局提出专利申请。专利局依照法定程序进行审查，对于符合专利法规定条件的，由专利局做出授予专利权的决定，颁发专利证书，只有当专利局发布授权公告后，其完成人才享有该项知识产权。又如，对于商标权的获得，大多数国家（包括中国）实行注册制，只有向国家商标局提出注册申请，经审查核准注册后，才能获得商标权。

（4）独占性

由于智力成果具有可以同时被多个主体所使用的特点，因此，法律授予知识产权一种专有权，具有独占性。未经其专利人许可，任何单位或个人不得使用，否则就构成侵权，应承担相应的法律责任。法律对各种知识产权都规定了一定的限制，但这些限制不影响其独占性特征。少数知识产权不具有独占性特征。例如，技术秘密的所有人不能禁止第三方使用其独立开发完成的或者合法取得的相同的技术秘密。商业秘密不具备完全的财产权属性。

（5）地域性

知识产权具有严格的地域性特点，即各国主管机关依照本国法律授予的知识产权只能在本国领域内受法律保护。例如，中国专利局授予的专利权或中国商标局核准的商标专用权只能在中国领域内受保护，其他国家则不给予保护。外国人在我国领域外使用中国专利局授权的发明专利，不侵犯我国专利权。著作权虽然自动产生，但它受地域限制。我国法律对外国人的作品并不都给予保护，只保护共同参加国际条约的国家的公民的作品。同样，公约的其他成员也按照公约的规定，对我国公民和法人的作品给予保护。

（6）时间性

知识产权具有法定的保护期限，一旦保护期限届满，权利将自行终止，成为社会公众可以自由使用的知识。至于期限的长短，依各国的法律而定。例如，我国发明专利的保护期为 20 年，实用新型专利权和外观设计专利权的期限为 10 年，均自专利申请日起计算。我国公民的作品发表权的保护期为作者终生及其死亡后 50 年。我国商标权的保护期限自核准注册之日起 10 年内有效，但可以根据其所有人的需要无限地续展权利期限。在期限届满前 6 个月内申请续展注册，每次续展注册的有效期为 10 年，续展注册的次数不限。如果商标权人逾期不办理续展注册，其商标权也将终止。商业秘密受法律保护的期限是不确定的，该秘密一旦为公众所知悉，即成为公众可以自由使用的知识。

15.2.2 计算机软件著作权

1. 计算机软件著作权的主体

计算机软件著作权的主体指享有著作权的人。计算机软件著作权的主体包括公民、法人和其他组织。著作权法和《计算机软件保护条例》未规定对主体的行为能力限制，同时对外国人、无国籍人的主体资格，奉行"有条件"的国民待遇原则。

（1）公民

公民（自然人）取得软件著作权主体资格的途径有：公民自行独立开发软件（软件开发者）；订立委托合同，委托他人开发软件，并约定软件著作权归自己享有；通过转让途径取得软件著作财产权主体资格（软件权利的受让者）；公民之间或与其他主体之间，对计算机进行合作开发而产生的公民群体或者公民与其他主体成为计算机软件作品的著作权人；根据《继承法》的规定通过继承取得软件著作财产权主体资格。

（2）法人

法人是具有民事权利能力和民事行为能力，依法独立享有民事权利和承担义务的组织。法人是计算机软件著作权的重要主体。法人取得计算机软件著作权主体资格一般通过的途径有：由法人做之并提供创作物质条件所实施的开发，并由法人承担社会责任；通过接受委托、转让等各种有效合同关系而取得著作权主体资格；因计算机软件著作权主体（法人）发生变更而依法成为著作权主体。

（3）其他组织

其他组织是指除去法人以外的能够取得计算机软件著作权的其他民事主体。包括非法人单位、合作伙伴等。

2. 计算机软件著作权的客体

计算机软件著作权的客体是指著作权法保护的计算机软件著作权的范围（受保护的对象）。著作权法保护的计算机软件是指计算机程序及其有关文档。著作权法对计算机软件的保护是指计算机软件的著作权人或者其受让者依法享有著作权的各项权利。

（1）计算机程序

包括源程序和目标程序，同一程序的源程序文本和目标程序文本视为同一软件作品。

（2）计算机软件的文档

包括程序设计说明书、流程图、用户手册等。

3. 计算机软件受著作权法保护的条件

（1）独立创作

受保护的软件必须由开发者独立开发创作，任何复制或抄袭他人开发的软件不能获得著作权。软件的独创性不同于专利的创造性。程序的功能设计往往被认为是程序的思想概念，根据著作权法不保护思想概念的原则，任何人可以设计具有类似功能的另一件软件作品。

（2）可被感知

受著作权法保护的作品应当是固定在载体上的作者创作思想的一种实际表达。如果作者的创作思想未表达出来或不可以被感知，就不能得到著作权法的保护。因此，《计算机软件保护条例》规定，受保护的软件必须固定在某种有形的物体上，如固定在存储器或磁盘、磁带等计算机外部设备上，也可以是其他的有形物，如纸张等。

（3）逻辑合理

计算机运行过程实际上是按照预先安排不断对信息随机进行的逻辑判断智能化过程。所以，逻辑判断功能是计算机系统的基本功能。受著作权法保护的计算机作品必须具备合理的逻辑思想，并以正确的逻辑步骤表现出来，才能达到软件的设计功能。而使用他人软件作品的逻辑步骤的组合方式则构成侵权。

除计算机软件的程序和文档外，著作权法不保护计算机软件开发所用的思想、概念、发现、原理、算法、处理过程和运算方法。因上述内容属于计算机软件基本理论的范围，是设计开发软件不可或缺的理论依据，属于社会共有领域，不为个人专有。

4. 计算机软件著作权的权利

软件作品享有两类权利，一类是软件著作权的人身权（精神权利）；另一类是软件著作权的财产权（经济权利）。

（1）计算机软件的著作人身权

软件著作权人享有的发表权和开发者身份权，是与软件著作权人的人身权不可分离的两项权利。

- 发表权指决定软件是否公之于众的权利，即指软件作品完成后，以复制、展示、发行或者翻译等方式使软件作品在一定数量的不特定人的范围内公开。发表权的具体内容包括软件作品发表的时间、发表的形式以及发表的地点等。
- 开发者身份权指作者为表明身份在软件作品中署自己名字的权利。署名形式多样，既可以署作者的姓名，也可以署其笔名。作品的署名对确认著作权的主体具有重要意义。身份权不随软件开发者的消亡而丧失，且无时间限制。

（2）计算机软件的著作财产权

财产权指能够给著作权人带来经济利益的权利，通常由软件著作权人控制和支配，并能够为权利人带来一定经济效益的权利。软件著作权人享有下述 10 种软件财产权。

- 使用权：即在不损害社会公共利益的前提下，以复制、修改、发行、翻译、注释等方式使用软件的权利。
- 复制权：即将软件作品制作一份或多份的权利。复制权就是版权所有人决定实施或不实施上述复制行为，或禁止他人复制其受保护作品的权利。
- 修改权：即对软件进行增补、删节或改变指令、语句顺序等以提高、完善原软件作品的权利。修改权即指作者享有的修改或者授权他人修改软件作品的权利。
- 发行权：指为满足公众的合理需求，通过出售、出租等方式向公众提供一定数量的作品复制件的权利。发行权即以出售或赠予方式向公众提供软件的原件或复制件的权利。
- 翻译权：指以不同于原软件作品的一种程序语言转换该作品原使用的程序语言，而重现软件作品内容的创作权利，即将原软件从一种程序语言转换成另一种程序语言的权利。
- 注释权：指对软件作品中的程序语句进行解释，以更好地理解软件作品的权利。是著作权人对自己的作品享有进行注释的权利。

- 信息网络传播权：以有线或无线信息网络方式向公众提供软件作品，使公众可在其个人选定的时间和地点获得软件作品的权利。
- 出租权：即有偿许可他人临时使用计算机软件的复制件的权利，但计算机软件不是出租的主要标的的除外。
- 使用许可权和获得报酬权：即许可他人以上述方式使用软件作品的权利（许可他人行使软件著作权中的财产权）和依照约定或者有关法律规定获得报酬的权利。
- 转让权：即向他人转让软件的使用权和使用许可权的权利。软件著作权人可以全部或者部分转让软件著作权中的财产权。

（3）软件合法持有人的权利

根据《计算机软件保护条例》规定，软件合法复制品的所有人享有下述 4 种权利。

- 根据使用的需要把软件装入计算机等能存储信息的装置内；
- 根据需要进行必要的复制；
- 为防止复制品损坏而制作备份复制品。这些复制品不得以任何方式提供给他人使用，而且，在所有人丧失该合法复制品所有权时，要负责将备份复制品销毁；
- 为把该软件用于实际的计算机应用环境或改进其功能而进行必要的修改。但除合同约定外，未经该软件著作权人许可，不得向任何第三方提供修改后的软件。

5. 计算机软件著作权的行使

（1）软件经济权利的许可使用

软件经济权利的许可使用是指软件著作权人或权利合法受让者，通过合同方式许可他人使用其软件，并获得报酬的一种软件贸易形式。许可使用的方式分为以下 4 种。

- 独占许可使用：权利人通过书面合同授权，被授权方可以根据合同规定的方式、条件和时间确定独占性，权利人不得将软件使用权授予第三方，权利人自己不能使用该软件。
- 独家许可使用：权利人通过书面合同授权，被授权方可以根据合同规定的方式、条件、时间确定独占性，权利人不得将软件使用权授予第三方，权利人自己可以使用该软件。
- 普通许可使用：权利人通过书面合同授权，被授权方可以根据合同规定的方式、条件、时间确定独占性，权利人可以将软件使用权授予第三方，权利人自己可以使用该软件。
- 法定许可使用和强制许可使用：在法律特定的条件下，不经软件著作权人许可使用其软件。

（2）软件经济权利的转让使用

软件经济权利的转让使用是指软件著作权人将其享有的软件著作权中的经济权利全部转移给他人。软件经济权利的转让将改变软件权利的归属，原始著作权人的主体地位随着转让活动的发生而丧失，软件著作权受让者成为新的著作权主体。软件著作权转让必须签订书面合同。软件转让活动不能改变软件的保护期。转让方式包括卖出、赠予、抵押、赔偿等，可以定期转让或永久转让。

6. 计算机软件著作权的保护期

根据《中华人民共和国著作权法》和《计算机软件保护条例》的规定，计算机软件著作权的权利自软件开发完成之日起产生，保护期为 50 年。期满后，除开发者身份权外，其他权利终止。一旦计算机软件著作权超出保护期，软件就进入公有领域。因计算机软件著作权人的单位终止和计算机软件著作权人的公民死亡均无合法继承人时，除开发者身份权外，该软件的其他权利进入公有领域。软件进入公有领域后成为社会公共财富，公众可无偿使用。

7. 计算机软件著作权的归属

（1）软件著作权归属的基本原则

我国《计算机软件保护条例》第九条规定"软件著作权属于软件开发者，本条例另有规定的情况除外。"这是我国计算机软件著作权归属的基本原则。

（2）职务开发软件著作权的归属

职务软件作品是指公民在单位任职期间为执行本单位工作任务所开发的计算机软件作品。《计算机软件保护条例》第十三条规定，公民在单位任职期间所开发的软件，如果是执行本职工作的结果，即针对本职工作中明确指定的开发目标所开发的或者是从事本职工作活动所预见的结果或自然的结果，则该软件的著作权属于该单位；如果主要使用了单位的资金、专用设备、未公开的专门信息等物资技术条件所开发并由法人或其他组织承担责任的软件，该软件的著作权也归单位所有。

对于公民在非职务期间创作的计算机程序，其著作权属于某项软件作品的开发单位，还是属于直接开发软件作品的个人，可按《计算机软件保护条例》第十三条规定的下述 3 条标准确定。

- 所开发的软件作品不是执行其本职工作的结果；
- 开发的软件作品与开发者在单位中从事的工作内容无直接联系；
- 开发的软件作品未利用单位的物质技术条件。

雇员进行本职工作外的软件开发创作，必须同时符合上述 3 个条件，才算是非职务软件作品，雇员个人才享有软件著作权。常有软件开发符合前两个条件，但使用了单位的技术情报资料、计算机设备等物质技术条件的情况。处理该情况较好的方法是对该软件著作权的归属应当由单位和雇员双方协商确定，如对于公民在非职务期间利用单位物资条件创作的与单位业务范围无关的计算机程序，其著作权属于创作程序的作者，但作者许可第三人使用软件时，应当支付单位合理的物质条件使用费。若协商不能解决，只能按上述 3 条标准做出界定。

（3）合作开发软件著作权的归属

合作开发软件是指两个或两个以上公民、法人或其他组织订立协议，共同参加某项计算机软件的开发并分享软件著作权的形式。

① 由两个以上的单位、公民共同开发完成的软件属于合作开发的软件。对于合作开

发的软件，其著作权的归属一般是由各合作开发者共同享有；但如果由软件著作权的协议，则按照协议确定软件著作权的归属。

② 鉴于合作开发软件的著作权由两个以上单位或者个人共同享有，因而为避免在软件著作权的行使中产生纠纷，规定"合作开发的软件，其著作权的归属由合作开发者签订书面合同约定"。

③ 对于合作开发的软件著作权无书面合同或者合同未作明确约定，合作开发的软件可以分割使用的，开发者对各自开发的部分可以单独享有著作权，但是，行使著作权时，不得不扩展到合作开发的软件整体的著作权。合作开发的软件不能分割使用的，其著作权由合作开发者共同享有，通过协商一致行使。如不能协商一致，有无正当理由，任何一方不得组织他方行使除转让以外的其他权利，但是所得收益应合理分配给所有合作开发者。

④ 合作开发者对于软件著作权中的转让起不得单独行使。因转让权的行使将涉及软件著作权权利主体的改变，所以软件的合作开发者在行使转让权时，必须与各合作开发者协商，在征得同意的情况下方能行使该项专有权利。

（4）委托开发的软件著作权归属

委托开发软件著作权关系的建立，一般由委托方与受委托方订立合同而成立。委托开发软件作品关系中，委托方的责任是提供资金、设备等物质条件，并不直接参与开发软件作品的创作开发活动。受托方的主要责任是根据委托合同规定的目标开发出符合要求的软件。

① 委托开发软件作品是根据委托方要求，由委托方与受托方以合同确定的权利和义务的关系而进行开发的软件。因此，软件作品著作权归属应当作为合同的重要条款并予以明确约定。对于当事人已经在合同中约定软件著作权归属关系的，如事后发生纠纷，软件著作权的归属仍应当根据委托开发软件的合同来确定。

② 若在委托开发软件活动中，委托者与受委托者没有签订书面协议，或者在协议中未对软件著作权归属做出明确的约定，则软件著作权属于受委托者，即属于实际完成软件的开发者。

（5）接受任务开发的软件著作权归属

根据社会经济发展的需要，对于一些涉及国家基础项目或者重点设施的计算机软件往往采取由政府有关部门或上级单位下达任务的方式，完成软件的开发工作。对于国家或上级下达任务开发的软件著作权归属应按以下标准确定。

- 下达任务开发的软件著作权的归属关系，首先应以项目任务书的规定或者双方的合同约定为准来确定。
- 下达任务的项目任务书或者双方订立的合同中未对软件著作权归属做出明确的规定或者约定的，其软件著作权属于接受并实际完成开发软件任务的单位享有。

（6）计算机软件著作权主体变更后软件著作权的归属

计算机软件著作权的主体会因一定的法律事实而发生变更。软件著作权主体的变更必然引起软件著作权归属的变化。根据《计算机软件保护条例》，计算机软件主体变更引起的权属变化有以下 5 种。

① 公民继承的软件权利归属

软件著作的合法继承人依法享有继承被继承人享有的软件著作权的使用权、使用许可权和获得报酬权等权利。继承权的取得、继承顺序等均按照《继承法》的规定进行。

② 单位变更后软件权利归属

当软件著作权人的单位发生变更（如单位合并、破产等）时，而其享有的软件著作权仍处在法定的保护期限内，可以由合法的权利承受单位享有原始著作权人所享有的各项权利。依法承受软件著作权的单位成为该软件的后续著作权人，可在法定的条件下行使所承受的各项专有权利。一般认为，"各项权利"包括署名权等著作人身权在内的全部权利。

③ 权利转让后软件著作权归属

计算机软件著作财产权发生转让后，必然引起著作权主体的变化，产生新的软件著作权归属关系。软件权利的转让应当根据我国有关法规以签订、执行书面合同的方式进行。软件权利的受让者可依法行使其享有的权利。

④ 司法判决、裁定引起的软件著作权归属问题

计算机软件著作权是公民、法人和其他组织享有的一项重要的民事权利。发生争议和纠纷后由人民法院的民事判决、裁定而产生软件著作权主体的变更，也会产生软件著作权归属问题。主要有以下 4 类归属问题：第 1 类是由人民法院对著作权归属纠纷中权利的最终归属做出司法裁判，从而变更了计算机软件著作权原有归属；第 2 类是计算机软件的著作权人为民事法律关系中的债务人，人民法院将其软件著作财产权判归债权人享有抵债；第 3 类是人民法院做出民事判决判令软件著作权人履行民事给付义务，在判决生效后执行程序中，如其无其他财产可供执行，将软件著作财产权执行给对方折抵债务；第 4 类是根据《中华人民共和国破产法》的规定，软件著作权人被破产还债，软件著作财产权作为法律规定的破产财产构成的"其他财产权利"，作为破产财产由人民法院判决分配。

⑤ 保护期限届满权利丧失

软件著作权的法定保护期限可以确定计算机软件的主体能否依法变更。如软件著作权已过保护期，该软件进入公有领域，便丧失了专有权，也就没有必要改变权利主体了。转让活动也不能延长该软件著作权的保护期限。

15.2.3 计算机软件著作权的侵权问题

1. 计算机软件著作权的侵权行为

侵犯计算机软件著作权的违法行为的鉴别，主要依据保护知识产权的相关法律来判断。违反著作权法和《计算机软件保护条例》等法律禁止的行为，便是侵犯计算机著作权的违法行为，这是鉴别违法行为的根本原则。对于法律规定不禁止，也不违反相关法律基本原则的行为，不认为是违法行为。在法律无明文规定的情况下，违背著作权法和《计算机软件保护条例》等法律的基本原则，以及社会主义公共生活准则和社会道德规范的行为，也应视为违法行为。凡是行为人主观上具有故意或者过失对《著作权法》和《计算机软件

保护条例》保护的计算机软件人身权和财产权实施侵害行为的，都构成计算机软件的侵权行为。

《计算机软件保护条例》第二十三条规定的侵犯计算机软件著作权的情况，是认定软件著作权侵权行为的法律根据。计算机侵权行为主要有以下 10 项。

- 未经软件著作权人的同意而发表或者登记其软件作品；
- 将他人开发的软件当作自己的作品发表或者登记；
- 未经合作者的同意将与他人合作开发的软件当作自己独立完成的作品发表或登记；
- 在他人开发的软件上署名或更改他人开发的软件上的署名；
- 未经软件著作权人或其合法受让者的许可，修改或翻译其软件作品；
- 未经软件著作权人或其合法受让者的许可，复制或部分复制其软件作品；
- 未经软件著作权人及其合法受让者同意，向公众发行或出租其软件的复制品；
- 未经软件著作权人及其合法受让者同意，向任何第三方办理软件权利许可或转让事宜；
- 未经软件著作权人及其合法受让者同意，通过信息网络传播著作权人的软件；
- 共同侵权行为。

二人以上共同实施《计算机软件保护条例》第二十三条和第二十四条规定的侵权行为，构成共同侵权行为。如行为人没有实施该两条规定的行为，但实施了给侵权行为人进行侵权活动提供设备、场所或解密软件，或为侵权复制品提供仓储、运输条件等行为，也构成共同侵权行为。

2. 不构成计算机软件侵权的合理使用行为

《计算机软件保护条例》第八条第四项和第十六条规定，获得使用权或使用许可权（视合同条款）后，可以对软件进行复制而无须通知著作权人，亦不构成侵权。

区分合理使用与非合理使用的判别标准一般有以下 3 条。

- 软件作品是否合法取得（这是合理使用的基础）。
- 使用的目的是非商业营业性的。如使用的目的是为商业性营利，就不属合理使用的范围。
- 合理使用一般为少量的使用。所谓少量的界限根据其使用的目的以行业惯例和人们一般常识所综合确定。超过通常被认为的少量界限，即可被认为不属合理使用。

3. 计算机著作权软件侵权的识别

计算机软件具有技术性、依赖性、多样性、运行性等特点。根据其特点，对计算机软件侵权行为的识别可以将发生争议的某一计算机程序与比照物（权利明确的正版计算机程序）进行对比和鉴别，从两个软件的相似性或完全相同来判断，做出侵权认定。识别侵权（盗版）软件可以采取的简单方法有下列 5 种。

- 对被识别的软件与正版软件直接进行目录、文件名对比以及部分内容对比。
- 对两套软件同时或先后进行安装，观察其安装过程中的屏幕显示，包括软件信息以及使用功能键后的屏幕显示等是否相同。

- 对其安装成功后的目录以及各文件信息进行对比。
- 对盗版软件与正版软件的使用过程进行对比。
- 对盗版软件与正版软件的源程序进行对比。

4. 计算机软件著作权侵权的法律责任

当侵权人侵害他人的著作权、财产权或著作人身权，造成权利人财产或非财产的损失，侵权人不履行赔偿义务，法律将强制侵权人承担赔偿损失的民事责任。

（1）民事责任

侵犯著作权或者与著作权有关的权利的，侵权人应当按照权利人的实际损失给予赔偿；实际损失难以计算的，可按照侵权人的违法所得给予赔偿。赔偿数额还应当包括权利人为制止侵权行为所支付的合理开支。权利人的实际损失或侵权人的违法所得不能确定的，由人民法院根据侵权行为的情节，判决给予五十万元以下的赔偿。有下列侵权行为的，应根据情况，承担停止侵害、消除影响、公开赔礼道歉、赔偿损失等民事责任。

- 未经软件著作权人许可发表或登记其软件的。
- 将他人软件当作自己的软件发表或登记的。
- 未经合作者许可，将合作开发的软件当作自己单独完成的作品发表或登记的。
- 在他人开发的软件上署名或更改他人开发的软件上的署名的。
- 未经软件著作权人或其合法受让者的许可，修改或翻译其软件作品的。
- 其他侵犯软件著作权的行为。

（2）行政责任

对侵犯软件著作权的行为，著作权行政管理部门应当责令停止违法行为，没收非法所得，没收、销毁侵权复制品，并可处以每件一百元或货值金额二至五倍的罚款。有下列侵权行为的，应当根据情况，承担停止侵害、消除影响、公开赔礼道歉、赔偿损失等行政责任。

- 复制或者部分复制著作权人的软件的。
- 向公众发行、出租、通过信息网络传播著作权人的软件的。
- 故意避开或破坏著作权人为保护其软件而采取技术措施的。
- 故意删除或改编软件权利管理电子信息的。
- 许可他人行使或转让著作权人的软件著作权的。

（3）刑事责任

侵权行为触犯刑律的，侵权者应当承担刑事责任。《中华人民共和国刑法》第二百一十七条、二百一十八条和二百二十条规定，构成侵犯著作权罪、销售侵权复制品罪的，由司法机关追究刑事责任。

5. 计算机软件的商业秘密权

（1）商业秘密的概念

《反不正当竞争法》中商业秘密被定义为"不为公众所知悉的、能为权利人带来经济利益、具有实用性并经权利人采取保密措施的技术信息和经营信息"。经营秘密和技术秘密是商业秘密的基本内容。

商业秘密构成的条件是：商业秘密必须具有未公开性，即不为公众所知悉；必须具有实用性，即能为权利人带来经济效益；必须具有保密性，即采取了保密措施。

商业秘密是一种无形的信息财产。商业秘密的权利人和有形财产所有人一样，依法享有占有、使用和收益的权利，即有权对商业秘密进行控制与管理，防止他人采取不正当手段获取与使用；有权依法使用自己的商业秘密，而不受他人干涉；有权通过自己使用或者许可他人使用以至转让所有权，从而取得相应的经济利益；有权处理自己的商业秘密，包括放弃占有、无偿公开、赠予或转让等。

一项商业秘密受到法律保护的依据，是必须具备有关商业秘密定义中的 3 个条件，缺少其中任何一个都会造成商业秘密丧失保护。

《反不正当竞争法》保护计算机软件，是以计算机软件中是否包含"商业秘密"为必要条件的。而计算机是人类知识、智慧、经验和创造性劳动的成果，本身就具有商业秘密的特征，即包含技术秘密和经营秘密。即使软件尚未开发完成，在软件开发中所形成的知识内容也可构成商业秘密。

（2）计算机软件商业秘密的侵权

① 以盗窃、利诱、胁迫或其他不正当手段获取权利人的计算机软件商业秘密。盗窃商业秘密，包括单位内部人员盗窃、外部人员盗窃、内外勾结盗窃等手段；以利诱手段获取商业秘密，通常指行为人向掌握商业秘密的人员提供财物或优惠条件，诱使其向行为人提供商业秘密；以胁迫手段获取商业秘密，是指行为人采取威胁、强迫的手段，使他人在受强制的情况下提供商业秘密；以其他不正当手段获取商业秘密。

② 披露、使用或允许他人使用以不正当手段获取的计算机软件商业秘密。披露是指将权利人的商业秘密向第三方透露或向不特定的其他人公开，使其失去秘密价值；使用或允许他人使用是指非法使用他人商业秘密的具体情形。以非法手段获取商业秘密的行为人，如果将该秘密再行披露或使用，就构成双重的侵权；倘若第三方从侵权人那里获悉了商业秘密而将秘密披露或使用，同样构成侵权。

③ 违反约定或违反权利人有关保守商业秘密的要求，披露、使用或允许他人使用其所掌握的计算机软件商业秘密。对于计算机软件商业秘密的工作人员或其他知情人，如果他们违反合同约定或单位规定的保密义务，将其所掌握的商业秘密擅自公开，或自己使用，或许可他人使用，即构成侵犯商业秘密。

④ 第三方在明知或应知前述违法行为的情况下，仍然从侵权人那里获取、使用或披露他人的计算机软件商业秘密。这是间接侵权行为。

（3）计算机软件商业秘密侵权的法律责任

根据我国《反不正当竞争法》和《刑法》，计算机软件商业秘密的侵权者将承担行政责任、民事责任和刑事责任。《反不正当竞争法》第二十五条规定了相应的行政责任，即对侵犯商业秘密的行为，监督检查部门应当责令侵权者停止违法行为，而后可以根据侵权的情节依法处以 1 万元以上 20 万元以下的罚款。

计算机软件商业秘密侵权者的侵权行为对权利人的经营造成经济上的损失时，侵权者应当承担经济损害赔偿的民事责任。我国《反不正当竞争法》第二十条规定了侵犯商业秘密的民事责任，即经营者违反该规定，给被侵害的经营者造成损害的，应当承担损害赔偿责任。被侵害的经营者合法权益受到损害的，可以向人民法院提起诉讼。

计算机软件商业秘密的侵权者的侵权行为对权利人造成重大损害的，侵权者应当承担刑事责任。我国《刑法》第二百一十九条规定了侵犯商业秘密罪——实施侵犯商业秘密行为，给商业秘密的权利人造成重大损失的，处 3 年以下有期徒刑或者拘役，并处或者单处罚金；造成特别严重后果的，处 3 年以上 7 年以下有期徒刑，并处罚金。

15.2.4 专利法概述

1. 专利法的保护对象与特征

发明创造是指发明、实用新型和外观设计，是我国专利法主要保护的对象。专利的发明创造是无形的智力创造性成果，必须经专利主管部门依照法定程序审查确定。在未经审批之前，任何一项发明创造都不得成为专利。专利法的特点是法律保护、科学审查、公开通报和国际交流。

不适用于专利法的对象如下。

- 违反国家法律、社会公德或妨害公共利益的发明创造；
- 科学发现；
- 专利活动的规则和方法；
- 疾病的诊断和治疗方法；
- 动、植物品种；
- 用原子核变换方法获得的物质。

2. 授予专利权的条件

授予专利权的条件是指一项发明创造获得专利权应当具备的实质性条件，包括以下 3 点。

（1）新颖性　指在申请日之前没有同样的发明或实用新型在国内外出版物公开发表过，在国内公开使用或以其他方式为公众所知，也没有同样的发明或实用新型有他人向专利局提出过申请并且记载在申请日以后公布的专利申请文件中。我国专利法规定申请专利的发明创造在申请日之前 6 个月内，有下列情况之一的，不丧失新颖性：

- 在中国政府主办或承认的国际展览会上首次展出的；
- 在规定的学术会议或技术会议上首次发表的；
- 他人未经申请人同意而泄漏其内容的。

（2）创造性　指同申请日以前已有的技术相比，该发明有突出的实质性特点和显著的进步，该实用新型有实质性特点和进步。

（3）实用性　指该发明或实用新型能够制造或使用，并且能够产生积极的效果。

注：我国专利法规定，外观设计获专利权的实质条件为新颖性和美观性。

3. 专利的申请

（1）申请权是指公民、法人或其他组织依据法律规定或合同约定享有的就发明创造向专利局提出专利申请的权利。专利申请权可转让、被继承或赠予。

（2）专利申请人是指对某项发明创造依法律规定或者合同约定享有专利申请权的公民、法人或其他组织。

（3）专利申请日（关键日）是专利局或专利局指定的专利申请受理代办处收到完整专利申请文件的日期。如邮寄，以邮戳日为准。

（4）申请原则：专利申请人及其代理人在办理各种手续时应当采用书面形式。一份专利申请文件只能就一项发明创造提出专利申请，即"一份申请一项发明"原则。两个或两个以上的人分别就同样的发明创造申请专利的，专利权授给最先申请人。

（5）专利申请文件：发明或实用新型申请文件包括请求书、说明书及其摘要和权利要求书。外观设计专利申请文件包括请求书、图片或照片。

（6）专利申请的审批：专利局收到发明专利申请后，一个必要的程序是初步审查。经初步审查认为符合本法要求的，自申请日起满 18 个月，即行公布（公布申请）。专利局可根据申请人的请求，早日公布其申请。自申请日起 3 年内，专利局可以根据申请人随时提出的请求，对其申请进行实质审查。而实用新型和外观设计专利申请只进行初步审查，不进行实质审查。

（7）申请权的丧失与恢复

专利法及其实施细则有许多条款规定，如果申请人在法定期间或专利局所指定的期限内未办理相应的手续或没有提交有关文件，其申请就被视为撤回或丧失提出某项请求的权利，或导致有关权利终止的后果。因耽误期限而丧失权利之后，可以在自障碍消除后两个月内，最迟自法定期限或指定期限届满后两年内或自收到专利局通知之日起两个月内，请求恢复其权利。

4. 专利权的行使

（1）专利权的归属

根据《中华人民共和国专利法》的规定，执行本单位的任务或主要利用本单位物质条件所完成的职务发明创造，申请专利的权利属于该单位，申请被批准后，专利权归该单位持有。非职务发明创造，申请专利的权利属于发明人或设计人。在中国境内的外资企业和中外合资经营企业的工作人员完成的职务发明创造，申请专利的权利属于该企业，申请被批准后，专利权归申请的企业或个人所有；两个以上单位协作或一个单位接受其他单位委托的研究、设计任务所完成的发明创造，除另有协议的以外，申请专利的权利属于完成或共同完成的单位，申请被批准后，专利权归申请的单位所有或持有。

（2）专利权人的权利

专利权人的权利包括独占实施权、转让权、实施许可权、放弃权、标记权等。专利权人可通过专利实施许可合同将其依法取得的对某项发明创造的实施权转移给非专利权人行使。任何单位或个人实施他人专利的，除专利法第十四条规定的外，都须与专利权人订立书面实施许可合同，向专利权人支付专利使用费。被许可人无权允许合同规定以外的任何单位或个人实施该专利。

5. 专利权的限制

根据专利法的规定，发明专利权的保护期限为自申请日起 20 年，实用新型专利权和外观设计专利权的保护期限为自申请日起 10 年。发明创造专利权的法律效力所及的范围为：

- 发明或实用新型专利权的保护范围以其权利要求的内容为准，说明书及附图可以用于解释权利要求；
- 外观设计专利的保护范围以表示在图片或照片中的该外观设计专利产品为准。

公告授予专利权后，任何单位或个人认为该专利权的授予不符合专利法规定条件的，可以向专利复查委员会提出宣告该专利权无效的请求。专利复审委员会对这种请求进行审查，做出宣告专利权无效或维持专利权的决定。

专利法允许第三方在某些特殊情况下，可以不经专利人许可而实施其专利，且其实施行为并不构成侵权。专利权限制的种类包括强制许可、不视为侵犯专利权的行为及国家计划许可。

6. 专利侵权行为

专利侵权行为是指在专利权的有效期限内，任何单位或个人在未经专利权人许可，也没有其他法定事由的情况下，擅自以营利为目的实施专利的行为。专利侵权行为主要包括：

- 为生产经营目的制造、使用、销售其专利产品，或使用其专利方法以及使用、销售依照该专利方法直接获得的产品；
- 为生产经营目的制造、销售其外观设计专利产品；
- 进口依照其专利方法直接获得的产品；
- 产品包装上标明专利标记和专利号；
- 将非专利产品冒充专利产品或将非专利方法冒充专利方法等。

对未经专利权人许可，实施其专利的侵权行为，专利权人或利害关系人可请求专利管理机关处理。在专利侵权纠纷发生后，专利权人或利害关系人既可请求专利管理机关处理，又可请求人民法院审理。诉讼时效为两年。

15.2.5 企业知识产权的保护

1. 知识产权的保护和利用

目前，计算机技术和软件技术的知识产权法律保护已形成以著作权法保护为主，著作权法、计算机软件保护条例、专利法、商标法、反不正当竞争法、合同法实施交叉和重叠保护为辅的趋势。企业保护软件知识产权成果的一般途径有：

- 明确软件知识产权归属；
- 及时对软件技术秘密采取保密措施；
- 依靠专利保护新技术和新产品；
- 软件产品进入市场之前的商标权和商业秘密保护；

- 软件产品进入市场前进行软件著作权登记。

2. 建立经济约束机制规范调整各种关系

软件企业需要按照经济合同规范的各种经济活动，明确权利与义务的关系，建立企业内部以及企业外部的各种经济约束机制。

（1）劳动关系合同

软件企业与企业职工、外聘人员之间应建立合法的劳动关系，同时应就企业的商业秘密的保密事宜进行约定，建立相关协议。

（2）软件开发合同

软件企业与外单位合作开发或委托外单位开发软件时，应签订软件权利归属关系等事宜的协议，可按照有关规定签订软件开发合同，约定软件开发各方享有的权利和义务，以及开发完成后的权利归属和经济利益等。

（3）软件许可使用（或者转让）合同

软件企业在经营本企业的软件产品时，应当建立"许可证"（或转让合同）制度，用软件许可合同（授权书）或者转让合同来明确规定软件使用权的许可（转让）方式、条件、范围、时间等事宜，避免因合同条款的约定不清楚、不明确而导致当事人之间发生扯皮等不愉快的事情，甚至因合同条款无法界定而引发软件侵权纠纷事宜。

15.2.6　信息化基础知识

1. 信息化的定义

信息化（Informationalization）一词是由日本学者在 20 世纪 70 年代提出的，迄今为止还没有一个广为接受和认可的权威定义。所谓信息化，可以认为是现代信息技术与社会各个领域及其各个层面相互作用的动态过程及其结果。在这一相互作用过程中，信息技术自身和整个社会都发生着质的变化。其中，社会的质的变化主要表现为信息资源的开发和应用，以及知识生产力迅速提高的结果。信息化是与当代信息革命、信息社会相关联的，信息化不同于工业化，工业化是信息化的基础，信息化可以促进工业化的进程；信息化不等同于现代化，在现代化的时代背景下，信息化是现代化的目标之一；信息化不等于自动化，传统的自动化设备是以物质能源来驱动的，而对于信息化设备而言，信息不仅是处理对象，而且是信息系统的资源。

从本质上看，信息化应该是以信息资源开发利用为核心，以网络技术、通信技术等高科技技术为依托的一种新技术扩散的过程。作为这一过程的结果，它将最终会引起整个产业结构的变化，进而引起经济结构和社会结构的变化。

2. 信息化的要素

我国国家信息化管理部门列出了国家信息化体系的 6 要素，可以作为区域信息化、行业信息化、企业信息化等的参考。

- 信息资源。信息和材料、能源共同构成经济和社会发展的 3 大战略资源。我国信息资源很丰富，但开发利用的程度较低，远远落后于需要。因此，开发和利用信息资源是我国信息化的关键一环和决定性的一环。

- 信息网络。其是信息资源开发、利用的基础设施，信息网络包括计算机网络、电信网、电视网等。信息网络在国家信息化的过程中将逐步实现三网融合，并最终做到三网合一。

- 信息技术应用。其是国家信息化中十分重要的要素，它直接反映了效率、效果和效益。

- 信息产业。其是信息化的物质基础。信息产业包括微电子、计算机、电信等产品和技术的开发、生产、销售，以及软件、信息系统开发和电子商务等。从根本上来说，国家信息化只有在产品和技术方面拥有雄厚的自主知识产权，才能提高综合国力。

- 信息化人才。人才是信息化的成功之本，而合理的人才结构更是信息化人才的核心和关键。合理的信息化人才结构要求不仅要有各个层次的信息化技术人才，还要有精干的信息化管理人才、营销人才，法律、法规和情报人才。在信息化人才中有一种人才最为重要，那就是系统分析师。系统分析师既是信息化的技术人才，同时又是经营管理人才，是一种复合型人才。而 CIO（首席信息官）又是系统分析师队伍的领军人物，是企业最高管理层的重要成员。

- 信息化政策、法规、标准和规范。信息化政策、法规、标准和规范是国家信息化快速、有序、健康和持续发展的保障。

3. 全球信息化趋势

（1）全球信息基础设施

信息基础设施是信息化的关键和基础，它决定了信息化的速度和质量，决定了信息资源开发利用的程度，进而决定了一个国家的经济发展水平和国际竞争力，因而，信息基础设施建设是全球信息化的重要特征和主要内容。

美国是信息技术大国，在世界信息产业发展的过程中一直处于主导地位。美国从自身利益出发，一直积极倡导全球信息基础设施（俗称"全球信息高速公路"）的建设。1994年9月，美国副总统戈尔提出建立全球信息基础设施（GII）的倡议。GII 对于加强国际经济和科学技术合作有重要的意义，尽管许多国家对信息高速公路建设想法不尽相同，但看到谁拥有信息，谁就拥有未来，对国家信息高速公路建设的重要性也就有了共识，都在摩拳擦掌，迎接挑战。

（2）互联网迅速发展和普及

互联网是全球信息化的代表，可以说是其代名词。互联网的发展和普及代表了全球信息化的趋势和方向。近年来，互联网以迅猛之势在全球发展。

（3）数字化浪潮来势迅猛

在20世纪90年代，美国学者尼葛洛庞帝出版了《数字化生存》一书。作者预言：我们的世界即将进入"比特的时代"，也就是进入"数字化"时代。当世界进入21世纪以来，全球信息化的发展趋势已经证明了他的预言是正确的。在当今数字时代，许多与现实世界相对应的数字世界不断出现在人们的眼前，例如，数字地球，数字图书馆等。总之，一个数字化的浪潮正在快速发展。

4. 国家信息化战略

用信息化带动工业化是我国 21 世纪的一项重大战略举措。包括了大力发展信息产业，加强传统产业信息化、政府信息化以及企业的信息化。

（1）大力发展信息产业

信息产业是国家信息化的基础和保障，同时，信息产业又是国民经济的支柱。因此，大力发展信息产业是国家信息化战略的非常重要的组成部分。信息产业包括信息设备制造、软件产业、信息加工与服务等。

我国发展信息产业具有很多有利条件：后发成本优势明显，我国信息市场潜力巨大，有较好的信息基础设施和市场体制支撑。

（2）传统产业信息化

发达国家在抓信息技术产业化的同时，还大力推进了传统产业的信息化。从 20 世纪 90 年代以来，发达国家一方面高速发展以信息产业为核心的高新技术产业；另一方面，加速利用信息技术对传统产业进行改造，使产业结构进一步高级化。

用信息技术改造传统制造业。信息技术可提升传统产业，能够促进传统产业的分化和替代。信息技术还突破了传统产业的时空限制。

（3）政府信息化

政府信息化，就是传统政府向信息化政府的演变过程。具体说来，就是应用现代信息技术、网络技术和通信技术，通过信息资源的开发和利用来集成管理和服务，从而提高政府的工作效率、决策质量、调控能力，并节约开支，改进政府的组织结构、业务流程和工作方式，全方位地向社会提供优质、规范、透明的管理和服务。

该定义有三方面的内容：第一，政府信息化必须借助于信息技术和网络技术，离不开信息基础设施和软件产品；第二，政府信息化是一个系统工程，它不仅是与行政有关部门的信息化，还包括立法、司法部门以及其他一些公共组织的信息化；第三，政府信息化并不是简单地将传统的政府管理事务原封不动地搬到互联网上，而是要对已有的组织结构和业务流程进行重组或再造。

政府信息化的主要内容是电子政务，因此，在大多数情况下，电子政务可以作为政府信息化的同义语来使用。

（4）企业信息化

信息化的重点和关键是企业信息化。因为，企业是市场竞争的主体，是社会生产力的主体，也必然是信息化的主导力量。

企业信息化是指企业在生产、流通及服务等各项企业活动中充分利用现代信息技术、信息资源和环境，通过对信息资源的深化开发和广泛利用，建立信息网络系统和开展电子商务或网络经营，不断提高生产、经营、决策的效率和水平，进而提高企业经济效益和企业竞争力的过程。信息化建设已成为企业获取竞争优势的最终选择。

5. 企业信息化战略和策略

（1）企业信息化概念

企业信息化是指企业以业务流程的优化和重构为基础，在一定深度和广度上利用计算机技术、网络技术和数据库技术，控制和集成化管理企业生产经营活动中的各种信息，实现企业内外部信息的共享和有效利用，以提高企业的经济效益和市场竞争力。

从动态角度看，企业信息化就是企业应用信息技术及产品的过程，或者更确切地说，企业信息化是信息技术由局部到全局，由战术层次到战略层次向企业全面渗透，运用于流程管理、支持企业经营管理的过程。信息化的核心和本质是企业运用信息技术，进行隐含知识的挖掘和编码化，从而进行业务流程的管理。企业信息化的实施，一般来说，可以沿两个方向进行：一是自上而下，必须与企业的制度创新、组织创新和管理创新结合；二是自下而上，必须以作为企业主体的业务人员的直接受益和使用水平逐步提高为基础。

（2）企业信息化的战略目标是：技术创新、管理创新、制度创新。

（3）企业信息化规划

企业信息化要建立在企业战略规划基础之上，以企业战略规划为基础建立的企业管理模式是建立企业战略数据模型的依据。企业信息化就是技术和业务的融合。该"融合"并不是简单地利用信息系统去对手工的作业流程进行自动化，而要从以下3个层面来实现。

- 企业战略层面。在规划中必须对企业目前的业务策略和未来的发展方向做深入的分析。通过分析，确定企业的战略对企业内外部供应链的相应管理模式，从中找出实现这些目标的关键要素，分析这些要素与信息技术之间的潜在关系，从而确定信息技术应用的驱动因素，达到战略上的融合。

- 业务运作层面。针对企业所确定的业务展略，通过分析获得这些目标的关键业务驱动力和实现这些目标的关键流程。这些关键流程的分析和确定要根据它们对企业价值产生过程中的贡献程度来确定。关键的业务需求是从那些关键的业务流程的分析中获得的，它们将决定未来系统的主要功能。该环节很重要，因信息系统如能够与这些直接创造价值的关键业务流程相融合，这对信息化投资回报的贡献是非常巨大的，也是信息化建设成败的一个衡量指标。

- 管理运作层面。它对企业的日常管理的科学性、高效性非常重要。另外，在企业战略层面的分析中，我们可以获得未来适应企业未来业务发展的管理模式，这个模式的实现是离不开信息技术的支撑的。所以在管理运作层面的规划上，除了提出应用功能的需求外，还必须给出相应的信息技术体系，这些将确保管理模式和组织架构适应信息化的需要。

企业信息化规划不应片面地理解为信息技术规划。

企业战略数据模型分为数据库模型和数据仓库模型，数据库模型用来描述日常事务处理中的数据及其关系；数据仓库模型描述企业高层管理决策者所需信息及其关系。在企业信息化过程中，数据库模型是基础，一个好的数据库模型应该客观反映企业生产经营的内在联系。数据库是办公自动化、计算机辅助管理系统、开发与设计自动化、生产过程自动化、Intranet 的基础和环境。

（4）企业信息化方法

企业信息化建设是一项系统工程，而不是单元技术的改造，它要涉及企业的方方面面。个别单位或部分业务的信息化并不代表整个企业的信息化。企业信息化建设是对企业的经营管理和业务流程的一次革命，它是一个不断发展、变化的过程，随着管理理念、信息技术和网络技术的发展而发展。而在此过程中，企业实现信息化所采用的方法是关键。需说明的是企业信息化方法并不同于信息系统建设方法。因为，信息系统建设方法是一个具体的信息项目建设的方法，而企业信息化方法是整个企业实现信息化的方法，因此，企业信息化方法要比信息系统建设方法层次更高、涉及面更广。

通过 20～30 年的发展，人们已经总结出了许多非常实用的企业信息化方法，并且还在探索新的方法。以下是几种常用的信息化方法。

- 业务流程重构方法：由美国学者哈默和钱佩在其著作《企业重构》中提出。中心思想是：在信息技术和网络技术迅猛发展的时代，企业必须重新审视企业的生产经营过程，利用信息技术和网络技术，对企业的组织结构和工作方法进行"彻底的、根本性的"重新设计，以适应当今市场发展和信息社会的需求。

- 核心业务应用方法：任何企业要想在市场竞争中生存发展，必须有自己的核心业务，否则，必然会被市场淘汰。当然不同企业的核心业务是不同的。

- 信息系统建设方法：对很多企业来说，建设信息系统是企业信息化的重点和关键。因此信息系统建设是最具普遍意义的企业信息化方法。

- 主题数据库方法：对于大型企业，其业务数量多，流程错综复杂。该情况下，建设覆盖整个企业的信息系统往往难以成功，另外，各部门的局部开发和应用又有很大的弊端，会造成系统分割严重，造成大量无效或低效投资。应此，应用主题数据库方法对推进该类企业信息化无疑是一个投入少、效益好的方法。

- 资源管理方法：目前流行的企业信息化的资源管理方法有很多，最常见的是 ERP（企业资源计划）、SCM（供应链管理）等。企业资源计划是一种融合了企业最佳实践和先进信息技术的新型管理工具。它扩充了 MIS、MRP II 的管理范围，将供应商和企业内部的采购、生产、销售及客户紧密联系起来，可对供应链上的所有环节进行有效管理，实现对企业的动态控制和各种资源的集成和优化，以提升基础管理水平，追求企业资源的合理高效利用。

- 人力资本投资方法：该方法特别适用于那些依靠智力和知识而生存的企业。

15.2.7 远程教育、电子商务、电子政务

1. 远程教育

远程教育是教育机构借助媒体技术和各种教育资源而实施的超越传统校园时空限制的教育活动形式。远程教育是适应社会发展的需要，并伴随现代媒体技术的发展而迅速成长起来的教育活动形式。远程教育是学生与老师、学生与教育组织之间主要采取多种媒体

方式进行系统教学和通信联系的教育形式，是将课程传送给校园外的一处或多处学生的教育。现代远程教育则是指通过音频、视频，以及包括实时和非实时在内的计算机技术、通信技术和网络技术，把课程传送到校园外的教育。现代远程教育是以现代远程教育手段为主，兼容面授、函授和自学等传统教学形式，并把多种媒体进行优化组合的教育方式。

远程教育历经了函授教育、广播电视教育和现代远程教育三代。函授教育阶段是以邮件传输的纸介质为主。这一模式使得学生之间缺少交流，还受时间的限制。广播电视教育阶段是以广播、电视、录音录像为主的广播电视教学阶段，其改进了第一代教育技术对时间的依赖，但其他方面并无太大的进步。第三代远程教育是通过计算机、多媒体与远程通信技术相结合的网上远程教育阶段，其使得学生之间、师生之间可以通过电子邮件、聊天室和电子公告牌等进行交流。现代远程教育已经逐步成为远程教育的主要形式。第三代远程教育技术也在不断发展中，总有更为先进的技术和工具被应用。

要指出的是这三代远程教育技术之间不是替代或排斥的关系。函授教育、广播电视教育与计算机网络、多媒体技术等相结合，实现资源的优化配置和综合利用，可以说是现代远程教育发展的必然趋势。

远程教育具有开放性（基本特征）、延伸性（功能特征）、灵活性、手段中介性和管理性的特点。远程教育中高技术媒体的作用在日益增强；校园信息化、校内教学改革和远程教育将融为一体；远程教育将进一步规范化和标准化。

2. 电子商务

（1）电子商务是指买卖双方利用现代开放的互联网，按照一定的标准所进行的各类商业活动。主要包括网上购物、企业之间的网上交易和在线电子支付等新型的商业运营模式。产品可以是实体化，也可以是数字化的。

电子商务分 3 个方面：电子商情广告、电子选购和交易，电子交易凭证的交换、电子支付与结算以及网上售后服务等。

参与电子商务的实体有 4 类：顾客（个人或集团）、商户（销售商、制造商、储运商）、银行（发卡行、收单行）及认证中心。

狭义的电子商务是指利用网络提供的通信手段在网上买卖产品或提供服务，广义的指除了以上内容外还包括企业内部的商务活动以及企业间的商务活动。从更广泛的意义上讲，未来互联网上的活动，大都是电子商务或与电子商务有关的活动。电子商务是网络经济的最重要的组成部分，也是最直接的方式，它的发展对于经济的发展起着至关重要的作用。

（2）电子商务按从事商务活动的主体不同可分为 3 种类型：

- 企业内部电子商务。即企业内部之间，通过企业内部网（Intranet）的方式处理和交换商贸信息。
- 企业间电子商务（B-to-B 模式）。即企业与企业（Business-Business）之间，通过互联网或专用网方式进行的电子商务。企业间的电子商务是电子商务 3 种模式中最具发展潜力的。
- 企业与消费者间的电子商务（B-to-C 模式）。即企业通过互联网为消费者提供一个新型的购物环境——网上商店，消费者通过网络在网上购物，在网上支付。

按提供的商品和服务种类可分为两种：

- 间接电子商务。即有形的电子订货，其仍需利用传统渠道如邮政服务等送货。
- 直接电子商务。无形货物和服务。如软件的联机定购、付款和交付或信息服务。

（3）电子商务的标准

标准在国外电子商务的发展中处于非常重要的地位，特别是在电子商务的安全方面更是得到普遍的重视。在国际范围内电子商务标准的发展动态主要如下。

- 成立机构：电子商务业务工作组（BT-EC）为了迎接电子商务给全球带来的机遇和挑战，使之在全球范围内更有序的发展。
- 签署文件：电子商务标准化理解备忘录 ISO、IEC 和 UN/ECE（联合国欧洲经济委员会）共同致力于电子商务的标准化工作。"理解备忘录"提供了 21 世纪电子商务发展的有效基础，是国际合作的极好范例。

有关国际组织制定的有关电子商务的标准，对电子商务的发展将起到积极的推动作用。我国近年来信息技术标准工作取得了丰硕的成果。在信息技术标准制定的数量有较大幅度增长的同时，标准的内容及相关研究水平也不断提高。迄今为止，我国已颁布了几百项信息技术标准。这些标准的制定不仅为产品的开发、设计制造、质量检验等提供了重要的技术依据，也为电子商务的发展奠定了较好的基础。作为信息技术在商业领域的重要发展，电子商务在我国开始得到越来越多人的重视。另外，还开展了广泛的国际合作。因为，要实现全球性的电子商务，必须使各国通过开展国际性的电子商务标准化活动达成广泛的一致；而且电子商务标准的内容复杂，数量巨大，无论从技术上、经济上还是使用上讲，制定工作都不是一两个国家能单独承担的，必须依靠国际合作。

（4）电子商务的发展趋势

① 电子商务向纵深拓展。随着信息技术和应用水平的发展和提高，电子商务将向纵深发展。通过企业内联网、外联网和互联网的进一步整合，电子商务将从网上商店和企业门户的初级形态，过渡到将企业的核心业务流程、客户关系管理等都融合在电子商务中，使产品和服务更贴近用户需求。企业与客户进行实时和互动的信息交流。企业资源计划、客户关系管理及供应链管理等都以电子商务为其中枢神经。企业将创建、形成新的价值链，与各利益相关者联合起来，形成更高效的战略联盟，谋求更大的利益。

② 进一步专业化。个性化和专业化是电子商务发展的两大趋势，而且每个网站在资源方面总是有限的，客户的需求又是全方位的，所以不同类型的网站以战略联盟的形式进行相互协作将成为必然趋势。行业电子商务将成为下一代电子商务发展的主流。

③ 基础设施和技术环境在不断发展。随着电子技术、信息技术的不断发展，电子商务的基础设施和技术环境得到不断发展和完善。电子商务的基础设施主要包括通信设施和网络设施。

电子商务的技术环境主要包括电子商务的电子支付体系和安全认证体系。电子支付体系是电子商务发展的必要条件，而银行电子支付体系的发展是与银行的信息化密不可分的。

国外银行的信息化经历了从手工操作转向计算机处理、终端与主机、服务自动化，发展到现在的网络银行。目前，虽然新技术使电子支付成为可能，但银行的电子化需要经历长期的发展过程。

电子商务在改变了传统的商务运作模式的同时，其形成和发展也面临着安全问题。主要表现在机密资料、个人隐私、交易的敏感信息、支付的信息等可能遭到窃取、盗用或篡改。只有在全球范围建立一套人们能充分信任的安全保障制度，以确保信息的真实性、可靠性和保密性，人们才能放心地参与电子商务。因此，建立一套全球性的电子商务安全认证体系和安全保障体系是电子商务发展的重要保障。

3. 电子政务

（1）电子政务的概念

20世纪90年代随着信息技术的迅猛发展，特别是伴随着互联网技术的普及应用，电子政务的概念便应运而生了。电子政务一出现，就成为信息化的最重要的领域之一。电子政务实质上是对现有的、工业时代形成的政府形态的一种改造，即利用信息技术和其他相关技术来构造更适合信息时代的政府组织结构和运行方式。现有的政府组织形态是工业革命的产物，与工业化的行政管理的需求和技术经济环境相适应，已经存在了200多年。随着网络时代和网络经济的来临，管理正由传统的金字塔模式走向网络模式。政府的组织形态也必然由金字塔式的垂直结构向网状结构转变，从而减少管理的层次，以各种形式通过网络与企业和居民建立直接的联系。因此，电子政务的发展过程实质上是对原有的政府形态进行信息化改造的过程，通过不断地摸索和实践，最终构造出一个与信息时代相适应的政府形态。

在信息时代，就像管理信息系统是管理企业必备的手段一样，电子政务已经成为国民经济信息化不可或缺的一环。信息化使许多政府原来不可能做到的事情不仅可以做到，而且可以做得更快、更好，以帮助政府实现对国家的有效管理。

（2）电子政务的内容

在社会中，与电子政务相关的行为主体主要有3个，即政府、企（事）业单位及居民。因此，政府的业务活动也主要围绕着这3个行为主体展开，即包括：政府与政府之间的互动；政府与企、事业单位，尤其是与企业的互动；政府与居民的互动。在信息化的社会中，这3个行为主体在数字世界的映射，构成了电子政务、电子商务和电子社区3个信息化的主要领域。

政府与政府，政府与企（事）业，以及政府与居民之间的互动构成了以下5个不同却又相互关联的领域。

- 政府与政府：政府与政府的互动包括首脑机关与中央和地方政府组成部门之间的互动，中央政府与各级地方政府之间、政府的各个部门之间、政府与公务员和其他政府工作人员之间的互动。
- 政府对企业的活动：政府面向企业的活动主要包括政府向企（事）业单位发布的各种方针、政策、法规、行政规定，即企（事）业单位从事合法业务活动的环境。

- 政府对居民的活动：政府对居民的活动实际上是政府面向居民所提供的服务。政府对居民的服务首先是信息服务。
- 企业对政府的活动：企业面向政府的活动包括企业应向政府缴纳的各种税款，按政府要求应该填报的各种统计信息和报表，参加政府各项工程的竞、投标，向政府供应各种商品和服务，以及就政府如何创造良好的投资和经营环境，如何帮助企业发展等提出企业的意见和希望，反映企业在经营活动中遇到的困难，提出可供政府采纳的建议，向政府申请可能提供的援助等。
- 居民对政府的活动：居民对政府的活动除了包括个人应向政府缴纳的各种税款和费用，按政府要求应该填报的各种信息和报表，以及缴纳的各种罚款等外，更重要的是开辟居民参政、议政的渠道，使政府的各项工作不断得以改进和完善。政府需要利用这个渠道来了解民意，征求群众意见，以便更好地为人民服务。另外，报警服务业属于该范围。

世界各国的电子政务的发展都是围绕以上 5 个方面展开的，其目标除了不断地改善政府、企业与居民 3 个行为主体之间的互动，使其更有效、更友好、更精简、更透明外，更强调在电子政务的发展过程中对原有的政府结构，以及政府业务活动组织的方式和方法等进行重要的、根本的改造，从而最终构造一个信息时代的政府形态。

（3）电子政务的发展历程

电子政务的发展主要经历了以下 4 个阶段。

- 起步阶段：政府信息网上发布是电子政务发展起步阶段较为普遍的一种形式。
- 政府与用户单向互动：在该阶段，政府除了在网上发布与政府服务项目有关的动态信息以外，还向用户提供某种形式的服务。
- 政府与用户双向互动：在该阶段，政府和用户可以在网上完成双向的互动。
- 网上事务处理：它是以电子的方式实实在在地完成一项政府业务的处理的。该阶段的实现必然导致政府机构的结构性调整，也必然导致政府运行方式的改变。

一般来讲，电子政务所要处理的业务流有数百个之多。在电子政务的发展中，这数百个业务流的信息化不可能同时进行，更不可能同时趋于成熟；相反，只能按照轻重缓急，根据需要和可能，一批批地开发。因此，建设一个成熟的电子政务可能需要十几年甚至数十年的时间，是个持续的发展过程。

（4）电子政务的应用领域

在推动电子政务的过程中，应用领域的确定和选择是一个十分关键的问题。我国电子政务的应用领域集中在 6 个方面：

- 面向社会的应用；
- 政府部门间的应用；
- 政府部门内部的各类应用系统；
- 涉及政府部门内部的各类核心数据的应用系统；
- 政府电子化采购；

- 电子社区。

4. 企业信息资源管理

对于如何进行信息资源管理，詹姆斯·马丁提出了一系列的具有系统性和可操作性的工程化方法，即信息工程方法。马丁的信息工程方法要解决 3 个问题，一是要做好战略数据规划；二是要建设好主体数据库；三是围绕主题数据库进行应用开发，而建设好主题数据库则是信息工程方法的重点和关键。

（1）做好战略数据规划

按照马丁的观点，企业要信息化，其首要任务是在企业战略目标指导下做好企业战略数据规划。一个好的企业战略数据规划应该是企业核心竞争力的重要构成因素，它有非常明显的异质性和专有性，必将成为企业在市场竞争中的制胜法宝。

（2）建设主题数据库

由于信息工程是以数据为中心的开发思路，因而特别强调信息系统的数据环境建设。马丁把信息系统的数据环境分为 4 种类型：数据文件环境，应用数据库环境，主题数据库环境，信息检索系统。其中，主题数据库数据环境占有极为重要的地位，它是企业信息系统开发的重点和中心。主题数据库的"主题"是指企业的业务主题。主题数据库的优点是它具有稳定的结构，不受企业机构或部门变动的影响，不仅能满足本企业管理人员的工作需要，也能为业务伙伴和广告客户提供高效的信息服务。

主题数据库的特点：

- 由于一个企业的业务主题具有客观性，这就决定了同行业的不同企业的业务主题的统一性，相应地，其主题数据库的结构也必然是相同的或基本相同的。
- 由于主题数据库不是企业某一部门或某个人的私有数据，它必须纳入企业信息资源的统一管理，因而企业中的不同业务可以共享主题数据库的信息资源。
- 由于主题数据库的信息源具有惟一性，它的数据采集必须是一次性和一致性，并且一次性地进入系统，因而，避免了数据的不一致。
- 主题数据库的结构具有稳定性、原子性、演绎性和规范性，因而，便于系统开发的自动化，以及便于系统维护、升级和集成。

（3）基于主题数据库的应用开发

在战略数据规划的指导下，主题数据库开发完成后，企业及其各个部门或机构就可以根据本部门的需要，围绕主题数据库来开发业务处理系统。

15.2.8 小结

- 知识产权也称为"智慧成果权"、"智慧财产权"。知识产权可分为工业产权和著作权两类。知识产权具有无形性、双重性、确认性、独占性、地域性和时间性等 6 个特点。
- 计算机软件著作权的主体指享有著作权的人，客体是指计算机程序及其有关文档（受保护的对象）。计算机软件著作权分成人身权和财产权两类。其保护期为 50 年。

- 软件著作权属于软件开发者，但应区分职务开发、合作开发、委托开发、接受任务开发等诸种情况。
- 计算机软件著作权有 10 种侵权行为。区分合理使用与非合理使用的 3 条判别标准。侵权行为的识别方法。侵权的法律责任。计算机软件的商业秘密权。
- 发明创造是指发明、实用新型和外观设计，是我国专利法主要保护的对象。专利的申请方法与过程。
- 信息化是以信息资源开发利用为核心，以网络技术、通信技术等高科技技术为依托的一种新技术扩散的过程。国家信息化体系有 6 个要素。
- 全球信息化趋势，国家信息化战略，企业信息化战略和策略。
- 在信息化过程中，远程教育、电子商务、电子政务的发展处于重要地位。

15.3 重点习题解析

15.3.1 填空题

1. 知识产权可分为_____和_____两类。
2. 著作权也称为版权，是指作者对其创作的作品享有的_____和_____。
3. 知识产权具有以下 6 个特点：_____、_____、_____、_____、_____和_____。
4. 计算机软件著作权的主体指_____的人。
5. 文档一般包括_____、_____和_____等内容。
6. 根据《计算机软件保护条例》规定，依法受到保护的计算机软件作品必须符合_____、_____和_____等 3 个条件。
7. 软件作品享有_____和_____两类权利。
8. 软件经济权利的许可使用的方式可分为_____、_____、_____和_____等 4 种。
9. 职务软件作品是指公民在单位任职期间_____所开发的计算机软件作品。
10. 委托开发软件著作权关系的建立，一般由_____与_____订立合同而成立。
11. 软件著作权_____的变更，必然引起其_____的变化。
12. 侵犯计算机软件著作权的违法行为的鉴别，主要依据_____来判断。
13. 合法持有软件复制品的单位、公民在未经著作权人同意的情况下，亦享有_____与_____。
14. 计算机软件具有_____、_____、_____和_____等特点。
15. 计算机软件商业秘密的侵权者将承担_____、_____和_____。
16. 我国专利法主要保护的对象是_____、_____和_____。
17. 我国专利法规定，外观设计获专利权的实质条件为_____和_____。
18. 专利权人有_____和_____两项基本义务。

19. 专利实施许可的种类包括：_____、_____、_____和_____。

20. 电子商务按从事商务活动的主体不同分为 3 种类型：_____、_____和_____。

填空题参考答案

1. 工业产权　　　著作权

2. 人身权　　　财产权

3. 无形性　　　双重性　　　确认性　　　独占性　　　时间性　　　地域性

4. 享有著作权

5. 程序设计说明书　　流程图　　　用户手册

6. 独立创作　　　　可被感知　　　逻辑合理

7. 软件著作权的财产权（经济权利）　　软件著作权的人身权（精神权利）

8. 独占许可使用　　独家许可使用　　普通许可使用　　法定许可使用和强制许可使用

9. 为执行本单位工作任务

10. 委托方　　　受委托方

11. 主体　　　归属

12. 保护知识产权的相关法律

13. 复制权　　　修改权

14. 技术性　　　依赖性　　　多样性　　　运行性

15. 行政责任　　民事责任　　刑事责任

16. 发明　　　实用新型　　外观设计

17. 新颖性　　　美观性

18. 缴纳专利年费和实际实施已获专利的发明创造

19. 独占许可　　独家许可　　普通许可　　部分许可

20. 企业内部电子商务　　企业间电子商务　　企业与消费者间的电子商务

15.3.2　简答题

1. 计算机软件可以同时成为工业产权和著作权保护的客体吗？

解答：可以。计算机软件属于著作权保护的同时，权利人还可以通过申请发明专利，获得专利权，成为工业产权保护的对象。在美国和欧洲的一些国家，如果计算机软件自身包含技术构成，软件又能实现某方面的技术效果，如工业自动化控制等，则不应排除专利保护。

2. 同一计算机程序的源程序文本和目标程序文本是同一软件作品吗？

解答：是的。根据《计算机软件保护条例》第三条第一款规定，计算机程序是指为了得到某种结果而可以由计算机等具有信息处理能力的装置执行的代码化指令序列，或者可被自动转换成代码化指令序列的符号化语句序列。计算机程序包括源程序和目标程序，同一程序的源程序文本和目标程序文本视为同一软件作品。

3. 软件的独创性等同于专利的创造性吗？

解答：不等同。受保护的软件必须由开发者独立开发创作，任何复制或抄袭他人开发的软件不能获得著作权。软件的独创性不同于专利的创造性。程序的功能设计往往被认为是程序的思想概念，根据著作权法不保护思想概念的原则，任何人可以设计具有类似功能的另一件软件作品。但如果用了他人软件作品的逻辑步骤的组合方式，则对他人软件构成侵权。

4. 如果一软件设计者已形成了创作思想，但尚未表达，此时该创作思想受到著作权法的保护吗？

解答：不受保护。受著作权法保护的作品应当是固定在载体上的作者创作思想的一种实际表达。如果作者的创作思想未表达出来或不可以被感知，就不能得到著作权法的保护。因此，《计算机软件保护条例》规定，受保护的软件必须固定在某种有形的物体上，如固定在存储器或磁盘、磁带等计算机外部设备上，也可以是其他的有形物，如纸张等。

5. 著作权法的保护对象是否仅包括计算机软件的程序和文档？

解答：是的。除计算机软件的程序和文档外，著作权法不保护计算机软件开发所用的思想、概念、发现、原理、算法、处理过程和运算方法。也就是说利用已有的上述内容开发软件，并不构成侵权。因上述内容属于计算计软件基本理论的范围，只是设计开发软件不可或缺的理论依据，属于社会共有领域，不为个人专有。

6. 软件开发者的身份权有无时间限制？

解答：没有。开发者身份权指作者为表明身份在软件作品中署自己名字的权利。署名形式多样，既可以署作者的姓名，也可以署其笔名。作品的署名对确认著作权的主体具有重要意义。身份权不随软件开发者的消亡而丧失，且无时间限制。

7. 软件著作权人享有哪些软件财产权？

解答：软件著作权人可享有以下 10 项软件财产权：使用权、复制权、修改权、发行权、翻译权、注释权、信息网络传播权、出租权、使用许可权和获得报酬权、转让权。

8. 软件著作权人在转让软件经济权利之后是否还享有部分经济权利？

解答：不再享有。软件经济权利的转让使用是指软件著作权人将其享有的软件著作权中的经济权利全部转移给他人。软件经济权利的转让将改变软件权利的归属，原始著作权人的主体地位随着转让活动的发生而丧失，软件著作权受让者成为新的著作权主体。软件著作权转让必须签订书面合同。

9. 计算机软件著作权的权利在保护期满之后，开发者的一切权利是否都终止了？

解答：不是。根据《中华人民共和国著作权法》和《计算机软件保护条例》的规定，计算机软件著作权的权利自软件开发完成之日起产生，保护期为 50 年。期满后，除开发者身份权外，其他权利终止。

10. 如何判断公民在非职务期间创作的计算机程序的归属？

解答：对于公民在非职务期间创作的计算机程序，其著作权是属于某项软件作品的开发单位，还是直接开发软件作品的个人，可按《计算机软件保护条例》第十三条规定的 3 条标准确定。（1）所开发的软件作品不是执行其本职工作的结果。（2）开发的软件作品与开发者在单位中从事的工作内容无直接联系。（3）开发的软件作品未利用单位的物质技术条件。

11. 委托开发软件作品关系中，委托方与受委托方的主要责任各是什么？

解答：委托开发软件作品关系中，委托方的责任是提供资金、设备等物质条件，并不直接参与开发软件作品的创作开发活动。受托方的主要责任是根据委托合同规定的目标开发出符合要求的软件。

12. 软件合作开发者之一可否单方面行使软件著作权中的转让权？

解答：合作开发者对于软件著作权中的转让权不得单独行使。因转让权的行使将涉及软件著作权权利主体的改变，所以软件的合作开发者在行使转让权时，必须与各合作开发者协商，在征得同意的情况下方能行使该项专有权利。

13. 如何确定国家或上级下达任务开发的软件著作权归属？

解答：应按以下标准确定：（1）下达任务开发的软件著作权的归属关系，首先应以项目任务书的规定或者双方的合同约定为准来确定。（2）下达任务的项目任务书或者双方订立的合同中未对软件著作权归属作出明确的规定或者约定的，其软件著作权属于接受并实际完成开发软件任务的单位享有。

14. 计算机软件主体变更引起的权属变化有哪几种？

解答：（1）公民继承的软件权利归属。（2）单位变更后软件权利归属。（3）权利转让后软件著作权归属。（4）司法判决、裁定引起的软件著作权归属问题。（5）保护期限届满权利丧失。

15. 什么是共同侵权行为及其构成条件？

解答：共同侵权行为是指在行为人之间具有共同的故意或过失侵权行为，其构成的条件有两个：一是行为人的过错是共同的，而不论行为人的行为在整个侵权过程中所起的作用如何；二是行为人主观上要有故意或过失的过错。如果具备这两个条件，各个行为人实施的侵权行为虽然各不相同，也同样构成共同侵权。两个条件如果缺少一个，则不构成共同侵权，或者不构成任何侵权。

16. 如何区分合理使用与非合理使用计算机软件？

解答：区分合理使用与非合理使用的判别标准一般有：（1）软件作品是否合法取得（这是合理使用的基础）。（2）使用的目的是非商业营业性的。如使用的目的是为商业性营利，就不属合理使用的范围。（3）合理使用一般为少量的使用。所谓少量的界限根据其使用的目的以行业惯例和人们一般常识所综合确定。超过通常被认为的少量界限，即可被认为不属合理使用。

17. 可以采取哪些简单的方法和步骤来识别侵权软件？

解答：对被识别的软件与正版软件直接进行目录、文件名对比以及部分内容对比；对两套软件同时或先后进行安装，观察其安装过程中的屏幕显示，包括软件信息以及使用功能键后的屏幕显示等是否相同；对其安装成功后的目录，以及各文件信息进行对比；对盗版软件与正版软件的使用过程进行对比；对盗版软件与正版软件的源程序进行对比。

18. 计算机软件享有商业秘密权吗？

解答：《反不正当竞争法》保护计算机软件，是以计算机软件中是否包含"商业秘密"为必要条件的。而计算机是人类知识、智慧、经验和创造性劳动的成果，本身就具有商业秘密的特征，即包含技术秘密和经营秘密。即使软件尚未开发完成，在软件开发中所形成的知识内容也可构成商业秘密。

19. 发明、实用新型和外观设计专利的申请都要经过初步审查和实质审查吗？

解答：不是。专利局收到发明专利申请后，一个必要的程序是初步审查。经初步审查认为符合本法要求的，自申请日起满 18 个月，即行公布（公布申请）。专利局可根据申请人的请求，早日公布其申请。自申请日起 3 年内，专利局可以根据申请人随时提出的请求，对其申请进行实质审查。实质审查是专利局对申请专利的发明的新颖性、创造性和实用性等依法进行的法定程序。我国专利法规定：实用新型和外观设计专利申请经初步审查没有发现驳回理由的，专利局应当做出授予实用新型专利权或外观设计专利权，发给相应的专利证书，并予以登记和公布。由此可知，实用新型和外观设计专利申请只进行初步审查，不进行实质审查。

20. 软件企业应建立哪些合同规范？

解答：软件企业应建立 3 类合同规范：（1）劳动关系合同；（2）软件开发合同；（3）软件许可使用（或者转让）合同。

21. 何谓信息工程化方法？

解答：对于如何进行信息资源管理，詹姆斯·马丁提出了一系列的具有系统性和可操作性的工程化方法，即信息工程方法。马丁的信息工程方法要解决 3 个问题：要做好战略数据规划，要建设好主体数据库，围绕主题数据库进行应用开发。

15.4 模拟试题

1. 我国发明专利的保护期为 __(1)__ 年，实用新型专利权和外观设计专利权的期限为 __(2)__ 年，均自专利申请日起计算。我国公民的作品发表权保护期为作者终生及其死亡后 __(3)__ 年。我国商标权的保护期限自核准注册之日起 __(4)__ 年内有效，但可以根据其所有人的需要无限地续展权利期限。在期限届满前 __(5)__ 个月内申请续展注册，每次续展注册的有效期为 10 年，续展注册的次数不限。

（1）A. 30   B. 20   C. 50   D. 55
（2）A. 20   B. 30   C. 10   D. 40
（3）A. 50   B. 40   C. 20   D. 10
（4）A. 20   B. 10   C. 30   D. 25
（5）A. 3   B. 5   C. 6   D. 7

2. 计算机软件著作权的客体是指_____。

A. 公民、法人和计算机软件   B. 计算机软件和硬件

C. 计算机程序及其有关文档　　　　D. 计算机软件开发者和计算机软件

3. __(1)__ 是构成我国保护计算机软件著作权的两个基本法律文件。计算机软件著作权的权利自软件开发完成之日起产生，保护期为 __(2)__ 年。

(1) A. 《软件法》和《计算机软件保护条例》

　　B. 《中华人民共和国著作权法》和《中华人民共和国版权法》

　　C. 《中华人民共和国著作权法》和《计算机软件保护条例》

　　D. 《软件法》和《中华人民共和国著作权法》

(2) A. 不受限制　　　　　　　　B. 50

　　C. 软件开发者有生之年　　　C. 软件开发者有生之年加死后 50 年

4. __(1)__ 和 __(2)__ 是商业秘密的基本内容。

(1) A. 销售秘密　　B. 经营秘密　　C. 生产秘密　　D. 研发秘密

(2) A. 生产秘密　　B. 营销秘密　　C. 技术秘密　　D. 销售秘密

5. 商业秘密构成的条件是：商业秘密必须具有 __(1)__ ，即不为公众所知悉；必须具有 __(2)__ ，即能为权利人带来经济效益；必须具有 __(3)__ ，即采取了保密措施。

(1) A. 公开性　　B. 确定性　　C. 未公开性　　D. 非确定性

(2) A. 实际性　　B. 效益性　　C. 适用性　　D. 实用性

(3) A. 隐秘性　　B. 秘密性　　C. 隐私性　　D. 保密性

6. 授予专利权的条件是指一项发明创造获得专利权应当具备的实质性条件，包括 __(1)__ 、 __(2)__ 和 __(3)__ 。

(1) A. 新颖性　　B. 灵活性　　C. 便利性　　D. 应用性

(2) A. 适用性　　B. 便捷性　　C. 创造性　　D. 灵活性

(3) A. 应用性　　B. 实用性　　C. 适用性　　D. 通用性

7. _____ 受到《中华人民共和国著作权法》的永久保护。

A. 复制权　　　B. 发表权　　　C. 出租权　　　D. 署名权

8. 某软件设计师按单位下达的任务，独立完成了一项应用软件的开发和设计，其软件著作权属于 __(1)__ ；若其在非职务期间自己创造条件设计完成了某项与其本职工作无关的应用软件，则该软件著作权属于 __(2)__ ；若其在非职务期间利用单位物质条件创作的与耽误业务范围无关的计算机程序，其著作权属于 __(3)__ 。

(1) A. 该单位法人　　　　　　　B. 该软件工程师

　　C. 软件工程师所在单位　　　D. 单位和软件工程师

(2) A. 该软件工程师　　　　　　B. 该单位法人

　　C. 软件工程师和单位　　　　D. 软件工程师所在单位

(3) A. 该软件工程师　　　　　　B. 该单位法人

　　C. 软件工程师所在单位

　　D. 该软件工程师，但其许可第三人使用软件，应支付单位合理的物质条件使用费

9．甲单位接受乙单位的委托单独设计完成了某项发明创造，甲乙两单位之间并未签订其他协议，那么申请专利的权力属于____(1)____，申请被批准后，专利权归____(2)____所有或持有。

　　（1）A．甲和乙两单位共同所有　　　　B．甲单位
　　　　　C．乙单位　　　　　　　　　　　D．其他
　　（2）A．乙单位　　　　　　　　　　　B．甲和乙两单位共同
　　　　　C．甲单位　　　　　　　　　　　D．其他

10．对于专利侵权而言，侵权行为人承担的主要责任是_____。
　　　A．行政责任　　　　　　　　　　　B．民事责任
　　　C．刑事责任　　　　　　　　　　　D．民事责任和刑事责任

11．发明和实用新型专利权的保护范围以_____作为确定发明和实用新型专利保护范围的标准和依据。
　　　A．说明书　　　　　　　　　　　　B．设计图样
　　　C．权利要求书　　　　　　　　　　D．申请书

12．外观设计专利权保护的范围包括_____。
　　　A．相同外观设计　　　　　　　　　B．不同外观设计
　　　C．相似外观设计　　　　　　　　　D．相同外观设计和相近似外观设计

13．专利局收到发明专利申请后，一个必要的程序是初步审查。经初步审查认为符合本法要求的，自申请日起满_____个月，即行公布（公布申请）。
　　　A．6　　　　　　B．8　　　　　　C．12　　　　　　D．18

14．某人就同样的发明创造于同一天向有关专利行政部门提交两件或两件以上的专利申请，专利局_____。
　　　A．授予其中一件专利申请专利权
　　　B．所提交的专利申请均得到批准
　　　C．所提交的专利申请均被驳回
　　　D．授予其中一件专利申请专利权，其余若申请人不主动撤回，则专利局将予以驳回

15．知识产权是指民事权利主体（公民、法人）基于创造性的_____而享有的权利。
　　　A．劳动成果　　　B．智力成果　　　C．精神成果　　　D．科学成果

16．作为工业产权保护的对象，发明、实用新型和工业品外观设计属于_____。
　　　A．识别性标记权利　　　　　　　　B．智力创造权利
　　　C．创造性成果权利　　　　　　　　D．技术成果权利

17．下列选项中属于人身权的是____(1)____，属于财产权的是____(2)____。
　　（1）A．署名权　　　B．使用权　　　C．发行权　　　D．复制权
　　（2）A．修改权　　　B．获得报酬权　　C．发表权　　　D．署名权

18．下列选项中不属于著作权保护的对象的是_____。

A．书籍　　　　　B．音乐作品　　　　C．法院判决书　D．建筑设计图

19．下列选项中同时具有财产权和人身权双重属性的是 ___(1)___。商业秘密具有 ___(2)___ 属性。

（1）A．著作权　　　B．商业秘密　　　C．发现权　　　D．使用权

（2）A．名誉权属性　B．人身权属性　　C．财产权属性　D．使用权属性

20．法律授予知识产权一种专有权，具有独占性。未经其专利人许可，任何单位或个人不得使用，否则就构成侵权，应承担相应的法律责任。但少数知识产权不具有独占性特征，下列哪项属于该类_____。

A．商业秘密　　　　B．技术秘密　　　　C．配方秘密　　　D．生产秘密

21．中国专利局授予的专利权或中国商标局核准的商标专用权受保护的范围是 ___(1)___。外国人在我国领域外使用中国专利局授权的发明专利，不侵犯我国专利权。著作权虽然自动产生，但它受地域限制。我国法律对外国人的作品的保护实行的是：___(2)___。

（1）A．只在中国领域内，其他国家则不给予保护　B．在所有国家

C．在中国领域及与中国建交的国家境内　　D．与中国建交的国家境内

（2）A．都予以保护

B．对与中国建交的国家的公民作品

C．一概不予保护

D．并不都给予保护，只保护共同参加国际条约国家的公民的作品。

22．计算机软件著作权的主体中具有民事行为能力和民事权利能力，依法独立享有民事权利和承担义务的组织的是_____。

A．公民　　　B．法人　　　C．自然人　　　D．合作伙伴

23．著作权法保护的计算机软件是指_____。

A．源程序　　B．目标程序　　　C．文档　　　　D．计算机程序及其有关文档

24．下列选项中不属于软件合法复制品的所有人享有的权利的是_____。

A．根据使用的需要把软件装入计算机等能存储信息的装置内

B．根据需要进行必要的复制

C．为防止复制品损坏而制作备份复制品。

D．未经该软件著作权人许可，向第三方提供修改后的软件

25．在_____情况下，软件经济权利人可以将软件使用权授予第三方，权利人自己也可以使用该软件。

A．独占许可使用　　　　　　B．独家许可使用

C．普通许可使用　　　　　　D．法定许可使用

26．软件经济权利的转让后，_____没有改变。

A．保护期　　　B．著作权主体　C．所有权　　　　D．使用权

27．下列哪种情况下是错误的_____。

A．计算机软件著作权超出保护期，软件就进入公有领域。

B．计算机软件著作权人的单位终止和计算机软件著作权人的公民死亡均无合法继承人时，该软件的所有权利进入公有领域。

C．软件进入公有领域后成为社会公共财富，公众可无偿使用。

D．软件著作权的保护期满后，除开发者身份权以外，其他权利终止

28. 若一软件设计师利用他人已有的财务管理信息系统软件中所运用的处理过程和操作方法，为某公司开发出财务管理软件，则该软件设计师_____。

A．侵权，因为处理过程和操作方法是他人已有的。

B．侵权，因为计算机软件开发所用的处理过程和操作方法是受著作权法保护的。

C．不侵权，因为计算机软件开发所运用的处理过程和操作方法不属于著作权法的保护对象。

D．是否侵权，取决于软件设计师是不是合法的受让者。

29. 某公司购买了一工具软件，并使用该工具软件开发了新的名为 A 的软件。该公司在销售新软件的同时，向客户提供此工具软件的复制品，则该行为____(1)____。该公司未对 A 软件进行注册商标就开始推向市场，并获得用户的好评，不久之后，另一家公司也推出名为 A 的类似软件，并对之进行了商标注册，则其行为____(2)____。

（1）A．不构成侵权行为　　　B．侵犯了专利权
　　　C．侵犯了著作权　　　　D．属于不正当竞争
（2）A．不构成侵权行为　　　B．侵犯了著作权
　　　C．侵犯了商标权　　　　D．属于不正当竞争

30. 远程教育最基本的特征是____(1)____，其功能特征是____(2)____。

（1）A．开放性　　B．延伸性　　C．灵活性　　D．管理性
（2）A．手段中介性　B．管理性　　C．灵活性　　D．延伸性

31. 知识产权一般都具有法定的保护期限，一旦保护期限届满，权利将自行终止，成为社会公众可以自由使用的知识。_____权受法律保护的期限是不确定的，一旦为公众所知悉，即成为公众可以自由使用的知识。

A．发明专利　　B．商标　　C．作品发表　　D．商业秘密

32. 甲、乙两人在同一时间就同样的发明创造提交了专利申请，专利局将分别向各申请人通报有关情况，并提出多种解决这一问题的办法，不可能采用_____的办法。

A．两申请人作为一件申请的共同申请人

B．其中一方放弃权利并从另一方得到适当的补偿

C．两件申请都不授予专利权

D．两件申请都授予专利权

33. 我国著作权法中，_____系指同一概念。

A．出版权与版权　　　　B．著作权与版权
C．作者权与专有权　　　D．发行权与版权

34. 某软件设计师自行将他人使用 C 程序语言开发的控制程序转换为机器语言形式的

控制程序，并固化在芯片中，该软件设计师的行为_____。

    A．不构成侵权，因为新的控制程序与原控制程序使用的程序设计语言不同

    B．不构成侵权，因为对原控制程序进行了转换与固化，其使用和表现形式不同

    C．不构成侵权，将一种程序语言编写的源程序转换为另一种程序语言形式，属
于一种"翻译"行为

    D．构成侵权，因为他不享有原软件作品的著作权

模拟试题参考答案

1．（1）B　（2）C　（3）A　（4）B　（5）C

2．C

3．（1）C　（2）B

4．（1）B　（2）C

5．（1）C　（2）D　（3）D

6．（1）A　（2）C　（3）B

7．D

8．（1）A　（2）A　（3）D

9．（1）B　（2）C

10．B

11．C

12．D

13．D

14．D

15．B

16．C

17．（1）A　（2）B

18．C

19．（1）A　（2）C

20．B

21．（1）A　（2）D

22．B

23．D

24．D

25．C

26．A

27．B

28．C

29．（1）C　（2）A

30．（1）A　（2）D

31．D

32．D

33．B

34．D

第 16 章　标准化基础知识

16.1　基本要求

1.　学习目的与要求

标准化在经济、技术、科学及管理等社会实践中都起着至关重要的作用，特别是在信息技术领域。就开发一个软件项目来说，标准化就是要约束自己、约束参与软件开发过程的各方，目的是要消除软件开发中的种种不良做法和习惯，采用符合软件规律、事半功倍的方法降低风险，使软件开发项目能够达到预期的满意结果。技术标准化、管理过程标准化、度量标准化、应用领域内业务的标准化，都是推动整个软件行业内、软件产业链上各个企业规范软件开发过程的前提基础和有力保障。

通过本章的学习，读者应该了解在信息技术领域中，标准化所包含的具体内容，认识到标准化对于保证软件项目顺利成功的重大意义。

2.　本章重点内容

（1）标准及标准化的概念及意义，标准化的范围、对象、实质、目的及其过程模式。

（2）标准的分类和编号。

（3）国际标准和国外先进标准。

（4）信息技术标准化、软件工程标准化和标准化组织。

（5）质量管理体系标准 ISO 9000 的主要内容、构成及 8 项原则。

（6）软件能力成熟度模型 CMM 的 5 级成熟度框架。

（7）软件过程评估国际标准 ISO/IEC 15504 的框架。

16.2　基本内容

16.2.1　标准化的基本概念

1.　标准和标准化的定义

标准（Standard）是对重复性事物和概念所做的统一规定。它的基础是科学、技术和实践经验的综合成果，它的目的是获得最佳秩序和促进最佳社会效益，它的形式有规范和规程。

标准化（Standardization）是在经济、技术、科学及管理等社会实践中，以改进产品、过程和服务的适用性，防止贸易壁垒，促进技术合作，促进最大社会效益为目的，对重复性事物和概念通过制定、发布和实施标准，以达到统一，获得最佳秩序和社会效益的过程。

2. 标准化的范围和对象

标准化的范围包括生产、经济、技术、科学及管理等社会实践中具有重复性事物和概念以及需要建立统一技术要求的各个领域。

标准化的对象是在标准化的范围所涉及的领域中具有多次重复使用和需要制定标准的具体产品，以及各种定额、规划、要求、方法、概念等。

标准化的对象一般又可分为两大类，一类是标准化的具体对象，即需要制定标准的具体事物；另一类是标准化总体对象，即各种具体对象的全体所构成的整体。通过标准化总体对象可以研究各种具体对象的共同属性、本质和普遍规律。对一个企业来说，企业的经济活动、技术活动、科研活动和管理活动的全过程及其要素都可作为标准化的范围和对象。企业的活动及其要素具有重复出现的特性，这些事物和概念的多次重复活动便产生了按统一标准进行的客观需要和要求，制定标准可以总结以往的经验，选择最佳方案，作为今后实践的目标和依据。善于利用标准化这个工具，领导者、技术人员或管理人员可以把主要精力放在研究和处理企业根本性的、方向性的大问题或新问题上，而由标准化的实施保证企业各项工作的正常进行，使企业活动纳入高效率的轨道。

3. 标准化的实质

标准化的实质是通过制定、发布和实施标准而达到统一。

统一的目的是为了保证事物发展所必需的秩序和效率，对事物的形成、功能或其他特性确定一个适合于一定时期和一定条件的一致性规范，并使这种一致性规范与其取代的对象在功能上达到等效。统一是标准的本质特征，任何标准都是在一定条件下的"统一规定"。

统一的基本含义一般包括以下几点。

（1）对生产、使用、科研、管理等有关方面进行认真讨论，通过充分协商达成一致的意见，取得共同认可，经过批准后实施。

（2）为了经济而有效地满足需要，对处于自然状态的标准化对象的结构、形式、规格或其他性能进行筛选提炼，去除其中多余的、低效的、可替换的环节，合理精简并确定出满足要求所必需的高效环节，保持整体构成精简而合理，使其功能和效率（满足全面需要的能力）达到最佳。

（3）对标准的水平和质量指标等各项内容确定的一致性规范，一般是反映一定时期的水平，因此经统一而确立的一致性仅适用于一定时期和一定条件。

（4）不同层次的标准在不同范围内进行统一，不同类型的标准则是从不同角度（或侧面）进行统一。

（5）统一并不意味着绝对统一，即全都统一到只有一种。

（6）标准是科学、技术和实践经验的结晶，其统一的内容和基础是科学、技术和实践经验的综合成果。

标准化的目的有以下两点。

（1）建立最佳秩序，即建立一定环境和一定条件下最合理的秩序。通过标准化在社会生产组成部分之间进行协调，确立共同遵循的准则，建立稳定和最佳的生产、技术、安全、管理等秩序，使生产活动和经营管理活动井然有序，避免混乱，提高效率。

（2）获得最佳效益。一定范围的标准是按一定范围内的技术效益和经济效果的目标制定出来的，它不仅考虑了标准在技术上的先进性，还考虑到经济上的合理性以及企业的最佳经济效益。

16.2.2　标准化过程模式

标准是标准化活动的产物，其目的和作用都是通过制定和贯彻具体的标准来体现的。标准化不是一个孤立的事物，而是一个活动过程。一个过程可分为几个子过程，其最后一个子过程是一个过程的终结，也是下一个过程的开始。通过总结前一个过程的经验和教训，并依据客观环境的新变化和新要求，提出标准修订的新目标。这是一个不断循环，螺旋式上升的运动过程，每完成一个循环，标准的水平将提高一步。

标准化活动过程一般包括标准产生（调查、研究、形成草案、标准发布）子过程、标准实施（宣传、普及、监督、咨询）子过程和标准更新（复审、废止、修订）等子过程。

1. 标准的制定

制定标准的过程，实际上就是总结和积累人类社会实践经验的过程，每一个新标准的产生，都标志着某一领域或某项活动经验被规范化。标准的产生一般包括调查研究、制定计划（立项）、起草标准、征求意见、审查、标准发布等标准生成阶段。ISO 和 IEC 是两个国际标准化组织，为规范国际标准的产生过程发布了指导性文件。

2. 标准的实施

标准的实施是推广和普及已被规范化的实践经验的过程，一般包括标准的宣传、贯彻执行和监督检查等。我国强制性标准的实施通过强制性的监督检查来推动，依法开展标准的实施与监督。对于推荐性标准的实施，尚无明确有效的措施，需要建立和完善社会主义市场经济体制下的技术法规。《标准化法》、《国家标准管理办法》等法规规定了我国标准化工作的方针、政策、任务和标准化体制等，它们是我国推行标准化，实施标准化管理和监督的重要依据。在工业发达国家，标准一般是推荐性的，其实施的推动力来自标准本身的科学性所产生的信任，以及通过产品认证所产生的权威性。

3. 标准的更新

已经实现了标准化的事物，实施一段时间后，有可能突破原先的规定。如果有新的需求，使某些环节的标准失去意义，就需要修订或再制定标准。标准的更新是实践经验的深化和提高的过程。通过信息反馈总结经验，找出问题，依据客观环境的新变化和新要求，提出标准修订的新目标，更新标准。标准的更新又可分为标准复审、标准确认和标准修订 3 个子过程。

标准复审就是已经发布实施的现有标准（包括已确认或修改补充的标准），经过一段时间后，需要对其内容进行再次审查，以确保其有效性、先进性和适用性。自标准实施之日起，至标准复审重新确认、修订或废止的时间，称为标准的有效期（也称为标龄）。由于各个国家的情况不同，标准有效期也不同。例如，ISO 标准每 5 年复审一次，平均标龄为

4.92 年；1988 年发布的《中华人民共和国标准化法实施条例》中规定，标准实施后的复审周期一般不超过 5 年，即我国的国家标准有效期一般为 5 年。标准确认就是经复审后的标准，若其内容仍符合当前科学技术水平并适合经济建设的需要，无须修改或只须作编辑性修改，可确认为继续有效。经复审后的标准，若其内容需要作较大修改才能适应生产和使用的需要，以及科学技术发展的需要，则应作为修订项目。

16.2.3 标准的分类

1. 根据适用范围分类

根据标准制定的机构和标准适用的范围，可分为国际标准、国家标准、区域标准、行业标准、企业（机构）标准及项目（课题）标准。

国际标准是指国际标准化组织（ISO）、国际电工委员会（IEC）所制定的标准，以及 ISO 出版的《国际标准题内关键字索引（KWIC Index）》中收录的其他国际组织制定的标准。

国家标准是由政府或国家级的机构制定或批准的、适用于全国范围的标准，是一个国家标准体系的主体和基础，国内各级标准必须服从且不得与之相抵触。

常见的国家标准有以下几种。

（1）中华人民共和国国家标准（GB）是我国最高标准化机构中华人民共和国国家技术监督局所公布实施的标准，简称为"国标"。

（2）美国国家标准是美国国家标准协会（ANSI）制定的标准。

（3）英国国家标准是英国标准学会（BSI）制定的标准。

（4）日本工业标准是日本工业标准调查会（JISC）制定的标准。

区域标准（也称地区标准）是指世界上按地理、经济或政治划分的某一区域标准化团体所通过的标准。地区标准主要有太平洋地区标准会议（PASC）、欧洲标准化委员会（CEN）、亚洲标准咨询委员会（ASAC）、非洲地区标准化组织（ARSO）等地区组织所制定和使用的标准。

行业标准是由行业机构、学术团体或国防机构制定，并适用于某个业务领域的标准。行业标准如以下几种。

（1）美国电气和电子工程师学会标准 IEEE，IEEE 通过的标准常常要报请 ANSIANSI 审批，使其具有国家标准的性质，因此 IEEE 公布的标准常冠有 ANSI 字头。

（2）中华人民共和国国家军用标准 GJB，它是由我国国防科学技术工业委员会批准，适用于国防部门和军队使用的标准。

（3）美国国防部标准 DOD-STD，它适用于美国国防部门。美国军用标准 MIL-S 适用于美军内部。

企业标准是由企业或公司批准、发布的标准。

项目规范是由某一科研生产项目组织制定，且为该项任务专用的软件工程规范。

根据《中华人民共和国标准化法》的规定，我国标准分为国家标准、行业标准、地方标准和企业标准等 4 类。这 4 类标准主要是适用范围不同，不是标准技术水平高低的分级。

下面对它们分别作一一介绍。

（1）国家标准是由国务院标准化行政主管部门制定的，需要在全国范围内统一的技术要求。

（2）行业标准是没有国家标准而又须在全国某个行业范围内统一的技术标准，由国务院有关行政主管部门制定并报国务院标准化行政主管部门备案的标准。

（3）地方标准是没有国家标准和行业标准而又须在省、自治区、直辖市范围内统一的要求，由省、自治区、直辖市标准化行政主管部门制定并报国务院标准化行政主管部门和国务院有关行业行政主管部门备案的标准。

（4）企业标准是由企业生产的产品没有国家标准、行业标准和地方标准，由企业自行组织制定、作为组织生产依据的相应标准，或者在企业内制定的，比国家标准、行业标准或地方标准更严格的企业标准，并按省、自治区、直辖市人民政府的规定备案的标准（不含内控标准）。

2. 根据标准的性质分类

根据标准的性质可分为技术标准、管理标准和工作标准。

（1）技术标准是针对重复性的技术事项而制定的标准，是从事生产、建设及商品流通时需要共同遵守的一种技术依据。按其标准化对象特征和作用，可分为基础标准、产品标准、方法标准、安全卫生与环境保护标准等；按其标准化对象在生产流程中的作用，可分为零部件标准、工装标准、设备维修保养标准及检查标准等；按标准的强制程度，可分为强制性与推荐性标准；按标准在企业中的适用范围，又可分为公司标准、工厂标准和科室标准等。

（2）管理标准是管理机构为行使其管理职能而制定的具有特定管理功能的标准，主要用于规定人们在生产活动和社会实践中的组织结构、职责权限、过程方法、程序文件、资源分配，以及方针、目标、措施、影响管理的因素等事宜，是合理组织国民经济，正确处理各种生产关系，正确实现合理分配，提高生产效率和效益的依据。在实际工作中通常按照标准所起的作用不同，将管理标准分为技术管理标准、生产组织标准、经济管理标准、行政管理标准和业务管理标准等。

（3）工作标准是为协调整个工作过程，提高工作质量和效率，针对具体岗位的工作制定的标准。对工作的内容、方法、程序和质量要求所制定的标准，称为工作标准。工作标准的内容包括各岗位的职责和任务、每项任务的数量、质量要求及完成期限、完成各项任务的程序和方法、与相关岗位的协调、信息传递方式以及工作人员的考核与奖罚方法等。工作程序标准是工作标准的一种，其目的是使各项工作条理化、标准化和规范化，以求得最佳工作秩序、工作质量和工作效率。以管理工作为对象所制定的标准，称为管理工作标准。管理工作标准的内容主要包括工作范围、内容和要求、与相关工作的关系、工作条件、工作人员的职权与必备条件、工作人员的考核、评价及奖罚办法等。

3. 根据标准化的对象和作用分类

根据标准的对象和作用，标准可分为基础标准、产品标准、方法标准、安全标准、卫生标准、环境保护标准、服务标准等。

（1）基础标准是在一定范围内作为其他标准的基础而普遍适用，是具有广泛指导意义的标准。在某领域中，基础标准通常是覆盖面最大的标准，也是该领域中所有标准的共同基础。

（2）产品标准是为保证产品的适用性，对产品必须达到的某些或全部特性要求所制定的标准。产品标准是一定时期和一定范围内具有约束力的产品技术准则，是产品生产、质量检验、选购验收、使用维护和洽谈贸易的技术依据。产品标准的主要内容包括产品的使用范围、产品的品种、规格的结构形式、产品的主要性能、产品的试验、检验方法和验收规则，以及产品的包装、储存和运输等方面的要求。产品标准可分为完全的产品标准和不完全的产品标准（品种标准）。

（3）方法标准是以各种方法为对象而制定的标准。方法标准一般包括两类：一类是以试验、检查、分析、抽样、统计、计算、测定、作业等方法为对象制定的标准；另一类是为合理生产优质产品，并在生产、作业、试验、业务处理等方面为提高效率而制定的标准。

（4）安全标准是以保护人的安全或物品的安全为对象和目的而制定的标准。安全标准一般有两种形式：一种为专门目的的安全标准；另一种是在产品标准或工艺标准中列出有关安全的要求和指标。安全标准一般均为强制性标准，由国家通过法律或法令形式强制执行。

（5）卫生标准是为保护人的健康，对食品、医药及其他方面的卫生要求而制定的标准，它是专门以卫生（工业卫生、劳动卫生等）要求为对象和目的制定的标准。

（6）环境保护标准是为保护环境不受污染和有利于生态平衡，对大气、水体、土壤、噪音、振动、电磁波等环境质量、污染管理、检测方法及其他事项制定的标准。

（7）服务标准是为提高服务质量，使某项服务工作达到要求所制定的标准。

4. 根据法律的约束性分类

根据标准的法律约束性，可分为强制性标准和推荐性标准。

（1）强制性标准是为保障人体健康和人身、财产安全，由法律、行政法规规定强制执行的标准。

（2）推荐性标准是在生产、交换、使用等方面，通过经济手段或市场调节而自愿采用的一类标准称为推荐性标准。这类标准不具有强制性，任何单位均有权决定是否采用，违背这类标准不构成经济或法律方面的责任。由于推荐性标准是协调一致的文件，不受政府和社会团体的利益干预，能更科学地规定特性或指导生产，所以《标准化法》鼓励企业积极采用推荐性标准。

16.2.4 标准的代号和编号

1. ISO 的代号和编号

ISO 代号和编号的格式为：ISO＋标准号＋[杠＋分标准号]＋冒号＋发布年号（方括号中的内容可有可无）。

2. 国家标准的代号和编号

我国国家标准的代号由大写汉字拼音字母构成。强制性国家标准的代号为 GB，推荐性国家标准的代号为 GB/T。

国家标准的编号由国家标准的代号、标准发布顺序号和标准发布年代号（4位数）组成。

3. 行业标准的代号和编号

行业标准代号由汉字拼音大写字母组成。已正式公布的行业代号有：QJ（航天）、SJ（电子）、JB（机械）、JR（金融系统）等。

行业标准的编号由行业标准代号、标准发布顺序及标准发布年代号（4位数）组成。其中强制性行业标准编号用×× ××××－××××表示，推荐性行业标准编号用××/T××××－××××表示。

4. 地方标准的代号和编号

地方标准的代号由大写汉字拼音DB加上省、自治区、直辖市行政区划代码的前两位数字（如北京市11、天津市12、上海市31等），再加上斜线T组成推荐性地方标准，不加"/T"为强制性地方标准。其中强制性地方标准用DB××表示，推荐性地方标准用DB××/T表示。

地方标准的编号由地方标准代号、地方标准发布顺序号、标准发布年代号（4位数）3部分组成。其中强制性地方标准用 DB×× ×××－××××表示，推荐性地方标准用DB××/T×××－××××表示。

5. 企业标准的代号和编号

企业标准的代号由汉字大写拼音字母Q加斜线再加企业代号组成，企业代号可用大写拼音字母或阿拉伯数字或两者兼用所组成。企业代号按中央所属企业和地方企业，分别由国务院有关行政主管部门或省、自治区、直辖市政府标准化行政主管部门和同级有关行政主管部门加以规定。

企业标准的编号由企业标准代号、标准发布顺序号和标准发布年代号（4位数）组成。

16.2.5　国际标准和国外先进标准

1. 国际标准

国际标准是指国际标准化组织（ISO）、国际电工委员会（IEC）所制定的标准，以及ISO出版的《国际标准上下文内关键字索引（KWIC Index）》中收录的其他国际组织制定的标准。

2. 国外先进标准

国外先进标准是指国际上有权威的区域性标准，世界上经济发达国家的国家标准和通行的团体标准，包括知名企业标准在内的其他国际上公认的先进标准。

（1）有国际权威的区域性标准。如欧洲标准化委员会（CEN）、欧洲电工标准化委员会（CENELEC）、欧洲广播联盟（EBU）、亚洲大洋洲开放系统互连研讨会（AOW）、亚洲电子数据交换理事会（ASEB）等制定的标准。

（2）世界经济技术发达国家的国家标准。如美国国家标准（ANSI）、德国国家标准（DIN）、英国国家标准（BS）、日本国工业标准（JIS）、瑞典国家标准（SIS）、法国国家标准（NF）、瑞士国家标准（SNV）、意大利国家标准（UNI）、俄罗斯国家标准（TOCTP）等。

（3）国际公认的行业性团体标准。如美国材料与实验协会标准（ASTM）、美国石油学会标准（API）、美国军用标准（MIL）、美国电气制造商协会标准（NEMA）、美国电影电视工程师协会标准（SMPTE）、美国机械工程师协会标准（ASME）、英国石油学会（IP）等。

（4）国际公认的先进企业标准。如美国 IBM 公司、美国 HP 公司、芬兰诺基亚公司、瑞士钟表公司等企业标准等。

3. 采用国际标准和国外先进标准

采用国际标准和国外先进标准是把国际标准和国外先进标准或其内容，通过分析研究，不同程度地订入（编入）我国标准，并贯彻执行。

将国际标准和国外先进标准纳入国家标准的主要方法有以下几种。

（1）认可法，即由国家标准机构直接宣布某项国际标准为国家标准，其具体办法是发布认可公告或通知，公告或通知中一般不附带国际标准的正文，也不在原标准文本上加注采用国家的编号。

（2）封面法，即在国际标准上加上国家标准的编号，并附简要说明和要求，如说明对原标准做了哪些编辑修改，以及如何贯彻等要求。

（3）完全重印法，即将国际标准翻译或不作翻译，采用原标准标题，重新印刷作为国家标准，并可在国际标准正文前面加一篇引言，作一些说明或解释、要求。

（4）翻译法，即国家标准采用国际标准的译文，可以用两种文字（原文和译文）或一种文字出版，采用时也可以在前言中说明对采用的国际标准作了哪些编辑性修改，或作一些要求和说明。

（5）重新制定法，即根据某项国际标准，重新起草国家标准，把国际标准融合到国家标准之中，或作层次上的修改或结构上的变动，但一般要保留国际标准的主要指标，或基本上保留原结构格局。

（6）包括与引用法，制定国家标准时，完全引用或部分引用国际标准的内容。

采用国际标准或国外先进标准的程度，分为等同采用、等效采用和非等效采用。

（1）等同采用是指国家标准等同于国际标准，仅有或没有编辑性修改。编辑性修改是指不改变标准的技术内容的修改。

（2）等效采用是指国家标准等效于国际标准，技术内容上只有很小差异，编辑上不完全相同，编写方法不完全对应。

（3）非等效采用是指国家标准不等效于国际标准，在技术上有重大技术差异。在技术上有重大差异的情况下，虽然国家标准制定以国际标准为基础，并在很大程度上与国际标准相适应，但不能使用"等效"这个术语，通常包括以下 3 种情况。

① 国家标准包含的内容比国际标准少，即国家标准较国际要求低或仅悬国际标准的部分内容。

② 国家标准包含的内容比国际标准多，即国家标准增加了内容或类型，且具有较高要求等。

③ 国家标准与国际标准有重叠，即部分内容完全相同或技术上相同，但在其他内容

上却互不包括对方的内容。

采用国际标准和国外先进标准，通常遵循以下原则。

（1）根据我国国民经济发展的需要，确定一定时期采用国际标准和国外先进标准的方向和任务。

（2）很多国际标准是经多年实际验证后公认的，通常不必都去进行实践验证。

（3）促进产品质量与水平的提高是当前采用国际标准和国外先进标准的一项重要原则。

（4）要紧密结合我国实际情况、自然资源和自然条件，符合国家的有关法令、法规和政策，做到技术先进，经济合理，安全可靠，使用方便，促进生产力发展。

（5）对于国际标准中的基础标准、方法标准、原材料标准和通用零部件标准，需要先行采用。

（6）在技术引进和设备进口中采用国际标准，应符合《技术引进和设备进口标准化审查管理办法（试行）》中的规定。

（7）当国际标准不能满足要求，或尚无国际标准时，应参照上述原则，积极采用国外先进标准。

16.2.6　信息技术标准化

信息技术标准化是围绕信息技术开发、信息产品的研制和信息系统建设、运行与管理而开展的一系列标准化工作。其中主要包括信息技术术语、信息表示、汉字信息处理技术、媒体、软件工程、数据库、网络通信、电子数据交换、办公自动化、电子卡、家庭信息系统、信息系统硬件、工业计算机辅助技术等方面标准化。

1. 信息编码标准化

编码是一种信息表现形式。在一定条件下，它对事物或概念的描述，比自然语言要直接、简洁、准确和有力。要保证信息编码的一致性，就要对编码对象的确定、对象特性的选择、编码方法和代码设计进行标准化。

编码时一种信息交换的技术手段。对信息进行编码实际上是对文字、音频、图形、图像等信息进行处理，使之量化，从而便于利用各种通信设备进行信息传递和利用计算机进行信息处理。作为一种信息交换的技术手段，必须保证信息交换的一致性。为了统一编码系统，人们制定了各种标准代码，如国际上比较通用的 ASCII 码。

2. 条码标准化

条码是一种特殊的代码，它是由一组排列规则的条、空及其对应字符组成的标记，用以表示一定的信息。条码中的条、空分别由两种深浅不同的颜色（通常为黑、白色）表示，并满足一定的光学对比度要求，其目的是便于光电扫描设备识读后将数据输入计算机。条码中的字符供人们直接识读，或通过键盘向计算机输入数据。

目前国际上广泛使用的条码是国际物品编码协会的标准化条码 EAN。我国国家标准GB 904-91 通用商品条码的结构与 EAN 条码结构相同，由 13 位数字码以及对应的条码组成，即前缀码（3位）、制造厂商代码（4位）、商品代码（5位）、检验码（1位）。3位前缀码是标识国家或地区的代码，我国的国家代码是690。

3. 汉字编码标准化

汉字编码是对每一个汉字按一定的规律用若干个字母、数字和符号表示出来。汉字的编码很多，主要有数字编码、拼音编码、字形编码、对每一种汉字编码，计算机内部都有一种相应的二进制内部码，不同的汉字编码在使用上不能替换。我国在汉字编码标准化方面取得的突出成就就是国家标准制定的信息交换用汉字编码字符集。该字符集共有6集，其中，GB 2312-80信息交换用汉字编码字符集是基本集，收入常用基本汉字和字符7 445个；GB 7589-87和GB 7590-87分别是第2辅助集和第4辅助集，各收入现代规范汉字7 426个；GB/T 12345-90是辅助集，它与第3辅助集和第5辅助集分别是与基本集、第2辅助集和第4辅助集相对应的繁体字的汉字字符集。除汉字编码标准化外，汉字信息处理标准化的内容还包括汉字键盘输入的标准化、汉字文字识别输入和语音识别输入的标准化、汉字输出字体和质量的标准化以及汉字属性和汉字词语的标准化等。

4. 软件工程标准化

软件工程的目的是改善软件开发的组织，降低开发成本，缩短开发时间，提高工作效率和软件质量。它在内容上包括软件开发的软件概念形成、需求分析、计划组织、系统分析与设计、结构程序设计、软件调试、软件测试和验收、安装和检验、软件运行和维护，以及软件运行的终止和引退（被新的软件所代替）。

软件工程最显著的特点就是把个别的、自发的、分散的、手工的软件开发变成一种社会化的软件生产方式，软件生产的社会化必然要求软件工程实行标准化。软件工程标准的类型也是多方面的，常常跨越软件生存期各个阶段，所有这些方面都应逐步建立标准或规范。软件工程标准化的主要内容包括过程标准（如方法、技术、度量等）、产品标准（如需求、设计、部件、描述、计划、报告等）、专业标准（如道德准则、认证等）、记法标准（如术语、表示法、语言等）、开发规范（准则、方法、规程等）、文件规范（文件范围、文件编制、文件内容要求、编写提示）、维护规范（软件维护、组织与实施等）以及质量规范（软件质量保证、软件配置管理、软件测试、软件验收等）等。

我国1983年5月成立"计算机与信息处理标准化技术委员会"，其下设13个分技术委员会，其中程序设计语言分技术委员会和软件工程分技术委员会与软件相关。现已得到国家批准的软件工程国家标准有以下几种。

（1）基础标准
- 信息处理-程序构造及其表示法的约定 GB/T 13502-92。
- 信息处理系统-计算机系统配置图符号及其约定 GB/T 14085-93。
- 软件工程术语标准 GB/T 11457-89。
- 软件工程标准分类法 GB/T 15538-95。

（2）开发标准
- 软件开发规范 GB 8566-88。

- 计算机软件单元测试 GB/T 15532-95。
- 软件维护指南 GB/T 14079-93。

（3）文档标准

- 计算机软件产品开发文件编制指南 GB 8567-88。
- 计算机软件需求说明编制指南 GB/T 9385-88。
- 计算机软件测试文件编制指南 GB/T 9386-88。

（4）管理标准

- 计算机软件配置管理计划规范 GB/T 12505-90。
- 计算机软件质量保证计划规范 GB/T 12504-90。
- 计算机软件可靠性和可维护性管理 GB/T 14394-93。
- 信息技术、软件产品评价、质量特性及其使用指南 GB/T 16260-96。

16.2.7 标准化组织

1. 国际标准化组织

ISO 和 IEC 是世界上两个最大、最具有权威的国际标准化组织。目前，由 ISO 确认并公布的国际标准化组织还有国际计量局（BIPM）、联合国教科文组织（UNESCO）、世界卫生组织（WHO）、世界知识产权组织（WIPO）、国际信息与文献联合会（FID）、国际法定计量组织（OIML）等 27 个国际组织。

国际标准化组织 ISO 是世界上最大的非政府性的、由各国标准化团体（ISO 成员团体）组成的世界性联合专门机构。它成立于 1947 年 2 月，其宗旨是在世界范围内促进标准化工作的发展，以利于国际资源的交流和合理配置，扩大各国在知识、科学、技术和经济领域的合用。其主要活动是制定国际标准，协调世界范围内的标准化工作，组织各成员国和技术委员会进行交流，以及与其他国际性组织进行合作，共同研究有关标准问题，出版 ISO 国际标准。制定国际标准的工作通常由 ISO 的技术委员会完成，各成员团体若对某技术委员会确立的项目感兴趣，均有权参加该委员会的工作。ISO 的工作语言是英文、法文和俄文，会址设在日内瓦。

ISO 的成员团体分正式成员和通讯成员。正式成员是指由各国最有代表性的标准化机构代表其国家或地区参加的成员，并且只允许每个国家有一个组织参加。通讯成员是尚未建立全国性标准化机构的国家，一般不参与 ISO 的技术工作，但可参会了解工作进展，当条件成熟时，可以通过一定程序成为正式成员。截止 1998 年有团体成员（国家标准化机构）122 个，其中正式成员 86 个，通讯成员 36 个。

成员全体大会是 ISO 的最高权力机构。理事会是 ISO 常务机构，由正、副主席、司库和 18 个理事国代表组成，每年召开一次会议，理事会成员任期 3 年，每年改选 1/3 的成员。理事会下又设若干专门委员会，其中之一是技术委员会（TS），技术委员会完成 ISO 的技术工作。ISO 按专业性质设立技术委员会，各技术委员会根据工作需要可设立若干分委员会（SC），TC 和 SC 下面可设立若干工作组（WG）。ISO 现有技术组织 2 871 个，其中技术委员会（TC）191 个，分技术委员会（SC）572 个，工作组 2 063 个，临时专题小组 45 个。

国际电工委员会 IEC 成立于 1906 年，是世界上最早的非政府性国际电工标准化机构，是联合国经社理事会（ECOSOC）的甲级咨询组织。IEC 的工作领域包括电工领域各个方面，如电力、电子、电信和原子能方面的电工技术等。理事会是 IEC 的最高权力机构，会址设在日内瓦。IEC 理事会下又设执行委员会与合格评定局，执行委员会负责管理技术委员会（TC）和技术咨询委员会；合格评定局管理各认证委员会，在组织上自成体系。

2. 区域标准化组织

区域标准化组织是指同处一个地区的某些国家组成的标准化组织；区域是指世界上按地理、经济或民族利益划分的区域。参加组织的机构有的是政府性的，有的是非政府性的，为发展同一地区或毗邻国家间的经济及贸易，维护该地区或国家的利益，协调本地区或各国标准和技术规范而建立的标准化机构。其主要职能是制定、发布和协调该地区的标准。

代表性的区域标准化组织主要有以下几个。

（1）欧洲标准化委员会（CEN）成立于 1961 年，由欧洲经济共同体（EEC）、欧洲自由联盟（EFTA）所属国家的标准化结构组成，主要任务是协调各成员国的标准，制定必要的欧洲标准（EN），实行区域认证制度。

（2）欧洲电工标准化委员会（CEN EL EC）成立于 1972 年，由欧洲电工标准协调委员会（CEN EL）和欧洲电工协调委员会共同市场小组（CEN EL COM）合并组成，主要是协调各成员国电器和电子领域的标准，以及电子元器件质量认证，制定部分欧洲标准（EN）。

（3）亚洲标准化咨询委员会（ASAC）成立于 1967 年，由联合国亚洲与太平洋经社委员会协商建立，主要是在 ISO 和 IEC 标准的基础上，协调各成员国的标准化活动，制定区域性标准。

（4）国际电信联盟（ITU）于 1865 年 5 月在巴黎成立，1947 年成为联合国的专门机构，是世界各国政府电信主管部门之间协调电信事务的一个国际组织。

3. 行业标准化组织

行业标准化组织是指制定和公布适应某个业务领域标准的专业标准化团体，以及在其业务领域开展标准化工作的行业机构、学术团体或国防机构。

有代表性的行业标准化组织主要有以下几个。

（1）美国电气电子工程师学会 IEEE 是由美国电气工程师学会（AIEE）和美国无线电工程师学会（IRE）于 1963 年合并而成的，是美国规模最大的专业学会。IEEE 主要制定电气与电子设备、试验方法、原器件、符号、定义以及测试方式等方面的标准。

（2）美国国防部批准、颁布适用于美国军队内部使用的标准，代号为 DOD 和 MIL。

（3）我国国防科学技术工业委员会批准、颁布使用于国防部门和军队使用的标准，代号为 GJB。

4. 国家标准化组织

国家标准化组织是指在国家范围内建立的标准化机构，以及政府确认（或承认）标准化团体，或者接受政府标准化管理机构指导并具有权威性的民间标准化团体。

有代表性的国家标准化组织主要有以下几个。

（1）美国国家标准学会（ANSI），它是非赢利性质的民间标准化团体，但它实际上已成为美国国家标准化中心，美国各界的标准化活动都围绕它开展。

（2）英国标准学会（BSI），它是世界上最早的全国性标准化结构，是政府认可的、独立的、非赢利性民间标准化团体。

（3）德国标准化学会（DIN），它是一个注册的公益性民间标准化团体。

（4）法国标准化协会（AFNOR），它是一个公益性的民间团体，也是一个被政府承认的，为国家服务的组织。

16.2.8　ISO 9000 标准简介

ISO 9000 标准是一系列标准的统称，由 ISO/TC 176 制定。TC 176 是 ISO 的第 176 个技术委员会（质量管理和质量保证技术委员会），专门负责制定质量管理和质量保证技术的标准。ISO 9000 系列标准有着一个演变过程，ISO 9001：1987 系列标准从自我保证的角度出发，更多关注的是企业内部的质量管理和质量保证；ISO 9001：1994 系列标准则通过 20 个质量管理体系要素，把用户要求、法规要求及质量保证要求纳入标准的范围中；ISO 9001：2000 系列标准在标准构思和标准目的等方面体现了具有时代气息的变化，过程方法的概念，顾客需求的考虑，以及将持续改进的思想贯穿于整个标准，把组织的质量管理体系满足顾客要求的能力和程度体现在标准的要求之中。

ISO 9000：2000 系列标准现有 13 项标准，由 4 个核心标准，1 个支持标准，6 个技术报告，3 个小册子和 1 个技术规范构成（如表 16-1）。

表 16-1　ISO 9000：2000 系列标准一览表

核心标准	ISO 9000：2000《质量管理体系 基础和术语》
	ISO 9001：2000《质量管理体系 要求》
	ISO 9004：2000《质量管理体系 业绩改进指南》
	ISO 19011：2000《质量管理体系和环境管理体系审核指南》
其他标准	ISO 10012《测量设备的质量保证要求》
技术报告	ISO 10006《项目管理指南》
	ISO 10007《技术状态管理指南》
	ISO 10013《质量管理体系文件指南》
	ISO 10014《质量经济性指南》
	ISO 10015《教育和培训指南》
	ISO 10017《统计技术在 ISO 9000 中的应用指南》
小册子	质量管理原理
	选择和使用指南
	小型企业的应用指南

ISO 9000：2000《质量管理体系 基础和术语》描述了质量管理体系的基础，并规定了

质量管理体系的术语和基本原理。术语标准是讨论问题的前提，统一术语是为了明确概念，建立共同的语言。该标准在总结了质量管理经验的基础上，明确了一个组织在实施质量管理中必须遵循的 8 项质量管理原则，也是 ISO 9000：2000 系列标准制定的指导思想和理论基础。该标准提出的 10 个部分的 87 个术语，在语言上强调采用非技术性语言，使所有潜在用户易于理解。

ISO 9001：2000《质量管理体系 要求》提供了质量管理体系的要求，供组织证实其具有提供满足顾客要求和适应法规要求的产品的能力时使用。组织通过有效地实施质量管理体系，包括过程的持续改进和预防不合格产品，使顾客满意。该标准是用于第三方认证的惟一质量管理体系要求标准，通常用于企业建立质量管理体系以及申请认证。它主要通过对申请认证组织的质量管理体系提出各项要求来规范组织的质量管理体系。主要分为质量管理体系、管理职责、资源管理、产品实现、测量分析和改进 5 大模块，构成一种过程方法模式的结构，符合 PDCA 循环规则，且通过持续改进的环节使质量管理体系的水平达到螺旋式上升的效果，其中每个模块中又有许多分条款。

ISO 9004：2000《质量管理体系 业绩改进指南》给出了改进质量管理体系业绩的指南，描述了质量管理体系应包括持续改进的过程，强调通过改进过程，提高组织的业绩，使组织的顾客及其他相关方满意。该标准是和 ISO 9001：2000 协调一致并可一起使用的质量管理体系标准。两个标准采用相同的原则，但应注意其适用范围不同，而且 ISO 9004 标准不拟作为 ISO 9001 标准的实施指南。通常情况下，当组织的管理者希望超越 ISO 9001 标准的最低要求，追求增长的业绩改进时，一般以 ISO 9004 标准为指南。

ISO 19011：2001《质量管理体系和环境管理体系审核指南》提供了质量管理体系和环境管理体系审核的基本原则、审核方案的管理、环境和质量管理体系的实施，以及对环境和质量管理体系评审员资格的要求。该标准是 ISO/ITC176 与 ISO/TC 207（环境管理技术委员会）联合制定的，按照"不同管理体系，可以共同管理和审核"的原则，在术语和内容方面兼容了质量管理体系和环境管理体系两方面的特点。

ISO 9000 系列质量管理体系在 ISO 9000：2000 和 ISO 9004：2000 标准中提及的 8 项质量管理原则是整个 ISO 9000 系列质量管理体系标准的精髓和纲领。它是标准的理论基础，又是组织领导者进行质量管理的基本原则。8 项质量管理原则如下所述。

（1）以顾客为中心："组织依存于顾客。因此应了解顾客当前和未来的需求，满足顾客要求并争取超越顾客期望。"顾客是每一个组织存在的基础，顾客的要求是第一位的，组织应全面地调查和研究顾客的需求和期望，并把它转化为质量要求，采取有效措施使其实现。

（2）领导作用："领导者确立一致的组织宗旨和方向。他们应当创造并保持员工能够充分参与实现组织目标的内部环境。"领导者具有决策和领导一个组织的关键作用。

（3）全员参加："各级人员是组织之本，只有他们的充分参与，才能使他们的才干为组织带来最大的收益。"组织的质量管理不仅需要最高管理者的正确领导，还要依赖于全员的参与。

（4）过程方法："将相关的资源和活动作为过程进行管理，可以更高效地得到期望的结果。"ISO 9000：2000 系列标准建立了一个过程模式，将"管理职责、资源管理、产品实现、测量及分析和改进"作为体系的 4 大主要过程，描述其相互关系，并以顾客要求为输入，提供给顾客的产品为输出，通过信息反馈来测定顾客满意度，评价质量管理体系的业绩。

（5）管理的系统方法："识别、理解和管理作为体系相互关联的过程，有助于提高组织的有效性和效率。"针对设定的目标，识别、理解体系各个过程之间的内在关联性，采用科学的方法协调和整合过程。

（6）持续改进："组织总体业绩的持续改进应是组织的一个永恒的目标。"在质量管理体系中，改进是指产品质量、过程及体系有效性和效率的提高。持续改进包括了解现状；建立目标；寻找、评价和实施解决办法；测量、验证和分析结果，把更改纳入文件等活动。

（7）基于事实的决策方法：有效的决策只能建立在对数据和信息进行分析的基础上。对数据和信息的逻辑分析或直觉判断是有效决策的基础。

（8）互利的供求关系：供求双方是相互依存的，通过互利的关系可增强双方创造价值的能力。

16.2.9　能力成熟度模型 CMM 简介

CMM 是 Carnegie Mellon 大学软件工程研究所（CMU/SEI）在与企业界和政府合作的基础上开发出来的模型。CMM 以几十年产品质量概念和软件工业的经验及教训为基础，为软件企业的软件能力不断走向成熟提供了有效的步骤和阶梯式的进化框架。它指明了一个成熟的软件企业在软件开发方面需要管理的主要工作，这些工作之间的关系，以及以怎样的先后次序，一步一步地达到预定的目标，从而得到持续的过程改进，实现企业高效率、低成本地交付高质量软件产品的战略目标。

CMM 为软件企业的过程能力提供了一个阶梯式的进化框架，将软件过程改进的进化步骤分成 5 个成熟度登记，每一个级别定义一组过程能力，并描述了要达到这些目标应该采取的实践活动，为不断改进过程奠定了循序渐进的基础。第 1 级实际上是一个起点，任何准备按 CMM 体系进化的企业都自然处于这个起点上，并通过这个起点向第 2 级迈进。除第 1 级外，每一级都设定了一组目标。如果达到了这组目标，则表明达到了这个成熟级别，可以向下一个级别迈进。CMM 体系不主张跨越级别的进化，因为从第 2 级起，低级别的实现是实现高级别的基础。

（1）在初始级，企业一般缺少有效的管理，不具备稳定的软件开发与维护环境。软件过程是未加定义的随意过程，项目的执行也是随意甚至是混乱的，几乎没有定义过程的规则（或步骤）。软件过程在实际的工作过程中经常改变（过程是随意的），其成果是不稳定的，不可预见的，不可重复的。也就是说，软件的计划、预算、功能和产品的质量都是不可确定和不可预见的。项目的成功完全依赖个人的能力和他们先前的经验、知识以及他们的进取心和积极程度。当项目遇到危机时，通常会放弃原定的计划而只专注于编程与测试。

（2）在可重复级，企业建立了基本的项目管理过程的政策和管理规程，对成本、进度和功能进行监控，以加强过程能力。对新项目的计划和管理基于以往相似或同类项目的成功经验，以确保再一次成功。一个可管理的过程则是一个可重复的过程，一个可重复的过程则能逐渐进化和成熟。第2级的焦点集中在软件管理过程上，包括需求管理、项目管理、质量管理、配置管理和子合同管理等方面。软件项目的计划和跟踪与监控的稳定实施，表现出一个按计划执行的且阶段可控的软件开发过程，并表明软件开发过程是相对稳定的，且过程的建立细化到项目一级。

（3）在定义级，企业全面采用综合性管理及工程过程管理，对整个软件生命周期的管理与工程化过程都已标准化，并综合成软件开发企业标准的软件过程。企业标准软件过程通过证明是正确且实用的，所有开发的项目须根据标准过程，剪裁出与项目适宜的过程，并执行这些过程。企业标准软件过程被应用到所有的工程中，用于编制和维护软件。

（4）在管理级，企业开始定量地认识软件过程，软件质量管理和软件过程管理是量化的管理。对软件过程与产品质量建立了定量的质量目标，制定了软件过程和产品质量的详细而具体的量度标准，实现了量度标准化。通过一致的量度标准来指导软件过程，保证所有项目对生产率和质量进行量度，并作为评价软件过程及产品的定量基础。量化控制使得软件开发真正成为一种工业生产活动。软件过程按照明确的量度标准进行量度和操作，软件过程以及软件产品质量的一些趋势就可以得以控制和预见。经量度后一旦发现质量超出或违反标准，可以采用一些方法及时改进。

（5）在优化级，企业将会把工作重点放在对软件过程改进的持续性、预见性及自身增强上，防止缺陷及问题的发生，不断地提高过程处理能力。通过来自过程执行的质量反馈和新方法及新技术的定量分析来改善下一步的执行过程，即优化执行步骤，使软件过程能不断地得到改进。根据软件过程的效果，进行成本/利润分析，从成功的软件过程中吸取经验，把组好的创新成果迅速推广到整个企业；对失败的案例进行分析以找出原因并预先改进，把失败的教训告知全体组织以防止重复以前的错误，不断提高产品的质量和生产率。整个企业都存在自觉的、强烈的团队意识，每个人都致力过程改进，力求减少错误。优化级的目标是达到一个保持持续不断的软件过程改进的境界。如果一个企业达到了这一级，那么表明企业能够根据实际的项目性质和技术等因素，不断调整软件生产过程以求达到最佳。

16.2.10　ISO/IEC 15504 过程评估标准简介

ISO/IEC 15504 提供了一个软件过程评估的框架，可以被任何软件企业用于软件的设计、管理、监督、控制，以及提高获得、供应、开发、操作、升级和支持的能力。ISO/IEC 15504提供了一种有组织的、结构化的软件过程评估方法，以便实施软件过程的评估。在 ISO/IEC 15504 中定义的过程评估方法旨在为描述工程评估结果的通用方法提供一个基本原则，同时也对建立在不同但兼容的模型和方法上的评估进行比较。过程评估有两个主要的使用环境：软件过程改进和软件过程能力评定。在软件过程改进环境中，过程评估提供了诸多方法，用于在企业内部根据所选择的过程的性能来描述当前实践的特性。根据企业的商业需要对结果进行分析以确定该过程内在的优点、不足和风险，从而可以判断过程是否有效地实现其目标，或者没有实现目标是质量低下、耗时过多、成本过高的主要原因。评估结果可以为软件过程改进的优先顺序提供相应的基础和依据。在确定软件过程能力的环境中，评估是通过与目标过程能力的对比分析，评估过程的能力，从而确定所评估的过程对实现有关项目的风险情况。在 ISO/IEC 15504 文件中涉及了过程评估的各个方面，其文档主要包括以下几个部分。

（1）第 1 部分是概念和绪论指南。该部分给出了软件过程改进和过程评估概念，以及在过程能力确定方面的总体信息。它描述了 ISO/IEC 15504 文档的各部分是如何组织在一起的，并为选择和使用各部分提供指南。此外，本部分还解释了 ISO/IEC 15504 中所包含的要求对执行评估的适用性、支持工具的建立与选择，以及在附加过程的建立和发展方面所起的作用。

（2）第 2 部分是过程和过程能力参考模型。该部分是在比较高的层次上详细定义了一个用于过程评估的二维参考模型。此模型中描述了过程和过程能力。通过将过程中的特点与不同的能力等级进行比较，再利用此模型中定义的一系列过程和框架就可对过程能力加以评估。

（3）第 3 部分是实施评估。为了确保等级评定的一致性和可重复性（即标准化），ISO/IEC 15504 为软件过程评估提供了一个框架，并为进行评审提出了最低要求。这些要求有助于确保评估结果内在的一致性，为评级和验证与要求的一致性提供了依据。该部分以及与该部分有关的内容详细定义了实施评估时的要求，这样得到的评估结果才有可重复性、可信性以及可持续性。

（4）第 4 部分是评估实施指南。通过这部分内容，可以指导使用者如何进行软件过程评估。这个具有普遍意义的指导适用于所有企业，同时也适用于采用不同的方法、技术以及支持工具的过程评估。它包括如何选择并适用兼容的评估，如何选择用于支持评估的方法，如何选择适用于评估的工具与手段。该部分内容对过程评估做了概述，并且以指南的形式对用于评估的兼容模型、文件化的评估过程以及工具的适用和选择等方面的需求做了解释。

（5）第 5 部分是评估模型和标志指南。该部分内容为支持过程评估提出了一个评估模型的范例。此评估模型与第 2 部分所概述的参考模型相兼容，具体表述了任何兼容评估模型都期望具有的核心特征。该指南是以此评估模型中所包含的指示标志的形式给出的，这些指示标志不但可在过程改进程序中加以使用，还有助于评价和选择评估模型、方法或工具。采用这种方式并结合可靠的方法，有可能对过程能力做出一致的且可重复的评级。

（6）第 6 部分是评估师能力指南。该部分提供了关于评估师进行软件过程评估的资格和准备的指南。它详细说明了一些可用于验证评估师胜任能力的方法，以及相应的教育、培训和经验，还包括可能用于验证胜任能力和证实受教育程度、培训情况和经验的一些机制。

（7）第 7 部分是过程改进应用指南。该部分提供了关于使用软件过程评估作为首要方法，去理解一个企业软件过程的当前状态和适用评估结果去形成并优化改进方案的指南。该过程改进指南涉及过程改进综述、过程改进方法、文化问题、管理等专题，包括一个过程量度的总体框架。该指南用于指导在连续循环里进行软件过程改进时，把软件过程评估当成改进框架和方法的一部分使用。一个企业可以根据其具体情况和需要从参考模型中选择所有的或一部分软件过程用于评估或改进。

（8）第 8 部分是确定供方能力应用指南。该部分内容为以过程能力确定目的而进行的过程评审提供应用指南。它讲述了为对过程能力加以判断，应如何定义输入和如何运用评估结果。这不仅可直接用于对当前状况进行判断，而且也可以对复杂情况加以判断，例如对未来进行预测。该部分中关于过程能力的判断方法不仅适用于任何希望确定其自身软件过程的过程能力的企业，同样也适用于对供应商的能力进行判断。

（9）第 9 部分是词汇。该部分定义了 ISO/IEC TR 15504 整个技术报告中使用的术语。术语首先按字母顺序排列以便查阅；然后，再按逻辑类型进行分类以便于理解（将相关的术语安排在一类）。

16.2.11　小结

- 标准化就是要约束自己、约束参与软件开发过程的各方，目的是要消除软件开发中的种种不良做法和习惯，采用符合软件规律、事半功倍的方法，降低风险，以使软件开发项目能获得可重复、可以预期的满意结果。标准化的目的是为了获得最佳秩序和最佳效益。标准化的实质是通过制定、发布和实施标准而达到统一。

- 标准是标准化活动的产物。标准化活动过程一般包括标准的产生、标准的实施和标准的更新等 3 个子过程。

- 根据标准制定的机构和标准适用的范围，可分为国际标准、国家标准、区域标准、行业标准、企业（机构）标准及项目（课题）标准。我国标准分为国家标准、行业标准、地方标准和企业标准等 4 类。

- 信息技术标准化是围绕信息技术开发、信息产品的研制和信息系统建设、运行与管理而开展的一系列标准化工作。主要包括信息编码、条码、汉字编码、软件工程等 4 个方面的标准化。

- 标准化组织分成国际的、区域的、行业的、国家的等 4 类标准化组织。

- ISO 9000 标准是一系列标准的统称。ISO 9000：2000 系列质量管理体系标准确认了 8 项质量管理原则。

- 能力成熟度模型 CMM 为软件企业的过程能力提供了一个阶梯式的进化框架，将软件过程改进的进化步骤分成 5 个成熟度等级，这 5 个级别分别为：初始级、可重复级、定义级、管理级和优化级。

- ISO/IEC 15504 提供了一个软件过程评估的框架，可以被任何软件企业用于软件的设计、管理、监督、控制，以及提高获得、供应、开发、操作、升级和支持的能力。ISO/IEC 15504 提供了一种有组织的、结构化的软件过程评估方法，以便实施软件过程的评估。其文档主要包括 9 个部分内容。

16.3　重点习题解析

16.3.1　填空题

1. _____是以科学、技术和实践经验的综合成果为基础，以获得最佳秩序和促进最佳社会效益为目的，经有关方面协商一致，由主管或公认机构批准，并以规则、指南或特性的文件形式发布，作为共同遵守的准则和依据。

2. 标准化的实质是_____。

3. 标准化活动过程一般包括_____子过程、_____子过程和_____子过程。

4. 自标准实施之日起，一直到标准复审重新确认、修订或废止的时间，称为标准的_____。

5. 国际标准化组织（ISO）和国际电工委员会（IEC）所制定的标准称为_____；由政府或国家级的机构制定或批准的、适用于全国范围的标准称为_____；世界上按地理、经济或政治划分的某一区域标准化团体所通过的标准称为_____；由行业机构、学术团体或国防机构制定，并适用于某个业务领域的标准称为_____；由企业或公司批准、发布的标准称为_____。

6. 针对重复性的技术事项而制定的标准称为_____；管理机构为行使其管理职能而制定的具有特定管理功能的标准称为_____；为协调整个工作过程，提高工作质量和效率，针对具体岗位的工作制定的标准称为_____。

7. 为保障人体健康和人身、财产安全，由法律、行政法规规定强制执行的标准称为_____；在生产、交换、使用等方面，通过经济手段或市场调节而自愿采用的一类标准称为_____。

8. 强制性国家标准的代号为_____，推荐性国家标准的代号为_____。

9. 国家标准《计算机软件产品开发文件编制指南 GB 8567-88》中规定，在一项软件开发过程中，一般地说应该产生 14 种文件，其中管理人员主要使用的有_____、_____、_____，开发进度月报、项目开发总结报告。开发人员主要使用的有_____、_____、_____、数据要求说明书、概要设计说明书、详细设计说明书、数据库设计说明书、测试计划和_____。维护人员主要使用的有设计说明书、_____和_____。

10. _____和_____是世界上两个最大、最具有权威的国际标准化组织。

11. ISO 的成员团体分_____和_____。

12. 同处一个地区的某些国家组成的标准化组织称为_____。

13. 制定和公布适应某个业务领域标准的专业标准化团体，以及在其业务领域开展标准化工作的行业机构、学术团体或国防机构称为_____。

14. 在国家范围内建立的标准化机构，以及政府确认（或承认）标准化团体，或者接受政府标准化管理机构指导并具有权威性的民间标准化团体称为_____。

15._____描述了质量管理体系的基础，并规定了质量管理体系的术语和基本原理；_____提供了质量管理体系的要求，供组织证实其具有提供满足顾客要求和适用法规要求的产品的能力时使用；_____给出了改进质量管理体系业绩的指南，描述了质量管理体系应包括持续改进的过程，强调通过改进过程，提高组织的业绩，使组织的顾客及其他相关方满意；_____提供了质量管理体系和环境管理体系审核的基本原则、审核方案的管理、环境和质量管理体系的实施，以及对环境和质量管理体系评审员资格的要求。

16．CMM 提供了一个框架，将软件过程改进的进化步骤组织成 5 个成熟度等级，为过程不断改进奠定了_____的基础。这 5 个成熟度等级定义了一个_____的尺度，用来衡量一个软件机构的_____和评价其软件过程能力。每一个成熟度等级为继续改进过程提供了一个_____。每一个等级包含了一组_____，通过实施相应的一组_____达到这一组_____。5 个成熟度等级各有其不同的行为特征，通过 3 个方面来表现，即一个机构为建立或改进软件过程所进行的活动，对每个项目所进行的活动和所产生的跨越各项目的过程能力。

17．软件工程标准的类型是多方面的，它可能包括_____标准，如方法、技术、度量等；_____标准，如需求、设计、部件、描述、计划、报告等；_____标准，如职别、道德准则、认证、特许、课程等；_____标准，如术语、表示法、语言等。根据中国国家标准 GB/T 15538—1995（软件工程标准分类法）规定，软件工程标准可用一张_____来表示。

18．ISO 9000 族标准是指国际标准化组织中的质量管理和质量保证技术委员会（ISO/TC 176）制定的标准，现有_____个标准，可分为 5 类：质量术语标准，如_____；_____，如 ISO 9001、ISO 9002、ISO 9003 系列标准；_____，如 ISO 9004 系列标准；_____，如 ISO 9000 系列标准；_____，如 ISO 10005 质量计划指南，ISO 10007 技术状态管理指南等。

19．_____是计算机软件机构实施 ISO 9001 的指南性标准。它的指南性主要表现在：（1）对于针对的标准给予特定的_____，ISO 9001 提供了_____个质量体系要素。（2）指南性的标准不是_____的依据。在 ISO 9001 的质量体系要素的每一条都强调了要求的强制性，而在_____中是建议性指南。由于 ISO 9001 标准本来是针对传统的制造业制定的，而软件业有许多不同于制造业的特性，所以，_____起了桥梁作用。此外，_____将整个软件生存期分为 17 个过程，并且对每一个过程按_____的 3 个层次具体做了解释，为进一步理解_____提供了帮助。

填空题参考答案

1．标准

2．通过制定、发布和实施标准而达到统一

3．标准产生　标准实施　标准更新

4．有效期

5．国际标准　国家标准　地区标准　行业标准　企业标准

6．技术标准　管理标准　工作标准

7．强制性标准　推荐性标准

8．GB　GB/T

9．项目开发计划　可行性研究报告　模块开发卷宗　项目开发计划　可行性研究报告　软件需求说明书　测试分析报告　测试分析报告　模块开发卷宗

10．ISO　IEC

11．正式成员　通讯成员

12．区域标准化组织

13．行业标准化组织

14．国家标准化组织

15．ISO 9000：2000《质量管理体系 基础和术语》ISO 9001：2000《质量管理体系 要求》ISO 9004：2000《质量管理体系 业绩改进指南》ISO 19011：2001《质量管理体系和环境管理体系审核指南》

16．循序渐进　有序　软件过程成熟度　台基　过程目标　关键过程域　过程目标

17．过程　产品　专业　记法　二维的表格

18．20　ISO 8402　质量保证标准　质量管理标准　质量管理和质量保证标准的选用和实施指南　支持性技术标准

19．ISO 9000-3　说明与解释 20　认证审核　ISO 9000-3　ISO 9000-3　ISO/IEC 12207　过程-活动-任务　ISO 9000-3

16.3.2　简答题

1．简述标准化的目的。

解答：标准化的目的有两个：建立最佳秩序和获得最佳效益（具体解释见本章 16.2.1 节的第 3 点）。

2．标准化的实质是通过制定、发布和实施标准而达到统一，那么"统一"的目的和基本含义是什么？

解答：统一的目的是为了保证事物发展所必需的秩序和效率，对事物的形成、功能或其他特性，确定一个适合于一定时期和一定条件的一致性规范，并使这种一致性规范与其取代的对象在功能上达到等效。统一是标准的本质特征，任何标准，都是在一定条件下的"统一规定"。

统一的基本含义一般包括以下几点：（1）通过充分协商达成一致的意见；（2）合理精简并确定出满足要求所必需的高效环节；（3）确定的一致性规范；（4）在不同范围内进行统一，从不同角度进行统一；（5）统一并不意味着绝对统一；（6）统一的内容和基础是科

学、技术和实践经验的综合成果（具体解释见本章 16.2.1 节的第 3 点）。

3. 简述标准化过程模式的内容。

解答：标准化活动过程一般包括标准产生（调查、研究、形成草案、标准发布）子过程、标准实施（宣传、普及、监督、咨询）子过程和标准更新（复审、废止、修订）等子过程，即标准的产生、实施和更新（具体解释见本章 16.2.2 节）。

4. 根据《中华人民共和国标准化法》的规定，我国标准分为哪 4 类？

解答：我国标准分为国家标准、行业标准、地方标准和企业标准等 4 类（具体解释见本章 16.2.3 节的第 1 点）。

5. 将国际标准和国外先进标准纳入国家标准，主要有哪几种方法？

解答：有 6 种方法：认可法，封面法，完全重印法，翻译法，重新制定法，包括与引用法（具体解释见本章 16.2.5 节的第 3 点）。

6. 采用国际标准或国外先进标准的程度有哪 3 种？

解答：采用国际标准或国外先进标准的程度，分为等同采用、等效采用和非等效采用（具体解释见本章 16.2.5 节的第 3 点）。

7. 采用国际标准和国外先进标准通常遵循的原则有哪几条？

解答：有 7 条：（1）一定时期采用；（2）不必都去进行实践验证；（3）能促进产品质量与水平的提高；（4）要紧密结合我国实际情况；（5）先行采用；（6）应符合我国的规定；（7）积极采用国外先进标准（具体解释见本章 16.2.5 节的第 3 点）。

8. 现已得到国家批准的软件工程国家标准有哪些？

解答：我国 1983 年 5 月成立"计算机与信息处理标准化技术委员会"，其下设有 13 个分技术委员会，其中程序设计语言分技术委员会和软件工程分技术委员会与软件相关。现已得到国家批准的软件工程国家标准有以下 4 类：基础标准类、开发标准类、文档标准类、管理标准类（具体解释见本章 16.2.6 节的第 4 点）。

9. ISO 9000：2000 系列标准确认了哪 8 项质量管理原则？

解答：这 8 项原则是：以顾客为中心，领导作用，全员参加，过程方法，管理的系统方法，持续改进，基于事实的决策方法，互利的供求关系（具体解释见本章 16.2.8 节）。

10. CMM（能力成熟度模型）为软件企业的过程能力提供了一个阶梯式的进化框架，将软件过程改进的进化步骤分成哪 5 个级别？

解答：CMM 的 5 个级别是：初始级，可重复级，定义级，管理级，优化级（具体解释见本章 16.2.9 节）。

11. ISO/IEC 15504 标准提供了一个软件过程评估的框架，其文档主要包括哪几个部分？

解答：有 9 个部分：第 1 部分是概念和绪论指南；第 2 部分是过程和过程能力参考模型；第 3 部分是实施评估；第 4 部分是评估实施指南；第 5 部分是评估模型和标志指南；第 6 部分是评估师能力指南；第 7 部分是过程改进应用指南；第 8 部分是确定供方能力应用指南；第 9 部分是词汇（具体解释见本章 16.2.10 节）。

16.4 模拟试题

1. _____是在经济、技术、科学及管理等社会实践中，以改进产品、过程和服务的适用性，防止贸易壁垒，促进技术合作，促进最大社会效益为目的，对重复性事物和概念通过制定、发布和实施标准，达到统一，获得最佳秩序和社会效益的过程。

    A. 标准   B. 规范   C. 规程   D. 标准化

2. 按制定标准的不同层次和适应范围，标准可分为国际标准、国家标准、行业标准和企业标准等，__(1)__制定的标准是国际标准。我国国家标准分为强制性国家标准和推荐性国家标准，强制性国家标准的代号为__(2)__，推荐性国家标准的代号为__(3)__。我国国家标准的代号由大写汉语拼音字母构成，国家标准的编号的后两位数字表示国家标准发布的__(4)__。

    （1）A. IEE   B. IEEE   C. ANSI   D. IEC

    （2）A. GB   B. QB   C. BG   D. GB/T

    （3）A. GB   B. QB   C. BG   D. GB/T

    （4）A. 代号   B. 条形码   C. 编号   D. 年号

3. 我国的国家标准有效期一般为_____年。

    A. 3   B. 4   C. 5   D. 10

4. 国际标准是指由_____制定的标准。

    A. ISO 和 IEC   B. IEEE 和 IEE   C. GB 和 GB/T   D. ANSI 和 ASCII

5. GB 属于_____。

    A. 国家标准   B. 地区标准   C. 行业标准   D. 企业标准

6. 美国电气和电子工程师学会标准 IEEE 属于_____。

    A. 国家标准   B. 地区标准   C. 行业标准   D. 企业标准

7. _____是针对重复性的技术事项而制定的标准，是从事生产、建设及商品流通时需要共同遵守的一种技术依据。

    A. 商业标准   B. 技术标准   C. 管理标准   D. 工作标准

8. _____是在一定范围内作为其他标准的基础并普遍适用，具有广泛指导意义的标准。

    A. 产品标准   B. 方法标准   C. 基础标准   D. 服务标准

9. _____是以保护人的安全或物品的安全为对象和目的而制定的标准。

    A. 方法标准   B. 产品标准   C. 基础标准   D. 安全标准

10. _____是指国际上有权威的区域性标准，世界上经济发达国家的国家标准和通行的团体标准，包括知名企业标准在内的其他国际上公认的先进标准。

    A. 国外先进标准   B. 国家标准   C. 强制性标准   D. 推荐性标准

11. 在将国际标准和国外先进标准纳入国家标准的方法中，由国家标准机构直接宣布某项国际标准为国家标准，其具体办法是发布认可公告或通知，公告或通知中一般不附带国际标准的正文，也不在原标准文本上加注采用国家的编号，这种方法称为_____。

  A．封面法   B．认可法   C．翻译法   D．完全重印法

12．我国国家标准 GB 904-91 通用商品条码的结构与 EAN 条码结构相同，由_____位数字码以及对应的条码组成。

  A．10   B．12   C．13   D．15

13．联合国教科文组织（UNESCO）是由_____确认并公布的国际标准化组织。

  A．GB   B．ISO   C．IEC   D．IEEE

14．欧洲标准化委员会（CEN）是_____。

  A．国际标准化组织   B．区域标准化组织

  C．行业标准化组织   D．国家标准化组织

15．美国国家标准学会（ANSI）是_____。

  A．国际标准化组织   B．区域标准化组织

  C．行业标准化组织   D．国家标准化组织

16．ISO 9000：2000 系列标准现有_____项标准。

  A．10   B．13   C．4   D．20

17．CMM 为软件企业的过程能力提供了一个阶梯式的进化框架，将软件过程改进的进化步骤分成_____个成熟度等级，每一个级别定义一组过程能力，并描述了要达到这些目标应该采取的实践活动，为不断改进过程奠定了循序渐进的基础。

  A．3   B．4   C．5   D．6

18．在 CMM 的_____，企业建立了基本的项目管理过程的政策和管理规程，对成本、进度和功能进行监控，以加强过程能力。对新项目的计划和管理基于以往相似或同类项目的成功经验，以确保再一次成功。

  A．初始级   B．可重复级   C．定义级   D．管理级

19．在 CMM 的_____，企业全面采用综合性管理及工程过程管理，对整个软件生命周期的管理与工程化过程都已标准化，并综合成软件开发企业标准的软件过程。

  A．初始级   B．可重复级   C．定义级   D．管理级

20．在 CMM 的_____，企业将会把工作重点放在对软件过程改进的持续性、预见性及自身增强上，防止缺陷及问题的发生，不断地提高过程处理能力。通过来自过程执行的质量反馈和新方法及新技术的定量分析来改善下一步的执行过程，即优化执行步骤，使软件过程能不断地得到改进。

  A．初始级   B．可重复级   C．定义级   D．优化级

21．_____提供了一个软件过程评估的框架，可以被任何软件企业用于软件的设计、管理、监督、控制以及提高获得、供应、开发、操作、升级和支持的能力。

  A．ISO/IEC 15504 B．ISO 9001 C．IEC 176 D．ISO 9000：2000

22．在 ISO/IEC 15504 文件中涉及了过程评估的各个方面，其文档主要包括_____部分。

A. 4 B. 7 C. 8 D. 10

23．《计算机软件产品开发文件编制指南》（GB 8567-88）是_____标准。

    A．强制性国家   B．推荐性国家

    C．强制性行业   D．推荐性行业

24．由我国信息产业部批准发布，在信息产业部门范围内统一使用的标准，称为_____。

    A．地方标准   B．部门标准   C．行业标准   D．企业标准

模拟题参考答案

1．D   2．（1）D （2）A （3）D （4）D

3．C   4．A   5．A   6．C   7．B

8．C   9．D   10．A   11．B   12．C

13．B   14．B   15．D   16．B   17．C

18．B   19．C   20．D   21．A   22．C

23．A   24．C

参 考 文 献

（1）数据库系统工程师考试大纲. 北京：清华大学出版社，2004

（2）施伯乐，丁宝康，杨卫东. 数据库教程. 北京：电子工业出版社，2004

（3）丁宝康，曾宇昆，乔健. 数据库教程习题解答及上机辅导. 北京：电子工业出版社，2005

（4）施伯乐，丁宝康，汪卫. 数据库系统教程（第 2 版）. 北京：高等教育出版社，2003

（5）王亚平，刘强. 数据库系统工程师教程. 北京：清华大学出版社，2004

（6）王亚平，刘强. 数据库系统工程师考试辅导. 西安：西安电子科技大学出版社，2004

（7）王春森. 系统设计师（高级程序员）教程. 北京：清华大学出版社，2001

（8）张友生，万火，殷建军. 数据库系统工程师考试考点分析与真题详解（信息系统综合知识篇）. 北京：
　　电子工业出版社，2005

（9）周峻松，张友生，万火. 数据库系统工程师考试考点分析与真题详解（数据库设计与管理篇）. 北京：
　　电子工业出版社，2005

（10）赖于力，何兴华. 数据库系统工程师考试辅导——考点精讲、例题分析、强化训练. 北京：冶金工业
　　出版社，2005

（11）陈懿. 数据库系统工程师全真试题精解. 北京：冶金工业出版社，2005

（12）苟娟琼，常丹. ERP 原理与实践. 北京：清华大学出版社，北京交通大学出版社，2005